U0182715

“十三五”江苏省重点图书出版规划项目

SPATIAL CITY SYSTEM

空间城市系统论

（下卷）

王洪军　著

南京 · 2020

内容提要

空间城市系统是人类聚居的新形式，是地球表面最大的人工系统。本书是关于空间城市系统的创新理论，揭示了人居空间进化的基本规律。本书上卷，应用系统科学方法论对空间城市系统理论进行了表述，揭示了空间城市系统的科学规律；下卷，对世界空间城市系统实践进行了实证性分析，预见了人居空间演化的基本方向。

本书适用于空间城市领域科学与社会科学相关专业，可作为高等院校本科生和研究生用书，可作为科研参考用书，以及政府空间规划与空间治理决策的参考用书。

图书在版编目(CIP)数据

空间城市系统论/王洪军著.—南京：东南大学出版社，2020.12

ISBN 978-7-5641-9360-7

Ⅰ.①空…　Ⅱ.①王…　Ⅲ.①城市规划-研究　Ⅳ.①TU984

中国版本图书馆 CIP 数据核字(2020)第 264889 号

书　　名：**空间城市系统论**　Kongjian Chengshi Xitonglun
著　　者：王洪军
责任编辑：徐步政

出版发行：东南大学出版社　　社址：南京市四牌楼 2 号(210096)
网　　址：http：//www.seupress.com
出 版 人：江建中

印　　刷：江苏凤凰盐城印刷有限公司　　排版：南京文脉图文设计制作有限公司
开　　本：787mm×1092mm　1/16　　印张：74　　字数：1535 千
版 印 次：2020 年 12 月第 1 版　2020 年 12 月第 1 次印刷
书　　号：ISBN 978-7-5641-9360-7　　定价：290.00 元(上、下卷)

经　　销：全国各地新华书店　　发行热线：025-83790519　83791830

下卷目录

7 空间城市系统控制理论

7.1 空间城市系统整体控制

7.1.1 空间城市系统控制概论

1）控制理论渊源

1948年维纳《控制论》（*Cybernetics*）的问世，标志着控制论学科的诞生，他定义控制论是研究包括人在内的生命体、机器、社会的内部以及彼此之间的控制与通信的科学。控制论是跨学科的方法论学科，它为控制科学、生物学、生态环境学、社会学、经济学的研究提供了可靠的方法论工具。控制论衍生发展出了工程控制论、医学控制论、经济控制论、社会控制论等专业控制论体系。其中，大系统控制论是中国学者涂序彦等人提出的关于大系统协调控制的理论，1994年《大系统控制论》的出版，标志着这一理论的问世，大系统控制论为多类别、多层次、多阶段复杂系统的协调控制提供了方法论。

控制理论或称自动控制理论（Automatic Control Theory）形成于控制论之前，它是关于工程系统、物理系统自动控制的理论与方法，包括输入、信号、控制、反馈、滤波、输出等内容。控制理论又分为经典控制理论与现代控制理论，它是一套完整、成熟的学科体系。控制论与控制理论同属一个学术领域，有着不可分割的逻辑关联。

空间城市系统控制理论（Spatial City System Control Theory）是关于空间城市系统协调与控制的基本原理与操作方法，它建立在控制论与控制理论基础之上。空间城市系统所具有的人类智能特性、复杂系统特性、状态的层次与阶段特性、环境的层次与阶段特性、整体涌现性等系统整体特征，决定了空间城市系统控制理论的独立学理性质，它是“控制论与控制理论”在空间城市系统控制方面所形成的分支理论。

2）空间城市系统控制哲学观

空间城市系统是人居空间的新形式，空间城市系统控制哲学观为空间城市系统控制理论奠定了认识论的基础，正如维纳所说：“与其说控制论是一门学科，倒不如说是一种科学的哲学理论或从一种新的角度来观察世界的系统观点和方法。”[①]维纳关于控制论的认识为空间城市系统控制哲学观奠定了基础。

---

① 参见：胡作玄.人有人的用处（导读）[M]//维纳.人有人的用处：控制论与社会.陈步，译.北京.北京大学出版社，2010：22。

首先，维纳告诉我们"控制论的目的在于创造一种语言和技术，使我们有效地研究一般的控制和通信问题，同时也寻找一套恰当的思想和技术，以便通信和控制问题的各种特殊表现都能借助一定的概念以分类"。(百度百科：控制论)控制论是公认的真理性理论，而空间城市系统是系统的一个属种，系统是遵循控制论一般规律的。由此，我们可以演绎推出空间城市系统也一定存在控制的语言和技术，空间城市系统控制哲学观具有了演绎逻辑基础。

其次，"在《控制论(或关于在动物和机器中控制和通信的科学)》中，维纳肯定机器能够学习。'机器能够思维吗?'是控制论中的一个重要问题，解决这个问题的正确原则有：①要承认人的思维是物质发展的最高产物，是人类社会实践的结晶。②要承认机器模拟人脑功能有着广阔的发展前景"①。由前述理论可知，空间城市系统脑是人居空间演化的产物，空间城市系统脑的思维功能与维纳的认识论十分吻合，空间城市系统人类智能化特征、空间城市系统脑思维特征很好地契合了维纳的认识，因此空间城市系统控制哲学观获得了学理合法性基础。

最后，维纳说"通信和控制系统的共同特点在于都包含一个信息变换的过程，一般来说，即包含一个信息的接受、存取和加工的过程"②，因此控制论就是关于信息交流与传递的理论。空间城市系统核心的特征就是信息流数量的海量增长，信息的集聚、扩散、联结成为空间城市系统形成的主要动因之一，空间城市系统信息的客观性，奠定了空间城市系统控制哲学观存在的合理性基础。

演绎逻辑基础、学理合法性基础、存在合理性基础，构成了空间城市系统控制哲学观的基础，空间城市系统控制哲学观，为构建空间城市系统控制理论打下了认识论基础，为空间城市系统控制方法创新奠定了认识论基础。

3）空间城市系统控制理论内容

空间城市系统控制理论主要包括四个部分：空间城市系统整体控制、空间城市系统专项控制、空间城市系统脑原理、空间城市系统脑模块解析。

(1) 空间城市系统整体控制

空间城市系统整体控制包括"空间城市系统整体协调与控制原理"和"空间城市系统协调控制系统"，前者介绍了空间城市系统的协调性与特性关系、协调控制机理、递阶控制机理，后者介绍了空间城市系统的协调控制整体框架、协调控制平台、控制机构。

(2) 空间城市系统专项控制

空间城市系统专项控制包括：其一，空间城市系统基本控制，即空间城市系统状态控制与空间城市系统环境控制。其二，多级空间城市系统控制，即一级空间城市系统控制、二级空间城市系统控制、三级空间城市系统控制等。其三，空间城市系统分段控制，即空间城市系统演化平衡态控制、近平衡态控制、近耗散态控制、分岔控制、耗散结

① 参见：维纳.控制论[M].郝季仁，译.北京：科学出版社，2009：译者序。
② 同上。

构控制。

(3) 空间城市系统脑原理

"空间城市系统脑"是以人类智能为特点的高级人机控制,包括空间城市系统"人—人控制""人—物控制""物—物控制"。空间城市系统脑整体原理介绍了空间城市系统脑的结构与功能、模型体系、信息与信号。空间城市系统脑工作机理介绍了空间城市系统脑的基本工作机制、逻辑关系方法、逻辑搜索方法、定量表达方法。

(4) 空间城市系统脑模块解析

空间城市系统脑逻辑主体包括专业脑、组织脑、机器脑、第一维度模型体系、第二维度模型体系、第三维度模型体系六大模块。"空间城市系统脑模块解析"给出了它们的工作机理解析。

4) 空间城市系统控制结构

(1) 空间城市系统基本维度

空间城市系统属于大系统性质,它包含着许多方面,我们引入空间城市系统基本维度的概念来解析空间城市系统许多方面的本质内涵:第一,空间城市系统空间维度,它表达了空间城市系统空间范畴内容。第二,空间城市系统层次维度,它表达了空间城市系统纵向结构内容。第三,空间城市系统时间维度,又称空间城市系统横向维度,它表达了空间城市系统时间范畴内容。空间城市系统基本维度为空间城市系统控制结构的分类提供了逻辑根据。

(2) 空间城市系统控制结构概念

空间城市系统属于大系统性质,根据大系统控制理论,"控制结构"是空间城市系统控制的基础。所谓控制结构是指大系统控制的方法,可以分为集中控制、分散控制、递阶控制。空间城市系统"控制结构"分为"基本控制结构""分级控制结构""分段控制结构",它们对应着空间城市系统的"基本子系统""分级子系统""分段子系统"。

(3) 空间城市系统基本控制结构

所谓空间城市系统基本控制结构是指空间城市系统空间维度的控制方法,包括空间城市系统状态控制、空间城市系统环境控制。基本控制是空间城市系统本体控制与外部条件控制的主要方法。

(4) 多级空间城市系统控制结构

所谓多级空间城市系统控制结构是指空间城市系统层次维度的控制方法,包括一级空间城市系统控制、二级空间城市系统控制、三级空间城市系统控制等。多级控制是高级空间城市系统控制的主要方法。

(5) 空间城市系统分段控制结构

所谓空间城市系统分段控制结构是指空间城市系统演化时间维度的控制方法,包括平衡态控制、近平衡态控制、近耗散态控制、分岔控制、耗散结构控制。分段控制是空间城市系统演化控制的主要方法。表 7.1 说明了空间城市系统控制结构的细分情况。

表 7.1　空间城市系统控制

空间城市系统整体控制		
空间城市系统协调控制平台	空间城市系统脑控制机构	
空间城市系统分项控制		
基本控制结构	多级控制结构	分段控制结构
空间城市系统状态控制	一级空间城市系统控制	平衡态控制
空间城市系统环境控制	二级空间城市系统控制	近平衡态控制
—	三级空间城市系统控制	近耗散态控制
—	—	分岔控制
—	—	耗散结构控制

5）空间城市系统控制模型

（1）控制者

如图 7.1 所示，控制者向被控制对象施加控制作用，以实现预定的控制任务，如对空间城市系统分岔的控制。控制是控制者影响和支配被控制对象的行为过程，控制者接受反馈信息，选择适当手段作用于空间城市系统，导致空间城市系统行为状态的变化以实现控制目的。

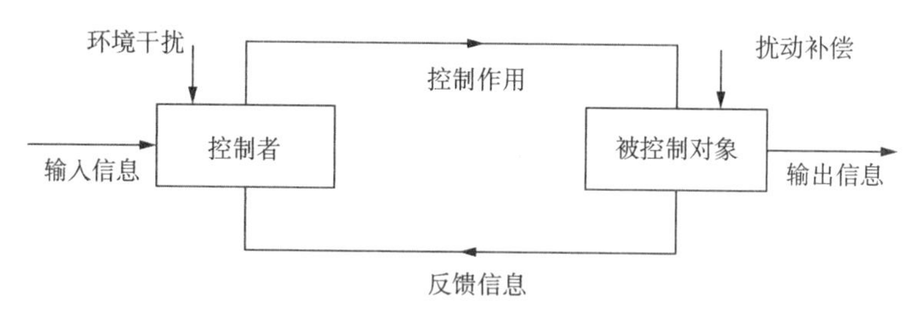

图 7.1　空间城市系统闭环控制模型

（2）被控制对象

如图 7.1 所示，被控制对象即空间城市系统，接受控制作用，提供反馈信息。控制的目的体现于被控制对象的行为状态中，追求合乎目的状态，消除不合乎目的状态。被控制对象即空间城市系统是控制理论与控制系统的落脚点。

（3）控制任务

“控制任务”是指为达到控制目的，由控制系统所执行的空间城市系统状态调整措施。空间城市系统控制任务可以分为“基本控制任务”“多级控制任务”“分段控制任务”。就控制方法来说，空间城市系统控制任务可以分为“定值控制任务”“程序控制任务”“随动控制任务”“最优控制任务”。

(4) 空间城市系统闭环控制

① 闭环控制

如图 7.1 所示，所谓空间城市系统闭环控制也被称为“空间城市系统反馈控制”，是指由“控制者”“控制作用”“被控制对象”“反馈信息”四个环节构成的闭环控制系统。控制者施加控制作用，接受反馈信息，被控制对象接受控制作用，提供反馈信息。闭环控制是空间城市系统最常用的控制方法，闭环控制使用误差控制方法进行工作。

② 控制作用

如图 7.1 所示，所谓控制作用是指由“控制者”向空间城市系统发出的指令信息，以实现所需的控制过程，达到预期的控制目的。“控制作用”是一个不断获取、处理、选择、传送、利用信息的过程，也就是维纳所说的：控制即信息的道理。

③ 反馈信息

如图 7.1 所示，所谓反馈信息是指由“空间城市系统”向“控制者”反馈的关于空间城市系统“四大基本原理”特性的定性与定量信息，即状态、状态熵、动力、稳定性基本特性。“反馈信息”是对空间城市系统进行控制调节的根据。

④ 控制变量

所谓控制变量是指根据研究目的，运用一定手段主动干预或控制空间城市系统自然运行的过程，例如在城市问题中，有空间集聚变量、空间扩散变量、空间联结变量，我们可以将空间联结变量控制起来保持不变，确定城市规模与空间集聚变量、空间扩散变量之间的关系，此时空间联结变量就是“控制变量”。引入“控制变量”概念，是为了有效实现对空间城市系统的整体与分项控制。

⑤ 输入信息

如图 7.1 所示，所谓输入信息是指外部环境对控制系统的良性影响，即有用的输入信息，例如空间规划与空间政策人工干预目标信息。

⑥ 输出信息

如图 7.1 所示，所谓输出信息是指控制系统对外部环境的良性影响，即有用的属出输出信息，例如空间规划与空间政策执行情况信息。

⑦ 环境干扰

如图 7.1 所示，所谓环境干扰是指外部环境对控制系统的不良影响，例如空间流波的负荷波动，就是一种环境对空间城市系统控制的“环境干扰”。在图 7.1 中表示为“空间城市系统环境干扰”。

⑧ 扰动补偿

如图 7.1 所示，所谓扰动补偿是指为了抵消“环境干扰”的不良影响，对空间城市系统所实施的预防性控制作用，它要参考“环境干扰”“ 空间规划”与“空间政策”的目标需求而确定。

7.1.2 空间城市系统协调控制原理 [①]

1）空间城市系统协调性

（1）空间城市系统协调

“协调”是空间城市系统整体控制的关键问题，所谓空间城市系统协调性，就是空间城市系统整体各组成部分相互配合协调工作，共同完成空间城市系统的总任务。空间城市系统整体控制的关键就是“协调性”问题，即空间城市系统各部分的相互配合、相互制约问题，我们称之为“空间城市系统特性关系”。

（2）空间城市系统特性关系

所谓自治性是指空间城市系统的“控制结构”“控制部门”“控制机构”拥有各自独立地位、自治性和功能。所谓耦合关联性是指空间城市系统的“控制结构”“控制部门”“控制机构”，在时间域和空间域上形成了纵横相交的格局，存在着耦合关联现象。因此，“自治性”和“耦合关联性”是空间城市系统控制的基础特性。所谓空间城市系统特性关系，即“空间城市系统协调”，就是要将各种“控制结构”“控制部门”“控制机构”的“自治性”和“耦合关联性”置于空间城市系统“协调性”之下，保持某种函数关系，最常见的是比例关系。

$$\mu_1 y_1 = \mu_2 y_2 = \cdots = \mu_i y_i \tag{7.1}$$

其中，y_i 为被控制量，$i = 1, 2, \cdots, n$；μ_i 为比例系数。

通过空间城市系统协调控制，使各个独立“控制结构”“控制部门”“控制机构”协同互动，实现空间城市系统协调总目标，因此“协调性”是空间城市系统的目标特性，图7.2表示了空间城市系统特性关系，即上级与下级、集中与分散相结合的运行关系。

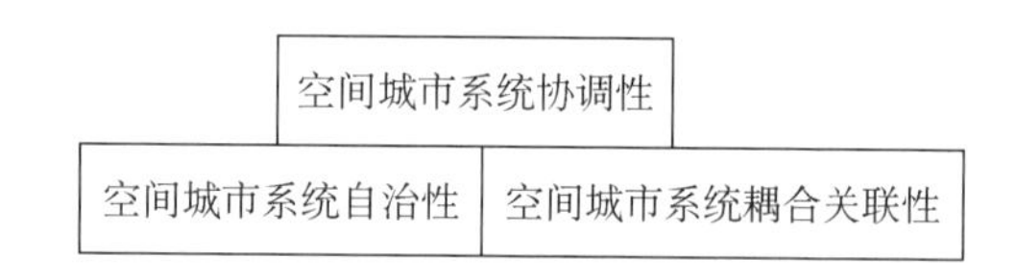

图 7.2 空间城市系统特性关系

2）空间城市系统协调控制机理

根据大系统多变量协调控制原理，空间城市系统协调控制的任务是保持各种“控制结构”“控制部门”“控制机构”的目标协调关系，而非某个被控制量。“各被控制量没有外加的给定值，而是根据给定的协调关系，考虑系统当前的运行状态，自行整定其‘内部给定量’。”[②]在空间城市系统协调控制中，我们将“内部给定量”命名为空间城市系统“协调任务量”。

如图7.3所示，在空间城市系统 n 维控制空间中，有 $y_i \in R^n$（读作 y_i 变量属于 R

① 参见：涂序彦，王枞，郭燕慧.大系统控制论[M].北京：北京邮电大学出版社，2005：10。
② 同①190。

的n维空间,$i=1, 2, \cdots, n$),相应于空间城市系统协调关系$F_c(y_1, y_2, \cdots, y_n)=0$的超曲面称为空间城市系统协调工作面,在协调工作面上的点被称为空间城市系统协调工作点,它们均满足空间城市系统控制结构协调关系。

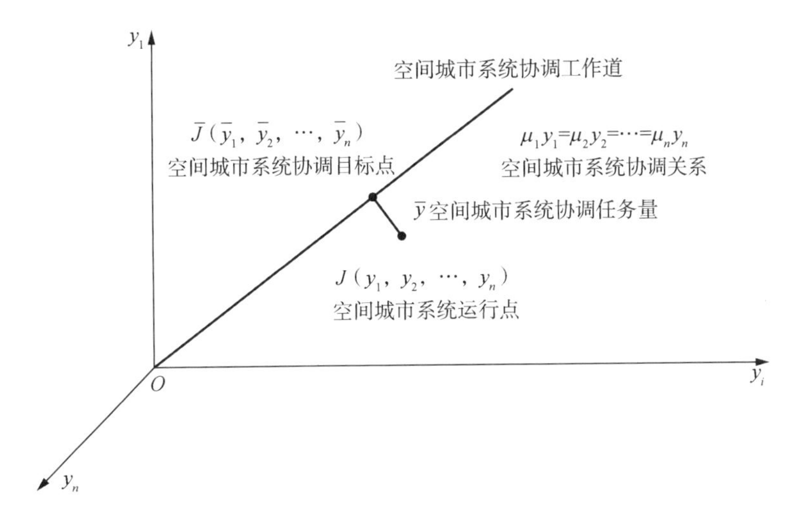

图 7.3 空间城市系统协调控制机理

如图7.3所示,当空间城市系统各被控制量协调关系为比例关系时,空间城市系统协调工作道为直线,我们选取与空间城市系统当前运行点J距离最短的标准协调目标点$\bar{J}$作为空间城市系统协调给定点,则空间城市系统"协调任务量"$\bar{y}$以法线$J\bar{J}$表示,它是空间城市系统运行点J,到空间城市系统协调工作面F_c的垂直法线,协调目标点为垂足$\bar{J}$,垂直法线$J\bar{J}$的涵义就是空间城市系统需要协调控制的目标量。当协调关系为比例关系时,根据$\mu_1 y_1=\mu_2 y_2=\cdots=\mu_n y_n$,则空间城市系统"协调任务量"为各被控制量的加权平均值,即

$$\bar{y}_i=\frac{1}{n}\sum_{j=1}^{n}\frac{\mu_j}{\mu_i}y_j \tag{7.2}$$

其中,$\bar{y}_i$为空间城市系统"协调任务量",$i=1, 2, \cdots, n$;y_j为空间城市系统被控制量的实例值,即J点值,$j=1, 2, \cdots, n$。

为了保持空间城市系统给定的协调关系,需要按照空间城市系统协调偏差进行多向反馈协调控制,定义空间城市系统协调偏差为ε,且有

$$\varepsilon=\bar{y}_i-y_i \tag{7.3}$$

空间城市系统协调控制的任务,就是依据协调偏差ε所对应的各个被控制量y_i,进行多变量($i=1, 2, \cdots, n$)负反馈闭环控制,迫使空间城市系统运行点J向协调目标点$\bar{J}$运动,减少协调偏差,使$\varepsilon\rightarrow 0$,实现空间城市系统各种"控制结构""控制部门""控制机构"的目标协调关系。

空间城市系统协调控制所建立的"最佳目标协调关系J_{max}",将保留或加强"控制

结构”“控制部门”“控制机构”之间的有益耦合关联，消除或减弱有害耦合关联，使空间城市系统在协调工作轨道上运行。外部“环境干扰”是破坏空间城市系统协调关系的重要因素，在空间城市协调控制系统中设计“扰动补偿”的开环协调控制通道，可以消除或减小“环境干扰”对空间城市系统协调关系的有害作用。

3）空间城市系统递阶控制机理

（1）空间城市系统“递阶控制”结构

如图 7.4 所示，空间城市系统整体控制一般采用“递阶控制”的结构方案。

第一，控制递阶。递阶控制是一种“上级下级递阶”与“集中分散结合”的综合控制结构。空间城市系统下级分类结构控制器、分级结构控制器、分段结构控制器，分别对相应的被控制结构进行局部控制。上级空间城市系统协调器通过对下级局部控制器的协调控制，间接对空间城市系统进行集中式全局控制。最终实现“上级下级递阶”与“集中分散结合”的空间城市系统递阶控制。

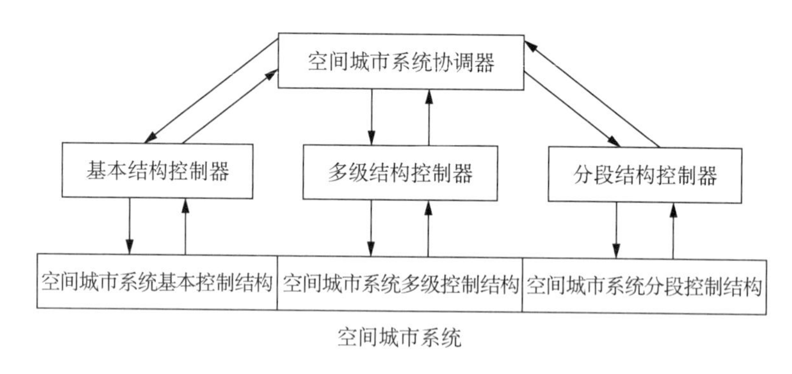

图 7.4　空间城市系统递阶控制结构

第二，观测递阶。观测递阶是一种“上级下级递阶”与“集中分散结合”的分级递阶观测结构。空间城市系统下级分类结构控制器、分级结构控制器、分段结构控制器，分别对相应的被控制结构进行局部观测。上级空间城市系统协调器通过对下级局部控制器的协调观测，间接对空间城市系统进行集中式全局观测。最终实现“上级下级递阶”与“集中分散结合”的空间城市系统递阶观测。

第三，信息流递阶。信息流递阶是指在空间城市系统协调器与基本结构控制器、多级结构控制器、分段结构控制器之间，为上级的协调控制与协调信息流。在各局部控制器与空间城市系统的基本结构、多级结构、分段结构之间，为下级的各局部控制结构的控制与观测信息流。

空间城市系统“递阶控制”结构方案具有控制有效、运行可靠、设计简易、技术实现、经济实用、维护方便的特点，可以根据需要对空间城市系统协调器进行大型计算机配置，以加强整体协调控制能力，而对空间城市系统基本控制结构控制器、多级结构控制器、分段结构控制器进行小型计算机配置，以方便就近安装，进行局部控制与局部观测。

（2）空间城市系统控制结构的数学表述

如前表 7.1 所示，在空间城市系统控制结构细分的基础上，即空间城市系统的基本控制结构、多级控制结构、分段控制结构。如前图 7.4 所示，空间城市系统基本控制结构控制功能，由基本结构控制器实现；空间城市系统多级控制结构控制功能，由多级结构控制器实现；空间城市系统分段控制结构控制功能，由分段结构控制器实现。

设定：空间城市系统基本控制结构的状态向量为 $\boldsymbol{X}_1$，$\boldsymbol{A}_1$ 为其常系数矩阵。空间城市系统基本控制结构的控制向量为 $\boldsymbol{U}_1$，$\boldsymbol{B}_1$ 为其常系数矩阵。由系统动力学状态方程公式①，可得空间城市系统基本控制结构的状态方程为

$$\dot{\boldsymbol{X}}_1 = \boldsymbol{A}_1\boldsymbol{X}_1 + \boldsymbol{B}_1\boldsymbol{U}_1 \tag{7.4}$$

同理，可得空间城市系统多级控制结构的状态方程为

$$\dot{\boldsymbol{X}}_2 = \boldsymbol{A}_2\boldsymbol{X}_2 + \boldsymbol{B}_2\boldsymbol{U}_2 \tag{7.5}$$

其中，$\boldsymbol{X}_2$ 为空间城市系统分级控制结构的状态向量，$\boldsymbol{A}_2$ 为其常系数矩阵；$\boldsymbol{U}_2$ 为空间城市系统分级控制结构的控制向量，$\boldsymbol{B}_2$ 为其常系数矩阵。

同理，可得空间城市系统分段控制结构的状态方程为

$$\dot{\boldsymbol{X}}_3 = \boldsymbol{A}_3\boldsymbol{X}_3 + \boldsymbol{B}_3\boldsymbol{U}_3 \tag{7.6}$$

其中，$\boldsymbol{X}_3$ 为空间城市系统分段控制结构的状态向量，$\boldsymbol{A}_3$ 为其常系数矩阵；$\boldsymbol{U}_3$ 为空间城市系统分段控制结构的控制向量，$\boldsymbol{B}_3$ 为其常系数矩阵。

（3）空间城市系统递阶控制协调目标

空间城市系统控制命题属于大系统控制范畴，“由于大系统的分散性，协调控制具有重要意义，可以在多变量协调控制理论的基础上，发展大系统分散协调控制的理论方法和技术”②。因此，协调就成为空间城市系统控制命题的主要任务，即通过协调使空间城市系统“控制结构”“控制部门”“控制机构”协同互动，实现空间城市系统协调目标，这一功能由空间城市系统协调器实现，如前图 7.4 所示。

设一：空间城市系统协调目标为 J，则空间城市系统协调任务即为协调目标函数的极大化 J_{max}（或极小化 J_{min}）。

设二：空间城市系统基本控制结构与空间城市系统分级控制结构关联耦合系数为 M_{12}，空间城市系统分类控制结构与空间城市系统分段控制结构关联耦合系数为 M_{13}。无关联性时，则耦合系数为零。

设三：空间城市系统多级控制结构与空间城市系统基本控制结构关联耦合系数为 M_{21}，空间城市系统多级控制结构与空间城市系统分段控制结构关联耦合系数为 M_{23}。无关联性时，则耦合系数为零。

设四：空间城市系统分段控制结构与空间城市系统基本控制结构关联耦合系数为

① 参见：苗东升.系统科学精要[M].3 版.北京：中国人民大学出版社，2010：177。
② 参见：涂序彦，王枞，郭燕慧.大系统控制论[M].北京：北京邮电大学出版社，2005：12。

M_{31}，空间城市系统分段控制结构与空间城市系统多级控制结构关联耦合系数为M_{32}。无关联性时，则耦合系数为零。

将公式(7.4)、公式(7.5)、公式(7.6)联立，由大系统协调"状态方程组"①公式，可以得到耦合关联之后的空间城市系统协调状态方程组，即

$$\begin{aligned}\dot{\boldsymbol{X}}_1 &= \boldsymbol{A}_1\boldsymbol{X}_1 + \boldsymbol{B}_1\boldsymbol{U}_1 + M_{12} + M_{13} \\ \dot{\boldsymbol{X}}_2 &= \boldsymbol{A}_2\boldsymbol{X}_2 + \boldsymbol{B}_2\boldsymbol{U}_2 + M_{21} + M_{22} \\ \dot{\boldsymbol{X}}_3 &= \boldsymbol{A}_3\boldsymbol{X}_3 + \boldsymbol{B}_3\boldsymbol{U}_3 + M_{31} + M_{32}\end{aligned} \tag{7.7}$$

由线性系统可叠加原理②，可得空间城市系统协调目标表达式，即

$$J_{\max} = \sum_{i=1}^{3} J_i \tag{7.8}$$

其中，$J_{\max}$(或$J_{\min}$)为空间城市系统协调目标；J_i为空间城市系统控制结构的控制目标。

通过对上述微分方程组(7.7)求解，由公式(7.8)即可以得到空间城市系统协调目标解。

对上述内容进行归纳，我们给出在实际应用中对空间城市系统协调控制的方法步骤，具体如下：

第一步，根据给定的空间城市系统具体数据，通过对空间城市系统的控制结构分解，列出各控制结构动力学状态方程。

第二步，根据给定的各空间城市控制结构数据，求出它们之间的关联耦合系数，列出表达耦合关系的空间城市系统协调状态方程组，并求其解。

第三步，通过空间城市系统协调目标公式，求出空间城市系统协调目标解。

第四步，对空间城市系统协调目标解进行修正分析，实施对空间城市系统的协调控制。

7.1.3 空间城市系统协调控制系统 ③

1）空间城市系统协调控制整体框架

(1) 空间城市系统协调控制名称分类

如表7.2所示，空间城市协调控制名称分类包含两个方面涵义：其一，按照控制类型，分为"人—物系统"和"物—物系统"。"人—物系统"是指与人相关的控制与被控制主体，计有控制机构、控制部门、控制基元。"物—物系统"是指与物相关的控制与被控制主体，计有控制平台、控制装置、控制部件。其二，按照递阶层次，分为高级名称、中级名称、初级名称。一般高级名称用于复合大系统，如空间城市系统协调控制平台、空间城市系统脑控制机构。中级名称用于单一系统或部类结构，如空间城市系统的协调

① 参见：涂序彦，王枞，郭燕慧.大系统控制论[M].北京：北京邮电大学出版社，2005：205。
② 空间城市系统协调控制是基于线性控制系统基础之上的，满足线性叠加原理。
③ 本处内容参考了涂序彦，王枞，郭燕慧.大系统控制论[M].北京：北京邮电大学出版社，2005。

控制装置、人类智能控制部门、协调联系部件。初级名称用于不可再分的基础结构，如空间城市系统的专家脑控制基元、决策首长控制基元。

表 7.2 空间城市系统控制分类名称

控制类型	高级名称	中级名称	初级名称
人—物系统	控制机构	控制部门	控制基元
物—物系统	控制平台	控制装置	控制部件

(2) 空间城市系统协调控制系统框图

图 7.5 为空间城市系统协调控制系统功能框图，图 7.6 为与之相匹配的空间城市系统协调控制系统符号框图。“空间城市系统协调控制系统框图”表征了空间城市系统协调控制系统的全部工作机理，是空间城市系统协调控制系统的总纲性流程图。

所谓空间城市系统协调控制系统，是在空间城市系统协调控制原理的基础上实现空间城市系统协调控制任务的总体性框架。它是以空间城市系统脑为核心的人类智能化控制系统，空间城市系统协调控制系统处于空间城市系统控制的最高级层面，决定着空间城市系统各专项控制。

(3) 协调控制系统框图构成

如图 7.5 所示，空间城市系统协调控制系统由控制者、被控制对象、观测装置三个部分组成，其中控制者包括“空间城市系统协调控制平台”模块与“空间城市系统脑控制机构”模块，被控制对象就是“空间城市系统”。

① 控制者

“空间城市系统协调控制平台”是实现“控制结构”“控制部门”“控制机构”协同互动，实现空间城市系统协调目标的高级控制实施单位。空间城市系统协调控制平台的功能，就是实现空间城市系统各被控制结构协调关系的机器化调整，它是一个“物—物”类型的控制体系，是一个高级复合控制体系。空间城市系统协调控制平台，输出机器的初级空间城市系统控制作用信号。

“空间城市系统脑控制机构”是空间城市系统协调控制系统的核心。当人居空间发展到空间城市系统高级阶段时，“空间城市系统脑”便发育成熟了。空间城市系统脑的产生，使空间城市系统控制进化到“人—人”与“人—物”的高级层次，它使控制系统成为一种有生命的控制系统。空间城市系统脑控制机构的职能，是空间城市系统各被“控制结构”“控制部门”“控制机构”协调关系的人类智能化。它是一个“人—人”与“人—物”类型的控制机构，是一个高级复合控制机构。空间城市系统脑控制机构输入初级信号，输出人类智能的高级控制作用信号。

② 被控制对象

所谓被控制对象即空间城市系统本体，它包含了空间城市系统所属的基本结构、多级结构、分段结构，包含了“人—人系统”“人—物系统”“物—物系统”的复合结构。空间城市系统向控制者反馈信息，作为控制系统的决策依据。

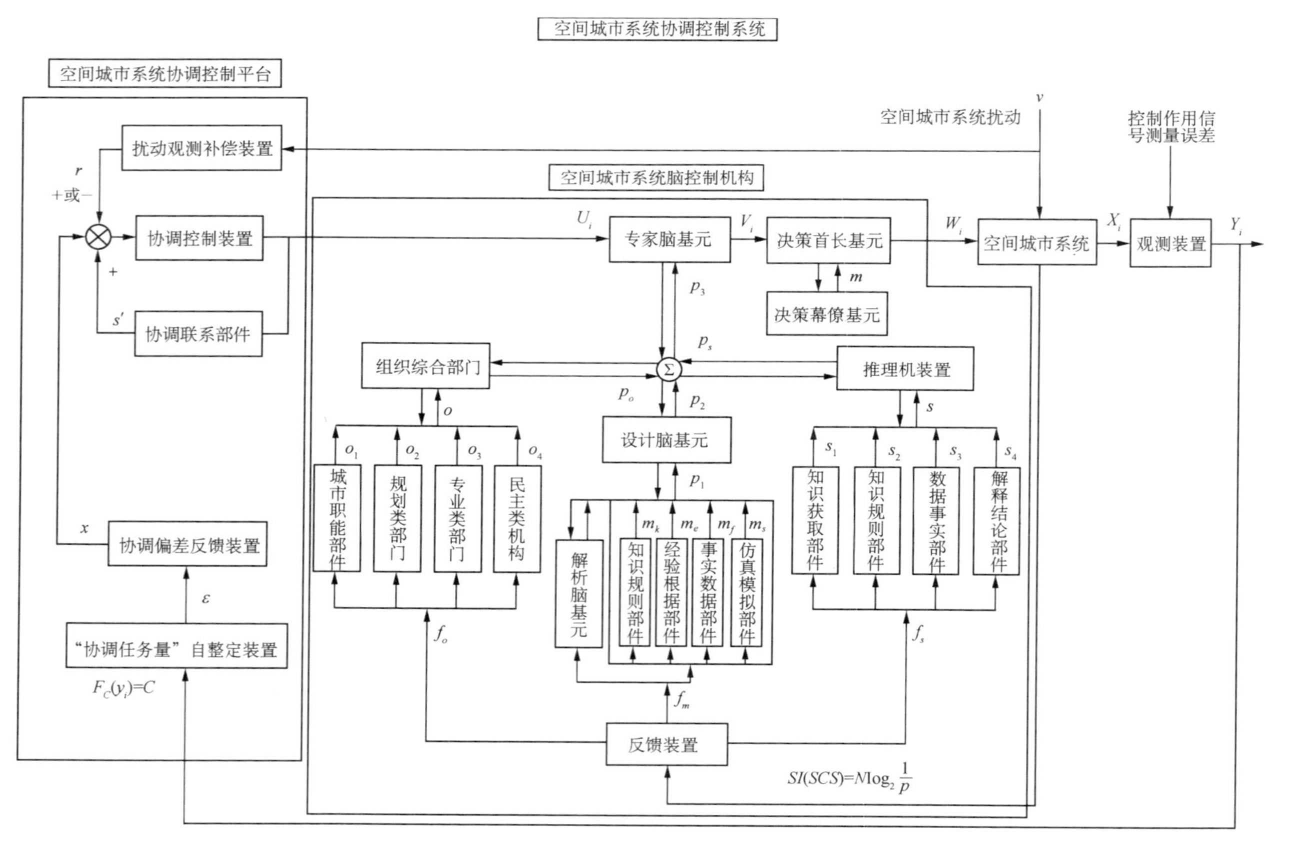

图中，Y_i 为空间控制信号；X_i 为空间城市系统输出信号；W_i 为空间城市系统输入信号；V_i 为决策输入信号；U_i 为控制作用信号；v 为扰动信号；r 为扰动补偿信号；s'为协调输入信号；x 为协调偏差反馈信号；ε 为协调偏差信号；f_s 为推理反馈信号；f_m 为设计反馈信号；f_o 为组织信号；p_1 为专业脑一级信号；p_2 为专业脑二级信号；p_3 为专业脑三级信号；o 为组织信号；m 为决策辅助信号；s 为推理信号。

图 7.5　空间城市系统协调控制系统功能框图

（源自：涂序彦，王枞，郭燕慧.大系统控制论[M].北京：北京邮电大学出版社，2005：190）

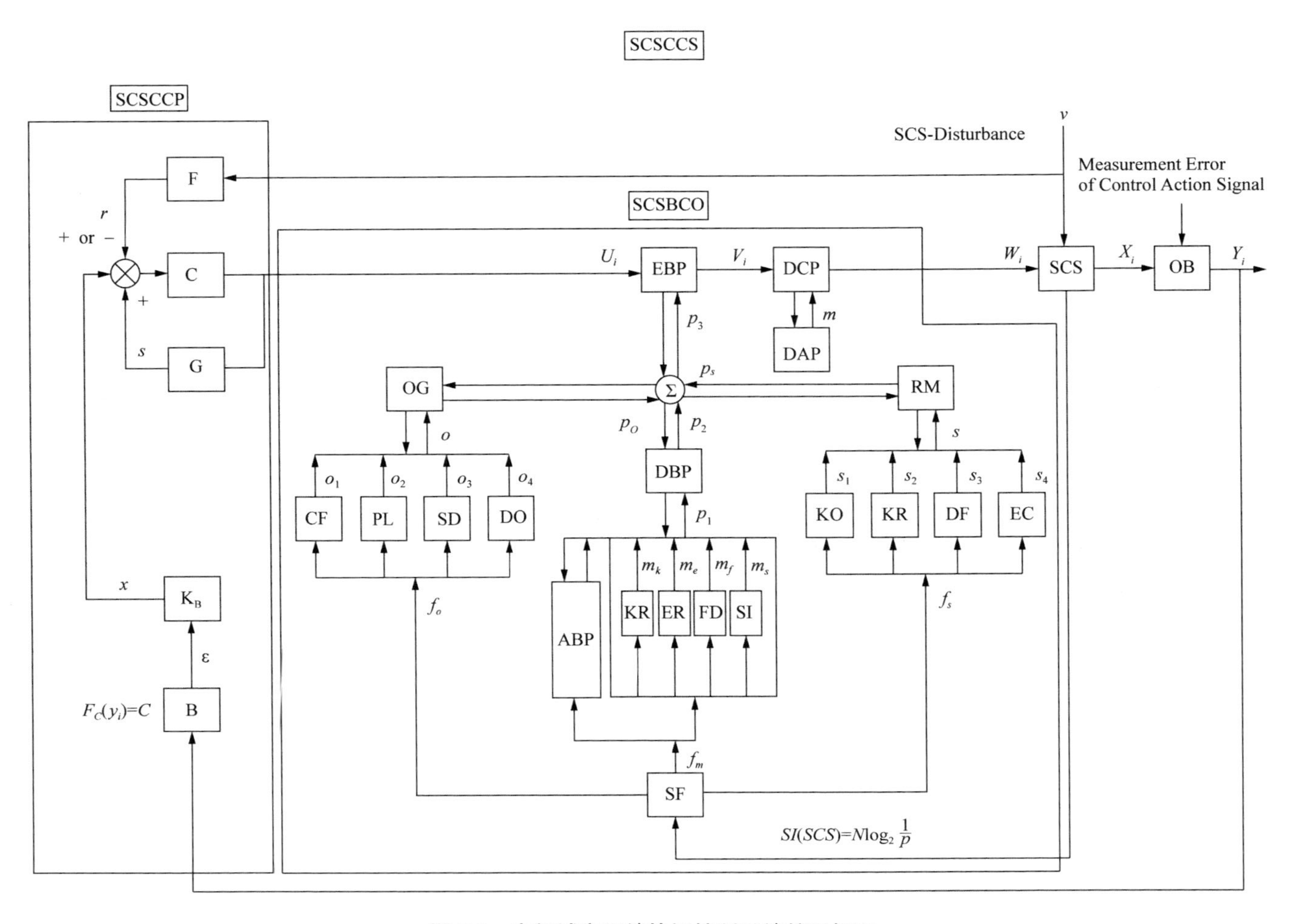

图 7.6　空间城市系统协调控制系统符号框图

（源自：涂序彦，王枞，郭燕慧.大系统控制论[M].北京：北京邮电大学出版社，2005：190）

如图 7.5 所示，外界环境对空间城市系统的随机影响被称为“空间城市系统扰动”，它可能造成空间城市系统运行偏离正常的轨道。扰动是空间城市系统普遍存在的基本行为，因此空间城市系统扰动观测补偿装置 F 就成为必备的控制装置。

③ 观测装置

如图 7.5 所示，所谓空间城市系统“观测装置”是对空间城市系统协调关系输出信号进行观察和测量的控制功能器件，它包含空间城市系统观察元件和空间城市系统测量元件，以及它们的组合线路。空间城市系统控制作用信号测得值，与控制作用信号真实值之间的差值叫作“控制作用信号测量误差”，$\Delta = Y_i - X_i$，尽可能减少“控制作用信号测量误差”，可以提高空间城市系统控制作用信号测量的精确度。

2）空间城市系统协调控制平台

（1）协调控制平台概念

如图 7.5 所示，“空间城市系统协调控制平台”是空间城市系统协调控制系统的“物—物”协调部分，是一个高级复合控制体系，它实现了“控制结构”“控制部门”“控制机构”的协同互动。

如图 7.5 与图 7.6 所示，“空间城市系统协调控制平台”由空间城市系统协调控制装置 C、空间城市系统协调联系部件 G、空间城市系统扰动观测补偿装置 F、空间城市系统协调偏差反馈装置 K_B、空间城市系统“协调任务量”自整定装置 B、空间城市系统信号比较器⊗六个部分组成。

（2）协调控制平台信号流程

如图 7.5 与图 7.6 所示，空间城市系统协调控制平台信号流程说明了控制信息的获取来源、处理装置、传送方向、功能作用基本问题，我们用表 7.3 进行一览化表示。

表 7.3　空间城市系统协调控制平台信号流程

<table>
<tr><th>作用单位</th><th>控制装置</th><th>输入信号</th><th>输出信号</th></tr>
<tr><td rowspan="8">主控制作用</td><td rowspan="3">协调控制装置 C</td><td>协调联系信号 s</td><td rowspan="3">控制作用信号 U_i</td></tr>
<tr><td>协调偏差反馈信号 x</td></tr>
<tr><td>动态补偿信号 $\pm r$</td></tr>
<tr><td>协调联系部件 G</td><td>控制作用信号 U_i</td><td>协调联系信号 s</td></tr>
<tr><td rowspan="3">信号比较器⊗</td><td>协调联系信号 s</td><td rowspan="3">合计信号
$(s+x\pm r)$</td></tr>
<tr><td>协调偏差反馈信号 x</td></tr>
<tr><td>动态补偿信号 $\pm r$</td></tr>
<tr><td>扰动观测补偿装置 F</td><td>扰动信号 v</td><td>动态补偿信号 r</td></tr>
<tr><td rowspan="2">反馈作用</td><td>协调偏差反馈装置 K_B</td><td>协调偏差信号 ε</td><td>协调偏差反馈信号 x</td></tr>
<tr><td>“协调任务量”自整定装置 B</td><td>被控制信号 Y_i</td><td>协调偏差信号 ε</td></tr>
</table>

续表

作用单位	控制装置	输入信号	输出信号
整体作用	协调控制平台 SCSCCP	被控制信号 Y_i 扰动信号 v	控制作用信号 U_i

空间城市系统协调关系工作面为常数 C，且有 $F_C(y_i)=C$，y_i 为被“控制结构”“控制部门”“控制机构”，且 $i=1, 2, \cdots, n$。“协调控制装置 C”，是空间城市系统协调控制平台的主控制器，它输入信号“$s'+x\pm r$”，对空间城市系统协调关系状态进行判断，并根据给定的空间城市系统协调关系的要求进行综合处理，向空间城市系统脑控制机构输出控制作用信号 U_i，$i=1, 2, \cdots, n$。

(3) 协调控制平台整体工作机理

如图 7.5 与图 7.6 所示，“空间城市系统协调控制平台”包含了“协调偏差反馈闭环控制”与“扰动补偿开环控制”两个部分，其工作机理如下所述：

① 协调偏差反馈闭环控制

第一，控制模型构成。

如图 7.7 所示，“协调偏差反馈闭环控制”模型包括“协调任务量”自整定装置 B、协调偏差反馈装置 K_B、信号比较器⊗、协调控制装置 C、协调联系部件 G，加被控制对象，即空间城市系统脑控制机构、空间城市系统。

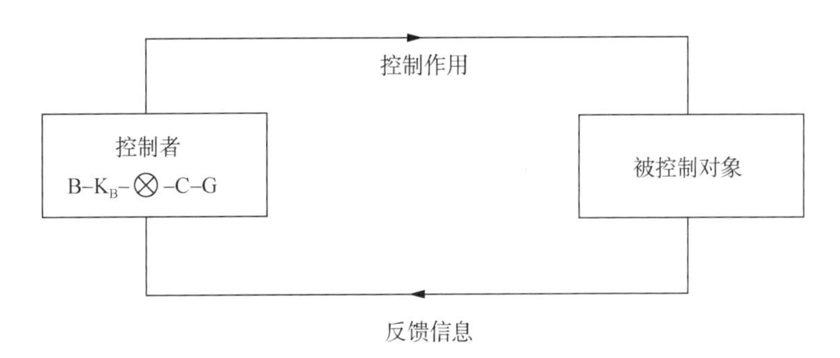

图 7.7　“协调偏差反馈闭环控制”模型

第二，控制工作流程。

如图 7.7 所示，“协调偏差反馈闭环控制”工作流程为：观测装置反馈→“协调任务量”自整定装置→协调偏差反馈装置（协调联系部件反馈）→信号比较器→协调控制装置（→协调联系部件输出）→空间城市系统脑控制机构→空间城市系统→观测装置输出。其符号表述为：OB→B→K_B(−G)→⊗→C(→ +G)→SCSBCO→SCS→OB。

注意，“协调偏差反馈闭环控制”包含了“观测装置反馈”到“观测装置输出”，以及“协调联系部件反馈”到“协调联系部件输出”两个嵌套控制闭环。

第三，控制协调偏差。

“协调偏差反馈闭环控制”机构，对空间城市系统协同关系所贡献的“协调偏差”调整量为

$$\boldsymbol{\varepsilon}_K = \boldsymbol{K} \cdot \boldsymbol{v} \tag{7.9}$$

其中,$\boldsymbol{K}$ 为“协调偏差反馈闭环传递函数矩阵”[①];$\boldsymbol{v}$ 为外部环境对空间城市系统的扰动。

② 扰动补偿开环控制

第一,控制模型构成。

如图 7.8 所示,“扰动补偿开环控制”模型,包括扰动观测补偿装置 F、信号比较器⊗、协调控制装置 C、协调联系部件 G,加被控制对象,即空间城市系统脑、空间城市系统。

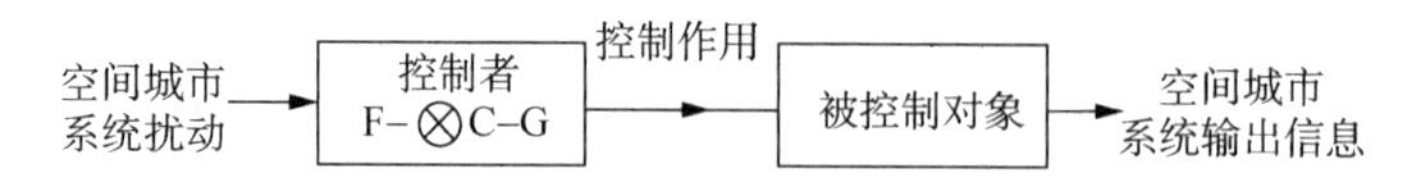

图 7.8 “扰动补偿开环控制”模型

第二,控制工作流程。

如图 7.6 所示,“扰动补偿开环控制”工作流程为:扰动信号→扰动观测补偿装置→信号比较器(协调联系部件反馈)→协调控制装置(→协调联系部件输出)→空间城市系统脑控制机构→空间城市系统。其符号表述为:v →F→⊗(−G)→C(→+G)→SCSBCO→SCS。

注意,“扰动补偿开环控制”包含了“协调联系部件反馈”到“协调联系部件输出”控制闭环。

第三,控制协调偏差。

“扰动补偿开环控制”机构,对空间城市系统协同关系所贡献的“协调偏差”调整量为

$$\boldsymbol{\varepsilon}_k = \boldsymbol{K} \cdot \boldsymbol{v} \tag{7.10}$$

其中,$\boldsymbol{K}$ 为“扰动补偿开环传递函数矩阵”[②];$\boldsymbol{v}$ 为外部环境对空间城市系统的扰动。

③ 复合协调控制

“复合协调控制”是“协调偏差反馈闭环控制”与“扰动补偿开环控制”的整合,其工作流程为:观测装置反馈→“协调任务量”自整定装置→协调偏差反馈装置(协调联系部件反馈)→信号比较器→协调控制装置(→协调联系部件输出)→空间城市系统脑控制机构→空间城市系统→观测装置输出,以及扰动信号→扰动观测补偿装置→信号比较器(协调联系部件反馈)→协调控制装置(→协调联系部件输出)→空间城市系统脑控制机构→空间城市系统两个工作流程的复合。

其符号表述为:OB→B→K_B(−G)→⊗→C(→+G)→SCSBCO→SCS→OB,与 v →F→⊗(−G)→C(→+G)→SCSBCO→SCS 的复合。

---

① 参见:涂序彦,王枞,郭燕慧.大系统控制论[M].北京:北京邮电大学出版社,2005:192。
② 同上。

"协调偏差反馈闭环控制"与"扰动补偿开环控制"对空间城市系统协同关系共同的复合协调控制偏差为

$$\boldsymbol{\varepsilon}_{\Psi_{\Phi K}} = \boldsymbol{\Psi}_{\Phi K} \cdot v \tag{7.11}$$

其中，$\boldsymbol{\Psi}_{\Phi K}$ 为"协调偏差反馈闭环控制"与"扰动补偿开环控制"复合作用传递函数矩阵 ①。

需要特别指出的是，空间城市系统协调控制平台运行的定量表达是一个复杂的数学问题，在此仅做定性、程序、结论性的介绍，读者可参考《大系统控制论》②，等相关著作进行深度学习。

(4) 协调控制平台分项设计原则

空间城市系统协调控制平台分项：第一项，"协调任务量"自整定装置 B；第二项，协调偏差反馈装置 K_B；第三项，协调控制装置 C；第四项，协调联系部件 G；第五项，扰动观测补偿装置 F；第六项，信号比较器⊗。它们都有各自的控制任务、工作原理、结构组成、功能效用，要根据各自装置传递矩阵等具体指标进行定量计算，确定设计原则。读者可参考《大系统控制论》第 15 章中"协调控制系统综合"部分，以及《系统科学精要》③第 12 章"控制方式"部分，进行深度学习。本书的学术使命是为空间城市系统控制系统设计提供理论基础和指导方向。

3）空间城市系统脑控制机构

空间城市系统脑控制原理阐述了空间城市系统脑的结构、功能、原理，空间城市系统脑控制机构使空间城市系统具备了人类大脑的认知、判断、决策功能。空间城市系统脑控制机构，是关于"人脑""组织脑""机器脑"相结合的有机化控制机构。空间城市系统脑创新基于人类智能控制理论，它使得空间城市系统"人—人"与"人—物"生命系统控制成为可能，具有很强的实践应用价值和广阔的市场开发潜力。

空间城市系统脑软件，主要适用于空间城市系统的"空间规划"与"空间治理"，是一种动态的、可预见的、革命性的决策根据，可供各层级政府使用。空间城市系统脑软件也是空间城市系统领域科研与教学不可或缺的现代化工具。

7.2 空间城市系统专项控制

7.2.1 空间城市系统基本控制

1）空间城市系统基本控制任务

(1) 空间城市系统控制思想与控制目标

空间城市系统是一种包括自然地理属性、人文社会属性、人工物质属性的巨大系

① 参见：涂序彦，王枞，郭燕慧. 大系统控制论[M]. 北京：北京邮电大学出版社，2005：192。
② 参见：涂序彦，王枞，郭燕慧. 大系统控制论[M]. 北京：北京邮电大学出版社，2005。
③ 参见：苗东升. 系统科学精要[M]. 3 版. 北京：中国人民大学出版社，2010。

统，经典控制理论不可能适用于空间城市系统控制，因为传统控制理论大多来自于工程控制等机械化属性领域。空间城市系统具有很强的自组织性，即有的控制理论都是建立在他组织基础之上的，哈肯力图用协同学表述系统控制的自组织性。我们认为应该将自组织控制与他组织控制统一在"空间城市系统控制"之中。为此，在现代控制理论定量方法的基础上加入自组织修正是空间城市系统控制的主要思想，空间城市系统控制思想的确定为"空间城市系统控制"奠定了逻辑基础。

空间城市系统的"空间状态控制""空间结构控制" "空间存量控制"合称空间城市系统控制的三大目标，它们是空间城市系统控制的关键所在，在后续空间城市系统基本控制、空间城市系统多级控制、空间城市系统分段控制中，我们将给予详尽表述。空间城市系统控制目标的构建，为空间城市系统控制指明了方向，是空间城市系统控制序参量式的关键问题。

(2) 空间城市系统基本控制任务表述

空间城市系统基本控制是指"空间城市系统状态控制"与"空间城市系统环境控制"，因此"状态控制任务"与"环境控制任务"就成为空间城市系统基本控制的两大任务。我们已知，空间城市系统状态变量包括空间集聚变量、空间扩散变量、空间联结变量，它们决定着空间城市系统状态的情况。空间城市系统环境参量包括地理环境参量、人文环境参量、经济环境参量，它们决定着空间城市系统环境的情况。因此，"空间城市系统状态控制任务"就是"空间城市系统状态变量控制"问题，"空间城市系统环境控制任务"就是"空间城市系统环境参量控制"问题，这完全符合空间城市系统控制思想。

空间城市系统基本控制任务对应着空间城市系统"状态空间"控制方法，也就是说我们要在一定限制条件下，找到空间城市系统状态控制规律 $x_s(t)$ 与空间城市系统环境控制规律 $x_e(t)$，使得所选定的空间城市系统性能指标达到空间城市系统控制任务要求。对于"空间城市系统状态控制规律 $x_s(t)$"与"空间城市系统环境控制规律 $x_e(t)$"而言，状态空间控制方法是相同的，因此在后续分析中，我们统一表示为"空间城市系统状态控制规律 $x(t)$"。

2）空间城市系统基本控制原理

(1) 空间城市系统状态空间描述

在"第 2 章　空间城市系统基础理论"中，我们给出了"空间城市系统状态空间"的基本表述，在此做回顾性陈述：所谓空间城市系统状态是指空间城市系统在时域中演化信息的集合，状态是刻画空间城市系统定性性质的基本概念，用状态变量 $x(t)$ 来表示；所谓空间城市系统状态变量是指空间集聚变量、空间扩散变量、空间联结变量，表示为 $x_1(t)$、$x_2(t)$、$x_3(t)$；所谓空间城市系统状态矢量是将空间城市系统三个状态变量 $x_1(t)$、$x_2(t)$、$x_3(t)$ 看成矢量的分量，则"空间城市系统状态矢量"表示为

$$\boldsymbol{x}(t)=\begin{bmatrix}x_1(t)\\x_2(t)\\x_3(t)\end{bmatrix} \tag{7.12}$$

如图 7.9 所示，所谓空间城市系统状态空间是指由空间集聚变量、空间扩散变量、空间联结变量所建构的三维空间。

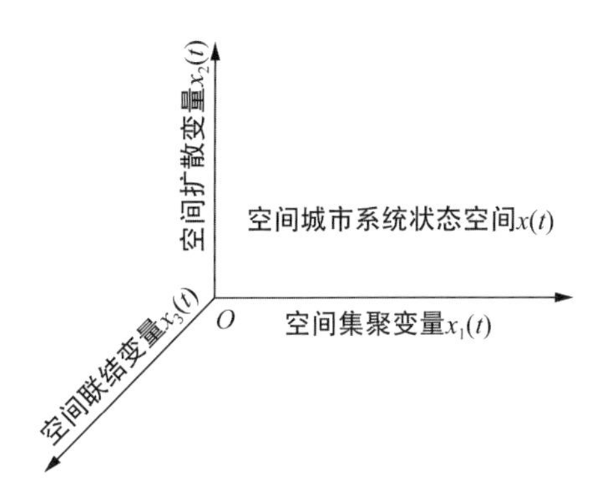

图 7.9 空间城市系统状态空间

(2) 空间城市系统状态空间分析

为了方便空间城市系统控制的定量化表达，我们将“空间城市系统控制系统”设定为线性定常系统，对于非线性与时变空间城市系统，可以根据问题需要利用所给出的“空间城市系统状态空间分析方法”进行深度研究。由此，可以给出“空间城市系统控制系统”状态空间的表达公式，即“状态方程”和“输出方程”为

$$\begin{aligned}\dot{\boldsymbol{x}}(t)&=\boldsymbol{A}\boldsymbol{x}(t)+\boldsymbol{B}\boldsymbol{u}(t)\\ \boldsymbol{y}(t)&=\boldsymbol{C}\boldsymbol{x}(t)+\boldsymbol{D}\boldsymbol{u}(t)\end{aligned} \tag{7.13}$$

根据“空间城市系统控制思想”，我们引入空间城市系统控制自组织修正算子$\psi(t)$，则公式(7.13)变为

$$\begin{aligned}\dot{\boldsymbol{x}}(t)&=\boldsymbol{A}\boldsymbol{x}(t)+\boldsymbol{B}\boldsymbol{u}(t)+\psi(t)\\ \boldsymbol{y}(t)&=\boldsymbol{C}\boldsymbol{x}(t)+\boldsymbol{D}\boldsymbol{u}(t)+\psi(t)\end{aligned} \tag{7.14}$$

其中，$\psi(t)$为空间城市系统控制自组织修正算子，它由自组织控制原理给出，例如自镇定控制、自寻最优点控制、自适应控制等。①

公式(7.14)定量化表述了空间城市系统状态空间的他组织与自组织规律，其中“状态方程”定量表述了空间城市系统状态的时域动力学特征，“输出方程”定量化表述了空间城市系统状态时域静力学特征。它们共同定量化表述了他组织与自组织条件下，空间城市系统时域状态空间的他组织与自组织定量化情况。也就是说，我们根据空间城市系统“状态方程”和“输出方程”就可以定量化确定“空间城市系统状态控制规律$x(t)$”。

如图 7.10 所示，我们将空间城市系统状态空间定量化分析，即“状态方程”和“输出方程”用“空间城市系统状态空间表达式结构图”表示。其中，A、B、C、D 为定常系

① 参见：苗东升.系统科学精要[M].3 版.北京：中国人民大学出版社，2010：59。

数，$u(t)$、$x(t)$、$y(t)$为时域线性矢量。$\psi(t)$表示自组织修正算子，其原理遵循自组织修正算子，即自镇定控制、自寻最优点控制、自适应控制等。“自组织修正器”的创新使用，解决了带有自组织控制性质的系统“状态空间”控制问题，例如人文系统、政治系统、经济系统等，具有十分重大的实践意义。

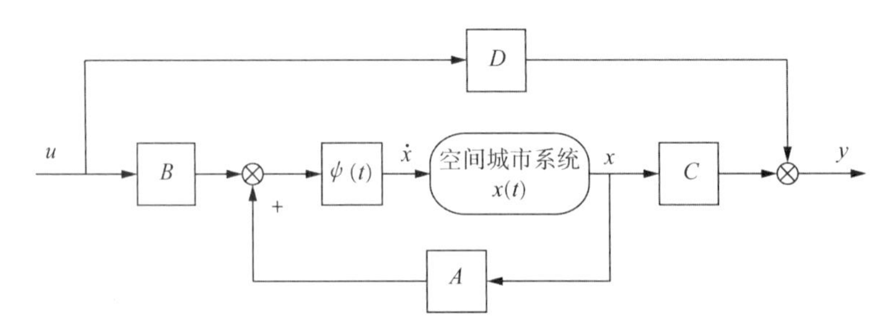

图 7.10　空间城市系统状态空间表达式结构图

(3) 空间城市系统控制的能控性与能观性①

1960 年，卡尔曼(R.E.Kalman)首先提出了能控性与能观性概念，钱学森认为系统能控性与能观性问题在控制论中是具有决定意义的。能控性与能观性是“空间城市系统控制理论”中不可或缺的基本概念。

所谓能控性是指空间城市系统在控制作用下，在有限时间内能否到达所希望的特定状态。所谓能观性是指空间城市系统的输入和输出对状态的反映程度，它主要是研究空间城市系统输出能否完全反映状态变量演化的问题。结合空间城市系统的客观事实，如空间流与空间流波，我们对空间城市系统控制“能控性与能观性”进行如下讨论：

① 空间城市系统状态“能控性与能观性”实践根据

根据“第 4 章　空间城市系统动因理论”分析，我们确认空间集聚、空间扩散、空间联结是空间城市系统发生的客观事实。又根据第 2 章的“空间流原理”与“空间流波原理”，我们得到以下逻辑推理论证：

Ⅰ. 集聚空间流、扩散空间流、联结空间流是真理性存在，且具有能控性与能观性。

Ⅱ. 集聚空间流、扩散空间流、联结空间流导致了空间流波的形成。

Ⅲ. 空间流波形成了空间城市系统的空间集聚变量、空间扩散变量、空间联结变量。

Ⅳ. 已知空间集聚变量、空间扩散变量、空间联结变量决定着空间城市系统状态。

Ⅴ. 根据第Ⅰ条可得空间集聚变量、空间扩散变量、空间联结变量为能控性与能观性变量。

结论：空间城市系统状态具有能控性与能观性。

---

① 本处内容参考了苗东升.系统科学精要[M].3 版.北京：中国人民大学出版社，2010：181-182。在此向原作者致谢，并统一说明，后续不单独予以摘引标注。

空间城市系统状态“能控性与能观性”实践根据，为空间城市系统控制“能控性与能观性”问题奠定了客观事实基础。究其本质而言，空间城市系统是一种可观测、可控制的显性白箱状态，实际上通过对空间流与空间流波的控制与调整，就可以实现对空间城市系统状态的有效控制。

② 空间城市系统状态能控性判据

定义：设空间城市系统在时刻 t_0 时处于初始态 x_0，如果在有限时间间隔 $[t_0, t]$ 内能找到一个控制作用 $u(t_0, t)$ 使空间城市系统从初始态 x_0 到达稳定平衡态，就称初始态 x_0 是能控的。如果空间城市系统所有初态都能控，就称空间城市系统是完全能控的。对于线性定常空间城市系统(7.14)式，状态完全能控的充分必要条件是其能控性矩阵是满秩的，秩为 n，公式表达为

$$(\boldsymbol{B} \mid \boldsymbol{AB} \mid \boldsymbol{A}^2\boldsymbol{B} \mid \cdots \mid \boldsymbol{A}^{n-1}\boldsymbol{B}) \tag{7.15}$$

③ 空间城市系统状态能观性判据

定义：设空间城市系统在时刻 t_0 时处于状态 x_0，如果存在时刻 $t>t_0$，使得在区间 $[t_0, t]$ 上能由 $u(t)$ 和 $y(t)$ 唯一地确定 x_0，就称初始态 x_0 是能观测的，即空间城市系统在 t_0 时刻是能观测的，如果空间城市系统所有初态都能观测，就称空间城市系统是完全能观测的。对于线性定常空间城市系统(7.14)式，状态完全能观测的充分必要条件是其能观测性矩阵是满秩的，秩为 n，公式表达为

$$\boldsymbol{Q} = \begin{bmatrix} \boldsymbol{C} \\ \vdots \\ \boldsymbol{CA} \\ \vdots \\ \boldsymbol{A}^{n-1} \end{bmatrix} \tag{7.16}$$

3）空间城市系统“状态控制系统”[①]

(1) 状态控制系统概论

如图 7.11 所示，空间城市系统“状态控制系统”是由相互关联的元器件以线性定常系统为分析基础，具有自组织控制修正功能的闭环反馈控制系统。

空间城市系统“状态控制系统”是一种具有实际应用价值的“工程技术”，注意此处“工程技术”已经包含了自组织控制修正含义，对于空间城市系统而言即具有了“人类属性”。

① 本处内容参考了理查德·多夫(Richard C. Dorf)，罗伯特·毕休普(Robert H. Bishop).现代控制系统[M].11 版.北京：电子工业出版社，2003。

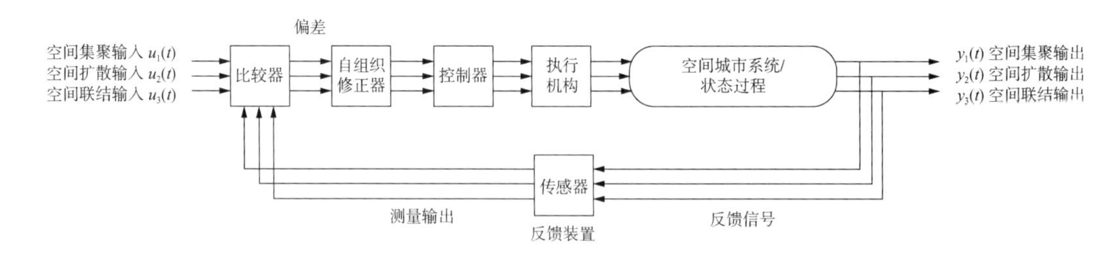

图 7.11 空间城市系统"状态控制系统"

空间城市系统"状态控制系统"设计，是一种"工程控制科学"与"自组织人文控制"相结合的"他组织与自组织控制技术"，它必须具备以下三个逻辑环节：

第一，数学基础。如空间城市系统控制自组织修正算子 $\psi(t)$，它指向自镇定控制、自寻最优点控制、自适应控制等自组织控制方法。由此，公式(7.14)"状态方程"和"输出方程"就为空间城市系统"状态控制系统"设计奠定了数学基础。

第二，控制原理。如空间城市系统"状态控制系统"应用了成熟的"闭环反馈"控制原理，应用了成熟的"信号比较"输入技术，这就为"状态控制系统"的设计奠定了控制理论基础。

第三，控制系统。如成熟元件"比较器""控制器"与"传感器"，以及创新元件"自组织修正器"，控制系统元件的设计要遵循精准、简约、高效的基本原则，它是一个在实践中反复总结经验、创造性的过程。

以空间城市系统控制为代表的"他组织与自组织控制技术"，呈现出广阔的应用前景，例如政治系统控制、经济系统控制等，而"人类属性复杂(HAC)理论"①为这种涉及"人类属性"的自组织控制系统奠定了理论基础。

(2) 自组织修正逻辑过程

如图 7.11 所示，"状态控制系统"加入了自组织修正器，它源自"状态方程"和"输出方程"公式(7.14)的自组织修正算子 $\psi(t)$，表示自镇定控制、自寻最优点控制、自适应控制等。在此，我们给出"自组织修正"逻辑过程，具体如下：

Ⅰ. 测量空间城市系统状态演化自组织变量数据。

Ⅱ. 用回归分析方法确定空间城市系统状态演化自组织规律并拟合为数学函数。

Ⅲ. 找到适用的自组织控制方法，即自镇定控制、自寻最优点控制、自适应控制等方法。

Ⅳ. 根据自组织控制方法确定"自组织控制干预信号"。

Ⅴ. 由信号发生器产生"自组织控制干预信号"输入空间城市系统"状态控制系统"。

---

① 人类属性复杂(HAC)理论是在复杂适应系统(CAS)理论基础之上，由笔者创建的人类属性复杂性理论。

Ⅵ. 根据反馈偏差调整“自组织控制干预信号”重新输入空间城市系统“状态控制系统”。

结果：完成对空间城市系统的自组织控制修正。

(3) 空间城市系统“状态控制系统”传递函数

① 传递函数概念

所谓空间城市系统控制“传递函数”是指零初始条件下，线性定常空间城市系统输出量的拉普拉斯变换与输入量的拉普拉斯变换之比，记作 $G(s)=Y(s)/U(s)$，它是描述线性空间城市系统动态特性的基本数学工具。传递函数是由空间城市系统的本质特性确定的，与输入量无关，知道传递函数以后，就可以由输入量求输出量，或者根据需要的输出量确定输入量了。

对于分析空间城市系统动态特性、稳定性，设计出满意的控制器等，“传递函数”都具有十分重要的作用。“传递函数”有其局限性，它只是对空间城市系统内部结构的一种不完全的描述，因此我们使用了现代控制理论的“状态空间方法”来定量化表述空间城市系统状态控制问题，以避免“传递函数”方法的局限性。

② 由状态方程求解“传递函数”

由空间城市系统“状态方程”和“输出方程”

$$\begin{aligned} \dot{x} &= Ax + Bu + \psi \\ Y &= Cx + Du + \psi \end{aligned} \tag{7.17.1}$$

我们可以求出空间城市系统的传递函数为

$$G(s) = C\phi(s)B + D \tag{7.17.2}$$

其中，$\phi(s)=[s\boldsymbol{I}-\boldsymbol{A}]^{-1}$，为 $\phi(s)=\exp(\boldsymbol{A}t)$ 的拉普拉斯变换。详细转换数学证明参见理查德·多夫(Richard C. Dorf)与罗伯特·毕休普(Robert H.Bishop)所著《现代控制系统》137 页内容。空间城市系统控制“传递函数”也可以通过引入已知输入量并研究空间城市系统输出量的实验方法获得。

(4) 空间城市系统“状态控制系统”性能指标

对于图 7.11 所示的空间城市系统“状态控制系统”，要具有足够的稳定性，当输入有界时，稳定的“状态控制系统”所产生的输出响应也应该是有界的，这被称为空间城市系统“状态控制系统”有界输入—有界输出的稳定性。“稳定性指标”是空间城市系统“状态控制系统”设计的核心指标。

对于图 7.11 所示的空间城市系统“状态控制系统”，要具有足够的鲁棒性。其中，“比较器”“控制器”“传感器”都要有鲁棒性治标，创新元件“自组织修正器”鲁棒性是必须考虑的设计指标，只有这样才能保证它与成熟元件的性能匹配，从而保证空间城市系统“状态控制系统”的实用性能。

总之，空间城市系统“状态控制系统”设计，是一个综合性能的均衡，是各种性能指标的协同作用，才能使得“状态控制系统”实现对空间城市系统状态的有效控制。空间城市系统状态控制涉及经典控制理论与现代控制理论，特别是涉及“人类属性”自组织控制。因此，它充满了科学诱惑与挑战，随着控制科学的发展，空间城市系统控制研究必将迎来蓬勃的明天。

(5) 空间城市系统“状态控制系统”特殊性

首先，空间城市系统是一种具有自然属性、物质属性、人文属性的巨大系统，它特殊的本质属性决定了空间城市系统控制的特殊性。任何经典控制理论、现代控制理论都不可能完全套用在空间城市系统控制之中，那样就违背了空间城市系统特殊性的客观规律，必然产生谬误的结论，不能被空间城市系统实践所接受。

其次，空间城市系统性质决定了它是白箱状态，状态变量可观察、可测量，空间城市系统状态具有可观性、可控性，这是空间城市系统控制的基本特征。空间城市系统状态客观事实存在、变量数据可测量、输入与输出响应显性，它们为空间城市系统状态控制奠定了实践基础。

最后，空间城市系统状态具有“人类属性”特征，具有自组织规律特征，这就完全不同于物质化的工程控制，对此必须有“人类属性复杂”介入，控制理论必须有自组织修正算子 $\psi(t)$ 项，控制系统必须由“自组织修正器”元件构成。

7.2.2 多级空间城市系统控制

1）空间城市系统控制分级

“空间城市系统控制分级”是多级空间城市系统控制的前提，所谓多级空间城市系统控制是对含有子系统的高级空间城市系统的控制命题。它以高级空间城市系统为控制目标、以空间城市系统“空间结构”为控制对象、以频域控制和时域控制为手段、以空间城市系统本体实践控制为根本，对空间城市系统状态进行控制。

如图 7.12 所示，我们以中国沿江空间城市系统为例，说明“空间城市系统控制分级”。所谓沿江空间城市系统是指沿长江所形成的世界级空间城市系统，它的空间形态整体性处于中华人民共和国境内，中国沿江空间城市系统、美国东部空间城市系统、西北欧空间城市系统形成了“世界三大空间城市系统”，主导着全球人居空间的演化趋势。

如图 7.12 所示，沿江空间城市系统是一个 10 级空间城市系统，1 级空间城市系统是它的基础子系统，计有上海、南京、杭州、合肥、宁波、武汉、南昌、长沙、重庆、成都 10 个 1 级空间城市系统；长江三角洲空间城市系统为它的 5 级空间城市子系统；中三角空间城市系统为它的 3 级空间城市子系统；成渝空间城市系统为它的 2 级空间城市子系统。

2）空间结构控制任务

(1) 中心结点控制

如图 7.13 所示，所谓中心结点控制是指牵引城市(TC)、主导城市(LC)、主中心城

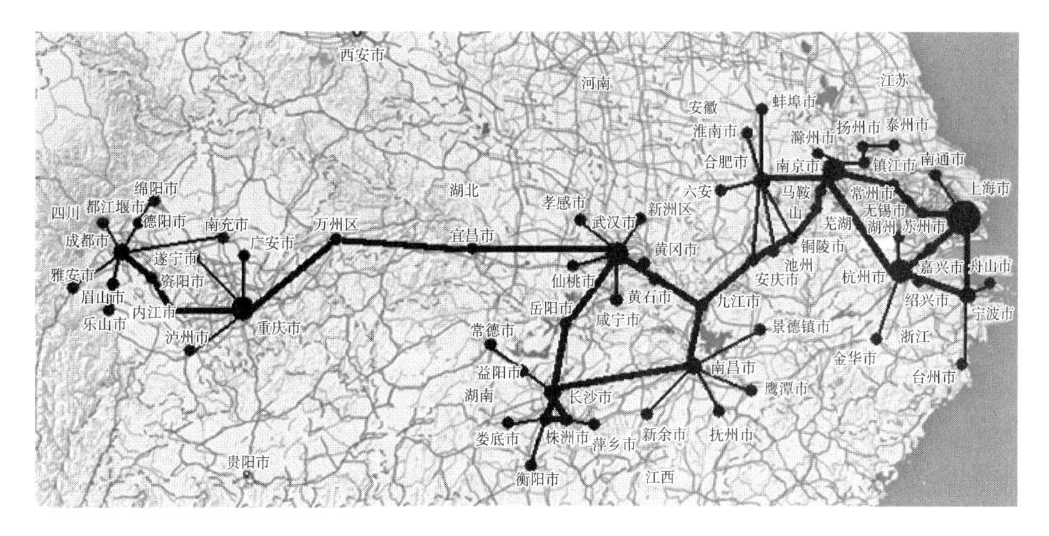

图 7.12　沿江空间城市系统空间结构

市(TC)、辅中心城市(AC)、基础城市(BC)的状态控制。频域表示为 $x_p(s)$ 控制，时域表示为 $x_p(t)$ 控制，它们所对应的空间基本变量为空间集聚变量 x_1、空间扩散变量 x_2、空间联结变量 x_3。“中心结点控制”是空间城市系统空间结构控制任务的第一控制基本项。

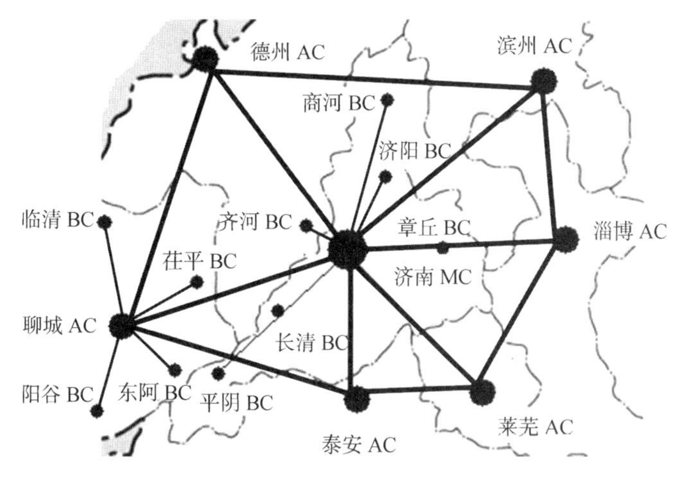

图 7.13　中心结点控制

(2) 联结轴线控制

如图 7.14 所示，所谓联结轴线控制是指空间城市系统联结“主导轴线”与“分支轴线”所构成的网络域面联结轴线状态控制。频域表示为 $x_a(s)$ 控制，时域表示为 $x_a(t)$ 控制，它们所对应的空间基本变量为空间联结人流 x_1、空间联结物流 x_2、空间联结信息流 x_3。“联结轴线控制”是空间城市系统空间结构控制任务的第二控制基本项。

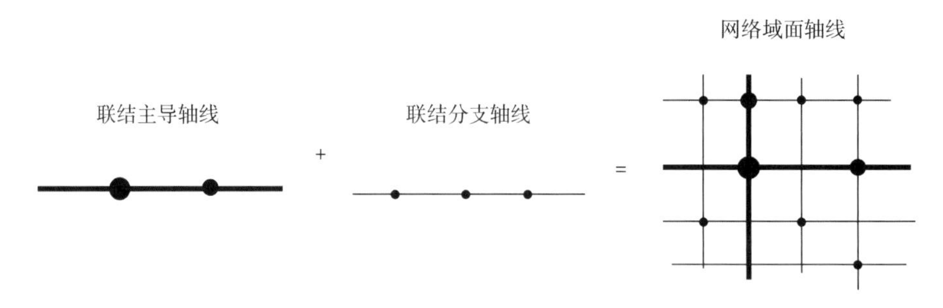

图 7.14　联结轴线控制

（3）网络域面控制

如图 7.15 所示，所谓网络域面控制是指空间城市系统整体状态控制，频域表示为 $X(s)$ 控制，时域表示为 $X(t)$ 控制，它们所对应的空间基本变量为：第一，空间城市系统环境指数 X_1，包括自然变量 x_1、人文变量 x_2、经济变量 x_3；第二，空间城市系统空间形态指数 X_2；第三，空间城市系统整体涌现性指数 X_3，包括政治指数 x_1、经济指数 x_2、文化指数 x_3、社会指数 x_4、生态环境指数 x_5。“网络域面控制”是空间城市系统空间结构控制任务的第三控制基本项。

（4）空间结构“分项结构”与“整体结构”

我们将“中心结点结构”表示为指数 x_p、“联结轴线结构”表示为指数 x_a、“网络域面结构”表示为指数 x_n 称为空间结构分项结构，将空间城市系统的“空间环境结构”表示为指数 X_1、“空间形态结构”表示为指数 X_2、“整体涌现性结构”表示为指数 X_3 称为空间结构整体结构。“分项结构”与“整体结构”反映了空间城市系统空间结构的分项与整体情况。

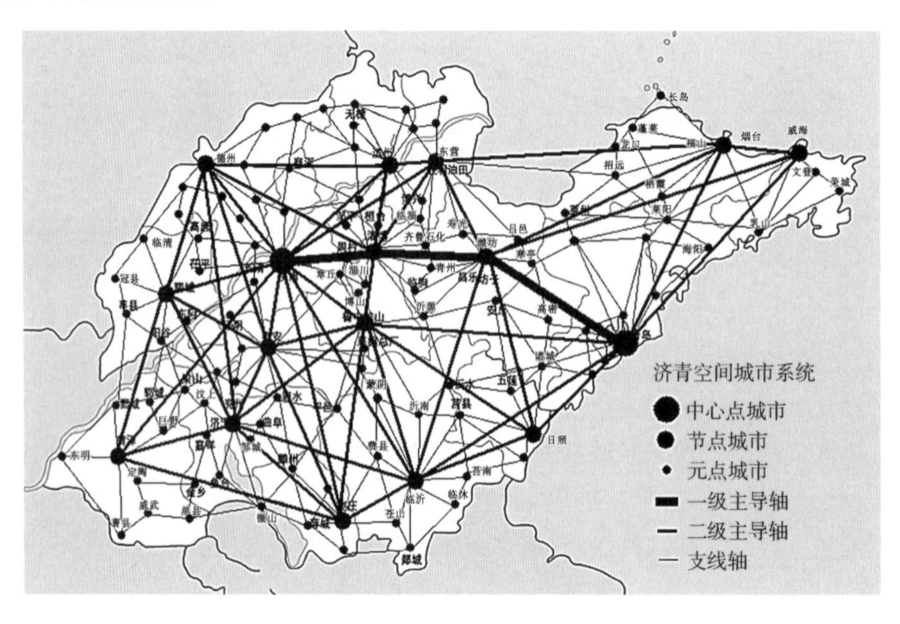

图 7.15　网络域面控制

3）空间结构控制原理

(1) 空间结构控制基本概念

① 闭环反馈控制

空间城市系统空间结构一般采用闭环反馈控制，其控制原理是根据空间结构输出信号 $y(t)$ 来进行控制的，通过比较空间结构输出信号 $y(t)$ 与期望信号 $x_e(t)$ 之间的偏差，并消除偏差以获得所预期的空间结构性能。空间结构“闭环反馈控制”存在由输入信号 $u(t)$ 端到输出信号 $y(t)$ 端的前向通路，存在由输出信号 $y(t)$ 端到输入信号 $u(t)$ 端的反馈通路，它们组成一个闭合回路。通过对空间结构的闭环反馈控制，实现空间城市系统空间规划所规定的目标，空间结构闭环反馈控制是根据实际情况调整空间治理与空间工具的基本依据，具有重要的实践意义。

② 时域控制与频域控制

空间城市系统空间结构控制涉及时域控制 $x(t)$ 与频域控制 $x(s)$。所谓时域控制是指按时间顺序进行的空间结构控制，时域是空间城市系统真实世界唯一实际存在的客观域，空间结构真实的存在于时间域 $[t_0, t]$ 之中。“时域控制” $x(t)$ 是我们最经常使用的表达方法。所谓频域控制是我们构造的一种空间结构数学控制，它不是空间城市系统真实的客观存在，它是一个遵循特定规则的数学范畴，如正弦波规则是空间结构频域控制的基本方法规则。“频域控制” $x(s)$ 可以使很多复杂问题简单化，频域分析更为简练，剖析问题更为深刻，因此是很重要的辅助表达方法。时域和频域可以通过傅立叶级数和傅立叶变换来实现转换，时域越宽则频域越短折叠。

③ 他组织控制与自组织控制

所谓他组织控制是专家与行政首长对空间城市系统所实施的外部人力作用，以实现对空间城市系统的正确管理与运行。“他组织控制”占据了空间城市系统控制问题的绝大多数。所谓自组织控制是空间城市系统自适应、自修正、自镇定控制作用，它是多级空间城市系统控制中很重要的控制方法，它为空间城市系统分级控制提供了基本思想，如“分层递阶自组织控制”。自组织控制理论为“人类属性”修正算子 $\psi(t)$，以及“自组织修正器”元件设计提供了理论基础。空间城市系统自组织规律为“自组织控制”奠定了逻辑基础，它是空间城市系统控制不可或缺的重要组成部分。

④ 经典控制理论与现代控制理论

控制是一个古老悠久的命题，“经典控制理论”形成于 20 世纪 40 年代，主要适用于线性定常系统，使用常微分方程、传递函数为数学工具，描述了系统的输入和输出之间的关系，不能描述系统内部结构和处于系统内部的变化。“现代控制理论”形成于 20 世纪 60 年代，使用状态方程、响应方程为数学工具，描述了系统的“内部运动状态”。“现代控制理论”更适合空间城市系统白箱状态本质特性，采用的是时域的直接分析方法，可以对空间城市系统进行更详尽的控制。但是，“经典控制理论”与“现代控制理论”各有其优点，在空间城市系统控制中都有其地位。

⑤ 微分方程与传递函数

"微分方程"是空间城市系统状态演化的基本数学表达方法，称之为空间城市系统动力学方程。所谓空间城市系统动力学"微分方程"是指空间城市系统表达函数及其对时间 t 导数的关系式，因此它又被称为空间城市系统状态"演化方程"，可以表示为 $\dot{x}=f(x, c)$ 函数，或者 $\dot{\boldsymbol{X}}=f(X,C)$ 的向量形式。所谓传递函数是指在零初始条件下，线性空间城市系统输出量的拉普拉斯变换与输入量的拉普拉斯变换之比，记作 $G(s)=Y(s)/U(s)$，它是描述线性空间城市系统动态特性的基本数学工具。传递函数是由空间城市系统的本质特性确定的，与输入量无关，知道传递函数以后，就可以由输入量求输出量，或者根据需要的输出量确定输入量了。

⑥ 状态方程与输出方程

所谓状态方程是指在空间城市系统状态空间中，对状态控制系统做完整表述的一阶微分方程，表示为 $\dot{x}(t)=A_x(t)$，它由空间城市系统状态变量给出。所谓输出方程是空间城市系统输出变量与状态变量的函数关系式，表示为 $y(t)=C_x(t)$。"状态方程与输出方程"是空间城市系统状态空间控制方法所使用的基本数学工具。

(2) 空间结构控制原理分析

① 控制目标

如前分析，空间城市系统空间结构控制包括三个部分：第一，中心结点控制，表示为结点函数 x_p 与变量 x_1、x_2、x_3；第二，联结轴线控制，表示为轴线函数 x_a 与变量 x_1、x_2、x_3；第三，网络域面控制，表示为网络域面函数 X 与变量 X_1、X_2、X_3。显然，它们具有共同的函数与变量表达形式——$x(t)$、$x_1(t)$、$x_2(t)$、$x_3(t)$，因此在"空间结构控制原理"与"空间结构控制系统"中，我们只讨论空间结构的一般表达形式，则空间结构控制任务可以表述为空间结构函数 $x(t)$ 及空间结构变量 $x_1(t)$、$x_2(t)$、$x_3(t)$ 的定量控制关系问题。

② 控制表达

从"控制任务"到"传递函数"，我们将空间城市系统空间结构定量化表达分为以下五个基本步骤：

第一步，根据空间结构控制任务要求，选择合适的控制理论，例如"中心结点控制"要求对牵引城市(TC)、主导城市(LC)、主中心城市(TC)、辅中心城市(AC)、基础城市(BC)的演化状态进行控制，我们选择现代控制理论"状态空间方法"与经典控制理论"传递函数方法"对"中心结点控制"进行控制表达与分析。

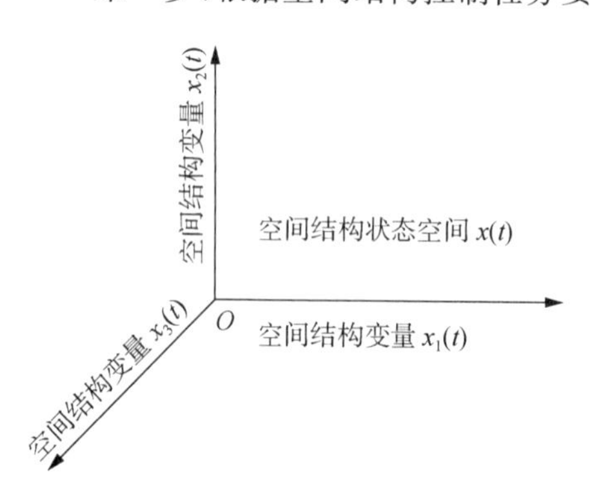

图 7.16 空间结构状态空间

第二步，我们以空间结构变量 $x_1(t)$、$x_2(t)$、$x_3(t)$ 构建"空间结构状态空间"，如图 7.16 所示。

“空间结构状态矢量”可以表示为

$$\boldsymbol{x}(t)=\begin{bmatrix}x_1(t)\\x_2(t)\\x_3(t)\end{bmatrix} \tag{7.18}$$

第三步，我们绘制空间结构控制原理图，如图 7.17 所示，它是空间结构控制的基本表达方法，是空间结构控制定性与定量分析的基础，具有十分直观的效果。“空间结构控制原理图”是“空间结构控制系统图”的基础，二者在空间结构控制中具有十分重要的基础性意义。

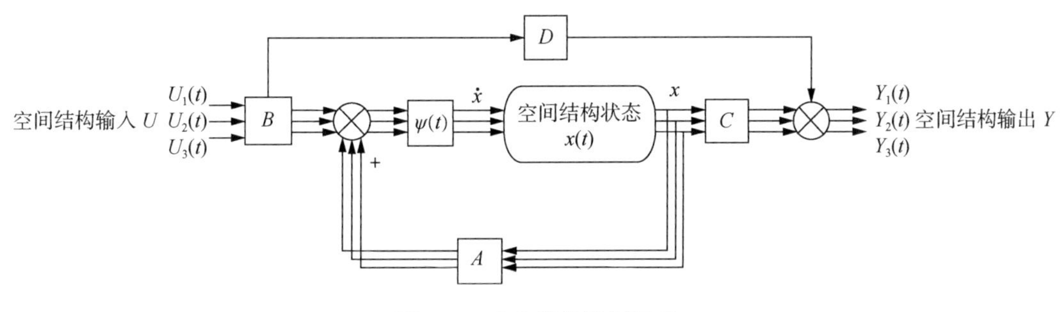

图 7.17 空间结构控制原理

第四步，在“空间结构状态空间”中，我们写出空间结构“状态方程”和“输出方程”，即

$$\begin{aligned}\dot{x}(t)&=A_x(t)+B_u(t)+\psi(t)\\y(t)&=C_x(t)+D_u(t)+\psi(t)\end{aligned} \tag{7.19}$$

其中，$\psi(t)$ 为空间结构控制自组织修正算子，则公式(7.19)定量化表述了空间结构状态空间的他组织与自组织规律，其中“状态方程”定量表述了空间结构状态的时域动力学特征，“输出方程”定量化表述了空间结构状态的时域静力学特征。它们共同定量化表述了他组织与自组织条件下，空间结构时域状态空间的他组织与自组织定量化情况。也就是说，我们根据空间结构“状态方程”和“输出方程”就可以定量化确定“空间结构状态控制规律 $x(t)$”。

第五步，可以利用拉普拉斯变换，从空间结构“状态方程”和“输出方程”中求出空间结构的“传递函数”，也可以通过引入已知输入量并通过空间结构输出量的实验方法获得“传递函数”，所求得的空间结构“传递函数”为

$$W(t)=\frac{Y(t)}{U(t)} \tag{7.20}$$

其中，$Y(t)$表示空间结构输出量；$U(t)$表示空间结构输入量。

根据公式(7.20)，我们可以求出各子系统空间结构的传递函数。以沿江空间城市

系统空间结构为例，则有上海、南京、杭州、合肥、宁波、武汉、南昌、长沙、重庆、成都10个子系统空间结构，其“传递函数”分别为$W_1(t)$，$W_2(t)$，$W_3(t)$，$W_4(t)$，$W_5(t)$，$W_6(t)$，$W_7(t)$，$W_8(t)$，$W_9(t)$，$W_{10}(t)$。根据传递函数串联结构定义，则沿江空间城市系统空间结构传递函数为

$$W(t)=W_1(t)W_2(t)W_3(t)W_4(t)W_5(t)W_6(t)\cdot W_7(t)W_8(t)W_9(t)W_{10}(t) \tag{7.21}$$

公式(7.21)定量化表述了沿江空间城市系统空间结构动态特性的情况，由此我们便掌握了多级空间城市系统，母系统空间结构与子系统空间结构，输入量$U(t)$与输出量$Y(t)$的换算关系，由输入量求输出量，或者根据需要的输出量确定输入量。而这对于空间结构动态特性分析是至关重要的。

③ 控制综述

上述五个步骤是空间结构控制分析的基本步骤，可以根据实际需要加入其他分析方法。总之，对“空间结构”的控制，抓住了多级空间城市系统控制问题的根本，它既可以对各子系统控制进行定量化分析，又可以对母系统控制进行定量化综合。空间结构控制方法要在空间城市系统控制实践中灵活应用，关键是要掌握“空间结构控制基本概念”，深度学习经典控制理论与现代控制理论，熟知空间城市系统“人类属性”特殊性与自组织规律。

4）空间结构控制系统

（1）空间结构控制系统基本概念

① 空间结构控制系统

如图7.18所示，空间结构控制系统是为了空间城市系统规划目标而设计，由空间城市系统脑等相互关联的元器件与决策执行机构组成的系统。“控制者”为空间城市系统脑专家与行政首长体系，“被控制对象”为空间城市系统空间结构，分为“分项结构”与“整体结构”，前者指“中心结点结构”“联结轴线结构”“网络域面结构”，后者指“环境结构”“空间形态结构”“整体涌现性结构”。

② 闭环反馈控制结构

如图7.18所示，“闭环反馈控制结构”是基于反馈原理建立的空间结构控制系统，通过比较空间结构输出信号与预期信号之间的偏差，并消除偏差从而实现空间结构控制任务。“闭环反馈控制结构”存在输入到输出的信号前向通路，又包括输出端到输入端的信号反馈通路，两者组成一个闭合的回路。闭环反馈控制由“空间城市系统脑、自组织修正器、行政决策机构”“空间结构”“反馈通路”实现。

③ 比较器

“比较器”是空间结构控制系统的标准元件，通过比较初始输入信号与反馈信号两个输入信号的大小，向空间城市系统脑输出不同比较结果的信号。减少时间延迟与比较精确度是比较器的主要性能指标。

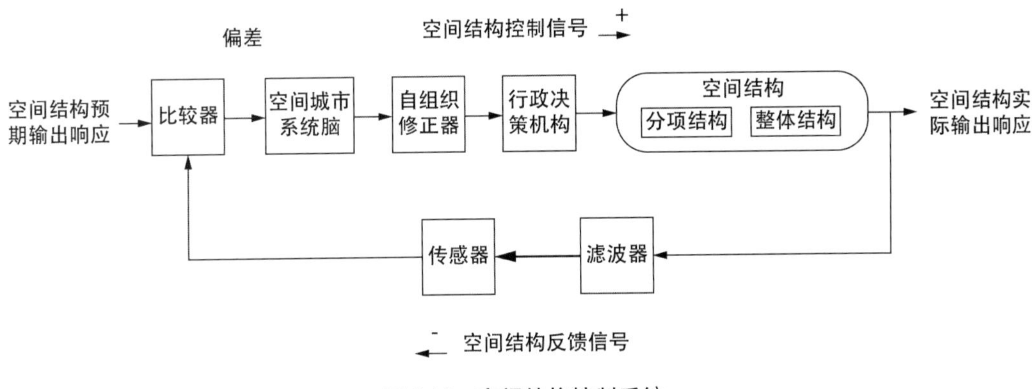

图 7.18　空间结构控制系统

④ 空间城市系统脑

“空间城市系统脑”是空间结构控制方案的制订者，它包括专业脑、组织脑、机器脑，以及第一维度模型体系、第二维度模型体系、第三维度模型体系。“空间城市系统脑”是一种“专家—组织—机器”结合的人类智能体系，能解决空间城市系统的多维度、多变量、非线性等复杂问题。“空间城市系统脑”是处理城市群、巨型区域、巨型城市区域以及空间城市系统问题必不可少的现代化工具。

⑤ 自组织修正器

“自组织修正器”是空间结构控制方案“人类属性”自组织规律的修正元件，它的设计应用使空间城市系统多义性、试错性、不确定性问题得到有效的解决。“自组织修正器”将传统的工程控制与人文控制联系起来，是控制系统思想与方法的创新。

⑥ 行政决策机构

“行政决策机构”是空间结构控制方案的决策实施者，包括决策首长基元、决策幕僚基元，它对空间结构控制系统下达指令，执行空间城市系统脑所制定的“控制方案”。决策首长基元是空间结构控制系统“控制者”的最终代表人。

⑦ 信号与信息

如图 7.18 所示，空间结构控制系统从输入到输出的信号前向通路为“空间结构控制信号”，从输出端到输入端的信号反馈通路为“空间结构反馈信号”。“信号与信息”流程将控制者、被控制对象以及全部元器件紧密连续在一起。

⑧ 滤波器

如图 7.18 所示，空间结构控制系统“滤波器”是将“空间结构反馈信号”中的噪声信号滤除，起到抑制和防止干扰的作用。需要特别指出的是空间结构控制系统“滤波器”具有人类属性自组织滤波功能，它与“自组织修正器”分别形成了前向与后向自组织修正功能。例如，空间结构控制系统“滤波器”可以由“卡尔曼滤波”与“自组织滤波”两个部分组成。

⑨ 传感器

“传感器”是空间结构控制系统的标准元件，它将“空间结构反馈信号”传输给“比较器”,是闭环反馈控制结构的关键元件。稳定性与鲁棒性都是“传感器”所要具有的性能指标特性。

(2) 空间结构控制系统分析

① 控制系统设计

空间结构控制系统设计的基础是反馈原理、线性系统、空间城市系统特性,“空间结构控制原理”为控制系统设计提供了理论支撑。多变量控制一般为 3 个到 5 个变量,是空间结构控制系统的基本特征。“分项结构”控制与“整体结构”控制,是控制系统设计需要兼顾的两个基本方面。空间结构控制系统要具有足够的稳定性,“稳定性指标”是控制系统的核心指标。空间结构控制系统要具有足够的鲁棒性,其中“比较器”“空间城市系统脑”“自组织修正器”“滤波器”“传感器”都要有“鲁棒性指标”。如此,才能保证空间结构控制系统的实用性能。总之,空间结构控制系统设计是一个反复迭代、不断完善的探索过程,任何一掷而就的想法都是不科学的。

② 控制流程分析

我们将空间结构控制系统工作流程从控制信号输入端到输出端归纳为“空间结构控制八步法”,并将其作为空间结构控制系统设计的基本准则。

第一步,空间结构预期输出响应。如图 7.18 所示,所谓空间结构预期输出响应就是空间城市系统“空间规划”规定的空间结构目标值,它是空间结构控制的标准。

第二步,“预期输出响应”与“实际输出响应”比较。如图 7.18所示,“空间结构预期输出响应”与“空间结构实际输出响应”,即反馈信号,经过“比较器”比较找到控制“偏差”,以此作为控制系统的工作依据。

第三步,控制方案制定。如图 7.18 所示,由“空间城市系统脑”制定空间结构控制方案,其工作原理详见“7.3 节空间城市系统脑原理”。

第四步,自组织修正。如图 7.18 所示,经“自组织修正器”对空间结构人类属性自组织现象进行修正。它的数学表示和逻辑过程前边已经进行了论述。经过“自组织修正”,空间结构控制方案才贴合空间城市系统实践情况,才能与行政当局感性认识相符合。

第五步,行政决策实施。如图 7.18 所示,“行政决策”是由行政首长对空间城市系统脑所提供的“控制方案”进行决策,并执行实施。

第六步,空间结构控制。如图 7.18 所示,“空间结构控制”包括“分项结构控制”,即“中心结点控制”“联结轴线控制”“网络域面控制”;“整体结构控制”,即“空间环境控制”“整体涌现性控制”。

第七步,反馈装置。如图 7.18 所示,空间结构控制系统“反馈装置”包括自组织“滤波器”与反馈信号“传感器”两个部分,前者承担空间结构人类属性自组织后向修正作用,后者承担空间结构反馈信号放大传输作用。

第八步,空间结构实际输出响应。如图 7.18 所示,“空间结构实际输出响应”就是空间城市系统空间结构被控制之后的效果反映,它的好坏直接决定了空间结构控制系统的成功与失败。

③ 控制系统综述

"空间结构控制八步法" 是空间结构控制系统工作的基本流程,是空间结构控制系统设计的基本依据,可以根据实际需要加入其他步骤。空间结构"控制系统"是一项可操作性的工程技术,反复迭代、不断试错、逐渐完善是基本的设计思想。要在空间结构"控制任务与控制原理"的基础上,根据空间城市系统实际情况,进行控制系统的不断优化设计。来自空间城市系统实践、掌握空间城市系统理论、回到空间城市系统实践,是空间城市系统空间结构控制的基本哲学观。

5）沿河空间城市系统控制

(1) 中国沿河空间城市系统概论

如图 7.19 所示,"沿河空间城市系统"是指沿黄河所形成的世界级空间城市系统,它的空间形态整体性处于中华人民共和国境内。中国"沿河空间城市系统"是由黄河北向入渤海现河道与南向入黄海旧河道地质原因所形成。"沿河空间城市系统"主要由青岛、济南、徐州、连云港、郑州、西安、兰州、西宁、银川等城市连接形成,人口约 1 亿人,主要涉及山东、江苏、河南、陕西、甘肃、青海、宁夏等省(自治区)。

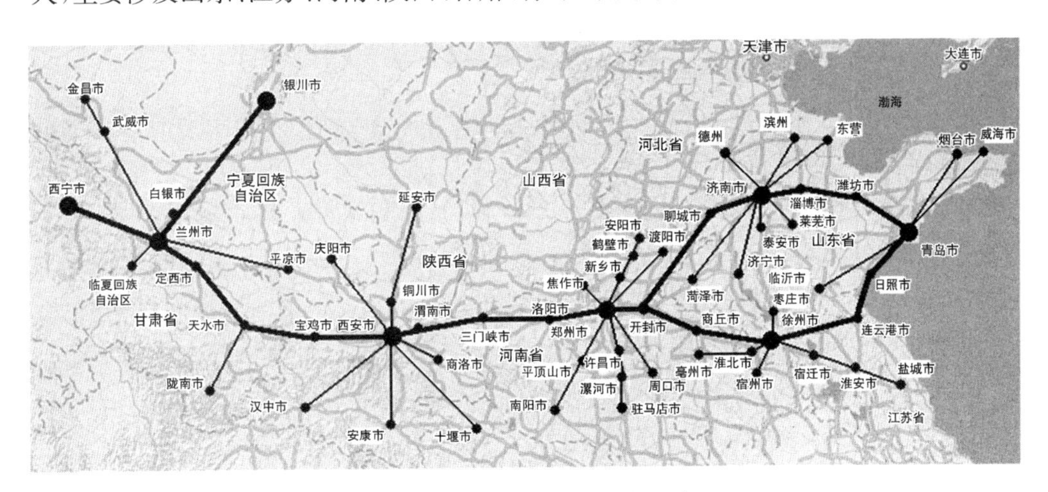

图 7.19　中国沿河空间城市系统

中国"沿河空间城市系统"现在处于初始阶段,其特点是静态系统、平衡态发展阶段、空间形态不完整、空间结构不成熟等。"沿河空间城市系统"各中心城市空间集聚尚没有完成,空间扩散正在进行。"沿河空间城市系统"主轴高速通道并没有形成,处于断续状态,各中心城市之间空间联结还没有完全贯通。"沿河空间城市系统"网络域面建设还是一个远期愿景。

基于上述客观现实,对于中国"沿河空间城市系统"概念:首先,学术理论界不予认定,鲜有"沿河空间城市系统""沿黄河经济带""沿黄河城市群""沿河都市连绵带"等概念提出;其次,中央政府没有提出中国"沿河空间"空间战略,缺少"沿河空间城市系统"空间规划,地方政府缺乏"沿河空间城市系统"发展意识,沿海、中原、西部没有形成都市连绵发展的基本观念；最后，系统化中国“沿河空间城市系统”理论研究处于空白状态，这就使中央和地方政府抉择失去了逻辑根据。

(2) 沿河空间城市系统空间结构逻辑

所谓空间结构逻辑是指空间城市系统中心结点、联结轴线、网络域面之间的必然逻辑关系，主要包括地理逻辑、人文逻辑、经济逻辑。“空间结构逻辑”决定了空间城市系统的空间结构与空间形态，形成了空间城市系统识别与界定的基本要件。正是沿河空间城市系统“空间结构逻辑”决定了中国沿河空间城市系统的存在，决定了沿河空间城市系统各子系统的构成。也正是“空间结构逻辑”说明了沿河空间城市系统隐性化的原因，指出了“沿河空间城市系统”产生与发展的不足之处。因此，我们对沿河空间城市系统“空间结构逻辑”做以下基本分析：

① 沿河空间城市系统地理逻辑分析

沿河空间城市系统“地貌逻辑”可以分为：其一，“黄河地理连接轴”，它是“沿河空间城市系统”赖以形成的根基；其二，“山前地貌特征”，从济南到兰州，自东向西“沿河空间城市系统”始终处于山前、山间地貌之中，处于山前平原或山谷平原之上；其三，“东西呈梯级分布”，青岛到西宁等各中心城市横跨中国三个地貌台阶。

沿河空间城市系统“纬向地带气候逻辑”可以归结为：整体处于纬向温带气候、东部为海洋气候、中部为大陆气候、西部为高原气候。沿河空间城市系统“网络域面逻辑”可以分为东部沿海网络域面、中部平原网络域面、西部高原网络域面三个大的类型。

沿河空间城市系统“交通逻辑”可以分为：其一，陇海铁路连接轴，分为高速铁路连接轴与铁路连接轴。其二，高速公路连接轴，包括青岛—银川高速公路、青岛—兰州高速公路、连云港—兰州高速公路。其三，黄河水运连接轴，这是需要中央政府顶层设计的，它将随“沿河空间城市系统”开发而同步发展。其四，沿河航空连接轴，它还有很大的发展空间，“沿河空间城市系统”将直接推进“沿河航空连接轴”的快速发展。

② 沿河空间城市系统人文逻辑分析

沿河空间城市系统“人文逻辑”是它最重要、最坚实、最可靠的形成基础：首先，黄河流域是中华民族形成的根源空间，是中国文化的起源空间，是国家的支撑空间。毫不夸张地说没有黄河流域的崛起，就谈不上中国的城市化，就谈不上中华民族的伟大复兴。其次，“沿河空间城市系统”完全在中华人民共和国境内，它所在的山东、江苏、河南、陕西、甘肃、青海、宁夏等地方政府是中央政府的派出行政机构，国家的统一是中华民族的一份宝贵遗产，也是“沿河空间城市系统”赖以产生与发展的基础。再次，“沿河空间城市系统”同属黄河流域文化大类，横跨秦文化圈、中原文化圈、齐鲁文化圈，具有相近的地域文化脉络。最后，“沿河空间城市系统”同属汉语语言区，为“沿河空间城市系统”规划建设奠定了语言逻辑基础。中国“沿河空间城市系统”拥有的“政治地理逻辑”“地域文化逻辑”“语言民族逻辑”使得“沿河空间城市系统”具有了牢固的“人文基础逻辑”。加之“旅游地理逻辑”与“宗教信仰逻辑”，人文逻辑就成为中国“沿河空间城市系统”最根本、最可靠和不可动摇的基础。

③ 沿河空间城市系统经济逻辑分析

沿河空间城市系统“经济逻辑”是导致它隐性化的短板。首先，沿黄河流域的部分地区是中国思想较保守、较不开放、较落后的地区之一，自周礼文化到齐鲁儒家文化，均产生于黄河流域。而传统文化对现代社会发展的负面作用是不争的事实。它导致了创新思想、创新逻辑、创新环境的落后，进而制约了“沿河空间城市系统”的产生与发展。其次，如表 7.4 所示，“沿河空间城市系统”经济总量严重不足，东西部呈断崖式衰减。产业结构落后，第三产业不发达，导致了“沿河空间城市系统”缺乏一个空间城市系统牵引城市（TC），例如“沿江空间城市系统”的牵引城市（TC）上海。这是“沿河空间城市系统”与“沿江空间城市系统”相比最大的不足之处。最后，“一带一路”建设给“沿河空间城市系统”创造了新的发展机遇，欧亚大陆桥将横穿中国“沿河空间城市系统”，这将会极大地促进它的产生与发展。沿河空间城市系统的“经济逻辑”短板，也是它的产生与发展机遇，意味着它具有巨大的经济发展潜力。继中国“沿江空间城市系统”之后，汲取“沿江空间城市系统”的成功经验和失误教训，相信中国“沿河空间城市系统”将崛起于中华大地，跻身于世界级空间城市系统之列。

表 7.4 各中心城市 2017 年 GDP 经济总量

中国排名	城市	GDP 经济总量（亿元）
12	青岛	11 258
17	郑州	9 003
23	济南	7 285
24	西安	7 469
31	徐州	6 600
89	连云港	2 630
97	兰州	2 445
百名之外	银川	1 803
	西宁	1 284
总计		49 777

（3）沿河空间城市系统空间结构控制

① 沿河空间城市系统控制分级

“沿河空间城市系统控制分级”是沿河空间城市系统空间结构控制的前提，如图 7.19 所示，沿河空间城市系统是一个 7 级空间城市系统，1 级空间城市系统是它的基础子系统，计有青岛、济南、徐州、郑州、西安、兰州—西宁、银川 7 个 1 级空间城市系统。山东空间城市系统为它的 2 级子系统，包括青岛—济南；徐州空间城市系统为它的 1 级子系统，包括徐州—连云港；沿河中游空间城市系统为它的 2 级子系统，包括郑州—西安;沿河上游空间城市系统为它的2级子系统,包括西宁—兰州—银川。“沿河空间城市系统”现在正处于青岛、济南、徐州、郑州、西安、兰州—西宁、银川1级子系统产生与发育阶段。山东空间城市系统、沿河中游空间城市系统、沿河上游空间城市系统都处于潜在状态。

② 沿河空间城市系统控制任务

“空间结构控制”无疑是沿河空间城市系统首要的控制任务,它决定着“沿河空间城市系统”的本质,决定着“沿河空间城市系统”空间要素以及空间要素之间关系的总和。经过沿河空间城市系统“空间结构”主成分分析①,不难得出现阶段沿河空间城市系统“空间结构”控制任务主成分排序为:第一主成分 f_1,即联结轴线控制任务;第二主成分 f_2,即中心结点控制任务;第三主成分 f_3,即网络域面控制任务。如图7.20所示。

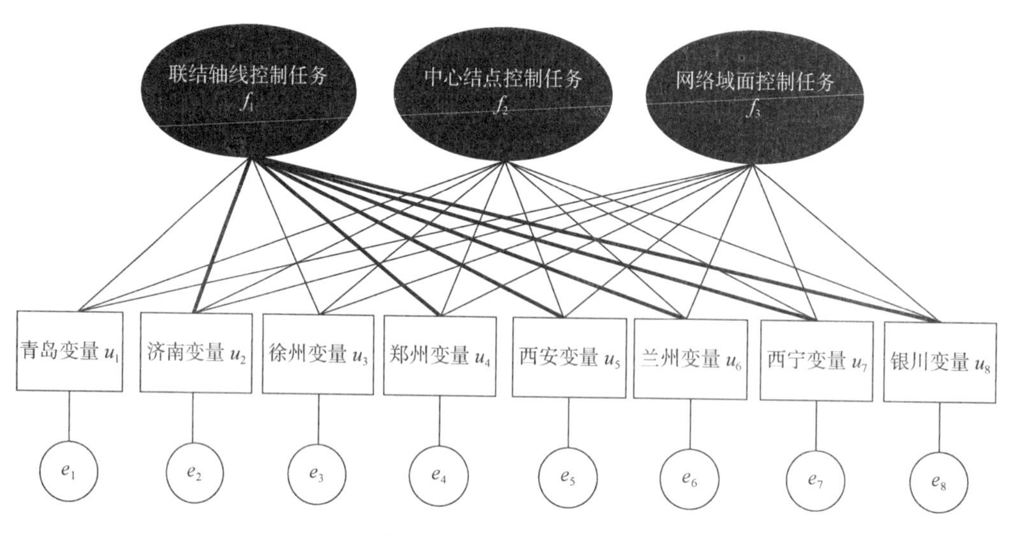

图7.20 沿河空间城市系统控制任务主成分

上述第一主成分 f_1 联结轴线控制任务又可以细分为:济南—郑州联结主轴控制任务、西安—兰州联结主轴控制任务、西宁—兰州—银川联结主轴控制任务,如图7.20粗实线标注部分所示。

③ 沿河空间城市系统联结分析

第一,联结方法分析。

完成“沿河空间城市系统”主成分空间结构联结的技术方法,主要有高速铁路联结、城际高速铁路联结、航空联结、高速信息联结、高速公路联结。黄河航运联结是一项经济、技术、公共服务综合性的大型工程,“沿河空间城市系统”的规划建设,无疑将大大加快黄河航运联结的进程。

① 主成分分析方法,可参见《空间城市系统论》上卷第3章相关内容。

第二,联结时间分析。

当“沿河空间城市系统”主导轴联结完成之后,由表 7.5 可见,自东部的青岛、连云港到西部的兰州、西宁、银川可以实现一日生活圈,而高速铁路与城际高速铁路的建设将使之变成现实。因此,中国“沿河空间城市系统”的自组织发展将大大超越国家“空间规划”,这是一个基本事实。“沿河空间城市系统”的演化是一个不以人们意志为转移的客观规律。

表 7.5 沿河空间城市系统联结一览表

联结方式	联结地点	联结时间	联结地点	联结时间
高速铁路	青岛—济南	1 小时	—	—
高速铁路	济南—郑州	2 小时	—	—
高速铁路	郑州—西安	2 小时	—	—
高速铁路	西安—兰州	3 小时	青岛—兰州	8 小时
高速铁路	兰州—西宁	1 小时	青岛—西宁	9 小时
高速铁路	兰州—银川	2 小时	青岛—银川	10 小时
高速铁路	—	—	连云港—兰州	7 小时
高速铁路	—	—	连云港—西宁	8 小时
高速铁路	—	—	连云港—银川	9 小时

第三,联结空间分析。

中国“沿河空间城市系统”联结在空间上有四个关键控制任务,即四个子项“网络域面控制任务”,它们将是继七个一级子系统发育成熟之后的关键演化阶段。

其一,山东空间城市系统。山东空间城市系统是由“青岛空间城市系统”与“济南空间城市系统”所组成的二级空间城市系统,它的关键是实现青岛—济南城际化空间联结。随着济青高速铁路的开通,济青 1 小时生活圈已经成为现实。山东空间城市系统的形成将为“沿河空间城市系统”提供一个牵引空间,这是“沿河空间城市系统”的一个短板。

其二,徐州空间城市系统。徐州空间城市系统包括徐州、淮北、宿州、济宁、枣庄、商丘、连云港、宿迁八个城市,它是一个以徐州为主中心城市(MC)的 1 级空间城市系统。徐州空间城市系统的关键是实现徐州—连云港城际化空间联结,因此徐州到连云港高速城际铁路的建设迫在眉睫。徐州空间城市系统将成为“沿河空间城市系统”重要的出海口,对于“沿河空间城市系统”与世界的联结具有重要作用。

其三,沿河中游空间城市系统。所谓沿河中游空间城市系统是指由“郑州空间城市系统”与“西安空间城市系统”所形成的 2 级空间城市系统。郑州空间城市系统的关键是“郑州—开封同城化”,西安空间城市系统的关键是“西安—咸阳同城化”,地铁建设与高速城际铁路建设是主要联结手段。

其四,沿河上游空间城市系统。所谓沿河上游空间城市系统是指由“兰州—西宁空间城市系统”与“银川空间城市系统”所组成的2级空间城市系统。它的关键是“兰州—西宁同城化”，以及兰州—银川城际化，高速城际铁路建设是主要联结手段。

7.2.3 空间城市系统分段控制

1）空间城市系统演化分段

如图7.21所示，“空间城市系统演化分段”是空间城市系统分段控制的前提。所谓空间城市系统分段控制是指对空间城市系统演化平衡态、近平衡态、近耗散态、分岔、耗散结构五个演化阶段的控制命题，它以空间城市系统演化为控制目标、以空间城市系统构成要素的“空间存量”为控制对象、以时域控制为主要手段、以空间城市系统本体实践控制为根本，对空间城市系统演化过程进行控制。

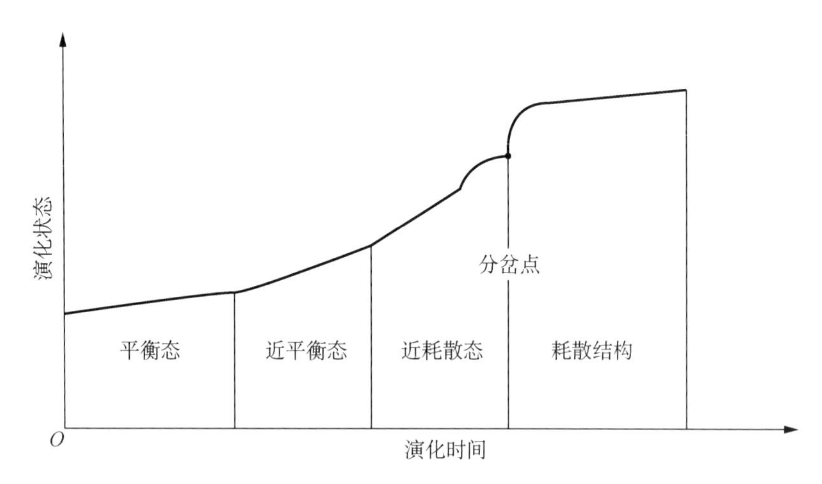

图7.21 空间城市系统演化分段

（1）空间城市系统演化平衡态

所谓空间城市系统演化“平衡态”是指相对稳定的“城市体系”①状态，它是空间城市系统演化的初始状态，其结构由特定地理空间中不同层次的城市所组成。“平衡态”的变化速率为 $\dot{x}=\frac{\mathrm{d}x}{\mathrm{d}t}$，由平衡态演化方程表述，变化速率很慢，它的状态熵处于熵减状态，即 $\mathrm{d}S<0$。因此，空间城市系统平衡态结构是一种线性的动态无序结构。

（2）空间城市系统演化近平衡态

所谓空间城市系统演化“近平衡态”是空间城市系统演化的第二个阶段，是一种开始变化的“城市体系”状态。其结构由特定地理空间中不同层次的城市所组成，空间要素开始有序化分布是近平衡态的重要特征，它的变化速率为 $\dot{x}=\frac{\mathrm{d}x}{\mathrm{d}t}$，由近平衡态演化

① 在中文语境中“城市体系”与“城市系统”是两个不同的概念，前者不具备整体涌现性，后者具备系统整体涌现性。但是在英文语境中“城市体系”与“城市系统”都表示为City System。在空间城市系统理论中，我们用“城市体系”表示分岔之前的空间城市系统演化状态，而分岔之后的状态才表示为“空间城市系统”状态，具有整体涌现性。

方程表述。近平衡态状态熵处于熵减状态，即 $dS<0$，变化速度与熵减速度的加快是它与平衡态最大的区别。因此，近平衡态是一种线性的走向动态的半有序结构。

(3) 空间城市系统演化近耗散态

所谓空间城市系统演化"近耗散态"是空间城市系统演化的第三个阶段，它分为"近耗散态线性区"与"近耗散态非线性区"两个阶段，其分界是空间城市系统"线性演化"与"非线性演化"的标度。在近耗散态阶段，空间集聚动因、空间扩散动因、空间联结动因非合作博弈实现了均衡，推动着空间城市系统向"分岔"快速进化。"近耗散态"状态熵处于快速熵减状态，即 $dS\ll 0$。通过近耗散态演化，从"城市体系"高速向"空间城市系统"变化。因此，空间城市系统近耗散态是一个"革命性"的高速动态进化阶段。

(4) 空间城市系统演化分岔

所谓空间城市系统演化"分岔"是空间城市系统演化的第四个环节，它是空间城市系统产生的瞬时行为。分岔过程是一种突变行为，因此我们不将分岔作为一个演化阶段，而是作为一个重要的环节进行分析。分岔点既是近耗散态非线性区的结束点，又是耗散结构的开始点。分岔行为意味着空间城市系统演化状态的定性性质突然改变，意味着空间城市系统演化目标的实现。在分岔点，"城市体系"变成了"空间城市系统"，产生了空间城市系统整体涌现性。"分岔"是一种瞬时行为，它的结构是不稳定的"暂态"状态，分岔导致空间城市系统结构发生"突变"，分岔的结果就是空间要素有序化结构，即耗散结构的产生。在分岔环节，状态熵处于"熵变 ΔS"状态，它标志着"城市体系"属性的结束，空间城市系统"整体涌现性"的产生。"熵变"是判断空间城市系统产生的根据，"熵变"代表着"高速熵减"现象的结束，意味着耗散结构"扰动熵"行为的开始。

(5) 空间城市系统耗散结构

"耗散结构"是空间城市系统演化的第五个阶段，是空间城市系统演化的稳定目的状态。"耗散结构"是一种随机状态，它与空间环境进行着人员、物质、信息、能源的交换，维持着空间城市系统的运行与发展。"耗散结构"具有系统性、格式性、随机性、动力性、进化性、功能性特征。在"耗散结构"阶段，"扰动熵规律"起支配作用，它反映了空间城市系统振荡的瞬时状态情况。"耗散结构"既是空间城市系统演化的终极状态，又是多级空间城市系统演化的起始状态。它缓慢地向多级空间城市系统发展。

2）空间存量控制任务

(1) 空间城市系统"空间存量"概念

所谓空间存量是指在某一特定时刻空间城市系统空间要素的结存数量，包括物质存量、精神存量、信息存量，例如人口存量、土地存量、资本存量、教育存量、容积信息存量等。"空间存量"是空间集聚流、空间扩散流、空间联结流的产物，"空间存量"与空间城市系统状态熵呈反比关系，随着状态熵减（$dS<0$）过程，空间存量逐渐增加。"空间存量"具有数量、结构、时段之分，空间存量分析与"空间存量控制"是空间城市系统

分段控制的主要内容。

由系统科学演化理论可知，空间要素的宏观与微观分布决定了空间城市系统的演化状态，而空间存量恰恰是空间要素的结存量，因此空间存量也就决定了空间城市系统的演化状态。有多少空间存量，就有对应的空间城市系统演化状态。这样就将“空间存量”与空间城市系统演化状态有机地联系到一起，即空间城市系统进化是空间存量增长的函数。

(2) “空间存量”分段控制任务

① 平衡态空间存量控制

“平衡态空间存量”是稳定的城市体系状态所对应的空间要素结存数量，它呈缓慢地变化态势，如城市人口存量、土地存量、经济存量的相对稳定状态。“平衡态空间存量控制任务”主要是对空间结点“空间存量”的控制，即空间城市系统各层次城市中心“空间存量”的控制，平衡态空间存量呈线性缓慢增长。将空间存量控制系统平衡态“传递函数”表示为 W_1，它描述了“平衡态空间存量”动态特性，是“空间存量”平衡态控制的重要标度量。

② 近平衡态空间存量控制

“近平衡态空间存量”是开始变化的空间城市系统所对应的空间要素结存数量，它呈显著增长的态势，如城市人口存量、土地存量、经济存量开始明显增长，城市出现扩张趋势。“近平衡态空间存量控制任务”主要是对空间结点与联结轴线“空间存量”的控制，也就是各中心城市“空间存量”与主导联结轴“空间存量”的控制，近平衡态空间存量呈线性较快增长。将存量控制系统近平衡态“传递函数”表示为 W_2，它描述了“近平衡态空间存量”动态特性，是“空间存量”近平衡态控制的重要标度量。

③ 近耗散态空间存量控制

“近耗散态空间存量”是空间城市系统演化急剧变化所对应的空间要素结存数量。在近耗散态演化阶段，空间要素集聚、空间要素扩散、空间要素联结发生巨大变化。“近耗散态空间存量控制任务”在空间结点、联结轴线、网络域面全面展开，近耗散态非线性演化阶段的空间存量呈指数率增长。空间存量控制系统近耗散态“传递函数”表示为 W_3，它描述了“近耗散态空间存量”动态特性，是“空间存量”近耗散态控制的重要标度量。

④ 分岔空间存量控制

“分岔空间存量”是空间城市系统在“分岔”时刻所对应的空间要素结存数量。在分岔点，空间要素存量到达空间城市系统“整体涌现性”所要求的目标数量，“分岔空间存量控制任务”就是对空间城市系统“整体结构”空间存量的控制，如对空间形态与空间结构空间存量的控制，分岔环节的空间存量呈现“巨涨落”变化特征。将空间存量控制系统分岔“传递函数”表示为 W_4，它描述了“分岔空间存量”动态特性，是“空间存量”分岔控制的重要标度量。

⑤ 耗散结构空间存量控制

"耗散结构空间存量"是空间城市系统演化耗散结构阶段所对应的空间要素结存数量。在"耗散结构"演化阶段，随着空间城市系统与外部环境进行着人员、物质、信息、能源的交换，空间要素存量呈现随机变化的状态。"耗散结构空间存量控制任务"就是对空间城市系统"整体结构"空间存量进行随机控制，耗散结构空间存量呈现随机涨落的动态特征。将空间存量控制系统耗散结构"传递函数"表示为 W_5，它描述了"耗散结构空间存量"动态特性，是"空间存量"耗散结构控制的重要标度量。

3）空间存量控制原理

（1）空间存量控制原理分析

① 空间存量与空间流量

空间存量与空间流量是空间城市系统形成的基本标度量，空间存量分析与空间流量分析是空间城市系统分段控制中的基本分析方法。空间存量分析就是对一定时间点上空间城市系统结存空间要素总量的分析。空间流量分析则是对一定时期内空间城市系统空间要素变化量的分析。

所谓空间状态流量是指空间集聚流量、空间扩散流量、空间联结流量，它是单位时间内空间要素的流通量，即流入或流出量。空间存量是空间状态流量的结存量，空间状态流量是空间存量的来源，两者是依存关系，因此空间存量控制必须考虑空间状态流量控制。

② "空间状态流量"与"空间存量"复合控制

如图 7.22 所示，空间城市系统空间存量控制是一个复合控制结构，它包含"空间状态流量控制"与"空间存量控制"两个闭环反馈控制回路。"空间存量"是空间城市系统产生与发展的根本，因此"空间存量控制"对于空间城市系统而言，就具有决定性意义，就其本质来说空间存量就是空间城市系统本体。

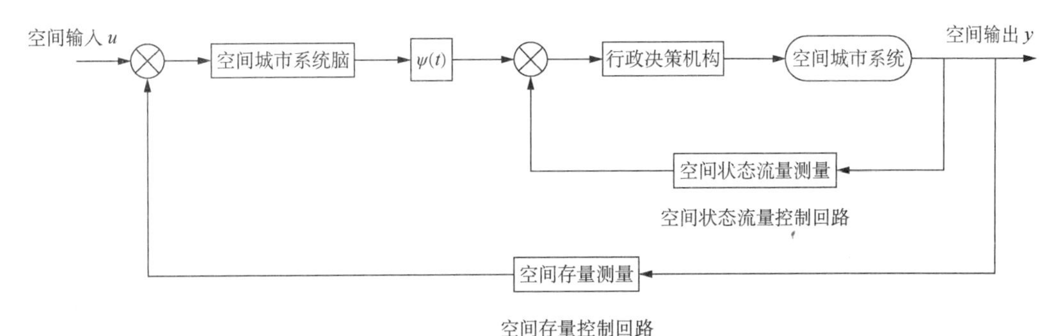

图 7.22　空间存量控制原理

所谓空间状态流量控制是指对空间集聚流量、空间扩散流量、空间联结流量的测量与控制，在图 7.22 中表示为"空间状态流量控制回路"，它应用"状态空间方法"进行控制，在此不做展开赘述。"空间状态流量控制"给出了空间城市系统空间流量变化的数量、结构、结存，产生了空间城市系统"空间存量"，因此又可以将"空间状态流量控制系统”称为空间存量控制系统的子控制系统。

如图 7.22 所示,“空间存量控制”是对空间城市系统整体“空间存量”的测量与控制,它包括被控制对象“空间城市系统”、施控者“空间城市系统脑”与“行政决策机构”、信号比较环节、自组织修正环节。“空间存量控制”是空间城市系统分段控制的基本内容,因此又可以将“空间存量控制系统”称为母控制系统。

(2) 空间存量演化规律

如图 7.23 所示,空间存量是空间城市系统状态演化的正相关函数,随着空间状态的进化,空间存量呈逐渐增长规律。空间存量演化规律可以分为线性演化、非线性演化、分岔涨落、随机演化四个基本阶段,可以用微分方程对空间存量演化进行定量化表述,即

$$\dot{x}=f(x_1,\ \cdots,\ x_n;\ c_1\ \cdots,\ c_m) \tag{7.22}$$

向量形式为

$$\dot{\boldsymbol{X}}=f(\boldsymbol{X},\ \boldsymbol{C}) \tag{7.23}$$

当我们求出“空间存量”演化方程之后,就可以采用“经典控制理论”以及“传递函数”方法,对空间存量控制过程以及空间存量控制系统进行定量化把握。

① 空间存量线性演化阶段

如图 7.23 所示,在平衡态、近平衡态、近耗散态线性区,空间存量由少到多、由慢到快呈逐渐加速增长态势。设定空间存量增长可以表示为连续函数,即空间城市系统演化发生在一般性正常条件下,注意这是最大概率化情况,则根据空间要素结存数据回归拟合分析,可以得到空间存量线性演化阶段方程为

$$y=kx+C \tag{7.24}$$

其中,y 表示空间存量函数;x 表示演化时间变量;k 表示空间存量增长率;C 表示空间存量起始量。公式(7.23)适用于空间存量线性演化阶段。

② 空间存量非线性演化阶段

如图 7.23 所示,在近耗散态非线性区,空间存量迅速增长。设定空间存量增长可以表示为连续函数,即空间城市系统演化发生在一般性正常条件下,即空间集聚、空间扩散、空间联结行为发育良好,可以通过空间要素结存数据回归拟合分析,得到空间存量非线性演化阶段方程为

$$y=a^x+C \tag{7.25}$$

其中,y 表示空间存量函数;x 表示演化时间变量;a 为常数且有 $a>1$;C 表示空间存量起始量。

在一般性界定条件下,空间存量指数函数为单调递增函数,符合空间存量实际演化状态。

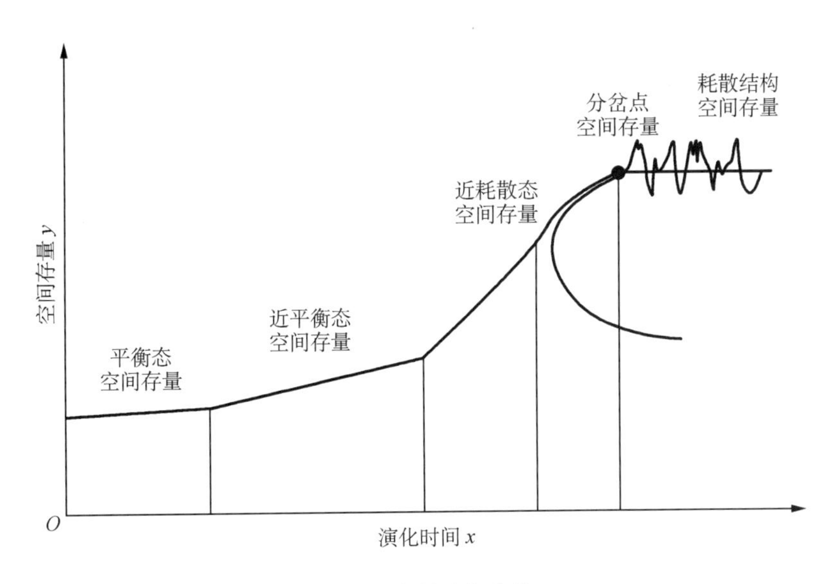

图 7.23　空间存量演化曲线

③ 空间存量分岔涨落阶段

如图 7.23 所示，在空间城市系统演化分岔点，空间存量发生"巨涨落"现象，我们以相对涨落 σ 表示"空间涨落"的剧烈程度，根据第 5 章"非线性演化'空间涨落'"分析：

$$\sigma = \alpha N^{-1/4} \tag{7.26}$$

其中，N 表示空间存量数量平均值。公式(7.26)说明，在空间城市系统演化分岔点，微观空间要素空间存量瞬时"空间涨落"达到宏观量级，例如"港珠澳大桥"是粤港澳大湾区的一个微观空间要素空间存量，而"港珠澳大桥"的建成通车，就成为一个宏观量级"巨涨落"，即有 $\sigma = \alpha N^{-1/4}$，促成"粤港澳空间城市系统"分岔。公式(7.26)给出了空间城市系统演化分岔点空间存量的定量表达公式，即空间存量发生"巨涨落"定量化条件。

④ 空间存量随机演化阶段

如图 7.23 所示，在空间城市系统演化耗散结构阶段，空间存量处于随机振荡状态，用一个随时间变化的随机变量 $Z(t)$ 来描述，根据第 5 章"扰动熵马尔可夫计算方法"，同理可以推得耗散结构阶段空间存量瞬时计算公式为

$$y = \prod_{i=2}^{n} P(Z_i,\ x_i \mid Z_{i-1},\ x_{i-1})K \tag{7.27}$$

其中，y 表示瞬时空间存量函数；$P(Z)$ 表示空间存量概率密度；$P(Z_i)$ 表示 i 时刻的空间存量概率密度；$P(Z_{i-1})$ 表示 $i-1$ 时刻的空间存量概率密度；x 表示演化时间；K 表示耗散结构初始空间存量，为一定值。

式(7.27)说明，空间城市系统演化耗散结构阶段，在任意时刻 t_i 与 t_{i-1} 具有空间存量跃迁概率 $P(Z_i, t_i \mid Z_{i-1}, t_{i-1})$。此时，"耗散结构"的空间存量 y 等于空间存量跃迁概率与空间存量初始定量值 K 的连乘积。通过"空间存量" y 的定量数值，就可以确

定瞬时状态“空间存量”的增加或者减少的振荡情况。

(3) 空间存量控制系统“传递函数”

所谓传递函数是指在零初始条件下，空间存量控制系统输出量的拉普拉斯变换与输入量的拉普拉斯变换之比，记作 $G(s)=Y(s)/U(s)$，它是描述空间存量控制系统动态特性的基本数学工具，是由空间存量控制系统的本质特性确定的，与输入量无关。“传递函数”可以由空间存量控制系统演化方程求出，也可以引入已知输入量 u，通过实验方法获得输出量 y 的方法求出“传递函数”。计有：平衡态空间存量传递函数 W_1、近平衡态空间存量传递函数 W_2、近耗散态空间存量传递函数 W_3、分岔空间存量传递函数 W_4、耗散结构空间存量传递函数 W_5。

在上述“空间存量演化方程”与“传递函数”已知的情况下，我们就可以对平衡态、近平衡态、近耗散态、分岔、耗散结构各个演化阶段空间存量进行定量化控制。例如，根据 $Y(t)=W(t)U(t)$，设定各阶段空间存量输入量值 $U_1(t)$ 到 $U_5(t)$，就可以求出平衡态 $Y_1(t)$、近平衡态 $Y_2(t)$、近耗散态 $Y_3(t)$、分岔 $Y_4(t)$、耗散结构 $Y_5(t)$ 量值，从而准确地对空间城市系统空间存量演化过程进行控制。

4）空间存量控制系统

(1) 空间存量控制系统基本概念

① 空间存量控制系统

如图 7.24 所示，空间存量控制系统是为了空间城市系统分段控制而设计的，由“空间存量控制结构”与“空间状态流量控制结构”构成的复合控制系统，它包括“空间城市系统脑”等相互关联的元器件与“决策执行机构”。“控制者”为空间城市系统脑专家与行政首长体系，“被控制对象”为空间城市系统空间要素的空间存量。

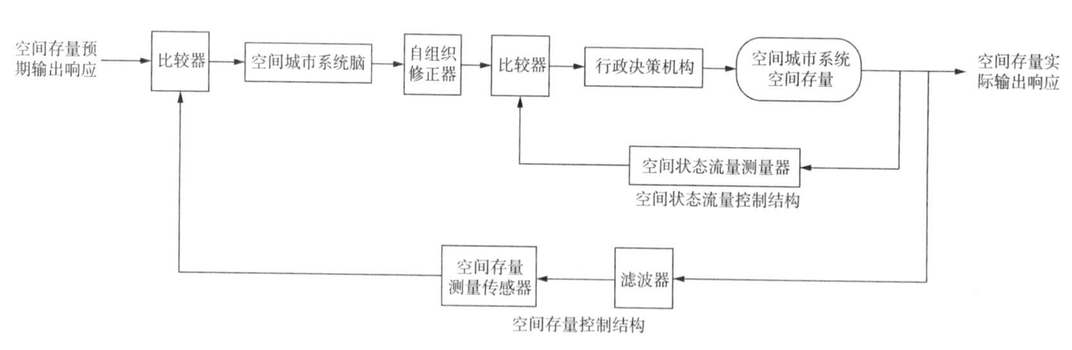

图 7.24 空间存量控制系统

② 闭环反馈控制结构

如图 7.24 所示，“闭环反馈控制结构”是基于反馈原理建立的空间存量控制系统，它是一种“空间存量控制结构”与“空间状态流量控制结构”嵌套回路结构。通过比较“空间存量预期输出响应”与“空间存量实际输出响应”找到其偏差，并消除偏差从而实现空间城市系统空间存量控制任务。“闭环反馈控制”存在输入到输出的信号前向通路，又包括输出端到输入端的信号反馈通路，两者组成一个闭合的回路。

③ 比较器

“比较器”是空间存量控制系统的标准元件，通过比较初始输入信号与反馈信号两个输入信号的大小，向空间城市系统脑以及行政决策机构输出不同比较结果的信号。减少时间延迟与比较精确度是比较器的主要性能指标。

④ 空间城市系统脑

“空间城市系统脑”是空间存量控制方案的制订者，它包括专业脑、组织脑、机器脑，以及第一维度模型体系、第二维度模型体系、第三维度模型体系。“空间城市系统脑”是一种“专家—组织—机器”结合的人类智能体系，能解决空间城市系统的多维度、多变量、非线性等复杂问题。“空间城市系统脑”是处理城市群、巨型区域、巨型城市区域以及空间城市系统问题必不可少的现代化工具。

⑤ 自组织修正器

“自组织修正器”是空间存量控制方案“人类属性”自组织规律的修正元件，它的设计应用使空间城市系统多义性、试错性、不确定性问题得到有效的解决。“自组织修正器”将传统的工程控制与人文控制联系起来，是控制系统思想与方法的创新。

⑥ 行政决策机构

“行政决策机构”是空间存量控制方案的决策实施者，包括决策首长基元、决策幕僚基元，它对空间存量控制系统下达指令，执行空间城市系统脑所制定的“控制方案”。决策首长基元是空间存量控制系统“控制者”的最终代表人。

⑦ 空间状态流量测量器

“空间状态流量测量器”是“空间状态流量控制结构”的核心元件，是空间城市系统空间集聚流量、空间扩散流量、空间联结流量的测量反馈装置。行政决策机构根据“空间状态流量测量器”反馈的空间状态流量信号，针对空间存量控制需要调整空间集聚流量、空间扩散流量、空间联结流量的比例构成、流通数量。

⑧ 信号与信息

如图 7.24 所示，空间存量控制系统从输入到输出的信号前向通路为“空间存量控制信号”，从输出端到输入端的信号反馈通路为“空间存量反馈信号”，即“空间存量控制结构”、“信号与信息”通路体系。“空间状态流量控制结构”形成单独的“信号与信息”通路体系。“信号与信息”流程将控制者、被控制对象以及各个元器件紧密连续在一起。

⑨ 滤波器

如图 7.24 所示，空间存量控制系统“滤波器”是将“空间存量反馈信号”中的噪声信号滤除，起到抑制和防止干扰的作用。需要特别指出的是空间存量控制系统“滤波器”具有人类属性自组织滤波功能，它与“自组织修正器”分别形成了前向与后向自组织修正功能。例如，空间存量控制系统“滤波器”可以由“卡尔曼滤波”与“自组织滤波”两个部分组成。

⑩ 空间存量测量传感器

如图 7.24 所示，“空间存量测量传感器”是空间存量控制系统的特有元件，它对

“空间存量信号”进行测量并反馈给“比较器”，是闭环反馈控制结构的关键元件。“空间存量测量传感器”要具有良好的灵敏性、稳定性、鲁棒性性能指标。

(2) 空间存量控制系统分析

① 控制系统设计

空间存量控制系统设计的基础是反馈原理、线性系统、空间城市系统特性，“空间存量控制原理”为控制系统设计提供了理论支撑。由“空间存量控制结构”与“空间状态流量控制结构”构成的复合控制系统，是空间存量控制系统的基本特征。“空间状态流量”控制与“空间存量”控制，是控制系统设计需要兼顾的两个基本方面。空间存量控制系统要具有足够的稳定性，“稳定性指标”是控制系统的核心指标。空间存量控制系统要具有足够的鲁棒性，其中“比较器”“空间城市系统脑”“自组织修正器”“滤波器”“空间存量测量传感器”都要有“鲁棒性指标”。如此，才能保证空间存量控制系统的实用性能。总之，空间存量控制系统设计是一个反复迭代、不断完善的探索过程，任何一挪而就的想法都是不科学的。

② 控制流程分析

我们将空间存量控制系统工作流程从控制信号输入端到输出端归纳为“空间存量控制十步法”，形成空间存量控制系统的基本设计准则。

第一步，空间存量预期输出响应。如图 7.24 所示，所谓空间存量预期输出响应就是空间城市系统“空间规划”规定的空间存量目标值，它是空间存量控制的标准。

第二步，“预期输出响应”与“实际输出响应”比较。如图7.24 所示，“空间存量预期输出响应”与“空间存量实际输出响应”，即反馈信号，经过“比较器”进行比较找到控制“偏差”，以此作为控制系统的工作依据。

第三步，控制方案制定。如图 7.24 所示，由“空间城市系统脑”制定空间存量控制方案，其工作原理详见“7.3 节空间城市系统脑原理”。

第四步，自组织修正。如图 7.24 所示，经“自组织修正器”对空间存量人类属性自组织现象进行修正。它的数学表示和逻辑过程，前边已经进行了论述，在此不再赘述。经过“自组织修正”，空间存量控制方案才能贴合空间城市系统实践情况，才能与行政当局感性认识相符合。

第五步，如图 7.24 所示，“空间状态流量”反馈信号与自组织修正后的“空间存量控制方案信号”进行比较，经过“比较器”进行比较找到控制“偏差”，以此作为“行政决策机构”的工作依据。

第六步，如图 7.24 所示，根据前项“比较器”比较结果，由“行政决策机构”对空间存量控制方案进行调整，并执行实施。

第七步，如图 7.24 所示，空间城市系统空间存量控制，它是“空间存量控制结构”与“空间状态流量控制结构”构成的复合控制系统的“被控制对象”。

第八步，如图 7.24 所示，空间状态流量控制结构“反馈装置”即“空间状态流量测量器”。

第九步，如图 7.24 所示，空间存量控制结构“反馈装置”包括自组织“滤波器”与“空间存量测量传感器”两个部分，前者承担空间结构人类属性自组织后向修正作用，后者承担空间存量反馈信号放大传输作用。

第十步，空间存量实际输出响应。如图 7.24 所示，“空间存量实际输出响应”就是空间城市系统空间存量被控制之后的效果反映，它的好坏直接决定了空间存量控制系统的成功与失败。

③ 控制系统综述

“空间存量控制十步法” 是空间存量控制系统工作的基本流程，是空间存量控制系统设计的基本依据，可以根据实际需要加入其他步骤。空间存量“控制系统”是一项可操作性的工程技术，反复迭代、不断试错、逐渐完善是基本的设计思想。要在空间存量“控制任务与控制原理”的基础上，根据空间城市系统实际情况进行控制系统的不断优化设计。来自空间城市系统实践、掌握空间城市系统理论、回到空间城市系统实践，是空间城市系统空间存量控制的基本哲学观。

5）青岛空间城市系统控制

（1）青岛空间城市系统概论

① 青岛空间城市系统概念

如图 7.25 所示，“青岛空间城市系统”是以青岛为主中心城市（MC）形成的 1 级空间城市系统，包括威海辅中心城市（AC）、烟台辅中心城市（AC）、东营辅中心城市（AC）、潍坊辅中心城市（AC）、日照辅中心城市（AC）。“青岛空间城市系统”处于山东省境内，是一个地方级空间城市系统，现在处于初期近平衡态演化阶段。就整体而言，青岛空间城市系统空间形态、空间结构、整体涌现性都处于发展过程中，“青岛空间城市系统”具有发展成国家级空间城市系统与国际级空间城市系统的潜力。

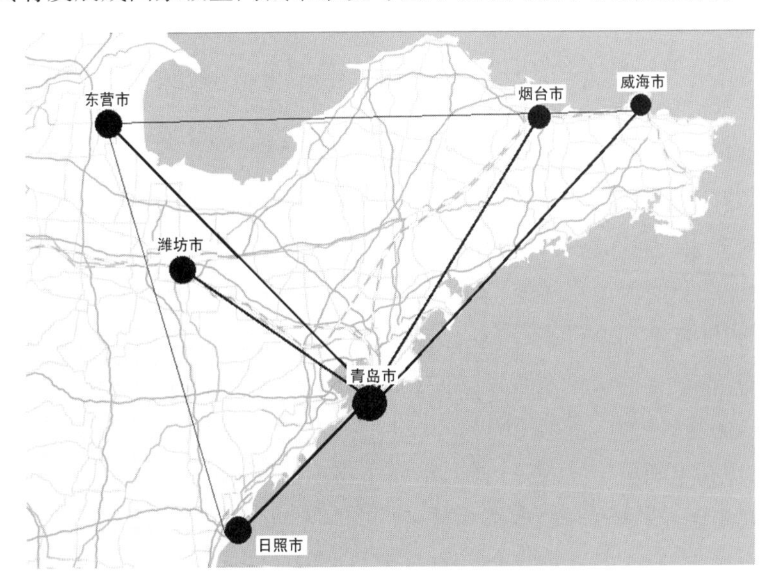

图 7.25 青岛空间城市系统空间结构

② 青岛空间城市系统整体状态

第一,空间形态。

其一,就环境要素而言,青岛空间城市系统处于发展近平衡态阶段,还没有与生态造成过大冲突,例如其生态足迹不会太大。但是与生态环境的协调可持续是青岛空间城市系统今后必须注意的基础性问题。其二,就边界要素而言,青岛空间城市系统是以其行政辖区为外缘边界,覆盖了山东半岛基本是合理的。其三,就城市要素而言,青岛空间城市系统中心城市(MC)、辅中心城市(AC)、基础城市(BC)是完善的。其四,就交通要素而言,青岛空间城市系统高速铁路、城际高速铁路、高速公路规划建设推进合理,它使各中心城市联结在一起,是青岛空间城市系统的关键所在。其五,就信息要素而言,青岛空间城市系统还欠缺一体化意识,没有形成“青岛空间城市系统信息空间”,当然谈不上“青岛空间城市系统一体化信息量”。其六,就价值要素而言,青岛空间城市系统没有统一的城市区域发展意识,缺乏科学的“空间规划”。

第二,空间结构。

首先,就空间结点而言,青岛主中心城市(MC)尚处于空间集聚状态,威海、烟台、东营、潍坊、日照五个辅中心城市(AC)都处于空间集聚状态;其次,就联结轴线而言,青岛到潍坊、威海、烟台高速城际铁路已经通车,青岛到东营、日照的城际高铁在建;最后,就网络域面而言,以青岛为核心。即将形成“1+5”两小时生活圈。因此,青岛空间城市系统“空间结构”处于发展早期阶段,即近平衡态阶段。

第三,整体涌现性。

青岛空间城市系统正处于近平衡态演化阶段,因此它的整体涌现性是严重不足的,青岛主中心城市(MC)与威海、烟台、东营、潍坊、日照五个辅中心城市(AC)远没有形成“整体涌现性”,没有形成“系统整体大于各组分城市之和”的效应。整体涌现性涉及政治、经济、社会、文化、生态各个方面。

③ 青岛空间城市系统发展目标

第一步,地方级青岛空间城市系统。

地方级青岛空间城市系统是“青岛空间城市系统”的第一个发展目标,它覆盖山东半岛,是山东空间的关键所在,决定着山东空间在全国和世界的地位。

第二步,国家级青岛空间城市系统。

国家级青岛空间城市系统是“青岛空间城市系统”的第二个发展目标。“青岛空间城市系统”与“济南空间城市系统”联合形成的“山东空间”将成为沿河空间城市系统的牵引空间,而“青岛空间城市系统”又是“山东空间”的主导空间。

第三步,国际级青岛空间城市系统。

国际级青岛空间城市系统是“青岛空间城市系统”的第三个发展目标。“青岛空间城市系统”在中国、日本、韩国、朝鲜构成的“东北亚空间”中具有潜在的重要意义,它将随“中日韩自由贸易区”等合作项目的推进而日趋显现。

如图 7.26 所示,青岛空间城市系统与山东省空间、沿河空间城市系统空间、东北亚空间有着必然的关联关系,"青岛空间城市系统"的发展就是沿着山东省空间、沿河空间城市系统空间、东北亚空间梯次进行的。

(2) 青岛空间城市系统演化分段

青岛空间城市系统演化是指它从各个单独城市发展成一体化系统的过程,包括:第一,平衡态阶段;第二,近平衡态阶段;第三,近耗散态阶段;第四,分岔环节;第五,耗散结构阶段。青岛空间城市系统演化是"山东半岛人居空间结构"不断"转型进化"的过程。"演化分段与状态判断"是青岛空间城市系统分段控制的前提,根据整体与分项统计数据,我们基本可以判定青岛空间城市系统已经越过"平衡态阶段",处于"近平衡态阶段",还远没有到达"分岔"形成阶段。

青岛空间城市系统"近平衡态"是一种开始变化的"城市体系"状态。其结构由山东半岛地理空间中主中心城市(MC)、辅中心城市(AC)、基础城市(BC)所组成,空间要素开始有序化分布是近平衡态的重要特征,主要表现为:主干轴线联结接近形成,空间结点中心城市集聚迅速发展,网络域面具有雏形。青岛空间城市系统"近平衡态"的变化速率为 $\dot{x}=\frac{\mathrm{d}x}{\mathrm{d}t}$,由近平衡态演化方程表述。近平衡态状态熵处于熵减状态,即 $\mathrm{d}S<0$,变化速度与熵减速度的加快是它与平衡态最大的区别。因此,青岛空间城市系统"近平衡态"是一种线性的走向动态的半有序结构。

(3) 青岛空间城市系统分段控制

青岛空间城市系统分段控制任务是指对青岛空间城市系统"空间存量"的控制,主要是对平衡态空间存量进行回顾评估,对近平衡态空间存量进行控制,对近耗散态、分岔与耗散结构空间存量进行预测。

青岛空间城市系统"空间存量"包括人口存量、土地存量、资本存量、教育存量、容积信息存量等,青岛空间城市系统"空间存量"是空间集聚流、空间扩散流、空间联结流的产物,它与空间城市系统状态熵呈反比关系,随着状态熵减($\mathrm{d}S<0$)过程,青岛空间城市系统"空间存量"逐渐增加,它具有数量、结构、时段之分。空间存量分析与"空间存量控制"是青岛空间城市系统分段控制的主要内容。

(4) 青岛空间城市系统空间存量控制系统

如图 7.27 所示,青岛空间城市系统空间存量控制系统设计需要注意的主要问题是:第一,青岛空间城市系统空间结构空间存量问题,包括结点中心城市空间存量、主干轴线联结空间存量、网络域面空间存量。第二,青岛空间城市系统空间流量控制问题,包括空间集聚空间流量、空间扩散空间流量、空间联结空间流量。第三,青岛空间城市系统空间存量控制问题,包括整体空间形态、整体空间结构、整体涌现性三个方面。

综上所述,青岛空间城市系统最关键的主导因素是"中央山东省青岛市政府"决策机构,它是青岛空间城市系统演化最重要的他组织作用,决定着青岛空间城市系统发展目标的逐级达成。

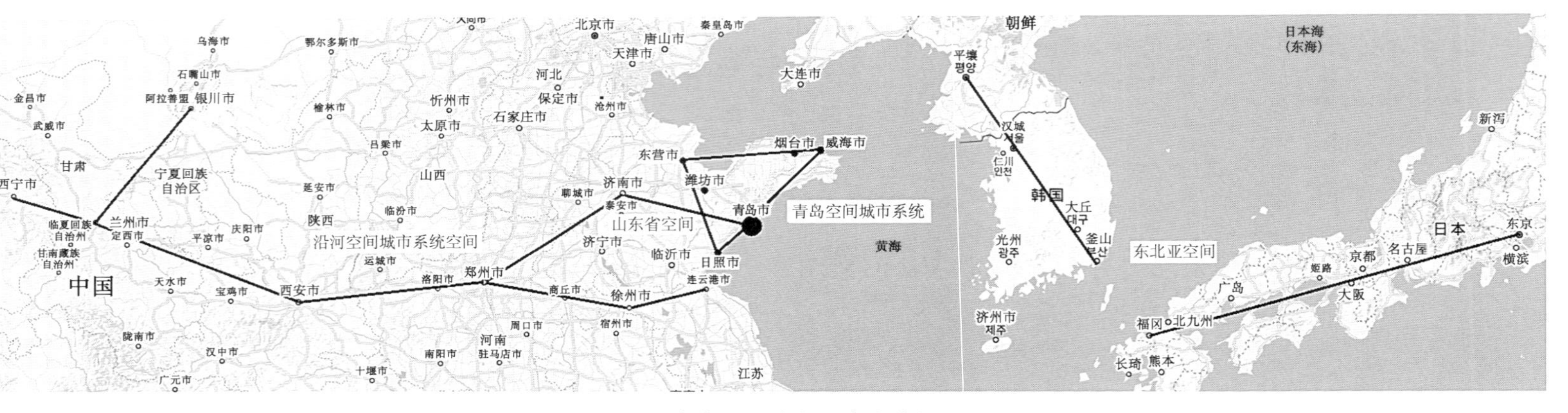

图 7.26　青岛空间城市系统关联空间

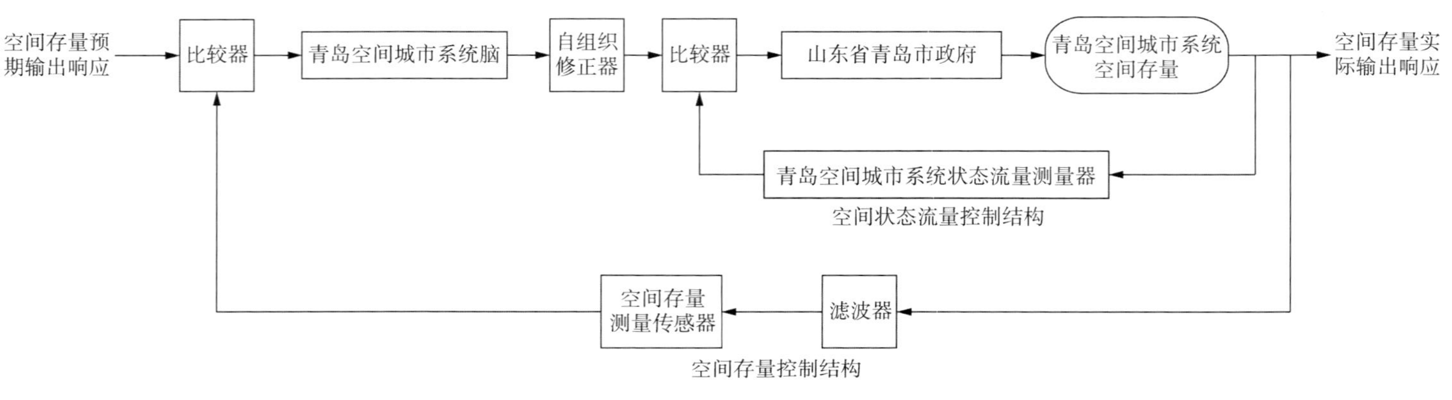

图 7.27　青岛空间城市系统空间存量控制系统

7.3 空间城市系统脑原理

7.3.1 空间城市系统脑整体原理

1）空间城市系统脑概论

（1）空间城市系统脑本质内涵

“空间城市系统脑”是空间城市系统脑控制机构的简称。所谓空间城市系统脑，是指人居空间发展到空间城市系统高级阶段之后所形成的人类智能体系。

第一，“空间城市系统脑”是一个闭环空间城市系统控制机构。首先，通过对空间城市系统反馈信息的人类智能化处理，解决多义性、试错性与不确定性问题，而这是机器控制机构根本无法做到的。其次，通过对既有组织部门的科学逻辑化处理，最大限度地保证了空间城市系统控制的制度化、规范化与程序化。最后，“空间城市系统脑”具有机器控制的精准性与大数据化特征，可以对海量数据进行计算机处理。最大化人脑逻辑推理、最大化组织制度规范、最大化大数据计算，是空间城市系统脑的三个基本特征。专业人脑主动性、组织制度规范性、计算机稳定性相结合，使得空间城市系统脑避免了人的主观性缺陷、计算机的意识性缺陷、组织部门的官僚化缺陷。

第二，“空间城市系统脑”是一个多维度空间城市系统控制体系，主要表现为三个方面：第一维度模型体系，即空间城市系统脑分类控制结构，包括专业脑模型、组织脑模型、机器脑模型；第二维度模型体系，即空间城市系统脑分层控制结构，包括神经元模型、神经组织模型、半脑组织模型、空间城市系统脑模型；第三维度模型体系，即空间城市系统脑分级控制结构，包括城市体系脑模型、多级空间城市系统脑模型、空间城市系统脑大数据信息模型。“空间城市系统脑”三维控制体系分别执行着对空间城市系统控制方案、空间结构、多级组分的控制功能。

第三，空间城市系统脑理论是一种创新范式。首先，它具有清晰的命题范畴，即人类智能体系，使空间城市系统具有了拟人化性质。其次，它有自己的方法论，即空间城市系统理论与计算机科学。最后，它具有理论内涵，形成了专门的“空间城市系统脑理论范式”。城市大脑的成功，为空间城市系统脑奠定了坚实的实践基础，而中国与世界空间城市系统实践为空间城市系统脑创新提供了宽广的平台。

（2）空间城市系统脑控制原理

如图 7.28 所示，空间城市系统脑控制为信息反馈闭环控制，它的控制模型包括：第一，控制者，即空间城市系统脑。第二，被控制对象，即空间城市系统、空间城市系统扰动。空间城市系统脑工作流程为：接受空间城市系统控制协调平台输入信号 U_i，输出空间城市系统控制输出信号 W_i，从而实现对空间城市系统的控制作用。

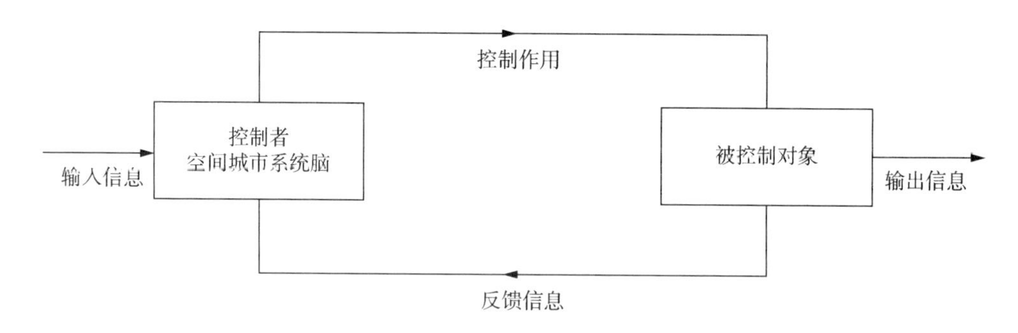

图 7.28　空间城市系统脑控制模型

2）空间城市系统脑结构与功能

（1）空间城市系统脑整体结构

如图 7.29 所示，空间城市系统脑控制机构整体结构由"空间城市系统控制行政决策部门"与"空间城市系统控制方案制定部门"两大部类组成。

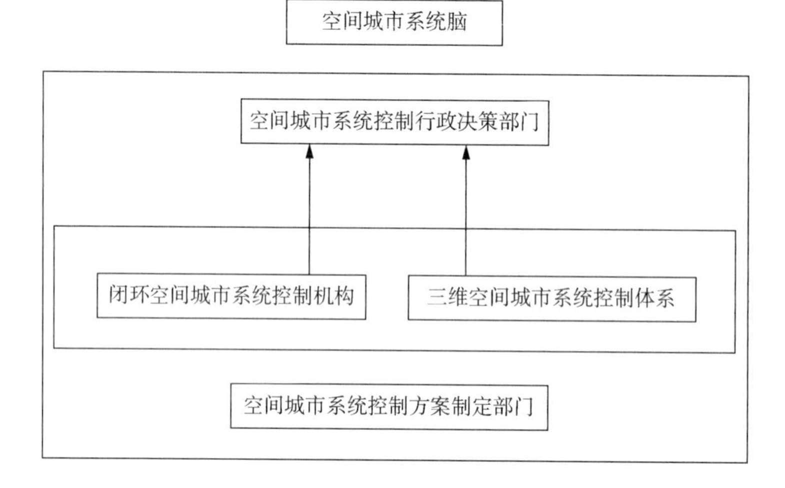

图 7.29　空间城市系统脑结构与功能

① 空间城市系统控制行政决策部门

如前图 7.5 所示，空间城市系统控制行政决策部门包括：决策首长基元、决策幕僚基元两个组成部分。

第一，决策首长基元。

所谓决策首长基元是指拥有空间城市系统决策权力的行政首长，它应该是一个行政职位，也可能是一个行政组织。法律保障是"决策首长基元"的前提条件，终极权力是"决策首长基元"的基本特征，下达控制指令是"决策首长基元"的使命。

第二，决策幕僚基元。

所谓决策幕僚基元是指对"决策首长基元"起到参谋作用的辅助机构，它是一个专门助理群体。"决策幕僚基元"从行政管理角度对空间城市系统控制决策发挥重要的影响力，具有防错机制的作用。

② 空间城市系统控制方案制定部门

空间城市系统控制方案制定部门由“闭环空间城市系统控制机构”与“三维空间城市系统控制体系”两个部分组成。

第一，闭环空间城市系统控制机构。

所谓闭环空间城市系统控制机构是指专业脑体系、组织脑体系、机器脑体系、辅助装置四个组成部分。

首先，“专业脑体系”是指具有专业知识的人类智能体系，如掌握空间城市系统理论的专业人才。“专业脑体系”分为专家脑基元、设计脑基元、解析脑基元高中低三个层次，包括知识规则部件、经验根据部件、事实数据部件、仿真模拟部件。专业知识与专业经验是专家脑基元、设计脑基元、解析脑基元的基本前提，经过专业训练的“人脑”是“专业脑体系”的核心，能够解决多义性、试错性与不确定性问题是其关键所在。“专业脑体系”支配役使着“组织脑体系”与“机器脑体系”居于序参量地位。

其次，“组织脑体系”是指承担“空间规划”与“空间治理”的专门化组织机构，如规划部门、专业委员会等。“组织脑体系”分为“组织综合部门”与“城市职能部件、规划类部门、专业类部门、民主类机构”两个大类。制度规范是“组织脑体系”的关键，程序化、逻辑化、法制化避免了空间城市系统决策的个人主观主义错误。“组织脑体系”是建立在现代制度理论基础之上的空间城市系统控制管理机构。

最后，“机器脑体系”是指对空间城市系统大数据进行处理的“人工智能”平台，如空间城市系统计算机中心。“机器脑体系”分为“推理机装置”与“知识获取部件、知识规则部件、数据事实部件、解释结论部件” 两个大类。人工智能“专家系统”是“机器脑体系”的核心，它能在空间城市系统领域，应用大量的专家知识和推理方法求解复杂的问题。大数据计算、逻辑化推理、存储记忆海量信息是“机器脑体系”的重要特征。

所谓辅助装置是指承担辅助职能的空间城市系统脑附件装置，包括空间城市系统加权求和器Ⓢ、空间城市系统“反馈装置”等。“辅助装置”是空间城市系统脑必不可少的附件，对空间城市系统决策质量有直接影响。可靠性与高效能是空间城市系统脑“辅助装置”的关键指标。

第二，三维空间城市系统控制体系。

所谓“三维空间城市系统控制体系”是指第一维度模型体系，包括专业脑模型、组织脑模型、机器脑模型；第二维度模型体系，包括神经元模型、神经组织模型、半脑组织模型、空间城市系统脑模型；第三维度模型体系，包括城市体系脑模型、多级空间城市系统脑模型、空间城市系统脑大数据信息模型。

“三维空间城市系统控制体系”分别表征了空间城市系统脑分类结构、空间城市系统脑分层结构、空间城市系统脑分级结构，它将空间城市系统脑的作用和功能进行了细分。在空间城市系统控制实践中，可以根据实际问题需要设定“空间城市系统控制体系”的维度数量和维度内容，进行空间城市系统脑控制体系的调整。

“空间城市系统控制体系框图”是控制体系问题的关键，即控制系统设计，如后续内容所述。在此基础上，进行传递函数等空间城市系统控制定量问题的展开。由此就可以对空间城市系统控制做出定性与定量的表述。

（2）空间城市系统脑功能

空间城市系统脑是空间城巿系统控制的核心，是处理空间城市系统人类属性复杂问题的机构，居于空间城市系统控制的最高地位。空间城市系统脑具有不同的专项结构，它们的有机组合形成了空间城市系统脑整体涌现功能。空间城市系统整体涌现性为空间城市系统脑的目标，对整体涌现性的调整控制决定着空间城市系统控制运行的成败。

空间城市系统的空间流信息与空间流波信息统称为“空间信息”，主要分为空间集聚信息、空间扩散信息、空间联结信息。“空间信息”，是空间城市系统脑的工作对象；空间信息观测、空间信息标度、空间信息分类，是空间城市系统脑要做的前提工作；空间信息感知、空间信息鉴别、空间信息判断、空间信息决策，是空间城市系统脑的核心使命。

空间城市系统脑是“空间规划”与“空间治理”的执行机构，空间城市系统“控制行政决策部门”通过“控制方案制定部门”给出具体的控制作用方案，进而实现“空间规划”与“空间政策”的最优化控制，加快空间城市系统的建设。因此，空间城市系统脑是空间城市系统规划与建设不可或缺的关键设施。

空间城市系统脑是实施空间城市系统动态规划的有力工具，它实现了对传统规划方法的革命性超越。在空间城市系统不同的演化阶段，根据当时的环境条件，空间城市系统脑可以给出动态的“空间规划”，以适应空间城市系统演化的要求，这就为行政决策提供了动态的科学根据。

3）空间城市系统脑模型体系

（1）空间城市系统脑模型体系概念

“空间城市系统脑模型体系”是对空间城市系统脑作用的细分，它说明了空间城市系统脑在三个主要方面的分层与分类作用:第一维度模型体系。空间城市系统脑分类结构，包括专业脑模型、组织脑模型、机器脑模型。第二维度模型体系。空间城市系统脑分层结构，包括神经元模型、神经组织模型、半脑组织模型、空间城市系统脑模型。第三维度模型体系。空间城市系统脑分级结构，包括城市体系脑模型、多级空间城市系统脑模型、空间城市系统脑大数据信息模型。“空间城市系统脑模型体系”的最终目的也是获取空间城市系统整体涌现性，它直接决定着空间城市系统的控制与运行。我们用“空间城市系统脑模型框图”的方法对空间城市系统脑模型体系进行回顾介绍。

（2）空间城市系统脑模型图系

见图 4.19 与图 4.20，给出了“空间城市系统脑模型框图”，它们是空间城市系统控制体系的总纲，在此基础上我们可以展开空间城市系统控制定性问题、定量问题、信息传输等问题的研究，制定空间城市系统最优控制方案。因此，“空间城市系统脑模型图系”在空间城市系统控制中具有十分重要的纲领性地位。接下来，我们将根据“空间城市系统脑模型图系"对空间城市系统脑信息与信号进行研究。

4）空间城市系统脑信息与信号

（1）空间城市系统信息与信号

空间城市系统控制就是信息控制，信息是空间城市系统脑的工作对象，正如维纳所说"控制论是关于动物和机器中信息与控制的科学"，空间城市系统控制前提、控制目标、控制过程、控制效果的核心都是信息问题。

空间城市系统信号是信息的具体表现，空间城市系统信号的获取、处理、选择、传送、利用被称为"空间城市系统脑信号流程"，它是空间城市系统脑工作的主要内容。因此，对"空间城市系统脑信号流程"的分析具有重要意义。

（2）空间城市系统脑信号流程

"空间城市系统脑信号流程"分为两个体系：一是"空间城市系统脑控制机构"信号流程，二是"空间城市系统脑模型体系" 信号流程，如图 4.19、图 4.20 所示。它们说明了空间城市系统脑信号的获取来源、处理装置、传送方向、功能作用等基本问题。我们用"空间城市系统脑控制机构信号流程"与"空间城市系统脑模型体系信号流程"进行一览化表示。

"空间城市系统脑信号流程"设计是空间城市系统脑的关键，它决定于空间城市系统脑结构的设计。因此，"空间城市系统脑控制机构框图"与"空间城市系统脑模型体系框图"的初始制定，一定要考虑空间城市系统信号采集、反馈、滤波等问题。要根据"空间规划"与"空间治理"要求，进行"空间城市系统脑信号流程"设计。

（3）空间城市系统脑控制机构信号流程

如表 7.6 所示，"空间城市系统脑控制机构信号流程"是设计空间城市系统脑的关键，它决定了空间城市系统信息信号的采集、标度、反馈、滤波、分类、逐级处理、形成低中高方案、控制决策方案的全部控制过程，是实施空间城市系统"空间规划"与"空间治理"的核心内容。

表 7.6 空间城市系统脑控制机构信号流程

控制装置	输入信号	输出信号	功能作用
专家脑基元	中级合成方案 p_3	高级专业方案 V_i	形成高级专业方案
设计脑基元	初级专业方案 p_1	中级专业方案 p_2	中级专业方案
解析脑基元	主体反馈 f_m	初级专业方案 p_1	初级专业方案
知识规则部件	主体反馈 f_m	主体知识 m_k	初级知识方案
经验根据部件	主体反馈 f_m	主体经验 m_e	初级经验方案
事实数据部件	主体反馈 f_m	主体事实 m_f	初级事实方案
仿真模拟部件	主体反馈 f_m	主体仿真 m_s	初级仿真方案
组织综合部门	初级组织方案 o	中级组织方案 p_o	形成中级组织方案

续表

控制装置	输入信号	输出信号	功能作用
城市职能部件	组织反馈 f_o	城市职能 o_1	初级城市职能方案
规划类部件	组织反馈 f_o	规划 o_2	初级规划方案
专业类部件	组织反馈 f_o	专业 o_3	初级专门方案
民主类机构	组织反馈 f_o	民主 o_4	初级民主方案
推理机装置	初级机器方案 s	中级机器方案 p_s	形成中级机器方案
知识获取部件	机器反馈 f_s	知识获取 s_1	初级知识方案
知识规则部件	机器反馈 f_s	知识规则 s_2	初级规划方案
数据事实部件	机器反馈 f_s	数据事实 s_3	初级事实方案
解释结论部件	机器反馈 f_s	解释结论 s_4	初级结果方案
加权求和器	中级专业方案 p_2 中级组织方案 p_o 中级机器方案 p_s	中级合成方案 p_3	合成中级方案
反馈装置	总反馈信号 f	主体反馈 f_m 组织反馈 f_o 机器反馈 f_s	信号反馈及分类
决策首长基元	高级专业方案 V_i	控制决策方案 W_i	形成控制决策方案
决策幕僚基元	高级专业方案 V_i	辅助决策意见 m	形成辅助决策意见
空间城市系统	控制决策方案 W_i	控制效果 X_i	信息信号发生
观测装置	控制效果 X_i	控制效果测量 Y_i	测量信号

(4) 空间城市系统脑模型体系信号流程

如表 7.7 所示,“空间城市系统脑模型体系信号流程”是设计空间城市系统脑的关键,它决定了空间城市系统信息信号的采集、标度、反馈、滤波、分类分层分级处理、形成低中高方案、控制决策方案的全部控制过程,是实施空间城市系统“空间规划”与“空间治理”的核心内容。

表 7.7 空间城市系统脑模型体系信号流程

控制装置	输入信号	输出信号	功能作用
第一维度模型体系	分类结构方案 c_s	第一维度方案 p_1	形成第一维度方案
专业脑模型	第一维度反馈信号 f_1	专业 p_r	形成专业方案
组织脑模型	第一维度反馈信号 f_1	组织 o_r	形成组织方案
机器脑模型	第一维度反馈信号 f_1	机器 m_a	形成机器方案
辅助装置	第一维度反馈信号 f_1	辅助 a_d	辅助职能
第二维度模型体系	分层结构方案 s_s	第二维度方案 p_2	形成第二维度方案

续表

控制装置	输入信号	输出信号	功能作用
神经元模型	第二维度反馈信号 f_2	神经元 n_t	结点
神经组织模型	第二维度反馈信号 f_2	神经组织 n_{st}	结点、轴线
半脑组织模型	第二维度反馈信号 f_2	半脑组织 s_{bt}	结点、轴线、域面
空间城市系统脑模型	第二维度反馈信号 f_2	空间城市系统脑 s_{csb}	结点、轴线、域面、涌现
第三维度模型体系	分级结构方案 h_s	第三维度方案 p_3	形成第三维度方案
城市体系脑模型	第三维度反馈信号 f_3	城市体系脑 c_{sb}	城市属性认知
多级空间城市系统脑模型	第三维度反馈信号 f_3	多级空间城市系统脑 m_{scsb}	空间城市系统性认知
空间城市系统脑大数据信息模型	第三维度反馈信号 f_3	空间城市系统脑 大数据信息 $s_{csb\text{-}bdi}$	空间城市系统大数据信息处理
加权求和器	第一维度方案 p_1 第二维度方案 p_2 第三维度方案 p_3	三维合成方案 p	三维方案合成
反馈装置	总反馈信号 f	第一维度反馈信号 f_1 第二维度反馈信号 f_2 第三维度反馈信号 f_3	信号反馈及分类
决策首长基元	中级合成方案 p	控制决策方案 W_i	形成控制决策方案
决策幕僚基元	中级合成方案 p	辅助决策意见 m	形成辅助决策意见
空间城市系统	控制决策方案 W_i	控制效果 X_i	信息信号发生
观测装置	控制效果 X_i	控制效果测量 Y_i	测量信号

7.3.2 空间城市系统脑工作机理

1）空间城市系统脑基本工作机制

（1）空间城市系统脑工作关系

空间城市系统脑是对空间城市系统实施控制的人类智能控制系统，它按照逻辑规则运行，依据定性和定量控制指标进行控制作用。所谓空间城市系统脑工作关系就是空间城市系统脑各个逻辑主体之间的逻辑关系，准确把握“空间城市系统脑工作关系”，用具体逻辑方法对其进行表述，就成为空间城市系统脑设计的首要任务，我们将“空间城市系统脑工作关系”的处理方法称为空间城市系统脑“逻辑关系方法”。

（2）空间城市系统脑逻辑主体及逻辑关系

所谓空间城市系统脑逻辑主体，是指承担“空间城市系统脑工作关系”的空间城市系统脑各个控制机构、控制部门、控制基元，或者控制平台、控制装置、控制部件。“空间城市系统脑逻辑主体”可以分为“控制结构逻辑主体”，如专家脑基元、决策首长基元；“模型体系逻辑主体”，如“控制行政决策部门”、第一模型体系、第二模型体系、第三模型体系。

在相近的“空间城市系统脑逻辑主体”之间，存在着必然的定性与定量逻辑关系，如“专家脑基元”，对于下游“组织综合部门”“设计脑基元”“推理机装置”，它甄别控制方案的“真”与“假”，搜索出控制方案的问题目标；对于上游“决策首长基元”“决策幕僚基元”，它提供“真”的决策方案。因此，它们构成了“专家脑基元”的“空间城市系统脑工作关系”，即逻辑关系。

2）空间城市系统脑逻辑关系方法

空间城市系统脑 “逻辑关系方法”具有许多种类，要根据逻辑主体之间的逻辑关系性质选择合适的“逻辑关系方法”，我们尽其所能地将概要性介绍如下：

（1）归纳逻辑关系方法

所谓归纳逻辑关系方法是指空间城市系统脑逻辑主体，以“经验根据部件”“城市职能类部件”“规划类部门”储备经验，以“知识规则部件”为逻辑依据，推理出基本规律，并做出控制作用输出的逻辑推理方法，即从特殊到一般的逻辑推理方法。“归纳逻辑关系方法”是空间城市系统脑的基础性“工作关系方法”。

（2）演绎逻辑关系方法

所谓演绎逻辑关系方法是指空间城市系统脑逻辑主体从一般到特殊的逻辑推理方法，也称之为必然性推理，或保真性推理。例如，根据“空间城市系统脑大数据信息模型”储备信息，由“城市体系脑模型”与“多级空间城市系统脑模型”的一般规律，推理出“单元城市”与“单级空间城市系统”的特殊规律。“演绎逻辑关系方法”是空间城市系统脑的基础性“工作关系方法”。

（3）辩证逻辑关系方法

所谓辩证逻辑关系方法是指空间城市系统脑理性思维的科学方法，空间城市系统脑的使命就是形成“整体涌现性”的概念、判断、推理，进而控制空间城市系统，而这正是辩证逻辑的本义所在。“辩证逻辑关系方法”要求用整体的、演化的、统一的观点对空间城市系统控制做输出结论，要求抓住空间城市系统现象的本质总结规律性。要看到空间城市系统事件的两面性，如控制过程“稳定性”与“快速性”的辩证统一。“归纳逻辑”“演绎逻辑”“格式逻辑”具有符号性，有着严密的逻辑规则，能够进行精确的逻辑演算，适用于“机器脑”。“辩证逻辑关系方法”并不研究思维的形式结构，而是从本质上抓住问题的规律，因此特别适用于人类智能特征的 “专家脑”“设计脑” “解析脑”。

“辩证逻辑关系方法”并不能代替和贬低“归纳逻辑”“演绎逻辑”“格式逻辑”在空间城市系统脑中的地位，它们是一种互相配合、互相补充的作用。“辩证逻辑关系方法”是空间城市系统脑人类智能特性的最好体现，只有人类智能能够实现辩证思维，这是机器所达不到的。因此，“辩证逻辑关系方法”是处理空间城市系统或然性的有力工具，与其说“辩证逻辑关系方法”是一种逻辑方法，不如说它是一门人类智能艺术。“辩证逻辑关系方法”要求用实践去检验，在此逻辑证明和实践证明是相统一的。“辩证逻辑关系方法”是空间城市系统脑的基础性“工作关系方法”。

(4) 数理逻辑关系方法

所谓数理逻辑关系方法是指空间城市系统脑符号推理方法，即用数学符号完成空间城市系统形式逻辑推理的方法。“命题演算”和“谓词演算”是空间城市系统脑“数理逻辑关系方法”最基本的工具。例如，“逻辑代数”中的“0 和 1”和“真和假”判断，就被广泛应用于空间城市系统脑逻辑主体“工作关系”中，至于“谓词演算”更是见诸于空间城市系统脑逻辑主体“格式逻辑关系方法”甚至“智能逻辑关系方法”之中。

经由“数理逻辑关系方法”，如逻辑加、逻辑成、逻辑非，我们可以设计出符合要求的逻辑主体装置，并形成空间城市系统脑逻辑网络，解决任何复杂的空间城市系统控制问题。“数理逻辑关系方法”是空间城市系统脑的基础性“工作关系方法”。至此，我们得到“空间城市系统脑设计原则”为

$$\text{形式逻辑} + \text{数理逻辑} = \text{空间城市系统脑设计原则} \tag{7.28}$$

(5) 格式逻辑关系方法

“格式逻辑关系方法”是空间城市系统脑特有的一种规范思维逻辑，它要求专业化人脑、部门组织脑、机器脑推理机都要遵循特定的“格式规范”，以保障输出的正确和效率。“格式逻辑关系”是一种程序化的行为安排，它保障了空间城市系统脑逻辑主体的分项功能制度化运行，从而保证了最优控制功能的实现。例如“专家脑基元”与上游“决策首长基元”，与下游“组织综合部门”“设计脑基元”“推理机装置”之间互为独立模块。专家脑基元就可以选择二值逻辑推理，即“真”或“假”推理，作为“格式逻辑关系方法”，使用谓词逻辑工具获得真理性控制方案。“格式逻辑关系方法”是空间城市系统脑的保障性“工作关系方法”。

关于格式逻辑的谓词方法使用，要遵循四个基本原则：第一，真正把握逻辑主体之间的逻辑关系本质。第二，忠实表达逻辑关系的本质含义。第三，选择简单、直接、灵巧的逻辑谓词对逻辑关系进行表达。第四，多思、多写、多练是逻辑关系设计与谓词工具使用的关键，所谓熟能生巧。

(6) 智能逻辑关系方法

“智能逻辑关系方法” 是空间城市系统脑特有的一种专业化人脑思维逻辑，它是专业化人脑高级功能的体现，充分保证了人类主观能动性的实现。“智能逻辑关系方法”与“格式逻辑关系方法”形成对立统一的辩证关系。“智能逻辑关系方法”是空间城市系统脑的人类属性“工作关系方法”。

“目标”“条件”“结论”是“智能逻辑关系”的三个关键要素。“问题目标”与“知识域”之间的匹配问题是“智能逻辑关系”的重要内容，知识域产生解决问题目标的能力，问题目标促成知识域的扩展。“专家知识是指特定问题域(Problem Domain)方面的知识，特定问题域是专家能成功解决问题的领域，解决特定问题的专家知识被称为专家的知识域(Knowledge Domain)。”

如图7.30所示，“专家脑基元”具备空间城市系统知识、空间城市系统模糊知识、空间城市系统联想知识的专业递进知识域体系。空间城市系统问题域包含在“专家脑基元”的递进知识域体系之中，模糊知识域和联想知识域是人类智能所特有的功能，而人工智能在赋值知识域之外是知识的空白结构。“专业递进知识域体系”与有限度的“知识域”是人类智能与人工智能最本质的区别，“专业递进知识域体系”与“专业化人脑解决问题能力”是空间城市系统脑人类智能的根本体现，也是空间城市系统脑不同于一般“人工智能装置”的根本所在。空间城市系统脑可以解决具有人类复杂性的空间城市系统问题，而“人工智能装置”面对人类复杂性问题则不具备分析解释功能。

图7.30　人类智能“问题域”与“知识域体系”的关系

(7) 模糊逻辑关系方法

“模糊逻辑关系方法”是空间城市系统脑模仿人脑的不确定性概念、判断与推理的思维逻辑，它特别适用于人类智能特征的“专家脑”“设计脑”“解析脑”，适用于处理空间城市系统非线性、或然性、灰色性问题。“模糊逻辑关系方法”应用“模糊集合”和“模糊规则”进行推理，模拟人脑方式，表达“过渡性界限”或“定性知识经验”，实行模糊综合判断。“模糊逻辑关系方法”是建立在多值逻辑基础上的，对于空间城市系统疑难性、多维度、不确定性问题具有特别重要的意义。“模糊逻辑关系方法”是空间城市系统脑有效的人类智能工具性“工作关系方法”。

(8) 概率逻辑关系方法

“概率逻辑关系方法”是归纳逻辑的数学化与量化，主要是运用数理逻辑与概率理论对空间城市系统“归纳问题”与“统计问题”进行概率定量化研究，以获得确切的概率值控制方案。“概率逻辑关系方法”在人类属性等空间城市系统问题中，具有广泛的应用价值。“概率逻辑关系方法”是空间城市系统脑有价值的定量工具性“工作关系方法”。

(9) 诠释学解释框架

“空间城市系统解释框架”是空间城市系统脑的大型工作方法，它是一个解释“城市前见范式”“城市区域现见范式”“空间城市系统预见范式”的重要方法论。因“诠释学”的经典性和现代“解释学”的成熟性，“空间城市系统解释框架”获得可靠的学理逻辑基础，在空间城市系统脑设计中具有文本解释、规则解释、经验解释等权威意义。

以空间城市系统“本体论”为基础，以“前见结构”为出发点，以“现见结构”为根据，以“预见结构”解释能力为标准，我们建构“空间城市系统解释框架”。在“第一维度模型体系工作机理解析”中，我们将详细介绍这一大型空间城市系统脑工作方法，它是空间城市系统脑的高端性、整体性、范式性“工作关系方法”。在空间城市系统脑设计中，大型逻辑工作方法的选择与应用要特别慎重，经典、成熟、适用是基本原则。

3) 空间城市系统脑逻辑搜索方法

以“专家脑基元”为例，结合空间城市系统脑“控制机构”的工作机理，分知识域搜索、模糊知识域搜索、联想知识域搜索三个连续阶段来介绍空间城市系统脑逻辑搜索方法，具体如下：

(1) 知识域搜索

我们给出空间城市系统知识域搜索关键词：知识域(Knowledge Domain，KD)是“专家脑基元”必备的空间城市系统领域的专业知识体系，且有 $KD=\{u_1, u_2, \cdots, u_i\}$ 集合，$i=1, 2, \cdots, n$，每一个 u 占据一个细分空间单位。空间城市系统领域专业知识使“专家脑基元” 能够搜索到问题目标并成功解决问题。问题域 R 是下游“组织综合部门”“设计脑基元”“推理机装置” 所提供方案 p_3 所在的问题集合，且有 $R=\{u_1, u_2, \cdots, u_i\}$，$i=1, 2, \cdots, n$，每一个 u 占据一个细分空间单位。问题目标包含在问题域 R 中，即 $PT \in R$，问题域 R 是“专家脑基元” 搜索的集合空间。问题目标 PT 是下游“组织综合部门”“设计脑基元”“推理机装置” 所提供方案 p_3 中所包含的问题，问题目标 PT 或其子项 pt 是“专家脑基元”搜索的目标。对于知识域 KD，R 表示问题域，PT_i 表示问题目标分项解，$PT_i \in R$；pt_i 表示问题目标细分子项解，$i=1, 2, \cdots, n$ 。

在上述知识域搜索关键词的基础上，我们给出空间城市系统知识域智能逻辑搜索算法步骤如下：

第一步，启动空间城市系统脑“专家脑基元”搜索程序。

第二步，确定下游“组织综合部门”“设计脑基元”“推理机装置”所提供方案 p_3 的问题域 R 和问题目标 PT，令 $PT \in R$，并细分问题域 $R=\{u_1, u_2, \cdots, u_i\}$，$i=1, 2, \cdots, n$，每一个 u 占据一个细分空间单位，如图 7.31 所示。

第三步，确定“专家脑基元”的知识域 KD，并细分知识域 $KD=\{u_1, u_2, \cdots, u_i\}$，$i=1, 2, \cdots, n$，每一个 u 占据一个细分空间单位，如图 7.31 所示。

第四步，将问题域 R 与知识域 KD 匹配，如图 7.31 所示。

第五步，求问题目标细分子项解 pt_i，如图 7.31 所示。

$pt_1 \in 1u$,读作将细分子项 pt_1 确定在1个子项域单位中。

$pt_2 \in 1u$,读作将细分子项 pt_2 确定在1个子项域单位中。

第六步,若求问题目标细分子项解 pt_i 不得,则回转第二步。

第七步,求知识域 KD 的问题目标分项解 PT_1,如图7.31所示。

$$PT_1 = \sum_{i=1}^{n} pt_i \tag{7.29}$$

其中,PT_1 为知识域 KD 分项解;pt_i 为问题目标细分子项解,$i=1, 2, \cdots, n$。

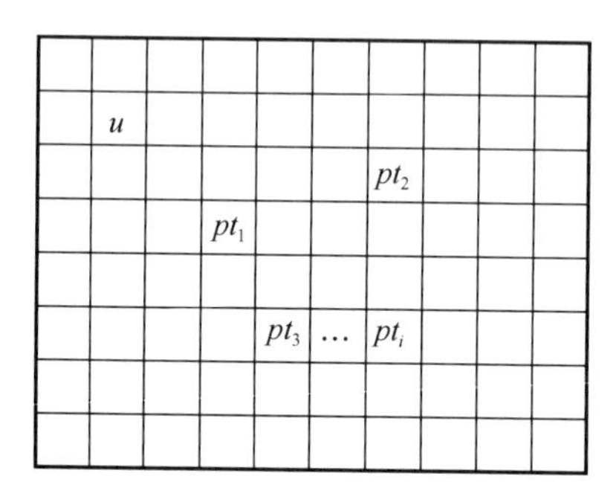

知识域细分:$KD=\{u_1, u_2, \cdots, u_i\}$, $i=1, 2\cdots, n$
问题域细分:$R=\{u_1, u_2, \cdots, u_i\}$, $i=1, 2\cdots, n$

图7.31 知识域与问题域匹配求问题目标细分子项解

(2) 模糊知识域搜索

我们给出空间城市系统模糊知识域搜索关键词:模糊知识域(Fuzzy Knowledge Domain,FKD)是"专家脑基元"具备的空间城市系统领域外延专业知识体系,且有 $FKD=\{u_1, u_2, \cdots, u_i\}$ 集合,$i=1, 2, \cdots, n$,每一个 u 占据一个细分空间单位。空间城市系统领域外延专业知识,使"专家脑基元"能够搜索到问题目标,并成功进行模糊子项问题目标定位[pt_i],进而实现模糊知识域 FKD 问题目标定位[PT_2]。问题域 R_2 是下游"组织综合部门""设计脑基元""推理机装置"所提供方案 p_3 剩余的问题集合,且有 $R_2=\{u_1, u_2, \cdots, u_i\}$,$i=1, 2, \cdots, n$,每一个 u 占据一个细分空间单位,问题目标包含在问题域 R_2 中,即 $PT_2 \in R_2$,问题域 R_2 是"专家脑基元"搜索的集合空间。问题目标 PT_2 是下游"组织综合部门""设计脑基元""推理机装置"所提供方案 p_3 剩余中所包含的问题,问题目标 PT_2 或其子项 pt 是"专家脑基元"搜索的目标。对于模糊知识域 FKD,R_2 表示问题域,PT_2 表示问题目标分项解,$PT_2 \in R_2$,pt_i 表示问题目标细分子项解,$i=1, 2, \cdots, n$。

在上述模糊知识域搜索关键词的基础上,我们给出空间城市系统模糊知识域智能逻辑搜索连续算法步骤如下(注意!为了保证逻辑搜索连贯性,承接前一阶段搜索步骤,我们采用了连续步骤顺序):

第八步,确定下游"组织综合部门""设计脑基元""推理机装置"提供方案 p_3 剩余的问题域 R_2 和问题目标 PT_2,令 $PT_2 \in R_2$,并细分问题域 $R_2=\{u_1, u_2, \cdots, u_i\}$,$i=$

1, 2, …, n,每一个 u 占据一个细分空间单位,如图 7.32 所示。

第九步,确定“专家脑基元”的模糊知识域 FKD,并细分模糊知识域 $FKD=\{u_1, u_2, \cdots, u_i\}$,$i=1, 2, \cdots, n$,每一个 u 占据一个细分空间单位,如图 7.32 所示。

第十步,将问题域 R_2 与模糊知识域 FKD 匹配,如图 7.32 所示。

第十一步,定位问题目标细分子项解$[pt_i]$,如图 7.32 所示。

$[pt_1] \in 3u$,读作将细分子项 pt_1 定位在 3 个子项域单位中。

$[pt_2] \in 3u$,读作将细分子项 pt_2 定位在 3 个子项域单位中。

u $[pt_1]$
$[pt_2]$
$[pt_3]\cdots[pt_i]$

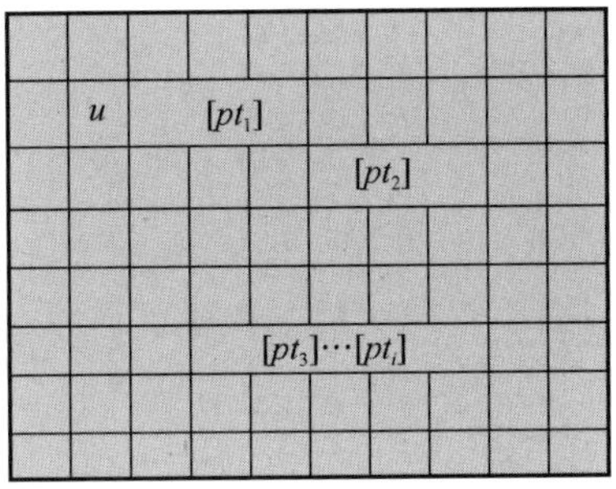

模糊知识域细分:$FKD=\{u_1, u_2, \cdots, u_i\}$, $i=1, 2, \cdots, n$
问题域细分:$R_2=\{u_1, u_2, \cdots, u_i\}$, $i=1, 2, \cdots, n$

图 7.32 模糊知识域与问题域匹配定位问题目标细分子项解

第十二步,将模糊知识域 FKD 转化成确定的知识域 KD,如图 7.33 所示。

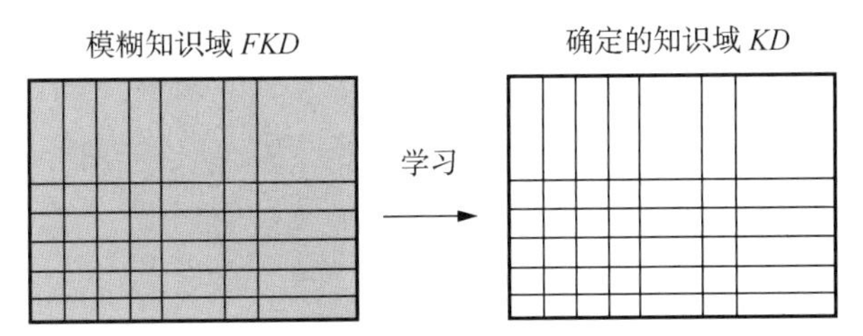

图 7.33 模糊知识域转化成确定的知识域

第十三步,将问题域 R_2 与确定的知识域 KD 匹配,如图 7.34 所示。

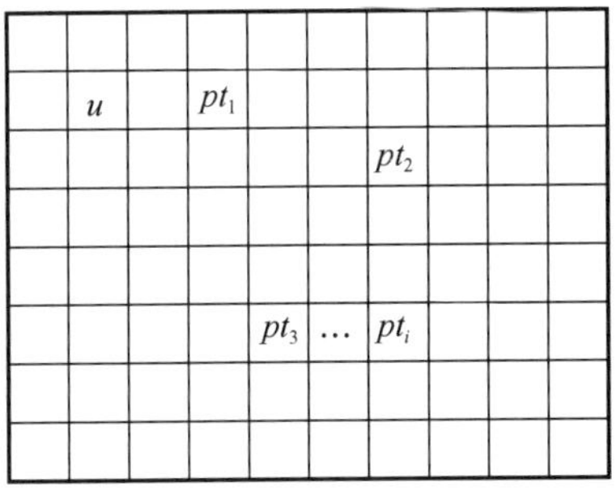

u pt_1
pt_2
pt_3 … pt_i

确定的知识域细分:$KD=\{u_1, u_2, \cdots, u_i\}$, $i=1, 2, \cdots, n$
问题域细分:$R_2=\{u_1, u_2, \cdots, u_i\}$, $i=1, 2, \cdots, n$

图 7.34 确定的知识域与问题域匹配求问题目标细分子项解 1

第十四步，求问题目标细分子项解 pt_i，如图 7.35 所示。

$pt_1 \in 1u$，读作将细分子项 pt_1 确定在 1 个子项域单位中。

$pt_2 \in 1u$，读作将细分子项 pt_2 确定在 1 个子项域单位中。

第十五步，若求问题目标子项解 pt_i 不得，则回转第八步。

第十六步，求模糊知识域 FKD 的目标问题分项解 PT_2，如图 7.35 所示。

$$PT_2 = \sum_{i=1}^{n} pt_i \tag{7.30}$$

其中，PT_2 为模糊知识域 FKD 分项解；pt_i 为问题目标细分子项解，$i = 1, 2, \cdots, n$ 。

(3) 联想知识域搜索

我们给出空间城市系统联想知识域搜索关键词：联想知识域(Lenovo Knowledge Domain，LKD)是"专家脑基元"具有的一般知识体系的"关键词"，且有 $LKD = \{u_1, u_2, \cdots, u_i\}$ 集合，$i = 1, 2, \cdots, n$，每一个 u 占据一个细分空间单位。一般知识"关键词"使"专家脑基元"能够搜索到问题目标，并成功进行联想子项问题目标定向 $\langle pt_i \rangle$，进而实现联想知识域 LKD 问题目标定位 $\langle PT_2 \rangle$。问题域 R_3 是下游"组织综合部门""设计脑基元""推理机装置"提供方案 p_3 剩余存在的问题集合，且有 $R_3 = \{u_1, u_2, \cdots, u_i\}$，$i = 1, 2, \cdots, n$，每一个 u 占据一个细分空间单位，问题目标包含在问题域 R_3 中，即 $PT_3 \in R_3$，问题域 R_3 是"专家脑基元"搜索的集合空间。问题目标 PT_3 是下游"组织综合部门""设计脑基元""推理机装置"提供方案 p_3 剩余中所包含的问题，问题目标 PT_3 或其子项 pt 是"专家脑基元"搜索的目标。对于联想知识域 LKD，R_3 表示问题域，PT_3 表示问题目标分项解，$PT_3 \in R_3$，pt_i 表示问题目标细分子项解，$i = 1, 2, \cdots, n$。

在上述联想知识域搜索"关键词"的基础上，我们给出空间城市系统联想知识域智能逻辑搜索连续算法如下(注意！为了保证逻辑搜索连贯性，承接前一阶段搜索步骤，我们采用了连续步骤顺序)：

第十七步，确定下游"组织综合部门""设计脑基元""推理机装置"提供方案 p_3 剩余中的问题域 R_3 和问题目标 PT_3，令 $PT_3 \in R_3$，并细分问题域 $R_3 = \{u_1, u_2, \cdots, u_i\}$，$i = 1, 2, \cdots, n$，每一个 u 占据一个细分空间单位，如图 7.35 所示。

第十八步，确定"专家脑基元"的联想知识域 LKD，并细分联想知识域 $LKD = \{u_1, u_2, \cdots, u_i\}$，$i = 1, 2, \cdots, n$，每一个 u 占据一个细分空间单位，如图 7.35 所示。

第十九步，将问题域 R_3 与联想知识域 LKD 匹配，如图 7.35 所示。

第二十步，定位问题目标细分子项解 $\langle pt_i \rangle$，如图 7.35 所示。

$\langle pt_1 \rangle \in 4u$，读作将细分子项 pt_1 定位于 4 个子项域单位中。

$\langle pt_2 \rangle \in 4u$，读作将细分子项 pt_2 定位于 4 个子项域单位中。

第二十一步，将联想知识域 LKD 经模糊知识域 FKD 转化成确定的知识域 KD，如图 7.36 所示。

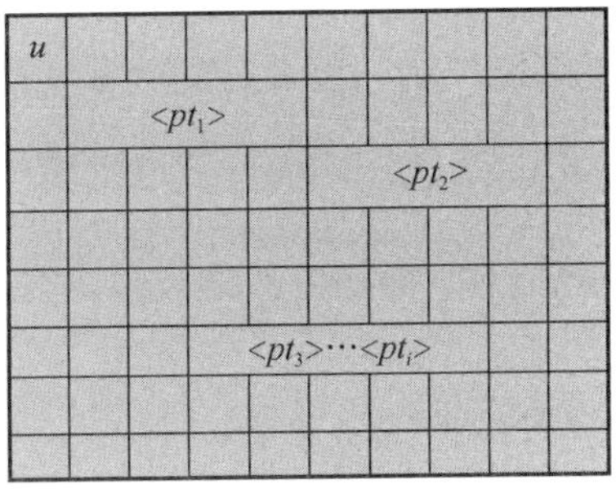

联想知识域细分：$LKD=\{u_1, u_2, \cdots, u_i\}$，$i=1, 2, \cdots, n$
问题域细分：$R_3=\{u_1, u_2, \cdots, u_i\}$，$i=1, 2\cdots, n$

图 7.35　联想知识域与问题域匹配定位问题目标细分子项解

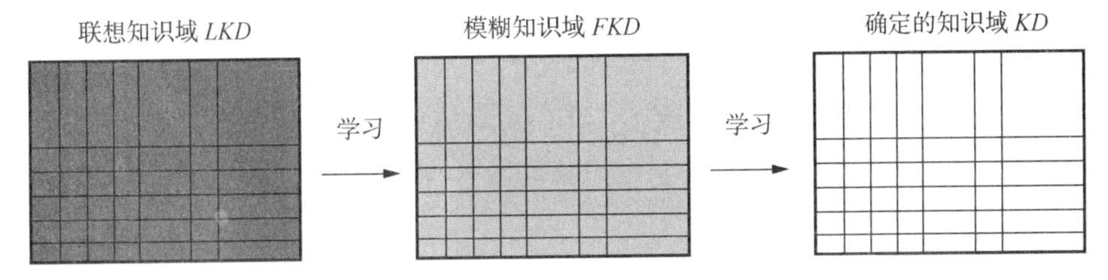

图 7.36　联想知识域经模糊知识域转化成确定的知识域

第二十二步，将问题域 R_3 与确定的知识域 KD 匹配，如图 7.37 所示。

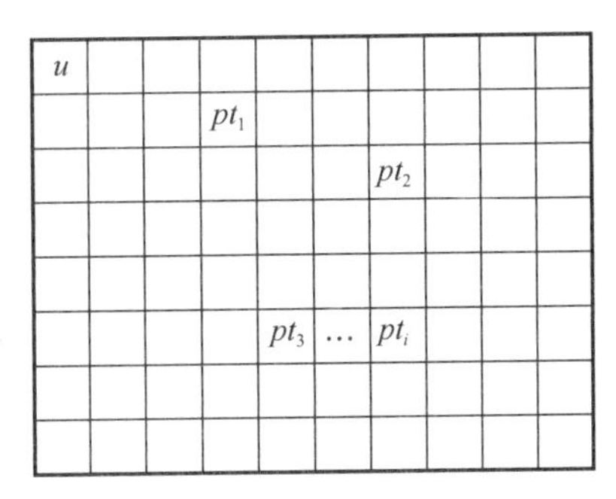

确定的知识域细分：$KD=\{u_1, u_2, \cdots, u_i\}$，$i=1, 2, \cdots, n$
问题域细分：$R_3=\{u_1, u_2, \cdots, u_i\}$，$i=1, 2, \cdots, n$

图 7.37　确定的知识域与问题域匹配求问题目标细分子项解 2

第二十三步，求问题目标细分子项解 pt_i，如图 7.37 所示。

$pt_1 \in 1u$，读作将细分子项 pt_1 确定在 1 个子项域单位中。

$pt_2 \in 1u$，读作将细分子项 pt_2 确定在 1 个子项域单位中。

第二十四步，若求问题目标细分子项解 pt_i 不得，则回转第十七步。

第二十五步，求联想知识域 LKD 的目标问题分项解 PT_3，如图 7.37 所示。

$$PT_3 = \sum_{i=1}^{n} pt_i \tag{7.31}$$

其中，PT_3 为联想知识域 LKD 分项解；pt_i 为问题目标细分子项解，$i=1, 2, \cdots, n$ 。

第二十六步，求空间城市系统控制问题目标 PT 解，则将知识域分项解 PT_1、模糊知识域分项解 PT_2、联想知识域分解 PT_3 求和，即可得到空间城市系统控制问题目标解为

$$PT = PT_1 + PT_2 + PT_3 \tag{7.32}$$

4）空间城市系统脑定量表达方法

空间城市系统脑工作机理既表现为“空间城市系统脑工作关系”，又表现为“空间城市系统脑定量表达方法”，前者是逻辑定性表述，后者是数学定量表达。所谓空间城市系统脑定量表达方法包括激励响应关系、传递函数表达、状态空间描述、控制性能指标体系等。

（1）激励响应关系

空间城市系统信息状态可以分为白箱状态、灰箱状态、黑箱状态三种基本情况，它们对应着全面内部信息、部分内部信息、没有内部信息被掌握的情况。对于空间城市系统脑的各个逻辑主体，输入—输出观点起着基本的作用，输入信号 $u(t)$ 与输出信号 $y(t)$ 之间存在着激励响应关系，即

$$y(t) = F\left[u(t)\right] \tag{7.33}$$

公式(7.33)是空间城市系统脑最基本定量关系的特性，我们只要选择合适的定量输入信号 $u(t)$，就可以得到预期的输出信号 $y(t)$，而不必考虑逻辑主体内部的具体过程。因此，它适用于白箱状态、灰箱状态、黑箱状态。

（2）传递函数表达①

空间城市系统脑是一种信号变换传递控制系统，空间城市系统脑（逻辑主体）的作用是对输入信号进行变换、传递，从而得到输出信号。“激励响应关系”就是这种变换传递特性，所谓传递函数是描述空间城市系统脑（逻辑主体）变换传递特性的定量概念，空间城市系统脑（逻辑主体）的“传递函数”W，由输入量 U 和输出量 Y 经过拉普拉斯变换数学处理所定义，即

$$W = \frac{Y}{U} \tag{7.34}$$

传递函数的概念在空间城市系统脑中有重要应用，它是空间城市系统脑（逻辑主体）本身的一种属性，与输入量无关，它不提供空间城市系统脑（逻辑主体）物理结构的任何信息，即不同的空间城市系统脑（逻辑主体）可以有相同的传递函数，称之为相似装置。也就是说，传递函数描述了空间城市系统脑（逻辑主体）的外部特性。如果空间城市系统脑（逻辑主体）的传递函数已知，则可以由输入量研究其输出或响应，以便控制空间城市系统。如果不知道空间城市系统脑（逻辑主体）的传递函数，则可以由输入

① 本处内容参考了苗东升.系统科学精要[M].3 版.北京：中国人民大学出版社，2010：289-290。

量并测量输出量确定后其传递函数。空间城市系统脑(逻辑主体)的传递函数被确定，就能对其动态特性进行描述。传递函数的适用条件为线性定常系统，它的定义条件为零初始条件。

设空间城市系统脑(逻辑主体)的输入函数为 $U(t)$，输出函数为 $Y(t)$，则 $Y(t)$ 的拉普拉斯变换 $Y(S)$ 与 $U(t)$ 的拉普拉斯变换 $U(S)$ 的商即为空间城市系统脑(逻辑主体)的传递函数：

$$W(S)=\frac{Y(S)}{U(S)} \tag{7.35}$$

如图 7.38 所示，设空间城市系统脑由 k 个逻辑主体组成开环结构线路，它们的传递函数分别为 $W_1(S)$，$W_2(S)$，…，$W_k(S)$，则空间城市系统脑的传递函数为

$$W(S)=W_1(S)W_2(S)\cdots W_k(S) \tag{7.36}$$

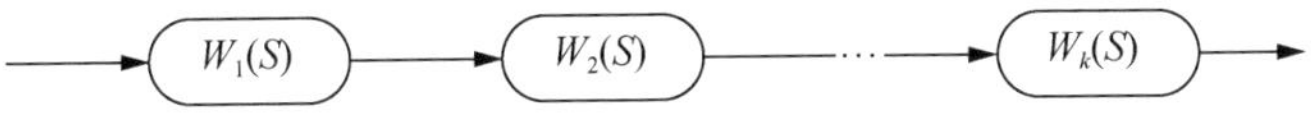

$\rightarrow W_1(S) \rightarrow W_2(S) \rightarrow \cdots \rightarrow W_k(S) \rightarrow$

图 7.38　空间城市系统脑传递函数示意

如图 7.39 所示，设空间城市系统脑专家脑基元闭环线路结构，它的前向通路相当于一个开环线路结构，专家脑基元传递函数为 $W_1(S)$，反馈装置传递函数为 $W_2(S)$，由图 7.39 及传递函数定义可得

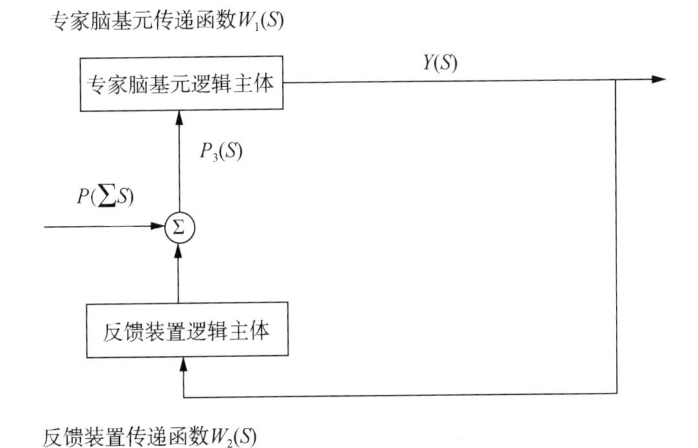

图 7.39　专家脑基元闭环线路结构传递函数

$$P_3(S)=P(\sum S)-W_2(S)Y(S) \tag{7.37}$$

$$Y(S)=W_1(S)P_3(S) \tag{7.38}$$

整理得

$$[1+W_1(S)W_2(S)]Y(S)=W_1(S)P(\sum S) \tag{7.39}$$

则专家脑基元闭环线路结构传递函数为

$$W(S)=\frac{W_1(S)}{1+W_1(S)W_2(S)} \tag{7.40}$$

(3) 状态空间描述

空间城市系统是地球表面空间最大的人工系统，是包括人类属性复杂与自然属性的巨大系统。因此，需要更加全面的“状态空间描述”才能说明空间城市系统的基本原理。本书上卷所述空间城市系统环境理论、空间城市系统空间形态理论、空间城市系统空间结构理论、空间城市系统动因与动因均衡理论、空间城市系统演化理论、空间城市系统混沌结构以及空间城市系统信息理论，都是对空间城市系统的“状态空间描述”。

如图 7.40 所示，空间城市系统“状态空间描述”可以分为两个过程：一是输入引起的系统状态变化“动力学过程”图中 “动力学部分”；二是输出的“静力学过程”图中的“输出部分”。设空间城市系统随时间变化的向量分别为控制作用 $U(t)$、状态变量 $X(t)$、输出变量 $Y(t)$，则空间城市系统的“状态方程”与“输出方程”分别为

$$\dot{X}(t)=A(t)X(t)+B(t)U(t) \tag{7.41}$$

$$Y(t)=C(t)X(t)+D(t)U(t) \tag{7.42}$$

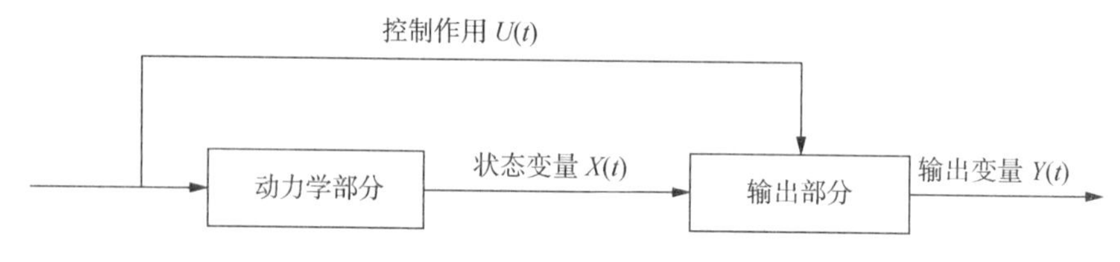

图 7.40 空间城市系统状态空间描述

空间城市系统脑对上述“状态空间描述”承担着表达功能，根据实际问题需要进行空间城市系统“状态空间描述”。我们将空间城市系统脑基本工作流程表述于下：

第一步，由空间城市系统理论专家根据“空间城市系统基本理论”对接实践问题，确立“控制目的”与“控制任务”。

第二步，由空间城市系统控制技术人员完成空间城市系统“状态空间描述”的“控制命题”转化，画出控制框图，设计出“控制系统”，特别注意空间城市系统信号流程设计。

第三步，由计算机编程技术人员根据“控制命题”写出空间城市系统“状态空间控制程序”。

第四步，将空间城市系统“状态空间控制程序”投入实践进行试运行检验，并根据适应、调整、优化原则进行修正。

第五步，由空间城市系统技术人员对空间城市系统脑“状态空间控制程序”使用进

行专业化培训。

第六步，将空间城市系统脑"状态空间控制程序"控制方案交付行政首长决策。

(4) 控制性能指标体系①

空间城市系统脑是实现空间城市系统控制的人类智能"控制系统"，"最优控制指标"是空间城市系统脑的首要序参量指标，统摄着其他"控制指标"的设计。所谓空间城市系统脑"最优控制指标"，是指在满足空间城市系统限定条件的前提下，寻找、比较、实现一种控制指标 $U(t)$，使对空间城市系统的控制实现预定控制目标，保证空间城市系统"整体涌现性"最大化。

空间城市系统脑"最优控制"首先是一种纲领性控制思想，指导着空间城市系统脑整体和各个逻辑主体的设计，其次表现为一系列控制指标，将最优控制思想落实为具体的数据信号。因为空间城市系统的多变量性和人类复杂属性，因此空间城市系统脑"控制性能指标体系"涵盖了十分广泛的方面，择其扼要我们表述如下。在空间城市系统脑的实际设计中，应该根据实践要求进行"控制性能指标"进行科学界定。

① 基本性能

如图 7.41 所示，空间城市系统脑"基本性能"包含两个方面：一是空间城市系统脑输出对输入的响应，又分为输出信号 Y 对输入控制作用 U 的响应，输出信号 Y 对输入干扰作用 M 的响应。二是空间城市系统脑状态对输入的响应，又分为状态 X 对输入控制作用 U 的响应，状态 X 对输入干扰作用 M 的响应。

空间城市系统脑"基本性能"的保障要通过一系列控制性能指标来实现，如稳定性指标、控制精度指标、过渡过程特性指标、结构特性指标：随机控制指标、绩效考核指标、人类属性指标、整体涌现性标准等。

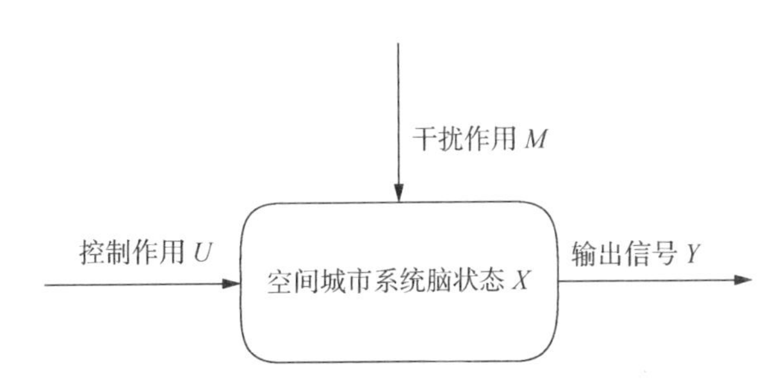

图 7.41 空间城市系统脑基本性能

② 稳定性指标

空间城市系统脑设计必须满足"稳定性指标"，要保持足够的"稳定裕度"，使处于稳定边缘的空间城市系统脑参数在变化情况下保持稳定性，保证空间城市系统脑的正常运行。现代控制理论一般采用李雅普诺夫稳定性判据，它同样适用于空间城市系统脑稳定性判别。我们在第 2 章与第 5 章中已经对"李雅普诺夫稳定性"进行了详细的

① 本处内容与插图参考了苗东升.系统科学精要[M].3 版.北京：中国人民大学出版社，2010：291-293。

介绍，读者可以温故性学习，在此只给予回顾性介绍。所谓空间城市系统脑的“李雅普诺夫稳定性指标”包括下述三种基本情况：

第一，渐进稳定指标，满足条件为

$$\lim|X(t)-\Phi(t)|=0 \tag{7.43}$$

第二，李雅普诺夫稳定性指标，满足条件为

$$|X(t)-\Phi(t)|<\varepsilon \tag{7.44}$$

第三，不稳定性指标，满足条件为

$$|X(t)-\Phi(t)|>\varepsilon \tag{7.45}$$

其中，$X(t)$表示空间城市系统脑工作实际状态值；$\Phi(t)$表示空间城市系统脑预设状态值；ε 表示空间城市系统脑状态偏差值。

③ 控制精度指标

如图 7.42 所示，空间城市系统脑在干扰作用下会偏离预定值 y^*，空间城市系统脑工作会消除误差，经过一段瞬态过程到达稳态值 y_s，则剩余“稳态误差”e_s 等于稳态值 y_s 与预定值 y^* 之差的绝对值，即

$$e_s=|y_s-y^*| \tag{7.46}$$

此即为空间城市系统脑“控制精度”。“控制精度”越高，即 e_s 越小，空间城市系统脑的性能就越好，但是代价越大。因此在合理情况下，我们追求科学的性价比，将空间城市系统脑“控制精度”设计在一个允许的范围内。

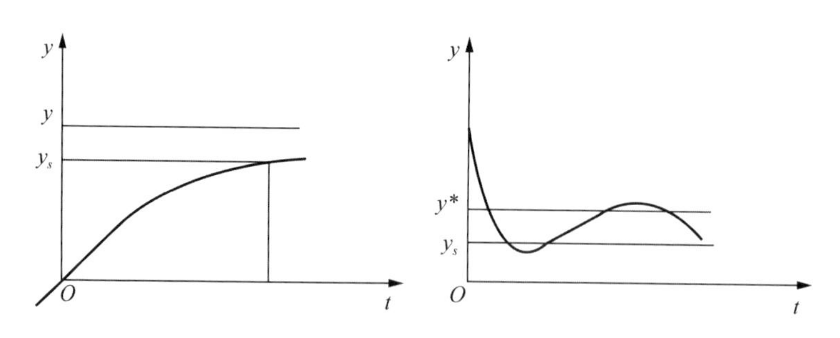

图 7.42　空间城市系统脑控制精度

④ 过渡过程特性指标

如图 7.43 所示，空间城市系统脑对于“控制作用 U”和“干扰作用 M”的响应都是动态响应，需要经历一定的“过渡过程”，我们对空间城市系统脑的“过渡过程特性”要求主要有以下三方面：

第一，快速性与过渡过程指标 T。所谓快速性是指空间城市系统脑尽快结束瞬态进入稳定定态的属性，用“过渡过程时间指标 T”予以标度，如图 7.43 所示，空间城市系统脑函数 $y(t)$进入误差允许范围不再超越边界的最小时间 T。

第二,平稳性与超调量指标。空间城市系统脑的过渡过程多是振荡式的,如图7.43右图所示,空间城市系统脑函数 $y(t)$ 多次从正反两个方向超越预定值 y_0 线,呈振荡曲线。设 y_{max} 为过渡过程中空间城市系统脑函数 $y(t)$ 的最大值,记为超调量指标 h,则

$$h = | y_{max} - y_0 | \tag{7.47}$$

空间城市系统脑"超调量指标 h" 的存在,不利于空间城市系统脑函数 $y(t)$ 的平稳过渡,会给空间城市系统脑带来不利影响。如图7.43左图与图7.43右图,均为"单调过程",即 $h=0$,最为平稳。但是,"超调量指标 h"与"过渡过程时间指标 T"是一对矛盾体,h 小则 T 大,h 大则 T 小,在空间城市系统脑函数 $y(t)$"平稳过渡"与"快速过渡"之间,要根据空间城市系统脑的具体实际要求进行统筹处理,设计出合适的空间城市系统脑"超调量指标 h"与"过渡过程时间指标 T"。

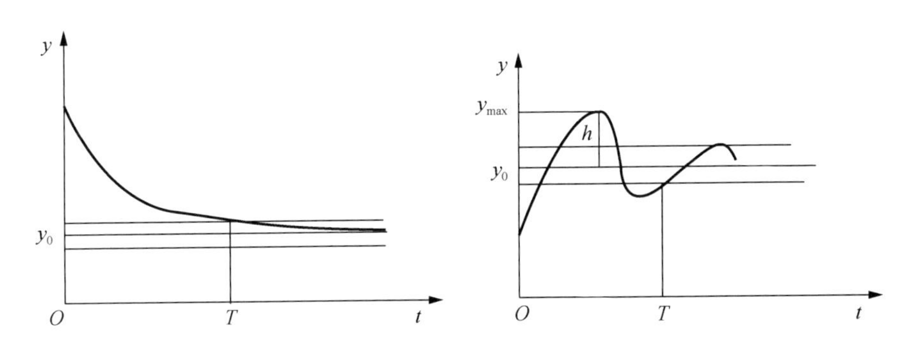

图7.43 空间城市系统脑过渡过程

第三,振荡次数指标。所谓空间城市系统脑的"振荡次数",是指空间城市系统脑函数 $y(t)$ 在 $O \sim T$ 的时间间隔内的震荡次数。如图7.43左图"振荡次数"为1,图7.43右图"振荡次数"为2。空间城市系统脑"振荡次数指标"越小,其平稳性越好,但是具有振荡的空间城市系统脑函数 $y(t)$ 过渡过程"快速性"就好。因此,空间城市系统脑"快速性"与"平稳性"是一对辩证的设计指标,要根据实际需要进行科学的设定,才能保证空间城市系统脑的"最优控制"。

⑤ 结构特性指标

现代控制理论特别指出,空间城市系统脑的"结构特性指标"具有十分重要的意义。空间城市系统脑"结构特性指标"主要包括"能控性""能观测性""鲁棒性"。

首先,"能控性"是指空间城市系统脑"控制作用"对空间城市系统行为状态影响能力的一种度量,空间城市系统他组织特性决定了它具有"能控性"。空间城市系统"能控性"表征,其状态变量可以由空间城市系统脑输入"控制作用"来进行控制,使偏离的空间城市系统状态恢复到预定状态,则我们说这个"空间城市系统状态"是能控的。

其次,"能观测性"概念是卡尔曼在1960年针对线性系统提出的,在此我们解释为:能够从输入数据与输出数据获得状态数据的空间城市系统是"能观测性"的。"能

观测性”对于空间城市系统脑具有十分重要的作用，例如对于“专业脑”与“机器脑”工作机理而言，空间城市系统“能观测性”具有决定性意义。

最后，“鲁棒性”是指空间城市系统脑的“强壮性”，是空间城市系统脑在一定干扰冲击下维持其良好性能的特性。在实际工作中，测量的不精确性与环境干扰会使空间城市系统脑运行发生“特性或参数的缓慢漂移”现象，而空间城市系统脑“鲁棒性”则对这种“特性或参数的缓慢漂移”不敏感，具有对冲性。因此，“鲁棒性指标”是空间城市系统脑设计中必须考虑的一个基本指标。

⑥ 随机控制指标

如图 7.44 所示，因为“随机干扰”和“随机误差”的存在，空间城市系统运行存在随机性，空间城市系统脑必须设计“随机控制指标”，以应对诸如“空间城市系统随机参数”“外部环境随机干扰”“观测噪声与随机波动”等现象。

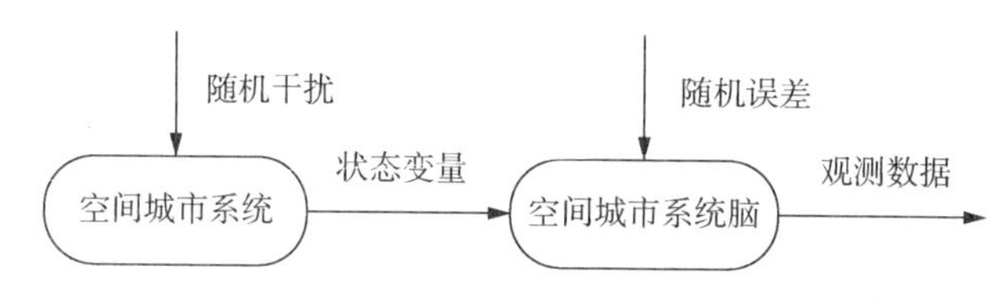

图 7.44　空间城市系统随机控制

空间城市系统脑“随机控制指标”为空间城市系统“专业控制”“组织控制”“机器控制”奠定了基础，使其免除“或然性”干扰，实现“最优控制”。空间城市系统随机控制主要采用数学统计规律、数学概率方法以及卡尔曼滤波方法等，形成专门的“随机控制理论”，在此我们不做深入介绍。空间城市系统脑“随机控制指标”设计有四个基本原则。

第一，估计原则。

根据可直接观测量的数据来估算空间城市系统非直接观测量，称之为空间城市系统脑“估计原则”。估计理论包括估计分类、估计量构造、估计评价、估计性能、估计方法、估计算法等内容。空间城市系统脑“估计原则”是它们的综合运用。

第二，目标值原则。

在空间城市系统脑随机控制过程中，空间城市系统的可能性空间只有在达到整体涌现性目标值时才会缩小，没有达到整体涌现性目标值时可能性空间不缩小，即不达目的誓不罢休的“目标值原则”。

第三，重复性原则。

在空间城市系统脑随机控制过程中，可能性状态有可能被重复选择。因为，空间城市系统脑随机控制无法把那些在控制过程中被证明了不是目标状态的对象从可能性空间中排除出去。

第四，恒定值原则。

在空间城市系统脑随机控制过程中，在没有达到整体涌现性目标值之前，其控制能力不随选择次数的增加而改变，固定在一个“恒定值”上。

⑦ 绩效考核指标

"绩效考核指标"是应用于空间城市系统脑部门机构的一种定量化"控制性能指标体系",其目的是对部门机构的工作数量、工作质量、工作效率进行定量指标化评估。空间城市系统脑组织脑涉及大量的规划等专业化部门,"绩效考核指标"实施将通过计划、执行、检查、处理的PDCA循环过程对各部门逻辑主体的功效进行评价。"绩效考核指标"的具体技术方法要根据各部门机构情况制定,通用方法诸如图尺度考核法(GRS)、目标管理法(MBO)、科莱斯平衡计分卡(BSC)等。因为"绩效考核指标"是针对人的"控制性能指标体系",所以调动人的积极性、消除人的消极性是"绩效考核指标"的主要目的。

⑧ 人类属性指标

空间城市系统是地球空间最大的人工系统,它是具有人类属性、物质属性与自然属性的巨大系统。所谓人类属性是指人的不确定性、人的自觉性、人的目的性,人类属性使得空间城市系统具有或然性。因此,"人类属性指标"成为空间城市系统脑的基础性指标,对"人类属性指标"的控制使空间城市系统减少或然性。空间城市系统脑"人类属性指标"的设计,遵循"人类属性复杂(HAC)模型"原理。

如图7.45所示,"人类属性复杂(HAC)模型"是一种兼具科学与社会科学的复杂性分析模型,它以欧洲学派莫兰的"人性研究"与"复杂性范式"为根本,以美国学派约翰·霍兰"复杂适应系统理论"为基础,以中国学派钱学森"开放的复杂巨系统理论"为主导,对"人类属性复杂问题"进行了剖析。

人类属性指标实际上是一个指标体系,由人类属性指数、人类属性指数组、人类属性综合指数组成,用以表示复杂的人类属性特性。首先,人类属性指标系 $H(I_i, S_i, E_i)$, $i=1, 2, 3, \cdots, n$(下同)是居于最顶层的人类属性指标。其次,初始吸引子指标组 I_i、状态指标组 S_i、涌现指标组 E_i 是居于中间的人类属性指标。最后,整体涌现性综合标准指数组 W_i 是居于终端的人类属性指标。

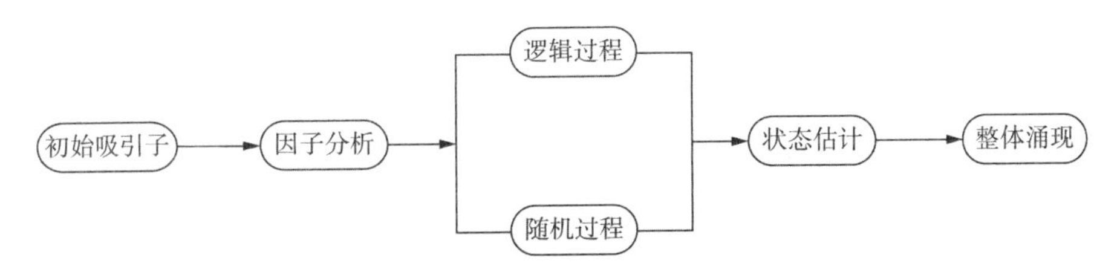

图7.45 人类属性复杂(HAC)模型

⑨ 整体涌现性标准

"整体涌现性"是空间城市系统的终极目标,"整体涌现性标准"就逻辑化的成为空间城市系统脑的最高"控制性能指标体系标准",即"整体涌现性标准"。所谓整体涌现性(Whole Emergence)是指空间城市系统整体才具有,而其部分及部分总和所不具有的特性。"规模效应"与"结构效应"是空间城市系统整体涌现性产生的根源,"整体大于部分之和"是空间城市系统整体涌现性的本质特征。

"整体涌现性标准"用整体涌现性综合标准指数组 W_i 进行表述，$i=1,2,3,\cdots,n$，它由一系列空间城市系统整体涌现指标构成，如空间城市系统"整体综合指数 W""空间形态指数 SF""空间结构指数 SS"等。执行"整体涌现性标准"的空间城市系统脑机构包括：专家脑基元，掌控"高级整体涌现性"；设计脑基元，掌控"中级整体涌现性"；解析脑基元，掌控"低级整体涌现性"。

"整体涌现性标准"对空间城市系统"控制性能指标体系"起统摄作用，是空间城市系统脑全部控制指标的裁量标准。空间城市系统脑设计要依据"整体涌现性"基本设计原则。

第一，统摄性 。

所谓统摄性就是统领性、总辖性、制约性，空间城市系统脑"整体涌现性标准"要对其他控制指标进行统一领导、统一辖制、统一制约，它是空间城市系统脑"控制性能指标体系"的总标准。

第二，辩证性。

空间城市系统脑"整体涌现性标准"具有"辩证性"，强调将控制指标作为一个整体看待，特别要看到控制指标的正反两方面作用，以便抓住空间城市系统脑"控制指标"的本质，符合"整体涌现性标准"。

第三，协同性。

空间城市系统脑"整体涌现性标准" 具有"协同性"。所谓协同性是指空间城市系统控制指标之间的相干能力，表现了控制指标在"整体涌现性"实现过程中协调与合作的性质。

第四，折中性。

空间城市系统脑"整体涌现性标准" 具有"折中性"。所谓折中性是指空间城市系统脑在不同的控制指标中调节取正使之适中的能力，它使得相左的控制指标协调一致，趋向空间城市系统脑"整体涌现性标准"。

第五，均衡性。

空间城市系统脑"整体涌现性标准" 具有"均衡性"，"均衡性"是博弈论的核心概念，在此即各种"控制指标"博弈达到的一种稳定状态，任何"控制指标"无须改变其博弈策略，"均衡性"为空间城市系统脑控制指标设计提供了非均等性选项。

第六，取舍性。

空间城市系统脑"整体涌现性标准" 具有"取舍性"，空间城市系统或然性决定了控制指标的"取舍性"，与其说"取舍性"是控制指标的标准，不如说它是一种控制艺术。"取舍"是既对立又统一的矛盾概念，由专业脑、组织脑、机器脑根据"整体涌现性标准"对各种控制指标做出鉴别、判断、选择是空间城市系统脑"取舍性"的应有之义。

综上所述，空间城市系统脑设计有三个关键步骤：第一，分析"工作关系方法"，即找到"逻辑关系方法"；第二，列出"最优控制指标"，即空间城市系统脑定量化标准；第三，画出逻辑关系框图，如后续专家脑基元前向逻辑关系如后图 7.47 所示。

7.4 空间城市系统脑模块分析

7.4.1 专业脑工作机理解析

1）专业脑工作机理整体定性分析

（1）专业脑定义

如图 7.46 所示，“专业脑”是空间城市系统脑最核心、最重要、最人类智能化的统领逻辑主体，它由专家脑基元、设计脑基元、解析脑基元，以及知识规则部件、经验根据部件、事实数据部件、仿真模拟部件和计算机硬件组成。“专业脑”的关键是经过培训掌握空间城市系统理论与实践经验的高、中、低“人脑”，即高、中、低级专业化人才体系。“专业脑”的功能是产生空间城市系统控制方案 V_i，提供给行政决策“逻辑主体”。

专业脑逻辑主体

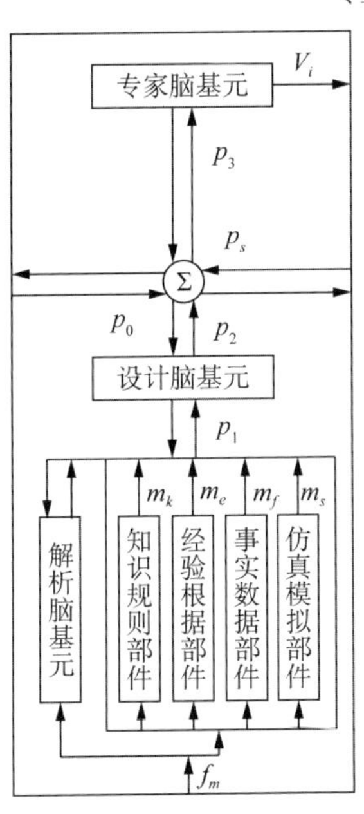

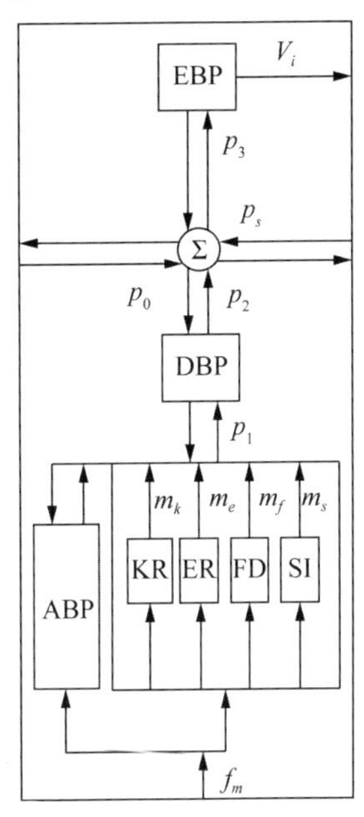

图 7.46 专业脑逻辑主体

（2）专业脑演绎逻辑关系

专业脑逻辑主体是以传递的“演绎逻辑关系”为基本“工作关系方法”的。即有

解析脑基元(ABP)控制方案 p_1，为设计脑基元(DBP)的前提。

设计脑基元(DBP)控制方案 p_2，为专家脑基元(EBP)的前提。

组织脑逻辑主体控制方案 p_o，为专家脑基元(EBP)的前提。

机器脑逻辑主体控制方案 p_s，为专家脑基元(EBP)的前提。

则有

控制方案 p_1 为真，则控制方案 p_2 为真。

控制方案 p_2 为真，则控制方案 p_3 为真。

控制方案 p_o 为真，则控制方案 p_3 为真。

控制方案 p_s 为真，则控制方案 p_3 为真。

结论：专业脑逻辑主体产生的空间城市系统控制方案 V_i 为真。

上述“专业脑”“演绎逻辑关系”基本“工作关系方法”保障了空间城市系统专业脑逻辑主体的规范性、效率性、正确性，因此成为空间城市系统脑“专业脑逻辑主体”设计必须遵守的基本原则。

(3) 专业脑智能逻辑关系

专业脑逻辑主体的核心是专家脑基元（EBP）、设计脑基元（DBP）、解析脑基元（ABP），专业化“人脑”性质决定了它们必然的“智能逻辑关系”工作方法。但是基于高、中、低专业化水平的差别，专家脑基元、设计脑基元、解析脑基元各有其独立的“智能逻辑关系”工作方法。

第一，专家脑基元“智能逻辑关系”。

如前所述，专家脑基元所具有的“逻辑搜索方法”是“专家脑基元”的“智能逻辑关系”工作方法，它包括了知识域搜索、模糊知识域搜索、联想知识域搜索。专家脑基元“智能逻辑关系”体现了高级专业化人脑的主观能动性。专家脑基元“智能逻辑关系”的种类有很多，但是专家脑基元利用其理论知识与实践经验，对其下游所提供的控制方案做出价值判断和优化选择，是其“工作方法关系”之基本准则。

第二，设计脑基元“智能逻辑关系”。

如图 7.46 所示，“设计脑基元”的功能是承前启后，对“解析脑基元”所提供的控制方案 p_1 进行加工处理，产生价值增加值，向“专家脑基元”提供逻辑前提条件，即控制方案 p_2。我们以“设计脑基元”与其下游部件“智能逻辑关系”为例，说明设计脑基元“工作方法关系”。我们选择“产生式”知识表示方法，对“设计脑基元”与知识规则部件、经验根据部件、事实数据部件、仿真模拟部件的“智能逻辑关系”予以表达。即有

r_1：IF　控制方案 p_1 为真　THEN　进入知识规则匹配程序

r_2：IF　p_1 与知识规则 m_k 匹配冲突　THEN　对控制方案 p_1 进行修正

r_3：IF　p_1 与知识规则 m_k 匹配成功　THEN　将事实数据 m_f 代入 p_1

结论 1：基于 r_1、r_2、r_3 产生控制方案增加价值 Δp_1。

r_4：IF　控制方案 p_1 为真　THEN　进入经验根据匹配程序

r_5：IF　p_1 与经验根据 m_e 匹配冲突　THEN　对控制方案 p_1 进行修正

r_6：IF　p_1 与经验根据 m_e 匹配成功　THEN　将事实数据 m_f 代入 p_1

结论 2：基于 r_4、r_5、r_6 产生控制方案增加价值 Δp_2。

r_7:IF　Δp_1 为真　AND　Δp_2　亦为真　THEN　对结论 1 与结论 2 求和

结论 3:控制方案 $p_2 = p_1 + \Delta p_1 + \Delta p_2$。

r_8:IF　控制方案 p_2 为真　THEN　将 p_2 进行仿真模拟实验 m_s

r_9:IF　p_2 与仿真模拟实验 m_s 匹配冲突　THEN　对控制方案 p_2 进行修正

r_{10}: IF　p_2 与仿真模拟实验 m_s 匹配成功 THEN　结论 4

结论 4:基于 r_8、r_9、r_{10} 产生的控制方案 p_2 为真。

上述 $r_i(i=1, 2, \cdots, 10)$是规则编号,控制方案 p_1、p_2 以及知识规则、经验根据、事实数据、仿真模拟实验 m_k、m_e、m_f、m_s 均如图 7.46 所标示。

第三,解析脑基元"智能逻辑关系"。

"归纳逻辑关系方法"是解析脑基元的基本工作"工作方法关系",以"知识规则""经验根据""事实数据",经过"仿真模拟"实验形成逻辑依据,进而归纳出空间城市系统初级控制方案。而这种"初级控制方案"是空间城市系统高级人类智能控制方案的基础。因此,对于空间城市系统脑设计而言,解析脑基元"归纳逻辑关系方法"具有十分重要的基础性地位。

2) 专家脑基元工作机理解析

(1) 专家脑基元前向逻辑关系建构

如图 7.47 所示,专家脑基元与行政(决策)首长基元的逻辑关系,就是专家脑基元的前向逻辑关系。"格式逻辑关系"是专家脑基元必须遵循的制度化"工作方法关系",它既是空间城市系统脑控制机构的基本逻辑关系,保障了行政首长基元所获控制方案的真理性,也是专家脑基元功能的体现。"智能逻辑关系"则是行政首长基元根据所获控制方案做出的随机选择,是一种人类智能主观能动寻优逻辑行为。专家脑基元前向逻辑关系表达公式如下:

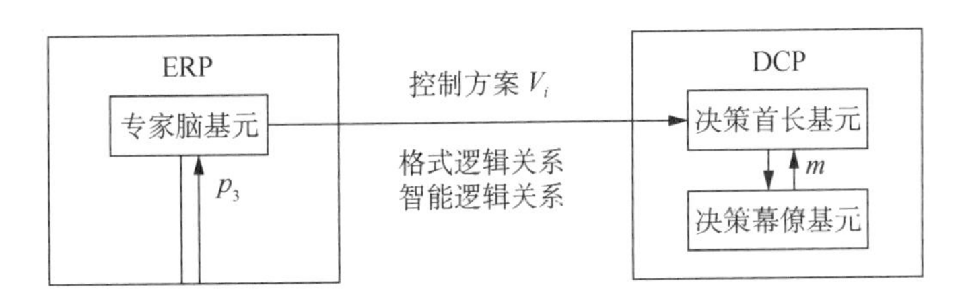

图 7.47　专家脑基元前向逻辑关系

格式逻辑关系命题:

专家脑基元提供给决策首长基元的控制方案 V_i 为真。

定义谓词:

EBP(V_i):表示专家脑基元提供控制方案 V_i。

DCP∈(V_i):表示决策首长基元优选控制方案在集合 V_i 之中。

TRUE(V_i,t):表示控制方案 V_i 为真。

格式逻辑关系命题可用谓词公式表示为

EBP(Plan)

DCP(Plan)

$(\forall V_i)[\text{EBP}(V_i) \rightarrow \text{TRUE}(V_i, t)\text{DCP} \in (V_i)]$

格式逻辑关系谓词公式可读为:对控制方案 V_i 全部,专家脑基元[EBP(Plan)]提供给决策首长基元[DCP(Plan)]的方案为真。

如图 7.47 所示,专家脑基元与行政首长基元之间的"智能逻辑关系",是一种行政权力人类智能主观能动性行为,它是"决策行政首长基元"在"决策幕僚基元"的作用下做出的对空间城市系统决策性控制作用选择,这种选择具有寻优逻辑特征,即全选或者只选择最优化部分。

智能逻辑关系命题:

决策首长基元对专家脑基元提供的控制方案 V_i 全取或取局部。

定义谓词:

EBP(V_i):表示专家脑基元提供控制方案 V_i。

DCP(V_i):表示决策首长基元控制方案 V_i 选项。

all(V_i):表示决策首长基元全取控制方案 V_i。

port(V_i):表示决策首长基元取控制方案 V_i 局部。

智能逻辑关系命题谓词公式表示一为

DCP(Plan)

EBP(Plan)

$\text{DCP}(V_i) \wedge [\text{EBP}(V_i), \text{all}(V_i)]$

智能逻辑关系谓词公式可读为:决策首长基元全取专家脑基元控制方案 V_i。

智能逻辑关系命题谓词公式表示二为

DCP(Plan)

EBP(Plan)

$\text{DCP}(V_i) \vee [\text{EBP}(V_i), \text{port}(V_i)]$

智能逻辑关系谓词公式可读为:决策首长基元取专家脑基元控制方案 V_i 的局部。

由一与二逻辑推理可得:行政首长基元(DCP)与专家脑基元(EBP)之间的智能逻辑关系是"全取专家脑基元控制方案 V_i"或者"取专家脑基元控制方案 V_i 的局部"。

(2) 专家脑基元后向逻辑关系建构

如图 7.48 所示,专家脑基元与加权求和器的逻辑关系,就是专家脑基元的后向逻辑关系。"格式逻辑关系"是专家脑基元的职能性制度化"工作方法关系",它保证了专家脑基元所获控制方案的真理性。“智能逻辑关系”是专家脑基元的分层次知识搜索行为，体现了专家脑基元高级专业化人脑的主观能动性。“智能逻辑关系”目的是对加权求和器供给控制方案 p_3 相关知识域进行搜索，以便专家脑基元做出正确判断。与前向逻辑建构相同，“谓词逻辑公式”是专家脑基元后向“格式逻辑关系”的主要工具，其中否定连接词¬是排在首位的，因此可以称之为“排除优先原则”。

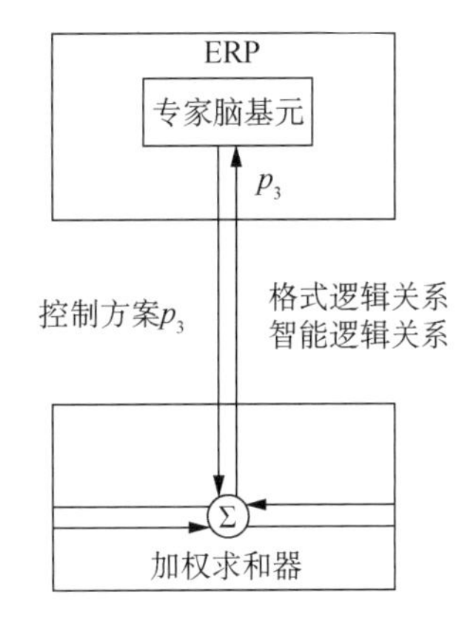

图 7.48　专家脑基元后向逻辑关系

格式逻辑关系命题：

专家脑基元对于加权求和器提供控制方案甄别性选择。

定义谓词：

Ⓢ(p_3)：表示加权求和器提供控制方案 p_3。

EBP(p_3)：表示专家脑基元接受的被甄别控制方案 p_3。

方案的提供范畴：

all(p_3)：p_3 方案全部。

prat(p_3)：p_3 方案局部。

方案的甄别选择：

part(true, p_3)：p_3 方案为“真”的部分。

part(false, p_3)：p_3 方案为“假”的部分。

专家脑基元要对所提供控制方案做出三个行动：第一，甄别。第二，放弃。第三，选择。

可以用谓词描述如下：

DISCRIMINATE[all(p_3)]：表示专家脑基元对方案 p_3 全部进行甄别。

ABANDON[part(false, p_3)]：表示专家脑基元对方案 p_3“假”的部分放弃。

CHOOSE[part(true, p_3)]：表示专家脑基元对方案 p_3“真”的部分选择。

则专家脑基元操作所对应的先决条件及动作如下：

DISCRIMINATE[all(p_3)]

条件：Ⓢ(p_3)，all(p_3)

动作：EBP(p_3)，all(p_3)

谓词逻辑表述可读为：专家脑基元对提供方案 p_3 全部甄别操作，条件是加权求和器提供全部方案 p_3，动作是专家脑基元对全部方案 p_3 加以甄别。

可以用谓词逻辑公式表述如下：

ABANDON[part(false, p_3)]
条件:Ⓢ(p_3),part(p_3)
动作:¬ part(false, p_3)

谓词逻辑表述可读为:专家脑基元放弃方案“假”的操作 p_3,条件是加权求和器提供 p_3 部分方案,动作是专家脑基元否定方案 p_3“假”的部分。

可以用谓词逻辑公式表述如下:

CHOOSE[part(true, p_3)]
条件:Ⓢ(p_3),part(p_3)
动作:($\forall p$)[EBP → part(true, p_3)]

谓词逻辑表述可读为:专家脑基元选择 p_3“真”的部分,条件是加权求和器提供 p_3 部分方案,动作是专家脑基元全取方案 p_3“真”的部分,作为控制方案 p。

(3) 专家脑基元智能逻辑关系

在前述内容中,我们介绍了专家脑基元的“逻辑搜索方法”,它就是“专家脑基元”的“智能逻辑关系”,反映了专家脑基元高级“专业人脑”对知识拥有的能动性,并利用理论知识与实践经验做出最优控制方案。专家脑基元“智能逻辑搜索策略”是指专家脑基元对加权求和器所提供的控制方案进行智能逻辑搜索的过程,如图 7.49 所示。智能逻辑搜索是以“目标优先原则”进行的,这与格式逻辑“排除优先原则”正好相反。

如图 7.49 所示,专家脑基元对加权求和器所提供的控制方案的“智能逻辑搜索流程”分为三个阶段:第一,控制方案知识域搜索。第二,控制方案模糊知识域搜索。第三,控制方案联想知识域搜索。控制方案知识域构成了“控制方案知识体系”,控制方案模糊知识域构成了“控制方案知识概念”,控制方案联想知识域构成了“控制方案知识关键词”。“控制方案知识体系”“控制方案知识概念”“控制方案知识关键词”的性质分别是体系确定性知识、概念确定性知识、关键词确定性知识,它们的功能分别是解决目标问题、定位目标问题、定向目标问题。

专家脑基元“智能逻辑搜索流程”是一种全局搜索,搜索集合空间为$\{u_1, u_2, \cdots, u_i\}$,在其中择取知识域 KD 与问题域 R 匹配的重合单位空间,获得搜索目标子项解。专家脑基元“智能逻辑搜索流程”是一种阶段回路反馈搜索,如图 7.49 所示,当阶段搜索没有达到预定任务目标时,自动反馈回到阶段起始程序进行重复搜索,直至达到阶段预定问题目标搜索任务完成。

(4) 专家脑基元“响应控制指标”

专家脑基元是空间城市系统脑的统摄性逻辑主体,决定着空间城市系统控制方案的最后成果。以“整体涌现性”为目标,实现空间城市系统预定控制,达致控制方案定量化是专家脑基元人类智能“最优控制指标”设计的基本原则。

如图 7.50 所示,所谓响应控制指标,是指专家脑基元输出控制方案对输入控制方案的响应。专家脑基元“响应控制指标”表现为一个响应时间函数 $I(t)$: I_k 表示专家

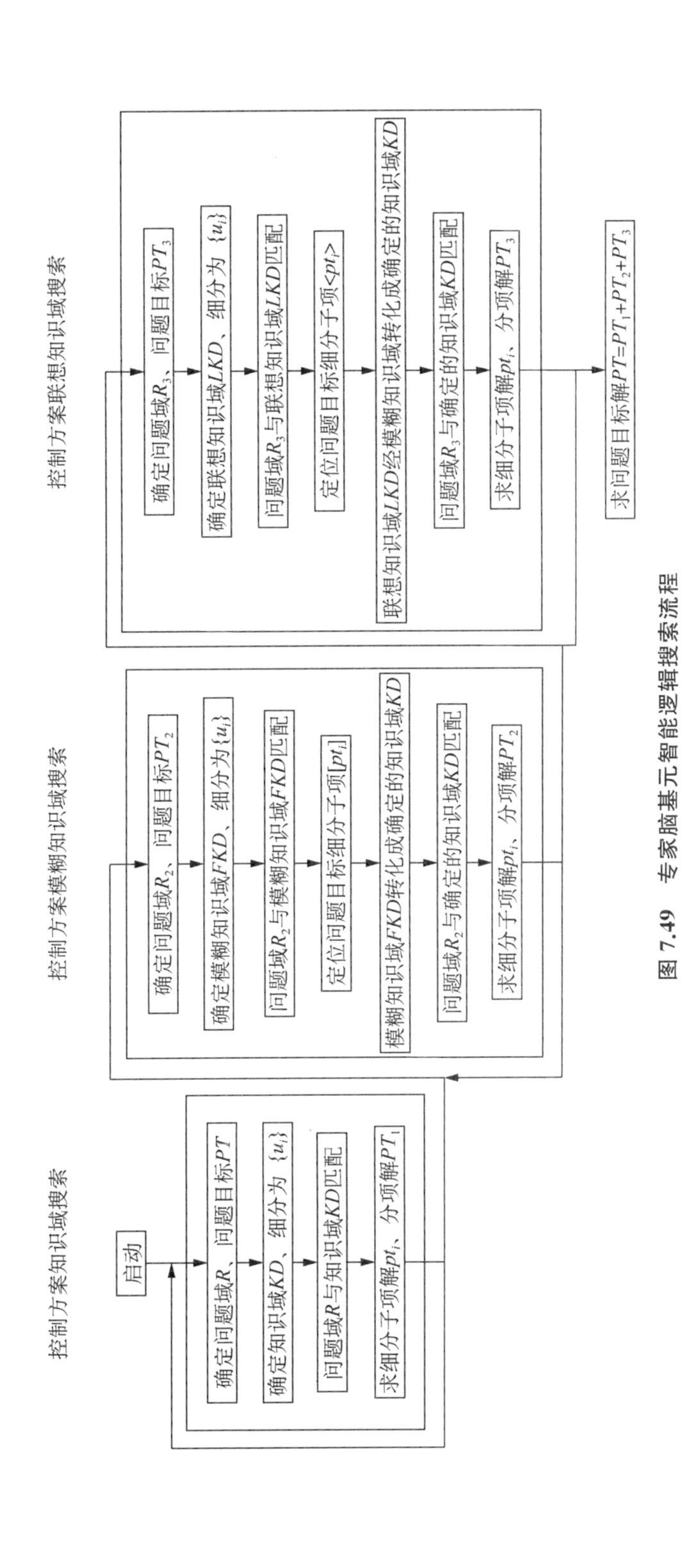

图 7.49 专家脑基元智能逻辑搜索流程

脑基元输出控制指标初始值；$I_1(t)$表示最优控制指标“响应时间函数”；I_{max}为控制指标极大值；T_1 为最优控制指标极值响应时间；$I_2(t)$表示最劣控制指标“响应时间函数”；I_{min}为控制指标最小值；T_2 为最劣控制指标极值响应时间。专家脑基元设计，就是要根据具体情况确定这些“响应控制指标”。

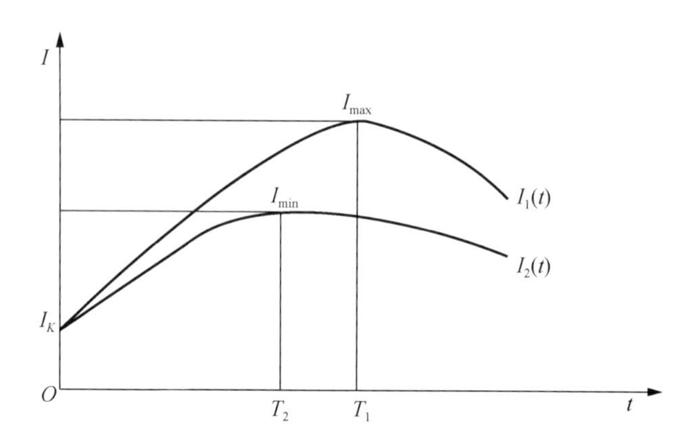

图 7.50 专家脑基元响应控制指标

（5）专家脑基元“人类属性指标”概率判别

人类属性是专家脑基元的主要特征，具有高级空间城市系统知识的专业化“人脑”要遵循“人类属性指标”，而概率论则是专业脑“人类属性指标”判别的主要数学定量工具。在此，我们介绍概率论中的“全概率公式”与“贝叶斯公式”在专业脑“人类属性指标”控制方案判别中的应用。

首先，我们介绍“条件概率”，因为条件概率是理解“全概率公式”和“贝叶斯公式”的基础。所谓条件概率是指在事件 B 发生的条件下，事件 A 发生的条件概率，用公式表示为

$$P(A|B)=\frac{P(AB)}{P(B)} \tag{7.48}$$

我们可以将事件 A 理解为专家脑基元“控制方案为真”，将事件 B 理解为“控制方案为真”实现的条件，那么“条件概率”就可以解读为：在专家脑基元“人类属性指标”控制方案为真的实现条件 B 情况下，其概率可以表示为公式(7.48)的形式。条件概率使得专家脑基元“控制方案为真”发生的可能性增大了，因为我们将样本空间缩小到了给定条件 B 的样本空间。

接下来我们介绍“全概率公式”在专家脑基元“人类属性指标”判别方面的应用。设专家脑基元“人类属性指标”判别为 E，它的样本空间为 S，控制方案为真 A 是判别 E 中的事件，B_1，B_2，…，B_n 为 S 的一个划分，且 $P(B_i)>0(i=1, 2, \cdots, n)$，则专家脑基元“人类属性指标”判别的“全概率公式”为

$$P(A)=P(A|B_n)\ P(B_n) \tag{7.49}$$

公式(7.49)说明，在专家脑基元“人类属性指标”判别时，控制方案为真 A 不容易直接求得，但是“人类属性指标”判别 E 的样本空间 S，容易找到一个划分空间 B_1，B_2，…，B_n，而且$P(B_i)$和 $P(A|B_i)$或为已知或容易求得。那么我们就可以利用“全概率公式”(7.49)求出专家脑基元“人类属性指标”控制方案为真 A 的概率 $P(A)$。这样就完成了专家脑基元“人类属性指标”的定量化判别。

当我们知道专家脑基元“人类属性指标”控制方案 A 为真时，要找到它的发生原因 B_i，这时就可以使用概率论的“贝叶斯公式”进行定量判别。

$$P(B_i|A)=\frac{P(B_i)}{P(A)}=\frac{P(A|B_i)P(B_i)}{\sum_{j=1}^{n}P(A|B_j)P(B_j)} \tag{7.50}$$

其中，$i=1, 2, \cdots, n$。$i\neq j$，$j=1, 2, \cdots, n$。公式(7.50)说明，在已知专家脑基元“人类属性指标”判别条件概率的基础上，即条件 A，寻找“控制方案为真 A”发生的原因，即 $P(B_i|A)$。在“人类属性指标”判别 E 的样本空间 S 的划分空间 B_1，B_2，…，B_n 中($i=1, 2, \cdots, n$)，“人类属性指标”控制方案A 为真发生原因B_i 的概率定量判别。在专家脑基元“人类属性指标”判别中，我们称 $P(B_i)$ 为先验概率判别，$P(B_i|A)$ 为后验概率判别。

如果我们把“人类属性指标”控制方案为真 A 看成结果，把划分空间 B_1，B_2，…，B_n 看成是导致这个结果的可能的“原因”，则可以形象地把“全概率公式”看作“由原因推结果”；而“贝叶斯公式”则恰好相反，其作用在于“由结果推原因”。现在有一个“控制方案为真 A 结果”已经发生了，在众多可能的供给控制方案“原因”中，到底是哪一个导致了这个结果？这是一个专家脑基元需要做出的判别。

3）设计脑基元工作机理解析

(1) 设计脑基元工作机理综述

所谓设计脑基元是指具有专业知识的人类智能体系，如掌握空间城市系统理论与经验的专业化人才。“设计脑基元”的核心是经过专业训练的“人脑”，对于上游“加权求和器”，它将提供“真控制方案 p_2”与“非错控制方案”；对下游“解析脑基元”提供的控制方案 p_1，“设计脑基元”将进行“真控制方案 p_1”择取与“非错控制方案”留置。“设计脑基元”要遵循前后向“格式逻辑关系”，进行空间城市系统脑的制度化运作，同时它要发挥“人脑”的主观能动性，进行前后向的“智能逻辑关系”判断，在专业脑逻辑主体中起着承上启下的中间作用。“设计脑基元”工作的根据是空间城市系统理论知识与实践经验，它的设计原则是设计脑基元前后向“格式逻辑关系”“智能逻辑关系”与“控制指标体系”。

(2) 设计脑基元前向格式逻辑关系(图 7.51)

格式逻辑关系命题：

设计脑基元为加权求和器提供“真控制方案 p_2”与“增值方案 Δp_i”，$i=1, 2, \cdots, n$。

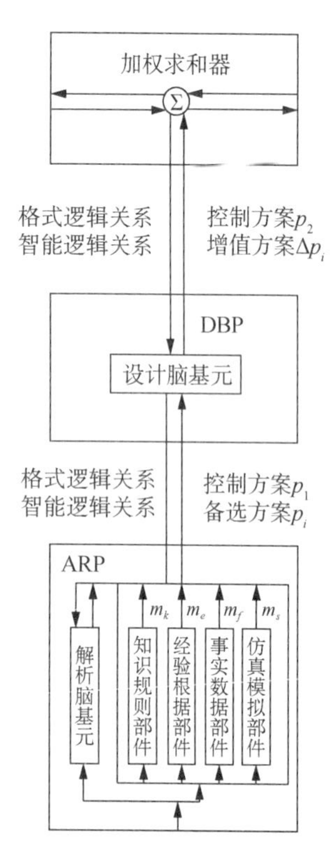

图 7.51　设计脑基元前后向逻辑关系

定义谓词：

DBP(true, p_2)：表示设计脑基元(DBP)提供“真控制方案 p_2”。

DBP(Δp_i)：表示设计脑基元(DBP)提供“增值方案 Δp_i”。

设计脑基元方案的提供范畴：

all(p_2)：表示 p_2 方案全部。

all(Δp_i)：表示 Δp_i 方案全部。

加权求和器方案的甄别选择：

all(p_2)：表示 p_2 方案全部。

part(Δp_i)：表示 Δp_i 方案部分。

可以用谓词描述如下：

PROVIDE(true, p_1)：表示设计脑基元提供真控制方案 p_1。

PROVIDE(Δp_i)：表示设计脑基元提供增值方案 Δp_i。

CHOOSE(true, p_1)：表示加权求和器对真方案 p_1 进行选择。

DISCRIMINATE[all(Δp_i)]：表示加权求和器对方案 Δp_i 全部进行甄别。

ABANDON[part(useless, Δp_i)]：表示加权求和器对方案 Δp_i“无用”部分进行放弃。

CHOOSE[part(useful, Δp_i)]：表示加权求和器对方案 Δp_i“有用”部分进行选择。

加权求和器操作所对应的先决条件及动作如下：

CHOOSE(true, p_1)。

条件：DBP(true, p_1)。

动作：Ⓢ($\forall p$)[DBP→(true, p_1)]。

谓词逻辑表述可读为：条件为设计脑基元提供真控制方案 p_1，动作为加权求和器全取真控制方案 p_1。

可以用谓词逻辑公式表述如下：

DISCRIMINATE[all(Δp_i)]。

条件：DBP[all(Δp_i)]。

动作：Ⓢ($\forall p$)[part(useful, Δp_i)]。

谓词逻辑表述可读为:条件为设计脑基元提供全部增值方案 Δp_i,动作为加权求和器全取“有用”部分。

可以用谓词逻辑公式表述如下:

ABANDON:[part(useless, Δp_i)]。

条件:DEP[all(Δp_i)]。

动作:Ⓢ¬[part(useless, Δp_i)]。

谓词逻辑表述可读为:条件为设计脑基元提供全部增值方案 Δp_i,动作为加权求和器放弃“无用”部分。

(3) 设计脑基元后向格式逻辑关系(图 7.51)

格式逻辑关系命题:

设计脑基元择取解析脑提供“真控制方案 p_1”与“备选方案 p_i”,$i=1, 2, \cdots, n$。

定义谓词:

ARP(true, p_1):表示解析脑基元(ARP)提供“真控制方案 p_1”。

ARP(p_i):表示解析脑基元提供“备选方案 p_i”。

方案的提供范畴:

all(p_1):表示 p_1 控制方案全部。

all(p_i):表示 p_i 备选方案全部。

方案的甄别选择:

all(true, p_1):表示 p_1 真控制方案全部。

part(useful , Δp_i):表示有用的增值方案 Δp_i 部分。

设计脑基元要对所提供的控制方案做出三个行动:第一,甄别。第二,放弃。第三,选择。

可以用谓词描述如下:

DISCRIMINATE[all(p_1)]:表示设计脑基元对控制方案 p_1 全部进行甄别。

DISCRIMINATE[all(p_i)]:表示设计脑基元对备选方案 p_i 全部进行甄别。

ABANDON[part(useless, p_i)]:表示设计脑基元放弃备选方案 p_i 没用部分。

CHOOSE [all(p_1)]:表示设计脑基元选择 p_1 真控制方案全部。

CHOOSE[part(useful , Δp_i)]:表示设计脑基元选择有用的增值方案 Δp_i 部分。

设计脑基元操作所对应的先决条件及动作如下:

DISCRIMINATE[all(p_1)]。

条件:ARP(p_1),all(p_1)。

动作:DEP(p_1),all(p_1)。

谓词逻辑表述可读为：设计脑基元对提供方案 p_1 全部进行甄别操作，条件是解析脑提供全部控制方案 p_1，动作是设计脑基元对全部控制方案 p_1 加以甄别。

可以用谓词逻辑公式表述如下：

ABANDON[all(p_i)]。

条件：ARP[all(p_i)]。

动作：$\neg$ [part(useless, p_i)]。

谓词逻辑表述可读为：设计脑基元甄别全部备选方案 p_i，条件是解析脑提供全部备选方案 p_i，动作是设计脑基元放弃备选方案 p_i 没用的部分。

可以用谓词逻辑公式表述如下：

CHOOSE[part(useful, Δp_i)]。

条件：ARP[all(p_i)]。

动作：$(\forall p)$[DEP→part(useful, Δp_i)]。

谓词逻辑表述可读为：设计脑基元选择有用的增值方案 Δp_i 部分，条件是解析脑提供全部备选方案 p_i，动作是设计脑基元全取有用的增值方案 Δp_i 部分。

(4) 设计脑基元智能逻辑关系

如前所述，空间城市系统脑"专业脑"体系，即专家脑基元、设计脑基元、解析脑基元的"智能逻辑关系"，基本上都是一个空间城市系统知识与经验的搜索问题，即搜索"控制方案"问题。"专业脑"所面对的空间城市系统问题，大多是一些具有人类属性、或然性、非结构性的问题，没有现成算法可利用，或者属于复杂性很高的"组合爆炸"性问题。因此，只能依靠专家脑基元、设计脑基元、解析脑基元的"人脑"，根据空间城市系统知识与经验，按照"逻辑搜索方法"找到合适的"搜索技术"进行处理。

空间城市系统脑"搜索技术"具有多种形式，例如前述的"知识域搜索、模糊知识域搜索、联想知识域搜索"。盲目搜索、启发式搜索、状态空间搜索、与/或树搜索，是空间城市系统脑设计使用最基本的"搜索技术"。在"专业脑"体系设计中，可以根据实际需要选择合适的"搜索技术"。因为"搜索策略"的专门性，我们不过多赘述，读者可以进行相关"搜索策略"的深度学习。在此，择其扼要我们介绍"启发式搜索"的关键知识，并案例式说明"设计脑基元控制方案全局择优搜索树"的应用。

第一，启发性信息。

对于专业脑逻辑搜索树而言，所谓启发性信息包含三层含义：首先，有效地帮助决定"控制方案"扩展节点的信息，即生枝信息。其次，有效地帮助决定哪些"控制方案"后继节点应该被生成的信息，即衍枝信息。最后，能决定在扩展一个"控制方案"节点时，哪些节点应从搜索树上删除的信息，即剪枝信息。

第二，估价函数。

用来估计"控制方案"节点重要性的函数被称为专业脑估价函数，它的一般形式为

$$f(n)=g(n)+h(n) \tag{7.51}$$

其中，$g(n)$是从初始节点 S_0 到节点 n 的实际搜索代价；$h(n)$是从节点 n 到“控制方案”目标节点 S_g 的最优路径的估计搜索代价。

专业脑“估价函数”的本质是从初始搜索节点 S_0 出发，经过节点 n 到达“控制方案”目标节点 S_g 的所有路径中，最小搜索路径代价的估计值。

第三，设计脑基元全局择优搜索树。

图 7.52 是设计脑基元增值方案全局择优搜索树，每个节点旁边的数字是该节点的估价函数值。令 $g(n)=d(n)$，$h(n)=W(n)$。其中，$d(n)$ 表示节点 n 在搜索树中的深度；$W(n)$ 表示节点 n 中“非增值方案” 的数量。“备选方案” 中包括绝大多数“非增值方案” 与少量“增值方案”，后者是我们要搜索的目标。$d(n)$ 与 $W(n)$ 说明是用从 S_0 到节点 n 的路径上的单位代价表示实际代价，我们用 n 中“非增值方案” 的数量作为启发信息。就一般情况而言，某一个节点“非增值方案” 数量越多，说明它离目标节点 S_g 距离越远。有价值的是要计算中间新生成节点的估价函数值。例如，对于节点 S_2，其估价函数值的计算为

$$f(S_2)=d(S_2)+W(S_2)=2+2=4 \tag{7.52}$$

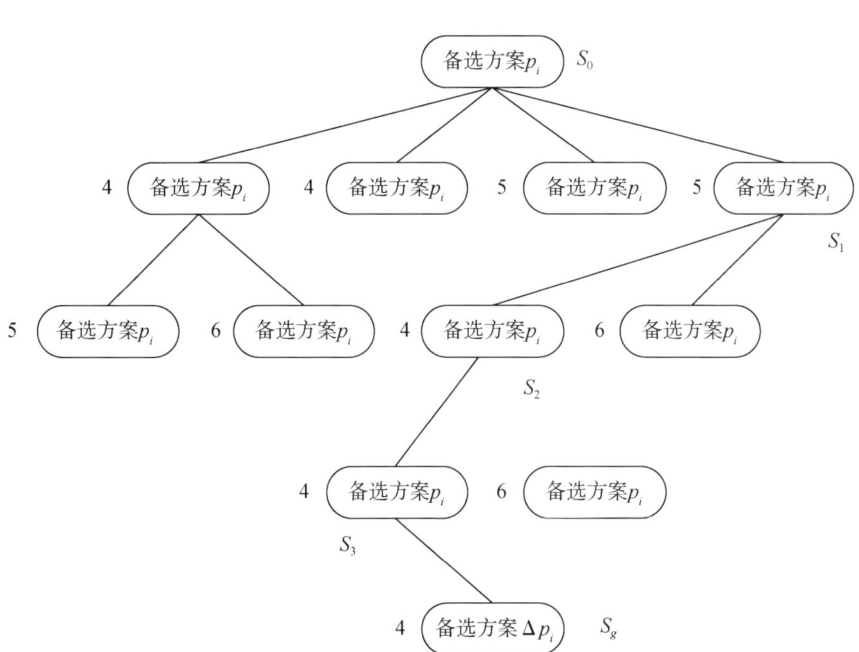

图 7.52　设计脑基元增值方案全局择优搜索树

从图 7.52 中可以得出设计脑基元“增值方案”全局择优搜索树的解为

$$S_0 \rightarrow S_1 \rightarrow S_2 \rightarrow S_3 \rightarrow S_g$$

至此，处于初始节点 S_0 位置的设计脑基元，就可以在解析脑基元提供的若干“备选方案”中，确定“增值方案”S_g 的位置。且其搜索路径为 $S_0 \rightarrow S_1 \rightarrow S_2 \rightarrow S_3 \rightarrow S_g$。

(5) 设计脑基元控制精度指标

在空间城市系统脑设计中,“控制精度”是必须具备的控制指标,如设计脑基元的备选方案 p_i 控制精度与增值方案 Δp_i 控制精度,缺乏“控制精度”的空间城市系统脑逻辑主体,是无法保证空间城市系统脑控制方案实用性的。

第一,备选方案 p_i 控制精度。

图 7.53 左图为空间城市系统脑设计脑基元备选方案 p_i 的控制精度示意图,由空间城市系统脑“控制精度指标”公式可得

$$e_{s-l}=|y_s-y^*| \tag{7.53}$$

其中,e_{s-l} 表示设计脑基元备选方案 p_i 的控制精度;y_s 表示设计脑基元经过瞬态过程后所到达的稳态值;y^* 表示设计脑基元控制精度的预定值。

就实际情况而言,解析脑基元所提供的备选方案 p_i 是一个很宽的范围,而且数量很大。因此,为了减少成本追求科学的性价比,我们必须将备选方案 p_i 的控制精度 e_{s-l} 控制在一个相对较低的指标上,即 e_{s-l} 值比较大,以保持较大的覆盖率。

第二,增值方案 Δp_i 控制精度。

图 7.53 右图为空间城市系统脑设计脑基元增值方案 Δp_i 的控制精度示意图,由空间城市系统脑“控制精度指标”公式可得

$$e_{s-h}=|y_s-y^*| \tag{7.54}$$

其中,e_{s-h} 表示设计脑基元增值方案 Δp_i 的控制精度;y_s 表示设计脑基元经过瞬态过程后所到达的稳态值;y^* 表示设计脑基元控制精度的预定值。

就实际情况而言,要求设计脑基元借助“启发性信息”,即生枝信息、衍枝信息、剪枝信息,通过“估价函数” $f(n)=g(n)+h(n)$ 的计算求值,确定搜索路径 $S_0\to S_1\to S_2\to S_3\to S_g$,准确地找到增值方案 Δp_i。因此,就需要将增值方案 Δp_i 的控制精度 e_{s-h} 设计在一个相对较高的指标上,即 e_{s-h} 值比较小,以保持较高的精确率。

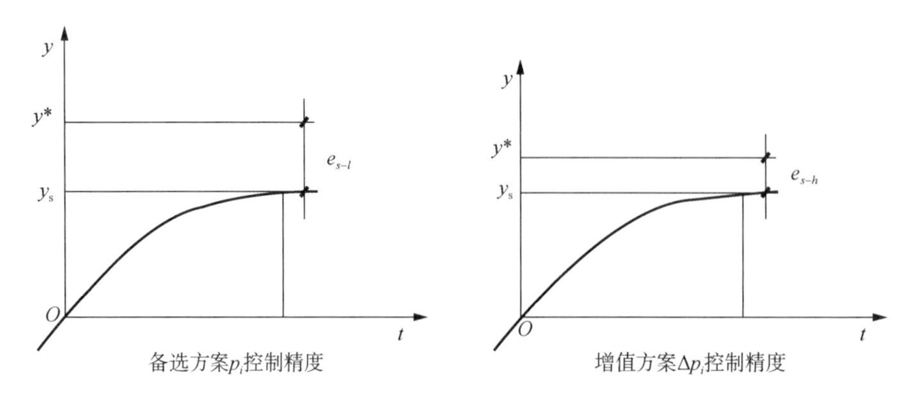

图 7.53 设计脑基元控制精度比较

(6) 设计脑基元随机控制指标

如图 7.54 所示,首先,因为解析脑基元提供的是大量的空间城市系统初级资料,

因此设计脑基元必然会遭遇空间城市系统随机现象的干扰。其次，设计脑基元自身会受到随机误差的干扰，影响其工作准确程度。最后，在空间城市系统脑的设计脑设计中，必须具备“随机控制指标”，以减少空间城市系统随机干扰与随机误差干扰的影响从而实现“最优控制”目标。

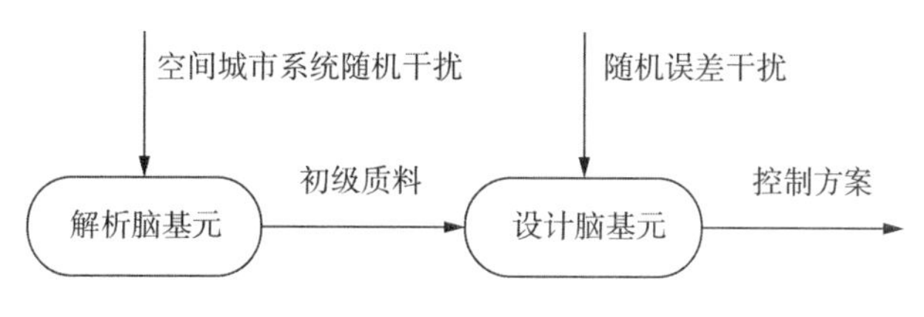

图 7.54　设计脑基元随机控制

空间城市系统脑设计脑“随机控制指标”设计中主要考虑四个原则：第一，直接估计原则。根据设计脑“人脑”所掌握的空间城市系统知识与经验，对解析脑所提供的大量初级资料，直接观察、审核、裁定，可以使用估计分类、估计评价、估计决策等“估计技术”进行综合估计。第二，增值方案 Δp_i 目标值原则。在设计脑工作过程中，将其可能性空间锁定在增值方案 Δp_i 目标值范围，坚持不到达该目标值范围誓不罢休的“目标值原则”。第三，重复性原则。在设计脑工作过程中，可能性状态有可能被重复选择，因为空间城市系统随机现象会将前现情况再次送回，包括可选与非可选目标。第四，恒定值原则。在设计脑工作过程中，在没有实现足够的增值方案 Δp_i 目标之前，设计脑搜索能力并不随工作量的加大而加大，而是相对固定在一个“恒定值”上。

4）解析脑基元工作机理解析

（1）解析脑基元工作机理综述

如图 7.55 所示，所谓解析脑基元是经过空间城市系统知识培训具有专业经验的人类智能体系，它的核心是解析脑基元“人脑”，它与专家脑、设计脑形成了高级、中级、初级三级专业脑体系。“解析脑基元(ARP)”逻辑关系分为纵向逻辑关系、横向逻辑关系。就纵向逻辑关系而言，对上游设计脑基元(DBP)，它将提供控制方案 p_1 与备选方案 p_i；对下游反馈装置(SF)，它将接受空间城市系统反馈信息。“横向逻辑关系”是“解析脑基元”特有的内部逻辑关系，对横向知识规则部件(KR)、经验根据部件(ER)、事实数据部件(FD)、仿真模拟部件(SI)，它将开展空间城市系统资料文件的检索、分类、初审工作，以形成空间城市系统初级控制方案 p_1 以及大量的备选方案 p_i。

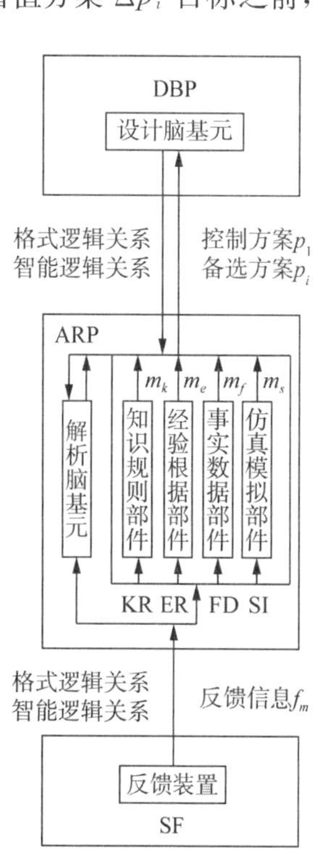

图 7.55　解析脑基元前后向逻辑关系

“解析脑基元”要遵循前后向“格式逻辑关系”进行空间城市系统脑的制度化运作，同时它要发挥“人脑”的主观能动性进行前后向的“智能逻辑关系”判断。解析脑基元在专业脑逻辑主体中起着基础性的作用，它的工作根据是空间城市系统专业知识与实践经验，它的设计原则是解析脑基元特有的，“纵向逻辑关系”“横向逻辑关系”与“控制指标体系”。横向知识规则部件(KR)、经验根据部件(ER)、事实数据部件(FD)、仿真模拟部件(SI)具有直接向“设计脑基元”提供咨询服务的逻辑关系，这是不同于专家脑基元、设计脑基元所特有的一种逻辑关系结构。

(2) 解析脑基元前向格式逻辑关系

如图 7.55 所示，所谓解析脑基元(ARP)“前向格式逻辑关系”是指它与设计脑基元(DBP)之间的制度化“工作方法关系”。“前向格式逻辑关系”规定了解析脑基元(ARP)必须向设计脑基元(DBP)提供“真控制方案 p_1”，以及大量的“备选方案 p_i”。而设计脑基元(DBP)则要对“真控制方案 p_1”与大量的“备选方案 p_i”进行甄别，接受“真控制方案 p_1”、选择性接受有用的增值方案 Δp_i 部分。解析脑基元(ARP)“前向格式逻辑关系”用谓词逻辑表示方法进行表述，如同“专家脑基元”与“设计脑基元”一样，可以写出解析脑基元(ARP)“前向格式逻辑关系”谓词逻辑公式。

(3) 解析脑基元横向格式逻辑关系

如图 7.55 所示，“横向格式逻辑关系”是解析脑基元特有的内部逻辑关系，它规定了“解析脑基元”必须对横向知识规则部件(KR)、经验根据部件(ER)、事实数据部件(FD)、仿真模拟部件(SI)，开展空间城市系统资料文件的检索、分类、初审工作，以形成空间城市系统初级控制方案 p_1 以及大量的备选方案 p_i，这是“解析脑基元”的初级基础性工作，它为中级“设计脑基元”、高级“专家脑基元”提供了最基本的“智能逻辑判断资料”。解析脑基元(ARP)“横向格式逻辑关系”用谓词逻辑表示方法进行表述，如同“专家脑基元”与“设计脑基元”一样，可以写出解析脑基元(ARP)“横向格式逻辑关系”谓词逻辑公式。

(4) 解析脑基元后向格式逻辑关系

如图 7.55 所示，所谓解析脑基元(ARP)“后向格式逻辑关系”是指它与反馈装置 SF 之间的制度化“工作方法关系”。“后向格式逻辑关系”规定了解析脑基元(ARP)必须接受空间城市系统脑反馈的信息 f_m，并且与知识规则部件(KR)、经验根据部件(ER)、事实数据部件(FD)、仿真模拟部件(SI)同时分享空间城市系统反馈信息 f_m。“后向格式逻辑关系”与“横向格式逻辑关系”共同规定了解析脑基元(ARP)对空间城市系统资料文件的检索、分类、初审的“工作关系”。解析脑基元(ARP)“后向格式逻辑关系”用谓词逻辑表示方法进行表述，如同“专家脑基元”与“设计脑基元”一样，可以写出解析脑基元(ARP)“后向格式逻辑关系”谓词逻辑公式。

(5) 解析脑基元智能逻辑关系

解析脑基元“智能逻辑关系”是一个空间城市系统知识与经验的基础性搜索问题，它所面对的是浩如烟海的知识信息，因此以“空间城市系统”为主题，就是解析脑基元“智能逻辑关系”的根本逻辑。依靠解析脑基元的“人脑”与计算机技术，根据空间城市系统知识与经验，按照检索审核技术，开展解析脑基元“智能逻辑关系”工作，得出《空间城市系统专业分类报告》《空间城市系统专业检索报告》《空间城市系统控制方案初审报告》。解析脑基元“智能逻辑关系”可以归结为空间城市系统专业分类、专业检索、专业初审三个基本环节。

① 空间城市系统专业分类

根据“城市区域学科史”，解析脑基元可以将“空间城市系统专业分类”划分为大都市连绵带（MP）、城市群（UA）、巨型区域（MR）、巨型城市区域（MCR）、空间城市系统（SCS）五个大类，其代表人分别为戈特曼、姚士谋、罗伯特·亚罗、彼得·霍尔、王洪军。空间城市系统专业分类要符合规范的标准，与通识性分类法体系相兼容，制定“空间城市系统专业分类目录”，做到规范类目、完善参照系统与注释系统，调整类目体系、增修复分表，明显加强类目的扩容性和分类的准确性。要实现关键词检索目录、概念检索目录、原理检索目录分级递进检索目录，最终形成《空间城市系统专业分类报告》（SPCR）。

② 空间城市系统专业检索

空间城市系统专业检索要紧跟现代技术，构建“空间城市系统专业目录浏览”与“空间城市系统专业搜索引擎”。空间城市系统专业检索可以分为空间城市系统检索、空间城市系统控制检索、空间城市系统人类智能控制检索三个递进层级，以逐渐缩小检索范围。根据知识搜索方法可以分为关键词索引、联想知识域索引、模糊知识域索引、确定知识域索引四个递进检索层级，以提高检索精确度，最终形成《空间城市系统专业检索报告》（SPSR）。

③ 空间城市系统专业初审

空间城市系统专业脑三级审核分为解析脑初级目标审核、设计脑中级目标审核、专家脑高级目标审核。空间城市系统专业初审总目标有三个基本原则：第一，空间城市系统信息全覆盖性。第二，空间城市系统控制方案准确性。第三，空间城市系统整体涌现性。最终形成《空间城市系统控制方案初审报告》（SCFR）。

（6）解析脑基元基本性能指标

所谓解析脑基元基本性能包括专业化“人脑”的空间城市系统理论与经验水平，计算机器件的特性与功能，以及解析脑整体专业分类、专业检索、专业初审的能力。如图7.56所示，“解析脑基元基本性能指标”主要表现为以下三种：

第一，解析脑基元输出信息 Y 对输入信息的响应。输出信息是指《空间城市系统专业分类报告》（SPCR）、《空间城市系统专业检索报告》（SPSR）、《空间城市系统控制方案初审报告》（SCFR）等。输入信息是指知识规则部件（KR）、经验根据部件（ER）、事实数据部件（FD）、仿真模拟部件（SI）所提供信息，以及反馈信息（SF）与干扰信息 I 等。

第二，解析脑基元状态 X 对输入信息 U、干扰信息 I 的响应。输入信息 U 包括知识规则部件（KR）、经验根据部件（ER）、事实数据部件（FD）、仿真模拟部件（SI）所提供信息,以及反馈信息(SF)。它反映了解析脑基元(ARP)本身质量的高低。

第三,解析脑基元"基本性能"还体现在"稳定性指标""结构特性指标"等方面,见后续分析。

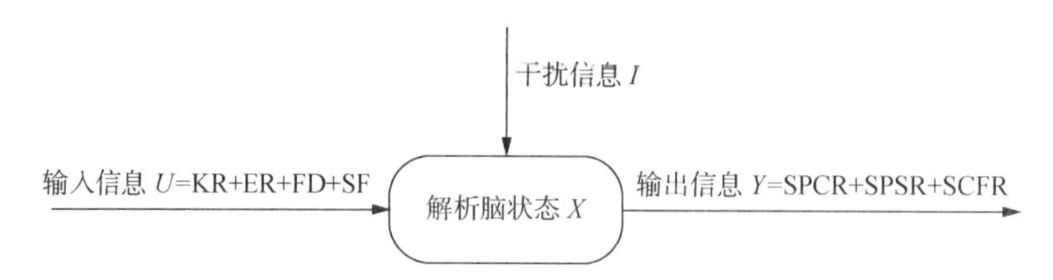

图 7.56 解析脑基元基本性能

(7) 解析脑基元稳定性指标

如图 7.57 所示,"稳定性指标"是指解析脑基元保持其专业分类、专业检索、专业初审随时间恒定的能力,即随时间不变化的能力,它是解析脑基元基本性能发挥的保障。我们采用李雅普诺夫稳定性判据来衡量解析脑基元"稳定性指标",也就是通过考察解析脑基元专业分类、专业检索、专业初审能力是否衰减来判定它的稳定性。解析脑基元的"李雅普诺夫稳定性指标"包括下述三种基本情况:

第一,设计脑基元渐进稳定指标,满足条件为

$$\lim|X(t)-\Phi(t)|=0 \tag{7.55}$$

第二,设计脑基元李雅普诺夫稳定性指标,满足条件为

$$|X(t)-\Phi(t)|<\varepsilon \tag{7.56}$$

第三,设计脑基元不稳定性指标,满足条件为

$$|X(t)-\Phi(t)|>\varepsilon \tag{7.57}$$

其中,$X(t)$表示设计脑基元工作实际状态值;$\Phi(t)$表示设计脑基元预设状态值;ε表示设计脑基元状态偏差值。

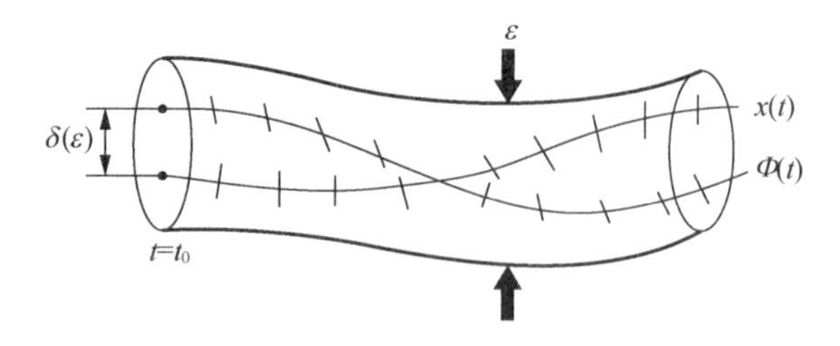

图 7.57 设计脑基元李雅普诺夫稳定性

(8) 解析脑基元结构特性指标

解析脑基元"结构特性指标"主要包括"ARP 能控性""ARP 能观测性""ARP 鲁棒性",它们具有十分重要的意义。

第一,"ARP 能控性"说明空间城市系统状态信息是能够进行专业分类、专业检

索、专业初审的，这就为解析脑基元、设计脑基元、专家脑基元的功能发挥奠定了信息供给基础。

第二，“ARP 能观测性”决定了通过专业分类、专业检索、专业初审的输入程序，能够获得《空间城市系统专业分类报告》《空间城市系统专业检索报告》《空间城市系统控制方案初审报告》的输出结果，从而为专业脑的运行奠定了基础。

第三，“ARP 鲁棒性”告诫我们，解析脑基元必须具备足够的“强壮性”，抵抗干扰信息 I 的冲击，维持其良好性能的特性，才能承担起专业分类、专业检索、专业初审的工作使命。

7.4.2 组织脑工作机理解析

1）组织脑逻辑主体概论

（1）组织脑定义

如图 7.58 所示，“组织脑”是空间城市系统脑最基础、最具体、最人居空间化的具象逻辑主体，它由组织综合部门、城市职能部门、规划类部门、行业类部件、民意类部门以及计算机设备组成。“组织脑”的关键是具有“组织归纳技术”，驾驭“逻辑主体框架”的组织综合部门（OCD）。“组织脑”的功能是产生空间城市系统组织控制方案 p_o 并将其提供给“专家脑基元”逻辑主体。“组织脑”后向逻辑关系是指它与空间城市系统“反馈装置”的格式逻辑关系与智能逻辑关系，它们规定了组织脑基元必须接受空间城市系统脑反馈的信息 f_o，并发挥组织脑主观能动性制定出“组织控制方案 p_o”。

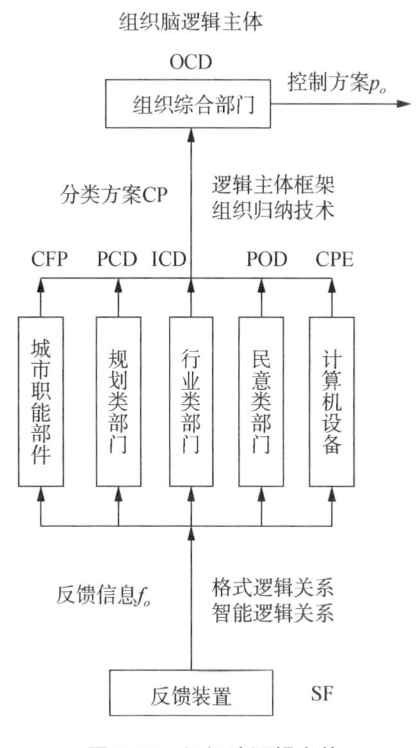

图 7.58 组织脑逻辑主体

（2）组织脑结构与功能

① 组织综合部门

如图 7.58 所示，“组织综合部门（OCD）”是组织脑逻辑主体的核心，它是组织脑“逻辑主体框架”的统摄单位。各分项部门所产生的分项方案，即空间城市系统客观事实，通过“组织归纳技术”由组织综合部门上升为“组织控制方案 p_o”，即空间城市系统科学事实。

② 城市职能部件

如图 7.58 所示，“城市职能部件（CFP）”是组织脑逻辑主体的基础，它表达了空间城市系统牵引城市（TC）、主导城市（LC）、主中心城市（MC）、辅中心城市（AC）、基础城市（BC）的层次分工与差异功能。“城市职能部件（CFP）”所表现的是城市的现见状态，即城市在全球、国家、区域中的地位、性质与特点。而组织控制方案 p_o 则提供了空间城市系统化之后的预见状态。

③ 规划类部门

如图 7.58 所示,“规划类部门(PCD)”是组织脑逻辑主体的关键,它既要提供城市体系的前见状态历史,还要提供城市体系的现见状态表述,更要提供空间城市系统的预见状态规划。“规划类部门(PCD)”是以现有城市规划机构以及城市规划理论为基础的,同时掌握空间城市系统理论与空间城市系统脑实践应用。

④ 行业类部门

如图 7.58 所示,“行业类部门(ICD)”是组织脑逻辑主体的承载者,它给出了空间城市系统各个行业部门的基本事实、数据、图像。“行业类部门(ICD)”涵盖了若干方面例如交通部门、通信部门、产业部门等等,它为“组织综合部门(OCD)”提供了最大数量的客观事实,成为“组织控制方案 p_o”科学事实素材的主要来源。

⑤ 民意类部门

如图 7.58 所示,“民意类部门(POD)”是组织脑逻辑主体的根本,任何空间城市系统都是以人为本的人居空间形式,空间城市系统三大基本人权——基本居住权、基本移动权、基本信息权是人类社会基本人权的发展形式。“民意类部门(POD)”承担了公民对空间城市系统基本意愿的调查、统计、汇总功能,而民意为空间城市系统控制提供了政治合法性,是“组织控制方案 p_o”的基础。

⑥ 计算机设备

如图 7.58 所示,“计算机设备(CPE)”包括计算中心、数据库、网络硬件等,它是组织脑逻辑主体实现其功能的物质保障。空间城市系统脑“计算机设备(CPE)”的用量很大,需要专业化的维护保养团队,特别是应付突发性事故,防止给整个空间城市系统脑系统造成瘫痪性、连锁性、全面性损害。

2)组织脑框架技术

(1) 组织脑框架概念

如图 7.59 所示,所谓组织脑框架是指组织脑描述空间城市系统属性的事实数据结构,它由组织综合框架(O-Frames)、分项部门框架(S-Frames)、组织槽(Slot)、组织侧面(Aspect)、组织值(Value)组成。空间城市系统理论知识与实践经验是设计“组织脑框架”的基础。

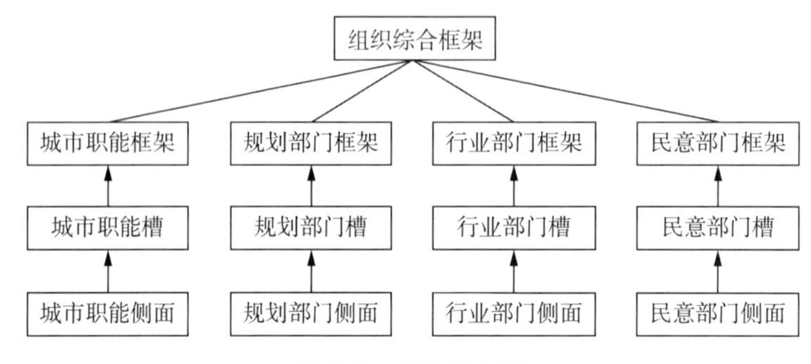

图 7.59 组织脑框架

"组织脑框架"构成基于一定的"逻辑关系方法",框架内容基于空间城市系统前见、现见、预见的事实数据。组织框架名、组织槽名、组织侧面名、组织槽值、组织侧面值构成"组织脑框架"的基本单位。"组织脑框架"逻辑关系分为纵向关系与横向关系,其行为由框架的变化来实现,其推理过程由组织框架之间的协调来完成。"组织脑框架" 将为空间城市系统脑"组织归纳技术"奠定基础。

(2) 基本框架技术①

① 语义网络

所谓语义网络是指采用网络形式表示人类知识的方法,它包括 "实体概念节点"与"语义联系有向弧线"。最常用的语义关系包括类属关系、包含关系、时间关系、推论关系、位置关系、相近关系等,语义网络的推理机制主要有"匹配机制"与"继承机制"。"语义网络"是框架表示法的基础。

② 框架表示法

"框架表示法"是一种多层次、多组合、概括性好、推理方式灵活,具有"匹配机制"与"继承机制",把陈述性知识与过程性知识相结合的通用性知识表示方法。"框架表示法"在空间城市系统脑设计中具有十分重要的价值和地位,是空间城市系统脑计算机程序设计的重要基础。

"组织脑框架"基本格式分为组织框架(Frames)、组织槽(Slot)、组织侧面(Aspect)三个层次,组织值(Value)表示组织槽或组织侧面的属性和特征,它可以是数字、字符串、布尔值②,"组织脑框架"基本格式如下所示:

〈框架名〉

〈槽名 1〉〈槽值 1〉|〈侧面名 11〉〈侧面值 111,侧面值 112,…〉

〈侧面名 12〉〈侧面值 121,侧面值 122,…〉

…

〈槽名 2〉〈槽值 2〉|〈侧面名 21〉〈侧面值 211,侧面值 212,…〉

〈侧面名 22〉〈侧面值 221,侧面值 222,…〉

〈槽名 k〉〈槽值 k〉|〈侧面名 k_1〉〈侧面值 k_{11},侧面值 k_{12},…〉

〈侧面名 k_2〉〈侧面值 k_{21},侧面值 k_{22},…〉

〈约束〉

〈约束条件 1〉〈约束条件 2〉…〈约束条件 m〉

其中约束条件是为了给组织框架、组织槽、组织侧面附加说明信息,这些说明信息用来指出什么样的组织值才能填入组织槽或组织侧面中去。

③ 框架推理和求解过程

"组织脑框架"是一种复杂结构的语义网络,"匹配机制"与"继承机制"适用于"组

① 本处内容参考了敖志刚.人工智能及专家系统[M].北京:机械工业出版社,2010:46。

② 布尔值:在逻辑编程中,将"真值"或"真值集合"称为布尔值。

织脑框架”。所谓组织脑框架继承是指子框架可以拥有父框架的槽及其槽值，实现继承的操作有匹配、搜索、填槽。匹配就是问题框架同空间城市系统知识储备中的框架模式匹配；搜索就是沿着“组织脑框架”之间的纵向和横向逻辑关系在“组织脑框架”中进行查找；填槽就是当候选框架确定后，按照该框架中各个槽的次序填写空间城市系统事实数据槽值，我们可以利用“组织脑框架”推理出城市职能部件、规划类部门、行业类部门、民意类部门子项方案，进而归纳出空间城市系统“组织控制方案 p_o”。

“组织脑框架”求解过程就是“组织控制方案 p_o”的获得过程，主要包括：第一步，把要求解的总目标，即“组织控制方案 p_o”，细分成城市职能部件、规划类部门、行业类部门、民意类部门若干子项问题，并用框架表示出来。第二步，把所列框架与空间城市系统知识与经验储备进行匹配，找出多个备选框架，填充合适的槽值，即事实与数据，用以描述当前空间城市系统位置、状态、时间的情况。匹配失败则总结经验重新匹配。第三步，在槽值内容、纵向逻辑关系、横向逻辑关系等方面对备选框架进行评估，并决定备选框架是否应用于“组织脑框架”中。第四步，借助推理手段，在“组织脑框架”中求解城市职能部件、规划类部门、行业类部门、民意类部门子项方案与“组织控制方案 p_o”。

(3) 组织综合框架示例

我们以“长江三角洲空间城市系统”为例，对“组织脑框架”进行实例说明。

框架名：〈长江三角洲组织综合框架〉

目标：“组织控制方案 p_o”

适用：〈长江三角洲空间城市系统〉

默认：中国

层级：5 级空间城市系统

行政管辖：国务院

地域范围：长江三角洲及长江下游区域

条件：《长江三角洲城市群发展规划》

中心城市：上海、南京、杭州、合肥、宁波［省份］

总人口：1.5 亿人

国土面积：21.17 万 km^2

2016 年生产总值：14.72 万亿元

远期展望：2035 年

“长江三角洲组织综合框架”共有 10 个槽，分别描述了长江三角洲空间城市系统 10 个方面的情况。每个槽中的说明信息用描述填写槽值时的一些格式限制，例如“行政管辖”限定中国行政制度，[ ]内是可选项，〈 〉表示其内容是框架名，“默认”说明当相应槽没填入槽值时，以其默认值作为该槽的槽值。“条件”用来说明所填槽应该满足的限制条件，如“长江三角洲空间城市系统”地域范围以《长江三角洲城市群发展规划》

为依据。由此,当把“长江三角洲空间城市系统”具体信息填入“槽”或“侧面”后,就得到〈长江三角洲组织综合框架〉。

(4) 城市职能框架示例

以下为〈长江三角洲组织综合框架〉的一个城市职能实例框架:

框架名:〈上海〉

城市名:上海

国家:

城市定位:国际经济、金融、贸易、航运、科技创新中心和国际文化大都市

中心城市类别:牵引城市(TC)

行政区类别:直辖市

城市人口:1 439.50 万人(2016 年)

城市面积:6 340 km^2

地区生产总值:27 466.15 亿元(2016 年)

气候:〈上海气象〉

这是〈长江三角洲组织综合框架〉的子项框架,两者是上位框架与下位框架逻辑关系,“国家”槽空置表示取默认值“中国”,“气候”槽的槽值为〈上海气象〉表示对子框架〈上海气象〉的调用。

(5) 规划部门框架系统

“组织脑框架”是一种高度复杂的结构,地理空间尺度之间,空间规划部门之间,规划类别之间都具有纵向和横向的联系。因此,我们需要用“框架系统”来进行表达。图7.60 是“英国规划框架系统”。

纵向关系分为欧洲层面、国家层面、地方层面三层结构,它们拥有继承逻辑关系。横向关系表现为英格兰、苏格兰、北爱尔兰、威尔士之间的逻辑关系,它们在国土、人员、交通等方面拥有并联逻辑关系。

通过“英国规划框架系统”我们就可以对英国空间城市系统进行空间规划的“继承机制”与“匹配机制”运作,推理出英国空间城市系统“规划类部门”子项方案,进而归纳出空间城市系统“组织控制方案 p_o”。

综上所述,“组织脑框架”是空间城市系统脑设计行之有效的技术工具,它必须建立在三项基础之上:第一,具有翔实的空间城市系统事实数据。第二,掌握空间城市系统理论与经验。第三,熟练掌握逻辑关系框架技术。

3) 组织脑归纳技术

(1) 组织归纳技术定义

① 组织归纳技术概念

所谓组织归纳技术是空间城市系统脑特有的逻辑工作方法,是组织脑“组织综合部门”对城市职能部件、规划类部门、行业类部门、民意类部门分项方案归纳综合的逻辑工具,它属于强归纳推理系统,是一种科学归纳逻辑技术。“组织归纳技术原理”是

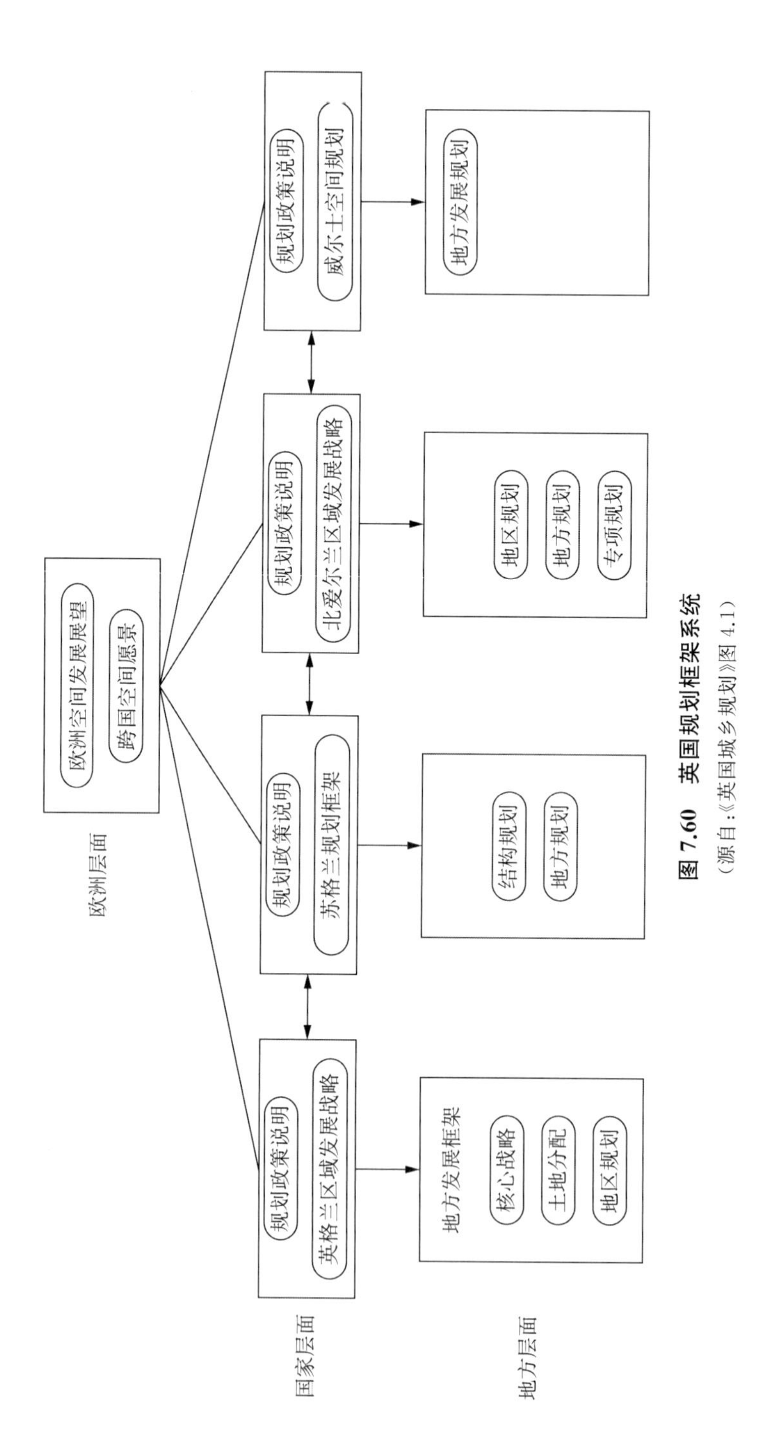

图 7.60 英国规划框架系统

（源自:《英国城乡规划》图 4.1）

在古典归纳逻辑的基础上应用现代归纳逻辑方法所形成的，它可以从组织分项前提推理出高度可靠的组织归纳结论，从而为“组织控制方案 p_o”的产生奠定了基础。“组织归纳技术分析”是组织归纳技术应用于综合与分项部门的过程，我们经过组织归纳技术分析直接产生“组织控制方案 p_o”。

② 组织归纳推理

在“组织归纳技术”中，从城市职能部件、规划类部门、行业类部门、民意类部门分项前提中推出“组织控制方案 p_o”结论的推理被称为组织归纳推理。“组织归纳推理”具有完全归纳推理与不完全归纳推理两种形式，称之为必然推理与或然推理。必然推理规则与或然推理条件，决定着“组织控制方案 p_o”结论的真理性与可靠度。“组织控制方案 p_o”的定性归纳结论与定量归纳结论具有同等重要的地位，前者是基础，后者是标度。

（2）组织归纳分析过程

① 组织制度

组织脑“组织”是指由组织综合部门、城市职能部件、规划类部门、行业类部门、民意类部门按照一定方式相互联系起来的组织脑结构，它的目标是产生“组织控制方案 p_o”，它是空间城市系统脑重要的本体。组织脑“制度”是组织综合部门、城市职能部件、规划类部门、行业类部门、民意类部门的运行规则，是为“组织”的相互关系而制定的制约，分为正式规则、非正式规则、规则的执行机制。

组织脑的“组织制度”为各部门分项方案前提，以及组织综合部门的综合归纳结论，提供了一个组织归纳分析框架。空间城市系统组织事实数据被归入这种分析框架以内，最终形成“组织控制方案 p_o”。组织脑“组织制度”可以分为城市职能部件组织制度、规划类部门组织制度、行业类部门组织制度、民意类部门组织制度。组织脑“组织制度”要遵守组织脑格式逻辑约束，受到“绩效考核指标”的评估。

② 观察测量

组织制度保障了空间城市系统的“观察测量”，组织脑“观察测量”是对事实数据有目的、有计划、有方向和比较持久的感知与量化描述。城市职能部件、规划类部门、行业类部门、民意类部门的观察测量行为，为组织归纳技术分析奠定了基础。观察测量能力是自组织脑设计的重要指标。

空间城市系统实验多以计算机模拟方式进行，它具有简化和纯化的特点，具有强化条件的特点和可重复性的特点。计算机模拟实验是组织脑设计必须考虑的现代化手段，对于突出主要因素、舍弃次要因素、排除与对象没有本质联系因素的干扰，获得“各分项方案”与“组织控制方案 p_o”具有十分重要的意义。

③ 组织分析

在组织“观察测量”的基础上，组织脑利用其“部门智力”与“计算机设备”进行格式化分析与智能化分析。首先，组织分析贯穿于城市职能部件、规划类部门、行业类部门、民意类部门的各个细分领域，发现它们的规律。其次，组织分析只有做到定性分析与定量分析，才能把握各细分领域的本质与规律。最后，组织分析要为组织综合做逻辑上的准备，形成城市职能部件、规划类部门、行业类部门、民意类部门“组织分析方案”。

④ 组织综合

“组织综合”是组织脑形成结论的技术，它既适用于组织综合部门，也适用于城市职能部件、规划类部门、行业类部门、民意类部门。围绕空间城市系统控制主题，组织脑把“组织分析”结论形成统一的整体，即“组织控制方案 p_0”或“各分项方案”。“组织综合”是建立在“组织分析”基础之上的，各分项的“组织综合”为组织综合部门的组织综合提供了素材，这是一个“综合—分析—再综合”的螺旋上升过程。组织脑工作机理是离不开归纳综合方法的。

(3) 组织归纳技术方法

“归纳推理”是空间城市系统组织脑的基本工作方法，在组织脑设计中占有十分重要的地位。所谓归纳推理就是从空间城市系统个别“前提”事实推理出一般性控制方案“结论”的逻辑推理，前提事实是控制方案结论的必要条件。例如从城市职能部件、规划类部门、行业类部门、民意类部门的“分项方案”前提事实，推理出组织综合部门的“组织控制方案 p_0”的归纳推理过程。“归纳推理”分为完全归纳推理和不完全归纳推理，完全归纳推理考察了组织事实的全部内容，不完全归纳推理则仅仅考察了组织事实的部分内容。

归纳强度说明归纳推理中的事实前提对方案结论的支持度，支持度小于100%但大于50%的为强归纳推理，完全归纳的推理支持度为100%，称之为必然性支持。在组织脑设计中，归纳推理的使用要与演绎推理相配合，才能取得比较好的逻辑推理效果，因此演绎推理在“组织归纳技术方法”中具有画龙点睛的作用，我们对空间城市系统脑设计所需要的归纳推理方法做以下介绍：

① 枚举归纳推理

在空间城市系统前提事实分析中，一般情况下我们不可能穷尽所有的事实数据，因此枚举归纳推理就具有现实的方法论意义。所谓“枚举归纳推理”是指根据空间城市系统观察测量事实，推理出方案结论的归纳推理。“枚举归纳推理”可以发现组织分析的规律性，为组织综合做出方案结论提供证据。但是“枚举归纳推理”是一种或然性推理方法，它要求有足够多的观察测量“事实数据”，不能有显然的反对论据。组织脑设计的“枚举归纳推理”公式可以表示为

对于空间城市系统“观察测量事实数据”

因为〈事实数据 1〉具有控制规律 P

因为〈事实数据 2〉具有控制规律 P

⋮

因为〈事实数据 i〉具有控制规律 P

所以，对于空间城市系统组织有结论：控制规律 P

其中，$i=1,2,\cdots,n$。n 为有限的整数。

② 科学归纳推理

所谓组织脑的“科学归纳推理”是指，在空间城市系统理论指导之下，利用空间城市系统观察测量事实推理出方案结论的归纳推理。“科学归纳推理”的关键包括三点：第一，必须以空间城市系统理论为指导。第二，找到空间城市系统观察测量事实前提原因与控制方案结论之间的因果关系。第三，空间城市系统观察测量“事实数据”的数量不是主要的，但是必须具备典型意义。因此“科学归纳推理”具有较高的归纳推理强度。组织脑设计的“科学归纳推理”公式可以表示为

对于空间城市系统“典型观察测量事实数据”

因为〈事实数据 S_1〉符合 P 规律

因为〈事实数据 S_2〉符合 P 规律

⋮

因为〈事实数据 S_n〉符合 P 规律

S_1，S_2，…，S_n 是 S 规律的部分对象，其中没有 $S_i(1\leqslant i\leqslant n)$不符合 P 规律；并且空间城市理论表明，S 和 P 之间有因果关系规律。

结论：所有事实数据 S 都符合 P 规律。

组织脑“科学归纳推理”可以与传统“因果推理”结合使用，它们包括契合法、差异法、契合差异并用法、共变法、剩余法，读者可以根据需要做延展性学习。

③ 组织类比推理

组织“类比推理”是组织归纳技术方法的一种特例，它不属于归纳推理逻辑类型，但是它可以在归纳推理无能为力的地方发挥其特有的效能。因为“类比推理”组织方案结论受到“事实数据”前提的限制最小，这就为合理减少“观察测量”提供了可能。所以组织“类比推理”方法，可以在空间城市系统组织分析与组织综合中发挥独特的作用。组织“类比推理”分为定性类比和定量类比，定性类比是定量类比的前提和条件，定量类比则是定性类比的发展和提高。提高组织“类比推理”可靠度有两个基本原则：一是提高“事实数据”前提相同属性的数量。二是提高“事实数据”前提相同属性的本质质量。

所谓组织“类比推理”是指空间城市系统两个研究对象具有某些相同或相似的性质，类比推理它们在控制方案性质上也有可能相同或相似的一种推理形式。组织“类比推理”是一种或然性的推理，由它所得控制方案性质是否相同，还有待于空间城市系统实践证明。但是，它为组织控制方案选择提供了一种高效的逻辑工具。组织“类比推理”逻辑公式可以表示为

对于空间城市系统“研究对象 A 与 B”

A 研究对象具有属性 a、b、c，另有属性 d，

B 研究对象具有属性 a、b、c，

所以，B 研究对象具有属性 d。

④ 统计归纳推理

“统计归纳推理”是组织脑重要的组织归纳技术方法，是组织脑设计广泛采用的工作方法。“统计归纳推理”以统计“事实数据”为前提，将其分门别类从中随机抽取组织样本，由样本具有组织方案属性推理出总体具有组织方案属性的一种归纳推理方法。统计归纳推理“事实数据”前提与“组织方案”结论之间的联系是或然性的，但是“统计归纳推理”是在分层抽样的基础上进行的，样本经过精心选取具有代表性，因此“组织样本”具有选择性、严密性、可靠性。“组织样本”的抽取要具有随机性、容量足够大、从“事实数据”总体的各个层面上抽取。统计归纳推理的逻辑公式可以表示为

对于空间城市系统“事实数据”样本

有( )% 的事实数据 A_1 是组织方案 B

有( )% 的事实数据 A_2 是组织方案 B

所以 A 中有( )% 的事实数据是组织方案 B

其中“( )”中只有填入大于 50 且小于 100 的数字，才能得到较强的支持强度。

⑤ 概率归纳推理

所谓概率归纳推理是指组织脑根据“事实数据”随机发生机会值为前提所做出的组织方案规律性推理。“概率归纳推理”给出了组织方案规律的定量刻画，即概率值 $P(A)$，做出了统计概括陈述，告诉我们组织方案获得的可能性有多大。因此，“概率归纳推理”在组织脑设计中具有十分重要的作用。概率归纳推理的逻辑公式可以表示为

对于空间城市系统“事实数据” S_n，与组织方案 P

事实数据 S_1 是(或不是) 组织方案 P

事实数据 S_2 不是(或是) 组织方案 P

事实数据 S_3 是(或不是) 组织方案 P

⋮

事实数据 S_i 不是(或是) 组织方案 P

事实数据 S 类被考察过的 N 个对象中有 V 个是(或者不是) 组织方案 P

其概率为 V/N

所以，V/N 的事实数据 S 是(或不是) 组织方案 P

其中，$i=1,2,\cdots,n$。n 为有限的整数。

提高“概率归纳推理”的可靠性有两个途径：一是加大组织“观察测量”次数，增强“事实数据”范围。二是对组织“事实数据”概率推理做不间断跟进式重复。

4）组织脑部门“绩效考核指标”

不同于一般的空间城市系统脑逻辑主体，“绩效考核指标”是用于组织脑组织综合部门、城市职能部件、规划类部门、行业类部门、民意类部门重要的“控制性能指标”。“绩效考核指标”对于部门机构的工作数量、工作质量、工作效率要进行定量指标化评

估,将通过计划、执行、检查、处理的PDCA循环过程,对部门机构的功能效率进行评价。“绩效考核指标”的具体技术方法要根据各部门机构情况制定,如图尺度考核法(GRS)、目标管理法(MBO)、科莱斯平衡计分卡(BSC)等,“空间城市系统组织绩效考核表”是最简单、最直接、最有效的基本方法。空间城市系统组织部门机构的核心是人,而人类属性是复杂化的,因此调动人的积极性、消除人的消极性是“绩效考核指标”所要达到的主要目的。

7.4.3 机器脑工作机理解析

1) 机器脑逻辑主体概论

(1) 机器脑定义

如图7.61所示,“机器脑”是空间城市系统脑最具人工智能AI化的逻辑主体,它由推理机装置、知识获取部件、知识规则部件、数据事实部件、解释结论部件以及计算机设备组成。“机器脑”的关键部件是用来控制协调空间城市系统脑“专家系统”的推理机装置(IED)。“机器脑”的功能是产生空间城市系统机器控制方案 p_s,提供给“专家脑基元”逻辑主体。“机器脑”后向逻辑关系是指它与空间城市系统“反馈装置”的格式逻辑关系与智能逻辑关系,它们规定了机器脑基元必须接受空间城市系统脑反馈的信息 f_s,并发挥机器脑挖掘潜力制定出“机器控制方案 p_s”。

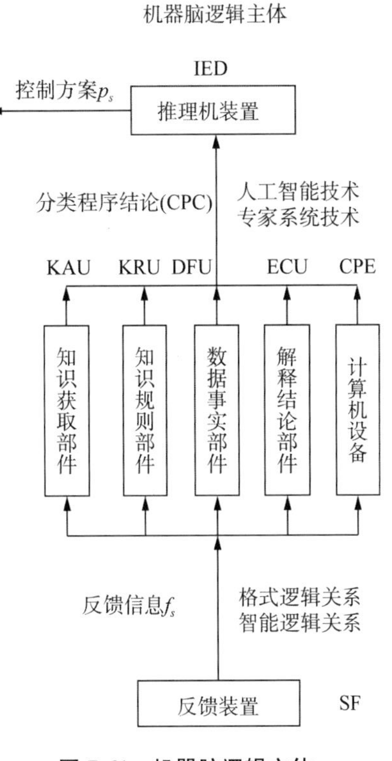

图7.61 机器脑逻辑主体

(2) 机器脑结构与功能

① 推理机装置

如图7.61所示,“推理机装置(IED)”是机器脑逻辑主体的核心,它是机器脑的统摄单位。各分项部件所产生的分类程序结论(CPC),经过“推理机装置(IED)”按照人工智能技术,执行一定的推理策略求解空间城市系统控制问题,获得“机器控制方案 ps”提供给“专家脑基元”逻辑主体。“推理机装置(IED)”是通过程序方式实现其功能的。

② 知识获取部件

如图7.61所示,“知识获取部件(KAU)”是机器脑逻辑主体的基础,它为机器脑运行提供了空间城市系统知识。机器脑“知识获取部件(KAU)”的基本任务是扩充、修改、更新知识库中的空间城市系统知识,可以分为“空间城市系统专家—软件工程师—知识库”的渠道或者“空间城市系统专家—机器脑学习功能”渠道两种基本方法。“知识获取部件(KAU)”是通过程序方式实现其功能的。

③ 知识规则部件

如图 7.61 所示,“知识规则部件(KRU)”是机器脑逻辑主体的主干,它起到空间城市系统理论与经验“知识库”的作用,为机器脑工作提供了方法。机器脑一般采用产生式规则进行工作,“知识规则部件(KRU)”为此提供了空间城市系统知识规则,起到机器脑空间城市系统控制“规则库”的作用。“知识规则部件(KRU)”提供了机器脑推理的规则前提,它具有规范性好、表达性清晰、模块性强、一致性好、便于利用、可以表示不确定性知识等优点,但具有效率低、智能性差的缺点。“知识规则部件(KRU)”是通过程序方式实现其功能的。

④ 数据事实部件

如图 7.61 所示,“数据事实部件(DFU)” 是机器脑逻辑主体的主干,它是空间城市系统控制工作信息储藏库。“数据事实部件(DFU)”与“空间城市系统脑大数据信息中心” 衔接,并动态调用空间城市系统机器脑工作所需要的“数据事实”。“数据事实部件(DFU)”之数据事实要涵盖机器脑推理的初始状态、中间状态、目的状态,它存储的空间城市系统数据事实要达到实用性、适用性、及时性。有限的高质量储存、保障机器脑工作需要是“数据事实部件(DFU)”的根本。“数据事实部件(DFU)”是通过程序方式实现其功能的。

⑤ 解释结论部件

如图 7.61 所示,“解释结论部件(ECU)”是机器脑逻辑主体的输出终端,它采用文字、表格、图像等形式解释关于空间城市系统控制的推理过程、方案结论、疑问答复等。“解释结论部件(ECU)”的基本方式是“人机对话”,但是由于空间城市系统的复杂性,必须结合专家“人脑”的人类智能,对比较复杂问题进行解释。“解释结论部件(ECU)”是通过程序方式实现其功能的。

⑥ 计算机设备

如图 7.61 所示,“计算机设备(CPE)”包括计算中心、数据库、网络硬件等,它是机器脑逻辑主体实现其功能的物质保障。空间城市系统脑“计算机设备(CPE)”的用量很大,需要专业化的维护保养团队,特别是应付突发性事故,防止给整个空间城市系统脑系统造成瘫痪性、连锁性、全面性损害。

2)机器脑人工智能技术

(1)“空间城市系统人工智能(SAI)”概论

21 世纪,当人居空间发展到空间城市系统阶段,面对美国东部空间城市系统、西北欧空间城市系统、中国沿江空间城市系统、日本空间城市系统这样世界级的巨大系统,原有城市科学理论失去了解释力,传统城市规划方法根本无法面对。

因为空间城市系统的复杂性、多维度、多变量、非线性,只依靠人工力量是根本不可能实现空间城市系统控制的。而“空间城市系统人工智能(SAI)”就成为空间城市系统控制的不二之选。“空间城市系统人工智能(SAI)”涵盖城市科学、系统科学、计算机科学、思维科学等领域,它是人工智能在空间城市系统领域的分支。

机器脑SAI具有空间城市系统知识的机器感知、机器获取、机器推理、机器思维、机器计算、机器储存等功能。机器脑SAI与“空间城市系统脑大数据信息中心”相匹配，在更宽广的知识领域开展工作，使空间城市系统复杂性、多维度、多变量、非线性控制问题得到解决。

(2) 机器推理技术

“机器推理技术”是空间城市系统脑的核心技术，它是机器脑“推理机装置(IED)”的理论基础。“机器推理技术”的关键是逻辑规律，它涉及空间城市系统脑多种“逻辑关系方法”，如归纳逻辑关系方法、格式逻辑关系方法、数理逻辑关系方法、模糊逻辑关系方法、概率逻辑关系方法。“机器推理技术”用到的主要是谓词逻辑与非标准逻辑。

谓词逻辑是“机器推理技术”表达力很强的形式语言，它可以供计算机用符号推演的方法进行推理，“特别是利用二阶谓词逻辑不仅可以在机器上进行像人一样的‘自然演绎’推理，而且还可以实现不同于人的‘归结反演’推理。非标准逻辑是泛指除经典逻辑以外的那些逻辑，如多值逻辑、多类逻辑、模糊逻辑、模态逻辑、时态逻辑、动态逻辑、非单调逻辑等。各种非标准逻辑是在为弥补经典逻辑的不足或对经典逻辑做某种扩充而发展起来的。一方面推理为逻辑提出课题，另一方面逻辑为推理奠定基础”①。

“确定性推理”与“不确定性推理”是“机器推理技术”两种基本的推理形式。所谓确定性推理是指推理所用的空间城市系统知识都是精确的，推出的方案结论也是精确的。比如机器脑推理出的“机器控制方案 Ps”要么为真，要么为假，绝对不可能出现第三种可能性。所谓不确定性推理是指建立在空间城市系统不确定性知识和证据基础上的推理，例如概率推理、证据推理、模糊推理、信息推理，以及不精确知识与不完备知识的推理。空间城市系统脑“不确定性推理”实际上是一种从空间城市系统不确定的初始证据出发，“通过运用不确定性知识，最终推出具有一定程度的不确定性但又是合理或基本合理的结论的思维过程”。

(3) 机器搜索技术②

“机器搜索技术”是空间城市系统人工智能(SAI)的一个核心技术，是机器脑推理不可分割的一部分。空间城市系统控制方案属于结构不良或非结构化问题，既不可能有一个结构化的控制方案摆在那里，因此一般很难获得控制方案的全部信息，更没有现成的算法可供求解使用。根据空间城市系统实际情况，不断寻找“控制方案要素”，从而构造一条代价最小的推理路线来求解控制方案的过程，就称之为“机器搜索技术”，空间城市系统控制方案求解过程实际上是一个搜索过程。“机器搜索技术”主要可以分为盲目搜索、启发式搜索、状态空间搜索、与/或树搜索。

① 盲目搜索技术

所谓盲目搜索技术是指可用空间城市系统信息很少，或者无法获得相关信息。而

① 参见：敖志刚.人工智能及专家系统[M].北京：机械工业出版社，2010：11。

② 本处内容参考了王万森.人工智能原理及其应用[M].3版.北京：电子工业出版社，2012：72-73。

采用的“机器搜索策略”，一般只适用于求解比较简单的问题，需要大量的时间空间作为搜索基础。例如当空间城市系统知识不足或者数据事实信息不够时，机器脑就可以采取“广度优先搜索”和“深度优先搜索”，获得简单初级的控制方案。

② 启发式搜索技术

所谓启发式搜索是指具有可利用的空间城市系统信息，即控制方案的启发性信息，指导机器搜索向控制方案目标方向前进。“启发式搜索”一般只要知道控制方案的部分状态空间，就可以求解整个控制方案问题，因此具有很高的搜索效率，广泛适用于机器脑设计中。“启发性信息”与“估价函数”是“启发式搜索”两个核心概念，见之前关于两者之表述。

③ 状态空间搜索技术

“状态空间搜索”是机器脑设计基本的控制方案求解方法，它的基本思想是用“状态”和“操作”来表示控制方案及其求解的，控制方案求解过程是用“状态空间”来表示的。控制方案“状态”可以表示为 $S_k=\{S_{k_0}, S_{k_1}, \cdots\}$，当对空间城市系统控制每一个分量都给予确定值时，就得到了一个具体的控制方案状态。“操作”也称之为算符，它是把控制方案从一种状态变换为另一种状态的手段，它可以是一个机械步骤、一个运算、一条规则、一个过程。操作可以理解为控制方案状态集合上的一个函数，它描述了控制方案状态之间的关系。“状态空间”是由控制方案的全部状态及其相互关系所构成的集合，可以表示为(S,F,G)，其中，S 为控制方案的所有初始状态的集合，F 为机器脑操作的集合，G 为控制方案状态的集合，一般采用赋值的有向状态空间图来表示“操作”。常用的“状态空间搜索”有深度优先搜索和广度优先搜索。前者是从初始状态一层一层向下找，直到找到目标为止；后者是按照一定的顺序先查找完一个分支，再查找另一个分支，以至找到目标为止。

④ 与/或树搜索技术

“与/或树搜索”是逻辑“与”、逻辑“或”的合称，把大的控制方案化解为“控制方案要素”，如果控制方案要素都找到了，则“控制方案”就找到了，这就是“与树”的概念。将较难的“控制方案”变换为若干新的容易形式，如果“控制方案新形式之一”找到了，则控制方案就找到了，这就是“或树”的概念。将控制方案的求解过程或状态空间用“与/或树”来表示，就是机器脑的“与/或树搜索技术”。“与/或树搜索”实际上是一个不断寻找控制方案“解树”的过程，即使用最小代价寻找到控制方案的“最优解树”。

（4）机器计算技术

“机器计算技术”即计算机计算技术，是指机器脑利用云计算、计算中心、个人计算机。对空间城市系统数据与信息进行处理的过程。“机器计算技术”可以分为计算智能、数值计算、数据处理等门类。因为空间城市系统的复杂性、多维度、多变量、非线性等特征，“机器计算技术”因其逻辑推理能力、人工智能化、高速效率化成为空间城市系统控制不可或缺的方法。机器计算能力是机器脑的基础，决定着空间城市系统控制方案的最优化选择，是空间城市系统脑设计必须考虑的基本指标。

(5) 事实发现与数据挖掘技术

① 事实发现技术

"事实发现技术"对于空间城市系统脑设计具有特别重要的意义,因为空间城市系统是一种包括人类复杂属性、自然地理属性、人居空间物质属性的巨大系统,所以它的"数据事实部件",即数据库,具有覆盖面广、复杂度高、知识程度深的特点,因此"事实发现技术"必然成为空间城市系统脑设计的基本原则。空间城市系统脑"事实发现技术"主要包括三个方面:空间城市系统需求、空间城市系统术语、空间城市系统约束。

第一,空间城市系统需求。

所谓空间城市系统需求是指空间城市系统规划、控制、运行所要达成的目标,一般它由专家与行政首长根据宏观发展目标提出。"空间城市系统需求"有标准的文本格式,如"空间规划",要通过面谈等技术手段进行详细解析,了解其机会与优先权等。"空间城市系统需求"是空间城市系统脑设计最基础、最根本、最重要的方向标。

第二,空间城市系统术语。

所谓空间城市系统术语是指空间城市系统知识体系,如空间城市系统关键词、概念、机理、原理、理论,它既是机器脑"数据事实部件"也是"知识规则部件"的内容。"空间城市系统术语"要经过专业化培训获得,因为空间城市系统脑开发的艰巨性,所以娴熟的"空间城市系统术语"是空间城市系统脑框架设计、算法应用、程序开发必须具备的基础。

第三,空间城市系统约束。

所谓空间城市系统约束是指空间城市系统控制环境、条件、边界等,它是控制方案有限度的说明。空间城市系统"事实发现"不可能是一个无休止的事件,时间、财力、物力、精力成本过高将导致瘫痪现象,过低又不能应付空间城市系统控制方案之"需求"。因此,"空间城市系统约束"就具有重要意义。

空间城市系统"事实发现技术"实施主要包括五个步骤:其一,解析空间城市系统命题。其二,与专家或行政首长面谈。其三,进行空间城市系统野外调查。其四,研究空间城市系统理论知识与实践经验。其五,做出"空间城市系统报告"。

② 数据挖掘技术

"数据挖掘技术"对于空间城市系统脑设计具有特别重要的意义,因为空间城市系统是一种多层级、多维度、多变量、非线性的巨大系统。所以它的"数据事实部件",即数据库,具有数据体量大、数据种类多、数据质量要求高的特点,因此"数据挖掘技术"必然成为空间城市系统脑设计的基本原则。空间城市系统脑"数据挖掘技术"主要包括空间城市系统数据收集、数据预处理、数据挖掘、数据评估应用四个步骤。

第一,数据收集。

"数据收集"是指根据空间城市系统需求,确定数据的特征信息,选择合适的收集方法,将数据收集到"数据事实部件",即数据库,分门别类进行管理。"数据收集"要清晰了解数据本质。意义了解数据来源,从中获取空间城市系统相关知识与技术。"数据收集”的费用成本支出要达到60%,对此要有充分的思想准备。

第二,数据预处理。

“数据预处理”是数据挖掘技术的重要环节,它要花费80%的时间和精力。“数据预处理”主要包括数据规约、数据清理、数据变换。“数据规约技术”虽然缩小了空间城市系统数据集,但却保留了原数据的完整性,并且“数据规约”后执行数据挖掘结果与“数据规约”前执行结果相同或几乎相同;“数据清理技术”是将空间城市系统数据完整化、正确化、一致化,清理之后的数据才能存入“数据事实部件”;“数据变换技术”通过平滑聚集、数据概化、规范化等方式,将空间城市系统数据转换成适用于数据挖掘的形式。对于有些实数型数据,通过概念分层和数据的离散化来转换数据也是重要的一步。

第三,数据挖掘。

“数据挖掘”是空间城市系统数据挖掘技术的核心环节,根据“数据事实部件”中的数据信息,选择合适的分析工具,通过分析每个数据,从大量数据中寻找空间城市系统控制规律。数据挖掘的方法有关联分析、聚类分析、分类分析、异常分析、特异群组分析和演变分析等。

第四,数据评估应用。

“数据评估”由空间城市系统专家来验证“数据挖掘”结果的正确性,“数据应用”将“数据挖掘”所得到的分析信息以可视化的方式呈现给用户,或作为新的空间城市系统知识存放入“数据事实部件”,供其他应用程序使用。

空间城市系统“数据挖掘”是一个反复循环的过程,每一个步骤不达预期目标都要返回重新执行,不需要的步骤可以省略,以缩短“数据挖掘”的工作流程,节省成本支出。

3)机器脑学习系统

(1)机器脑学习系统定义

如图7.62所示,“机器脑学习系统”是空间城市系统脑的核心功能,它与“机器脑专家系统”并称为空间城市系统脑两大功能系统。“机器脑学习系统”涉及机器脑知识获取部件、知识规则部件、数据事实部件、解释结论部件,是机器脑推理机装置的基础。因此,“机器脑学习系统”是机器脑工作的基础,在空间城市系统脑设计中具有十分重要的地位。

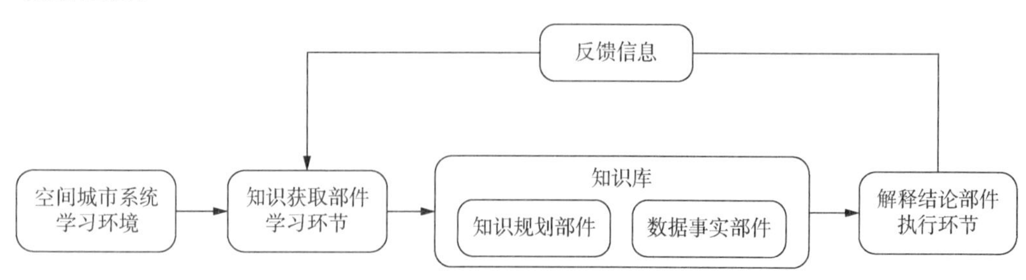

图7.62 机器脑学习系统模型

所谓机器学习就是让空间城市系统脑来模拟人类学习空间城市系统知识与经验。“知识获取”与“能力提高”是空间城市系统脑机器学习的两个主要方面：前者是获得空间城市系统知识、积累空间城市系统经验、发现空间城市系统规律；后者是改进空间城市系统脑性能、适应空间城市系统约束、实现空间城市系统控制方案发现。

空间城市系统脑“机器学习”包括“空间城市系统理论学习”与“空间城市系统经验学习”两方面内容。所谓空间城市系统理论学习是指空间城市系统关键词、概念、机理、原理、理论、理论体系的知识学习；所谓空间城市系统经验学习是指空间城市系统空间规划、空间治理、空间政策、空间工具的经验学习。

(2) 机器脑学习方法

① 人工移植学习

人工移植学习就是依靠空间城市系统专家、框架设计师、程序工程师，通过空间城市系统脑开发、框架设计、程序编制将空间城市系统知识与经验移植到知识库中，使机器脑获取空间城市系统知识与经验。人工移植学习可以分为静态移植与动态移植：静态移植是在空间城市系统脑设计过程中，根据“空间城市系统脑手册”，通过知识表达、程序编制、建立知识库，进行空间城市系统知识与经验的存储、编排、管理，使机器脑获得先验知识或静态知识；动态移植是在空间城市系统脑运行过程中，在空间城市系统培训师指导下，将空间城市系统新知识与新经验补充进入机器脑知识库。

② 示教式学习

由空间城市系统培训师作为示教者或监督者，选择、控制、管理机器脑学习过程，给出评价准则或判断标准，对“机器脑学习系统”工作效果进行检验。在空间城市系统脑设计者、使用者以及机器脑之间，形成一种“教与学”的格式化“示教学习”机制。

③ 自学式学习

由空间城市系统脑自身，根据空间城市系统关键词、概念、机理、原理、理论、理论体系，通过“机器脑学习系统”进行学习、存储、应用，并对应用效果进行检验。我们称之为空间城市系统脑“自学式学习”。因为空间城市系统知识与经验的复杂性，“自学式学习”往往需要空间城市系统脑使用者的检查监督，以避免“机器谬误”现象。

④ 机器感知学习

在空间城市系统脑调试或运行过程中，通过机器脑视觉、听觉、触觉等途径，直接感知接受空间城市系统“学习环境”输入的文字、图像、声音、语言，经过识别分析和理解获取的空间城市系统相关知识与经验。

(3) 机器脑学习流程

如图 7.62 所示，机器脑学习流程主要包括学习环境、学习环节、知识库、执行环节四个部分。

其一，所谓学习环境是指关于空间城市系统的数据、指标、事实等，是空间城市系统脑需求者提供给设计者的重要根据。空间城市系统的数据、指标、事实，即“学习环境”，其质量的高低直接决定了“机器脑学习系统”成功与否。

其二，所谓学习环节是指采集空间城市系统的数据、指标、事实，通过分析、综合、类比、归纳、推理等思维加工过程，“学习环节”要形成空间城市系统知识规则。最后将空间城市系统知识与规则放入知识库。

其三，所谓知识库包括“知识规则部件”与“数据事实部件”，它是用于存储、记忆、积累、增删、修改、扩充、更新空间城市系统知识与经验的部件。“知识库”要遵循空间城市系统关键词、概念、机理、原理、理论、理论体系的规范来分类知识，要分为初级知识、中级知识、高级知识来进行储备，以易于“机器学习”与“分级使用”。“知识库”可以分为短期记忆、中期记忆、长期记忆对空间城市系统知识与经验分门别类。

其四，所谓执行环节是空间城市系统脑利用“知识库”的知识与经验，进行“控制方案”的分析、研究、论证、决策、判定，提供给专家与行政首长。如图 7.62 所示，反馈信息给“学习环节”调整其进一步的学习，是“执行环节”的重要使命。“执行环节”包括工作环节与评价环节两个部分，它是“机器脑学习系统”的落脚点，地位十分重要。

4）机器脑专家系统

（1）机器脑专家系统概念

空间城市系统“机器脑专家系统”，是一种应用空间城市系统专门理论与实践经验，解决空间城市系统复杂问题的人工智能计算机程序。“机器脑专家系统”模拟空间城市系统专家的推理思维过程，做出判断和决策，它属于“空间规划类型专家系统”。空间城市系统多维度、多变量、非线性、人类属性等特点，因为空间城市系统空间规划巨量繁重的工作体量，所以人工力量已经无法胜任空间城市系统的规划工作，无法保障规划的科学性与准确性。因此，空间城市系统“机器脑专家系统”将代替人工力量，担负起日益复杂艰巨的空间城市系统空间规划工作。

（2）机器脑专家系统基本结构

空间城市系统“机器脑专家系统”基本结构一般要包括三个组成部分。

① 核心部分

“机器脑专家系统”核心部分主要由推理机装置、知识规则部件、数据事实部件组成。首先，推理机装置模拟空间城市系统专家，利用数据库所存知识与经验，对空间城市系统复杂问题进行推理思维、做出判断决策、制定控制方案；其次，知识规则部件为解决空间城市系统问题提供规范，给出机器脑推理的规则前提，这是空间城市系统“机器脑专家系统”特有且必需的功能；最后，数据事实部件充当了“数据库”的职能，它是以“推理机装置”需求为标准来储存空间城市系统知识的，并与“空间城市系统脑大数据信息中心”对接，调用必要的空间城市系统“事实与数据”。

② 输入输出部分

“机器脑专家系统”输入输出部分主要由计算机设备、知识获取部件、解释结论部件组成。首先，计算机设备很重要的是“人机接口”，因为空间城市系统“机器脑专家系统”的经常使用者是“决策幕僚机构”与“行政决策机构”，所以必须设计简洁、方便、通用的“人机接口”设施与界面，例如一键式按钮、三维动画演示等。计算设备还包括计算中心、数据库、网络硬件等，它是机器脑逻辑主体实现其功能的物质保障。其次，知识获取部件主要是通过空间城市系统专家以及经过培训的专业人员，输入空间城市系统理论与空间城市系统实践经验，另外它要根据“机器搜索技术”对空间城市系统“知识域、模糊知识域、联想知识域”进行自动搜索，进行空间城市系统知识与经验的充实与提高。最后，解释结论部件用于对“行政决策机构”解释“机器脑专家系统”的推理思维、判断决策、制订方案的过程，回答用户可能提出的相关问题。“人机对话”是它的主要工作方法，如文字、表格、图像等形式。

③ 辅助部分

“机器脑专家系统”辅助部分是指传感器、比较器、滤波器、线路等辅助装置，它们要具有灵敏性、稳定性、鲁棒性，是空间城市系统“机器脑专家系统”设计中特别要关注的部分，以免给“机器脑专家系统”造成低效率、多事故、不可靠的负面影响。

(3) 机器脑专家系统评价

随着城市理论与实践范式向城市区域理论与实践范式的快速转化，空间城市系统“机器脑专家系统”的设计、开发、使用将日趋活跃、备受重视。一个好的“机器脑专家系统”要具备实践性、先进性、规范性三项基本原则。

① 实践性原则

所谓实践性原则是指“机器脑专家系统”必须契合空间城市系统实际情况，遵守“实践是检验标准”的基本原则。“机器脑专家系统”设计开发的技术好坏，性能指标的控制水平都要通过实践应用给予评价。结论可靠、装备实用、操作简单是空间城市系统“机器脑专家系统”的基础要求。

② 先进性原则

所谓先进性原则是指“机器脑专家系统”设计、开发、使用所具有的先进技术。其一，并行分布技术是现代专家系统的基本特征，可以大大提高“行政决策机构”的工作效率。其二，专家协同技术可以让更多的“组织部门”“理论专家”“经验专家”协同解决复杂的空间城市系统问题。其三，先进推理技术，如归纳推理、模糊推理、不完备知识推理、概率推理等，它可以大大提高“机器脑专家系统”的准确程度。其四，自学式学习技术可以提高“机器脑专家系统”的空间城市系统知识库容量，增强其推理能力与结论可靠度。

③ 规范性原则

所谓规范性原则是指“机器脑专家系统”要具有空间城市系统特色，坚持本体论设计、开发、使用原则。但是“机器脑专家系统”必须符合规范的设计工作准则，如框架设计、算法技术、程序语言等，通用易懂、方便维护、可以升级是“规范性原则”所要达到的根本目标。

7.4.4 模型体系解释框架

1) 模型体系解释框架定义

如图 7.63 所示，空间城市系统脑“模型体系”是对空间城市系统脑组分的作用分异,它包括三个维度模型体系:第一维度模型体系。空间城市系统脑分类结构包括专业脑模型、组织脑模型、机器脑模型。第二维度模型体系。空间城市系统脑分层结构包括神经元模型、神经组织模型、半脑组织模型、空间城市系统脑模型。第三维度模型体系。空间城市系统脑分级结构包括城市体系脑模型、多级空间城市系统脑模型、空间城市系统脑大数据信息模型。

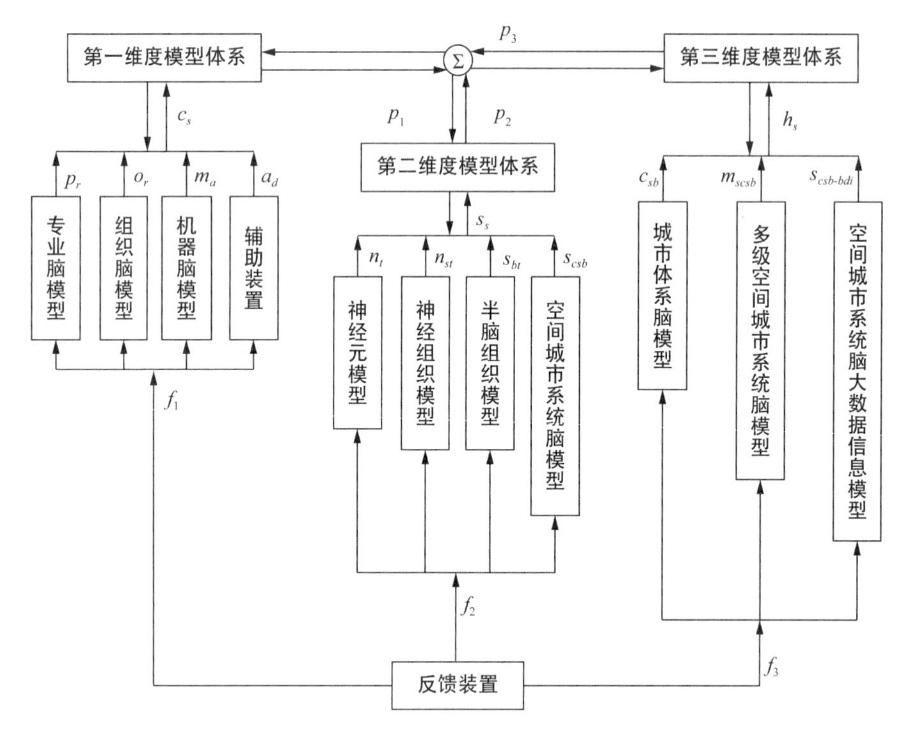

图 7.63　空间城市系统脑模型体系

如果说空间城市系统脑“控制机构”机理解析是对空间城市系统脑模块的还原分析,那么“模型体系”框架解释就是对空间城市系统脑模块的综合分析。“模型体系”框架解释说明了空间城市系统整体规律,阐述了空间城市系统综合内涵,诠释了空间城市系统宏观本质。

“模型体系”解释是在对空间城市系统观察测量、调查研究、分析思考的基础上做出的科学合理的综合归纳结论,它诠释了空间城市系统时间、空间、规模方面的发展规律。“模型体系解释框架”强调事实证据、注重解释方法、严谨综合结论,它合理地说明“空间城市系统”时间、空间、规模变化的原因、组分之间的联系、整体发展的规律,“模型体系解释框架”是空间城市系统研究有效的逻辑化方法。

2）模型体系解释框架内容

(1) 解释框架类型

空间城市系统脑“模型体系解释框架”分为第一维度模型体系解释框架〈　〉、第二维度模型体系解释框架〈　〉、第三维度模型体系解释框架〈　〉三个大类,框架表示为符号〈 〉。根据功能它又可以分为时间、空间、规模解释框架，根据历史过程又可以分为前见范式、现见范式、预见范式解释框架，根据等级又可以分为微观、中观、宏观解释框架，以及小规模、中规模、大规模解释框架。

(2) 解释框架功能

空间城市系统脑第一维度模型体系解释框架为时间解释框架〈T— 〉，简称为 T 框架，它说明了城市前见范式、城市区域现见范式、空间城市系统预见范式的分异规律；空间城市系统脑第二维度模型体系解释框架为空间解释框架〈S— 〉，简称为 S 框架，它说明了社区神经元空间、城区神经组织空间、城市半脑组织空间、空间城市系统脑空间城市系统空间的分异规律；空间城市系统脑第三维度模型体系解释框架为规模解释框架〈SC— 〉，简称为 SC 框架，它说明了城市体系规模、多级空间城市系统规模、大数据信息空间规模的分异规律。

(3) 解释框架层次

空间城市系统脑"模型体系解释框架"可以分为三个层次，例如前见范式解释框架〈 〉、现见范式解释框架〈 〉、预见范式解释框架〈 〉，如图 7.64 所示；微观解释框架〈 〉、中观解释框架〈 〉、宏观解释框架〈 〉；小规模解释框架〈 〉、中规模解释框架〈 〉、大规模解释框架〈 〉。它们分别适用于第一维度模型体系、第二维度模型体系、第三维度模型体系。

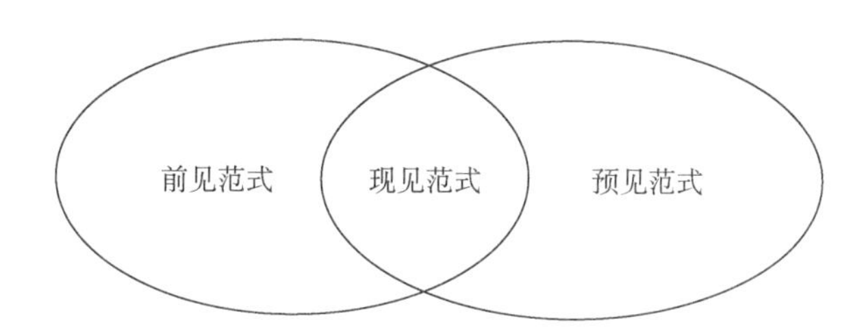

图 7.64 解释学范式理论模型

3) 模型体系解释框架技术

(1) 第一维度模型体系解释框架

① 人居空间现实命题

当代人居空间发展实践给予我们一个严峻的命题：城市与城市区域处于交织状态，人居空间理论、人居空间实践、人居空间规划都处于极度混乱。首先，城市实践已经发展成为城市区域实践，人居空间发展实践远远走在了我们既有知识的前边。其次，城市理论失去了解释力，而城市区域理论没有成熟，处于过渡阶段。最后，人居空间认识处于混沌状态。在世界范围，中国称之为城市群(UA)，美国称之为巨型区域(MR)，欧洲称之为巨型城市区域(MCR)，日本称之为都市圈(MER)。在中国范围，长江三角洲城市群、粤港澳大湾区、长江经济带、济南都市圈几种名称共存。甚至将中国城市群、日本都市圈、美国都市区三个概念混用于同一个"规划"之中，而它们是在各自不同的界定条件下产生的，具有特定适用范围的过渡性概念，科学哲学称之为"客观事实”，而非具有普遍意义的“科学事实”。

上述现象造成了政府空间规划与空间治理的极大难度，造成了社会财富的极大浪费，造成了人居空间理论与研究的极大困惑。因此，我们已经面临21世纪人居空间快速发展这个严酷的现实，必须解决这个世界性科学难题，即“巨型城市的形成机制与发展趋势”①命题。

② 科学解释方法

空间城市系统脑“模型体系解释框架”所应用的“解释方法”是一种方法论意义的现代科学解释理论，其理论根据为“科学解释学”②。空间城市系统“解释方法”强调城市历史解释、城市区域现实解释、空间城市系统理论与未来解释，诠释了空间城市系统时间、空间、规模方面的客观事实。空间城市系统“解释方法”继承了解释学的哲学性，以适应空间城市系统的人文属性，从而避免了机械的、物质的“纯科学”方法，它与传统的“诠释学”理论具有本质的区别。

③ 解释框架理论

空间城市系统脑第一维度模型体系“解释框架理论”是指对人居空间发展范式的科学解释，即城市前见范式、城市区域现见范式、空间城市系统预见范式的“时间分异规律”，表示为〈T—　〉，它包含了“科学解释学”与托马斯·库恩“范式理论”两种科学哲学思想。首先，“解释框架理论”强调对城市历史的解释，认知人居空间过去是科学分析的基础。其次，“解释框架理论”强调城市区域的现实解释，认知人居空间现在是科学分析的应有之义。最后，“解释框架理论”强调空间城市系统的预见解释，认知人居空间未来是科学分析的目的。而前见城市范式、现见城市区域范式、预见空间城市系统范式，是不同的三种人居空间“时间范式”。

④ 解释知识学习

如前图7.63所示，空间城市系统脑第一维度模型体系“解释知识学习”分为三种方式：对于“专业脑”，通过对“专家脑基元”“设计脑基元”“解析脑基元”三种专业化人员的培训进行解释知识学习；对于“组织脑”，通过设置具有专业解释知识的“专业解释部门”解决解释知识学习问题；对于“机器脑”，通过输入解释知识进入“数据库”进行解释知识学习。

（2）第二维度模型体系解释框架

① 人居空间层次命题

人居空间分层是一种客观存在，如社区、城区、城市、空间城市系统。如前图7.63所示，所谓人居空间层次命题是将“空间城市系统脑理论”用于模型体系解释框架所建立的空间城市系统空间分异规律，表示为〈S—　〉，它将现实人居空间分为社区神经元空间、城区神经组织空间、城市半脑组织空间、空间城市系统脑空间。“人居

① 参见：“10 000个科学难题”地球科学编委会. 10 000个科学难题·地球科学卷[M].北京：科学出版社，2010：139。

② 参见：施雁飞.科学解释学[M].长沙：湖南出版社，1991。

空间层次命题"使用地理信息系统方法对空间城市系统空间分异现象进行科学解释，它以人居空间实践为现见根据，以空间城市系统理论为预见根据，对"人居空间层次命题"进行分析，做出科学合理的解释。

② 地理信息系统方法

空间城市系统"地理信息系统方法"是指利用地理学、计算机、遥感技术、地图学等学科知识，处理"人居空间层次命题"的方法。空间城市系统"地理信息系统方法"注重各层次分异空间"信息数据库"的建设，强调对各层次分异空间进行全面的"空间分析"，最终要对各层次分异空间做出科学合理的"空间解释"。"地理信息系统方法"具有的模型分析功能适应了空间城市系统"模型体系"特征，因此可以通过计算机软件来实现"人居空间层次命题"的圆满解决，它是一种实用性强、借鉴案例多、比较成熟的处理空间分异问题的方法技术。

③ 解释框架理论

空间城市系统脑第二维度模型体系"解释框架理论"是指对空间城市系统空间的科学解释，即社区神经元空间、城区神经组织空间、城市半脑组织空间、空间城市系统脑空间城市系统空间分异规律，表示为〈S—　〉。第二维度模型体系"解释框架理论"说明了人居空间的"规模自组织进化规律"，即随着人居空间规模的增长，它的自组织认知功能呈现进化规律。"解释框架理论"说明了社区空间、城区空间、城市空间、空间城市系统空间的"空间规模"不同，它们的"空间性质"就不同，它给出了科学合理的分异化"空间范式"。

④ 解释知识学习

如前图 7.63 所示，空间城市系统脑第二维度模型体系"解释知识学习"是通过设计专门的软件系统实现的。要有空间城市系统知识工程师、地理信息系统(GIS)专业人员、计算机编程人员共同设计制作"空间城市系统 GIS 软件"，以供"人居空间层次命题"之需，对社区神经元空间、城区神经组织空间、城市半脑组织空间、空间城市系统脑空间城市系统空间分异规律进行科学合理的解释。

(3) 第三维度模型体系解释框架

① 人居空间规模命题

"人居空间"是地球上最悠久、最重要、最复杂的问题，人居空间规模随着人类社会的发展而发展，经历了洞穴、聚落、城市三个阶段，经历着城市区域过渡阶段，将迎来空间城市系统阶段。"人居空间规模命题"是当今世界性科学难题，即"巨型城市的形成机制与发展趋势"①命题。

美国圣塔菲研究所前所长杰弗里·韦斯特创建了"规模学说"，其中特别强调了"城市规模"观点，为"人居空间规模命题"提供了方法论。城市体系规模、多级空间城市系统规模、大数据信息规模，是空间城市系统第三维度模型体系"规模分异"的主要

① 参见："10 000 个科学难题"地球科学编委会.10 000 个科学难题·地球科学卷[M].北京：科学出版社，2010：139。

问题。第三维度模型体系“解释框架理论”以空间城市系统实践为根据，以空间城市系统理论为工具，对空间城市系统“规模命题”进行分析，并做出科学合理的解释。

② 规模方法

杰弗里·韦斯特认为“规模法则”(Scaling Law)使万物的尺度具有一般性意义，而“规模缩放”又是其核心要旨，即事物随着规模的变化而发生变化。他特别指出城市遵循“规模法则”与“规模缩放”，城市化是以指数级速度发展的[1]。“大数据方法”是指关于空间城市系统的巨量数据技术，它与云计算、分布式架构紧密相连，具有大量(Volume)、高速(Velocity)、多样(Variety)、价值(Value)、真实(Veracity)的特征，简称5V特征。空间城市系统“规模方法”是基于“规模学说”与“大数据方法”来处理“人居空间规模命题”的方法。“规模方法”科学解释了城市体系、多级空间城市系统、大数据信息的“规模分异规律”。

③ 解释框架理论

空间城市系统脑第三维度模型体系“解释框架理论”是指对空间城市系统规模的科学解释，即城市体系、多级空间城市系统、大数据信息的“规模分异规律”，表示为〈SC—　〉，它说明了空间城市系统具有鲜明的“规模现象”，遵循着“规模法则”与“规模缩放”，具有大数据特征。对于“人居空间规模命题”，第三维度模型体系“解释框架理论”给出了科学合理的分异化“规模范式”解释。

④ 解释知识学习

如前图7.63所示，空间城市系统脑第三维度模型体系“解释知识学习”是通过“知识规则部件”实现的，由空间城市系统知识工程师、大数据专业人员、计算机编程人员共同设计制作“空间城市系统规模准则”，作为空间城市系统脑处理“人居空间规模命题”的根据。空间城市系统脑知识规则部件“规模准则”，也为整个空间城市系统模型体系提供大数据分析解释服务。

7.4.5 长江三角洲空间城市系统脑

1）长江三角洲空间城市系统

(1) 长江三角洲空间城市系统概念

如图7.65所示，“长江三角洲空间城市系统”是以上海牵引城市(TC)为中心，以南京为主导城市(LC)，以杭州、合肥、宁波为主中心城市(MC)，以苏州、无锡、常州、南通、湖州、马鞍山等为辅中心城市(AC)，以张家港、滁州、舟山等为基础城市(BC)，所组成的5级空间城市系统。“长江三角洲空间城市系统”横跨上海、江苏、浙江、安徽一个直辖市与三个省行政辖区，是一个世界级空间城市系统，现在处于近耗散态演化阶段。就整体而言，长江三角洲空间城市系统的空间形态、空间结构、整体涌现性已经开始显现。“长江三角洲空间城市系统”是中国沿江空间城市系统的序参量因素，对于中

① 参见：杰弗里·韦斯特.规模：复杂世界的简单法则[M].张培，译.北京：中信出版集团，2018：6，9，16，36。

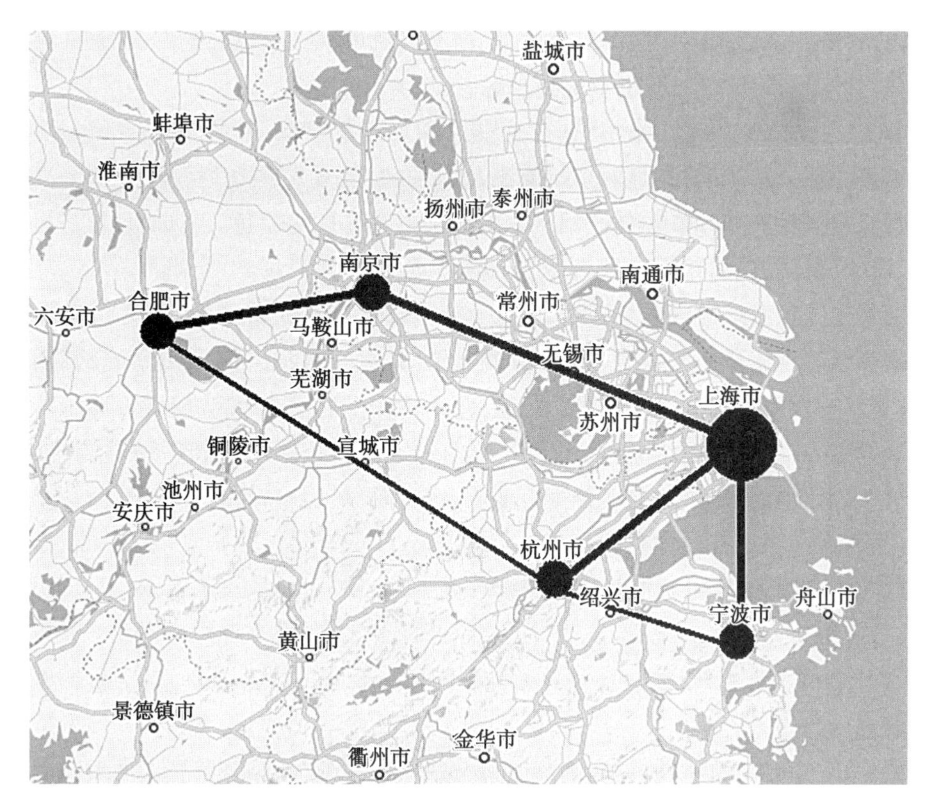

图 7.65　长江三角洲空间城市系统空间结构

国国家空间结构具有举足轻重的战略性地位。

(2) 长江三角洲空间城市系统现状

长江三角洲人居空间格局发生着很大的变化,上海空间概念快速地向长江下游冲积平原扩展,以南通为中心的长江以北空间逐渐融入上海空间。因此,1 级上海空间城市系统涵盖苏州、无锡、常州、南通、湖州、嘉兴地理范围。沪宁高速公路扩建、沪宁城际高速铁路复线、沪杭高速公路复线、沪杭城际高速铁路复线的相继建设,说明“长江三角洲空间城市系统”主干轴线联结进入成熟阶段。因此,长江三角洲空间城市系统现在处于“近耗散态线性区”,呈低指数速度发展,之后将进入“近耗散态非线性区”,呈高指数速度发展。

长江三角洲空间城市系统没有“整体行政管理功能”、没有专门的研究机构、研究手段停留在结点控制的“智慧城市”与“城市大脑”水平。因此,就“组织脑”“专业脑”“机器脑”视角来看,长江三角洲空间城市系统尚处于空白、欠缺、低端状态。从空间城市系统模型体系观点来看,长江三角洲空间城市系统在第一维度模型体系表现为前见城市范式解释能力失效,现见城市区域范式解释能力不够,预见空间城市系统解释能力没有;在第二维度模型体系表现为具备社区空间、城区空间、城市空间解释能力,不具备空间城市系统空间解释能力;在第三维度模型体系表现为具有城市体系与大数据规模解释能力,无多级空间城市系统与空间城市系统大数据规模解释能力。

(3) 长江三角洲空间城市系统脑命题

“长江三角洲空间城市系统”具有公认的多维度、多变量、非线性、复杂性、动态性、人类属性特征,“人工操作”显然不可能满足它的需要,动态规划与人类智能是必然选择。“长江三角洲空间城市系统”的管理与控制是世界性的命题,它将对世界产生重大影响,对中国树立楷模作用,对沿长江带起引领作用。

在长江三角洲城市区域实践中,上海、南京、杭州具有的城市理论、城市区域理论、空间城市系统理论逻辑连贯性,孕育与催生了“长江三角洲空间城市系统脑”创新命题。“长江三角洲空间城市系统脑”是长江下游人居空间发展到空间城市系统高级阶段之后,所形成的人类智能体系。“长江三角洲空间城市系统脑”包括“控制机构”与“模型体系”两个组成部分,前者分为专业脑、组织脑、机器脑,后者分为第一模型体系、第二模型体系、第三模型体系。

2)长江三角洲空间城市系统脑分析

(1) 1 级空间城市系统脑

“1 级空间城市系统脑”是长江三角洲空间城市系统脑体系的基础,它包括以下五个组成部分:

第一,上海空间城市系统脑,为超 1 级空间城市系统脑,涵盖了扩大的上海空间功能。第二,南京空间城市系统脑,1 级空间城市系统脑,涵盖了南京空间功能。第三,杭州空间城市系统脑,为 1 级空间城市系统脑,涵盖了杭州空间功能。第四,合肥空间城市系统脑,为 1 级空间城市系统脑,涵盖了合肥空间功能。第五,宁波空间城市系统脑,为 1 级空间城市系统脑,涵盖了宁波空间功能。图 7.66 为超 1 级上海空间城市系统脑框图。

(2) 长江三角洲空间城市系统脑

① 长江三角洲空间城市系统脑控制机构

所谓长江三角洲空间城市系统脑控制机构是具有人类专业知识、组织部门功能、机器人工智能的空间城市系统控制体系,它包括专业脑、组织脑、机器脑三个组成部分。长江三角洲空间城市系统具有发达的细分空间,如城镇空间与村庄空间,因此要构建“长江三角洲空间解析功能”予以应对。“长江三角洲行政协调机构”是长江三角洲空间城市系统的决策协调机构,是长江三角洲空间城市系统的短板,需要中央政府给予补齐,这是今后中国行政改革的基本工作。“长江三角洲空间城市系统脑控制机构”使得长江三角洲空间城市系统“人—人”“人—物”“物—物”动态化管理控制成为可能。因此,“长江三角洲空间城市系统脑控制机构”,具有较高的科学研究价值,具有很强的实践应用价值,具有广阔的市场商业价值。

② 长江三角洲空间城市系统脑模型体系

所谓长江三角洲空间城市系统脑模型体系是长江三角洲空间城市系统综合解释控制体系,它包括第一模型体系、第二模型体系、第三模型体系三个组成部分(图 7.67)。长

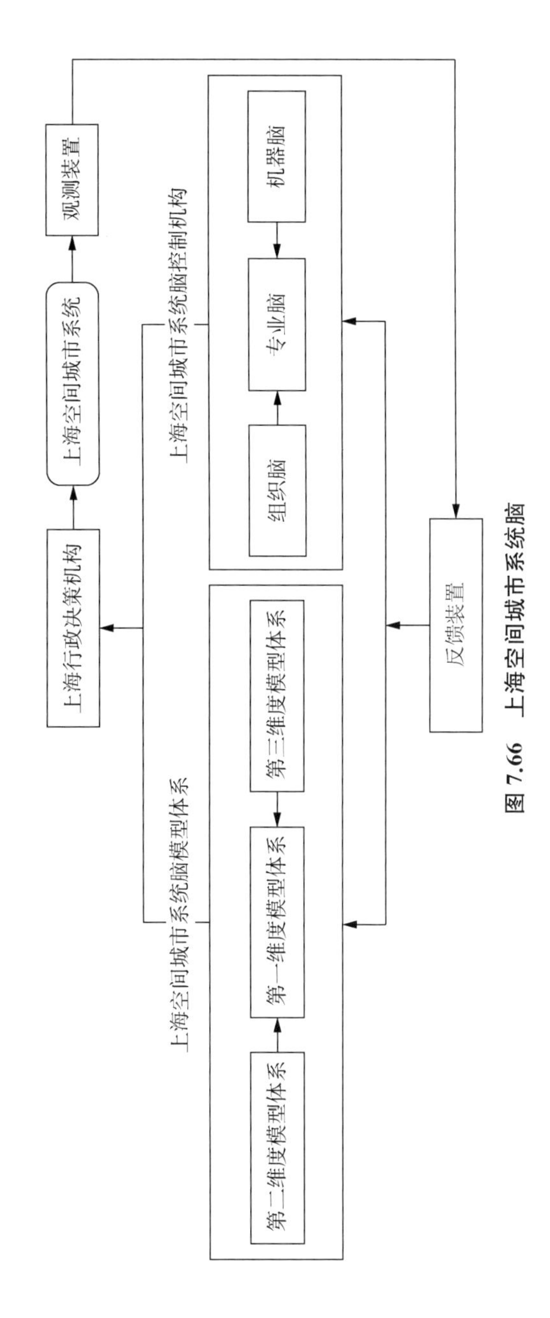

图 7.66 上海空间城市系统脑

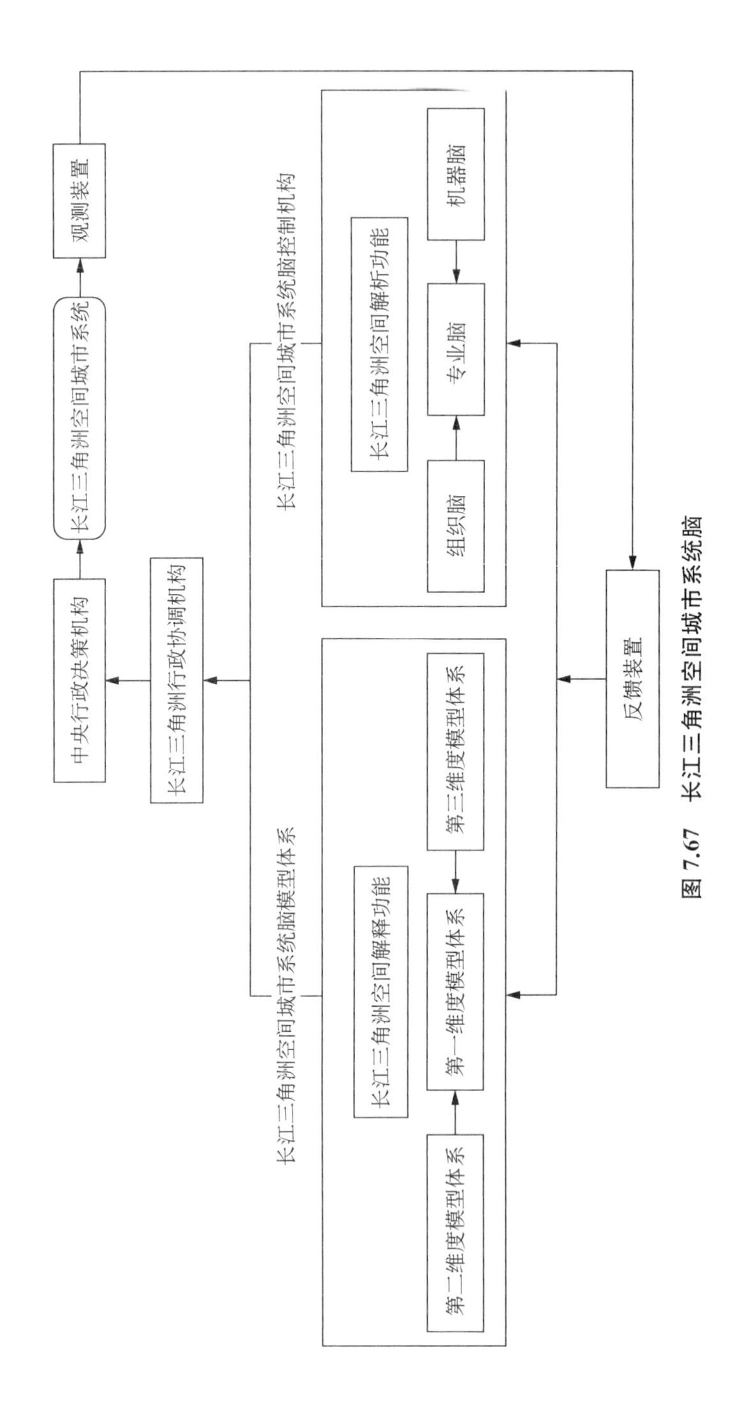

图 7.67　长江三角洲空间城市系统脑

江三角洲空间城市系统具有复杂的时间、空间、规模分异规律,因此要构建"长江三角洲空间解释功能"予以应对。"长江三角洲空间城市系统脑模型体系"使得长江三角洲空间城市系统"人—人""人—物""物—物"动态化管理控制成为可能。因此,"长江三角洲空间城市系统脑模型体系",具有较高的科学研究价值,具有很强的实践应用价值,具有广阔的市场商业价值。

③ 长江三角洲空间城市系统脑效能

长江三角洲空间城市系统脑效能可以分为三个层次:首先,世界性影响。"长江三角洲空间城市系统脑"为世界级城市区域管理控制的首创,对于世界人居空间现代化具有创新性重大意义。其次,中国性效应。"长江三角洲空间城市系统脑"为中国国家空间科学管理控制的楷模,对于中国空间规划与空间治理具有实践性典范作用。最后,区域性功能。"长江三角洲空间城市系统脑"将引导中国沿河空间城市系统有序产生与发展,对于沿长江带区域建设具有促进作用。

3)长江三角洲空间城市系统管理与控制

(1)长江三角洲空间城市系统行政管理体系

图 7.68 为长江三角洲空间城市系统九级行政管理体系,经过政治学分析我们得出"长江三角洲空间城市系统"行政管理体系亟须改进的问题如下:

中国中央政府

长江三角洲空间城市系统行政协调机构

上海牵引城市(TC)政府

江苏、浙江、安徽省政府

南京、杭州、合肥、宁波主中心城市(MC)政府

苏州、无锡、常州、南通、湖州、马鞍山等辅中心城市(AC)政府

张家港、滁州、舟山等基础城市(BC)政府

长江三角洲空间城市系统乡镇政府

长江三角洲空间城市系统村(市)民自治机构

图 7.68　长江三角洲空间城市系统行政管理体系

第一,补短板。增加第二层级"长江三角洲空间城市系统行政协调机构",这是长江三角洲空间城市系统行政管理体系需要弥补的不足之处,是一种结构性缺失。

第二,弱藩篱。减弱第四层级"江苏、浙江、安徽省政府"在长江三角洲空间城市系统规划建设中的行政隔离作用。

第三,强主干。强化第三、第四层级"上海牵引城市(TC)政府"与"南京、杭州、合肥、宁波主中心城市(MC)政府"在长江三角洲空间城市系统规划建设管理中的主体功能。

第四,打基础。加强第九层级"长江三角洲空间城市系统村(市)民自治机构"在长江三角洲空间城市系统规划管理中的基础作用。

(2) 长江三角洲空间城市系统整体控制

所谓长江三角洲空间城市系统整体控制，是指长江三角洲空间城市系统协调性控制，它是长江三角洲空间城市系统内部组分之间的协调性关系，即内部"协调任务量"，例如上海、南京、杭州、合肥、宁波之间的"协调任务量"。加强有益耦合关联，消除或减弱有害耦合关联，使长江三角洲空间城市系统在协调工作轨道上运行，是整体控制的主要目的。长江三角洲空间城市系统协调性控制任务是各组分之间的"目标协调关系"，而非外部的给定控制量，也就是说上海、南京、杭州、合肥、宁波之间的"协调任务量"来自它们自身，而不是由中央政府指定"协调任务量"，这也就是"长江三角洲空间城市系统行政协调机构"应有的本质意义。

如图 7.69 所示，长江三角洲空间城市系统协调控制要通过"长江三角洲空间城市系统协调控制平台"与"长江三角洲空间城市系统脑控制机构"来实现。"长江三角洲空间城市系统协调控制平台"包括"协调任务量"自整定装置、协调偏差反馈装置、协调控制装置、协调联系部件、扰动观测补偿装置。"长江三角洲空间城市系统协调控制平台"与"长江三角洲空间城市系统脑控制机构"工作机理，详见前述"空间城市系统协调控制原理"与"图 7.56 空间城市系统协调控制系统功能框图"。需要特别说明的是"长江三角洲空间城市系统脑控制机构" 包含"中央行政决策机构"与"长江三角洲空间城市系统行政协调机构"。

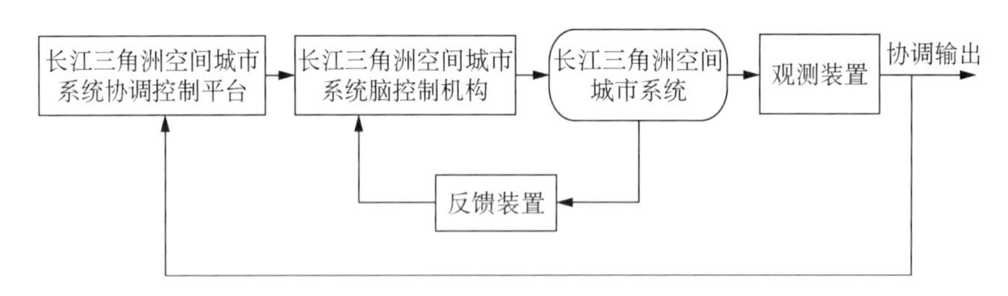

图 7.69　长江三角洲空间城市系统协调控制框图

(3) 长江三角洲空间城市系统专项控制

① 长江三角洲空间城市系统基本控制

长江三角洲空间城市系统基本控制是指"长江三角洲空间城市系统状态控制"与"长江三角洲空间城市系统环境控制"，也就是对长江三角洲空间城市系统状态变量的控制，包括空间集聚变量、空间扩散变量、空间联结变量，以及长江三角洲空间城市系统环境参量的控制，包括地理环境参量、人文环境参量、经济环境参量。特别指出的是长江三角洲空间城市系统"状态空间"是一个抽象空间，不能与真实物质空间混淆，它是用来对长江三角洲空间城市系统状态进行直观描述的，"状态空间"中的每一个坐标点，即每一组数值(x_1, x_2, x_3)，就代表长江三角洲空间城市系统的一个状态，或称为一个相点(图 7.70)。在"状态空间"，做出长江三角洲空间城市系统演化"近耗散态线性区"的判断。

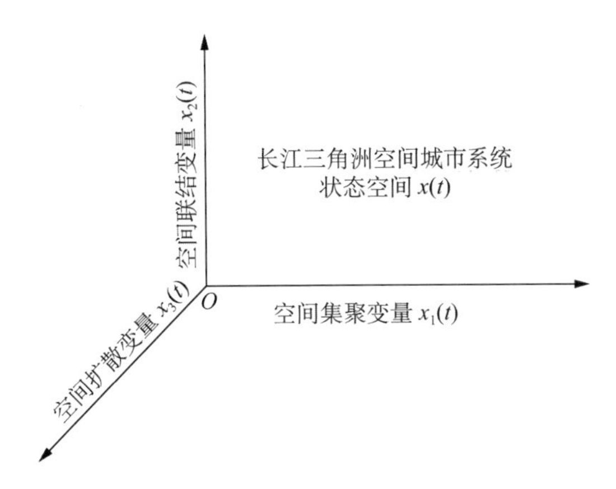

图 7.70　长江三角洲空间城市系统状态空间

使用现代控制理论的“状态空间方法”，我们可以求出长江三角洲空间城市系统“状态方程”和“输出方程”，判定长江三角洲空间城市系统的能控性与能观性，以及长江三角洲空间城市系统“状态控制系统”传递函数，做出“长江三角洲空间城市系统状态控制系统”，如图 7.71 所示。根据“长江三角洲空间城市系统状态控制系统”，就可以进行长江三角洲空间城市系统基本控制。

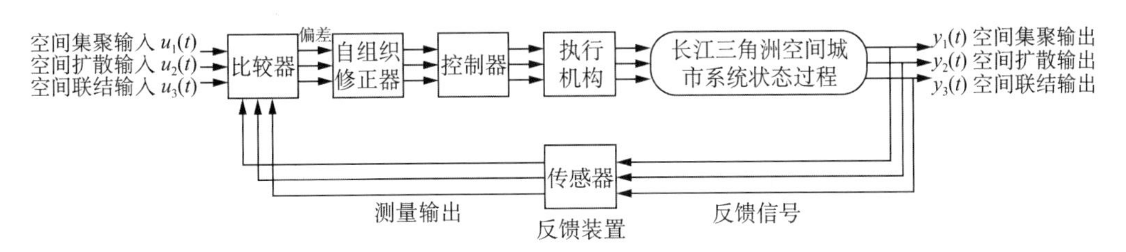

图 7.71　长江三角洲空间城市系统状态控制系统

② 多级长江三角洲空间城市系统控制

长江三角洲空间城市系统分级，是多级长江三角洲空间城市系统控制的前提。长江三角洲空间城市系统可以分为五个等级：1 级如“南京空间城市系统”、2 级如“沪杭空间城市系统”、3 级如“沪杭宁空间城市系统”、4 级如“沪宁杭庐空间城市系统”、5 级如“长江三角洲空间城市系统”。多级长江三角洲空间城市系统控制，以“空间结构”为控制对象、以频域控制和时域控制为手段对“多级长江三角洲空间城市系统”进行控制。

多级长江三角洲空间城市系统“空间结构”控制分为长江三角洲空间城市系统“中心结点控制”“联结轴线控制”“网络域面控制”。图 7.72 为“长江三角洲空间城市系统空间结构控制系统”，由此我们就可以对长江三角洲空间城市系统“空间结构”进行控制。

③ 长江三角洲空间城市系统分段控制

长江三角洲空间城市系统演化分段，是长江三角洲空间城市系统分段控制的前

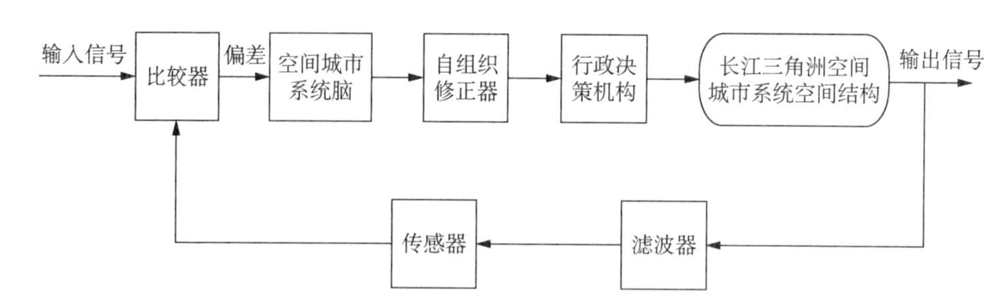

图 7.72　长江三角洲空间城市系统空间结构控制系统

提。长江三角洲空间城市系统演化可以分为五个阶段：平衡态、近平衡态、近耗散态、分岔、耗散结构。长江三角洲空间城市系统分段控制，以“空间存量”为控制对象，以时域控制为主要手段，对“长江三角洲空间城市系统演化分段”进行控制。

长江三角洲空间城市系统演化“空间存量”控制分为平衡态空间存量控制、近平衡态空间存量控制、近耗散态空间存量控制、分岔空间存量控制、耗散结构空间存量控制。图 7.73 为“长江三角洲空间城市系统空间存量控制系统”，由此我们就可以对长江三角洲空间城市系统“空间存量”进行控制。

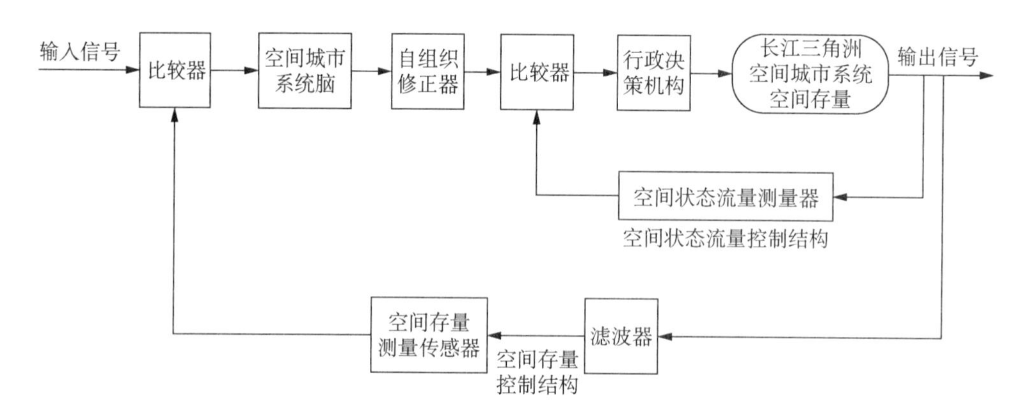

图 7.73　长江三角洲空间城市系统空间存量控制系统

参考文献

[1] 刘易斯·芒福德.城市发展史：起源、演变和前景[M].宋俊岭，倪文彦，译.北京：中国建筑工业出版社，2005：554.

[2] 胡作玄.人有人的用处（导读）[M]//维纳.人有人的用处：控制论与社会.陈步，译.北京：北京大学出版社，2010：22.

[3] 万百五，韩崇昭，蔡远利.控制论：概念、方法与应用[M].北京：清华大学出版社，2009：16.

[4] 维纳.控制论（或关于在动物和机器中控制和通信的科学）[M].郝季仁，译.2 版.北京：科学出版社，2009：译者序.

[5] 涂序彦,王枞,郭燕慧.大系统控制论[M].北京:北京邮电大学出版社,2005:190.

[6] 苗东升.系统科学精要[M].3版.北京:中国人民大学出版社,2010:177.

[7] 约瑟夫·贾拉塔诺(Joseph Giarratano),加里·赖利(Gary Riley).专家系统原理与编程[M].北京:机械工业出版社,2010:4.

[8] 敖志刚.人工智能及专家系统[M].北京:机械工业出版社,2010:11.

[9] 王万森.人工智能原理及其应用[M].3版.北京:电子工业出版社,2012:137.

8 空间城市系统信息理论

8.1 空间城市系统信息基本原理

8.1.1 空间城市系统信息概论

1）空间城市系统信息理论来源

(1) 经典信息论

信息问题由来已久，电信系统已经有 170 多年的历史。1928 年，哈特利定义了信息量的计算方法，对后来香农信息熵理论的产生具有启发意义。《控制论（或关于在动物和机器中控制和通信的科学）》的作者维纳是信息概念科学语意的最初使用者，他提出了信息量概念，指出“信息就是信息，不是物质或者能量”。维纳“控制论”的实质是信息反馈理论，研究信息的提取、检测、估计、滤波、反馈等问题，重点是对信息接收端的研究。维纳信息观为经典“信息论”奠定了基础。

1948 年香农《通信的数学理论》文章的发表标志着经典“信息论”的诞生，香农信息理论的实质是“通信理论”，后人将其命名为“信息论”，在信息科学理论体系中将其称为“统计信息论”。经典“信息论”的意义在于建立了信息理论基础性原理，奠定了信息科学研究的基础。经典“信息论”被拓展应用于科学、社会科学诸多领域，极大促进了信息科学的发展。因为经典“信息论”的权威性，以至于很长时间内很多信息问题研究难以突破经典“信息论”的框架束缚。

信息量的爆炸性增长，特别是计算机技术的飞跃发展，使得信息问题成为现代社会的中心问题，经典“信息论”框架的突破成为信息科学发展的必然，现代信息科学理论体系逐渐被创新建立起来。

(2) 信息科学理论

自 20 世纪 70 年代开始，对信息的本质认识到达基础层面，即物质、能量、信息三个基础性元素，传统信息论的狭隘局限性无法解释普遍意义上的信息问题。经过世界信息学术共同体的共同努力，“信息科学”理论体系逐渐被建立起来。

“信息科学”的研究对象是一般意义上的信息问题，如信息本质、信息类型、信息价值、信息作用等。“信息科学”方法论涉及系统科学、统计学、数学、逻辑学、语言学等多种学科。“信息科学”理论体系包括一般信息论、统计信息论、语义信息论、算法信息论、语用信息论、信息动力学、信息技术等。

信息科学有两个基本发展方向：一是建立一般性信息理论，对信息本质、信息类型、信息价值等基本概念予以界定，对信息的获取、存贮、变换、传递、处理、利用、控制等基本规律进行揭示。二是建立专业领域的“学科信息理论”，例如光学信息论、量子信息论、生物信息学、网络信息论等，以及信息传播学、信息经济学、信息法学等，“空间城市系统信息理论”是信息科学在人类聚居空间领域的创新分支理论。

（3）空间城市系统信息认识论

① 空间城市系统信息哲学观

首先，系统科学告诉我们物质、信息、能量是任何系统的基本构成要件，因此信息问题必然是空间城市系统的核心问题。就哲学意义而言，空间城市系统遵循系统信息理论的一般规律，因此经典的系统信息理论为空间城市系统信息问题奠定了基础，空间城市系统信息规律是可以被认知的。

其次，因为空间城市系统具有空间宏观性与时间缓慢性的特殊性质，所以经典系统信息理论不能直接应用于空间城市系统信息问题研究，特别是香农“信息论”在空间城市系统的直接应用具有很大的局限性。因此，在空间城市系统的信息方面必然有自己的特殊性规律，这就为我们探求空间城市系统信息理论铺就了一条逻辑之道。秉持空间城市系统信息哲学观，在经典信息论和信息科学的基础上，就可以创新建立空间城市系统信息理论。

最后，信息的泛化是信息科学界公认的问题，我们不可能在各种混沌的信息观点上解决空间城市系统的信息问题。因此，创新空间城市系统信息理论就成为必然之举，它才能为空间城市系统信息问题提供方法论基础。

② 空间城市系统演化与信息

普里戈金从经典力学、量子力学、热力学、动力学、化学的物质与能量的基础维度说明了系统演化的普遍规律，创新建立了“耗散结构”理论。哈肯从信息的基础维度说明了系统演化的普遍规律，创新建立了“信息与自组织”理论。

空间城市系统演化必然遵循“耗散结构”和“信息与自组织”的一般性系统演化规律，因此物质、能量、信息必然在空间城市系统演化中具有基础性地位，“第 5 章空间城市系统演化理论”说明了空间城市系统演化物质与能量的规律，空间城市系统信息理论则要说明空间城市系统演化信息的规律。

③ 空间城市系统信息理论认知

空间城市系统是关于有人在内的“人—物系统”，人的行为表现为空间规划、空间政策、空间工具，我们统称为“空间治理”，它们是空间城市系统演化的关键因素。因此，决定人的行为时仅仅涉及物质、能量因素的作用就不能说明问题，信息的作用成为空间城市系统演化的关键序参量，形成“信息—人决策—空间治理”的链条。除物质、能量之外，信息是我们认识空间城市系统演化的第三个维度，而且信息具有独立的属性，例如信息传递单向性。因此，空间城市系统信息规律就成为空间城市系统演化的基本规律之一。

空间城市系统信息理论是信息科学关于空间城市系统领域的分支理论，它是一般信息论关于空间城市系统的特殊信息理论。经典信息论、信息科学理论、信息与自组织理论为空间城市系统信息理论提供了逻辑根据、基本方法、基本原理。根据空间城市系统的特殊性质,我们揭示了空间城市系统信息的基本规律,空间城市系统信息理论是具有实际应用价值的信息科学专业学科分支理论,这也是信息科学发展的基本方向之一。

就空间城市系统理论学术机理而言,“信息”是空间城市系统信息理论的研究对象,“空间信息方法”是空间城市系统信息理论的方法论,空间城市系统信息基本原理、空间城市系统动因信息原理、空间城市系统演化信息原理、空间城市系统控制信息原理,构成了空间城市系统信息理论的内容。

2)空间城市系统信息定义

(1)空间城市系统信息概念

我们界定空间城市系统信息是空间城市系统所特有的信息种类,具有特定的语义范畴。其一,空间城市系统信息是空间城市系统的基本填充物,物质、能量、信息是系统的三个基本元素。其二,空间城市系统信息是系统有序结构生成的主要动因,空间城市系统分岔对应着信息量的最大化供给。其三,空间城市系统信息的本质是消除系统的不确定性,增加系统确定性,从而加强空间城市系统的稳定性,因此空间城市系统信息是系统稳定性的表征。其四,空间城市系统信息是空间城市系统动因、演化、控制的主体要素,表现为动因信息、演化信息、控制信息,它们操纵并控制着空间城市系统的行为与功能。

空间城市系统信息被界定为“有效信息”,任何不能促进系统稳定性的信息不能被称为“信息”。我们规定空间城市系统信息具有客观性、真实性、正确性,不存在所谓错误信息、信息真伪、矛盾信息等问题,须知空间城市系统“信息载体”不是信息,它与“信息主体”是截然不同的概念。

(2)空间城市系统信息特性

空间城市系统信息是人类聚居空间高级阶段所具有的独立信息种类,其数量、类型、价值都是前所未有的,在具有一般信息性质的基础上,空间城市系统信息具有自己的特殊属性,择其扼要归纳总结如下:

其一,基础性。空间城市系统信息与物质、能量一起成为空间城市系统的基础元素。空间城市系统信息是空间城市系统产生与发展的基础性动因,是空间城市系统联结的主要媒介体,是空间城市系统稳定性的基础。

其二,层次性。空间城市系统信息具有层次性,我们主要界定为信息系统、信息单元、信息因子三个基本层次。原则上可以根据具体问题需要将空间城市系统信息结构划分为若干层次,空间城市系统信息分层结构具有独立因子和公共因子(真实因子与虚拟因子)的不同属性。

其三,核心性。空间城市系统信息是空间城市系统脑的工作主体,是系统演化动力、决策根据、控制根据,居于空间城市系统的核心地位。

其四,序参量。空间城市系统存在信息序参量,哈肯称之为“信息子”①。空间城市系统信息序参量支配其子系统的行动,表征着空间城市系统的宏观状态。信息序参量是我们研究空间城市系统动因信息、演化信息、控制信息的代表性指标。

其五,集合性。空间城市系统信息是一种容积信息,以各种“信息集合”的形式出现在空间城市系统中,每一种空间城市系统信息类型都是其“信息集合”的集合体。“集合性”为空间城市系统信息状态方程的获得提供了逻辑前提。

其六,网络化。网络化是空间城市系统信息的基本特性,互联网、物联网、卫星通信网、广播电视网、超大规模集成电路网、计算机大数据网等,都是空间城市系统信息网络化的典型代表。信息网络化为空间城市系统信息化提供了基础,使得“公民基本信息权”②有了保障,为空间城市系统的演化奠定了基础。

其七,可测性。空间城市系统信息具有可测性,我们可以采用统计手段对系统信息数据进行收集、测量、加工。信息可测性为空间城市系统信息分析与信息技术应用提供了逻辑前提。

其八,即时性。即时性是空间城市系统信息的表征特性。由第3章内容可知,空间即时信息是空间城市系统形成的充分必要条件,因此即时性代表了空间城市系统信息的基本特性,成为空间城市系统信息表征特性。

其九,充盈性。空间城市系统社会是信息社会,信息充斥了空间城市系统的所有方面,信息时代取代了工业时代成为空间城市系统年代的表征,所谓无处不信息、无时不信息、无事不信息,信息成为空间城市系统的主体内容。

其十,共享性。共享性是空间城市系统信息的表征特性。空间城市系统整体涌现性与空间城市系统组分多元化结构,要求特定信息必须同时传导至空间城市系统的各个信宿点,以保障空间城市系统的同步协调运行,产生系统整体涌现性。由此,共享性成为空间城市系统信息的基本特性,成为空间城市系统信息表征特性。

(3) 空间城市系统信息功能

① 信息的基础功能

第一,物质、能量、信息是构成空间城市系统的三个基础性元素,我们称之为空间城市系统的“三元素组合”,即空间城市系统本质决定于“三元素组合”,空间城市系统的演化与整体涌现性都是“三元素组合”作用的结果,因此信息成为空间城市系统的基础性元素。

第二,信息具有不同于物质、能量的独立特征,空间城市系统信息具有自己的规律。据此,我们必须要从独立的信息观点来认识空间城市系统,而不能仅仅从物质、能量的观点来看待空间城市系统,因此信息成为空间城市系统的一个独立基础性维度。

第三,空间城市系统脑是系统的核心,空间城市系统脑=专业人脑+组织脑+机器脑,信息是空间城市系统脑的基本处理对象,空间城市系统脑智能的本质即为信息,

① 参见:哈肯.信息与自组织[M].本书翻译组,译.成都:四川教育出版社,2010:39。

② 空间城市系统基本人权包括公民基本居住权,公民基本移动权,公民基本信息权。

信息成为空间城市系统脑的核心，进而成为空间城市系统的核心基础性要素。

第四，稳定性是空间城市系统具有实际意义的基本属性，信息可以消除空间城市系统的不确定性，增强空间城市系统的确定性，从而增强空间城市系统的稳定性，因此信息是空间城市系统稳定的基础性条件。

② 信息的演化条件功能

第一，“信息流程”是空间城市系统演化的基础性条件。信息的接收、过滤、加工、存储、决策、执行、测量、反馈、优化、评价决定着空间城市系统演化的自组织与他组织过程，决定着空间城市系统结构的转型。

第二，信息是空间城市系统演化的动因条件。哈肯的《信息与自组织》已经从理论上证明，信息是系统演化的原始动力，“在远离热平衡的系统中，甚至在非物理系统中，信息与在热平衡或接近热平衡系统中的熵的作用相同，可以作为过程的起因”。空间城市系统起始、生成、发展的全过程，信息都是不可或缺的基础性动力源。

第三，信息是空间城市系统演化的决定性条件。在《信息与自组织》中，哈肯重点强调了“信息最大化原理”，指出“临近相变点时序参量（信息子）的涨落的大幅度增长，与其他一切模相比，已经达到相当大的程度，并决定着模式”[①]。空间城市系统分岔以及整体涌现性的产生都是“信息最大化”的结果。

第四，外部信息交流是空间城市系统演化的必要条件。空间城市系统环境信息是空间城市系统信息的第一个来源，通过与系统环境进行信息交流，空间城市系统获得了系统演化的外部动力。

第五，内部信息交流是空间城市系统演化的必要条件。空间城市系统内部信息是空间城市系统信息的第二个来源，通过系统内部之间的信息交流，空间城市系统获得了系统演化的内部动力。

③ 信息对系统的作用

首先，信息对空间城市系统的动因作用。包括接收、过滤、加工、存储、决策、执行、测量、反馈、优化、评价的“信息流程”，就是信息对空间城市系统的动因作用，它为空间城市系统的产生与发展提供了基础性动力。信息对空间城市系统动因作用的关键，一是信息所导致人的他组织决策，推动着空间城市系统演化的全过程。二是序参量信息子的作用，为空间城市系统自组织涨落分岔提供了关键动力。

其次，信息对空间城市系统的演化作用。信息演化作用主要体现在两点：其一，空间城市系统演化的信息自组织作用。作为物质、能量、信息的基础元素，信息对空间城市系统的作用是全空间范围和全时间阶段的，哈肯的“信息与自组织”理论证明了信息作用是系统自组织演化的源泉。其二，空间城市系统演化的信息他组织作用。作为“人—物”性质的空间城市系统，存在着“信息作用—人的决策—系统演化”的信息他组织作用链。人工干预演化、人工干预分岔都是通过信息他组织作用实现的，具体表现

① 参见：哈肯.信息与自组织[M].本书翻译组，译.成都：四川教育出版社，2010：220。

为“空间规划”“空间政策”“空间工具”。

最后，信息对空间城市系统的控制作用。维纳说“控制论是关于动物和机器中信息与控制的科学”，整个控制过程就是一个信息流通的过程，控制就是通过信息的传输、变换、加工、处理来实现的。信息是空间城市系统控制的主体，包括信息流的控制、序参量信息子的控制等。信息控制贯穿空间城市系统演化全过程，包括平衡态的信息控制、近平衡态的信息控制、近耗散态的信息控制、分岔的信息控制、耗散结构的信息控制。

3）空间城市系统信息机理分析

（1）空间城市系统信息本质

我们在前文给出了空间城市系统信息概念，在此我们将讨论空间城市系统信息的本质问题，推得空间城市系统信息本质逻辑关系。

首先，“信息是事物运动状态或存在方式的不确定性的描述，这就是香农信息的定义。信息量与不确定性消除的程度有关，消除多少不确定性，就获得多少信息量”①，即信息与系统不确定性是负相关关系。

其次，系统“确定性”是“不确定性”的反向概念，而系统“稳定性”是系统“确定性”的正相关函数，因此系统“稳定性”与系统“不确定性”是负相关关系。由上可知，信息与系统“稳定性”是正相关关系。

最后，香农“不确定性”的信息定义是公认的逻辑规则，由上述结论我们可以得知空间城市系统信息与系统不确定性消除的程度有关。信息量越大，系统不确定性越低；系统确定性越高，则系统稳定性越高。因此，空间城市系统信息是空间城市系统“稳定性”正相关关系的描述，这就是空间城市系统信息的本质。

我们界定，“空间城市系统信息量”代表空间城市系统所具有的信息总数量，对于空间城市系统同一个特定演化时间 T 有以下几种情况：

第一，“系统后不确定性”代表在时间 T 之后空间城市系统的不确定性。“系统前确定性”代表在时间 T 之前空间城市系统的不确定性。

第二，“系统后确定性”代表在时间 T 之后空间城市系统的确定性。“系统前确定性”代表在时间 T 之前空间城市系统的确定性。

第三，“系统后稳定性”代表在时间 T 之后空间城市系统的稳定性。“系统前稳定性”代表在时间 T 之前空间城市系统的稳定性。

根据上述空间城市系统信息本质的逻辑推理结论，可以得到空间城市系统信息本质逻辑表达公式为

$$\text{空间城市系统信息量} = \text{系统后不确定性} - \text{系统前不确定性} \tag{8.1}$$

由已知信息本质逻辑关系，用确定性替代不确定性得到

$$\text{空间城市系统信息量} = \text{系统后确定性} - \text{系统前确定性} \tag{8.2}$$

① 参见：傅祖芸.信息论[M].北京：电子工业出版社，2012：5。

由已知信息本质逻辑关系，用稳定性替代确定性得到

$$\text{空间城市系统信息量} = \text{系统后稳定性} - \text{系统前稳定性} \tag{8.3}$$

由此，空间城市系统信息本质可以表述为：空间城市系统信息量等于系统后稳定性与系统前稳定性的差值，它表征了空间城市系统信息与空间城市系统稳定性之间相互依存的关系，信息量为空间城市系统稳定性提供了支撑，稳定性是空间城市系统信息量作用的结果。

（2）空间城市系统信息本质讨论

第一，如果公式(8.3)中的“系统前稳定性”为零，空间城市系统不存在，表示空间城市系统演化分岔之前的城市体系状态。空间城市系统信息量等于“系统后稳定性”，表示空间城市系统演化分岔之后，空间城市系统获得全部信息量，空间城市系统开始建立起来并具有了稳定性。

第二，如果公式(8.3)中的“系统后稳定性”与“系统前稳定性”两项相等，系统稳定性恒定，空间城市系统信息量为零，表示空间城市系统处于演化停止状态，就空间城市系统实际情况而言，这是一种理论状态，在实际中一般不存在。

第三，如果公式(8.3)中的“系统后稳定性”与“系统前稳定性”存在差值，则空间城市系统信息量等于系统稳定性的差值，这是空间城市系统信息一般的存在形式，随着所获信息量的增加，前后稳定性差值加大，空间城市系统稳定性增长。

第四，不同的空间城市系统信息量，表示不同的空间城市系统稳定性，表示空间城市系统不同的状态，表示空间城市系统结构的演化。

一方面，系统科学指出“稳定性是系统的重要维生机制，稳定性愈强，意味着系统维生能力愈强。从实用角度看，只有满足稳定性要求的系统，才能正常运转并发挥功能”[①]。另一方面，“一个处处结构稳定的系统不可能演化，同样无研究的必要”[②]。空间城市系统信息本质说明，首先空间城市系统信息量提供了系统稳定性，成为空间城市系统稳定存在的前提条件；其次空间城市系统信息量是系统稳定性进化的发展动力。

（3）空间城市系统信息化

人类聚居空间经历了巢穴、聚落、城市、空间城市系统四个阶段。在空间城市系统高级阶段。由于空间城市系统脑的形成，信息成为它的中心处理物，因此信息化是人居空间形式发展到高级阶段的必然结果。空间城市系统信息化是指信息已经成为空间城市系统的本体核心要素，信息与物质、能量构成了空间城市系统的基础元素。空间城市系统与网络信息系统已经实现一体化，信息已经遍布空间城市系统的全部空间结构与时间过程，信息权已经成为空间城市系统社会基本人权[③]，空间城市系统成为

① 参见：苗东升.系统科学精要[M].3版.北京：中国人民大学出版社，2010：84。

② 参见：许国志.系统科学[M].上海：上海教育出版社，2000：73。

③ 物质、信息、能量构成空间城市系统的三个基本要素，基本居住权、基本移动权、基本信息权构成空间城市系统社会基本人权。

一个高度信息化的人类智能体。

空间城市系统信息化已经成为空间城市系统产生与发展的前提条件,信息化消除了空间城市系统的不确定性、促进了确定性,信息成为空间城市系统稳定性的前提条件与进化动因:其一,空间城市系统演化过程也是空间城市系统信息化的过程。其二,空间城市系统耗散结构的维持需要空间城市系统信息化的支撑。其三,空间城市系统信息化定量指标是空间城市系统稳定性的定量化标度。

8.1.2 空间城市系统信息度量

1)信息测度方法的传承与创新

信息度量是信息科学一个重要的问题,如何度量信息?“研究者们发明了各种信息测度,像量、值、成本、熵、不确定性、平均信息分值、有效性、完整性、相关性、可靠性、真实性。”“在统计信息论里我们有这样的信息测度,如香农熵、雷尼熵和费希尔变化,在算法信息论里有绝对信息尺度和条件信息尺度。所有这些测度能被用于度量同样的信息项,例如某个文本里的信息。”在《信息论:本质·多样性·统一》一书中,马克·布尔金列举了35种不同的信息测度数学表达式①。因此,空间城市系统信息理论只有建立自己的信息度量方法,才能符合空间城市系统信息规律。

以香农为代表的经典信息论获得了巨大的成功,哈特利信息量测度方法和香农信息熵测度方法,成为统计信息论乃至整个信息论的主流。因此,空间城市系统信息测度必然选择哈特利与香农方法作为基础。但是,空间城市系统信息测度存在着自己的特有规律,所以空间城市系统信息测度方法必然有所创新,以适应其特有规律。

迄今为止,一般信息理论可以归纳为“通信信息理论”“网络信息理论”,我们提出“空间信息理论”,即空间城市系统信息测度方法,以供空间城市系统信息实践需求。“空间信息理论”创新性地提出了“信息集合”与“信息空间”概念,以此为基础构建了“空间信息量”的计算方法,提出“单位信息量”“容积信息量”“系统信息量” 的一系列概念,以“空间信息量”为空间信息标度,对空间城市系统信息问题进行研究。“空间信息理论”扬弃②了香农“信息熵”的传统概念,继承了哈特利信息量的思想与香农的信息量计算方法。因此,“空间信息理论”是对经典统计信息论“信息量与信息熵”测度方法的继承与发展。“空间信息理论”选择性继承了“通信信息理论”与“网络信息理论”的某些信息思想与信息分析方法。针对信息研究的复杂化做了特定的界定条件假设,以求“空间信息理论”的顺利构建。

2)哈特利信息量与香农信息熵测度方法

1928年,哈特利发表《信息传输》论文,首先提出了信息概念,并通过实验给出了

① 参见:马克·布尔金.信息论:本质·多样性·统一[M].王恒君,嵇立安,王宏勇,译.北京:知识产权出版社,2015:75-76。

② 扬弃是黑格尔解释发展过程的基本概念之一,指新事物对旧事物的既抛弃又保留,既克服又继承的关系。

信息量的计算公式①,即

$$I(n)=-p\cdot\log_2 p \tag{8.4}$$

其中,$I(n)$表示信息量,n为实验可能的结果数,并有$p=1/n$,即$\log_2 n=-\log_2 p$。

1948年,香农发表了《通信的数学理论》的文章,提出了信息熵概念,表述了信息熵测度方法和信息熵的计算公式②,即

$$H(m)=H(p_1,\ p_2,\ \cdots,\ p_n)=-\sum_{i=1}^{n}p_i\cdot\log_2 p_i \tag{8.5}$$

其中,$H(m)$表示消息m的信息熵;m表示消息;p表示事件概率;n为事件结果数。

信息熵的单位为比特(bit),其含义一是表示二进制单位0或1,二是表示不确定性的测量单位,这种不确定性用"熵H"和"信息量I"概念予以表示。

我们知道,香农信息理论的实质是"通信理论",因此信息熵的物理含意包括三类:"第一,信息熵$H(m)$是表示信源输出后,每个消息所提供的平均信息量。第二,信息熵$H(m)$是表示信源输出前信源的平均不确定性。第三,用信息熵$H(m)$来表征变量m的随机性。"③

关于信息熵的命名,"香农讲了这样一个故事:在推导出公式(8.5)之后,我最关心的事是称它什么,我想到称它'信息',但是这个词被过度地使用了,于是我决定叫它'不确定性'。当我同约翰·冯诺依曼讨论它时,他有一个更好的主意,冯诺依曼告诉我,'你应该叫它熵,这基于两个理由,首先,你的不确定性函数这个名字已经被用在统计力学里了,其次,更重要的是没有人知道熵真正是什么,所以,在辩论中你将总是有优势'。"④

今天看来,"信息熵"的名称确有不妥,它极易与系统"熵"概念混淆。首先,"信息熵"的本质,是系统单个消息的平均信息量,是系统的不确定性,而"熵"的本质是系统结构无序化的表征量。对于系统演化而言,"信息熵"即平均信息量是一种积极的正向概念,而"熵"是一种消极的负向概念。其次,如果说"熵"理论表征了系统物质、能量的宏观状态与微观状态的规律,那么"信息熵"就表征了系统信息的平均信息量与不确定性。但是"信息熵" 与"熵"本质上是各自独立的两种相异理论,极易引起后来者将两种"熵的理论"混淆,引起歧义认知。最后,"信息熵"命名的故事告诉我们,任何科学创新都要遵循连贯性原则,对既有科学概念的使用应该遵循学术共同体的规范认知而非随意性,对创新科学概念的命名与界定应该根据其本质内容准确地进行定义。

3)空间信息理论概论

(1)信息集合定义

"信息集合"是一个基础概念,我们用数学集合方法来定义"信息集合"概念。我们

---

① 参见:马克·布尔金.信息论:本质·多样性·统一[M].王恒君,嵇立安,王宏勇,译.北京:知识产权出版社,2015:155。

② 同上。

③ 参见:傅祖芸.信息论[M].3版.北京:电子工业出版社,2011:26。

④ 同①157。

将“信息集合”定义为信息的一种基本单位，“信息集合”将所属的信息元素 x 汇合在一起，使之成为一个信息整体 A，信息整体 A 就是“信息集合”，表示为 $I(A)$，其单位为比特(bit)。组成信息集合的那些对象被称为这一“信息集合”的元素 x，或称信息元，对于信息集合 $I(A)$有 $x \in A$，即有

$$I(A)=\{X_1, X_2, \cdots, X_n\} \tag{8.6}$$

信息集合可以划分为不同种类：“信息集合”有大小之分，如我们可以说，信息集合 $I(A)>$信息集合 $I(B)$；“信息集合”有层次之分，如有系统信息集合、单元信息集合、因子信息集合；“信息集合”有类型之分，如对于空间城市系统 R，其动因信息集合表示为 $IA(R)$、演化信息集合表示为 $IE(R)$、控制信息集合表示为 $IC(R)$系统存在单独的信息集合，例如根据哈肯“信息与自组织”理论，序参量(信息子)是系统的役使变量，系统序参量“信息子”集合可以表示为 $IOP(R)$。

如图 8.1 所示，“信息集合” 的一个重要作用是建立系统信息状态方程，在最基础的“信息因子” 层次，通过所界定的若干“信息集合”，可以求出相对应的“信息集合”，可测量数据 $X_1 = IE(1)$、$X_2 = IE(2)$、$X_3 = IE(3)$、$X_4 = IE(4)$、$X_5 = IE(5)$、$X_6 = IE(6)$，从而用线性回归方法可以得到系统信息状态方程为 $Y = KX + b$。

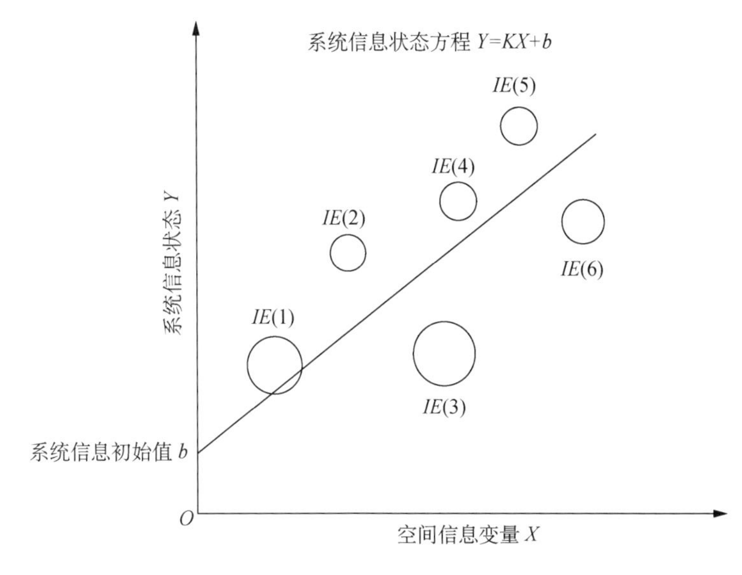

图 8.1　系统信息状态方程

(2) 空间信息方法

① 信息空间与空间信息量

香农信息论为通信系统建立了“信道信息方法”，相同道理，对于空间城市系统我们创建了“空间信息方法”，“空间信息方法”具有自己的信息话语体系、信息符号体系、信息公式体系。“信息空间”与“空间信息量”是空间信息方法的核心，由系统科学 “状

态空间方法”①基本原理可知，系统信息所有可能状态的集合被称为“系统信息状态空间”，简称“信息空间”，也称系统信息的相空间。如图 8.2 所示，设有系统的基本空间信息变量维度 x、y、z，则是由空间信息变量 x、空间信息变量 y、空间信息变量 z 所张成的信息状态空间，即“信息空间”。“信息空间”是我们为研究系统信息问题所构造的“空间”，“信息空间”所包含的信息量被称为“空间信息量”，它是系统稳定性所需的信息量（不确定性消除信息量），“空间信息量”的单位均为比特（bit）。

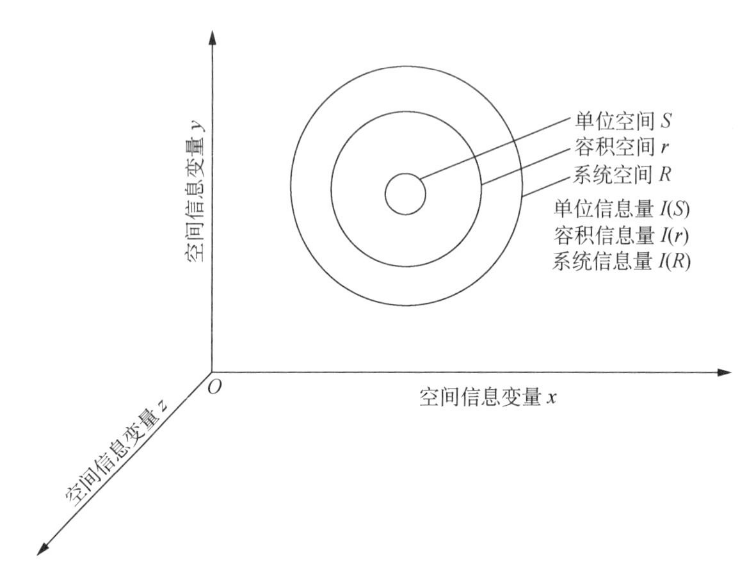

图 8.2　信息空间与空间信息量

“信息空间”概念的确立为空间城市系统信息研究奠定了基础，相对应的“空间信息量”概念使我们对系统信息量测度有了计量方法。如图 8.2 所示，在信息状态空间中，我们对“信息空间”与“空间信息量”做如下基础性系列概念定义：

单位空间 S，是指信息状态空间中三维向量模均为 1 的信息状态空间。单位空间的确立可以根据所研究信息问题的特定层次、特定大小来具体确定，例如在信息系统层次、信息单元层次、信息因子层次分别确立其“单位空间”。单位空间 S 所包含的平均信息量被称为单位信息量 $I(S)$，它是系统单位稳定性所需的信息量（不确定性消除信息量）。

容积空间 r，是指信息状态空间中三维向量值已经确定的信息状态空间。“容积空间 r”是与“单位空间 S”相匹配的，两者处于相同层次信息相空间中，单位空间 S 是容积空间 r 的基础计量单位。容积空间 r 所包含的信息量被称为容积信息量 $I(r)$，它是系统容积空间 r 稳定性所需的信息量（不确定性消除信息量）。

系统空间 R，是指信息状态空间中系统整体的信息状态空间。“系统空间 R”是信息状态空间的最高层次，可以和任何的“容积空间 r”与“单位空间 S”相匹配。系统空

① 参见：苗东升.系统科学精要[M].3 版.北京：中国人民大学出版社，2010：75-76。

间 R 所包含的信息量被称为系统信息量 $I(R)$，它是系统稳定性所需的信息量(不确定性消除信息量)。

② 信息空间计算方法

“信息空间”是空间信息方法的基础,信息空间 V 是空间信息变量 x、空间信息变量 y、空间信息变量 z 的三维连续函数$f(x, y, z)$对此信息空间函数 $f(x, y, z)$,在积分区域 Ω 上求积分,就得到信息空间 V 的值,即

$$V=\iiint_{\Omega} f(x, y, z)\mathrm{d}v \tag{8.7}$$

空间信息向量 $\boldsymbol{A}$,是空间信息变量 x 的函数 $f(x)$,对此函数 $f(x)$求积分,就得到空间信息向量 $\boldsymbol{A}$ 的值,即

$$\boldsymbol{A}=\int f(x)\mathrm{d}x \tag{8.8}$$

空间信息向量 $\boldsymbol{B}$,是空间信息变量 y 的函数 $f(y)$,对此函数 $f(y)$求积分,就得到空间信息向量 $\boldsymbol{B}$ 的值,即

$$\boldsymbol{B}=\int f(y)\mathrm{d}y \tag{8.9}$$

空间信息向量 $\boldsymbol{C}$,是空间信息变量 z 的函数 $f(z)$,对此函数 $f(z)$求积分,就得到空间信息向量 $\boldsymbol{C}$ 的值,即

$$\boldsymbol{C}=\int f(z)\mathrm{d}z \tag{8.10}$$

③ 空间信息量计算方法

“空间信息量”是空间信息方法的目标,当系统的“信息空间”确定之后,它所包含的“单位空间 S”的个数就确定了,“单位信息量 $I(S)$”就成为“空间信息量”计算的基础根据值,在此基础上可以求出容积空间信息量、系统空间信息量。

· 单位信息量

如图 8.3 所示,对于单位空间 S 而言,空间信息变量 x、空间信息变量 y、空间信息变量 z 三维向量模均为 1,则图中单位立方体 S 所包含的信息量,即为单位信息量 $I(S)$。单位信息量 $I(S)$ 是单位空间 S 中所包含的单位信息集合 $S(S_1, S_2, \cdots, S_n)$,由香农自信息定义得知,“信息量 I 是消息概率 p 的某个函数,$I=f(p)$”①,即每一个信息集合元素对应着一个消息发生概率,在此即有信息集合 $S(S_1, S_2, \cdots, S_n)$ 与消息发生概率 $P(P_1, P_2, \cdots, P_n)$ 的对应。 P 代表了单位消息发生概率的总和,即有 $P=P_1+P_2+\cdots+P_n=1$,每一个消息发生概率为 $1/P$。由此,单位信息量 $I(S)$ 定义完全遵循了香农信息熵 $H(m)$ 的消息发生概率原始定义,则单位信息量

① 参见:许国志.系统科学[M].上海:上海教育出版社,2000:344。

$I(S)$ 与信息熵 $H(m)$ 在本质意义和数量上完全相同，则有 $I(S)=H(m)$，由香农信息熵计算公式(8.5) 可得单位信息量的计算公式为

$$I(S)=p(p_1,\ p_2,\ \cdots,\ p_n)=-\sum_{i=1}^{n} p_i \cdot \log_2 p_i \tag{8.11}$$

公式(8.11)表示了单位空间 S 稳定性(解除不确定性)所需的单位信息量 $I(S)$，其单位为比特(bit)。如前所述，实际上香农信息熵的本身就是信息量，与单位空间信息量的性质相同，因此信息熵 $H(m)$的计算方法当然适用于单位信息量 $I(S)$的计算。由此可见，“信息熵”定义所引起的歧义性，使我们不得不从根源上对“单位信息量 $I(S)$”与“信息熵 $H(m)$”进行对接论证，以求得学理合法性。在空间城市系统信息理论中，我们将继承香农信息论的基本思想与基本方法，扬弃“信息熵”概念，代之以“信息量”概念。

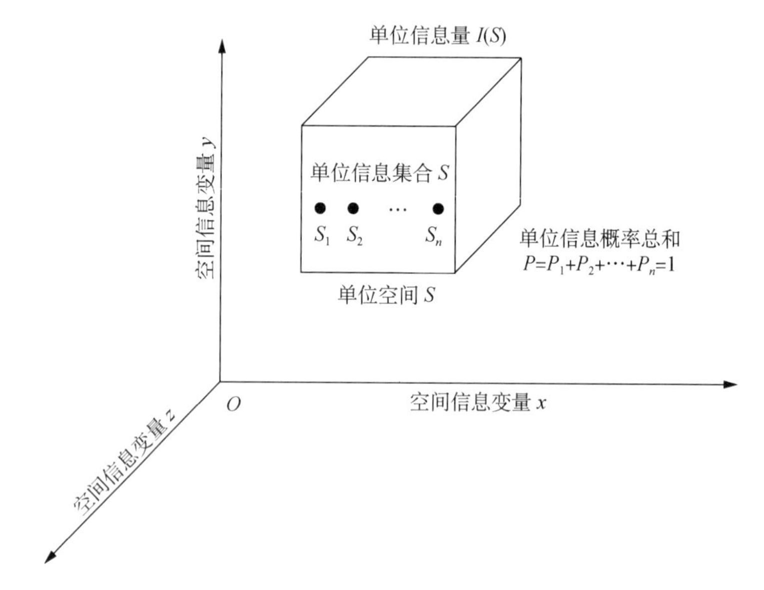

图 8.3　系统单位信息量

· 容积信息量

如图 8.2 所示，容积空间 r 所对应的容积信息量 $I(r)$有以下各种形式：

第一，当容积空间 r 为一定值时，设它的“单位空间 S”个数 $i=1,\ 2,\ \cdots,\ n$，则容积信息量 $I(r)$的计算公式为

$$I(r)=\sum_{1}^{n} I(S) \tag{8.12}$$

公式(8.12)的容积信息量 $I(r)$表示了保持容积空间 r 稳定性(解除不确定性)所需的容积信息量 $I(r)$，其单位为比特(bit)。

第二，当容积空间 r 由公式(8.7)给出时，则容积信息量$I(V)$的计算公式为

$$I(V)=I(S)\times V=I(S)\iiint_{\Omega} f(x,\ y,\ z)\mathrm{d}v \tag{8.13}$$

公式(8.13)的容积信息量 $I(V)$表示了保持特定容积空间 V 稳定性(解除不确定性)所需的容积信息量 $I(V)$，其单位为比特(bit)。

第三，对于一维的空间信息向量 $\boldsymbol{A}$、空间信息向量 $\boldsymbol{B}$、空间信息向量 $\boldsymbol{C}$，向量 $\boldsymbol{A}$、$\boldsymbol{B}$、$\boldsymbol{C}$ 由公式(8.8)、(8.9)、(8.10)给出，则其信息量 $I(\boldsymbol{A})$、$I(\boldsymbol{B})$、$I(\boldsymbol{C})$的计算方程组公式为

$$\begin{cases} I(\boldsymbol{A}) = I(S) \times \boldsymbol{A} = I(S)\int f(x)\mathrm{d}x \\ I(\boldsymbol{B}) = I(S) \times \boldsymbol{B} = I(S)\int f(y)\mathrm{d}y \\ I(\boldsymbol{C}) = I(S) \times \boldsymbol{C} = I(S)\int (z)\mathrm{d}z \end{cases} \tag{8.14}$$

方程组(8.14)的容积信息量 $I(\boldsymbol{A})$、$I(\boldsymbol{B})$、$I(\boldsymbol{C})$表示了保持空间信息向量 $\boldsymbol{A}$、空间信息向量 $\boldsymbol{B}$、空间信息向量 $\boldsymbol{C}$ 的稳定性(解除不确定性)所需的容积信息量 $I(\boldsymbol{A})$、$I(\boldsymbol{B})$、$I(\boldsymbol{C})$，其单位为比特(bit)。

· 系统信息量

如图 8.2 所示，系统空间 R 所对应的系统信息量 $I(R)$有以下各种形式：

第一，当系统空间 R 为一定值时，设它的“单位空间 S”个数 $i=1, 2, \cdots, n$，则系统信息量 $I(R)$的计算公式为

$$I(R) = \sum_{1}^{n} I(S) \tag{8.15}$$

第二，当系统空间 R 由公式(8.7)给出时，则系统信息量$I(R)$的计算公式为

$$I(R) = I(S) \times R = I(S)\iiint_{\Omega} f(x, y, z)\mathrm{d}r \tag{8.16}$$

公式(8.15)与公式(8.16)的系统信息量 $I(R)$表示了保持系统空间 R 稳定性(解除不确定性)所需的系统信息量 $I(R)$，其单位为比特(bit)。

第三，对于一维的系统信息向量 $\boldsymbol{A}$、系统信息向量 $\boldsymbol{B}$、系统信息向量 $\boldsymbol{C}$，系统向量 $\boldsymbol{A}$、$\boldsymbol{B}$、$\boldsymbol{C}$ 由公式(8.8)至公式(8.10)给出，则系统信息量 $I(\boldsymbol{A})$、$I(\boldsymbol{B})$、$I(\boldsymbol{C})$由公式(8. 14)给出。

方程组(8.14)的系统信息量 $I(\boldsymbol{A})$、$I(\boldsymbol{B})$、$I(\boldsymbol{C})$表示了保持系统信息向量 $\boldsymbol{A}$、系统信息向量 $\boldsymbol{B}$、系统信息向量 $\boldsymbol{C}$ 的稳定性(解除不确定性)所需的系统信息量 $I(\boldsymbol{A})$、$I(\boldsymbol{B})$、$I(\boldsymbol{C})$，其单位为比特(bit)。

(3) 空间信息特性

对于空间信息而言，其本质上与信息熵是相同的，都是信息量的表征。但是空间信息又有其特殊性，在信息熵特性的基础上择其扼要对空间信息特性表述如下：

① 空间信息非负性

如图 8.3 所示，因为单位信息量 $I(S)$的定义是一种概率消息，显然有 $0 < P < 1$，当取对数的底大于 1 时，$\log P_i < 0$，而$-P\log P_i > 0$，则由单位信息量 $I(S)$ 的 计算

公式(8.11)可知

$$I(S)=p(p_1, p_2, \cdots, p_n)=-\sum_{i=1}^{n} p_i \cdot \log_2 p_i \geqslant 0 \tag{8.17}$$

在空间城市系统实际中,空间信息非负性可以理解为信息无处不在、无时不在、无事不在,空间信息是空间城市系统的基本构成元素,没有了空间信息则空间城市系统本身也就不存在了。

② 空间信息最大化

1957年,杰恩恩(E.T.Jaynes)证明了"最大信息熵原理",亦称"最大信息原理"。我们可以简要表述为"一个非平衡系统的信息量在一组约束条件下趋于约束极大值。它是非平衡系统普遍遵循的一个基本规律,最大信息原理适用于很多领域"①。同样,空间信息遵循"最大信息原理",在特定约束条件下有空间信息量极大值,即最大信息量,表示为 I_{max}。空间最大信息量 I_{max} 意味着空间城市系统的信息要素最大化。空间信息量最大化是空间城市系统分岔的基本条件。

③ 空间信息加和性

由"信息论"一般性知识可知,"信息量具有可加性,即设 A、B 为两个独立发生的可能消息,则联合消息 AB(A 与 B 同时发生)的自信息满足:$I(AB)=I(A)+I(B)$"②。由前述内容可知,空间信息的原始定义严格遵守了"信息论"的定义准则,因此空间信息量必然遵循"信息论"加和性的普遍规律,即空间信息加和性成立。空间信息加和性为空间城市系统信息量的定量化计算提供了有力的理论根据。

④ "信息冗余"与"信息效率"

第一,在特定空间中,我们将有用信息称之为空间"效益信息 BI",除"效益信息 BI"之外的信息我们定义为空间"冗余信息 RI",并以"信息冗余度 γ"对空间"冗余信息 RI"进行标度,以 BI 表示空间"效益信息",以 I_{max} 表示空间最大信息量,则有

$$\gamma=1-\frac{BI}{I_{max}} \text{③} \tag{8.18}$$

在公式(8.18)中有 $0 \leqslant \gamma \leqslant 1$,空间"信息冗余度 γ"说明了空间信息有效性的高低,"信息冗余度 γ"小说明空间信息有效性高,"信息冗余度 γ"大说明空间信息有效性低。

第二,在特定空间中,存在"效益信息 BI"与"冗余信息 RI",则空间"信息效率 η"信息的表达式为

$$\eta=\frac{BI}{BI+RI} \tag{8.19}$$

① 参见:晋宏营.最大信息原理、能量及选择约束在基因剪接位点预测分析中应用的研究[D].呼和浩特:内蒙古大学,2009。

② 参见:许国志.系统科学[M].上海:上海教育出版社,2000:344。

③ 同②346。

空间“信息效率 η”说明了“效益信息 BI”在空间信息整体中所占的比率，“信息效率 η”越高说明信息利用越好，“信息效率 η”越低说明信息利用越差，空间“信息效率 η”与空间“信息冗余度 γ”成反比关系。

第三，空间“信息冗余度 γ”与“信息效率 η”的定义为空间城市系统信息问题提供了方法论工具，空间城市系统“信息效率 η”越高、“信息冗余度 γ”越低，则空间城市系统稳定性越好，反之则空间城市系统稳定性越差。我们可以根据空间城市系统“信息冗余度 γ”与“信息效率 η”的情况，判断空间城市系统演化的信息动力情况。

⑤ 空间信息基本概念说明

“空间信息方法”[①]是空间城市系统信息研究的主要方法，信息量、信息流、信息熵、熵、负熵基本概念以及它们之间的关系必须梳理清楚，否则极易引起概念歧义，导致逻辑混乱，在“空间信息方法”学理框架中，我们做如下表述：

第一，信息量与信息熵。

系统“信息量 $I(R)$”是空间城市系统信息的保有数量，它表征了空间城市系统稳定性的程度，即系统不确定性消除的程度，在本质上空间城市系统“信息量”等于“信息熵”。对于空间城市系统而言，信息量等于信息流在空间城市系统中的存量，信息量是空间城市系统演化的主要动因，它是构成空间城市系统“负熵”的主要组成部分，而与空间城市系统“状态熵”是相反概念。

“信息熵”是香农“信道信息方法”对“信息量”的表述，为了避免“信息熵”与空间城市系统“状态熵”“负熵”之间引起的歧义性，导致逻辑混乱，在“空间信息方法”理论体系中，我们扬弃“信息熵”的使用，代之以“信息量”概念。

第二，信息流。

“信息流 IF”是指一定时间之内空间城市系统信息的流量，信息流、物质流、能量流构成空间城市系统的基本空间流，空间城市系统“信息流 IF”的存量形成了系统的“信息量 $I(R)$”，即有

$$I(R) = \text{系统后 } IF - \text{系统前 } IF \tag{8.20}$$

公式(8.20)表示，通过对空间城市系统“信息流 IF”的测定，可以用来获得空间城市系统“信息量 $I(R)$”的数量，在实际应用中具有重要价值。由于信息流的即时性消除了地理空间隔离，对于空间城市系统联结而言，“信息流 IF”是关键的定性与定量数据。因此，对空间城市系统“信息流 IF”的测量具有特别重要的意义。

第三，熵与负熵。

“状态熵”是空间城市系统无序程度的标度，对于空间城市系统演化，“状态熵”与“信息量”两个概念呈相反作用，即“状态熵”与“信息熵”是相反的概念。这就是“空间信息方法”采用“信息量”概念代替“信息熵”概念的原因，避免由于“熵”概念的滥用所导致的语意逻辑混乱。

① 空间信息方法适用于一般系统，空间信息技术也适用于一般系统。

“负熵”是“状态熵”的反向概念,“负熵”表征了空间城市系统的有序,空间物质流、空间信息流、空间能量流构成了空间城市系统的“负熵流”。对于系统而言,“负熵”功能上等同于“信息熵”(即信息量),因此我们扬弃“信息熵”名称以避免歧义混乱。

8.1.3 空间城市系统信息分类

1)空间城市系统信息分类方法

根据一般信息论的本体论原理,“广义上对于一个系统 R 的信息是引起系统 R 里变化的能力”①,“本质上,我们能看到本体论原理涵盖了全部信息类型”②。马克・布尔金定义了一般性的“信息逻辑系统”方法,对信息类型进行分类,“在一般情况里,我们能取 R 的一个信息逻辑系统 $IF(R)$ 作为 R 的子系统,通过采用不同的信息逻辑系统可以区分不同的信息类型”③。他在一般系统论的“相对化变换原理”中定义,“对于一个系统 R,涉及信息逻辑系统 $IF(R)$ 的信息是在系统 $IF(R)$ 里引起变化的能力”④。

“信息逻辑系统”方法的意义在于,“确定信息逻辑系统 $IF(R)$ 的选择,使得人们在不同的实现层次和论域反映信息概念,并区别信息的自然科学含义和社会科学与人文科学的信息概念。在系统 R 里一个明确的信息逻辑系统 $IF(R)$ 的选择允许一个研究者、哲学家或实践者找出信息概念的一个解释,这个解释最好符合这个研究者、哲学家或实践者的目标、问题和任务。被选择的信息逻辑系统 $IF(R)$ 起到一个信息存储器的作用,它有一个明确的类型,并作为信息接收、变换和作用的指示器”⑤。

根据“信息逻辑系统”方法,我们对空间城市系统信息大类划分为:第一类,空间城市系统状态信息,包括空间城市系统集聚信息、空间城市系统扩散信息、空间城市系统联结信息。第二类,空间城市系统环境信息,包括空间城市系统地理环境信息、空间城市系统人文环境信息、空间城市系统经济环境信息。第三类,空间城市系统乘积信息。我们定义“空间城市系统状态信息”与“空间城市系统环境信息”构成的信息集合为空间城市系统乘积信息。第四类,空间城市系统主体信息,包括空间城市系统动因信息系统、空间城市系统演化信息系统、空间城市系统控制信息系统。

通过对空间城市系统信息逻辑系统的分类,我们得以区分“每种信息逻辑系统类型决定的一种特殊的信息”⑥,从而认识空间城市系统信息的整体和还原部分。对空间城市系统信息逻辑系统的研究,就形成了空间城市系统信息理论的主要内容,如空间城市系统动因信息系统原理、空间城市系统演化信息系统原理、空间城市系统控制

---

① 参见:马克・布尔金.信息论:本质・多样性・统一[M].王恒君,嵇立安,王宏勇,译.北京:知识产权出版社,2015:58。

② 同①60。

③ 同①62。

④ 同①61。

⑤ 同①63。

⑥ 同①64。

信息系统原理，它们揭示了信息对空间城市系统的作用规律。

2）空间城市系统状态信息

（1）空间状态信息概念

所谓空间城市系统“空间状态信息”，是指描述空间城市系统状况、态势、特征的信息体系，“空间状态信息”由状态信息变量来表征，包括空间集聚信息变量、空间扩散信息变量、空间联结信息变量，它们遵循“客观性、完备性、独立性”[①]的要求。以状态信息变量所张成的空间为“状态信息空间”，空间城市系统状态信息空间的维数 $n=3$。状态信息、状态物质、状态能量是表征空间城市系统状态的三个基础要素。

（2）空间集聚信息概念

所谓空间城市系统“空间集聚信息”，是指向特定的空间载体如城市空间，向心集中的空间信息要素。“空间集聚信息”是空间城市系统产生与发展的基本前提条件，集聚信息变量表征了空间城市系统演化的基本情况，“空间集聚信息”最大化导致空间城市系统分岔产生。信息集聚、物质集聚、能量集聚是空间城市系统必备的基础，信息集聚是空间城市系统中心城市首要的功能，信息集聚效应决定着空间城市系统其他要素的空间集聚，具有序参量作用。“空间集聚信息”是认知空间城市系统及其演化规律的主体空间信息要素。

（3）空间扩散信息概念

所谓空间城市系统“空间扩散信息”，是指从空间城市系统信息中心向系统其他空间传播出去的空间信息要素，信息扩散具有地理消除性、即时性、网络性等特征，是一个快速发展的信息研究领域。信息扩散与信息集聚是相反的两个信息概念。“空间扩散信息”是空间城市系统空间形态与空间结构形成的基础性条件，扩散信息变量表征了空间城市系统演化的基本情况，是空间城市系统演化信息机理分析不可或缺的组成部分。“空间扩散信息”是认知空间城市系统及其演化规律的主体空间信息要素。

（4）空间联结信息概念

所谓空间城市系统“空间联结信息”，是指将空间城市系统不同城市联系起来的空间信息要素，“空间联结信息”导致了空间城市系统网络结构的形成，决定着空间城市系统整体涌现性的产生。空间联结信息变量表征了空间城市系统演化的基本情况，是空间城市系统特有的“空间信息变量”种类，因此对联结信息变量演化机理的研究具有十分重要的意义。“空间联结信息”是认知空间城市系统及其演化规律的主体空间信息要素。

（5）空间城市系统状态信息空间

如图 8.4 所示，我们定义由集聚信息变量 x、扩散信息变量 y、联结信息变量 z 为坐标，它们所张成的信息空间被称为空间城市系统状态信息空间，它的空间维数 $n=3$，具有几何意义，可以做直观空间表述。状态信息空间是一种信息集合虚拟数学空

① 参见：苗东升.系统科学精要[M].3 版.北京：中国人民大学出版社，2010：76。

间。在状态信息空间的基础上，我们可以得到空间维数 $n=2$、$n=1$ 的各种状态信息空间，如集聚信息空间、扩散信息空间、联结信息空间。

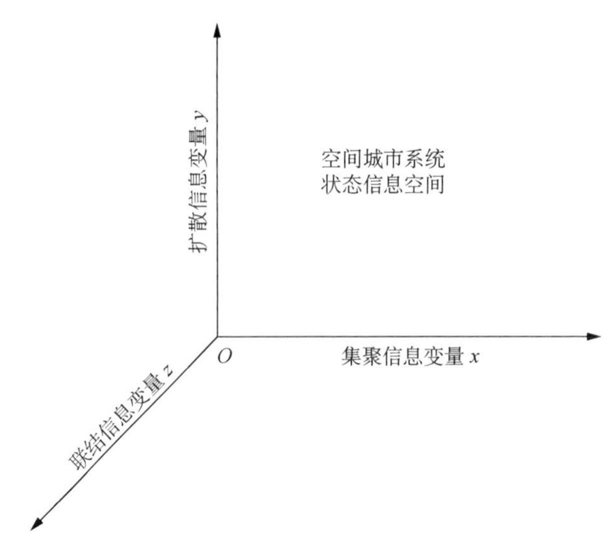

图 8.4　空间城市系统状态信息空间

空间城市系统演化的平衡态信息机理、近平衡态信息机理、近耗散态信息机理、分岔信息机理、耗散结构信息机理，在空间城市系统状态信息空间中得以表征，空间城市系统演化信息函数在状态信息空间中得以体现，可以对空间城市系统演化的集聚信息机理、扩散信息机理、联结信息机理进行研究，因此“状态信息空间”是研究空间城市系统演化信息机理的基础性数学工具。

3）空间城市系统环境信息

(1) 环境信息概念

所谓空间城市系统“环境信息”，是指与空间城市系统有联系的外部空间信息体系。“环境信息”对空间城市系统具有外部规定性，它形塑着空间城市系统主体，影响着空间城市系统演化，是导致空间城市系统整体涌现性产生的重要因素。空间城市系统“环境信息”包括地理环境信息、人文环境信息、经济环境信息，它具有弱系统性、信息量大、离散程度高、信息种类多等特性，涵盖了自然、社会、人文等诸多领域。

(2) 地理环境信息概念

所谓空间城市系统“地理环境信息”，是指构成空间城市系统地理基质的空间信息要素。“地理环境信息”是空间城市系统环境超系统的重要组成部分，对空间城市系统生成与发展起到支撑作用。“地理环境信息”包括地理空间信息、地貌形态信息、纬向地带气候信息、技术发展信息等信息种类，具有数据信息、文字信息、图形信息、图像信息等信息表现形式，是认知空间城市系统及其演化规律的基础空间信息要素。

(3) 人文环境信息概念

所谓空间城市系统“人文环境信息”，是指空间城市系统政治、文化、社会、人口、语言、宗教等方面的空间信息要素。“人文环境信息”是空间城市系统环境超系统的重要组成部分，是空间城市系统主体生成与发展的最紧密关联条件，甚至是构成空间城市系统本身的要素。“人—物系统”是空间城市系统的本质，人居于领导地位，而人文是人类文化的先进与核心部分，因此“人文环境信息”是认知空间城市系统及其演化规律的基础空间信息要素。

(4) 经济环境信息概念

所谓空间城市系统“经济环境信息”，是指空间城市系统物质、财富、产业等方面的空间信息要素。“经济环境信息”为空间城市系统的生成与发展提供了物质化的前提条件，甚至是构成空间城市系统本身的要素。空间城市系统“经济环境信息”有其特殊要求，如高端服务业、经济关联度、基本功能与非基本功能等指标。“经济环境信息”是认知空间城市系统及其演化规律的基础空间信息要素。

(5) 空间城市系统环境信息空间

如图 8.5 所示，我们定义由地理环境信息变量 x、人文环境信息变量 y、经济环境信息变量 z 为坐标，其所张成的信息空间被称为空间城市系统环境信息空间，它的空间维数 $m=3$，具有几何意义，可以做直观空间表述。环境信息空间是一种信息集合虚拟数学空间。在环境信息空间的基础上，我们可以得到空间维数 $m=2$、$m=1$ 的各种环境信息空间，如地理环境信息空间、人文环境信息空间、经济环境信息空间。

空间城市系统演化的外部信息机理，平衡态外部信息机理——近平衡态外部信息机理、近耗散态外部信息机理、分岔外部信息机理、耗散结构外部信息机理，在空间城市系统环境空间中得以表征。空间城市系统演化状态的外部信息机理，只能在环境信息空间中才能表征，因此环境信息空间是研究空间城市系统演化外部信息机理的基础性数学工具。

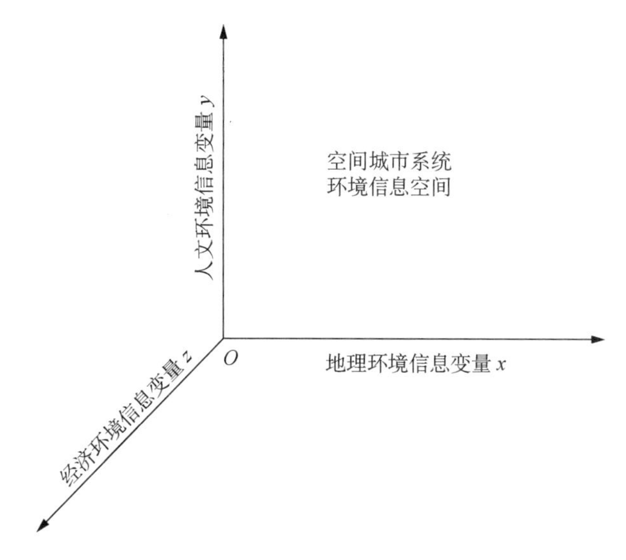

图 8.5　空间城市系统环境信息空间

4）空间城市系统乘积信息

（1）乘积信息概念

所谓空间城市系统“乘积信息”，是指由空间城市系统“状态信息”与“环境信息”所组成的空间信息体系，“乘积信息”从整体的、多维度、全面的角度对空间城市系统进行描述。当我们将“状态信息”作为一个维度、“环境信息”作为一个维度，则空间城市系统信息乘积空间就简化成两维空间，大大简化了空间城市系统信息问题的复杂程度。因此“乘积信息”是我们研究空间城市系统信息问题的有效工具，是认知空间城市系统及其演化规律的整体性空间信息集合体系。

（2）空间城市系统乘积信息空间

我们定义：由空间城市系统“状态空间”与“环境空间”所构成的信息空间，被称为空间城市系统乘积信息空间。空间城市系统乘积信息空间的维数是 $n \times m = 3 \times 3 = 9$，乘积信息空间没有几何意义，不能做直观空间表述，只能做数学集合表述，即

乘积空间信息集合＝状态空间信息集合 × 环境空间信息集合＝{集聚信息，扩散信息，联结信息，地理环境信息，人文环境信息，经济环境信息}　　(8.21)

空间城市系统演化全部空间信息要素的作用情况，可以在空间城市系统乘积信息空间中进行表征，设空间城市系统乘积信息空间向量为 $\boldsymbol{P}$，状态信息空间向量为 $\boldsymbol{S}$；集聚信息变量为 x，扩散信息变量为 y，联结信息变量为 z；环境信息空间向量为 $\boldsymbol{E}$；地理环境信息变量为 $\boldsymbol{X}$，人文环境信息变量为 $\boldsymbol{Y}$、经济环境信息变量为 $\boldsymbol{Z}$。则空间城市系统乘积信息空间向量表达公式为

$$\boldsymbol{P} = \boldsymbol{S} \times \boldsymbol{E} = \begin{bmatrix} x \\ y \\ z \end{bmatrix} \times \begin{bmatrix} X \\ Y \\ Z \end{bmatrix} \tag{8.22}$$

空间城市系统乘积信息空间，为我们从整体的、多维度的、全面的空间信息角度研究空间城市系统演化的信息作用提供了工具。由于空间维度的多数化，计算机信息技术的应用成为乘积信息空间计算的必然选项。空间城市系统乘积信息空间方法，对于空间城市系统演化信息机理的整体把握具有十分重要的意义，因此乘积信息空间是研究空间城市系统演化全面信息机理的基础性数学工具。

5）空间城市系统主体信息

我们对空间城市系统主体信息的划分，依据“信息逻辑系统”方法的三项原则①：其一，信息逻辑成分原则。即信息逻辑系统所包含知识体系的逻辑成分，如动因逻辑成分、演化逻辑成分、控制逻辑成分。其二，信息的知识包含原则。任何信息逻辑系统都包含着一定的知识体系，如动因知识体系、演化知识体系、控制知识体系。其三，信

① 参见：马克・布尔金.信息论：本质・多样性・统一[M].王恒君，嵇立安，王宏勇，译.北京：知识产权出版社，2015：66-67。

息的变化能力原则。每个信息逻辑系统都具有特定的引起系统变化的能力，如引起系统动力变化的能力、引起系统演化变化的能力、引起系统控制变化的能力。

根据上述“信息逻辑系统”方法三项原则，我们将空间城市系统主体信息分为三类：第一，空间城市系统动因信息逻辑系统（以下称动因信息系统 A），包括动因信息系统、动因信息单元、动因信息因子三个结构层次。第二，空间城市系统演化信息系统（以下称演化信息系统 E），包括演化信息系统、演化信息单元、演化信息因子三个结构层次。第三，空间城市系统控制信息系统（以下称控制信息系统 C），包括控制信息系统、控制信息单元、控制信息因子三个结构层次。

空间城市系统主体信息划分为动因信息系统 A、演化信息系统 E、控制信息系统 C，使我们构建了空间城市系统信息研究的基本框架，让我们能够对空间城市系统信息机理进行分类研究，即动因信息机理研究、演化信息机理研究、控制信息机理研究，从而揭示空间城市系统演化的信息规律，建立起空间城市系统信息理论。

如图 8.6 所示，空间城市系统动因信息系统、演化信息系统、控制信息系统涵盖了空间城市系统最关键的三个方面，因此称之为“空间城市系统主体信息”。通过“空间城市系统主体信息”研究，就可以揭示空间城市系统的信息规律。

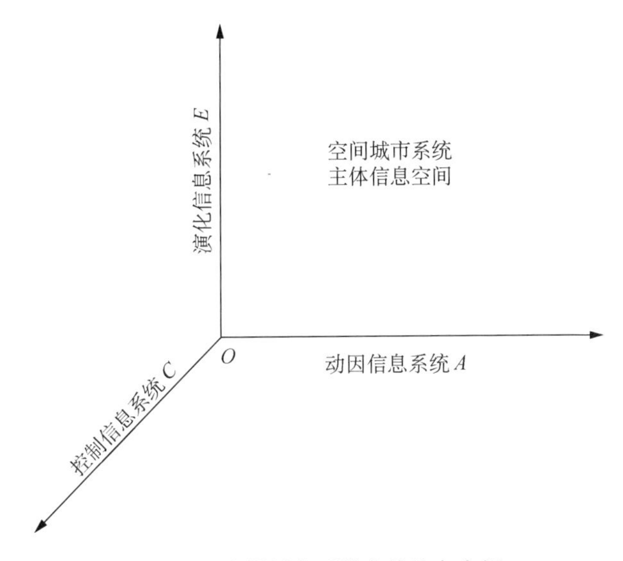

图 8.6　空间城市系统主体信息空间

8.1.4　空间城市系统信息技术 ①

1）空间城市系统信息技术概要

（1）信息技术概念

信息技术是信息科学的重要组成部分，信息技术是人们管理、加工、应用信息的技术总称。“信息技术的发展十分迅速，信息处理器和网络的性能每十八个月翻倍，不同

① 空间城市系统信息技术适用于一般系统，但要遵循“空间信息方法”与“空间信息技术”的界定规范。

领域和学科都在讨论信息的技术方面。”[①]。因此，在空间城市系统信息理论中，空间城市系统信息技术具有不可或缺的基础性学理地位。

信息技术分为硬件信息技术与软件信息技术，前者指各种信息设备及其功能，后者指信息知识、信息机理、信息方法等内容。信息技术使信息理论得以实现其应用价值，扩展了人类自身的信息功能，使人类实现了对物质、信息、能量三种基本元素的全面控制、处理与应用，促进了人类文明的进步。空间城市系统信息技术是信息技术在人居空间领域的分支，是信息技术的创新，具有十分重要的理论与实践意义。

（2）空间信息技术学理说明

空间城市系统信息技术（亦称空间信息技术），是空间城市系统信息基本原理在空间城市系统中的实际应用，空间城市系统信息技术具有完整的概念体系、机理体系、原理体系，空间城市系统信息基本原理与空间城市系统信息技术共同构成了空间城市系统信息理论。

空间城市系统信息基本原理是一种创新的信息理论，空间城市系统信息技术是建立在空间城市系统信息基本原理之上的，因此空间城市系统信息技术是一种创新的信息技术。空间城市系统的动因信息原理、演化信息原理、控制信息原理是空间城市系统信息技术的重要创新，对于一般系统的信息研究具有普遍性意义。

（3）空间信息技术内容简介

空间城市系统信息技术主要包括四个方面的内容：第一，空间城市系统主体信息技术，这是空间信息技术的核心，将在后续内容给予重点论述。第二，空间城市系统脑信息技术，这是空间信息技术的基础，在本书多处均有所论述。第三，空间城市系统计算机信息技术，它是一种通用型计算机信息技术，本书只做命题性介绍。第四，空间城市系统信息网络技术，它是多种通用型信息网络技术，本书只做命题性介绍。

空间城市系统信息技术分为系统硬件信息技术和系统软件信息技术。前者是指物化的信息技术，例如计算机设备等，属于专业研究领域。后者是指非物化的信息技术，例如包括信息系统、信息单元、信息因子的信息层次理论，将在后续内容给予重点论述。

2）空间城市系统主体信息技术[②]

空间城市系统主体信息技术是关于空间城市系统信息研究的核心，是解决空间城市系统信息问题的主要理论与方法，空间信息技术为空间城市系统信息领域奠定了基础。空间城市系统主体信息技术主要分为三大类，即空间城市系统动因信息技术、空间城市系统演化信息技术、空间城市系统控制信息技术，它们涵盖了空间城市系统最

① 参见：马克·布尔金.信息论：本质·多样性·统一[M].王恒君，嵇立安，王宏勇，译.北京：知识产权出版社，2015：24。

② “系统主体信息技术”是处理系统信息问题的通用方法，是指找出影响系统的主要信息如系统动因信息、系统演化信息、系统控制信息，以及系统结构信息、系统功能信息、系统环境信息等，进而建立分层的信息系统、信息单元、信息因子，构建相应的“系统信息技术理论与方法”。

关键的三个方面。

（1）空间城市系统动因信息技术

空间城市系统动因信息技术是关于空间城市系统产生与发展动力的信息原理与信息方法，主要包括空间城市系统信息的接收、过滤、加工、存储、决策、执行、测量、反馈、优化、评价各个环节的信息技术。空间城市系统动因信息技术包括动因信息系统、动因信息单元、动因信息因子三个层次，对空间城市系统动力方面的信息数据、信息图像、信息文字等信息资料进行研究与处理。动因信息技术揭示了空间城市系统信息动因的一般性规律，为构建空间城市系统产生与发展的信息动力机制奠定了理论与方法论基础。

（2）空间城市系统演化信息技术

空间城市系统演化信息技术是关于空间城市系统演化的信息原理与信息方法，它从信息角度表现了空间城市系统演化的状态、结构与阶段情况。系统演化信息技术揭示了空间城市系统演化状态信息机理，包括平衡态信息机理、近平衡态信息机理、近耗散态信息机理、分岔信息机理、耗散结构信息机理。空间城市系统演化信息技术包括演化信息系统、演化信息单元、演化信息因子三个层次，对空间城市系统演化方面的信息数据、信息图像、信息文字等信息资料进行研究与处理。空间城市系统演化信息技术从空间集聚信息、空间扩散信息、空间联结信息、地理环境信息、人文环境信息、经济环境信息六个维度阐述了空间城市系统演化的基本信息规律。系统演化信息技术揭示了空间城市系统演化信息的一般性规律，为把握空间城市系统演化的普遍信息规律奠定了理论与方法论基础。

（3）空间城市系统控制信息技术

空间城市系统控制信息技术是关于空间城市系统控制的信息原理与信息方法，它反映了空间城市系统控制信息的基本情况。空间城市系统控制信息技术揭示了空间城市系统控制信息机理，包括平衡态控制信息机理、近平衡态控制信息机理、近耗散态控制信息机理、分岔控制信息机理、耗散结构控制信息机理。空间城市系统控制信息技术包括控制信息系统、控制信息单元、控制信息因子三个层次，对空间城市系统控制方面的信息数据、信息图像、信息文字等信息资料进行研究与处理。系统控制信息结构分为信息受控结构、信息控制结构、信息控制链结构，并由它们组成信息控制反馈回路，对空间城市系统进行信息控制。空间城市系统控制信息技术对于一般系统也具有普遍适用性，因此具有十分重要的一般性信息技术意义。

3）空间城市系统脑信息技术

空间城市系统脑信息技术是空间城市系统信息技术的序参量信息技术。人是空间城市系统的核心，空间城市系统脑是人脑的扩展，空间城市系统脑信息技术就是人脑信息功能的扩展，是一种人类智能信息技术[①]。空间城市系统脑信息技术包括专业

① “人类智能”是以人类知识搜索、知识学习、知识应用，辅助以组织智能和机器智能的概念，与“人工智能”有一定差异，它更注重人的能动作用，注重人对知识的认知与使用。

人脑信息技术、组织脑信息技术、机器脑信息技术三个组成部分,在“第 7 章 空间城市系统控制理论”中有空间城市系统脑机理的详细论述。

空间城市系统脑信息技术是“人脑信息技术”“计算机信息技术”“组织信息技术”相结合的产物,它涉及生命科学、认知心理学、组织学、计算机科学、人工智能、专家系统等学科。如图 8.7 所示,空间城市系统脑与大数据技术的结合是空间城市系统脑信息技术的显著特征,空间城市系统脑通过输入、认知、联想、整合、协调、容错、分流、过滤、输出过程,对空间城市系统大数据信息进行加工处理。

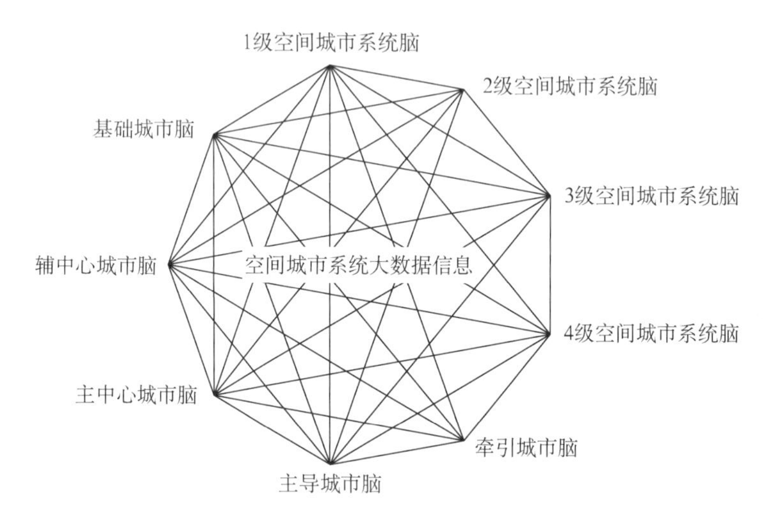

图 8.7 空间城市系统脑大数据信息处理

空间城市系统脑在空间城市系统中占据序参量核心地位,空间城市系统脑信息技术是空间城市系统信息技术的统领信息技术。空间城市系统的动因信息系统、演化信息系统、控制信息系统,都是围绕空间城市系统脑展开的。空间城市系统平衡态信息机理、近平衡态信息机理、近耗散态信息机理、分岔信息机理、耗散结构信息机理,都是围绕空间城市系统脑展开的。因此,空间城市系统脑始终处于空间城市系统信息问题的中心地位,相对于空间城市系统其他信息技术,空间城市系统脑信息技术具有役使功能。

4)空间城市系统计算机信息技术

计算机是空间城市系统信息技术的核心硬件,“计算机信息技术”是指基于计算机应用的空间城市系统信息技术,包括计算机硬件设备和信息软件管理两个部分。空间城市系统脑信息技术包括人脑信息技术、计算机信息技术、组织信息技术三个组成部分,其中计算机信息技术是核心的硬件基础。如图 8.7 所示,计算机是空间城市系统脑大数据信息处理的主要硬件设备。如图 8.8 所示,空间城市系统计算机信息中心,是任何空间城市系统与中心城市必须具备的序参量信息管理、控制、决策部门。物质、信息、能量是空间城市系统的基础元素,“计算机信息技术”是处理“信息”元素的核心手段,从而获得了在空间城市系统的基础性地位。

图 8.8　空间城市系统计算机信息中心

（源自：中国“天河一号”巨型计算机）

空间城市系统信息的接收、过滤、加工、存储、决策、执行、测量、反馈、优化、评价各个环节，都是计算机信息技术的应用；空间城市系统的动因信息系统、演化信息系统、控制信息系统分类，以及信息系统、信息单元、信息因子分层，都是基于计算机信息技术基础之上的；空间城市系统演化信息机理分析，即平衡态信息、近平衡态信息、近耗散态信息、分岔信息、耗散结构信息，都是以计算机信息技术为基础工具的；空间城市系统状态的空间集聚信息、空间扩散信息、空间联结信息、地理环境信息、人文环境信息、经济环境信息六个基本维度，都是借助计算机信息技术进行处理的。由此可见，计算机信息技术涉及空间城市系统信息问题的全部内容和全部过程，它是空间城市系统信息技术的基础。

“计算机信息技术”本身属于计算机科学专业领域，概略分为计算机系统技术、计算机器件技术、计算机部件技术、计算机组装技术等专项计算机技术方面。计算机技术是一个发展十分迅速的专业领域，是一个内容十分广泛的专业领域，超出了本书的研究范畴。因此，我们在本书中不进行专门论述。

5）空间城市系统信息网络技术

空间城市系统信息网络技术是指通过既有“空间信息网络”对空间城市系统进行信息作用的空间信息技术，例如手机终端网、互联网、广播电视网等。现代世界“空间信息网络”已经遍布全球的国家、城市、个人，实现了对“空间城市系统网络”结点、通道、域面的完全覆盖，如图 8.9 所示。空间城市系统信息的接收、过滤、加工、存储、决策、执行、测量、反馈、优化、评价各个环节都离不开空间城市系统信息网络技术（图 8.10），空间城市系统的演化过程完全是在“空间信息网络”之中进行的，包括空间城市系统的平衡态演化、近平衡态演化、近耗散态演化、分岔演化、耗散结构演化，因此空间城市系统信息网络技术是空间城市系统信息技术的基础。

空间城市系统信息网络技术影响到空间城市系统政治、经济、社会、文化、生态的全部方面，覆盖空间城市系统信息系统、信息单元、信息因子的全部层级，涉及空间城

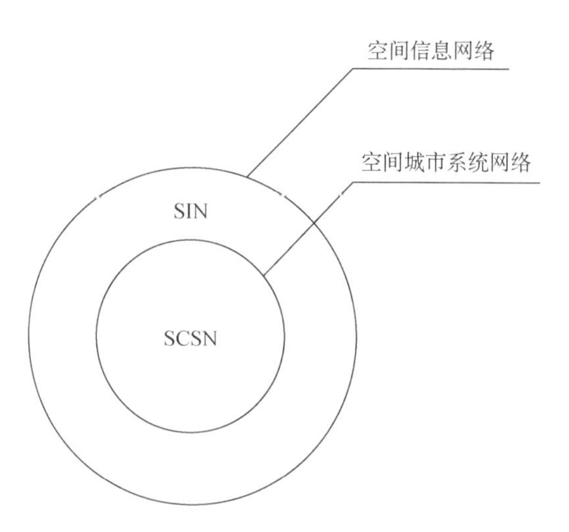

图 8.9　空间信息网络对空间城市系统覆盖

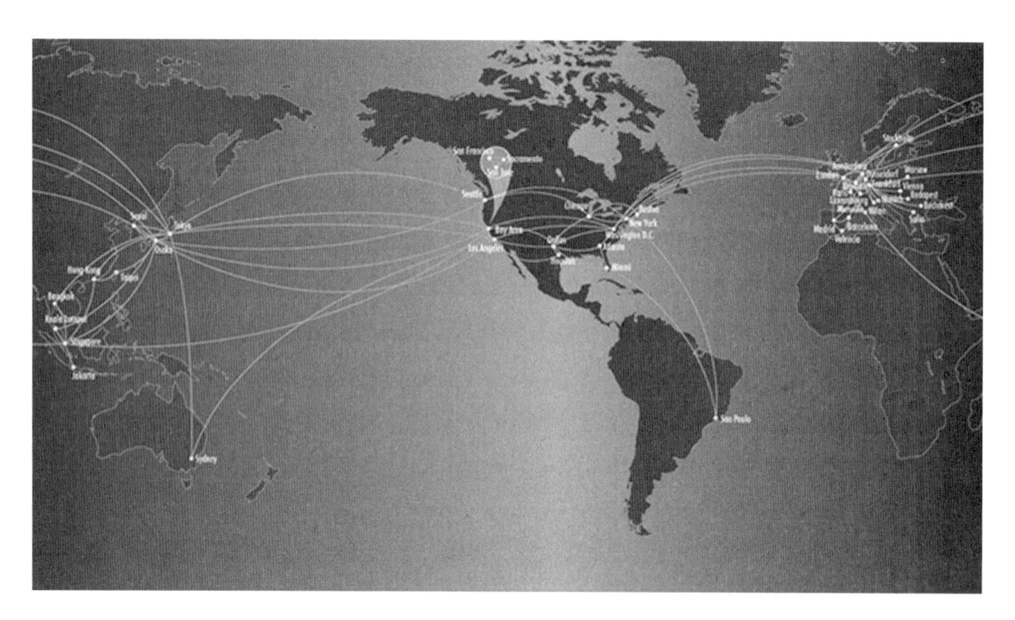

图 8.10　世界空间信息网络示意

（源自：http://www.ntt.net/english/about/network_map.cfm）

市系统的个人、城市、子系统全部物体，因此空间城市系统信息网络技术已经成为空间城市系统产生与发展不可或缺的基础性信息技术。空间城市系统信息网络技术渗透、制约、役使着空间城市系统物质、信息、能量基本元素，因此它又具有空间城市系统信息序参量地位。“当代信息技术的创造是人类进化史上最重要的革命，工业时代让位于信息时代，信息技术现在对人们来说如此重要，像我们呼吸空气一样。”

“空间信息网络技术”本身属于网络科学领域，如互联网、卫星通信网、广播电视网等，它是一个发展十分迅速的专业领域，是一个内容十分广泛的专业领域，超出了空间城市系统信息理论研究的范畴，因此我们在本书中不进行专门论述。

8.2 空间城市系统动因信息原理

8.2.1 动因信息系统定义

1）动因信息系统概念

空间城市系统"动因信息逻辑系统"（简称动因信息系统），是空间城市系统主体信息的核心种类，是空间城市系统产生与发展的核心动力，是引起空间城市系统变化的核心能力。空间城市系统"动因信息系统"由以下三个成分构成①：

第一，物质成分，是指空间城市系统动力作用的物理机构，包括"接收过滤、加工存储、决策执行、测量反馈、优化评价"机构。

第二，符号成分，是指通过动因物理机构所实现的动因信息系统的符号成分，如空间城市系统 *R*；动因信息系统 *IA*（*S*）；信息接收过滤单元 *IRFU*、信息加工存储单元 *IMSU*、信息决策执行单元 *IPIU*、信息测量反馈单元 *IMFU*、信息优化评价单元 *IOEU*；信息接收因子 *IRF*、信息过滤因子 *IFF*、信息加工因子 *IMAF*、信息存储因子 *ISF*、信息决策因子 *IPDF*、信息执行因子 *IIF*、信息测量因子 *IMF*、信息反馈因子 *IFBF*、信息优化因子 *IOF*、信息评价因子 *IEVF*。

第三，结构成分，是指动因信息系统的结构形式：一是动因信息系统分层结构，如动因信息系统、动因信息单元、动因信息因子。二是动因信息组分结构，如集聚动因信息、扩散动因信息、联结动因信息。

根据一般信息论的本体论原理②，"动因信息系统"的本质可以表述为，它是导致空间城市系统演化的原因，是推动空间城市系统发展的动力。

2）动因信息系统性质

空间城市系统"动因信息系统"特性主要体现在以下五个方面：

第一，基础性。物质、能量、信息是空间城市系统的基础元素，"动因信息系统"是空间城市系统主体信息的核心，因此成为空间城市系统不可或缺的基础性要件。

第二，主体性。动因信息是空间城市系统主体信息的主要组成部分，"动因信息系统"因此而获得它在空间城市系统信息中的主体性地位。

第三，动因性。动因信息是空间城市系统产生与发展的主要动力之一，因此"动因信息系统"在空间城市系统中具有动因性特征。

第四，层次性。动因信息可以分为动因信息系统、动因信息单元、动因信息因子三个层次，所以它具有层次性。

第五，组分性。动因信息可以分为集聚动因信息、扩散动因信息、联结动因信息三

① 参见：马克·布尔金.信息论：本质·多样性·统一[M].王恒君，嵇立安，王宏勇，译.北京：知识产权出版社，2015：64。

② 同①58-59。

个基本组分，所以它具有组分性。

3）动因信息系统符号表达

空间城市系统"动因信息系统"符号层次表达可以分为以下四个层次：

第一层次，空间城市系统 R。

第二层次，动因信息系统 $IA(S)$。

第三层次，动因信息单元 IAU，包括信息接收过滤单元 $IRFU$、信息加工存储单元 $IMSU$、信息决策执行单元 $IPIU$、信息测量反馈单元 $IMFU$、信息优化评价单元 $IOEU$。

第四层次，动因信息因子 IAF，包括信息接收因子 IRF、信息过滤因子 IFF、信息加工因子 $IMAF$、信息存储因子 ISF、信息决策因子 $IPDF$、信息执行因子 IIF、信息测量因子 IMF、信息反馈因子 $IFBF$、信息优化因子 IOF、信息评价因子 $IEVF$。

8.2.2 动因信息系统结构分析

1）动因信息系统结构组成

空间城市系统主体信息的动因信息系统结构成分包括动因信息系统、动因信息单元、动因信息因子，在特定的逻辑关系基础上，它们形成了"动因信息系统"。

如图 8.11 所示，所谓动因信息系统，是指由空间城市系统主体信息中动力类别的知识、语言、数据、公式、图像、思想等信息逻辑成分所组成的"动因信息逻辑系统"，它处于"动因信息系统" 的第一层次，统领着空间城市系统主体动因信息体系，反映了动因信息对空间城市系统产生与发展的作用。

如图 8.11 所示，所谓动因信息单元，是指由相关独立"动因因子"所构成的一种动因"公共因子"①，它处于"动因信息系统" 的第二层次，各个"动因信息单元"之间是正相交关系，各"动因信息单元"只能互相作用、互相影响、互相调节，不可能相互替代。

如图 8.11 所示，动因信息因子是"动因信息系统"不可再分的基元，它处于"动因信息系统" 的第三层次。"动因信息因子"具有独立性、基元性、可观测性、等值性、功能性、关联性特征。

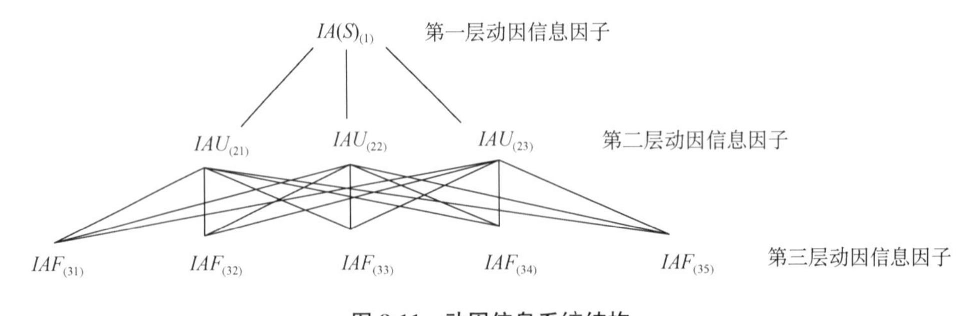

图 8.11 动因信息系统结构

① "公共因子"与"独立因子"都是因子分析数学方法中的基本概念，可参看因子分析方法。

动因信息结构逻辑关系，是构建动因信息系统的逻辑根据，影响着空间城市系统“动因信息系统”整体功能，决定着动因信息系统各组分之间的相互作用。

2）动因信息系统结构关系

（1）动因信息系统结构成分关系

① 动因信息结构成分

动因信息系统结构成分是指，同层次动因“信息逻辑成分”所包含的内容，它反映了该层次空间城市系统动因信息的全部内涵，信息成分集合构成了同层次信息结构，如图 8.11 所示，$IAU_{(21)}$、$IAU_{(22)}$、$IAU_{(23)}$形成了“动因信息单元”结构。$IAF_{(31)}$、$IAF_{(32)}$、$IAF_{(33)}$、$IAF_{(34)}$、$IAF_{(35)}$形成了“动因信息因子结构”。

② 动因信息结构关系

如图 8.11 所示，动因信息系统结构成分关系是指动因“信息逻辑成分”之间的关系，即 $IAU_{(21)}$、$IAU_{(22)}$、$IAU_{(23)}$之间，以及 $IAF_{(31)}$、$IAF_{(32)}$、$IAF_{(33)}$、$IAF_{(34)}$、$IAF_{(35)}$之间的关系。首先，“信息逻辑成分”形式的区别，是指对空间城市系统主体信息中动力类别的知识、语言、数据、公式、图像、思想等不同动因信息形式的区分，从而构建动因信息结构。其次，“认知信息”①，通过学习与经验两个途径，认知动因信息逻辑成分不同的本质特征，梳理动因信息结构关系。最后，动因“信息逻辑成分”之间是正相交关系，即它们之间是各自独立的，只能互相作用、互相影响、互相调节，不可能相互替代。

（2）动因信息系统结构层次关系

① “空间城市系统 R”与“信息系统”关系

空间城市系统 R 与其所属的动因信息系统 $IA(S)$、演化信息系统 $IE(S)$、控制信息系统 $IC(S)$之间的数理逻辑关系是集合与元素的关系，即有

$$R=\{IA(S),\ IE(S),\ IC(S)\} \tag{8.23}$$

② “动因信息系统”统领地位

如图 8.11 所示，动因信息系统 $IA(S)_{(1)}$居于统领地位，它包含着空间城市系统主体信息“动因信息”分类的全部内容，它拥有动因信息系统“整体涌现性”，决定着空间城市系统产生与发展的动因过程。

③ “动因信息系统”与“动因信息单元”关系

如图 8.11 所示，动因信息系统 $IA(S)_{(1)}$与其所属各个动因信息单元 $IAU_{(21)}$、$IAU_{(22)}$、$IAU_{(23)}$之间，是集合与元素的数理逻辑关系，即“动因信息系统”是“动因信息单元”的集合，而“动因信息单元”是“动因信息系统”的元素，逻辑关系公式表示为

$$IA(S)_{(1)}=\{IAU_{(21)},\ IAU_{(22)},\ IAU_{(23)}\} \tag{8.24}$$

① “认知信息”概念参见马克·布尔金.信息论：本质·多样性·统一[M].王恒君，嵇立安，王宏勇，译.北京：知识产权出版社，2015：66-67。

④ “动因信息单元”与“动因信息因子”关系

如图 8.11 所示，动因信息单元 $IAU_{(21)}$、$IAU_{(22)}$、$IAU_{(23)}$ 与其所属各个动因信息因子 $IAF_{(31)}$、$IAF_{(32)}$、$IAF_{(33)}$、$IAF_{(34)}$、$IAF_{(35)}$ 之间，是集合与元素的数理逻辑关系，即“动因信息单元”是“动因信息因子”的集合，而“动因信息因子”是“动因信息单元”的元素，逻辑关系公式分别表示为

$$IAU_{(21)} = \{IAF_{(31)}, IAF_{(32)}, IAF_{(33)}, IAF_{(34)}, IAF_{(35)}\} \tag{8.25}$$

$$IAU_{(22)} = \{IAF_{(31)}, IAF_{(32)}, IAF_{(33)}, IAF_{(34)}, IAF_{(35)}\} \tag{8.26}$$

$$IAU_{(23)} = \{IAF_{(31)}, IAF_{(32)}, IAF_{(33)}, IAF_{(34)}, IAF_{(35)}\} \tag{8.27}$$

⑤ 动因信息系统层次逻辑关系

将①、②、③、④逻辑关系项归纳得到结论：空间城市系统 R、动因信息系统 $IA(S)$、动因信息单元 IAU、动因信息因子 IAF 四个层次之间的数理逻辑关系是集合与元素的关系即有如下数理逻辑关系链公式成立：

$$IAF \in IAU \in IA(S) \in R \tag{8.28}$$

(3) 动因信息系统结构说明

上述动因信息系统结构分析是一般性表达，可以根据实际问题需要设置“动因信息单元”与“动因信息因子”的数量。在下述空间城市系统动因信息系统 $IA(S)$ 分析中，计有信息接收过滤单元 $IRFU$、信息加工存储单元 $IMSU$、信息决策执行单元 $IPIU$、信息测量反馈单元 $IMFU$、信息优化评价单元 $IOEU$ 5 个“动因信息单元”；计有信息接收因子 IRF、信息过滤因子 IFF、信息加工因子 $IMAF$、信息存储因子 ISF、信息决策因子 $IPDF$、信息执行因子 IIF、信息测量因子 IMF、信息反馈因子 $IFBF$、信息优化因子 IOF、信息评价因子 $IEVF$ 10 个“动因信息因子”。我们可以根据上述动因信息系统结构分析方法，进行结构组成与结构关系分析。

综上所述，动因信息系统结构关系说明了空间城市系统动因信息的构成框架，为我们认知空间城市系统动因信息规律、构建动因信息系统 $IA(S)$ 提供了方法，进而为空间城市系统动因信息机理分析奠定了基础。根据动因信息系统结构关系，我们就可以根据空间城市系统动因信息测量值，逐层建立“动因信息系统”“动因信息单元”“动因信息因子”，从而对空间城市系统主体动因信息进行研究。

8.2.3 动因信息系统机理分析

1) 动因信息系统维度

(1) 动因信息层次维度

如图 8.12 所示，空间城市系统动因信息层次维度包括动因信息系统维度、动因信息单元维度、动因信息因子维度，它代表着空间城市系统动因信息不同的层级，每一个动因信息层次维度统领着所属的动因信息成分维度，如动因信息因子 IAF 拥有自己

的集聚动因信息维度、扩散动因信息维度、联结动因信息维度。

(2) 动因信息成分维度

如图 8.12 所示，空间城市系统动因信息成分维度包括集聚动因信息维度、扩散动因信息维度、联结动因信息维度，它代表着空间城市系统空间集聚信息、空间扩散信息、空间联结信息三种基本的动因信息种类，每一个动因信息成分维度归属不同的动因信息层次维度，如动因信息系统 $IA(S)$属有的集聚动因信息维度、扩散动因信息维度、联结动因信息维度，再如动因信息单元 IAU 属有的集聚动因信息维度、扩散动因信息维度、联结动因信息维度。

(3) 动因信息维度关系

如图 8.12 所示，“动因信息层次维度”与“动因信息成分维度”是一种逻辑的属种关系，即动因信息系统维度、动因信息单元维度、动因信息因子维度是属概念，集聚动因信息、扩散动因信息、联结动因信息是种概念，“动因信息层次维度”与“动因信息成分维度”是一种逻辑包含关系。如图 8.12 所示，动因信息系统维度是一种数学维度，数学话语表述为：基于空间城市系统动因信息前提，描述动因信息系统所需要的维度 $n=6$。

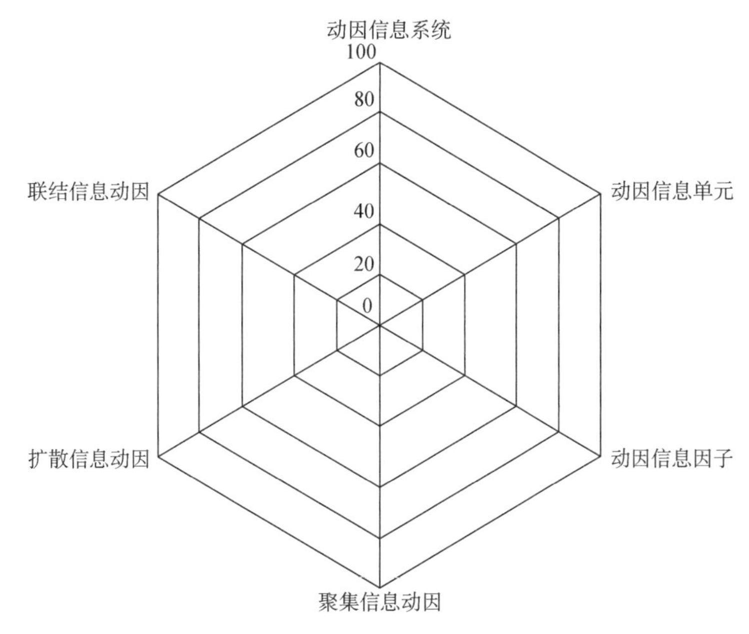

图 8.12 动因信息系统维度

2）动因信息作用机理

(1) 空间城市系统整体涌现性产生机理

由前述理论可知，空间城市系统 R 产生与发展的基本动力来自物质、能量、信息，而动因信息是空间城市系统主体信息的主要组成部分，动因信息系统 $IA(S)$包含了空间城市系统动因信息的全部内容。因此，所谓空间城市系统 R 的信息动力，就是动因信息系统 $IA(S)$对空间城市系统 R 的作用。如图 8.13 所示，动因信息系统

$IA(S)$作为空间城市系统 R 的动力子系统，其系统表达公式为

$$IA(S) \subset R \tag{8.29}$$

上式表示动因信息系统 $IA(S)$是空间城市系统 R 的系统，根据系统整体涌现性定义[①]，空间城市系统 R 的整体涌现性是由动因信息子系统 $IA(S)$等组成部分决定的。因此，如图 8.13 所示，动因信息系统 $IA(S)$通过 5 个动因信息单元 IAU 环节，10 个动因信息因子 IAF 基元，对空间城市系统 R 产生作用，使之产生空间城市系统整体涌现性的信息动因部分。

如图 8.13 与图 8.14 所示的动因信息系统 $IA(S)$，反映了空间城市系统 R 的动因信息自组织规律，是空间城市系统 R 基础性与前提性的结构组织，它具有很强的实际应用价值。因此，我们必须在空间城市系统的“空间规划”与“空间治理”中，规划、建设、运行动因信息系统 $IA(S)$，以确保动因信息对空间城市系统的动力供给。

(2) 动因信息叠加效应

图 8.13 为空间城市系统所构建的动因信息系统 $IA(S)$，在该机构的作用下，在动因信息系统线性回路中[②]，动因信息有规则的定向运动形成了“动因信息流”[③]。在动因信息系统 $IA(S)$中为“总体动因信息流”，在每一个动因信息单元 IAU、动因信息因子 IAF 中为“分支动因信息流”。

流体力学的“势流线性叠加原理”说明：“几个简单有势流动叠加得到的新的有势流动，其速度势和流函数分别等于原有几个有势流动的速度势和流函数的代数和，速度分量为原有速度分量的代数和。”[④]根据“势流线性叠加原理”，我们得到“动因信息叠加效应”规律。所谓动因信息叠加效应，是指在动因信息系统线性回路中，动因信息系统“总体动因信息流”等于各个“分支动因信息流”的线性叠加。“动因信息叠加效应”反映了动因信息系统中动因信息的合成作用机制，给出了动因信息系统、动因信息单元、动因信息因子作用量值的计算方法。

如图 8.13 所示，设有 1 个动因信息系统、5 个动因信息单元、10 个动因信息因子。我们引入“信息动力函数”概念表达动因信息系统、动因信息单元、动因信息因子的动因信息作用量值，即有系统信息动力函数 $F(s)$，单元信息动力函数 $f(u)$，因子信息动力函数 $f(g)$，则动因信息系统叠加效应数学表达公式为

$$F(s) = f_1(u) + f_2(u) + f_3(u) + f_4(u) + f_5(u) = \sum_{i=1}^{5} f_i(u) \tag{8.30}$$

“动因信息叠加效应”反映了动因信息系统线性回路的基本性质，为动因信息系统 $IA(S)$、动因信息单元 IAU、动因信息因子 IAF 的作用机理提供了基本原则。

① 参见：许国志.系统科学[M].上海：上海教育出版社，2000：20-21。

② 注意，当应用到非线性回路时需要做非线性规律分析，不能简单套用，下同。

③ 真实的信息流发生在空间城市系统的全部空间与时间中，“动因信息流”是真实信息流在动因信息系统 IA(S)中的集中反映，由此才形成了空间城市系统的主体信息内容。

④ 参见“上海交通大学流体力学课件”。

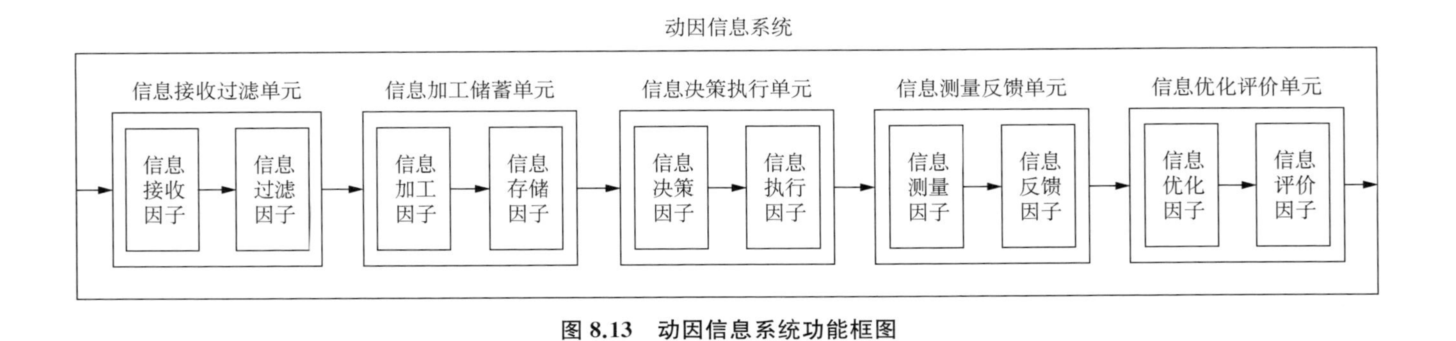

图 8.13 动因信息系统功能框图

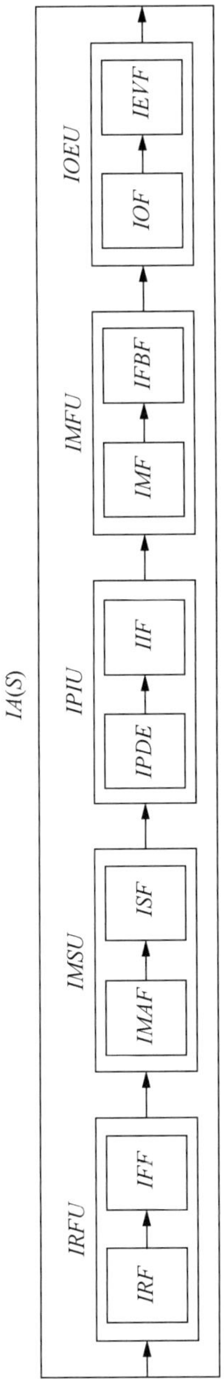

图 8.14 动因信息系统符号框图

(3) 动因信息作用机理

① 动因信息系统 $IA(S)$作用机理

如图 8.13 所示,我们将动因信息系统 $IA(S)$界定为一个“动因信息整体”,每个动因信息单元 IAU 被界定为一个“动因信息环节”,每个动因信息因子 IAF 被界定为一个“动因信息基元”。则空间城市系统 R 拥有 1 个“动因信息整体”$F(s)$;5 个“动因信息环节”$F_1(u)$、$F_2(u)$、$F_3(u)$、$F_4(u)$、$F_5(u)$,或表示为 $f(u)$;10 个“动因信息基元”$F_1(g)$、$F_2(g)$、$F_3(g)$、$F_4(g)$、$F_5(g)$、$F_6(g)$、$F_7(g)$、$F_8(g)$、$F_9(g)$、$F_{10}(g)$,或表示为$f(g)$。

如上所述,动因信息系统 $IA(S)$作用机理遵循“动因信息叠加效应”,它对空间城市系统 R 的信息作用由公式(8.30)给出,它说明动因信息系统 $IA(S)$的整体信息作用等于各个动因信息单元 IAU 的信息作用之和,动因信息系统 $IA(S)$的整体涌现性由它的“动因信息叠加效应”$F(s)$给出。

② 动因信息单元 IAU 作用机理

如图 8.13 所示,动因信息单元 IAU 作用机理也遵循“动因信息叠加效应”。动因信息单元 IAU 的信息动力函数 $F(u)$等于它所属有的动因信息因子 IAF 的信息动力函数 $f(g)$之和,数学公式表达为

$$F(u)=f_1(g)+f_2(g)=\sum_{i=1}^{2}f_i(g) \tag{8.31}$$

公式(8.31)说明动因信息单元 IAU 的整体信息作用等于各个动因信息因子 IAF 的信息作用之和,动因信息单元 IAU 的整体作用功能由它的“动因信息叠加效应”$F(u)$给出。

③ 动因信息因子 IAF 作用机理

动因信息因子 IAF 的作用机理决定于它自身的信息动力功能,表示为动因信息因子 IAF 的信息动力函数 $f(g)$,数学公式表达为

$$F(g)=f(g) \tag{8.32}$$

公式(8.32)说明动因信息因子 IAF 的信息作用 $F(g)$等于它自身的信息动力函数 $f(g)$,它反映了动因信息因子 IAF 的信息动力作用是空间城市系统 R 动因信息作用的基础,因子信息动力函数 $f(g)$是系统信息动力函数 $F(s)$与单元信息动力函数 $F(u)$的基础函数。

8.2.4 动因信息系统功能分析

1) 信息接收单元功能

(1) “信息过滤单元 IRFU”功能

如图 8.13 所示,当“动因信息流”流经动因信息系统线性回路时,“信息接收单元 IRFU”(简称为“信息 IRFU 单元”)将对动因信息流产生接收与过滤行为,“信息

IRFU 单元”的行为是空间城市系统产生与发展的基础性前提，称之为“信息 IRFU 单元”的功能。空间城市系统 R 是“信息 IRFU 单元”的功能对象，“信息 IRFU 单元”的作用为动因信息系统 $IA(S)$ 奠定了基础，为空间城市系统演化提供了动因信息要素。

“信息 IRFU 单元”包括“信息接收因子 IRF”与“信息过滤因子 IFF”，根据“动因信息叠加效应”，“信息 IRFU 单元”功能等于“信息接收因子 IRF”功能与“信息过滤因子 IFF”功能之和，以信息动力函数表示为

$$F_1(u) = f_1(g) + f_2(g) = \sum_{i=1}^{2} f_i(g) \tag{8.33}$$

其中，$F_1(u)$ 表示空间城市系统 R 的第一“动因信息环节”；$f_1(g)$ 表示空间城市系统 R 的第一“动因信息基元”；$f_2(g)$ 表示空间城市系统 R 的第二“动因信息基元”。

(2) 信息接收因子功能

空间城市系统是一个开放系统，它与环境的物质、能量、信息交流是最基础的自组织功能，从而为空间城市系统的产生与发展提供动力。信息接收机制是空间城市系统的基本功能，如图 8.13 所示的空间城市系统信息动因流程的本质就是信息接收、信息处理、信息应用的过程，信息接收是空间城市系统动因信息流程的起始点，我们定义“信息接收因子 IRF”为空间城市系统 R 的第一“动因信息基元”，简称为“信息 IRF 因子”，表示为 $F_1(g)$ 或者 $f_1(g)$。

如图 8.13 所示，首先，外部的空间城市系统环境，“动因信息流”以文字、数据、图像等形式向动因信息系统 $IA(S)$ 提供，“信息 IRF 因子”对空间城市系统环境的动因信息流进行接收。其次，空间城市系统内部也有信息创生，源自内部的“动因信息流”也被“信息 IRF 因子”所接收。信息接收因子 IRF 的作用机理决定于它自身的信息接收功能，它的因子信息动力函数公式表达为

$$F_1(g) = f_1(g) \tag{8.34}$$

公式(8.34)说明信息接收因子 IRF 的信息作用 $F_1(g)$ 等于它自身的信息动力函数 $f_1(g)$，它反映了信息接收因子 IRF 的信息动力作用。

(3) 信息过滤因子功能

所谓信息过滤机制是指，动因信息系统 $IA(S)$ 所接收的动因信息流性质的复杂性和体量的巨大性，使得“信息过滤因子 IFF”对所接收的信息进行识别、界定、甄选的过程。对于空间城市系统演化而言，有害信息起阻碍作用，有益信息起动力作用，信息过滤的目的是提高空间城市系统信息利用效率。

如图 8.13 所示，当动因信息流经过信息接收因子 IRF 之后，进入信息过滤因子 IFF，我们定义“信息过滤因子 IFF”为空间城市系统 R 的第二“动因信息基元”，简称为“信息 IFF 因子”，表示为 $F_2(g)$ 或者 $f_2(g)$。信息过滤因子 IFF 的作用机理决定于它自身的信息过滤功能，它的因子信息动力函数公式表达为

$$F_2(g)=f_2(g) \tag{8.35}$$

公式(8.35)说明信息过滤因子 *IFF* 的信息作用 $F_2(g)$ 等于它自身的信息动力函数 $f_2(g)$，它反映了信息过滤因子 *IFF* 的信息动力作用。表 8.1 给出了空间城市系统信息过滤的基本准则，“认知过滤与协作过滤”①是“信息 *IFF* 因子”的主要过滤方法。只有过滤之后的信息才具有价值性、可行性、功效性，成为空间城市系统产生与发展的基础性动力元素。

表 8.1　空间城市系统信息过滤准则

信息名称	信息性质	系统信息界定原则
信息有效	可靠性	有价值信息
信息正确		无错误信息
信息真实		不伪化信息
定性信息	基本属性	性质表述信息
定量信息		数量表达信息
层次信息	主体性	分层次信息
结构信息		分结构信息
维度信息		分维度信息
信息可测	分项属性	可测量信息
信息独立		独立性质信息
信息有限		有限数量信息
完全信息	完整性	解释完全信息
不完全信息		解释不完全信息

2）信息加工存储单元功能

(1)“信息加工存储单元 *IMSU*”功能

如图 8.13 所示，当动因信息流经过信息接收过滤单元之后，进入“信息加工存储单元”，简称“信息 *IMSU* 单元”，它将对动因信息流进行加工存储作用。“信息 *IMSU* 单元”的作用是空间城市系统的基础性功能，只有经过加工的动因信息，才能高效率地提供给行政决策部门，关键序参量信息决定行政决策真理性，决定空间城市系统的命运。因此，“信息 *IMSU* 单元”在动因信息系统 *IA*(*S*)中具有十分关键的地位。

“信息 *IMSU* 单元”包括“信息加工因子 *IMAF*”与“信息存储因子 *ISF*”，根据“动因信息叠加效应”，“信息 *IMSU* 单元”功能等于“信息加工因子 *IMAF*”功能与“信息存储因子 *ISF*”功能之和，以信息动力函数表示为

① 认知过滤与协作过滤：见信息过滤相关专业知识介绍。

$$F_2(u)=f_3(g)+f_4(g)=\sum_{i=3}^{4}f_i(g) \tag{8.36}$$

其中，$F_2(u)$表示空间城市系统 R 的第二“动因信息环节”；$f_3(g)$表示空间城市系统 R 的第三“动因信息基元”；$f_4(g)$表示空间城市系统 R 的第四“动因信息基元”。

（2）信息加工因子功能

“信息加工”是动因信息系统 $IA(S)$的一个关键步骤，它是在过滤信息的基础上对动因信息进行加工处理，生产出高价值含量，供决策使用的二次信息，例如“序参量信息”的生产将决定空间城市系统演化分岔的过程。空间城市系统脑是信息加工的主要机构，包括控制机构的专业脑、组织脑、机器脑，包括模型体系的第一模型体系、第二模型体系、第三模型体系。知识搜索、认知学习、深度分析、价值挖掘是信息加工的主要过程。只有经过信息加工之后的有价值动因信息，才能进入信息存储因子被分类保存。

如图 8.13 所示，当动因信息流经过信息过滤因子 IFF 之后进入信息加工因子 $IMAF$，我们定义“信息加工因子 $IMAF$”为空间城市系统 R 的第三“动因信息基元”，简称为“信息 $IMAF$ 因子”，表示为 $F_3(g)$或者 $f_3(g)$。信息加工因子 $IMAF$ 的作用机理决定于它自身的信息加工功能，它的因子信息动力函数公式表达为

$$F_3(g)=f_3(g) \tag{8.37}$$

公式(8.37)说明信息加工因子 $IMAF$ 的信息作用 $F_3(g)$等于它自身的信息动力函数 $f_3(g)$，它反映了信息加工因子 $IMAF$ 的信息动力作用。

（3）信息存储因子功能

“信息存储”是动因信息系统 $IA(S)$的一个基础性步骤，将经过加工处理后的信息按照规范格式和顺序，应用特定信息存储技术，在特定信息存储载体中保存起来。动因信息存储既有中心信息存储又有过程信息存储，它贯穿于空间城市系统的全部空间和全部过程，存储虚拟化技术与分级存储技术为此提供了支持。

动因信息存储是空间城市系统空间要素存量的主要部分，包括空间物质存量、空间信息存量、空间能量存量。空间信息存量是空间城市系统演化的基本动力源，信息存储使空间城市系统脑积累了巨大的知识，推动空间城市系统的不断进化。在现代信息社会中，信息爆炸是空间城市系统信息的基本状态，因此“奥卡姆剃刀原则”在动因信息存储中是一种前提性的原则，使信息存储保持在适当的水平。表 8.2 给出了空间城市系统信息存储的基本准则。

表 8.2　空间城市系统信息存储准则

存储状态	表征符号	存储比率	存储调整
信息欠缺	−I	欠缺率 30%	反馈给过滤机制甄选，30%欠缺信息递补
信息恰当	I	恰当标准 100%	反馈给过滤机制，对欠缺信息、盈余信息适量供给
信息盈余	+I	盈余率 20%	反馈给过滤机制，抑制 20%盈余信息供给

如图8.13所示，当动因信息流经过信息加工因子 *IMAF* 之后，进入信息存储因子 *ISF*，我们定义“信息存储因子 *ISF*”为空间城市系统 R 的第四“动因信息基元”，简称为“信息 *ISF* 因子”，表示为 $F_4(g)$ 或者 $f_4(g)$。信息存储因子 *ISF* 的作用机理决定于它自身的信息存储功能，它的因子信息动力函数公式表达为

$$F_4(g)=f_4(g) \tag{8.38}$$

公式(8.38)说明信息存储因子 *ISF* 的信息作用 $F_4(g)$ 等于它自身的信息动力函数 $F_4(g)$，它反映了信息存储因子 *ISF* 的信息动力作用。

3）信息决策执行单元功能

（1）“信息决策执行单元 *IPIU*”功能

如图8.13所示，经过加工存储后的动因信息流进入“信息决策执行单元”，简称“信息 *IPIU* 单元”。在此环节，空间城市系统行政部门将依据动因信息进行决策，并形成“空间政策”予以执行。因此，“信息 *IPIU* 单元”的作用堪称空间城市系统的核心功能，它支配着空间城市系统全部空间和过程的行为。“信息 *IPIU* 单元”作用的目标是推动空间城市系统的演化，直至实现系统的分岔。研究表明，空间城市系统的“物质与能量”越来越多地用信息方式来进行归纳性表述，因此空间城市系统物质、能量、信息三个基础性空间要素存量的决策问题趋向于“信息决策”形式，由此“信息 *IPIU* 单元”在空间城市系统全部空间要素存量中有着序参量性质的功能。

“信息 *IPIU* 单元”包括“信息决策因子 *IPDF*”与“信息执行因子 *IIF*”。根据“动因信息叠加效应”，“信息 *IPIU* 单元”功能等于“信息决策因子 *IPDF*”功能与“信息执行因子 *IIF*”功能之和，以信息动力函数表示为

$$F_3(u)=f_5(g)+f_6(g)=\sum_{i=5}^{6} f_i(g) \tag{8.39}$$

其中，$F_3(u)$ 表示空间城市系统 R 的第三“动因信息环节”；$f_5(g)$ 表示空间城市系统 R 的第五“动因信息基元”；$f_6(g)$ 表示空间城市系统 R 的第六“动因信息基元”。

（2）信息决策因子功能

如图8.13所示，信息决策因子 *IPDF* 是动因信息系统 $IA(S)$ 的核心“动因基元”，它决定了动因信息在空间城市系统中的作用，是信息要素的序参量因子，役使着其他信息要素的行为。信息决策因子是指空间城市系统决策个人与决策机构，主要包括“高层决策”“中层决策”“低层决策”三种形式，我们统称为“决策主体”。

因为“决策主体”知识的局限性，空间城市系统决策行为必然存在“信息约束现象”，其自然决策是“有限理性”①选择，决策风险加剧、决策效果充满不确定性，导致空间城市系统稳定性减弱。因此，动因信息系统“理性信息决策”就成为信息决策因子 *IPDF* 要遵守的基本决策方法。表8.3给出了“空间城市系统信息理性准则”，以作为

① 参见：张永胜.信息约束：有限理性决策理论及其发展[J].经营管理者，2010(13)：65，4。

决策主体“理性信息决策”的根据。“理性信息决策”获得最大理性信息，使空间城市系统信息决策模式化、规范化、科学化、理性化、最优化。

在信息决策过程中，空间城市系统“序参量信息”是信息决策的重要逻辑根据，它决定着系统演化的基本方向，特别是在空间城市系统演化涨落临界阶段，对“序参量信息”的决策具有关键的作用。信息成本决定信息质量，信息质量决定决策质量，因此信息成本的投入体现了信息决策因子 *IPDF* 品质水平的高低，从根本上决定着信息决策的质量。

表 8.3 空间城市系统信息理性准则

信息制约	表征符号	信息理性
信息数量	IN	简约化、规范化、模式化
信息质量	IQ	理性化、科学化、高级化
信息功效	IE	序参量化、检测化、最优化
信息逻辑	IL	精准定向、逻辑清晰、层次分明
信息形式	IF	数据化、关键词化、概念化
信息时效	IT	即时性、动态性、过程性

如图 8.13 所示，当动因信息流经信息存储因子 *ISF* 之后，进入信息决策因子 *IPDF*，我们定义“信息决策因子 *IPDF*”为空间城市系统 R 的第五“动因信息基元”，简称为“信息 *IPDF* 因子”，表示为 $F_5(g)$或者 $f_5(g)$。信息决策因子 *IPDF* 的作用机理决定于它自身的信息决策功能，它的因子信息动力函数公式表达为

$$F_5(g)=f_5(g) \tag{8.40}$$

公式(8.40)说明信息决策因子 *IPDF* 的信息作用 $F_5(g)$等于它自身的信息动力函数 $f_5(g)$，它反映了信息决策因子 *IPDF* 的信息动力作用。

(3) 信息执行因子功能

如图 8.13 所示，信息执行因子 *IIF* 是动因信息系统 $IA(S)$的核心“动因基元”，信息执行是指将信息决策所确定的内容在空间城市系统中付诸实施的行为。信息执行实现了信息动因系统 $IA(S)$的目标，即信息动因作用，空间城市系统演化获得了信息动力，实现了系统结构的产生、发展、成熟。信息动因作用使得空间城市系统宏观结构从无序走向有序、系统微观分布从对称走向对称破缺。信息决策质量与信息执行力决定了“信息执行因子 *IIF*”执行效率的高低，而信息执行效率直接影响着空间城市系统演化的结果。因此，“信息执行因子 *IIF*”在空间城市系统中具有十分重要的意义。

如图 8.13 所示，当动因信息流经过信息决策因子 *IPDF* 之后，进入信息执行因子 *IIF*，我们定义“信息执行因子 *IIF*”为空间城市系统 R 的第六“动因信息基元”，简称为“信息 *IIF* 因子”，表示为 $F_6(g)$或者 $f_6(g)$。信息执行因子 *IIF* 的作用机理决定于它自身的信息执行功能，它的因子信息动力函数公式表达为

$$F_6(g)=f_6(g) \tag{8.41}$$

公式(8.41)说明信息执行因子 *IIF* 的信息作用 $F_6(g)$ 等于它自身的信息动力函数 $f_6(g)$,它反映了信息执行因子 *IIF* 的信息动力作用。

4) 信息测量反馈单元功能

(1) "信息测量反馈单元 *IMFU*"功能

如图 8.13 所示,经过"决策执行"之后的动因信息流进入"信息测量反馈单元",简称"信息 *IMFU* 单元"。"信息 *IMFU* 单元"的作用是空间城市系统基础性功能,它对动因信息的作用效果进行测量并反馈到空间城市系统脑,进而对动因信息供给进行优化调整,使动因信息系统 *IA*(S)中动因信息流的数量与质量保持最优化状态,实现空间城市系统信息动力的优化供给。"信息 *IMFU* 单元"机构的精准程度决定了动因信息的质量,因此动因信息系统 *IA*(S)必须配备高水平的"信息测量与反馈设施"。

"信息 *IMFU* 单元"包括"信息测量因子 *IMF*"与"信息反馈因子 *IFBF*"。根据"动因信息叠加效应","信息 *IMFU* 单元"功能等于"信息测量因子 *IMF*"功能与"信息反馈因子 *IFBF*"功能之和,以信息动力函数表示为

$$F_4(u)=f_7(g)+f_8(g)=\sum_{i=7}^{8}f_i(g) \tag{8.42}$$

其中,$F_4(u)$表示空间城市系统 R 的第四"动因信息环节",$f_7(g)$表示空间城市系统 R 的第七"动因信息基元",$f_8(g)$表示空间城市系统 R 的第八"动因信息基元"。

(2) 信息测量因子功能

如图 8.13 所示,信息测量是动因信息调节和优化的基础性前提。所谓动因信息测量是按照动因信息系统*IA*(S)的设定要求,对输出动因信息流进行量测,用数据来做出量化描述,对非量化信息内容进行量化的过程,我们称之为"信息测量因子 *IMF*"。"信息测量因子 *IMF*"要在可观测性、鲁棒性、控制精度三个方面对动因信息系统 *IA*(S)提出要求。

首先,"所谓系统的可观测性,是指由测量输出来决定系统状态特征的能力。如果根据输出信息能够确定某个初始状态 $X(O)$,就说这个状态是可观测的;如果所有的初始状态都可测,就说系统是完全可观测的"。显然,动因信息系统 *IA*(S)的构建要具备可观测性的基本原则,使"信息测量因子 *IMF*"功能得以发挥。

其次,动因信息系统 *IA*(S)机构要具备鲁棒性,"鲁棒性就是某种指标对结构或参数敏感性的一种度量。越是敏感,鲁棒性越差;越是不敏感,鲁棒性越强。理想的控制器既要追求最优性,更要追求鲁棒性,使得系统运行在最优或次优的状态,但对系统结构或参数的变化不敏感,对环境的扰动不敏感"。只有动因信息系统 *IA*(S)具有良好的鲁棒性,"信息测量因子 *IMF*"才能获得高质量的输出动因信息量测结果,为动因信息比较提供基础。

最后,所谓控制精度是指"控制过程完成后,受控量的实际稳态值与预定值之间的

差，称为控制精度。控制精度是衡量控制系统性能优劣高低的重要指标。因控制任务的不同，对控制精度的要求可能显著不同”。因为控制精度与动因信息标准要求、系统经济性、操作简便性等因素相关联，是一种综合最优指标，因此动因信息系统 *IA*(S)机构要具备合适的控制精度。

如图 8.13 所示，当动因信息流经过信息执行因子 *IIF* 之后，进入信息测量因子 *IMF*，我们定义“信息测量因子 *IMF*”为空间城市系统 *R* 的第七“动因信息基元”，简称为“信息 *IMF* 因子”，表示为 $F_7(g)$或者 $f_7(g)$。信息测量因子 *IMF* 的作用机理决定于它自身的信息量测功能，它的因子信息动力函数公式表达为

$$F_7(g)=f_7(g) \tag{8.43}$$

公式(8.43)说明信息测量因子 *IMF* 的信息作用 $F_7(g)$等于它自身的信息动力函数 $f_7(g)$，它反映了信息测量因子 *IMF* 的信息动力作用。

(3) 信息反馈因子功能

如图 8.13 所示，信息反馈因子 *IFBF* 包括反馈装置和反馈回路，它将空间城市系统在干扰情况下的量测结果变成输出反馈信号返回到动因信息系统 *IA*(S)的输入端，通过比较装置与目标值进行比较产生“误差”。动因信息系统 *IA*(S)根据“误差”调整系统工作方案，使之符合既定目标，从而提高动因信息系统功能，达致空间城市系统整体功能的充分发挥，因此“信息 *IFBF* 因子”作用是空间城市系统不可或缺的基础性功能。

如图 8.13 所示，当动因信息流经过信息测量因子 *IMF* 之后，进入信息反馈因子 *IFBF*，我们定义“信息反馈因子 *IFBF*”为空间城市系统 *R* 的第八“动因信息基元”，简称为“信息 *IFBF* 因子”，表示为 $F_8(g)$或者 $f_8(g)$。信息反馈因子 *IFBF* 的作用机理决定于它自身的信息反馈功能，它的因子信息动力函数公式表达为

$$F_8(g)=f_8(g) \tag{8.44}$$

公式(8.44)说明信息反馈因子 *IFBF* 的信息作用 $F_8(g)$等于它自身的信息动力函数 $f_8(g)$，它反映了信息反馈因子 *IFBF* 的信息动力作用。

5) 信息优化评价单元功能

(1) “信息优化评价单元 *IOEU*”功能

如图 8.13 所示，动因信息流的最后环节是信息优化评价单元，即“信息优化评价单元 *IOEU*”(简称为“信息 *IOEU*”单元)。根据“信息反馈因子 *IFBF*”比较之后的信息指标体系，“信息 *IOEU* 单元”将对空间城市系统动因信息情况进行“状态估计”“优化控制”“功效评价”，从而调整空间城市系统的过程规划、过程政策、过程工具①，为空间城市系统的产生与发展提供优化信息动力。动因信息系统的优化与评价功能，关系到空间城市系统动因信息作用效果的最终确认。因此，“信息 *IOEU* 单元”在空间城

① “过程规划、过程政策、过程工具”是“空间规划、空间政策、空间工具”的动态表现形式。

市系统中具有终极性的判决地位。

“信息 *IOEU* 单元”包括“信息优化因子 *IOF*”与“信息评价因子 *IEVF*”。根据“动因信息叠加效应”,“信息 *IOEU* 单元”功能等于“信息优化因子 *IOF*”功能与“信息评价因子 *IEVF*”功能之和,以信息动力函数表示为

$$F_5(u)=f_9(g)+f_{10}(g)=\sum_{i=9}^{10} f_i(g) \tag{8.45}$$

其中,$F_5(u)$表示空间城市系统 R 的第五“动因信息环节”;$f_9(g)$表示空间城市系统 R 的第九“动因信息基元”;$f_{10}(g)$表示空间城市系统 R 的第十“动因信息基元”。

(2) 信息优化因子功能

如图 8.13 所示,信息优化因子 *IOF*,简称“信息 *IOF* 因子”,其的主要承担机构是空间城市系统脑,它是一种高级化的人类智能优化控制体系。根据“信息反馈因子 *IFBF*”的工作结果,形成动因信息系统 *IA*(*S*)的优化约束条件、优化性能指标体系、优化方案实施方法,由此“信息 *IOF* 因子”对空间城市系统动因信息机制进行优化作用。首先,“动因信息状态优化”。一是对动因信息“状态空间”进行优化,包括空间集聚信息变量、空间扩散信息变量、空间联结信息变量的优化;二是对动因信息“环境空间”进行优化,包括地理环境信息参量、人文环境信息参量、经济环境信息参量的优化。其次,“动因信息优化控制”,包括动因信息极大值控制、动因信息中间值控制、动因信息极小值控制三种基本优化控制。最后,“动因信息过程治理”优化①,包括动因信息过程规划、动因信息过程政策、动因信息过程工具三个层次的治理优化。

如图 8.13 所示,当动因信息流经过信息反馈因子 *IFBF* 之后,进入信息优化因子 *IOF*,我们定义“信息优化因子 *IOF*”为空间城市系统 R 的第九“动因信息基元”,简称为“信息 *IOF* 因子”,表示为 $F_9(g)$或者 $f_9(g)$。信息优化因子 *IOF* 的作用机理决定于它自身的信息优化功能,它的因子信息动力函数公式表达为

$$F_9(g)=f_9(g) \tag{8.46}$$

公式(8.46)说明信息优化因子 *IOF* 的信息作用 $F_9(g)$等于它自身的信息动力函数 $f_9(g)$,它反映了信息优化因子 *IOF* 的信息动力作用。

(3) 信息评价因子功能

如图 8.13 所示,信息评价因子 *IEVF*(简称,“信息 *IEVF* 因子”),是动因信息系统 *IA*(*S*)的末端功能。根据动因信息系统设定评价标准,应用合适的评价方法,“信息 *IEVF* 因子”对空间城市系统动因信息的价值、功能、成本、时效、状态等内容进行定性或定量的评估,并得出可靠的评价结论。表 8.4 给出了空间城市系统信息评价准则,以作为信息评价因子 *IEVF* 的基本要求,对空间城市系统动因信息作用功能做出基本评价。

① “过程治理”属有“过程规划、过程政策、过程工具”,与“空间治理”属有“空间规划、空间政策、空间工具”相对应。

表 8.4 空间城市系统信息评价准则

评价内容	评价方法	评价结论
信息价值评价	定性	功能效果、改进方案
信息功能评价	定性、定量	功能效果、标准误差、改进方案
信息成本评价	定量	标准误差、改进方案
信息时效评价	定量、定性	标准误差、功能效果、改进方案
信息状态评价	定性、定量	功能效果、标准误差、改进方案

如图 8.13 所示，当动因信息流经过信息优化因子 *IOF* 之后，进入信息评价因子 *IEVF*，我们定义“信息评价因子 *IEVF*”为空间城市系统 R 的第十“动因信息基元”，简称为“信息 *IEVF* 因子”，表示为 $F_{10}(g)$或者 $f_{10}(g)$。信息评价因子 *IEVF* 的作用机理决定于它自身的信息评价功能，它的因子信息动力函数公式表达为

$$F_{10}(g)=f_{10}(g) \tag{8.47}$$

公式(8.47)说明信息评价因子 *IEVF* 的信息作用 $F_{10}(g)$，等于它自身的信息动力函数 $f_{10}(g)$它反映了信息评价因子 *IEVF* 的信息动力作用。

8.3 空间城市系统演化信息原理

8.3.1 演化信息系统定义

1）演化信息系统概念

空间城市系统“演化信息逻辑系统”(简称演化信息系统)，是空间城市系统主体信息的核心种类，它反映了空间城市系统演化的全部过程，是引起空间城市系统变化的核心能力。“演化信息系统”从信息角度表现了空间城市系统演化的状态、结构、阶段，所以演化信息的本质是一种状态信息、结构信息、阶段信息。“演化信息系统”具有自己的物质成分和符号成分，从而形成演化信息系统结构。它的分层结构分为演化信息系统、演化信息单元、演化信息因子，它的组分结构分为空间集聚信息、空间扩散信息、空间联结信息、地理环境信息、人文环境信息、经济环境信息。根据一般信息论的本体论原理[①]，“演化信息系统”可以表述为，它是空间城市系统演化的根本原因之一，物质、信息、能量是导致空间城市系统产生与发展的基础性力量。

2）演化信息系统性质

空间城市系统“演化信息系统”特性主要体现在六个方面。

第一，基础性。物质、能量、信息是空间城市系统的基础元素，“演化信息系统”是

① 参见：马克・布尔金.信息论：本质・多样性・统一[M].王恒君，嵇立安，王宏勇，译.北京：知识产权出版社，2015：58-59。

空间城市系统主体信息的核心，因此而成为空间城市系统不可或缺的基础性要件。

第二，主体性。演化信息是空间城市系统主体信息的主要组成部分，“演化信息系统”因此而获得它在空间城市系统信息中的主体性地位。

第三，状态特性。演化信息主体表现为集聚信息、扩散信息、联结信息，表示了空间城市系统演化的状态特征。

第四，环境特性。演化信息基础表现为地理环境信息、人文环境信息、经济环境信息，表示了空间城市系统演化的环境特征。

第五，阶段特性。演化信息分为平衡态信息、近平衡态信息、近耗散态信息、分岔信息、耗散结构信息五个阶段，表示了空间城市系统演化状态的阶段特征。

第六，层次性。演化信息可以分为演化信息系统、演化信息单元、演化信息因子三个层次，所以它具有层次性。

3）演化信息系统符号表达

空间城市系统“演化信息系统”符号表达可以分为四个层次。

第一层次，空间城市系统 *R*。

第二层次，演化信息系统 *IE*(*S*)。

第三层次，演化信息单元 *IEU*，包括状态信息单元 *ISU*，环境信息单元 *IENU*。

第四层次，演化信息因子 *IEF*。一是状态信息因子，包括集聚信息因子 *IGF*、扩散信息因子 *IDF*、联结信息因子 *ICF*。二是环境信息因子，包括地理信息因子 *IGRF*、人文信息因子 *IHF*、经济信息因子 *IECF*。

8.3.2 演化信息系统结构分析

1）演化信息系统结构组成

空间城市系统主体信息的演化信息系统结构成分包括演化信息系统，演化信息单元，演化信息因子。在特定的逻辑关系基础上，它们形成了“演化信息系统”。

如图 8.15 所示，所谓演化信息系统，是指在空间城市系统主体信息中，演化类别的知识、语言、数据、公式、图像、思想等信息逻辑成分所组成的“演化信息逻辑系统”，它处于“演化信息系统” 的第一层次，统领着空间城市系统主体演化信息体系，反映了演化信息对空间城市系统的进化作用。

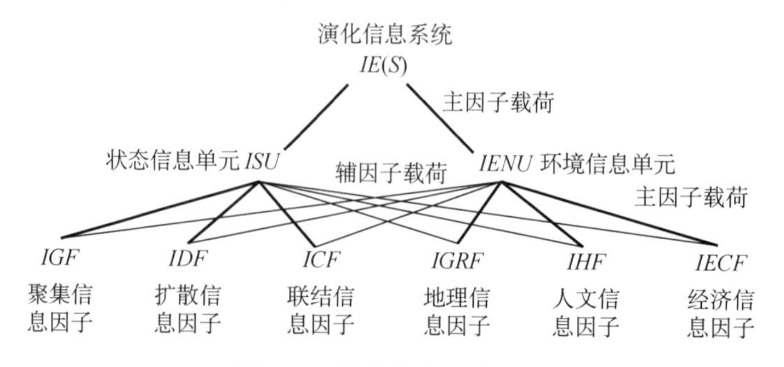

图 8.15 演化信息系统结构

如图 8.15 所示，所谓演化信息单元，是指由相关独立“演化因子”所构成的一种演化“公共因子”[①]，它处于“演化信息系统” 的第二层次，各个“演化信息单元”之间是正相交关系，如“状态信息单元 *ISU*”与“环境信息单元 *IENU*”之间只能互相作用、互相影响、互相调节，不可能互相替代。

如图 8.15 所示，演化信息因子是“演化信息系统”不可再分的基元，它处于“演化信息系统” 的第三层次。“演化信息因子”具有独立性、基元性、可观测性、等值性、功能性、关联性特征。

演化信息结构逻辑关系，是构建演化信息系统的逻辑根据，影响着空间城市系统“演化信息系统”整体功能，决定着演化信息系统各组分之间的相互作用。

2）演化信息系统结构关系

（1）演化信息系统结构成分关系

空间城市系统演化状态决定于空间集聚变量、空间扩散变量、空间联结变量，因此空间集聚信息、空间扩散信息、空间联结信息就成为“演化信息系统”结构成分的三个主体信息变量。空间城市系统演化还取决于地理环境参量、人文环境参量、经济环境参量，因此地理环境信息、人文环境信息、经济环境信息就成为“演化信息系统”结构成分的三个基础信息变量。

演化信息系统结构成分关系，是一种演化“信息逻辑成分”同层次之间的左右关系。信息成分反映了空间城市系统演化信息所包含的内容，信息成分集合构成了同层次信息结构，如图8.15所示，状态信息单元 *ISU* 与环境信息单元 *IENU* 形成了“演化信息单元”结构。集聚信息因子 *IGF*、扩散信息因子 *IDF*、联结信息因子 *ICF* 与地理信息因子 *IGRF*、人文信息因子 *IHF*、经济信息因子 *IECF* 形成了“演化信息因子”结构。

如图 8.15 所示，演化信息系统结构成分关系，是指演化“信息逻辑成分”之间的关系，即状态信息单元 *ISU* 与环境信息单元 *IENU* 之间，以及集聚信息因子 *IGF*、扩散信息因子 *IDF*、联结信息因子 *ICF* 与地理信息因子 *IGRF*、人文信息因子 *IHF*、经济信息因子 *IECF* 之间的关系。首先，“信息逻辑成分”形式关系，要对空间城市系统主体信息中演化类别的知识、语言、数据、公式、图像、思想等不同形式成分之间的关系进行梳理。其次，“认知信息”[②]，要对不同演化信息逻辑成分的本质进行认知，如集聚信息、扩散信息、联结信息，并据此构建演化信息成分结构。最后，演化“信息逻辑成分”之间是正相交关系，即它们之间是各自独立的，只能互相作用、互相影响、互相调节，不可能互相替代。例如集聚信息因子 *IGF*、扩散信息因子 *IDF*、联结信息因子 *ICF*，以及地理信息因子 *IGRF*、人文信息因子 *IHF*、经济信息因子 *IECF* 之间都属于正相交关系。

---

① “公共因子”与“独立因子”都是因子分析数学方法中的基本概念，可参看因子分析方法。

② “认知信息”概念参见马克 · 布尔金.信息论：本质 · 多样性 · 统一[*M*].王恒君，嵇立安，王宏勇，译.北京：知识产权出版社，2015：66-67。

(2) 演化信息系统结构层次关系

① “空间城市系统 R”与“信息系统”关系

空间城市系统 R 与其所属的演化信息系统 $IE(S)$、控制信息系统 $IC(S)$、动因信息系统 $IA(S)$之间的数理逻辑关系是集合与元素关系，即有

$$R=\{IE(S),\ IC(S),\ IA(S)\} \tag{8.48}$$

② “演化信息系统”地位

如图 8.15 所示，演化信息系统 $IE(S)$居统领地位，它包含着空间城市系统主体信息“演化信息”分类的全部内容，它拥有演化信息系统“整体涌现性”，决定着空间城市系统演化的整个过程，即系统演化的平衡态信息机理、近平衡态信息机理、近耗散态信息机理、分岔信息机理、耗散结构信息机理。

③ “演化信息系统”与“演化信息单元”关系

如图 8.15 所示，演化信息系统 $IE(S)$与其所属状态信息单元 ISU、环境信息单元 $IENU$ 之间，是集合与元素的数理逻辑关系，即“演化信息系统”是状态信息单元 ISU、环境信息单元 $IENU$ 的集合，而“演化信息单元”是“演化信息系统”的元素，逻辑关系公式表示为

$$IE(S)=\{ISU,\ IENU\} \tag{8.49}$$

④ “演化信息单元”与“演化信息因子”关系

如图 8.15 所示，状态信息单元 ISU 与其所属集聚信息因子 IGF、扩散信息因子 IDF、联结信息因子 ICF，以及地理信息因子 $IGRF$、人文信息因子 IHF、经济信息因子 $IECF$ 之间，是集合与元素的数理逻辑关系，即“状态信息单元”是 “演化信息因子”的集合，而“演化信息因子”是“状态信息单元”的元素，逻辑关系公式表示为

$$ISU=\{IGF,\ IDF,\ ICF,\ IGRF,\ IHF,\ IECF\} \tag{8.50}$$

如图 8.15 所示，环境信息单元 $IENU$ 与其所属地理信息因子 $IGRF$、人文信息因子 IHF、经济信息因子 $IECF$，以及集聚信息因子 IGF、扩散信息因子 IDF、联结信息因子 ICF 之间，是集合与元素的数理逻辑关系，即“环境信息单元”是 “演化信息因子”的集合，而“演化信息因子”是“环境信息单元”的元素，逻辑关系公式表示为

$$IENU=\{IGRF,IHF,IECF,IGF,IDF,ICF\} \tag{8.51}$$

图 8.15 表示了演化信息系统、演化信息单元、演化信息因子之间的逻辑结构关系，其中粗实线表征主要逻辑关系，在因子分析数学分析方法中被称为“主因子载荷”；细实线表示辅助逻辑关系，在因子分析数学分析方法中被称为“辅因子载荷”。因子载荷的绝对值越大，表明演化单元与演化因子之间的关系程度越大。

⑤ 演化信息系统层次逻辑关系

将①、②、③、④逻辑关系项归纳得到结论：空间城市系统 R、演化信息系统 IE

(S)、演化信息单元 IEU、演化信息因子 IEF 四个层次之间的数理逻辑关系，是集合与元素的关系，即有如下数理逻辑关系链公式成立：

$$IEF \in IEU \in IE(S) \in R \tag{8.52}$$

空间城市系统“演化信息分层结构”与“演化信息组分结构”，是一种逻辑的属种关系，即演化信息系统、演化信息单元、演化信息因子属概念，包含各自的集聚信息、扩散信息、联结信息、地理信息、人文信息、经济信息种概念。

综上所述，演化信息系统结构关系说明了空间城市系统演化信息的构成框架，为我们认知空间城市系统演化信息规律、构建演化信息系统 $IE(S)$提供了方法，进而为空间城市系统平衡态、近平衡态、近耗散态、分岔、耗散结构的演化信息机理分析奠定了基础。根据演化信息系统结构关系，我们就可以根据空间城市系统演化信息测量值逐层建立“演化信息系统”“演化信息单元”“演化信息因子”，从而对空间城市系统主体演化信息进行研究。

3）演化信息系统维度分析

(1) 演化信息层次维度

如图 8.16 所示，空间城市系统演化信息层次维度包括演化信息系统维度、演化信息单元维度、演化信息因子维度，它代表着空间城市系统演化信息不同的层级，每一个演化信息层次维度统领着所属的演化信息成分维度，如演化信息因子 IEF 拥有自己的集聚信息维度、扩散信息维度、联结信息维度，以及地理信息维度、人文信息维度、经济信息维度。

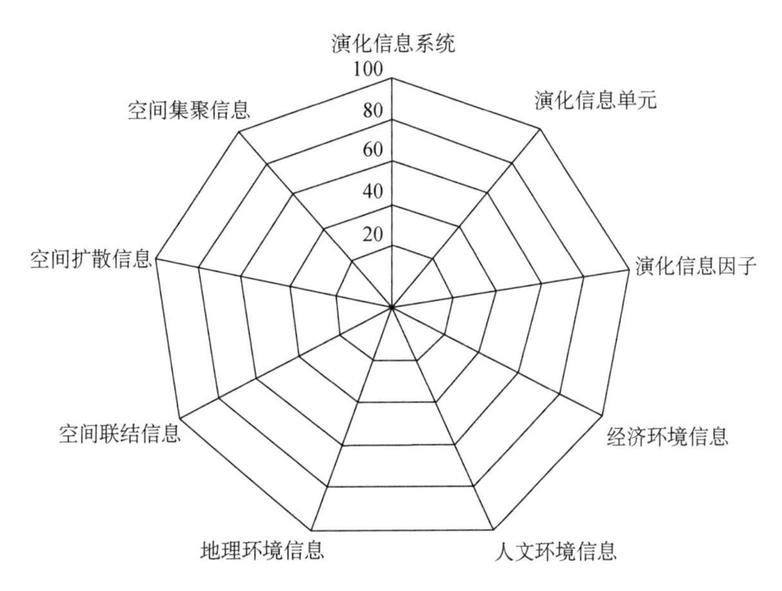

图 8.16 演化信息系统维度

(2) 演化信息成分维度

如图 8.16 所示，空间城市系统演化信息成分维度包括集聚信息维度、扩散信息维度、联结信息维度,以及地理信息维度、人文信息维度、经济信息维度。它们代表着空间城市系统空间集聚信息、空间扩散信息、空间联结信息、地理环境信息、人文环境信息、经济环境信息六种基本演化信息种类,每一个演化信息成分维度归属不同的演化信息层次维度,如演化信息系统 $IE(S)$ 属有的集聚信息维度、扩散信息维度、联结信息维度,以及地理信息维度、人文信息维度、经济信息维度。

(3) 演化信息维度关系

如图 8.16 所示,"演化信息层次维度"与"演化信息成分维度"是一种逻辑的属种关系,即演化信息系统维度、演化信息单元维度、演化信息因子维度是属概念,集聚信息、扩散信息、联结信息、地理信息、人文信息、经济信息是种概念,"演化信息层次维度"与"演化信息成分维度"是一种逻辑包含关系。如前图 8.15 所示,演化信息系统维度是一种数学维度,数学话语表述为:基于空间城市系统演化信息前提,描述演化信息作用所需要的维度 ($n=9$)。

8.3.3 空间城市系统演化信息机理分析

1) 演化信息基础知识

(1) 演化信息规律、机理与空间

空间城市系统演化信息规律,反映了空间城市系统演化与空间信息之间的关系,主要包括:空间城市系统演化的状态信息作用和环境信息作用;空间城市系统演化过程与信息作用的函数关系;空间城市系统演化平衡态、近平衡态、近耗散态、分岔、耗散结构的信息作用;演化信息系统、演化信息单元、演化信息因子的作用。

空间城市系统演化信息机理分析,是通过对空间城市系统演化的状态信息、环境信息、信息系统、信息单元、信息因子作用机理的分析,揭示空间城市系统演化信息规律。空间城市系统演化的物质规律、信息规律、能量规律构成了空间城市系统演化的最基本规律。

如图 8.17 所示,空间城市系统演化信息空间,包括空间城市系统状态信息空间、空间城市系统环境超系统信息空间、空间城市系统乘积信息空间。空间城市系统演化一维空间、二维空间、三维空间、六维空间的信息机理分析都要在其中表示出来;空间城市系统演化信息系统、演化信息单元、演化信息因子的信息机理分析都要在其中表示出来;空间城市系统演化平衡态、近平衡态、近耗散态、分岔、耗散结构的信息机理分析都要在其中表示出来。

(2) 演化信息函数

我们引入"演化信息函数"概念来表达空间城市系统演化与系统信息变量之间的函数关系,即空间城市系统演化因变量 R 决定于系统信息自变量 r,空间城市系统演化 R 是随系统信息变量 r 变化的函数,表示为

$$R=f(r) \tag{8.53}$$

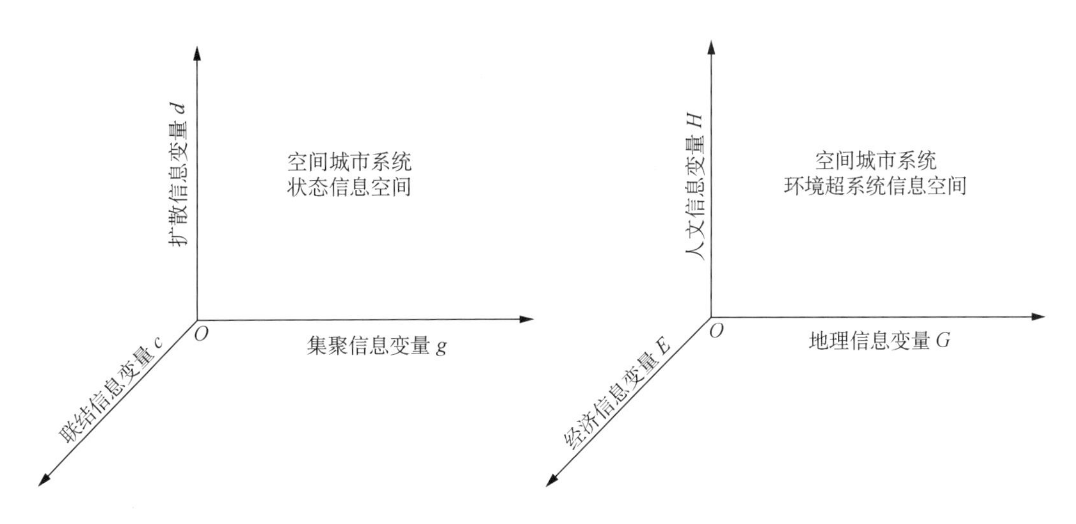

空间城市系统乘积信息空间=系统状态信息空间×环境超系统信息空间

图 8.17　空间城市系统演化信息空间

“演化信息函数”反映了空间城市系统演化的信息作用机理，即空间城市系统演化与系统状态信息变量、环境超系统信息变量之间的函数关系，前者包括集聚信息变量 $f(g)$、扩散信息变量 $f(d)$、联结信息变量 $f(c)$，后者包括地理信息变量 $f(G)$、人文信息变量 $f(H)$、经济信息变量 $f(E)$。

① 演化状态信息函数

空间城市系统演化状态信息函数，简称“状态信息函数 R_s”，反映了空间城市系统演化与空间城市系统状态信息之间的函数关系，表示为

$$R_s = f(g, d, c) \tag{8.54}$$

其中，R_s 表示空间城市系统演化状态信息函数；$f(g)$ 表示集聚信息变量；$f(d)$ 表示扩散信息变量；$f(c)$ 表示联结信息变量。

“状态信息函数 R_s”是空间城市系统演化本身的内部函数，即系统自身状态信息变量所表示的空间城市系统演化情况。“状态信息函数 R_s”是一个三维函数，可以表示为文字、数学公式、曲面图像。

② 演化环境信息函数

空间城市系统演化环境信息函数，简称“环境信息函数 R_e”，反映了空间城市系统演化与空间城市系统所属的环境超系统信息之间的函数关系，表示为

$$R_e = f(G, H, E) \tag{8.55}$$

其中，R_e 表示空间城市系统演化环境信息函数；$f(G)$ 表示地理信息变量；$f(H)$ 表示人文信息变量；$f(E)$ 表示经济信息变量。

“环境信息函数 R_e”是空间城市系统演化环境的外部函数，即系统外部环境信息变量所表示的空间城市系统演化情况。“环境信息函数 R_e”是一个三维函数，可以表

示为文字、数学公式、曲面图像。

③ 演化乘积信息函数

空间城市系统演化乘积信息函数，简称“乘积信息函数 R_p”，反映了空间城市系统演化与空间城市系统乘积信息之间的函数关系，表示为

$$R_p = f(g, d, c, G, H, E) \tag{8.56}$$

其中，R_p 表示空间城市系统演化乘积信息函数；$f(g)$表示集聚信息变量；$f(d)$表示扩散信息变量；$f(c)$表示联结信息变量；$f(G)$表示地理信息变量；$f(H)$表示人文信息变量；$f(E)$表示经济信息变量。“乘积信息函数 R_p”是空间城市系统演化的整体信息函数，反映了系统全部信息变量所表示的空间城市系统演化情况。“乘积信息函数 R_p”是一个六维函数，只能以文字与数学公式方法表达。

(3) 演化信息数理逻辑

根据前述“空间城市系统信息基本原理”相关逻辑项定义，由公式(8.6)、公式(8.7)、公式(8.11)、公式(8.16)，我们可以得到表 8.5。

表 8.5 说明空间信息是空间城市系统演化的直接动因，空间信息量的多少是决定空间城市系统演化状态的主要因素。空间城市系统演化空间信息数理逻辑公式读作：“信息集合 $IE(R)$”并且“信息空间 V”并且“单位信息量 $I(S)$” 蕴涵 “空间信息量 $I(R)$”蕴涵“空间城市系统演化 R”，它从根本上揭示了空间城市系统演化与系统空间信息之间的因果逻辑关系。空间城市系统的状态信息量为三个维度、环境信息量为三个维度、层次信息量为三个维度，总计九个维度的空间信息量决定着空间城市系统演化的平衡态、近平衡态、近耗散态、分岔、耗散结构机理。

表 8.5 空间城市系统演化空间信息数理逻辑关系

逻辑项	符号	获取方法	数理逻辑公式
系统演化信息集合	$IE(R)$	测量	$x \in R$ $IE(R) = \{X_1, X_2, \cdots, X_n\}$
系统信息空间	V	计算	$V = \iiint_{\Omega} f(x, y, z)\mathrm{d}v$
系统单位信息量	$I(S)$	计算	$I(\mathrm{s}) = p(p_1, p_2, \cdots, p_n) = -\sum_{i=1}^{n} p_i \cdot \log_2 p_i$
系统空间信息量	$I(R)$	计算	$I(R) = I(S) \times R = I(S)\iiint_{\Omega} f(x, y, z)\mathrm{d}r$
空间城市系统演化	R	推理	$IE(R) \wedge V \wedge I(S) \rightarrow I(R) \rightarrow R$

需要特别指出的是，如前图 8.17 所示，在空间城市系统所属的环境超系统信息空间中，“空间城市系统演化 R”与“地理信息变量 $f(G)$、人文信息变量 $f(H)$、经济信息变量 $f(E)$”之间也遵守“系统演化的空间信息数理逻辑”，通过环境超系统的“空间信息数理逻辑”分析，得到关于环境信息的推理结果，即“信息集合 $IE(R)$”并且“信息空间 V”并且“单位信息量 $I(S)$” 蕴涵 “空间信息量 $I(R)$”蕴涵“空间城市系统演化 R”。

至此，我们就说明了空间城市系统演化与“状态信息函数 R_s” “环境信息函数 R_e” “乘积信息函数 R_p”之间的数理逻辑关系。

2）演化信息分维度机理分析

（1）一维空间信息机理

对于一维系统，如空间城市系统人口集聚变量 x，它的信息空间表现为一条数轴，演化空间信息量可以表示为数列信息$\{x_i\}$，即有$\{x_1, x_2, \cdots, x_n\}$，如图 8.18 所示。一维空间信息量表达式为

$$IE(x)=\{x_i\} \tag{8.57}$$

其中，$i=1, 2, \cdots, n$。

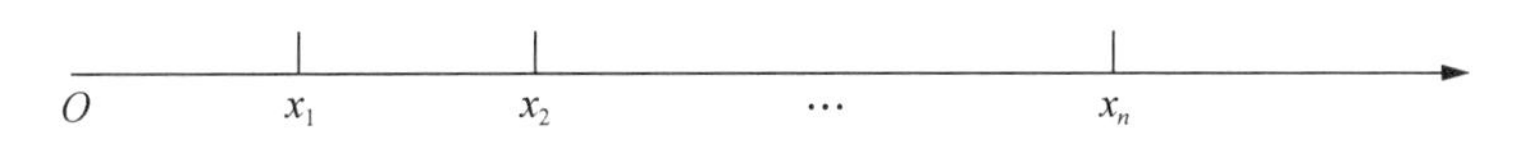

图 8.18　一维空间信息数轴

（2）二维空间信息机理

对于二维系统，如空间城市系统人口集聚变量 x、产业扩散变量 y，它的信息空间表现为一个平面 S，如图 8.19 所示。演化空间信息量可以表示为信息平面与单位信息量的乘积，即

$$\begin{aligned} IE(x, y) &= S \times \left(-\sum_{1}^{n} p_i \cdot \log_2 p_i\right) \\ &= \int_a^b f(x)\mathrm{d}x \times \left(-\sum_{1}^{n} p_i \cdot \log_2 p_i\right) \end{aligned} \tag{8.58}$$

其中，p 代表了单位消息发生概率的总和；$i=1, 2, \cdots, n$。

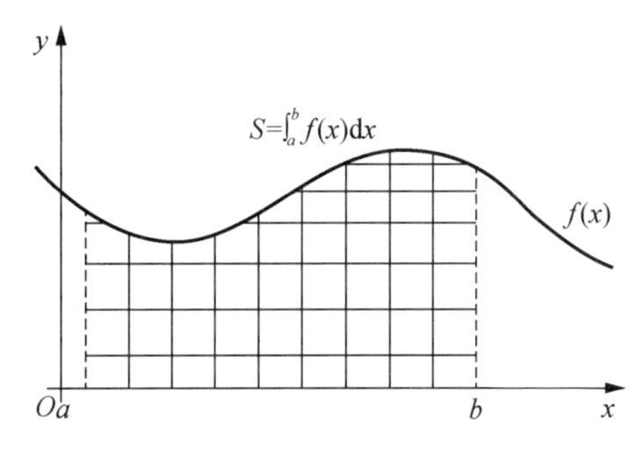

图 8.19　二维空间信息平面

(3) 三维空间信息机理

对于三维系统,如空间城市系统空间集聚信息变量 x、空间扩散信息变量 y、空间联结信息变量 z,它的信息空间表现为一个空间曲面 S,如图 8.20 所示。演化空间信息量可以表示为信息曲面与单位信息量的乘积,即

$$IE(x, y, z) = \int f(x, y, z)\mathrm{d}S \times \left(-\sum_{1}^{n} p_i \cdot \log_2 p_i\right) \tag{8.59}$$

其中,p 代表了单位消息发生概率的总和;$i=1, 2, \cdots, n$。

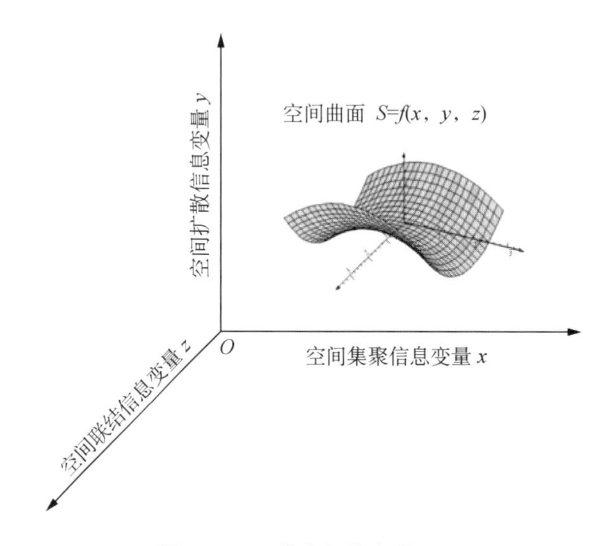

图 8.20 三维空间信息曲面

(4) 六维空间信息机理

对于六维系统,如空间城市系统集聚信息变量 x、扩散信息变量 y、联结信息变量 z、地理信息变量 X、人文信息变量 Y、经济信息变量 Z,它的信息空间表现为一个空间集合 $R\{x, y, z, X, Y, Z\}$。演化空间信息量可以表示为该集合 R 与单位信息量的乘积,即

$$IE(x, y, z, X, Y, Z) = R\{x, y, z, X, Y, Z\} \times \left(-\sum_{1}^{n} p_i \cdot \log_2 p_i\right) \tag{8.60}$$

其中,p 代表了单位消息发生概率的总和;$i=1, 2, \cdots, n$。

公式(8.60)表征了空间城市系统"演化状态信息"与"演化环境信息"的全方位情况。

3) 演化信息分阶段机理分析

(1) 空间城市系统演化信息概要

① 空间城市系统演化信息分段

空间城市系统演化状态信息分为平衡态信息、近平衡态信息、近耗散态信息、耗散

结构信息四种阶段过程，以及分岔信息一种瞬时行为，它们的空间信息既机理既有相同的方面，又各具特色，在分岔瞬时态，空间城市系统空间信息量到达最大化。我们以空间城市系统演化状态信息为例进行演化信息分阶段机理分析，即空间集聚信息、空间扩散信息、空间联结信息，同理也可以进行空间城市系统演化环境信息分阶段机理分析，即地理环境信息、人文环境信息、经济环境信息，我们均表示为三维空间信息机理。

② 空间城市系统演化信息分段特性

表 8.6 表述了空间城市系统演化平衡态信息、近平衡态信息、近耗散态信息、耗散结构信息四种阶段过程，以及分岔信息瞬时行为的分段特性。

表 8.6 空间城市系统演化信息分段特性

演化阶段	信息数量	信息速率	信息变量性质	分段状态
平衡态	少量	慢速增加	连续随机增加变量	阶段过程
近平衡态	中量	快速增加	连续随机增加变量	阶段过程
近耗散态	大量	高速增加	连续随机增加变量	阶段过程
分岔	最大峰值	空间涨落	空间信息量极大值	瞬时状态
耗散结构	区间量	波动稳定	连续随机稳定变量	阶段过程

如图 8.21 所示，空间城市系统演化信息过程呈现整体连续随机特性，演化前期信息数量较少，随着演化推进逐渐加大，在空间城市系统分岔瞬时出现信息极大值，耗散结构阶段呈现随机稳定状态。接下来我们对空间城市系统演化信息机理做成分维度与瞬时定量分析。

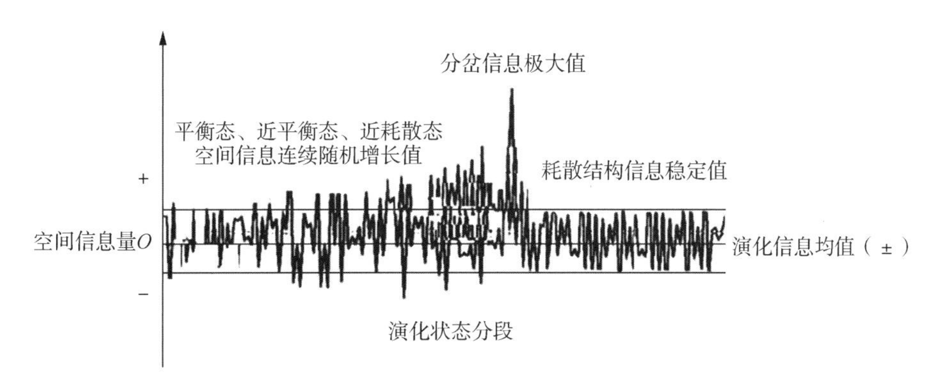

图 8.21 空间城市系统演化信息过程

(2) 演化状态空间信息主成分维度

在《信息与自组织》中，哈肯指出，“信息变化、信息增益和效率能够用序参量来表示。这一点是关于自组织系统行为的新发现，相对于上述量来说自组织系统似乎仅由少数几个自由度所支配。特别是我们证明了信息，信息增益和效率是可观测量”。

根据上述观点，空间城市系统演化过程空间信息可以表征为几个序参量，我们依次分为第一主成分维度空间信息、第二主成分维度空间信息、第三主成分维度空间信息，它们的累积贡献率超过 87%。因为空间城市系统演化空间信息的繁杂性，在实际中这些空间信息变量维度具有很多的重叠性，所谓空间信息主成分维度 是将重复的信息变量维度删去多余，将信息变量维度重新组合成一组新的互相无关的几个综合变量维度，从中选择几个较少的综合实力最强的信息维度变量来反映空间城市系统演化空间信息的情况。

(3) 演化状态空间信息维度

① 一维空间信息

一维空间信息是空间城市系统演化的首要基础，例如空间集聚信息，它贯穿平衡态、近平衡态、近耗散态、分岔、耗散结构的全部演化过程。公式(8.57)与图 8.18 给出了空间城市系统演化一维空间信息的机理。

② 二维空间信息

二维空间信息是空间城市系统演化的基本项，例如空间集聚信息、空间扩散信息，它说明了空间城市系统演化各个阶段空间信息的基本保障。公式(8.58)与图 8.19 给出了空间城市系统演化二维空间信息的机理。

③ 三维空间信息

三维空间信息是空间城市系统演化的标准项，例如空间集聚信息、空间扩散信息、空间联结信息，再如地理环境信息、人文环境信息、经济环境信息，它们分别表征了空间城市系统演化的"状态信息"与"环境信息"。公式(8.59)与图 8.20 给出了空间城市系统演化三维空间信息的机理。

④ 六维空间信息

六维空间信息是空间城市系统演化的整体项。例如空间集聚信息、空间扩散信息、空间联结信息、地理环境信息、人文环境信息、经济环境信息。六维空间信息集合表征了空间城市系统"演化状态信息"与"演化环境信息"的全方位情况，公式(8.60)表示了空间城市系统演化六维空间信息机理，或者表达为如下向量公式：

$$\boldsymbol{P}=\boldsymbol{S}\times\boldsymbol{E}=\begin{bmatrix}x\\y\\z\end{bmatrix}\times\begin{bmatrix}X\\Y\\Z\end{bmatrix}\tag{8.61}$$

其中，$\boldsymbol{P}$ 代表空间城市系统演化空间信息整体；$\boldsymbol{S}$ 代表"演化状态信息"；$\boldsymbol{E}$ 代表"演化环境信息"；x、y、z 代表空间集聚信息、空间扩散信息、空间联结信息；X、Y、Z 代表地理环境信息、人文环境信息、经济环境信息。

(4) 演化状态瞬时空间信息

① 空间城市系统演化概率信息

在空间城市系统演化空间信息研究中，根据一般实际情况我们提出界定条件于此：第一，设定空间信息是连续随机变量，并遵守统计规律，不考虑离散情况。第二，假定空间信息为无损失无噪声的理想状态，不考虑失真与干扰问题。第三，一般空间信

息不为线性函数，不能用微分方程表示。则空间城市系统演化瞬时空间信息总能用概率表示为

$$P(A)=p \tag{8.62}$$

其中，$P(A)$表示空间信息的概率分布函数，它遵守概率函数规定属性；p 表示空间城市系统演化瞬时空间信息值。

② 空间城市系统演化瞬时信息

如图 8.22 所示，空间城市系统演化瞬时空间信息 $P(t)$，可以用一个随时间变化的信息随机变量 $X(t)$来描述，则空间城市系统化瞬时空间信息 $P(t)$，可以表述为一个马尔可夫随机过程。马尔可夫链是空间城市系统演化空间信息随机变量 $X(t)$的基本表达方法，即空间城市系统演化 t_i 时刻的空间信息只与系统演化t_{i-1}时刻的空间信息有关，与更早时刻信息随机变量 $X(t)$的取值无关。空间信息随机变量 $X(t)$只对最近的演化数据有记忆，表示为空间信息跃迁概率 $P(x_i,\ t_i|x_{i-1},\ t_{i-1})$。设空间城市系统演化信息均值为 $P(A)$，对于空间城市系统演化瞬时空间信息概率值 $P(t)$有

$$P(t)=\prod_{i=2}^{n}P(x_i,\ t_i|x_{i-1},\ t_{i-1})P(A) \tag{8.63}$$

公式(8.63)说明，对于空间城市系统演化我们可以测得任意时刻 t_i 与 t_{i-1}的瞬时信息跃迁概率值 $P(x_i,\ t_i|x_{i-1},t_{i-1})$，演化信息均值为 $P(A)$。此时，空间城市系统演化瞬时空间信息量 $P(t)$等于信息跃迁概率 $P(x_i,\ t_i|x_{i-1},\ t_{i-1})$与演化信息均值 $P(A)$的连乘积。在空间城市系统演化瞬时，通过瞬时空间信息量 $P(t)$的定量数值，可以确定当时空间城市系统演化空间信息的定量化情况。

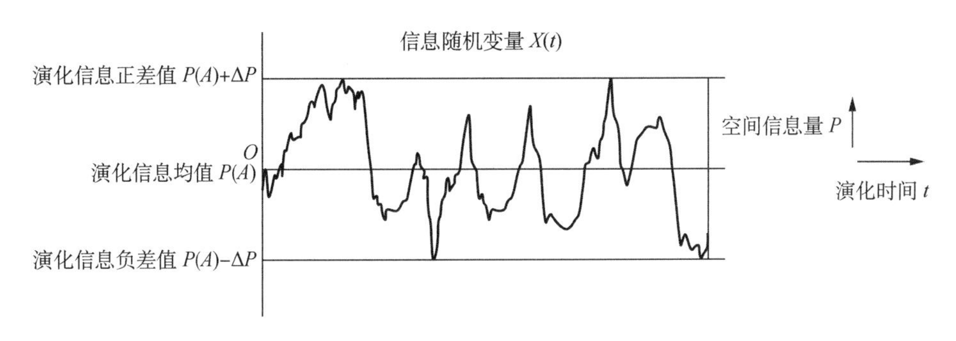

图 8.22　空间信息马尔可夫链

(5) 演化分岔信息机理

空间城市系统演化分岔信息机理遵循“信息最大化原理”，其空间信息作用规律可以归结如下：

第一，如图 8.21 所示，显然在空间城市系统演化区间[0, n](n 为有限整数)中，连续随机空间信息量一定存在最高峰值。

第二，根据哈肯“信息最大化原理”，空间信息最大值发生在空间城市系统演化分

岔处，此时空间城市系统发生空间涨落行为导致系统分岔。

第三，设空间城市系统演化空间信息随机变量函数 $X(t)$ 在 t_0 附近有定义，如果对 t_0 附近的所有的点都有 $X(t) < X(t_0)$，则 $X(t_0)$ 是函数 $X(t)$ 的一个极大值，该极大值就是空间城市系统演化分岔点。

第四，空间城市系统演化分岔全部空间信息的作用情况，同时在空间城市系统乘积信息空间中取得最大值，即有

$$P_{max} = S_{max} \times E_{max} \tag{8.64}$$

其中，P_{max} 代表空间城市系统演化空间信息整体最大值；S_{max} 代表“演化状态信息最大值”；E_{max} 代表“演化环境信息最大值”。

8.4 空间城市系统控制信息原理

8.4.1 控制信息系统定义

1）控制信息系统概念

空间城市系统控制的核心是“信息”，空间信息是空间城市系统控制的序参量，空间城市系统“控制信息逻辑系统”（简称控制信息系统）是空间城市系统主体信息的核心种类，包括施控信息、受控信息、反馈信息。“控制信息系统”具有自己的物质成分和符号成分，它的分层结构分为控制信息系统、控制信息单元、控制信息因子，它的组分结构分为施控信息结构、受控信息结构、反馈信息结构，并由它们组成控制反馈回路，对空间城市系统进行信息控制。根据一般信息论的本体论原理①，“控制信息系统”的本质可以表述为：它是进行空间城市系统控制的信息表征量，是引起空间城市系统变化的能力。

2）控制信息系统性质

空间城市系统“控制信息系统”特性主要体现在六个方面。

第一，基础性。物质、能量、信息是空间城市系统的基础元素，“控制信息系统”是空间城市系统主体信息的核心，因此而成为空间城市系统不可或缺的基础性要件。

第二，主体性。控制信息是空间城市系统主体信息的主要组成部分，“控制信息系统”因此而获得它在空间城市系统信息中的主体性地位。

第三，符号特性。控制信息多以信息符号的形式进行传递、反馈、放大等环节运行，具有典型的符号特征。

第四，反馈特性。反馈特性是控制信息的基本特征，信息控制的本质就是反馈控制，反馈回路是控制信息系统的基本结构。

第五，滤波特性。因为控制信息具有噪声，对控制信息的过滤处理，使得控制信息

① 参见马克·布尔金.信息论：本质·多样性·统一[M].王恒君，嵇立安，王宏勇，译.北京：知识产权出版社，2015：58-59。

的滤波特性成为它的基本特征。

第六，层次性。控制信息可以分为控制信息系统、控制信息单元、控制信息因子三个层次，所以它具有层次性。

3）控制信息系统表达

（1）控制信息系统符号表达

空间城市系统“控制信息系统”符号表达可以分为以下四个层次：

第一层次，空间城市系统 R。

第二层次，控制信息系统 $IC(S)$。

第三层次，控制信息单元 ICU，包括施控信息单元、受控信息单元、反馈信息单元等。

第四层次，控制信息因子 ICF，包括输入信息因子、扰动信息因子、补偿信息因子、反馈信息因子、输出信息因子等。

（2）控制信息系统逻辑关系

空间城市系统 R 与其所属的控制信息系统 $IC(S)$、动因信息系统 $IA(S)$、演化信息系统 $IE(S)$ 之间的数理逻辑关系是集合与元素关系，即有

$$R=\{IC(S),\ IA(S),\ IE(S)\} \tag{8.65}$$

控制信息系统 $IC(S)$ 与其所属各个动因控制信息单元 ICU 之间的数理逻辑关系是集合与元素关系，即有

$$IC(S)=\{ICU_1,\ ICU_2,\ \cdots,\ ICU_n\} \tag{8.66}$$

控制信息单元 ICU 与其所属各个动因控制信息因子 ICF 之间的数理逻辑关系是集合与元素关系，即有

$$ICU=\{ICF_1,\ ICF_2,\ \cdots, ICF_n\} \tag{8.67}$$

则空间城市系统 R 与其“控制信息系统”的数理逻辑关系链公式为

$$ICF \in ICU \in IC(S) \in R \tag{8.68}$$

在上述空间城市系统及其“控制信息系统”数理逻辑关系公式基础之上，我们就可以根据空间城市系统控制信息测量值，逐层建立“控制信息系统”“控制信息单元”“控制信息因子”，从而对空间城市系统控制信息进行研究。

8.4.2　控制信息系统结构分析

1）控制信息系统结构组成

控制信息系统结构成分包括：控制信息系统、控制信息单元、控制信息因子。如图 8.23 所示，所谓控制信息系统，是指由空间城市系统主体信息中控制类别的知识、语言、数据、公式、图像、思想等信息逻辑成分所组成的“控制信息逻辑系统”，它处于“控制信息系统” 的第一层次，统领着空间城市系统主体控制信息体系，反映了控制信息对空间城市系统的控制作用。如图 8.23 所示，所谓控制信息单元，是指由相关独立

"控制因子"所构成的一种控制"公共因子"①,它处于"控制信息系统" 的第二层次,各个"控制信息单元"之间是正相交关系,各"控制信息单元"只能互相作用、互相影响、互相调节,不可能互相替代。如图 8.23 所示,控制信息因子是"控制信息系统"不可再分的基元,它处于"控制信息系统" 的第三层次。"控制信息因子"具有独立性、基元性、可观测性、等值性、功能性、关联性特征。

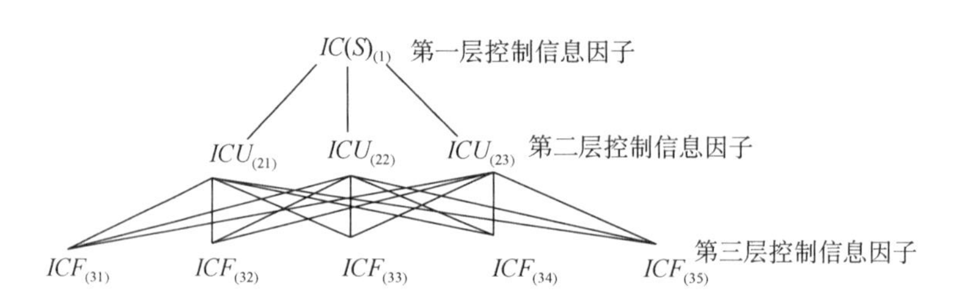

图 8.23 控制信息系统结构

上述"控制信息系统逻辑关系"与下述"控制信息系统结构关系"是控制信息系统结构的核心关系属性,它们决定着空间城市系统"控制信息系统"结构的最后功能。

2）控制信息系统结构关系

(1) 控制信息系统结构关系

控制信息系统结构关系,是一种控制"信息逻辑成分"同层次之间的左右关系。信息成分反映了空间城市系统控制信息所包含的内容,信息成分集合构成了同层次信息结构,如图 8.23 所示,$ICU_{(21)}$、$ICU_{(22)}$、$ICU_{(23)}$ 形成了"控制信息单元"结构。$ICF_{(31)}$、$ICF_{(32)}$、$ICF_{(33)}$、$ICF_{(34)}$、$ICF_{(35)}$形成了"控制信息因子"结构。

如图 8.23 所示,控制信息系统结构关系是指控制"信息逻辑成分"之间的关系,即 $ICU_{(21)}$、$ICU_{(22)}$、$ICU_{(23)}$之间,以及 $ICF_{(31)}$、$ICF_{(32)}$、$ICF_{(33)}$、$ICF_{(34)}$、$ICF_{(35)}$之间的关系。首先,控制"信息逻辑成分"是指在空间城市系统主体信息中,控制类别的知识、语言、数据、公式、图像、思想等信息。其次,"认知信息"②是控制信息逻辑成分识别的必然过程,包括学习与经验两个途径。最后,控制"信息逻辑成分"之间是正相交关系,即它们之间是各自独立的,只能互相作用、互相影响、互相调节,不可能互相替代。

(2) 控制信息系统结构层次关系

如图 8.23 所示,控制信息系统结构层次关系是一种控制"信息逻辑成分"不同层次之间的上下关系,即控制信息系统、控制信息单元、控制信息因子之间的关系。如前所述,控制信息系统结构层次关系符合"控制信息系统逻辑关系",即有如下结构关系:

第一,"控制信息系统"地位。

如图 8.23 所示,控制信息系统 $IC(S)_{(1)}$居于统领地位,它包含着空间城市系统主体信息"控制信息"分类的全部内容,它拥有控制信息系统"整体涌现性",决定着空间

① "公共因子"与"独立因子"都是因子分析数学方法中的基本概念,可参看因子分析方法。

② "认知信息"概念参见马克・布尔金.信息论:本质・多样性・统一[M].王恒君,嵇立安,王宏勇,译.北京:知识产权出版社,2015:66-67。

城市系统信息控制的全部内容。

第二,“控制信息系统”与“控制信息单元”关系。

如图 8.23 所示,控制信息系统 $IC(S)_{(1)}$ 与其所属各个控制信息单元 $ICU_{(21)}$、$ICU_{(22)}$、$ICU_{(23)}$ 之间,是集合与元素的数理逻辑关系,即“控制信息系统”是 “控制信息单元”的集合,而“控制信息单元”是“控制信息系统”的元素,逻辑关系公式表示为

$$IC(S)_{(1)}=\{ICU_{(21)},ICU_{(22)},ICU_{(23)}\} \tag{8.69}$$

第三,“控制信息单元”与“控制信息因子”关系。

如图 8.23 所示,控制信息单元 $ICU_{(21)}$、$ICU_{(22)}$、$ICU_{(23)}$ 与其所属各个控制信息因子 $ICF_{(31)}$、$ICF_{(32)}$、$ICF_{(33)}$、$ICF_{(34)}$、$ICF_{(35)}$ 之间,是集合与元素的数理逻辑关系,即“控制信息单元”是 “控制信息因子”的集合,而“控制信息因子”是“控制信息单元”的元素,逻辑关系公式分别表示为

$$ICU_{(21)}=\{ICF_{(31)},ICF_{(32)},ICF_{(33)},ICF_{(34)},ICF_{(35)}\} \tag{8.70}$$

$$ICU_{(22)}=\{ICF_{(31)},ICF_{(32)},ICF_{(33)},ICF_{(34)},ICF_{(35)}\} \tag{8.71}$$

$$ICU_{(23)}=\{ICF_{(31)},ICF_{(32)},ICF_{(33)},ICF_{(34)},ICF_{(35)}\} \tag{8.72}$$

综上所述,控制信息系统结构关系说明了空间城市系统控制信息的构成框架,为空间城市系统施控信息机理、受控信息机理、反馈信息机理分析奠定了基础。

8.4.3　空间城市系统施控信息机理分析

1）施控信息概念

如图 8.24 所示,所谓施控信息是控制者施加给空间城市系统的信息,如比较信息、加工信息、修正信息、行政决策信息。“施控信息”单元包含若干信息因子,如比较信息因子、加工信息因子、修正信息因子、评估信息因子、决策信息因子。“施控信息”是空间城市系统控制的主体内容,与施控物质、施控能量具有相同的基础性功能。

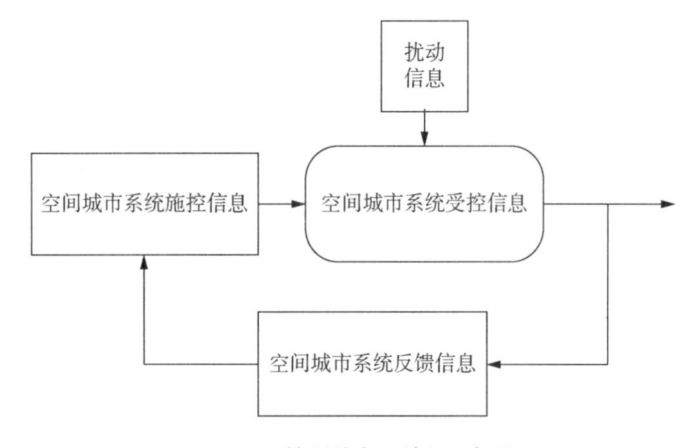

图 8.24　控制信息系统机理框图

2）施控信息机理

（1）信息比较

所谓信息比较是指空间城市系统控制“预期设定信息指标”与“实际反馈信息指标”之间的比较，包括信息数量比较、信息类型比较、信息质量比较等。“信息比较”要通过空间城市系统控制比较器进行，它是空间城市系统控制的基础。

① 信息数量比较

“信息数量比较”是指空间城市系统信息空间存量多少的比较，如上海空间城市系统信息存量与南京空间城市系统信息存量之间的“信息数量比较”。信息存量、物质存量、能源存量是空间城市系统演化状态的重要标度量。

② 信息类型比较

“信息类型比较”是指空间城市系统信息种类之间的比较，如空间集聚信息、空间扩散信息、空间联结信息类型之间的比较。状态信息与环境信息是空间城市系统最基本的两种信息类型，可以细分为空间集聚信息、空间扩散信息、空间联结信息、地理环境信息、人文环境信息、经济环境信息。

③ 信息质量比较

所谓信息质量（如事实质量、数据质量）是指空间信息消除空间城市系统不确定性的程度，空间城市系统信息质量起码要具备以下三项基本原则：

第一，可靠性原则。空间信息可靠性要具备信息客观真实、信息成熟完备、可以作为逻辑推理根据三个基本特征。第二，实用性原则。空间信息实用性要具备适合性、可学习、可操作、有效用、导航性五个基本特征。第三，及时性原则。空间信息即时性要具备时间性、当前性、最新性、跟踪性四个基本特征。

（2）信息加工

所谓信息加工（Information Processing）是指通过空间城市系统脑对空间信息进行的分析处理，它包括“控制机构信息加工”与“模型体系信息加工”两个部分。

① 控制机构信息加工

空间城市系统脑“控制机构信息加工”是指通过空间城市系统脑的专业脑、组织脑、机器脑对空间信息进行的分析处理，它具有对空间城市系统的解析功能。“控制机构信息加工”是专业化人脑逻辑推理、组织制度规范保障、计算机大数据处理共同作用的结果，它解析了空间城市系统产生、发展、成熟的规律。

② 模型体系信息加工

空间城市系统脑“模型体系信息加工”是指空间城市系统脑的第一模型体系、第二模型体系、第三模型体系对空间信息进行的分析处理，它具有对空间城市系统的解释功能。“模型体系信息加工”诠释了空间城市系统时间、空间、规模方面的发展规律。

（3）信息修正

因为空间城市系统很强的自组织性，特别是人类属性问题，应用传统控制理论实施控制会出现巨大偏差，而“信息修正”就是对这种偏差的调整更正。自镇定控制、自寻最优点控制、自适应控制都是“信息修正”所要实现的目标种类，“人类属性复杂(HAC)理论”为这种涉及“人类属性”的自组织控制系统奠定了理论基础。

(4) 信息决策

所谓信息决策是指行政决策机构对“施控信息”的最后决策，决策首长是施控信息的最终裁定者，信息决策是在幕僚机构辅助之下完成的。经过“信息决策”之后，施控信息就转化为“受控信息”作用于空间城市系统。

(5) 信息传递

在空间信息量确定的情况下，信息传递可以用传递函数进行表述，根据传递函数$G(s)$，由输入空间信息量$U(s)$就可以求出输出空间信息量$Y(s)$，即$Y(s)=G(s)\cdot U(s)$。传递函数对于处理黑箱状态的空间信息问题具有十分方便的作用。

8.4.4 空间城市系统受控信息机理分析

1）受控信息概念

如图8.24所示，所谓受控信息是指被控制对象空间城市系统接受的信息，如行政决策控制信息、环境干扰信息。“受控信息”单元包含若干信息因子，如整体结构信息因子、空间结构信息因子、空间存量信息因子等。“受控信息”直接作用于空间城市系统，起到调整控制空间城市系统的作用。

2）受控信息机理

(1) 干扰信息

① 干扰信息概念

在实际情况中，外部环境对空间城市系统的干扰会造成“失真”现象，造成这种失真的空间信息被称为“干扰信息”，又称“扰动信息”。“干扰信息”是空间城市系统环境的客观存在，是必须面对的客观存在，我们只能通过干扰信息消除，控制空间城市系统扰动偏差在可以接受的范围。

② 干扰信息消除

信息补偿是最常采用的干扰信息消除方法。在空间城市系统控制系统中设置空间信息“扰动观测补偿装置”，做到对空间城市系统动态化的空间信息补偿，以消除干扰信息所造成的“失真”现象。

(2) 受控信息

① 有效空间信息

所谓有效空间信息是指能够消除空间城市系统不确定性的空间信息。“有效空间信息”具有信息质量、信息数量、信息类型完备的特征，在语义信息、语用信息、算法信息等方面都具备有效性，它是可以施加于空间城市系统并产生效能的“受控信息”。

② 有效空间信息区间

我们使用数学集合方法表示“有效空间信息”。在空间城市系统受控信息x中，

“有效空间信息”可以表示为一个有界闭区间，即

$$[P_{\min}, P_{\max}] = \{x \in IR: P_{\min} \leqslant x \leqslant P_{\max}\} \tag{8.73}$$

公式(8.73)解读为：空间城市系统受控信息x区间为[最小值$P_{\min}$，最大值$P_{\max}$]，空间信息x是任意界定空间信息集合IR的元素，且有$P_{\min} \leqslant x \leqslant P_{\max}$。

(3) 空间信息调整

① 空间信息状态估计

空间城市系统受控信息的状态估计，是空间城市系统控制的重要环节，例如对空间集聚信息、空间扩散信息、空间联结信息的状态估计决定了对空间城市系统状态的控制调整，地理环境信息、人文环境信息、经济环境信息的状态估计决定了对空间城市系统环境的控制调整。空间信息“状态估计”分为前见的“平滑问题”、现见的“滤波问题”、预见的“预报问题”。

② 空间信息状态调整

根据空间信息状态估计，对空间城市系统受控信息实施调整，就是空间城市系统信息控制的最终目标。空间信息状态调整可以形成空间城市系统演化物质、能量、信息的最优化组合，而其中空间信息数量、空间信息质量、空间信息类型的状态调整起着至关重要的序参量作用。

8.4.5 空间城市系统反馈信息机理分析

1）反馈信息概念

如图8.24所示，所谓反馈信息是指空间城市系统闭环控制反馈的信息，如状态调整反馈信息、环境调整反馈信息、空间结构反馈信息、空间存量反馈信息等。“反馈信息”单元包括若干信息因子，如空间集聚信息因子、空间扩散信息因子、空间联结信息因子。“反馈信息”是对空间城市系统进行控制调节的根据。

2）反馈信息机理

(1) 信息测量

信息测量是空间城市系统信息反馈的前提，通过观测装置对空间城市系统输出的空间信息进行信息数量、信息质量、信息类型的测量。如表8.7所示，空间城市系统信息测量可以分为三种基本情况：信息欠缺、信息恰当、信息盈余。

表8.7 空间城市系统信息测量

存储状态	表征符号	存储比率(%)	存储调整
信息欠缺	−I	欠缺率为30	反馈并甄选30%欠缺信息递补
信息恰当	I	标准为100	反馈并对欠缺信息与盈余信息监控
信息盈余	+I	盈余率为20	反馈并抑制20%盈余信息供给

（2）信息滤波

① 信息噪声

所谓信息噪声是指与反馈信息无关的没有效用的干扰信息，它将对空间城市系统“施控信息”产生干扰作用导致控制混乱。因此，需要设置信息滤波装置，将“信息噪声”过滤掉，避免它反馈到控制系统之中。

② 信息滤波

空间城市系统反馈“信息滤波”是指将“信息噪声”滤除，并筛选出“有效空间信息”的过程。一般滤波处理方法中较为典型的有维纳滤波理论和卡尔曼滤波理论。相比较而言卡尔曼滤波能够从一系列存在“信息噪声”的反馈信息中，估计空间城市系统的状态，而且方便计算机编程，并能够对空间城市系统当时的数据进行更新和处理，因此卡尔曼滤波可以很好地适用于空间城市系统“信息滤波”问题。如图8.25 所示，空间城市系统卡尔曼信息滤波可以分为平滑滤波、当前滤波、预测滤波三大类型。

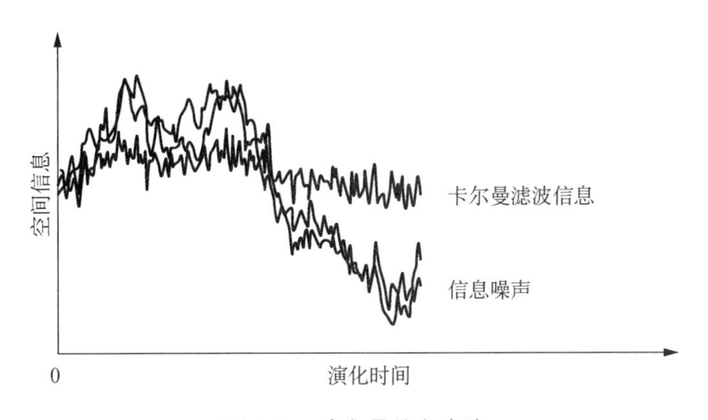

图 8.25　卡尔曼信息滤波

（3）信息反馈

所谓信息反馈是指将空间信息控制系统的输出信息返回到输入端的过程。空间城市系统“信息反馈”一般采用负反馈形式，即使输出起到与输入相反的作用，使空间城市系统输出与空间城市系统目标的误差减小，从而让空间城市系统趋于稳定。“信息反馈”要具备针对性、及时性、连续性的特征，由“传感器”等反馈装置实现信息反馈功能。

参考文献

[1] 马克・布尔金.信息论：本质.多样性.统一[M].王恒君，嵇立安，王宏勇，译.北京：知识产权出版社，2015.

[2] 哈肯.信息与自组织[M].本书翻译组，译.成都：四川教育出版社，2010.

[3] 傅祖芸.信息论[M].3版.北京:电子工业出版社,2011.
[4] 苗东升.系统科学精要[M].3版.北京:中国人民大学出版社,2010.
[5] 许国志.系统科学[M].上海:上海教育出版社,2000.
[6] 晋宏营.最大信息原理、能量及选择约束在基因剪接位点预测分析中应用的研究[D].呼和浩特:内蒙古大学,2009.
[7] 万百五,韩崇昭,蔡远利.控制论:概念、方法与应用[M].北京:清华大学出版社,2009:31.

9 中国空间城市系统

9.1 中国空间城市系统分析

9.1.1 中国空间城市系统基础分析

1）中国空间城市系统空间逻辑

（1）中国空间城市系统概念

中国空间城市系统分为沿江空间城市系统、南部空间城市系统、北部空间城市系统、沿河空间城市系统、东北空间城市系统，中国空间城市系统空间形态整体性处于中华人民共和国境内(参见上卷图 4.7)。其中沿江空间城市系统、南部空间城市系统、北部空间城市系统为世界级空间城市系统，沿河空间城市系统、东北空间城市系统为国际级空间城市系统。2017 年中国空间城市系统国内生产总值(GDP)为 703 253 亿元，预计 2027 年中国空间城市系统 GDP 可达 1 276 080 亿元，详细计算方法见后续分析。中国空间城市系统将主导中国人居空间发展的方向，前向消解中国城市化导致的生态足迹负面影响，对于世界可持续人居空间系统具有重要意义。

（2）中国空间城市系统地貌环境

① 中国空间城市系统地貌特征

中国空间城市系统整体处于封闭的地理环境中，北面是沙漠，南面是海洋，东面是海洋，西面是高山。独立的地理环境使得中国空间城市系统行政辖区完全在中华人民共和国境内，中央政府为唯一的行政决策机构，不存在跨国协调问题，十分有利于中国空间城市系统的空间规划与空间治理。中国空间城市系统地貌具有沿水系、沿山前、处平原三个显著的地貌特征。

第一，沿水系特征。按照中国水系自西向东的基本走向，中国主要空间城市系统沿长江水系、沿珠江水系、沿黄河水系分布的地貌特征十分明显。

第二，沿山前特征。中国多山多丘陵自然地貌环境造成了中国空间城市系统具有全部或局部沿山前地貌的特征。

第三，处平原特征。中国空间城市系统都处于平原、盆地、谷地地貌环境中。

② 中国空间城市系统地貌逻辑与空间对策

第一，沿江空间城市系统地貌逻辑与对策。

沿江空间城市系统将发展成世界最大的空间城市系统，决定着中华民族未来之命运。沿江空间城市系统地貌特征为沿长江水系分布，处于长江中下游平原、四川盆地之中。沿江空间城市系统具有优良的自然地貌条件，很适宜空间规划与空间治理，绝不能因为盲目地开发而破坏自然生态环境。在不具备生态保护的条件下，可以只进行空间规划与空间科学研究，他组织控制沿江空间城市系统的演化状态。

第二，南部空间城市系统地貌逻辑与对策。

南部空间城市系统是中国第二大世界级空间城市系统，决定着中国完整统一之历史使命。南部空间城市系统地貌特征为沿珠江水系、沿台湾海峡、濒临南海、处于山前地势地貌与高原坝区地貌，南部空间城市系统跨越中国大陆、台湾、香港、澳门四个行政辖区，其空间规划与空间治理具有整体协调的重大需求。因此，人文环境是南部空间城市系统的首要前提条件，台湾海峡与琼州海峡的贯通将大大加快南部空间城市系统的自组织演化进程。

第三，北部空间城市系统地貌逻辑与对策。

北部空间城市系统是中国中央政府所在区域起着统摄作用，因此具有特殊的意义。北部空间城市系统地貌特征为沿燕山前、沿太行山前、濒临渤海、沿吕梁山太行山山谷、沿黄河分布，多处于山前平原、山谷、河套平原地貌。平原与山区高原的二元化对立地理地貌条件，是北部空间城市系统空间规划的难点。雄安新区的建设将在两者之间建立空间联结枢纽，大大加快北部空间城市系统的自组织演化进程。对此，中央政府必须有清醒的认识、超前的空间规划、整体性的空间治理、对应的空间政策。

第四，沿河空间城市系统地貌逻辑与对策。

沿河空间城市系统是衔接中华文明过去与未来的历史性空间，它的能否崛起制约着中国空间的现代化进程，决定着中华民族未来之命运。沿河空间城市系统地貌特征为沿黄河水系分布、濒临黄海，处于山东丘陵北侧、华北平原、关中盆地、黄河河谷、高原谷地、宁夏平原地貌。沿河空间城市系统的客观性与自组织性认知是首要之举，其空间规划要预见性部署，空间治理要超前进行。因为，沿黄河生态环境十分脆弱，生态环境的保护比沿江空间城市系统更加艰巨。

第五，东北空间城市系统地貌逻辑与对策。

东北空间城市系统将成为东北亚国际区域重要的中心空间之一，形成中国东北空间、朝鲜韩国空间、日本列岛空间三足鼎立之势。该联结空间在现代发展史上产生过重要影响，未来将在世界上占有重要的地位，东北空间城市系统将恢复成为中国国家发展的重要增长极。东北空间城市系统地貌特征为沿松花江水系与辽河水系分布，濒临渤海，处于东北平原、东北丘陵南侧地貌。东北空间城市系统的东向国际通道制约因素正在消除，即朝鲜半岛面临长久和平，此种国际地缘政治变化对东北空间城市系统将产生重大影响，对此我们要有提前预判。东北空间城市系统的空间规划与空间治理决定着东北社会的全面重新崛起，因此具有重要的国家战略意义。

(3) 中国空间城市系统发展现状

① 地方空间城市系统清晰

中国空间城市系统在地方层面表现为城市群、都市圈、都市区形式，它们分属于中国的城市群理论、日本的都市圈理论、美国的巨型区域理论，具有不同的界定条件，不能混用于同一个分析框架或空间规划之中。中国城市群理论与实践走在了世界领先地位，就空间城市系统理论而言，中国"地方空间城市系统"得到了率先自组织与他组织发展，为中国空间城市系统的概念认知与空间规划奠定了基础。

② 国家空间城市系统混沌

中国空间城市系统整体空间格局，在理论上有待清晰认知，在实践上有待联结形成。因此，中国空间城市系统整体处于混沌认识阶段，其主要原因是基础理论的落后，城市与城市区域前见理论范式失去了解释功能。空间城市系统范式创新，对于中国空间城市系统具有重要的理论与实践意义，将成为中国空间城市系统空间规划与空间治理的理论基础。

2）中国空间城市系统主要问题

(1) 中国南北空间发展失衡

中国长江三角洲城市群、粤港澳大湾区、珠江三角洲城市群、长江中游城市群、成渝城市群成为中国城市区域发展的主导性空间，而海峡西岸城市群、台湾“五都”空间结构、北部湾城市群、滇中城市群、黔中城市群也进入变革性演化状态。中国沿江空间城市系统与南部空间城市系统进入近平衡态显性发展阶段。

中国京津冀城市群、山东半岛城市群、辽东半岛城市群、中原城市群、关中城市群成为中国城市区域发展的主导性空间，而哈大长城市群、兰白西城市群、银川城市群、呼包鄂城市群则停留在城市模式状态。中国北部空间城市系统、沿河空间城市系统、东北空间城市系统都处于平衡态隐性发展阶段。将中国南部、北部空间置于城市群(Urban Agglomerations)理论框架中做比较研究，显然有以下结论成立：

$$\text{中国南部空间集合}\{UA\} \gg \text{中国北部空间集合}\{UA\} \tag{9.1}$$

公式(9.1)定性说明了中国南北空间城市区域发展失衡，呈现南高北低的不平衡发展状态。造成这种“南北失衡”状态的主要原因有三点：首先，“自然地理地貌因子”与“纬向地带气候因子”起到基础性环境作用。其次，“生产总值因子”“财政因子”“产业结构因子”起到关键性环境作用。最后，国家空间战略混沌、空间规划混乱、空间治理适当起到导引性不足作用。

(2) 中国东中西空间演化落差

中国长江三角洲城市群、粤港澳大湾区、珠江三角洲城市群、京津冀城市群、山东半岛城市群、辽东半岛城市群等将主导中国城市区域的发展方向。中国沿江空间城市系统、南部空间城市系统、北部空间城市系统、沿河空间城市系统的牵引城市(TC)与牵引空间全部处于中国东部空间。

中国长江中游城市群、中原城市群、江淮城市群、晋中城市群将是中国城市区域崛起的第二梯队，所谓中部隆起是也。中国中部空间是沿江空间城市系统、沿河空间城市系统的关键东西衔接空间，决定着中国空间城市系统的成败。

中国成渝城市群、关中城市群、兰白西城市群、呼包鄂城市群、银川城市群、滇中城市群、黔中城市群处于中国城市区域崛起的第三梯队。中国沿江空间城市系统、南部空间城市系统、北部空间城市系统、沿河空间城市系统的腹地都处于中国西部空间。将中国东部、中部、西部空间置于城市群(Urban Agglomerations)理论框架中做比较研究，显然有以下结论成立：

$$中国东部空间集合\{UA\} > 中国中部空间集合\{UA\} > 中国西部空间集合\{UA\} \tag{9.2}$$

公式(9.2)定性说明了中国东中西空间城市区域发展存在演化落差,呈现阶梯不均衡发展状态。造成这种"东部、中部、西部落差"状态的主要原因有三点:首先,中国地势自东向西呈第一级阶梯、第二级阶梯、第三级阶梯的阶梯状空间差异,即"地理环境因子"造成了中国东部、中部、西部空间演化落差。其次,东部空间、中部空间、西部空间巨大的经济发展差距,即"经济环境因子",成为中国东部、中部、西部空间演化落差的主要原因。最后,中国改革开放自东向西的历史进程,即"人文环境因子",导致了中国东部、中部、西部空间演化落差。"中国东中西空间演化落差"是一种自组织现象,胡焕庸线历史性佐证了这一点,因此中央政府的他组织干预是降低这种城市区域发展落差的必要之举,如空间规划、空间治理、空间政策他组织干预。

(3) 中国空间战略落后

中国空间战略落后是一个残酷的现实,主要表现为三点:其一,国家主流人居空间思想停留在"城市化"模式,缺乏前瞻性。因为产生巨大的生态足迹,所以在世界范围内,城市化注定是一种不可持续人居空间模式。其二,城市区域行政协调机构缺失。例如长江三角洲城市群、粤港澳大湾区、京津冀城市群、山东半岛城市群、辽中南城市群等,都没有城市区域行政协调机构,造成了行政管辖的割据掣肘局面。从长远战略观点看,区域性地方行政机构式微趋势是必然的自组织规律,不以人的意志为转移。如此,既可以减少区域行政藩篱,又可以节约巨大的常规性行政支出,而空间城市系统协调机构是亟待补充的行政短板,是中国空间城市系统产生与发展的基础性行政条件。对于地方行政而言,农业人居空间时代区域行政体制是主体结构;在工业人居空间时代,区域加城市的混合行政体制是主体结构;而在空间城市系统时代,协调机构加城市行政体制成为主体结构。其三,城市范式与城市区域范式理论失效。它直接导致了空间名称混乱、空间规划混沌、空间治理无措、空间政策过时的结局。

中国空间面临多维度、多变量、非线性、时间差异化、空间差异化、高度复杂化的人居空间局面,既要高瞻远瞩具有预见性人居空间思想,又要面对实际国情,差异化处理组分性局部性错位性问题。因此,居于世界领先又契合中国国情的"中国国家空间战略"是重大急迫之需求,它对于中国、对于世界都具有十分重大的意义。

3) 中国空间城市系统概要论述

(1) 中国空间城市系统功能概要

① 国家功能

刘易斯·芒福德(Lewis Mumford)指出,城市是文化容器,更是新文明的孕育所,一代新文明必然有其自己的城市。储存文化、流传文化、创造文化是城市的基本使命,城市的基本功能在于流传文化和教育人民。巴比伦、雅典、巴格达、上海、北京、巴黎、东京、伦敦、纽约都代表着各自的民族历史,并流传后世。①

① 参见:刘易斯·芒福德.城市发展史:起源、演变和前景[M].宋俊岭,倪文彦,译.北京:中国建筑工业出版社,2005:12-14。

中国空间城市系统是未来中华文明的核心容器，是中华文明绵延的主体化人居空间，是人类生态文明在中国的承载空间。中国空间城市系统是中国政治、经济、社会、文化、生态环境发展的主导空间，回顾历史、面对现实、瞻望未来，中国空间城市系统的研究规划建设是当代中国人的历史性责任！

② 世界功能

中国空间城市系统的世界功能主要表现为两个方面：一是中国空间城市系统在世界人居空间中占据重要的地位，中国空间、美国空间、欧洲空间、日本空间、巴西空间，将成为世界空间城市系统的主要存在空间。其中，中国空间城市系统、日本空间城市系统将贡献东方文明的未来人居空间模式，这对于非西方文明的发展中国家群体具有重要的积极意义，如以印度为核心的南亚国家，与东南亚国家联盟。

二是中国应该放弃以资源过度消耗及环境污染为代价的城市化模式，全球气候变化所导致的人类生存道德底线不可能支持中国巨大的城市化生态投入。中国空间城市系统有责任前向降低，中国城市化模式带来的生态足迹影响有义务对世界可持续人居空间系统做出积极的贡献。

(2) 中国空间城市系统动因概要

① 中国内部动因

第一，中国空间城市系统政治动因。

中国空间城市系统是国家发展的必由之路，它将为中国提供政治合法性。所谓政治合法性指政府在基于被民众认可的原则基础上实施统治的正统性或正当性。历史性的业绩可以提供政治合法性是政治学的一般性理论，中国空间城市系统的国家和世界功能，使之具备了中国历史性业绩的属性，因此中国空间城市系统的规划建设将为中国国家治理提供政治合法性。中国中央与地方政府都应该善用这种中国空间城市系统政治动因。

第二，中国空间城市系统经济动因。

中国空间城市系统将提供巨量经济发展动力，将满足中国人民对美好生活的追求，将缩小特大城市、大城市、中小城市之间的差距，中国社会、企业、个人都将在中国空间城市系统规划建设运行中获得经济效益。因此，中国空间城市系统将会为中国提供持久的经济发展动力，无论是“凯恩斯主义经济”还是“自由主义经济”，都可以在中国空间城市系统框架中得到最大化施展。创新驱动发展是不争的经济增长模式，而中国空间城市系统将是中国创新的核心策源地，它将为中国经济发展提供源源不竭的创新动力。

第三，中国空间城市系统空间演化动因。

中国空间城市系统将为中国社会进步提供空间演化动力。沿江空间城市系统、南部空间城市系统、北部空间城市系统、沿河空间城市系统、东北空间城市系统是中国社会的序参量空间，主导着中国社会的现代化进程。中国空间城市系统容器的进化，必将为中国社会进步提供演化动力，使中国社会居于世界生态文明的前沿。

② 全球环境动因

如图9.1所示，世界主要空间城市系统有15个：中国有5个，包括沿江空间城市

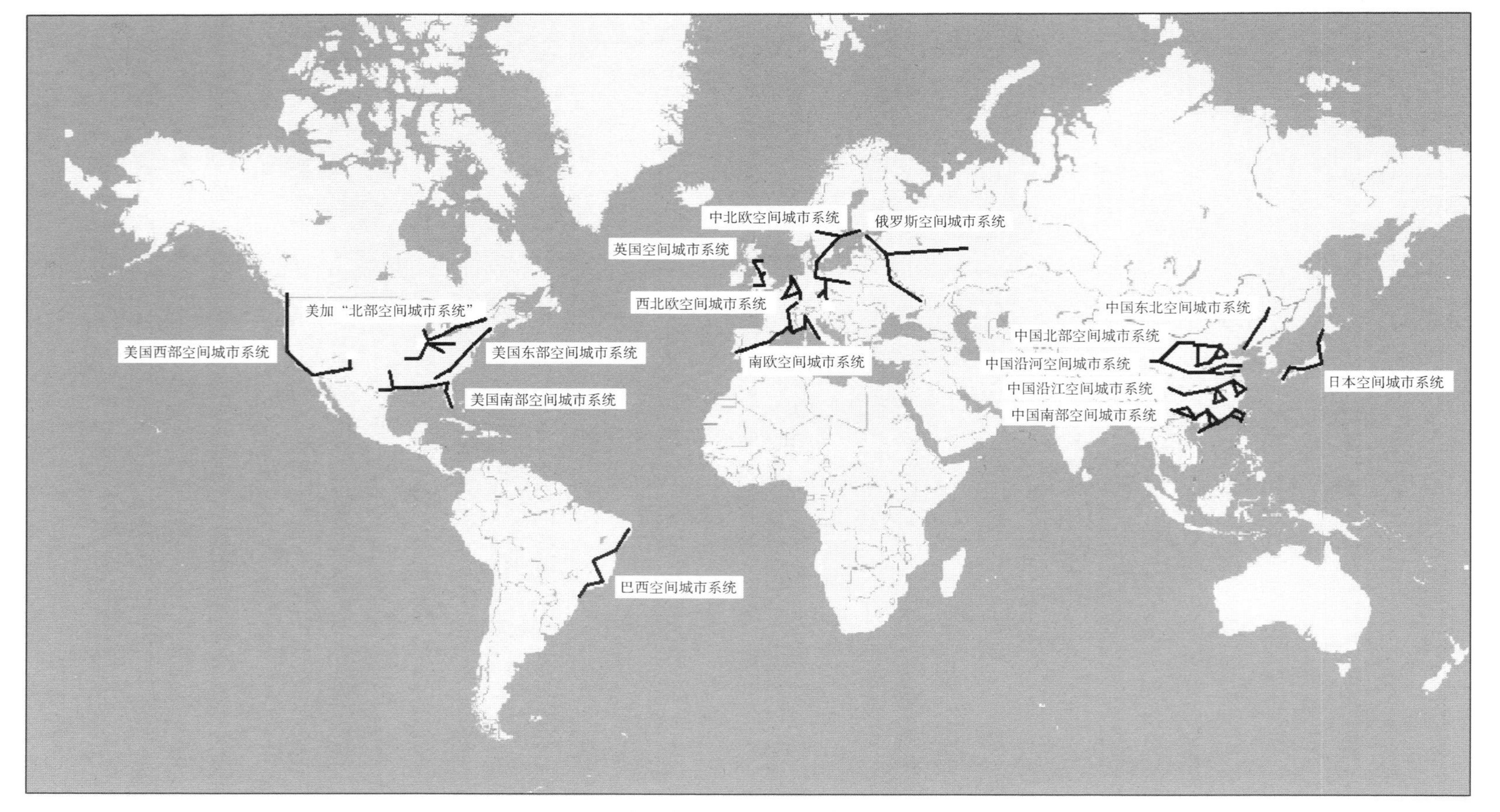

图 9.1　世界主要空间城市系统分布示意图

系统、南部空间城市系统、北部空间城市系统、沿河空间城市系统、东北空间城市系统；美国有 4 个，包括东部空间城市系统、西部空间城市系统、美国北部空间城市系统、南部空间城市系统；欧洲 5 个，包括西北欧空间城市系统、英国空间城市系统、南欧空间城市系统、中欧空间城市系统、俄罗斯空间城市系统；日本有 1 个，即日本空间城市系统；巴西有 1 个，即巴西空间城市系统。

世界空间城市系统分为三个等级：第一，世界级空间城市系统，如中国沿江空间城市系统、美国东部空间城市系统、欧洲西北欧空间城市系统、日本空间城市系统；第二，国际级空间城市系统，如中国东北空间城市系统、美国南部空间城市系统、欧洲南欧空间城市系统、巴西空间城市系统；第三，地方级空间城市系统，如中国成渝空间城市系统、美国亚特兰大空间城市系统、欧洲法兰克福空间城市系统、日本大阪空间城市系统。

一方面，全球世界级空间城市系统、国际级空间城市系统、地方级空间城市系统之间的关系为竞合关系。中国空间、美国空间、欧洲空间将是全球空间城市系统的主要存在空间，中国空间城市系统、美国空间城市系统、欧洲空间城市系统各自承担着所在国家民族的历史使命。因此，空间城市系统发展的竞争在所难免，这就给中国空间城市系统发展提供了全球环境竞争动力。另一方面，全球空间城市系统之间是一种合作关系，包括横向的空间城市系统东西方文明内容差异，纵向的世界、国际、地方空间等级差异，都为这种合作关系提供了逻辑基础。

9.1.2 中国空间城市系统演化分析

1）中国空间城市系统演化

中国空间城市系统演化是一个综合概念，它并不具备具体的整体演化状态，只能划分为初始发展阶段、缓慢发展阶段、加速发展阶段、成熟发展环节、稳定发展阶段，如图 9.2 所示。中国空间城市系统演化分析，只有依靠沿江空间城市系统、南部空间城市系统、北部空间城市系统、沿河空间城市系统、东北空间城市系统的演化状态分析为根据，即平衡态、近平衡态、近耗散态、分岔、耗散结构分析，才能做出中国空间城市系统演化整体判断。

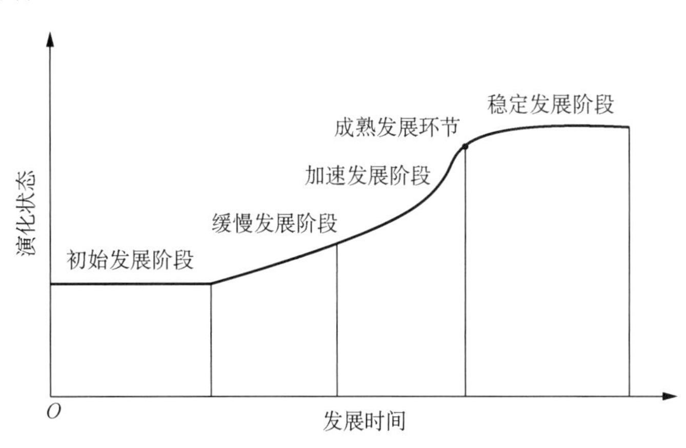

图 9.2 中国空间城市系统演化过程

(1) 平衡态阶段分析

中国北部空间城市系统、沿河空间城市系统、东北空间城市系统都处于平衡态演化状态。其中，北部空间城市系统整体处于潜在状态，作为组分子系统的京津冀城市群、晋中城市群、呼包鄂城市群、银川平原城市群已经处于显性状态；沿河空间城市系统整体处于潜在状态，作为组分子系统的山东半岛城市群、徐州城市群、中原城市群、关中城市群、兰白西城市群，已经处于显性状态；东北空间城市系统整体处于潜在状态，作为组分子系统的辽东半岛城市群、哈大长城市群已经处于显性状态。

(2) 近平衡态阶段分析

中国沿江空间城市系统、南部空间城市系统已经处于近平衡态演化状态。其中，沿江空间城市系统整体处于初期发展阶段，长江经济带整体概念使沿江空间城市系统处于显性状态。作为牵引子系统的长江三角洲城市群已经进入近耗散态演化阶段，作为组分子系统的长江中游城市群、成渝城市群已经处于近平衡态演化状态。

从"珠江三角洲城市群"上升为"粤港澳大湾区"是南部空间城市系统认知的范式进步，但是"中国南部空间城市系统"整体仍然处于潜在状态，鲜见相关研究与论述，更缺乏空间规划与空间政策。因为事关国家统一的重大历史责任，中央政府对南部空间城市系统的认识、研究、规划要尽早提上议事日程，需知"西海岸城市群"是不足以拉动台湾空间的，也限制了台湾空间在世界空间城市系统中的地位，而中国南部空间城市系统是一个世界级空间城市系统，台湾空间将获得相应的世界级地位，否则必然被边缘化。做为组分子系统的西海岸城市群、台湾"五都"结构，北部湾城市群、滇中城市群、黔中城市群都已经处于显性状态。

(3) 近耗散态阶段分析

中国沿江空间城市系统、南部空间城市系统，中国北部空间城市系统、沿河空间城市系统、东北空间城市系统，都没有进入近耗散态演化阶段，因此中国空间城市系统整体处于初始发展阶段。

(4) 分岔状态分析

中国沿江空间城市系统、南部空间城市系统、北部空间城市系统、沿河空间城市系统、东北空间城市系统相距分岔状态甚远。因此，中国空间城市系统整体成熟，还需要很长的发展时期。

(5) 耗散结构阶段分析

中国长江三角洲空间城市系统、粤港澳空间城市系统将率先分岔进入耗散结构，沿江空间城市系统、南部空间城市系统、北部空间城市系统、沿河空间城市系统、东北空间城市系统要经过很长的演化时间，才能经过分岔进入耗散结构。中国空间城市系统演化进入耗散结构阶段，就意味着中国可持续人居空间系统成就之时，就是中华生态文明屹立于世界之日。

2) 中国空间城市系统演化判据

空间城市系统演化状态的判断需要判断根据，没有判据的空间城市系统演化状态结论是站不住的。空间城市系统演化判据可以分为城市群实践判据、状态熵理论判据、空间城市系统脑动态判据、实验研究分析判据。结合中国空间城市系统演化实践，我们对空间城市系统演化判据做以下分析。

(1) 城市区域实践判据

所谓“城市区域实践判据”是指城市群、巨型区域、巨型城市区域、都市圈实践所形成的判据，它以城市区域标准作为判据标准，如欧洲巨型城市区域的“高端生产者服务业标准”、中国城市群理论所规定的标准、日本的都市圈标准等。就本质而言，城市群、巨型区域、巨型城市区域、都市圈都是空间城市系统的不同命名，可以统一到空间城市系统理论中，空间城市系统分级为城市群、巨型区域、巨型城市区域、都市圈的统一化提供了科学规范的分级方法。因此，城市群、巨型区域、巨型城市区域、都市圈实践，就成为空间城市系统或者子系统的实践，它们成为空间城市系统演化状态判据则自然生成了。“城市区域实践判据” 主要体现在三个方面：第一，城市群的空间联结程度，例如长江三角洲就具有很高的空间联结程度，我们可以据此判断长江三角洲空间城市系统演化的近耗散态状态。第二，城市群的空间结构程度，例如粤港澳大湾区广州—深圳—香港—澳门—珠海空间结构发育成熟，我们可以据此判断粤港澳空间城市系统演化的近耗散态状态。第三，城市群的空间存量程度，例如京津冀城市群北京存量向雄安扩散，即京津冀城市群内部扩散与集聚，我们可以据此判断京津冀空间城市系统演化的近平衡态状态。

(2) 状态熵理论判据

所谓“状态熵理论判据”是指通过空间城市系统存量计算，求出的空间城市系统演化状态熵，并以此状态熵为判据判断空间城市系统演化状态。因为它是一种理论计算值所以我们称其为“状态熵理论判据”。例如，在某个特定时间，我们可以求出粤港澳空间城市系统的空间集聚量、空间扩散量、空间联结量，进而求出粤港澳空间城市系统的空间存量。

$$\text{空间存量} = \sum \text{空间集聚量} + \sum \text{空间扩散量} + \sum \text{空间联结量} \tag{9.3}$$

由公式(9.3)所得特定时间粤港澳空间城市系统的空间存量，就可以通过理论计算求出它的状态熵。这样我们就可以对粤港澳空间城市系统进行演化状态判断。第5章空间城市系统演化理论有关于空间城市系统状态熵的详细论述。

(3) 空间城市系统脑动态判据

所谓“空间城市系统脑动态判据”是指根据“空间城市系统脑”对空间城市系统的计算与分析所形成的空间城市系统演化判据。因为“空间城市系统脑”是一种动态化的软件程序，我们称为“萨铂”(Spatial Brain)软件系统。例如，我们可以通过“长江三角洲空间城市系统脑” 控制结构，即专业脑、组织脑、机器脑，来解析长江三角洲空间城市系统空间结构的动态情况，从而随时掌握长江三角洲空间城市系统演化的演化状态。我们可以通过“长江三角洲空间城市系统脑”模型体系，即第一模型体系、第二模型体系、第三模型体系，来解释长江三角洲空间的城市范式、城市区域范式、空间城市系统范式，从而动态的掌握长江三角洲空间城市系统演化的人居空间范式，为长江三角洲空间城市系统发展而科学规划。

(4) 实验研究分析判据

所谓“实验研究分析判据”是指根据空间城市系统实验研究分析结论所形成的空间城市系统演化判据。因为它是根据空间城市系统演化客观事实与数据,经过逻辑推理所得出的判断结果,所以我们称为“实验研究分析判据”。空间城市系统实验研究是一种针对空间城市系统特有的研究方法,在无法实践的情况下它具有节约成本、避免重大失误、可以解决人类属性问题等优势。空间城市系统实验研究,可以有效地为中国空间城市系统空间规划、空间治理、空间政策提供根据,为中国空间城市系统控制系统设计提供依据。实验研究基本步骤可以分为三步:

第一步,实验模拟。

空间城市系统“实验模拟”是在大型计算机上进行的,将真实的空间城市系统事实数据置于计算机空间城市系统模型中,该空间城市系统模型模拟真实情况进行“演化”,实验者观察跟踪空间城市系统模型“演化”过程,对空间城市系统空间形态、空间结构、整体涌现性等指标进行记录,形成空间城市系统计算机实验“模拟结果”。

第二步,实验分析。

由空间城市系统理论专业工作者会同空间城市系统行政决策者,以空间城市系统理论与空间城市系统实践经验为分析工具,对空间城市系统计算机实验“模拟结果”进行分析,修正那些不符合基本规律与实践经验的谬误之处,形成空间城市系统模拟实验“分析结果”。结合第一步“模拟结果”形成空间城市系统模拟实验“实验结果”。

$$\text{模拟结果} + \text{分析结果} = \text{实验结果} \tag{9.4}$$

第三步,实验结论。

由所模拟空间城市系统的各个相关方,如上级行政管辖机构、空间城市系统公民代表、辖区企业代表等,对空间城市系统模拟实验“实验结果”进行评估,形成最终的空间城市系统模拟“实验报告”。

对于中国沿江空间城市系统这样的多级空间城市系统,必须进行空间城市系统模拟实验。例如中国沿江空间城市系统生态环境不可能也不允许进行盲目地开发,破坏沿长江带生态环境所造成的恶劣后果是十分巨大和不可逆的。

3) 中国空间城市系统演化组织

组织原理是空间城市系统演化遵循的基本规律,在第 2 章中我们进行了理论介绍,结合中国空间城市系统的实践情况,我们对中国空间城市系统发展进行组织分类,并对三种基本组织类型进行发展分析。

(1) 自组织优先发展类型

所谓“自组织优先发展”是指该人居空间具备了发展成为空间城市系统的条件,而且发展动因主要来自该空间内部。中国空间城市系统“自组织优先发展”主要是指中国沿江空间城市系统与南部空间城市系统。

① 沿江空间城市系统

中国沿江空间城市系统由长江三角洲空间城市系统、长江中游空间城市系统、成渝空间城市系统组成，在中国空间城市系统中，沿江空间城市系统属于自组织优先发展类型。首先，沿江空间城市系统城市区域范式已经成熟，即长江三角洲城市群、长江中游城市群、成渝城市群，也就是说沿江空间城市系统的三个子系统已经处于显性化状态。沿江空间城市系统的优先发展将带动中国空间城市系统的发展，使中国空间在世界人居空间发展竞争中，居于优势地位。其次，沿江空间城市系统发展必须坚持以生态环境为基础、以整体涌现性为目标、以高端职能为手段的可持续发展之路。沿江空间城市系统将成为世界首位的空间城市系统，它的成功将为人类社会开创人居空间的新模式。最后，沿江空间城市系统发展现状堪忧，表现为缺乏整体空间规划、空间治理、空间政策的一体化空间战略，各组分城市盲目追求城市空间的扩张，直接威胁着小流域生态环境，而长江生态环境的全流域保护与各组分城市空间之间的复杂关系，更是多学科联合才能解决的问题。

② 南部空间城市系统

中国南部空间城市系统由粤港澳琼空间城市系统、闽台空间城市系统、南贵昆空间城市系统组成。因为国家完整统一的特殊性，南部空间城市系统要自组织优先发展。首先，粤港澳大湾区、海峡西岸城市群、台湾“五都”结构、北部湾城市群、滇中城市群、滇中城市群已经显性化，为南部空间城市系统奠定了子系统基础。其次，南部空间城市系统行政制度协调是关键，中国大陆、台湾、香港、澳门四个行政体系需要高超的政治智慧进行融合。南部空间城市系统“整体涌现性”在行政协调中具有重要作用，因为台湾“五都”结构很难单独面对世界空间城市系统的竞争，而台北将在南部空间城市系统中处于主导城市地位。最后，空间联结是南部空间城市系统形成的前提，即福州与台北空间联结、厦门与高雄空间联结、海口与广东空间联结。

(2) 他组织干预发展类型

所谓“他组织干预发展”是指该人居空间需要外力推动并激发组分内动力的空间城市系统。中国空间城市系统“他组织干预发展”主要是指中国北部空间城市系统，包括京津冀空间城市系统、蒙晋陕宁空间城市系统，这是一个需要中央政府干预推动的空间城市系统。

首先，中国北部空间城市系统地貌逻辑主要由“华北平原空间”与“沿黄河空间”两部分构成，其中京津冀城市群、晋中城市群、呼包鄂城市群、陕北结构、银川平原城市群已经为显性化状态，它们为北部空间城市系统奠定了子系统组分基础。其次，北京牵引城市 TC，北京—天津—雄安强大的牵引空间，决定了中国北部空间城市系统的世界级空间城市系统地位。最后，北部空间城市系统呈现典型的二元结构，即“京津冀空间城市系统”与“蒙晋陕宁空间城市系统”二元结构，它的生态环境基础十分脆弱。京津冀空间城市系统已经进入近平衡态演化阶段，特别是雄安新区的规划建设将形成北部空间城市系统东西空间联结的中枢节点，但是蒙晋陕宁空间城市系统则处于平衡态隐性状态，需要中央政府的推动助力。

因此，中国北部空间城市系统需要中央政府他组织干预，如雄安新区与蒙晋陕宁空间城市系统的空间规划，激发各组分子系统的内部发展动力。就中国而言，北部空间城市系统具有统摄中国空间的特殊功能；就国际而言，以中国空间为中心将形成东向东北亚空间、南向东南亚空间、西向中亚空间的世界东半球人居空间网络结构，在全球空间占有重要份额。

(3) 优化组织均衡发展类型

所谓“优化组织均衡发展”是指该人居空间没有明显的自组织或他组织特征，需要将两者结合起来形成优化组织动力的空间城市系统。中国空间城市系统“优化组织均衡发展”主要是指中国沿河空间城市系统、东北空间城市系统，前者是中华民族现代化的标志性事件，后者是中国参与世界空间城市系统竞争制胜性的总预备力量。

① 沿河空间城市系统

中国沿河空间城市系统包括黄河下游空间城市系统、黄河中游空间城市系统、黄河上游空间城市系统三个子系统，即青岛—济南结构与徐州—连云港结构，郑州—西安结构，西宁—兰州—银川结构。首先，沿黄河地貌为中国沿河空间城市系统提供了基础性逻辑。山东半岛城市群、徐州城市群、中原城市群、关中城市群、兰白西城市群、银川平原城市群已经显性化，为沿河空间城市系统奠定了子系统组分基础。

其次，沿河空间城市系统一定要遵循“优化组织原理”：

$$\text{自组织} \wedge \text{他组织} \gg \text{自组织} \vee \text{他组织} \tag{9.5}$$

公式(9.5)解读为：沿河空间城市系统自组织与他组织相结合，其组织功能远胜于在自组织和他组织两者中仅取其一。地貌逻辑与沿黄河城市群为沿河空间城市系统奠定了自组织发展基础，但是中国北南空间发展的不均衡，需要中央政府的他组织干预，这就决定了沿河空间城市系统必须选择“优化组织均衡发展”的模式。

最后，“中国空间均衡”，包括北南均衡与东西均衡，是沿河空间城市系统对中国空间发展的历史性贡献，它也因此获得在中国空间城市系统中的法理性地位。

② 东北空间城市系统

中国东北空间城市系统是中国空间的国际级空间城市系统，东北平原地貌为它提供了空间结构基础性逻辑。辽东半岛城市群、哈大长城市群已经显性化，为东北空间城市系统奠定了子系统组分基础。东北空间城市系统组织演化要遵循“优化组织均衡发展”原则，可以表示为

$$\text{自组织成分优化} + \text{他组织成分优化} = \text{优化系统组织客体} \tag{9.6}$$

首先，东北空间独立的东北平原地理单元，是东北空间城市系统在中国空间城市系统中占有一席之地的优化自组织成分，而大连、沈阳、长春、哈尔滨的良好空间联结使这种组分自组织优化达到较高的水平。其次，东北空间城市系统概念使得中国空间

发展实现了均衡，东北空间城市系统是中国参与世界空间城市系统竞争的总预备队，是中国特有的制胜空间力量。这给了中央政府他组织推进东北空间城市系统规划与建设的"他组织成分优化"逻辑根据。最后，中国东北空间、朝鲜半岛空间、日本列岛空间是一个历史性的东北亚空间联动发展整体，随着朝鲜半岛和平局势的出现，它迎来了又一次联动发展的机会，由此我们可以建构东北空间城市系统"优化系统组织"体系。

公式(9.6)所示的东北空间城市系统组织优化是一个反复进行的过程，以实现东北空间城市系统整体涌现性为目标，要根据东北空间城市系统内部空间要素与外部环境的变化实际情况，对东北空间城市系统空间规划、空间治理、空间政策进行不断的优化。

9.1.3 中国空间城市系统控制分析

1）中国空间整体控制

① 整体战略控制

第一，人居空间理论创新。

所谓"人居空间"是人类聚居的地球表面空间形式，人居空间演化规律是指人类聚居空间进化的科学事实，它是按照巢穴、聚落、城市、城市区域、空间城市系统规律进化的。人居空间理论随着人居空间实践发展而发展，它是一个由低级到高级、由简单到复杂的学术体系。人居空间理论创新是人类社会的重要内容，是中国人居空间进化的基础。

人居空间思想决定了中国人居空间模式，人居空间理论创新是现代中国人居思想的根本，所以人居空间理论创新，就成为中国人居空间模式的首要之举。中国人居空间理论创新，在世界居于前沿水平，城市群理论(Urban Agglomerations)在世界城市区域理论中占有重要地位，空间城市系统理论创新，使中国人居空间理论居于世界领先地位。中国空间城市系统控制扎根于中国城市区域实践，立足于空间城市系统理论基础。

第二，中国国家空间思想。

中国国家空间思想的基本原则应该是系统科学、可持续化、生态文明、空间效率，以地方空间为组分基础、国家空间为整体框架、整体涌现性为目的。中国国家空间思想应该具有统一中华民族认识、凝聚各行政区域思想、促进各民族之间团结之功能。中国国家空间思想应该与世界可持续人居空间思想相吻合，达致中国空间、美国空间、欧洲空间，以及世界其他空间的共存和谐格局。

第三，中国国家空间战略。

中国国家空间战略是一个发展的基础性认识，区域观、城市观、城市区域观、空间城市系统观构成了中国空间认识的前见范式、现见范式、预见范式。中国国家空间战略要具备方向性、纲领性、前瞻性、可持续性，它是中国空间规划、空间治理、空间政策的根据。现代中国国家空间战略要具有可持续化、动态性、计算机程序化、序参量役使功能。

中国国家空间法律是中国空间现代化的保障,制定空间法是当代中国空间规划建设的必行之举,中国国家空间法律化将使中国空间治理走在世界前列。中国空间的自然地貌特征为山地与高原占60%,丘陵占1%,盆地与平原占31%。也就是说适宜人类聚居的空间仅占32%,即丘陵、盆地与平原,68%的国土空间不适宜规模性人类聚居。因此,中国国家空间法律是32%宜居国土空间科学合理有效利用的根本保障,它有利于国家完整统一、有利于生态环境保护、有利于消除行政割据、有利于国家现代化治理。

第四,中国空间城市系统原则。

中国空间城市系统应该本着三项基本原则:首先,中国生态环境保护红线。生态环境是不可逾越的红线,任何空间发展都必须坚持人地关系协调、河清山绿地美、环境友好型社会的底线。其次,中国人居空间效率方向。中国宜居人居空间稀缺现实,决定了中国必须坚持效率型人居空间方向,坚持空间联结优先、提升城市职能、控制城市扩张、控制城市化资源消耗与生态投入的基本原则。最后,中国可持续人居空间系统。中国可持续人居空间系统包括聚落、城市、空间城市系统三个部分,城市化产生巨量负面“生态足迹”是世界科学界共识,而空间城市系统前向降低城市化生态足迹,现代聚落后向降低城市化生态足迹。因此,坚持空间城市系统化,坚持“美丽乡村”与“乡村振兴战略”,是中国可持续人居空间系统的必由之路。展望全球空间城市系统发展,中国具有巨大优势,正所谓“风物长宜放眼量,观鱼胜过富春江”。

② 整体协调控制

第一,协调问题提出。

城市区域“行政协调”是一个世界普遍存在的问题,也是中国城市群亟待解决的问题。“行政协调”是历史发展大势所趋,因此中国城市区域“行政协调”就是必须面对与解决的结构性问题。

第二,政治行政分离。

“政治行政二分法”为中国空间城市系统协调控制提供了理论基础,即政治与行政分离原则,中央政府与地方政府担负国家政治职能,而协调机构承担空间城市系统的协调控制功能。所谓“协调控制功能”,一是保持各组分子系统相互配合协调关系,表现为自行整定“内部给定量”,如第7章“空间城市系统协调控制机理”所述,而非对各组分子系统的管治;二是保持空间城市系统闭环反馈控制,这是各组分子系统管治的前提。中央政府治理、协调机构职能、地方政府管理分别表现为国家文本如“中国空间城市系统管理办法”,区域协调文本如“长江三角洲空间城市系统协调办法”,地方文本如“杭州空间城市系统管理办法”。

第三,协调机构设置。

空间城市系统“协调机构”是中央政府的派出机构,拥有跨区域的协调控制权力,它不执行传统意义上的市制行政管辖权,但是拥有空间城市系统组分子系统的协调权。“协调机构”是中国空间城市系统运行的创新，可以做三级改革试点，如沿江空间城市系统、长江三角洲空间城市系统、南京空间城市系统的协调机构。

第四，协调制度构建。

按照制度理论基本原理，空间城市系统“协调制度”应该包括三个部分：首先，空间城市系统协调规则，是指国家意志的法规体现。其次，空间城市系统协调文化，是指跨区域文化的约定俗成。最后，空间城市系统协调实施机制，是指“协调规则”与“协调文化”得以执行的相关制度安排。空间城市系统协调规则、协调文化、实施机制是一个不可分割的有机整体。

③ 整体均衡控制

第一，南北空间发展均衡。

中国南北空间发展失衡是一个客观事实，所谓“南北空间发展均衡”是一种相对均衡，即保持南北空间城市系统的愿景均衡、研究均衡、规划均衡，以促使中国南北空间的均衡发展。所谓“南北空间发展差异”是一种真实差异，即实践差异、阶段差异、规模差异。南北空间发展均衡要达到“以南带北、以南促北、南北协同”的中国空间均衡发展。

第二，东中西空间演化同步。

中国东中西空间演化落差是一个客观事实，所谓“胡焕庸线效应”是也。“东中西空间演化相对同步”是指空间城市系统的愿景同步、研究同步、规划同步，而“东中西空间演化落差”是一种真实落差，即实践落差、状态落差、规模落差，东中西空间演化同步要达到“以东带中、东中助西、东中西联动”的中国空间均衡发展。

第三，多级空间城市系统。

中国空间城市系统都是多级空间城市系统，需要国家空间与地方空间的协调配合，没有中央政府的顶层设计与序参量作用，中国空间城市系统是不可能实现的目标。没有地方政府的配合行动与组分协同，中国空间城市系统同样不可能成为现实。在此，中国具有显著的政治制度优势，有利于中国空间城市系统的协调发展。

中国空间城市系统在时间、空间、规模等方面面临高度复杂化难度，在理论、制度、效率等方面具有巨大优势。因此，只要面对实际国情、按照科学规律办事、差异化处理组分局部性问题，中国空间城市系统实践会走在世界前沿，对世界可持续人居空间系统有较大贡献，这个贡献是可预期的。

2）中国空间城市系统专项控制

（1）空间状态控制

中国空间城市系统空间状态控制主要是指空间城市系统状态变量的空间集聚控制、空间扩散控制、空间联结控制，以及空间城市系统环境变量的地理环境控制、人文环境控制、经济环境控制。可以编制国家空间城市系统空间状态指数报告、空间环境指数报告，供中央政府、协调机构、地方政府决策使用，为科学研究提供翔实事实数据。

（2）空间结构控制

中国空间城市系统空间结构控制主要是指空间结构所属的中心结点控制、联结轴线控制、网络域面控制。中心结点控制需要各组分子系统地方政府协同行动，联结轴线控制需要协调机构重点工作，网络域面控制需要中央政府进行统筹安排。

（3）空间存量控制

中国空间城市系统空间存量控制主要是指空间城市系统的物质存量控制、能量存量控制、信息存量控制。空间存量控制具有两方面的含义：一是动态随机空间存量控制，以便进行空间城市系统状态变量的动态调整；二是定期空间存量控制，为中长期空间城市系统演化目标提供依据。

（4）空间信息集聚

所谓"空间信息集聚"是在指地表空间由于信息集聚形成了新的人居空间结点或促进城市扩张，如乌镇、德清、贵阳。空间信息集聚具有空间信息集聚网络、空间信息集聚轴带、空间信息集聚结点形式，它们是外太空卫星导航系统与地球表面人居空间相结合的产物。地表空间形成信息节点城市如贵阳，通过空间信息集聚网络进行信息集聚、信息扩散、信息连接。"空间信息集聚网络"是一种集中节点（城市）与连接轴线（信息连接带）构成的分布式网络结构。美国的 GPS、欧洲的 Galileo、俄罗斯的 GLONASS，以及中国的北斗卫星导航系统将加速地球表面信息城市的产生与发展。

中国空间城市系统是建立在"中国信息集聚网络"基础之上的，物质、能量、信息是生态文明时代的基本要素，而贵阳、乌镇、德清给中国树立了信息产业发展的榜样，值得我们深思。同样杭州与深圳的崛起也证明了信息产业是发展的发展驱动力。如图 9.3 所示，我们创新定义信息集聚城市，如贵阳、杭州、深圳；创新定义信息集聚轴带，如中国沿长江信息集聚带、中国南部信息集聚带、中国北方信息集聚带、中国东北信息

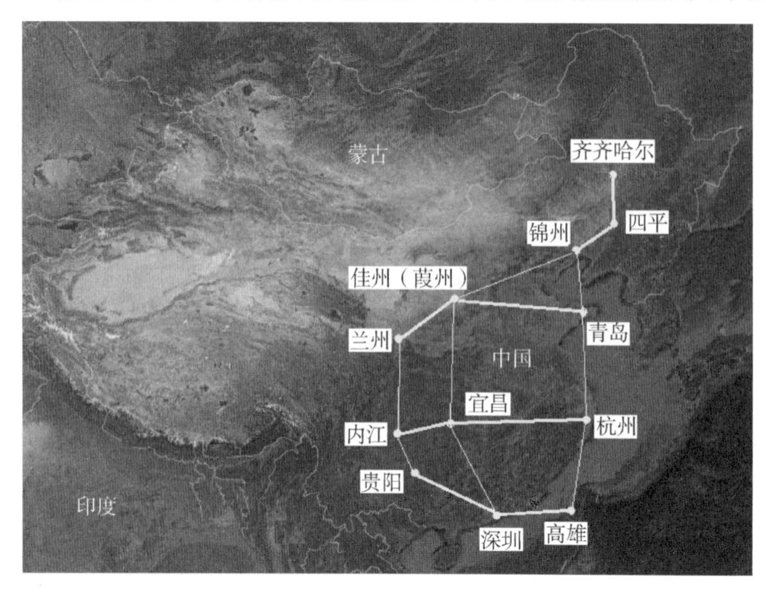

图 9.3　中国信息集聚网络

集聚带;创新定义信息集聚网络,如中国信息集聚网络。如此,完成对中国空间信息的全覆盖。

3）中国空间城市系统控制体系

（1）中国空间城市系统控制体系概念

中国空间城市系统控制体系是中国空间治理的核心,它包括空间战略控制、空间规划控制、空间治理控制、空间政策控制、空间工具控制五个层次,它们构成了中国空间城市系统宏观、中观、微观的完整控制系统,体现了序参量纲领导向、中介管控办法、具体实施措施的分级控制思想。

图 9.4 给出了中国空间城市系统控制的基本框架,中央政府、协调机构、地方政府构成了"控制者",中国空间城市系统控制体系为核心控制方法,信息观测、信息滤波、信息反馈为专业化机构。可以根据中国空间城市系统控制原理,在空间城市系统脑创新基础上,设计中国空间城市系统控制系统,作为中央政府中国空间治理的科学手段。

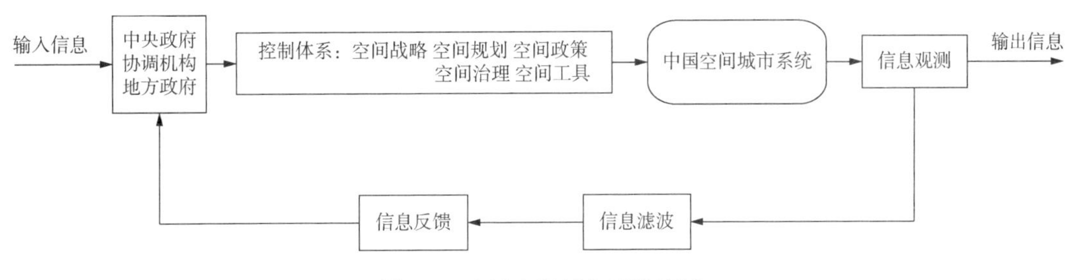

图 9.4 中国空间城市系统控制

（2）空间战略

所谓"空间战略"(spatial strategy)是指对洲际、国家、区域空间做出的全局性筹划,空间立体属性、整体方向属性、预见竞合属性是空间战略基本特征。城市观、城市区域观、空间城市系统观是现代空间战略的三种认识论基础,空间战略要具有竞争优势(competitive advantage)。空间战略依靠空间规划、空间治理、空间政策、空间工具支撑,它们逐次是全局和局部的关系,空间战略是空间控制体系的序参量项目。中国空间战略经历了区域战略、城市群战略两个阶段,将走向空间城市系统战略,世界有欧洲空间战略、美国空间战略、日本空间战略、俄罗斯空间战略等。

（3）空间规划

所谓"空间规划"(spatial planning)是指对洲际、国家、区域地理基质之上的物质要素与社会行为做出的,具有法定地位必须遵守的具有约束力的正式规则。空间规划是空间控制体系的宏观项目,它是规划的现代形式,强调生态环境、人居空间、社会发展的协调共生与可持续性。世界有欧洲空间规划、德国空间规划、荷兰空间规划,以及美国、英国、日本等空间规划模式,中国已经开始"国土空间规划"进程。

（4）空间治理

所谓"空间治理"(spatial governance)是指政府依据空间战略、空间规划、空间政策、空间工具，对所属空间社会做出的政治安排，空间治理包含政府、公民、空间要素的正式规则与非正式规则，它强调协调配合而非管治，生态环境与可持续性是空间治理必须遵守的基本原则。在空间控制体系中，“空间治理”是唯一的行为项目，空间战略、空间规划、空间政策、空间工具均为规则项目。

（5）空间政策

所谓“空间政策”（spatial policy）是指空间治理机构为了实现空间战略、空间规划、空间治理目标，而颁布的空间社会行为准则和具体措施。空间政策具有权威性、时效性、约束性，它是空间控制体系的微观项目。空间政策的实施将直接涉及企业与公民的切身利益，促进空间社会的可持续发展是空间政策的根本目的。

（6）空间工具

所谓“空间工具”（spatial way）是指空间社会为了实现空间战略、空间规划、空间治理、空间政策目标，而实行的具体化技术手段，它是空间控制体系的最底层微观项目。空间工具是改变与发展空间物质与社会的科学方法，要通过学习掌握空间工具。不间断的空间工具创新推动着空间物质与社会的发展，空间工具要被社会、企业、公民广泛的接受并采用。

9.1.4 中美空间城市系统比较研究

1）空间城市系统指数分析方法

（1）综合指数项

所谓“综合指数项”是指综合反映不能直接相加的空间城市系统总体动态的相对数，它主要由牵引力指数、治理指数、协调指数、人口指数、面积指数等个体指数形成。综合指数项所表达的是空间城市系统普遍具有的一般的属性，它是空间城市系统的主体。个体指数是说明空间城市系统基本属性单个方面的变化情况，可以根据主成分分析方法进行个体指数排序选择。综合指数项具体计算方法可以根据相关统计理论求出。

（2）经济指数项

所谓“经济指数项”是指综合反映不能直接相加的空间城市系统经济方面动态的相对数，它主要由高端生产者服务业指数、金融指数、产业指数、经济总量指数等个体指数形成。经济指数项所表达的是空间城市系统经济领域的属性，它是空间城市系统的基础。个体指数是说明空间城市系统经济领域单个方面的变化情况，可以根据主成分分析方法进行个体指数排序选择。经济指数项具体计算方法可以根据相关统计理论求出。

（3）创新指数项

所谓“创新指数项”是指综合反映不能直接相加的空间城市系统创新方面动态的相对数，它主要由研究型高等教育指数、科研创新指数、企业创新指数等个体指数形成。创新指数项所表达的是空间城市系统创生新知识、新文化、新技术的能力，它是空间城市系统的根本。个体指数是说明空间城市系统创新领域单个方面的变化情况，可以根据主成分分析方法进行个体指数排序选择。创新指数项具体计算方法可以根据相关统计理论求出。

（4）空间结构指数项

所谓"空间结构指数项"是指综合反映不能直接相加的空间城市系统空间结构动态的相对数，空间结构指数项包括空间结点指数、联结轴线指数、网络域面指数三项个体指数形成。空间结构指数项所表达的是空间城市系统本体结构属性，它清晰的说明了一个空间城市系统几何形态的基本情况，是空间城市系统重要的整体标度量。空间结构指数项具体计算方法可以根据相关统计理论求出。

（5）整体涌现性指数项

所谓"整体涌现性指数项"是指综合反映不能直接相加的空间城市系统整体涌现性动态的相对数，主要包括空间城市系统分岔指数，如空间巨涨落指数、最小状态熵指数、最大信息量指数、空间要素有序分布指数；空间状态指数，如空间集聚指数、空间扩散指数、空间联结指数；空间存量指数，如物质存量指数、能量存量指数、信息存量指数；空间功能指数，如全球功能指数、国家功能指数、地方功能指数。"整体涌现性指数项"是空间城市系统最本质的性质，是空间城市系统所追求的最高目标。整体涌现性指数项具体计算方法可以根据相关统计理论求出。

（6）可持续指数项

所谓"可持续指数项"是指综合反映不能直接相加的空间城市系统可持续发展方面动态的相对数，主要包括空间城市系统所在空间的生态环境指数、碳排放指数、可持续人居空间系统指数等。"可持续指数项"是一个空间城市系统适宜人类聚居、可再生、友好型环境的重要标度，是空间城市系统前向降低城市化生态足迹的主要指标。可持续指数项具体计算方法可以根据相关统计理论求出。

2）空间城市系统态势分析方法

所谓空间城市系统态势分析，是指空间城市系统优势、良势、均势、弱势、劣势分级分析，即 AGBWI 分析。空间城市系统态势分析表征了空间城市系统状态地位的一种趋势。空间城市系统态势分析是一种基于"个体指数"之上的"指数项"比较分析，属于一种以定量为基础的定性分析框架。

（1）空间城市系统优势分析

在空间城市系统比较分析中，空间城市系统"优势"是指占据比较指数项的绝对优势地位，它包括空间城市系统标度量的定性分析、指数分析、趋势分析。如图 9.5 所示，"优势"表示空间城市系统竞争态势处于胜出地位。

图 9.5　空间城市系统态势分级

（2）空间城市系统良势分析

在空间城市系统比较分析中，空间城市系统"良势"是指占据比较指数项的相对超前地位，它包括空间城市系统标度量的定性分析、指数分析、趋势分析。如图 9.5 所示,“良势”表示空间城市系统竞争态势处于有利地位。

(3) 空间城市系统均势分析

在空间城市系统比较分析中,空间城市系统“均势”是指占据比较指数项的平衡相当地位,它包括空间城市系统标度量的定性分析、指数分析、趋势分析。图 9.5 中的“均势”表示空间城市系统竞争态势处于平等地位。

(4) 空间城市系统弱势分析

在空间城市系统比较分析中,空间城市系统“弱势”是指占据比较指数项的相对落后地位,它包括空间城市系统标度量的定性分析、指数分析、趋势分析。如图 9.5 所示,“弱势”表示空间城市系统竞争态势处于不利地位。

(5) 空间城市系统劣势分析

在空间城市系统比较分析中,空间城市系统“劣势”是指占据比较指数项的绝对落后地位,它包括空间城市系统标度量的定性分析、指数分析、趋势分析。图 9.5 中“劣势”表示空间城市系统竞争态势处于落后地位。

空间城市系统态势 AGBWI 分析,可以用于两个或多个空间城市系统的比较分析,它较好的提供了一种定性分析与定量分析的空间城市系统态势比较框架。

3) 中美空间城市系统比较分析

中国与美国是世界上空间城市系统最集中的空间,中国、美国、欧洲将主导全球人居空间形式的发展。中美两国政治制度不同、文化基础不同、经济体制不同,美国是空间城市系统的开启空间,中国是空间城市系统的后发之地。中国空间联结以高速铁路、航空线路、高速公路为主,美国空间以航空线路、高速公路为主,中美两国都有发达的互联网与手机通信系统。表 9.1 为中美空间城市系统态势比较情况。图 9.6 为中国与美国空间城市系统分布比较。

9.2 中国沿江空间城市系统

9.2.1 沿江空间城市系统环境分析

1) 沿江空间城市系统概念

中国沿江空间城市系统是指沿长江所形成的世界级空间城市系统,沿江空间城市系统是中国最大的空间城市系统,也是世界三大空间城市系统之一。沿江空间城市系统空间形态整体性处于中华人民共和国境内。沿江空间城市系统是一个十级空间城市系统,计有上海、南京、杭州、合肥、宁波、武汉、南昌、长沙、重庆、成都十个一级空间城市系统;长江三角洲空间城市系统为它的五级空间城市子系统;长江中游空间城市系统为它的三级空间城市子系统;成渝空间城市系统为它的二级空间城市子系统。

表 9.1 中美空间城市系统态势比较

类别	空间城市系统名称	综合指数项	经济指数项	创新指数项	空间结构指数项	整体涌现性指数项	可持续指数项	比较分析
序参量型	中国沿江空间城市系统	弱势	劣势	劣势	良势	弱势	弱势	同居世界前三名，美国东部系统领先，中国沿江系统潜力大，中美空间竞合之核心
	美国东部空间城市系统	优势	优势	优势	均势	良势	良势	
主要型	中国南部空间城市系统	良势	良势	均势	劣势	均势	均势	美国西部系统略胜，中国南部系统潜力大，闽台制约变量，中美空间竞合之主体
	美国西部空间城市系统	良势	优势	优势	均势	均势	良势	
骨干型	中国北部空间城市系统	优势	弱势	均势	均势	均势	弱势	中美机会平衡，雄安因素关键，美国铁锈带之困，中美空间竞合之变数
	美加“北部空间城市统”	良势	优势	良势	良势	均势	弱势	
预见型	中国沿河空间城市系统	均势	劣势	劣势	均势	弱势	均势	美国南部系统略胜，中国战略待加强，看谁占据后发优势，中美空间竞合之变数
	美国南部空间城市系统	良势	良势	良势	均势	均势	均势	
预备型	中国东北空间城市系统	优势	劣势	劣势	优势	良势	弱势	中国空间预备力量，占据后发优势，但内外动因欠缺，中美空间竞合之决定变量
	美国空间城市系统余量	劣势	良势	良势	均势	均势	良势	

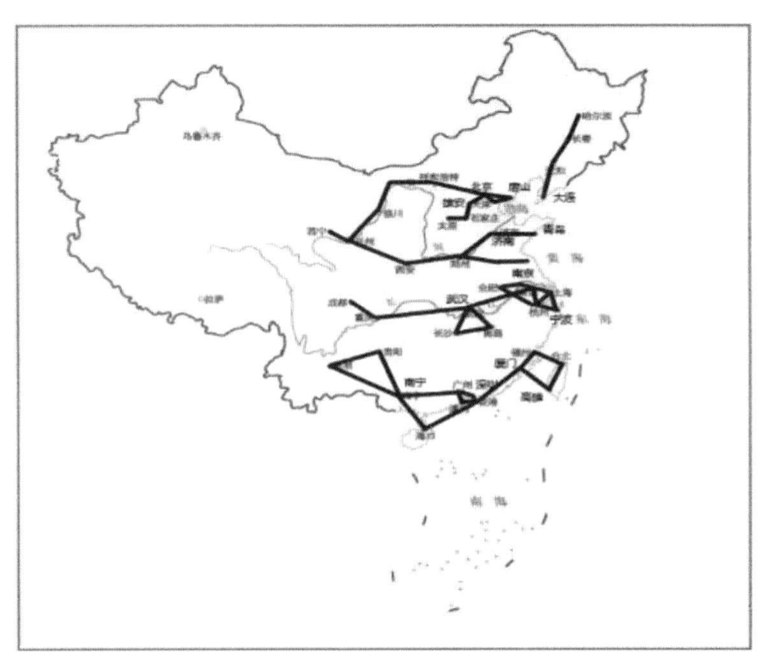

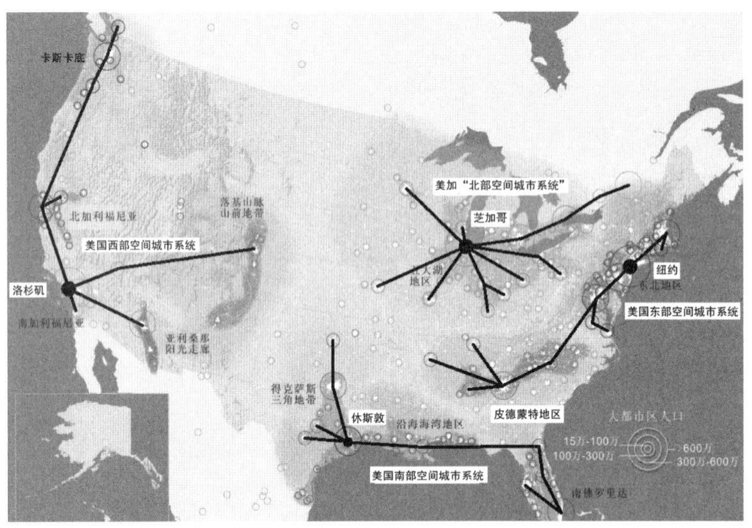

图 9.6　中国与美国空间城市系统分布比较

[源自:笔者根据国家测绘局审图号 GS(2008)1847 号绘制;笔者根据《美国 2050》整理]

2）沿江空间城市系统地理环境

中国沿江空间城市系统完全处于中华人民共和国境内。长江下游平原、长江中游平原与四川盆地,为中国沿江空间城市系统提供了基本地理基质,长江奠定了中国沿江空间城市系统地理环境逻辑的基础。沿江空间城市系统处于相同的纬向地带,具有不同的径向分异气候。如图 9.7 所示,沿江空间城市系统空间形态呈现典型的带状结构,包括长江三角洲空间城市系统、长江中游空间城市系统、成渝空间城市系统三个子系统。

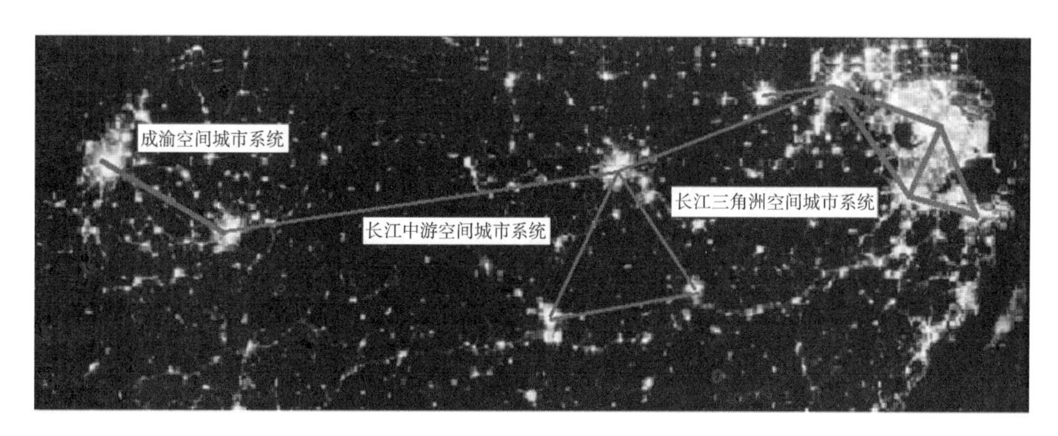

图 9.7 沿江空间城市系统夜间卫星图

3）沿江空间城市系统经济环境

中国沿江空间城市系统经济环境分为三个类型，长江三角洲经济、长江中游经济、成渝区域经济，它们具有差异化的经济发展模式、不同层级的产业结构、巨大落差的经济总量，沿江空间城市系统经济环境呈现“金头铜尾豆腐腰”的特征。

（1）长江三角洲经济

长江三角洲经济是沿江空间城市系统经济的龙头，它已经从传统经济转型现代经济模式，上海与杭州空间经济转型尤其明显，苏南空间经济转型正在进行。产业结构高端化、经济质量提高、经济数量增长是长江三角洲经济的基本发展趋势。长江三角洲空间城市系统经济战略升级，对于长江中游空间城市系统经济、成渝空间城市系统经济，将产生十分重大的关联作用。上海浦东新区、南京江北新区是中央政府对长江三角洲空间城市系统最大的空间资源投入。

（2）长江中游经济

长江中游经济是沿江空间城市系统经济的短板，它的快速崛起直接影响着沿江空间城市系统的成败。中央政府提供了宝贵的城市化空间资源，即长沙湘江新区与南昌赣江新区，这将为长株潭一体化结构、昌九一体化结构奠定坚实的空间基础。经济数量增长、经济质量提高、产业结构优化是长江中游经济发展的当务之急。“长江中游经济”与“长江三角洲经济”的承接，具有地理、产业结构、地域文化等方面的天然优势。

（3）成渝区域经济

成渝区域经济是沿江空间城市系统经济重要组成部分，它的快速发展为沿江空间城市系统奠定了整体性基础。成渝区域经济发展的特点是经济总量好、有尚好的传统产业结构和过渡型经济模式。成渝空间城市系统要有所预见，仅通过要素投入来维持经济高速发展不可能长久，只有快速跨越过渡型经济模式、实现产业结构高端化、走创新驱动之路，才能保持在长江经济带中的地位，推动沿江空间城市系统的发展。产业结构升级、经济质量提高、经济数量提高是成渝区域经济发展的基本趋势。未雨绸缪，成渝空间城市系统经济模式高级化，对于沿江空间城市系统、对于中国空间都有重要示范意义,需知,“中国经济第四极”是要有高端经济发展模式与之相匹配的。中央政府投入的巨量行政与空间资源,即重庆直辖、两江新区、天府新区,为高端经济模式创新奠定了基础,所谓逆水行舟不进则退。

沿江空间城市系统经济总量见图 9.8 所示。

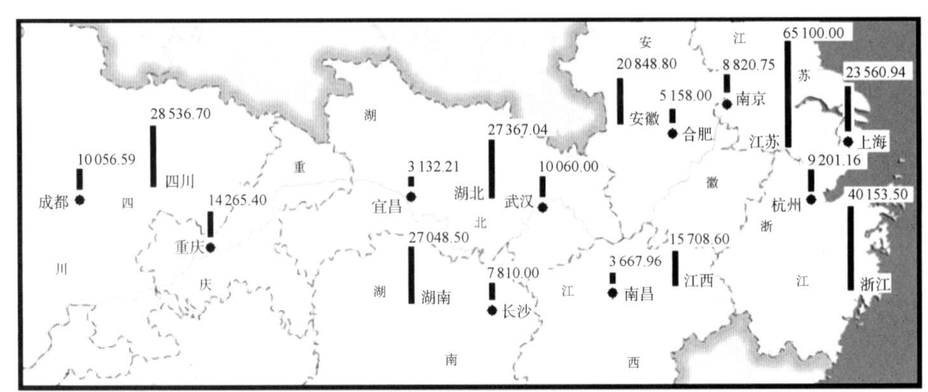

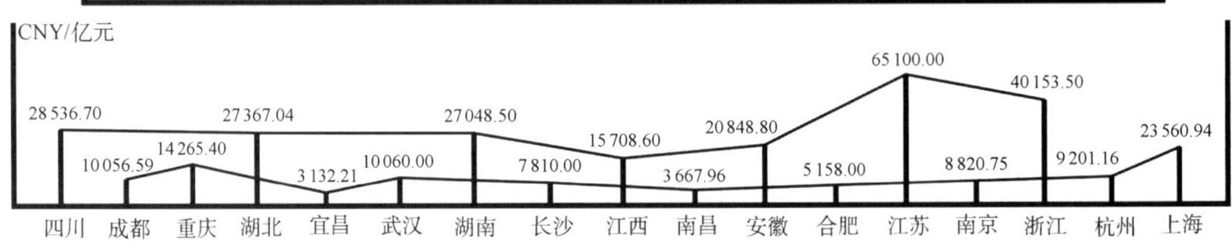

沿江空间城市系统环境经济总量 GDP(2014年)
沿江空间城市系统中心城市经济总量 GDP(2014年)

图 9.8　沿江空间城市系统经济总量

注:2014 年数字仅说明经济关系。

(4) 空间城市系统“经济整体涌现性”

① 人居空间进化与“经济整体涌现性”

“人居空间”的本质是一种客观存在的人地关系,分为巢穴、聚落、城市、城市区域、空间城市系统五种基本形态,每一种人居空间形态都对应着主要的经济模式:巢穴形态对应着渔猎经济模式,聚落形态对应着农业经济模式,城市形态对应着工业经济模式,城市区域对应着信息经济模式,空间城市系统对应着智能经济模式。因此,人居空间形态的进化对应着经济模式的进化,而每一种经济模式必然有其“经济整体涌现性”。则人居空间形态必然与其相应的“经济整体涌现性”相对应,因此空间城市系统必然对应着它的“经济整体涌现性”。

② “经济整体涌现性”实践

在粤港澳空间城市系统广泛存在的“前店后厂”模式,是公认成功的经济模式,其中“前店”指港澳空间结构,“后厂”指珠江三角洲空间结构。“前店后厂”模式的本质就是粤港澳空间城市系统“经济整体涌现性”,港澳空间结构与珠江三角洲空间结构两个组分相结合,产生了单独组分空间结构不具有的“经济整体涌现性”。但是,粤港澳空间城市系统“经济整体涌现性”必须在一定的地理逻辑、人文逻辑、经济逻辑条件基础上产生出来。

在长江三角洲空间城市系统中，中国著名品牌“双钱—回力”轮胎存在着：上海总部—芜湖工厂模式，这也是一种典型的长江三角洲空间城市系统“经济整体涌现性”现象。孤立的上海总部与芜湖工厂，都不可能产生“双钱—回力”品牌效应，而长江三角洲空间城市系统（总部与工厂）“经济整体涌现性”是上海总部与芜湖工厂各自根本不具备的。显然，上海总部—芜湖工厂“经济整体涌现性”只有在长江三角洲空间城市系统（总部与工厂）限定条件下发生。这种总部—工厂“经济整体涌现性”在世界各国是一种普遍现象。

③ “经济整体涌现性”的空间行为动因

空间城市系统“经济整体涌现性”的产生动因是空间城市系统的空间行为，即空间扩散行为、空间联结行为、空间集聚行为。第一，空间扩散行为由高等级城市产生；第二，空间集聚行为被低等级城市接受；第三，空间联结行为在高等级城市与低等级城市之间常态化存在。这样就形成了“空间扩散—空间联结—空间集聚”的动因，导致了空间城市系统“经济整体涌现性”的产生。

④ 空间城市系统“经济整体涌现性”证明

设有空间城市系统 S，令 A 记空间城市系统 S 中全部空间元素构成的集合，以 R 记所有空间元素关系的集合，则空间城市系统 S 可以表示为

$$S = \langle A, R \rangle \tag{9.7}$$

根据系统整体涌现性的基本定义，空间城市系统“经济整体涌现性”可以表述为空间城市系统“经济整体不等于其组分之和”，即有

$$W \neq \sum P_i \tag{9.8}$$

其中，W 表示空间城市系统“经济整体涌现性”，$\sum$ 为加和符号，P 表示空间城市系统的第 i 个城市经济组分。$i = 1, 2, 3, \cdots, n$。则空间城市系统“经济整体涌现性”逻辑推理证明如下：

第一状态：退化情况。即 $W < \sum P_i$，显然空间城市系统条件制止这种情况的发生。

第二状态：停止情况。即 $W = \sum P_i$，这是受系统定义所禁止的，空间城市系统演化不可能停止。

第三状态：进化情况。即 $W > \sum P_i$，空间城市系统在空间扩散行为、空间联结行为、空间集聚行为联合动因作用下，产生大于各个城市组分的“经济整体涌现性”。

结论：一是空间城市系统“经济整体涌现性”一定存在；二是空间城市系统“经济整体涌现性”，在空间行为动因作用下一定会发生；三是空间城市系统“经济整体涌现性”受实践经验制约，一般发展中经济体“经济整体涌现性”要高，发达经济体“经济整体涌现性”要低。

(5) 沿江空间城市系统经济总量及预测

沿江空间城市系统是世界级空间城市系统,拥有长江三角洲城市群这种世界级经济强势地位的经济优势,上海股市集中了中国绝大多数金融资本。沿江空间城市系统整体涌现性将在经济总量上充分体现出来。我们以长江三角洲城市群、长江中游城市群、成渝城市群进入2017年中国前100位GDP城市统计,以沿江空间城市系统其他节点城市经济总量为预备总量。以沿江空间城市系统常规GDP增长率6%计算,以沿江空间城市系统整体涌现性增长率3%保守计算,以2027年为目标预测年份采用保守计算方法,得到沿江空间城市系统经济总量及预测结论,亦即经过十年演化到2027年,沿江空间城市系统经济总量将达到47.5万亿元,居于世界领先水平(表9.2)。

表9.2　沿江空间城市系统经济总量及预测

沿江空间城市系统	2017年GDP(亿元)	年增长率(%)	2027年预计GDP(亿元)
长江三角洲空间城市系统	165 241	9	313 957.9
长江中游空间城市系统	51 379	9	97 620.1
成渝空间城市系统	33 420	9	63 498
合计	250 040	—	475 076

4)沿江空间城市系统人文环境

沿江空间城市系统人文环境的基础是巴蜀文化、荆楚文化、湘赣文化、吴越文化,它们自西向东分布于长江流域。"新长江带文化"是沿江空间城市系统文化发展的趋势,它将成为中华文明序参量的领导型文化。

(1) 吴越文化

吴越文化是长江三角洲的基础文化,海派文化是它的近现代版,开放文化是长江三角洲文化的当代特征,浦东新区、上海自贸区、杭州区域信息产业,给长江三角洲文化提供了未来发展趋势。徽文化、皖江文化、庐州文化是长江三角洲文化的近邻文化,它们共同将发展出"新长江三角洲文化",作为长江三角洲空间城市系统人文环境的基础。

(2) 荆楚文化与湘赣文化

"荆楚文化"与"湘赣文化"是长江中游空间城市系统人文环境的基础。无论是筚路蓝缕精神的荆楚文化,还是厚重保守传统的湘赣文化,都要置于长江中游空间城市系统人文环境的大背景中。唯此方能将传统文化、近现代文化、当代文化之精髓汇聚成"新中三角文化"。"新中三角文化"将成为"新长江带文化" 之主体,成为沿江空间城市系统人文环境基础。在"新中三角文化"培育建设方面,长江中游空间城市系统可以采用跨越战略,探索出一条人文发展之路。

(3) 巴蜀文化

巴蜀文化是成渝空间城市系统人文环境的基础,"巴进取精神"与"蜀兼容特性"、"宗教思想"与"盆地意识"都要进化成未来的"新成渝文化"。中央政府投入了巨量行政与空间资源,重庆直辖、两江新区、天府新区将成为“新成渝文化”的孕育空间。“新成渝文化”是“新长江带文化”不可或缺的重要组成部分。

(4) 长江带文化演进

“长江文化”与“黄河文化”是华夏文化的两个源头,代表了中国南方与北方文化(表 9.3)。长江文化根基主要为巴蜀文化、荆楚文化、湘赣文化、徽皖庐文化、吴越文化;而成渝文化、长江中游文化、长江三角洲文化构成了现代长江文化的三个组成部分。

刘易斯·芒福德(Lewis Mumford)指出:城市是文化容器,更是新文明的孕育所,一代新文明必然有其自己的城市。储存文化、流传文化、创造文化是城市的基本使命,城市的基本功能在于流传文化和教育人民。①

沿江空间城市系统是未来“新长江带文化”的容器,“新长江带文化”的孕育与成熟,是一个随沿江空间城市系统发展而发展的客观历史进程。“新长江文化”与“新黄河文化”将形塑中华民族未来的新文明。

表 9.3 长江带文化演进

区域范围	文化根基	现代文化	文化创新	文化方向
长江三角洲	吴越文化 徽皖庐文化	长江三角洲 文化	新长江三角洲文化	新长江带 文化
长江中游	荆楚文化 湘赣文化	长江中游 文化	新中三角文化	
成渝区域	巴蜀文化	成渝文化	新成渝文化	

9.2.2 沿江空间城市系统演化分析

1) 沿江空间城市系统本体分析

(1) 沿江空间城市系统空间形态

如图 9.9 所示,沿江空间城市系统空间形态拓扑整体呈条带状分布,长江三角洲空间城市系统呈三角形+分布,长江中游空间城市系统呈三角形分布,成渝空间城市系统呈双核形分布。长江为沿江空间城市系统的基本脉络线,图中表示为沿粗实线向结点展开。

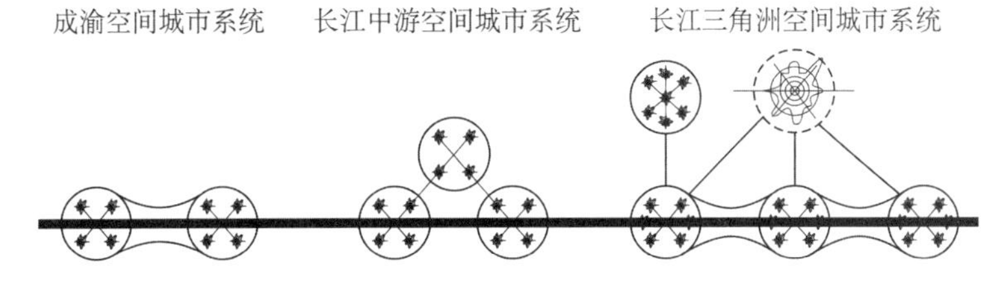

图 9.9 沿江空间城市系统空间形态拓扑图

① 参见:刘易斯·芒福德.城市发展史:起源、演变和前景[M].宋俊岭,倪文彦,译.北京:中国建筑工业出版社,2005:12-14。

(2) 沿江空间城市系统空间结构

如图 9.10 所示,沿江空间城市系统空间结构包括“长江三角洲空间城市系统”“长江中游空间城市系统”“成渝空间城市系统”三个子系统,以及上海牵引城市 TC,南京、武汉、重庆主导城市 LC,杭州、合肥、宁波、长沙、南昌、成都主中心城市 MC,苏州、宜昌、内江等辅中心城市 AC,昆山、黄石、万州等基础城市 BC。

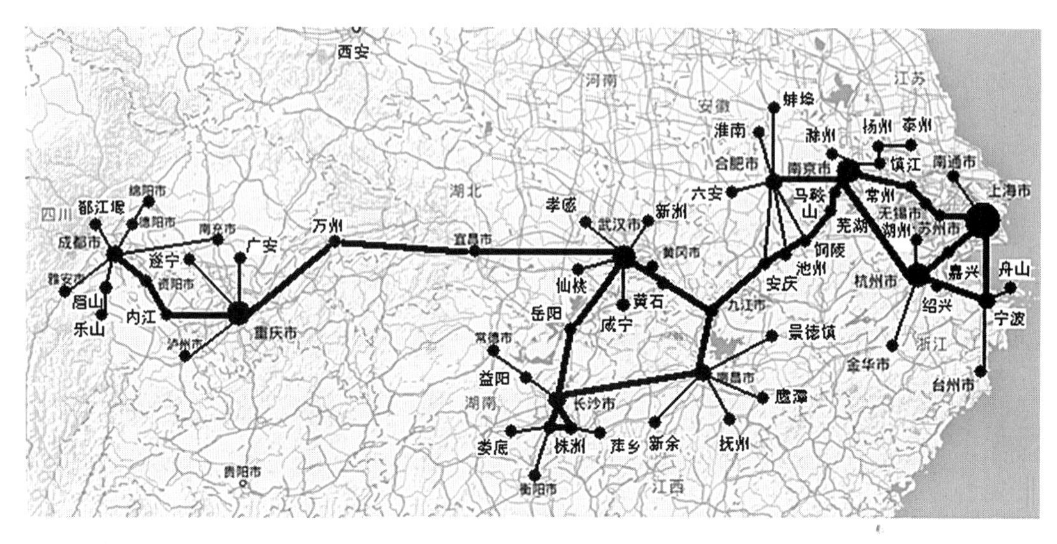

图 9.10　沿江空间城市系统空间结构

2) 沿江空间城市系统比较分析

如表 9.4 所示,对长江三角洲空间城市系统、长江中游空间城市系统、成渝空间城市系统做比较研究,可以得出以下结果:

(1) 地位比较

就综合指标比较而言,长江三角洲空间城市系统处于第一集团,成渝空间城市系统处于第二集团,长江中游空间城市系统处于第三集团。

(2) 环境比较

就环境指标比较而言,长江三角洲空间城市系统、长江中游空间城市系统、成渝空间城市系统具有相近的平原与盆地地貌环境。长江三角洲空间城市系统、成渝空间城市系统、长江中游空间城市系统具有错时段的互补型经济结构、产业结构。长江三角洲空间城市系统、长江中游空间城市系统、成渝空间城市系统,具有各自的地方根基文化与现代文化,共同发展趋向“新长江带文化”。

(3) 态势比较

就态势比较而言,长江三角洲空间城市系统居于优势地位,成渝空间城市系统居于良势地位,长江中游空间城市系统居于劣势地位。

(4) 演化比较

就演化状态比较而言,长江三角洲空间城市系统处于近耗散态中期,成渝空间城市系统处于近耗散态早期,长江中游空间城市系统处于近平衡态发展阶段。

表 9.4 沿江空间城市系统比较

<table>
<tr><th>名称</th><th>演化状态</th><th>经济指数项</th><th>空间联结指数</th><th>空间结构指数项</th><th>整体涌现性指数项</th><th>预计分岔</th><th>比较分析</th></tr>
<tr><td>长江三角洲空间城市系统</td><td>近耗散</td><td>优势</td><td>优势</td><td>优势</td><td>优势</td><td>首先</td><td rowspan="3">地位：长江三角洲第一集团，成渝第二集团，中三角第三集团；
环境：地貌环境相近，经济结构互补，文化发展同向；
态势：长江三角洲优势，中三角劣势，成渝良势；
演化：长江三角洲与成渝近耗散态，中三角近平衡态，相差一个段位；
结论：中三角为短板，根据“木桶原理”中三角演化决定沿江空间城市系统分岔</td></tr>
<tr><td>长江中游空间城市系统</td><td>近平衡</td><td>劣势</td><td>劣势</td><td>劣势</td><td>劣势</td><td>最后</td></tr>
<tr><td>成渝空间城市系统</td><td>近耗散</td><td>良势</td><td>优势</td><td>优势</td><td>良势</td><td>其次</td></tr>
</table>

(5) 比较结论

综合上述比较项，得出长江三角洲空间城市系统、长江中游空间城市系统、成渝空间城市系统比较分析结论：长江中游空间城市系统为沿江空间城市系统发展短板。因为长江三角洲空间城市系统与成渝空间城市系统都处于临近分岔的近耗散态发展阶段，根据“木桶原理”，长江中游空间城市系统是决定沿江空间城市系统分岔的因素。

3）长江中游空间城市系统进化分析

经过长江三角洲空间城市系统、长江中游空间城市系统、成渝空间城市系统的比较研究，可以发现长江中游空间城市系统是沿江空间城市系统发展的短板。因此，“木桶原理”说明沿江空间城市系统整体涌现性的产生，既要具有“优势”与“良势”状态，更要发现“劣势”与“弱势”环节。改进“劣势”与“弱势”环节，是催生沿江空间城市系统整体涌现性的必要行动。因此，“空间规划”的动态调整是空间城市系统规划的必须行为。

(1) 强化空间集聚动因

对于长江中游空间城市系统：其一，武汉空间城市系统。武汉主导城市 LC 城市职能亟待提高，强化高端生产者服务业空间集聚。可以借助长江新区空间资源投入，形成华中区域物质、能量、信息的中心节点。其二，如后续“图 9.16 沿长江信息集聚带”所示，在宜昌、荆州、荆门规划与建设“中三角信息集聚空间”。在坚决控制城市空间扩张的前提下，发展信息、大数据、云计算等相关产业，走“杭州—乌镇—德清”的信息产业发展之路。其三，长沙空间城市系统。借助湘江新区空间资源投入，提高经济总量，加强城市职能。其四，南昌空间城市系统。借助赣江新区空间资源投入，提高经济总量，加强城市职能。

总之，长江中游空间城市系统提高经济总量、强化大城市职能、强化物质能量与信息集聚，是改变“劣势”与“弱势”到达“均势”与“良势”，今后长中短期的奋斗目标。

(2) 强化空间扩散动因

长江中游空间城市系统空间扩散具有承接与释放两重含义，一是承接长江三角洲的经济产业要素的扩散，二是向周边扩散适当的经济产业要素。“强化空间扩散”是提高武汉、长沙、南昌城市职能的必要之举，没有空间扩散就没有高端经济产业结构的建立。因此，强化空间扩散动因是长江中游空间城市系统加快发展的内在动力，所谓“不舍不得”是也。

(3) 强化空间联结动因

长江中游空间城市系统空间联结战略，可以表示为“承东启西、承上启下、南北连接”。首先，承上启下：沿长江向上游强化陆地联结、空中联结、江上空间联结，沿长江向下游强化陆地联结、空中联结、江上空间联结。其次，承东启西：承接“长江三角洲信息集聚空间”成功经验，规划建设“中三角信息集聚空间”高地。如图 9.16 所示，形成“沿长江信息集聚带”中枢控制节点，实现信息流的东西双向加压、加速、加量流动。最后，南北连接：坚决贯通武汉—长沙、武汉—南昌、长沙—南昌主干联结通道，实现人流、物流、信息流的快速联结。

4) 沿江空间城市系统整体进化分析

(1) 强化空间联结

沿江空间城市系统空间联结可以表述为陆地联结、空中联结、江上联结。其中，空间联结短板计有：主干联结轴南京—武汉、武汉—重庆；次级主联结轴南京—合肥、南京—杭州，以及武汉—长沙、武汉—南昌、长沙—南昌。这些空间联结短板的补齐，将快速提高沿江空间城市系统空间结构的形成，促进长江三角洲空间城市系统、长江中游空间城市系统、成渝空间城市系统，以及沿江空间城市系统整体涌现性的产生。

(2) 空间状态进化

沿江空间城市系统空间状态进化主要有如下细分项：加速完成长江中游空间城市系统近平衡态演化阶段，加快长江三角洲空间城市系统和成渝空间城市系统演化的近耗散态阶段。加快长江三角洲空间城市系统、长江中游空间城市系统、成渝空间城市系统各个子系统分岔，以促进沿江空间城市系统母系统分岔，达致沿江空间城市系统耗散结构，激发整体涌现性。沿江空间城市系统空间状态进化需要强化城市职能集聚、控制城市化空间扩张，物资、资金、生态、空间构成四项基本投入。增强“生态与空间资源”认知，对于生态资源、空间资源使用，要进行投入产出分析争取最大效益化。

9.2.3 沿江空间城市系统控制分析

1) 人居生态圈层原理

本节我们在“人居生态圈层原理”的基础上，阐述对“沿江空间城市系统生态环境控制”的重要实践问题，前者为方法论，后者才是我们的立意所在。

(1) 人居空间圈

如图 9.11 所示，“人居空间圈”(HSC)是以人类聚居为主所形成的地表空间范围，它以人工干预他组织主导，呈现微观与中观地理尺度，如聚落、城市、城市群。人居空间圈是人类社会活动的主要场所，以人体、建筑、城市道路等人工景观为主，它的演化经过了巢穴形态、聚落形态、城市形态、空间城市系统形态四个阶段。

(2) 过渡空间圈

如图 9.11 所示,“过渡空间圈”(TSC)是人类聚居与自然生态混合的地表空间范围,一般情况下它以自然自组织规律为主导,人工干预他组织为辅助,呈现中观与宏观尺度地理尺度,如城镇外围、城市郊区、城市群之间的廊道。过渡空间圈是人类社会与自然生态共生共存的场所,以农田、道路、水库等人类活动景观为主。

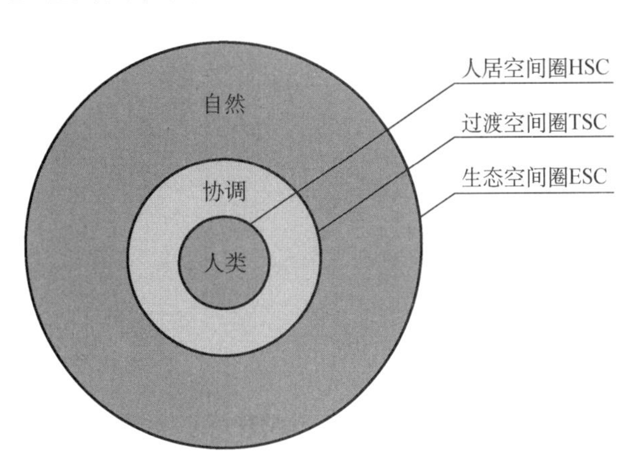

图 9.11　人居生态圈层

(3) 生态空间圈

如图 9.11 所示,“生态空间圈”(ESC)是以自然生态为主所形成的地表空间范围,它以自然自组织规律主导,呈现宏观与巨观地理尺度,如平原、盆地、山区(人居空间除外范围)。生态空间圈以自然生态景观为主,如河流、土地、山陵、动植物。生态空间圈是自然生态的场所,即动植物活动的场所,人类是生态空间圈的客人。

(4) 人居生态圈层关系

“人居生态圈层关系”是指人居空间圈、过渡空间圈、生态空间圈之间的关系,其本质是人与自然生态的关系。人居生态圈层关系主要包括:第一,独立地位。人居空间圈、过渡空间圈、生态空间圈在地表空间,各有其独立地位、运行规律、人类与自然法则。第二,协调关系。人居空间圈、过渡空间圈、生态空间圈是一种地理尺度递进的嵌套结构。它们保持着人类与自然的协同关系,人依自然而生、自然受人保护。第三,相互作用。人居空间圈、过渡空间圈、生态空间圈保持着基础作用、依存作用、协调作用。生态空间圈是过渡空间圈与人居空间圈的基础,过渡空间圈是人居空间圈的基础。人类社会靠自然生态而生存,自然生态靠人类社会保护。人类对自然资源的开发,对地理空间的利用,都体现了自然生态对人类的贡献,而可持续原则又体现了人类对自然的尊重,因此人类与自然生态协调存在是天之常理。“人居生态圈层原理”告诫我们,“人居空间圈”是可以开发的,“过渡空间圈”是有条件开发的,“生态空间圈”是禁止开发的。

(5) 城市化生态环境投入

① 初始生态环境

所谓“初始生态环境”是指地表空间开发或者扩张开发行为之前的生态环境,例如对城市化扩张而言就是指扩张前的生态环境,显然有

$$\text{城市化生态环境投入} = \text{初始生态环境存量} - \text{目的生态环境存量} \tag{9.9}$$

城市化生态环境投入是以牺牲人居空间的生态环境为代价的,要进行认真的投入

产出效益分析，原则上说“城市化生态环境投入”越少越好。从“初始生态环境”到“目的生态环境”，一般有如下关系。

$$初始人居生态空间圈 \neq 目的人居生态空间圈 \tag{9.10}$$

公式(9.10)有以下三种可能的基本情况发生：

第一，初始人居生态空间圈 ≫ 目的人居生态空间圈，解读为城市化开发“生态环境投入”成本很高，要强化投入产出比分析，降低“生态环境投入”成本。

第二，初始人居生态空间圈 > 目的人居生态空间圈，解读为城市化开发具有“生态环境投入”，需要加强“生态环境投入”控制，将其限制在“控制精度指标”之内，参见第7章“控制性能指标体系”相关内容。

第三，初始人居生态空间圈≈目的人居生态空间圈，解读为城市化开发只有少量“生态环境投入”，这是极为理想的一种情况，但是仍然需要监视控制，将其限制在“控制精度指标”之内。

② 生态环境系统

“生态环境系统”是指影响人居空间生存与发展的生态资源以及气候资源数量与质量的总称，它是由生态因素、环境因素合称为“生态环境因素”，以及它们的关系所构成的一个大系统，可以表示为

$$生态环境系统 = \langle \{生态环境因素\} \quad 关系\rangle \tag{9.11}$$

即

$$EES = \langle \{EEF\} \quad R\rangle \tag{9.12}$$

其中，EES 表示人居空间“生态环境系统”，$\{EEF\}$表示生态环境因素集合，R 表示生态环境因素关系。而生态环境因素可以表示为一个因素序列

$$生态环境因素 = \{因素序列\} \tag{9.13}$$

则有

$$EEF = \{X_i\} = \{x_1, x_2, \cdots, x_n\} \tag{9.14}$$

这样，人居空间“生态环境系统”问题，就简化成人居生态圈层生态环境因素的问题了，也就是确认一个生态环境因素序列，及其各因素之间的简单关系。

③ “人居生态圈层”因素

第一，人居空间圈因素。

人居空间圈因素也就是可以进行开发的生态环境因素，表示为

$$HSCF = \{X_i\} = \{x_1, x_2, \cdots, x_n\} \tag{9.15}$$

第二，过渡空间圈因素。

过渡空间圈因素也就是有条件控制开发的生态环境因素，表示为

$$TSCF = \{X_i\} = \{x_1, x_2, \cdots, x_n\} \tag{9.16}$$

第三，生态空间圈因素。

生态空间圈因素也就是禁止开发的生态环境因素，表示为

$$ESCF=\{X_i\}=\{x_1,\ x_2,\ \cdots,x_n\} \tag{9.17}$$

生态环境因素序列$\{X_i\}$，包括人居空间圈因素、过渡空间圈因素、生态空间圈因素，是人居空间生态环境的根本，各因素之间关系的协调决定了人居空间生态环境的好坏。这样根据$\{x_1,\ x_2,\ \cdots,x_n\}$若干因素，以及若干简单关系，就可以进行人居空间生态环境系统 EES 的微调，从而达到对人居空间生态环境的控制调整。

(6) 目的生态环境

所谓“目的生态环境”是指地表空间开发或者扩张开发行为之后的生态环境，例如对城市化扩张而言就是指扩张后的生态环境，显然有

目的生态环境存量＝初始生态环境存量－城市化生态环境投入成本量 (9.18)

注意，“城市化生态环境投入成本量”是人力、物质、能量、资本、生态资源的总和，它是一个总消耗概念，生态投入成本是其中最重要的部分。即公式(9.18)是公式(9.10)的扩张，不是其原来含义。“目的生态环境存量”越高越好，人居空间开发要实现可调整、可控制、可持续的生态环境目标。须知，生态环境的恢复成本要远远高于破坏成本，因此“长江带生态环境闭环控制系统”就是一个很重要的提前量控制措施(图 9.12)。

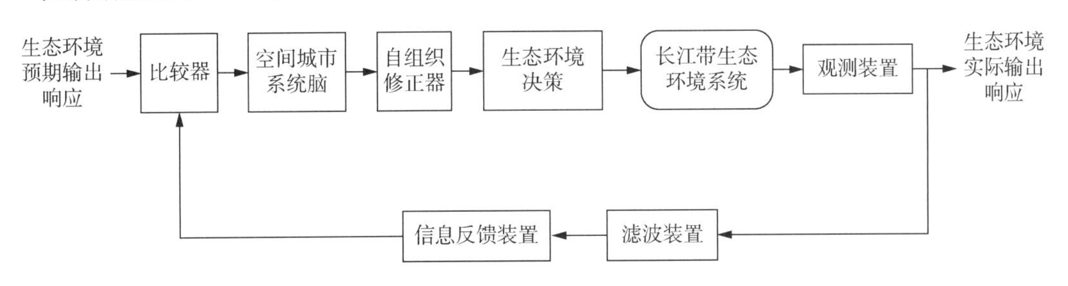

图 9.12　长江带生态环境闭环控制系统

2) 沿江空间城市系统演化状态控制

(1) 沿江空间城市系统“演化状态空间”建构

如图 9.13 所示，沿江空间城市系统演化所有状态构成的集合称为它的“演化状态空间”，我们以空间集聚变量 x、空间扩散变量 y、空间联结变量 z 张成。沿江空间城市系统“演化状态空间”不能与真实的物流空间混淆，它是用来对沿江空间城市系统演化状态进行直观描述的，“演化状态空间”中的每一个坐标点，即每一组数值 $f(x,\ y,\ z)$就代表沿江空间城市系统的一个状态，或称为一个相点。

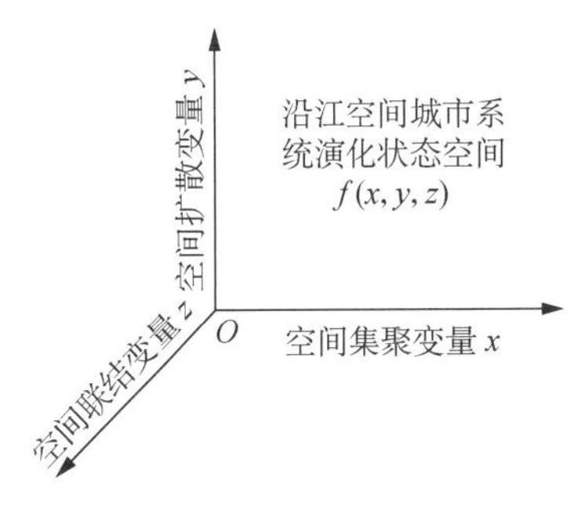

图 9.13　沿江空间城市系统演化状态空间

上述“沿江空间城市系统演化状态空间”构建，可

用于沿江空间城市系统演化的动因分析、演化分析、控制分析、信息分析等。

(2) 沿江空间城市系统演化状态变量控制

如图 9.14 所示为“沿江空间城市系统演化状态闭环控制系统”，通过该控制系统我们就可以实现对上述“沿江空间城市系统演化状态空间”的有效控制，即对沿江空间城市系统的空间集聚变量 x、空间扩散变量 y、空间联结变量 z 实现有效控制，进而调整沿江空间城市系统演化状态，实现有节奏、有顺序、系统性、预留性的开发。

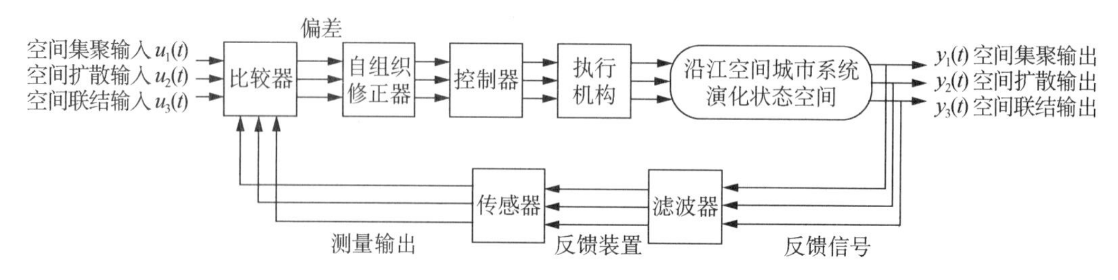

图 9.14 沿江空间城市系统演化状态闭环控制系统

如前所述，长江带生态环境必须实行储备型利用战略，坚决禁止生态资源的一次性、过早性投入。沿江空间城市系统的空间资源投入，也要严格计算投入产出比，在城市化收益≫空间投入成本的情况下，方可进行限量空间资源投入，因为空间资源是不可再生性资源，是不可逆转类型资源。

上述措施适用于重庆两江新区、成都天府新区、长沙湘江新区、南昌赣江新区、南京江北新区的开发建设，也适用于武汉长江新区、合肥滨湖新区、宁波杭州湾新区的开发建设。生态资源与空间资源控制是一个经常性的、制度性的十分重要的工作，对此中央政府与地方政府必须有清醒认识。因为沿江空间城市系统已经是全流域性的进行大规模大城市生态资源投入与空间资源投入，慎之！慎之！慎之！

(3) 沿江空间城市系统演化状态

在沿江空间城市系统中，就现在状态判断“长江三角洲空间城市系统”处于近耗散态线性区演化状态，“长江中游空间城市系统”处于近平衡态演化状态，“成渝空间城市系统”处于近平衡态演化状态。沿江空间城市系统整体处于初始发展阶段的近平衡态演化状态，还要经过近耗散态、分岔，才能到达沿江空间城市系统耗散结构终极状态。因此，中央政府与地方政府应该加强沿江空间城市系统的空间规划、空间治理、空间政策，推动中国沿江空间城市系统的发展进程。

3) 沿江空间城市系统空间结构控制

(1) 空间结构控制任务

如图 9.15 所示，沿江空间城市系统空间结构控制任务分为“分项结构”控制与“整体结构”控制：其中，“分项结构”控制包括中心结点结构指数 x_p 控制、联结轴线结构指数 x_a 控制、网络域面结构指数 x_n 控制。“整体结构”控制包括空间环境结构指数 X_1 控制、空间形态结构指数 X_2 控制、整体涌现性结构指数 X_3 控制。

（2）城市中心结点控制

沿江空间城市系统城市中心结点控制包括五个层次：第一，上海牵引城市 TC 控制。第二，南京、武汉、重庆主导城市 LC 控制。第三，杭州、合肥、宁波、长沙、南昌、成都主中心城市 MC 控制。第四，苏州、宜昌、内江等若干辅中心城市 AC 控制。第五，昆山、黄石、万州等若干基础城市 BC 控制。沿江空间城市系统中心城市结点控制，主要是对城市中心结点的空间集聚变量 x、空间扩散变量 y、空间联结变量 z 进行控制，如图 9.15，从而控制中心结点城市的状态。“城市中心结点控制”是沿江空间城市系统空间结构控制任务的第一控制基本项。

（3）联结轴线控制

沿江空间城市系统联结轴线控制包括两个层次：第一，主干联结轴线控制，如上海—南京—武汉—重庆—成都空间联结轴线控制。第二，分支联结轴线控制，如南京—镇江—扬州—泰州空间联结轴线控制。沿江空间城市系统联结轴线控制，主要是对空间流与空间流渠道的控制，如对人员流、物资流、信息流、资金流、能源流控制，如对通信光纤渠道、航空线路渠道、高速铁路渠道以及高速公路渠道、高速互联网渠道、特高压输电线路渠道控制。“联结轴线控制”是沿江空间城市系统空间结构控制任务的第二控制基本项。

（4）空间结构网络域面控制

沿江空间城市系统网络域面控制包括两个层次：第一，沿江空间城市系统网络域面控制。第二，各级子系统网络域面控制，如成渝空间城市系统网络域面控制。沿江空间城市系统网络域面控制，主要是对沿江空间城市系统整体状态控制，是对环境指数（包括自然变量、人文变量、经济变量）、空间形态指数、整体涌现性指数（包括政治指数、经济指数、文化指数、社会指数、生态环境指数）的控制。“网络域面控制”是沿江空间城市系统空间结构控制任务的第三控制基本项。

如图 9.15 所示，给出了沿江空间城市系统空间结构控制的“闭环控制系统”，其中“中央政府”与“沿江协调机构”是关键控制环节。沿江空间城市系统空间结构控制是一个长期性的行为，特别是在沿江空间城市系统与各级子系统的发展阶段，空间结构控制是它们必须具备的基本前提性措施，决定着沿江空间城市系统产生、发展、成熟的全过程。

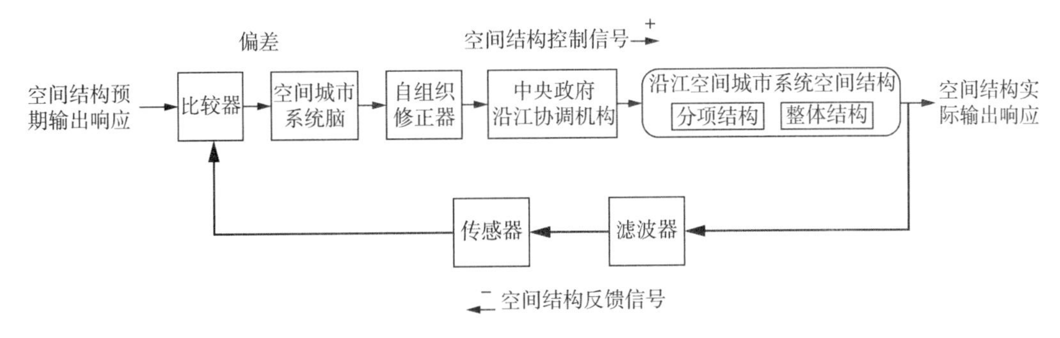

图 9.15　沿江空间结构闭环控制系统

9.2.4 沿江空间城市系统信息分析

1）信息人居空间化

物质、能量、信息是生态文明时代的基本要素，“信息、能源、材料”被称为当代世界的三大资源。美国“Facebook”信息事件、英航乘客信息事件，说明了信息在社会维度的现实性意义，中国贵阳、乌镇、德清信息城市与城镇，说明了信息在人居空间维度的现实意义。根据世界与中国信息的现实作用，我们得出“信息人居空间化”的预见性结论，即信息集聚网络、信息集聚带、信息区域、信息城市、信息城镇开始涌现。“信息人居空间”是外太空卫星导航系统与地球表面人居空间相结合的产物，是以信息资源为基础的，包括信息产业、信息空间、信息技术、信息本体等。“信息人居空间”涌现是一个信息与人居空间相结合的重大事件，具有理论与实践的双重意义。

2）沿长江信息集聚带

如图 9.16 所示，所谓“沿长江信息集聚带”是指沿长江带将涌现的“信息人居空间化”现象，它包括“长江三角洲信息集聚空间”“中三角信息集聚空间”“成渝信息集聚空间”。地理基质基础、经济总量基础、信息集聚带基础将成为沿江空间城市系统的三大基础，而且也将是世界空间城市系统产生、发展、成熟的关键性标度量。

3）沿长江信息集聚带演化预见

如图 9.16 所示，长江带“信息人居空间化”可以分为三个演化阶段：

第一阶段，长江三角洲信息集聚空间。“杭州—乌镇—德清”信息集聚空间已经是一个客观存在，实现了信息资源的“杭州—乌镇—德清”空间集聚，初步形成了信息产业、信息空间、信息技术、信息本体的雏形。

第二阶段，“中三角信息集聚空间”与“成渝信息集聚空间”。

“宜昌—荆州—荆门”空间，处于沿江空间城市系统中间是中国空间的中心，具有最佳的国家级信息中心地理区位。该空间是沿江空间城市系统生态环境禁止破坏区域，是人居空间控制开发区域。信息数据是“信息人居空间化”的核心，因此信息资源本质属性符合了“宜昌—荆州—荆门”空间开发的“生态环境”与“人居空间控制”两个基本限制性条件。“内江—资阳—自贡”空间处于重庆与成都之间，是中国西南区域的中心，具有最佳的副国家级信息中心地理区位。信息产业、信息空间、信息技术、信息本体将极大促进“内江—资阳—自贡”的信息人居空间化。

第三阶段，中国“沿长江信息集聚带”。它是“信息人居空间”涌现的产物，是世界第一个信息空间集聚带。对于外太空卫星导航系统与地球表面人居空间相结合效应具有全球性意义。其中，信息空间、空间信息量、动因信息、演化信息、控制信息等空间信息理论创新将得到实践与完善。“沿长江信息集聚带”是一个具有实践意义的重大创新，是沿江空间城市系统的基础，因此中央政府、沿江协调机构、地方政府要有超前意识，在空间规划、空间治理、空间政策、空间工具方面给予强有力的支持。

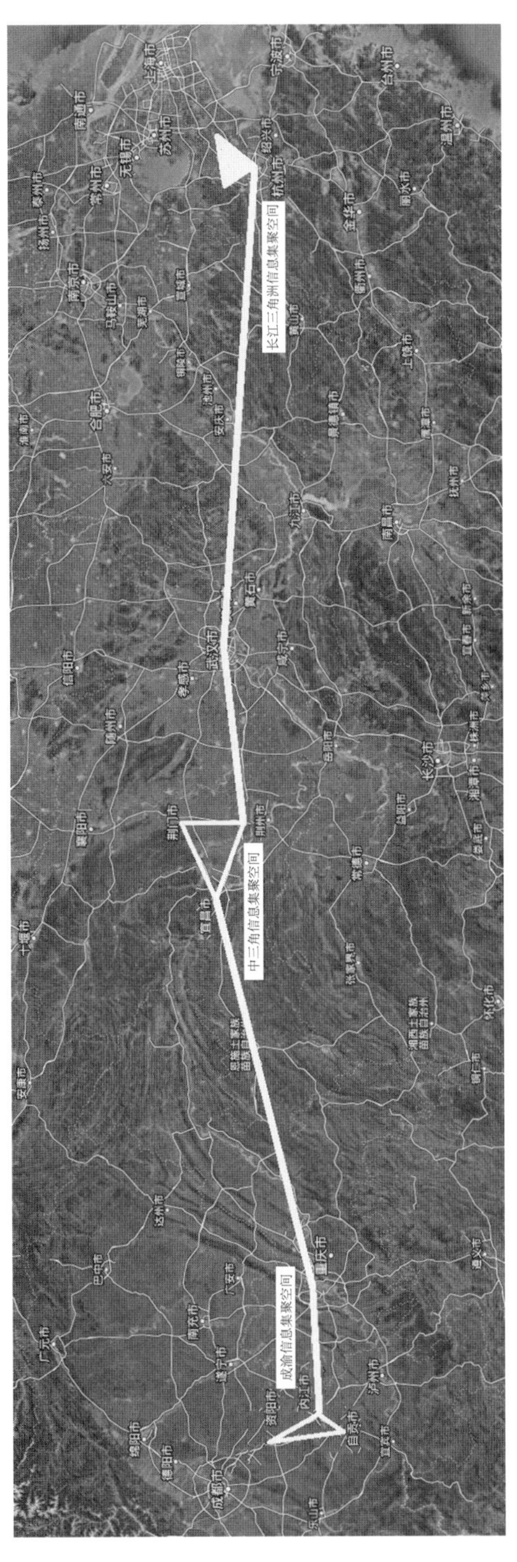

图 9.16　沿长江信息集聚带

9.3 中国南部空间城市系统

9.3.1 南部空间城市系统本体论

1）南部空间城市系统定义

（1）南部空间城市系统概念

如图 9.17 所示，中国“南部空间城市系统”是中华人民共和国辖区内的十一级空间城市系统，它是一个世界级空间城市系统。南部空间城市系统包括香港、广州、澳门（珠海）、深圳、海口、台北、高雄、福州、厦门、南宁、贵阳、昆明 12 个一级空间城市系统；它们又构成粤港澳琼五级空间城市系统、闽台四级空间城市系统、南贵昆三级空间城市系统。南部空间城市系统城市体系包括：香港牵引城市 TC，广州主导城市 LC，台北主导城市 LC，深圳主导城市 LC，福州、高雄、厦门、澳门（珠海）、海口、南宁、贵阳、昆明主中心城市 MC，以及中山、东莞、潮州、台中、钦州等辅中心城市 AC，以及台南、惠安、花都、琼海、开阳等基础城市 BC。

中国“南部空间城市系统”具有中国大陆、台湾、香港、澳门四种行政类型，这是困难，更是机会，“协同机制”将自组织、他组织合成最优组织。高超的政治智慧将构建南部空间城市系统行政“协同机制”。单独的台湾结构很难面对世界空间城市系统的竞争，而台北将在南部空间城市系统中处于主导城市 LC 地位，因此南部空间城市系统决定了台湾空间的前途，为中国统一奠定了人居空间基础。南部空间城市系统决定了福州与台北的空间联结、厦门与高雄的空间联结、海口与湛江的空间联结，这将为中国统一奠定地理基质基础。

（2）南部空间城市系统空间形态分析

如图 9.17 所示，南部空间城市系统空间形态拓扑整体呈带状分布，闽台空间城市系统呈四边形分布，粤港澳琼空间城市系统呈不对称三角形分布，南贵昆空间城市系统呈对称三角形分布，沿海岸呈带状分布是南部空间城市系统空间形态的基本特征。南部空间城市系统是中国唯一的沿海岸线分布的空间城市系统，我们称为沿海型空间城市系统，中国其余四个空间城市系统为内陆型空间城市系统。南部空间城市系统空间形态是由海岸线向内陆迭次展开，拓扑图中表示为沿粗实线向结点展开。

图 9.17 中沿海岸粗实线我们称为空间城市系统拓扑“地理隔离线”，如海岸线、山脉沿线、江河隔离线等，它们如中国北部空间城市系统的沿山脉隔离线，如美国西部空间城市系统的沿海岸线，如南欧西部空间城市系统的沿海岸线，如日本空间城市系统的沿海岸线。

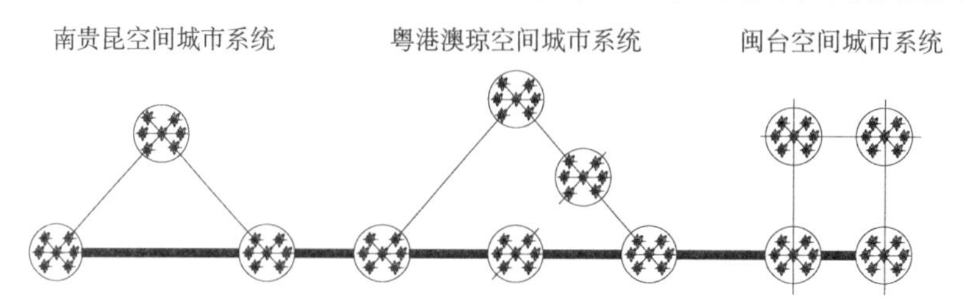

图 9.17　南部空间城市系统空间形态拓扑图

(3) 南部空间城市系统特征

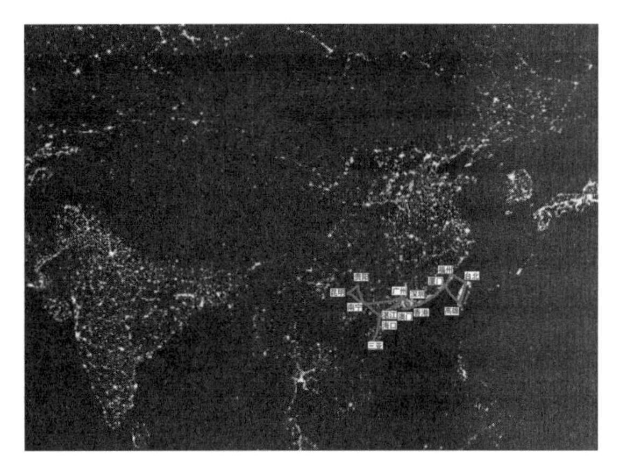

图 9.18 南部空间城市系统夜间卫星图

如图 9.18 所示,南部空间城市系统是一个高度复杂型空间城市系统:首先,南部空间城市系统具有中国大陆、台湾、香港、澳门四种政治、法律体系,拥有四种货币体系以及香港、深圳、台北三个股票市场。其次,南部空间城市系统具有台湾海峡、琼州海峡、珠江入海口海域地理空间隔离。最后,南部空间城市系统的中部粤港澳空间、东部闽台空间、西部桂黔滇空间具有不平衡的经济社会发展落差。

因此,中国南部空间城市系统是世界上少有的复杂型空间城市系统,跨区域是空间城市系统的本质属性,因此南部空间城市系统的空间规划、空间治理、空间政策是一个世界性普遍意义的理论与实践问题,它的建成将为世界空间城市系统探索出方法路径树立典范。

2) 南部空间城市系统环境分析

(1) 地理环境分析

如图 9.19 所示,南部空间城市系统地貌环境可以分为两个大的部分:其一,沿海岸地理基质,包括广州、深圳、香港、澳门所在珠江三角洲、台北盆地、高雄冲积平原、福州盆地、厦门滨海平原、海口小平原、南宁平地。其二,云贵高原地理基质,包括昆明高原地貌,海拔在 1 500～2 800 m,贵阳丘陵地貌,海拔 880～1 659 m。

南部空间城市系统主要是基于沿海岸地理基质所形成,特别是珠江三角洲为粤港澳空间城市系统提供了优良的地貌环境基础。云贵高原是南部空间城市系统的附属地貌,也正是沿海地理环境与高原地理环境造成了它们经济的巨大差异,产生了相异的人文基础。

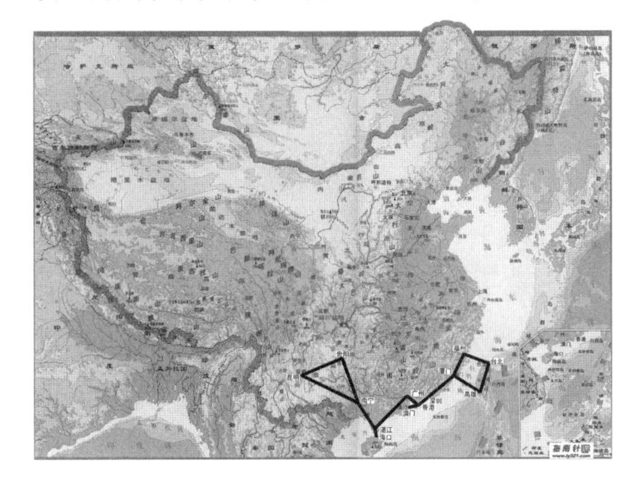

图 9.19 南部空间城市系统地貌环境
(源自:指南针网)

南部空间城市系统有三项重要地理空间连接:第一,港珠澳地理空间连接。随着港珠澳大桥建成通车,粤港澳空间城市系统已经完全实现了空间联结。第二,琼州海峡跨海空间联结。在技术上已经完全可以实现,在行政管辖上没有掣肘,海口空间城市系统与粤港澳空间城市系统、南贵昆空间城市系统的地理空间联结，只是一个时间问题。第三，台湾海峡跨海空间联结。在技术上是可以实现的，行政管辖上存在掣肘。随着世界空间城市系统化的进程，单独的台湾空间结构很难面对剧烈的竞争，而南部空间城市系统世界级定位，将为台北与高雄带来永久性世界城市地位，因此台湾是不可能独立于中国南部空间城市系统之外地，台湾海峡跨海空间连接行政掣肘只是一个特定阶段现象。

（2）经济环境分析

南部空间城市系统是世界级空间城市系统，拥有香港股市、台北股市、深圳股市，股市数量仅次于西北欧空间城市系统，南部空间城市系统整体涌现性将在经济总量上充分体现出来。我们以 2017 年为起始年份，以常规平均年增长率 7.8%计算，以整体涌现性保守年增长率 3%计算，以 2027 年为目标预测年份，以南部空间城市系统其他城市经济总量为预备总量，得到南部空间城市系统经济总量及预测结论，亦即经过 10 年演化到 2027 年，南部空间城市系统经济总量将达到 37.9 万亿元，居于世界领先水平(表 9.5)。

表 9.5　南部空间城市系统经济总量及预测

类别	2017 年 GDP（亿元）	年增长率（%）	2027 年预计 GDP（亿元）
南部空间城市系统	182 426	10.8	379 446

南部空间城市系统经济整体涌现将在六个方面有较大显现：整体金融、整体贸易、整体旅游、整体文化创意、整体科技创新、整体信息产业，它们将极大提升南部空间城市系统的经济质量与经济数量，成为 40 万亿经济总量的落脚点，使南部空间城市系统经济居于世界空间城市系统的前列。

（3）人文环境分析(图 9.20)

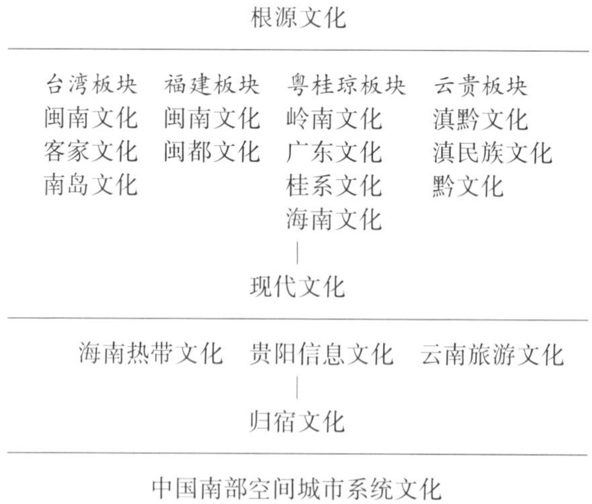

图 9.20　中国南部文化演化脉络

① 根源文化

中国南部根源性文化包括台湾、福建、粤桂琼、云贵四个部分：其一，台湾板块包括闽南文化、客家文化、南岛文化。其二，福建板块包括闽南文化以厦门为主，闽都文化以福州为主。其三，粤桂琼板块包括岭南文化，计有广东文化、桂系文化、海南文化。其四，云贵板块包括滇黔文化，计有滇民族文化、黔文化。中国南部根源性文化特点是多元化、少数民族化、偏远化。

② 现代文化

中国南部现代文化是从根源性文化演化而来，自东向西分布，主要地域与特色包括：台湾文化、福建文化、广东文化、港澳文化、海南热带文化、贵阳信息文化、云南旅游文化。中国南部现代文化特点是流行性、市场性、信息化，它为中国南部空间城市系统文化创生奠定了区域性基础。

③ 归宿文化

中国南部归宿文化是指“中国南部空间城市系统文化”，它是具有中国南方特色的当代空间城市系统文化。中国南部空间城市系统文化将成为世界空间城市系统文化的一部分，是世界生态文明的中国南部文化组成部分。中国南部空间城市系统文化是南部空间城市系统文化容器的必然产物，它的创生将成为世界性的新文化现象。

由图 9.20 可知，中国南部空间文化具有趋同性，即随时间的推移文化种类减少、文化规模扩大、文化内涵增强。这种文化趋同性为大陆、台湾、港澳政治文化趋同奠定了基础，从而为南部空间城市系统“行政协同”提供了政治文化保障。

3）南部空间城市系统空间结构逻辑

（1）城市结点

如图 9.21 所示，南部空间城市系统空间结构关键短板城市结点分为三类：第一类是台北和高雄发展滞后短板城市。第二类是深圳和贵阳空间信息集聚强化城市。第三类是南宁、湛江、潮州空间联结枢纽城市。根据木桶原理，这些短板城市结点的加速发展，将大大加快南部空间城市系统空间结构的演化进程。

（2）联结轴线

如图 9.21 所示，南部空间城市系统空间结构关键短板联结轴线主要是：福州—台北联结轴线、厦门—高雄联结轴线、厦门—深圳联结轴线、广州—湛江联结轴线、广州—南宁联结轴线、南宁—湛江联结轴线、南宁—昆明联结轴线、南宁—贵阳联结轴线、昆明—贵阳联结轴线。根据木桶原理，这些短板联结轴线的加速发展，将大大加快南部空间城市系统空间结构的演化进程。

（3）网络域面

如图 9.21 所示，南部空间城市系统空间结构关键网络域面分为三个部分：第一，粤港澳琼网络域面。第二，闽台网络域面。第三，南贵昆网络域面。这三个关键网络域面的加速发展，将大大加快南部空间城市系统空间结构的演化进程。

南部空间城市系统地貌环境、经济环境、人文环境决定了南部空间城市系统空间结构演化分阶段进行的基本趋势。粤港澳琼空间城市系统空间结构率先产生与发展，并得以判定认知；南贵昆空间城市系统空间结构随后产生与发展，并得以判定认知；闽台空间城市系统空间结构最后产生与发展,并得以判定认知。对南部空间城市系统空间结构的认知,要经过空间城市系统理论的扩散,中国南部空间演化实践逐步实现。

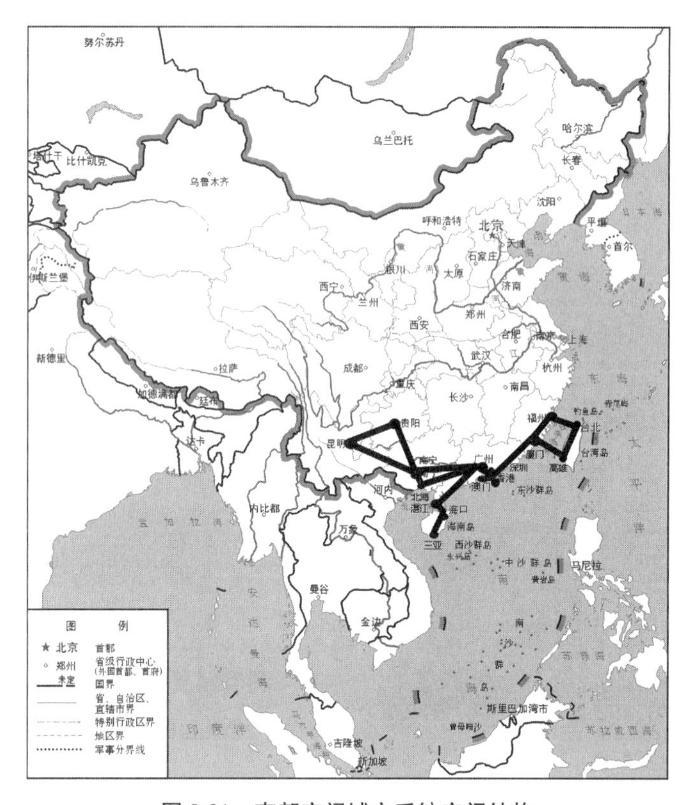

图 9.21 南部空间城市系统空间结构

[源自:笔者根据中华人民共和国自然资源部审图号 GS(2016)1593 号绘制]

9.3.2 南部空间城市系统协同论

1) 南部空间城市系统行政概论

(1) 南部空间城市系统行政思想

所谓"南部空间城市系统行政思想"是指南部空间城市系统行政体系和行政活动的思想逻辑体系,它可以分为三个组成部分:大陆行政思想、台湾行政思想、港澳行政思想。它们是大陆、台湾、港澳各自行政历史的产物,并形成了各自行政特色。南部空间城市系统行政思想具有相同的基础,它们同属中国行政思想体系,带有中国传统政治思想的基因。例如大陆、台湾、港澳行政体系对于孙中山政治思想具有共同的认知。南部空间城市系统的构建为大陆行政思想、台湾行政思想、港澳行政思想的融合创造了条件,"南部空间城市系统行政思想"将为南部空间城市系统的产生与发展奠定基本行政基础。

(2) 南部空间城市系统行政文化

所谓"南部空间城市系统行政文化"是指南部空间城市系统行政体系和行政活动的政治文化体系,它可以分为三个组成部分:大陆行政文化、台湾行政文化、港澳行政文化。"南部空间城市系统行政文化"包括人们对行政体系及其行政活动的态度、情感、信仰和价值观以及人们所遵循的行政意识、行政观念、行政理想、行政思想、行政道德、行政原则、行政传统、行政习惯。大陆、台湾、港澳具有不同的行政文化，支撑着各自的行政体系，它们具有共同的中国文化基础，例如大陆、台湾、港澳具有相同的中华民族政治文化特性，只是近代历史造成了特定的各自不同的政治态度、政治信仰、政治情感。南部空间城市系统将为大陆行政文化、台湾行政文化、港澳行政文化的融合创造条件，在共同中国文化基础上产生新的"南部空间城市系统行政文化"。

(3) 南部空间城市系统行政制度

所谓"南部空间城市系统行政制度"是有关行政机关的组成、体制、权限、活动方式等方面的一系列规范和惯例，它可以分为三个组成部分：大陆行政制度、台湾行政制度、港澳行政制度。"南部空间城市系统行政制度" 是以大陆、台湾、港澳各自的行政思想与行政文化为基础的。大陆行政制度、台湾行政制度、港澳行政制度具有共同的价值认同，这就给"南部空间城市系统行政制度"协同机制提供了基础。"南部空间城市系统行政制度"的创新建立是中国对世界政治制度的重大贡献，在"一国两制"成功政治实践的前提下，我们有信心、有能力、有智慧创建"南部空间城市系统行政制度"。

2）南部空间城市系统行政协同机制

(1) 政治行政分离原理

"政治行政分离原理"又被称为"政治行政二分法"，是政治学领域的基本原理，它是由"威尔逊与古德诺"两人提出并完善的，"政治行政分离原理"经过了长期的世界性政治实践检验，证明它是行之有效的。所谓"政治行政分离原理"是把行政从政治中剥离出来，使行政系统成为非政治性的工具，政府的职能可以分为政治职能和行政职能，即大陆、台湾、港澳共同存在于南部空间城市系统"行政体系"，实现行政职能与政治价值观分离，即求行政之同存政治之异。"一国两制"在港澳的成功实践，为南部空间城市系统政治行政分离提供了坚实的基础。现代高效的公务员制度可以为南部空间城市系统"行政体系"提供组织与制度的保障。

(2) 行政协同机制

哈肯的协同学基本原理指出：自然界和人类社会普遍存在协同现象，即系统两个或者两个以上的不同组分之间存在有序配合协调合作机制，以实现系统的目标。系统自组织与他组织相结合，可以实现最优组织的协同效应。如图 9.22 所示，根据协同学基本原理，大陆、台湾、港澳可以构建南部空间城市系统"行政协同机制"，将各种优秀的具有相同秉性的行政资源优选构成"协同"机制，"行政协同机制"将为南部空间城市系统产生与发展奠定基础。

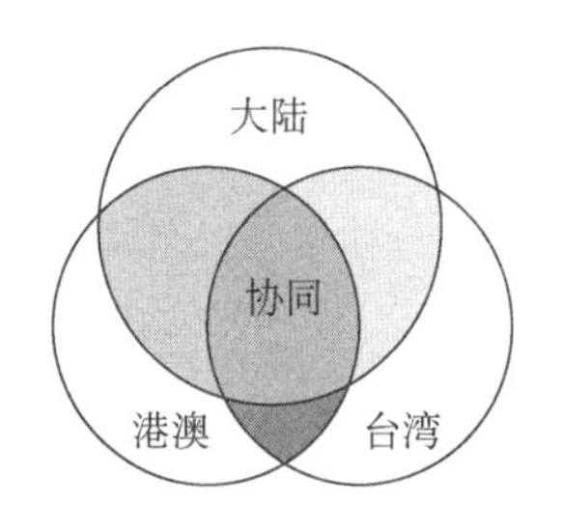

图 9.22 南部空间城市系统行政协同机制

(3) 行政协同机构

根据上述基本原理，南部空间城市系统可以形成中央政府监督指导之下的"行政协同机构"，行使对中国南部空间城市系统的行政管辖权力。南部空间城市系统"行政协同机构”的创新建立具有世界性意义，它将为普遍存在的空间城市系统跨国现象提供理论与实践的根据。空间城市系统本身就是人居空间演化到达高级阶段，突破国家框架桎梏的进步模式。

3）南部空间城市系统行政体系

综上所述，我们将“南部空间城市系统行政思想”简称“南部系统行政思想”，“南部空间城市系统行政文化”简称“南部系统行政文化”，“南部空间城市系统行政制度”简称“南部系统行政制度”，可以得到南部空间城市系统行政体系，该行政体系逻辑的化表示为

$$\text{南部系统行政体系}=\text{南部系统行政思想}+\text{南部系统行政文化}+\text{南部系统行政制度} \tag{9.19}$$

南部空间城市系统行政体系是中华民族伟大的政治创举，是继“一国两制”与“粤港澳大湾区”之后，具有世界性普遍意义的政治理论与实践创新。

9.3.3 南部空间城市系统发展论

1）南部空间城市系统动因分析

（1）全球空间竞争动因

南部空间城市系统是世界十五个主要空间城市系统之一，是中国五个空间城市系统之一，面临着来自中国内部的和世界外部的竞争。

① 中国空间竞争

沿江空间城市系统、南部空间城市系统、北部空间城市系统、沿河空间城市系统、东北空间城市系统是中国的五大空间城市系统。南部空间城市系统将面临其余四个空间城市系统的竞争，其中沿江空间城市系统为最强的竞争对手。粤港澳空间城市系统面临长江三角洲空间城市系统的强势竞争，两者将在整体涌现性产生的时间与强度方面有比较强的竞争态势。“行政协调”与“地理空间联结”是南部空间城市系统的两大短板，它与沿江空间城市系统竞争结果难以预料。中国空间竞争将产生内部竞争动力，促进南部空间城市系统的发展。

② 世界空间竞争

在世界范围中南部空间城市系统将面临美国四大空间城市系统、欧洲四大空间城市系统、日本巴西两大空间城市系统的竞争。南部空间城市系统处于世界前八名空间城市系统之中，居于第一梯队。因此，南部空间城市系统所面临的是高水平、高烈度、大体量的世界性竞争。南部空间城市系统具有外部势力干预的不利因素，甚至有军事冲突的危险，因此南部空间城市系统在世界空间竞争中充满不确定性因素。但是世界空间竞争将产生外部竞争动力，整体上促进南部空间城市系统的发展。

（2）南部空间内部动因

① 自组织联合动因

自组织联合动因是中国南部空间内部的自组织内动力，亦即南部空间各城市具有要

求联合发展的自发性天然性内动力。自组织联合动因是南部空间城市系统产生与发展的基础，它导致南部空间城市系统从无序走向有序、从简单走向复杂、从低级走向高级。

② 区域发展动因

纵观全球区域化发展是基本趋势，中国南部空间处于世界空间的焦点，各个城市单独发展是不可想象的事情。中国南部空间区域发展是必由之路，而南部空间城市系统为中国南部空间区域发展提供了基本框架。正如表 9.5“南部空间城市系统经济总量及预测”所示，南部空间城市系统所能到达的近 40 万亿元经济总量发展目标，正是中国南部空间区域发展所期望的愿景。

(3) 空间城市系统演化动因

① 空间集聚动因

第一，中心城市空间集聚动因。

南部空间中心城市台北、高雄、福州、厦门、潮州、香港、广州、深圳、澳门、珠海、海口、湛江、三亚、南宁、贵阳、安顺、昆明的空间集聚，是南部空间城市系统首要的演化动因。它将伴随南部空间城市系统演化的全过程。

第二，空间信息集聚动因。

贵阳、深圳、高雄空间信息的高度集中，将产生超乎寻常的演化动因，而南部空间城市系统信息集聚带将给整个南部空间城市系统带来发展动力。空间信息集聚动因是继人员、物质、资金之后最强劲的现代人居空间发展动力。

② 空间扩散动因

在南部空间城市系统内部，存在着人员、物资、资助金、信息的多方向互补型扩散，例如由“粤港澳空间”“闽台空间”向“桂黔滇空间”进行的产业扩散。空间扩散动因使得南部空间城市系统粤港澳空间、台湾空间、福建空间、海南空间、桂黔滇空间实现均衡，其动力作用是巨大的。

③ 空间联结动因

南部空间城市系统面临巨大的空间联结使命，如闽台空间联结、粤港澳琼空间联结、南贵昆空间联结，以及它们之间的空间联结，特别是台湾海峡与琼州海峡的地理空间联结。巨大的地理空间联结将给南部空间城市系统带来发展动力作用，它所产生的经济与社会效应是一个天文数字。南部空间城市系统空间信息带产生的联结动因是一种新的发展动因，其潜力不可小觑。

2）南部空间城市系统混沌分析

中国南部空间城市系统是世界上少有的复杂型空间城市系统，拥有大陆、台湾、香港、澳门四种行政类型、法律体系、货币体系。耗散混沌结构理论指出，“耗散混沌结构”现象广泛存在于空间城市系统发展过程之中，它是客观事物的基本存在形式，具有普遍的一般性意义。因此，在特定时间特定范围“混沌存在”是南部空间城市系统的必然现象，这符合空间城市系统混沌理论，见第 6 章内容。南部空间城市系统混沌主要表现为三个方面。

（1）政治混沌

所谓“政治混沌”是中国南部空间历史所遗留给当代的问题，如台湾问题、香港问题、澳门问题，港澳问题的顺利过渡是政治有序的典范。中国南部空间“政治混沌”严重掣肘着南部空间城市系统的发展进程，外部势力的干扰介入使得“政治混沌”现象充满不确定性。“政治行政分离”与“行政协同”是破解中国南部空间“政治混沌”的有效出路，南部空间城市系统的发展符合大陆、台湾、香港、澳门四方的根本利益。随着南部空间城市系统整体涌现性的逐步显现，它所产生的巨大社会经济利益，将给中国南部空间人民带来巨大收获。中国南部空间“政治混沌”现象会日趋好转，从政治无序走向政治有序，中华民族有足够的政治智慧解决中国南部空间“政治混沌”问题。

（2）空间联结混沌

所谓“空间联结混沌”主要是指南部空间城市系统“地理空间连接混沌”与“空间信息联结混沌”，前者如闽台之间地理空间连接混沌认识，后者如“高雄信息城市”混沌认知及南部空间城市系统信息集聚带混沌认知。

（3）整体涌现性认知混沌

所谓“整体涌现性认知混沌”是指对南部空间城市系统空间形态与空间结构浑然不觉，对南部空间城市系统所蕴含的巨大社会经济前景混沌不知。“整体涌现性认知混沌”将阻碍南部空间城市系统的演化进程，甚至葬送中国南部空间的发展时机，给中华民族造成不可估量的损失。所谓城市观念落后是人居空间认知落后的根本，空间城市系统理论落后是“整体涌现性认知混沌”的根源。

3）南部空间城市系统信息分析

（1）空间信息集聚城市

“信息人居空间化”预示空间信息集聚将导致城市的快速发展，中国南部空间贵阳信息集聚城市与深圳信息集聚城市发展实践证明了这一点。根据“信息人居空间化”原理，我们可以设想“高雄信息集聚城市”是一种科学预见，这样贵阳、深圳、高雄承担起南贵昆空间城市系统、粤港澳琼空间城市系统、闽台空间城市系统信息中心的功能。

（2）空间信息集聚空间

以贵阳、深圳、高雄为中心构建的桂黔滇信息集聚空间、粤港澳琼信息集聚空间、闽台信息集聚空间将成为南部空间城市系统的强劲发展动力。它将对外太空卫星导航系统与5G通信有很大需求，这将极大促进桂黔滇信息集聚空间、粤港澳琼信息集聚空间、闽台信息集聚空间的高速发展，形成中国南部人居空间与信息集聚的良性互动模式。南部空间城市系统所创新的除物质、资金、能量之外的信息动力城市发展模式，在世界范围尚属首次，将给世界可持续人居空间发展探索一条道路。

（3）空间信息集聚轴带

如图9.23所示，在贵阳、深圳、高雄信息城市基础上构建的“中国南部空间信息集聚带”，即贵阳—深圳—高雄信息集聚轴带，将成为南部空间城市系统的重要基础性支撑。“中国南部空间信息集聚带”将为世界空间城市系统规划建设树立典范，其中信息空间、空间信息量、动因信息、演化信息、控制信息等空间信息理论创新将得到实践与完善。

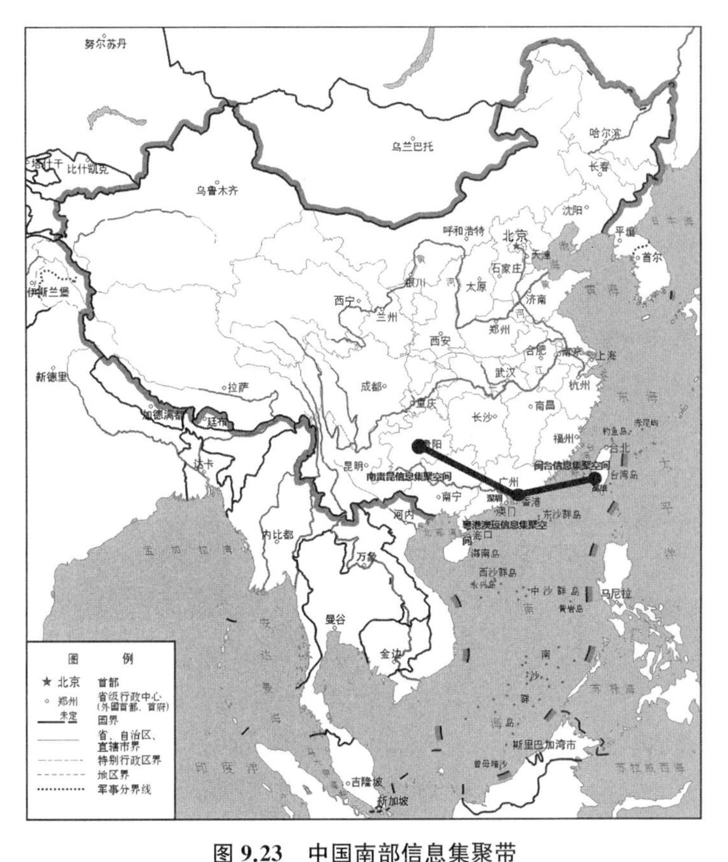

图 9.23 中国南部信息集聚带

［源自：笔者根据中华人民共和国自然资源部审图号 GS(2016)1593 号绘制］

9.4 中国北部空间城市系统

9.4.1 北部空间城市系统概论

1）北京城市地位

北京具有特殊的当代空间地位，是其他城市不可比拟的：首先，就全球空间综合概念地位而言，北京居于次中心地位；就东方空间综合概念地位而言，北京居于中心地位；就东北亚空间综合概念地位而言，北京居于中心地位。其次，就中国空间综合概念地位而言，北京居于首都序参量地位；就北方空间而言，北京居于绝对中心地位；最后，就中国北部空间城市系统概念而言，北京居于牵引城市 TC 地位。因此，北京城市特殊的地位，决定了中国北部空间城市系统概念的确立，这在世界空间城市系统中是少有的。

2）北部空间城市系统概念

中国“北部空间城市系统”是中华人民共和国辖区内的七级空间城市系统，它是一个世界级空间城市系统。北部空间城市系统包括北京、天津、雄安、石家庄、太原、呼和浩特、银川 7 个一级空间城市系统，它们又构成京津雄冀四级空间城市系统、蒙晋陕宁三级空间城市系统。北部空间城市系统城市体系包括：北京牵引城市 TC，天津主导城市 LC，雄安主导城市 LC，石家庄、太原、呼和浩特、银川主中心城市 MC，以及唐山、大同、包头、巴彦淖尔、榆林、延安等辅中心城市 AC，以及昌黎、阳曲、灵武等基础城市 BC。

北部空间城市系统是一个典型的二元化空间结构，京津雄冀空间城市系统东部空间结构与蒙晋陕宁空间城市系统西部空间结构，形成平原地理单元与高原地理单元的二元化。京津雄冀空间城市系统发达经济体系与蒙晋陕宁空间城市系统欠发达经济体系，形成经济的二元化结构。京津雄冀空间城市系统优良地理连接与蒙晋陕宁空间城市系统隔离地理连接，形成空间联结的二元结构。因此，“东西非对称性”是北部空间城市系统的根本特征。

3）北部空间城市系统空间形态分析

如图 9.24 所示，北部空间城市系统空间形态拓扑整体呈双方格状分布，京津雄冀空间城市系统呈五单元格状分布，蒙晋陕宁空间城市系统呈六单元格状分布。北部空间城市系统呈现平原东部空间结构与山地高原西部空间结构的基本特征。北部空间城市系统拓扑“地理隔离线”为山脉类型，图中表示为沿粗实线向结点展开。北部空间城市系统是中国典型的东西失衡类型的空间城市系统，其非对称程度在世界空间城市系统之中亦属经典。

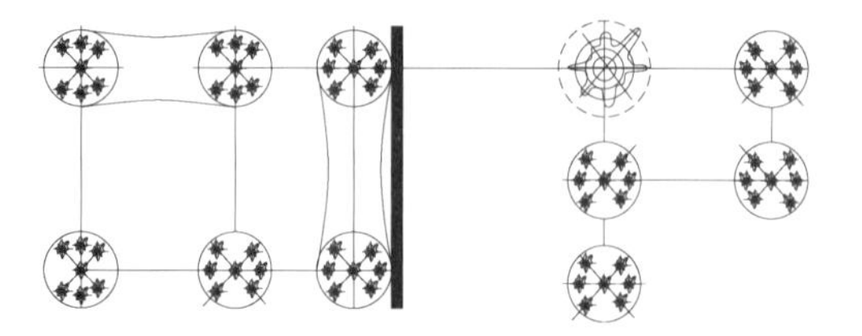

图 9.24　北部空间城市系统空间形态拓扑图

地貌二元化、经济二元化、空间联结二元化使得北部空间城市系统亟须东部带动西部发展，采用非常规性的空间发展战略是北部空间城市系统的首选，减少东西部空间的发展落差。只有这样才能有北部空间城市系统空间形态与空间结构的均衡发展，才能使北部空间城市系统整体涌现性得以涌现。北部空间城市系统均衡发展是一个十分艰巨的任务，对于中国北方空间的现代化具有举足轻重的作用，对于中国空间均衡发展具有十分重要的意义，陕甘宁地区是中国革命的摇篮，我们有责任使其得到发展。因此，北部空间城市系统均衡发展是中央政府不可逾越的历史性使命。

4）北部空间城市系统夜间卫星图分析

如图 9.25 所示，北部空间城市系统呈现明显的东西二元化结构，中国学者叶大年称之为“反对称结构”，因此东西部空间联结协同发展就具有战略意义。北京、雄安、石家庄是京津雄冀空间城市系统与蒙晋陕宁空间城市系统空间联结的枢纽中心城市，北部空间城市系统的东西空间联结主轴为：北京—张家口—呼和浩特—包头—巴彦淖尔地理空间联结轴、雄安—大同—呼和浩特地理空间联结轴、石家庄—太原—榆林—银川地理空间联结轴。这三条地理空间联结主轴对于北部空间城市系统具有序参量关键作用。蒙晋陕宁空间城市系统的三条北南空间联结轴为关键地理联结线：呼和浩特—大同—朔州—太原地理空间联结轴、包头—鄂尔多斯—榆林—延安地理空间联结轴、巴彦淖尔—乌海—银川地理空间联结轴。

综上所述，地理空间联结是北部空间城市系统首要的空间规划与建设任务，它将大大加快空间城市系统的演化进程。对此中央政府以及地方政府要有清晰的逻辑认知，空间联结是北部空间城市系统产生与发展的生命线。而北部空间城市系统的崛起，决定着中国北方社会与经济的发展，对于中国空间均衡发展至关重要。

"协同机制"强调优势互补，京津雄冀空间城市系统与蒙晋陕宁空间城市系统之间存在人力资源、自然资源、空间资源、生态资源等多方面的互补结构，因此北部空间城市系统"协同机制"开发利用具有十分广阔的前景。

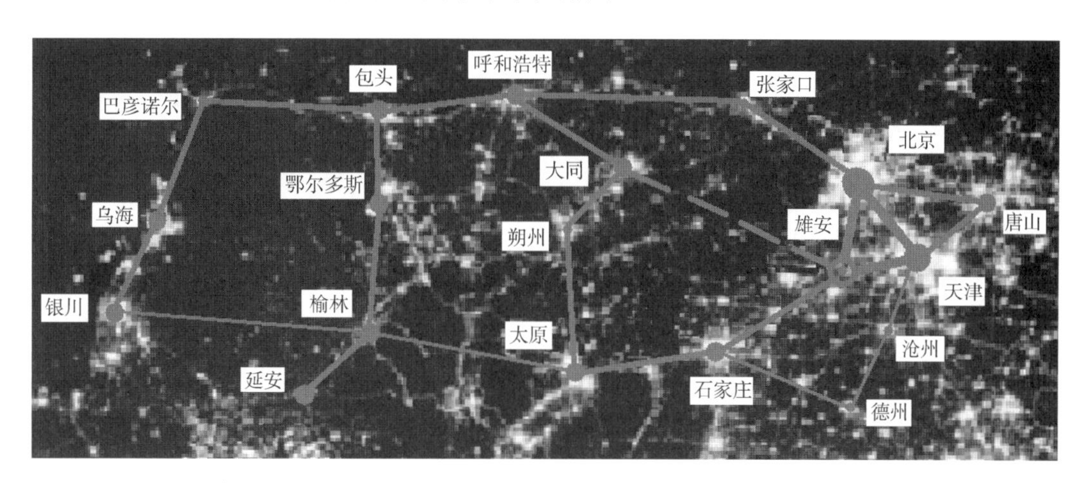

图 9.25　北部空间城市系统夜间卫星图

9.4.2　北部空间城市系统主体分析

1）北部空间城市系统环境分析

（1）北部空间城市系统地貌环境

如图 9.26 所示，北部空间城市系统地貌环境主要分为：华北平原、山西山谷、黄河沿岸三种地貌环境，京津雄冀空间城市系统完全处于华北平原地貌环境，蒙晋陕宁空间城市系统处于山西山谷、黄河沿岸两种地貌环境。黄河沿岸的蒙晋陕宁交界空间区域具有很大的空间资源可供城市扩张，包头—鄂尔多斯—榆林—延安具有城市扩张的空间潜力。该空间区域将是京津雄冀空间城市系统空间扩散的主要承受空间。

分异的地貌环境是北部空间城市系统二元化空间结构的根本原因，也增加了北部空间城市系统空间规划与建设的难度。地貌环境的反对称结构，导致了"京津雄冀空间城市系统"与"蒙晋陕宁空间城市系统" 截然相反的地表人居空间景观现象。地貌环境的反对称结构也给东西部“协同机制”创造了机会，给“京津雄冀空间城市系统”向“蒙晋陕宁空间城市系统”空间扩散创造了机会。因此，北部空间城市系统地貌环境二元化结构既是挑战又是机遇。

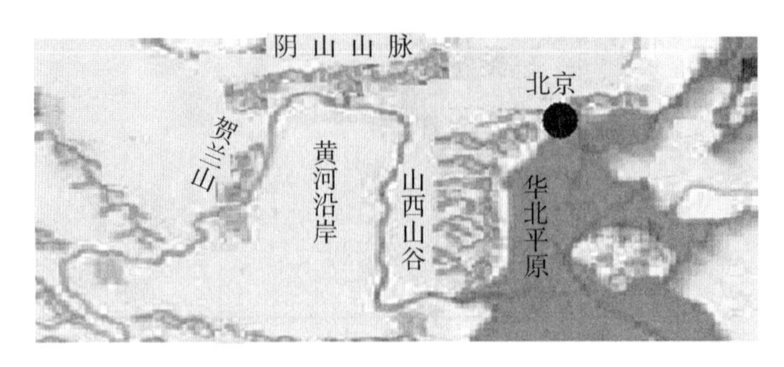

图 9.26　北部空间城市系统地貌环境

(2) 北部空间城市系统经济环境

北部空间城市系统经济，主要是东部空间经济能力与西部空间自然资源的协同合作，将为北部空间城市系统奠定经济环境基础。

以京津雄冀空间城市系统主要城市 2017 年经济总量 GDP 计算：北京 2.8 万亿元、天津 1.86 万亿元、唐山 0.71 万亿元、石家庄 0.64 万亿元、雄安 1.4 万—1.9 万亿元(预计建成后)，则京津雄冀空间城市系统经济总量预计可达：7.41—7.91 万亿元。

以蒙晋陕宁空间城市系统主要城市煤炭储量计算：太原 172 亿 t、朔州 500 亿 t、大同 373 亿 t、鄂尔多斯 1 496 亿 t、榆林 2 720 亿 t、延安 71 亿 t、巴彦淖尔 30 亿 t、乌海 30 亿 t、银川宁东 273 亿 t，则蒙晋陕宁空间城市系统煤炭总计储量超过 5 665 亿 t。

仅以上述数字说明，京津雄冀空间城市系统经济发展能力与蒙晋陕宁空间城市系统自然资源潜力之间，有着十分巨大的“协同合作”空间。这种互补型经济结构在中国空间城市系统之中是少见的，它将为北部空间城市系统快速演化奠定经济发展基础。

如表 9.6 所示，我们以 2017 年为起始年份，北部空间城市系统 18 城市 2017 年 GDP 总值为 99 584 亿元。我们以北部空间城市系统 18 城市 2017 年 GDP 平均增长率 6.57%计算，以北部空间城市系统整体涌现性保守年增长率 3%计算，以雄安建成后 GDP 1.9 万亿元计算 ，则 2027 年北部空间城市系统预计经济总量可达 12.8 万亿元。

表 9.6　北部空间城市系统经济总量及预测

类别	2017 年 GDP (亿元)	年增长率 (%)	2027 年预计 GDP (亿元)
北部空间 城市系统	99 584	9.57	128 114

（3）北部空间城市系统人文环境

① 源头文化

中国北部源头文化包括燕赵文化、三晋文化、蒙古文化、西夏文化。

第一，燕赵文化是中国北方的根源性文化，属于平原农耕文化，夹杂草原游牧文化色彩，燕赵文化具有慷慨悲歌的特色，如荆轲刺秦王壮烈之举。燕赵文化精神特质有：革新精神、和乐精神、包容精神、求是精神、忧患精神、创新精神。

第二，三晋文化是指山西地区文化，晋是黄河流域文化的中心，华夏文明的重要发祥地。三晋文化特点是开放、务实、求新，法家思想、佛教思想对晋文化影响很重。三晋文化具有"养士"尊重知识、尊重人才的传统。

第三，蒙古文化属于游牧文化，是草原文化的主体。蒙古文化具有深刻的生态内涵和强烈的艺术气质，以"长生天"为代表的天命论，以及汉族儒家思想影响、喇嘛教哲学影响、萨满教原始思想影响对蒙古文化都产生了推动作用。

第四，西夏文化是中华民族文化的重要组成部分，存在于今宁夏、甘肃、陕西北部和内蒙古西部的广大地区。西夏文化是党项族、汉族、藏族、回鹘族等多民族文化长期交融、彼此影响、相互吸收而形成的一种多来源、多层次的文化，具有汉文化、印度文化、西方文化多元交融特征。

② 现代文化

中国北部现代文化主要是北京文化、工商文化、中西部文化。所谓"北京文化"包括古都文化、红色文化、京味文化、创新文化。古都文化是首都文化之"根"，红色文化是首都文化之"魂"，京味文化是首都文化之"神"，创新文化是首都文化之"翼"。所谓"工商文化"是指近现代天津与唐山的工业与商业文化，它是中国近现代北方文化的代表。所谓"中西部文化"是指近现代石家庄、太原、呼和浩特、银川所代表的文化，它们是现代中国北方文化的主体。雄安新区的建设将创新的创新文化，成为中国北部现代文化的亮点。

③ 归宿文化

中国北部空间城市系统文化将以"中国北部源头文化"为根基，以"中国北部现代文化"为脉络，发展出一种世界属性的东方文化。中国北部空间城市系统文化是一种具有中国北方特色的当代空间城市系统文化，创新性、包容性、多元性是它的基本特征，它是世界空间城市系统文化的一部分，是世界生态文明的中国北部文化组成部分。中国北部空间城市系统文化是北部空间城市系统文化容器的必然产物，将成为世界性的新文化现象。

中国北部空间是近现代中国政治思想创新地，推动着中华民族的近现代化进程，特别是改革开放政治思想从根本上改变了中国的社会经济面貌。北京—天津—雄安空间将是中国新思想的诞生地，它将指导中国未来发展的道路。历史已经证明中国北部源头文化与中国北部现代文化指引中国空间走向强大，历史还将证明中国北部空间新文化必将汇入世界生态文明大潮，引导中国空间走出一条可持续发展之路，为人类文明做出较大贡献。

2）佳州（葭州）城市空间分布预见

（1）靶型城市分布原理

所谓“中心地理论”是由德国城市地理学家克里斯塔勒提出的关于城市空间分布的基础理论，“中心地理论”说明城市空间分布具有等级性，而且城市等级体系呈六角形空间分布规律，中心城市居于最高等级地位。中心地城市的等级性表现在每个高级中心地城市都附属几个中级中心地城市和更多的低级中心地城市，形成中心地城市体系。“中心地理论”为大尺度地表空间城市分布提供了基础性理论，如“靶型城市分布理论”。

所谓“靶型城市分布理论”是由中国科学家叶大年提出的大城市空间分布的理论，如图 9.27 所示，呼和浩特、太原、临汾、西安、银川、巴彦淖尔（沙漠所致规模缩小）形成外环靶圈，佳州（葭州[①]）城市为靶心中心地城市。这是一种“郑州型空洞靶型环”，它所预示的是将来的城市分布规律。根据“中心地理论”与“靶型城市分布理论”以及“郑州型空洞靶型环”原理，可以预见佳（葭州）城市具有发展成为与呼和浩特、太原、临汾、西安、银川相同规模的趋势。

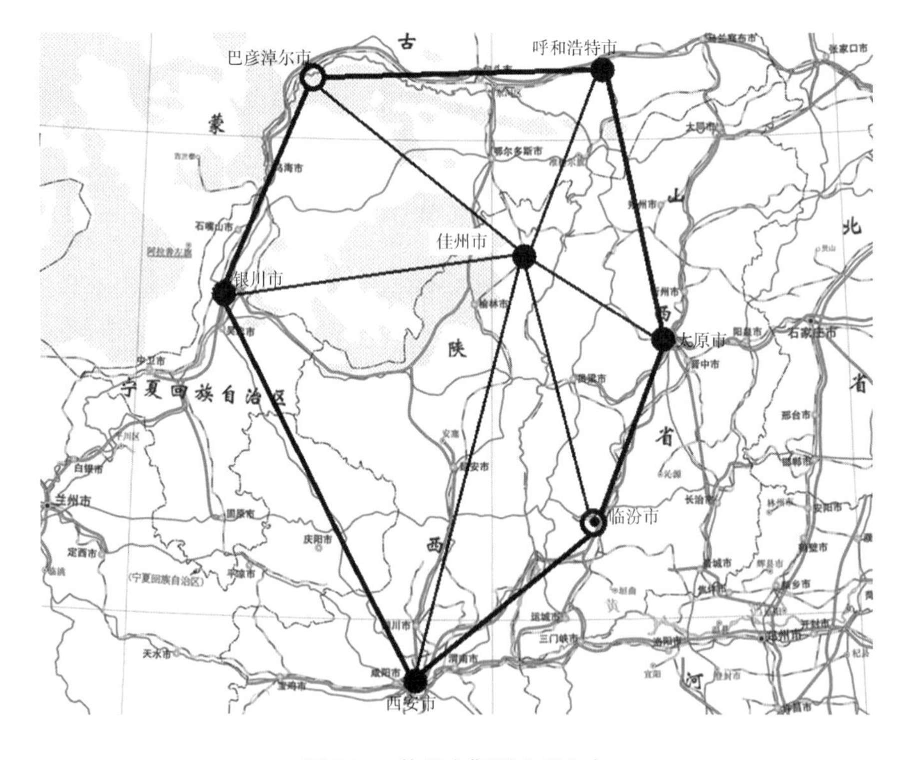

图 9.27　佳州市靶型空间分布

---

① 葭：读音是 jiā，意思是指初生的芦苇，诗经中有“蒹葭（jiān jiā）苍苍，白露为霜。所谓伊人，在水一方”，蒹葭是一种植物，指芦荻、芦苇。蒹没有长穗的芦苇。葭初生的芦苇。葭州即长有芦苇的在水一方，佳州取其谐音意味美好的城市。

(2) 佳州(葭州)城市空间区位预见

佳州(葭州)市主城区神木位于陕北黄土丘陵向内蒙古草原过渡地带,北部为风沙草滩区,东临黄河,西与银川隔毛乌素沙地相望,南部为黄土丘陵,境内西北部有 46 个内陆湖泊,其中神湖(红碱淖)总面积 54 km^2,储水 8 亿 m^3 是中国最大的沙漠淡水湖。海拔 738.7—1 448.7 m,黄河流经神木境内 98 km,窟野河、秃尾河由西北向东南注入黄河。属半干旱大陆性季风气候,年平均日照 2 876 h、气温 8.5 ℃、无霜期 169 d、降水 440.8 mm。滨水建城是佳州(葭州)城市显著的特征,也是它大城市化的基础。东临黄河西北部 46 个内陆湖,更有中国最大的沙漠淡水湖——神湖。"葭州"意味水草茂盛绝佳之洲,"所谓伊人,在水一方",是人居空间绝佳之上乘选址。

佳州(葭州)市选址鄂尔多斯与榆林的中间地带,便于新城市的规划建设,全境属陕西省行政管辖,易于进行空间规划与空间治理。从图 9.28 神木区域夜间灯光图片显示,该区域人居空间已经得到相当程度发展,而且这种人居空间扩张是一种自组织行为,具有很强的生命力与人居空间扩张原始动力。鄂尔多斯—神木—榆林发展主轴人居空间实践现状完全符合上述空间分布预见。

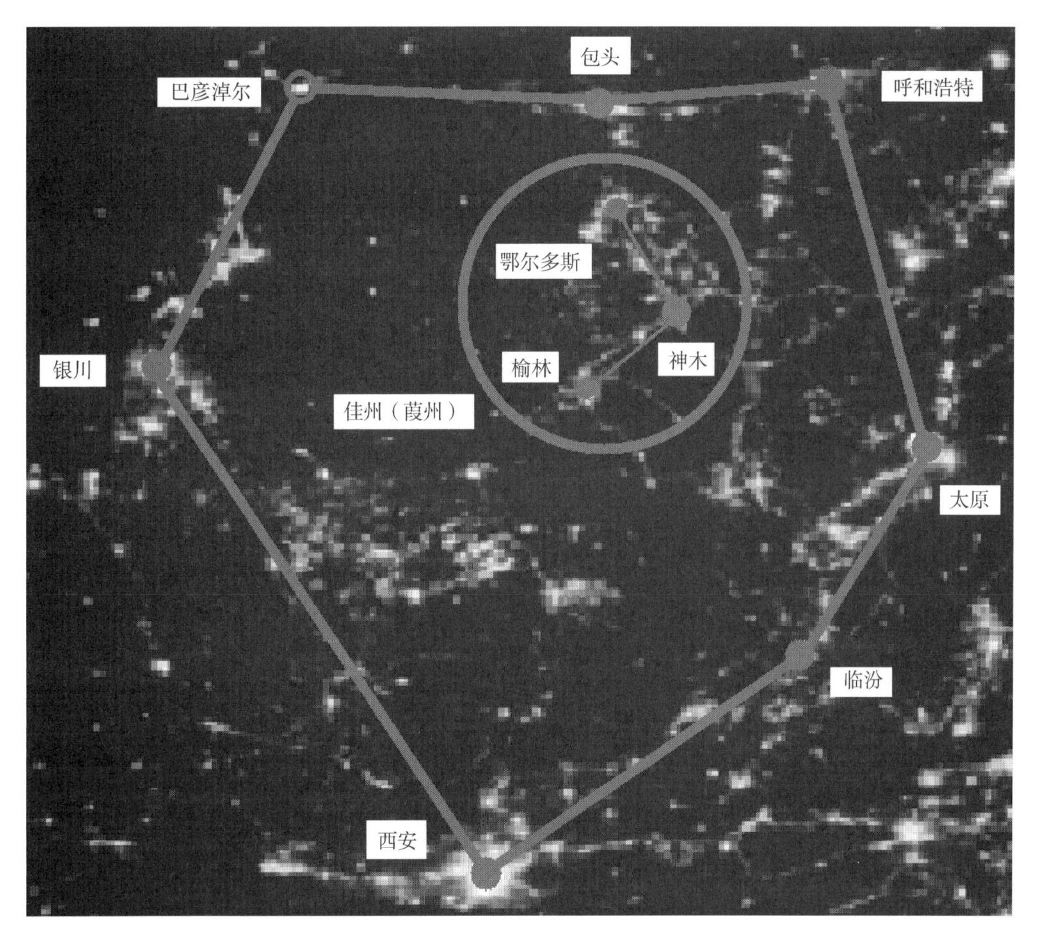

图 9.28　佳州(葭州)夜间灯光分布

由“郑州型空洞靶型环”原理可知，佳州（葭州）城市处于呼和浩特、太原、临汾、西安、银川靶环中心位置。再由城市地理学城市“相互作用模式”原理可知，包头、呼和浩特、太原、临汾、西安、银川城市相互作用“断裂点”就是佳州（葭州）空间位置，如图9.29所示。也就是说包头、呼和浩特、太原、临汾、西安、银川都不可能压制佳州（葭州）城市相同等级的发展趋势。佳州（葭州）城市所处空间区位恰好就是克里斯塔勒所提出的“六角形中心地”空间区位。

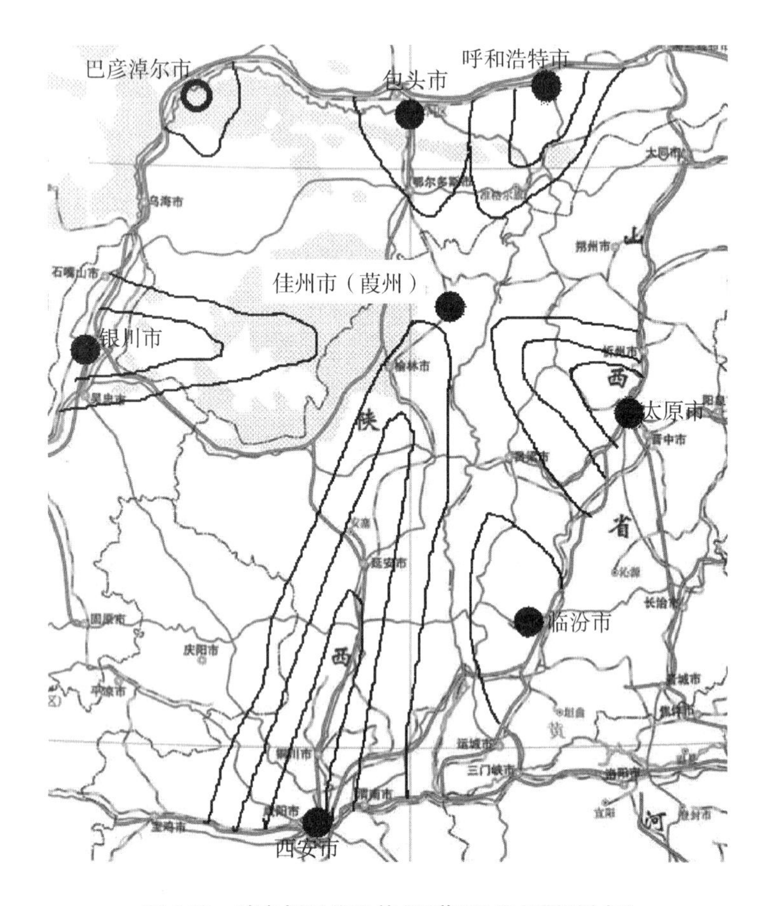

图 9.29　城市相互作用佳州（葭州）空间“断裂点”

因此，克里斯塔勒中心地理论、叶大年“靶型城市分布理论”、城市地理学“相互作用模式”理论，都说明了佳州（葭州）城市预见的科学性，而“夜间卫星分布”证明了佳州（葭州）城市发展的实践合理性。佳州（葭州）城市规划建设，使得陕西空间南北均衡发展，使得“蒙晋陕宁空间城市系统”与“京津雄冀空间城市系统”能够实现东西部均衡发展。正所谓吕梁太行做脊梁，东边一个“雄安”城，西边一个“佳州”市，挑起了中国北方人居空间崛起的重担。

(3) 佳州（葭州）空间历史与机遇

中国古代称佳州为“葭州”，自秦代始为关中秦王朝领地，即今陕西管辖，秦人称为“新秦中”，因为原有的关中一带称为秦中。河套地区东西南三面至黄河，南至陕西北部,唐末五代时期,为麟州领属新秦、连谷、银城三县,金代(1217 年)设神木寨,元朝(1269 年)设神木县。

葭州(佳州)自古为农耕民族与游牧民族融合之地,是北方草原文化与农耕文化的交汇区域,为汉、蒙、回等民族交融地方。近代鄂尔多斯、神木、榆林为蒙晋陕宁交汇空间,它融合了红色文化、黄土高原文化、现代文化,是中国东部发达空间与西部欠发达空间汇合之地。煤炭等化石能源赋予了该地区强劲的发展动力。中国北部空间城市系统,特别是蒙晋陕宁空间城市系统将赋予佳州(葭州)城市以新的发展机遇。

中国空间西向与中亚及欧洲的空间联结是大势所趋,佳州(葭州)、银川、兰州作为一带一路的国内枢纽城市必将迎来历史发展机遇。雄安—石家庄—太原—佳州(葭州)—银川的东西地理连接高速大通道,在技术上已经完全没有问题,仅仅是一个时间问题。这是一个自组织过程,不以我们的主观意志为转移。雄安—石家庄—太原—佳州(葭州)—银川高速大通道的建成将使中国空间东西部得到均衡发展,具有十分重要的国家战略意义。

综上所述,佳州(葭州)城市空间扩张预见是实践推动、理论验证、自组织现象,对此中央政府和陕西、山西、内蒙古、宁夏政府要有超前意识尊重科学规律,做到未雨绸缪,加强空间研究、空间规划、空间治理。神木、榆林、鄂尔多斯地方政府要有自我认知意识,明确地方空间未来发展趋势。

3) 北部空间城市系统演化分析

(1) 北部空间城市系统演化状态

北部空间城市系统演化状态处于巨大落差的两极化状态,其中京津雄冀空间城市系统处于近耗散态线性区演化阶段,而蒙晋陕宁空间城市系统处于平衡态演化阶段。京津雄冀空间城市系统的空间形态、空间结构都接近形成,整体涌现性逐渐开始显现。其中北京牵引城市 TC 已经进入空间扩散阶段,北京、雄安所集聚的均为高端服务业以及科研创新要素,天津所集聚的以高端制造业为主。蒙晋陕宁空间城市系统概念都有待于确认,其空间形态与空间结构还没有产生。如佳州(葭州)中心城市空间扩张还没有开始,空间联结尚待完成。

(2) 北部空间城市系统进化动力

北部空间城市系统存在很强的内部空间扩散动力,即"京津雄冀空间城市系统"向"蒙晋陕宁空间城市系统"空间扩散动力,它是一种东部空间与西部空间的协同机制动力。内部空间扩散动力将推动"蒙晋陕宁空间城市系统"快速发展,脱离平衡态进入近平衡态启动状态。同时可以使北京、天津、雄安有足够的空间资源进行城市职能升级,这是一种两全其美的最优化互补型北部空间城市系统发展战略,对此中央政府要高度重视。

(3) 北部空间城市系统演化目标

北部空间城市系统如果采用"京津雄冀空间城市系统"与"蒙晋陕宁空间城市

系统”协同发展战略，则京津雄冀空间城市系统实现了“腾笼换鸟”，有望进入近耗散态非线性区，快速走向分岔进入有序耗散结构状态，整体涌现性得到全面释放。

在京津雄冀空间城市系统空间扩散动力的强力推动下，蒙晋陕宁空间城市系统会进入快速发展状态，国家“一带一路”倡议将加速蒙晋陕宁空间城市系统的发展，它进入近平衡态是可预期结果，它的自然资源优势与人居空间发展趋势相结合，则其经济总量实现跨越式发展是一个确定性事件。这对于中国北方空间发展，将是一个历史性意义的进步。

4）北部空间城市系统失衡分析

（1）京津雄冀空间城市系统概念

如图 9.30 所示，京津雄冀空间城市系统是北部空间城市系统的子系统，它处于华北平原地理基质之上，核心城市为北京、天津、雄安、石家庄、唐山等。京津雄冀空间城市系统的空间形态与空间结构已经形成，整体涌现性开始逐渐显现出来，它是一个世界级空间城市系统。

北京—天津—雄安空间是北部空间城市系统的牵引空间，也将是中国空间的核心，这是北部空间城市系统最强有力的根基。显然北部空间城市系统的崛起，将带动整个中国北方空间的现代化进程，京津雄冀空间城市系统的产生与发展已经是一个显性现象。

（2）蒙晋陕宁空间城市系统概念

如图 9.30 所示，蒙晋陕宁空间城市系统是北部空间城市系统的子系统，它处于山西山谷与黄河沿岸的河套地理基质之上，核心城市为太原、呼和浩特、银川、佳州（葭州）等。蒙晋陕宁空间城市系统是一个潜在类型的空间城市系统，其主要核心城市佳州（葭州）处于潜伏状态，它的空间形态与空间结构都处于混沌状态，蒙晋陕宁空间城市系统是一个潜在地方级空间城市系统。

蒙晋陕宁空间城市系统地处中国中西部，它是中国空间的薄弱环节，它的自然资源、空间资源十分丰富，它是中国“一带一路”倡议的枢纽空间。蒙晋陕宁空间城市系统的规划建设，将根本上改变中国中西部落后的空间格局，具有国家空间均衡发展的战略意义。

（3）“京津雄冀空间城市系统”与“蒙晋陕宁空间城市系统”比较分析

如表 9.7 所示，京津雄冀空间城市系统已经处于近耗散态，而蒙晋陕宁空间城市系统还处于平衡态，两者相差 2 个演化状态阶段，有着巨大的演化状态落差。京津雄冀空间城市系统与蒙晋陕宁空间城市系统呈现严重失衡状态，空间结构是典型的反对称结构。

“蒙晋陕宁空间城市系统”全面落后于“京津雄冀空间城市系统”，其中佳州（葭州）空间真空是短板，它的补充性建设将大大加快“蒙晋陕宁空间城市系统”进化过程。“京津雄冀空间城市系统”与“蒙晋陕宁空间城市系统”之间，具有很强的互补性，前者

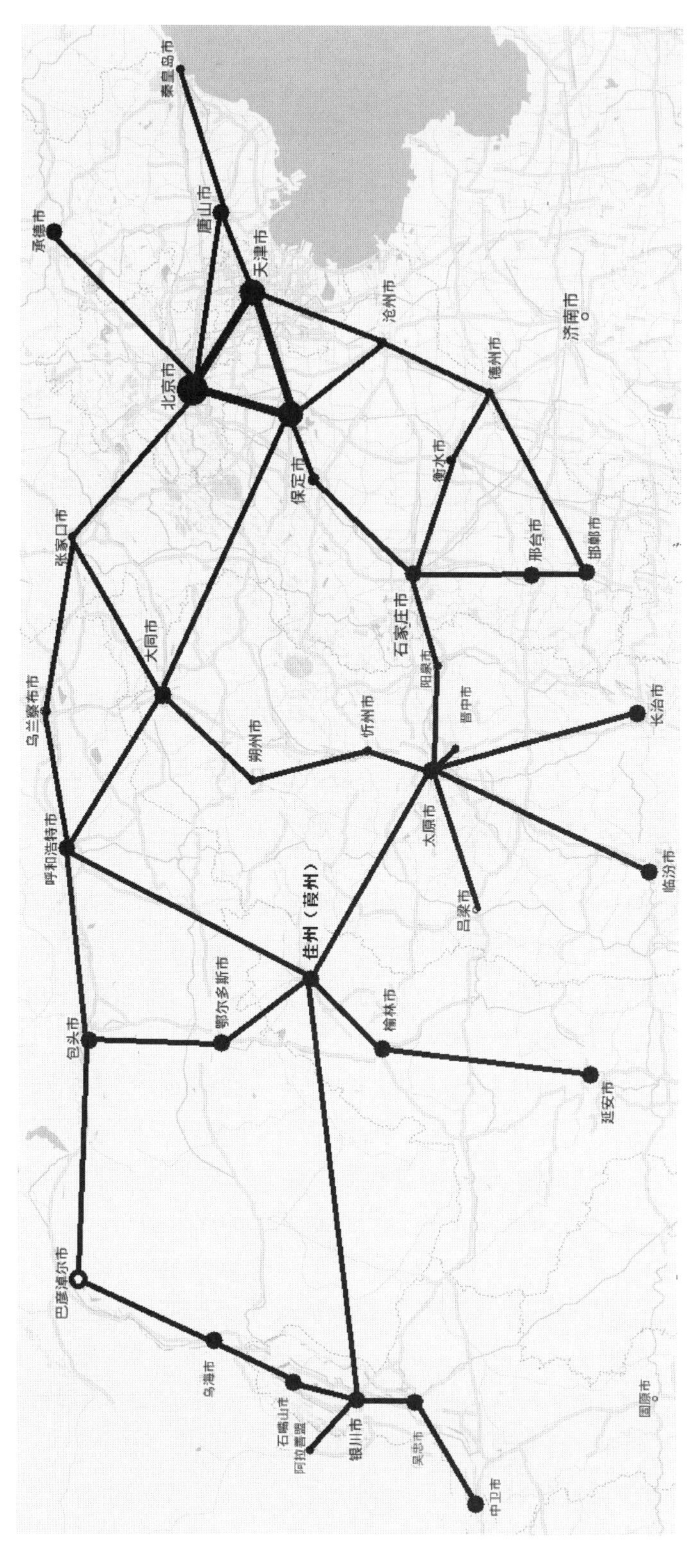

图 9.30 北部空间城市系统结构

表 9.7 “京津雄冀空间城市系统”与“蒙晋陕宁空间城市系统”比较

<table>
<tr><th>名称</th><th>演化状态</th><th>经济指数项</th><th>空间联结指数</th><th>空间结构指数项</th><th>整体涌现性指数项</th><th>预计分岔</th><th>比较分析</th></tr>
<tr><td>京津雄冀空间城市系统</td><td>近耗散态</td><td>优势</td><td>优势</td><td>优势</td><td>优势</td><td>首先</td><td rowspan="2">地位：京津雄冀世界级，蒙晋陕宁弱地方级。
环境：地貌环境迥异，经济结构互补，文化发展同向。
态势：京津雄冀优势，蒙晋陕宁劣势。
演化：京津雄冀近耗散态，蒙晋陕宁平衡态，相差两个段位。
结论：佳州（葭州）为短板，根据“木桶原理”补齐它促进蒙晋陕宁进化</td></tr>
<tr><td>蒙晋陕宁空间城市系统</td><td>平衡态</td><td>劣势</td><td>劣势</td><td>劣势</td><td>劣势</td><td>最后</td></tr>
</table>

的空间扩散就是后者的空间集聚，而且符合近距离原则，协同发展是上佳选项，行政的隶属关系是协同发展的有利条件。

太原—佳州(葭州)—银川、雄安—大同—呼和浩特空间地理连接已经势在必行，这两条主连接轴的打通将大大加快北部空间城市系统的整体形成，其意义重大。包头—鄂尔多斯—佳州(葭州)—榆林—延安—西安高速地理空间连接是短板，它的补齐将大大加快“蒙晋陕宁空间城市系统”的进化过程，也将中国北部空间城市系统与沿河空间城市系统连接于西安空间节点。

(4)“京津雄冀空间城市系统”与“蒙晋陕宁空间城市系统”协同发展

“京津雄冀空间城市系统”与“蒙晋陕宁空间城市系统”的协同发展，是北部空间城市系统的机遇，两者之间巨大的发展落差蕴涵着巨大的协同动力。它们是经济能力与自然资源的协同，是高端服务业与第二产业的结合，是空间扩散压力与空间集聚需求的自组织结合。

中央政府所在地条件，为“京津雄冀空间城市系统”与“蒙晋陕宁空间城市系统”的协同发展提供了最好的行政协调基础，这是中国其他空间城市系统不可比拟的优良发展条件。北部空间城市系统将从根本上改变中国北方社会经济发展落后的局面，对于中华民族的崛起具有十分重要的战略意义。

5）中国北方空间环分析

(1)“中国北方空间环”概念

如图 9.31 所示，所谓“中国北方空间环”是指由北部空间城市系统主体空间以及

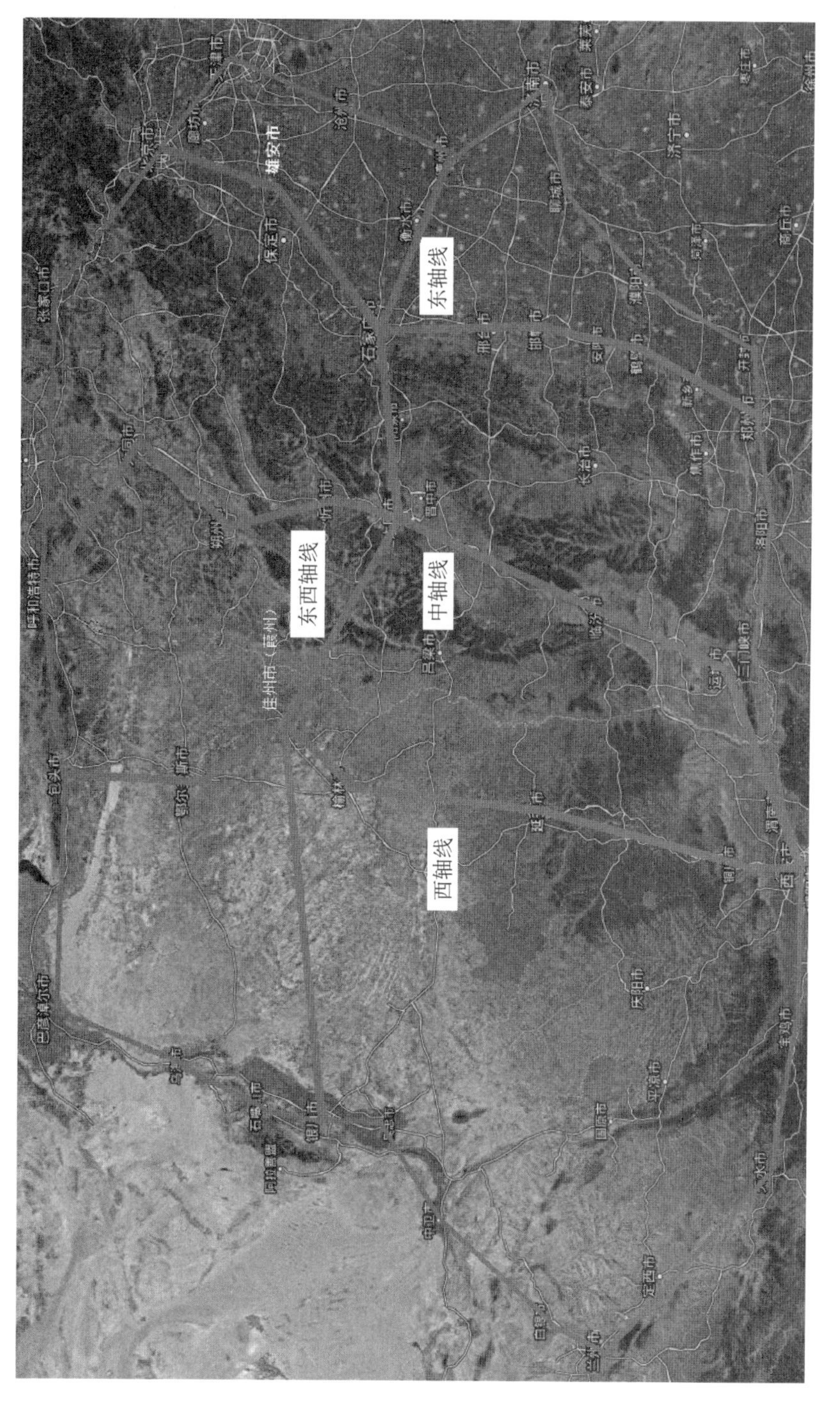

图 9.31 “中国北方空间环”及“八方空间格”

沿河空间城市系统部分空间所形成的中国北方空间区域。“中国北方空间环”包含一个“八方空间格”，覆盖了中国北方的主要中心城市：北京、天津、雄安、济南、石家庄、郑州、呼和浩特、包头、佳州(葭州)、西安、兰州。“八方空间格”意喻兴旺发达，标志着中国北方空间的崛起。

如图 9.31 所示，“中国北方空间环”及“八方空间格”划分根据是一个从自然地理到人工高速通道的过程。自然地理划分根据是指华北平原、太行山、吕梁山、黄河、毛乌素沙地，人工高速通道划分根据是指北方空间环、东西轴线、东轴线、中轴线、西轴线。

“中国北方空间环”及“八方空间格”空间结构战略构思，将彻底改变中国北方空间落后于中国南方空间的不均衡发展格局。东轴线(北京—雄安—石家庄—郑州)、中轴线(呼和浩特—太原—西安)、西轴线[包头—佳州(葭州)—西安]、东西轴线[德州—石家庄—太原—佳州(葭州)—银川]的高速通道规划建设，将使中国北方空间人流、物流、能源流、资金流、信息流彻底通畅化，从根本上实现中国北方的现代化景观。因此，“中国北方空间环”及“八方空间格”空间思想系中国国家空间均衡发展的重大战略构思，意义深远。

(2) 银川空间交汇分析

如图 9.31 所示，银川是北部空间城市系统与沿河空间城市系统共同属有的一座西部中心城市，银川北向归属北部空间城市系统，是北部空间城市系统的西部尾端中心城市。另一方面银川南向归属沿河空间城市系统，银川、兰州、西宁构成兰西银空间城市系统，形成沿河空间城市系统的西部空间结构。因此，银川具有双向空间职能，银川—兰州城际高速铁路的空间联结十分必要。

(3) 德州空间交汇分析

如图 9.31 所示，德州是“中国北方空间环”东西轴线的东部起始端，德州也是北部空间城市系统与沿河空间城市系统共同属有的一座东部节点城市。德州北向归属北部空间城市系统，南向归属沿河空间城市系统，德州具有双向空间职能，它北向衔接天津、西向衔接石家庄、南向衔接济南，是东部一座重要的枢纽城市。

(4) 西安关联作用分析

如图 9.31 所示，西安是“中国北方空间环”中轴线与西轴线的交汇点，它还是沿河空间城市系统的重要节点城市。因此，西安是中国西部重要的中心城市，它具有承东向西、连接南北的枢纽关联作用。

9.4.3 中国北方信息集聚带

1) 中国北方信息集聚带概念

如图 9.32 所示，中国北方信息集聚带是兼跨北方空间城市系统和沿河空间城市系统双向职能的一条信息集聚轴带，它将成为北方空间城市系统和沿河空间城市系统的重要基础性支撑。青岛的莱西市、佳州(葭州)、兰州将承担信息城市功能，作为“东

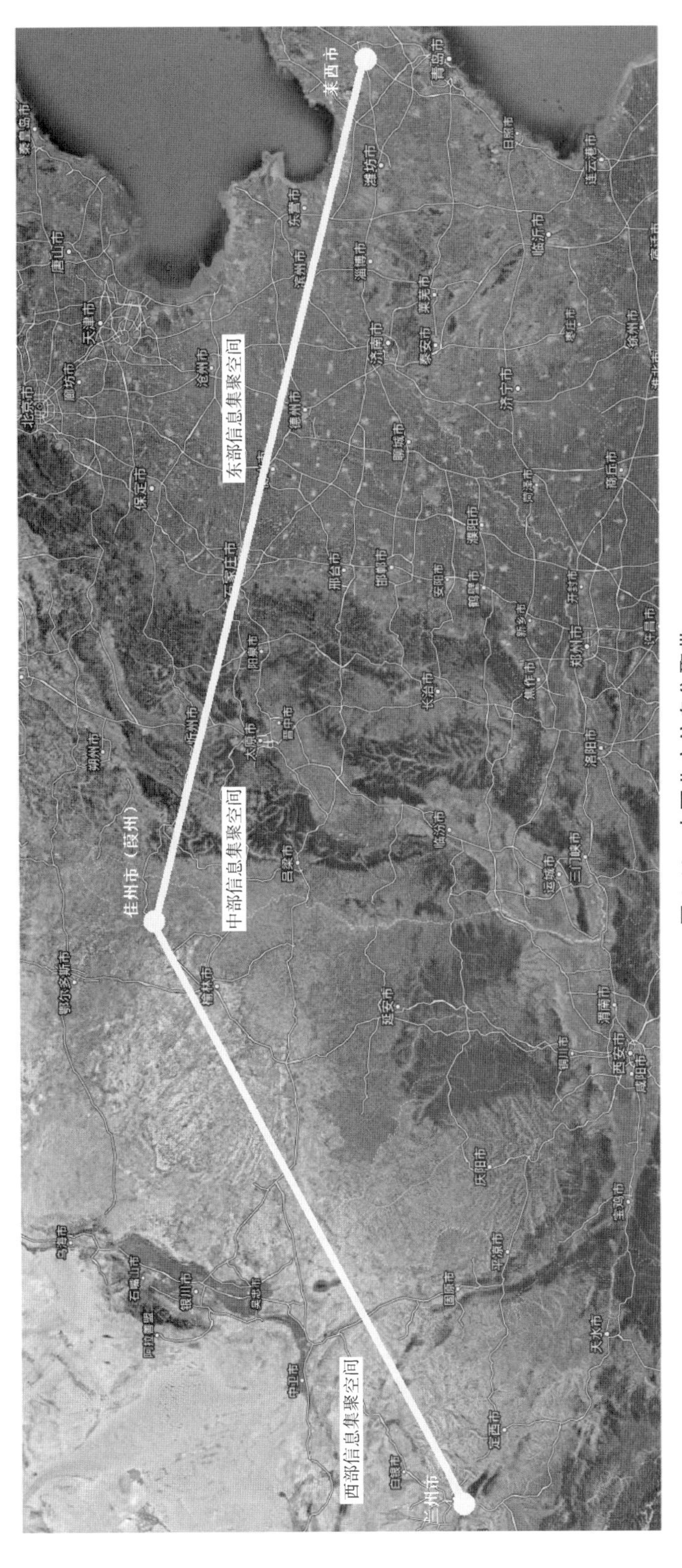

图 9.32 中国北方信息集聚带

部信息集聚空间”“中部信息集聚空间”“西部信息集聚空间”的支撑城市。“中国北方信息集聚带” 与“中国北方空间环”形成了中国北方空间的两大支柱性功能，将彻底改变中国北方空间落后于中国南方空间的不均衡格局，对于中国国家空间优化具有重大战略性意义。

“中国北方信息集聚带”将是世界空间信息的重大革命，它与太空卫星以及5G通信的结合，将改变人居空间的面貌，实现“信息社会”。在“中国北方信息集聚带”形成过程中，信息空间、空间信息量、动因信息、演化信息、控制信息等空间信息理论创新将得到实践与完善。中央政府与各级地方政府要具有超前意识，在空间规划、空间治理、空间政策方面做好充分准备。

2）中国北方信息集聚带属性

中国北方信息集聚带是一条具有世界性与中国性功能的空间信息集聚带：首先，北京属性。因为北京的世界性职能，中国北方信息集聚带具有很强的世界性功能。其次，北部空间城市系统属性。中国北方信息集聚带是北部空间城市系统的支撑基础。最后，沿河空间城市系统属性。中国北方信息集聚带是沿河空间城市系统的支撑基础。

3）中国北方信息集聚带意义

中国北方信息集聚带包括“东部信息集聚空间”“中部信息集聚空间”“西部信息集聚空间”，由青岛莱西市、佳州市（葭州）、兰州市三个信息集聚结点支撑。中国北方信息集聚带的规划建设，将极大促进中国北方人居空间的现代化进程。中国北方信息集聚带在“中国信息集聚网络”占据序参量地位，它的建成对于中国国家空间治理具有十分重大的战略性意义。

9.5 中国沿河空间城市系统

9.5.1 沿河空间城市系统本体

1）沿河空间城市系统定义

如图9.33所示，“沿河空间城市系统”是指沿黄河所形成的空间城市系统。“沿河空间城市系统”可以分为东部结构、中部结构、西部结构，是跨越中国东中西部的全局性空间结构，其国家战略意义重大。“沿河空间城市系统”主要中心城市包括青岛、济南、徐州、连云港、郑州、西安、兰州、西宁、银川，都是公认的建成城市，它们为“沿河空间城市系统”奠定了最坚实的基础。“沿河空间城市系统”与“沿江空间城市系统”形成南北对称结构，它将根本上扭转中国空间南北非均衡发展的格局。“沿河空间城市系统”是一个国际级空间城市系统，涉及一亿多人口，它将大大增强中国在世界的竞争力。对此，中央政府及沿黄河地方政府应该具有清醒的认知，加快“沿河空间城市系统”的空间规划与空间治理。

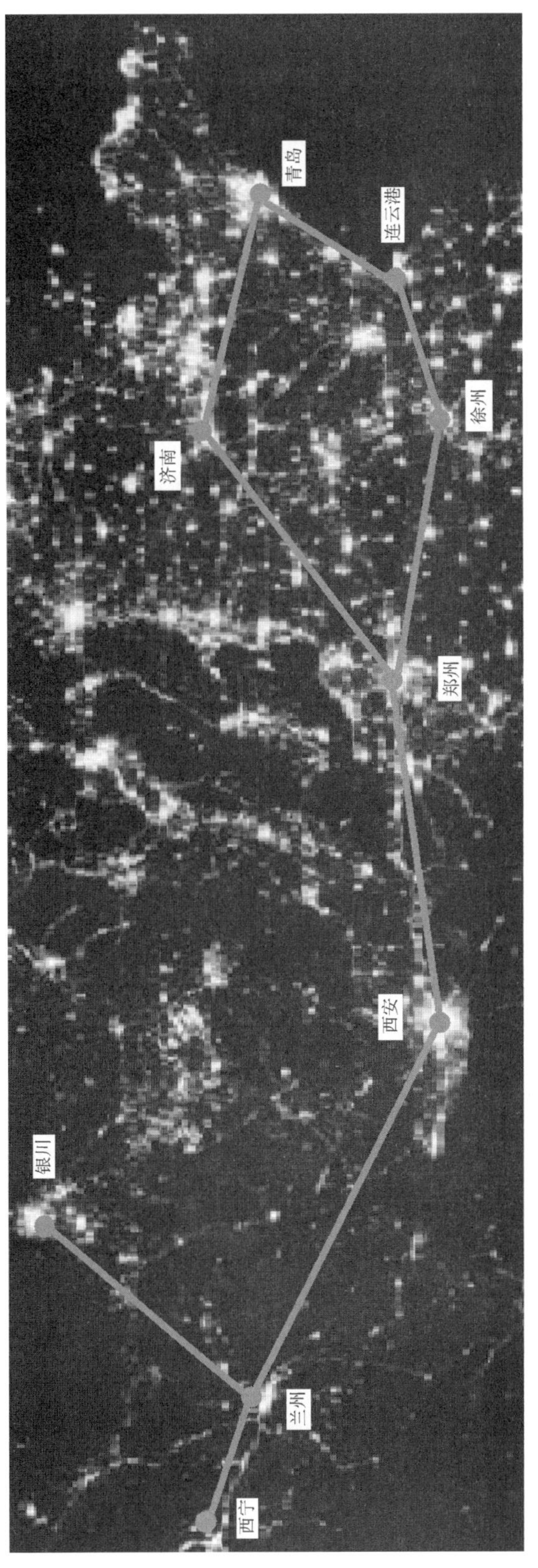

图 9.33　沿河空间城市系统夜间卫星图

沿黄河流域是中华民族的起源性空间，是中国文化的根源性空间，是近现代中国发展的主力型空间。因此，沿河空间城市系统是一种中国概念自组织发展的结果，不以人的主观意志为转移。沿河空间城市系统的归宿是沿河空间城市系统未来文化，它将是中国文化的重要代表型文化，作为容器的沿河空间城市系统将为这种“未来型文化”提供物质支撑。

2）沿河空间城市系统结构

中国“沿河空间城市系统”东部结构包括山东空间城市系统、徐州空间城市系统；“沿河空间城市系统”中部结构包括郑州空间城市系统、西安空间城市系统；“沿河空间城市系统”西部结构是指兰西银空间城市系统。“沿河空间城市系统”东部结构地处山东丘陵地貌、中部结构地处黄淮海平原与关中盆地地貌、西部结构地处黄土高原地貌，由东向西呈逐级而上的阶梯状分布。显然，“沿河空间城市系统” 东部结构即山东空间城市系统与徐州空间城市系统、中部结构即郑州空间城市系统与西安空间城市系统、西部结构即兰西银空间城市系统都是显像状态，这就为“沿河空间城市系统”整体认知奠定了基础(图 9.34)。

山东丘陵、黄淮海平原、关中盆地是沿河空间城市系统的基础地貌，它们为山东空间城市系统、徐州空间城市系统、郑州空间城市系统、西安空间城市系统的发展奠定了良好的地貌基础，宁夏平原为银川城市系统奠定了良好的地貌基础。因此，就整体而言，沿河空间城市系统具有良好的地貌条件基础，可以实现沿河空间城市系统空间结构的不断优化。

沿河空间城市系统中心城市体系均衡是它的基本特征，青岛、济南、徐州、郑州、西安、兰州、西宁、银川处于几乎相近的地位，很难从中选择出牵引城市，没有“牵引城市TC”是沿河空间城市系统的显著特点，它大大降低了对沿河空间城市系统的认知度，也给青岛、西安留下了巨大的城市发展可能性。

3）沿河空间城市系统空间形态

如图 9.35 所示，沿河空间城市系统空间形态拓扑整体呈条带状分布，东部结构呈四边形分布，中部结构呈双核分布，西部结构呈三角形分布。黄河为沿河空间城市系统的基本脉络线，图中表示为沿粗实线向结点展开。显然，东部结构与中部结构与西部结构之间的高速地理连接是沿河空间城市系统产生与发展的关键，包括航空、高速铁路、高速公路、水运。东部结构、中部结构、西部结构内部的高速城际铁路联结使之实现同城化是沿河空间城市系统产生与发展的关键。

沿河空间城市系统目前处于青岛、济南、徐州、郑州、西安、兰州、西宁、银川中心城市扩张阶段，之后将进入东部结构的山东空间城市系统、徐州空间城市系统，中部结构的郑州空间城市系统、西安空间城市系统，西部结构的兰西银空间城市系统的发展阶段，最后才是沿河空间城市系统整体发展阶段。

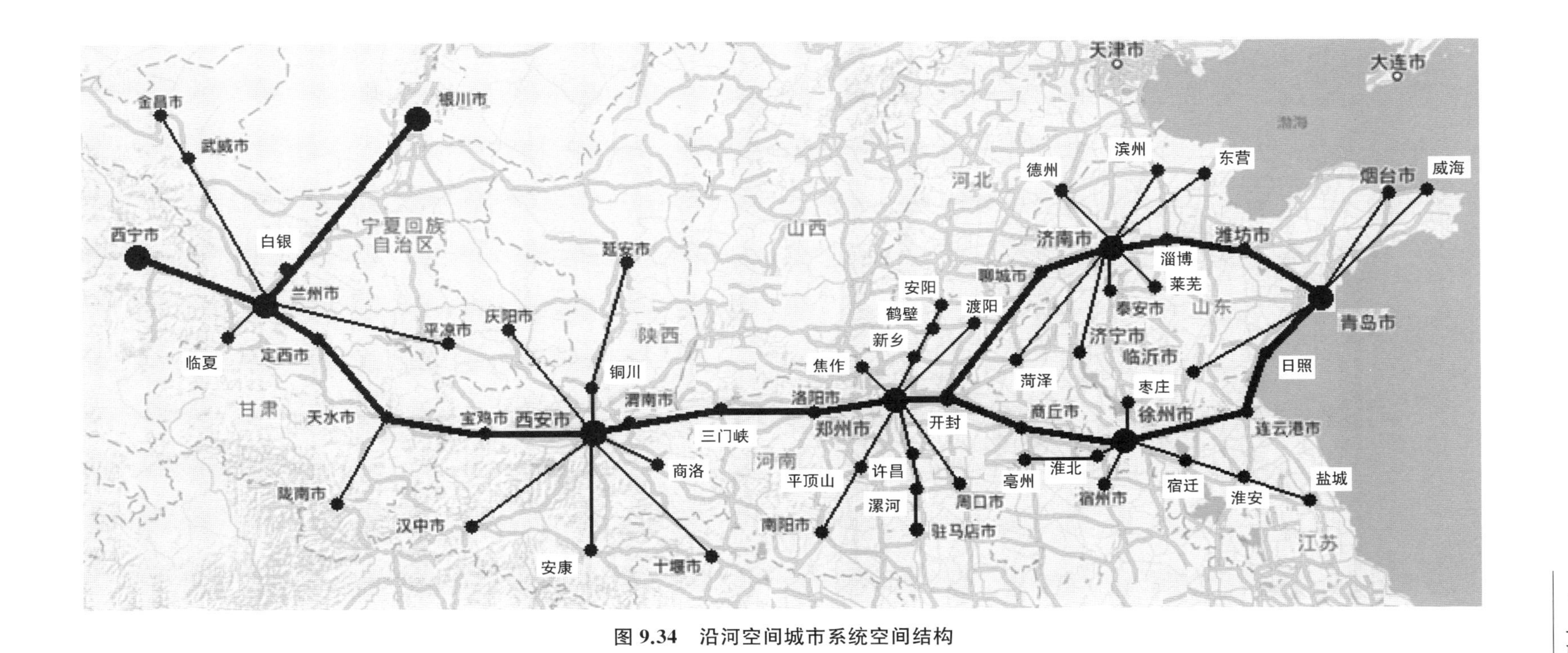

图 9.34 沿河空间城市系统空间结构

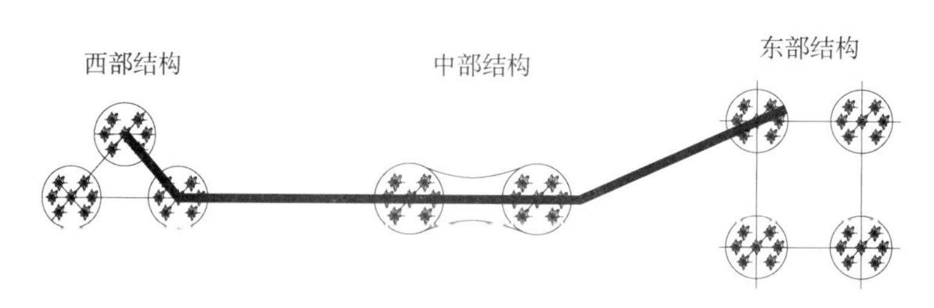

图 9.35　沿河空间城市系统空间形态拓扑图

4）沿河空间城市系统经济

沿河空间城市系统是国际级空间城市系统，我们以进入 2017 年中国前 100 位 GDP 城市统计，以沿河空间城市系统其他节点城市经济总量为预备总量。以沿河空间城市系统平均常规 GDP 增长率 6.4%计算，以沿河空间城市系统整体涌现性增长率 3%保守计算，以 2027 年为目标预测年份采用保守计算方法，得到沿河空间城市系统经济总量及预测结论，亦即经过 10 年演化到 2027 年，沿河空间城市系统经济总量将达到 24.37 万亿元，居于世界先进水平（表 9.8）。

表 9.8　沿河空间城市系统城市经济总量及预测

类别	2017 年 GDP（亿元）	年增长率（%）	2027 年预计 GDP（亿元）
沿河空间城市系统	125 633	9.4	243 728

沿河空间城市系统经济相对落后是它的短板，沿河空间城市系统产业结构是建立在第二产业基础之上的，占用较高的生态投入，具有比较大的碳排放，是不可持续的发展模式。沿河空间城市系统经济相对落后的根源在于大城市创新的落后，缺乏深圳、杭州、贵阳、乌镇这种科技信息创新。沿河空间城市系统创新落后的深层次原因是价值观的落后，是思想的落后，是文化的落后。沿河空间城市系统建设的根本是实现"沿河空间城市系统现代文化"目标，从根本上改变中国沿黄河流域社会经济发展相对落后局面，实现中国空间南北方均衡发展。如表 9.8 所示，沿河空间城市系统 2027 年预计可达经济总量达到 24.37 万亿元，它将从根本上改变中国东西部发展失衡与南北发展失衡的重大问题。

根据地貌环境、经济环境、人文环境综合条件分析，济南、郑州、西安、徐州、连云港应该具有较大的经济总量潜力空间，兰州、银川、西宁经济总量基数处于十分低的水平，沿河空间城市系统的空间规划与空间政策应该向西部结构倾斜，促进这些城市经济大发展。东西部结构的协同发展是沿河空间城市系统整体涌现的必然趋势，沿黄河中心城市经济产业、高等教育、科学研究、文化艺术、创新创意的合作联盟是一种大势所趋。如此，方能与中国南部空间的一体化趋势相均衡。目前中国南北方空间拉大的关键在于空间一体化进程的落差，如粤港澳大湾区、长江三角洲城市群的一体化。

产业结构落后是沿河空间城市系统的又一个短板，西部多为资源型经济、中东部多为第二产业经济，第一产业在沿河空间城市系统占据相当地位。传统产业的升级改造是沿河空间城市系统亟待解决的问题，生态产业、信息产业、高端生产者服务业是青岛、济南、徐州、郑州、西安、兰州、西宁、银川中心城市需要迈上的一个台阶，这才是沿河空间城市系统经济总量巨大的发展潜力空间。挑战与机遇共存，中华民族的崛起与沿黄河流域紧密相关，规划与建设中国沿河空间城市系统是历史赋予当代中国人的使命。

9.5.2 “江河”空间城市系统比较分析

1）“江河”空间城市系统本体比较

“沿江空间城市系统”与“沿河空间城市系统”是中国的两大空间城市系统，只有这两大空间城市系统的建成，中国空间才能均衡化发展，才是真正意义上中华民族的崛起，它将是人类历史上一个伟大的事件。“沿江空间城市系统”与“沿河空间城市系统”存在巨大的演化落差，导致了中国空间的南北空间的严重失衡，此矛盾将日趋显像化，成为制约中国全面发展的战略性问题，对此中央政府要予以高度警惕。基于“沿江空间城市系统”与“沿河空间城市系统”的重要性，我们做“江河”空间城市系统比较分析，以期找出两者发展落差的主要原因，为中国空间战略决策提供理论根据。

（1）空间城市系统环境比较

① 地貌环境比较

第一，两者具有相同的基本平原地理基质：自东向西“沿江空间城市系统”地貌为长江三角洲、长江中下游平原，四川盆地。自东向西“沿河空间城市系统”地貌为山东丘陵、黄淮海平原、黄土高原、宁夏平原。

第二，两者具有沿江河特征：“沿江空间城市系统”沿长江溯流而上。“沿河空间城市系统”基本沿黄河两岸分布。

第三，两个空间城市系统都具有双出海口：“沿江空间城市系统”以上海与宁波为出海口。“沿河空间城市系统”以青岛与连云港为出海口。

第四，“沿江空间城市系统”与“沿河空间城市系统”对称的处于中国空间的南方与北方，是中国空间的支柱型人居空间系统。

因此，“沿江空间城市系统”与“沿河空间城市系统”有发展成为世界级与国际级空间城市系统的地貌环境条件。

② 经济环境比较

第一，沿江空间城市系统具有超强的经济潜力，可达 47.5 万亿元。沿河空间城市系统经济潜力可达 24.37 万亿元，显然要落后于沿江空间城市系统。

第二，沿江空间城市系统具有上海牵引城市 TC，而沿河空间城市系统不具备牵引城市 TC。

第三，沿江空间城市系统具备强大的高端生产者服务业，具备巨大的创新能力。沿河空间城市系统多为传统产业，科研创新能力比前者差。

因此，经济环境是“沿江空间城市系统”与“沿河空间城市系统”发展落差的主要原因。“沿河空间城市系统”亟待迎头赶上。

③ 人文环境比较

第一，黄河文明与长江文明是中国的两大主体性文明，而沿江空间城市系统文化与沿河空间城市系统文化将成为中国未来文化的代表。

第二，沿黄河流域与沿长江流域是中国人口最为集中的空间，是中国高素质人口集中的主要空间。

第三，“沿江空间城市系统”要比“沿河空间城市系统”现代思想意识先进，前者高等教育水平要远高于后者，特别是研究型大学。

因此，人文环境是“沿江空间城市系统”与“沿河空间城市系统”发展落差的第二个主要原因，这是一个短时间难以解决的根本性差距。

（2）“江河”空间城市系统整体比较

① 整体空间形态比较

“沿江空间城市系统”与“沿河空间城市系统”空间形态整体都呈条带状分布，都具有三段式结构，即东部空间结构、中部空间结构、西部空间结构。沿江空间城市系统西部指向中国西南空间，沿河空间城市系统西部指向中国西北空间，都具有国际战略意义。

② 整体空间结构比较

“沿江空间城市系统”与“沿河空间城市系统”空间结构都具备各中心城市结点、沿江河主干联结轴线、东部中部西部网络域面的完整空间结构要素。“江河”空间城市系统都具备航空飞机、高速铁路、高速公路地理连接，具备卫星通信联结，沿江空间城市系统有既成的空间信息集聚节点，如杭州、乌镇、德清，而沿河空间城市系统没有现实的空间信息集聚节点。

③ 整体涌现性比较

“长江三角洲空间城市系统”整体涌现性开始显现，长江中游城市系统与成渝空间城市系统整体涌现性出落端倪。“沿河空间城市系统” 东部空间结构、中部空间结构、西部空间结构都还没有整体涌现性产生，处于青岛、济南、徐州、连云港、郑州、西安、兰州、西宁、银川城市整体涌现阶段。“沿江空间城市系统”与“沿河空间城市系统”整体涌现性相差一个段位落差。

综上所述，“沿江空间城市系统”与“沿河空间城市系统”地貌环境相近、经济差距很大、人文落差为主、空间形态完整、空间结构相似、整体涌现迥异。沿长江带开发已经提上中央政府议事日程，沿黄河开发还是一个隐性概念，因此中央政府与各省市地方政府应该对此种情况予以高度注意。

2）“江河”空间城市系统演化比较

（1）演化状态比较

长江三角洲空间城市系统处于近耗散态演化状态，长江中游空间城市系统处于近平衡态演化状态，成渝空间城市系统处于近平衡态演化状态。沿江空间城市系统整体处于近平衡态演化状态。沿河空间城市系统整体处于平衡态演化状态，它的东部空间结构、中部空间结构、西部空间结构都处于平衡态演化状态，青岛、济南、徐州、郑州、西安、兰州、银川七个一级空间城市系统处于近平衡态演化状态。因此，“沿江空间城市系统”与“沿河空间城市系统”演化状态相差至少一个演化状态阶段。

(2) 空间动因比较

长江三角洲空间城市系统与长江中游空间城市系统、与成渝空间城市系统之间，空间联结已经具备，它们三者之间的空间扩散与空间集聚关联已经建立。因此，沿江空间城市系统开始具有空间集聚、空间扩散、空间联结动因作用。沿河空间城市系统的东部空间结构与中部空间结构直接高速铁路空间地理连接尚未开通，东部、中部、西部之间空间扩散与空间集聚没有形成关联。因此，沿河空间城市系统还没有具备空间集聚、空间扩散、空间联结动因作用。

(3) 空间信息比较

长江三角洲空间城市系统杭州、乌镇、德清已经出现空间信息集聚结点，长江三角洲信息集聚空间已经形成，它为沿长江信息集聚带的形成奠定了基础。沿黄河空间区域尚未有信息集聚结点、信息集聚空间、信息集聚带。沿河信息信息集聚带概念还远没有建立起来。“沿江空间城市系统”与“沿河空间城市系统”空间信息差距是显而易见的，它将扩大两者之间的演化落差。

3）“江河”空间城市系统功能作用

(1) 世界功能作用

“沿江空间城市系统”有发展成世界第一空间城市系统的可能，而且中央政府对长江带发展已经有清醒认识与空间政策投入，如上海浦东新区、南京江北新区、南昌赣江新区、长沙湘江新区、重庆两江新区、成都天府新区的空间资源投入，以及武汉长江新区的动议。因此，“沿江空间城市系统”已经具备了长江三角洲空间城市系统、长江中游空间城市系统、成渝空间城市系统联动快速发展的条件。“沿江空间城市系统”在世界具有示范性功能，它的空间规划、空间治理、空间政策将为全球空间城市系统树立典范。

“沿河空间城市系统”是世界级空间城市系统，但是它的潜在状态以及不被认知的状况令人担忧，这将大大阻碍“沿河空间城市系统”的演化进程。“沿河空间城市系统”的东部空间结构、中部空间结构、西部空间结构要加速发展，使“沿河空间城市系统”在世界范围得到公认，是十分必要的。同时，对于青岛、济南、徐州、连云港、郑州、西安、兰州、西宁、银川城市的快速发展具有重要拉动作用。“沿河空间城市系统”概念的中国确认、世界认知是迫在眉睫之举。

(2) 中国功能作用

对于中国空间而言，“沿江空间城市系统”与“沿河空间城市系统”的重要性不言而喻，它们的均衡化发展将使中国空间发展同步、南北方发展落差缩小、中华民族文明更新同步。以“沿江空间城市系统”与“沿河空间城市系统”为核心，加之“北部空间城市系统”“南部空间城市系统”“东北空间城市系统”，形成中央政府领导下的“中国空间城市系统协调组织”很有必要，它将大大促进中国空间城市系统的演化进程，走在世界空间城市系统化的前列。

(3) 地方功能作用

“沿江空间城市系统”与“沿河空间城市系统”对于沿长江流域与沿黄河流域地方发展是不二选择，它们将从根本上改变沿长江流域与沿黄河流域地方的社会、经济、文化面貌。“沿江空间城市系统”与“沿河空间城市系统”是21世纪中国沿长江流域与沿黄河流域基本的发展模式，并主导着中国空间可持续人居空间系统的发展趋势。

综上所述，“沿江空间城市系统”与“沿河空间城市系统”演化状态有落差、空间动因不在一个水平、空间信息有隔代感、世界功能作用相差大、中国功能作用相近、地方功能作用相同。“沿江空间城市系统”与“沿河空间城市系统”存在严重失衡现象(表9.9)，此地、此时、此事应该引起中央政府与各省市地方政府的高度关注，给予空间规划、空间治理、空间政策的调节作用。

表9.9 “江河”空间城市系统比较

类别	地貌	经济	人文	中心城市	联结轴线	网络域面	演化状态	空间动因	空间信息	世界功能	中国功能	地方功能	比较分析
沿江空间城市系统	沿江	优势	优势	优势	优势	优势	优势	优势	优势	优势	优势	优势	“江河”空间城市系统严重失衡，需要空间规划、空间治理、空间政策干预调节
沿河空间城市系统	沿河	劣势	劣势	良势	良势	劣势	劣势	劣势	劣势	劣势	良势	优势	

9.5.3 沿河空间城市系统国际空间

1) 东部国际空间

(1) 中国东北空间

沿河空间城市系统对于中国东北空间具有外部关联作用，渤海湾地理空间连接只是一个时间问题，在技术和资金上没有问题。届时“沿河空间城市系统”“东北空间城市系统”“北部空间城市系统”将实现空间大连接，这将促进中国北方空间现代化进程，是中国空间演化的历史性事件。对于改变东北空间的落后面貌具有十分重要的意义。

(2) 朝鲜半岛空间

朝鲜半岛空间历史上是中国东北空间与日本空间的衔接空间，朝鲜半岛空间一体化中，其人居空间一体化与政治一体化可以分离，这是一个大概率可预期事件。釜山—首尔—平壤—新义州地貌逻辑、韩国经济逻辑(朝鲜潜在经济力量)、朝鲜单一民族人文逻辑都可以是“朝鲜空间城市系统”概念确立的根据。如此，中国东北空间城市系统、朝鲜空间城市系统、日本空间城市系统将成为东北亚空间的希望所在。东北亚空间一体化是具有历史基础的，它们具有优良地貌环境、互补经济结构、相近人文基因，我们完全有理由期待中国东北空间城市系统、朝鲜空间城市系统、日本空间城市系统时代的到来。

(3) 日本列岛空间

日本空间城市系统是世界级空间城市系统，东京牵引城市 TC 居于世界前三位(纽约、伦敦、东京)。日本空间城市系统处于近耗散态演化状态，其空间形态完整、空间结构清晰、整体涌现性显现。日本空间城市系统是东北亚空间的核心，对于世界东方空间具有举足轻重的作用，它对于朝鲜半岛空间、中国东北空间具有重要拉动力作用。日本空间与朝鲜半岛空间的跨海连接将是人类历史上的壮举，它将中国、朝鲜、日本三个国家真正联结在一起，届时就将是东北亚真正崛起于世界之日。

2) 西部国际空间

(1) 新疆空间联结

新疆空间联结是沿河空间城市系统的重要延伸，吐鲁番—乌鲁木齐—喀什—伊宁结构具有重要国际地位。喀山与伊宁具有桥头堡作用，北向俄罗斯、西向中亚与欧洲、南向巴基斯坦与印度。因此，沿河空间城市系统西北指向的新疆空间联结是中国空间与世界的重要国际化通道，具有十分重要的国际化作用。

(2) 欧亚大陆桥联结

所谓"欧亚大陆桥联结"是指由中国连云港到荷兰阿姆斯特丹港的国际化铁路交通干线。在中国境内它几乎贯穿沿河空间城市系统的全部节点城市。"欧亚大陆桥联结"将中国空间与欧洲空间地理连接起来，对于世界未来具有不可估量之重大影响。中国欧洲班列的成功开通实现了物流的畅通，未来高速铁路的逐段开通将彻底颠覆中欧人流交往的旧时代，因为它将涉及 22 亿人，占世界总人口的 30%。

(3) 中巴经济走廊(CPEC)

随着"瓜达尔港"的投入使用，中巴经济走廊(CPEC)正在逐渐成为现实，沿河空间城市系统—新疆枢纽空间—中巴经济走廊，将使中国北方拥有一个西方出海口，直接通达阿拉伯半岛、欧洲大陆、非洲大陆。则沿河空间城市系统成为一个两头具有双向出海口的国际级空间城市系统，它将改变中国西北空间的落后局面。随着"一带一路"倡议的稳步推进，这一愿景正在变成事实，中巴经济走廊(CPEC)将使中国空间与阿拉伯空间、欧洲空间、非洲空间的空间联结大大加强，其意义远远超过中国国家利益需求，具有人类社会共同发展之诉求。

(4) 中亚空间结构预见

所谓"中亚空间结构"是指伊宁—阿拉木图—比什凯克—塔什干—撒马尔罕的空间结构，在技术上完全可以实现高速铁路地理空间连接。这是传统欧亚丝绸之路的一部分，从长远角度来看中亚空间结构空间联结是完全可以实现的，它将是中国空间与欧洲空间陆上高速铁路空间地理连接的一部分。中欧空间联结是世界大势所趋，它已经被人类社会发展历史证明，必将迎来新时代的新联结。而沿河空间城市系统与中亚空间结构的对接，使它的空间关联延伸至中亚空间。

(5) 俄罗斯空间联结

经新疆空间中枢与俄罗斯空间联结，是沿河空间城市系统北向空间关联的又一条国际通道。近代中国北方受俄罗斯空间的影响很多,俄罗斯空间联结将延续这种相互作用,促进中国北方空间的国际化进程。总之,沿河空间城市系统不可能是一个封闭的国内系统,它要在东西两向与世界相通、相交、相融。

(6) 印度空间方向

中国北方与印度空间的交往是很多的,中国也因此获益良多。中国北方经新疆中转与印度、巴基斯坦的联系在近现代被隔离了,但是人类文明之间的交流是不可能永远被阻断的。

综上所述,沿河空间城市系统经新疆空间,北向俄罗斯、西向中亚与欧洲、南向巴基斯坦与印度的国际空间联结既是历史又是现实,更是未来,随着科学技术的进步,人类沟通融合是大势所趋,是历史发展之必然。

9.6 中国东北空间城市系统

9.6.1 东北空间城市系统本体论

1) 东北空间城市系统概念

如图 9.36 所示,中国"东北空间城市系统"是中华人民共和国辖区内的四级空间城市系统,它是一个国际级空间城市系统。东北空间城市系统包括大连、沈阳、长春、

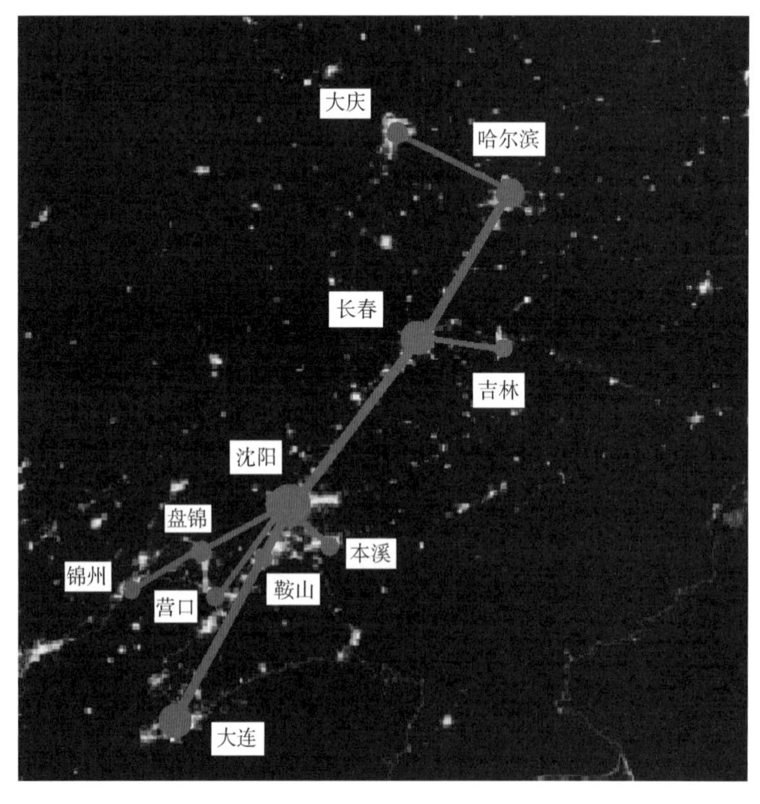

图 9.36 东北空间城市系统夜间卫星图

哈尔滨4个一级空间城市系统。东北空间城市系统城市体系包括:沈阳主导城市LC,大连、长春、哈尔滨主中心城市MC,以及丹东、锦州、吉林、大庆等辅中心城市AC,以及盖州、新民、德惠、五常等基础城市BC。

东北空间城市系统在中国空间中是一个独立的地理单元,它是唯一南北走向的空间城市系统,东北空间城市系统东西北三面环山南临渤海与黄海,处于相对封闭的地理环境之中。这种封闭地理环境决定了东北空间缺乏内动力,要依靠外部动力推动发展。随着中国北部空间城市系统与沿河空间城市系统的形成,随着日本空间城市系统和朝鲜空间城市系统(预见)的实现,中国东北空间城市系统将迎来新的外部动力。

2)东北空间城市系统空间形态

如图9.37所示,东北空间城市系统空间形态拓扑图呈南北条带状分布,它是一个拥有出海口的内陆型空间城市系统。东北空间城市系统由南向北沿东北平原逐次展开,拓扑图中表示为沿粗实线中间轴向结节展开。相对中国其他4个空间城市系统,东北空间城市系统是最简单、最小的空间城市系统。从历史来看,中国东北空间是一个行政地理单元,具有自己的特殊性,这是由东北空间相对独立的地理环境造成的。因此,东北空间城市系统协调机构是一个中央政府领导下的协调职能组织机构,用以协调东北三省以及大连、沈阳、长春、哈尔滨等城市的整体协同功能。

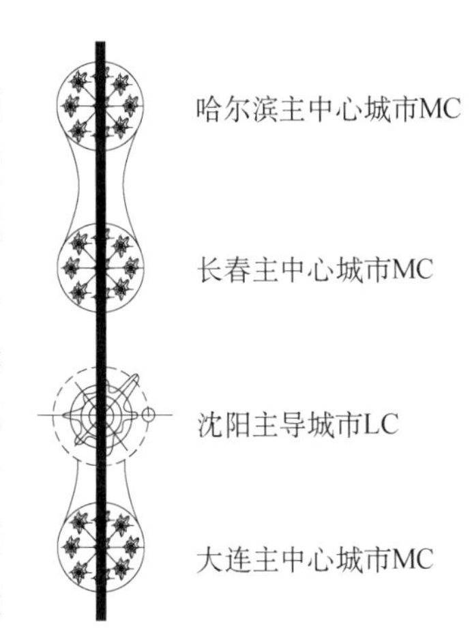

图9.37　东北空间城市系统空间形态拓扑图

3)东北空间城市系统空间结构

如图9.38所示,东北空间城市系统空间结构是一个以沈阳为主导城市LC的单一化结构,以大连、沈阳、长春、哈尔滨为主中心城市形成了4个一级空间城市系统,它们之间有着良好的高速铁路空间地理连接,东北空间结构的主干联结轴为大连—沈阳—长春—哈尔滨,其余为直线联结轴。大连、沈阳、长春、哈尔滨空间城市系统共同形成了东北空间城市系统空间结构网络域面。在大连、沈阳、长春、哈尔滨之间有待于加强城际高速铁路规划建设,促使东北空间城市系统整体涌现性激发出来,加快东北空间城市系统进化过程。

东北空间城市系统地理基质为东北平原,有着优良的空间形态与空间结构机理。东北空间城市系统空间结构清晰明确,很易于进行空间规划与空间治理,很方便进行现代化空间城市系统控制。因此,东北空间城市系统有条件建设成世界一流的国际级空间城市系统。东北空间现在状态是东北空间城市系统之前的暂时状态,即不代表它的过去,更不代表东北空间城市系统的未来,优良的客观基础条件加上科学的人居空间发展战略,将使东北空间迎来一个新的发展机遇期。

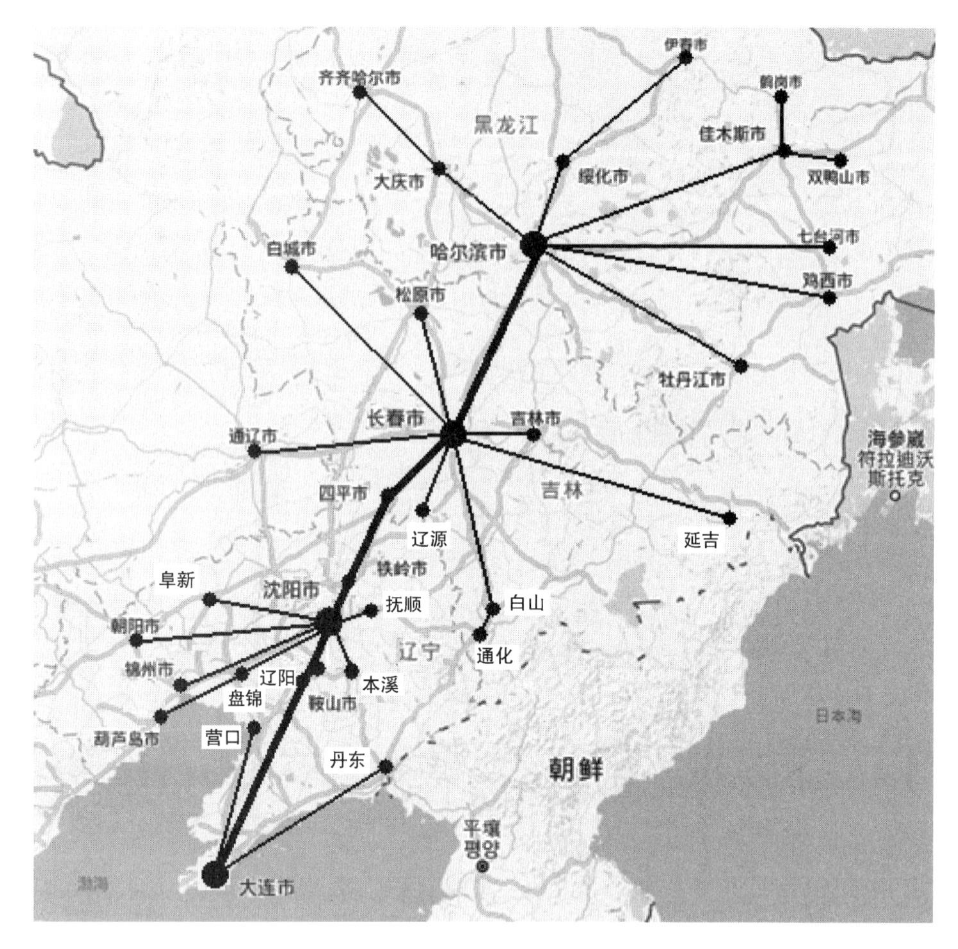

图 9.38　东北空间城市系统空间结构

4）东北空间城市系统环境分析

（1）地理环境分析

如图 9.39 所示，东北空间城市系统处于东北平原之上，大兴安岭、小兴安岭、长白山与千山、渤海与黄海四面环绕。东北平原地理基质为东北空间城市系统发展奠定了良好的地貌基础，中国东北空间具有独特的高纬度冬季寒冷漫长地理特征，它具有充沛的水资源，森林覆盖率达 39.6%，远高于全国平均水平，这些都为东北空间城市系统提供了特殊但是优良的地理环境基础。东北近代城市化曾经是中国最快的地区，沈阳、哈尔滨、大连、长春，以及鞍山、本溪、齐齐哈尔都有着深厚的城市化基础。

东北平原地理单元整体结构决定了东北空间城市系统必须作为一个整体进行空间规划，实施空间治理，落实空间政策，任何将东北空间分割化的方案都有悖于东北空间地理单元一体化结构。东北空间城市系统协调机构是必须加快设立的行政协调机构，对此中央政府要有充分准备加快实施，就东北空间城市系统地理环境而言，我们可以谨慎的相信东北空间城市系统具有光明的前景。

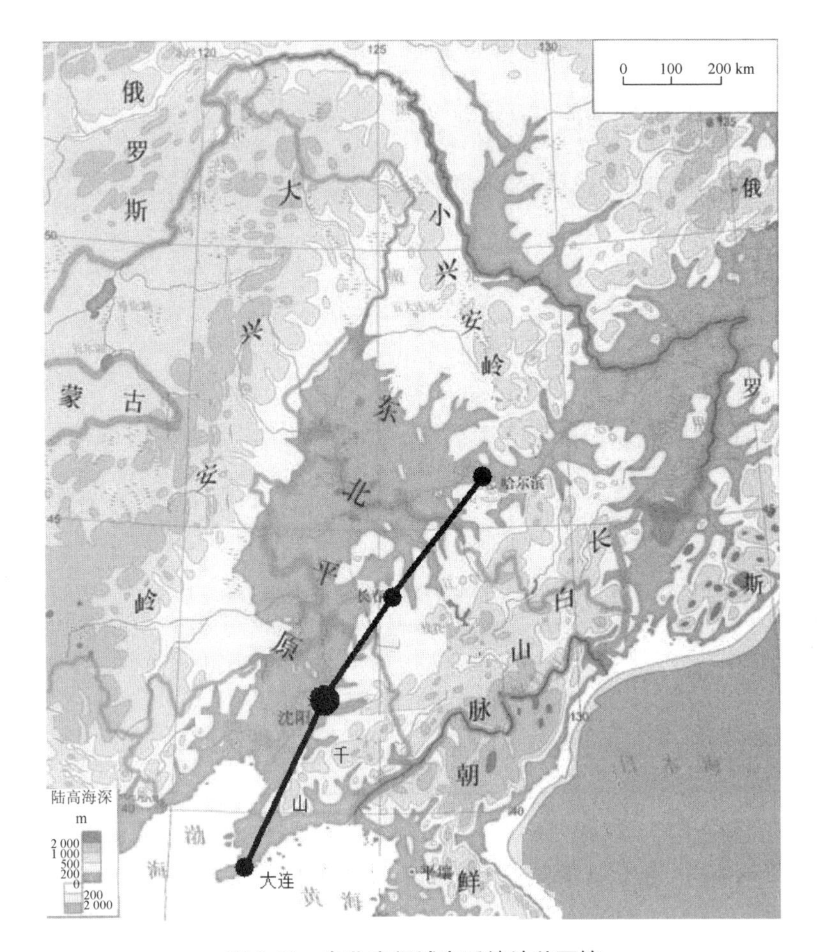

图 9.39 东北空间城市系统地貌环境

(2) 人文环境分析

特殊的地理环境造就了特殊的中国东北人文环境,东北空间人文环境具有农业文化、工业文化、地方文化的鲜明特征,它们创造了东北空间的历史,也阻碍着东北空间的现代化进程。人文环境是东北空间城市系统的短板,东北空间长期存在城乡二元化结构,生育率太低,人口流失严重,特别是人才流失堪忧。东北空间在市场文化、创新文化、信息文化方面乏力,严重制约着东北空间城市系统的产生与发展。东北空间人文环境的落后致使"辽中南城市群"与"哈长城市群"长期不能合二为一、发挥东北空间整体涌现功能,东北空间一体化进程远远落后于"长江三角洲"与"粤港澳大湾区"的一体化进程。

东北人文环境短板现象是一个复杂问题,历史原因、地方文化、行政过强等综合因素造成了这种人文环境短板现实局面。东北空间人文环境短板也抵消了东北空间地理环境的优势,对此东北地方政府以及社会各界要有深刻地、清醒地认识。从根本上讲,人文环境是由人以及人际关系所产生的社会现象,那么就可以由人去改变东北的人文环境。东北空间城市系统文化创生给了东北空间一次机会,所谓"不在新文化创生中爆发,就在旧文化残留中灭亡”。

(3) 经济环境分析

如表 9.10 所示,东北空间以传统重工业为主的产业结构导致了经济总量基数过低,2017 年经济总量只有 4.5 万亿元,东北 20 个城市 GDP 平均增长率仅为 5.1%。如果将东北空间城市系统整体涌现性年增长率上调为 4%,高于全国空间城市系统整体涌现性年增长率 3%一个百分点,则预计 2027 年东北空间城市系统经济总量也仅为 4.9 万亿元,大大落后于其他四个中国空间城市系统经济总量水平。

基于以上严峻经济客观现实:第一,东北空间经济必须进行产业结构升级,人文环境恶劣导致经济环境低下,致使经济模式落后、产业结构陈旧,如此低的经济总量将无法为东北空间城市系统打下经济基础。第二,加速东北空间城市系统化进程,期望用东北空间城市系统整体涌现性拉抬东北经济总量。第三,加快东北空间城市系统文化建设,彻底抛弃陈腐的旧文化,为东北空间经济发展提供新文化动力。

表 9.10 东北空间城市系统经济总量及预测

类别	2017 年 GDP (亿元)	年增长率 (%)	2027 年预计 GDP (亿元)
东北空间城市系统 (20 城市计)	45 570	9.1	49 716

9.6.2 东北空间城市系统发展论

1) 东北空间演化动因分析

(1) 东北空间原动力

相对于其他中国空间,东北空间古代历史属于中国边疆史范畴,它的历史悠长与中原历史有着紧密的关联关系,但是东北空间古代农业文明与游牧文明都没有内生演化成为现代文明。东北空间近代工业文明有两个基本源头:一是俄罗斯空间,二是日本空间。东北空间现代工业文明源自苏联模式,即“新中国的工业摇篮东北老工业基地”,中国计划经济模式是东北空间当代文明的基础。改革开放后东北空间经历了两轮“振兴战略”,但是收效不尽如人意,当下新时代将为东北空间城市系统提供新的一轮发展机遇。

我们认为:第一,东北空间地理环境是“基础”,它为东北空间城市系统奠定了优良的地理基质基础;第二,东北空间经济环境是“标”,而东北产业结构是经济环境的“核心”,必须进行产业高级化,融入信息等先进要素内容;第三,东北空间人文环境是“本”,内生创新是人文环境的“序参量”,只有激发出东北空间内部原动力才是东北空间城市系统长久之计。国内外环境动力是必要“条件”,中国北部空间城市系统、中国沿河空间城市系统、日本空间城市系统、朝鲜半岛空间城市系统(预见)将对东北空间城市系统产生强烈的外部推动力。

（2）中国北方空间动因

① 北部空间城市系统动因

中国北部空间城市系统是与东北空间城市系统陆地对接的空间，它必将对东北空间产生重大的外部动力作用，京津雄冀空间城市系统已经到达近耗散态化状态，其整体涌现性将为东北空间城市系统产生示范性效果。而且，北京特有的中央政府行政管辖功能，对于东北空间城市系统的空间规划、空间治理、空间政策都将起到巨大的动力作用，这是东北空间城市系统的一个有利条件。总之，中国北部空间城市系统对东北空间的作用是内动力与外动力相结合类型的，它拥有足够的工具可以直接行政干预东北空间城市系统的全部过程。

② 沿河空间城市系统动因

沿河空间城市系统与东北空间城市系统隔海相望，跨渤海桥隧道的打通将使两者实现地理空间连接。沿河空间城市系统概念的确立，将对东北空间产生直接冲击，山东空间城市系统对东北空间的心理与物理影响是巨大的，会激发东北社会整体的内源性动力，这是基于山东与东北的血缘联系，基于山东在东北巨大的基础性影响。总之，中国沿河空间城市系统对东北空间的作用是基础性的，是其他外部因素无法比拟的。因此，加快沿河空间城市系统的规划建设，特别是山东空间城市系统的发展，对于改变东北空间的面貌促进东北空间城市系统的一体化进程具有十分重要的意义。

（3）日本与朝鲜半岛空间动因

① 日本空间动因

日本空间城市系统是中国东北空间的重要外部动因要素，日本空间城市系统近耗散态化状态，将给东北空间城市系统整体发展树立典范。日本空间城市系统与东北空间城市系统之间具有近距离空间扩散与空间集聚的逻辑关系，日本现代文化对于东北空间人文环境的再创生具有直接的作用。总之，日本空间与东北空间是中日合作关系的重点空间，它将给东北空间城市系统创生内源性动力巨大推动。

② 朝鲜半岛空间动因

朝鲜半岛空间与中国东北空间是真正大面积陆地接壤的空间，韩国空间的现代化转型对东北空间具有示范意义，信息化对传统工业的改造与升级就将是这种影响的结果。朝鲜空间城市系统“釜山—首尔”空间结构的近耗散态化，对于东北空间城市系统一体化具有典范意义，“平壤—新义州”空间结构有望打破静止状态，则朝鲜空间城市系统概念从预见将变成现实，这对于东北空间的心理冲击将是十分巨大的。总之，朝鲜半岛空间迅速发展的形势为中国东北空间敲响了警钟，被近邻超越是东北空间无法接受的事实，将极大促进东北空间的内在原生动力。

（4）世界空间动因

俄罗斯空间对中国东北空间一直有着巨大影响，东北空间城市系统的产生与发展对俄罗斯远东空间将产生冲击性影响，这将使东北空间找到自我感觉，对于东北空间原生动力不失为一种鼓励性动力。“一带一路”倡议使东北空间变成了开放的前沿，欧洲空间与美国空间对于东北空间城市系统以及东北空间都是外部动力。在中国、美国、欧洲空间城市系统化竞争中，东北空间城市系统是中国的预备队，东北必须承担起这个光荣的历史使命。让世界走进东北改变东北空间、让东北走向世界拉动东北空间，东北属于世界。

2）东北空间城市系统演化分析

东北空间城市系统已经具备"辽中南城市群"包括沈阳、大连、鞍山、抚顺、本溪、丹东、辽阳、营口、盘锦，与"哈长城市群"包括哈尔滨、大庆、齐齐哈尔、绥化、牡丹江，以及长春、吉林、四平、辽源、松原、延吉，这样完整的城市群空间形态与空间结构，也就是说东北空间城市系统的子系统结构已经形成，它为东北空间城市系统认知奠定了基础。

第一，东北空间城市系统演化状态事实上已经处于平衡态演化状态；第二，辽中南城市群与哈长城市群城际铁路，以及锦州信息集聚城市、四平信息集聚城市、齐齐哈尔信息集聚城市、中国东北信息集聚带的规划建设，将推动东北空间城市系统迅速进入近平衡态演化状态；第三，因为东北空间城市系统本体的简单性、小规模性，它进入近耗散态演化状态时间会大大缩短；第四，进入近耗散态演化状态之后，东北空间城市系统分岔到来将是一个快速事件，对此东北各级地方政府要有预见；第五，东北空间城市系统耗散结构将迎来东北空间的全面复兴。

3）东北空间城市系统控制分析

（1）东北空间城市系统整体控制

① 东北空间城市系统递阶控制

如图 9.40 所示，东北空间城市系统递阶控制是一种"上级下级递阶"与"集中分散结合"的综合控制结构，主要包括行政递阶控制、空间递阶控制、信息递阶控制三个组成部分。所谓"行政递阶控制"是指东北空间城市系统"协调机构"控制的东北行政体系，即辽宁、吉林、黑龙江，以及大连、沈阳、长春、哈尔滨，以及鞍山、吉林、大庆，以及盖州、新民、德惠、五常等行政单位。所谓"空间递阶控制"是指东北空间城市系统自上而下的空间结构体系，如东北空间结构、辽中南空间结构、哈长空间结构以及大连、沈阳、长春、哈尔滨空间结构。所谓"信息递阶控制"是指东北空间的信息体系，如中国东北信息集聚带、哈长信息集聚空间、沈大信息集聚空间，以及齐齐哈尔、四平、锦州信息集聚城市。

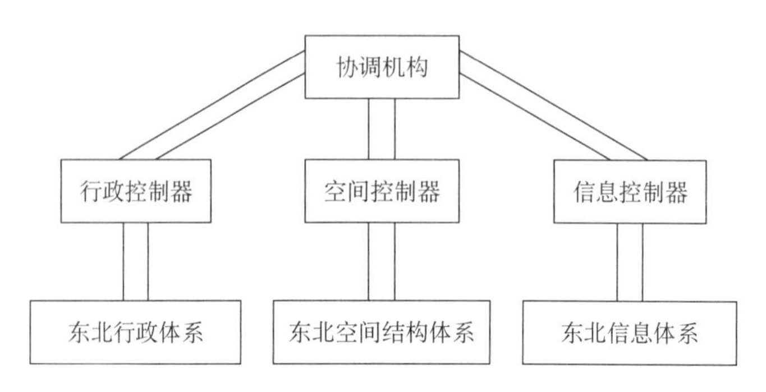

图 9.40　东北空间城市系统递阶控制

实现东北空间城市系统行政递阶控制、空间递阶控制、信息递阶控制，必须依靠东北空间城市系统脑，才能对东北空间城市系统进行动态、随机、跟踪递阶控制。东北空间城市系统"递阶控制方案"要具备控制有效、运行可靠、设计简易、技术实现不难、经济实用、维护方便的基本功效。

② 东北空间城市系统协调控制

所谓"东北空间城市系统协调控制"是指对东北空间城市系统各组成部分相互配合协调工作的控制，它是一种宏观整体性控制。东北空间城市系统协调控制要通过"空间城市系统协调控制平台"与"空间城市系统脑"来进行，详见第 7 章"空间城市系统协调控制"相关论述。东北空间城市系统协调控制系统由控制者、被控制对象、观测装置三个部分组成，它所要达成的目的是对东北空间城市系统各行政机构、各空间结构、各专业组织的"自治性"以及"耦合关联性"进行协调，这是东北空间城市系统"协调机构"的主要工作职能。

(2) 东北空间城市系统分项控制

① 空间结构控制

东北空间城市系统分级，是多级东北空间城市系统控制的前提，东北空间城市系统可以分为一、二、四 3 个等级：一级包括大连空间城市系统、沈阳空间城市系统、长春空间城市系统、哈尔滨空间城市系统，二级包括沈大空间城市系统、哈长空间城市系统，四级为东北空间城市系统。东北空间城市系统"空间结构"控制分为东北空间城市系统"中心结点控制" "联结轴线控制" "网络域面控制"。如图 9.41 所示，为"东北空间城市系统空间结构控制系统"，结合东北空间城市系统"空间结构"具体指标，我们就可以对东北空间城市系统"空间结构"进行有效控制。

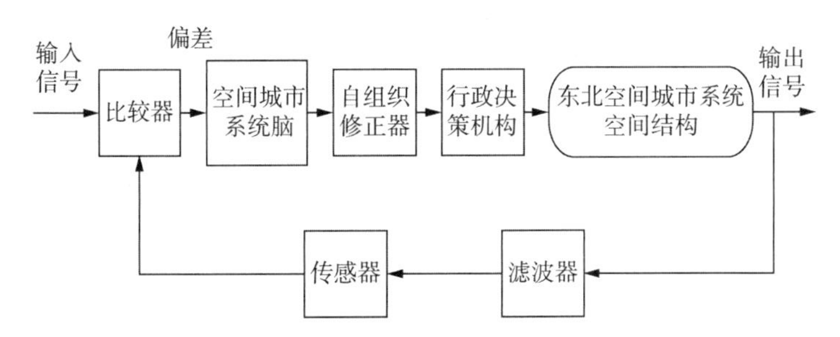

图 9.41 东北空间城市系统空间结构控制系统

② 空间存量控制

东北空间城市系统"空间存量"数量严重不足、"空间存量"结构简单、"空间存量"质量陈旧，体现在经济总量偏低，产业结构偏重工业化，缺乏现代信息要素等方面。东北空间城市系统"空间存量"问题，制约了大城市的空间扩张，城市职能的高端化丧失了牵引力，严重阻碍了东北空间城市系统的产生与发展。而这些是与东北人文环境相关联的，必须进行彻底的社会体制、社会文化、社会经济改革，创生出新的内源性动力。东北空间城市系统"空间存量"增长将分为以下五个发展阶段：

第一阶段，平衡态空间存量。

“平衡态空间存量”是指东北空间稳定的城市体系状态所对应的空间要素结存数量，它呈缓慢地变化态势，东北空间“平衡态空间存量”有一定的基础。

第二阶段，近平衡态空间存量。

“近平衡态空间存量”是指开始变化的东北空间城市系统所对应的空间要素结存数量，它呈显著增长的态势，东北空间“近平衡态空间存量”呈现不足的态势，制约了东北空间城市系统的产生。

第三阶段，近耗散态空间存量。

“近耗散态空间存量”是指东北空间城市系统演化急剧变化所对应的空间要素结存数量，东北空间“近耗散态空间存量” 数量、结构、质量都严重不足，所以东北空间城市系统距离近耗散态演化状态相去甚远。

第四阶段，分岔空间存量。

“分岔空间存量”是指东北空间城市系统在“分岔”时刻所对应的空间要素结存数量，东北空间“分岔空间存量”的目标还需要相当努力才能实现。在东北空间城市系统分岔点，空间要素存量到达东北空间城市系统“整体涌现性”所要求的目标数量。

第五阶段，耗散结构空间存量。

“耗散结构空间存量”是指东北空间城市系统演化耗散结构阶段所对应的空间要素结存数量。在东北空间城市系统“耗散结构”演化阶段，随着东北空间城市系统与国内外环境空间进行人员、物质、信息、能源的交换，空间要素存量呈现随机变化的状态。

综上所述，东北空间城市系统“空间存量”增加需要中央政府支持、外部空间环境交流、地方政府协同、企业加强科技创新、社会各界努力。东北空间城市系统空间存量控制系统见图 9.42 所示。

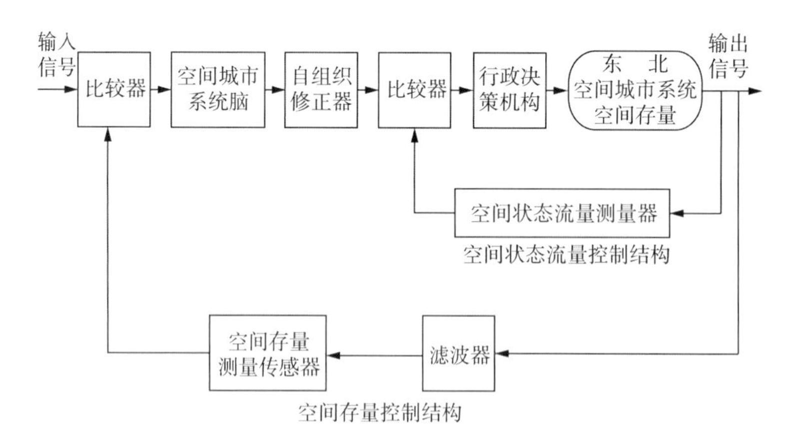

图 9.42　东北空间城市系统空间存量控制系统

③ 空间城市系统脑控制

东北空间城市系统具有地理环境单一、空间形态直观、空间结构清晰的特点，能够较好的使用空间城市系统脑进行控制。如图 9.43 所示，东北空间城市系统脑包括两

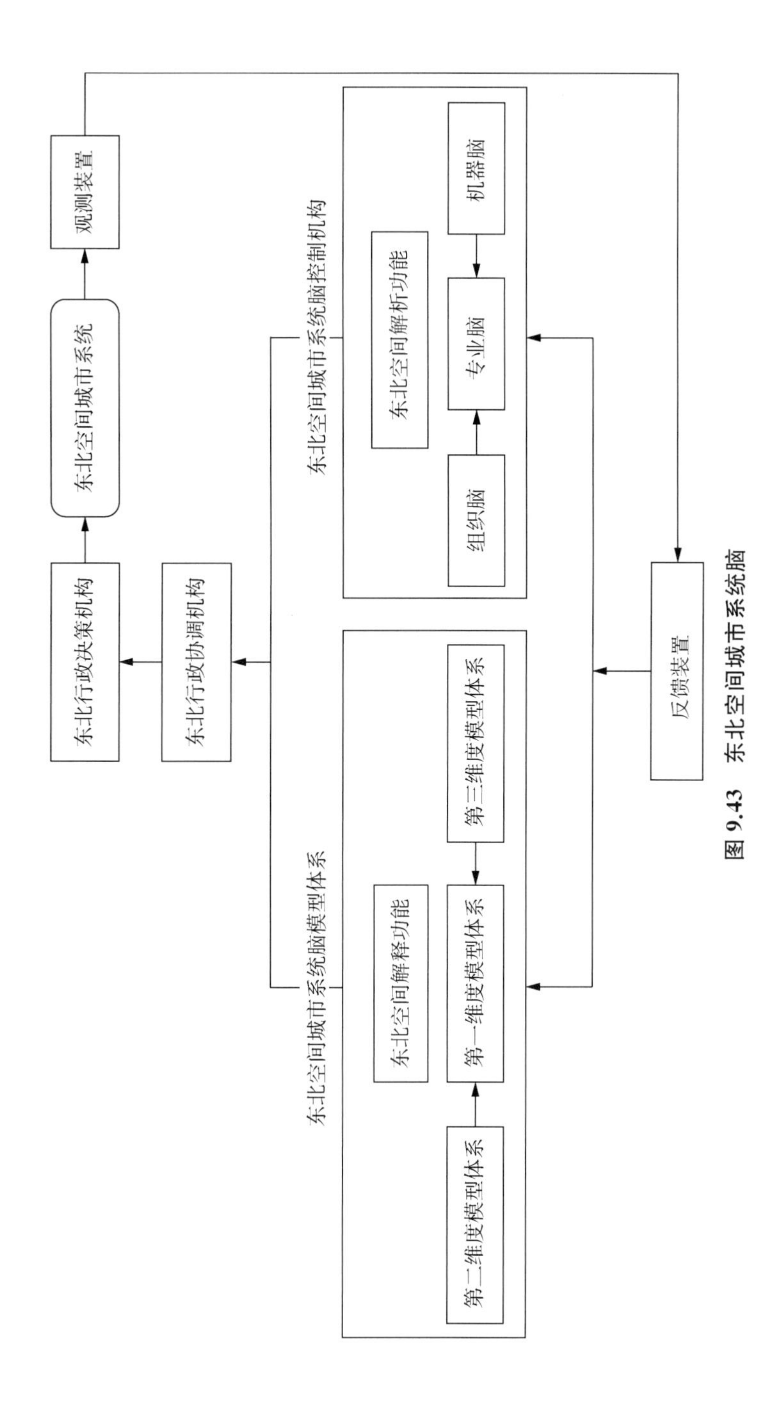

图 9.43 东北空间城市系统脑

个部分：一是东北空间城市系统脑控制机构，二是东北空间城市系统脑模型体系。

“东北空间城市系统脑控制机构”是具有人类专业知识、组织部门功能、机器人工智能的空间城市系统控制体系，它包括专业脑、组织脑、机器脑三个组成部分。“东北空间解析功能”用以对东北空间城市系统城市体系进行细分分析，“东北行政协调机构”是东北空间城市系统的决策协调机构，它向“东北行政决策机构”提供东北空间城市系脑制定的系统控制方案。“东北空间城市系统脑控制机构”可以对东北空间城市系统“人—人”“人—物”“物—物”进行动态化管理，具有很强的具体性功能。

“东北空间城市系统脑模型体系”是东北空间城市系统综合解释控制体系，它包括第一维度模型体系、第二维度模型体系、第三模型体系三个组成部分。“东北空间解释功能”用以对东北空间城市系统时间、空间、规模分异规律进行综合解释，例如对大连、沈阳、长春、哈尔滨城市范式，辽中南城市群与哈长城市群城市区域范式，东北空间城市系统范式的解释。“东北空间城市系统脑模型体系”可以对东北空间城市系统“人—人”“人—物”“物—物”进行动态化管理，具有很强的综合性功能。

9.6.3 东北空间城市系统信息论

1）东北信息集聚城市

“东北信息集聚城市”是指由于信息产业、信息技术、信息文化所形成城市模式，它可以在原来的基础上进行增量形成如杭州模式，也可以从头做起如乌镇模式，还可以由弱到强如贵阳模式。东北空间城市系统的齐齐哈尔信息集聚城市、四平信息集聚城市、锦州信息集聚城市就是理想的选址。首先，齐齐哈尔选址可以为重工业信息化改造升级探索路子。其次，四平选址可以为中枢城市现代化摸索经验。锦州是东北空间城市系统与北部空间城市系统的咽喉，其战略地位十分重要，它的信息中转决定东北空间的信息化水平。

2）东北信息集聚空间

“东北信息集聚空间”是指沈大信息集聚空间、哈长信息集聚空间，它们是中国东北信息集聚带的区域空间承担者，主要功能为空间信息集聚、空间信息扩散、空间信息连接，它们形成局域的分布式信息网络，起着承上启下的作用。沈大信息集聚空间基站与哈长信息集聚空间基站，将外太空卫星导航系统与5G通信相结合，为东北空间城市系统奠定空间信息基础。

3）中国东北信息集聚带

“中国东北信息集聚带”即齐齐哈尔—四平—锦州信息集聚轴带，它覆盖东北空间全部，外部关联中国北方空间、朝鲜半岛空间、日本空间、俄罗斯亚洲空间等。“中国东北信息集聚带”是“中国信息集聚网络”的组成部分，它与“中国北方信息集聚带”“中国沿长江信息集聚带”“中国南部信息集聚带”进行信息交流，与全球空间进行信息交流。在“中国东北信息集聚带”，信息空间、空间信息量、动因信息、演化信息、控制信息等空间信息理论创新将得到实践与完善。因此，“中国东北信息集聚带”的规划与建设意义重大(图 9.44)。

综上所述,信息化对于东北空间而言,具有特殊的意义。它为东北空间社会进步指出了一条可行之路,为东北空间城市系统奠定了重要的基础。但是,东北信息化是靠人干出来的,陈旧人文环境之上结不出东北信息化之果,东北空间人文环境浴火重生是当务之急,更是长久之计。

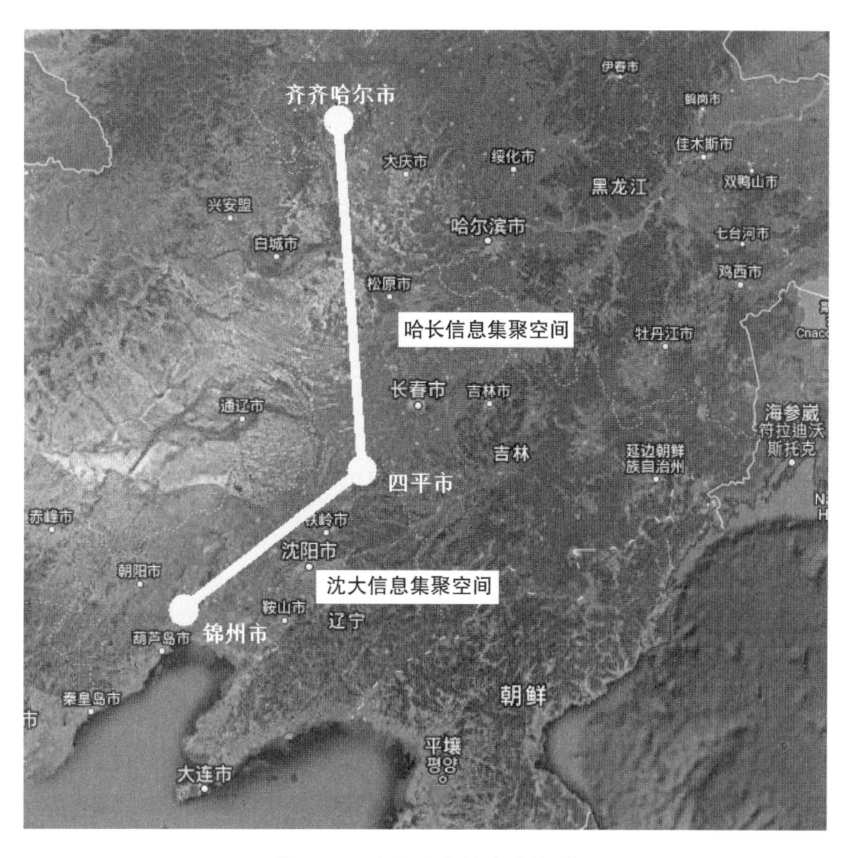

图 9.44　中国东北信息集聚带

10 美国空间城市系统

10.1 美国空间城市系统分析

10.1.1 美国空间城市系统总论

1）美国空间城市系统概念

如图 10.1 所示，美国空间城市系统分为东部空间城市系统、西部空间城市系统、“北部空间城市系统”、南部空间城市系统，美国空间城市系统空间形态包括加拿大南部部分城市。美国东部空间城市系统、西部空间城市系统、“北部空间城市系统”为世界级空间城市系统，南部空间城市系统为国际级空间城市系统。美国空间城市系统是基于美国“2050 巨型区域”空间事实基础之上的，是美国未来人居空间发展的方向，对于降低美国大城市病，前向消解美国大城市生态足迹，对于世界可持续人居空间系统具有重要意义。

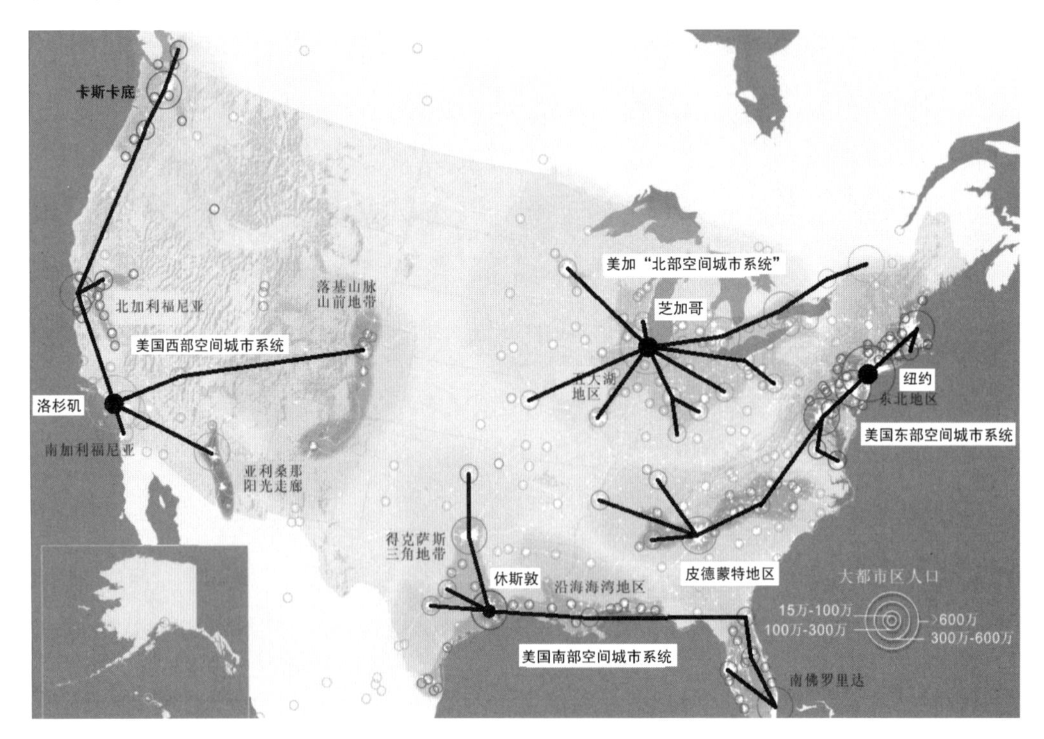

图 10.1 美国空间城市系统分布[①]

（源自：根据《美国 2050》整理）

① 声明：本著作所采用美利坚合众国地图不一定是美国行政全图，后续均同。

2）美国空间城市系统地理环境分析

（1）美国空间城市系统环境超系统

美国空间城市系统是在美国空间环境中孕育、演化、产生的，美国空间环境是美国空间城市系统不可或缺的依赖基础，它是美国空间城市系统之外的客观存在。美国空间城市系统之外的一切与系统相关联事物构成的集合，称为美国空间城市系统的环境，用公式表示为

$$E = \{x \mid x \in S \text{ 且与 } S \text{ 具有不可忽略的联系}\} \tag{10.1}$$

其中，E 表示美国空间城市系统环境，x 表示相关联事物，S 表示美国空间城市系统。美国空间城市系统环境具有弱系统性，因此又称之为“美国空间城市系统环境超系统”。

如图 10.2 所示，美国空间城市系统环境层次结构可以分为：美国空间城市系统环境超系统、美国空间城市系统地理环境单元以及美国空间城市系统人文环境单元、美国空间城市系统经济环境单元、美国空间城市系统环境因子 A、B、C、D、E、F、G、H 三个层次。

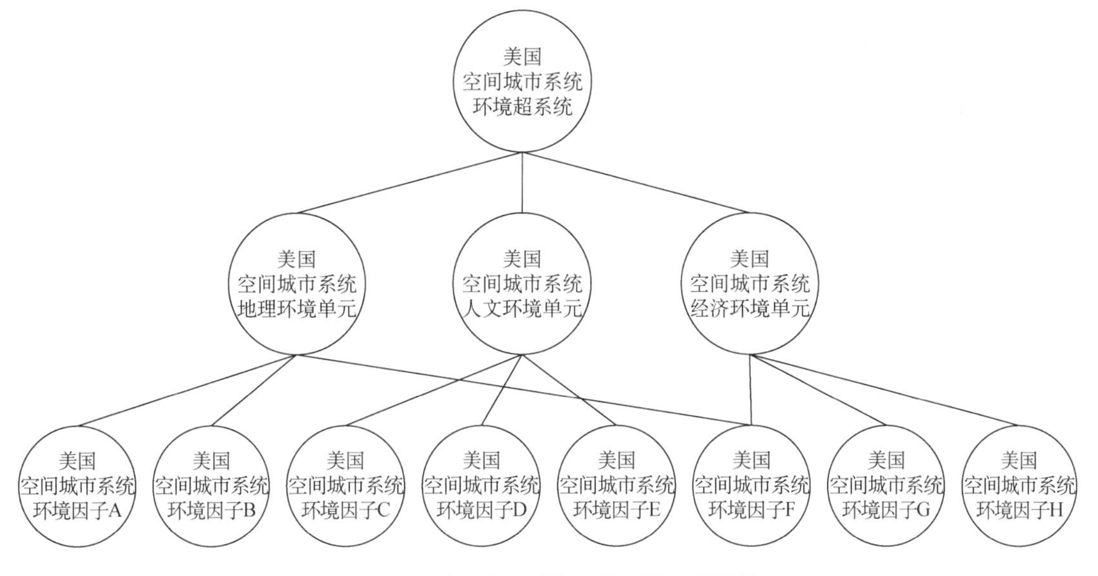

图 10.2　美国空间城市系统环境层次结构

（2）美国空间城市系统地理环境因子

根据美国空间城市系统分布情况，我们将美国空间城市系统地理环境因子分为：美国东部空间城市系统环境地理因子、美国西部空间城市系统环境地理因子、美加“北部空间城市系统”环境地理因子、美国南部空间城市系统环境地理因子，它们形塑了美国空间城市系统，为美国空间城市系统奠定了地理环境基础。

① 美国东部空间环境地理因子

“美国东部空间环境地理因子”可以分为：大西洋沿岸环境地理因子、阿巴拉契亚山脉环境地理因子、大西洋沿岸平原环境地理因子、阿巴拉契亚高原环境地理因子、田

纳西河环境地理因子、密西西比河环境地理因子、密西西比河平原环境地理因子。“美国东部空间环境地理因子”形塑了美国东部空间城市系统，为美国东部空间城市系统提供了地理基质，它具有独立性、客观性、基元性、可观测性。

② 美国西部空间环境地理因子

“美国西部空间环境地理因子”可以分为：太平洋沿岸环境地理因子、海岸山脉环境地理因子、大盐湖环境地理因子、大盆地环境地理因子、科罗拉多高原环境地理因子、希拉河环境地理因子。“美国西部空间环境地理因子”形塑了美国西部空间城市系统，为美国西部空间城市系统提供了地理基质，它具有独立性、客观性、基元性、可观测性。

③ 美国中北部空间环境地理因子

“美国中北部空间环境地理因子”可以分为：五大湖沿岸环境地理因子、中央低地环境地理因子、密苏里河环境地理因子、密西西比河环境地理因子、俄亥俄河环境地理因子。“美国中北部空间环境地理因子”形塑了美加“北部空间城市系统”，为美加“北部空间城市系统”提供了地理基质，它具有独立性、客观性、基元性、可观测性。

④ 美国南部空间环境地理因子

“美国南部空间环境地理因子”可以分为：滨海平原环境地理因子、墨西哥湾沿岸环境地理因子、密西西比河环境地理因子、佛罗里达半岛环境地理因子。“美国南部空间环境地理因子”形塑了美国南部空间城市系统，为美国南部空间城市系统提供了地理基质，它具有独立性、客观性、基元性、可观测性。

⑤ 加拿大南部边境城市空间属性

加拿大西南部边境城市具有太平洋沿岸环境地理因子、海岸山脉环境地理因子，与“美国西部空间环境地理因子”部分相同。加拿大东南部边境城市具有五大湖沿岸环境地理因子，与“美国北部空间环境地理因子组”部分相同。因此，加拿大南部边境城市具有美国西部空间城市系统、美加“北部空间城市系统”的地理空间属性，加拿大南部边境城市划入美国西部空间城市系统、美加“北部空间城市系统”具有地理基质基础。跨国界属性是世界性空间城市系统的基本属性，在西北欧空间城市系统、南欧空间城市系统表现得尤为突出。

3）美国空间城市系统人文环境分析

（1）美国人文环境基础性

美国人文环境是美国空间城市系统的基础，主要包括美国政治人文环境、基督教信仰人文环境、英语语言人文环境、自由民主价值观人文环境、移民人文价值环境、科学技术人文环境、资本主义人文环境等，美国人文环境已经演化成人类社会一种重要的模式。“空间城市系统”是人类新文明的容器，人类历史就是一部人居空间进化史，就是人类文明进化史。美国空间城市系统将产生出更加完善的“美国空间城市系统文化”，为世界空间城市系统树立典范。美利坚民族创造了人类发展历史上的奇迹，美国空间城市系统必将“化力为形、化权能为文化、化朽物为活灵灵的艺术形象，化生物繁衍为社会创新。”[①]

(2) 美国人文环境先进性

美国人文环境在世界居于先进水平,表现为美国是世界政治中心、世界金融资本中心、世界文化中心、世界科学技术中心、世界高等教育中心、世界军事中心、世界创新中心等。美国人文环境先进性保障了美国的全方位发展,使美国逐步走向山巅之国的世界超级地位。

美国人文环境先进性使得美国成为“大都市连绵带——Megalopolis”的创生之地,戈特曼于1957年首先命名了“波士顿—纽约—华盛顿”大都市连绵带,开创了城市区域新时代。美国是“巨型区域MR”理论与实践的创始空间,罗伯特·亚罗教授做出了巨大的贡献。人类永远不会忘记蕾切尔·卡逊,那个《寂静的春天》惊醒了危险中的世界。我们永远感谢阿尔·戈尔,他大半生都在为全球气候变暖和人类生存而不懈努力。

(3) 美国人文环境欠缺性

美国人文环境有其欠缺性:首先,个人权力与国家权力。美国个人主义传统价值观严重制约了美国政府国家权力的发挥,美国政府无法获得空间城市系统所需要的政治合法性,因此美国空间城市系统才出现了后发展弱势的局面。其次,州空间权利与联邦空间权力。美国州空间权利严重制约了美国联邦空间权利,使美国高速铁路的规划与建设严重滞后,阻碍了美国空间城市系统的产生与发展,使“巨型区域”整体涌现性减弱。最后,行政效率低化。美国政治结构产生的弊端使空间规划、空间治理、空间政策各项措施低效率化,甚至根本无法实施。

4) 美国空间城市系统经济环境分析

(1) 美国经济环境基础

美国经济为美国空间城市系统奠定了经济环境基础:首先,根据世界银行的数据,美国2017年经济总量GDP为195 558.74亿美元,美国具有足够经济总量支撑其“2050巨型区域”空间战略规划,亦即美国空间城市系统的产生与发展。其次,美国产业结构高端化,具有牵引功能的高端服务业是美国产业的主体,包括金融、科研、研究型高等教育、信息、现代制造业等,亦即美国空间城市系统具有足够的牵引动力。最后,美国经济具有很高的经济关联度,即世界经济关联度、区域经济关联度、国家经济关联度、地方经济关联度。总之,美国经济环境从总量、结构、联系全方位为美国空间城市系统做好了准备。

(2) 美国经济环境问题

美国经济环境存在许多问题,主要表现在六个方面:第一,周期性经济危机。仅二战以后美国就经历了八次经济危机,美国经济结构性问题使得周期性经济危机成为痼疾难以革除,当然也就是在这种经济周期性中美国经济呈波浪状向前不断发展。第

① 参见:刘易斯·芒福德.城市发展史:起源、演变和前景[M].宋俊岭,倪文彦,译.北京:中国建筑工业出版社,2005:9。

二，过度金融化问题。金融业的垄断化产生畸形高额利润，进而产生过度金融化问题，发生在1987年、2008年的两次世界性金融危机都源自美国过度金融化问题。第三，巨额债务问题。美国国债（U.S. Treasury Securities）是美国经济的传统，也会对美国空间城市系统产生动力作用，但是过大的巨额债务使美国经济充斥着不确定性。第四，产业空心化问题。美国存在产业空心化问题，特别是美国东北部传统产业的衰落，但人工智能与现代制造业对美国产业空心化实现对冲。第五，贫富差距问题。贫富差距问题是美国社会的痼疾，对美国社会造成极大伤害，美国空间城市系统社会是一个中产阶级社会。第六，碳排放量问题。美国是世界碳排放前三位国家，这与美国经济直接关联，减排经济是不可逆的选择。

（3）美国经济环境创新

① 空间城市系统经济创新

《世界人权宣言》宣告了"人人生而自由，在尊严和权利上一律平等"的基本思想，现代世界维护和保障人权是一项基本道义原则。基本人权包括"自由权、平等权、财产权、生存权、发展权"[①]；在工业文明的城市社会，基本教育权、基本医疗权、基本养老权已经成为世界性的共识性基本人权；在空间城市系统社会，基本居住权、基本移动权、基本信息权将上升为空间城市系统公民的基本人权。空间城市系统基本人权，即"基本居住权、基本移动权、基本信息权"，将导致空间城市系统社会公民基本住房、基本交通、基本通信的物质需要，从而催生"空间城市系统经济创新"。

美国空间城市系统的产生与发展，必然导致"美国空间城市系统基本人权"社会要求，进而导致"美国空间城市系统经济创新"。美国空间城市系统社会基本居住权、基本移动权、基本信息权，将催生美国住房经济、交通经济、通信经济的发展，而政府力量、市场力量、公民力量是美国空间城市系统经济的三种基本动因。凯恩斯经济模式与市场经济模式相结合的"美国优化经济模式"将主导美国空间城市系统经济创新过程，具体内容主要包括以下三个方面：

第一，美国空间城市系统基本人权作用。首先，将导致美国基本住房的建设，保障美国空间城市系统社会公民基本居住权的实现。其次，将导致美国高速铁路网与美国高速城际铁路网的建设，保障美国空间城市系统社会公民基本移动权的实现。最后，将导致美国通信网络的社会化供给，保障美国空间城市系统社会公民基本信息权的实现。

第二，美国空间城市系统空间联结要求美国基础设施的更新换代。美国基础设施的更新换代将导致高速公路陈旧过剩部分的淘汰、飞机航空设施陈旧过剩部分的淘汰、小汽车数量陈旧过剩部分的淘汰、铁路客运陈旧过剩部分的淘汰。美国基础设施的更新换代将为美国创造大量的就业机会。

第三，美国空间城市系统的规划建设，将衍生出一系列新兴的服务业与制造业，我

① 参见：徐显明，齐延平.中国人权制度建设的五大主题[J].文史哲，2004(4)：45-51。

们统称为“美国空间城市系统衍生产业”，它将为美国经济注入新的动力，它将为美国的资本、企业、公民带来巨大经济利益，创造新的经济繁荣。

美国是“大都市连绵带——Megalopolis”的诞生地，美国是“巨型区域 MR”的创新国家，“空间城市系统”是人居空间演化规律。我们可以预期，以创新为要务的美利坚民族能够实现“美国空间城市系统经济创新”，为世界树立典范。对此，美国各级政府、相关理论界、社会公民要有所准备，要具有时间紧迫感和历史使命感，正所谓“多少事，从来急；天地转，光阴迫。一万年太久，只争朝夕”。

② 美国空间经济总量及预测

由第 9 章“空间城市系统‘经济整体涌现性’”部分可知，美国空间城市系统存在“经济整体涌现性”。根据空间城市系统存在“经济整体涌现性”算法，以及美国经济实践经验数据，我们可以做出“美国中心城市经济总量及预测”。

如表 10.1 所示，美国东部空间城市系统、西部空间城市系统、北部空间城市系统、南部空间城市系统中心城市 2017 年 GDP 合计为 130 630.42 亿美元(详见后续内容)，占全美 GDP 的 66%。美国 2010—2017 年 GDP 平均年增长率为 2.15%，因为美国已经过了低级、中级整体涌现性阶段，所以保守预测美国空间城市系统高级整体涌现性经济增长率为 1.5%，在不发生经济危机的情况下[①]，美国中心城市 GDP 总平均年总增长率为：2.15%＋1.5%＝3.65%。则由于美国空间城市系统化所产生的“美国中心城市经济 2027 年总量预测”为 178 310.52 亿美元。按照美国中心城市经济占全美 GDP 的 66%计算，则美国 2027 年 GDP 总量保守预测为 270 167.45 亿美元。

表 10.1　美国中心城市经济总量及预测

类别	2017 年 GDP (亿美元)	年增长率 (%)	2027 年预计 GDP (亿美元)
美国中心城市	130 630.42	3.65	178 310.52

③ 美中两国空间城市系统序参量比较

美国与中国占有世界空间城市系统数量的 60%，因此美国、中国、欧洲空间城市系统决定着全球空间城市系统的未来。“整体涌现性”是空间城市系统的序参量指标，美中空间城市系统比较的关键是各自“整体涌现性”涌现的数量、质量、时间，例如中国空间主要是低级、中级、高级混合“整体涌现性”的激发涌现，而美国空间主要是高级“整体涌现性”的激发涌现。美国国家战略的关键不是遏止中国的发展，而是美国空间城市系统“1.5%高级整体涌现性”的激发与创生，正所谓“各人自扫门前雪，休管他人瓦上霜”。

10.1.2　美国空间问题分析

从 1607 年开始的 13 个英国殖民地到 2018 年的美利坚合众国，历经 411 年的时

① 保证美国经济 2017—2027 年不发生经济危机是本预测的基本前提条件。

间，美国空间不断地扩张，美国人居空间形态不断地演化，时至今日美国形成了 11 个“巨型区域 MR”，居于世界先进地位。但是，美国空间也存在着许多问题，主要体现在三个方面：空间交通问题、空间权利问题、城市空间问题。美国空间问题是美国政治、经济、社会、文化、生态环境发展历史的产物，剖析美国空间问题有助于美国空间城市系统的产生与发展，我们择其扼要分析如下：

1）空间状态基本概念

在分析美国空间问题之前，我们首先对“空间状态基本概念”进行介绍，主要包括空间权利、空间形态、空间结构、空间功能。

（1）空间权利

空间主体对于特定空间所具有的政治、经济、文化、信息的权能与利益称为空间权利。微观而论，空间权利可以细分为：个人空间权利、阶级空间权利、集团空间权利、城市空间权利、空间城市系统空间权利等。宏观上讲，空间权利可以分为：中央空间权利、区域空间权利、地方空间权利。空间城市系统的进化伴随着空间权利的转移，即“区域权利”向“空间城市系统空间权利”的让渡，主要内容是空间协调与空间治理，必要的中央权利是促进空间城市系统产生与发展的有效手段，例如空间规划、空间政策、空间工具的中央权利。

（2）空间形态

广义①的“空间形态”是指较大地理空间，如欧盟空间、美国空间、中国空间。人居空间分布的类型，主要包括聚落、城市、巨型区域、巨型城市区域、城市群、空间城市系统等。国家空间形态是国家空间的核心内容，国家空间形态的进化是国家文明进化的标志，因为国家空间形态是国家文明的容器。从“城市空间形态”向“城市区域空间形态”②，再向“空间城市系统空间形态”进化是个基本规律。

“空间形态”反映了特定空间的外在形象，“空间结构”反映了特定空间的本质内涵，空间形态与空间结构是映射关系。我们用空间形态拓扑图来表示空间形态，它体现了空间形态要素之间的位置关系以及等级规模，易于对空间形态进行定量化研究。

（3）空间结构

广义的“空间结构”是对应“空间形态”的映射，它反映了特定空间的内在机理，反映了空间要素之间关联方式的总和，空间结构与空间形态共同表达了特定空间的本质。国家空间结构具有均衡性、非均衡性、失衡性分类，国家空间结构具有进化特性，它的有序进化是国家发展进步的重要内容。现代世界，“城市结点”空间结构向“城市区域网络”空间结构，再向“空间城市系统网络域面”空间结构进化是个基本规律。

（4）空间功能

空间主体行为是空间主体对特定空间施加的作用，例如华尔街空间主体行为是美国金融界对世界空间施加的金融作用。所谓“空间功能”就是空间主体行为所产生的

① 因为前述章节“空间形态”与“空间结构”特定用于空间城市系统，在此扩大其适用范围。

② 城市区域形态包括：巨型区域、巨型城市区域、城市群、都市圈等。

效用,例如硅谷空间功能是对世界的计算机科学效用。空间城市系统的城市功能包括:牵引城市 TC 功能、主导城市 LC 功能、主中心城市 MC 功能、辅中心城市 AC 功能、基础城市 BC 功能。现代世界,“城市空间功能”、向“城市区域空间功能”、再向“空间城市系统空间功能”的进化是个基本规律。

2）美国空间交通问题

美国空间交通体系主要经历了运河时代、铁路时代、高速公路时代、航空飞机时代。美国现在交通体系,与美国 3.2 亿的人口总量,以及 34 人/km^2 的人口密度,与美国的城市形态、巨型区域形态的要求基本相适应。相反,中国有 13.9 亿人口,人口密度为 143 人/km^2,就必须建设高速铁路才能适应城市群、空间城市系统的需要。

(1) 美国空间现在交通体系

如表 10.2 所示,美国空间现在交通体系是以飞机、高速公路为主要手段,它具有超高速、高速、可达性优点,为美国“城市”、“大都市连绵带”与“巨型区域”提供了空间联结支撑。

表 10.2 美国空间现在交通体系

交通方式	交通速度	交通距离	空间流	通道性质
航空飞机	超高速	长途 中途	人流 物流	人货分流
高速公路	高速	长途 中途 短途	人流 物流	人货共用
低速铁路	低速	长途 中途 短途	人流 物流	人货共用
水路运输	低速	长途 中途 短途	物流	货流专用

通过对美国现在交通体系实地考察与理论分析,我们得出如下结论:

第一,美国主要交通工具的飞机与小汽车是建立在石化能源基础之上的,在全球气候变化的大背景下,美国现在交通体系是不可持续的。

第二,“人货共用”是美国陆上交通通道的主要性质特征,这是一种相对落后的交通模式,人货分流才是现代交通理念。

第三,美国空间城市系统时代的到来,呼唤空间人流联结的大体量、公交化、即时性,也就是长途“高速铁路”与中短途“城际高速铁路”(包括城市地铁),以突破美国大尺度地理空间隔离,而这恰好是美国空间交通的短板。

美国现在交通体系是美国城市化发展历史的产物,可以适应美国城市区域化(巨型区域 MR)的需要,但是不能从根本上与美国空间城市系统相适应,美国现在交通体系存在着短板。

(2) 美国空间交通体系短板

如表 10.3 所示,“高速铁路网络”与“城际高速铁路网络”(包括城市地铁)是美国空间交通体系的短板。基于欧洲、中国、日本的实践经验,高速铁路与城际高速铁路是大地理空间尺度人流联结的主要手段,它具有高速化、公共性、非石化能源、低碳排放等优点。

表 10.3　美国空间交通体系短板

交通方式	交通速度	交通距离	空间流	通道性质
高速铁路	高速	长途	人流	人流专用
城际高速铁路（包含城市地铁）	高速	中途 短途	人流	人流专用

因为航空飞机的超前发展，压制了美国高速铁路与城际高速铁路的发展，因为美国人口总量相对较少与低密度人口特征点，减缓了对高速铁路与城际高速铁路的需求，因为美国个人主义至上导致了小汽车交通方式的盛行。随着美国空间城市系统的产生与发展，将有常规化的巨量远距离陆上人流涌现，对美国“高速铁路网络”与“城际高速铁路网络”产生拉动需求。美国“高速铁路网络”与“城际高速铁路网络”将催生一系列科学技术创新，创造大量就业，提升美国经济总量。

（3）美国空间交通体系优化

所谓“美国空间交通体系优化”是指在美国空间现在交通体系基础之上，补充美国空间交通体系短板，形成一种世界先进型交通体系，以加速美国空间城市系统的进化。基于美国《多种形式地面交通效率促进法》的“多式联运交通系统”：“美国的多式联运交通系统应是由包括未来交通系统在内的所有交通方式以一种完整统一、相互关联的方式组合起来的组合体，以在促进经济发展，维护美国在国际商务中卓越位置的同时，减少能源消耗和能源污染。”[①]美国空间交通体系优化组合如表 10.4 所示。

表 10.4　美国空间交通体系优化

交通方式	交通速度	交通距离	空间流	通道性质
航空飞机	超高速	长途	人流 物流	人货分流
高速铁路	高速	长途	巨量人流	人流专用
城际高速铁路	高速	中途 短途	巨量人流	人流专用
高速公路	高速	中途 短途	人流 物流	人货共用
低速铁路	低速	长途 中途 短途	物流	货流专用
水路运输	低速	长途 中途 短途	物流	货流专用

“美国空间交通体系优化组合”具有整体涌现特征，相比欧洲、中国、日本有可能产生后发效应，其关键是美国空间交通体系的超前性与现实性的相结合。

第一，超高速、高速、低速多式联运。

飞机、高速铁路、城际高速铁路、高速公路、低速铁路、水路运输形成了“多式联运”

① 参见：巴里·长林沃斯，罗杰·凯夫斯.美国城市规划：政策、问题与过程[M].吴建新，杨至德，译.武汉：华中科技大学出版社，2016：291-294。

交通体系，它将产生巨大的整体涌现性，促进美国空间城市系统的进化，促进美国文明的进步，因为美国文明历来是美国交通方式的函数。

第二，节能减排与生态环境。

“美国空间交通体系优化组合”将减少乘用汽车数量、减少小汽车依赖、减少汽车碳排放、减少公路数量、缓解交通堵塞、改善生态环境。从而达到美国《多种形式地面交通效率促进法》所要求的“减少能源消耗和能源污染”之目标。

第三，人货分流与结构效率。

“美国空间交通体系优化组合”实现了人货分流，实现了“人流高速、货流低速”的先进交通理念。在主干线人流交通通道与支线人流交通通道上，“美国空间交通体系优化组合”实现了“超高速、高速、低速”以及“长途、中途、短途”的结构性组合，这将产生交通结构性革命，导致高结构性效率，“维护美国在国际商务中卓越的位置”。

第四，消除大尺度地理空间隔离。

“美国空间交通体系优化组合”将消除美国“巨型区域”的相对隔离状态，例如以亚特兰大为中心的“巨型区域”与美国“东北巨型区域”的空间隔离、以西雅图为中心的“巨型区域”与美国加利福尼亚“巨型区域”的空间隔离、南佛罗里达“巨型区域”与得克萨斯三角地带“巨型区域”的空间隔离。

“美国空间交通体系优化组合”是美国社会的现实要求 “随着高铁和城际铁路交通在欧洲和亚洲的成功，呼吁美国采用这套系统的呼声在近年间引起了广泛关注。”①奥巴马总统已认识到轨道交通在国家经济建设中的作用，它将创造就业机会、刺激美国的经济增长、加快美国空间城市系统的进化。美国传统空间权利结构制约了美国空间交通体系的变革，特别是美国“高速铁路”与“城际高速铁路”的规划与建设。传统的建立在“个人主义”与“地方自治”基础之上的美国政治结构，成就了今日之美国，但也阻碍了美国空间现代化的进程，正所谓“成也萧何，败也萧何”。

3）美国空间权利问题

（1）美国空间权利

美国空间权利主要分为联邦空间权利、州空间权利、地方空间权利、种族空间权利、阶级空间权利、个人空间权利，美国空间权利结构产生于农业文明时代，成熟于工业文明时代，优化于生态信息文明时代。美国空间权利结构适应于美国“城市形态”，协调适应于美国“巨型区域形态”，调整适应于美国“空间城市系统形态”。美国空间权利由微观空间权利向宏观空间权利让渡是基本趋势。

（2）美国联邦空间权利

美国联邦空间权利为弱势状态，美国传统政治文化使然，公民、地方政府、州政府对美国联邦政府形成天然制约。人居空间形态的宏观化规律，致使美国“都市区”“大都市连绵带”“巨型区域”相继产生，必将导致美国“空间城市系统”的出现，即美国东部

① 参见：巴里·卡林沃斯，罗杰·凯夫斯.美国城市规划：政策、问题与过程[M].吴建新，杨至德，译.武汉：华中科技大学出版社，2016：298。

空间城市系统、美国西部空间城市系统、美国北部空间城市系统、美国南部空间城市系统。美国联邦空间权利需要调整加强，以利于美国国家空间的空间规划、空间治理、空间政策实施。

(3) 美国州空间权利

美国州空间权利处于相对强势状态，强势的美国州空间权利必然形成美国空间行政管辖割据掣肘局面，造成“美国空间隔离”现象，主要包括以亚特兰大为中心的“巨型区域”与美国“东北巨型区域”的空间隔离、以西雅图为中心的“巨型区域”与美国加利福尼亚“巨型区域”的空间隔离、南佛罗里达“巨型区域”与得克萨斯三角地带“巨型区域”的空间隔离。“美国空间隔离”的严重后果是阻碍了美国空间“整体涌现性”的产生，降低了美国的国际竞争力。

须知在农业人居空间时代，区域行政体制(州或省行政体制)是科学的；在工业人居空间时代，区域加城市行政体制(州或省加城市行政体制)是科学的；在空间城市系统时代，系统协同行政体制(系统协调行政体制)才是科学的。在世界范围，区域行政权力(州、省、国家)向空间城市系统行政权力转型是普遍规律，美国州空间权利向美国空间城市系统空间权利让渡符合这一世界普适性规律，初期阶段是向联邦政府指导下的美国空间城市系统“行政协调机构”进行空间权利让渡。在这一点上，美国与中国的情况具有共性，都面临着对州或省空间权利的深度改革，对此中美政府都要高度警觉，因为它关系到国家空间“整体涌现性”的涌现，关系到各自国际竞争力的高下。

《美国 2050》国家战略确定了 11 个国家级的“巨型区域 MR”，因此“巨型区域空间权利”是一种客观现实需求，美国“州空间权利”向“巨型区域空间权利”让渡是必然趋势，而“巨型区域”就是美国空间城市系统的前期形态。

(4) 美国个人空间权利

美国个人空间权利处于强势状态，美国传统政治文化是建立在私人权利基础之上的，从建国之初，美国权利法案就对个人自由给予了足够的保护。但是美国公民权利是随着人居空间扩大而扩大的：区域公民拥有小尺度地理空间权利，如聚落空间权利；城市公民拥有中尺度地理空间权利，如城市空间权利；空间城市系统公民拥有大尺度地理空间权利，如空间城市系统空间权利。因此，在空间规划、空间治理、空间政策方面，美国个人空间权利必须向国家空间权利进行让渡，根本是为了公民自身获得更大尺度地理空间权利。“宏观美国空间权利”与“微观美国空间权利”是一种对立的矛盾关系，在美国空间现代化进程中两者必选其一，正所谓“鱼与熊掌不可兼得”。

4) 美国大城市问题

大城市病是世界性问题，美国也不例外。因为大城市产生巨大的生态足迹，所以在气候变暖成为人类公敌的今天，大城市模式不可持续。对此，1961 年雅各布斯在《美国大城市的死与生》中早就发出了警告。底特律的城市破产、芝加哥的城市中心衰竭、洛杉矶的城市无序蔓延、普遍存在的逆城市化现象等等。

欧洲的多中心模式、中国的城市群模式、美国的巨型区域模式说明，由“城市模式”

向“城市区域模式”进而向“空间城市系统模式”进化是一个世界性普遍规律。因此，“美国大城市问题”的前向解决办法，就是美国空间城市系统，即美国东部空间城市系统、美国西部空间城市系统、美国北部空间城市系统、美国南部空间城市系统。

美国空间城市系统模式，要求空间权利在分级城市中的均衡化，即在牵引城市TC、主导城市 LC、主中心城市 MC、辅中心城市 AC、基础城市 BC 所形成的城市体系中实现空间权利均衡，这样就疏解了大城市空间权力过分集中的顽症。空间权利协调是空间城市系统模式与城市模式最根本的区别，美国大城市问题只能在美国空间城市系统产生与发展中寻找解决办法。

10.1.3 美国人居空间进化分析

1）美国人居空间进化概论

（1）美国空间形态进化

“美国人居空间”主要包括美国空间形态、美国空间结构、美国空间功能。“美国人居空间”是一个不断进化的物质实体，它为美国文明的发展提供了容器，正如刘易斯·芒福德所揭示的规律“人类文明的每一轮更新换代，都密切联系着城市作为文明孵化器和载体的周期性兴衰历史。换言之，一代新文明必然有其自己的城市”。

美国空间形态进化史，就是美国文明的历史，美国空间形态是世界人居空间发展历史中的优秀者，其发展脉络清晰、逻辑衔接相扣、进化阶段全面。美国空间形态进化经历了城市形态、大都市区形态、巨型区域形态三个阶段，进而趋向于空间城市系统形态(图 10.3)。在世界范围，由“城市形态”向 “城市区域形态”转化已经成为事实，如美国的“巨型区域形态”、欧洲的“巨型城市区域形态”、中国的“城市群形态”。

人居空间演化规律是人类社会发展的基本规律，美国人居空间进化表现为美国空间形态的进化，而美国空间形态进化必然伴随着美国空间结构进化，伴随着美国空间功能进化，接下来我们揭示美国人居空间进化的这些客观规律。

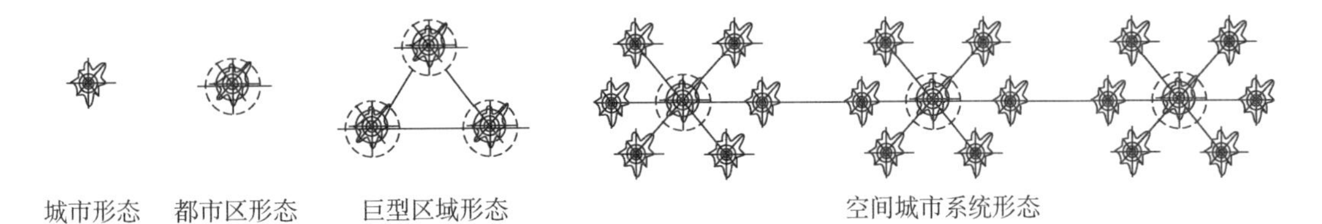

图 10.3 美国空间形态进化拓扑图

（2）美国空间结构进化

① 美国空间结构解析

所谓“美国空间结构”是指美国空间要素与空间要素之间关联方式的总和，我们将美国空间要素分为联邦空间框架、州空间组分、城市空间基元高中低三个层次。美国“联邦空间框架”“州空间组分”“城市空间基元”以及它们之间的关联方式就是美国的空间结构，美国空间结构解析就是对联邦空间框架、州空间组分、城市空间基元的剖析。

② 联邦空间框架

美国联邦空间框架包含联邦、州、城市三个层次构成，它的本质是“区域”，标志是联邦政府、州政府、城市政府，“都市区”与“巨型区域”没有法定意义上的政府地位。联邦框架、州空间组分、城市空间基元之间，是一种板块意义的地理人文经济关系。区域性质的美国“空间结构”不可能产生系统性质的“美国空间整体涌现性”，而“美国空间整体涌现性”是美国空间与欧洲空间及中国空间竞争的根本。

③ 州空间组分

由于美国的发展历史是先有州，由州产生联邦，城市附属于州。因此，“州空间组分”就历史性的成为美国空间结构的核心空间要素。而州的区域性质决定了美国空间结构的非系统性，州的中级地位使得以州为核心空间要素的美国空间结构很难产生“美国空间整体涌现性”。因此，州的空间地位与空间权利的变革决定着美国空间结构的未来。在未来美国空间结构中，“州空间组分”地位要变革，“州空间权利”要有所让渡。在微观层面“都市区”将日趋强化其空间职能，在宏观层面“巨型区域”将趋于核心地位，“空间城市系统”将主导美国空间结构的发展方向。“州空间组分”变革是一个渐进过程，在“区域”向“空间城市系统”变革过程中，空间权利让渡与空间治理协同是主要内容。城市治理、巨型区域治理、空间城市系统治理是美国空间治理的三个基本阶段。

④ 城市空间基元

城市是美国空间结构的基元要素，美国城市是工业文明的产物，如芝加哥。美国城市是信息文明的产物，如硅谷(Silicon Valley)。美国拥有世界第一名城市纽约，有国际化城市洛杉矶、芝加哥、旧金山、休斯敦、西雅图等。在美国“巨型区域”与“空间城市系统”中，城市依然充当空间基元的作用，具有不可或缺的地位。美国“城市空间基元”可以划分为：牵引城市 TC 基元、主导城市 LC 基元、主中心城市 MC 基元、辅中心城市 AC 基元、基础城市 BC 基元。

(3) 美国空间功能进化

美国空间功能是建立在美国空间结构基础之上的，随着美国空间结构的进化，美国空间功能必然随之进化，我们称之为“美国空间功能进化”。美国“巨型区域空间功能”，为美国“空间城市系统空间功能”奠定了不可逆的进化基础，使美国空间功能居于世界先进地位。美国空间城市系统空间功能，将为世界人居空间现代化树立典范，美国政府、理论界、公民要有所思想准备，所谓“天降大任于斯人也”。

2）美国城市形态

(1) 美国城市空间形态

“城市”是美国空间形态的基础元素，美国城市是工业文明的产物，“从很多方面来说，美国城市的历史就是美国的历史，从本质上来说美国是一个都市国家”。美国的“城市形态”居于世界先进水平，拥有纽约、芝加哥、洛杉矶、费城、华盛顿、休斯敦等世界一流的城市。美国城市功能居于世界领先水平，如纽约城市牵引功能、洛杉矶城市影视功能、芝加哥城市贸易功能、硅谷城市信息功能等。

如图 10.4 所示，城市在地球表面占据连续的局部空间，呈现出显著的城市景观。城市"空间基元"是美国空间结构的基础，具有不可再分的基元特性，它也是美国"巨型区域"与"空间城市系统"的空间基础元素。就城市独立空间地位而言，即不将其置于"巨型区域"体系中，美国城市基元只具有"元素属性"，而城市的"关联属性"处于从属地位。因此，美国"巨型区域"与"空间城市系统"将城市的"关联属性"提升为首位，我们追求的是若干城市联合的"整体涌现性"，其功能要远远大于单一的城市功能。

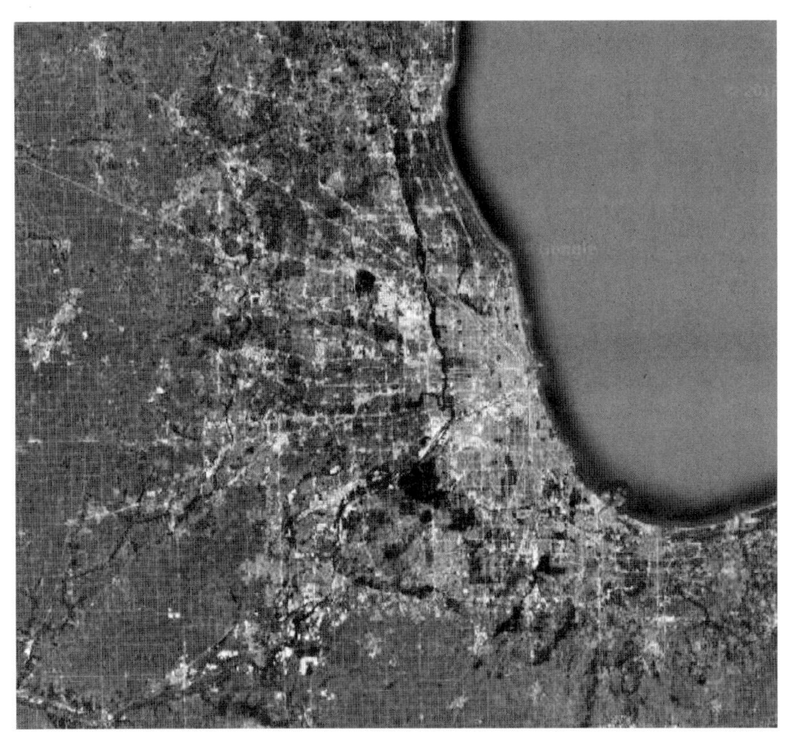

图 10.4 芝加哥城市卫星地图

（源自：谷歌地图）

（2）美国都市区空间形态

"都市区形态"是美国特有的人居空间形态，如美国 MSA 大都市统计区、PMSA 主要大都市统计区、CMSA 联合大都市统计区[①]。美国"都市区形态"是一种扩大化的城市斑块形态，呈现"城市中心＋郊区空间"的空间特性。"大都市区空间形态"已经成为美国空间形态的一个阶段，是美国空间普遍存在的现象。这种美式"都市区空间形态"不能简单的套用在中国等其他空间，因为城市形态具有很强的地域特性，不同的国家城市机理具有不同的属性。

① 参见：王旭.美国城市史[M].北京：中国社会科学出版社，2000：174。

3）美国巨型区域形态

“巨型区域形态”是美国人居空间形态的高级形式，它具有世界性普适意义，如欧洲的“巨型城市区域形态”、中国的“城市群形态”。如图 10.5 所示，美国已经形成了 11 个比较成熟的“巨型区域 MR”，即“东北地区”MR、“皮德蒙特地区” MR 、“南加利福尼亚”MR、“北加利福尼亚”MR、“亚利桑那阳光走廊” MR、“落基山脉山前地带” MR、“卡斯卡底” MR、“五大湖地区”MR、“沿海海湾地区”MR、“得克萨斯三角地带” MR、“佛罗里达”MR。“巨型区域形态”是美国空间城市系统的前期过渡阶段，它与“城市群形态”是中国空间城市系统的前期过渡阶段是相同的。

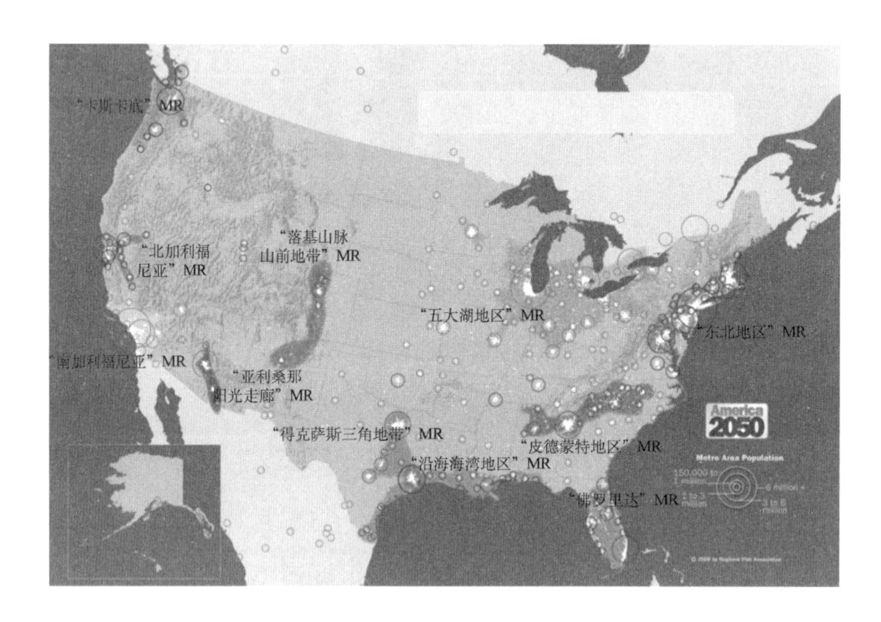

图 10.5　美国巨型区域分布

（源自：2008 by Regional Plan Association）

正如《美国 2050》所描述的“巨型区域是国家经济增长的主要地区，它汇集了国家的全球性港口、机场、通信中心、金融和市场营销中心，是美国与全球经济联系的门户。由于巨型区域大多数跨多州的特性及其在国民经济中的重要性，它能够在确定国家基础设施投资计划组成方面发挥重要作用。”①

4）美国空间城市系统形态

美国“空间城市系统形态”具有可靠的地貌逻辑、人文逻辑、经济逻辑基础；美国“空间城市系统形态”具有客观的空间形态、空间结构、空间功能事实；美国“空间城市系统形态”是建立在美国十一个“巨型区域”基础之上的（图 10.6）。系统化是美国“空间城市系统”的本质特性，而整体涌现性是它的根本目的，美国“空间城市系统”强大的整体涌现性，将使美国在全球空间竞争中，居于优势地位。美国“城市形态”不具有整

① 参见：彼得拉·托多罗维奇，罗伯特·亚罗.面向基础设施的美国 2050 远景规划[M]//顾朝林.城市与区域规划研究.北京：商务印书馆，2009：24-25。

体涌现性，美国“都市区形态”具有低级整体涌现性，美国“巨型区域形态”具备中级整体涌现性，美国“空间城市系统形态”才具备系统整体涌现性。因此，从“区域”本质向“系统”本质的演化，是美国空间形态进化的基本方向。根据美国空间形态进化事实，城市形态、大都市区形态、巨型区域形态、空间城市系统形态的进化轨迹清晰可见，从本质上美国将从一个“城市国家”进化成一个“空间城市系统国家”。

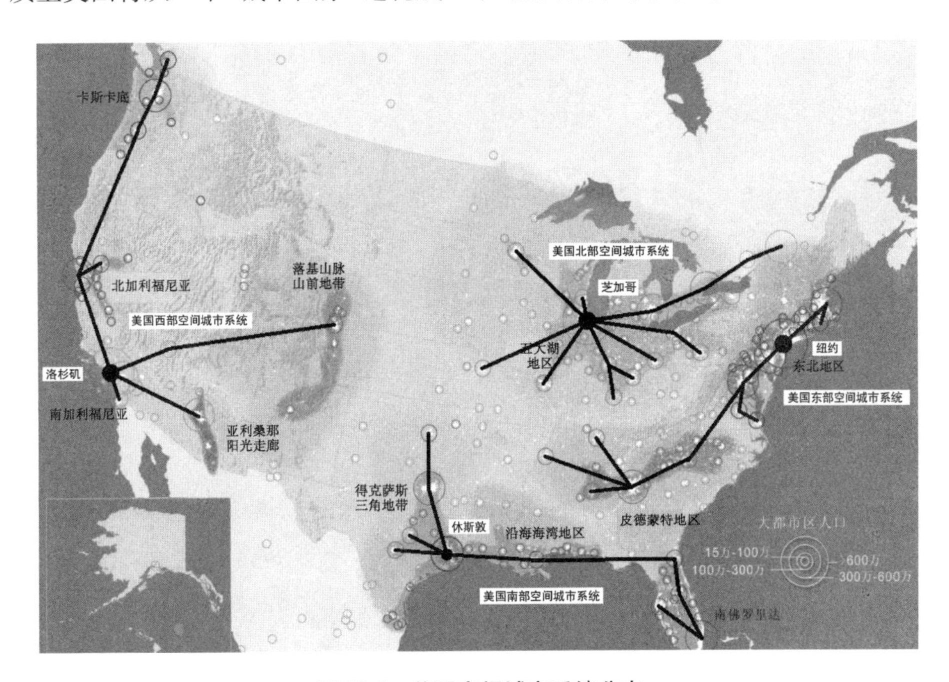

图 10.6 美国空间城市系统分布

美国未来文明将建之于美国空间城市系统之上，美国东部空间城市系统、美国西部空间城市系统、美国北部空间城市系统、美国南部空间城市系统将成为美国未来文明的容器。美国已经立于人类文明山巅，美国是否能继续立于人类文明的山巅取决于美国文明容器的进化，美国城市、巨型区域、空间城市系统文明容器功能关系如下：

$$美国空间城市系统功能 \gg 美国巨型区域功能 \gg 美国城市功能 \quad (10.2)$$

10.2 美国东部空间城市系统

10.2.1 美国东部空间城市系统逻辑分析

1）东部空间城市系统定义

（1）美国“东北海岸大都市连绵带”与“东北巨型区域”

1957 年，在美国东北部地区戈特曼发现了人类聚居空间新的形式，并命名为东北海岸大都市连绵带（Northeast Seaboard Megalopolis），他指出：“从波士顿到华盛顿一带大城市沿着海岸线高密度分布的现象，很明显这是一连串的都市区（Metropolitan Areas）通过集聚作用在近期形成的，而每一个都市区都围绕着一个强大的城市核发展。”①

如图 10.7 所示，2005 年美国宾夕法尼亚大学提出了“东北巨型区域”(The Northeast Mega Region)的概念。2008 年，《美国 2050》，确定了美国“东北巨型区域”(Northeast Mega Region)的名称。

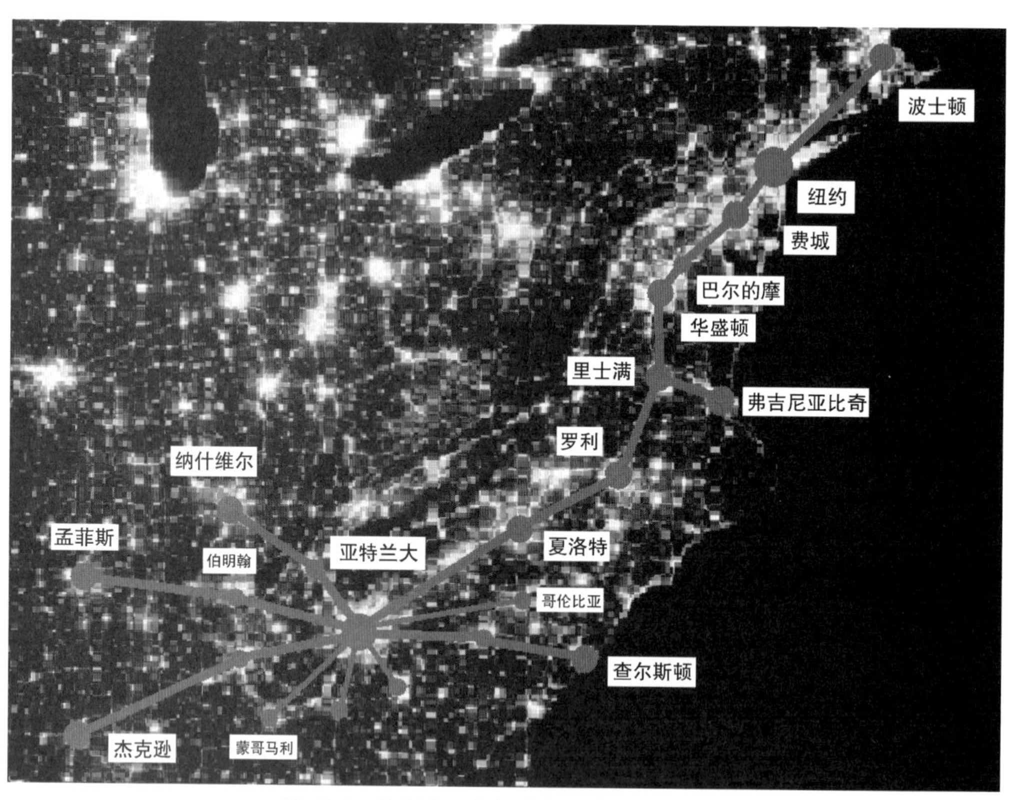

图 10.7　美国东部空间城市系统夜间卫星图

(源自：笔者根据 **NASA** 图自制)

美国“东北海岸大都市连绵带”(Northeast Seaboard Megalopolis)与“东北巨型区域”(Northeast Mega Region)为美国东部空间城市系统奠定了学理性基础，使之拥有了历史与实践合理性。

(2) 美国东部空间城市系统概念

“美国东部空间城市系统”是“东北海岸大都市连绵带”、“东北地区”巨型区域、“皮德蒙特地区”巨型区域自组织演化的结果，它是美国境内的 13 级世界级空间城市系统。“美国东部空间城市系统”曾经是世界上第一个大都市连绵带(Megalopolis)。东部空间城市系统是美国最大的空间城市系统，也是世界三大空间城市系统之一，而且有可能成为世界最大的空间城市系统。美国东部空间城市系统环境超系统的客观存在，为“美国东部空间城市系统”奠定了地理环境基础，美国东部空间地形地貌为“美国东部空间城市系统”提供了地理基质。就实践与理论两个方面，在世界人居空间进

① 参见：戈特曼.大都市连绵区：美国东北海岸的城市化[J].国际城市规划，2007，22(5)：2-7。

化历史上,“美国东部空间城市系统”都具有标志性意义。

如图 10.7 所示,“美国东部空间城市系统”包括波士顿、纽约、费城、巴尔的摩、华盛顿、里士满、弗吉尼亚比奇、罗利、夏洛特、亚特兰大、查尔斯顿、纳什维尔、孟菲斯、杰克逊 13 个一级空间城市系统。它们又构成美国“东北六级空间城市系统”(简称东北空间城市系统)与美国“东南七级空间城市系统”(简称东南空间城市系统)。

“美国东部空间城市系统”包括:纽约牵引城市 TC、亚特兰大主导城市 LC、华盛顿主导城市 LC、波士顿、费城、里士满、弗吉尼亚比奇、罗利、夏洛特、查尔斯顿、纳什维尔、孟菲斯、杰克逊主中心城市 MC,以及波特兰、巴尔的摩、哥伦比亚、蒙哥马利、伯明翰等辅中心城市 AC,以及罗德岛、奥古斯塔等基础城市 BC。

如图 10.7 所示,美国东部空间城市系统夜间卫星图真实地展现了“东部空间城市系统”的城市分布情况,说明了“美国东部空间城市系统”的人居空间形态实际存在,为美国东部空间城市系统奠定了实践合理性。

2)东部空间城市系统逻辑模型

如图 10.8 所示,美国东部空间城市系统逻辑模型是指它的“空间结构逻辑模型”,包括地理逻辑 f_1、人文逻辑 f_2、经济逻辑 f_3,以及它们分别对应的逻辑因子 u_1-u_4、u_5-u_9、$u_{10}-u_{13}$。美国东部空间城市系统逻辑决定了“美国东部空间城市系统”的空间结构构成,回答了为什么“美国东部空间城市系统”是这样构成的问题。

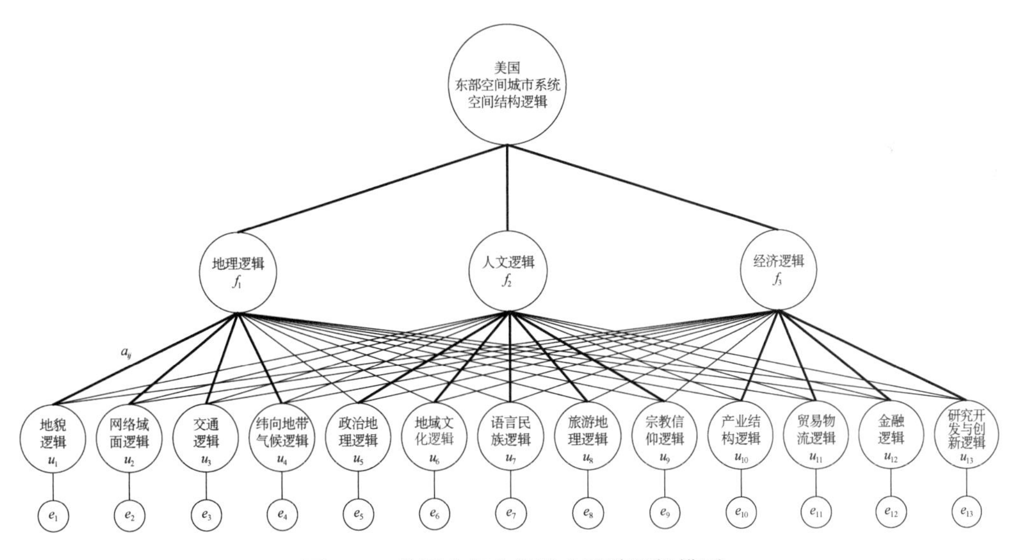

图 10.8 美国东部空间城市系统逻辑模型

进行美国东部空间城市系统空间结构逻辑分析,要确定“逻辑主体与逻辑本质”,要具备“逻辑数据”包括:逻辑属性数据、逻辑关系数据、逻辑因子数据、逻辑链接数据。根据本书第 3 章所给出的“空间结构逻辑分析方程”,对“美国东部空间城市系统”空间结构逻辑模型进行计算①。

① 对美国东部空间城市系统逻辑模型定量计算,请参阅本书第 2 章“空间结构逻辑原理”部分。

$$
\begin{aligned}
u_1 &= a_{11}f_1 + a_{12}f_2 + a_{13}f_3 + e_1 \\
u_2 &= a_{21}f_1 + a_{22}f_2 + a_{23}f_3 + e_2 \\
&\vdots \\
u_{13} &= a_{131} + f_1 + a_{132}f_2 + a_{133}f_3 + e_{13}
\end{aligned}
\tag{10.3}
$$

“美国东部空间城市系统”空间结构逻辑独立因子变量 $\boldsymbol{u}$ 表达公式(10.3)所对应的矩阵公式为

$$
\boldsymbol{u} = \boldsymbol{A}\boldsymbol{f} + \boldsymbol{e} \tag{10.4}
$$

因为,本章节仅为空间城市系统一般性“实验研究”,所以我们不对“美国东部空间城市系统”逻辑模型做实质性赋值定量计算,读者可参阅本书作第 2 章相关内容进行深度学习。

3）东部空间城市系统“地理逻辑 f_1”

(1) 美国“东部地理环境超系统”

美国“东部地理环境超系统”(East Geography Environmental Super System)是美国东部空间城市系统赖以培育、生成、成长的母体,它使得美国东部空间城市系统与环境形成稳定的依存关系,因此美国“东部地理环境超系统”的界定是美国东部空间城市系统概念的基础。

通过对美国东部地形地貌进行研究(图 10.9),我们界定美国“东部地理环境超系统”地理空间界定于:北纬 31°到 45°、阿巴拉契亚山脉到大西洋沿岸、俄亥俄河以南与密西西比河以东所形成的地理空间,它具有独立性、客观性、基元性、可观测性。

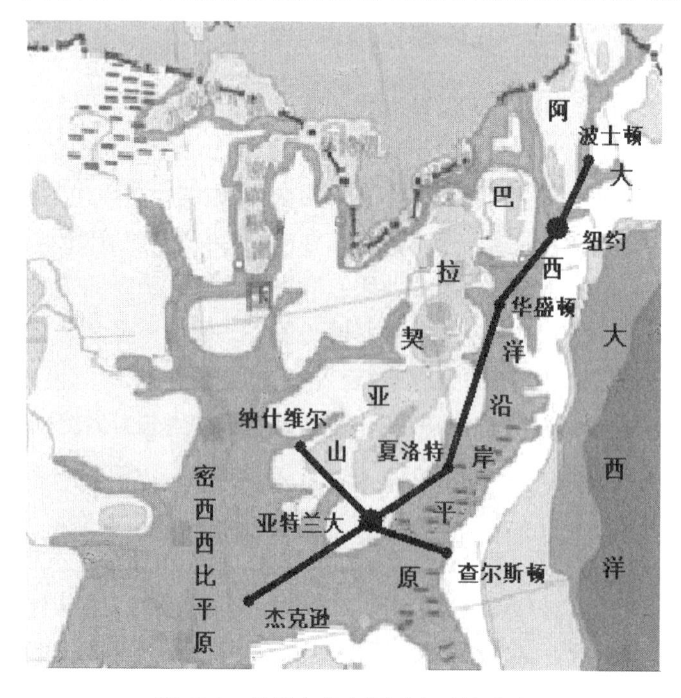

图 10.9　美国东部空间城市系统地貌

美国“东部地理环境超系统”包括地理环境超系统、环境地理单元、环境地理因子三个层次，它为美国“东部空间城市系统”提供了环境支撑，自组织形塑了美国“东部空间城市系统”的空间形态与空间结构。美国东部环境地理单元分为：“东北部空间环境地理单元”，为北纬 36°到 45°、阿巴拉契亚山脉到大西洋沿岸之间的地理空间，它为“东北空间城市系统” 提供了地理基质。“东南部空间环境地理单元”，为北纬 31°到 36°，东起大西洋沿岸，经阿巴拉契亚山脉南端两侧、到俄亥俄河以南及密西西比河以东，所形成的地理空间，它为“东南空间城市系统” 提供了地理基质。“美国东部空间环境地理因子”分为：大西洋沿岸环境地理因子、阿巴拉契亚山脉环境地理因子、大西洋沿岸平原环境地理因子、阿巴拉契亚高原环境地理因子、田纳西河环境地理因子、密西西比河环境地理因子、密西西比河平原环境地理因子。

（2）地貌逻辑

① 大西洋沿岸平原地貌逻辑

大西洋沿岸平原为美国“东部空间城市系统”提供了可靠的地貌逻辑，波特兰、波士顿、纽约、费城、华盛顿、里士满、弗吉尼亚比奇、罗利、夏洛特、查尔斯顿等“东部空间城市系统”中心城市都分布在大西洋沿岸平原地形地貌之上，“大西洋沿岸平原”为美国东部空间城市系统空间结构提供了基本的东北西南走向地貌逻辑。

② 阿巴拉契亚山脉地貌逻辑

阿巴拉契亚山脉为美国“东部空间城市系统”提供了基本的地貌逻辑，波特兰、波士顿、纽约、费城、华盛顿、夏洛特、亚特兰大、纳什维尔等“东部空间城市系统”中心城市都分布在沿“阿巴拉契亚山脉”山前地形地貌之上，“阿巴拉契亚山脉”为美国东部空间城市系统空间结构规定了基本的东北西南走向地貌逻辑。

③ 俄亥俄河与密西西比河地貌逻辑

俄亥俄河与密西西比河形塑了美国“东部空间城市系统”空间结构的南部框架，“俄亥俄河”以南、“密西西比河”以东、北纬 31°以北的地理空间，形成了东部空间城市系统的西南部空间。

（3）网络域面逻辑

因《美国 2050》所形成的“东北地区”巨型区域以及“皮德蒙特地区”巨型区域，为“东北空间网络域面”“东南空间网络域面”的形成提供了前提，进而为“美国东部空间网络域面”提供了前提。“美国东部空间城市系统” 网络域面将产生系统整体涌现性，大大促进美国东部空间的发展，它将为美国东部空间城市系统空间结构奠定网络域面逻辑基础。

（4）交通逻辑

美国东部空间拥有良好的交通体系，它以“飞机航线”与“高速公路”等交通方式组合体现，美国东部交通体系建立在美国东部经济实力与出行习惯基础之上，能够适应“东北地区”巨型区域、“皮德蒙特地区” 巨型区域的空间联结需要。

但是“美国东部空间城市系统”要求“东北空间城市系统”与“东南空间城市系统”形成整体涌现性，势必形成“东海岸通勤人流”。随着亚特兰大主导城市 LC 职能的高端化，也将形成以亚特兰大为核心的“东南空间通勤人流”。因此，美国东部空间的“高速多式联运交通系统”和美国东南空间以亚特兰大为中心的“城际高速多式联运交通系统”将有巨大需求。

已有的“美国东部空间地理连接方式”与未来“美国东部空间高速地理连接方式”及其所属“美国东南空间城际高速地理连接方式”，为“美国东部空间城市系统”奠定了交通地理空间连接逻辑基础。

（5）纬向地带气候逻辑

从北部牵引城市 TC 纽约，到南部主导城市 LC 亚特兰大，美国“东部空间城市系统”跨越“温带大陆性气候”与“亚热带季风性湿润气候”两个纬向地带气候带，相邻适宜的“纬向地带气候逻辑”为“东北空间城市系统”与“东南空间城市系统”联合形成“美国东部空间城市系统”，奠定了纬向地带气候逻辑基础。

4）东部空间城市系统“人文逻辑 f_2”

（1）政治地理逻辑

“美国东部空间城市系统”政治地理主要是指各系统组分之间的政治地理关系，例如“美国东部空间城市系统”牵引城市 TC、主导城市 LC、主中心城市 MC、辅中心城市 AC、基础城市 BC 之间的政治地理关系。首先，它们都置于美国联邦政治框架之中，这就具有了最基本的统一性逻辑基础。其次，它们是地理相邻州政府的行政管辖范围，这就具备了协同性逻辑基础。最后，它们拥有独立的政治地位与行政权力，这为发挥各自个性化功能奠定了逻辑基础。但是，“美国东部空间城市系统”需要建立政治协调机构，协调联邦、州、城市之间的政治关系。

（2）地域文化逻辑

如图 10.10 所示，“美国东部空间城市系统”大西洋沿岸空间是最初的“英属北美殖民地”，盎格鲁新教文化是它的根基，该地域文化强调个人价值，追求民主自由，崇尚开拓和竞争，讲求理性和实用，具有鲜明的美利坚精神。美国东部文化是美国民族的精神财富，它为美国政治、经济、文化、社会发展提供了动力，为“美国东部空间城市系统”奠定了地域文化逻辑基础。美国东部空间具有世界一流的研究型大学，它们已经为美国“巨型区域”提供了方案，必将为“美国东部空间城市系统”提供宝贵的文化内源性动力。

（3）语言民族逻辑

美国东部空间的语言为“美式英语”，英语是事实上的官方语言。美国东部空间欧裔美国人（European Americans）占据多数，其余为拉丁裔、非裔、亚裔等。美国东部空间这种多民族来源、共同地域生活、相同语言文化，使他们创造了一个崭新的操“美式英语”的美利坚民族。而“美利坚民族”将成为“美国东部空间城市系统”主体民族，从而为“美国东部空间城市系统”奠定语言民族逻辑基础。

图 10.10 英属北美殖民地

(4) 旅游地理逻辑

美国东部旅游资源非常丰富，波士顿、纽约、费城、华盛顿、纳什维尔、亚特兰大等城市都具有许多著名旅游景点。美国东部具有特别的城市、历史、人文旅游价值，如世界第一城市纽约、华盛顿、林肯、自由女神像、独立宣言、哈佛大学、“五月花”号、联合国、白宫、可口可乐公司等都是世界人类文化标志性概念。因此美国东部丰富的旅游资源为“美国东部空间城市系统”奠定了旅游地理逻辑。

(5) 宗教信仰逻辑

美国东部人民宗教信仰为基督教、天主教、犹太教等，基督教精神给予美国东部社会以精神滋养，宗教力量与道德相关联使得人民保持了健康积极的进取精神。宗教深入美国东部社会的社区、文化、艺术、生活的方方面面。基督教、天主教等宗教为“美国东部空间城市系统”打下了人民精神的基础，是社会有序的稳定器。

5) 东部空间城市系统“经济逻辑 f_3”

(1) 产业结构逻辑

如图 10.11 所示。美国“东北地区”巨型区域以及“皮德蒙特地区”巨型区域，位于美国东北工业区与南部工业区，先后经历了农业、工业、服务业、信息产业、知识产业的产业发展阶段。从东北部的波士顿、纽约，到东南部的纳什维尔、亚特兰大形成了第一产业、第二产业、第三产业、高端生产者服务业。完整的产业结构链，为“美国东部空间城市系统”奠定了产业结构逻辑基础。

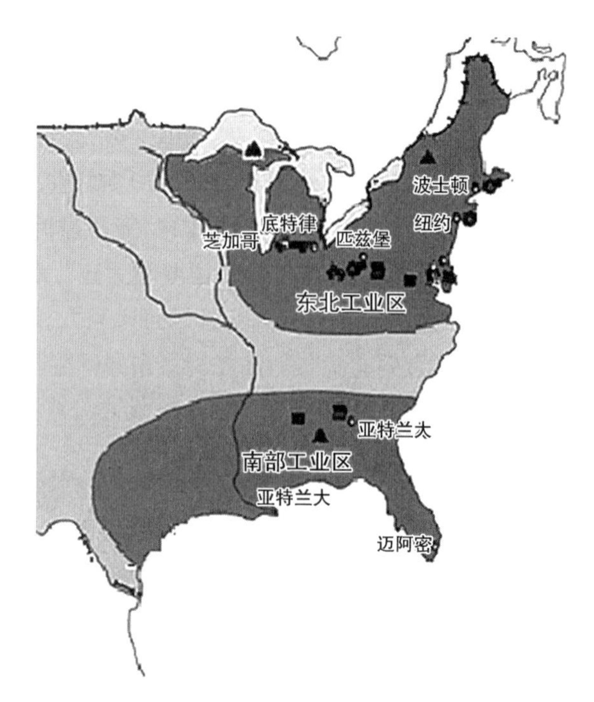

图 10.11　美国东南部工业区

（2）贸易物流逻辑

波士顿、纽约、弗吉尼亚比奇、查尔斯顿的大西洋沿岸，是美国与欧洲的贸易重地，是美国东部与世界贸易的集散地。美国东部的农业贸易、工业贸易、服务业贸易在世界具有重要地位，华盛顿是美国贸易的政策中心、纽约是美国贸易的重镇，大西洋沿岸港口拥有美国一半的通往世界的物流。因此，美国东部发达的贸易物流为“美国东部空间城市系统”奠定了贸易物流逻辑基础。

（3）金融逻辑

纽约是世界最大的金融中心，拥有纽约证券交易所(New York Stock Exchange) 及纳斯达克证券市场 (Nasdaq Stock Market)。华尔街已经成为了美国垄断资本、金融和投资的代名词，它集聚了金融、证券交易、银行、保险等众多大公司总部即管理机构，对美国及世界产生着重要的影响。因此，美国东部世界顶级金融资本集聚，为“美国东部空间城市系统”奠定了金融逻辑基础。

图 10.12　亚伯拉罕 · 林肯

（4）研究开发与创新逻辑

美国东部空间是世界思想文化、科学技术、基础理论的创新发源地。亚伯拉罕 · 林肯“民有”“民治”“民享”(of the people, by the people, and forthe people)的伟大思想，感召着世界进步的力量，如灯塔照耀着人类前行的路(图10.12)。美国东部空间是众多“常春藤大学”所在地，它们为世界贡献了不计其数的基础理论与科学技术创新，这里诺贝尔获奖者云集，科学巨匠众多。美国东部空间雄厚的思想文化、科学技术、基础理论积累，为“美国东部空间城市系统”奠定了研究开发与创新逻辑基础。

10.2.2　美国东部空间城市系统本体分析

经过美国东部空间城市系统逻辑分析，我们获得了“美国东部空间城市系统”成立的实践性与学理性基础，在此基础上我们讨论东部空间城市系统的空间形态与空间结构。

1）东部空间城市系统空间形态

如图 10.13 所示，美国东部空间城市系统空间形态整体呈条带状+4 分布，它的两个子系统分布为：东北空间城市系统呈环形带状，东南空间城市系统呈条状+4 分布，纽约与亚特兰大形成了东北与西南两个中心节点城市。阿巴拉契亚山脉为东部空间城市系统的西向“地理隔离线”，大西洋海岸沿线为东部空间城市系统的东向“地理隔离线”，美国东部空间城市系统呈“东北—西南”走向处于两条“地理隔离线”之间的平原地带。

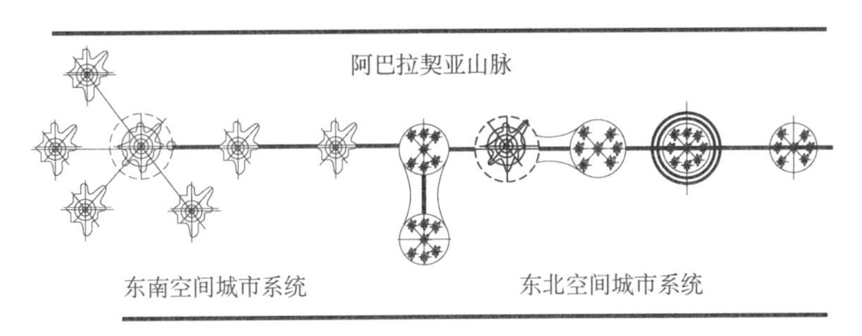

图 10.13　东部空间城市系统空间形态拓扑图

如图 10.14 所示，美国东部空间城市系统形似“天蝎星座”，因而我们命名为“天蝎系统”。美国东部空间的思想、科学、理性恰与“天蝎系统”的星象吻合，愿上帝保佑“天蝎系统”。

图 10.14　东部空间城市系统“天蝎”
（源自：图行天下・天蝎座插图）

2）东部空间城市系统空间结构

（1）东部空间城市系统子系统层次

如图 10.15 所示，美国东部空间城市系统空间结构包括：波士顿一级空间城市系统、纽约一级空间城市系统、费城一级空间城市系统、华盛顿一级空间城市系统、里士满一级空间城市系统、弗吉尼亚比奇一级空间城市系统、罗利一级空间城市系统、夏洛特一级空间城市系统、亚特兰大一级空间城市系统、查尔斯顿一级空间城市系统、杰克逊一级空间城市系统、孟菲斯一级空间城市系统、纳什维尔一级空间城市系统等 13 个一级空间城市子系统。它们又分别构成了以纽约为核心的“东北空间城市系统”六级子系统，以亚特兰大为核心的“东南空间城市系统”七级子系统。

（2）东部空间城市系统空间结点

如图 10.15 所示，美国东部空间城市系统空间结构包括：纽约牵引中心城市 TC，华盛顿、亚特兰大主导城市 LC，波士顿、费城、里士满、弗吉尼亚比奇、罗利、夏洛特、查尔斯顿、杰克逊、孟菲斯、纳什维尔主中心城市 MC，波特兰、奥尔巴尼、哈特福德、普罗维登斯、哈里斯堡、哥伦比亚、蒙哥马利等辅中心城市 AC，奥本、温莎、奥古斯塔等基础城市 BC。

（3）东部空间城市系统空间轴线

如图 10.15 所示，美国东部空间城市系统空间主轴线为：“波士顿—纽约—费城—华盛顿（—里士满—弗吉尼亚比奇）—罗利—夏洛特—亚特兰大—查尔斯顿—杰克逊—孟菲斯—纳什维尔”，它是美国东部空间人流、物流、信息流的主要承载体，超高速航空飞机是维持这条主轴通道远距离空间联结的主要方式。但是，需要补充“高速铁路”“城际高速铁路”与高速公路、低速铁路形成“优化多式联运交通系统”。

（4）东部空间城市系统网络域面

美国东部空间城市系统包括：“东北空间城市系统”网络域面、“东南空间城市系统”网络域面，它们联合构成了“东部空间城市系统”网络域面。美国东部空间城市系统网络域面又可以细分为超高速航空网络、高速公路网络、铁路货运网络、GPS 卫星通信网络、能源管道网络等。但是，“高速铁路网络”与“高速城际铁路网络”是美国东部空间城市系统网络域面的短板，正所谓“机关算尽太聪明，反误了卿卿性命”。

10.2.3 美国东部空间城市系统演化分析

1）东部空间城市系统进化总述

美国东部空间是世界“大都市连绵带”实践的首创之地，是戈特曼创建“大都市连绵带”的客观事实来源空间。美国东部空间是《美国 2050》空间战略的“东北地区”与“皮德蒙特地区”巨型区域划定空间。美国“东部空间城市系统”空间形态清晰、空间结构科学，其状态为空间涨落现象呈现勃勃生机，迄今为止美国“东部空间城市系统”始终保持“进化”状态，已经发展成为世界最大的空间城市系统。

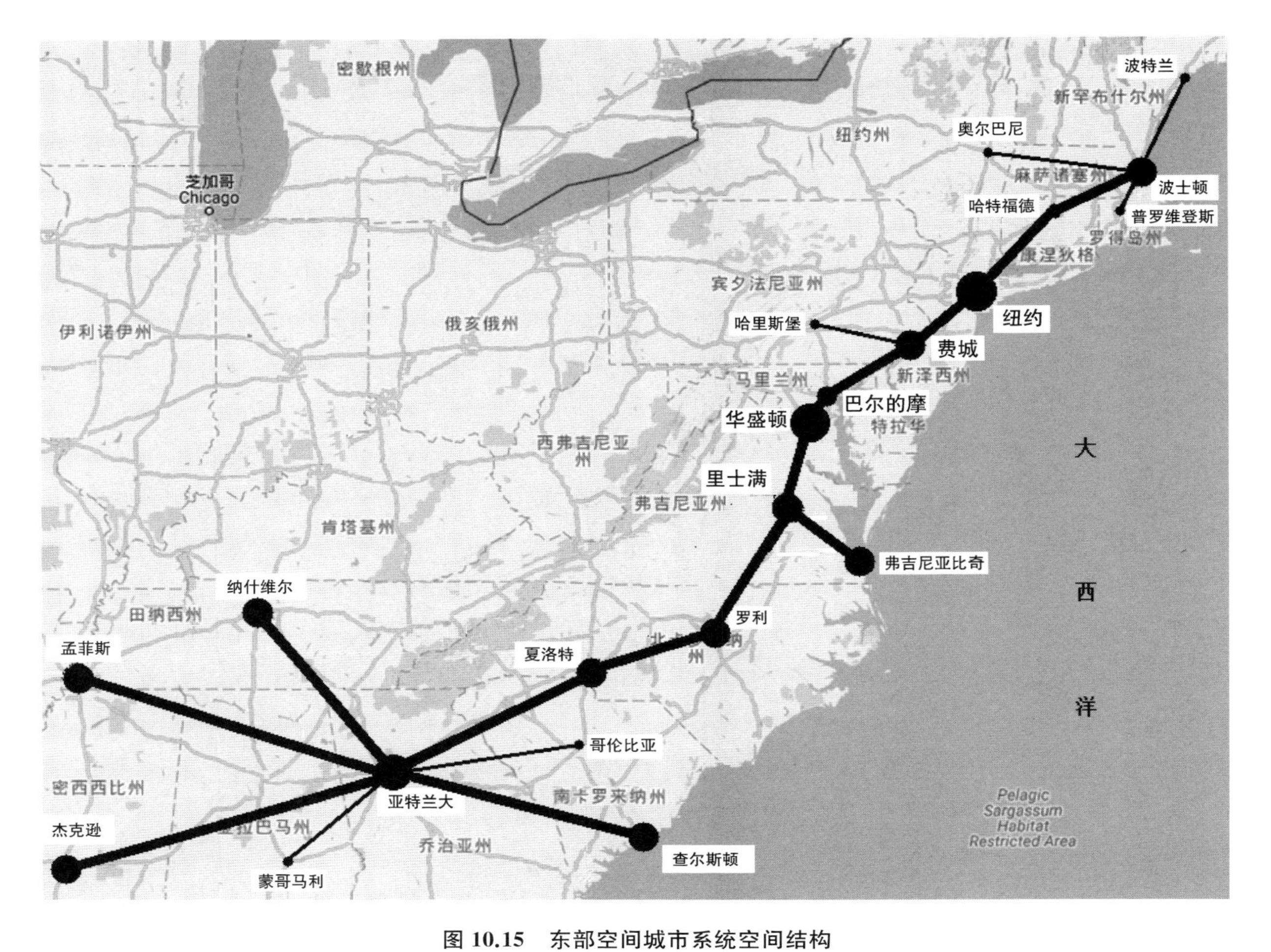

图 10.15　东部空间城市系统空间结构

（源自：笔者根据谷歌地图自制）

如图 10.16 所示，美国东部空间城市系统进化要经过平衡态、近平衡态、近耗散态、分岔、耗散结构五个阶段，它的结构、状态、特性、功能等随着时间变化而发生变化。美国东部空间城市系统进化内部动力主要为空间集聚动因、空间扩散动因、空间联结动因，进化外部动力主要为地理环境动因、人文环境动因、经济环境动因。美国东部空间城市系统演化是一个从无到有、从低级到高级、从一级系统到多级系统的"进化"方向。图 10.16 给出了美国东部空间城市系统进化过程。从 1957 年到 2018 年，它已经进化了 61 年时间，现在美国"东部空间城市系统"处于近耗散态线性区后期阶段。

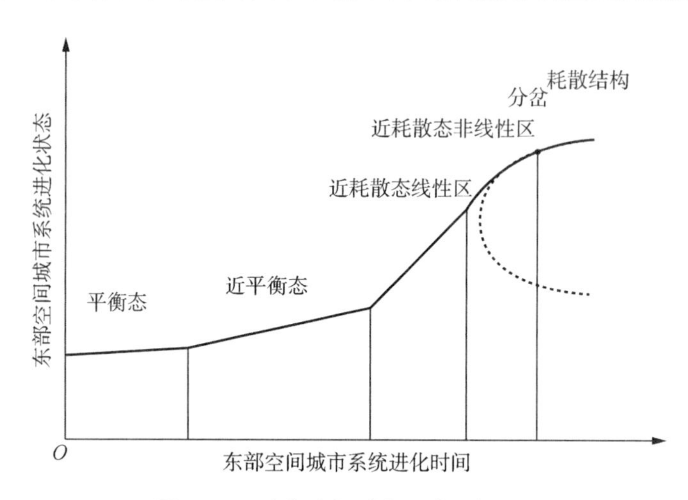

图 10.16　东部空间城市系统进化过程

如图 10.17 所示，美国东部空间城市系统演化[①]状态熵（S，dS 为熵差表达形式）是"东部空间城市系统状态"的基本标度量，我们用"状态熵"来表达美国东部空间城市系统演化状态的基本情况。美国东部空间城市系统演化过程遵守"空间城市系统状态熵原理"。对美国东部空间城市系统演化状态熵的定性与定量化确定，是"东部空间城市系统"演化的核心内容，具有基础性意义。

所谓"东部空间城市系统演化状态熵"是指东部空间城市系统演化过程中空间要素分布的基本情况，分为平衡态状态熵、近平衡态状态熵、近耗散态状态熵、分岔熵变、耗散结构扰动熵五种类型。"东部空间城市系统演化状态熵"表征了空间城市系统演化状态的基本情况，是东部空间城市系统演化规律的标度量，如熵减 $dS < 0$ 规律、熵变 ΔS 规律、扰动熵规律等。根据"熵变"情况，我们就可以对美国东部空间城市系统演化做出判断。因此，"东部空间城市系统演化状态熵"是美国东部空间城市系统演化不可或缺的关键序参量描述。

2）东部空间城市系统演化分述

（1）东部空间城市系统演化平衡态

美国东部空间城市系统演化平衡态，是指早期的"大都市连绵带"阶段，它是一种

① 因为美国东部空间城市系统整体是一个进化过程，但中间是一个随机过程，可能有退化和停滞现象。因此，在状态熵论述时就必须采用"演化"概念，以保证科学的准确性。

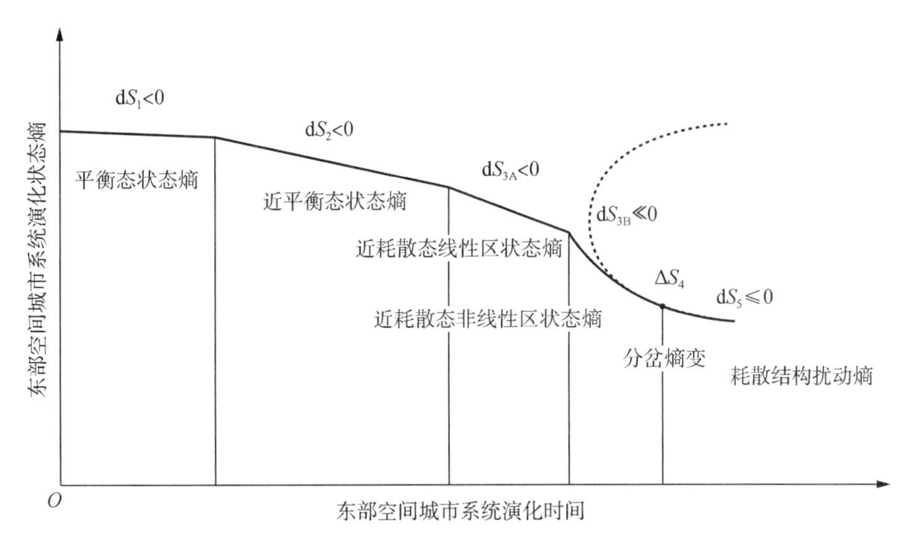

图 10.17 东部空间城市系统演化状态熵

相对稳定的“城市体系”①状态。注意,东部空间城市系统的“东北空间结构”(以纽约为中心)与“西南空间结构”(以亚特兰大为中心)演化不是同步的。空间要素的均匀无序化分布是美国东部空间城市系统平衡态的重要特征,东部空间城市系统平衡态是一种简单系统。它是一种变化缓慢的状态,前向接近静止状态。东部空间城市系统平衡态呈现进化的特征,其变化速率为 $\dot{x}=\frac{dx}{dt}$ 由平衡态演化方程表述,它的变化速率很慢,平衡态状态熵处于熵减状态 $dS<0$。美国东部空间城市系统平衡态结构是一种线性的动态无序结构。1957 年,戈特曼对“大都市连绵带”(Megalopolis)的正面确认,使美国东部空间城市系统获得了积极人工干预的理论根据,具有人居空间进化历史上的重大革命性意义。

(2) 东部空间城市系统演化近平衡态

美国东部空间城市系统演化近平衡态,是指中期的“东北地区”与“皮德蒙特地区”巨型区域阶段,“近平衡态”是美国东部空间城市系统演化的第二个阶段,它是一种开始脱离平衡态的运动状态。空间要素开始有序化分布是美国东部空间城市系统演化近平衡态的重要特征,近平衡态是一种动态化的简单系统。

美国东部空间城市系统近平衡态他组织表现为《美国 2050》巨型区域空间规划的人工干预,呈现出加快进化的特征,其变化速率为 $\dot{x}=\frac{dx}{dt}$ 由近平衡态演化方程表述,“东部空间城市系统”近平衡态状态熵处于熵减状态 $dS<0$,变化速度与熵减速度的加快是它的重要特征,美国东部空间城市系统近平衡态结构是一种线性的走向动态的

① 在中文语境中“城市体系”与“城市系统”是两个不同的概念,前者不具备整体涌现性,后者具备系统整体涌现性。但是在英文语境中“城市体系”与“城市系统”都表示为 city system。我们将演化过程中的“城市体系”称为“空间城市系统”,是因为它具有了部分空间城市系统属性,开始脱离纯粹的“城市体系”。

半有序结构。对于美国东北空间进化的良性他组织人工干预，宾夕法尼亚大学城市与区域规划教授罗伯特·亚罗做出了突出贡献。

(3) 东部空间城市系统演化近耗散态

美国东部空间城市系统近耗散态，是指后期前部的“东北空间城市系统”与“东南空间城市系统”阶段，即“近耗散态线性演化阶段”；以及后期后部的“东部空间城市系统”阶段，即“近耗散态非线性演化阶段”。美国东部空间城市系统“近耗散态”是空间城市系统特有的一种系统演化状态，它决定于空间城市系统的巨大系统属性，即地理宏观性、演化持久性、人类复杂性。空间城市系统“近耗散态理论”是对传统“耗散结构理论”的继承与发展，它有效地诠释了空间城市系统临近分岔之前的演化规律①。

美国东部空间城市系统近耗散态客观事实表现为，“纽约—华盛顿”空间结构成为世界政治、经济、军事的中心，“波士顿—费城”成为世界高等研究型大学中心，如哈佛大学、普林斯顿大学，美国东北空间已经成为世界高端服务业集聚中心。还表现为亚特兰大成为了美国“新南方之都”，成为达美航空公司和可口可乐公司总部所在地，成为全美 430 家大公司分公司选址城市，并成功举办了 1996 年夏季奥林匹克运动会。

总之，美国东部空间事实上已经成为世界的中心空间，左右着全球政治、经济、文化的发展方向。上述诸多客观事实，为我们确定美国东部空间城市系统“近耗散态”提供了可靠的实践根据。

① 近耗散态线性区

美国东部空间城市系统近耗散态线性区，是指“东北空间城市系统”与“东南空间城市系统”阶段。美国东部空间城市系统“近耗散态线性区”的最显著特征是以纽约为中心的“东北空间城市系统”与以亚特兰大为中心的“东南空间城市系统”没有实现完全的空间联结呈现出整体涌现性，即没有完全实现空间人流联结、空间物流联结、空间资金流联结、空间信息流联结。

美国东部空间城市系统“近耗散态线性区”状态熵处于快速熵减状态，即 $dS \ll 0$，近耗散态演化轨道稳定性处于李雅普诺夫稳定状态。在“近耗散态线性区”，昂萨格倒易原则支配着美国东部空间城市系统进化的空间机理，任何空间流动因对美国东部空间城市系统都有相同的动力作用，即 $L_{ij}=L_{ji}$，“近耗散态线性区”已经远离“空间城市系统平衡态”，其空间要素分布已经趋于有序结构。因此，美国东部空间城市系统“近耗散态线性区”是一个高速变化的“动态结构”，趋向有序的方向已经不可逆化了。“近耗散态线性区”的功能也处在高速变化的过程中，它的“空间城市系统功能”开始产生，而“城市体系功能”迅速弱化。美国东部空间城市系统“近耗散态线性区”状态熵处于快速熵减状态，即 $dS \ll 0$，在“近耗散态线性区”结束点有最小状态熵即 S_{min}，近耗散态演化轨道稳定性处于李雅普诺夫稳定状态。

① “近耗散态理论”参见第 5 章“空间城市系统演化近耗散态”部分。

② 近耗散态非线性区

美国东部空间城市系统近耗散态非线性区，是指完整的“东部空间城市系统”阶段，而且整体涌现性得到了全面涌现。美国东部空间城市系统“近耗散态非线性区”，是一种随机动态的涨落结构，拥有李雅普诺夫稳定相空间演化轨道，拥有稳定结点型不动点。“近耗散态非线性区”开始拥有吸引子与吸引域，它们指向空间城市系统分岔。

“近耗散态非线性区”是美国东部空间城市系统演化分岔的临界阶段，空间梯度、空间涨落、空间流博弈均衡，是该阶段的空间动力机制，其中空间涨落作用机制发挥最后的作用，甚至出现瞬时巨涨落现象。在“复合动力机制”的作用下，美国东部空间城市系统空间要素发生着剧烈的变化，快速趋向于空间城市系统分岔，空间城市系统分岔是近耗散态非线性演化的目的吸引子。“近耗散态非线性区”状态熵处于随机变动状态。

东部空间城市系统“整体涌现性”进入临界状态。“近耗散态非线性区”空间要素分布已经接近有序结构，但它是一个高速变化的动态“临界结构”。此阶段，“空间城市系统功能”已经产生，而“城市体系功能”趋于结束。美国东部空间城市系统近耗散态非线性区是一个“革命性”的高速动态进化阶段。

上述“近耗散态非线性区”的客观事实表现为：在“近耗散态非线性区”，政治、经济、金融等各种空间集聚动因、空间扩散动因、空间联结动因非合作博弈实现了均衡，到达了“动因博弈均衡点”形成了美国东部空间城市系统动因，推动着东部空间城市系统向“分岔”快速进化。此时，美国东部空间城市系统“整体涌现性”全面涌现，经济总量 GDP 增长率整体涌现指数为＋2％，金融资本高度集聚，股市表现强劲。科学技术创新竞争加剧，其成果会革命性助推社会进步。政治出现颠覆性变革，整合与重构成为常态，以适应美国东部空间城市系统“整体涌现性”需要，随之而来的是美国东部空间城市系统的“分岔”。

2001 年的“9·11 事件”、2008 年金融危机、美国历史上第一位非洲裔总统奥巴马当选并连任，唐纳德·特朗普现象以及“America First”政略，都呈现出“空间涨落”的显著特征。因此，我们有理由相信美国东部空间城市系统处于“近耗散态非线性区”。随着政治、经济、科学技术“空间涨落”客观事实的涌现，美国东部空间城市系统分岔是一个可以预期的目标。

（4）东部空间城市系统演化分岔

① 东部空间城市系统分岔

如图 10.18 所示，所谓“东部空间城市系统分岔”是指美国东部空间城市系统产生的瞬时行为，“分岔点”既是东部空间城市系统近耗散态非线性区的结束点，又是其耗散结构的开始点。分岔行为意味着美国东部空间城市系统定性性质突然改变，意味着东部空间城市系统演化目标的实现，产生了空间城市系统整体涌现性。分岔的结果就是空间要素有序化，即耗散结构的产生。分岔使得东部空间城市系统的空间形态与空

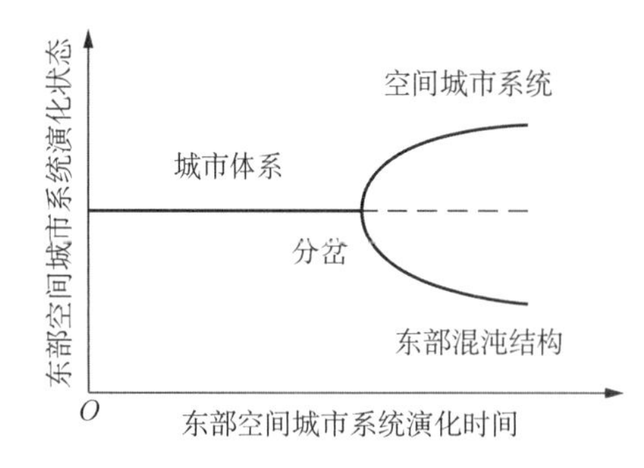

图 10.18 美国东部空间城市系统分岔

间结构得到完全的实现，进而实现了东部空间城市系统功能。

美国东部空间城市系统分岔，最显著的特点应该是"整体涌现性"，例如经济总量 GDP 整体涌现性 1.5%—2%，当分岔完成之后东部空间城市系统应该处于耗散结构"扰动状态"，政治、经济、金融等方面肯定会出现波动状态，但是会自组织控制在一定范围之内。美国东部空间城市系统分岔必须是一种人工干预辅助分岔，空间规划、空间政策、空间工具是主要他组织干预手段。美国东部空间城市系统分岔表现出等级性：一是各单体空间城市子系统实现分岔，二是多级空间城市系统实现分岔，形成完整的"东部空间城市系统"。

如图 10.19 所示，美国东部空间城市系统分岔伴随着"熵变"现象发生，即空间城市系统演化状态熵的突然变化，"熵变 ΔS" 涌现。美国东部空间城市系统"熵变" 的本质是"城市体系" 属性的结束，空间城市系统"整体涌现性" 的产生。"熵变" 代表着"高速熵减" 现象的结束，意味着东部空间城市系统耗散结构"扰动熵" 行为的开始。"熵变" 要求美国东部空间城市系统"空间治理" 代替"空间规划" 成为东部空间城市系统控制运行的核心内容。因为美国东部空间城市系统"熵变 ΔS" 是一种瞬时暂态行为，所以"熵变 ΔS" 为"近耗散态非线性区状态熵 d_{SB}" 与"耗散结构扰动熵 $\mathrm{d}S$" 的差值，即有

$$\Delta S = \mathrm{d}_{SB} - \mathrm{d}S \tag{10.5}$$

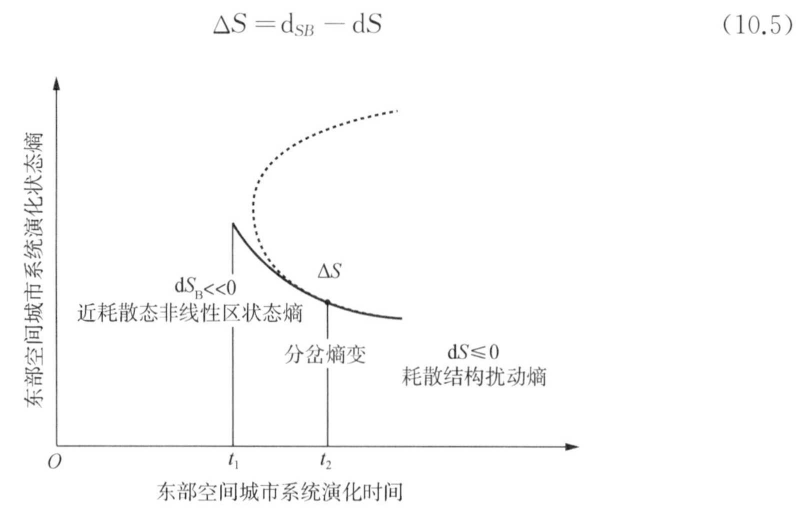

图 10.19 东部空间城市系统分岔熵变机制

② 东部空间城市系统经济总量及预测

对于美国东部空间城市系统分岔，我们需要确定"分岔指数"。需要特别说明的是空间城市系统分岔是一个综合意义上的人居空间革命性进化，东部空间城市系统"城

市经济总量GDP指数”并不能全面代表东部空间城市系统分岔的本质意义，例如，无法从中解读出研究型大学的贡献度，而这是美国东部空间城市系统分岔很重要的指标。为了定量化表述美国东部空间城市系统分岔，我们设定了“城市经济总量GDP指数”，而且计算数据为平均假设，如GDP年增长率为美国平均值带有很大不精准性。因此，美国东部空间城市系统“城市经济总量GDP指数”仅仅作为一个“分岔”的参考指数，用以美国东部空间城市系统分岔的实验研究。

针对实际的美国东部空间城市系统分岔，要进行政治、经济、文化、金融、产业、研究型大学、科学、技术、大企业等分项指数确定，建立美国东部空间城市系统“分岔贡献度指数模型”，进而求出美国东部空间城市系统综合“分岔指数”，才能准确标度美国东部空间城市系统分岔情况。

在此，以美国2017年GDP平均增长率2.3%计算，将美国东部空间城市系统“经济总量GDP整体涌现增长率保守定为1.5%”，则美国东部空间城市系统经济总量GDP整体涌现增长率为：2.3%+1.5%=3.8%，并以美国东部空间城市系统未计入城市经济总量GDP数字为预备数值，保守做出“东部空间城市系统经济总量及预测”(表10.5)，美国东部空间城市系统分岔应该发生在2017—2027的十年之中，产生美国东部空间城市系统分岔的“整体涌现性”效应。

表10.5 东部空间城市系统经济总量及预测

中心城市	2017年GDP(亿美元)	GDP年增长率(%)	2027年预计GDP(亿美元)
波特兰	1 717	3.8	2 369.46
波士顿	4 282	3.8	5 909.16
普罗维登斯	829	3.8	1 144.02
哈特福德	903	3.8	1 246.14
纽约	1 7351	3.8	23 944.38
费城	4 339	3.8	5 987.82
巴尔的摩	1 921	3.8	2 650.98
华盛顿	5 313	3.8	7 331.94
里士满	827	3.8	1 141.26
弗吉尼亚比奇	948	3.8	1 308.24
罗利	832	3.8	1 148.16
夏洛特	1 740	3.8	2 401.20
亚特兰大	3 712	3.8	5 122.56
伯明翰	1 355(2013年)	3.8	1 869.90
纳什维尔	1 332	3.8	1 838.16
孟菲斯	725	3.8	1 000.50
合计	48 126	—	66 413.88

(5) 东部空间城市系统演化耗散结构

美国东部空间城市系统“耗散结构”是指“东部空间城市系统”演化目的状态，普里戈金的“耗散结构理论”为美国东部空间城市系统“耗散结构”提供了理论基础，它是一种随机结构状态，与世界及美国环境进行着人员、物质、信息、能源的交换，维持与推动着美国东部空间城市系统的不断发展。

如图 10.20 所示，美国东部空间城市系统“耗散结构”运行状态中，“扰动熵”机理发挥着主要的作用，其“随机性”可以表现为一个马尔可夫链随机过程，“随机性”是美国东部空间城市系统耗散结构的本质属性。

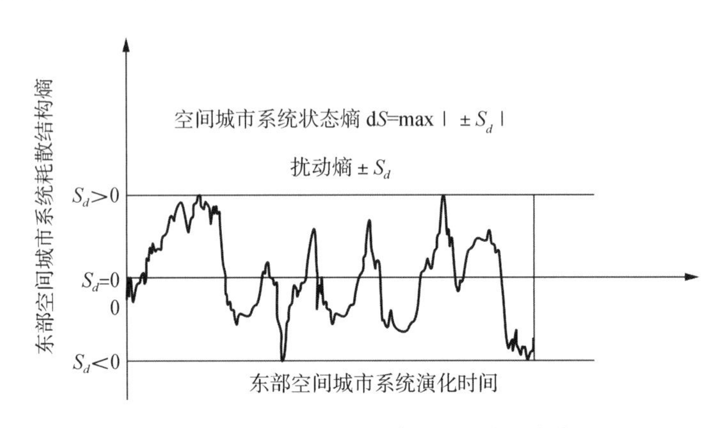

图 10.20 东部空间城市系统耗散结构扰动熵机制

3）东部空间城市系统状态熵判据①

美国东部空间城市系统演化“状态熵”是演化状态标度量，如平衡态、近平衡态、近耗散态、分岔、耗散结构的状态标度量。“状态熵”反映了东部空间城市系统微观要素分布对整体状态贡献的情况。东部空间城市系统微观空间要素主要分为政治、经济、文化、金融、科学、技术等微观要素种类，可以求出相应微观空间要素指数。设定东部空间城市系统微观空间要素分布总量为 X，每种微观空间要素分布贡献为 X_i，则它对微观分布总量的贡献为 $P_i=X_i/X$，则美国东部空间城市系统“状态熵”可由下式给出：

$$S=-K\sum P_i \log P_i \tag{10.6}$$

其中，K 为比例常数，$i=1, 2, \cdots, n$。在公式(10.5)中，对于东部空间城市系统分类微观元素 X_i 的确定，可以采用主成分分析法选择第一主成分 X_1、第二主成分 X_2、第三主成分 X_3，一般所选择主成分累计贡献率超过 85%即可。

对于美国东部空间城市系统演化而言，东部空间城市系统“状态熵 S”的定量值，为东部空间城市系统演化状态判断提供了逻辑根据。即通过特定时刻东部空间城市系统的“状态熵定量值”，判断东部空间城市系统所处位置(平衡态、近平衡态、近耗散态、分岔、耗散结构)的状态情况，如表 10.6 所示。

① 关于空间城市系统状态熵的定量计算，详见第 2 章“空间城市系统状态熵表达”部分。

表 10.6 东部空间城市系统状态熵判据

演化要件	平衡态	近平衡态	近耗散态	分岔	耗散结构
状态代码	1	2	3	4	5
演化时间	t_1	t_2	t_3	t_3	t_4
状态熵 S	S_1	S_2	S_3	S_3	S_4
状态熵判据 $\mathrm{d}S$	$\mathrm{d}S_1$	$\mathrm{d}S_2=S_2-S_1$	$\mathrm{d}S_3=S_3-S_1$	$\mathrm{d}S_4=S_3-S_1$	$\mathrm{d}S_5=S_4-S_1$

10.3 美国西部空间城市系统

10.3.1 美国西部空间城市系统逻辑分析

1）西部空间城市系统定义

（1）美国西部空间“大都市连绵带”与“巨型区域”

戈特曼预见以洛杉矶为中心，北至旧金山南至圣地亚哥的太平洋沿岸将形成大都市连绵带（Megalopolis），他说“一个巨大的城市地区和郊区正在洛杉矶周围迅速地扩展开来，实际上已经到达了处于内陆的圣贝纳迪诺市，而且可能会在沿海一带与圣地亚哥连接起来”。戈特曼准确地预见了美国西部空间城市系统起始状态，即洛杉矶牵引城市 TC 的作用，为“西部空间城市系统”奠定了根源性基础。

如图 10.21 所示，2008 年出台的《美国 2050》确定了美国“南加利福尼亚”巨型区域、“北加利福尼亚”巨型区域、“亚利桑那阳光走廊” 巨型区域、“落基山脉山前地带”巨型区域、“卡斯卡底” 巨型区域的概念，并给予了相关诠释。《美国 2050》为“西部空间城市系统”奠定了学理连贯性基础。

美国“太平洋沿岸大都市连绵带”与“南加利福尼亚”“北加利福尼亚”“亚利桑那阳光走廊”“落基山脉山前地带”“卡斯卡底” 巨型区域 MR，为美国西部空间城市系统奠定了历史与实践合理性基础。

（2）美国西部空间城市系统概念

如图 10.22 所示，美国西部空间城市系统是在“太平洋沿岸大都市连绵带”与“南加利福尼亚”“北加利福尼亚”“亚利桑那阳光走廊”“落基山脉山前地带”“卡斯卡底”巨型区域的基础上，经过自组织演化所形成的空间城市系统。“美国西部空间城市系统”是美国与加拿大境内的十级空间城市系统，也是世界级空间城市系统。美国西部空间地形地貌为“美国西部空间城市系统”提供了地理基质。

美国西部空间城市系统地处环太平洋地区，该区域是亚太经济合作组织（Asia-Pacific Economic Cooperation，简称 APEC）所在地区，国际货币基金组织（IMF）预测：亚太地区的经济增长率位居全球前列，在过去几年对全球经济增长的贡献率高达 2/3，这种趋势仍将持续 。因此，“西部空间城市系统”对于美国未来具有极其重要的意义。

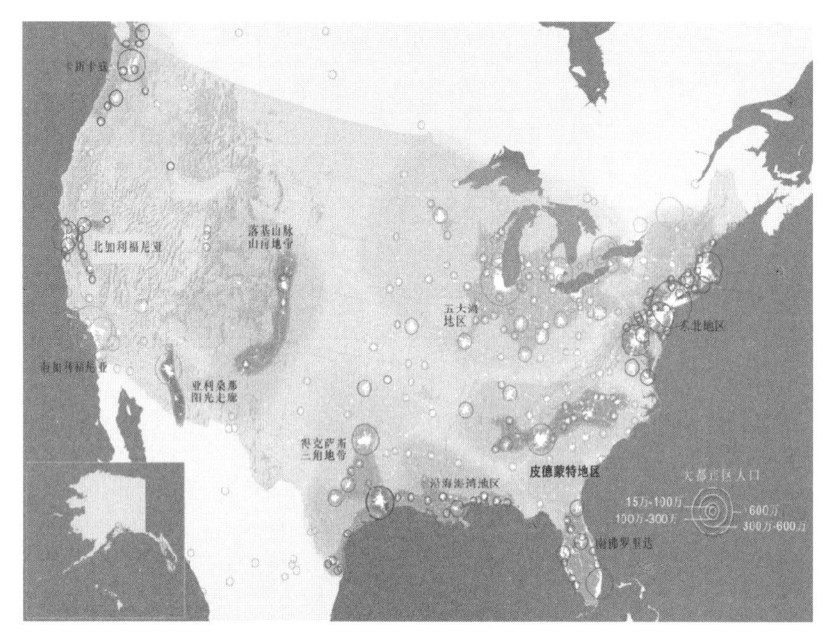

图 10.21　美国巨型区域分布

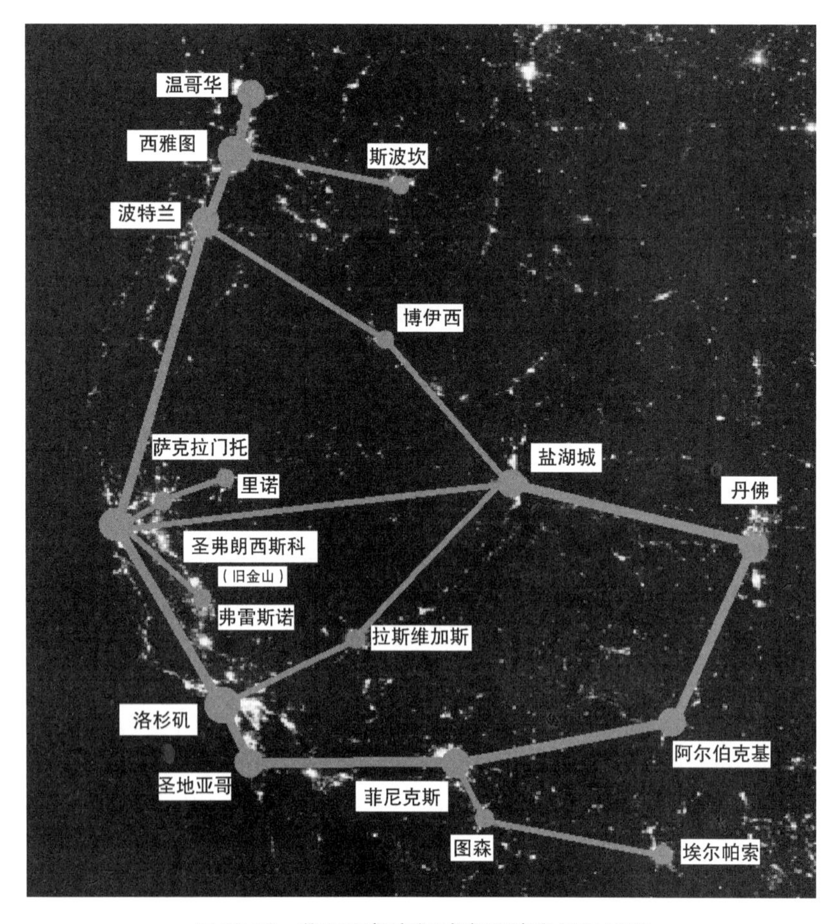

图 10.22　美国西部空间城市系统夜间卫星图

（源自：笔者根据 NASA 图自制）

美国西部空间城市系统包括温哥华、西雅图、波特兰、圣弗朗西斯科(旧金山)、洛杉矶、圣地亚哥、菲尼克斯、阿尔伯克基、丹佛、盐湖城 10 个一级空间城市系统。它们又构成美国“西南五级空间城市系统”(简称西南空间城市系统)、美国“西北三级空间城市系统”(简称西北空间城市系统)、丹湖空间城市系统(Denver Lake Spatial City System)。“美国西部空间城市系统”包括:洛杉矶牵引城市 TC、圣弗朗西斯科(旧金山)主导城市 LC、西雅图主导城市 LC、温哥华、波特兰、圣地亚哥、菲尼克斯、阿尔伯克基、丹佛、盐湖城主中心城市 MC,以及斯波坎、博伊西、萨克拉门托、里诺、弗雷斯诺、拉斯维加斯、圣菲、图森、埃尔帕索等辅中心城市 AC 和塔夫脱、罗克堡、奥林匹亚等基础城市 BC。

地球夜间灯光分布卫星图是由美国国家航空航天局地球观测站(NASA's Earth Observatory)根据苏奥米国家极轨伙伴卫星(Suomi NPP)获得的数据制作的一张测绘地图。需要说明的是,这张测绘地图里的数据不是在同一时间获取的,而是在某个时间段内将各个特定时间点测定的地球夜半球灯光数据汇总整理获得。如图 10.22 所示,美国西部空间城市系统夜间卫星图真实地展现了“西部空间城市系统”的城市分布情况,说明了“美国西部空间城市系统”的人居空间形态实际存在,为美国西部空间城市系统奠定了实践合理性。

2)西部空间城市系统逻辑模型

如图 10.23 所示,美国西部空间城市系统逻辑模型是指它的“空间结构逻辑模型”,包括地理逻辑 f_1、人文逻辑 f_2、经济逻辑 f_3,以及它们分别对应的逻辑因子 u_1-u_5、u_6-u_9、$u_{10}-u_{13}$。美国西部空间城市系统逻辑决定了“美国西部空间城市系统”的空间结构构成,回答了为什么“美国西部空间城市系统”是这样构成的问题。

进行美国西部空间城市系统空间结构逻辑分析,要确定“逻辑主体与逻辑本质”,要具备“逻辑数据”包括:逻辑属性数据、逻辑关系数据、逻辑因子数据、逻辑链接数据。根据本书第 2 章所给出的“空间结构逻辑分析方程”,对“美国西部空间城市系统”空间结构逻辑模型进行计算①。

$$\begin{gathered} u_1=a_{11}f_1+a_{12}f_2+a_{13}f_3+e_1 \\ u_2=a_{21}f_1+a_{22}f_2+a_{23}f_3+e_2 \\ \vdots \\ u_{13}=a_{131}f_1+a_{132}f_2+a_{133}f_3+e_{13} \end{gathered} \tag{10.7}$$

“美国西部空间城市系统”空间结构逻辑独立因子变量 $\boldsymbol{u}$ 表达公式(10.7)所对应的矩阵公式为

$$\boldsymbol{u}=\boldsymbol{Af}+\boldsymbol{e} \tag{10.8}$$

① 对美国西部空间城市系统逻辑模型定量计算,请参阅本书第 2 章“空间结构逻辑原理”部分。

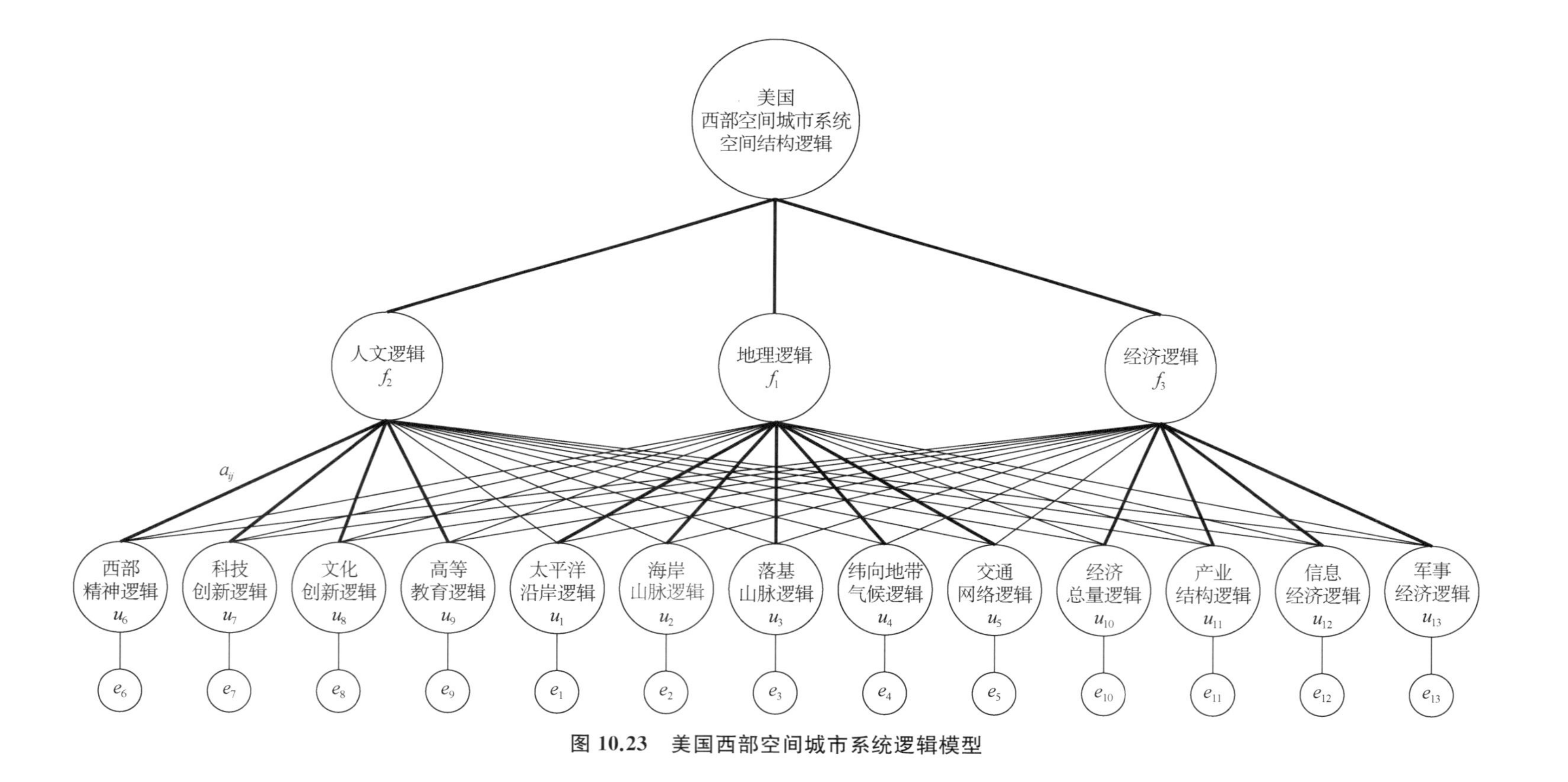

图 10.23　美国西部空间城市系统逻辑模型

因为，本章节仅为空间城市系统一般性“实验研究”，所以我们不对“美国西部空间城市系统”逻辑模型做实质性赋值定量计算，读者可参阅本书“第 2 章 空间城市系统环境与本体理论”相关内容进行深度学习。

3）西部空间城市系统地貌逻辑 f_1

（1）太平洋沿岸地貌逻辑

如图 10.24 所示，太平洋沿岸为美国“西部空间城市系统”提供了基本的地貌逻辑，温哥华、西雅图、波特兰、圣弗朗西斯科（旧金山）、洛杉矶、圣地亚哥等“西部空间城市系统”中心城市都分布在太平洋沿岸，太平洋海岸自北向南形塑了美国西部空间城市系统的主要部分。

（2）海岸山脉地貌逻辑

如图 10.24 所示，海岸山脉为美国“西部空间城市系统”提供了西边基本的地理基质，温哥华、西雅图、波特兰、圣弗朗西斯科（旧金山）、洛杉矶、圣地亚哥呈带状分布在“海岸山脉”山前地形地貌之上，处于太平洋与海岸山脉之间狭长的空间之中。因此，海岸山脉是美国西部空间城市系统的基本地貌逻辑根据。

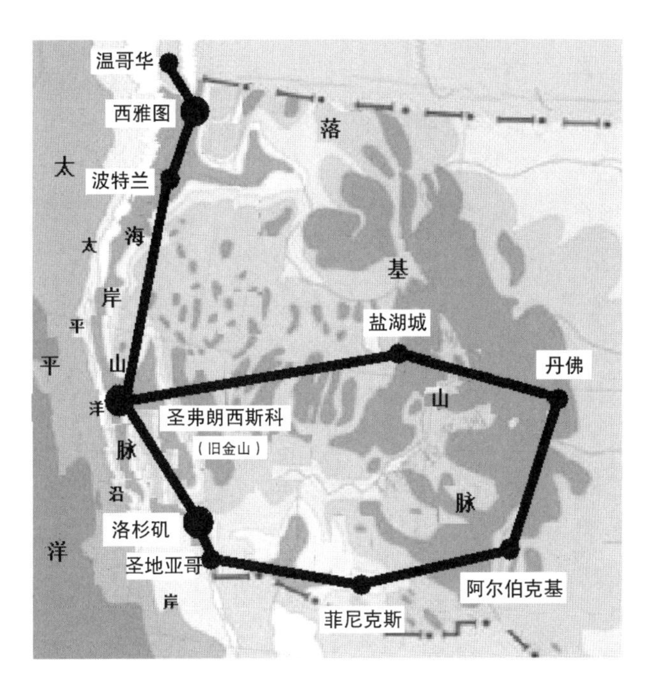

图 10.24　美国西部空间城市系统地貌

（3）落基山脉地貌逻辑

如图 10.24 所示，落基山脉为美国“西部空间城市系统”提供了东边基本的地理基质，盐湖城、丹佛、阿尔伯克基、菲尼克斯都自北向南沿落基山脉分布。因此，沿落基山脉是美国西部空间城市系统的基本地貌逻辑根据。

（4）纬向地带气候逻辑

从北向南温哥华、洛杉矶、盐湖城、丹佛、菲尼克斯分属五种气候类型，因此美国西部空间城市系统是一种纬向地带相近，气候差别较大的空间城市系统，这主要是“太平洋”与“落基山”地形地貌原因所致。

（5）交通与网络域面逻辑

美国西部空间拥有良好的交通体系，它以“飞机航线”与“高速公路”等交通方式组合体现。美国西部交通体系建立在美国西部经济实力与出行习惯基础之上，基本能够适应“南加利福尼亚”“北加利福尼亚”“亚利桑那阳光走廊”“落基山脉山前地带”“卡斯卡底”巨型区域的空间联结需要。

但是“美国西部空间城市系统”要求“西南空间城市系统”“西北空间城市系统”“丹湖空间城市系统”形成整体涌现性，势必形成“西海岸通勤人流”与“落基山前通勤人流”。因此，美国西部空间的“高速多式联运交通系统”以及“城际高速多式联运交通系统”，将有巨大需求。已有的“美国西部空间地理连接方式”，与未来“美国西部空间高速地理连接方式”以及“美国西部空间城际高速地理连接方式”，将共同为“美国西部空间城市系统”奠定交通地理空间连接逻辑基础。

因《美国 2050》所形成的，“南加利福尼亚”“北加利福尼亚”“亚利桑那阳光走廊”“落基山脉山前地带”“卡斯卡底”巨型区域，为“西南空间网络域面”“西北空间网络域面”“丹湖空间网络域面”的形成提供了前提，进而为“美国西部空间网络域面”提供了前提。“美国西部空间城市系统”网络域面将产生系统整体涌现性，大大促进美国西部空间的发展，它将为美国西部空间城市系统空间结构奠定网络域面逻辑基础。

4）西部空间城市系统人文逻辑 f_2

（1）美国西部精神逻辑

美国历史始于东部，但最能体现美国精神的却是西部文化和牛仔精神。美国西部精神具有“开拓进取、注重实效、积极行动、乐观向上、个人至上、崇尚民主、百折不挠、敢于创新”的鲜明特征。这种新大陆上锤炼出来的民族精神，以其海纳百川的胸襟、独立自由的思想、知行合一的方式被称为“美国精神”。从“淘金热潮”到“硅谷开发”，正是在这种美国西部精神基础之上，创造了一个又一个改写人类发展历史的奇迹，成为美国西部社会发展不竭的内源性动力。“美国西部精神”将为美国西部空间城市系统奠定思想精神逻辑基础。

图 10.25　比尔·盖茨

（2）科学技术创新逻辑

美国西部空间创新出了推动人类文明发展的科学技术：1969 年，“互联网”创始于美国西南部的大学 UCLA（加利福尼亚大学洛杉矶分校）、Stanford Research Institute（斯坦福大学研究学院）、UCSB（加利福尼亚大学）和 University of Utah（犹他州大学）；硅谷（Silicon Valley）是当今电子工业和计算机业的王国，位于美国西部空间；微软（Microsoft）个人计算机软件创始和成长于美国西部空间（图 10.25）；波音飞机——全球航空航天业的领袖公司，位于美国西部空间。因此，美国西部空间科学技术创新，为美国西部空间城市系统奠定了坚实的逻辑基础。

（3）文化创新逻辑

美国西部空间创新引领了世界现代文化的发展，如好莱坞电影、迪士尼娱乐等，它们将科技、资本、文化很好地结合，创造了人类影视音乐历史上的奇迹。美国西部空间集聚了全世界的影视人才，深厚的艺术底蕴与发达的科学技术相结合，创新出的作品风靡世界。美国西部空间文化创新逻辑将为"美国西部空间城市系统"奠定基础。

（4）高等教育逻辑

美国西部空间具有世界一流的研究型大学，如斯坦福大学、加州理工学院、加州大学伯克利分校、加州大学洛杉矶分校、南加州大学等，它们为硅谷提供了雄厚的科学技术支撑，融大学研究、科研产成为一体。创造了谷歌、Facebook、惠普、英特尔、苹果公司、思科、英伟达、甲骨文、特斯拉、雅虎等世界著名大公司。美国西部高等教育逻辑必将为"美国西部空间城市系统"提供不竭的内源性动力。

5）西部空间城市系统经济逻辑 f_3

（1）经济总量逻辑

美国西部空间城市系统（含温哥华）已经具备制度优势、科技创新、市场机制、信息经济"四大要件"，在未来 10 年中可以确定具有稳定的竞争优势。因此，我们可以根据以下逻辑对美国西部空间城市系统（含温哥华）做出预测。

根据既往数字，温哥华经济总量 GDP 平均增长率为 3%，"西部空间城市系统整体涌现增长率保守定为1.5%"，则温哥华经济总量 GDP 年平均增长率为 4.5%。

今以美国 2017 年 GDP 平均增长率 2.3%计算，将美国西部空间城市系统"经济总量 GDP 整体涌现增长率保守定为 1.5%"，则美国西部空间城市系统经济总量 GDP 整体涌现增长率为：2.3%＋1.5%＝3.8%。并以美国西部空间城市系统未计入城市经济总量 GDP 数字为预备数值，做出"西部空间城市系统经济总量及预测"（表 10.7）。

表 10.7　西部空间城市系统经济总量及预测

中心城市	2017 年 GDP（亿美元）	GDP 年增长率（%）	2027 年预计 GDP（亿美元）
温哥华	1 744.0	4.5	2 528.80
西雅图	3 565.7	3.8	4 920.66
波特兰	1 717.0	3.8	2 369.46
博伊西	293.0（2016 年）	3.8	404.34
萨克拉门托	1 082.0（2015 年）	3.8	1 493.16
圣弗朗西斯科	4 814.0	3.8	6 643.32
洛杉矶	9 782.0	3.8	13 499.16

续表

中心城市	2017年GDP（亿美元）	GDP年增长率（%）	2027年预计GDP（亿美元）
拉斯维加斯	1 122.9	3.8	1 549.60
圣地亚哥	2 318.5	3.8	3 199.53
菲尼克斯	2 429.5	3.8	3 352.71
阿尔伯克基	420.0(2016年)	3.8	579.60
丹佛	2 088.7	3.8	2 882.41
盐湖城	878.0	3.8	1 211.64
合计	3 2255.3	—	44 634.39

影响经济总量GDP增长的因素很复杂，但是空间城市系统理论所强调的是，空间城市系统“整体涌现性”的涌现，这是系统科学基本规律决定的，是一种人类社会自组织现象。所要注意的是为了这种“整体涌现性”的涌现，就必须规划建设空间城市系统，促进空间城市系统的演化。每一种空间城市系统，都有其自身特有的不同于其他空间城市系统的经济逻辑。我们的使命就是发现这种“特征逻辑”，并有意识放大利用这种逻辑。因此。空间城市系统理论是一种基础理论，更是一种应用理论，希望读者理解这一点。

（2）产业结构逻辑

美国西部空间产业结构可以分为过去、现在、未来三个历史发展阶段，每一个发展阶段的原动力是科学技术革命。每一个发展阶段必然伴随着人居空间形态革命性变革，即城镇化、城市化、都市区化、巨型区域化、空间城市系统化。

① 过去产业结构

美国西部最初的产业结构为：农业、畜牧业、采矿业、交通运输业，之后传统工业开始逐渐建立起来。城镇化与城市化是这个产业结构诞生阶段的主要人居空间形态。美国西部的城镇化与城市化是随着美国西部开发而迅速成长起来的。

② 现在产业结构

美国西部现在产业结构为：科研服务、高等教育、航空产业、高科技产业、信息产业、文化产业、军工产业、现代制造业为主，它伴随着科学技术的革命，而逐渐形成。都市区化是这个产业结构阶段的主要人居空间形态，所谓的“马唐草边疆”就是指的这种都市区现象。

③ 未来产业结构

美国西部产业结构经历了产业结构诞生、第一次转型、第二次转型、第三次转型的发展阶段，未来必将迎来第四次转型。

A. 产业结构诞生。城镇化是此阶段主要人居空间形态。

B. 第一次产业结构转型。由农业、畜牧业、采矿业、交通运输业向经典工业转型，城市化是此阶段主要人居空间形态。

C. 第二次产业结构转型。由传统工业向服务业转型，都市区化是此阶段主要人居空间形态。

D. 第三次产业结构转型。产业结构向信息化转型，所谓“信息产业”大量涌现，巨型区域化是此阶段主要人居空间形态。

E. 第四次产业结构转型。产业结构向智能产业转型，包括“人类智能”与“人工智能”，例如空间城市系统化、农业智能化、制造业智能化、交通运输业智能化等，我们称为“产业智能化回归”现象。科学技术革命包括人类智能技术、人工智能技术、信息技术、生物技术、材料技术等。

美国西部空间过去、现在、未来产业结构转型逻辑，预示着美国“西部空间城市系统”将获得坚实的先进性产业结构支撑。

（3）信息经济逻辑

“信息产业”在美国西部空间占有优势地位，它开创了一个新的知识经济时代，改造着传统的产业。计算机产业与互联网产业都是美国西部空间占据世界性领先地位的产业，而这些都将为美国“西部空间城市系统”奠定基础。

（4）军工经济逻辑

“军工产业”在美国西部空间占有重要地位，从研发、实验、生产形成了庞大的军事工业链条。在可以预见的时间，“军工产业”仍将是美国西部空间的重要支柱型产业，这就客观上促进了美国“西部空间城市系统”的发展。

美国西部经济现在与未来的逻辑化发展，为“西部空间城市系统”奠定了坚实的经济基础。我们完全可以预期，而“西部空间城市系统”创造出来的“整体涌现性”又将极大促进美国西部经济的大发展，迎来“西部空间城市系统分岔”。对此，美国联邦、州、城市政府、企业界、理论界必须有清醒的认识与准备。

10.3.2 美国西部空间城市系统本体分析

1）西部空间城市系统空间形态

如图 10.26 所示，美国西部空间城市系统空间形态整体呈“北斗星”状分布，它的三个子系统分布为：西北空间城市系统呈带状，西南空间城市系统呈 L 状，丹湖空间城市系统呈“双核”状。洛杉矶、西雅图、丹佛形成了三个中心节点城市。太平洋海岸沿线为西部空间城市系统的西向“地理隔离线”，落基山山脉为西部空间城市系统的东向“地理贯穿线”，美国西部空间城市系统总体呈“北—南”走向，贯穿于两条地理线之中。

如图 10.27 所示，美国西部空间城市系统形似“北斗星”，因此我们命名为“北斗星系统”，英国学者李约瑟在《中国科学技术史 · 天文卷》中指出，中国上古有北斗星之说。“西部空间城市系统”的信息革命如北斗星，指明了人类信息文明的方向，可为天意如此。

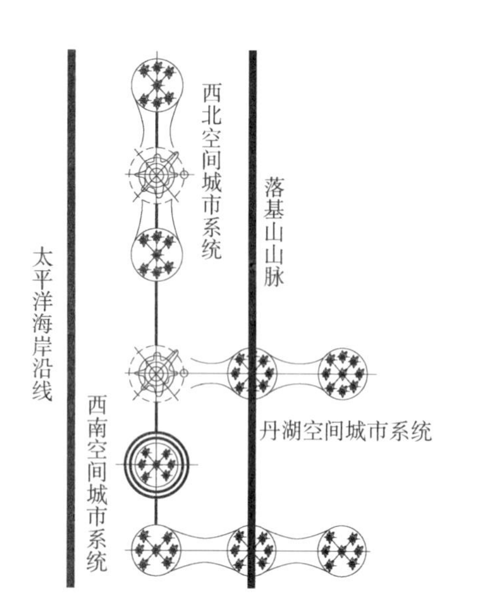

图 10.26　西部空间城市系统空间形态拓扑图

图 10.27　西部空间城市系统“北斗星”

2）西部空间城市系统空间结构

（1）西部空间城市系统子系统层次

如图 10.28 所示，美国西部空间城市系统空间结构包括：温哥华一级空间城市系统、西雅图一级空间城市系统、波特兰一级空间城市系统、圣弗朗西斯科（旧金山）一级空间城市系统、洛杉矶一级空间城市系统、圣地亚哥一级空间城市系统、菲尼克斯一级空间城市系统、阿尔伯克基一级空间城市系统、丹佛一级空间城市系统、盐湖城一级空间城市系统，计 10 个一级空间城市子系统。它们又分别构成了以西雅图为核心的“西北三级空间城市系统”、以洛杉矶为核心的“西南五级空间城市系统”、以丹佛为核心的“丹湖二级空间城市系统”。

（2）空间结点要素解析

如图 10.28 所示，美国西部空间城市系统空间结构包括：洛杉矶牵引城市 TC，圣弗朗西斯科（旧金山）、西雅图主导城市 LC，温哥华、波特兰、圣地亚哥、菲尼克斯、阿尔伯克基、丹佛、盐湖城主中心城市 MC，斯波坎、博伊西、里诺、圣巴巴拉、图森、埃尔帕索、圣菲、普韦布洛、奥勒姆等辅中心城市 AC，霍普、奥林匹亚、阿灵顿、维洛斯、兰开斯特、纳雄耐尔、卡萨格兰德、贝伦、罗克堡、图埃勒等基础城市 BC。

（3）空间轴线要素解析

如图 10.28 所示，“温哥华—西雅图—波特兰—圣弗朗西斯科（旧金山）—洛杉矶—圣地亚哥—菲尼克斯—阿尔伯克基—丹佛—盐湖城”构成了美国西部空间城市系统地理空间主轴通道。美国西部空间城市系统主轴通道，是美国西部空间人流、物流、信息流的主要承载体，超高速航空飞机是维持这条主轴通道远距离空间联结的主要方式，因此时速超过 350 km/h 高速铁路的规划与建设成为制约美国西部空间城市系统主轴通道路上人流的关键因素。

以西雅图为核心的“西北空间城市系统”、以洛杉矶为核心的“西南空间城市系统”、以丹佛为核心的“丹湖空间城市系统”3 个空间城市子系统各自所属的基础通道，构成了美国西部空间城市系统支线通道体系，发达的高速公路体系是它的主要特征，但是时速 200 km/h 城际高速铁路网络的规划建设仍然是长久之计。

(4) 网络域面要素解析

如图 10.28 所示，美国西部空间城市系统结构网络域面主要包括：“西北空间城市系统”“西南空间城市系统”“丹湖空间城市系统”3 个大的网络域面模块。美国西部空间城市系统结构网络域面体系，具有超高速航空网络、高速公路网络、铁路货运网络、GPS 卫星通信网络、能源管道网络等基础。但是，高速铁路网络与城际高速铁路网络，是美国西部空间城市系统结构网络域面体系的短板。

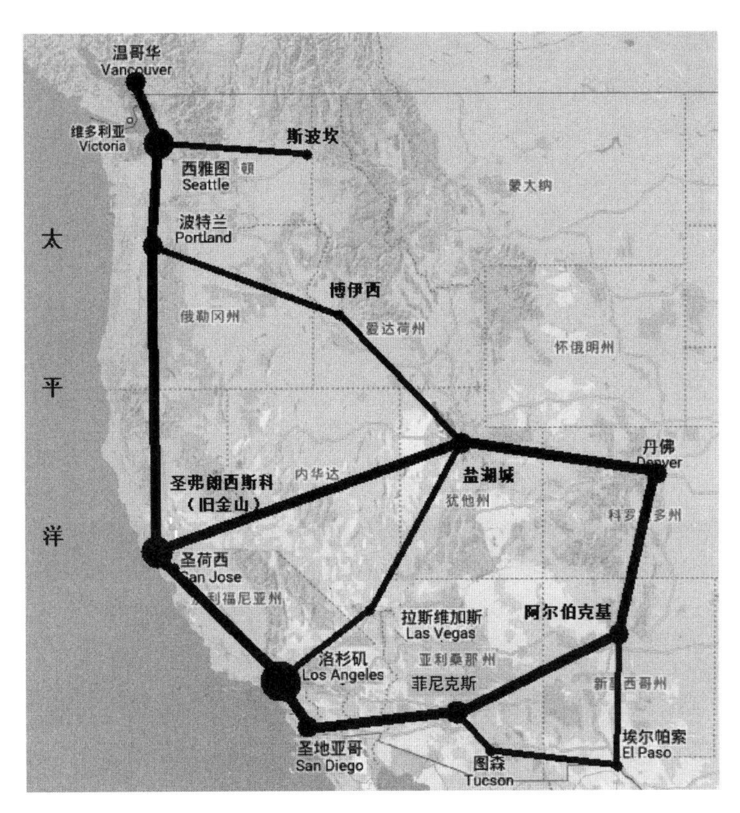

图 10.28 西部空间城市系统空间结构

(源自：笔者根据谷歌地图自制)

10.3.3 西部空间城市系统控制分析

1) 西部空间城市系统控制总论

(1) 西部空间城市系统控制细分

美国西部空间城市系统控制是一个十分重要的命题，要根据空间城市系统控制理论(spatial city system control theory),在大量客观事实数据的基础之上,对“西部空间城市系统”人类智能特性、复杂系统特性、状态的层次与阶段特性、环境的层次与阶段特性、整体涌现性,进行科学、逻辑、细致的研究,要经过反复评估与实践检验,才能获得成熟的美国西部空间城市系统控制方案。

美国西部空间城市系统控制主要分为五个大项:整体协调控制、空间状态控制、空间结构控制、空间存量控制、空间城市系统脑,最终要形成“西部空间城市系统控制报告”以及“西部空间城市系统脑手册”等文件(表 10.8)。

表 10.8　西部空间城市系统控制细分

类别	控制目的	控制方法	控制工具	人类属性
整体协调控制	宏观协调性	协调控制原理	协调控制系统	很强
空间状态控制	系统状态	现代控制	空间状态控制系统	较强
空间结构控制	系统结构	结点、轴线、域面	空间结构控制系统	弱
空间存量控制	要素存量	人、物质、精神、信息	空间存量控制系统	较弱
空间城市系统脑	控制工具	人类智能、人工智能	控制机构、模型体系	强

美国西部空间城市系统控制是一个庞大的命题,我们择其扼要分述如后,读者可参阅第 7 章“空间城市系统控制理论”进行深度学习。

(2) 西部空间城市系统能控性与能观性

美国西部空间城市系统分为:西北空间城市系统、西南空间城市系统、丹湖空间城市系统三大子系统,可以进一步分为温哥华、西雅图、波特兰、圣弗朗西斯科(旧金山)、洛杉矶、圣地亚哥、菲尼克斯、阿尔伯克基、丹佛、盐湖城 10 个一级空间城市子系统。以及其他子系统,如圣弗朗西斯科(旧金山)—洛杉矶—圣地亚哥三级子系统等。因此,“西部空间城市系统”满足“空间城市系统控制分级”前提条件,可以对它进行有效控制。

如前所述,美国西部空间城市系统具有明确的空间结构组成,其中显然存在着人员流、物资流、资金流、信息流,并形成了空间流波。“西部空间城市系统”空间流波处于可观测与可控制的显性白箱状态,是一种客观显性真理,可以通过对空间流与空间流波的控制与调整,实现对“西部空间城市系统”的控制。根据第 7 章“空间城市系统控制的能控性与能观性”的内容,我们可以确定美国西部空间城市系统具备“能控性与能观性”。

2) 西部空间城市系统状态控制

(1) 西部空间城市系统“状态空间控制”

美国西部空间城市系统为世界上结构复杂、体量巨大、演化优良的世界级空间城市系统,对它的演化状态进行控制就显得特别重要。在现代控制理论定量方法的基础上,加入自组织修正是美国西部空间城市系统状态控制的主要控制思想,西部空间城市系统“状态变量”①包括空间集聚变量、空间扩散变量、空间联结变量，它们决定着西部空间城市系统状态的情况。

所谓“状态空间控制”是指对西部空间城市系统空间集聚变量 $x_1(t)$、空间扩散变量 $x_2(t)$、空间联结变量 $x_3(t)$的控制，求解出西部空间城市系统状态控制规律 $x(t)$。由第 7 章“空间城市系统控制理论”可知，美国西部空间城市系统“状态矢量”表达公式为

$$\boldsymbol{x}(t)=\begin{bmatrix}\boldsymbol{x}_1(t)\\ \cdots \\ x_2(t)\\ \cdots \\ x_3(t)\end{bmatrix} \tag{10.9}$$

如图 7.9 所示，我们在西部空间城市系统“状态空间”中，应用现代控制理论方法，对美国西部空间城市系统进行状态控制。注意，这是一个用来对西部空间城市系统状态进行直观描述的“抽象空间”，其中的每一个坐标点，即每一组数值(x_1, x_2, x_3)，就代表西部空间城市系统的一个状态，或称为一个相点。

(2) 西部空间城市系统“状态空间分析”

在构建了西部空间城市系统“状态空间”基础上，由第 7 章“空间城市系统控制理论”我们可以给出西部空间城市系统“状态空间”的表达公式，即“状态方程”和“输出方程”

$$\begin{aligned}\dot{\boldsymbol{x}}(t)&=\boldsymbol{A}\boldsymbol{x}(t)+\boldsymbol{B}\boldsymbol{u}(t)\\ \boldsymbol{y}(t)&=\boldsymbol{C}\boldsymbol{x}(t)+\boldsymbol{D}\boldsymbol{u}(t)\end{aligned} \tag{10.10}$$

我们引入西部空间城市系统控制的自组织修正算子 $\psi(t)$，则公式(10.10)变为：

$$\begin{aligned}\dot{\boldsymbol{x}}(t)&=\boldsymbol{A}\boldsymbol{x}(t)+\boldsymbol{B}\boldsymbol{u}(t)+\psi(t)\\ \boldsymbol{y}(t)&=\boldsymbol{C}\boldsymbol{x}(t)+\boldsymbol{D}\boldsymbol{u}(t)+\psi(t)\end{aligned} \tag{10.11}$$

其中，$\psi(t)$为西部空间城市系统控制自组织修正算子，“状态方程”定量表述了西部空间城市系统状态的时域动力学特征，“输出方程”定量化表述了西部空间城市系统状态时域静力学特征。由此，我们就可以定量化确定“西部空间城市系统状态控制规律 $x(t)$”。

图 10.29 为西部空间城市系统状态空间控制表达式结构图，其中，A、B、C、D 为定常系数，$\boldsymbol{u}(t)$、$\boldsymbol{x}(t)$、$\boldsymbol{y}(t)$为时域线性矢量。$\psi(t)$表示自组织修正器，其原理遵循自组织修正算子规律。②

① 美国西部空间城市系统“状态变量”，即空间集聚变量、空间扩散变量、空间联结变量，可以通过指数方法获得。

② 详见第 7 章“空间城市系统控制理论”与“自组织修正逻辑过程”部分。

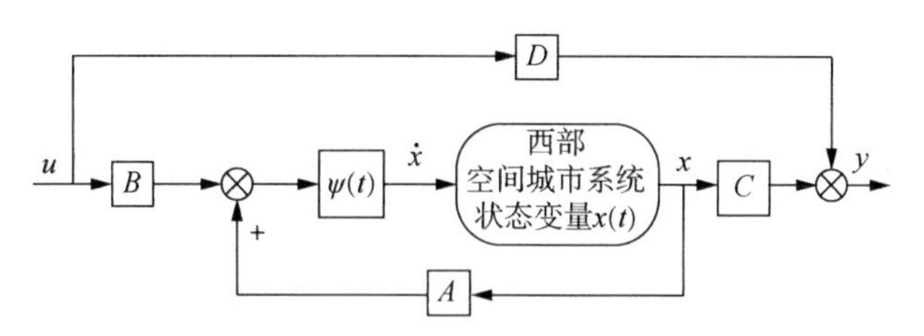

图 10.29　西部空间城市系统状态空间控制

(3) 西部空间城市系统"状态控制系统"

如图 10.30 所示,美国西部空间城市系统"状态控制系统"是指可以应用于"西部空间城市系统"实际控制的,具有自组织控制修正功能的,闭环反馈控制系统。因为,美国西部空间城市系统是一种具有"人文属性"的巨大系统,所以美国西部空间城市系统"状态控制系统"设计必须遵守以下四个基本原则:

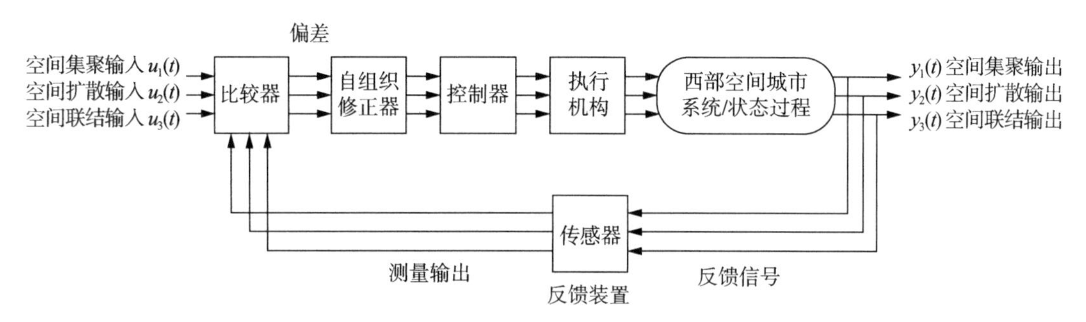

图 10.30　西部空间城市系统"状态控制系统"

第一,美国西部空间城市系统具有"人类属性",对它的控制一定要考虑"人类属性复杂"因素,进行自组织修正。否则,我们极易陷入机械论的控制模式中,严重脱离美国西部空间现实。

第二,美国西部空间城市系统控制要做到科学、准确、定量化,例如"能控性与能观性""状态方程与输出方程""传递函数"等。只有给出精准的定量化"控制方案",才能对"西部空间城市系统"实施有效的控制。

第三,美国西部空间城市系统控制必须遵循科学的控制理论,例如"状态空间"现代控制理论,应用成熟的"闭环反馈"控制原理,以及"信号比较"输入技术。这样,才能保证"西部空间城市系统"控制的可靠性。

第四,美国"西部空间城市系统"控制系统必须使用成熟的元件,如"比较器""控制器""传感器",以及创新元件"自组织修正器"。"西部空间城市系统" 控制系统元件的设计要遵循精准、简约、高效的基本原则,要在"西部空间城市系统"控制实践中反复检验、修正、优化。

3) 西部空间城市系统空间结构控制

(1) 结点城市控制

所谓西部空间城市系统"结点城市控制",是指对洛杉矶牵引城市 TC,圣弗朗西斯科(旧金山)、西雅图主导城市 LC,温哥华、波特兰、圣地亚哥、菲尼克斯、阿尔伯克基、丹佛、盐湖城主中心城市 MC,斯波坎、博伊西、里诺、圣巴巴拉、图森、埃尔帕索、圣菲、普韦布洛、奥勒姆等辅中心城市 AC,霍普、奥林匹亚、阿灵顿、维洛斯、兰开斯特、纳雄耐尔、卡萨格兰德、贝伦、罗克堡、图埃勒等基础城市 BC 状态的有效控制。可以分为频域 $x_p(s)$控制、时域 $x_p(t)$控制。“结点城市控制”所对应的空间基本变量为:空间集聚变量 x_1、空间扩散变量 x_2、空间联结变量 x_3。“结点城市控制”是“西部空间城市系统”空间结构控制任务的第一控制基本项。

(2) 联结轴线控制

所谓西部空间城市系统“联结轴线控制”,是指对西部空间城市系统的“主导轴线”与“分支轴线”进行的有效控制,如温哥华—西雅图—波特兰—圣弗朗西斯科(旧金山)—洛杉矶—圣地亚哥主导轴线。可以分为频域 $x_a(s)$控制、时域 $x_a(t)$控制。“联结轴线控制”所对应的空间基本变量为:空间联结人流 x_1、空间联结物流 x_2、空间联结信息流 x_3。“联结轴线控制”是“西部空间城市系统”空间结构控制任务的第二控制基本项。

(3) 网络域面控制

所谓西部空间城市系统“网络域面控制”,是指对西部空间城市系统整体状态的有效控制,可以分为频域 $X(s)$控制,时域 $X(t)$控制。“网络域面控制”所对应的空间基本变量为:第一,西部空间城市系统环境指数 X_1,包括自然变量 x_1、人文变量 x_2、经济变量 x_3;第二,西部空间城市系统空间形态指数 X_2;第三,西部空间城市系统整体涌现性指数 X_3,包括政治指数 x_1、经济指数 x_2、文化指数 x_3、社会指数 x_4、生态环境指数 x_5。“网络域面控制”是“西部空间城市系统”空间结构控制任务的第三控制基本项。

(4) “分项结构”与“整体结构”

西部空间城市系统“分项结构”是指“中心结点结构”表示为指数 x_p、“联结轴线结构”表示为指数 x_a、“网络域面结构”表示为指数 x_n。西部空间城市系统“整体结构”是指“西部空间环境结构”表示为指数 X_1、“西部空间形态结构”表示为指数 X_2、“西部整体涌现性结构”表示为指数 X_3。“分项结构”与“整体结构”反映了西部空间城市系统空间结构的分项与整体情况。

综上所述,我们给出美国西部空间城市系统空间结构控制系统如图 7.18①。

4) 西部空间城市系统脑控制

(1) 西部空间城市系统脑

美国“西部空间城市系统”是一个拥有多维度、多变量、非线性、复杂性、动态性、人类属性特征的世界级空间城市系统,“人工操作”显然不可能满足它的需要。因此,“西部空间城市系统脑”成为必然之选。如图 10.31 所示,“西部空间城市系统脑”包括“控

---

① 有关美国西部空间城市系统空间结构控制原理参见本著作第 7 章“空间城市系统控制理论”部分。

制机构”与“模型体系”两个组成部分，前者分为专业脑、组织脑、机器脑，后者分为第一模型体系、第二模型体系、第三模型体系。“西部空间城市系统脑”是美国西部空间城市系统整体协调控制、空间状态控制、空间结构控制、空间存量控制的基础，它是“西部空间城市系统”控制的基本工具。

（2）西部空间城市系统脑控制机构

如图10.31所示，“西部空间城市系统脑控制机构”是具有人类专业知识、组织部门功能、机器人工智能的空间城市系统控制体系，它包括专业脑、组织脑、机器脑三个组成部分。西部空间城市系统具有发达的细分空间，如都市区空间与城市空间，因此要构建“西部空间解析功能”予以应对。“西部空间城市系统协调机构”是西部空间城市系统的最后决策机构，联邦空间治理机构具有重要的指导权，这是符合美国基本政治制度的。“西部空间城市系统脑控制机构”使得西部空间城市系统“人—人”“人—物”“物—物”动态化管理控制成为可能。因此，“西部空间城市系统脑控制机构”具有较高的科学研究价值，具有很强的实践应用价值，具有广阔的市场商业价值。

（3）西部空间城市系统脑模型体系

如图10.31所示，“西部空间城市系统脑模型体系”是西部空间城市系统综合解释控制体系，它包括第一模型体系、第二模型体系、第三模型体系三个组成部分。西部空间城市系统具有复杂的时间、空间、规模分异规律，因此要构建“西部空间解释功能”予以应对。“西部空间城市系统脑模型体系” 使得西部空间城市系统“人—人”“人—物”“物—物”动态化管理控制成为可能。因此，“西部空间城市系统脑模型体系”，具有较高的科学研究价值，具有很强的实践应用价值，具有广阔的市场商业价值。

10.4 美加“北部空间城市系统”

10.4.1 美加“北部空间城市系统”逻辑分析

1）“北部空间城市系统”定义

（1）美国北部空间“大都市连绵带”与“巨型区域”

戈特曼预见以芝加哥为中心，向东经底特律、克利夫兰到匹兹堡将形成大都市连绵带(Megalopolis)，他说：“在位于芝加哥附近的密歇根湖湖滨地带，另一个令人印象深刻的大都市连绵带也正在形成。在俄亥俄州境内，克里夫兰和匹兹堡之间正在扩展的都市区已经接近于连成一片，而圣劳伦斯海上通道一旦开放后，这个趋势可能将加速扩展到伊利湖和安大略湖的南部。”

如图10.32所示，2008年制定的《美国2050》确定了美国“五大湖地区”巨型区域、包括“加拿大东南地区”的概念，并给予了相关诠释。

美国北部空间“大都市连绵带”，以及“五大湖地区”巨型区域与“加拿大东南地区”，为美加“北部空间城市系统”奠定了学理连贯性基础。

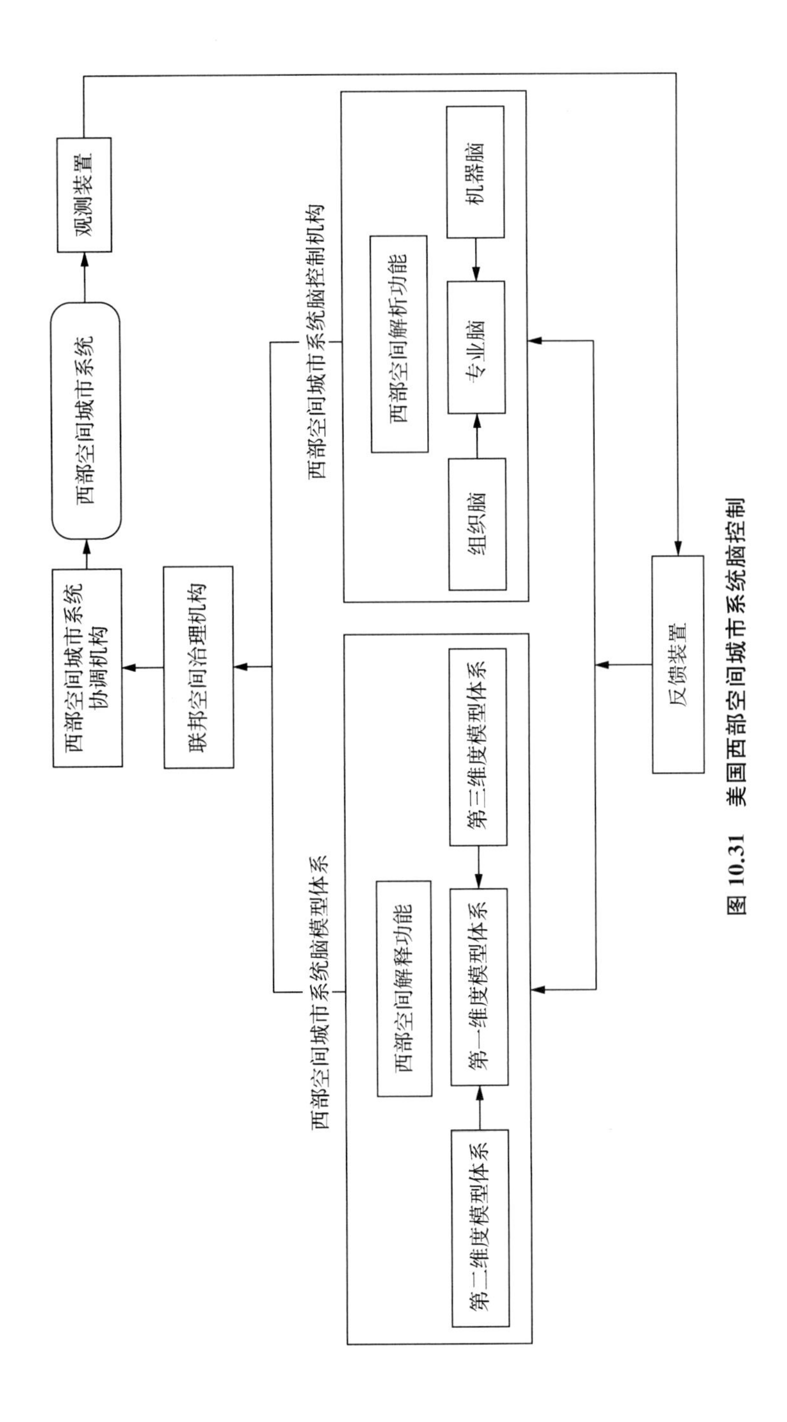

图 10.31 美国西部空间城市系统脑控制

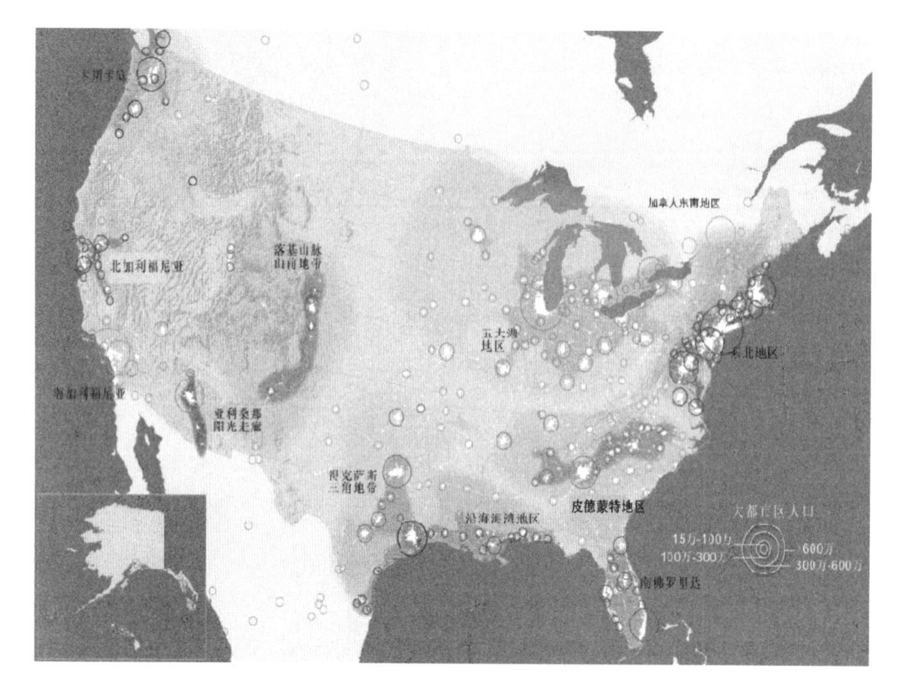

图 10.32 美国与加拿大“巨型区域”

(2) 美加“北部空间城市系统”概念

如图 10.33 所示,“北部空间城市系统”是美国与加拿大境内的十七级空间城市系统,它是世界级空间城市系统。美加区域空间地形地貌为“西部空间城市系统”提供了地理基质。美加“北部空间城市系统”包括蒙特利尔、渥太华、多伦多、底特律、芝加哥、密尔沃基、明尼-圣保罗、俾斯麦、布法罗、克利夫兰、匹兹堡、哥伦布、辛辛那提、印第安纳波利斯、圣路易斯、堪萨斯城、奥马哈 17 个一级空间城市系统。它们又构成美加“五大湖十一级空间城市系统”(简称五大湖空间城市系统)、美国“中部六级空间城市系统”(简称中部空间城市系统)。

美加“西部空间城市系统”包括:芝加哥牵引城市 TC,蒙特利尔主导城市 LC,渥太华、多伦多、底特律、密尔沃基、明尼-圣保罗、俾斯麦、奥马哈、堪萨斯城、圣路易斯、印第安纳波利斯、辛辛那提、哥伦布、匹兹堡、克利夫兰、布法罗主中心城市 MC,以及魁北克、米西索加、哈密尔顿、法戈、麦迪逊、得梅因、皮奥里亚、韦恩堡、托莱多、奥尔巴尼、锡拉丘兹、罗切斯特、查尔斯顿、亨廷顿、列克星敦、路易斯维尔、斯普林菲尔德、威奇托等辅中心城市 AC,以及奥罗拉、本顿港、马歇尔等基础城市 BC。由图 10.35 可以看出,美加“北部空间城市系统”夜间卫星图灯光分布十分密集,中小城市发达,这是“北部空间城市系统”特别显著的特征,这在世界上也是独具特色的。美加北部空间夜间卫星图为“北部空间城市系统”奠定了实践合理性基础。

2)“北部空间城市系统”地貌逻辑

如图 10.34 所示,“北部空间城市系统”跨越美国与加拿大两个国家,涉及湖泊、低地、平原、河流地形地貌,是美国占据土地面积最大的空间城市系统。美加“北部空间

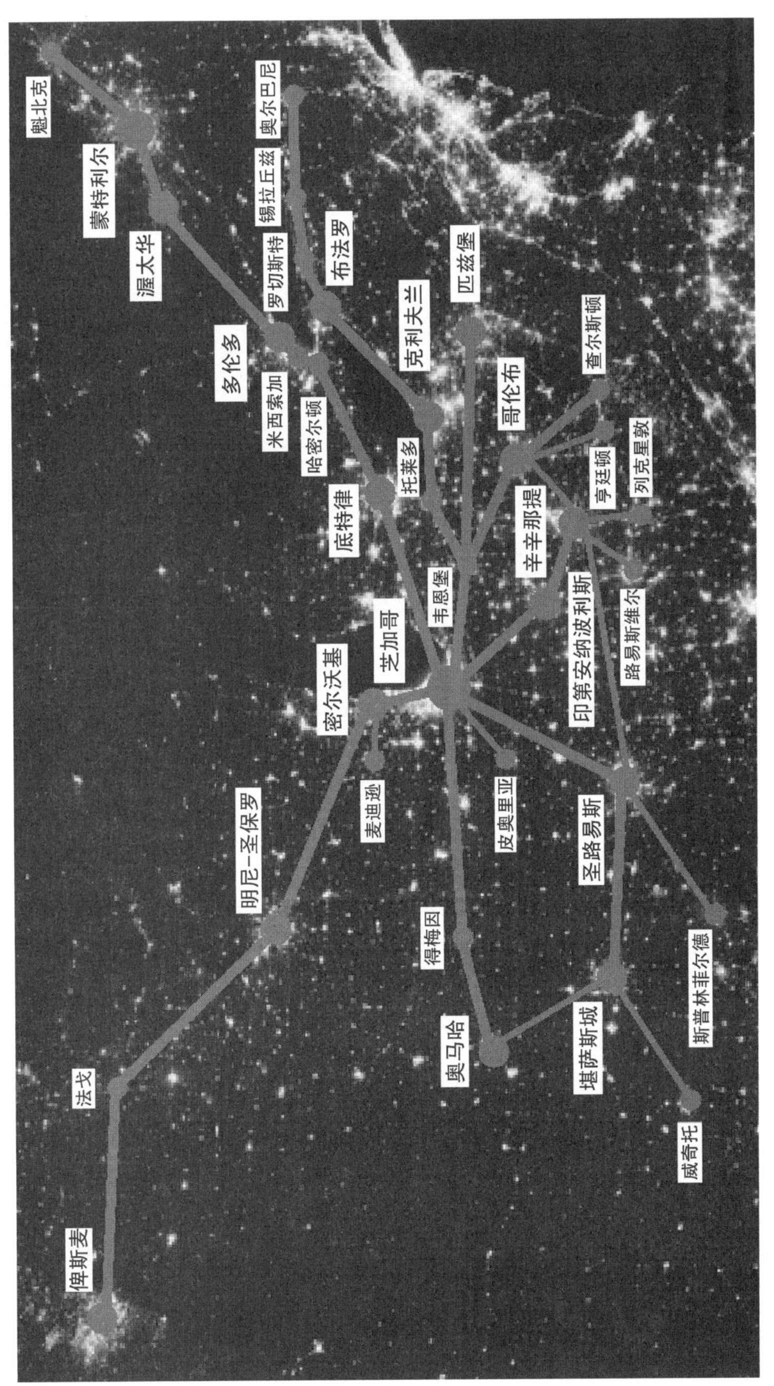

图 10.33 美加"北部空间城市系统"夜间卫星图

城市系统”地貌逻辑主要分为若干方面。

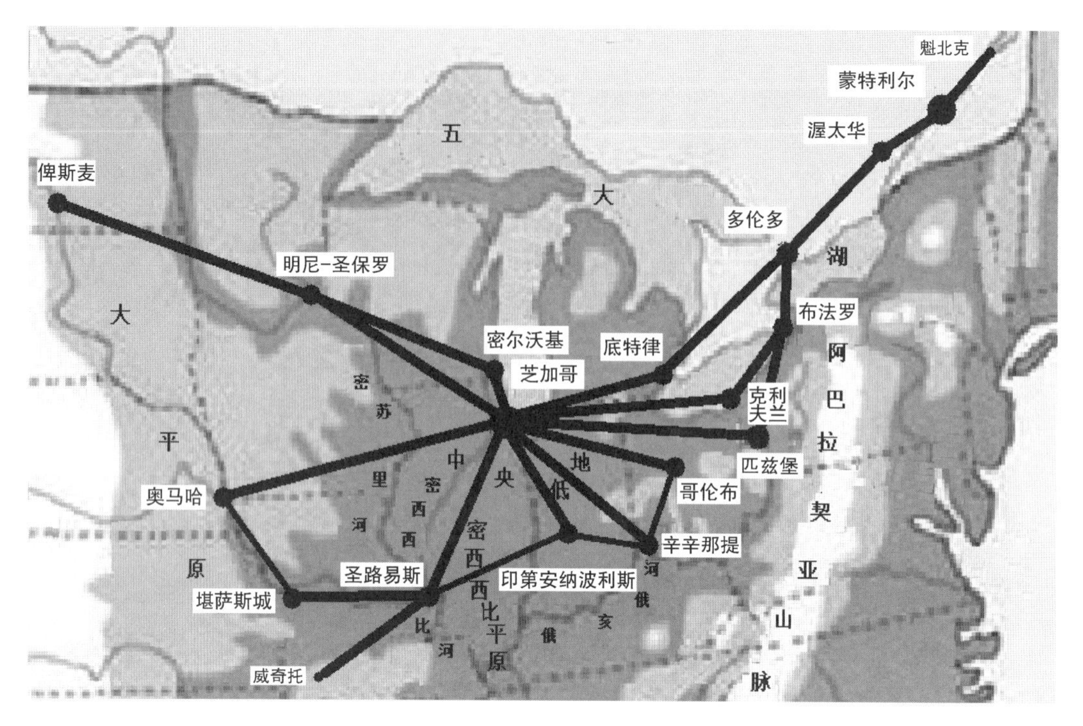

图 10.34　美加“北部空间城市系统”地貌

(1)“北部空间城市系统”地貌

① “北部空间城市系统”地理基质

如图 10.34 所示，五大湖周边、大平原、中央低地、密西西比平原为“北部空间城市系统”提供了基本地理基质，使得美加“北部空间城市系统”成为世界上少有的具备优势地形地貌的空间城市系统。五大湖周边、大平原、中央低地、密西西比平原为“北部空间城市系统”奠定了基本的地貌逻辑基础。

② “北部空间城市系统”三大河流

如图 10.34 所示，密苏里河、密西西比河、俄亥俄河等众多河流，自西向东、自北向南、自东向西穿越“北部空间城市系统”，众多河流为美加“北部空间城市系统”提供了丰沛的水资源，为“北部空间城市系统” 奠定了基本的地貌逻辑基础。

(2)“北部空间城市系统”环周地形

① 五大湖地貌逻辑

如图 10.34 所示，苏必利尔湖、密歇根湖、休伦湖、伊利湖和安大略湖成为“北部空间城市系统”北向地形地貌序参量要素。五大湖周边空间成为“北部空间城市系统”重要的地理空间，特别是以蒙特利尔为核心的加拿大部分，使得“北部空间城市系统”成为一个国际性质的空间城市系统。

② 阿巴拉契亚山脉地貌逻辑

如图 10.34 所示，阿巴拉契亚山脉为“北部空间城市系统”东向地形地貌序参量要素。“阿巴拉契亚山脉”成为北部空间城市系统的东部天然屏障，“北部空间城市系统”与“东部空间城市系统”形成隔山相望之势。

③ 大平原地貌逻辑

如图 10.34 所示，大平原为“北部空间城市系统”西向地形地貌序参量要素。“大平原”成为美加“北部空间城市系统”的西部天然屏障，“北部空间城市系统”与“西部空间城市系统”形成隔“大平原”遥远相望空间格局。

五大湖、阿巴拉契亚山脉、大平原地形地貌形塑了“北部空间城市系统”，界定了“北美之鹰”的空间形态，这是世界上最大的雄鹰与最大的鸟笼。因此，五大湖、阿巴拉契亚山脉、大平原地形地貌为美加“北部空间城市系统”奠定了基本的地貌逻辑基础。

3）“北部空间城市系统”人文逻辑

（1）中北部空间经济与人文现状

如图 10.35 所示，为“美国产业经济与人文历史格局”，蓝色表示高端服务业、金融业、工业与现代工业、高等教育发达区域。红色表示农业及其加工工业、畜牧业、特色传统工业集聚空间。美国北部空间为蓝色与红色交织的区域，说明美国北部空间是高端服务业、传统工业、高等教育发达的空间。美国中部空间为红色的区域，说明美国中部空间是农业及其加工工业、传统工业集聚空间。美国中北部空间的“城市化”与“巨型区域化”进程，是随着中北部空间农业与工业产业演化而完成的。同理，美加区域的“空间城市系统化”将随着该区域农业、工业、产业复兴的一体化过程而进化完成。

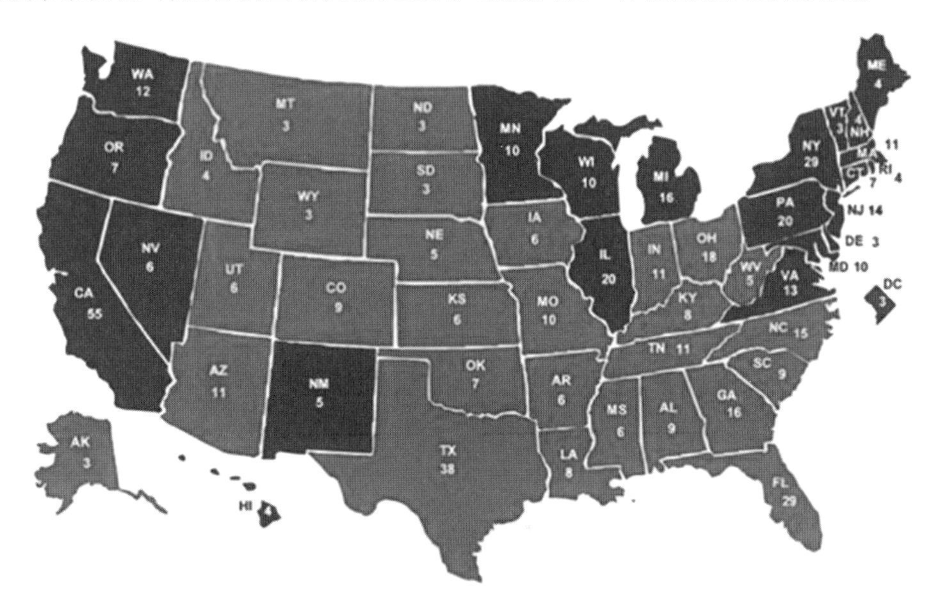

图 10.35　美国产业经济与人文历史格局

（彩图见书末）

（2）中北部空间人文地理问题

希腊先哲亚里士多德提出了“环境决定论”，自然环境对人文精神的影响是不争的事实。美国中北部空间人文精神的现状，与中北部自然地理环境具有重要的因果关系，发现这种中北部“人地关系”对于美加“空间城市系统”发展动因具有十分重要的作用。

美国中北部空间得天独厚的平原、水利、物产自然条件，造就了发达的农业及其加工业。独立战争以后随着美国国家空间的西进，北部率先完成了工业化，成为美国乃至世界制造业中心。但是，发达的农业及其加工业、传统工业也制约了美国中北部“创新精神”的涌现。中国上古著作《尚书・大禹谟》指出“满招损，谦受益，时乃天道”说明的就是这个道理。

美国中北部空间根本解决之道是“创新人文精神”，匹兹堡、克利夫兰、布法罗的工业城市转型为创新型城市实践，说明了这个道理，提供了正面的经验。而底特律城市破产则提供了反面教训，也佐证了美国中北部空间人文地理问题的严重性。根据刘易斯・芒福德的城市文化说：城市空间中最根本的是文明、是文化、是人文创新精神。因此，美加“北部空间城市系统”的根本是“创新人文精神”的复活。

(3) 中北部空间人文精神创新

美国中北部空间诞生了伟大的林肯，他将美国《独立宣言》中“all men are created equal”——“人人生而平等”变成了现实，他将自由之光普照在美利坚国土上，他的“民有、民治、民享”思想远远超出了美国国界，成为世界政治的基本准则。

图 10.36 贝拉克・奥巴马

美国芝加哥城市创造了“美国梦”的奇迹，产生了美国历史上第一位非洲裔总统贝拉克・奥巴马(图 10.36)。他无畏的为美国人民争取安全保障，他秉持无核化的人类情怀，他疾恶如仇体现了真正的美利坚“牛仔精神”。

人类的进步首先是精神的进步，哲学是人文精神的灵魂。美国精神贯穿着“进化哲学”与“实用哲学”的精髓。跨越工业文明与生态文明的分水岭，“北部空间城市系统”需要高举起“科学哲学”的旗帜，人类智能①与人工智能是必由之路。“自由、民主、平等、进取”为“北部空间城市系统”奠定了人文精神基础，我们有理由相信，美国中北部空间“创新人文精神”的复活。

4)“北部空间城市系统”经济逻辑

(1) 人居空间进化与经济产业转型

所谓“人居空间形态”是指人类聚居的空间形态，包括巢穴、聚落、城市、城市区域、空间城市系统五种基本形式。“人居空间形态”的本质是一种客观存在的人地关系，这种人地关系是从低级向高级、从简单到复杂不断发展演化的。每一种人居空间形态都对应着主要的经济模式：巢穴形态对应着渔猎经济模式，聚落形态对应着农业经济模式，城市形态对应着工业经济模式，城市区域对应着信息经济模式，空间城市系统对应

① 所谓“人类智能”是指以人类为核心的深度学习与创新发明，相比人工智能它强调了人的主观能动性。

着智能经济模式。因此，人居空间形态的进化对应着经济模式的进化。

美国中北部城市、巨型区域、空间城市系统的进化，对应着中北部空间产业结构的转化：首先，"城市形态"对应着农业产业结构向工业产业结构的转型。其次，"巨型区域形态"对应着工业产业结构向信息产业结构的转型；"空间城市系统形态" 对应着信息产业结构向智能产业结构的转化。因此，美加"北部空间城市系统"的形成必然导致美国中北部产业结构的升级转型。

(2) 现在经济基础

美国中北部及加拿大东南空间，是以农业及其加工业、传统工业为主的区域，但是已经具备了基本的经济总量基础。

如表 10.9 所示，2017 年美加"北部空间城市系统"主要中心城市 GDP 总量为 27 671.3 亿美元，2017 年加拿大全国 GDP 增长率为 3.3%，根据所获得数据做保守估计，加拿大东南中心城市 GDP 增长率定义为 2.9%，美加"北部空间城市系统经济整体涌现增长率保守定为1.5%"，则加拿大东南中心城市 GDP 年平均增长率为：2.9%+1.5%=4.4%。

表 10.9 "北部空间城市系统"经济总量及预测

中心城市	2017 年 GDP (亿美元)	GDP 年增长率 (%)	2027 年预计 GDP (亿美元)
蒙特利尔	1 875.0	4.4	2 700.00
渥太华	795.0	4.4	1 144.80
多伦多	1 744.0	4.4	2 511.36
底特律	2 606.1	2.0	3 127.32
克利夫兰	1 389.8	3.8	1 917.92
匹兹堡	1 473.7	3.8	2 099.71
布法罗	190.0	3.8	262.20
芝加哥	6 571.0	3.8	9 067.98
密尔沃基	1 054.3	3.8	1 454.93
明尼—圣保罗	2 601.0	3.8	3 589.38
俾斯麦	73.0(2016)	3.8	100.74
哥伦布	1 363.0	3.8	1 880.94
辛辛那提	1 380.0	3.8	1 904.40
印第安纳波利斯	1 438.7	3.8	1 985.41
圣路易斯	1 612.8	3.8	2 225.66
堪萨斯城	1 310.9	3.8	1 808.93
奥马哈	193.0	3.8	266.34
合计	27 671.3	—	38 048.02

今以美国2017年GDP平均增长率2.3%计算，将美加"北部空间城市系统"经济总量GDP整体涌现增长率保守定为1.5%。则"北部空间城市系统"美国主要中心城市经济GDP总量整体涌现增长率为：2.3%+1.5%=3.8%。考虑到底特律城市破产情况，将其经济GDP总量整体涌现增长率下调为2.0%。并以美加"北部空间城市系统"未计入城市经济总量GDP数字为预备数值，做出美加"北部空间城市系统经济总量预测"，如表10.9所示。

（3）未来经济瞻望

影响经济总量GDP增长的因素很复杂，但是空间城市系统理论所强调的是空间城市系统"经济整体涌现性"的涌现，这是系统科学基本规律决定的，是一种人类社会自组织现象。在第9章"中国空间城市系统"相关部分，我们给予了充分论证。

我们有理由相信：美国中北部"人文精神创新"将激发出新的区域发展动力，实现从"农业及其加工业、传统工业"向"智能产业"的产业结构转型。克利夫兰、匹兹堡、布法罗等城市的实践，已经说明了这一点。美国制造业的回流与智能化，也已经显露端倪。

美国北部拥有世界一流的研究型大学，其科学创新能力处于世界顶尖水平，将为"农业及其加工业、传统工业"向"智能产业"的产业结构转型提供基础性支撑。美加"北部空间城市系统"具备现代农业与工业基础、具有制度优势与科技创新基础、具有成熟的市场机制与几百年的资本主义历史。美加"北部空间城市系统"只要加强"空间规划"与"空间治理"，最大限度激发"经济整体涌现性"，就完全可以创新出新的经济模式——智能经济模式，揭示美加"北部空间城市系统"经济财富总量将以数量级的增长率呈现在世界面前。

10.4.2 美加"北部空间城市系统"本体分析

经过美加"北部空间城市系统"逻辑分析，我们获得了"北部空间城市系统"成立的实践性与学理性基础，在此基础上我们讨论美加"北部空间城市系统"的空间形态与空间结构。

1）"北部空间城市系统"空间形态

如图10.37所示，美加"北部空间城市系统"空间形态整体呈双条带平行分布，它的两个子系统分布为：五大湖空间城市系统呈条带状加三角形分布，中部空间城市系统呈条状双三角形分布。芝加哥为"北部空间城市系统"的中心节点城市。五大湖为"五大湖空间城市系统"的地理贯穿线，阿巴拉契亚山脉为美加"北部空间城市系统"的东向"地理隔离线"，大平原为美加"北部空间城市系统"的西向"地理隔离线"。美加"北部空间城市系统"置于五大湖、阿巴拉契亚山脉、大平原的环周围绕之中。

如图10.38所示，因为美加"北部空间城市系统"形似美国国鸟"白头海雕"展翅，所以我们命名为"雄鹰系统"。正如伟大的林肯那样"不屈不挠地迈向自己的伟大目标，他稳步向前而从不倒退"。（卡尔·马克思评语）"北部空间城市系统"这只翱翔蓝天的雄鹰将雄踞北美山巅。

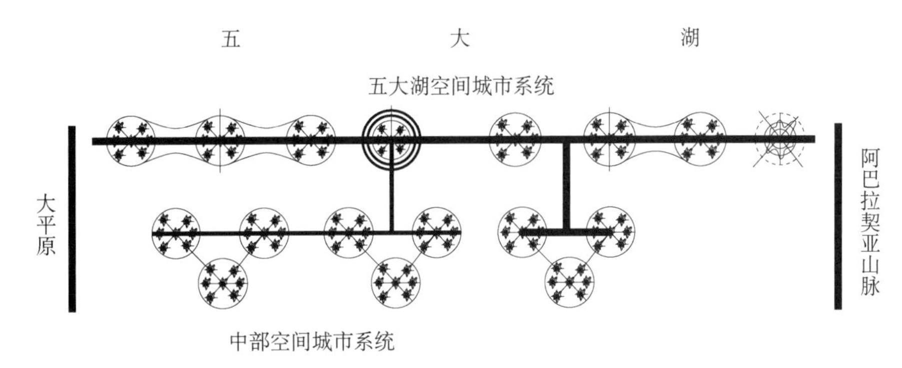

图 10.37 美加"北部空间城市系统"空间形态拓扑图

图 10.38 北部空间城市系统"雄鹰"

2）"北部空间城市系统"空间结构

(1)"北部空间城市系统"子系统层次

如图 10.39 所示，美加"北部空间城市系统"空间结构包括：芝加哥一级空间城市系统、蒙特利尔一级空间城市系统、渥太华一级空间城市系统、多伦多一级空间城市系统、密尔沃基一级空间城市系统、明尼-圣保罗一级空间城市系统、俾斯麦一级空间城市系统、布法罗一级空间城市系统、匹兹堡一级空间城市系统、克利夫兰一级空间城市系统、底特律一级空间城市系统、哥伦布一级空间城市系统、印第安纳波利斯一级空间城市系统、辛辛那提一级空间城市系统、圣路易斯一级空间城市系统、堪萨斯城一级空间城市系统、奥马哈一级空间城市系统，计 17 个一级空间城市子系统。它们又分别构成了以芝加哥为核心的"五大湖十一级空间城市系统"以及"中部六级空间城市系统"。

(2) 空间结点要素解析

如图 10.39 所示，美加"北部空间城市系统"空间结构包括：芝加哥牵引城市 TC，蒙特利尔主导城市 LC，渥太华、多伦多、密尔沃基、明尼-圣保罗、俾斯麦、布法罗、匹兹堡、克利夫兰、底特律、哥伦布、印第安纳波利斯、辛辛那提、圣路易斯、堪萨斯城、奥马哈主中

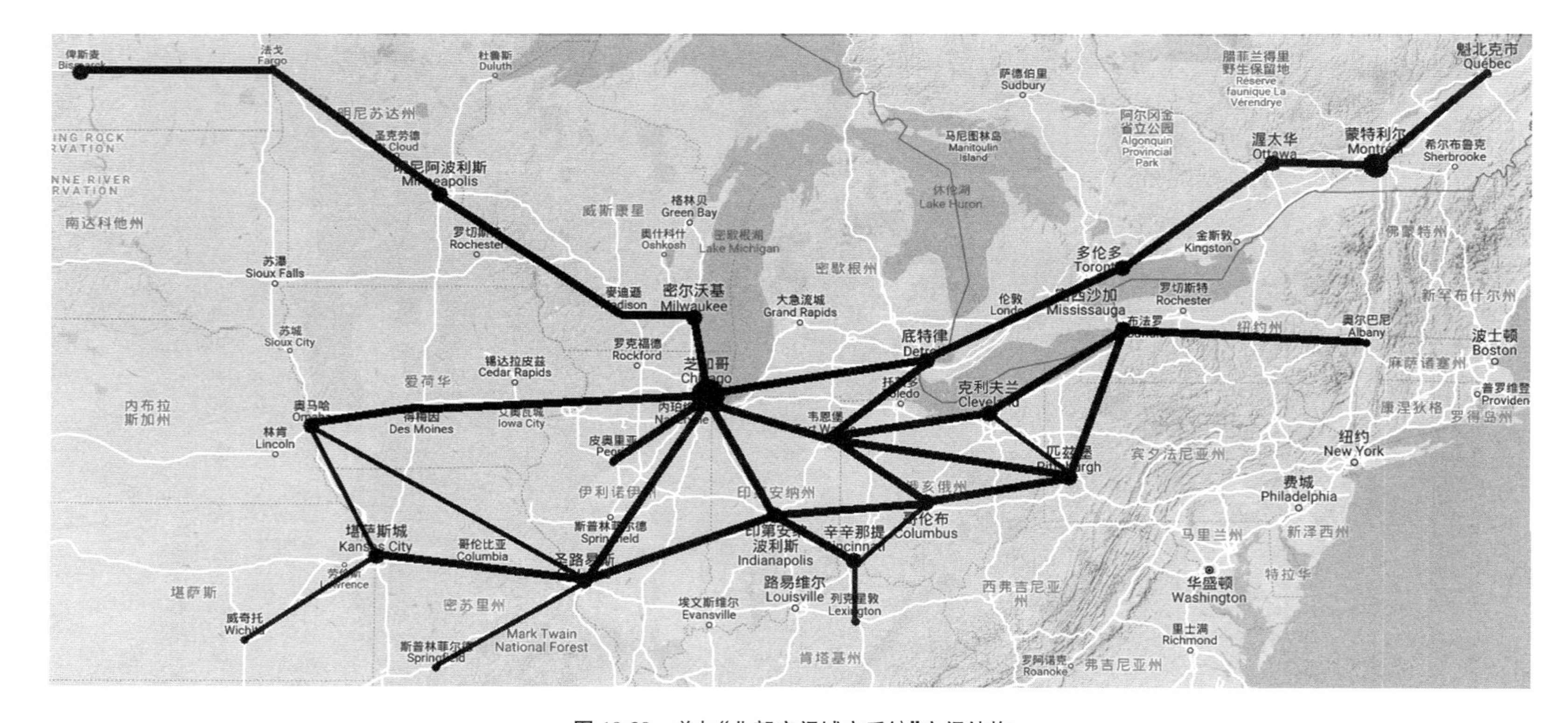

图 10.39　美加“北部空间城市系统”空间结构
（源自：笔者根据谷歌地图自制）

心城市 MC,魁北克、奥尔巴尼、米西索加、哈密尔顿、锡拉丘兹、罗切斯特、托莱多、韦恩堡、查尔斯顿、亨廷顿、列克星敦、路易斯维尔、麦迪逊、皮奥里亚、法戈、得梅因、威奇托、斯普林菲尔德等辅中心城市 AC,卡里布、布利斯布里奇、安阿伯、贝德福德、拉萨尔、法里博、威尔顿、乔治敦、马里恩、贝尔维尔、艾奇逊、约克等基础城市 BC。

(3) 空间轴线要素解析

如图 10.39 所示,美加"北部空间城市系统"有三条东西走向主轴通道。

第一主轴通道:魁北克—蒙特利尔—渥太华—多伦多—底特律—芝加哥—密尔沃基—"明尼-圣保罗"—俾斯麦。

第二主轴通道:奥尔巴尼—布法罗—克利夫兰—韦恩堡—芝加哥—奥马哈。

第三主轴通道:布法罗—匹兹堡—哥伦布—印第安纳波利斯—圣路易斯—堪萨斯城。

如图 10.39 所示,美加"北部空间城市系统"有三条北南走向主轴通道。

第一主轴通道:底特律—韦恩堡—匹兹堡。

第二主轴通道:密尔沃基—芝加哥—印第安纳波利斯—辛辛那提。

第三主轴通道:芝加哥—圣路易斯—堪萨斯城。

美加"北部空间城市系统"这六条主轴通道承载了主要的人流、物流、信息流对于"北部空间城市系统"空间联结起着决定性作用。因此,必须构建飞机航空、高速铁路、城际高速铁路、高速公路相结合的"多式联运交通系统",才能达到美国《多种形式地面交通效率促进法》的目的要求。而要达到美国《多种形式地面交通效率促进法》规定的"以在促进经济发展,维护美国在国际商务中卓越位置的同时,减少能源消耗和能源污染"①效果,实现陆上人流的公交化大体量流通,高速铁路与城际高速铁路规划建设是必由之路。

(4) 网络域面要素解析

如图 10.39 所示,美加"北部空间城市系统"结构网络域面主要包括:"五大湖空间城市系统""中部空间城市系统"两个大的网络域面模块。美加"北部空间城市系统"结构网络域面体系,具有超高速航空网络、高速公路网络、铁路货运网络、GPS 卫星通信网络、能源管道网络等基础。

综上所述,高速铁路网络与城际高速铁路网络,是美加"北部空间城市系统"结构网络域面体系的短板。这是一种北美空间联结战略性缺失,严重制约大体量陆上人流、物流、信息流的增长需要,将影响美国与加拿大两个国家空间城市系统的进化过程。

10.4.3 美加"北部空间城市系统"动因分析

巢穴、聚落、城市、巨型区域、空间城市系统的产生和发展离不开驱动因素,我们称

① 参见:巴里·长林沃斯,罗杰·凯夫斯.美国城市规划:政策、问题与过程[M].吴建新,杨至德,译.武汉:华中科技大学出版社,2016:291-294。

之为人居空间进化动因。美加“北部空间城市系统”动因可以概括表述为：解放思想、破旧立新、开拓进取。它是以人类智能与人工智能为手段，改造传统工业与农业，创建智能经济模式的“新牛仔精神”。

1）空间集聚动因解析

所谓美加“北部空间城市系统”集聚动因，主要是指高端化的驱动因素集聚，包括以下六个方面：

第一，精神集聚。

“创新人文精神”是美加“北部空间城市系统”的根本，是“北部空间城市系统”政治、经济、社会等多元化的内生性原动力。“创新人文精神”的创生复活，将为美加“北部空间城市系统”提供最根本的动力之源。

如图 10.40 所示，美国国鸟“白头海雕”形象地表达了这种“创新人文精神”。它是美利坚创始的“五月花号”精神：冒险奋斗、契约理性、自治民主。它是《独立宣言》昭告世界的那种精神：自由、平等、独立。它是西部牛仔那种无畏精神：英雄主义、不畏艰险、开拓进取。“创新人文精神”必将召唤美国与世界的创新人才，启迪美国中北部人民实践每一个人心中的“美国梦”。

图 10.40 美加“北部空间城市系统”创新人文精神

第二，智能集聚。

所谓“智能集聚”包括“人类智能集聚”与“人工智能集聚”。“人类智能”是指经过学习后人类特有的智力与能力，人类智能具有规范性、逻辑性、科学性，人类智能用于认识世界和改造世界，人脑思维是人类智能的唯一来源，它不可能被机器所代替。人类智能是人工智能的基础，人类智能可以通过人工智能的方式表现出来。例如空间城市系统脑的“专家脑”就是人类智能，而“机器脑”就是人工智能。

“人类智能集聚”是指研究型大学、科研机构、企业创新组织等人类智能密集集中行为，如哈佛大学、硅谷、圣塔菲研究所等。“人工智能”是指模拟延伸扩展人的智能的理论、方法与技术，人工智能用于替代人的劳动，将人力成本转化成机器成本，从而提高劳动生产率，改变传统制造业生产方式。“人工智能集聚”就是广泛的应用人工智能技术，即 AI 工程技术，形成人工智能工程技术使用空间。对于美加“北部空间城市系统”而言，在全世界集聚人类智能，用人工智能改造传统工业、农业及其加工业，实现“智能产业革命”是必由之路。

第三，制度集聚。

根据美国经济学家道格拉斯·诺思（D.North）的制度理论，经济增长的关键因素在于制度创新，“智能制度创新”是智能经济的保障，包括智能经济制度、智能产业制度、智能资本制度等等，美加“北部空间城市系统”经济革命性逻辑基础在于“智能制度创新”。联邦政治、相关州政治、城市政治对于“智能制度创新”起着关键作用。

“智能制度创新”必须以地球人居生态系统、可持续人居空间系统、人类生存道德底线作为基本标准。空间城市系统社会基本居住权、基本信息权、基本移动权将在“智能制度创新”中得以全面实现。美加“北部空间城市系统” 智能制度创新将为人类文明做出重要贡献。

第四，人才集聚。

中国古代哲学《易经》指出“有天道焉，有人道焉，有地道焉”，“三才之道也”。人才战略是美国立国之本。智能人才是美加“北部空间城市系统”成败关键，或谓之“智能人才战略”。“智能人才战略”是一个庞大的系统工程，立足美国中北部区域、立足美国与加拿大、立足全世界。没有智能人才集聚，智能经济、智能产业、智能企业就是一种理想化愿望，因此“智能人才战略”是美加“北部空间城市系统”创新的重要基石。

第五，信息集聚。

物质、能源、信息已经成为现代世界的基本组成物，智能经济对信息的要求更加基本、更加紧要、更加巨量。空间城市系统社会是一个信息社会，信息集聚是美加“北部空间城市系统”的基础，物质存量、能源存量、信息存量具有相同的基础性逻辑意义。

第六，经验积聚。

美加“北部空间城市系统”是人类历史上的创举，智能经济是前人从来没有过的模式，在实践过程中，将积累无与伦比的宝贵经验，这是上帝给予美加人民的报酬。“经验积累”会上升为知识飞跃，为“北部空间城市系统”奠定坚实基础。

2）空间扩散动因解析

空间扩散对于“北部空间城市系统”具有十分重要的动因作用，中国古代《周易·杂卦》指出“革，去故也，鼎，取新也”。人员、物质、空间、信息、能源、生态环境的“革故鼎新”对于美加“北部空间城市系统”可以概括为六个主要方面：第一，落后产能淘汰；第二，只有腾笼换鸟，智能产业才能凤凰涅槃；第三，落后产业人员优抚性扩散；第四，落后产业碳排放停止；第五，落后产业能源占用停止；第六，落后产业生态环境成本降低。我们将需要“革故鼎新”的产业要素称为“北部空间城市系统”空间扩散主体。

如图 10.41 所示，美加“北部空间城市系统”空间扩散主体遵守正态分布概率法则，参数 μ 是扩散主体标准随机变量X'的均值，参数σ^2是扩散主体标准随机变量X'的方差。所以扩散主体标准样本正态分布记作 $N(\mu, \sigma^2)$。随着智能经济模式的逐渐扩展,“北部空间城市系统”空间扩散主体将逐渐集中于少数领域,空间扩散主体呈现 $\sigma_1 < \sigma_2 < \sigma_3$ 良性发展趋势。σ 越小扩散主体标准随机变量 X' 分布越集中在 μ 附近,表示需要“革故鼎新”的产业要素越少,则“智能产业革命”越彻底,意味着联邦政府、相关州政府、城市政府公共“智能制度创新”效能越高。

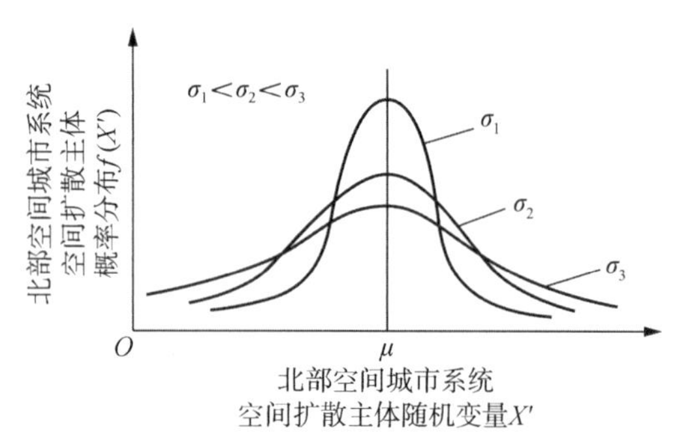

图 10.41 “北部空间城市系统”空间扩散主体良性趋势

3)空间联结动因解析

(1)“北部空间城市系统”空间联结分类

空间人流联结是空间联结的序参量指标,为此我们予以重点讨论,并以美国为基准标本。根据美国与加拿大“五大湖空间”以及“中北部空间”的交通实际情况,美加“北部空间城市系统”空间联结可以分为:空中人流联结、陆上人流联结、水上联结三种基本类别。

首先,空中人流联结。民航客运是美国与加拿大幅员辽阔的产物,是美加远距离人员交通流市场需求的产物。航空运输需要廉价石油支撑,而这是不现实的。全球性生态环保需要降低碳排放,而这是航空运输根本无法做到的。民航客运具有脆弱的成本竞争弱势,它曾经导致美国航空业在 2001 年至 2005 年,总计亏损超过 600 亿美元之巨。当高速铁路客运一旦突破利益集团与制度桎梏投入运营,民航客运成本绝对不是高速铁路客运成本的竞争对手。巨大的经济亏损将导致民航客运对高速铁路客运的市场份额让渡。可以预见,美加民航客运与高速铁路客运竞争的时代一定会到来,它不以利益集团的主观意志为转移。

其次,陆上人流联结。高速公路是行之有效的陆上人流联结手段,“民航客运+高速公路”组合模式,将迎来“高速铁路+高速公路”组合模式的挑战。美加“北部空间城市系统”巨大的陆上人流联结需求,将导致民航客运、高速铁路、高速公路“多式联运交通系统”的快速发展。各种高速人流运输方式博弈的纳什均衡点,就是美国《多种形式地面交通效率促进法》所期望的目标。

最后,水上联结的重点是物资运输。五大湖、密西西比河、密苏里河、俄亥俄河等众多水系,为美加“北部空间城市系统”提供了先天的水上运输条件。低成本、大批量、远距离是水运的优势所在,它们为美加“北部空间城市系统”货物运输以及观光旅游提供了最佳基础性条件。如图 10.42 所示，优美的“密西西比河之舟”如诗如画，江山如此多娇。

图 10.42 密西西比河之舟

（源自：视觉中国）

（2）“北部空间城市系统”空间流波模型

所谓“空间流波”是指城市之间空间要素的运动形式，包括空间人员流波、空间物资流波、空间信息流波、空间能源流波，第 2 章第 2.3.3 节“空间流波原理”诠释了空间流波规律。美加“北部空间城市系统”空间流波模型是定量研究“北部空间城市系统”空间流波的关键。今以一元线性回归为例，来构建“北部空间城市系统” 空间流波模型：

首先，做出空间流波散点图。根据“空间流波数据表”①数据准备，做出空间流波自变量 x_1，x_2，x_3，x_4，…，x_n，与因变量 y_1，y_2，y_3，y_4，…，y_n的散点图 10.43。任何类型的空间流波自变量与因变量关系，都可以通过空间流波散点图求解基本的回归方程。因此，“北部空间城市系统”空间流波散点图是建立“北部空间城市系统” 模型的基础。空间流波散点图可以通过“北部空间城市系统” 空间流波测量数据做出来。

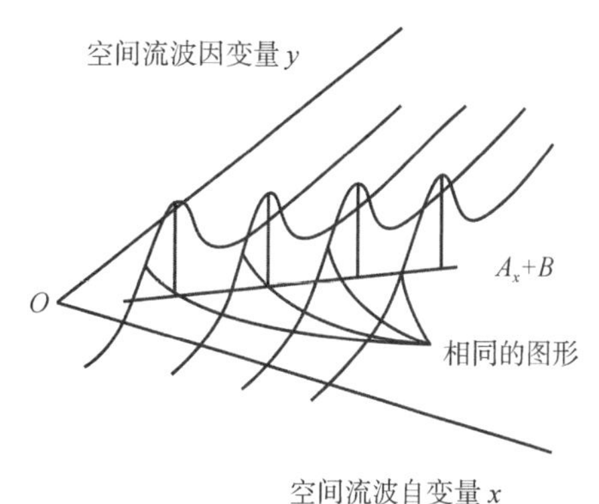

图 10.43 “北部空间城市系统”空间流波模型

其次，求解回归系数。用数学的“最小二乘法”方法求出回归系数 a 与 b。②

① 参见第 4 章“4.9 空间流波数据表”。

② 详见高桥信.漫画统计学之回归分析[M].张仲桓，译.北京：科学出版社，2009：65-70 中步骤 1—6 计算方法。

$$a=\frac{x\text{ 和 }y\text{ 的离差积和}}{x\text{ 的离差平方}}=\frac{S_{xy}}{S_{xx}} \tag{10.12}$$

$$b=\overline{y}-\overline{x}a \tag{10.13}$$

其中，$S_{xx}=(x-x)^2$，$S_{yy}=(y-y)^2$，$S_{xy}=(x-\overline{x})(y-\overline{y})$；$\overline{y}$ 表示因变量 y 的均值，$\overline{x}$表示自变量 x 的均值，如图 10.43 所示。

最后，求解空间流波回归方程。由上述两个环节，我们就可以得到“北部空间城市系统” 空间流波线性回归方程如下：

$$y=ax+b \tag{10.14}$$

4）空间动因均衡分析

美加“北部空间城市系统”动力作用，是空间集聚动因、空间扩散动因、空间联结动因联合作用的结果，它们之间存在着非合作博弈关系。“纳什非合作博弈均衡理论”很好地解释了美加“北部空间城市系统”空间动因均衡问题，其目标是为了获得“北部空间城市系统”整体涌现性，例如“经济 GDP 增长整体涌现性”。根据“空间城市系统动因博弈均衡定理”，在满足“纳什均衡”条件下，“北部空间城市系统”的空间集聚流 A、空间扩散流 B、空间联结流 C 具有非合作博弈均衡点，则“北部空间城市系统”动因博弈均衡点可以表述为

$$\begin{aligned} P_A(\varepsilon)&=\max[p_A(\varepsilon,t)]\\ P_B(\varepsilon)&=\max[p_B(\varepsilon,t)]\\ P_C(\varepsilon)&=\max[p_C(\varepsilon,t)] \end{aligned} \tag{10.15}$$

其中，$P_A(\varepsilon)$、$P_B(\varepsilon)$、$P_C(\varepsilon)$分别表示“北部空间城市系统”空间集聚流 A、空间扩散流 B、空间联结流 C 的非合作博弈均衡点值，ε 表示空间流份额；t 表示博弈时间。公式(10.15)表示了“北部空间城市系统”空间集聚流 A、空间扩散流 B、空间联结流 C，在“博弈均衡点”具有最大化“混合份额”，即空间城市系统集聚动因、空间城市系统扩散动因、空间城市系统联结动因三方利益最大化，达致“纳什均衡”状态，此时没有任何一方空间城市系统动因愿意打破这种均衡状态。

图 10.44 很好地表示了“北部空间城市系统”空间动因均衡情况。此时，空间集聚动因、空间扩散动因、空间联结动因博弈均衡表现为一个值域，即 $f(r)=\pi r^2$，均衡值域很好地解释了“北部空间城市系统”动因函数 $P_A(\varepsilon)$、$P_B(\varepsilon)$、$P_C(\varepsilon)$的渐近与精确求解问题，在实际应用中具有十分重要的意义。

当到达“北部空间城市系统”动因非合作博弈均衡点(ε, t)时有下式成立：

空间集聚动因 $P_A(\varepsilon)=\max[p_A(\varepsilon,t)]$

空间扩散动因 $P_B(\varepsilon)=\max[p_B(\varepsilon,t)]$

空间联结动因 $P_C(\varepsilon)=\max[p_C(\varepsilon,t)]$

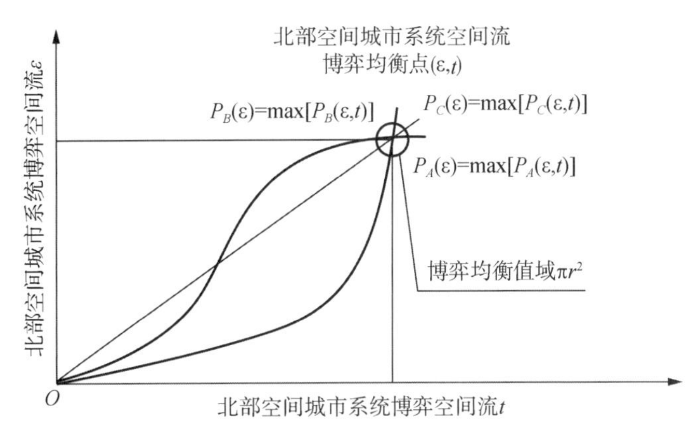

图 10.44 "北部空间城市系统"空间动因均衡

"北部空间城市系统"动因均衡点在实际问题中表现为一个"空间城市系统动因博弈均衡值域",表现为一个确定性的大概率事件。此时,"北部空间城市系统"空间集聚流 A、空间扩散流 B、空间联结流 C 达成了一种最优组合,即支付函数最大化,"北部空间城市系统"动因进入了最优稳定组合阶段,为获得"北部空间城市系统"整体涌现性提供了演化动力。

10.5 美国南部空间城市系统

10.5.1 美国南部空间城市系统逻辑分析

1)南部空间城市系统定义

(1)美国南部空间"大都市连绵区"与"巨型区域"

戈特曼预见"在美国其他一些地方,更多这种巨大的'都市区'有望进一步地发展演变,大都市连绵区的多核结构开始在其他地方重演"。

如前图 10.32 所示,2008 年制定的《美国 2050》,确定了美国"得克萨斯三角地带"巨型区域、"沿海海湾地区"巨型区域、"南佛罗里达"巨型区域,并给予了相关诠释。

戈特曼对美国大城市连绵区的预见,以及"得克萨斯三角地带" 巨型区域、"沿海海湾地区"巨型区域、"南佛罗里达"巨型区域,为美国"南部空间城市系统"奠定了学理连贯性基础。

(2)美国南部空间城市系统概念

如图 10.45 所示,"南部空间城市系统"是美国境内的十一级空间城市系统,它是国际级空间城市系统。美国南部区域空间地形地貌为"南部空间城市系统"提供了地理基质。美国"南部空间城市系统"包括休斯敦、达拉斯、沃斯堡、俄克拉何马城、小石城、奥斯汀、圣安东尼奥、新奥尔良、杰克逊维尔、坦帕、迈阿密 11 个一级空间城市系统。它们又构成美国"南方四级空间城市系统"(简称"南方空间城市系统")、"海岸四

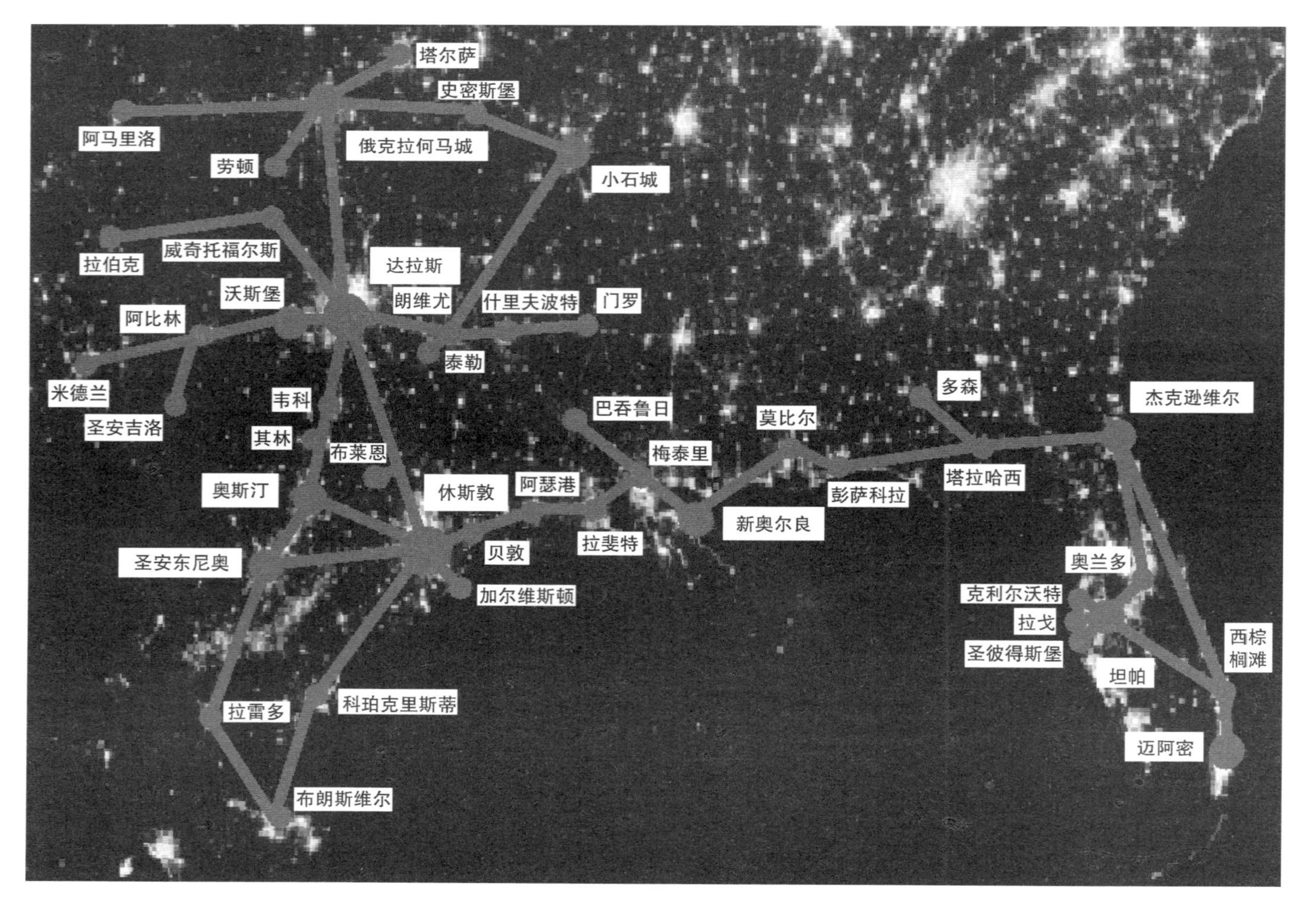

图 10.45　美国南部空间城市系统夜间卫星图

级空间城市系统”(简称“海岸空间城市系统”)、“佛罗里达三级空间城市系统”(简称“佛罗里达空间城市系统”)。

美国“南部空间城市系统”包括:休斯敦牵引城市 TC,达拉斯主导城市 LC,俄克拉何马城、小石城、沃斯堡、奥斯汀、圣安东尼奥、新奥尔良、杰克逊维尔、坦帕、迈阿密主中心城市 MC,以及塔尔萨、史密斯堡、阿马里洛、拉伯克、朗维尤、门罗、阿比林、米德兰、韦科、拉雷多、加尔维斯顿、科珀克里斯蒂、布朗斯维尔、拉斐特、巴吞鲁日、塔拉哈西、莫比尔、莱克兰、西棕榈滩等辅中心城市 AC,以及劳顿、威奇托福尔斯、圣安吉洛、泰勒、什里夫波特、其林、布莱恩、贝敦、阿瑟港、梅泰里、彭萨科拉、多森、克利尔沃特、拉戈、圣彼得斯堡等基础城市 BC。

由图 10.45 可以看出,美国“南部空间城市系统”夜间卫星图灯光分布十分密集,中小城市众多,在辅中心城市 AC 与基础城市 BC 之间很难有准确地区别。可以说,中小城市是美国南部空间城市系统数量最多的组分。美国南部空间夜间卫星图为“南部空间城市系统”奠定了实践合理性基础。

2)南部空间城市系统地貌逻辑

如图 10.46 所示,“南部空间城市系统” 地形地貌,是美国四大空间城市系统中最简单的,它的地貌逻辑主要分为三个方面。

(1)“南部空间城市系统”地理基质

如图 10.46 所示,滨海平原、密西西比平原、大西洋沿岸平原为“北部空间城市系统”提供了基本地理基质,使得美加“南部空间城市系统”成为世界上少有的具备优势地形地貌的空间城市系统。墨西哥湾沿岸、阿肯色河流域、佛罗里达半岛为“南部空间城市系统”奠定了基本的地貌逻辑基础。

(2)“南部空间城市系统”贯穿河流

如图 10.46 所示,美国南部空间城市系统河流众多,主要者为密西西比河与阿肯色河,众多河流为美国南部空间城市系统提供了丰沛的水利资源,为“南部空间城市系统”奠定了基本的地貌逻辑基础。

(3)“南部空间城市系统”地理隔离

如图 10.46 所示,墨西哥湾、大西洋、大平原为美国南部空间城市系统的南向、东向、西向地理隔离线,它们形塑了“南部空间城市系统”的空间形态。为“南部空间城市系统”奠定了基本的地貌逻辑基础。

3)南部空间城市系统人文逻辑

“南部空间”一直是美国的一个亚文化区域,有其特殊的人文环境,走过了一条与其他地区十分不同的发展道路。美国南部空间历史上是农业文明为主的人文环境,但是当代美国南部发生了深刻的革命性变化。

美国南部空间已经成为世界著名的航天事业中心,建有“约翰逊宇航中心”与“肯尼迪航天中心”图 10.47。美国南部空间拥有发达的研究型大学,在医学、生命科学、石化等领域居于世界前沿水平。航天航空科技、高科技产业、先进制造业、现代服务业迅

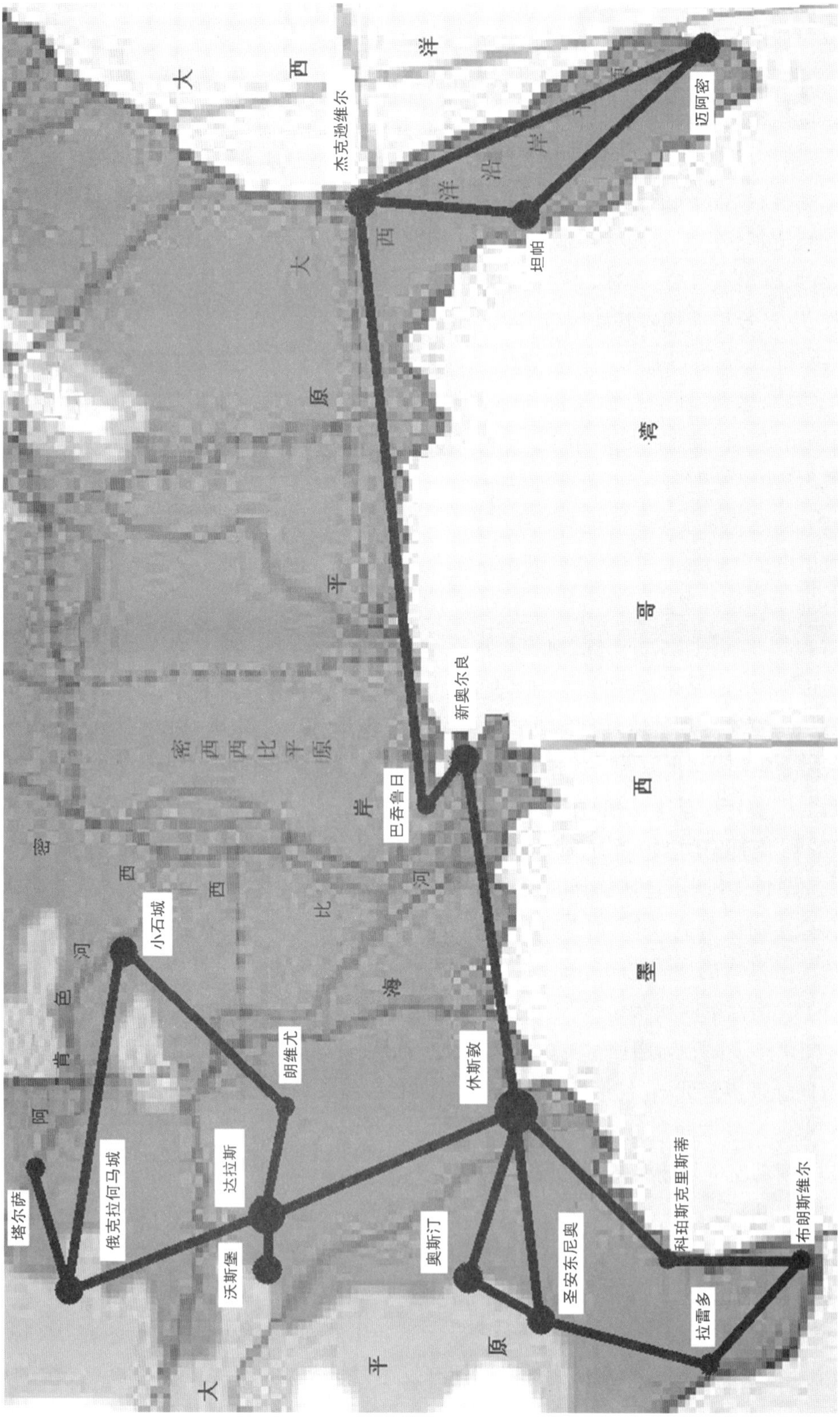

图 10.46　美国南部空间城市系统地貌

速崛起，使南部空间成为美国重要的经济中心地区。美国南部空间已经建立起原生性现代人文科学逻辑，这种独具南方特色的人文精神具有厚重、勇敢、探索的英雄气概。美国南部现代人文科学逻辑为“南部空间城市系统”奠定了基础。

快速发展的工业也导致了美国南部空间生态环境的恶化，特别是石油化工产业。热带飓风与工业污染给沿海岸城市带来的灾难性后果，足以让地方政府与大型企业引起高度重视了。美国南部空间深受全球变暖之巨大危害，更应该以人类生存道德底线为准则，降低高速工业化导致的碳排放。

图 10.47 航天飞机

1986 年 1 月 28 日，他们坚定地走向了宇宙星空，人类将永远铭记他们！挑战者航天飞机机长弗朗西斯·斯科比(Francis Scobee)、驾驶员迈克尔·史密斯(Michael Smith)、宇航员朱蒂丝·雷斯尼克(Judith Resnik)、宇航员罗纳德·麦克奈尔(Ronald McNair)，机组人员为格里高利·杰维斯(Gregory Jarvis)、埃里森·奥尼佐卡(Ellison Onizuka)、科里斯塔·麦考利芙(Christa McAuliffe)。

如图 10.48 所示，他们是真正的“天马”行走于南部天空，他们的灵魂化作点点宇宙繁星，照耀着后人的路。无数先烈为了人类文明进步，在我们的前头英勇地牺牲了，

图 10.48 “挑战者”号航天飞机机组人员

让我们高举起他们的旗帜,踏着他们的足迹前进,英雄的微笑永远留在我们心中。这种伟大的英雄主义精神,将为美国南部空间城市系统注入无穷的动力。

4)南部空间城市系统经济逻辑

如表10.10所示,2017年美国“南部空间城市系统”主要中心城市GDP总量为22 829.61亿美元,今以美国2017年GDP平均增长率2.3%计算,将美国“南部空间城市系统”经济总量GDP整体涌现增长率保守定为1.5%。则“南部空间城市系统”美国主要中心城市经济GDP总量整体涌现增长率为:2.3%+1.5%=3.8%。并以美国“南部空间城市系统”未计入城市经济总量GDP数字为预备数值,做出美国“南部空间城市系统经济总量及预测”。

本计算办法基于美国南部空间在2017—2027年之间,不能有大的经济波动,需保持经济增长的连续稳定性。实际上就美国南部空间城市系统而言,众多的中小城市将贡献更大的GDP增长数据,但是我们保守的将其置于预备基数,以增强本计算方法的可靠程度。

表10.10 南部空间城市系统经济总量及预测

中心城市	2017年GDP(亿美元)	GDP年增长率(%)	2027年预计GDP(亿美元)
休斯敦	5 260.00	3.8	—
达拉斯	5 775.00	3.8	—
俄克拉何马城	748.84	3.8	—
小石城	386.00	3.8	—
奥斯汀	1 487.50	3.8	—
圣安东尼奥	1 292.98	3.8	—
新奥尔良	876.00	3.8	—
杰克逊维尔	766.50	3.8	—
坦帕	1 463.49	3.8	—
奥兰多	1 324.48	3.8	—
迈阿密	3 448.82	3.8	—
合计	22 829.61	—	31 504.86

如后所述,美国南部空间信息化将极大促进“南部空间城市系统”经济整体涌现性,使得经济总量大大提升。美国“南部信息产业”的发展将降低南部对“石化产业”的依赖,改善美国南部空间生态环境水平,促进“南部空间城市系统”金融、旅游、高等教育、科学研究的发展,创造美国南部空间更大的精神与物质财富。

在美国南方厚重、诚实、信仰的传统人文精神基础上,加之科学、探索、理性的现代美国南部人文精神,所产生的新的原生性“南部空间城市系统”价值观,一定能激发创造出生态优美、环境友好、可持续发展的美国南部空间城市系统,愿上帝保佑新的美国南方!

10.5.2 美国南部空间城市系统本体分析

1）南部空间城市系统空间形态

如图 10.49 所示，美国南部空间城市系统空间形态整体呈 L 形分布，它的三个子系统分布为：海岸空间城市系统呈三角形分布，南方空间城市系统呈三角形分布，佛罗里达空间城市系统呈三角形分布。休斯敦为“南部空间城市系统”的中心节点城市。大西洋海岸线为“南部空间城市系统”东向“地理隔离线”，墨西哥湾沿线为“南部空间城市系统”南向“地理隔离线”，“大平原”为“南部空间城市系统”西向“地理隔离线”。

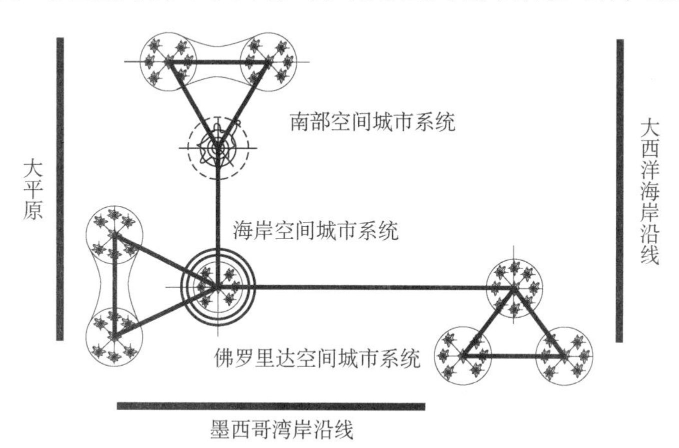

图 10.49 美国南部空间城市系统空间形态拓扑图

如图 10.50 所示，因为美国南部空间城市系统形似天马行空，所以我们命名为“天马系统”。美国南部空间社会经济发展具有异军突起之特征，正所谓“长楸落日试天步，知有四极无由驰”。因此，我们完全相信“南部空间城市系统”天马行空任驰骋具有辉煌的前景。

图 10.50 南部空间城市系统“天马”

（源自：徐悲鸿画作）

2）南部空间城市系统空间结构

（1）南部空间城市系统层次

如图 10.51 所示，美国南部空间城市系统空间结构包括：休斯敦一级空间城市系统、达拉斯一级空间城市系统、俄克拉何马城一级空间城市系统、小石城一级空间城市系统、沃斯堡一级空间城市系统、奥斯汀一级空间城市系统、圣安东尼奥一级空间城市系统、新奥尔良一级空间城市系统、杰克逊维尔一级空间城市系统、坦帕一级空间城市系统、迈阿密一级空间城市系统，计 11 个一级空间城市子系统。它们又分别构成了以休斯敦为核心的

“海岸四级空间城市系统”、以达拉斯为核心的“南方四级空间城市系统”、以迈阿密为核心的“佛罗里达三级空间城市系统”。

（2）空间结点要素解析

如图 10.51 所示，休斯敦是美国南部空间城市系统结构的牵引中心城市 TC，达拉斯是美国南部空间城市系统结构的主导中心城市 LC，俄克拉何马城、小石城、沃斯堡、奥斯汀、圣安东尼奥、新奥尔良、杰克逊维尔、坦帕、迈阿密是美国南部空间城市系统结构的主中心城市 MC。

塔尔萨、史密斯堡、阿马里洛、拉伯克、朗维尤、门罗、阿比林、米德兰、韦科、拉雷多、加尔维斯顿、科珀克里斯蒂、布朗斯维尔、拉斐特、巴吞鲁日、塔拉哈西、莫比尔、莱克兰、西棕榈滩是美国南部空间城市系统结构的辅中心城市 AC。

劳顿、威奇托福尔斯、圣安吉洛、泰勒、什里夫波特、其林、布莱恩、贝敦、阿瑟港、梅泰里、彭萨科拉、多森、克利尔沃特、拉戈、圣彼得斯堡等是美国南部空间城市系统结构的基础城市 BC。

（3）空间轴线要素解析

如图 10.51 所示，“俄克拉何马城—达拉斯—休斯敦—新奥尔良—杰克逊维尔—坦帕—迈阿密”构成了美国南部空间城市系统结构的地理空间主轴线。“俄克拉何马城—小石城—达拉斯”与“休斯敦—奥斯汀—圣安东尼奥”构成了美国南部空间城市系统结构地理空间主轴线。其余为美国南部空间城市系统结构地理空间支轴线。

（4）网络域面要素解析

如图 10.51 所示，美国南部空间城市系统结构网络域面包括：墨西哥湾沿岸空间网络域面、“俄克拉何马城—小石城—达拉斯”空间网络域面、佛罗里达半岛空间网络域面。

10.5.3 美国南部空间城市系统空间联结

1）空间联结概念

所谓空间联结是指空间城市系统中，各城市之间关系属性的客观规律，如空间人流联结、空间物流联结、空间信息流联结以及空间地理连接，空间联结的主要目的是实现空间城市系统整体涌现性。

空间联结理论建立在空间城市系统实践、空间城市系统脑、联结认知主义三大基础之上。空间认知是空间联结的首要内容，包括空间感知、空间判断、空间决策，空间认知由空间城市系统脑来实现。空间流波是空间联结的载体，通过空间流波通道来实现。空间联结研究重点就是空间城市系统的空间流波研究，其中空间人流波是序参量项目。空间集聚、空间扩散、空间联结构成了空间城市系统动因的三个基础性概念，空间集聚动因、空间扩散动因、空间联结动因的非合作博弈均衡，构成了空间城市系统动因。

空间联结理论具有拟人化特征，属于人类智能科学，具有广阔的理论前景。空间

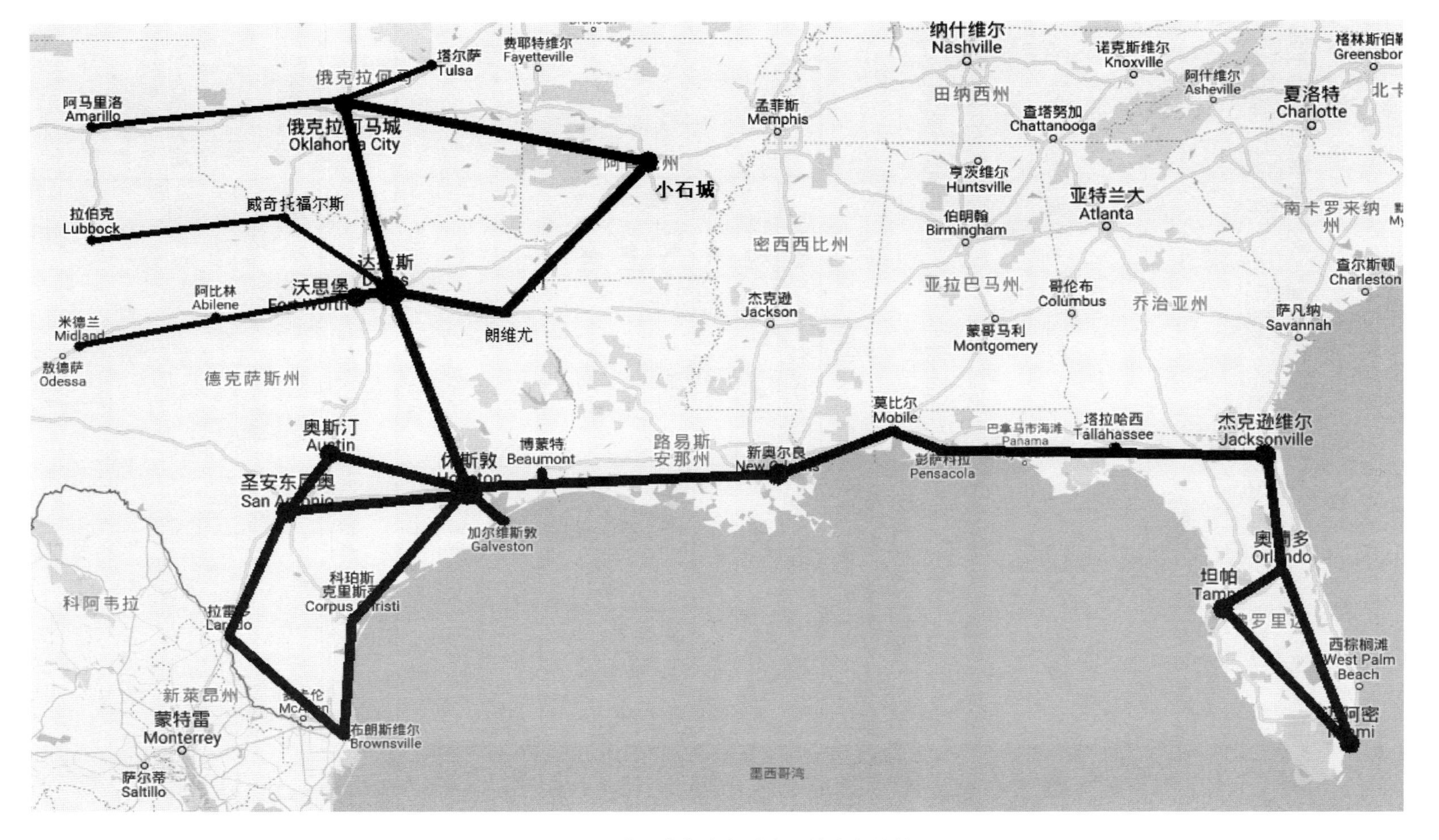

图 10.51 美国南部空间城市系统空间结构

（源自:笔者根据谷歌地图自制）

联结理论具有实用性实践前景，空间流波主体、空间流波渠道、空间城市结点，都是空间城市系统关键的要素。地理空间缩短与地理空间消除是空间城市系统的关键性问题。空间联结理论具有很高的商业价值，空间城市系统脑的开发与应用决定着空间城市系统的运行与控制，其商业潜力巨大。空间联结对于高速交通、高速信息、高压能源的需求，将推动相关领域科学技术的发展，生命科学、计算机科学、管理科学都将在空间联结领域找到交叉应用价值。

2）南部空间城市系统空间人流联结

（1）空间人流波结构分析

所谓南部空间城市系统“空间人流波”，是指“南部空间城市系统”空间人流联结所形成的常态化的人员流波。“空间人流波”是美国南部空间城市系统最基本的演化动因，是决定其他空间流动因的序参量。

如表 10.11 所示，“南部空间城市系统人流波结构表” 是美国南部空间城市系统人流联结分析的基本工具。如表 10.12 所示，“南部空间城市系统人流波一览表”是美国南部空间城市系统人流波的基本参数。

表 10.11　南部空间城市系统人流波结构表

分类	联结通道	联结人流	联结速度	联结距离	人流波参数
高速通道	航空飞机	中量	超高速	超远距离	波长 λ 波幅 A 波速 v 周期 T 频率 f 波时间 t 波程 L
	高速铁路	超大量	高速	远距离	
	高速公路	大量	高速	远距离	
中速通道	普通公路	中量	中速	中距离	
	普通铁路	中量	中速	中距离	
	普通水运	小量	低速	中距离	
慢速通道	畜力工具	小量	低速	近距离	
	人力工具	小量	低速	近距离	
	步行交通	小量	超低速	近距离	

表 10.12　南部空间城市系统人流波一览表

人流波性质	线性波	非线性波	随机性波	其他类型波	备注说明
函数	线性函数	非线性函数	概率函数	复合函数	利用傅立叶解析可以将复杂的“南部空间城市系统人流波”分解成简单的三角函数波
公式	$y=kx+b$	$y=a^x$	$P(A)=\frac{m}{n}$	$y=f(x)$	
图形	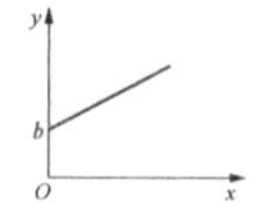	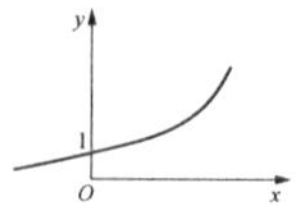	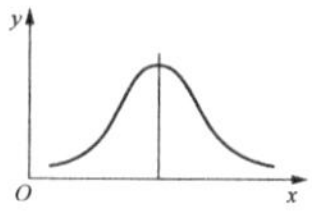		

续表

人流波性质	线性波	非线性波	随机性波	其他类型波	备注说明
基本参数	波长 λ、波幅 A、波速 v、周期 T、频率 f	波长 λ、波幅 A、波速 v、周期 T、频率 f	波长 λ、波幅 A、波速 v、周期 T、频率 f	波长 λ、波幅 A、波速 v、周期 T、频率 f	利用傅立叶解析可以将复杂的“南部空间城市系统人流波”分解成简单的三角函数波
特殊参数	波源 S、波宿 H、波程 L、波动因 P、波时间 t	波源 S、波宿 H、波程 L、波动因 P、波时间 t	波源 S、波宿 H、波程 L、波动因 P、波时间 t	波源 S、波宿 H、波程 L、波动因 P、波时间 t	

我们可以根据“南部空间城市系统人流波”实际情况测量出“数值数据”，填入“南部空间城市系统人流波结构表”。应用“南部空间城市系统脑”对“数值数据”进行分析处理，得出“美国南部空间城市系统空间人流联结报告”。

美国“南部空间城市系统人流波结构表”分析应遵循以下基本步骤：

第一，主成分分析。

美国南部空间城市系统空间人流波主成分分析，是“南部空间城市系统人流波”结构分析的重要方法论(详见第2章中的“空间流波主成分解析”)，其目的是找出“南部空间城市系统人流波”主要子项，确定其性质、数量、参数，对“南部空间城市系统人流波”进行降维处理。空间流人波主成分分析，是将重复的空间流人波删除减少重复性关系，它与南部空间城市系统“空间人流波公共因子”的确定紧密相关，一般前三个空间人流波主成分累积贡献率要到达85%以上。

第二，测量数据。

美国“南部空间城市系统人流波”原始数据测量是“南部空间城市系统人流波结构表”的基础，测量数据定性与定量的准确性，决定了空间流人流波后续分析的精确性，美国南部空间城市系统脑大数据信息模型，是“南部空间城市系统人流波”获得结构数据不可或缺的基础。

第三，结构分析。

首先，美国“南部空间城市系统人流波结构表”所列各子项以及空间人流波结构数据，有着不可分割的逻辑关系。因此，“南部空间城市系统人流波”关系分析就成为十分重要的步骤，客观性、真实性、科学性、合理性是必须遵守的基本原则。美国“南部空间城市系统脑”人工智能分析要与人类智能分析相吻合，理论数据要与经验数据相结合，分项数据要与整体数据相吻合，定量数据要服从定性数据。

其次，美国“南部空间城市系统人流波结构表”的每一项内容具有独立的属性地位，即独立因子，它们不应该具有重复性关系。相同属性空间人流波结构因素的合并，构成独立因子群，即空间人流波公共因子，它反映了同一类属性的空间人流波。“南部空间城市系统人流波”性质要根据空间人流波数据回归分析确定，“南部空间城市系统人流波”数量要根据空间人流波测量值来确定，“南部空间城市系统人流波”参数是空间人流定性与定量分析的基础,要根据第2章第2.3.3节“空间流波原理”,参考“南部空间城市系统人流波一览表”来求出。

最后,美国“南部空间城市系统人流波结构表”与“南部空间城市系统人流波一览表”为空间人流波的定性分析与空间人流波的定量解析提供了素材,是美国“南部空间城市系统”空间联结表述的序参量。在此基础上,进行美国“南部空间城市系统”空间联结模型分析,进而得出美国“南部空间城市系统”空间联结的全面情况。因此,正确的制定美国“南部空间城市系统人流波结构表”与“南部空间城市系统人流波一览表”,具有十分重要的理论与实践意义,它是美国“南部空间城市系统”空间人流波分析的基础。

(2) 空间人流波傅立叶解析

美国南部空间城市系统的空间人流波在一般情况下呈现出复杂的状态,无法提供清晰逻辑的规律结果。通过数学的傅立叶解析,将复杂的空间人流波分解成标准的正弦波或余弦波,即为空间人流波的傅立叶数学解析,它是空间人流波分解分析与空间流波合成分析的基础,是“南部空间城市系统”空间人流波解析的重要内容。

根据“傅立叶级数展开定理”,任何一个空间人流波函数都可以被分解为常数与若干个正弦波函数以及余弦波函数之和,我们称之为空间人流波的傅立叶解析。在此,“南部空间城市系统”空间人流波是一个客观存在的真实现象,而正弦波与余弦波只是数学意义上的解析波,而非客观存在,空间人流波函数的傅立叶解析表达公式为

$$F(x)=\frac{1}{2}a_0+a_1\cos x+a_2\cos 2x+a_3\cos 3x+\cdots+a_n\cos nx+ \\ b_1\sin x+b_2\sin 2x+b_3\sin 3x+\cdots+b_n\sin nx \tag{10.16}$$

其中,$F(x)$为“南部空间城市系统”空间人流波函数,x为“南部空间城市系统”空间人流波移动变量(以弧度表示),n为正整数,a_0、a_1、a_2、a_3、a_n,b_1、b_2、b_3、b_n为傅立叶系数,并且有

$$a_0=\frac{1}{2\pi}\int_0^{2\pi}F(x)\mathrm{d}x \tag{10.17}$$

$$a_n=\frac{1}{\pi}\int_0^{2\pi}F(x)\cos nx\,\mathrm{d}x \tag{10.18}$$

$$b_n=\frac{1}{\pi}\int_0^{2\pi}F(x)\sin nx\,\mathrm{d}x \tag{10.19}$$

实际中的“南部空间城市系统”空间人流波多为不规则的,我们可以利用空间人流波的傅立叶解析公式(10.16)对其进行数学解析,如图10.52所示,空间人流波为不规则的函数$F(x)$。

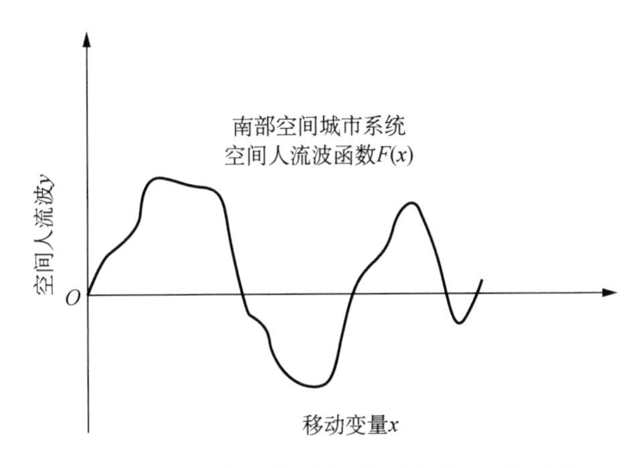

图 10.52 “南部空间城市系统”空间人流波形图

如图 10.53 所示，根据公式（10.16），空间流波 $F(x)$ 可以被解析为 n（n 为正整数）个余弦函数部分，其系列波形图为图 10.53。

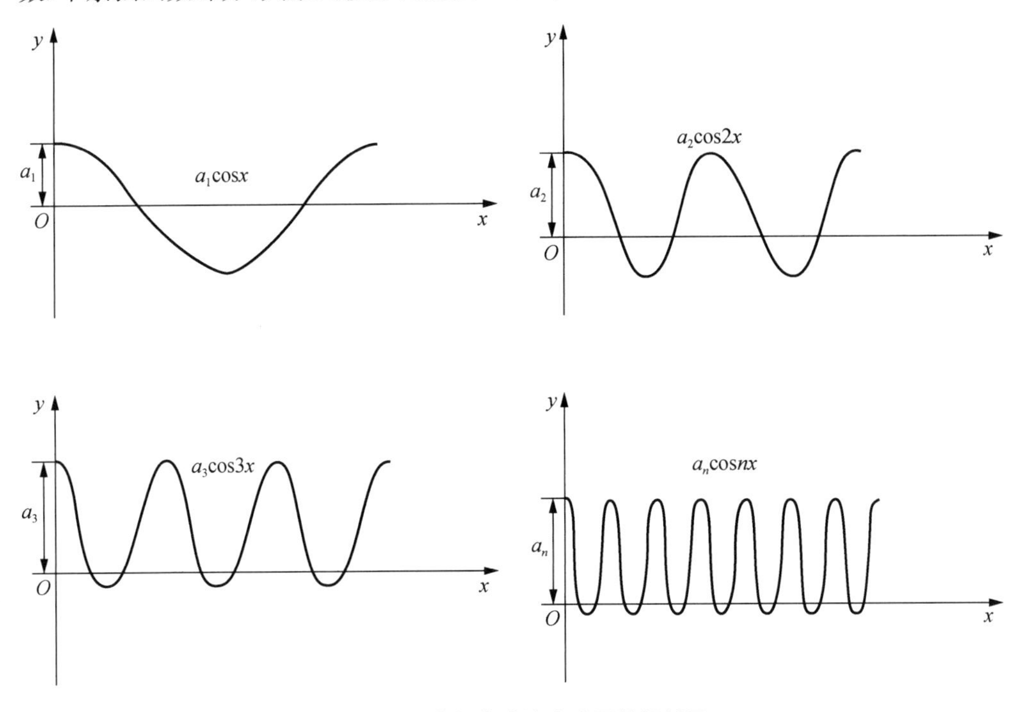

图 10.53 空间人流波余弦函数解析图

如图 10.54 所示，根据公式（10.16），空间流波 $F(x)$ 可以被解析为 n（n 为正整数）个正弦函数部分，其系列波形图为图 10.54。

根据“南部空间城市系统”空间人流波函数的傅立叶解析公式（10.16），参照空间人流波余弦函数解析图 10.53 与空间人流波正弦函数解析图 10.54，就可以将任何“南部空间城市系统空间人流波”解析成为可以求解的常数项、正弦函数项、余弦函数项，进行求解。具体“南部空间城市系统”的空间人流波函数的傅立叶解析，可以选择相关

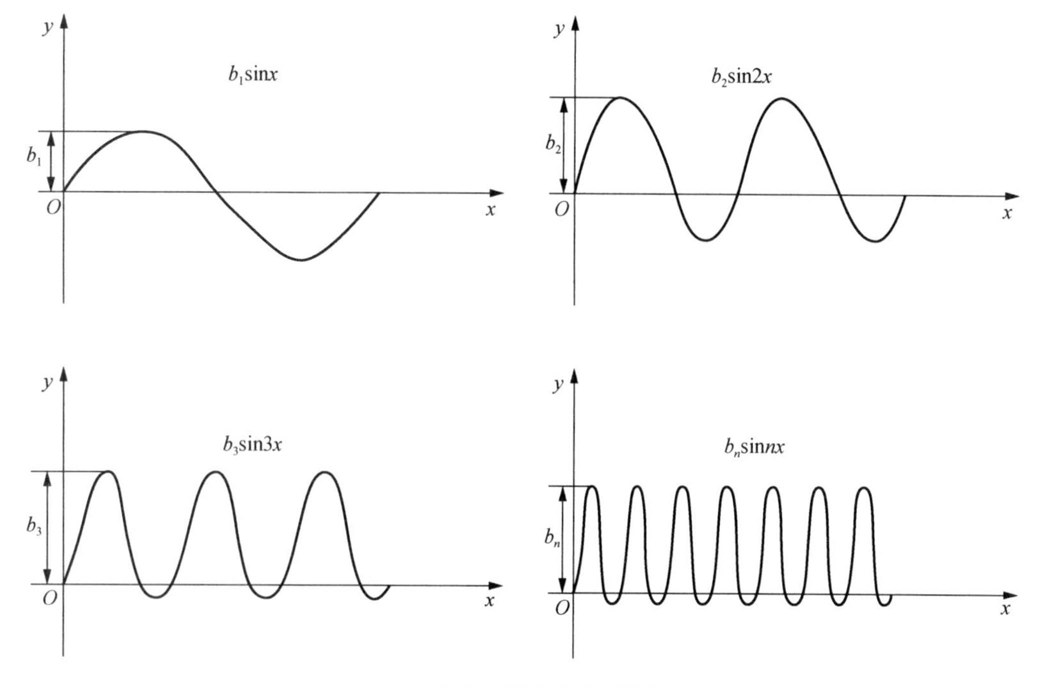

图 10.54　空间人流波正弦函数解析图

计算软件,通过计算机进行运算求解。

3）南部空间城市系统空间地理连接

(1) 南部空间城市系统整体连接

美国南部空间城市系统整体连接,主要是指“海岸空间城市系统”“南方空间城市系统”“佛罗里达空间城市系统”之间的远距离地理连接。航空飞机是已经具备的连接手段,“俄克拉何马城—达拉斯—休斯敦—新奥尔良—杰克逊维尔—坦帕—迈阿密”高速铁路陆上人流波通道,是短板。只有航空飞机、高速铁路、高速公路“多式联运交通系统”,才能迎接“南部空间城市系统”巨大人流联结的要求。

(2) 海岸空间城市系统连接

“海岸空间城市系统” 连接属于中近距离地理连接。公交化的“城际高速铁路”陆上人流联结是短板,它与“高速公路”“一般公路”,构成的“多式联运交通系统”才是科学合理的地理连接。

(3) 佛罗里达空间城市系统连接

“佛罗里达空间城市系统” 连接属于中近距离地理连接。基于规模化旅游需要,“高速公路”、公交化的“城际高速铁路”、观光铁路、观光公路,甚至自行车与步行方式,才是科学合理的佛罗里达空间“多式联运交通系统”。

(4) 南方空间城市系统连接

“南方空间城市系统”连接属于中近距离地理连接。“高速公路”、公交化的“城际高速铁路”“一般公路”构成的“多式联运交通系统”才是科学合理的地理连接。

10.5.4 美国南部空间城市系统信息分析

1）信息地理空间化

“信息、能源、材料”是当代世界的三项基础性资源，而信息的地理空间化已经在世界各地产生，如中国的乌镇与贵州。“信息地理空间化”是太空卫星导航系统与地球表面地理空间互动的产物，是以信息资源为基础的，包括信息产业、信息空间、信息技术、信息本体等。美国“海岸空间城市系统”与“佛罗里达空间城市系统”具有巨大的优势。因此，我们做出“美国南部信息集聚带”的框架设想，如图 10.55 所示。“美国南部信息集聚带”是一个信息与地理空间相结合的重大事件，对于全美空间具有理论与实践的双重意义。

2）得克萨斯信息集聚空间

如图 10.55 所示，得克萨斯信息集聚空间是指“休斯敦—奥斯汀—圣安东尼奥信息三角”空间。休斯敦具有优良的卫星产业优势，集信息科学研究、卫星产业、通信服务于一体，具有全美最佳的国家级卫星信息中心地理区位。

3）路易斯安那信息集聚空间

如图 10.55 所示，路易斯安那信息集聚空间是指“新奥尔良—巴吞鲁日—拉斐特信息三角”空间。信息产业、信息服务、信息科研的建立，将极大改变该区域石化生态环境污染的情况，具有可持续发展的重要意义。

4）佛罗里达信息集聚空间

如图 10.55 所示，佛罗里达信息集聚空间是指“迈阿密—坦帕—奥兰多信息三角”空间。卡纳维拉尔角具有卫星产业优势，迈阿密可集信息旅游、金融、服务于一体，在全美具有示范性意义。

5）美国南部信息集聚带

如图 10.55 所示，“美国南部信息集聚带”由得克萨斯信息集聚空间、路易斯安那信息集聚空间、佛罗里达信息集聚空间构成。它是“信息地理空间化”的产物，对于美国及世界都具有示范性意义。美国联邦政府、南部各州政府、各城市政府要及时给予“信息空间制度创新”基础性支持，大型企业、信息企业、卫星企业、通信企业可以有用武之地，大学与科研机构可以产生积极推动作用。

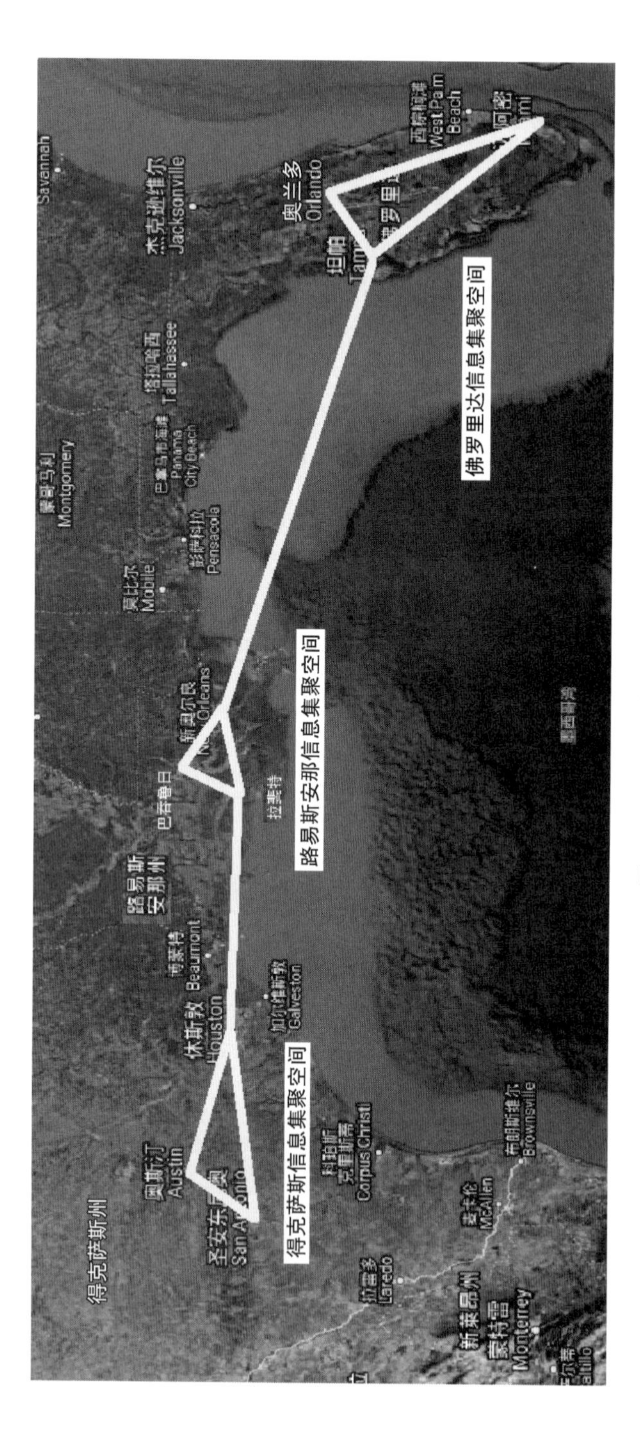

图 10.55 美国南部信息集聚带

(源自:笔者根据谷歌卫星地图自制)

参考文献

[1] 刘易斯·芒福德.城市发展史:起源、演变和前景[M].宋俊岭,倪文彦,译.北京:中国建筑工业出版社,2005.

[2] 徐显明,齐延平.中国人权制度建设的五大主题[J].文史哲,2004(4):45-51.

[3] 巴里·卡林沃斯,罗杰·凯夫斯.美国城市规划:政策、问题与过程[M].吴建新,杨至德,译.武汉:华中科技大学出版社,2016.

[4] 王旭.美国城市史[M].北京:中国社会科学出版社,2000.

[5] 彼得拉·托多罗维奇,罗伯特·亚罗.面向基础设施的美国 2050 远景规划[M]//顾朝林.城市与区域规划研究.北京:商务印书馆,2009.

[6] 戈特曼.大都市连绵区:美国东北海岸的城市化[J].国际城市规划,2007,22(5):2-7.

[7] 曾国藩.十八家诗钞:中[M].石家庄:河北人民出版社,1996.

11 欧洲空间城市系统

空间城市系统是人居空间发展的高级形式，是人类在地球空间创造的最大人工系统，是一种人居空间自组织进化现象。空间城市系统是人类现代文明的高级化载体，欧洲空间是人类现代文明的起源地及发展前沿，欧洲空间是人类密集聚居空间，欧洲空间城市系统就是一个显然的逻辑化结果，西北欧空间、欧洲中部空间、南欧空间、英国空间、俄罗斯空间的空间城市系统实践证明了这个结论。

11.1 欧洲空间城市系统分析

11.1.1 欧洲空间城市系统环境分析

1）欧洲空间城市系统概念

如图 11.1 所示，欧洲空间城市系统分为西北欧空间城市系统、欧洲中部空间城市系统、南欧空间城市系统、英国空间城市系统、俄罗斯空间城市系统。其中西北欧空间城市系统以巴黎为中心，南欧空间城市系统以米兰为中心，英国空间城市系统以伦敦为中心，它们是世界级空间城市系统；欧洲中部空间城市系统以柏林为中心，俄罗斯空间城市系统以莫斯科为中心，它们是国际级空间城市系统。欧洲空间城市系统占世界 16 个成熟空间城市系统的 37%，欧洲空间、美国空间、中国空间构成了全球空间城市系统最发达的空间。

欧洲空间城市系统是基于欧洲悠久的城市发展事实基础之上，基于戈特曼“大都市连绵带”预见基础之上，基于欧洲彼得·霍尔“巨型城市区域”事实基础之上，基于欧洲快速发展的人居空间景观之上，所形成的当代世界性人居空间前沿形式。欧洲空间城市系统对人类文明产生巨大的影响，对于降低欧洲大城市病，前向消解欧洲大城市生态足迹，对于世界可持续人居空间系统具有重要意义。

欧洲空间是工业文明的发源地，欧洲空间城市系统所属空间对人类现代文明做出巨大贡献，是一个显著特征，特别是“北欧空间”堪称现代文明空间。空间城市系统是“人居空间”与“文明空间”的综合体，单纯的人口因素、GDP 因素、面积因素不可能成为空间城市系统的标准。欧洲空间城市系统给世界做出了榜样。欧洲空间创造了人类现代文明的硕果，欧洲空间城市系统承载着人类生态文明的重任，正所谓：文明来路久远，人类道路还漫长，欧罗巴之光将会把世界照亮。

2）欧洲空间城市系统地理环境

欧洲空间地形地貌多样、幅员广阔、纬向地带空间分异巨大，是世界空间城市系统

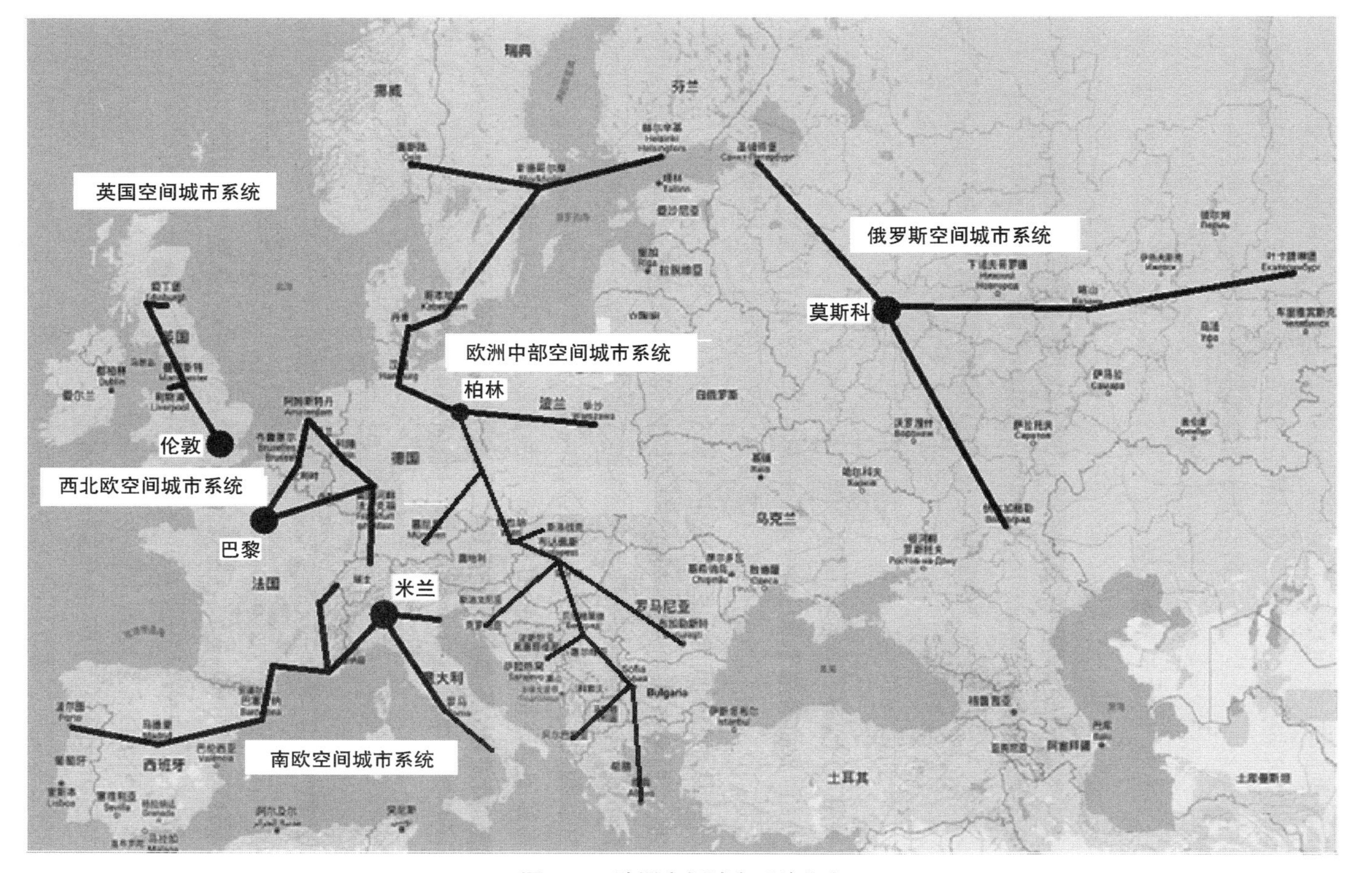

图 11.1 欧洲空间城市系统分布

中最复杂的地理环境。西北欧、欧洲中部、南欧、英国、俄罗斯的地形地貌为西北欧空间城市系统、欧洲中部空间城市系统、南欧空间城市系统、英国空间城市系统、俄罗斯空间城市系统奠定了地理环境基础。

(1) 西北欧空间地理环境

以“西欧平原—阿登高原—洛林高原—瑞士中部高原”为地理基质,形成了“西北欧空间城市系统”地理空间。西北欧空间城市系统是欧洲最大的空间城市系统,也是世界三大空间城市系统之一。

(2) 欧洲中部空间地理环境

以“日德兰半岛—西兰岛—斯莫兰丘陵—芬兰湾沿岸平原—波德平原—中欧山前低地—多瑙河中游平原—多瑙河下游平原—巴尔干半岛”为地理基质,形成了“欧洲中部空间城市系统” 地理空间。欧洲中部空间城市系统“纬向地带气候”因素多样,北欧空间的寒冷气候导致了“地广人稀”现象。先进的“文明空间”弥补了“人居空间”的不足。

(3) 南欧空间地理环境

所谓“南欧空间”是指南欧空间城市系统所在地理空间,“地中海”与“亚平宁山脉—阿尔卑斯山脉—塞文山脉—比利牛斯山脉—伊比利亚山—坎塔布连山”之间的东西走向空间,以及罗纳河沿岸空间,形成了“南欧空间城市系统”地理空间。

(4) 英国空间地理环境

“英吉利海峡—多佛尔海峡—北海”以西和包括英格兰、苏格兰、威尔士空间的大不列颠岛空间,形成了“英国空间城市系统”地理空间。

(5) 俄罗斯空间地理环境

东欧平原包括“芬兰湾沿岸平原—莫斯科高地—伏尔加河沿岸高地—乌拉尔山前湖岸谷地”,为地理基质形成了“俄罗斯空间城市系统”。俄罗斯空间城市系统为世界上地理空间最广阔的空间城市系统,其松散型与空间地理连接欠发达性也居世界空间城市系统之最。但是,俄罗斯空间城市系统地形地貌也为世界空间城市系统中优势者。

3) 欧洲空间城市系统人文环境

(1) 城市人文环境

欧洲空间具有世界最优秀的起源性城市人文环境,雅典城邦与斯巴达城邦都以城市为中心,周围是乡镇,堪称现代城市文明的起点;罗马开启了帝国都城的先河,对世界都市发展产生了重大影响,米兰、佛罗伦萨、威尼斯、那不勒斯等都是早期城市的典范;巴黎、马赛、巴塞罗那、阿姆斯特丹、里斯本成为早期世界性城市的楷模;柏林、汉堡、华沙、慕尼黑、斯德哥尔摩、哥特堡、根本哈根、维也纳、布拉格、布达佩斯、索菲亚、布加勒斯特、贝尔格莱德、雅典演化成为著名城市概念的代名词;莫斯科、圣彼得堡、叶卡捷琳堡创造了城市发展史上的佳话;伦敦、伯明翰、利物浦、曼彻斯特、格拉斯哥、爱丁堡成为近代城市的榜样。

在欧洲城市容器中，孕育了古希腊文明与古罗马文明；造就了文艺复兴运动、思想启蒙运动。人的价值和尊严得以解放，自由、民主、平等成为人类社会的基本准则；在欧洲城市容器中，产生了工业革命，彻底改变了人类社会的面貌。欧洲城市空间贡献了哲学、数学、音乐、天文学、医学、力学几乎全部科学与社会科学，成为西方文明的主流空间，成为世界近代文明的主导空间。如图 11.2 所示，“诺贝尔奖”的创始者阿尔弗雷德·贝恩哈德·诺贝尔，就生长在欧洲城市空间。

图 11.2 阿尔弗雷德·贝恩哈德·诺贝尔

(2) 巨型城市区域人文环境

欧洲学者开启了对城市区域现象的研究与思考，20 世纪 50 年代牛津大学戈特曼教授率先提出了大都市连绵带学术思想，对美国、欧洲、亚洲的大都市连绵带进行了预测。20 世纪 70 年代希腊学者道萨迪亚斯在《建设安托邦》一书中设想了“城市洲”的世界性城市系统。[①] 2006 年英国学者彼得·霍尔编著了《多中心大都市》著作，总结了他的“巨型城市区域”理论。西班牙学者卡斯特提出了“流空间”理论，为后续研究指明了方向。1997 年欧洲就制定了《欧洲空间发展展望》(European Spatial Development Perspective，ESDP)指导欧洲进行空间规划与空间治理。因此，欧洲对世界人居空间进化做出了开创性贡献。

(3) 空间城市系统人文环境

空间城市系统源自戈特曼的“大都市连绵带理论”，Megalopolis 一词源自希腊语，是指古希腊伯罗奔尼撒半岛上曾经建有的城市，建城者希望它发展成为一个巨大的规模。今天，空间城市系统的实践在世界范围实现了希腊先人的梦想，我们向世人昭告“空间城市系统”(Spatial City System)的根源自希腊。空间城市系统理论的方法论是系统科学、耗散结构理论与协同学，而贝塔朗菲、普里戈金、哈肯等学者都出自欧洲这片思想的沃土。空间城市系统基本职能是前向降低大城市“生态足迹”，保护地球生态系统，实现人居空间的可持续发展。瑞典学者 W.Steffen 等对全球变化与地球系统的研究，给了我们以理论支撑。《巴黎协定》无疑是法国是欧洲送给人类的最宝贵思想。

4) 欧洲空间城市系统经济环境

欧洲具有西北欧空间城市系统、英国空间城市系统、南欧空间城市系统、欧洲中部空间城市系统、俄罗斯空间城市系统。表 11.1 给出了 2017 年欧洲空间城市系统经济总量为 149 374.55 亿欧元。在正常的经济限定条件下，经过欧洲空间城市系统“经济整体涌现性”10 年发生作用，我们可以预测出 2027 年欧洲空间城市系统经济总量为 187 929.03 亿欧元(详细数据计算见后续内容)。由此可见，欧洲空间城市系统进化将

① 参见：吴良镛.人居环境科学导论[M].北京：中国建筑工业出版社，2001：329。

产生巨大的“结构性整体涌现性”，给欧洲人民带来更大的经济财富，而且这是一种可持续发展的降低大城市生态足迹的绿色经济增长。

表 11.1　欧洲空间城市系统经济总量及预测

空间城市系统	2017 年 GDP（亿欧元）	年增长率（%）	2027 年预计 GDP（亿欧元）
西北欧空间城市系统	33 921.33	—	42 428.94
英国空间城市系统	（19 922.47 亿英镑） 22 438.67	—	（26 412.89 亿英镑） 29 748.83
南欧空间城市系统	39 182.35	—	45 279.28
欧洲中部空间城市系统	45 485.24	—	59 375.32
俄罗斯空间城市系统	（9 386 亿美元） 8 346.96	—	（12 477.94 亿美元） 11 096.63
合计	149 374.55	—	187 929.00

11.1.2　欧洲空间城市系统本体分析

既往的城市科学都是以城市为基本单位来进行学术研究，而空间城市系统研究则要求我们必须以“空间”为单位进行学术研究。因此，在接下来的内容中，我们必须以“空间”这个相对抽象的概念为基本单位，对欧洲人居空间高级进化问题进行探讨。

1）欧洲空间特性分析

欧洲人居空间具有世界最复杂的特性，其历史性与复杂性堪称举世无双，长期以来欧洲空间充满了对立、冲突、离合，是两次世界大战与冷战的主要发生地。对欧洲空间城市系统的认知必须建立在“欧洲空间特性”逻辑基础之上，建立在戈特曼、彼得·霍尔前辈学者的预测结果之上，必须与时俱进考虑到当代环境条件，方能正确的辨识出“欧洲空间城市系统”全貌。

欧洲空间特性要从地理环境、人文环境、经济环境多方面综合考虑，可以归纳为六个方面：

第一，地形地貌决定了空间城市系统的存在。西欧平原、波德平原、北欧海岸、中欧山前平地、多瑙河中下游平原、巴尔干半岛、地中海沿岸是欧陆主体空间的主要因素，决定了欧洲空间城市系统的产生与发展。以西欧平原为基本地理基质产生了西北欧空间城市系统；以波德平原、北欧海岸、中欧山前平地、多瑙河中下游平原、巴尔干半岛为基本地理基质产生了欧洲北部空间城市系统；以地中海沿岸平原与谷地为基本地理基质产生了南欧空间城市系统。

第二，空间碎片化。欧洲空间碎片化、过细分化是欧洲人文环境的产物，欧洲历史造就了民族国家多样性与语言宗教多样性。空间碎片化是欧洲空间与美国空间、中国空间最大的差别，给欧洲空间城市系统演化带来了障碍。

第三，空间城市系统隐性化。因为人文环境原因，如一战、二战、冷战；因为纬向地带气候原因，如北欧空间的寒带气候；因为地理环境原因，如俄罗斯地理空间疏离性，欧洲中部空间城市系统、俄罗斯空间城市系统具有很高的“隐性化”特征。随着当代人文环境与交通条件的进步，欧洲中部空间城市系统、俄罗斯空间城市系统得以显现。这也是前辈学者受当时人文环境与科技条件局限，所不能预料的。

第四，经济发展不均衡性。显然西北欧空间、欧洲中部空间、南欧空间、英国空间处于高水平经济发展阶段，而多瑙河中下游空间、巴尔干空间、俄罗斯空间处于较低水平经济发展阶段，经济发展水平决定了欧洲空间城市系统的“显性化”与“隐性化”。

第五，英国空间与俄罗斯空间独立性。海洋导致英国空间独立性，地理距离导致俄罗斯空间独立性，这是欧洲空间城市系统特色性质。英国空间与俄罗斯空间独立性，也导致空间城市系统理论将欧洲核心空间视为一个整体，即西北欧空间城市系统、欧洲中部空间城市系统、南欧空间城市系统为一个整体，形成了“西北欧空间城市系统、欧洲中部空间城市系统、南欧空间城市系统”、英国空间城市系统、俄罗斯空间城市系统的排序。

第六，北欧空间寒冷气候特征。纬向地带的寒冷气候导致北欧空间地广人稀，人口高度集中于大中型城市。

2）欧洲空间状态分析

（1）城市等级与职能

城市是城市区域、空间城市系统的组分，是当代人居空间的主要形态，欧洲城市具有数量多、结构复杂、功能多样等特点，对欧洲城市等级的划分是认识欧洲人居空间现在与未来状态的基本前提。

① 空间城市等级划分方法

城市等级划分是城市科学中最具争议的命题之一，其本质是一个混沌性质命题，因为划分标准不同必然导致城市等级划分的不同。所以，不可能也不应该有统一的城市等级划分，只能根据问题需要进行城市等级划分。基于空间城市系统研究需要，我们提出世界城市、国际城市、区域城市、地方城市的“空间城市等级划分方法”，如图 11.3 所示。

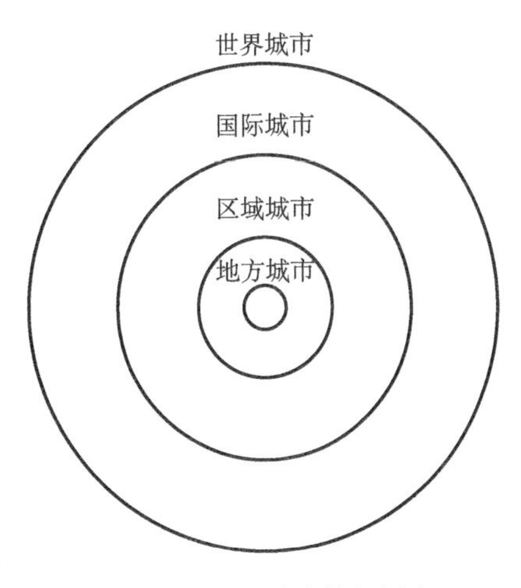

图 11.3 空间城市等级划分

“空间城市等级划分方法”基本原理是根据城市综合影响的空间尺度，如全球空间尺度、洲际空间尺度、区域空间尺度、地方空间尺度，作为标准来划分城市等级。“空间城市等级划分方法”要遵循以下基本原则：

第一，城市综合影响度主要分为政治、经济、文化、金融、科学研究、信息集聚等，不能以单一指标为准，例如经济总量GDP指标、人口数量指标、占地面积指标等。

第二，城市等级分为四个基本层级：世界城市，具有全球影响；国际城市，具有国际影响；区域城市，具有地区影响；地方城市，具有当地影响。

第三，城市只做等级划分，不做排序划分，亦即城市只有等级之分，没有名分之别，它是以模糊理论为基础的。因为“城市规模”命题，本身就是城市科学的无解问题。

② 欧洲空间城市等级划分与职能

如表11.2所示，欧洲世界城市、国际城市对全球与欧洲产生着重大影响，起到了对欧洲空间城市系统的牵引TC与主导LC作用。

第一，伦敦承担了英国空间城市系统牵引城市TC职能，因为伦敦世界城市等级，使得英国空间城市系统获得了世界级空间城市系统地位。

第二，巴黎承担了西北欧空间城市系统牵引城市TC职能，法兰克福、阿姆斯特丹承担了西北欧空间城市系统主导城市LC职能。正是因为巴黎世界城市等级，法兰克福、阿姆斯特丹、布鲁塞尔、海牙、鹿特丹国际城市等级，使得西北欧空间城市系统成为世界三大世界级空间城市系统之一。

第三，米兰承担了南欧空间城市系统牵引城市TC职能，罗马、巴塞罗那承担了南欧空间城市系统主导城市LC职能。米兰、罗马、巴塞罗那国际城市等级，使得南欧空间城市系统获得了世界级空间城市系统地位。

第四，柏林承担了欧洲中部空间城市系统牵引城市TC职能，斯德哥尔摩、慕尼黑承担了中北欧空间城市系统主导城市LC职能。柏林、华沙、斯德哥尔摩、慕尼黑、维也纳、雅典的国际城市等级，使得中北欧空间城市系统获得了国际级空间城市系统地位。

第五，莫斯科承担了俄罗斯空间城市系统牵引城市TC职能、圣彼得堡承担了俄罗斯空间城市系统主导城市LC职能。莫斯科、圣彼得堡国际城市等级，使得俄罗斯空间城市系统获得了国际级空间城市系统地位。

如表11.2所示，欧洲具有大量高水平的“区域城市”，它们对地区产生着重大影响，由于城市历史悠久这些“区域城市”享誉欧洲与世界，这是欧洲“区域城市”不同于世界其他区域城市的重要特征。

如表11.2所示，欧洲“地方城市”承担着欧洲人居空间进化的基础使命，它们为欧洲空间“巨型城市区域”以及“空间城市系统”的产生与发展，奠定了基础。

表11.2 欧洲空间城市等级划分一览表

城市等级	国别	城市名称
世界城市	英国	伦敦
	法国	巴黎

续表

城市等级	国别	城市名称
国际城市	德国	法兰克福　柏林　汉堡　慕尼黑
	意大利	米兰　罗马　威尼斯
	俄罗斯	莫斯科　圣彼得堡
	荷兰	阿姆斯特丹　海牙　鹿特丹
	比利时	布鲁塞尔
	西班牙	巴塞罗那
	瑞士	日内瓦　洛桑
	奥地利	维也纳
	瑞典	斯德哥尔摩
	希腊	雅典
区域城市	西班牙	马德里
	波兰	华沙
	乌克兰	基辅
	匈牙利	布达佩斯
	罗马尼亚	布加勒斯特
	捷克	布拉格
	保加利亚	索菲亚
	塞尔维亚	贝尔格莱德
	瑞士	苏黎世　伯尔尼
	爱尔兰	都柏林
	德国	科隆　杜塞尔多夫　斯图加特　汉诺威
	葡萄牙	里斯本
	英国	曼彻斯特　爱丁堡　伯明翰　格拉斯哥　利物浦
	法国	里昂　马赛
	比利时	安特　卫普
	意大利	都灵　佛罗伦萨　热那亚
	挪威	奥斯陆
	丹麦	哥本哈根
	芬兰	赫尔辛基
	白俄罗斯	明斯克

续表

城市等级	国别	城市名称
地方城市	德国	莱比锡　纽伦堡　德雷斯顿　不来梅　多特蒙德　曼海姆
	波兰	弗罗茨瓦夫　克拉科夫　波兹南　罗兹　卡托维兹
	荷兰	乌特勒支
	卢森堡	卢森堡市
	英国	利兹　贝尔法斯特　布里斯托　纽卡斯尔　南安普顿　阿伯丁　加的夫　莱斯特
	法国	斯特拉斯堡　里尔　波尔多　格勒诺布尔　图卢兹　蒙彼利埃　尼斯　雷恩
	比利时	列日
	瑞士	巴塞尔
	奥地利	林茨　格拉茨
	意大利	博洛尼亚
	挪威	卑尔根
	丹麦	奥胡斯
	瑞典	哥德堡　马尔默
	冰岛	雷克雅未克
	西班牙	瓦伦西亚　毕尔巴鄂　科尔多瓦　塞维利亚
	葡萄牙	波尔图
	斯洛伐克	布拉迪斯拉发
	斯洛文尼亚	卢布尔雅那
	克罗地亚	萨格勒布
	阿尔巴尼亚	地拉那
	马其顿	斯科普里
	波黑	萨拉热窝
	黑山	波德戈里察
	爱沙尼	亚塔林
	拉脱维亚	里加
	立陶宛	维尔纽斯

（2）巨型城市区域状态分析

欧洲是世界人居空间进化优良的空间，它已经具备地方城市、区域城市、国际城市、世界城市、大都市连绵带、巨型城市区域完整的链条。戈特曼预见了西北欧、英格兰、南欧三个大都市连绵带。英国学者彼得·霍尔与凯西·佩恩著有《多中心大都市：

来自欧洲巨型城市区域的经验》,认定了英格兰东南部、兰斯塔德、比利时中部、莱茵鲁尔、莱茵-美茵、瑞士北部、巴黎区域、大都柏林 8 个“巨型城市区域”。“大都市连绵带”与“巨型城市区域”为欧洲空间城市系统奠定了学理性与连贯性基础。

(3) 空间城市系统状态分析

在对欧洲进行实地科学考察基础上,在戈特曼“大都市连绵带”以及彼得·霍尔“巨型城市区域”基础上,经过多年研究我们提出了西北欧空间城市系统、英国空间城市系统、南欧空间城市系统的概念。经过对当代人文环境、交通条件、信息联结、政治经济社会发展进行深度研究,结合对俄罗斯空间的实地考察,我们慎重地提出欧洲中部空间城市系统、俄罗斯空间城市系统的概念。这是对前人学术研究的继承与发展,也是对当代欧洲人居空间发展的归纳,更是对欧洲未来空间城市系统的预见。至此,欧洲具有西北欧空间城市系统、欧洲中部空间城市系统、南欧空间城市系统、英国空间城市系统、俄罗斯空间城市系统 5 个“空间城市系统”,占世界总量 16 个的 37%,与美国、中国形成了三足鼎立之势。

在欧洲人居空间高级化的认知上存在三种基本模式:首先,“大都市连绵带”与“巨型城市区域”构成了前见范式认知;其次,当代欧洲人居空间高级化现实形成了现见范式认知,例如欧盟对“希腊债务危机”救助,强化了欧洲中部空间城市系统的认知;最后,未来欧洲人居空间高级化趋势产生了预见范式认知,例如对俄罗斯空间城市系统的预见。

3) 欧洲空间功能分析

(1) 空间功能原理

所谓“空间功能”是指特定人居空间的效用,例如聚落空间功能、城镇空间功能、城市空间功能、城市区域空间功能、空间城市系统空间功能。“空间功能”是一种综合性、宏观性与专业性、地域性相结合的分析框架,可以有效地用于空间城市系统分析。

根据地理尺度我们可以划分出:世界性功能、洲际功能、地方功能;根据专业类别我们可以划分出:政治、经济、军事、文化、金融、教育、科研功能;根据地域标准我们可以划分出:本地功能、外地功能等。显然高级功能集中于高等级空间中,如纽约空间、伦敦空间、北京空间,而地方功能是所有空间类型必须具备的空间功能,如居住功能、生活功能、工作功能。

空间功能原理为我们找到了一把分析“人居空间”效用的钥匙,使我们认清了聚落、城镇、城市、城市区域、空间城市系统的作用,以及影响范围、影响种类、影响程度。空间标度、时间尺度、事件程度构成了空间功能原理的三个基本要件。

(2) 欧洲空间功能解析

欧洲城市空间功能具有世界性功能,如伦敦、巴黎空间功能,欧洲国际城市空间功能也对欧洲乃至世界产生重大影响,如莫斯科、米兰、柏林、斯德哥尔摩、维也纳、慕尼黑、雅典空间功能。欧洲城市几乎主导着近代文明的走向,在思想、价值观、信仰等精神功能上，牵引着人类社会的发展趋势，如民主理念、社会主义思想、生态文明价值观等，甚至是法西斯主义的负面思想。

欧洲巨型城市区域空间功能使得欧洲产生了《里斯本议程》、《欧洲空间发展展望》ESDP、《西北大都市区空间愿景》NWMA，这些空间规划、空间治理、空间政策文件，导致了如POLYNET(多中心)这样的大型科研项目的产生。所有这些都为世界人居空间进化产生了重大影响，促进了美国空间巨型区域、中国空间城市群、日本空间都市圈理论与实践的发展。

欧洲空间城市系统空间功能将对世界产生重大影响：西北欧空间城市系统、英国空间城市系统都走在世界的前列，为世界提供牵引性功能。南欧空间城市系统将为其他跨国界空间城市系统提供范例，欧洲中部空间城市系统将呈现高效能生态型人居空间样板，俄罗斯空间城市系统亦将创造出地理空间疏离型空间城市系统的特例。

11.1.3 欧美中空间城市系统比较分析

如图11.4、图11.5所示，欧洲、美国、中国共计14个空间城市系统，占世界总量16个的87%，因此对欧美中空间城市系统作比较分析，就具有世界性普遍意义，可以为人类空间城市系统发展方向找出普适性规律。

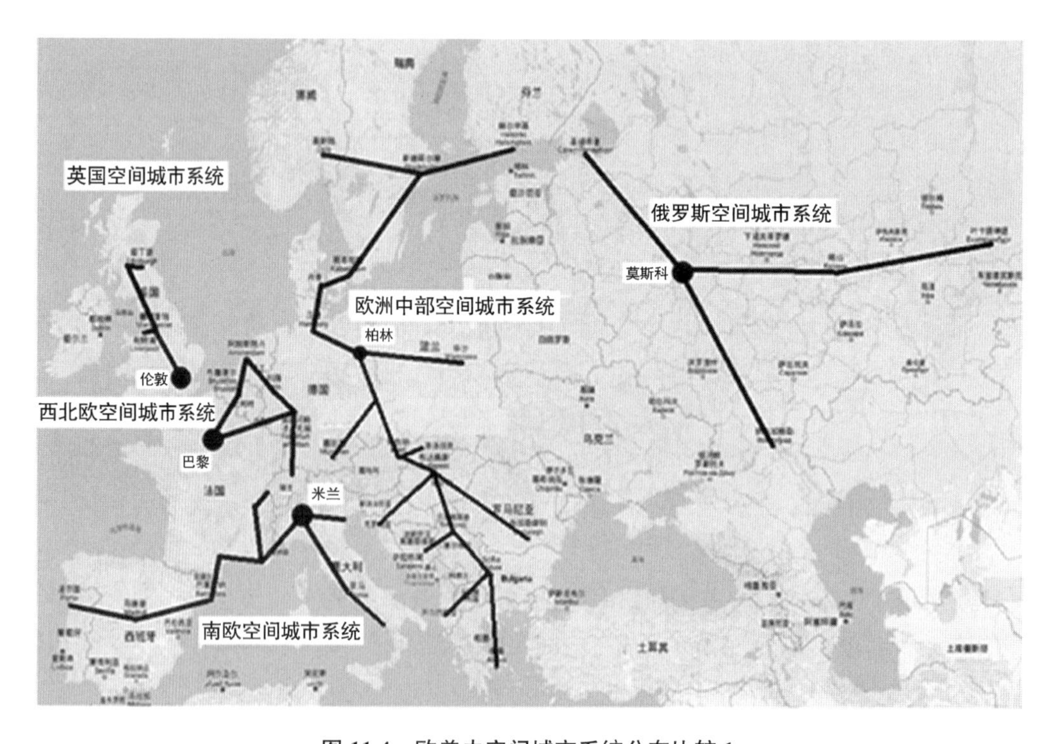

图11.4 欧美中空间城市系统分布比较1

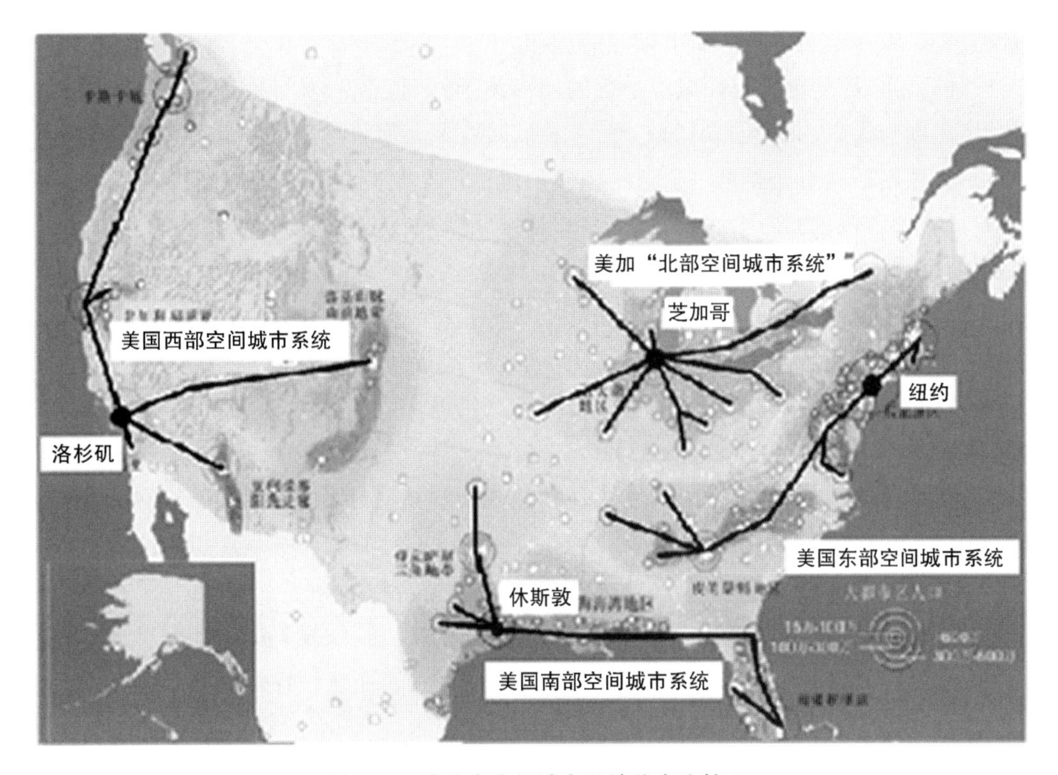

图 11.5 欧美中空间城市系统分布比较 2

1）空间城市系统比较研究

比较研究方法是科学与社会科学的经典研究方法，“空间城市系统态势比较”是空间城市系统研究的基本方法，它是对两个或多个空间城市系统之间的“态势”进行比较，找出其中的特殊性与普遍性规律。

（1）空间城市系统比较指数

“空间城市系统指数”是根据样本数据所设计计算出来的，反映空间城市系统本质特性的统计数据。“空间城市系统指数”主要包括：综合指数、经济指数、创新指数、空间结构指数、整体涌现性指数、可持续指数、生态环境指数等，原则上可以根据研究的需要设计“空间城市系统指数”类别。

“综合指数”首先包括空间城市系统的基本评价指标，如人口指数、面积指数、海拔指数等；其次包括空间城市系统不能直接相加的相对指标，如牵引力指数、治理指数、协调指数等；最后包括所研究空间城市系统的特别需要指标，如研究型大学指数、拥有科学家指数、科研机构指数等。总之，“综合指数”所表达的是空间城市系统普遍具有的一般属性与特殊属性，它说明了所研究空间城市系统的基本面貌，可以根据主成分分析方法进行“综合指数”排序，通过指数统计理论求出。

“经济指数”是空间城市系统的基础性指标，任何空间城市系统必须建立在一定的经济能力之上。空间城市系统“经济指数”主要以经济总量指数、高端生产者服务业指数、金融指数、产业指数等高端经济领域为主，它反映了空间城市系统整体空间的序参量经济水平，而不是一般的经济指标的加和。

“创新指数”是衡量空间城市系统的序参量指标，包括思想创新指数、科学创新指数、技术创新指数、文化创新指数、企业创新指数等。创新是空间城市系统的根本使命，原生性创新动力是衡量一个空间城市系统的序参量指标，每一个空间城市系统都必须具有自己特色的内生性创新动力，并且可以用“创新指数”量化表达出来。创新是空间城市系统的生命线。

“空间结构指数”是空间城市系统的技术性指标，包括空间结点指数、联结轴线指数、网络域面指数等。“空间结构指数”所表达的是空间城市系统本体结构属性，它清晰地说明了一个空间城市系统的基本情况与演化程度，它是空间城市系统重要的整体标度量。

“整体涌现性指数”是空间城市系统目的性指标，包括空间城市系统分岔指数、空间涨落指数、状态熵指数、信息量指数、空间存量指数等。“整体涌现性指数”要结合系统科学知识慎重进行制定，它是空间城市系统的成熟标度量。

需要特别指出的“生态环境指数”是空间城市系统可持续发展的重要标度量，如生态足迹指数、碳排放指数、可再生能源指数等。空间城市系统使命是前向降低“大城市生态足迹”，聚落、城市、空间城市系统共同构成“可持续人居空间系统”是其根本使命。

“空间城市系统指数”设计要以人类生存道德底线为终极标准，做到生态低碳、宜居舒适、环境友好，让人类可持续美好地生活在地球上。

(2) 空间城市系统态势比较方法

如前图 9.5 所示，我们将空间城市系统衡量指标分为优势、良势、均势、弱势、劣势 5 个等级，即 A、G、B、W、I5 个等级，对空间城市系统进行“态势”比较分析。空间城市系统态势比较分析，既可以是定性分析，又可以是定量分析。只需要将“空间城市系统比较指数”代入“空间城市系统态势比较表”，就可以完成从定性比较向定量比较的转换。

“优势”表示空间城市系统比较处于绝对胜出地位，包括定性性质优势、比较指数优势、发展趋势优势；“良势”表示空间城市系统比较处于相对超前地位，包括定性性质良势、比较指数良势、发展趋势良势；“均势” 表示空间城市系统比较处于相当地位，包括定性性质均势、比较指数均势、发展趋势均势；“弱势”表示空间城市系统比较处于相对落后地位，包括定性性质弱势、比较指数弱势、发展趋势弱势 ；“劣势” 表示空间城市系统比较处于绝对落后地位，包括定性性质劣势、比较指数劣势、发展趋势劣势。

空间城市系统态势比较，用于两个空间城市系统的比较属于二元合作博弈范畴，用于多个空间城市系统的比较属于非合作博弈范畴。它较好地提供了一种定性比较、定量比较、发展趋势比较的空间城市系统态势比较框架。

2）欧美中空间城市系统比较分析

(1) 欧美中空间城市系统态势比较表 11.3

欧洲空间、美国空间、中国空间将主导全球人居空间形态的发展，它们地形地貌不同、人文环境不同、经济水平不同。城市时代欧美空间处于比较优势地位，中国空间处于比较弱势地位；城市区域比较，欧洲有“巨型城市区域”、美国有“巨型区域”、中国有“城市群”，三者处于基本均势地位；在空间城市系统产生与发展的当代，欧美中处在相对均衡的起跑线上，今后10年将是欧美中空间城市系统产生与发展的关键期，胜出者将处于“优势”或“良势”地位。

表11.3 欧美中空间城市系统态势比较表

类别	空间城市系统名称	综合指数	经济指数	创新指数	空间结构指数	整体涌现性指数	生态环境指数	比较分析
序参量型	西北欧空间城市系统	良势	良势	均势	优势	均势	优势	美国东部系统领先，西北欧系统基础雄厚，中国沿江系统潜力大，同居世界前三名
	美国东部空间城市系统	优势	优势	优势	均势	良势	良势	
	中国沿江空间城市系统	弱势	弱势	劣势	良势	弱势	弱势	
成熟型	英国空间城市系统	良势	良势	良势	优势	良势	优势	英国系统领先，美国西部系统居次，中国南部系统后置，台湾地区制约变量拖后
	美国西部空间城市系统	良势	优势	优势	均势	均势	良势	
	中国南部空间城市系统	良势	良势	均势	劣势	均势	均势	
骨干型	南欧空间城市系统	均势	均势	弱势	均势	弱势	良势	美加系统居前位，北京—雄安因素有潜力，南欧系统整体欠佳，意法西葡协调滞后
	美加“北部空间城市系统”	良势	优势	良势	良势	均势	均势	
	中国北部空间城市系统	优势	弱势	均势	均势	均势	弱势	
预见型	欧洲中部空间城市系统	良势	良势	优势	弱势	弱势	优势	美国南部系统领先，欧洲中部系统居次，中国沿河系统滞后，三者空间战略均失当
	美国南部空间城市系统	良势	良势	良势	均势	均势	均势	
	中国沿河空间城市系统	均势	劣势	劣势	均势	弱势	劣势	
预备型	俄罗斯空间城市系统	均势	劣势	弱势	弱势	弱势	优势	中国东北系统领先，俄罗斯系统有潜力
	美国欠缺							
	中国东北空间城市系统	优势	劣势	劣势	优势	良势	弱势	

(2) 欧美中空间城市系统比较结论

第一,欧美中空间城市系统都处于北半球,地形地貌多处于内陆平原、海岸平原、山前平原或谷地,多与大型河流走势相伴随。地貌环境逻辑是欧美中空间城市系统的共性基础逻辑。

第二,欧美中空间城市系统都具有世界城市、国际城市作为牵引城市 TC、主导城市 LC,它们是人类文明高度发达空间,人文环境逻辑是欧美中空间城市系统的共性基础逻辑。

第三,欧美中空间城市系统都具有强大的经济基础,是人类财富的集聚空间,经济环境逻辑是欧美中空间城市系统的共性基础逻辑。

第四,美国东部空间城市系统、西北欧空间城市系统、中国沿江空间城市系统位居世界空间城市系统前三位。这使得欧美中空间城市系统同处于世界第一梯队。

第五,美国空间城市系统质量占据优势,欧洲与中国空间城市系统数量占据优势,俄罗斯空间城市系统、中国东北空间城市系统比较指数均为弱势。

第六,西北欧空间城市系统、欧洲中部空间城市系统、南欧空间城市系统为跨国型空间城市系统,美加"北部空间城市系统"、美国西部空间城市系统为跨国型空间城市系统,中国南部空间城市系统为跨多种行政区空间城市系统。上述空间城市系统需要高度行政协调。

根据美国东部空间城市系统、西北欧空间城市系统、中国沿江空间城市系统经济总量数据分析,以 2017 年实现数据为标准可以得到排序:第一,美国东部空间城市系统 32.44 万美元。第二,西北欧空间城市系统 25.98 万美元。第三,中国沿江空间城市系统 25.00 万美元。以美国东部空间城市系统 GDP 整体涌现增长率 1.5%、西北欧空间城市系统 GDP 整体涌现增长率 1%、中国沿江空间城市系统 GDP 整体涌现增长率 3%计算。在不发生经济危机前提条件下,以各自拥有的 2017—2027 年平均 GDP 增长条件下,得到 2027 年预测排序:第一,中国沿江空间城市系统 47.50 万美元。第二,美国东部空间城市系统 44.78 万美元。第三,西北欧空间城市系统 32.76 万美元。届时美国东部空间城市系统、西北欧空间城市系统、中国沿江空间城市系统将成为世界人居空间的序参量牵引空间。

11.2 西北欧空间城市系统

11.2.1 西北欧空间城市系统逻辑分析

1) 西北欧空间城市系统定义

(1) 西北欧"大都市连绵带"与"巨型城市区域"

1957 年,戈特曼认为"最接近于美国的一个大城市连绵区将可能出现在欧洲西北部地区,从阿姆斯特丹到巴黎,或许也包括沿着莱茵河和默兹河向东延伸至鲁尔和科隆一带，这一地区有可能在接下来的20年中连接起来形成一个整体”。事实证明他的预见变成了现实。

2006年，彼得·霍尔界定了“西北欧的8个巨型城市区域(Mega-City Region)”。其中兰斯塔德、比利时中部、莱茵鲁尔、莱茵-美因、瑞士北部、巴黎区域就是戈特曼所预见的“西北欧大都市连绵带”。

“西北欧大都市连绵带”与“兰斯塔德、比利时中部、莱茵鲁尔、莱茵-美因、瑞士北部、巴黎区域”巨型城市区域，为“西北欧空间城市系统”奠定了坚实的学理性基础。三者的本质是同一客观事实不同时间、不同方法论的科学研究，后人一定是站在前人的肩上前行。

(2) 西北欧空间城市系统概念

如图11.6所示，经过实地科学考察与空间城市系统理论分析，我们认为“西北欧空间城市系统”是“西北欧大都市连绵带”与“兰斯塔德、比利时中部、莱茵鲁尔、莱茵-美因、瑞士北部、巴黎区域”巨型城市区域自组织演化的结果。它是一个24级的跨国世界级空间城市系统，位居世界三大空间城市系统之一。

西北欧空间城市系统可以分为两个子系统：一是“巴黎—法兰克福—苏黎世”结构，10级西北欧南方空间城市系统，包括巴黎、雷恩、卢森堡、法兰克福、波恩、曼海姆、斯图加特、纽伦堡、苏黎世、伯尔尼10个一级空间城市系统；二是“布鲁塞尔—杜塞尔多夫—阿姆斯特丹”结构，14级西北欧北方空间城市系统，包括科隆、杜塞尔多夫、伍铂塔尔、杜伊斯堡、埃森、盖尔森基兴、波鸿、多特蒙德、汉诺威、阿姆斯特丹、海牙、鹿特丹、安特卫普、布鲁塞尔14个一级空间城市系统。

巴黎是西北欧空间城市系统的牵引城市TC；法兰克福是它的牵引城市TC(一)；苏黎世、杜塞尔多夫、布鲁塞尔、阿姆斯特丹是西北欧空间城市系统的主导城市LC；雷恩、卢森堡、波恩、曼海姆、斯图加特、纽伦堡、科隆、伍铂塔尔、杜伊斯堡、埃森、盖尔森基兴、波鸿、多特蒙德、汉诺威、海牙、鹿特丹、安特卫普、伯尔尼是西北欧空间城市系统的主中心城市MC；亚眠、鲁昂、奥尔良、斯特拉斯堡、巴塞尔、阿伦、亚琛、列日、根特、乌得勒支、格罗宁根、卡塞尔等是西北欧空间城市系统的辅中心城市AC；福希海姆、因特拉肯等是西北欧空间城市系统的基础城市BC。

西北欧空间城市系统很可能是世界上少有的，已经分岔的空间城市系统，它的标志性顶级整体涌现性表现为：其一，巴黎《巴黎气候变化协定》。其二，法兰克福全球交通与经济节点城市。其三，苏黎世区域，达沃斯《世界经济论坛》(World Economic Forum)。其四，布鲁塞尔，欧盟与北大西洋公约组织总部驻地，欧洲的首都。其五，西北欧空间城市系统空间，具有世界最多的国际行政机构与联合国组织部门，堪称世界中心。

(3) 论西北欧人居空间形态进化

如图11.6所示，“西北欧空间城市系统夜间卫星图”是一种没有行政等级的人居空间分布真实图像，它反映了现在时代人类集聚密度的基本情况。

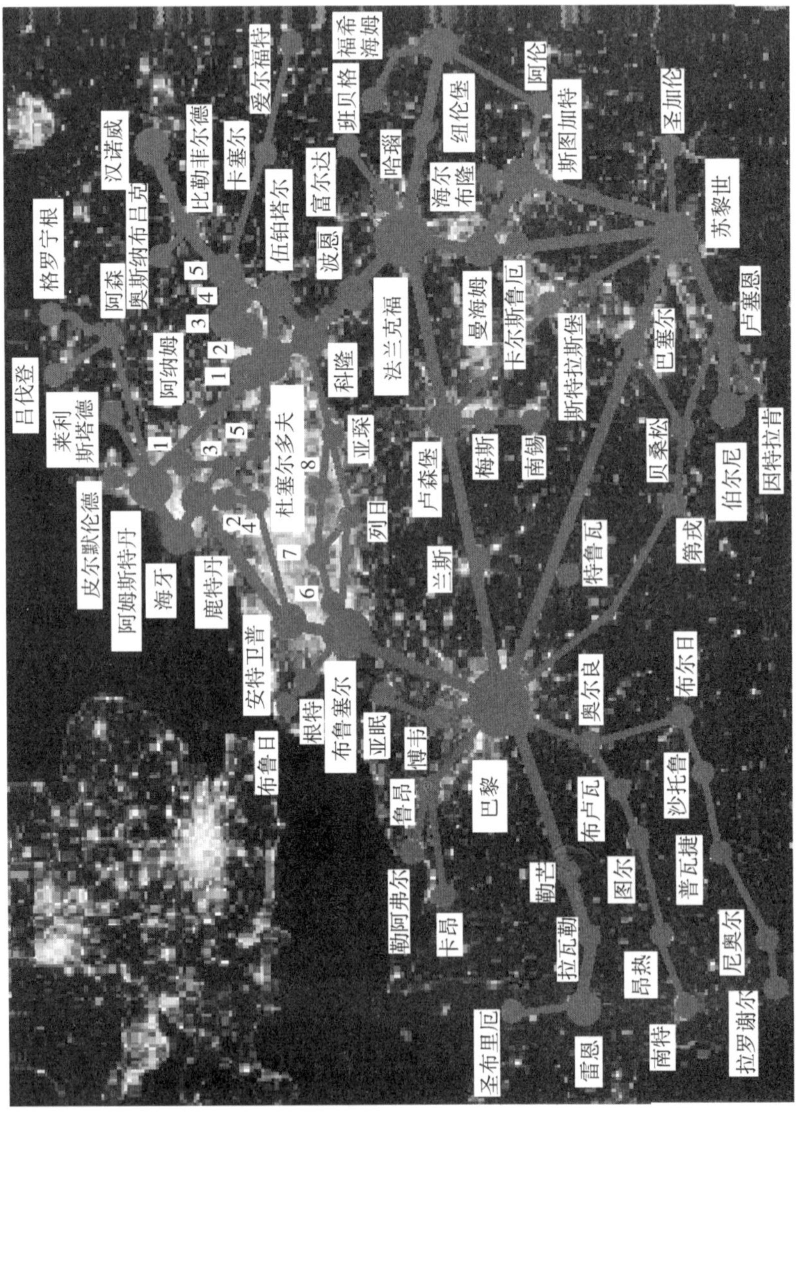

1. 杜伊斯堡
2. 埃森
3. 盖尔森基兴
4. 波鸿
5. 多特蒙德

1. 乌得勒支
2. 多德雷赫特
3. 斯海尔托亨博斯
4. 布雷达
5. 艾恩德霍芬
6. 勒芬
7. 哈瑟尔特
8. 马斯特里赫

图 11.6　西北欧空间城市系统夜间卫星图

（源自：笔者根据 NASA 图自制）

如图11.7所示，20世纪30年代德国城市地理学家克里斯塔勒发现了城市的等级体系分布规律，根据地理尺度他将中心地分为12个等级，依次为：下降、上升、H、M、A、K、B、G、P、L、RT、R①，并对德国南部区域进行了对应的“实验研究”，将中心地理论进行了应用性实证研究，他所对应的德国南部区域与今天的西北欧空间城市系统“南部空间城市系统”大部分是重合的。

图11.7　W.克里斯塔勒

到2018年，经过近90年进化，我们发现西北欧区域已经从“中心地体系”自组织演化到“空间城市系统”状态。

第一，巴黎牵引城市TC与达沃斯基础城市BC，都是西北欧空间城市系统不可再分的“城市元素”，两者具有相同的空间地位。在“西北欧空间城市系统夜间卫星图”中表示为密布的、无差别的、地理相连接的城市元素分布，例如布鲁塞尔—杜塞尔多夫—阿姆斯特丹所构成的“北方空间城市系统”。

第二，由上可知，西北欧区域已经不存在人居空间的等级体系结构，存在的仅仅是空间结点功能差异化，例如巴黎与达沃斯是西北欧区域的两个同质化空间结点，即消除了城乡差别。但是达沃斯所具有的《世界经济论坛》功能要超过巴黎，而巴黎的“世界交通枢纽”功能要超过达沃斯，两者之间存在的仅仅是“世界经济论坛”与“世界交通枢纽”功能差异化。

第三，“西北欧空间城市系统夜间卫星图”说明，西北欧区域已经完成空间集聚、空间联结，也就是说完成了中心地体系的“中心性”向心演化过程。实现了从“中心地体系”到“空间城市系统”的进化过程。我们对西北欧空间城市系统的“实验研究”，很好地诠释了西北欧区域人居空间现在状态客观事实，从本质上揭示了西北欧区域现在人居空间“系统化”的科学规律。

第四，西北欧区域经过了城市中心地体系、大都市连绵带、巨型城市区域、空间城市系统四个演化阶段，这是一个连续的人居空间进化过程。而中心地理论、大都市连绵带理论、巨型城市区域理论、空间城市系统理论对这个实践进化过程，在当时条件下都能够给予很好地解释。

2）西北欧空间城市系统环境超系统

如图11.8所示，西欧平原与莱茵河上游高原地带为西北欧空间城市系统提供了自然地理基质，大西洋暖流为西北欧空间城市系统带来了适宜的气候条件。我们应用第2章第2.1.2节中空间城市系统环境理论对西北欧空间城市系统进行环境分析，说明为什么在西北欧空间会产生空间城市系统。西北欧空间城市系统是在环境中孕育、演化、产生的，环境是西北欧空间城市系统不可或缺的依赖基础。西北欧空间城市系

① 参见：克里斯塔勒.德国南部中心地原理[M].常正文，等译.北京：商务印书馆，1998：174-180。

统环境超系统可以表示为

$$E_s = \{x \mid x \in S \text{ 且与 } S \text{ 具有不可忽略的联系}\} \tag{11.1}$$

其中，E_s 表示西北空间城市系统环境，x 表示地貌逻辑、人文逻辑、经济逻辑，S 表示西北欧空间城市系统。当地貌逻辑、人文逻辑、经济逻辑满足空间城市系统成立需要的条件时，就会产生西北欧空间城市系统环境超系统 E_s。

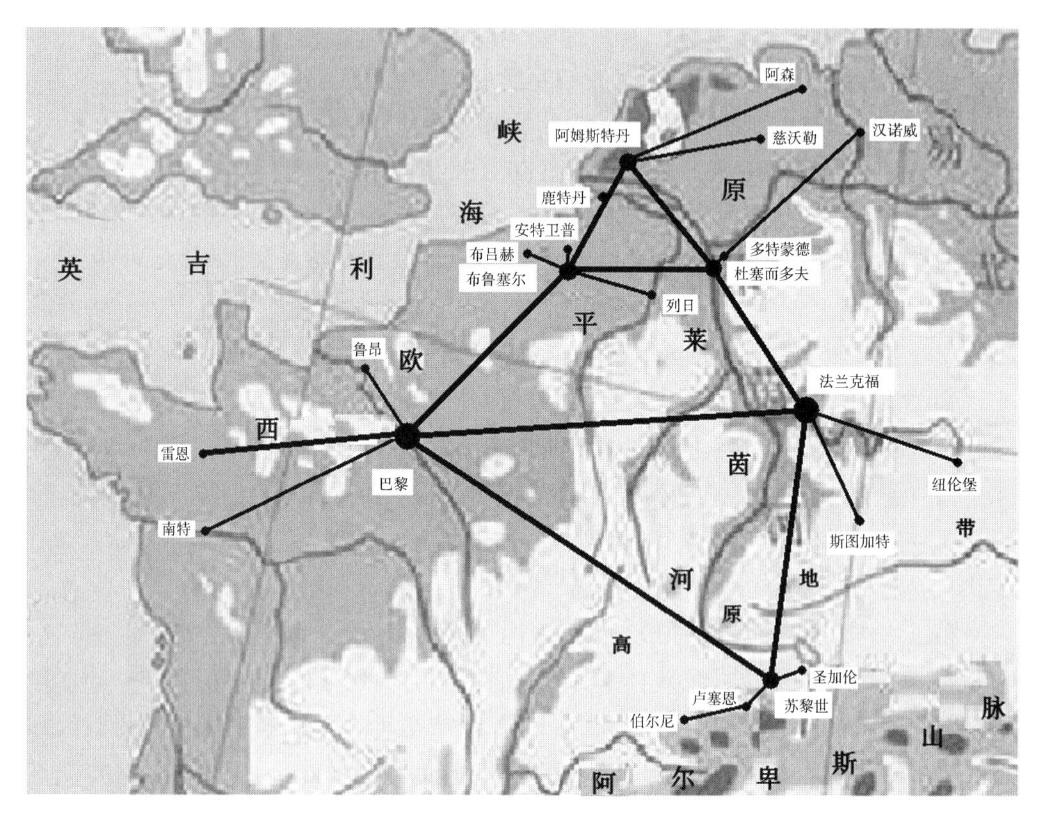

图 11.8　西北欧空间城市系统地貌

“空间城市系统环境超系统 E_s”是西北欧空间城市系统赖以培育、生成、成长的母体。首先，它对西北欧空间城市系统具有外部规定性，形塑了西北欧空间城市系统的主体。其次，它是决定西北欧空间城市系统整体涌现性的重要因素，使得空间城市系统与环境形成稳定的依存关系。最后，空间城市环境复杂性是空间城市系统复杂性的重要根源。西北欧空间城市系统环境超系统呈现一种弱系统性的特征，它的整体性比较差，呈现出较弱的结构关联性，不够规则。西北欧空间城市系统环境超系统受科学技术条件、人文环境条件、经济环境条件的影响具有变动性，人类根据“西北空间城市系统”空间规划与空间治理的需要改变“西北欧空间城市系统环境超系统 E_s”。

必须说明的是，我们对西北欧空间城市系统采用了“环境论”表述方法，实际上西北欧空间城市系统环境与本体是一种母体与婴儿的关系，它们是一种难以分离的关系：第一阶段，环境化。此阶段，以“西北欧环境形态”存在，西北欧空间城市系统本体只是以种子的形式存在于环境母体之中,例如城市以独立形式存在于西北欧地理环境之中,城市是西北欧空间城市系统的种子。第二阶段,环境与本体一体化。随着环境条件的进化,环境孕育了西北欧空间城市系统本体,此阶段不可能把环境与本体分离,它们是一个统一体。第三阶段,环境与本体分化。当西北欧空间城市系统形成,本体逐渐与母体分离。但是,西北欧空间城市系统环境与本体"边界"是模糊的,其母子关系很难分清楚。第四,环境因素转化为本体因素。西北欧空间城市系统环境因素与本体因素存在转化关系,即母体因素转化成子体因素,也就是说"孩子是娘身上掉下来的肉"。

开始我们使用了理想化的"环境条件",将西北欧空间城市系统环境作为研究对象。在后续西北欧空间城市系统实践分析中,我们更多应用了"空间城市系统本体"作为研究对象,进行西北欧空间城市系统人文逻辑与经济逻辑的论证,即"西北欧空间城市系统环境因素与本体因素存在转化关系",读者要特别注意西北欧空间城市系统"环境"与"本体"的这种统一性。在地理逻辑中可以理解为"环境论",在人文逻辑、经济逻辑中可以理解为"本体论"。在历史时间语境中可以理解为"环境论",在当时语境中可以理解成"本体论"。究其本质意义而言,"环境论"与"本体论"是一个辩证统一体。

(1) 环境超系统地理逻辑

如图 11.8 所示,西北欧空间城市系统"环境超系统地理逻辑"是一种宏观地理逻辑,主要包括:西欧平原地貌逻辑、沿莱茵河地貌逻辑两个部分,它们回答了西北欧空间城市系统产生的地貌科学性,揭示了为什么会在西北欧区域产生空间城市系统的地理逻辑规律。

① 西欧平原地貌逻辑

第一,西欧平原地貌逻辑链。

西欧平原地貌逻辑链为:巴黎牵引城市 TC—地貌逻辑 G1—地貌逻辑 G2—布鲁塞尔主导城市 LC—地貌逻辑 G3—地貌逻辑 G4—阿姆斯特丹主导城市 LC。

第二,西欧平原地貌逻辑主体。

西欧平原地貌逻辑主体包括巴黎与布鲁塞尔之间的地貌逻辑 G1、G2,布鲁塞尔与阿姆斯特丹之间的地貌逻辑 G3、G4,西北欧空间城市系统地貌逻辑 GA。

第三,西欧平原地貌逻辑本质。

通过对西欧平原逻辑链的逻辑关系分析,求出西欧平原地貌逻辑主体 G1、G2、G3、G4 与 GA 的本质内涵,并将证明西欧平原逻辑主体 G1、G2、G3、G4 与 GA 本质内涵,能够为西北欧空间城市系统提供地貌逻辑基础。

第四,西欧平原地貌逻辑数据。

巴黎牵引城市 TC 数据:巴黎平均海拔为 40—70 m,总体为巴黎盆地平原地貌。

G1 数据:巴黎盆地北侧平均海拔为 22—79 m,总体为巴黎盆地平原地貌。

G2 数据:佛兰德平原平均海拔约 50 m,总体为西南部佛兰德低地平原地貌。

布鲁塞尔主导城市 LC 数据:布鲁塞尔平均海拔 58 m,总体为东部佛兰德低地平原地貌。

G3 数据:平均海拔 10—12 m,总体为三角洲平原地貌。

G4 数据:平均海拔－1 m 到－6 m,总体为低地地貌。

阿姆斯特丹主导城市 LC 数据:阿姆斯特丹平均海拔 2 m,市内海拔－1 m 到－5 m,总体为低地地貌。

第五,西欧平原地貌逻辑关系。

西欧平原地貌逻辑关系可以由以下逻辑推理表述:

巴黎牵引城市 TC:海拔 40—70 m,总体为平原地貌。

G1:海拔 22—79 m,总体为平原地貌。

G2:海拔 50 m,总体为平原地貌。

布鲁塞尔主导城市 LC:海拔 58 m,总体为平原地貌。

地貌逻辑 G1 与 G2:

巴黎牵引城市 TC 与布鲁塞尔主导城市 LC 之间:第一,具有相同的海拔高度区间;第二,具有相同的总体平原地貌。因此巴黎牵引城市 TC 与布鲁塞尔主导城市 LC 是相同地貌逻辑关系。

布鲁塞尔主导城市 LC:海拔 58 m,总体平原地貌。

G3:海拔 10—12 m,总体为平原地貌。

G4:海拔－1 m 到－6 m。总体为低地地貌。

阿姆斯特丹主导城市 LC:海拔 2 m,总体为低地地貌。

地貌逻辑 G3 与 G4:

布鲁塞尔主导城市 LC 与阿姆斯特丹主导城市 LC 之间:第一,G3 与 G4 海拔高度差为 11—18 m,布鲁塞尔主导城市 LC 与阿姆斯特丹主导城市 LC 海拔高度差为 56 m;第二,前者为平原地貌,后者为低地平原地貌,地理学合称为“荷比低地”。因此两者之间的地貌逻辑是高度相似地貌逻辑关系。

地貌逻辑 G1 与 G2:

巴黎牵引城市 TC 与布鲁塞尔主导城市 LC 之间的地貌逻辑是相同地貌逻辑关系。

地貌逻辑 G3 与 G4:

布鲁塞尔主导城市 LC 与阿姆斯特丹主导城市 LC 之间的地貌逻辑是高度相似地貌逻辑关系。

西北欧空间城市系统地貌逻辑 GA:

巴黎牵引城市 TC、布鲁塞尔主导城市 LC、阿姆斯特丹主导城市 LC 之间的地貌逻辑性质是近相同地貌逻辑关系。

西欧平原地貌逻辑本质归纳结论：

西欧平原逻辑主体 GA 的逻辑性质为近相同地貌逻辑关系，可以为西北欧空间城市系统提供地貌逻辑基础。

② 沿莱茵地貌逻辑

如图 11.9 所示，沿莱茵河畔形成了完整科学的地貌逻辑：

图 11.9 莱茵河畔
（源自：ZOL 论坛）

第一，沿莱茵河上游高原地貌逻辑链。

沿莱茵河地貌逻辑链为：苏黎世主导城市 LC 所在地貌逻辑 GS1—斯图加特主中心城市 MC 所在地貌逻辑 GS2—法兰克福牵引城市 TC（一）与科隆主导城市 MC 所在地貌逻辑 GS3—阿姆斯特丹主导城市 LC 所在地貌逻辑 GS4。

第二，沿莱茵河地貌逻辑主体。

沿莱茵河地貌逻辑主体包括：苏黎世主导城市 LC 所在的第一级阶梯 GS1，瑞士高原地貌；斯图加特 MC 所在的第二级阶梯 GS2，单斜丘陵地貌；法兰克福 TC（一）与科隆 MC 所在的第三级阶梯 GS3，河岸平原地貌；阿姆斯特丹 LC 所在的第四级阶梯 GS4，沿海低地地貌。

第三，沿莱茵河地貌逻辑本质。

通过对沿莱茵河逻辑链的逻辑关系分析，求出沿莱茵河地貌逻辑主体 GS1、GS2、GS3、GS4 与 GB 的本质内涵，并将证明此本质内涵能够为西北欧空间城市系统提供地貌逻辑基础。

第四，沿莱茵河地貌逻辑数据。

第一级阶梯 GS1 数据：

瑞士高原地貌，平均海拔 500 m 以上。

第二级阶梯 GS2 数据：

单斜丘陵地貌，平均海拔 245 m。

第三级阶梯 GS3 数据：

沿河平原地貌，平均海拔 38—112 m。

第四级阶梯 GS4 数据：

沿海低地地貌，平均海拔 2—10 m。

第五，沿莱茵河地貌逻辑关系。

第一级阶梯 GS1，苏黎世 LC 所在瑞士高原，平均海拔 500 m 以上。

第二级阶梯 GS2，斯图加特 MC 所在单斜丘陵，平均海拔 245 m。

GS1 与 GS2 地貌逻辑关系：

苏黎世 LC 与斯图加特 MC 之间存在一个高原到丘陵的地貌阶梯，平均海拔高度差为 255 m，因此苏黎世 LC 与斯图加特 MC 的地貌逻辑关系是合理的单阶梯关系。

第二级阶梯 GS2，斯图加特 MC 所在单斜丘陵，平均海拔 245 m。

第三级阶梯 GS3，法兰克福 LC(一)与科隆 MC 所在沿河平原，平均海拔 38—112 m。

GS2 与 GS3 地貌逻辑关系：

斯图加特 MC 与法兰克福 TC(一)、科隆 MC 之间存在一个丘陵到平原的地貌阶梯，平均海拔高度差为 133—207 m，因此斯图加特 MC 与法兰克福 LC、科隆 MC 的地貌逻辑关系是合理的单阶梯关系。

第三级阶梯 GS3，法兰克福 TC(一)与科隆 MC 所在沿河平原，平均海拔 38—112 m。

第四级阶梯 GS3，阿姆斯特丹 LC 所在沿海低地，平均海拔 2—10 m。

GS3 与 GS4 地貌逻辑关系：

法兰克福 TC(一)、科隆 MC 与阿姆斯特丹 LC 之间存在一个平原到低地的地貌阶梯，平均海拔高度差为 28—110 m，因此法兰克福 TC(一)、科隆 MC 与阿姆斯特丹 LC 的地貌逻辑关系是合理的单阶梯关系。

GS1 与 GS2 地貌逻辑关系：

苏黎世 LC 与斯图加特 MC 的地貌逻辑关系是合理的单阶梯关系。

GS2 与 GS3 地貌逻辑关系：

斯图加特 MC 与法兰克福 TC(一)、科隆 MC 的地貌逻辑关系是合理的单阶梯关系。

GS3 与 GS4 地貌逻辑关系：

法兰克福 TC(一)、科隆 MC 与阿姆斯特丹 LC 的地貌逻辑关系是合理的单阶梯关系。

西北欧空间城市系统地貌逻辑 GB：

苏黎世 LC、斯图加特 MC、法兰克福 TC(一)与科隆 MC、阿姆斯特丹 LC 之间的地貌逻辑关系为合理的单阶梯关系。

沿莱茵河地貌逻辑本质归纳结论：

沿莱茵河地貌逻辑主体 GB 的逻辑性质为合理的逐级单阶梯系，可以为西北欧空间城市系统提供地貌逻辑基础。

到此，我们证明了“西欧平原地貌逻辑链”与“沿莱茵河地貌逻辑链”的科学性与合理性，所以在西北欧区域产生“西北欧空间城市系统”具备了地貌逻辑基础，是必然的地理逻辑结果。当然我们还要证明人文逻辑、经济逻辑的科学性与合理性。

(2) 环境超系统人文逻辑

所谓“人文环境超系统”是指产生西北欧空间城市系统所要求的、宏观的、人文的环境，在“人文环境超系统”中孕育、演化、产生“西北欧空间城市系统”。它是一个历史漫长、范围宽广、意义深远的松散结构，我们概括以下为六个主要方面。

① 政治逻辑

西北欧空间是世界政治牵引性空间，为人类社会现代政治文明提供了基本原则。

首先，西北欧是近现代政治思想的产生空间。法国思想家卢梭提出了人民主权政治思想，为法国革命和美国革命奠定了思想基础，成为现代社会的基本政治准则。德国思想家马克思创建了社会主义政治思想，改变了世界近 1/2 人类的命运。西北欧是资本主义、共产主义、法西斯主义的起源性空间，巴黎与布鲁塞尔是全球气候政治思想、政治运动的重要活动空间。

其次，西北欧是近现代政治文化的塑成空间。伟大的“思想启蒙运动”呼唤用理性的阳光驱散现实的黑暗，批判专制主义与教权主义。法国的伏尔泰提倡天赋人权，宣扬自由和平等原则；法国的孟德斯鸠创建了“三权分立”原则，即立法权、行政权和司法权分属于三个不同的国家机关，三者相互制约、权力均衡；法国的卢梭强调“天赋人权”，认为一切权力属于人民。荷兰产生了格劳秀斯、斯宾诺莎等政治先驱者及其政治理论，为人类政治进步奠定了基础。

最后，西北欧是现代政治制度的实践空间。法国大革命产生了现代“共和政治制度”，成为世界的楷模。西北欧国家普及了现代代议制民主法治政治制度，成为世界政治的典范空间。欧盟的建立是西北欧对于人类政治进步的极大贡献，形成了欧盟、国家、地方、城市一体化的现代政治体系。

② 人口逻辑

西北欧空间概念人口 8 千万，涵盖德国、法国、荷兰、比利时、瑞士、卢森堡，西北欧是人类幸福指数比较高的地区，是世界移民相望之地。西北欧空间是欧盟的核心空间，其平均人口素质居于世界高端水平。德语、法语、荷兰语、英语、卢森堡语为主要语言。西北欧人口总量与人口素质为西北欧空间城市系统奠定了基础。

③ 宗教信仰逻辑

西北欧具有共同的基督教信仰，基督教是西北欧文明的根源之一，无论是政治、经济、科学、教育、文化和艺术，基督教塑造了西北欧文明的方方面面。共同的基督教信仰为西北欧空间城市系统奠定了精神基础，基督教精神与民主自由精神成为现代西北欧社会牢固的信仰基础。

④ 文化逻辑

西北欧空间创造了知识发现的诸多第一，爱因斯坦、普里戈金、居里夫人、哈肯这些科学巨匠都是在西北欧空间中成长与创新的，因此西北欧空间堪称现代科学文化的摇篮之一。现代科学文化为西北欧空间城市系统奠定了基础。

⑤ 社会逻辑

西北欧社会为公认的发达社会，欧盟、国家、地方、公民形成了相对合理的社会结构，自由、民主、平等基本原则成为西北欧社会行为准则，降低碳排放、生态环境、可持续发展理念已经被广泛接受。相对发达的“公民社会”组织结构，为西北欧空间城市系统社会奠定了基础。

⑥ 高等教育逻辑

西北欧是现代高等教育的起源性空间，巴黎大学堪称欧洲大学之母，德国洪堡开创研究型大学教育先河，瑞士高等教育居于世界前沿水平。西北欧空间高等教育基础雄厚、发达完善、研究型与应用型分工明确，为西北欧空间城市系统奠定了基础。

经过上述分析，西北欧空间城市系统的成立具有悠久雄厚的“人文逻辑”基础，它们完全可以支撑起西北欧空间城市系统，从而追求其“整体涌现性”。

(3) 经济环境超系统经济逻辑

所谓“经济环境超系统”是指产生西北欧空间城市系统必须具备的、宏观的、经济前提条件，“西北欧空间城市系统”是一种高级化的人居空间形态，经济基础是它成立的基本逻辑。我们提纲挈领的概括为以下为几个主要方面：

① 空间城市系统“整体涌现性”原理

在第9章中国空间城市系统“经济整体涌现性证明”中，我们论证了空间城市系统“经济整体涌现性”一定存在，并且在空间行为动因作用下一定会发生。在此，我们进一步论证空间城市系统整体涌现性发生的一般性规律。

美国圣塔菲研究所(Santa Fe Institute)学者杰弗里·韦斯特(Geoffrey West)，在他的著作《规模》中提出了具有普遍意义的“规模法则”，即“生命体、城市、公司，乃至一切复杂万物都遵守规模法则，与其规模呈一定比例关系、遵守统一的公式”。

学者迪尔克·黑尔宾(Dirk Helbing)与克里斯蒂安·库纳特(Christian Kuhnert)实证研究证明了：欧洲及全球各国城市呈现出令人惊讶的简单性和规律性，

城市规模与效率遵守亚线性幂律，而且城市指数为 0.85。也就是说城市规模扩张可以导致 15%的整体涌现收益。

杰弗里·韦斯特的研究证明了：一般意义上城市 GDP 总量随着城市规模扩大呈现非线性增长，经济学家称之为“规模收益递增”，物理学家称之为“超线性规模缩放”。

我们将上述研究结果应用于一般意义的空间城市系统，不难得出以下逻辑结论：

将杰弗里·韦斯特“规模法则”应用于空间城市系统。

得出结论 1：空间城市系统将要产生普遍意义的“整体涌现性”。

将迪尔克·黑尔宾与克里斯蒂安·库纳特“城市规模亚线性幂律”应用于空间城市系统。

得出结论 2：空间城市系统规模可以导致 15%的整体涌现收益。

将杰弗里·韦斯特“城市 GDP 规模收益递增”应用于空间城市系统。

得出结论 3：空间城市系统可以产生“GDP 整体涌现性”。

最后我们得出：

逻辑结论：

空间城市系统遵守一般意义“规模法则”“规模亚线性幂律”将产生“整体涌现性”，按照“GDP 规模收益递增”，空间城市系统一定会产生“GDP 整体涌现增长率”。

空间城市系统“整体涌现性质”：

由系统科学可知，整体涌现性是系统的最根本性质，因此空间城市系统整体涌现性也是它的基本性质。“整体涌现性是由规模效应和结构效应共同产生的，一般来说起决定作用的是结构效应”。空间城市系统整体涌现性是一种自组织行为，也就是说空间城市系统“GDP 整体涌现增长率”是因为规模与结构自组织产生的，因此它不需要更多的“成本”投入，而且是一种绿色生态经济增长。我们只需要进行空间城市系统组分结构性调整，创造“GDP 整体涌现增长率”产生的条件。因此，欧洲、美国、中国空间城市系统都会自组织产生“GDP 整体涌现增长率”，都有空间城市系统组分结构性调整的基本使命。

② 西北欧空间城市系统经济逻辑

欧洲联盟(EU)是人类历史上的伟大创举，它为西北欧空间城市系统创造了基础性条件，实现了人流、物流、资金流、能源流、信息流的自由流动，从而保证了西北欧空间城市系统的空间联结。根据空间城市系统“整体涌现性”原理，西北欧空间城市系统一定会产生“GDP 整体涌现增长率”。

如表 11.4 所示，我们以西北欧核心空间 2017 年 GDP 数据为基础，对西北欧空间城市系统进行经济总量预测研究。首先，必须强调 GDP 并不代表空间城市系统的本质意义，而只具有标度性作用。因为 GDP 不可能代表空间城市系统政治、经济、社会、文化、生态的全部，甚至不能代表经济的全部，因此“GDP 主义”不是空间城市系统的主旨。其次，我们是基于有限条件获取西北欧国家、区域、城市的数据，并进行了欧元、美元、人民币的换算处理，数据估算我们做了标注，我们追求的是西北欧空间城市系统的定性研究结果。最后，研究结果具有限定条件，例如在 2017 年到 2027 年西北欧空间城市系统不能有大的经济危机，GDP 平均增速要达到低限水平，整体涌现性调节适应机制有效。

我们以西北欧核心空间 2017 年 GDP 实现值为基准，以 2010 年至 2017 年 GDP 平均增长率为 2017 年至 2027 年 GDP 平均增长率，将西北欧空间城市系统“经济总量 GDP 整体涌现增长率保守定为 1%”，并以西北欧空间城市系统未计入空间经济总量 GDP 数字为预备数值，保守做出“西北欧核心经济总量及预测”，作为西北欧空间城市系统 GDP 整体涌现预测定性结果。

如表 11.4 所示，西北欧核心空间 “整体涌现规模收益递增”完全可以，为西北欧空间城市系统奠定经济总量基础。因此，我们得出定性结论：西北欧空间城市系统的成立，是建立在充裕的经济逻辑之上的。

表 11.4　西北欧核心空间经济总量及预测

核心空间	2017 年 GDP（亿欧元）	GDP 年平均增长率（%）	GDO 整体涌现性（%）	GDP 年增长率（%）	2027 年预计 GDP(亿欧元)
德国核心空间	5 070.54	2.06	1	3.06	6 622.12
法兰克福	668.80	2.06	1	3.06	—
杜塞尔多夫	477.58	2.06	1	3.06	—
波恩	217.25	2.06	1	3.06	—
科隆	620.50	2.06	1	3.06	—
杜伊斯堡	167.16	2.06	1	3.06	—
埃森	241.61	2.06	1	3.06	—
盖尔森基兴	75.52	2.06	1	3.06	—
波鸿	114.25	2.06	1	3.06	—
多特蒙德	207.34	2.06	1	3.06	—
伍珀塔尔	123.24	2.06	1	3.06	—
汉诺威	464.09	2.06	1	3.06	—
纽伦堡	269.61	2.06	1	3.06	—
曼海姆	187.05	2.06	1	3.06	—
斯图加特	511.40	2.06	1	3.06	—
比勒费尔德	124.98	2.06	1	3.06	—
亚琛	194.14	2.06	1	3.06	—
卡尔斯鲁厄	187.59	2.06	1	3.06	—
卡塞尔	96.37	2.06	1	3.06	—
爱尔福特	79.89	2.06	1	3.06	—
班贝格	41.87	2.06	1	3.06	—

续表

核心空间	2017年GDP（亿欧元）	GDP年平均增长率(%)	GDO整体涌现性(%)	GDP年增长率(%)	2027年预计GDP(亿欧元)
法国核心空间	14 042.85（估算）	1.23	1	2.23	17 174.40
法兰西岛	6 695.58	1.23	1	2.23	—
上法兰西大区	1 544.19	1.23	1	2.23	—
香槟—阿登—洛林—阿尔萨斯	1 508.34	1.23	1	2.23	—
卢瓦尔河地区	1 093.06	1.23	1	2.23	—
布列塔尼	892.92	1.23	1	2.23	—
诺曼底	873.90	1.23	1	2.23	—
勃艮第—弗朗什孔泰	737.12	1.23	1	2.23	—
中央—卢瓦尔谷	697.74	1.23	1	2.23	—
比利时、荷兰、瑞士	14 931.48	—	1	—	—
比利时	4 372.04	1.35	1	2.35	5 399.46
荷兰	7 331.68	1.35	1	2.35	9 054.62
瑞士北部空间	2 673.98（估算）	1.71	1	2.71	3 398.62
卢森堡	553.78	3.08	1	4.08	779.72
合计	68 089.44	—	—	—	42 428.94

结合上述定性与定量研究结果，经过综合性的人类智能分析，对于西北欧空间城市系统我们得出如下分析结论：

第一，欧盟框架提供了基本的空间条件，但是在深层次的空间联结，西北欧空间城市系统存在着掣肘，即法国、德国、比利时、荷兰、瑞士、卢森堡之间存在国家壁垒。因此，强化西北欧空间城市系统各城市之间的空间联结，包括人员流、物资流、资金流、信息流，是催生“整体涌现性”的必由之路。

第二，加强西北欧空间城市系统的空间规划、空间治理、空间政策他组织干预，确保西北欧空间城市系统耗散结构波动区间，控制在它的标度量“总状态熵 $S[+\Delta S, -\Delta S]$ 区间内”①。

① 详见第5章中关于空间城市系统耗散结构分析内容。

第三，欧盟必须强化其独立性，正所谓“独立一拳打得开，方得整体涌现来”，西北欧空间城市系统相关国家政府、学界、企业必须深度理解这个道理。

③ 西北欧空间城市系统“金融、贸易、产业、科研创新”逻辑

西北欧空间拥有发达的金融体系，法兰克福是欧洲中央银行与德国中央银行的所在地，拥有决定德国、左右欧洲、影响世界的金融中心地位。英国脱欧为法兰克福强化其欧洲金融中心地位提供了机遇。苏黎世是世界上最大的金融中心之一，它集中了全球120多家银行的总部，其中半数以上是外国银行，苏黎世是世界上主要的离岸银行业务中心，每年从这里调动的资金，超过世界资金量的20%，它特有的银行保密制度使之很难被其他金融中心所替代，苏黎世为仅次于伦敦的世界第二大黄金市场。巴黎有希望承接伦敦转移出来的金融业务，阿姆斯特丹是荷兰区域金融中心。因此，西北欧金融体系完全可以为西北欧空间城市系统奠定基础。

西北欧空间是世界贸易的中心之一，更是欧洲的贸易中心。阿姆斯特丹堪称世界最好的国际贸易都市，鹿特丹是世界贸易中转港口城市，法兰克福与杜塞尔多夫是世界一流的贸易展会城市。发达的国际贸易中心地位，足以为西北欧空间城市系统奠定基础。

西北欧拥有世界顶级的高端制造业，它是传统的工业发达地区，空客、奔驰、雷诺、壳牌、飞利浦、米其林、联合利华这些品牌都出自西北欧空间。法国在核电、航空、航天和铁路方面居世界领先地位，德国西部空间在汽车、电子、医药、生物、机械、纺织等方面具有雄厚基础，荷兰工业非常发达，拥有炼油、电器、化工、日用品。比利时拥有悠久的制造业历史，中国高速列车大量使用了比利时生产的联轴器，卢森堡钢铁工业发达。

西北欧空间拥有强大的科研创新能力，它的高等教育成熟，如亚琛工业大学的科研成果在世界享有盛誉。西北欧企业拥有很强的科研能力，是其产品高质量的基础。

总之，西北欧的“金融、贸易、产业、科研创新”的悠久历史、强大能力、精良品质，都为西北欧空间城市系统奠定了坚实基础。

3）西北欧空间城市系统环境单元

所谓“西北欧空间城市系统环境单元”是西北欧空间城市系统环境中观层次，它介于环境超系统和环境因子之间。西北欧空间城市系统环境单元的本质是“环境公共因子”，即由相同本质属性的西北欧空间城市系统环境独立因子构成的“独立因子群”，它反映出西北欧空间城市系统环境特定一类问题的本质特征。一般情况下可以表示为西北欧空间城市系统的：第一主成分公共因子地理环境单元，第二主成分公共因子人文环境单元，第三主成分公共因子经济环境单元。

就西北欧空间城市系统地理环境单元而言，巴黎盆地、莱茵河沿岸地带、荷比低地、瑞士北部高原是西北欧空间城市系统四大地理环境单元：其一，巴黎盆地为西北欧空间城市系统巴黎牵引城市TC提供了地理基质；其二，莱茵河与美因河两岸的平原，为“法兰克福”和“杜塞尔多夫” 两个空间城市子系统提供了地理基质；其三，荷比低地则为布鲁塞尔和兰斯塔德两个空间城市子系统提供了地理基质；其四，瑞士北部高原则为苏黎世空间城市子系统提供了地理基质。

就西北欧空间城市系统人文环境单元而言，法国、德国、荷兰、比利时、瑞士、卢森堡国家行政管辖单位，形成了西北欧空间城市系统的行政环境单元；法语、德语、荷兰语、英语构成了西北欧空间城市系统语言环境单元；巴黎文化、莱茵文化、低地文化、阿尔卑斯文化形成了西北欧空间城市系统文化环境单元。

就西北欧空间城市系统经济环境单元而言，表 11.4 所属的：法国核心空间、德国核心空间、荷兰、比利时、瑞士北部空间构成了西北欧空间城市系统的五个“经济环境单元”。它们形成了西北欧空间城市系统中观层次“经济公共因子”，统摄着各自属地城市“经济独立因子”。

如图 11.10 所示，以西北欧空间城市系统人文环境单元为例，主要包括：“全球化公共因子”“基督教公共因子”“政治公共因子”。

首先，全球化公共因子主要由国际组织独立因子、欧盟核心独立因子、全球化理论独立因子等构建形成。所谓国际组织独立因子是指巴黎、瑞士北部、兰斯塔德地区集聚了大量的联合国等世界性组织机构，使西北欧空间城市系统成为世界最高的国际组织集聚空间，从而影响着它的全球化程度。所谓欧盟核心独立因子是指法国与德国是欧盟的两个主要核心成员国，而西北欧空间城市系统的巴黎子系统、法兰克福子系统、杜塞尔多夫子系统，是法德两国的核心区域。布鲁塞尔作为欧盟的总部驻地是欧盟核心独立因子的又一个决定性因素。所谓全球化理论独立因子是指西北欧空间城市系统是全球化思想的发源地，是全球化理论的主要实验场所。全球化公共因子为西北欧空间城市系统奠定了思想基础，成为西北欧空间城市系统人文逻辑的序参量因素。

其次，基督教公共因子主要由基督教人口独立因子、基督教文化独立因子、基督教景观独立因子等形成。所谓基督教人口独立因子是指西北欧空间城市系统超过 80％的人口信仰基督教，主要为天主教或新教。所谓基督教文化独立因子是指基督教文化是西北欧空间城市系统的基础性文化因子，在巴黎子系统、法兰克福子系统、杜塞尔多夫子系统、布鲁塞尔子系统、阿姆斯特丹子系统、苏黎世子系统，都形成了各自的基督教文化区。而整个西北欧空间城市系统形成了基督教文化圈，呈现出十分完美的基督教地域文化逻辑。所谓基督教景观独立因子是指遍布西北欧空间城市系统的基督教教堂、服饰、塑像、旗帜等基督教文化景观，这些基督教景观形塑了西北欧空间城市系统社会共同的基本精神世界。西北欧基督教文化独立因子为西北欧空间城市系统奠定了基本的社会精神基础，成为西北欧空间城市系统人文逻辑的序参量因素。

最后，政治公共因子主要由政治制度独立因子、政治思想独立因子、政治文化独立因子等形成。所谓政治制度独立因子是指二战之后 70 年时间，西北欧各国全部形成了稳定的民主政治制度。所谓政治思想独立因子是指西北欧空间是思想启蒙运动以来现代政治思想的发源地和实践场所。所谓政治文化独立因子是指西北欧空间城市系统社会具有普遍的自由、民主、平等的政治文化，是世界现代政治文化的代表地区。西北欧政治公共因子为西北欧空间城市系统奠定了基础性的空间政治基础，成为西北欧空间城市系统人文逻辑的序参量因素。

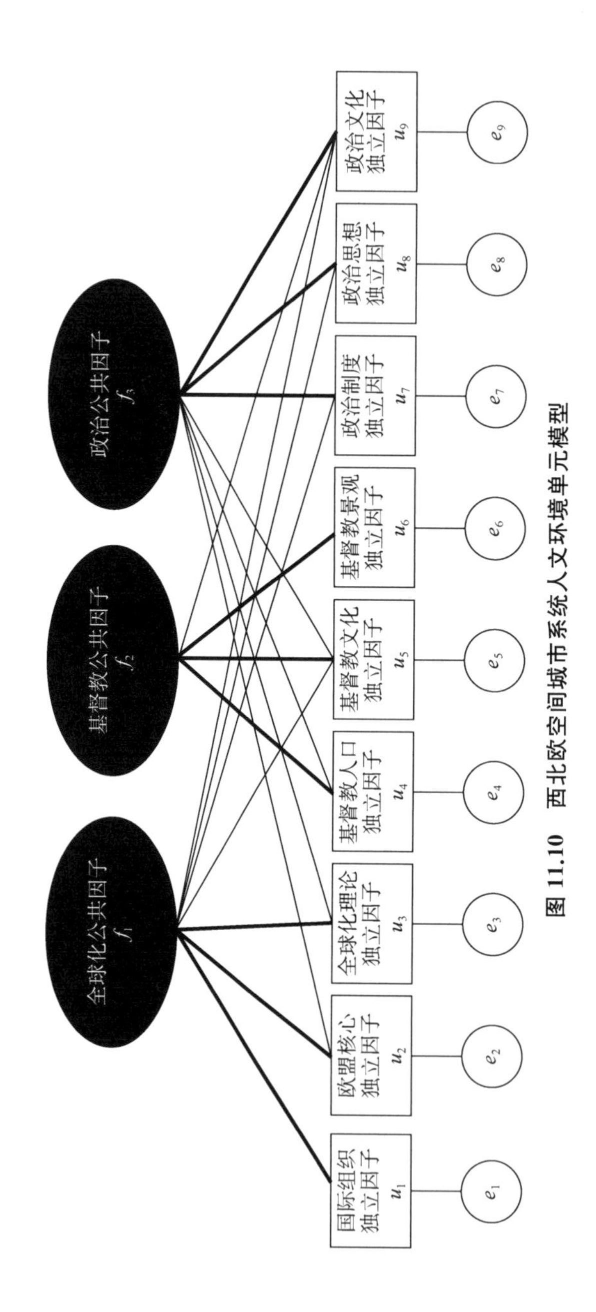

图 11.10 西北欧空间城市系统人文环境单元模型

4）西北欧空间城市系统环境因子

所谓“西北欧空间城市系统环境因子”是西北欧空间城市系统环境微观层次，它处于环境超系统和环境因子之下，是构成西北欧空间城市系统环境的基础。西北欧空间城市系统环境单元的本质是“环境独立因子”，即不受任何因素影响，而保持客观存在的西北欧空间城市系统环境元素。相对于给定的西北空间城市系统环境超系统，“环境因子”是无需再细分的最小组成部分。西北欧空间城市系统“环境因子”是环境分析的基础单位，由相同属性“环境因子”组成的环境因子群构成“环境公共因子”就是环境单元，“环境公共因子”集合构成了西北欧空间城市系统“环境超系统”。

如图 11.11 所示，以西北欧空间城市系统经济因子为例主要包括：“金融因子”“贸易因子”“产业因子”“科研创新因子”。

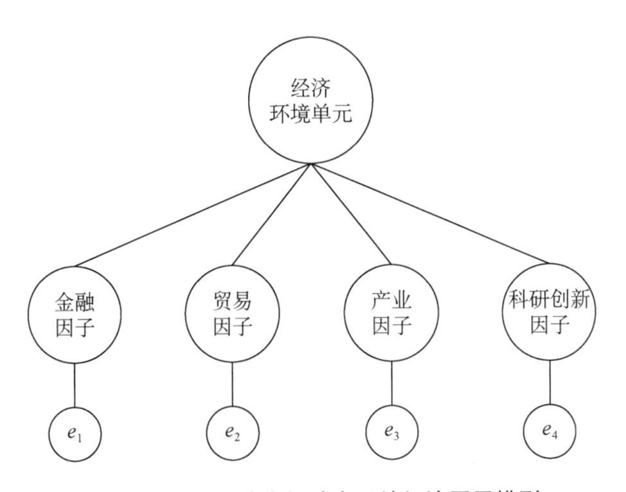

图 11.11　西北欧空间城市系统经济因子模型

第一，金融因子。

西北欧空间城市系统的金融业具有世界性地位，法兰克福与苏黎世均为国际金融中心，是世界各大银行保险公司的集聚城市，巴黎、阿姆斯特丹、布鲁塞尔、杜塞尔多夫都是国家性金融中心。它们形成了西北欧空间城市系统众多的“金融因子”。

第二，贸易因子。

西北欧空间城市系统贸易总量占据世界前列位置，是全球主要的商品贸易与服务贸易的集散地，在贸易区位、贸易结构、贸易规模等方面具有世界性重要地位。巴黎、法兰克福是世界性空港，鹿特丹、安特卫普、阿姆斯特丹是世界性海港，巴黎、布鲁塞尔、法兰克福是欧洲重要的交通枢纽。它们形成了西北欧空间城市系统众多的“贸易因子”。

第三，产业因子。

西北欧空间城市系统具有高端的产业结构类型，包括高端服务业、先进制造业、现代农业。

巴黎的高端服务业、法兰克福与苏黎世的金融业、莱茵鲁尔与瑞士北部的先进制造业、安特卫普与鹿特丹的现代物流产业、荷兰的现代农业、法德卢比荷的旅游业等，它们形成了西北欧空间城市系统众多的“产业因子”。

第四，科研创新因子。

西北欧空间城市系统是世界性科研创新中心，巴黎的政治、思想、文化、艺术、科学创新在世界具有重要地位，莱茵鲁尔是世界著名的研究与开发(R & D)中心，西北欧的高等教育与科学研究居于世界前列，它们形成了西北欧空间城市系统众多的“科研创新因子”。

至此，我们完成了西北欧空间城市系统宏观环境超系统、中观环境单元、微观环境因子的逻辑论证过程，阐述了西北欧空间城市系统成立的地理逻辑、人文逻辑、经济逻辑证据。

11.2.2 西北欧空间城市系统主体分析

1）西北欧空间城市系统层级

西北欧空间城市系统包括3个层级：第一层，西北欧空间城市系统，巴黎—法兰克福—阿姆斯特丹结构。第二层，西北欧南方空间城市子系统，巴黎—法兰克福—苏黎世结构。西北欧北方空间城市子系统，阿姆斯特丹—布鲁塞尔—杜塞尔多夫结构。第三层，有巴黎空间城市子系统、法兰克福空间城市子系统、阿姆斯特丹空间城市子系统、苏黎世空间城市子系统、杜塞尔多夫空间城市子系统、布鲁塞尔空间城市子系统、雷恩空间城市子系统、卢森堡空间城市子系统、波恩空间城市子系统、曼海姆空间城市子系统、斯图加特空间城市子系统、纽伦堡空间城市子系统、科隆空间城市子系统、伍铂塔尔空间城市子系统、杜伊斯堡空间城市子系统、埃森空间城市子系统、盖尔森基兴空间城市子系统、波鸿空间城市子系统、多特蒙德空间城市子系统、汉诺威空间城市子系统、海牙空间城市子系统、鹿特丹空间城市子系统、安特卫普空间城市子系统、伯尔尼空间城市子系统等24个一级空间城市子系统构成。

我们建议德国政府施行政区划改革，将现行杜塞尔多夫、伍铂塔尔、杜伊斯堡、埃森、盖尔森基兴、波鸿、多特蒙德城市行政管辖区划合并为“莱茵鲁尔空间城市系统”，可以获得更好的整体涌现性。我们建议法国政府提升雷恩城市行政级别，扩大其管辖范围与“一级雷恩空间城市系统”相适应。

2）西北欧空间城市系统空间形态

(1) 西北欧空间城市系统边界定义

如图11.12所示，西北欧空间城市系统空间形态是由边界定的，它形塑了西北欧空间城市系统空间形态的外表形状。我们定义西北欧空间城市系统边界分为：一级空间城市系统边界(22个)、八级南方空间城市系统边界、十四级北方空间城市系统边界、西北欧空间城市系统边界，它们构成了一种无标度的空间形态分形体系。

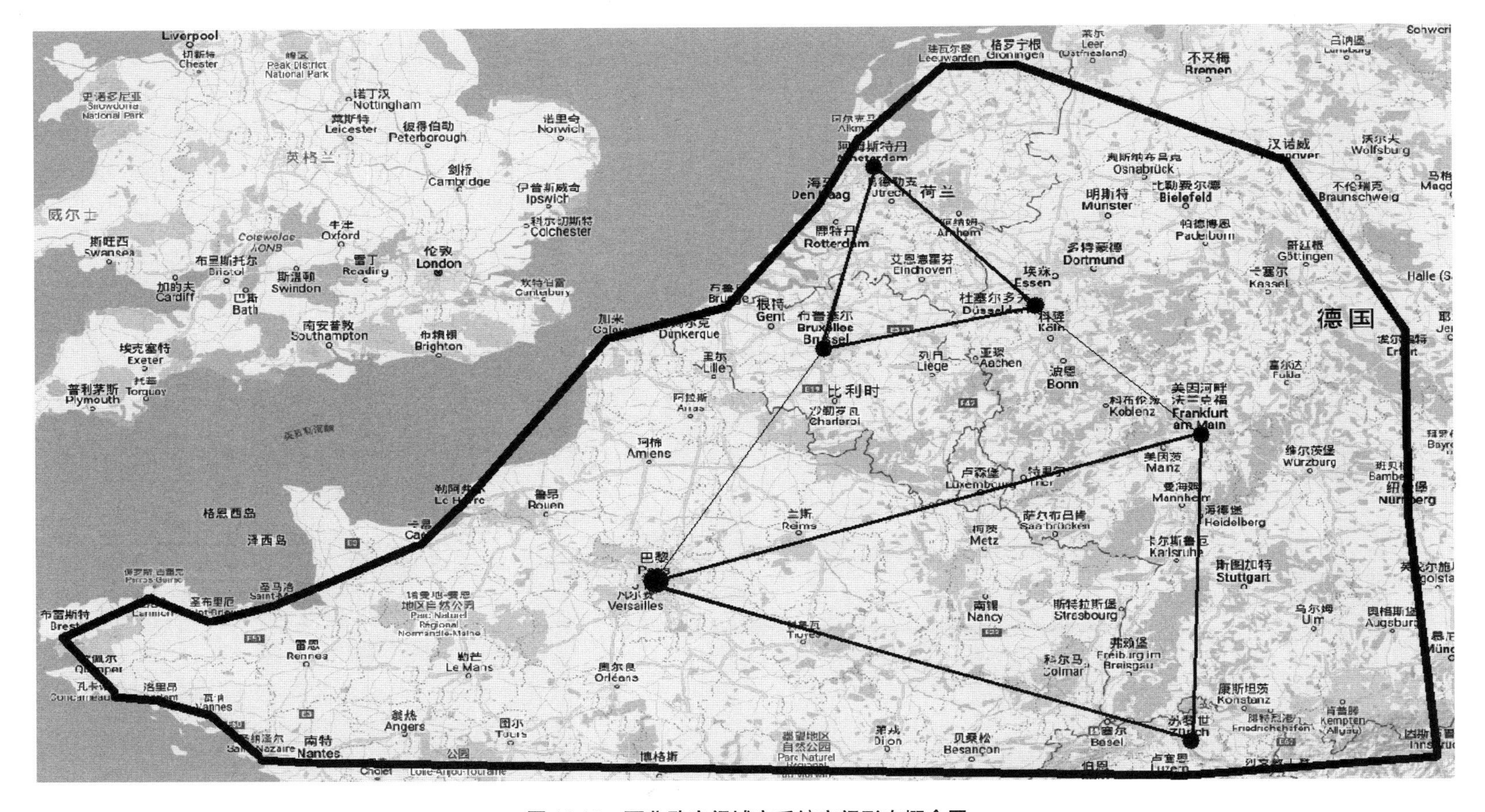

图 11.12 西北欧空间城市系统空间形态概念图

(源自:笔者根据谷歌地图自制)

（2）西北欧空间城市系统空间形态拓扑图

如图 11.13 所示，西北欧空间城市系统空间形态为两个大三角形，它的两个子系统分布为：西北欧南方空间城市系统呈三角形含五角星形，西北欧北方空间城市系统呈双三角形，巴黎、法兰克福、莱茵鲁尔为中心节点，我们将杜塞尔多夫、伍铂塔尔、杜伊斯堡、埃森、盖尔森基兴、波鸿、多特蒙德视为“莱茵鲁尔系统”。英吉利海峡为西北空间城市系统的西向“地理隔离线”，阿尔卑斯山脉为西北欧空间城市系统的南向“地理隔离线”，西北欧空间城市系统呈“北—南”走向，西北欧空间城市系统空间形态是复杂的嵌套型结构。

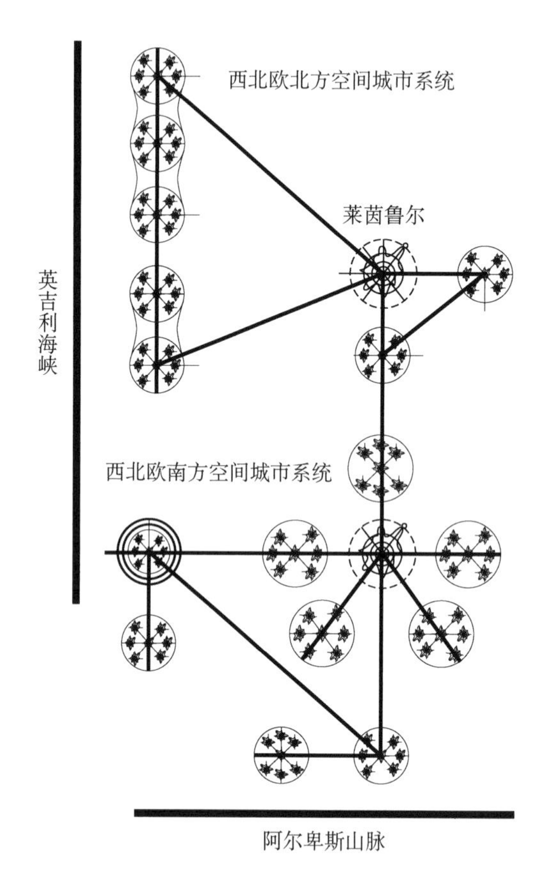

图 11.13　西北欧空间城市系统空间形态拓扑图

3）西北欧空间城市系统空间结构

（1）西北欧空间城市系统空间结点

如图 11.14 所示，西北欧空间城市系统空间结构包括：巴黎牵引中心城市 TC、法兰克福牵引城市 TC（一）；苏黎世、杜塞尔多夫、布鲁塞尔、阿姆斯特丹主导城市 LC；雷恩、卢森堡、波恩、曼海姆、斯图加特、纽伦堡、科隆、伍铂塔尔、杜伊斯堡、埃森、盖尔森基兴、波鸿、多特蒙德、汉诺威、海牙、鹿特丹、安特卫普、伯尔尼主中心城市 MC；亚眠、鲁昂、奥尔良、斯特拉斯堡、巴塞尔、阿伦、亚琛、列日、根特、乌得勒支、格罗宁根、卡塞尔等中心城市 AC；福希海姆、因特拉肯等基础城市 BC。

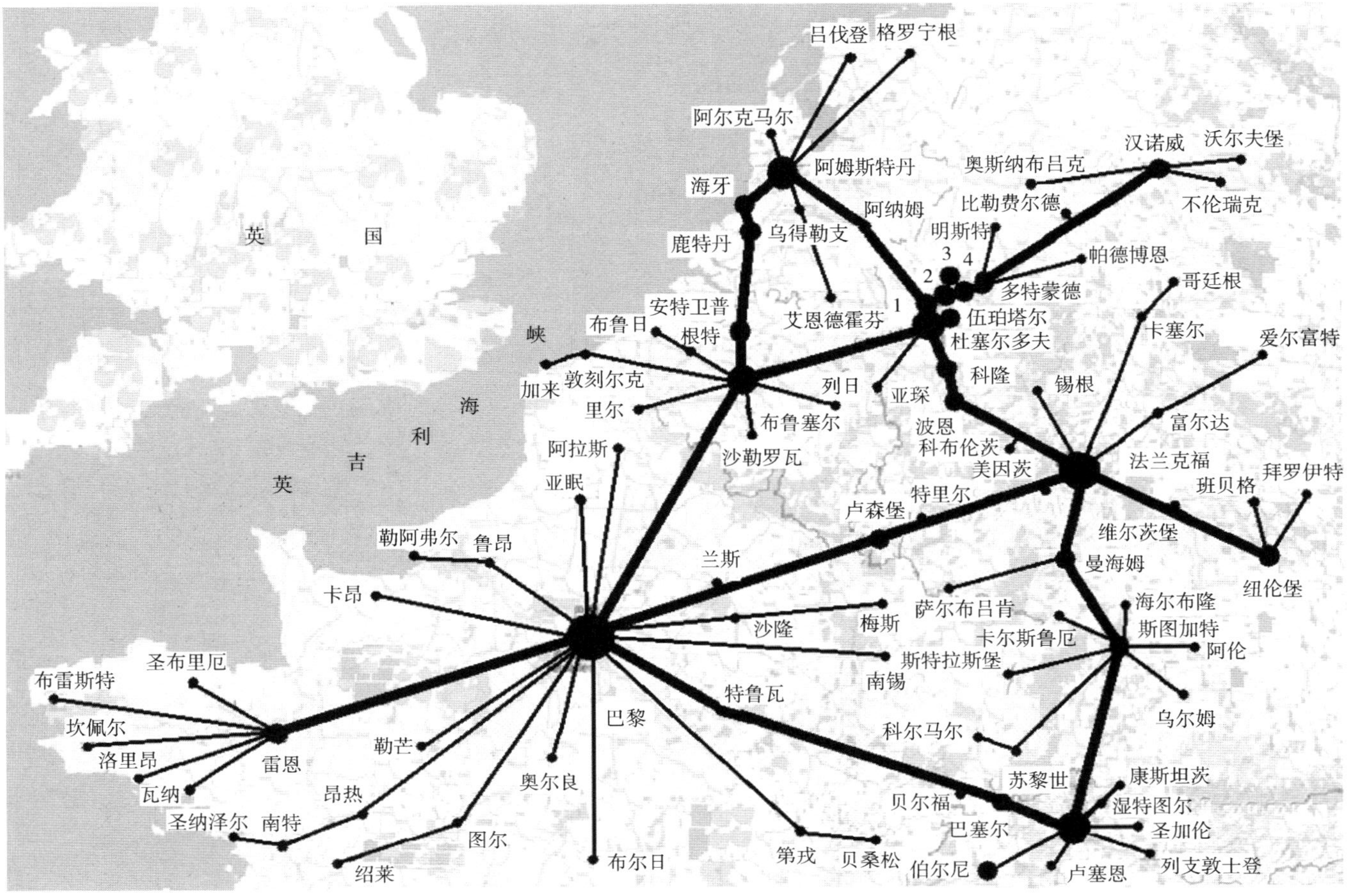

1. 杜伊斯堡
2. 埃森
3. 盖尔森基兴
4. 波鸿

图 11.14 西北欧空间城市系统空间结构

（源自：笔者根据谷歌地图自制）

西北欧空间城市系统是世界上世界城市、国际城市、区域城市、地方城市最健全的空间城市系统,它的城市数量与复杂程度堪称世界之最。西北欧空间城市系统存在空间失衡问题,法国西南部全部是中小城市,而德国莱茵鲁尔区域中等城市过于集中。因此,法国南部应该选择雷恩、南特进行空间集聚形成中心城市,德国莱茵鲁尔地区应该以杜塞尔多夫为中心进行城市重组,以增加单体城市规模。

(2) 西北欧空间城市系统空间轴线

如图 11.14 所示,西北欧空间城市系统第一主轴为巴黎—布鲁塞尔—安特卫普—鹿特丹—海牙—阿姆斯特丹;第二主轴为阿姆斯特丹—杜伊斯堡—杜塞尔多夫—科隆—波恩—法兰克福—曼海姆—斯图加特—苏黎世;第三主轴为雷恩—巴黎—卢森堡—法兰克福—纽伦堡;第四主轴为巴黎—巴塞尔—苏黎世;第五主轴为布鲁塞尔—杜塞尔多夫—杜伊斯堡—埃森—盖尔森基兴—波鸿—多特蒙德—汉诺威。西北欧空间城市系统五条主轴通道,承载了西北欧人流、物流、信息流的主要部分,其余通道为西北欧空间城市系统支线轴通道。

(3) 西北欧空间城市系统网络域面

如图 11.14 所示,西北欧空间城市系统包括:第一,西北欧南方空间城市系统网络域面;第二,西北欧中部网络域面,即巴黎—布鲁塞尔—杜塞尔多夫—法兰克福网络域面;第三,西北欧北方空间城市系统网络域面,它们联合构成了"西北欧空间城市系统"网络域面。西北欧空间城市系统网络域面堪称世界空间城市系统最复杂的网络结构。

西北欧空间城市系统城市结点历史悠久,城市关系错综复杂,跨过多个国家,是世界上最复杂的空间结构。对西北欧空间城市系统空间结构分析一定要尊重历史、正视现实、面对未来。

11.2.3 西北欧空间城市系统演化分析

1) 西北欧空间城市系统演化

(1) 西北欧空间城市系统平衡态

所谓"平衡态"是指相对稳定的"城市体系"状态,在空间城市系统理论中我们用"城市体系"表示分岔之前的空间城市系统演化状态,不具备整体涌现性。分岔之后的状态才表示为"空间城市系统"状态,具有整体涌现性。在中文语境中"城市体系"与"城市系统"是两个不同的概念,但是在英文语境中"城市体系"与"城市系统"都表示为 City System。

西北欧城市体系平衡态,是指 20 世纪 30 年代西北欧中心地城市体系状态,德国城市地理学家克里斯塔勒将其分为下降、上升、H、M、A、K、B、G、P、L、RT、R① 为 12 个等级。西北欧城市体系平衡态接近静止状态,它的变化速率为 $\dot{x}=\frac{dx}{dt}$ 由平衡态演化方程表述,变化速率很慢,平衡态状态熵处于熵减状态 $dS<0$。在西北欧城市体

① 参见:克里斯塔勒.德国南部中心地原理[M].常政,等译.北京:商务印书馆,1998:174-180。

系平衡态，空间要素处于最大均匀分布，距离空间城市系统对称破缺分布相距甚远，空间要素的集聚、扩散、联结在数量上都远远不够。平衡态阶段西北欧空间城市系统空间形态、空间结构都处于起始状态还远没有形成。西北欧城市体系平衡态具有形式整体性，但是不具有空间城市系统整体涌现性。

西北欧城市体系平衡态存在于西北欧"环境超系统"之中，平衡态是一个开放系统与环境进行物质、信息、能量的交换。环境超系统、环境单元、环境因子为西北欧城市体系平衡态演化提供了各个层次的环境条件。地理环境参量、人文环境参量、经济环境参量是西北欧城市体系平衡态演化的基础性环境变量。

(2) 西北欧空间城市系统近平衡态

所谓"近平衡态"是指开始变化的"城市体系"状态，它是空间城市系统演化的前期状态。空间要素开始有序化分布是近平衡态的重要特征，近平衡态是一种动态化的简单系统。

西北欧城市体系近平衡态，是指1951年开始的"欧洲煤钢共同体"状态。如图11.15所示，欧洲煤钢共同体的缔约国有法国、西德、意大利、比利时、荷兰及卢森堡，生效期限为50年。西北欧城市体系近平衡态呈现出加快进化的过程，它的变化速率为 $\dot{x}=\frac{\mathrm{d}x}{\mathrm{d}t}$ 由近平衡态演化方程表述，近平衡态状态熵处于熵减状态 $\mathrm{d}S<0$。变化速度与熵减速度的加快是近平衡态与平衡态最大的区别。因此，西北欧城市体系近平衡态结构是一种线性的走向动态的半有序结构。

图 11.15　欧洲煤钢共同体

西北欧城市体系近平衡态整体性质是"动态城市体系"，它还不具备系统的整体涌现性，它的空间要素组合处于变化之中。空间规划与空间治理的他组织人工干预，发挥着重要的作用，指导着西北欧城市体系近平衡态的发展变化。"欧洲煤钢共同体"为西北欧城市体系近平衡态演化提供了空间框架支持，西北欧城市体系近平衡态在环境超系统中成长。在西北欧城市体系近平衡态阶段，空间集聚动因、空间扩散动因、空间联结动因非合作博弈已经开始。西北欧城市体系近平衡态的演化动因已经受到三种动力作用，其中空间联结动因呈现日益增长的趋势，表现为空间人流、空间物流、空间信息流的快速增长，如西北欧飞机航空、高速铁路、高速公路的快速发展。

在西北欧城市体系近平衡态，旧的西北欧城市属性已经被打破，新的西北欧空间城市系统属性还没有建立起来，西北欧空间城市系统"整体涌现性"还远没有形成，但是西北欧空间城市系统化已经是一个不可逆的过程，对"空间规划"有较高的要求。

(3) 西北欧空间城市系统近耗散态

所谓“近耗散态”是指接近空间城市系统耗散结构的状态,分为“近耗散态线性区”与“近耗散态非线性区”两个阶段,它们具有完全不同的属性。在近耗散态阶段,空间集聚动因、空间扩散动因、空间联结动因非合作博弈实现了均衡,到达了“动因博弈均衡点”形成了空间城市系统动因,推动着空间城市系统向“分岔”快速进化。

西北欧空间城市系统近耗散态是指“西北欧巨型城市区域状态”,它呈现多中心结构。2006年英国学者彼得·霍尔界定了“西北欧的8个巨型城市区域(Mega-City Region)”,在《多中心大都市:来自欧洲巨型城市区域的经验》中进行了详尽表述。西北欧空间城市系统近耗散态是一种高速变化的动态结构,近耗散态状态熵处于快速熵减状态,即 $dS \ll 0$,近耗散态演化轨道稳定性处于李雅普诺夫稳定状态。通过近耗散态演化,从“西北欧城市体系”高速的向“西北欧空间城市系统”变化。因此,西北欧空间城市系统近耗散态是一个“革命性”的高速动态进化阶段。

所谓“近耗散态线性区”是指西北欧空间城市系统线性演化机制的最后阶段,在空间城市系统动因的作用下,西北欧空间城市系统近耗散态结构高速地发生着变化。在近耗散态线性区,昂萨格倒易原则支配着西北欧空间城市系统进化的空间机理,任何空间流动因对西北欧空间城市系统都有相同的动力作用,即 $L_{ij}=L_{ji}$,其作用机理详见第5章第5.5节线性演化昂萨格倒易原则。在“近耗散态线性区”,西北欧空间城市系统本质上仍然是“城市体系”性质,它的空间城市系统整体涌现性开始发生,但远没有生成。“近耗散态线性区”已经远离“空间城市系统平衡态”,其空间要素分布已经趋于有序结构。因此,西北欧“近耗散态线性区”是一个高速变化的“动态结构”,趋向有序的方向已经不可逆化了。西北欧“近耗散态线性区”的功能也处在高速变化的过程中,它的“空间城市系统功能”开始产生,而“城市体系功能”逐渐弱化。

所谓“近耗散态非线性区”是指西北欧空间城市系统非线性演化机制的开始阶段,在空间城市系统动因作用下,西北欧空间城市系统近耗散态结构高速地发生着变化。在近耗散态非线性区,西北欧空间城市系统是一种随机动态的涨落结构,拥有李雅普诺夫稳定相空间演化轨道,拥有稳定结点型不动点。西北欧空间城市系统近耗散态非线性区开始拥有吸引子与吸引域,它们指向西北欧空间城市系统分岔。近耗散态非线性区是西北欧空间城市系统演化分岔的临界阶段,空间梯度、空间涨落、空间流博弈均衡,是该阶段的空间动力机制,其中系统涨落作用机制发挥最后的作用。在“复合动力机制”的作用下,空间要素发生着剧烈的变化,快速趋向于西北欧空间城市系统分岔,分岔是近耗散态非线性演化的目的吸引子。在西北欧“近耗散态非线性区”,西北欧空间城市系统本质上已经脱离“城市体系”性质,趋向于空间城市系统性质,西北欧空间城市系统“整体涌现性”进入临界状态。“近耗散态非线性区”空间要素分布已经接近有序结构,但它是一个高速变化的动态“临界结构”。此阶段,“西北欧空间城市系统功能”已经产生,而“西北欧城市体系功能”趋于结束。

如图11.16所示,西北欧空间城市系统进化过程要经过平衡态、近平衡态、近耗散态(线性阶段与非线性阶段)、分岔、耗散结构。到 2018 年,经过近 90 年进化,西北欧空间已经从“中心地体系”自组织演化到“空间城市系统”状态。

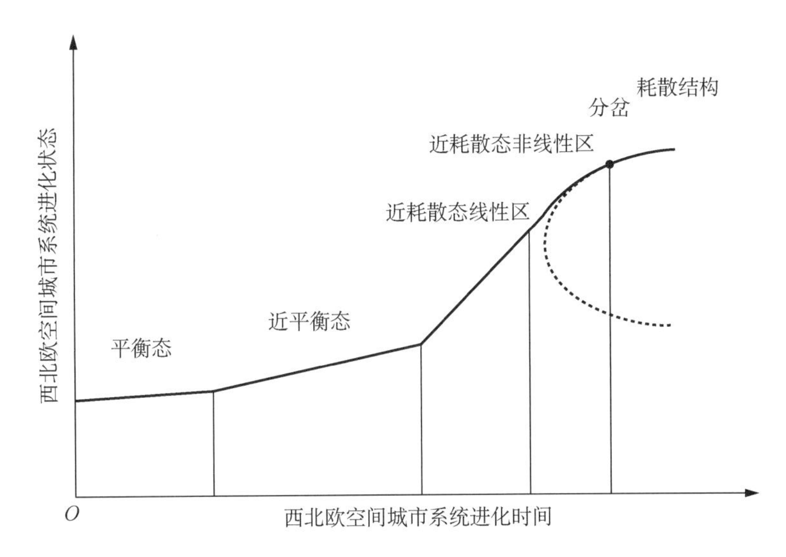

图 11.16　西北欧空间城市系统进化过程

2）西北欧空间城市系统分岔

(1) 西北欧空间城市系统分岔解析

① 西北欧空间城市系统分岔概念与实证

所谓西北欧空间城市系统“分岔”是指西北欧空间城市系统定性性质的改变,是西北欧空间城市系统演化最重要的归宿性目标。如图 11.17 所示,“分岔”是西北欧“城市体系”定性性质,向“西北欧空间城市系统”定性性质改变的过程,是西北欧空间城市系统整体涌现性产生的瞬时行为。“分岔点”是西北欧空间城市系统近耗散态非线性区的结束点,以及耗散结构的开始点。在分岔过程中,西北欧空间城市系统结构处于不稳定的“动态”状态。

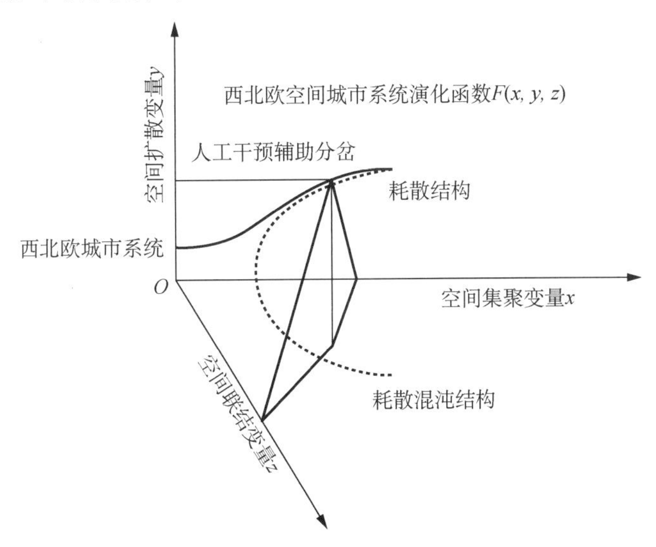

图 11.17　西北欧空间城市系统分岔

西北欧空间城市系统分岔的实践证据为：其一，西北欧区域夜间灯光卫星图证明西北欧区域空间集聚、空间扩散、空间联结已经完成。其二，西北欧空间城市系统的世界性牵引主导功能已经形成，即巴黎牵引城市 TC 概念已经形成，如《联合国气候变化框架公约》《巴黎协定》的召集签署。法兰克福牵引城市 TC（一）功能已经发挥作用，如以德国为主导的希腊债务危机成功救助。苏黎世主导城市 LC 功能已经发挥作用，如《世界经济论坛》定期在达沃斯举行。布鲁塞尔主导城市 LC 概念已经确立，如布鲁塞尔驻地的欧盟、北约决定着欧洲的命运。其三，欧盟、欧元、欧陆一体化的成功运行。西北欧空间城市系统分岔的反向实践证据为：其一，西北欧空间抵御了来自美国的金融海啸冲击。其二，来自北非中东的移民潮冲击。其三，来自英国的脱欧冲击。它们说明西北欧空间城市系统整体涌现出巨大的抗冲击能力，而这是单一欧洲国家做不到的，也是历史上从来没有过的。

② 人工干预辅助分岔

西北欧空间城市系统分岔的最重要特征是“空间规划、空间政策、空间工具”人工辅助干预分岔，例如《里斯本议程》《欧洲空间发展展望》ESDP、《西北大都市区空间愿景》NWMA、《多中心大都市》POLYNET 等。它们保证了西北欧空间城市系统分岔“耗散结构”选择大概率结果，降低了“耗散混沌结构”选择概率。

如图 11.18 所示，为西北欧空间城市系统 $f(x)$ 的人工干预辅助分岔示意图，其中，x 表示西北欧空间城市系统“状态变量”，λ 表示人工干预条件下的西北欧空间城市系统“控制参量”，由“状态变量 x” 与人工干预“控制参量 λ” 张成乘积空间。

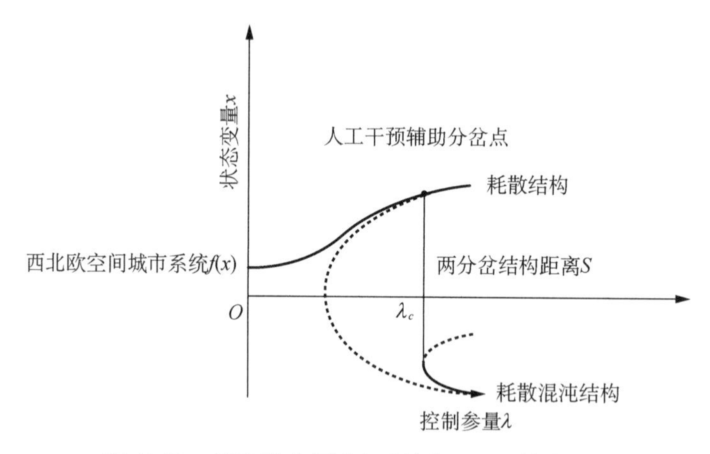

图 11.18　西北欧空间城市系统人工干预辅助分岔

在“空间规划、空间政策、空间工具”人工干预之下，西北欧空间城市系统 $f(x)$ 的巨涨落作用，使得分岔选择的“耗散结构”与“耗散混沌结构”之间保持足够大的距离 S，则西北欧空间城市系统发生人工干预辅助分岔。西北欧空间城市系统 $f(x)$ 在分岔点 λ_c 处发生超临界叉式分岔：

第一，当 $\lambda < \lambda_c$ 时，西北欧空间城市系统 $f(x)$ 有实数解，代表西北欧空间城市系统演化的平衡态、近平衡态、近耗散态线性区、近耗散态非线性区。

第二，当 $\lambda=\lambda_c$ 时，为西北欧空间城市系统人工干预辅助分岔点，在分岔点之前控制参量 λ 的变化只能引起系统量变，到达分岔点 λ_c 时，西北欧空间城市系统函数 $f(x)$ 定性性质发生变化，西北欧空间城市系统有确定性的耗散结构定态创生。

第三，当 $\lambda>\lambda_c$ 时，因为“空间规划、空间政策、空间工具”人工干预的作用，“耗散结构”被偏爱选择，“耗散混沌结构”被放弃。

③ 耗散结构

所谓“耗散结构”是指发生分岔之后的西北欧空间城市系统时空序上的有序状态，西北欧空间城市系统耗散结构状态具有“整体涌现性”和稳定的“空间形态”与“空间结构”。西北欧空间城市系统“耗散结构”宏观上由“状态熵 S”表示，具有统计确定性，微观上由“扰动熵 S_d”表示，具有随机不确定性，它的基本性质为随机动态属性。西北欧空间城市系统“耗散结构”具有一般自组织系统耗散结构的性质，又具有自己特殊的规律。

第一，西北欧空间城市系统耗散结构具有“整体状态统计确定性”与“即时状态随机性”，概率统计与马尔可夫链方法是处理两者的基本数学工具。

第二，西北欧空间城市系统耗散结构具有“他组织性”与“非线性动态性”，西北欧空间城市系统“控制原理与控制系统”是处理两者的基本方法。

第三，“扰动熵 S_d 特性”是西北欧空间城市系统“耗散结构”的标志性特征。西北欧空间城市系统“耗散结构”已经不能通过状态熵 S 表示其瞬时状态特征，“扰动熵 S_d”成为西北欧空间城市系统“耗散结构”瞬时状态的基本标度量。

第四，“稳定性”是西北欧空间城市系统“耗散结构”维生机制的前提，西北欧空间城市系统“耗散结构”演化轨道具有李雅普诺夫稳定性，稳定的“整体涌现性”是西北欧空间城市系统“控制原理与控制系统”的目标。

第五，在“空间涨落力”与“空间流博弈均衡动力”的作用下，“空间治理”他组织作用推动“耗散结构”与外部环境进行人员、物资、信息、资金、能源的交流，以获得维生动力。“动力性”保障了西北欧空间城市系统“耗散结构”的稳定运行。

第六，所谓“功能性”是指“耗散结构”导致了西北欧空间城市系统功能的形成，它是西北欧人居空间功能的最高级形式，是西北欧空间城市系统文明的主要容器。

④ 西北欧空间城市系统分岔前提条件

西北欧空间城市系统分岔是一种条件分岔，只有满足了时间、空间、事件的前提条件即演化时间条件，才能实现理想的西北欧空间城市系统分岔。西北欧空间城市系统分岔演化准备条件包括：其一，“时间序”前提条件即演化时间条件。西北欧空间城市系统必须经过平衡态、近平衡态、近耗散态线性区、近耗散态非线性区的演化阶段，才能到达分岔。其二，“空间序”前提条件即演化空间条件。西北欧空间城市系统空间集聚流、空间扩散流、空间联结流的有效运行，才能导致空间要素的转移实现空间结构的变化。其三，“事件概率”前提条件。西北欧空间城市系统演化的每一种状态，都要满足熵减 $\mathrm{d}S<0$ 的大概率事件，它要由自组织与他组织行为给予保证。西北欧空间城

市系统分岔需要足够的空间动力条件保障："空间梯度"是近耗散态非线性区所具有的空间动力条件，"空间涨落"是近耗散态非线性区不可或缺的空间动力条件，当到达分岔临界状态时，"巨涨落"成为分岔的主导动力条件，"空间动因博弈均衡"是非线性演化自始至终的动力条件。

⑤ 突变现象

西北欧空间城市系统分岔必然伴随"突变"现象，即"西北欧城市体系"定性性质的突然改变。西北欧空间城市系统突变是指，在非线性演化分岔点"近耗散态"定态，向"耗散结构"定态的突然变化，只要满足分岔条件，西北欧空间城市系统"突变"就会产生。"突变"是建立在西北欧空间城市系统演化"渐变"基础之上的。由"西北欧城市体系"到"西北欧空间城市系统"定性性质的改变，一般通过城市景观或者整体事件突现出来。

⑥ 多维度空间极限环分岔

如图 11.19 所示，西北欧空间城市系统分岔存在"多维空间极限环"，其空间维度为空间集聚维度、空间扩散维度、空间联结维度，或者地理环境维度、人文环境维度、经济环境维度。在他组织"控制原理与控制系统"高强度人工干预下，经过西北欧空间城市系统整体的"巨涨落动力机制"的作用、经过"局域平衡态动力机制"作用、经过"空间动因博弈均衡动力"作用，"西北欧空间城市系统二维度极限环"失稳，发生"分岔"产生"耗散结构三维度空间极限环"。这个分岔过程被称为西北欧空间城市系统"多维度空间极限环分岔"。

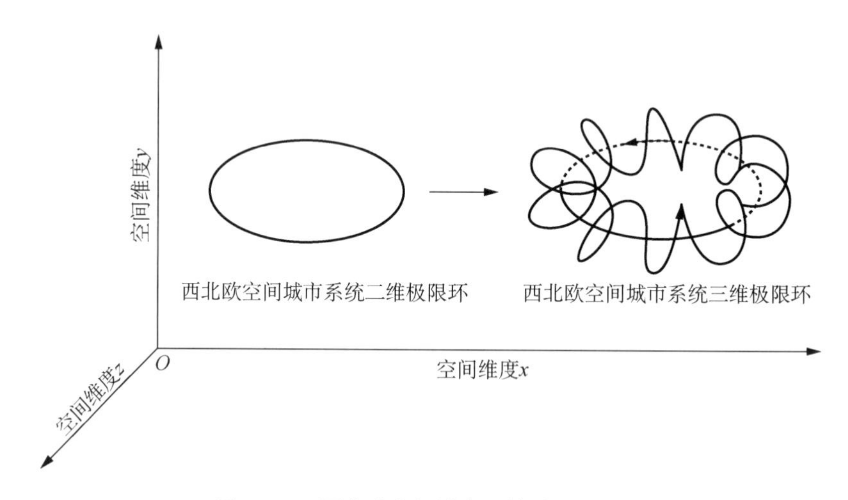

图 11.19　西北欧空间城市系统分岔极限环

⑦ 空间极限环吸引性

因为西北欧空间城市系统的多维度性，包括空间集聚维度、空间扩散维度、空间联结维度，或者地理环境维度、人文环境维度、经济环境维度。西北欧空间城市系统"耗散结构"拥有"多维度空间极限环"，将演化轨道牢牢吸引在"多维度空间极限环"吸引域之内。

“空间极限环”表现了西北欧空间城市系统“耗散结构”的吸引性，通过分岔由“稳定焦点”到“二维度极限环”到“多维度空间极限环”，西北欧空间城市系统“耗散结构”实现了“吸引性”的逐次升级。

(2) 西北欧空间城市系统二次分岔

在外部环境发生重大改变，以及内部动力发生重大改变的情况下，西北欧空间城市系统会发生二次分岔现象。例如英国脱欧将导致金融产业、大公司总部向巴黎、法兰克福、苏黎世、杜塞尔多夫、阿姆斯特丹、布鲁塞尔等城市的转移，这就是西北欧空间城市系统空间集聚条件的重大改变。再如5G通信技术将导致西北欧空间城市系统空间联结条件的重大改变。外部与内部重大条件改变将导致西北欧空间城市系统空间要素转移，形成内部空间扩散。新的空间集聚、空间扩散、空间联结将形成联合动力，推动西北欧空间城市系统走向第二次分岔。

如图11.20所示，西北欧空间城市系统二次分岔是更高级的分岔。在空间规划与空间政策的人工干预下，在“控制原理与控制系统”辅助作用下，西北欧空间城市系统$f(x)$发生二次分岔，做出更高级“耗散结构”选择，如巴黎发展成为“金融业中心”。西北欧空间城市系统二次分岔遵守一般分岔机理，是由低级向高级进行的，演化路径具有历史依赖性，如科技创新要素向莱茵鲁尔空间的历史依赖性集聚。“整体涌现性”高级化是西北欧空间城市系统二次分岔的确定性行为，例如高端服务业的空间集聚，以及5G通信技术的应用。西北欧空间城市系统二次分岔要求更高水平的“空间规划”战略指导，更高精度的“控制原理与控制系统”战术控制，以达致西北欧空间城市系统分岔“稳定性”，保障高级“耗散结构”选择，避免“耗散混沌结构”发生与高级分岔风险性的增加。

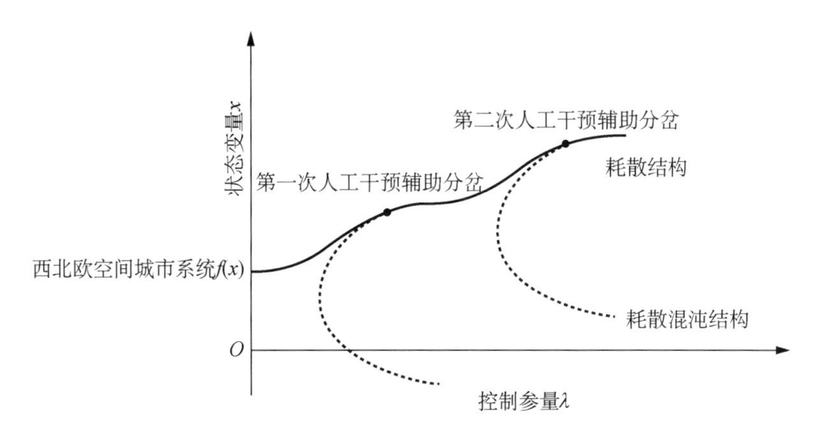

图11.20 西北欧空间城市系统二次分岔

(3) 西北欧空间城市系统耗散混沌结构

① 耗散混沌结构

所谓“耗散混沌结构”是世界空间城市系统广泛存在的真实现象，是西北欧空间城市系统不能回避的客观现实。“耗散混沌结构”分岔表现为非周期性、表观混乱、极不规则、异常复杂，拥有“奇怪吸引子”与“长期行为不可预测”是“稳定耗散混沌结构”的基本特征，所有的简单有序吸引子，例如不动点、极限环、环面，都可能失稳分岔出“耗散混沌结构”。例如，世界金融海啸、大规模移民冲击、英国脱欧、乌克兰事件都可能导致西北欧空间城市系统、中北欧空间城市系统、南欧空间城市系统的耗散混沌结构发生。空间规划与空间治理缺失，控制原理与控制系统不力，是空间城市系统“耗散混沌结构”产生的重要原因。在“第 6 章 空间城市系统混沌理论” 中，我们详细介绍了“耗散混沌结构”基本原理，耗散混沌结构原理可以帮助我们解释很多西北欧空间城市系统出现的混乱局面。

② 倍周期分岔通向耗散混沌结构

欧盟空间包含西北欧空间城市系统、中北欧空间城市系统、南欧空间城市系统，它们的耗散混沌结构条件是相同的，是相互影响的。希腊债务危机、乌克兰混乱、加泰罗尼亚独立运动、爱尔兰边境难题都是西北欧空间城市系统、中北欧空间城市系统、南欧空间城市系统走向耗散混沌结构的“奇怪吸引子”①。

如图 11.21 所示，倍周期分岔是通向西北欧空间城市系统耗散混沌结构的主要实现途径，西北欧空间城市系统经过“1 周期点的第一次分岔”与“2 周期点的第二次分岔”，就有可能进入“4 周期点：英国脱欧、5G 冲击波、爱尔兰难题”进入耗散混沌结构。在西北欧空间城市系统倍周期分岔过程中，费根鲍姆点参数值 $a=3.569\ 945\ 6\cdots$ 与费根鲍姆常数 $\delta=4.669\ 2\cdots$ 具有普适性，是两个重要的倍周期分岔标度值。西北欧空间城市系统耗散混沌结构倍周期分岔可以由逻辑斯谛方程数学模型予以表达：

$$x_n+1=f(x_n)=\mu x_n(1-x_n) \tag{11.2}$$

其中，$x_n\in[0,1]$ 为西北欧空间城市系统状态变量，$\mu\in[0,4]$ 为西北欧空间城市系统控制参量，经典的逻辑斯谛方程是简单的一维非线性方程，通过它的迭代就能

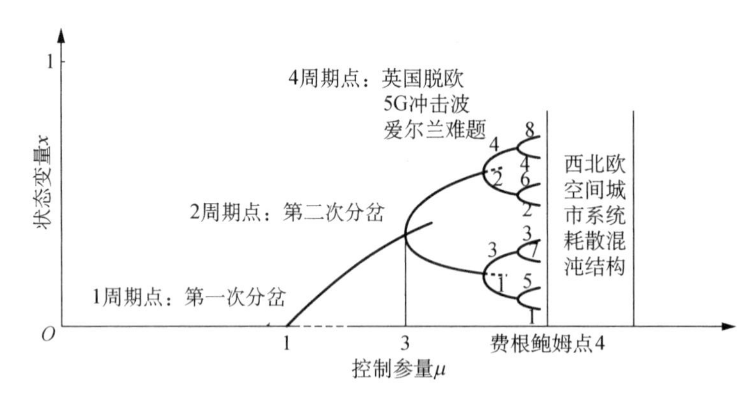

图 11.21 倍周期分岔通向耗散混沌结构

① “奇怪吸引子”是西北欧空间城市系统耗散混沌结构的核心，是产生耗散混沌结构必须具备的条件。

够获得西北欧空间城市 系统耗散混沌结构的普适性表达形式。给定 x_n 计算 x_{n+1} 的数学步骤称为迭代,迭代过程就是西北欧空间城市系统的演化过程,通过迭代实现耗散混沌结构,每一次对过程的重复称为一次“迭代”,而每一次迭代得到的结果会作为下一次迭代的初始值,迭代具有动力学意义,推动着西北欧空间城市系统走向混沌。通过迭代求解代数方程(11.2),由系统的稳定性原理可知,西北欧空间城市系统公式(11.2) 的不动点是满足 $\dot{x}_1 = \dot{x}_2 = \cdots = \dot{x}_n = 0$ 条件的解,我们将不动点方程表示为

$$x^* = f(x^*) = \mu x^*(1 - x^*) \tag{11.3}$$

我们讨论西北欧空间城市系统,公式(11.2)的控制参量 μ ,在下述三个不同区间,不动点方程解 x^* 的情况①:

第一,当控制参量 $\mu < 1$ 时,以及 $\mu = \mu_0 = 1$ 时。

第二,当控制参量 $\mu_0 < \mu < \mu_1$ 时,μ_1 为第一个分岔点。

第三,当控制参量 $\mu_1 < \mu < \mu_2$ 时,μ_2 为另一个分岔点。

可以得到 不动点方程的解x_1^* , x_2^* , x_3^* ,如图 11.22 所示,实线代表渐进稳定的不动点(吸引子),虚线代表不稳定的不动点(排斥子)。

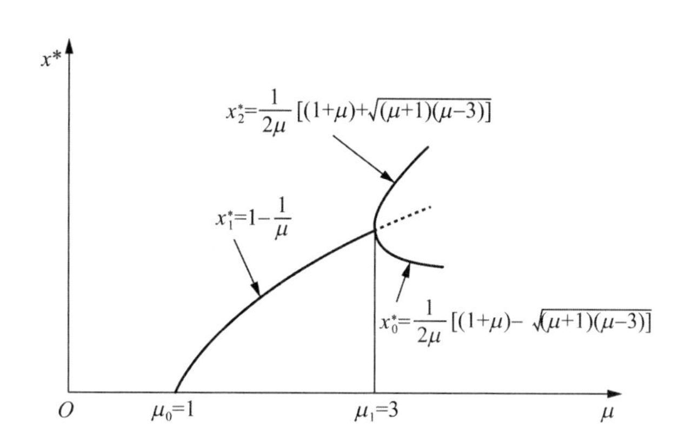

图 11.22 逻辑斯谛方程的倍周期分岔

将上述逻辑斯谛方程分岔过程以此类推,即 1 分为 2,2 分为 4,4 分为 8,…,相应的可以计算出分岔值,就可以得到图11.21 所示的,西北欧空间城市系统倍周期分岔通向耗散混沌结构的结果。在控制参量 $\mu = \mu_\infty = 3.569\ 945\ 672$ 处(费根鲍姆点参数值),对应出现了西北欧空间城市系统耗散混沌结构。“西北欧空间城市系统耗散混沌结构”是一种可能的真实存在,具有很强的实际应用价值,对控制参量 μ 的检测,可以为欧盟政府、各国政府、各地方政府提供公共治理根据。

① 详细数学求解过程可见:许国志.系统科学[M].上海:上海教育出版社,2000:103-104。

11.3 欧洲中部空间城市系统

11.3.1 欧洲中部空间城市系统逻辑分析

1）欧洲中部空间城市系统定义

（1）欧洲中部空间界定

我们界定“欧洲中部空间”包括中欧空间、北欧空间、巴尔干半岛空间。“欧洲中部空间”西起挪威卑尔根，东至罗马尼亚康斯坦察，自瑞典的北部城市吕勒奥，到希腊伯罗奔尼撒半岛城市特里波利斯。“欧洲中部空间”为欧洲中部空间城市系统奠定了地理空间基础，使之成为世界上地理空间最大的空间城市系统。

如图 11.23 所示为雅典，处于北纬 38°02′，东经 23°44′；如图 11.24 所示为斯德哥尔摩，处于北纬 59°18′，东经 18°10′。雅典与斯德哥尔摩是欧洲中部空间城市系统南北两个中心城市，雅典落日时间比斯德哥尔摩推迟约一个小时，两城直线距离大约 2 408 km。

图 11.23　雅典夜色

（源自：百度百科）

图 11.24　斯德哥尔摩黄昏

（源自：视觉中国）

所谓中欧空间(Central Europe)是指波罗的海以南，阿尔卑斯山脉以北的欧洲中部地区。中欧空间涉及德国、波兰、捷克、斯洛伐克、匈牙利、奥地利。民族主要有德意志人、波兰人、奥地利人等，主要语言为德语。中欧空间是欧洲中部空间城市系统的牵引空间，其中华沙—柏林—汉堡—布拉格—维也纳—慕尼黑结构，为欧洲中部空间城市系统的中央核心区域。中欧空间经济基础雄厚，起到欧洲中部空间城市系统压舱石的作用。

所谓北欧空间(Northern Europe)是指瑞典、挪威、芬兰、丹麦地域，北欧空间人口密度在欧洲相对较低，高度集中在斯德哥尔摩、哥特堡、哥本哈根、奥斯陆、赫尔辛基、卑尔根。北欧空间经济基础很好，人均国民生产总值均遥居世界前列。

所谓巴尔干半岛空间(Balkan Peninsula)是指欧洲东南位于亚得里亚海和黑海之间的陆地。巴尔干半岛空间包括阿尔巴尼亚、波斯尼亚和黑塞哥维那、保加利亚、希腊、北马其顿、塞尔维亚、黑山、克罗地亚、斯洛文尼亚、罗马尼亚。巴尔干半岛空间经济基础相对薄弱，需要中欧空间与北欧空间的牵引拉动。

(2) 欧洲中部空间城市系统概念

如图 11.25 所示，欧洲中部空间城市系统是当代欧洲政治、经济、社会变化与发展的逻辑化结果，它是苏联东欧社会剧变冷战结束的产物。欧洲中部空间城市系统包括波德空间城市子系统、北欧空间城市子系统、中欧空间城市子系统、巴尔干空间城市子系统四个组成部分，它是一个 35 级的跨国空间城市系统。

如图 11.25 所示：第一，波德空间城市系统包括柏林、华沙、汉堡、不来梅、汉诺威(与西北欧空间城市系统共有)、莱比锡、德累斯顿、什切青、波兹南、弗洛茨瓦夫、罗兹、卡托维茨、克拉科夫 13 个一级空间城市系统；第二，北欧空间城市系统包括斯德哥尔摩、哥德堡、哥本哈根、奥斯陆、赫尔辛基 5 个一级空间城市系统；第三，中欧空间城市系统包括维也纳、慕尼黑、布拉格、俄斯特拉发、纽伦堡(与西北欧空间城市系统共有)、布拉迪斯拉发、布达佩斯 7 个一级空间城市系统；第四，巴尔干空间城市系统包括雅典、塞萨洛尼基、帕特雷、索菲亚、布加勒斯特、贝尔格莱德、萨格勒布、卢布尔雅那、萨拉热窝、地拉那、斯科普里 11 个一级空间城市系统。欧洲中部空间城市系统总计 36 个一级空间城市子系统。

如图 11.25 所示，柏林是欧洲中部空间城市系统的牵引城市 TC(—)，因为柏林城市体量太小仅为一个国际城市，导致欧洲中部空间城市系统为国际空间城市系统的缘故。柏林牵引城市 TC(—)过小是欧洲中部空间城市系统的短板，因此就要充分发挥华沙主导城市 LC(+)、汉堡主导城市 LC(+)的整体牵引力，以及斯德哥尔摩主导城市 LC(+)、维也纳主导城市 LC(+)、雅典主导城市 LC(+)的局部牵引力。

如图 11.25 所示，哥德堡、哥本哈根、奥斯陆、赫尔辛基、慕尼黑、布拉格、俄斯特拉发、纽伦堡、布拉迪斯拉发、布达佩斯、塞萨洛尼基、帕特雷、索菲亚、布加勒斯特、贝尔格莱德、萨格勒布、卢布尔雅那、萨拉热窝、地拉那、斯科普里是欧洲中部空间城市系统的主中心城市 MC；卑尔根、吕贝克、波德戈里察、特里波利斯等是欧洲中部空间城市系统的辅中心城市 AC；吕勒奥、奥卢、松兹瓦尔等是欧洲中部空间城市系统的基础城市 BC。

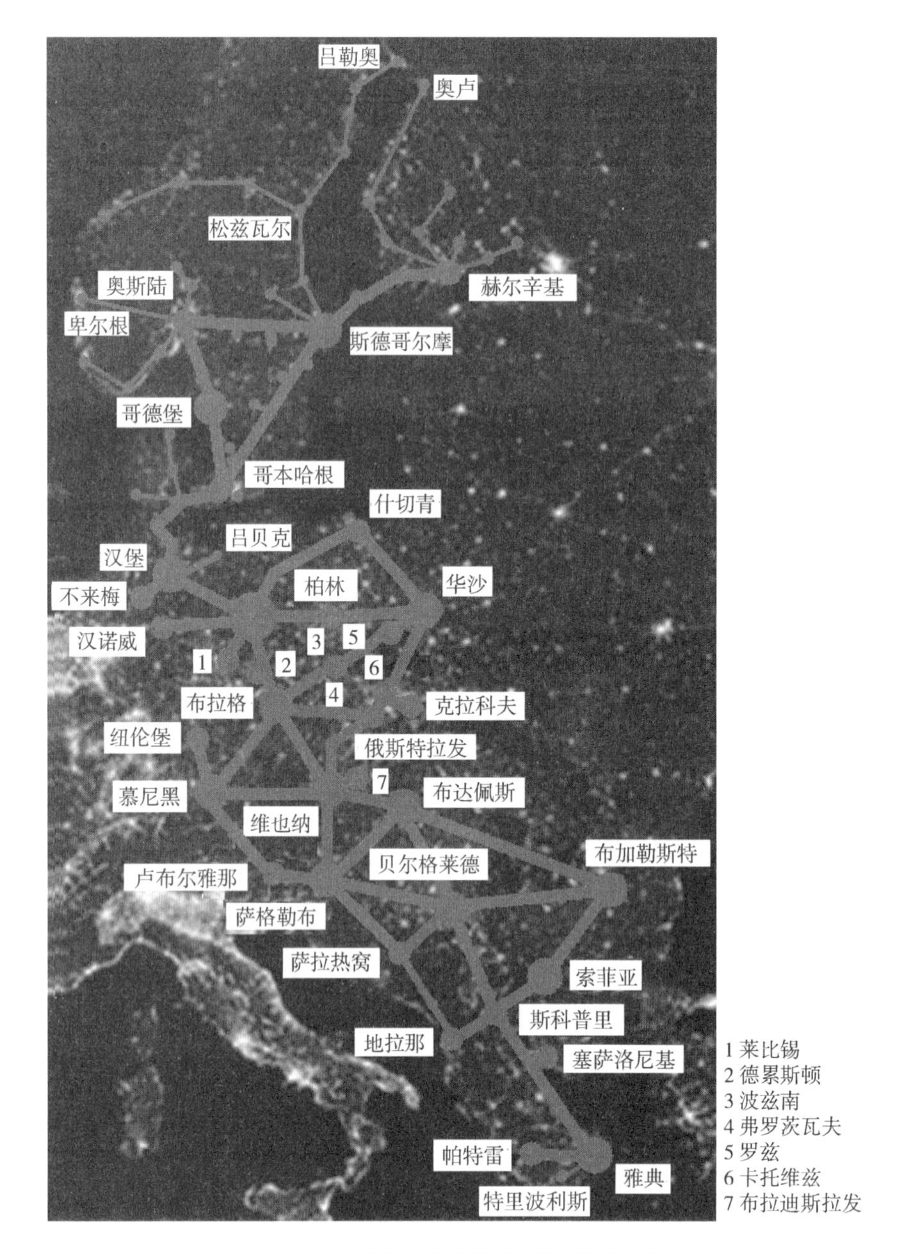

图 11.25　欧洲中部空间城市系统夜间卫星图

（源自：笔者根据 NASA 图自制）

欧洲中部空间城市系统是欧盟空间最年轻的空间城市系统，它与西北欧空间城市系统、南欧空间城市系统实现了对欧盟空间的全覆盖。欧洲中部空间城市系统解决了困扰欧盟的东西发展不平衡难题，特别是巴尔干半岛的发展失衡问题。因此，欧洲中部空间城市系统的空间研究、空间规划、空间治理、空间政策、空间工具对于欧盟来说有着重大与深远的意义。对此，欧盟政府、相关国家政府、相关地方政府、学术界、规划界必须有高度的认识，所谓“千年大计，是也”。欧洲中部空间城市系统的成败，将决定欧洲、美国、中国空间城市系统竞争的结果，决定欧洲在世界的地位。

（3）欧洲中部空间城市系统形成逻辑

欧洲中部空间城市系统是一个自组织演化的结果，它是其地理逻辑、人文逻辑、经济逻辑综合作用的结果，我们将做详细分析，用定性与定量结论说明。欧洲中部空间城市系统是波德空间、北欧空间、中欧空间、巴尔干空间内部以及它们之间的空间集聚、空间扩散、空间联结动力作用的结果。欧洲中部空间城市系统从认知、创生、发展、成熟要经过一个过程，欧洲中部空间自信、自立、自强与世界东西方环境的影响，是欧洲中部空间城市系统从隐性化走向显性化的关键。一个强大的欧洲中部空间城市系统是人类社会必然面对的客观现实，它不以人的意志为转移。

2）欧洲中部空间城市系统地理逻辑

（1）欧洲中部空间城市系统地貌逻辑模型

欧洲中部空间城市系统主要包含四种地貌：北欧空间地貌、波德空间地貌、中欧空间地貌、巴尔干空间地貌。应用第 3 章第 3.5.3 节“空间结构逻辑原理”可以证明，北欧空间地貌、波德空间地貌、中欧空间地貌、巴尔干空间地貌可以形成欧洲中部空间城市系统地貌逻辑链，我们称之为“欧洲中部空间城市系统地貌逻辑模型”，如图 11.26 所示。“欧洲中部空间城市系统地貌逻辑模型”说明：从北到南，北欧空间地貌、波德空间地貌、中欧空间地貌、巴尔干空间地貌具有人居空间地理基质连贯性。这一客观真理性，为欧洲中部空间城市系统奠定了整体地理基础，使欧洲中部空间城市系统获得了科学合理性。

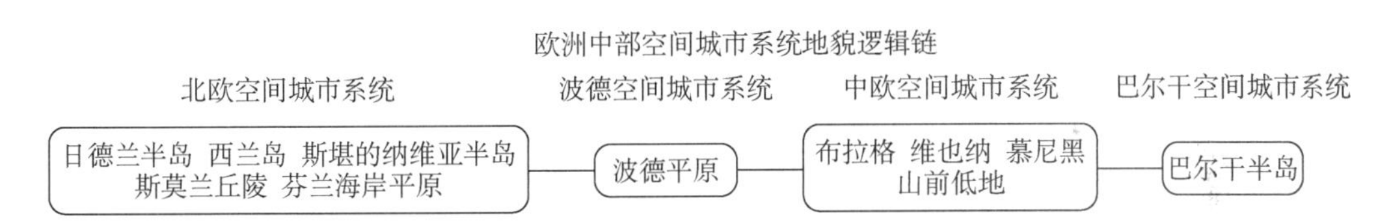

图 11.26 欧洲中部空间城市系统地貌逻辑模型

（2）北欧空间地貌逻辑

如图 11.27 所示，北欧空间地貌逻辑主要由日德兰半岛、西兰岛、斯莫兰丘陵、斯堪的纳维亚半岛、芬兰海岸平原构成，它为北欧空间城市系统奠定了地理基质基础。

（3）波德空间地貌逻辑

如图 11.27 所示，波德空间地貌逻辑由波德平原单一要件构成，波德平原为波德空间城市系统奠定了地理基质基础，使之成为欧洲中部空间城市系统的牵引空间。

（4）中欧空间地貌逻辑

如图 11.27 所示，中欧空间地貌逻辑主要由布拉格、慕尼黑、维也纳的“山前低地”构成，系列“山前低地”为中欧空间城市系统奠定了地理基质基础，承担了欧洲中部空间城市系统重要的地貌南北衔接功能。

（5）巴尔干空间地貌逻辑

如图 11.27 所示，巴尔干空间地貌逻辑主要由多瑙河中游平原、多瑙河下游平原、东南山间低地构成，它们为布达佩斯（中欧空间城市系统）、布加勒斯特、萨格勒布、贝尔格莱德、索菲亚、地拉那、斯科普里、塞萨洛尼基、雅典提供了地理基质，从而奠定了巴尔干空间城市系统的地貌基础。

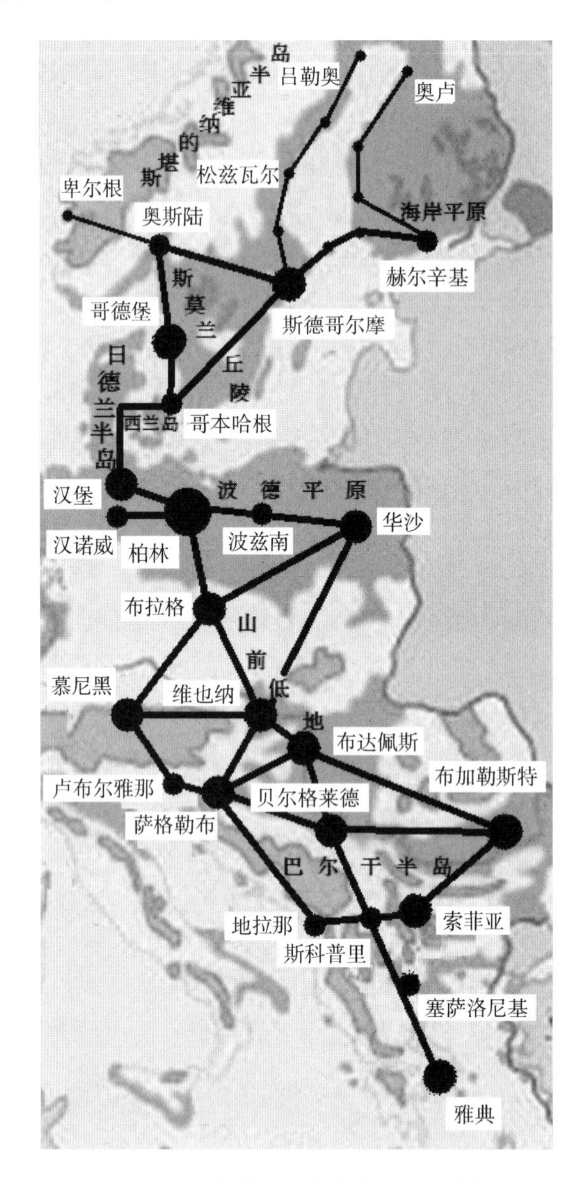

图 11.27　欧洲中部空间城市系统地貌

（6）欧洲中部空间交通逻辑

如图 11.27 所示，第一，北欧空间城市系统—波德空间城市系统—中欧空间城市系统—巴尔干空间城市系统的北南高速铁路大动脉是欧洲中部空间城市系统的生命线。第二，北欧空间城市系统、波德空间城市系统、中欧空间城市系统、巴尔干空间城市系统内部城际高速铁路是欧洲中部空间城市系统的基础。第三，斯德哥尔摩—雅典的高速铁路大动脉和以斯德哥尔摩、柏林、维也纳、雅典（索菲亚）为核心的城际高速铁路网的规划建设，是欧洲中部空间城市系统以及北欧空间城市系统、波德空间城市系统、中欧空间城市系统、巴尔干空间城市系统的序参量。上述区域现有的高速铁路、城际高速铁路建设远远不能适应欧洲中部空间城市系统以及北欧空间城市系统、波德空间城市系统、中欧空间城市系统、巴尔干空间城市系统的空间地理连接要求，是一个短板要素。对此，欧盟、相关国家、地方政府必须高度重视。

高速铁路、城际高速铁路、高速公路、飞机航线、水路运输所构成的"高速多式交通系统"是欧洲中部空间城市系统的必由之路，只有"欧洲中部空间高速交通优化组合"，才能为欧洲中部空间城市系统以及北欧空间城市系统、波德空间城市系统、中欧空间城市系统、巴尔干空间城市系统奠定交通逻辑基础。在此事关欧洲中部人民千秋万代的大是大非面前，欧洲相关政府、学术界、企业界必须清醒、理性、科学处理之。

(7) 欧洲中部空间纬向地带气候逻辑

欧洲中部空间城市系统从北向南横跨亚寒带大陆性气候、温带海洋性气候、温带大陆性气候、高山气候、亚热带夏干气候五种气候类型。这五种气候类型从北欧空间、波德空间、中欧空间、巴尔干空间呈梯级上升，为欧洲中部空间城市系统奠定了地表空间纬向地带气候逻辑。

亚寒带大陆性气候、温带海洋性气候为北欧空间城市系统奠定了纬向地带气候逻辑；温带海洋性气候、温带大陆性气候为波德空间城市系统奠定了纬向地带气候逻辑；高山气候、温带大陆性气候为中欧空间城市系统奠定了纬向地带气候逻辑；温带大陆性气候、高山气候、亚热带夏干气候为巴尔干空间城市系统奠定了纬向地带气候逻辑。

欧洲中部空间纬向地带气候逻辑，使得欧洲中部空间城市系统以及北欧空间城市系统、波德空间城市系统、中欧空间城市系统、巴尔干空间城市系统成为人类宜居空间，使得欧洲中部空间城市系统成立具有科学性。

3）欧洲中部空间城市系统人文逻辑

(1) 人文基础

欧洲中部空间具有世界顶级的人文基础：雅典是世界城市起源之一，是西方文明的摇篮，是苏格拉底、柏拉图、亚里士多德等先哲云集与思想创生之城，是现代奥运会起源地。维也纳是世界音乐之都，是联合国的四个官方驻地之一，是石油输出国组织、欧洲安全与合作组织和国际原子能机构的总部以及其他国际机构的所在地，对世界产生着重要影响。"汉莎同盟"堪称世界城市协同的鼻祖，为欧洲联合文化奠定基础。斯德哥尔摩是世界和平城市，1809 年以来没有卷入各种战争，是阿尔弗雷德·诺贝尔的故乡，是诺贝尔奖颁奖城市，是世界著名的国际大都市。因此，欧洲中部空间辉煌的人类文明史，为欧洲中部空间城市系统奠定了历史人文逻辑基础。

欧洲中部空间是世界科学研究的重要发源地，洪堡大学开创了"研究与教学合一"，被誉为"现代大学之母"，爱因斯坦、普朗克、黑格尔、马克思、周恩来等都曾在此任教或学习。欧洲中部空间是世界现代工业的标志性区域，拥有奔驰、宝马、西门子、诺基亚等品牌。欧洲中部空间是现代文明的标志性空间，例如北欧空间形成了独特的政治、经济、社会模式，对世界产生了重大的影响。欧洲中部空间具有深厚生态文明思想基础，例如城市生态足迹(City Ecological Footprint)价值观。因此，欧洲中部空间现代人类文明贡献，为欧洲中部空间城市系统奠定了现实人文逻辑基础。

(2) 战争影响与“空间独立意识”

首先，欧洲中部空间是第一次世界大战、第二次世界大战的主要战场，欧洲中部城市遭到战争的普遍性破坏。如图11.28，柏林、华沙、汉堡在二战中都遭受摧毁性的破坏，中欧城市、巴尔干半岛城市、北欧城市，都在不同程度上遭受了战争摧残，特别是第二次世界大战的破坏。因为战争的原因，大大迟缓了欧洲中部空间城市的发展，导致柏林、华沙、汉堡城市牵引功能的低下，这是欧洲中部空间城市系统隐性化的重要历史性基础性因素。

图 11.28　柏林被战争毁灭性破坏

其次，欧洲中部空间成为战后东西方意识形态对峙的牺牲品，例如柏林变成了苏美冷战的聚集点，被分割成东柏林、西柏林，柏林墙(德语为 Berliner Mauer；英语为 Berlin Wall)成为世界大城市发展史上不可磨灭的标志性事件，直到 1990 年两德统一，德国首都重回柏林。因此，冷战完全葬送了柏林发展成为世界级特大城市的可能性，柏林失去了近两代人的发展机遇。布达佩斯、布拉格、华沙等欧洲中部城市成为东西方对抗的前沿，严重迟滞了欧洲中部空间城市的正常演化进程，这是欧洲中部空间城市系统隐性化的重要历史性基础性因素。欧洲中部空间地域文化是欧洲中部空间城市系统的短板：例如德国具有“小城市”文化传统，东南欧具有小国寡民文化传统。中欧与东南欧具有严重的碎片化空间格局，“东欧剧变”加剧了中欧与东南欧国家分裂，形成了“马赛克”空间隔离状态。地域性空间文化与现实因素，都使得欧洲中部空间城市系统处于隐性状态，并会成为其未来的阻碍因素。

最后，欧洲中部空间形成了“空间独立意识”，例如匈牙利、波兰、捷克、斯洛伐克四国组成的区域合作组织“维谢格拉德集团四国”就是其标志。政治、经济、社会、文化的“空间独立意识”本质上是欧洲中部空间独立于东西方势力自醒、自立、自强的表现，它为欧洲中部空间城市系统创生奠定了空间价值观基础。

(3) 前景光明

① 欧洲中部空间城市系统整体预见

欧洲中部空间具有悠久的人文基础历经沧桑，但是21世纪的欧洲中部空间城市系统具有光明的前景。北欧空间城市系统为人类民主政治的旗帜，生态文明的先锋；波德空间城市系统的柏林、华沙、汉堡呈现出勃勃生机，堪当欧洲中部空间城市系统牵引空间之大任；中欧空间城市系统的维也纳、慕尼黑、布拉格、布达佩斯城市发展良好，能担当起欧洲中部空间城市系统主干重任；雅典、塞萨洛尼基、索菲亚、地拉那、斯科普里、布加勒斯特、贝尔格莱德、萨格勒布、卢布尔雅那、萨拉热窝等城市经过了金融风暴的洗礼，经过了战争的风雨，先后转入了正确发展轨道。可以预期巴尔干空间城市系统将迎来新的创生阶段。因此，欧洲中部空间城市系统将应运而生扬帆世界！如图11.29所示，21世纪多瑙河流域将迎来“欧洲中部空间城市系统”革命性的巨大变化。

图 11.29 蓝色多瑙河

（源自：太平洋电脑网）

② 巴尔干空间城市系统预见

就现实综合情况来看，巴尔干空间城市系统是欧洲中部空间城市系统的短板。但是，“巴尔干变革”是一个可以预期的逻辑结果：首先，希腊文明是巴尔干空间城市系统的内源性文明，而人类社会发展历史已经证明：“希腊文明”具有巨大的社会进化动力作用，它是巴尔干空间城市系统最可靠的内源性动力；其次，就时间维度来看，巴尔干空间经过一战、二战、冷战、内战的战争洗礼，已经进入后战争状态，社会发展将上升为区域性历史使命；最后，就空间维度来看，巴尔干空间城市系统北向受到波德空间、北欧空间、中欧空间现代社会的影响，西向受到南欧空间、西欧空间现代社会的影响，东向受到中国经济、日本等社会的冲击。因此，“巴尔干变革”是一个内因外因兼备的逻辑化结果。在欧洲中部空间城市系统整体涌现性的动力作用下，南北均衡发展将成为重要趋势。综上所述，“巴尔干变革”将不以人的意志为转移自组织进化发生。

4）欧洲中部空间城市系统经济逻辑

欧洲联盟(EU)将为欧洲中部空间城市系统创造基础性条件，这已经被希腊债务危机救助所证实，而德国在其中担当了中坚力量。根据空间城市系统“整体涌现性”原理，欧洲中部空间城市系统一定会产生“GDP 整体涌现增长率”。如表 11.5 所示，我们以欧洲中部核心空间 2017 年 GDP 数据为基础，对欧洲中部空间城市系统进行经济总量预测研究。

首先，对于欧洲中部空间城市系统，不能立足于 GDP 主义作为标准，如巴尔干半岛雅典中心城市的确立。因为 GDP 不可能代表空间城市系统政治、经济、社会、文化、生态的全部，甚至不能代表经济的全部，GDP 仅仅是经济总量的全要素表达指标。其次，在表 11.5 中我们采用了欧洲中部空间饱和 GDP 数值方法，即以国家和地区 GDP 值为标准，它导致 GDP 值具有偏大，预备量偏小的趋势，并进行了美元与欧元的换算处理，我们所追求的是欧洲中部空间城市系统经济总量定性研究结果。最后，研究结果具有限定条件，例如在 2017 年到 2027 年，欧洲中部空间城市系统不能有大的经济危机，GDP 平均增速要达到低限水平，整体涌现性调节适应机制有效。

我们以欧洲中部核心空间 2017 年 GDP 实现值为基准，以 2010 到 2017 年 GDP 平均增长率为 2017 到 2027 年 GDP 平均增长率。空间城市系统整体涌现性带有很强的空间区位特性，例如瑞典与芬兰年平均 GDP 增长率分别为 2.78 与 0.95，因为它们拥有共同的北欧空间区位，因此拥有相同的 GDP 整体涌现增长率 1%。也就是说芬兰可以进行信息理论研发，通过波德技术研发和巴尔干产品制造而获得经济整体涌现性。

对于空间城市系统“GDP 整体涌现增长率”，根据经验我们规定：所研究空间 GDP 年平均增长率在 6%以上给予 3%整体涌现增长率，如中国空间城市系统；所研究空间 GDP 年平均增长率在 3%以上给予 2%整体涌现增长率，如波兰空间；因为美国具有强大的创新能力，因此给予美国空间城市系统 1.5 整体涌现增长率；所研究空间 GDP 年平均增长率在 3%以下给予 1%整体涌现增长率，如北欧空间城市系统。一般情况而言，空间城市系统“GDP 整体涌现增长率”具有后发优势，发达国家与地区具有稳定结构取值较低。

希腊这种特殊情况要进行专项研究说明，因为具有共同的巴尔干空间区位，可以给予希腊空间以巴尔干空间 GDP 整体涌现增长率 1%值，严格限定条件为非战争、非金融危机、非长期性灾难如核泄漏。在上述限定条件下，我们得到表 11.5 欧洲中部核心空间经济总量及预测。根据表 11.5 结果，我们做出欧洲中部空间城市系统经济逻辑分析。

表 11.5 欧洲中部核心空间经济总量及预测

核心空间	2017 年 GDP（亿欧元）	GDP 年平均增长率（%）	GDO 整体涌现性（%）	GDP 年增长率（%）	2027 年预计 GDP（亿欧元）
波德空间					
柏林区域	1 362.42	2.06	1	3.06	—
波茨坦区域	689.44	2.06	1	3.06	—
马哥德堡区域	605.30	2.06	1	3.06	—
汉堡区域	1 172.52	2.06	1	3.06	—
吕贝克	77.52	2.06	1	3.06	—
罗斯托克	70.45	2.06	1	3.06	—
基尔区域	931.13	2.06	1	3.06	—
什末林区域	426.66	2.06	1	3.06	—
不来梅区域	335.70	2.06	1	3.06	—
汉诺威区域	2871.76	2.06	1	3.06	—
哈雷	67.02(2018)	2.06	1	3.06	—
莱比锡	191.29	2.06	1	3.06	—
德累斯顿区域	1 214.07	2.06	1	3.06	—
开姆尼茨	80.66(2018)	2.06	1	3.06	—
纽伦堡	269.49	2.06	1	3.06	—
慕尼黑区域	5 928.31	2.06	1	3.06	—
奥格斯堡	133.39	2.06	1	3.06	—
雷根斯堡	119.70	2.06	1	3.06	—
因戈尔施塔特	173.22	2.06	1	3.06	—
小计	16 720.05	2.06	1	3.06	21 836.47
波兰空间	4 501.88	3.27	2	5.27	6 874.37
合计	21 221.93	—	—	—	28 710.84
北欧空间					
瑞典空间	4 783.79	2.78	1	3.78	6 592.06
丹麦空间	2861.56	1.47	1	2.47	3 568.36
挪威空间	3 461.03	1.54	1	2.54	4 340.13
芬兰空间	2 220.07	0.95	1	1.95	2 652.98
合计	13 326.45	—	—	—	17 153.53
中欧空间					
奥地利空间	1 228.28	1.48	1	2.48	1 532.89

续表

核心空间	2017 年 GDP (亿欧元)	GDP 年平均增长率(%)	GDO 整体涌现性(%)	GDP 年增长率(%)	2027 年预计 GDP(亿欧元)
捷克空间	1 850.80	2.21	1	3.21	2 444.90
斯洛伐克空间	838.63	3.04	2	5.04	1 261.29
匈牙利空间	1 165.59	2.07	1	3.07	1 523.42
合计	5 083.30	—	—	—	6 762.50
巴尔干空间					
罗马尼亚空间	1 869.79	2.85	1	3.85	2 589.65
保加利亚空间	493.96	2.07	1	3.07	645.60
塞尔维亚空间	365.76	0.89	1	1.89	434.88
波黑空间	160.39	1.72	1	2.72	204.01
克罗地亚空间	472.13	0.44	1	1.44	540.11
斯洛文尼亚空间	430.54	1.43	1	2.43	535.16
黑山空间	42.14	2.40	1	3.40	56.46
北马其顿空间	100.09	2.32	1	3.32	133.31
阿尔巴尼亚空间	115.10	2.52	1	3.52	155.61
希腊空间	1 803.55	−2.94	1	−1.94	1 453.66
合计	5 853.25	—	—	—	6 748.45
总计	45 484.93	—	—	—	59 375.32

(1) 欧洲中部空间城市系统经济总量基础

欧洲中部核心空间蕴含着惊人的经济总量,完全可以为欧洲中部空间城市系统奠定经济基础。以 2017 年数据为标准,欧洲中部核心空间经济总量 GDP 为 34.34 万亿元,美国东部空间城市系统为 32.44 万元,西北欧空间城市系统为 25.98 万元,中国沿江空间城市系统为 25.00 万元。显然欧洲中部核心空间经济总量 GDP 居于世界第一,但是不能以 GDP 主义标准说欧洲中部空间城市系统是世界第一空间城市系统。而只能据此判定,欧洲中部空间城市系统具有可靠的经济总量基础。

欧洲中部空间城市系统具有辉煌的经济总量前景。以 2027 年数据为目标,用相同的计算方法得出:欧洲中部空间城市系统经济总量 GDP 为 44.82 万亿元,中国沿江空间城市系统 47.50 万元,美国东部空间城市系统 44.78 万元,西北欧空间城市系统 32.76 万元。届时,欧洲中部空间城市系统经济总量居于世界第二位,与美国东部空间城市系统相近。但是我们依然不能说欧洲中部空间城市系统是世界第二位空间城市系统。因为空间城市系统衡量标准涉及政治、经济、社会、文化、生态等多维度。

(2) 欧洲中部空间城市系统产业结构基础

欧洲中部空间具有世界顶级的传统制造业,具有很强的现代制造业基础,例如德国核心空间、北欧空间、中欧空间。欧洲中部空间从北向南拥有完整的产业链:第一产业发达、第二产业完整、第三产业先进。欧洲中部空间是一种互补型经济结构,即波德空间、北欧空间与中欧空间、巴尔干空间的经济及产业互补。因此,欧洲中部空间城市系统将产生很强的"互补整体涌现性",使欧洲中部空间经济获得较大的发展动力。高端服务业与金融业是欧洲中部空间城市系统的短板,柏林应该在该领域加强,以充当欧洲中部空间城市系统牵引城市 TC 的职能。总之,欧洲中部空间产业结构可以为欧洲中部空间城市系统提供支撑。

(3) 欧洲中部空间城市系统国际贸易基础

欧洲中部空间具有优良的经济地理优势,为欧洲中部空间城市系统国际贸易奠定了基础:第一,东方与西方桥梁。欧洲中部空间地处世界西方与东方的中间地带,是东西方国际交往的必经陆向通道。第二,北部海洋贸易通道。波德空间与北欧空间拥有北向海洋贸易通道通往世界各地。第三,南部海洋贸易通道。巴尔干空间拥有南向海洋贸易通道通往世界各地。因此,东西方陆地中介、北向海洋通道、南向海洋通道为欧洲中部空间城市系统国际贸易奠定了坚实的基础,我们完全可以预期欧洲中部空间城市系统国际贸易将居于世界贸易的中心地位。

(4) 子系统经济逻辑分析

① 波德空间城市系统经济逻辑

波德空间 2017 年 21 221.93 亿欧元的经济牵引能力,完全可以胜任欧洲中部空间城市系统的牵引功能,带动中欧空间城市系统与巴尔干空间城市系统的发展。加上北欧空间 13 326.46 亿欧元的经济辅助牵引能力,欧洲中部空间城市系统拥有世界一流的牵引功能。不足之处是德国具有小城市文化传统,将影响柏林的世界城市进化,高端服务业、金融业、创新业是柏林亟待提高的牵引功能。波兰空间经济增长强劲,1992 年到 2017 年保持平均中高速增长态势,为波德空间牵引功能增添了正能量。

② 北欧空间城市系统经济逻辑

北欧空间 2017 年 GDP 经济总量达到 13 326.45 亿欧元,为北欧空间城市系统奠定了经济基础,可以胜任欧洲中部空间城市系统辅助牵引空间职能。北欧空间具有优良的创新能力,在信息创新与生态文明创新领域居于世界先进水平。预计,北欧空间城市系统与中欧空间城市系统以及巴尔干空间城市系统合作,将产生很强的"整体涌现性"。北欧空间城市系统将为欧洲中部空间城市系统贡献强劲的经济牵引动力。

③ 中欧空间城市系统经济逻辑

中欧空间 2017 年 GDP 经济总量达到 5 083.30 亿欧元,加上纽伦堡、慕尼黑区域、奥格斯堡、雷根斯堡、因戈尔施塔特区域合计 2017 年 GDP 经济总量 6 624.11 亿欧元,总计为 11 707.41 亿欧元。显然中欧空间拥有足够的经济总量为中欧空间城市系统奠定基础。波德空间、北欧空间、中欧空间 2017 年 GDP 经济总量排序为:21 221.93 亿欧元、13 326.45 亿欧元、5 083.30亿欧元。它们将为欧洲中部空间城市系统奠定可靠的经济总量基础。因此,欧洲中部空间城市系统经济逻辑是顺理成章地。

④ 巴尔干空间城市系统经济逻辑

巴尔干空间 2017 年 GDP 经济总量达到 5 853.25 亿欧元，相当于 4.41 万亿人民币。而同期中国沿江空间为 25.00 万亿人民币，中国南部空间为 18.24 万亿人民币，中国沿河空间为 12.56 万亿人民币，中国北部空间为 9.95 万亿人民币，中国东北空间为 4.55 万亿人民币。显然，巴尔干空间经济总量偏低，勉强为巴尔干空间城市系统提供支撑。因此，巴尔干空间城市系统必须与波德空间城市系统、北欧空间城市系统、中欧空间城市系统加强合作，争取获得欧洲中部空间城市系统整体涌现性的支持。也就是说巴尔干空间城市系统是一个高度依靠外部动力的空间城市系统。

(5) 希腊空间专题分析

“表 11.5 欧洲中部核心空间经济总量及预测”给出了一个无法回避的问题：希腊空间经济总量为世界罕见的负增长。雅典为中心的希腊空间要承担巴尔干空间城市系统的牵引空间，显然是不符合经济逻辑的。

我们将希腊问题归结为“希腊幻觉”。因为希腊文明在世界的显著地位，产生了对现代希腊的错误认识，希腊问题可以从以下几个方面来认识：

第一，空间原因。

希腊空间封闭狭窄，仅有北部与巴尔干半岛国家接壤，该区域国家碎片化、民族成分复杂、宗教多样被称为欧洲的火药桶。与西欧、南欧、中欧、波德空间的地理连接隔离，成为希腊现代社会进步落差的空间基础。因此，中北欧空间城市系统为希腊社会发展提供了宝贵的地理连接基础。长期处于潜在战争的威胁，希腊付出了惨重的军事开支代价，拖累了希腊现代化进程。

第二，政治原因。

希腊文明鼎盛时期发生在公元前 5 世纪，而且是城邦微观空间尺度。之后，希腊先后处于罗马帝国、奥斯曼帝国的统治之下，经历了中世纪“无知和迷信的时代”。希腊于 1832 年建立王国，经过军事独裁，1973 年才确立共和制。因此，希腊近代历史并不是主流现代政治发展历史。希腊当代政治趋于左翼意识形态主义，战后在政治、经济、军事上长期依靠美国。分散主义政治文化、官僚体系、冗员低效、贪污腐败、偷税漏税都是希腊现代政治的弊端。希腊近现代政治文化与政治制度不可能产生现代社会。因此，巴尔干空间城市系统为希腊古代文明复兴提供了舞台，欧洲中部空间城市系统为希腊现代社会进化提供了机会。

第三，经济原因。

希腊属于欧盟经济欠发达国家之一，经济基础较薄弱，传统制造业比较落后，欠缺现代制造业。海运业、旅游业、侨汇收入是希腊三大外汇收入支柱。希腊农业发达，工业主要以食品加工和轻工业为主，一般服务业发达，欠缺高端服务业，这也是希腊作为巴尔干空间城市系统牵引空间的短板。希腊对外贸易发达，出口多为农产品与轻纺产品，进口为原材料、能源、机电等。因此，希腊经济是它作为巴尔干空间城市系统牵引空间的最大短板。同时希腊空间与波德空间城市系统、北欧空间城市系统的互补型经济结构，又是欧洲中部空间城市系统成立的逻辑化根据。欧盟对希腊的支持已经证明了这种互补逻辑：欧洲中部空间城市系统整体涌现性将大大促进希腊的现代化进程。

第四，社会原因。

希腊是高福利社会，在公费医疗、全民教育、失业养老等方面，具有世界发达国家水平。高全民福利与低经济产出，势必导致希腊是一种债务型国家财政，当金融危机到来时必然产生债务危机。欧洲中部空间城市系统整体涌现性，将大幅度提高希腊经济产出能力。当欧洲中部空间城市系统整体涌现性得到完全释放时，可以从根本上改变希腊的收支失衡局面。因此，巴尔干空间城市系统整体涌现性、欧洲中部空间城市系统整体涌现性双层叠加是希腊空间走向收支均衡现代化的必由之路。

第五，创新原因。

现代经济经过了资源经济、劳力经济、信息经济的发展动力类型，进入了创新经济动力类型。创新经济又可以分为基础理论创新、工程技术创新、商品创新，希腊错过了工业经济时代，又欠缺科技创新资源。但是，希腊拥有世界唯一的西方文明源头宝贵资源，在哲学创新与文明创新方面具有不可多得的优势，欧洲中部空间城市系统文明是古代希腊文明复兴、螺旋式上升创新的机遇。因此，欧洲中部空间城市系统的产生必将赋予希腊文明创新的历史使命，将对世界产生超过科技创新的重大影响。

第六，历史原因。

希腊具有收支失衡的历史传统，1890 年欧洲的经济危机导致希腊收支失衡，陷入债务危机。2009 年爆发的希腊债务危机重复了收支失衡的恶性循环。希腊经济收支失衡模式，将导致其政治合理性丧失、政治合法性丧失，进而导致希腊社会的衰落和现代化进程受挫。巴尔干空间城市系统整体涌现性、欧洲中部空间城市系统整体涌现性双层叠加，将有助于希腊实现收支均衡，摆脱希腊社会衰落的危险。

第七，分岔选择。

21 世纪，随着希腊空间系统演化进程，它必然面临分岔选择：一是希腊空间系统实现全面改革，充分发挥欧洲中部空间城市系统整体涌现性，与波德空间城市系统、北欧空间城市系统实现互补发展，补齐经济总量短板，充当巴尔干空间城市系统牵引空间。否则，巴尔干空间城市系统只能面对客观的“多中心结构”。

第八，希腊前途。

希腊的衰落将导致一个分裂的欧洲，带来的只会是冲突与痛苦。而希腊的复兴将创新欧洲中部空间城市系统文明，对世界产生不可限量的重大贡献。雅典是世界起源性城市，是西方文明的摇篮。雅典是欧洲第八大城市，是巴尔干半岛中心城市。欧洲中部空间城市系统将使雅典与柏林、斯德哥尔摩、维也纳获得相同的空间地位，它们之间的空间联结将极大促进雅典城市发展，承担起巴尔干空间城市系统牵引城市职能。

综上所述，空间原因、政治原因、经济原因、社会原因、创新原因、历史原因，均说明了“希腊幻觉”的真实性，回答了希腊空间经济总量为负增长的问题所在。分岔选择、希腊前途给出了欧洲中部空间城市系统整体涌现性的历史性作用。我们相信希腊古文明复兴是一个可以期待的逻辑结果，希腊人民将承担起这一光荣的人类文明历史使命！

5）欧洲中部空间城市系统单元逻辑与因子逻辑

（1）欧洲中部空间城市系统单元逻辑

空间城市系统单元逻辑是一种中观分析方法，介于空间城市系统宏观逻辑和因子微观逻辑之间，用来说明空间城市系统中观的地理、人文、经济现象，例如波德空间单元、北欧空间单元、中欧空间单元、巴尔干空间单元。空间城市系统单元可以是真实的客观存在，也可以是抽象的设定概念，例如欧洲中部空间城市系统产业结构的第一产业单元、第二产业单元、第三产业单元、高端服务业单元。通过对欧洲中部空间城市系统单元逻辑的确认，可以使欧洲中部空间城市系统建立可靠的中观层次结构。通过对欧洲中部空间城市系统单元逻辑分析，可以帮助我们解决很多复杂的问题，例如我们可以设立欧洲中部空间城市系统信息单元，即“空间信息联结”，通过对“空间信息联结”单元的专项分析，从而确立欧洲中部空间城市系统整体结构。

（2）欧洲中部空间城市系统因子逻辑

空间城市系统因子逻辑是一种微观分析方法，空间城市系统因子处于空间城市系统最底层，具有不可再分、客观性、独立性、可观测性等特征。例如斯德哥尔摩城市因子、柏林城市因子、维也纳城市因子、雅典城市因子，空间城市系统因子必须是真实的客观存在。通过对欧洲中部空间城市系统因子逻辑的分析，我们可以得到欧洲中部空间城市系统最根本的确立根据。

欧洲中部空间城市系统牵引城市 TC(－)、主导城市 LC(＋)、主中心城市 MC、辅中心城市 AC、基础城市 BC 的城市因子分类，使我们认识到柏林牵引城市 TC(－)功能的不足，而需要发挥华沙主导城市 LC(＋)、汉堡主导城市 LC(＋)、斯德哥尔摩主导城市 LC(＋)、维也纳主导城市 LC(＋)、雅典主导城市 LC(＋)的局部牵引力。欧洲中部空间城市系统因子逻辑分析可以为欧洲中部空间城市系统奠定坚实可靠的基础。

11.3.2 欧洲中部空间城市系统主体分析

1）欧洲中部空间城市系统层级

欧洲中部空间城市系统包括 3 个层级：第一层级，欧洲中部空间城市系统，即斯德哥尔摩—柏林—维也纳—雅典结构。第二层级，波德空间城市子系统，即华沙—柏林—汉堡结构。北欧空间城市子系统，即赫尔辛基—斯德哥尔摩—奥斯陆—哥德堡—哥本哈根结构。中欧空间城市子系统，即慕尼黑—维也纳—布拉格—布达佩斯结构。巴尔干空间城市子系统，即雅典—塞萨洛尼基—地拉那—斯科普里—索菲亚—布加勒斯特—贝尔格莱德—萨拉热窝—萨格勒布—卢布尔雅那结构。第三层级，柏林空间城市系统、华沙空间城市系统、汉堡空间城市系统、斯德哥尔摩空间城市系统、维也纳空间城市系统、雅典空间城市系统，以及哥德堡空间城市系统、哥本哈根空间城市系统、奥斯陆空间城市系统、赫尔辛基空间城市系统、不来梅空间城市系统、汉诺威空间城市系统（与西北欧空间城市系统共有）、莱比锡空间城市系统、德累斯顿空间城市系统、什切青空间城市系统、波兹南空间城市系统、弗洛茨瓦夫空间城市系统、罗兹空间城市系统、卡托维茨空间城市系统、克拉科夫空间城市系统、慕尼黑空间城市系统、布拉格空间城市系统、俄斯特拉发空间城市系统、纽伦堡空间城市系统、布拉迪斯拉发空间城市系统、布达佩斯空间城市系统、塞萨洛尼基空间城市系统、帕特雷空间城市系统、索菲亚空间城市系统、布加勒斯特空间城市系统、贝尔格莱德空间城市系统、萨格勒布空间城市系统、卢布尔雅那空间城市系统、萨拉热窝空间城市系统、地拉那空间城市系统、斯科普里空间城市系统的 21 个一级空间城市系统。

2）欧洲中部空间城市系统空间形态

如图 11.30 所示，欧洲中部空间城市系统整体呈条带状南北方向分布。北欧空间城市系统呈三角形分布，斯德哥尔摩为其中心节点；波德空间城市系统呈三层条状分布，柏林为其中心节点；中欧空间城市系统呈三角状与条状分布，维也纳为其中心节点；巴尔干空间城市系统呈轴带多层分布，雅典为其中心节点。巴伦支海为欧洲中部空间城市系统北向“地理隔离线”，北海与波罗的海为欧洲中部空间城市系统中间“地理隔离线”，地中海为欧洲中部空间城市系统南向“地理隔离线”。

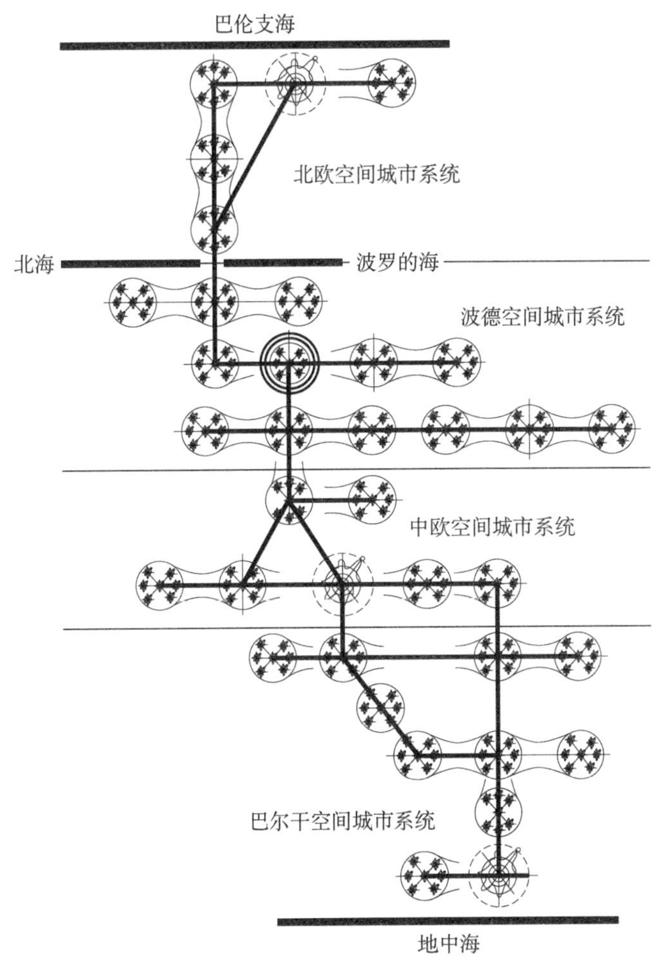

图 11.30　欧洲中部空间城市系统空间形态拓扑图

3）欧洲中部空间城市系统空间结构

（1）欧洲中部空间城市系统空间结点

如图 11.31 所示，欧洲中部空间城市系统空间结构包括：柏林牵引中心城市 TC（一）、华沙主导城市 LC（＋）、汉堡主导城市 LC（＋）、斯德哥尔摩主导城市 LC（＋）、维也纳主导城市 LC（＋）、雅典主导城市 LC（＋）；哥德堡、哥本哈根、奥斯陆、赫尔辛基、慕尼黑、布拉格、俄斯特拉发、纽伦堡、布拉迪斯拉发、布达佩斯、塞萨洛尼基、帕特雷、索菲亚、布加勒斯特、贝尔格莱德、萨格勒布、卢布尔雅那、萨拉热窝、地拉那、斯科普里

图 11.31　欧洲中部空间城市系统空间结构

（源自：笔者根据谷歌地图自制）

主中心城市 MC；卑尔根、吕贝克、波德戈里察、特里波利斯等辅中心城市 AC；吕勒奥、奥卢、松兹瓦尔等基础城市 BC。

欧洲中部空间城市系统是世界上地理距离最长的空间城市系统，斯德哥尔摩到雅典约 2 408 km。它拥有波德空间城市系统、北欧空间城市系统、中欧空间城市系统、巴尔干空间城市系统等 4 个子系统，拥有柏林、华沙、汉堡等 36 个一级子系统。欧洲中部空间城市系统存在较重的空间失衡问题，巴尔干空间城市系统与波德空间城市系统、北欧空间城市系统、中欧空间城市系统处于严重的不均衡状态，这也使得欧洲中部空间城市系统互补型的整体涌现性作用显著。

（2）欧洲中部空间城市系统空间轴线

如图 11.31 所示，欧洲中部空间城市系统第一主轴为赫尔辛基—斯德哥尔摩—奥斯陆—哥德堡—哥本哈根；第二主轴为汉堡—柏林—华沙—卡托维兹—布拉格；第三主轴为布拉格—慕尼黑—维也纳—布达佩斯；第四主轴为布达佩斯—贝尔格莱德—斯科普里—塞萨洛尼基—雅典；第五主轴为萨格勒布—贝尔格莱德—布加勒斯特—索菲亚—斯科普里—地拉那—萨拉热窝—萨格勒布。欧洲中部空间城市系统五条主轴通道，承载了西北欧人流、物流、信息流的主要部分。其余通道为欧洲中部空间城市系统支线轴通道。如图 11.31 所示，欧洲中部空间城市系统主轴线通道应该尽快规划建设高速铁路与城际高速铁路，以实现地理空间连接。

（3）欧洲中部空间城市系统网络域面

如图 11.31 所示，欧洲中部空间城市系统包括：第一，波德空间城市系统网络域面；第二，北欧空间城市系统网络域面；第三，中欧空间城市系统网络域面；第四，巴尔干空间城市系统网络域面。它们联合构成了“欧洲中部空间城市系统”网络域面，欧洲中部空间城市系统网络域面是地理空间尺度最大的网络结构。

欧洲中部空间城市系统城市结点历史悠久，经过了一战、二战、冷战、内战破坏，对欧洲中部空间城市系统空间结构分析一定要尊重历史、正视现实、面对未来。欧洲中部空间城市系统地处世界东西方中间区位，它对于世界人居空间未来有着十分重大的意义。

11.3.3 欧洲中部空间城市系统整体涌现性

1）空间城市系统整体涌现性原理

（1）空间城市系统整体

所谓空间城市系统整体是指由城市组分按照一定逻辑所形成的、有内在关系的、系统化的人居空间完整存在形态。空间城市系统整体包含城市组分与空间关系，它具有空间形态、空间结构、空间功能，空间城市系统整体具有城市组分所不具有的整体涌现性。整体观点是空间城市系统理论最核心的观点，空间城市系统科学是关于整体性的科学，整体涌现性是空间城市系统追求的目标。

（2）空间城市系统组分

所谓空间城市系统组分是指它所包含的城市组成部分，如牵引城市 TC、主导城市 LC、主中心城市 MC、辅中心城市 AC、基础城市 BC。不可能细分的基础城市 BC，是空间城市系统的元素。城市组分之间关联方式的总和称为空间城市系统的结构，城市组分在地理空间中组织有序的配置方式称为空间城市系统的空间结构。城市组分越多空间城市系统规模越大，整体涌现性是一种规模效应，不同数量城市组分、不同性质城市组分会导致不同的整体涌现性。

(3) 空间城市系统结构关系

所谓空间城市系统结构关系是指城市组分之间关联方式的总和，数学上表示为一个关系集 R。空间城市系统的子系统具有结构关系，可以再分的城市组分具有结构性，基础城市 BC 不具有结构性，空间城市系统结构关系可以表示为一个关系集合：

$$R \in \Omega \tag{11.4}$$

其中，R 表示城市组分结构，Ω 表示空间城市系统结构关系。公式(11.4)表示空间城市系统结构 R 属于空间结构关系集合 Ω。空间城市系统结构关系要通过空间地理连接与空间信息联结方法建立起来。

(4) 空间城市系统整体涌现性

① 空间城市系统整体涌现性概念

空间城市系统整体涌现性是指空间城市系统整体具有的特性，如空间形态、空间结构、空间功能，城市组分或其简单加和并不具有整体涌现性。空间城市系统整体涌现性是一种质的升华与提高，是人居空间从低层次到高层次的进化。空间城市系统整体涌现性意味着宏观尺度人居空间新形式的产生，整体涌现性是城市组分之间的相干效应，即结构效应。整体涌现性为空间城市系统非加和属性，具有“系统整体大于城市组分之和”的特征。

空间城市系统整体涌现性是一种“结构性质革命”，它是一种绿色整体涌现性，例如“GDP 整体涌现性”是依靠空间城市系统城市体系组分调整所导致的 GDP 增长，而不是靠人力资源、自然资源、生态资源投入产生的 GDP 产出。因此，空间城市系统“整体涌现性”竞争，将是未来世界各空间城市系统竞争的焦点。

不同的空间城市系统具有不同的整体涌现性，又可以分为政治、经济、社会、文化、生态不同类型的整体涌现性。空间城市系统整体涌现性的产生要具备地理逻辑、人文逻辑、经济逻辑等限定条件。空间城市系统分岔是整体涌现性全面产生的标志，整体涌现性将彻底改变空间城市系统的内在本质与外部景观。

② 空间城市系统整体涌现性实证

第一，规模整体涌现性。

人居空间进化规律是空间规模递增，即巢穴、聚落、城市、空间城市系统规模递增，每一次空间规模递增都导致了人居空间整体涌现性，即巢穴整体涌现性、聚落整体涌现性、城市整体涌现性、空间城市系统整体涌现性，这是一个显然的真理性结论。空间城市系统包含规模化的城市组分，分成牵引城市 TC、主导城市 LC、主中心城市 MC、辅中心城市 AC、基础城市 BC 五个基本层次，正是规模化的城市组分产生了空间城市系统整体涌现性。

第二，结构整体涌现性。

空间城市系统整体涌现性决定于它的空间结构，是城市组分通过空间地理连接与空间信息联结而激发出来的，即空间结构效应。而高速公路、高速铁路、航空飞机是空间地理连接的主要手段，卫星电话、互联网、物联网是空间信息联结的主要手段。

第三，实践整体涌现性。

空间城市系统整体涌现性已经被世界人居空间实践所证明，如中国的粤港澳大湾区、英国的伦敦巨型城市区域、美国东部巨型区域、日本的东京都市圈等等。美国东部空间城市系统、西北欧空间城市系统、中国沿江空间城市系统正在显现出巨大的整体涌现性作用。欧洲中部空间城市系统整体涌现性，将彻底改变欧洲人居空间的镜像。

2）欧洲中部空间城市系统空间地理连接

（1）欧洲中部空间城市系统整体地理连接

欧洲中部空间城市系统地跨北欧、波德、中欧、巴尔干四个地理区域，是世界最长地理距离的空间城市系统，欧洲中部空间城市系统整体地理连接主轴通道为斯德哥尔摩—柏林—维也纳—雅典陆向通道，斯德哥尔摩到雅典直线距离约 2 408 km。欧洲中部空间城市系统整体地理连接主轴通道的开通对于欧洲中部空间城市系统整体涌现性具有关键性作用。

就现有工程技术来看，规划建设从斯德哥尔摩到雅典的欧洲中部空间北南高速铁路大动脉根本不成问题，以德国 ICE 高速铁路最高时速可达 320 km/h，则斯德哥尔摩到雅典只需 7.75 h，可以实现朝发夕至。如图 11.32 所示，柏林至慕尼黑之间已经实现高速铁路连接，只需增加汉堡—斯德哥尔摩、慕尼黑—雅典高速铁路，就可实现欧洲中部空间城市系统北南整体地理连接。飞机航空交通是欧洲中部空间城市系统整体地理连接的另一个重要手段。

欧洲中部空间城市系统整体地理连接是欧洲中部空间城市系统整体涌现性的基本前提条件，它将产生一系列连续空间结构效应。欧洲中部空间城市系统整体地理连接与波德空间城市系统地理连接、北欧空间城市系统地理连接、中欧空间城市系统地理连接、巴尔干空间城市系统地理连接相结合，将导致不可限量的革命性“整体涌现性”作用。

（2）欧洲中部空间城市系统子系统地理连接

① 波德空间城市系统地理连接

波德空间城市系统地理连接主轴通道为汉堡—柏林—华沙—卡托维兹—布拉格—柏林，主要陆地交通方式为城际高速铁路与高速公路。波德空间城市系统地理

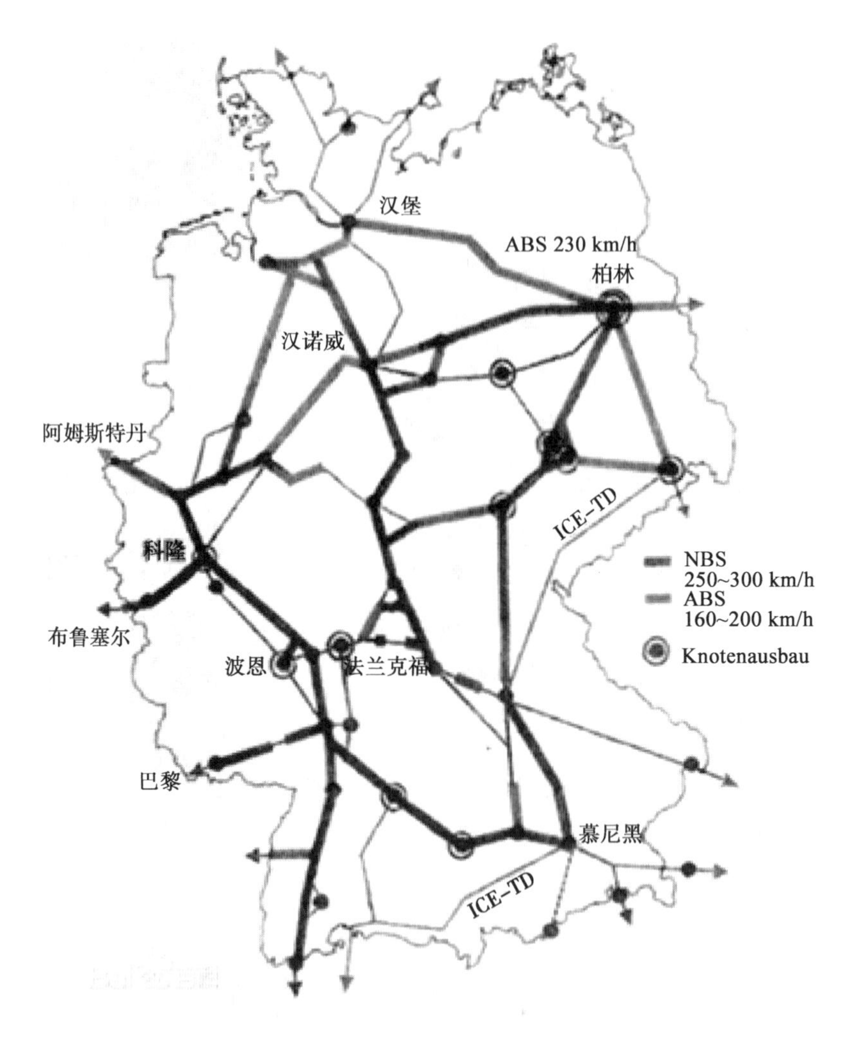

图 11.32　德国高速铁路网

（源自：百度百科）

连接主轴通道的通达性对于波德空间城市系统整体涌现性具有关键性作用。波德空间城市系统“整体涌现性”是欧洲中部空间城市系统牵引动力的主要来源，因此波德空间城市系统地理连接就成为欧洲中部空间城市系统的序参量环节，其意义十分重要。

② 北欧空间城市系统地理连接

北欧空间城市系统地理连接主轴通道为赫尔辛基—斯德哥尔摩—奥斯陆—哥德堡—哥本哈根—斯德哥尔摩，主要陆地与跨海交通方式为城际高速铁路，以及高速公路。北欧空间城市系统“整体涌现性”是北欧空间地理连接主轴通道的直接产物，北欧空间与波德空间的高速铁路连接，决定着欧洲中部空间城市系统北部发达空间对南部欠发达空间的“整体涌现作用”。因此，北欧空间城市系统地理连接就成为欧洲中部空间城市系统“整体涌现性”重要的来源之一。

③ 中欧空间城市系统地理连接

中欧空间城市系统地理连接主轴通道为布拉格—慕尼黑—维也纳—布达佩斯，主要陆地交通方式为城际高速铁路与高速公路。中欧空间城市系统“整体涌现性”是中欧空间地理连接的产物，它是欧洲中部空间城市系统承上启下的关键环节。北欧空间城市系统、波德空间城市系统、中欧空间城市系统将联合对巴尔干空间城市系统产生“整体涌现作用”，彻底改变巴尔干空间欠发达的格局。

④ 巴尔干空间城市系统地理连接

巴尔干空间城市系统地理连接主轴通道：一是布达佩斯—贝尔格莱德—塞萨洛尼基—雅典，二是卢布尔雅那—萨格勒布—贝尔格莱德—布加勒斯特—索菲亚—斯科普里—地拉那—萨拉热窝—萨格勒布。主要陆地交通方式为城际高速铁路与高速公路。巴尔干空间城市系统地理连接将导致整体涌现性产生，将使北欧空间城市系统、波德空间城市系统、中欧空间城市系统与巴尔干空间城市系统连接为一个整体，产生“整体涌现性”，它对于巴尔干空间城市系统的产生与发展具有关键性作用。

3）欧洲中部空间城市系统空间信息联结

（1）欧洲中部信息集聚网络

根据空间信息集聚原理，信息集聚会导致人居空间格局的变化，空间信息集聚网络、空间信息集聚轴带、空间信息集聚结点是信息集聚的三种主要形式。欧洲中部空间信息集聚将对其人居空间格局产生重大影响，欧洲的 Galileo 卫星导航系统将加速欧洲中部空间信息化进程，促进欧洲中部空间城市系统空间信息联结，产生“整体涌现性”。

如图 11.33 所示，欧洲中部空间城市系统是建立在“欧洲中部信息集聚网络”基础之上的，它为欧洲中部空间城市系统整体涌现性产生奠定了基础。欧洲中部信息集聚网络是由欧洲中部节点城市与信息联结带构成的信息分布式网络，它完成对欧洲中部空间城市系统空间信息的全覆盖。如图 11.33 所示，欧洲中部信息集聚带包括斯德哥尔摩—柏林—维也纳—雅典主轴信息带，以及若干辅助信息带，如斯德哥尔摩—卑尔根。信息节点城市会促进信息产业的发展，使信息人居空间化，如罗马尼亚的雅西就富含城市扩张信息动力，中国城市贵阳就给出了实践例证。

（2）欧洲中部信息集聚空间

如图 11.34 所示，欧洲中部信息集聚空间包括四个部分：以斯德哥尔摩为中心的北欧信息集聚空间，以柏林为中心的波德信息集聚空间，以维也纳为中心的中欧信息集聚空间，以雅典为中心的巴尔干信息集聚空间。互联网技术使欧洲中部信息集聚空间消除了地理距离实现了“人的互联”，物联网技术将使北欧信息集聚空间、波德信息集聚空间、中欧信息集聚空间、巴尔干信息集聚空间实现区域性“物的互联”。5G 通信技术将加快这一进程，而斯德哥尔摩、柏林、维也纳、雅典将充当空间信息中心作用。信息集聚空间是欧洲中部空间城市系统空间信息联结的必要条件，将促进“整体涌现性”的产生。

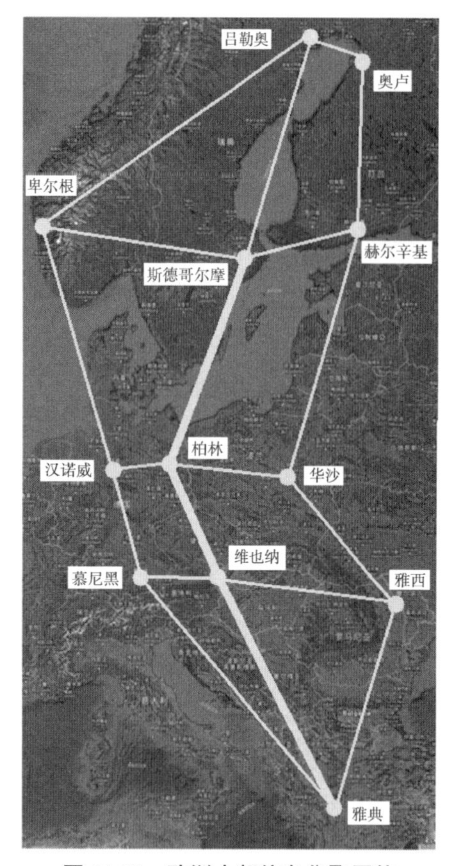

图 11.33　欧洲中部信息集聚网络

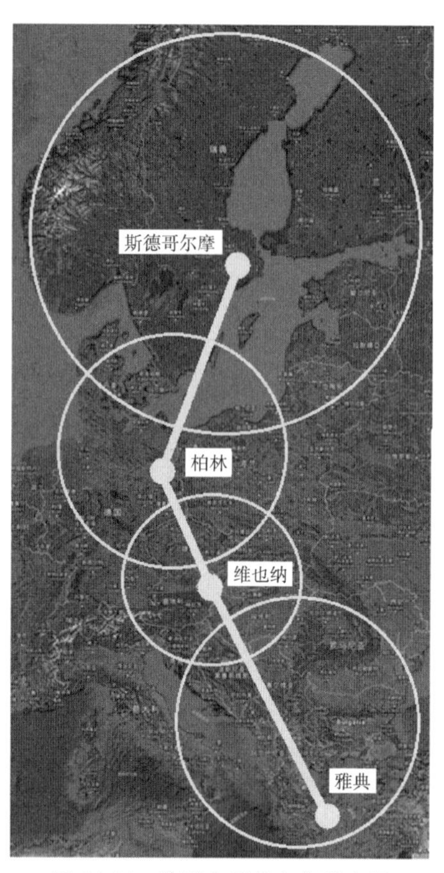

图 11.34　欧洲中部信息集聚空间

11.4　南欧空间城市系统

11.4.1　南欧空间城市系统逻辑分析

1）南欧空间城市系统定义

（1）南欧"大都市连绵带"

20 世纪 70 年代，戈特曼认为"以米兰—都灵—热那亚三角区为中心，沿地中海岸向南延伸到比萨和佛罗伦萨，向西延伸到马赛和阿维尼翁地区"，将成为大都市连绵带形成区域。戈特曼对南欧空间的科学预见，为南欧空间城市系统研究开辟了正确方向。以戈特曼的判断为出发点，在对南欧空间实地科学考察的基础之上，我们应用空间城市系统理论对南欧空间城市系统做出系统性界定。经过半个世纪的发展，事实证明了戈特曼的准确预见，南欧大都市连绵带已经发展成为跨越地中海沿岸的南欧空间城市系统。

（2）南欧空间城市系统概念

如图 11.35 所示，南欧空间城市系统是"南欧大都市连绵带"自组织演化和发展的结果，它包括三个子系统：其一，地中海东岸空间城市系统，简称"东岸空间城市系

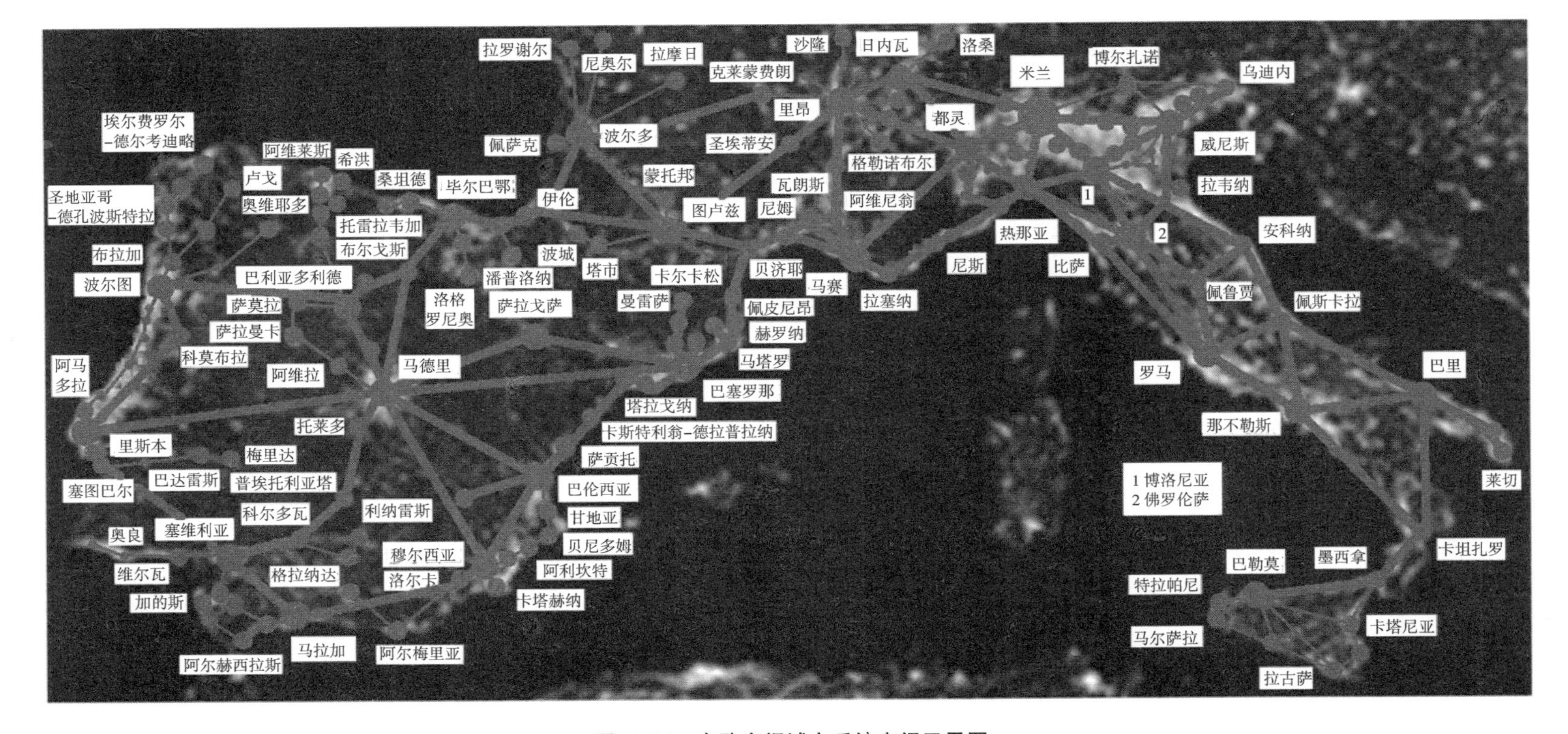

图 11.35　南欧空间城市系统夜间卫星图
（源自：笔者根据 NASA 图自制）

统”；其二，地中海北岸空间城市系统，简称“北岸空间城市系统”；其三，地中海西岸空间城市系统，简称“西岸空间城市系统”。南欧空间城市系统是世界级空间城市系统，是欧洲三大成熟的空间城市系统之一，即西北欧空间城市系统、南欧空间城市系统、英国空间城市系统。

东岸空间城市系统包括罗马、那不勒斯、巴里、巴勒莫、佛罗伦萨、博洛尼亚 6 个一级空间城市系统；北岸空间城市系统包括米兰、都灵、威尼斯、热那亚、马赛、里昂、日内瓦、图卢兹、波尔多 9 个一级空间城市系统；西岸空间城市系统包括巴塞罗那、马德里、里斯本、巴伦西亚、穆尔西亚、塞维利亚、马拉加、波尔图、巴利亚多利德、毕尔巴鄂、萨拉戈萨 11 个一级空间城市系统。南欧空间城市系统是一个 26 级的跨国世界级空间城市系统。

米兰是南欧空间城市系统的牵引城市 TC；罗马、都灵、那不勒斯、马赛、里昂、巴塞罗那、马德里、里斯本是南欧空间城市系统的主导城市 LC；巴里、巴勒莫、佛罗伦萨、博洛尼亚、威尼斯、热那亚、日内瓦、图卢兹、波尔多、巴伦西亚、穆尔西亚、塞维利亚、马拉加、波尔图、巴利亚多利德、毕尔巴鄂、萨拉戈萨是南欧空间城市系统的主中心城市 MC；博尔扎诺、乌迪内、安科纳、墨西拿、尼姆、沙隆、洛桑、拉罗谢尔、贝济耶、伊伦、梅里达、阿尔梅里亚等是南欧空间城市系统的辅中心城市 AC；克莱蒙费朗、奥良等是南欧空间城市系统的基础城市 BC。

南欧空间城市系统体量巨大，因此需要米兰与都灵、罗马与那不勒斯、里昂与马赛、巴塞罗那与马德里及里斯本共同完成牵引主导任务。南欧空间城市系统中小城市城镇众多，消除了城乡二元差别，是欧洲城市最密集区域之一。南欧空间城市系统沿地中海海岸分布，东岸城市分布高于北岸城市分布，北岸城市分布高于西岸城市分布，其中波河平原城市分布最密集。

(3) 人居空间发展趋势

西北欧空间城市系统与南欧空间城市系统夜间卫星图，都展现了一种城市超密度分布的“城市集合”(CA)现象，特别是西北欧的“空间北方空间城市系统”与南欧的“北岸空间城市系统”。从夜间灯光卫星图展示的人居空间分布客观事实来看，传统意义上的单体城市已经被“城市集合”(CA)替代。传统城市理论已经失去对这种“城市集合”(CA)的解释效力，在美国东北部、中国长江三角洲，都出现了这种“城市集合”(CA)现象。西北欧“北方空间城市系统”与南欧“北岸空间城市系统”很好地表达了这种“城市集合”(CA)现象的系统性本质意义。空间城市系统现象还出现在英国空间、日本空间、巴西空间、俄罗斯空间等区域，它代表了世界人居空间发展的趋势。因此，空间城市系统是全球人居空间进化的先进部分，它是一种不以人的意志为转移的自组织客观规律。空间城市系统理论范式创新很好地揭示了“城市集合”(CA)的科学规律，提供了完善的解释工具。

2) 南欧空间城市系统地理逻辑

(1) 南欧空间城市系统地形地貌

如图 11.36 所示，南欧空间城市系统是以南欧空间自然地理环境为基础的，地中

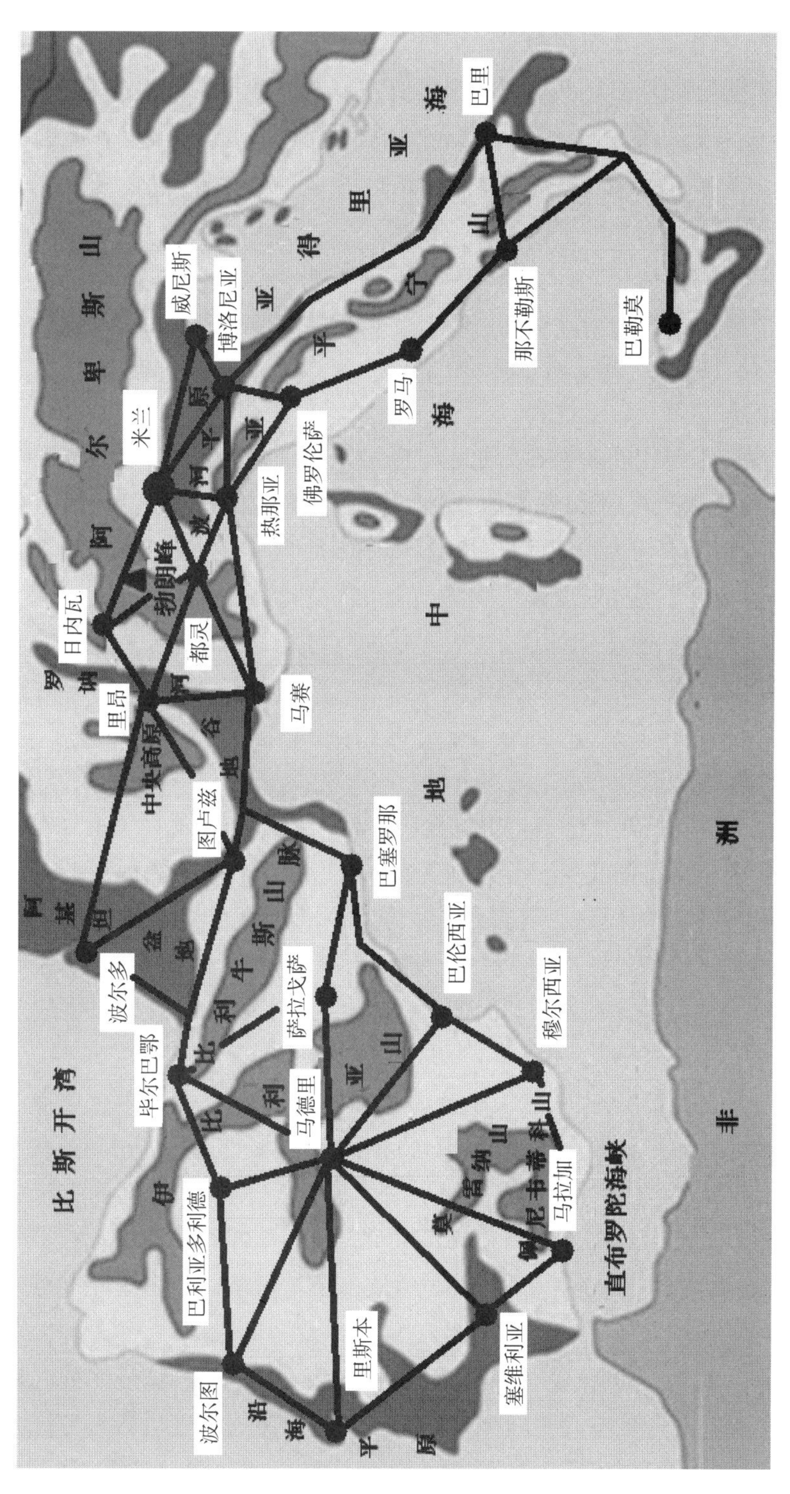

图 11.36 南欧空间城市系统地貌

海、波河平原、环地中海沿岸丘陵、罗讷河谷地、沿海岸平原、阿基坦盆地形塑了南欧空间城市系统。

① 东岸空间城市系统地貌逻辑

如图 11.36 所示，亚平宁半岛与西西里岛为东岸空间城市系统提供了空间基础，副亚平宁丘陵、亚平宁东麓丘陵、卡拉布里亚台地、西西里山地台地为东岸空间城市系统提供了地理基质，使之形成了条带环状“城市集合”。

② 北岸空间城市系统地貌逻辑

如图 11.36 所示，波河平原、山麓台地、罗讷河谷地、阿基坦盆地为东岸空间城市系统提供了地理基质，使之形成了都灵—米兰—威尼斯—博洛尼亚—热那亚—都灵菱形空间结构，以及日内瓦—里昂—马赛—图卢兹—波尔多 U 字形空间结构。

③ 西岸空间城市系统地貌逻辑

如图 11.36 所示，伊比利亚半岛为西岸空间城市系统提供了空间基础，加泰罗尼亚丘陵、中央山脉两侧高原、沿海岸平原、巴斯克丘陵、南部沿海岸丘陵为西岸空间城市系统提供了地理基质，使之形成了以马德里为中心的圆周状分布空间结构。

④ 南欧空间城市系统气候逻辑

在南欧空间城市系统自然地理环境中，地中海气候是一个很重要的因素。南欧空间城市系统“城市集合”分布区域多为冬暖夏凉宜人居住气候，都是世界著名旅游胜地。南欧空间物产丰富、人文历史悠久、经济发达为南欧空间城市系统奠定了基础。

(2) 空间关联度原理

空间关联度是空间城市系统判定中很重要的定量方法，广泛适用于世界空间城市系统定量化判别中。空间关联度给出了两个中心城市之间空间关联程度的定量计算公式，只要将两中心城市之间的空间流分类赋值，就可以计算出两者之间的空间关联程度。下边通过米兰与罗马、马赛与里昂、马赛与巴塞罗那空间关联度案例，说明南欧空间城市系统空间关联度计算方法，用以作为确立南欧空间城市系统重要的定量化根据。

空间关联度的理论根据是“灰色关联分析”①，其基本思想是根据两个城市之间空间流特征序列曲线几何形状的相似程度，来判断两个中心城市之间的空间关联度。如图 11.37 所示，两个城市之间空间流特征序列曲线越接近，则它们之间的空间关联度就越大，反之就越小。例如，空间流特征序列曲线 X_1 与空间特征序列曲线 X_2 很接近，说明城市 1 与城市 2 空间关联度很大，同理城市 3 与城市 4 空间关联度更大。而城市 1 城市 2 与城市 3 城市 4 空间关联度就很小。

需要特别说明的是，空间流特征序列必须具有代表性，空间流特征序列必须真正反映出两个中心城市之间的空间关联关系。空间流特征序列可以包括人员流特征序列、物资流特征序列、信息流特征序列、资金流特征序列、技术流特征序列、能源流特征

① 参见：刘思峰，谢乃明.灰色系统理论及其应用[M].北京：科学出版社，1991：48-56。

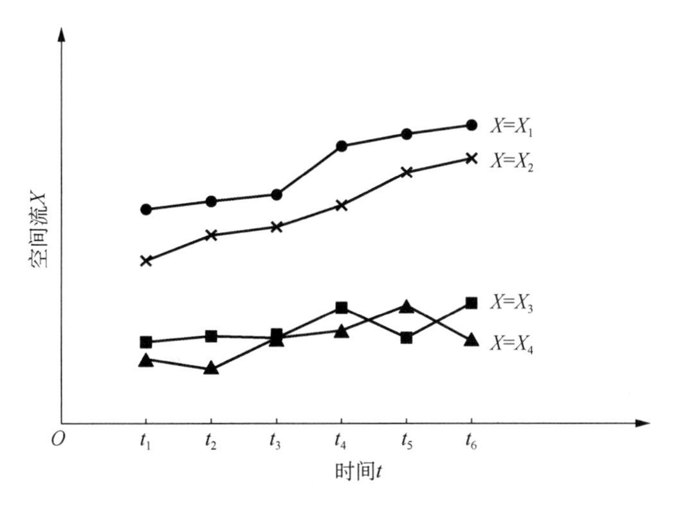

图 11.37 城市之间空间流特征序列曲线

序列等，进行多维度空间流特征序列计算，可以大大提高两个城市之间空间关联度的可靠程度。空间流独立因子选择要具备独立性、基元性、可观测性、等值性、功能性、关联性(参见第 3 章相关内容)，空间流特征序列赋值必须客观、准确、可靠。

(3) 南欧空间城市系统空间关联度

以罗马为核心的东岸空间城市系统，巴塞罗那与马德里为核心的西岸空间城市系统，扩展了传统意义的"南欧大都市连绵带"，形成了今日之南欧空间城市系统。空间关联度计算方法，就可以证明这种扩张的科学合理性。通过米兰与罗马、马赛与里昂、马赛与巴塞罗那之间的空间关联度定量计算，我们就可以确定西岸空间城市系统、北岸空间城市系统、东岸空间城市系统的成立，进而证明南欧空间城市系统的客观真理性。今以米兰与罗马空间关联度为例，说明两中心城市空间关联度计算方法。

第一步，确定米兰与罗马空间流特征序列。

根据空间流理论，在米兰与罗马之间空间流已经成为表征性标度量，空间流导致了西岸空间城市系统的产生。因此，我们选取空间流序列 X 作为米兰与罗马空间关联度的计量根据。

设定米兰空间流特征序列为 X_m，罗马空间流特征序列为 X_l，空间流序列选取数都为 6，根据"多变量灰色关联度方法"可以得到米兰与罗马空间流特征序列：

$$\begin{aligned} X_m &= [x_m(1), x_m(2), x_m(3), x_m(4), x_m(5), x_m(6)] \\ X_l &= [x_l(1), x_l(2), x_l(3), x_l(4), x_l(5), x_l(6)] \end{aligned} \tag{11.5}$$

第二步，求米兰与罗马空间流特征序列初值像。

当空间流特征序列 X 量纲完全相同时，可以直接进行空间关联分析。当空间流特征序列 X 量纲不同时，可以通过初值化算子 D 转化为无量纲数据，再进行空间关联分析。无量纲化往往决定了空间关联分析的成败，需要通过实践加以掌握无量纲化方法，X_iD_i 为 X_i 在初值化算子 D_i 下的初值像。

由“灰色关联定理初值像公式”①：

$$X'_i = X_i / x_i(1) \\ = [x'_i(1), x'_i(2), x'_i(3), x'_i(4), x'_i(5), x'_i(6)] \tag{11.6}$$

求出米兰与罗马空间流特征序列的初值像 X'_m 与 X'_l，其中 $i=1, 2, 3, 4, 5, 6$。

$$\begin{aligned} X'_m &= X_m / x_m(1) \\ &= [1, x'_m(2), x'_m(3), x'_m(4), x'_m(5), x'_m(6)] \\ X'_l &= X_l / x_l(1) \\ &= [1, x'_l(2), x'_l(3), x'_l(4), x'_l(5), x'_l(6)] \end{aligned} \tag{11.7}$$

第三步，求米兰与罗马空间流特征序列差序列。

由公式

$$\Delta_i(k) = | x'_1(k) - x'_i(k) |, \quad i \text{ 仅为米兰 } m \text{ 与罗马 } l$$

求得

$$\Delta_{m-l}(k) = | x'_m(k) - x'_l(k) |$$

求出米兰与罗马空间流特征序列差序列 Δ_{m-l} 值：

$$\Delta_{m-l} = [\Delta_{m-l}(1), \Delta_{m-l}(2), \Delta_{m-l}(3), \Delta_{m-l}(4), \\ \Delta_{m-l}(5), \Delta_{m-l}(6)] \tag{11.8}$$

第四步，求米兰与罗马空间流特征序列两极最大差与最小差。

求出米兰与罗马空间流特征序列两极最大差：

$$M = \max_{m-l} \quad \max_k \Delta_{m-l}(k) \tag{11.9}$$

求出米兰与罗马空间流特征序列两极最小差：

$$m = \min_{m-l} \quad \min_k \Delta_{m-l}(k) \tag{11.10}$$

第五步，求米兰与罗马空间关联系数。

由公式(11.8)与公式(11.9)求出米兰与罗马空间城市系统关联系数。

$$\gamma_{m-l}(k) = \frac{m + \varepsilon_M}{\Delta_{m-l}(k) + \varepsilon_M} \tag{11.11}$$

其中，$\varepsilon \in (0, 1)$，$k = 1, 2, 3, 4, 5, 6$。

由公式(11.10)可求出米兰与罗马空间关联系数：

$$\gamma_{m-l}(1)、\gamma_{m-l}(2)、\gamma_{m-l}(3)、\gamma_{m-l}(4)、\gamma_{m-l}(5)、\gamma_{m-l}(6) \tag{11.12}$$

① 参见：刘思峰，谢乃明.灰色系统理论及其应用[M].北京：科学出版社，1991：54。

第六步,求米兰与罗马空间关联度。

最后,根据“多变量灰色关联度方法”给定公式①,求出米兰与罗马空间关联度:

$$\gamma_{m-l}=\frac{1}{6}\sum_{k=1}^{6}\gamma_{m-l}(k) \tag{11.13}$$

其中,$k=1, 2, 3, 4, 5, 6$。至此,我们就可以求出米兰与罗马之间的空间关联度 γ_{m-l},根据空间关联度 γ_{m-l} 的定量值,依据上述步骤,我们可以求出米兰与罗马之间人员空间流、物资空间流、信息空间流、资金空间流、技术空间流、能源空间流的空间关联度。因此,就可以全面的判定东岸两中心城市之间的空间关联程度,进而判定东岸空间城市系统的确立。

同理,我们可以求出马赛与里昂之间,马赛与巴塞罗那之间,巴塞罗那与马德里、与里斯本之间的空间关联度,从而确定整个南欧空间城市系统的成立。米兰—罗马、马赛—里昂、马赛—巴塞罗那、巴塞罗那—马德里—里斯本,航空飞机、高速铁路、高速公路、卫星通信的空间地理连接与空间信息联结是这种空间关联度的物质化载体。

3）南欧空间城市系统人文逻辑

南欧空间地理逻辑是以地中海为中心展开的,而南欧空间的人文逻辑与经济逻辑则明显分为意大利、法国与瑞士、西班牙与葡萄牙三大板块,三者具有较大差异性。因此,我们采用归纳方法对南欧空间人文逻辑进行分析。

(1) 意大利人文逻辑分析

意大利是世界文明起源性空间之一,曾经是西方文明的中心。意大利创建了灿烂的古罗马都市文化,在世界城市发展史上留下了浓墨重彩的一笔。文艺复兴源发于意大利空间,文艺复兴开创了人文主义精神,为世界与欧洲新文化创生奠定了基础,为资产阶级革命奠定了基础,为人类科学技术革命奠定了基础。

以波河平原为地理基质的意大利北部空间,是世界城市集合程度最高的地区之一,也因此成为南欧空间城市系统牵引空间。意大利是一个发达的现代社会,其政治、经济、社会、文化、生态等方面均居于先进行列。优良的人文基础使得东岸空间城市系统成为南欧空间城市系统中的主干,主导着南欧空间的发展趋势。意大利空间古代文明基础与现代社会结构,都为东岸空间城市系统奠定了坚实的基础,成为南欧空间城市系统的核心力量。

(2) 法国与瑞士人文逻辑分析

以山脉谷地、罗讷河谷地、阿基坦盆地为基本地理基质的法国与瑞士空间,可以分为里昂—日内瓦、马赛、图卢兹、波尔多四个板块。“法国与瑞士空间”与波河平原空间一起构成了北岸空间城市系统,进而成为南欧空间城市系统的最核心部分。“法国与瑞士空间”历史悠久人文基础雄厚,是欧洲最发达地区之一。

其一,里昂是法国南部中心,在欧洲与法国具有重要地位,日内瓦是世界著名国际

---

① 参见:刘思峰,谢乃明.灰色系统理论及其应用[M].北京:科学出版社,1991:54。

化城市。“里昂—日内瓦空间”是世界国际组织最密集地区:联合国欧洲总部、国际奥委会、联合国环境规划署、世界卫生组织、国际劳工组织、联合国难民署、红十字会总部、国际刑警总部等众多国际组织所在地,这里产生了《日内瓦公约》等人类文明的众多思想与历史性文件。

里昂是南欧空间城市系统重要的北部中心,“日内瓦—里昂—马赛”空间结构成为南欧空间城市系统东西中间枢轴,发达的人文、经济、社会使之将“意大利空间”与“西班牙与葡萄牙空间”紧紧地联系在一起。

其二,马赛是南欧空间城市系统“地中海序参量”的中心,具有重要的区位优势。马赛—阿维尼翁空间具有深厚的人文基础,产生了“马赛曲”这样伟大的人文作品,阿维尼翁素有第二教都之称,该空间是戈特曼“南欧大都市连绵带”的西翼空间,因此也成为南欧空间城市系统的核心空间之一。

其三,图卢兹是法国西南部中心城市,是空中客车的总部,是北岸空间城市系统西翼核心城市。图卢兹是仅次于巴黎的法国第二大大学城,航空航天科研、教育、工业都十分发达,因此为南欧空间城市系统奠定了基础。

其四,波尔多是欧洲军事与航空的研究与制造中心,还是法国战略核弹研究和物理实验的核心,拥有原子能研究中心和兆焦激光计划等许多高端技术机构。波尔多地区是世界葡萄酒中心,拥有拉菲、拉图、玛歌、红颜容、木桐等世界顶级葡萄酒品牌。波尔多有欧洲最大的大学城,具有深厚的人文基础。

总之,“法国与瑞士空间”所具有的历史与现代人文资源,完全可以满足南欧空间城市系统的需要,起到将“意大利空间”与“西班牙与葡萄牙空间”衔接的需要。

(3) 西班牙与葡萄牙人文逻辑分析

① 西班牙空间人文逻辑分析

西班牙是西岸空间城市系统的核心,是南欧空间城市系统的重要组成部分,西班牙人口 4 657 万人、面积 505 925 km^2、海岸线长约 7 800 km。西班牙属于世界发达国家行列,在欧洲居于中间水平,相对于“意大利空间”以及“法国与瑞士空间”,西班牙处于弱势地位。从历史与现实综合情况来看存在着“西班牙现象”。

西班牙没有希腊文明、罗马文明一般的源发性古代先进文明;不是文艺复兴、思想启蒙、宗教改革发生地;在第一次工业革命、第二次工业革命、第三次科技革命中,西班牙处于跟随地位。因此,西班牙并不是西方现代化进程的主体,也是西班牙落后于世界先进国家的根本原因。如西班牙这样的体量国家,文明的落后是根本性的,“西班牙现象”解释了南欧空间城市系统“意大利空间”“法国与瑞士空间”“西班牙空间”地位排序的缘由。

巴塞罗那是国际化城市,具有 2 000 多年的历史。巴塞罗那是西班牙最现代化的城市,是南欧空间城市系统西侧牵引空间,加泰罗尼亚文化在巴塞罗那具有特殊意义。巴塞罗那在经济、教育、交通等方面的综合功能,决定了它在南欧空间城市系统重要的核心地位;马德里是东岸空间城市系统的中心城市,“巴塞罗那—马德里—里斯本”形成南欧空间城市系统西侧牵引空间。马德里居于西班牙中心地位,是欧洲门户城市,它是一个由传统转现代的首都城市。马德里的政治、经济、社会功能，决定了它居于东岸空间城市系统的中心枢纽地位；萨拉戈萨居于巴塞罗那与马德里中间区位，巴伦西亚、穆尔西亚、马拉加、塞维利亚、里斯本、波尔图、巴利亚多利德、毕尔巴鄂、巴塞罗那以马德里为中心呈圆周分布，它们共同构成了西岸空间城市系统，成为南欧空间城市系统1/3组成部分。西班牙空间政治、经济、文化、社会体量与质量都已经是发达水平，完全可以为南欧空间城市系统奠定基础。

② 葡萄牙空间人文逻辑分析

葡萄牙人口1 029万人、面积92 212 km²、海岸线长约832 km，葡萄牙与西班牙共同组成西岸空间城市系统。葡萄牙具有悠久的海外殖民历史文化，成就了巴西这样巨大的国家。葡萄牙空间以其政治、经济、文化、社会的现代状态，完美支撑了南欧空间城市系统最末端。里斯本是伊比利亚半岛东部中心城市，“里斯本—马德里—巴塞罗那空间结构”作为核心成为东岸空间城市系统的主轴线；波尔图是南欧空间城市系统的主中心城市之一，在南欧空间城市系统末端占有重要地位。葡萄牙空间政治、经济、文化、社会体量为南欧空间城市系统西侧奠定了辅助基础。

(4) 南欧空间城市系统人文逻辑归纳分析

综上所述，意大利空间、法国与瑞士空间、西班牙与葡萄牙空间拥有共同的欧盟政治框架，共同的民主、自由、法治价值观，共同的宗教信仰，共同的欧元货币与申根签证体系，它们都属于发达国家和区域，因此南欧空间城市系统拥有很好的人文逻辑基础。因此，西北欧空间城市系统、南欧空间城市系统、英国空间城市系统成为欧洲最成熟的三个空间城市系统。

南欧空间城市系统短板是“南欧价值观”。其根源是南欧历史形成的“宗教意识”。在“南欧价值观”作用下，南欧空间与思想启蒙、宗教改革擦肩而过，与工业革命失之交臂，成为世界先进文明的跟随者。能否摆脱“南欧价值观”束缚、突破故步自封的南欧地域文化，是南欧空间在第四次科技革命中是否先进的关键。无论如何，南欧空间有着人类起源性文明，有着现代化社会结构，我们完全可以相信南欧空间城市系统有着光明的未来，将居于世界先进空间城市系统之行列。

4）南欧空间城市系统经济逻辑

南欧空间具备雄厚的经济实力，意大利、西班牙、法国起到主干作用。根据空间城市系统“整体涌现性”原理，南欧空间城市系统一定会产生“GDP整体涌现增长率”，如表11.6所示，我们以南欧核心空间2017年GDP数据为基础，对南欧空间城市系统进行经济总量预测研究。

说明：第一，经济总量GDP主义不能作为南欧空间城市系统的标度唯一判定根据，而只能作为重要参考标度量。因为GDP不可能代表空间城市系统政治、经济、社会、文化、生态的全部，甚至不能代表经济的全部，GDP仅仅是经济总量的全要素表达指标。第二，在表11.6中我们采用了南欧空间饱和GDP数值方法，即以国家和地区GDP值为标准，它导致GDP值具有偏大、预备量偏小的趋势。表中某些数据经过了美元与欧元的换算处理，以及有根据的计算处理，我们所追求的是南欧空间城市系统经济总量定性研究结果。第三，研究结果具有限定条件，例如在2017年到2027年，南欧空间城市系统不能有大的经济危机，GDP平均增速要达到低限水平，整体涌现性调节适应机制有效。

我们以南欧核心空间2017年GDP实现值为基准，以2010到2017年GDP平均增长率为2017年到2027年GDP平均增长率。南欧空间GDP年平均增长率都在3%以下，因为具有相同的南欧空间区位，因此均获得最低的1%整体涌现增长率。现实当中，南欧空间经济发展水平具有相对均衡性。在上述限定条件下，我们得到表11.6南欧核心空间经济总量及预测，并据此做出南欧空间城市系统经济逻辑分析。

表11.6　南欧核心空间经济总量及预测

核心空间	2017年GDP(亿欧元)	GDP年平均增长率(%)	GDO整体涌现性(%)	GDP年增长率(%)	2027年预计GDP(亿欧元)
意大利空间	17 162.38	0.14	1	1.14	19 118.89
圣马力诺空间	14.45	−2.66	1	−1.66	12.05
摩纳哥空间(计算值)	56.89	5.00	1	6	91.02
法国核心空间(计算值)	—	—	—	—	—
里昂空间	2 598.19	1.23	1	2.23	—
马赛空间	1 547.49	1.23	1	2.23	—
图卢兹空间	1 608.05	1.23	1	2.23	—
波尔多空间	1 675.28	1.23	1	2.23	—
合计	24 662.73	1.23	1	2.23	19 222.56
瑞士核心空间(计算值)	—	—	—	—	—
日内瓦空间	431.07	1.71	1	2.71	—
沃州空间(洛桑)	533.37	1.71	1	2.71	—
合计	964.44	1.71	1	2.71	1 212.59
西班牙空间	11 630.00	0.68	1	1.68	13 583.84
葡萄牙空间	1 908.92	0.24	1	1.24	2 145.62
安道尔空间	26.65	0.11	1	1.11	29.60
总计	39 192.74	—	—	—	36 194.21

(1) 南欧空间城市系统经济总量基础

以2017年数据为标准，南欧核心空间经济总量GDP为39 192.74亿欧元，合计

29.72 万亿元(人民币),与美国东部空间城市系统、西北欧空间城市系统、中国沿江空间城市系统相当。由此可见,南欧空间城市系统具有可靠的经济总量基础,堪为世界级空间城市系统。南欧空间具有辉煌的经济总量前景,以 2027 年数据为目标,南欧空间空间城市系统经济总量 GDP 至少可达 36 194.21 亿欧元,合计 34.34 万亿元(人民币),与西北欧空间城市系统相近,居于欧洲空间前列。因此,就经济逻辑而言,南欧空间城市系统拥有雄厚的经济基础。

(2) 南欧空间城市系统整体涌现性

"整体涌现性"是南欧空间城市系统的关键,意大利空间、法国与瑞士空间、西班牙与葡萄牙空间的协同整合,决定了南欧空间城市系统整体涌现性的产生与效能。从以上分析看,在地理逻辑、人文逻辑、经济逻辑方面,完全有条件激发出南欧空间城市系统"整体涌现性",它符合南欧空间国家、民族、人民的最大利益。

(3) 欧洲空间城市系统瞻望

西北欧空间城市系统、欧洲中部空间城市系统、南欧空间城市系统将成为欧陆空间三大空间城市系统,也将是欧洲联盟(EU)的主要载体空间。法国、德国、意大利将成为三个主导国家,欧陆空间城市系统、美国空间城市系统、中国空间城市系统将成为世界现代人居空间的三个主导系统。

11.4.2 南欧空间城市系统主体分析

1) 南欧空间城市系统层级

南欧空间城市系统包括东岸空间城市系统、北岸空间城市系统、西岸空间城市系统三个子系统;包括罗马、那不勒斯、巴里、巴勒莫、佛罗伦萨、博洛尼亚、米兰、都灵、威尼斯、热那亚、马赛、里昂、日内瓦、图卢兹、波尔多、巴塞罗那、马德里、里斯本、巴伦西亚、穆尔西亚、塞维利亚、马拉加、波尔图、巴利亚多利德、毕尔巴鄂、萨拉戈萨 26 个一级子系统。它们构成了南欧空间城市系统的三个层级,形成了自高到低的系统结构。

2) 南欧空间城市系统空间形态

如图 11.38 所示,南欧空间城市系统空间形态属于比较复杂的类型,整体呈Ⅱ字形分布。东岸空间城市系统呈条带状分布,罗马为中心节点;北岸空间城市系统整体呈带状分布,米兰为中心节点,其中波河平原为"城市集合"区域,图中以五角星花表示;西岸空间城市系统呈环周形分布,马德里为中心节点,其中巴塞罗那—马德里—里斯本为空间结构主轴。

如图 11.38 所示,地中海为嵌套式"地理隔离线",以"地中海"为标准,划分出东岸空间城市系统、北岸空间城市系统、西岸空间城市系统。亚得里亚海为东方"地理隔离线"、阿尔卑斯山脉为北方"地理隔离线"、大西洋为西方"地理隔离线"。

南欧空间城市系统空间形态是世界空间城市系统之中最复杂的,因此它的空间地理连接必须采用复合式交通方法,即飞机航空、高速铁路、城际高速铁路、普通公路、水路运输相结合的"复式合式交通"体系,可达性是它的主要目标。

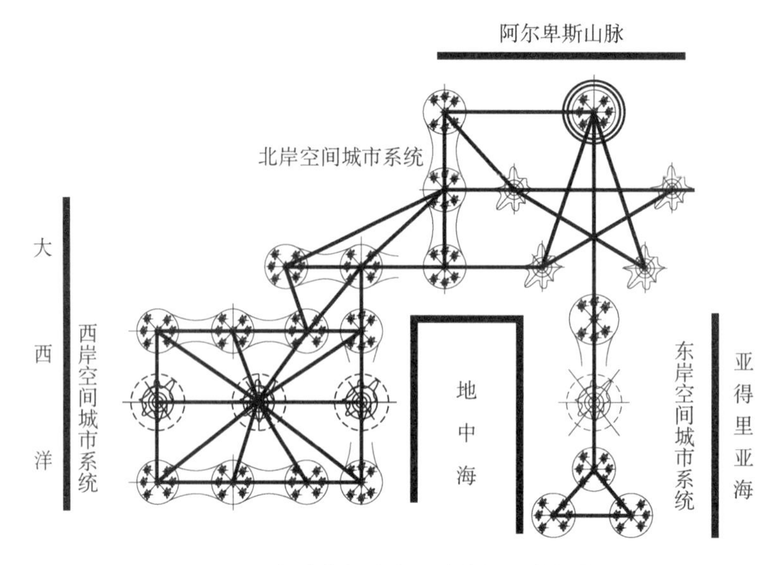

图 11.38　南欧空间城市系统空间形态拓扑图

3）南欧空间城市系统空间结构

（1）南欧空间城市系统空间结点

如图 11.39 所示，南欧空间城市系统空间结构包括：米兰牵引城市 TC、罗马、都灵、那不勒斯、马赛、里昂、巴塞罗那、马德里、里斯本主导城市 LC；巴里、巴勒莫、佛罗伦萨、博洛尼亚、威尼斯、热那亚、日内瓦、图卢兹、波尔多、巴伦西亚、穆尔西亚、塞维利亚、马拉加、波尔图、巴利亚多利德、毕尔巴鄂、萨拉戈萨主中心城市 MC；博尔扎诺、乌迪内、安科纳、墨西拿、尼姆、沙隆、洛桑、拉罗谢尔、贝济耶、伊伦、梅里达、阿尔梅里亚等辅中心城市 AC；克莱蒙费朗、奥良等基础城市 BC。南欧空间城市系统三个子系统体量巨大，因此需要罗马、都灵、那不勒斯、马赛、里昂、巴塞罗那、马德里、里斯本分空间发挥主导作用。

（2）南欧空间城市系统空间轴线

如图 11.39 所示，南欧空间城市系统主轴系统包括：第一主轴为巴勒莫—那不勒斯—罗马—佛罗伦萨—博洛尼亚—米兰—都灵—里昂—马赛—巴塞罗那—萨拉戈萨—马德里—里斯本，该主轴为南欧空间城市系统大动脉，必须建立航空飞机、高速铁路、高速公路、高速水运的复合高速交通地理连接；第二主轴系统为罗马—佛罗伦萨—博洛尼亚—安科纳—佩斯卡拉—巴里—巴勒莫—那不勒斯—罗马，该主轴为东岸空间城市系统大动脉，需要建立航空飞机、高速铁路、高速公路、高速水运的复合高速交通地理连接；第三主轴系统为米兰—威尼斯—博洛尼亚—热那亚—马赛—图卢兹—波尔多—里昂—日内瓦—都灵—米兰，该主轴为北岸空间城市系统大动脉，需要建立航空飞机、高速铁路、高速公路、高速水运的复合高速交通地理连接；第四主轴系统为巴塞罗那—萨拉戈萨—马德里—里斯本—塞维利亚—马拉加—穆尔西亚—巴伦西亚—巴塞罗那—萨拉戈萨—毕尔巴鄂—巴利亚多利德—波尔图—里斯本，该主轴为西岸空间

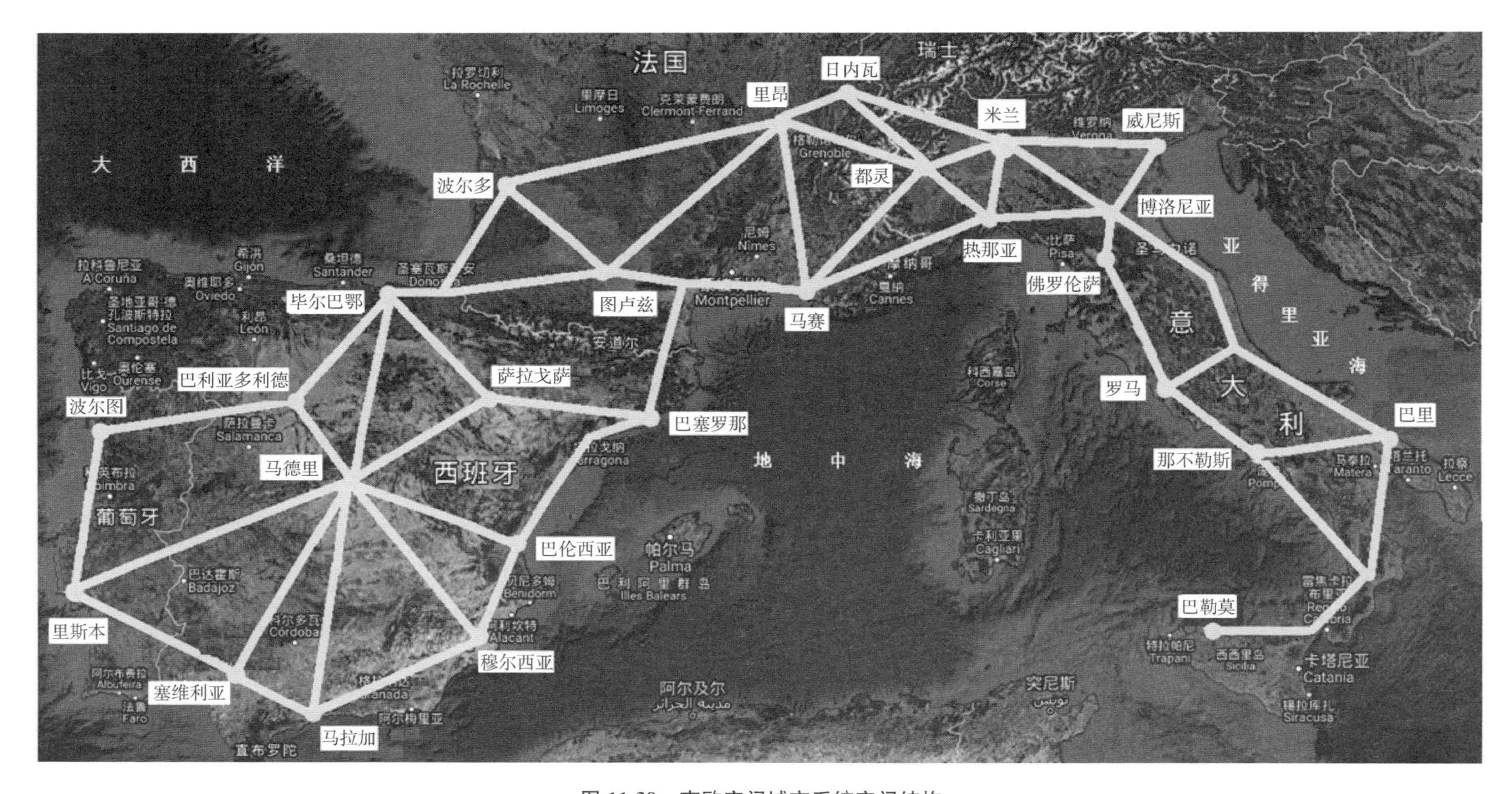

图 11.39　南欧空间城市系统空间结构

（源自：笔者根据谷歌地图自制）

城市系统大动脉，需要建立航空飞机、高速铁路、高速公路、高速水运的复合高速交通地理连接。

(3) 南欧空间城市系统网络域面

如图 11.39 所示，南欧空间城市系统包括：第一，东岸空间城市系统网络域面。第二，北岸空间城市系统网络域面。第三，西岸空间城市系统网络域面。它们联合构成了“南欧空间城市系统”网络域面，南欧空间城市系统网络域面具有跨越多个国家特征，地中海是其共同的中心要素。

11.4.3 南欧空间城市系统演化分析

1) 南欧空间城市系统演化过程

根据空间城市系统演化理论，如图 11.40 所示，南欧空间城市系统演化分为平衡态、近平衡态、近耗散态(线性区、非线性区)、分岔、耗散结构五个状态。南欧空间城市系统演化是一个由“南欧城市体系”向“南欧空间城市系统”逐渐过渡的过程，分岔标志着南欧空间城市系统演化的完成，耗散结构是南欧空间城市系统演化的终极状态。

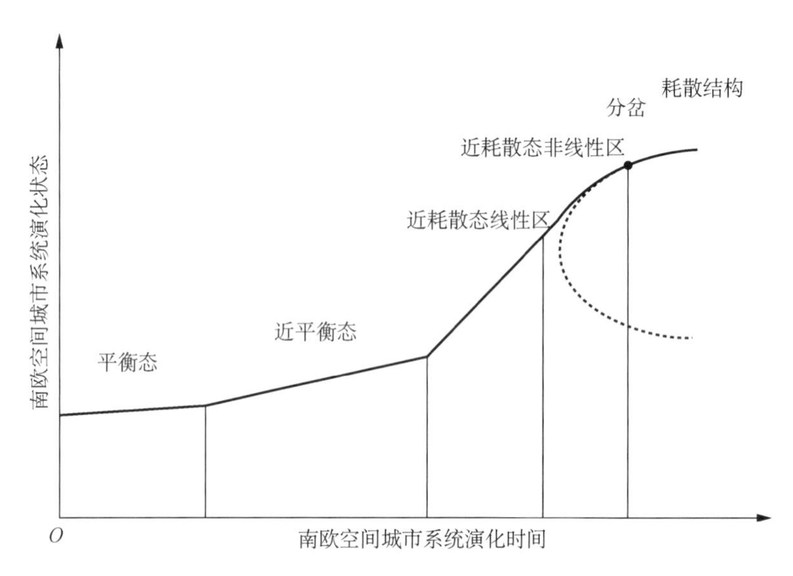

图 11.40 南欧空间城市系统演化状态

“状态熵”是南欧空间城市系统演化状态的标度量，“状态熵”定量表示了南欧空间城市系统演化每个阶段的基本情况，可以分为：平衡态状态熵、近平衡态状态熵、近耗散态状态熵、分岔熵变、耗散结构扰动熵五种类型。“状态熵”是南欧空间城市系统演化不可或缺的关键序参量，南欧空间城市系统演化每一个阶段都有自己的“定性性质”，随着状态熵减 $dS<0$ 规律，“定性性质”不断转型进化。

2) 南欧空间城市系统演化分段

如图 11.40 所示，在到达耗散结构之前，南欧空间城市系统演化始终处于熵减状态，即 $dS<0$，在平衡态、近平衡态、近耗散态(线性区、非线性区)、分岔、耗散结构五

个演化阶段，南欧空间城市系统演化阶段极值状态熵分布，如图 11.41 所示。

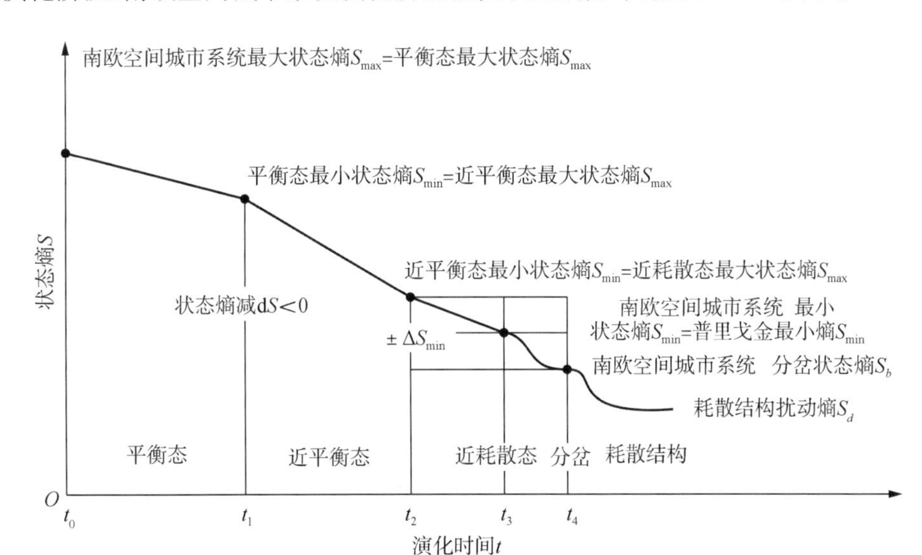

图 11.41 南欧空间城市系统极值状态熵分布

(1) 平衡态演化阶段

南欧空间城市系统演化“平衡态阶段”又分为三个地理空间分异区：其一，东岸城市体系。它是一种以罗马为中心的城市孤立分布状态。其二，北岸空间城市系统近平衡态，包含南欧大都市连绵带与北岸城市体系两部分。南欧大都市连绵带包括“米兰—威尼斯—热那亚—都灵—马赛”空间结构，它是一种“城市集合”形态。北岸城市体系是指里昂、日内瓦、图卢兹、波尔多等城市孤立分布状态。其三，西岸城市体系。它是指以马德里为中心的西班牙、葡萄牙的城市孤立分布状态。南欧空间城市体系“平衡态”本质上是城市组合体，而非空间城市系统。“城市体系”与“城市系统”英文含义相同，但中文本质是不同的。

(2) 近平衡态演化阶段

南欧空间城市系统演化“近平衡态阶段”又分为三个地理空间分异区：其一，东岸空间城市系统近平衡态，即博洛尼亚—佛罗伦萨—罗马—那不勒斯—巴里—巴勒莫空间结构已经开始“空间地理连接”与“空间联结”的空间城市系统行为，逐渐发生整体涌现性。其二，北岸空间城市系统近耗散态，即米兰—威尼斯—热那亚—都灵—马赛—日内瓦—图卢兹—波尔多的“空间地理连接”与“空间联结”已经进入大部分成熟阶段，整体涌现性大量发挥作用。其三，西岸空间城市系统近平衡态，即马德里—萨拉戈萨—巴塞罗那—巴伦西亚—穆尔西亚—马拉加—塞维利亚—里斯本—波尔图—巴利亚多利德—毕尔巴鄂—马德里空间结构已经开始“空间地理连接”与“空间联结”的空间城市系统行为，逐渐发生整体涌现性。南欧空间城市系统整体近平衡态，取决于东岸空间城市系统、北岸空间城市系统、西岸空间城市系统之间的空间地理连接与空间联结发展程度。

(3) 近耗散态演化阶段

南欧空间城市系统演化“近耗散态阶段”又分为三个地理空间分异区:其一,东岸空间城市系统近耗散态,即东岸空间城市系统的“空间地理连接”与“空间联结”已经进入大部分成熟阶段,整体涌现性大量发挥作用。其二,北岸空间城市系统分岔,即北岸空间城市系统“空间地理连接”与“空间联结”完成,整体涌现性全面发挥作用。其三,西岸空间城市系统近耗散态,即西岸空间城市系统的“空间地理连接”与“空间联结”已经进入大部分成熟阶段,整体涌现性大量发挥作用。南欧空间城市系统整体近耗散态,是由东岸空间城市系统、西岸空间城市系统演化短板决定的,北岸空间城市系统分岔起到牵引作用。

(4) 南欧空间城市系分岔

南欧空间城市系统演化“分岔”又分为三个地理空间分异区:其一,东岸空间城市系统分岔,即东岸空间城市系统“空间地理连接”与“空间联结”完成,整体涌现性全面发挥作用。其二,北岸空间城市系统耗散结构,即北岸空间城市系统演化的终极状态,“扰动熵”机理发挥着主要的作用。其三,西岸空间城市系统分岔,即西岸空间城市系统“空间地理连接”与“空间联结”完成,整体涌现性全面发挥作用。南欧空间城市系统整体分岔是由东岸空间城市系统、西岸空间城市系统演化短板决定的,北岸空间城市系统耗散结构起到牵引作用。

(5) 耗散结构演化阶段

南欧空间城市系统演化耗散结构是指东岸空间城市系统、北岸空间城市系统、西岸空间城市系统都进入了耗散结构终极状态,南欧空间城市系统“扰动熵”机理发挥着主要的作用。南欧空间城市系统耗散结构是一种稳定的随机运行状态,其“随机性”可以表现为一个马尔可夫链随机过程。南欧空间城市系统耗散结构与外部环境进行着人员、物资、信息、资金、能源的交流,以维持其运行动力。

(6) 南欧空间城市系统演化定量表述方法

① 南欧空间城市系统线性演化状态熵

南欧空间城市系统“线性演化状态熵”,是一个描写南欧空间城市系统宏观状态的量,它反映了南欧空间城市系统线性演化阶段空间要素分布对整体状态贡献的情况。对于特定时刻线性演化状态,设南欧空间城市系统空间要素分布总量为 X,每一种空间要素分布贡献为 X_i,则它对空间要素分布总量的贡献为 $P_i=X_i/X$,根据“简单巨系统熵计算公式”[①],则南欧空间城市系统线性演化状态熵计算公式为

$$S=-K\sum_i P_i \log P_i \tag{11.14}$$

其中,K 为比例系数,它取决于空间要素的单位选取,若 S 取比特为单位,对数以10为底,则 $k=1$, $i=1, 2, \cdots, n$。

① 参见:许国志,顾基发,车宏安.系统科学[M].上海:上海教育出版社,2000:212。

在公式(11.14)中，对于南欧空间城市系统线性演化状态空间要素 X_i 的确定，可以采用主成分分析法进行选择：第一主成分 X_1，如城市人口要素；第二主成分 X_2，如城市面积要素；第三主成分 X_3，如城市交通要素；第四主成分 X_4，如城市通信要素；第五主成分 X_5，如城市能源要素；第六主成分 X_6，如城市经济要素。首先，所选择主成分要具有基础性、独立性、代表性。其次，所选择主成分累计贡献率要超过85%，主成分选择要具备涵盖原则。最后，所选择主成分之间要满足“叠加原理”，即空间要素主成分之间要具有可加和性质，要满足“局域平衡假定”，因为南欧空间城市系统线性演化阶段变化速度慢，而且不具有“涨落性质”，因此对于南欧空间城市系统而言，这不是一个要求太强的限制性条件。

② 南欧空间城市系统普里戈金“最小熵原理”

普里戈金“最小熵原理”的南欧空间城市系统可以解释为，在南欧空间城市系统线性演化到达结束点时，状态熵产生率取得最小值，即有如下公式成立[①]：

$$P_{\min}=\frac{\mathrm{d}_i S}{\mathrm{d}t}=\sum\nolimits_{\rho} J_{\rho} X_{\rho} \tag{11.15}$$

其中，$P_{\min}$表示南欧空间城市系统线性演化状态熵产生率最小值，J_ρ 是“城市体系”所包含的各种不可逆空间流的速率，X_ρ是“城市体系”相应的空间梯度势能力。“最小熵原理”说明只要将南欧空间城市系统演化的非平衡态条件维持在线性演化阶段，且系统达到定态，“城市体系”就在耗散最小的状态下安定下来，即南欧空间城市系统线性演化状态熵产生率最小 $P_{\min}$。对于南欧空间城市系统线性演化而言，最小状态熵产生在线性演化阶段的结束点，即“近耗散态非线性区”的结束点。南欧空间城市系统线性演化最小状态熵 $P_{\min}$，是“城市体系属性”完全消失，“空间城市系统属性”开始出现的分界标志(相关论述参见第5章第5.5.2节部分)。

③ 南欧空间城市系统非线性演化状态定量表述

南欧空间城市系统非线性演化是在“空间梯度”“空间涨落”“动因博弈均衡”三种动力作用之下进行的。

第一，南欧空间城市系统非线性演化“空间梯度”作用。

南欧空间城市系统“空间梯度”是指南欧空间城市系统物理空间中，空间区位的差异所导致的空间要素(或空间功能)之间的空间势能差值，它导致了空间流与空间流波的流动，形成了南欧空间城市系统演化的动力。空间梯度作用机制为“空间梯度—空间势能力—不可逆空间流— 空间要素转移—空间结构”，空间结构变化是空间梯度作用的结果。

如图11.41“南欧空间城市系统极值状态熵分布”所示，在普里戈金点 t_3 处有线性区最小状态熵 $S_{\min}$，在分岔点有分岔状态熵 S_b，因为近耗散态非线性区是南欧空间城市系统演化的中间态，南欧空间城市系统要从普里戈金点 t_3 向分岔点 t_4 进化，显

① 参见：普里戈金.从存在到演化[M].沈小峰，等译.北京：北京大学出版社，2007：194。

然有

$$S_b - S_{\min} = \mathrm{d}S < 0 \tag{11.16}$$

状态熵差的存在表明空间状态的差异存在，即空间区位差异的存在。因此，说明在近耗散态非线性区存在着空间梯度，表示为$V(S)$，则有公式成立：

$$V(S) = S_{\min} - S_b \tag{11.17}$$

所以我们说，在近耗散态非线性区存在着空间梯度现象，也就是说空间梯度作用机制推动南欧空间城市系统"非线性演化"走向分岔。空间梯度在近耗散态非线性区存在并发挥动力作用，是南欧空间城市系统非线性演化很重要的一个基本原理。南欧空间城市系统非线性演化"空间梯度"记为∇[①]，具有逐渐减弱的特性。在近耗散态非线性区起始点，"空间梯度"有最大值$\nabla_{\max}$，在近耗散态非线性区结束点（分岔点）有最小值$\nabla_{\min}$，即有"空间梯度"减弱规律 $\nabla_{\max} \to \nabla_{\min}$。"空间梯度"减弱规律说明了，随着"城市体系"向"空间城市系统"的转变，"空间梯度"动力机制逐渐让位给"空间涨落"动力机制。特别指出的是，南欧空间城市系统"分岔"是一个瞬时状态，所谓"空间梯度"作用是无法表述的，而在南欧空间城市系统演化"耗散结构"阶段，"空间梯度"作用机制是不存在的。

第二，南欧空间城市系统非线性演化"空间涨落"作用。

"空间涨落"是南欧空间城市系统非线性演化的主要动力机制，它直接导致了南欧空间城市系统"分岔"，导致了耗散结构的产生。空间要素的统计平均值反映了南欧空间城市系统的基本状态，例如平均人口、平均面积、平均 GDP 等。"空间涨落"是指南欧空间城市系统空间要素对统计平均值的偏差，例如城市人口涨落、城市面积涨落、城市职能涨落等。南欧空间城市系统"空间涨落"具有偶然性、无序性、随机性，"空间涨落"机理是南欧空间城市系统非线性演化的基本理论。

"微涨落"是指偏差值较小的南欧空间城市系统"空间涨落"，"微涨落"是南欧空间城市系统的经常性存在。"巨涨落"是指偏差值较大的南欧空间城市系统"空间涨落"，涨落的效应达到了宏观等级。"临界涨落"是指近耗散态非线性区临近分岔点之前的"空间涨落"，此时涨落的性质发生了根本变化，其性质为"巨涨落"，它驱使着南欧空间城市系统走向"分岔"，导致耗散结构的产生。上述涨落是南欧空间城市系统"内部涨落"，涨落也可以由外部环境所产生，称为南欧空间城市系统"外部涨落"。

南欧空间城市系统"空间涨落作用"主要表现为动力性作用。如图 11.42 所示，设南欧空间城市系统演化势函数为$V(q)$，概率定态解为$f(q)$。在南欧空间城市系统非线性演化中，由于"空间涨落"的作用，原来的定态解q_1失稳。在"空间涨落"的动力作用下，南欧空间城市系统状态偏离原来的定态解q_1，跃迁到新的定态解q_2处，南欧空间城市系统在新的定态q_2稳定下来。"空间涨落作用"是南欧空间城市系统"分岔"和

① ∇为梯度算符，读作"那布拉"（Nabla），1837 年由爱尔兰学者哈密顿创造，原指一种希伯来竖琴。

“耗散结构”的主要动力机制，是南欧空间城市系统非线性演化的基本空间机理。

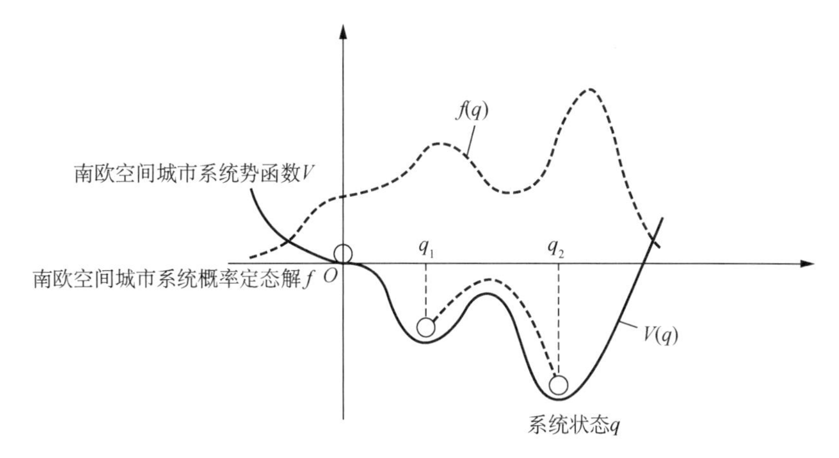

图 11.42 南欧空间城市系统空间涨落作用

“非线性演化”的空间涨落作用逻辑关系链，可以表述为“空间涨落—涨落动力—空间要素分布对称破缺—状态跃迁”。空间要素的“空间涨落”，如人口要素、物质要素、信息要素、能源要素的空间涨落，导致“空间涨落动力”的产生，进而导致空间要素分布对原有定态的偏差，最终导致空间结构的变化，以及南欧空间城市系统定性性质的改变，发生南欧空间城市系统状态跃迁。例如由米兰城市空间要素的“空间涨落”所导致的“南欧大都市连绵带”变化，就是典型的“空间涨落”作用案例。

“空间规划”与“空间政策”所导致的人工干预，对于“空间涨落”具有重要的作用。“空间涨落”与“空间梯度”一起构成了南欧空间城市系统非线性演化的基本动力机制，推动着南欧空间城市系统“非线性演化”的发展，南欧空间城市系统“相对涨落”可以表示为

$$\sigma = \alpha N^{-1/4} \tag{11.18}$$

南欧空间城市系统“巨涨落”可以表述为

$$\sigma = \alpha N^{0} \tag{11.19}$$

关于“空间涨落”的详细论述，可以参见第 5 章“空间涨落表述”部分，本处不做展开表述。

第三，南欧空间城市系统非线性演化“动因博弈均衡”作用。

如图 11.43 所示，“动因博弈均衡”是指南欧空间城市系统非线性演化阶段，即近耗散态非线性区、分岔、耗散结构，南欧空间城市系统的集聚动因、扩散动因、联结动因的非合作博弈所达成的纳什均衡，其博弈主体为空间集聚流、空间扩散流、空间联结流。在南欧空间城市系统动因博弈实际条件下，“动因博弈均衡”表现为一个大概率性的“值域范围”。由非线性演化“动因博弈均衡”所形成的南欧空间城市系统动因博弈均衡动力，贯穿于非线性演化的全部过程。南欧空间城市系统非线性演化阶段，空间

集聚动因、空间扩散动因、空间联结动因所形成的“动因博弈均衡”可以表述为

$$
\begin{aligned}
P_A(\varepsilon) &= \max[p_A(\varepsilon, t)] \\
P_B(\varepsilon) &= \max[p_B(\varepsilon, t)] \\
P_C(\varepsilon) &= \max[p_C(\varepsilon, t)]
\end{aligned}
\tag{11.20}
$$

其中，$P_A(\varepsilon)$、$P_B(\varepsilon)$、$PC(\varepsilon)$分别表示南欧空间城市系统的空间集聚流 A、空间扩散流 B、空间联结流 C 的非合作博弈均衡点值，ε 表示空间流份额；t 表示博弈时间。公式(11.20)表示了空间集聚流 A、空间扩散流 B、空间联结流 C，在“博弈均衡点”具有最大化“混合份额”。

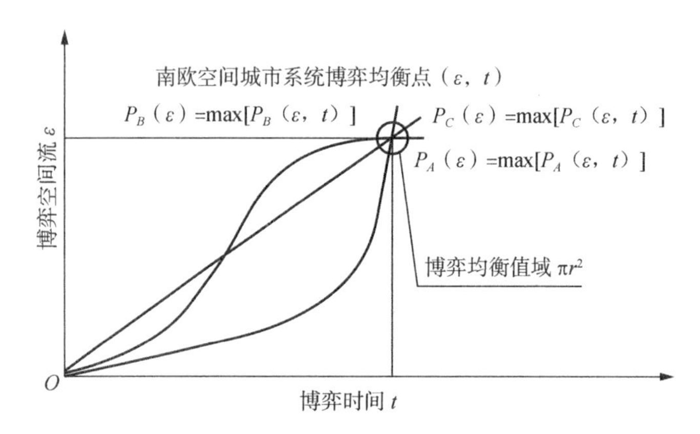

图 11.43　南欧空间城市系统非线性演化“动因博弈均衡”

(7) 南欧空间城市系统非线性演化“空间势垒”

普里戈金在耗散结构理论中创建了“熵垒”理论，熵垒理论说明了两个基本规律：一是南欧空间城市系统非线性演化的不可逆性，普里戈金表述为“不稳定性—内在随机性—内在不可逆性”；二是南欧空间城市系统平衡态结构与非平衡态耗散结构的分隔机制，即“平衡态结构—熵垒—耗散结构”，这种结构分隔机制被普里戈金表述为“无限的熵垒把可能存在的初始条件①与不允许的初始条件分隔开”②。

在南欧空间城市系统物理空间中存在着空间势能(空间位势)，“空间势垒”包含了空间势能的全部含义。所谓“空间势垒”是指空间势能高于附近势能的演化点域，它与南欧空间城市系统分岔点相重合。在“空间势垒”处，南欧空间城市系统的空间势能取得极大值。空间势垒也称为“空间位垒”，它包含了普里戈金“熵垒”概念的两重属性：一是空间城市系统分岔的不可逆性，二是系统无序结构与耗散结构的隔离性。在“空间势垒”点域，南欧空间城市系统具有“势垒熵”，其意义等同于“熵垒”。

如图 11.44 所示，“空间势垒”的物理意义在于南欧空间城市系统结构之间的阻挡，在“空间势垒”两侧具有不同的空间位势(空间势能)，即无序结构位势与耗散结构

① 可能存在的初始条件即平衡态结构，不允许的初始条件即非平衡态耗散结构。

② 参见：普里戈金，斯唐热.从混沌到有序[M].曾庆宏，沈小峰，译.上海：上海译文出版社，2005：274。

位势。空间位势包括空间要素的人口位势、规模位势、职能位势等，“空间势垒”的突破意味着南欧空间城市系统分岔的发生，意味着南欧空间城市系统整体涌现性的产生。

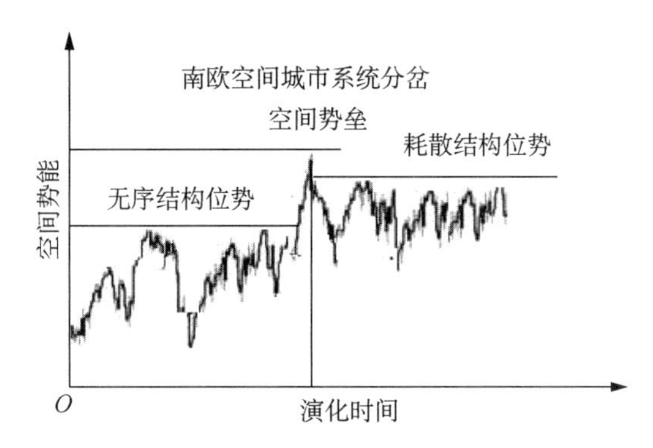

图 11.44 南欧空间城市系统分岔“空间势垒”

“空间势垒”机制主要为空间势垒隔离机制、空间势垒位差机制、空间势垒突破机制。首先，南欧空间城市系统“势垒熵”将城市体系无序结构与南欧空间城市系统耗散结构割离开来，我们称其为“空间势垒隔离机制”，它阻挡了南欧空间城市系统定性性质的变化；其次，在“空间势垒”两侧分别存在着无序结构位势与耗散结构位势，两者存在着空间势能位差，我们称其为“空间势垒位差机制”；最后，我们将宏观量级的“巨涨落”驱使着南欧空间城市系统突破空间势垒的行为，称为“空间势垒突破机制”。

（8）南欧空间城市系统分岔

“分岔”是指南欧空间城市系统演化定性性质的改变，分岔是南欧空间城市系统演化最重要的归宿性目标 。如图 11.45 所示，南欧空间城市系统分岔是“城市体系”定性性质，向“南欧空间城市系统”定性性质改变的过程。“分岔”是南欧空间城市系统整体涌现性产生的瞬时行为。“分岔点”是近耗散态非线性区的结束点，以及耗散结构的开始点。在分岔过程中，南欧空间城市系统结构处于不稳定的“动态”状态。

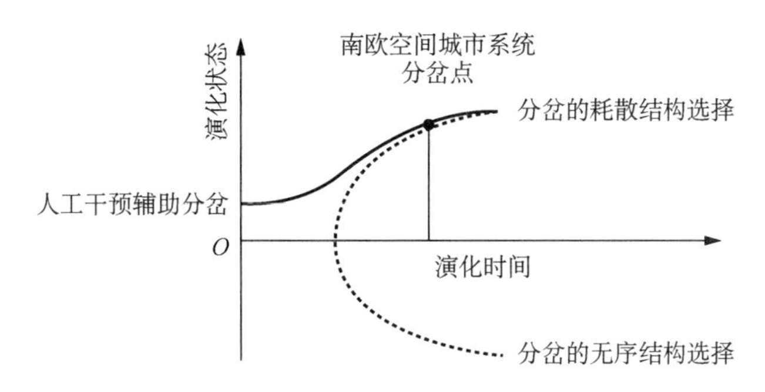

图 11.45 南欧空间城市系统分岔

南欧空间城市系统分岔的最重要特征是人工辅助干预，即“空间规划”与“空间政策”人工辅助干预分岔。通过分岔，南欧空间城市系统空间形态与空间结构得到完全的实现。就一般规律而言，“空间规划”与“空间政策”决定了分岔的他组织性，因此南欧空间城市系统分岔选择是一种确定性事件，有序的耗散结构是南欧空间城市系统分岔的必然结果。

有关空间城市系统“分岔”与“突变”的一般性规律，可以深度学习第 5 章第 5.6.3 节内容。

（9）南欧空间城市系统耗散结构“扰动熵表述”

“耗散结构”是指南欧空间城市系统“分岔”之后的有序状态。“耗散结构”状态的南欧空间城市系统，具有系统“整体涌现性”，具有稳定的“空间形态”与“空间结构”。南欧空间城市系统“耗散结构”宏观上由“状态熵 S”表示，具有统计确定性。微观上由“扰动熵 S_d”表示，具有随机不确定性。南欧空间城市系统“耗散结构”的基本性质为随机动态属性。

如图 11.46 所示，在耗散结构定态，南欧空间城市系统处于周期性瞬时振荡作用状态，“扰动熵 S_d”是对南欧空间城市系统这种非线性耗散结构稳定状态的表征变量。“扰动熵 S_d”表述了南欧空间城市系统“耗散结构”被扰动的瞬时状态演化情况，“扰动熵减”表示南欧空间城市系统为瞬时进化状态，即 $S_d<0$；“扰动熵增”表示南欧空间城市系统为瞬时退化状态，即 $S_d>0$；“扰动熵为零”表示南欧空间城市系统为瞬时静止状态，即 $S_d=0$。就物理意义而言，“扰动熵 S_d”反映了南欧空间城市系统“耗散结构”空间要素微扰的基本情况。

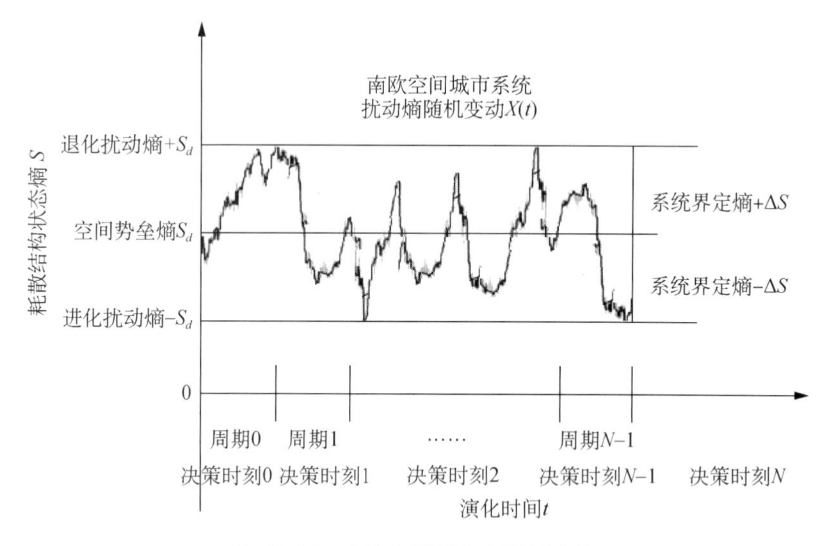

图 11.46　南欧空间城市系统扰动熵

在南欧空间城市系统耗散结构定态，空间城市系统宏观状态熵 S 为非正值，即 $\mathrm{d}S\leqslant 0$，南欧空间城市系统宏观状态熵 S 在数量上等于当时系统扰动熵的绝对值，即 $S=-|S_d|$。也就是说，南欧空间城市系统宏观状态熵 S 是系统“扰动熵 S_d”的极限界定值。

宏观状态熵 S 规定了南欧空间城市系统整体演化方向，而“扰动熵 S_d”则反映了南欧空间城市系统振荡的瞬时状态情况。对于南欧空间城市系统“耗散结构”，宏观状态熵 S 已经成为一个确定性变量，不能反映“耗散结构”的随机变化情况，而“扰动熵

S_d”则承担了“耗散结构”状态的表征功能。南欧空间城市系统“耗散结构”扰动熵S_d概率分布为

$$S_d = \prod_{i=2}^{n} P(x_i, t_i | x_{i-1}, t_{i-1}) S_b \tag{11.21}$$

上式说明对于南欧空间城市系统“耗散结构”,我们可以测得任意时刻t_i与t_{i-1}的瞬时熵值,获得扰动熵跃迁概率$P(x_i, t_i | x_{i-1}, t_{i-1})$。此时,南欧空间城市系统“耗散结构”的扰动熵$S_d$等于扰动熵跃迁概率与空间势垒熵$S_b$的连乘积。在南欧空间城市系统“耗散结构”,通过“扰动熵S_d”的定量数值,可以确定当时南欧空间城市系统“耗散结构”的演化状态情况,即“耗散结构”处于瞬时进化或退化的振荡情况。

3）南欧空间城市系统展望

综上所述,南欧空间是与西北欧空间、美国东北部空间、中国长江三角洲空间、日本空间一同率先进入“城市集合”的世界前沿区域。因此,南欧空间经过了南欧大都市连绵带、南欧“巨型城市区域”的前期发展阶段。

就现在空间状态而言,南欧空间城市系统已经是客观事实,其地理逻辑、人文逻辑、经济逻辑都已经齐备。由上述分析可知,南欧空间城市系统定性依据充分、定量根据翔实,一定可以发展成为世界级空间城市系统,并成为全球可持续人居空间的楷模。

南欧空间城市系统理论研究具有很高的实践应用与商业开发价值,其整体涌现性具有很高的潜在社会与经济利益,可以极大地促进南欧国家与地方的发展。对此,南欧空间各国家政府、大学、科研机构要有清醒的理性认识。

11.5 英国空间城市系统

11.5.1 英国空间城市系统逻辑分析

1）英国空间城市系统定义

(1) 英格兰“大都市连绵带”与英格兰东南部“巨型城市区域”

1957 年,戈特曼认为“另外一个超级都市区系统有可能会在英格兰形成,一个围绕着本宁山脉南部形成的巨大 U 字形城市链,从利物浦和曼彻斯特,经伯明翰和谢菲尔德一直延伸到利兹和布拉德福。这个 U 形地区可能会在某一天南下,与扩展中的大伦敦郊区相连,然后整个系统将会进入大城市连绵区的行列”。

2006 年,彼得·霍尔界定了英格兰东南部“巨型城市区域”[①],他指出“在以伦敦中心区为中心,160 km 为半径的范围内,组成了一个由 30 到 40 个中心组成的系统,伦敦是其核心,它甚至延伸到了英格兰西南部的伯恩茅斯和斯文顿、东米德兰的北安普敦以及英格兰东部的彼得伯勒”。

① 每一个巨型城市区域(MCR)等同于一个一级空间城市系统。

戈特曼对英国空间的科学预见，为英国空间城市系统研究开辟了正确方向。彼得·霍尔对英国空间的研究成果，奠定了英国空间城市系统的学理性基础。通过对英国空间的实地科学考察，应用空间城市系统理论我们定义了英国空间城市系统，它是一个比较成熟的世界级空间城市系统。

(2) 英国空间城市系统概念

如图 11.47 所示，英国空间城市系统是一个 10 级的单一国家空间城市系统，包括伦敦、布里斯托尔、伯明翰、谢菲尔德、利物浦、曼彻斯特、利兹、纽卡斯尔、格拉斯哥、爱丁堡 10 个一级空间城市系统。

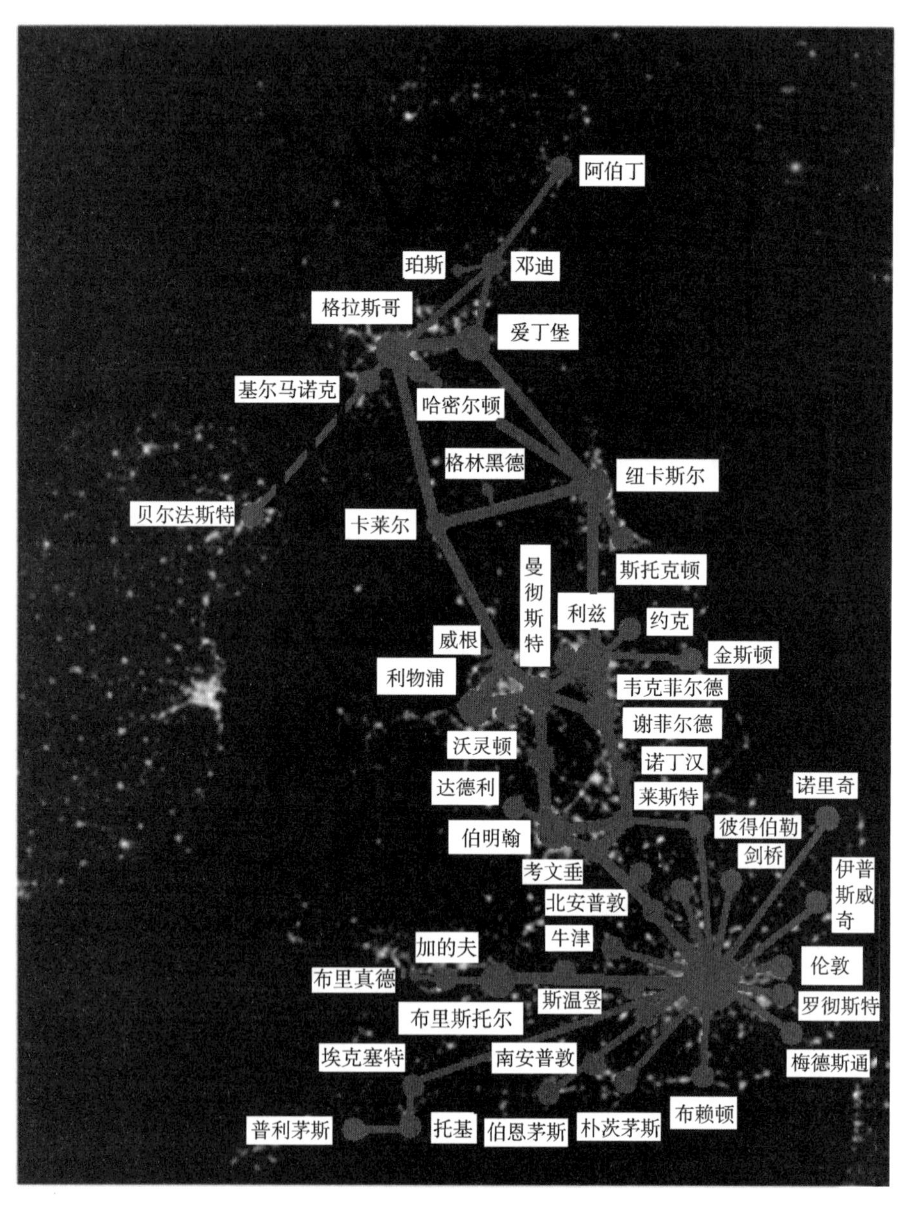

图 11.47　英国空间城市系统夜间卫星图

(源自:笔者根据 NASA 图自制)

伦敦是英国空间城市系统的牵引城市TC，伯明翰、格拉斯哥是英国空间城市系统的主导城市LC；布里斯托尔、谢菲尔德、利物浦、曼彻斯特、利兹、纽卡斯尔、爱丁堡是英国空间城市系统的主中心城市MC；牛津、剑桥、朴茨茅斯、加的夫、金斯顿、约克、罗彻斯特、卡莱尔、邓迪、阿伯丁、贝尔法斯特等是英国空间城市系统的辅中心城市AC；格林黑德、布里真德、珀斯等是英国空间城市系统的基础城市BC。

(3) 海岛型空间城市系统

英国空间城市系统为典型的“海岛型空间城市系统”，日本空间城市系统是另一个“海岛型空间城市系统”。“海岛型空间城市系统”为单一型国家空间城市系统，具有独立性、空间有限性、社会先进性、全球先进性特点，是世界空间城市系统中重要的类型之一。

第一，独立性。

所谓独立性是指“海岛型空间城市系统”可以实现地理逻辑独立、人文逻辑独立、经济逻辑独立，单独形成完整的空间城市系统产生整体涌现性。海岛型人居空间都进行了很好的独立的空间规划研究，例如英国的巨型城市区域规划研究、日本的都市圈规划研究。

第二，空间有限性。

“海岛型空间城市系统”地理空间有限、中心节点城市数量有限、具有城市密集区现象。

“海岛型空间城市系统”的城市首位度很高，如伦敦与东京，伦敦与东京的世界城市地位决定了英国空间城市系统、日本空间城市系统为世界空间城市系统的地位。“海岛型空间城市系统”的中间城市明显，如伯明翰与大阪等；它的主干城市清晰，如朴茨茅斯与札幌等；它的基层城市发达如牛津与青森等。

第三，社会先进性。

“海岛型空间城市系统”具有文化先进、科技先进、产业先进、生态环境先进的特点，它的高等教育发达，全民教育程度很高。英国堪称“大学国家”，日本拥有十分发达的教育体系，保证了它们拥有先进的人文逻辑和足够体量的经济基础。

第四，全球联结性。

“海岛型空间城市系统”具有全球空间联结功能，如英国的全球金融功能、日本的全球产业功能等。全球联结功能决定了“海岛型空间城市系统”一定是国际化的空间城市系统，全球联结性是“海岛型空间城市系统”赖以存在的前提条件。

2）英国空间城市系统地理逻辑分析

如图11.48所示，伦敦盆地、奔宁山脉、苏格兰高地、威尔士高地是英国空间基本地理要素。大不列颠岛的平原、盆地、低地(图中绿色部分)为英国空间城市系统提供了地理基质，使之成为适宜人居并易于实现地理连接的空间城市系统。伦敦盆地为伦敦牵引城市TC提供了地理基质，格兰平原为伯明翰、考文垂、莱斯特提供了地理基质，兰开斯特平原为利物浦、曼彻斯特提供了地理基质，利兹与谢菲尔德地处山前低

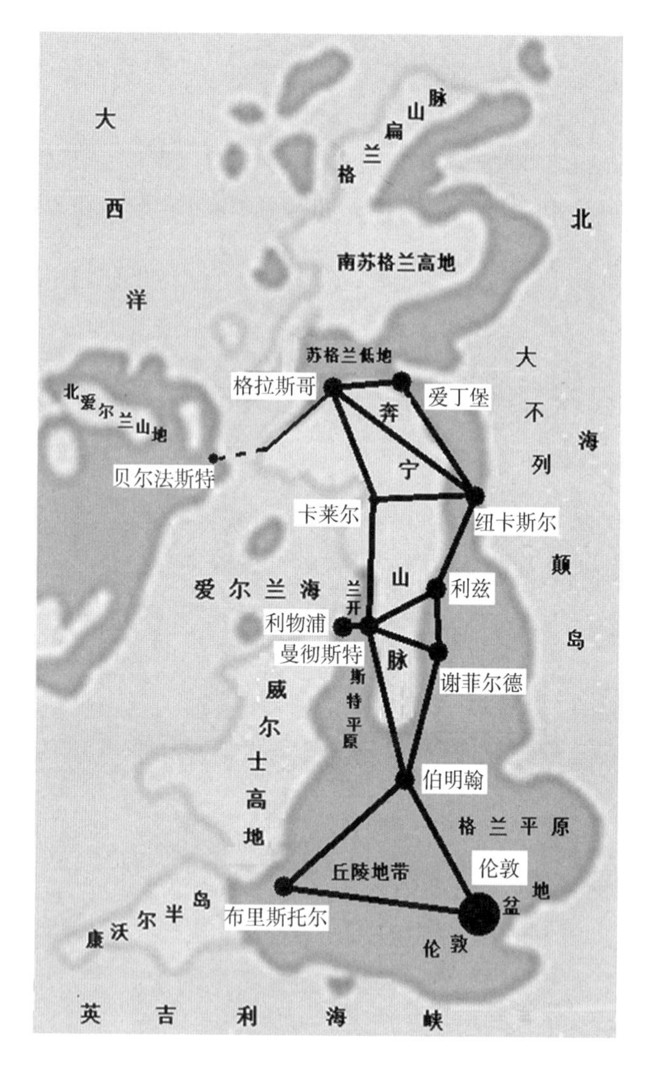

图 11.48　英国空间城市系统地貌

（彩图见书末）

地，纽卡斯尔处于泰恩河入海口平原，格拉斯哥与爱丁堡都位于苏格兰低地，布里斯托尔地处丘陵地带。总之，大不列颠岛得天独厚的地形地貌为英国空间城市系统提供了基本地理基质，温和湿润的海洋型气候条件创造了英国空间城市系统宜居的生态环境。

大不列颠岛足够大的地理空间，奠定了英国空间城市系统的地理独立逻辑，而临近欧洲大陆又使得英国空间城市系统获得人员、物资、信息的外部环境条件。因此，英国“海岛型空间城市系统”拥有足够的自然地理逻辑基础。

3）英国空间城市系统人文逻辑分析

英国空间创造了无与伦比的人类现代文明，英国成为现代世界主流文明的起源性空间。英国空间实现了对人的精神能力与物化能力的释放。经过文艺复兴、思想启蒙、宗教改革，英国社会给人的能力释放创造了自由空间，而“自由”环境才能导致“科学技术”与“市场经济”的产生，如牛顿力学、瓦特蒸汽机、法拉第电机，如亚当・斯密

《国富论》、大卫李嘉图《政治经济学》。“科学技术”与“市场经济”必然导致“工业革命”的发生,“工业革命”根本上促使人类文明的极大发展,从“农业文明”走向了“工业文明”。人类现代文明是建立在“工业革命”基础之上的,所以英国空间为人类现代文明奠定了基础。

英国为世界贡献了“英语语言体系”“英美价值体系”“英联邦组织体系”,人文思想、高等教育、世界金融成为现代英国的优秀基因特色。牛顿、莎士比亚、培根、亚当·斯密、大卫·李嘉图、达尔文、马克思、恩格斯、洛克、瓦特、法拉第、凯恩斯、哈耶克这些伟大的名字都与英国有着不解之缘,是英国先进的现代社会环境成就了他们不朽的事业,为人类现代文明奠定了基础。空间联结是“海岛型空间城市系统”与生俱来的短板,因此英国空间城市系统需要注意与欧陆空间、北美空间、东北亚空间保持紧密的空间联结,与世界其他地区保持良好的空间联结。

综上所述,厚重的工业文明积淀铸就了英国空间的人文基础,现代英国政治、经济、文化、社会、生态理论与实践,为英国空间城市系统奠定了坚实的人文逻辑基础。伦敦雄踞世界城市第二位,拥有公认的创新与影响力,伦敦使英国空间城市系统跻身于世界级空间城市系统之列。

4) 英国空间城市系统经济逻辑分析

英国空间城市系统具有独立经济逻辑特征,表现为经济结构完善、产业结构齐全、金融结构健全。如表 11.7 所示,我们以英国空间 2017 年 GDP 数据为基础,对英国空间城市系统进行经济总量预测研究。首先,对于英国这种先进的现代社会,GDP 主义完全不能代表其本质,只能作为一种经济全要素衡量指标。英国空间城市系统在政治、经济、社会、文化、生态全方位将创生新的“文明形态”。其次,表 11.7 中我们采用了英国空间饱和 GDP 数值方法,即以英国国家 GDP 值为标准,并进行了美元与英镑双标注。我们所追求的是英国空间城市系统经济总量定性研究结果。最后,研究结果具有限定条件,例如在 2017 年到 2027 年,英国空间城市系统不能有大的经济危机,GDP 平均增速要达到低限水平,整体涌现性调节适应机制有效。

我们以英国空间 2017 年 GDP 实现值为基准,以英国 2010 到 2017 年 GDP 平均增长率为 2017 到 2027 年 GDP 平均增长率。根据空间城市系统“整体涌现性”原理,英国空间城市系统一定会产生“GDP 整体涌现增长率”,英国具备较强的创新能力,根据经验其值可定为 1.3%。在上述限定条件下,我们得到表 11.7 英国空间经济总量及预测。根据表 11.7 结果,我们做出英国空间城市系统经济逻辑分析。

表 11.7 英国空间经济总量及预测

英国空间	2017 年 GDP(亿美元)	GDP 年平均增长率(%)	GDP 整体涌现性(%)	GDP 年增长率(%)	2027 年预计 GDP(亿美元)
英格兰空间	22 682.45	1.97	1.3	3.27	—
苏格兰空间	1 932.18	1.97	1.3	3.27	—

续表

英国空间	2017 年 GDP（亿美元）	GDP 年平均增长率（%）	GDP 整体涌现性（%）	GDP 年增长率（%）	2027 年预计 GDP（亿美元）
威尔士空间	903.87	1.97	1.3	3.27	—
北爱尔兰空间	564.87	1.97	1.3	3.27	—
总计	26 083.37 19 922.47 （亿英镑）	—	—	—	34 612.63 26 412.89 （亿英镑）

由表 11.7 可知，英国空间 2017 年经济总量为 17.50 万亿元（人民币），与中国南部空间城市系统 2017 年经济总量 18.24 万亿元（人民币）处于相当水平。英国空间城市系统 2027 年经济总量为 23.22 万亿元（人民币），与中国南部空间城市系统 2027 年经济总量 37.94 万亿元处于相近水平。因此，英国空间经济总量完全可以为英国“海岛型空间城市系统”提供经济逻辑保障。

英国具有高素质的人力资源、雄厚的高等教育基础、优秀的科技创新能力，具有发达的金融保险业、高端服务业、航空航天、医药化工、现代农业与海洋捕捞业，英国具有丰富的能源保障。因此，英国空间城市系统具有可靠全面的经济基础。

11.5.2　英国空间城市系统主体分析

1）英国空间城市系统层级

英国空间城市系统为一个“海岛型国家空间城市系统”，可以分为两个层级：一是英国空间城市系统。二是由伦敦、布里斯托尔、伯明翰、谢菲尔德、利物浦、曼彻斯特、利兹、纽卡斯尔、格拉斯哥、爱丁堡形成的 10 个一级空间城市子系统。其中，伦敦空间城市系统为牵引空间，对其他空间城市子系统起到序参量统摄作用。

2）英国空间城市系统空间形态

如图 11.49 所示，英国空间城市系统整体呈条带状南北方向分布。伦敦为它的整体中心节点居于东南端，中部以利兹为中心节点，北部以格拉斯哥为中心节点。北海为英国空间城市系统东向“地理隔离线”，英吉利海峡为英国空间城市系统南向“地理隔离线”，爱尔兰海为英国空间城市系统西向“地理隔离线”，大西洋为英国空间城市系统北向“地理隔离线”。“海岛型国家空间城市系统”是以国家边界为

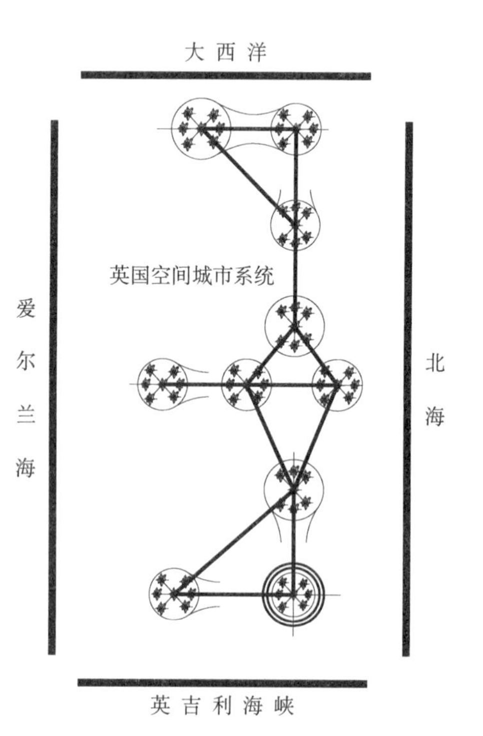

图 11.49　英国空间城市系统空间形态拓扑图

空间城市系统空间形态边界线。

3）英国空间城市系统空间结构

(1) 英国空间城市系统空间结点

如图 11.50 所示，英国空间城市系统空间结构包括伦敦牵引城市 TC，包括伯明翰、格拉斯哥主导城市 LC，包括布里斯托尔、谢菲尔德、利物浦、曼彻斯特、利兹、纽卡

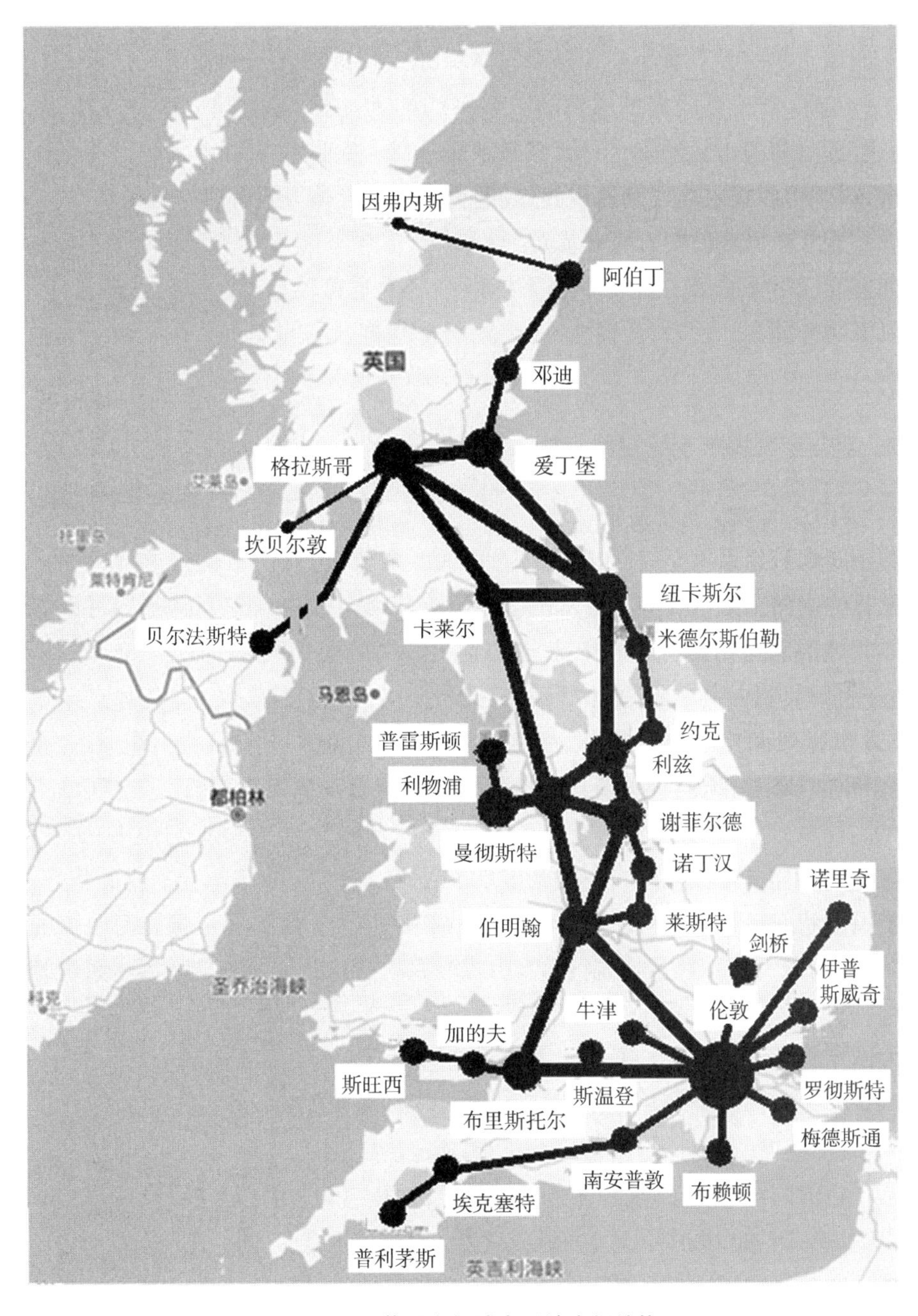

图 11.50 英国空间城市系统空间结构

（源自：笔者根据谷歌地图自制）

斯尔、爱丁堡主中心城市 MC,牛津、剑桥、诺里奇、伊普斯威奇、罗彻斯特、梅德斯通、南安普敦、斯温登、布赖顿、埃克塞特、普利茅斯、加的夫、斯旺西、约克、普雷斯顿、米德尔斯堡、诺丁汉、莱斯特、卡莱尔、邓迪、阿伯丁、贝尔法斯特等辅中心城市 AC,包括因弗内斯、坎贝尔敦等基础城市 BC。

(2) 英国空间城市系统空间轴线

如图 11.50 所示,英国空间城市系统空间结构主轴为伦敦—伯明翰—谢菲尔德—利兹—纽斯卡尔—爱丁堡—格拉斯哥—卡莱尔—曼彻斯特—利物浦—伯明翰—布里斯托尔—伦敦,该主轴线为英国空间城市系统的大动脉,必须建立航空飞机、高速铁路、高速公路、高速水运的复合高速交通地理连接。英国空间城市系统空间结构支轴线地理连接,可以通过城际高速铁路、高速公路地理连接方式解决。

(3) 英国空间城市系统网络域面

如图 11.50 所示,英国空间城市系统网络域面覆盖英格兰、苏格兰、威尔士、北爱尔兰全部国土面积。伦敦、曼彻斯特、格拉斯哥是英国空间城市系统网络域面的三个区域中心。

11.5.3 英国空间城市系统控制分析

1) 英国空间城市系统控制原理

英国空间城市系统是一个成熟的空间城市系统,它的控制就成为可行的重要命题。根据空间城市系统控制理论(Spatial City System Control Theory),可以实施对英国空间城市系统的有效科学控制,以达到英国空间城市系统最佳运行效果。

如图 11.51 所示,英国空间城市系统控制是由"英国控制者"对"英国空间城市系统"实施控制,所谓"英国控制者"是指英国中央政府、地方政府、社会组织、相关企业以及"英国空间城市系统脑"。它们按照《英国空间城市系统规划》对英国空间城市系统实施预定控制任务。"英国空间城市系统"是被控制对象,它接受控制作用并提供反馈信息,控制的目的体现于"英国空间城市系统"的行为状态中,追求合乎目的状态,消除不合乎目的状态。被控制对象即"英国空间城市系统"是控制理论与控制系统的落脚点。"控制任务"是指为达到控制目的,由控制系统所执行的英国空间城市系统状态调整措施。

如图 11.51 所示,英国空间城市系统控制是一个"闭环反馈控制系统",它是由"英国控制者""控制作用""英国空间城市系统""反馈信息"四个环节构成的闭环反馈系统。其中:

第一,"英国控制者"施加控制作用、接受反馈信息,它由英国中央政府、地方政府、社会组织、相关企业以及"英国空间城市系统脑"组成。

第二,"英国空间城市系统" 接受控制作用、提供反馈信息,"英国闭环反馈控制系统"控制使用误差控制方法进行工作。

第三,"控制作用"是指由"英国控制者"向"英国空间城市系统" 发出的指令信息,以实现所需的控制过程,达到预期的控制目的,它不断获取、处理、选择、传送、利用英国空间城市系统即时信息。

第四,“反馈信息”是指由“英国空间城市系统”向“英国控制者”反馈的关于英国空间城市系统状态的基本信息,包括状态熵、演化动力、环境条件、稳定性等,“反馈信息”是对英国空间城市系统进行控制调节的根据。

第五,“控制变量”是指根据控制需要,运用一定手段主动干预或控制英国空间城市系统运行所需要的变量,如空间集聚变量、空间扩散变量、空间联结变量,引入“控制变量”概念,是为了实现对英国空间城市系统有效地整体与分项控制。

第六,“输入信息”是指外部环境对控制系统的良性影响,即有用的输入信息,例如《英国空间城市系统规划》人工干预目标信息。

第七,“输出信息”是指控制系统对外部环境的良性影响,即有用的输出信息,例如《英国空间城市系统规划》执行情况信息。

第八,“环境干扰”是指外部环境对控制系统的不良影响,例如主轴通道空间流波的负荷波动,就是一种环境对英国空间城市系统控制的“环境干扰”。

第九,“扰动补偿”是指为了抵消“环境干扰”的不良影响,对英国空间城市系统所实施的预防性控制作用,它要参考“环境干扰”与“空间规划”的目标需求而确定。

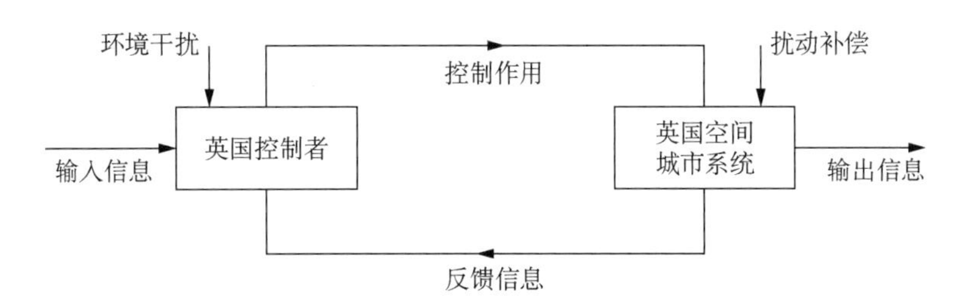

图 11.51 英国空间城市系统控制模型

2)英国空间城市系统控制系统

如图 11.52 所示,英国空间城市系统控制系统包括整体协调控制和专项控制,我们用英国空间城市系统控制系统功能框图予以表征。空间城市系统控制详细情况可以参看第 7 章空间城市系统控制理论。

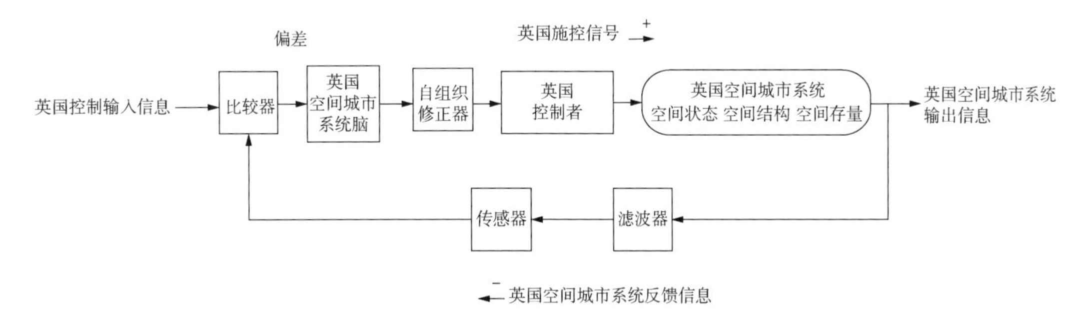

图 11.52 英国空间城市系统控制系统

英国空间城市系统协调控制包括“人—人控制”“人—物控制”和“物—物控制”，专项控制包括空间状态控制、空间结构控制、空间存量控制。英国空间城市系统是一种包括自然地理属性、人文社会属性、人工物质属性的巨大系统，需要应用“空间城市系统控制理论”给予专门对待，例如“自组织修正”技术。英国空间城市系统一般具有“能观性与能控性”，如空间流变量，“能控性与能观性”是英国空间城市系统控制的基础。

如图 11.52 所示，所谓英国空间城市系统“控制系统”是一种具有实际应用价值的具有自组织控制修正人类属性的“工程技术”。英国空间城市系统“控制系统”是由相互关联的元器件所组成，如“比较器”“空间城市系统脑”“自组织修正器”“滤波器”“传感器”。英国空间城市系统“控制系统”一般采用闭环反馈控制，涉及时域控制 $x(t)$ 与频域控制 $x(s)$，包含“自组织控制”与“他组织控制”，涵盖“经典控制理论”与“现代控制理论”。英国空间城市系统“控制系统”控制方案包括定量控制更包括定性控制，“控制系统”具有稳定性与鲁棒性，可靠精度是其基本要求。总之，英国空间城市系统“控制系统”设计、运行、修正是一个反复迭代不断优化的探索过程，任何一掷而就的想法都是不科学与不现实的。

如图 11.52 所示，英国空间城市系统“控制系统”各环节功能机理如下：

第一，英国控制输入信息。

“英国控制输入信息”是指英国空间关于英国空间城市系统的相关信息，对于“控制系统”会产生影响，包括干预信息与反馈信息。“英国控制输入信息”以信号形式参与“控制系统”的控制过程。

第二，英国空间城市系统输出信息。

“英国空间城市系统输出信息”是指经过控制过程之后英国空间城市系统发出的信息，它反映了英国空间城市系统的基本情况，并作为反馈信息回馈到“控制系统”中。

第三，比较器。

“比较器”是英国空间城市系统“控制系统”的标准元件，通过比较初始输入信号与反馈信号两个输入信号的大小，向英国空间城市系统脑输出不同比较结果的信号。减少时间延迟与比较精确度是“比较器”的主要性能指标。

第四，英国空间城市系统脑。

“英国空间城市系统脑”是英国空间城市系统控制方案的制订者，它包括专业脑、组织脑、机器脑，以及第一维度模型体系、第二维度模型体系、第三维度模型体系。“英国空间城市系统脑”是一种“专家—组织—机器”结合的人类智能体系，能解决英国空间城市系统的多维度、多变量、非线性等复杂问题。“英国空间城市系统脑”是处理英国空间城市系统问题，必不可少的现代化工具。

第五，自组织修正器。

“自组织修正器”是英国空间城市系统控制方案“人类属性”自组织规律的修正元件，它的设计应用使英国空间城市系统多义性、试错性、不确定性问题得到有效的解决。“自组织修正器”将传统的工程控制与人文控制联系起来，将英国空间城市系统

"人的因素"与"物的因素"有机地结合到一起。

第六，英国控制者。

"英国控制者"是指英国中央政府控制机构、地方政府控制机构组成的行政决策机构，包括决策首长基元、决策幕僚基元，它对控制系统下达指令，执行空间城市系统脑所制定的"控制方案"。决策首长基元是"英国控制者"的最终代表人。

第七，偏差、英国施控信号(＋)、英国空间城市系统反馈信号(－)。

"偏差"是指英国空间城市系统输出信号与预期信号之间的偏差，消除"偏差"是"控制系统"的目标。"英国施控信号(＋)"是指"英国控制者"施加给英国空间城市系统的控制信号，"英国空间城市系统反馈信号(－)"是指"英国空间城市系统"反馈给"控制系统"的回馈信号。

第八，英国空间城市系统，空间状态、空间结构、空间存量。

"英国空间城市系统"是指被控制对象，包括空间状态、空间结构、空间存量，它们表征了英国空间城市系统的基本特性。

第九，滤波器。

"滤波器"将英国空间城市系统反馈信号中的噪声信号滤除，起到抑制和防止干扰的作用。需要特别指出的是英国空间城市系统控制系统"滤波器"具有人类属性自组织滤波功能，它与"自组织修正器"分别形成了前向与后向自组织修正功能。例如，英国空间城市系统控制系统"滤波器"可以由"卡尔曼滤波"与"自组织滤波"两个部分组成。

第十，传感器。

"传感器"是英国空间城市系统控制系统的标准元件，它将"英国空间城市系统反馈信号"传输给"比较器"，是闭环反馈控制结构的关键元件。稳定性与鲁棒性都是"传感器"所要具有的性能指标特性。

上述要件为英国空间城市系统控制系统的十项标准配件，特殊配件需要根据实际情况进行设计配属。"英国空间城市系统控制系统" 是一项可操作性的工程技术，反复迭代、不断试错、逐渐完善是基本的设计思想，特别是英国空间城市系统设计"人类属性复杂问题"，要进行"自组织控制"。要根据英国空间城市系统具体实践情况，依据"空间城市系统控制理论"，进行控制系统的不断优化。来自英国空间城市系统实践、经过空间城市系统基本理论研究，再回到英国空间城市系统实践中去，是英国空间城市系统控制的基本哲学观。

3）英国空间城市系统协调平台

(1) 英国空间城市系统协调性

如图 11.53 所示，英国空间城市系统各组分之间的"协调性"是其整体控制的关键，所谓"英国空间城市系统协调性"，就是英国空间城市系统整体各组成部分相互配合协调工作，共同完成英国空间城市系统的总任务，我们称之为"英国空间城市系统特性关系"。

"英国空间城市系统特性关系"主要表现为：其一，英国中央政府与英格兰地方政府、苏格兰地方政府、威尔士地方政府、北爱尔兰地方政府之间的关系；其二，伦敦牵引城市 TC 与伯明翰、格拉斯哥主导城市 LC 之间的关系；与布里斯托尔、谢菲尔德、利物浦、曼彻斯特、利兹、纽卡斯尔、爱丁堡主中心城市 MC 之间的关系；与牛津、剑桥、诺里奇、伊普斯威奇、罗彻斯特、梅德斯通、南安普敦、斯温登、布赖顿、埃克塞特、普利茅斯、加的夫、斯旺西、约克、普雷斯顿、米德尔斯伯勒、诺丁汉、莱斯特、卡莱尔、邓迪、阿伯丁、贝尔法斯特等辅中心城市 AC 之间的关系；与弗内斯、坎贝尔敦等基础城市 BC 之间的关系；其三，英国空间集聚变量、英国空间联结变量、英国空间扩散变量之间的关系；其四，英国空间地理逻辑、人文逻辑、经济逻辑之间的关系，以及英国空间城市系统其他各种组分关系。

"协调性"是英国空间城市系统控制的统摄特性，"自治性"和"耦合关联性"是英国空间城市系统控制的基础特性。"英国空间城市系统自治性"是指各组分拥有各自独立地位、自治性和功能。"英国空间城市系统耦合关联性"是指各组分在时间域和空间域上形成了纵横相交的格局，存在着耦合关联现象。

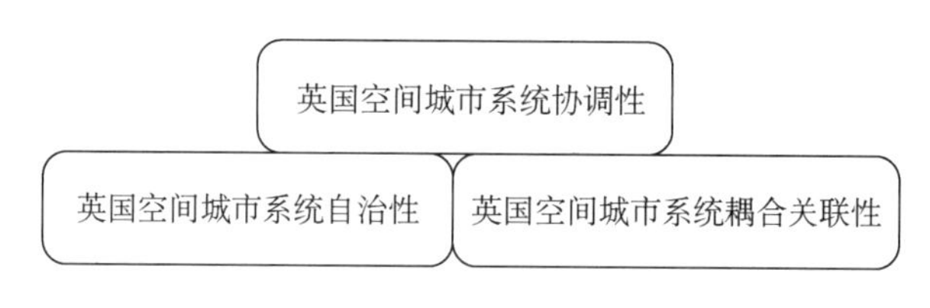

图 11.53　英国空间城市系统特性关系

(2) 英国空间城市系统协调控制机理

所谓"英国空间城市系统特性关系"，即"英国空间城市系统协调"，就是要使上述各种要素组分的"自治性"和"耦合关联性"置于英国空间城市系统"协调性"之下，保持某种函数关系，最常见的是比例关系。根据大系统多变量协调控制原理，英国空间城市系统协调控制的任务是保持各种要素组分目标关系协调，而非某个被控制量。也就是"各被控制量没有外加的给定值，而是根据给定的协调关系，考虑系统当前的运行状态，自行整定其'内部给定量'"。在英国空间城市系统协调控制中，我们将"内部给定量"命名为英国空间城市系统"协调任务量"，如图 11.54 所示。

在英国空间城市系统 n 维组分变量控制空间中，有 $y_i \in R^n$（读作 y_i 变量属于 R 的 n 维空间，$i = 1, 2, \cdots, n$），相应于英国空间城市系统协调关系 $F_c(y_1, y_2, \cdots, y_n) = 0$ 的超曲面称为英国空间城市系统协调工作面，在协调工作面上的点称为英国空间城市系统协调工作点，它们均满足英国空间城市系统控制协调关系。

如图 11.54 所示，当英国空间城市系统各被控制组分变量协调关系为比例关系时，英国空间城市系统协调工作道为直线，我们选取与英国空间城市系统当前运行点 J 距离最短的标准协调工作点 $\overline{J}$，作为英国空间城市系统协调给定点，则英国空间城市系统"协调任务量" $\overline{y}$ 以法线 $J\overline{J}$ 表示，它是英国空间城市系统运行点 J 到英国空间

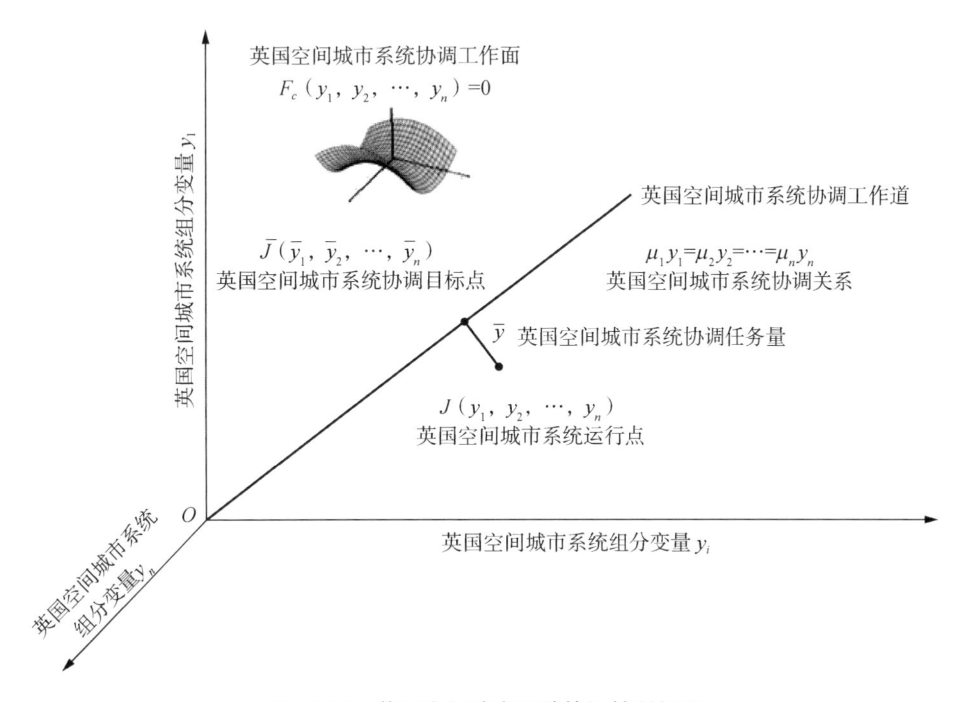

图 11.54 英国空间城市系统协调控制机理

城市系统协调工作面 F_c 的垂直法线，协调点为垂足 $\bar{J}$，垂直法线 $J\bar{J}$ 的涵义就是英国空间城市系统需要协调控制的目标量。当协调关系为比例关系时，根据 $\mu_1 y_1 = \mu_2 y_2 = \cdots = \mu_n y_n$，则英国空间城市系统"协调任务量"为各被控制组分变量的加权平均值：

$$\bar{y}_i = \frac{1}{n}\sum_{j=1}^{n}\frac{\mu_j}{\mu_i}y_j \tag{11.22}$$

其中，$\bar{y}_i$ 为英国空间城市系统"协调任务量"，$i=1, 2, \cdots, n$；y_j 为英国空间城市系统被控制组分变量的实例值，即 J 点值，$j=1, 2, \cdots, n$。

为了保持英国空间城市系统给定的协调关系，需要按照英国空间城市系统协调偏差进行多向反馈协调控制，定义英国空间城市系统协调偏差为 ε，且有

$$\varepsilon = \bar{y}_i - y_i \tag{11.23}$$

英国空间城市系统协调控制的任务，就是依据协调偏差 ε 所对应的各个被控制量 y_i，进行多变量($i=1, 2, \cdots, n$)负反馈闭环控制，迫使英国空间城市系统运行点 J 向协调目标点 $\bar{J}$ 运动，减少协调偏差，使 $\varepsilon \to 0$，实现英国空间城市系统各种组分要素目标协调关系。

英国空间城市系统协调控制所建立的"最佳目标协调关系 J_{max}"，将保留或加强要素组分之间的有益耦合关联，消除或减弱有害耦合关联，使英国空间城市系统在协调工作轨道上运行。外部"环境干扰"是破坏英国空间城市系统协调关系的重要因素，

在英国空间城市协调控制系统中设计“扰动补偿”的开环协调控制通道，可以消除或减小“环境干扰”对英国空间城市系统协调关系的有害作用。

（3）英国空间城市系统协调控制平台

如图 11.55 所示，“英国空间城市系统协调控制平台”是英国空间城市系统协调控制系统的“物—物”协调部分，它是一个高级复合控制体系，实现了英国空间要素组分的协同互动。“英国空间城市系统协调控制平台”由英国空间城市系统协调控制装置 C、英国空间城市系统协调联系部件 G、英国空间城市系统扰动观测补偿装置 F、英国空间城市系统协调偏差反馈装置 KB、英国空间城市系统“协调任务量”自整定装置 B、英国空间城市系统信号比较器⊗ 六个部分组成。

（4）英国空间城市系统协调控制信号流程

地球人居空间可持续发展对“空间城市系统协调控制平台”与“空间城市系统脑”的联动开发具有强烈前向拉动作用。“空间城市系统协调控制平台”与“空间城市系统脑”的联动开发，将为世界空间城市系统控制管理提供不可或缺的工具，为世界可持续人居空间发展做出巨大贡献。与此同时，也将产生不可估量的商业价值，因此这是空间城市系统理论实践应用的重要方向。世界既有的科学技术，完全可以为“空间城市系统协调控制平台”与“空间城市系统脑”的联动开发，提供足够的支撑，而世界空间城市系统实践为此提供了广阔的市场需求。

英国空间城市系统、日本空间城市系统，因其空间城市系统结构的简明清晰而具备实验价值，因其空间城市系统组分要素的全面而具备实践基础。美国东部空间城市系统、西北欧空间城市系统、中国沿江空间城市系统，因其空间城市系统结构复杂程度而具有研究价值，因其居于世界前沿地位而具备重要性。中国南方与美国硅谷以及欧洲与日本，都具备“空间城市系统协调控制平台”与“空间城市系统脑”联动开发的成熟技术实力与经济基础。

如图 11.56 所示，英国空间城市系统协调控制平台信号流程框图，说明了英国空间城市系统“控制信息”的获取来源、功能作用、处理装置、传送方向等基本问题。“英国空间城市系统协调控制平台信号流程框图”具有较强的工程技术可行性，而英国空间城市系统协调控制平台具有很强的公共管理效益，因此“英国空间城市系统协调控制平台”具有很强的商业开发价值。

表 11.8 对英国空间城市系统协调控制平台信号流程框图进行了详细解释。设英国空间城市系统协调关系工作面为常数 C，且有 $F_c(y_i)=C$，y_i 为英国空间城市系统各种组分要素，且 $i=1, 2, \cdots, n$。“协调控制装置 C”，是英国空间城市系统协调控制平台的主控制器，它输入信号“$s+x\pm r$”对英国空间城市系统协调关系状态进行判断，并根据给定的英国空间城市系统协调关系的要求进行综合处理，向英国空间城市系统脑控制机构输出控制作用信号 U_i，$i=1, 2, \cdots, n$。

关于英国空间城市系统“协调控制平台整体工作机理”可以阅读第 7 章空间城市系统理论中“协调控制平台整体工作机理”部分，进行深度学习。

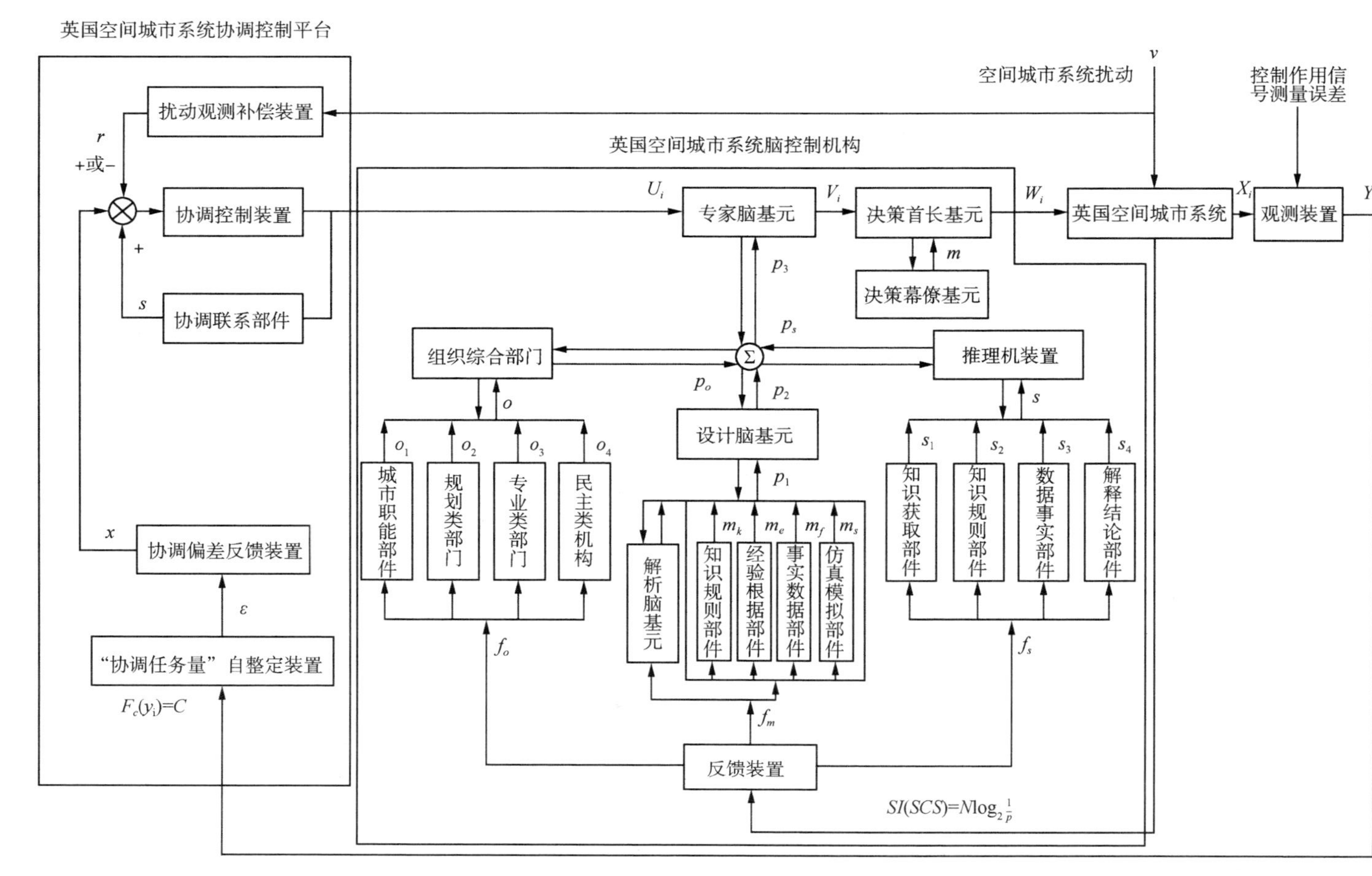

图 11.55 英国空间城市系统协调控制机构

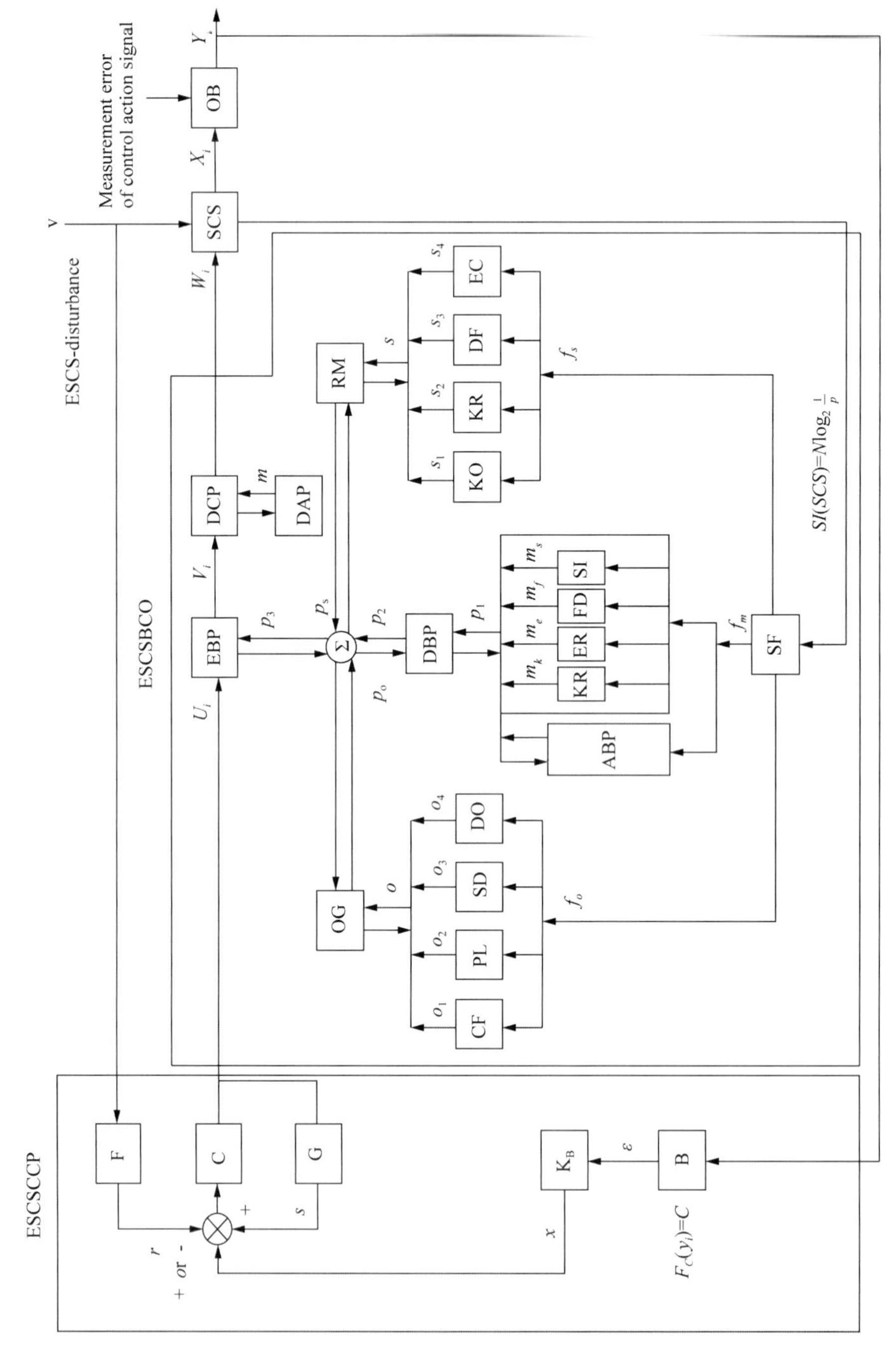

图 11.56　英国空间城市系统协调控制信号流程框图

表 11.8 英国空间城市系统协调控制平台信号流程

类别	功能作用	处理装置	输入信号	输出信号
英国控制者	主控制作用	协调控制装置 C	协调联系信号 s	控制作用信号 U_i
			协调偏差反馈信号 x	
			动态补偿信号 $\pm r$	
		协调联系部件 G	控制作用信号 U_i	协调联系信号 s
		信号比较器⊗	协调联系信号 s	合计信号 $(s+x\pm r)$
			协调偏差反馈信号 x	
			动态补偿信号 $\pm r$	
		扰动观测补偿装置 F	扰动信号 v	动态补偿信号 r
英国空间城市系统	反馈作用	协调偏差反馈装置 K_B	协调偏差信号 ε	协调偏差反馈信号 x
		“协调任务量”自整定装置 B	被控制信号 Y_i	调整偏差信号 ε
英国空间城市系统协调控制系统	整体作用	协调控制平台 ESCSCCP	被控制信号 Y_i 扰动信号 v	控制作用信号 U_i

4)英国空间城市系统脑

(1) 英国空间城市系统脑概念、原理与功能

如图 11.57 所示,“英国空间城市系统脑”是对英国空间城市系统进行控制的人类智能体系,它包括专业人脑逻辑、组织机构逻辑、机器计算逻辑,用以对英国城市体系与英国空间城市系统进行精准的控制管理。英国空间城市系统脑包括“英国政府控制机构”“空间城市系统脑控制机构”“空间城市系统脑模型体系”三个大的部类,“英国政府控制机构”用以对英国空间城市系统实施控制,“空间城市系统脑控制机构”用以对英国空间城市系统进行还原解析,“空间城市系统脑模型体系”用以对英国空间城市系统进行综合分析。

“英国空间城市系统脑”基本原理是“信息反馈闭环控制”,包括控制者即空间城市系统脑,被控制对象即空间城市系统。具有“输入信号”与“输出信号”,“控制作用”与“反馈信息”。“英国空间城市系统脑”是英国空间城市系统控制的核心,居于英国空间城市系统控制的最高地位。英国空间城市系统整体涌现性是“英国空间城市系统脑”的目标,“英国空间信息”是英国空间城市系统脑的工作对象。“英国空间城市系统脑”是《英国空间城市系统规划》的参谋执行部件,是对英国空间城市系统进行动态控制不可或缺的利器。

(2) 英国空间城市系统脑控制机构

① 英国空间城市系统脑专业脑

所谓英国空间城市系统脑“专业脑”是英国空间城市系统脑最核心、最重要、最人

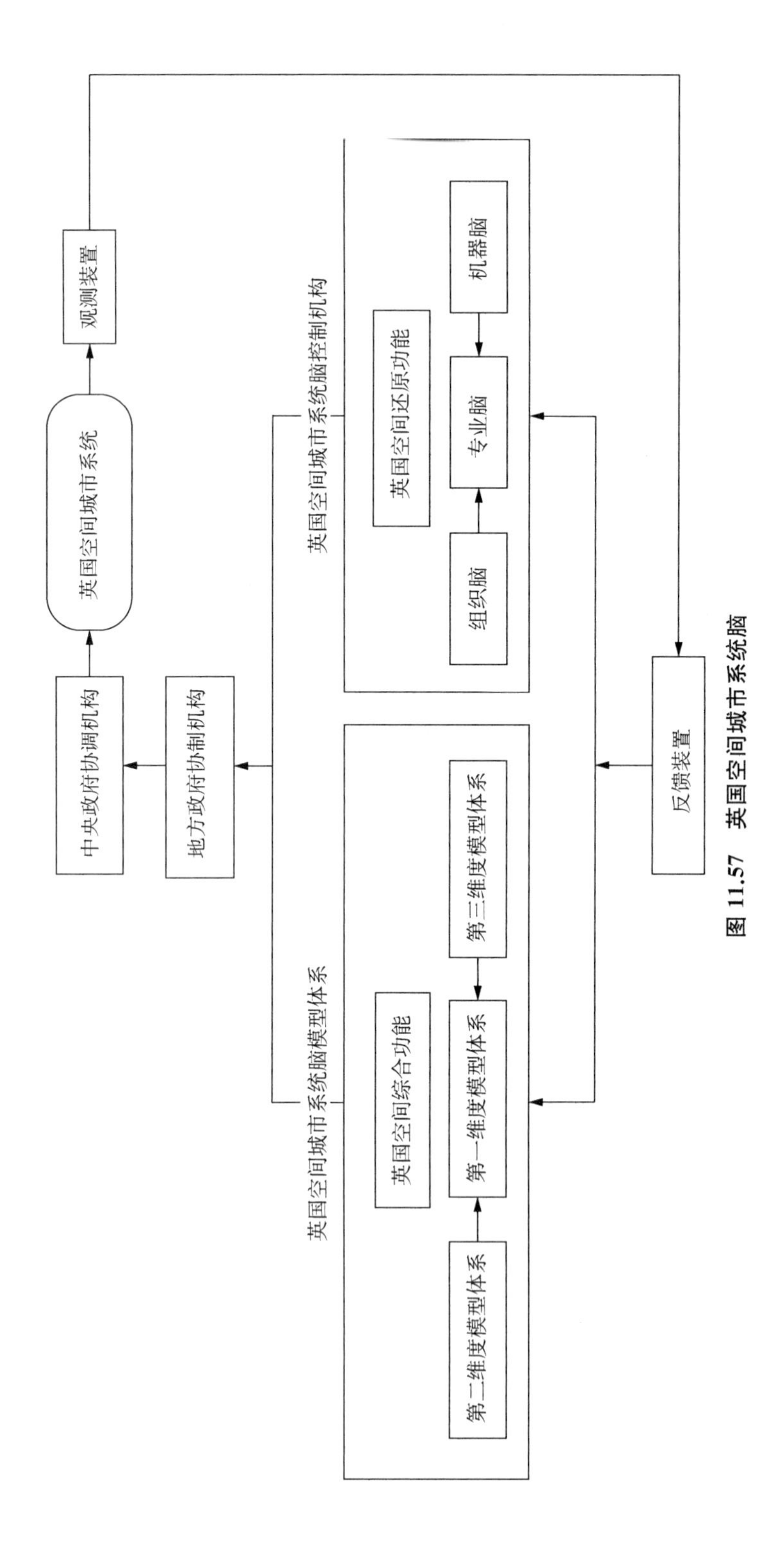

图 11.57　英国空间城市系统脑

类智能化的统领逻辑主体，它由专家脑基元、设计脑基元、解析脑基元，以及知识规则部件、经验根据部件、事实数据部件、仿真模拟部件，以及计算机硬件组成。英国空间城市系统脑"专业脑"的关键是经过培训掌握英国空间城市系统理论与实践经验的高中低"人脑"，即高中低级专业化人才体系。英国空间城市系统脑"专业脑"的功能是产生英国空间城市系统控制方案 V_i，提供给行政决策"逻辑主体"。"专家脑基元"是英国空间城市系统脑"专业脑"的序参量核心，我们对它进行详尽讨论。

英国空间城市系统脑"专家脑基元"是指具备"空间城市系统理论"、掌握"英国空间城市系统实践"、拥有"英国空间城市系统脑设备"的专家型人才，包括大学教授、空间规划师、政府职业官员等。前向逻辑关系、智能逻辑关系、后向逻辑关系是英国空间城市系统脑"专家脑基元"的基本工作关系。

首先，专家脑基元与行政首长基元的逻辑关系，就是专家脑基元的前向逻辑关系。"格式逻辑关系"是专家脑基元必须遵循的制度化"工作方法关系"，它是空间城市系统脑控制机构的基本逻辑关系，保障了行政首长基元所获控制方案的真理性，也是专家脑基元功能的体现。其次，专家脑基元与行政首长基元之间的"智能逻辑关系"，是一种行政权力人类智能主观能动性行为，它是英国"决策行政首长基元"在"决策幕僚基元"的作用下，做出的对英国空间城市系统决策性控制作用选择，这种选择具有寻优逻辑特征，即全选或者只选择最优化部分。最后，专家脑基元的后向"格式逻辑关系"是专家脑基元的职能性制度化"工作方法关系"，它保证了专家脑基元所获控制方案的真理性。

空间城市系统脑"专业脑"详细工作机理见第 7 章"专家脑基元工作机理解析"部分。

② 英国空间城市系统脑组织脑

所谓英国空间城市系统脑"组织脑"是英国空间城市系统脑最基础、最具体、最人居空间化的具象逻辑主体，它由组织综合部门、城市职能部门、规划类部门、行业类部门、民意类部门以及计算机硬件组成。英国空间城市系统脑"组织脑"的关键是具有"组织归纳技术"，驾驭"逻辑主体框架"的组织综合部门。英国空间城市系统脑"组织脑"的功能是产生英国空间城市系统组织控制方案 p_o 提供给"专家脑基元"逻辑主体。"组织脑"后向逻辑关系，包括它与英国空间城市系统"反馈装置"的格式逻辑关系与智能逻辑关系，它们规定了"组织脑基元"必须接受英国空间城市系统脑反馈的信息 f_o，并发挥组织脑主观能动性制定出英国空间城市系统"组织控制方案 p_o"。"英国组织脑框架技术"与"英国组织脑归纳技术"是英国空间城市系统脑"组织脑"的基本工作方法。"英国组织脑框架技术"在英国空间城市系统脑设计中，具有十分重要的价值和地位，是英国空间城市系统脑计算机程序设计的重要基础。因此，我们重点介绍"英国组织脑框架技术"，余者可以参见第 7 章"组织脑归纳技术"部分。

所谓"英国组织脑框架技术"是基于英国空间城市系统前见、现见、预见的事实数据，基于英国空间城市系统组分要素特定的逻辑关系，所形成的"英国空间语义网络框架系统”,简称“英国空间规划框架系统”,如图 11.58 所示。“英国空间规划框架系统”是一种多层次、多组合,概括性好、推理方式灵活,具有“匹配机制”与“继承机制”,把陈述性知识与过程性知识相结合的通用性知识表示方法。“英国空间规划框架系统”是一种高度复杂的结构,地理空间尺度之间、空间规划部门之间、空间规划类别之间都具有纵向和横向的联系。纵向关系分为欧洲层面、英国国家层面、地方层面三层结构,它们拥有继承逻辑关系。横向关系表现为英格兰、苏格兰、威尔士、北爱尔兰之间的逻辑关系,它们在国土、人员、交通等方面拥有并联逻辑关系。

通过“英国规划框架系统”我们就可以对英国空间城市系统进行英国空间规划的“继承机制”与“匹配机制”运作,推理出英国空间城市系统“规划类部门”子项方案,进而归纳出英国空间城市系统“组织控制方案 PO”。因此,“英国组织脑框架技术”是英国空间城市系统脑设计行之有效的技术工具,它必须建立在三项基础之上:第一,具有翔实的英国空间城市系统事实数据。第二,熟练掌握“空间城市系统理论与经验”。第三,熟练掌握逻辑关系框架技术。

③ 英国空间城市系统脑机器脑

所谓英国空间城市系统脑“机器脑”是英国空间城市系统脑最具人工智能 AI 化的逻辑主体,它由推理机装置、知识获取部件、知识规则部件、数据事实部件、解释结论部件以及计算机设备组成。英国空间城市系统脑“机器脑”的关键部件是“推理机装置”,用以控制协调英国空间城市系统脑的“专家系统”。英国空间城市系统脑“机器脑”的功能是产生英国空间城市系统机器控制方案 ps,提供给“专家脑基元”逻辑主体。英国空间城市系统脑“机器脑”后向逻辑关系是指它与英国空间城市系统“反馈装置”的格式逻辑关系与智能逻辑关系,它们规定了“机器脑基元”必须接受英国空间城市系统脑反馈的信息 fs,并发挥“机器脑”的挖掘潜力制定出英国空间城市系统“机器控制方案 ps”。

英国空间城市系统脑“机器脑”所使用的技术包括:空间城市系统人工智能技术、机器推理技术、机器搜索技术、机器计算技术、事实发现与数据挖掘技术,“机器脑学习系统”与“机器脑专家系统”是英国空间城市系统脑两大功能系统。英国空间城市系统脑“机器脑学习系统”涉及机器脑知识获取部件、知识规则部件、数据事实部件、解释结论部件,是机器脑推理机装置的基础。因此,“机器脑学习系统”是机器脑工作的基础,在英国空间城市系统脑设计中具有十分重要的地位。“机器脑”详细内容,可以参见第 7 章“机器脑工作机理解析”部分。

(3) 英国空间城市系统脑模型体系

① 英国空间城市系统脑模型体系概念

如图 11.59 所示,“英国空间城市系统脑模型体系”是对英国空间城市系统宏观状态进行综合分析的“控制体系”,它包括英国空间第一维度模型体系、英国空间第二维度模型体系、英国空间第三维度模型体系。“英国空间城市系统脑模型体系”解释说明了英国空间城市系统整体规律,阐述了英国空间城市系统综合内涵,诠释了英国空

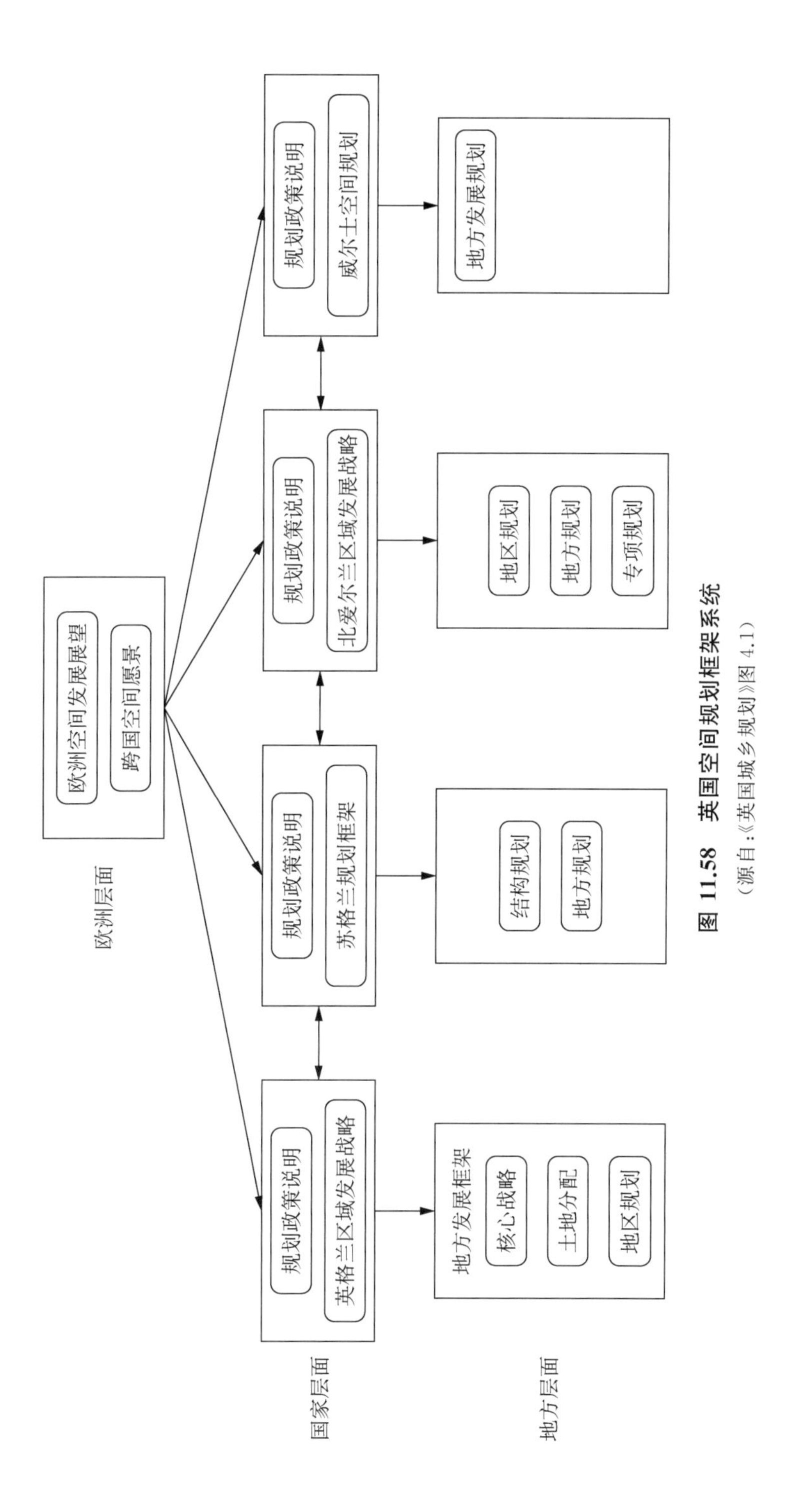

图 11.58 英国空间规划框架系统

(源自:《英国城乡规划》图 4.1)

间城市系统宏观本质。“英国空间城市系统脑模型体系”的最终目的，是获取英国空间城市系统整体涌现性，它直接决定着英国空间城市系统的控制与运行。

“英国空间城市系统脑模型体系”解释是在对英国空间城市系统观察测量、调查研究、分析思考的基础上，做出的科学合理的综合归纳结论，它诠释了英国空间城市系统时间、空间、规模方面的发展规律。“英国空间城市系统脑模型体系”强调事实证据、注重解释方法、严谨综合结论，它合理地说明“英国空间城市系统”时间、空间、规模变化的原因、组分要素之间的联系、整体发展的规律，它是英国空间城市系统研究有效的逻辑化方法。有关“空间城市系统脑模型体系”详尽介绍与机理解析，可以参见第 7 章“空间城市系统脑模型体系”与“模型体系解释框架”两部分。

② 英国空间城市系统脑模型体系框图

图 11.59 为“英国空间城市系统脑模型体系框图”，它是英国空间城市系统脑模型体系的总纲，在此基础上我们可以展开“英国空间城市系统脑模型体系”的信息信号研究，以及“英国空间城市系统综合分析与解释”的研究，以制定英国空间城市系统最优

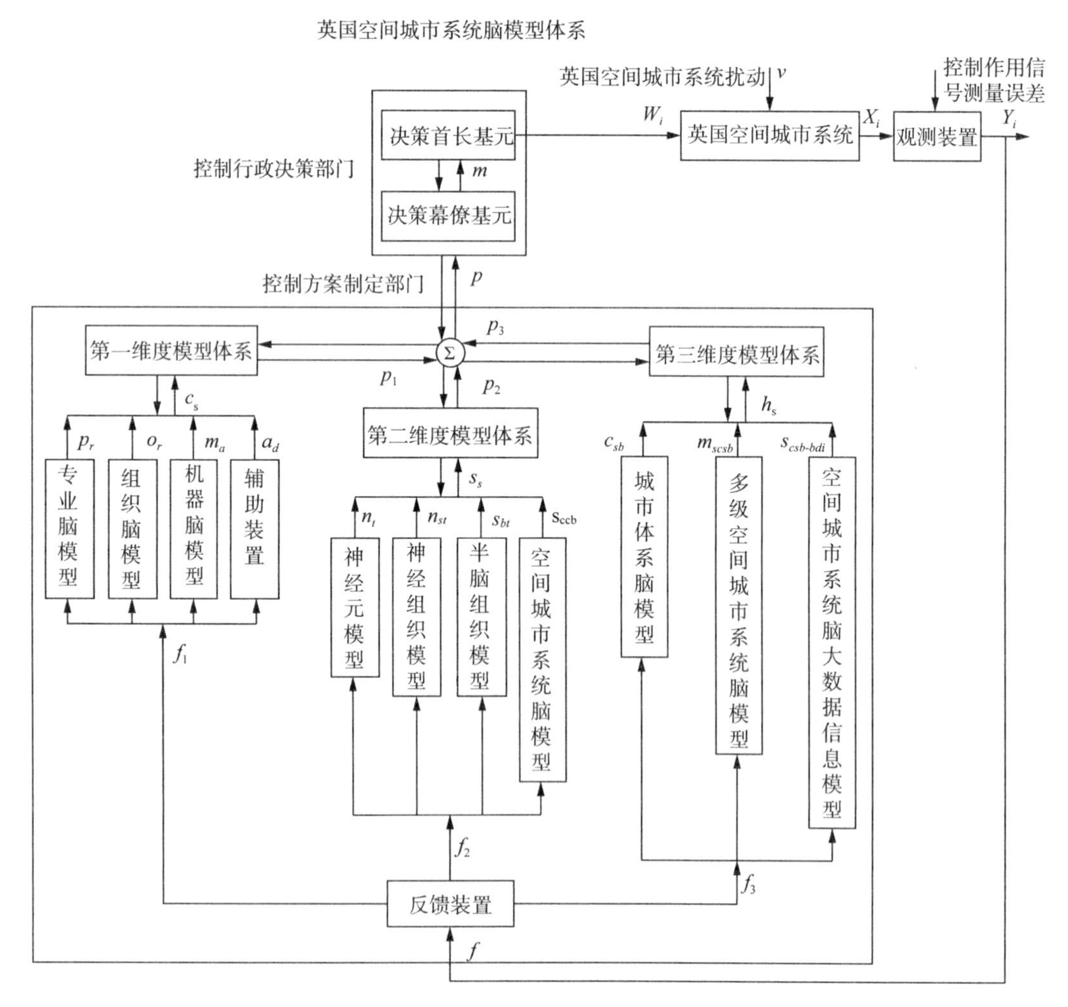

图 11.59　英国空间城市系统脑模型体系框图

控制方案。因此,“英国空间城市系统脑模型体系框图”在英国空间城市系统控制中具有十分重要的纲领性地位。接下来,我们将根据“英国空间城市系统脑模型体系框图”对英国空间城市系统脑模型体系信息与信号流程进行研究。

③ 英国空间城市系统脑模型体系信号流程

如表 11.9 所示,“英国空间城市系统脑模型体系信号流程”是设计英国空间城市系统脑的关键,它决定了英国空间城市系统信息信号的采集、标度、反馈、滤波、分类分层分级处理、形成低中高方案、控制决策方案的全部控制过程,是实施“英国空间城市系统规划”的核心内容。可以对照图 11.59,解读“表 11.9 英国空间城市系统脑模型体系信号流程”,它是英国空间城市系统脑模型体系设计运行的关键。对表 11.9 的具体赋值,要建立在对英国空间城市系统客观事实与测量数据基础之上。

表 11.9　英国空间城市系统脑模型体系信号流程

控制装置	输入信号	输出信号	功能作用
第一维度模型体系	分类结构方案 c_s	第一维度方案 p_1	形成第一维度方案
专业脑模型	第一维度反馈信号 f_1	专业 p_r	形成专业方案
组织脑模型	第一维度反馈信号 f_1	组织 o_r	形成组织方案
机器脑模型	第一维度反馈信号 f_1	机器 m_a	形成机器方案
辅助装置	第一维度反馈信号 f_1	辅助 a_d	辅助职能
第二维度模型体系	分层结构方案 s_s	第二维度方案 p_2	形成第二维度方案
神经元模型	第二维度反馈信号 f_2	神经元 n_t	结点
神经组织模型	第二维度反馈信号 f_2	神经组织 n_{st}	结点 轴线
半脑组织模型	第二维度反馈信号 f_2	半脑组织 s_{bt}	结点 轴线 域面
英国空间城市系统脑模型	第二维度反馈信号 f_2	英国空间城市系统脑 ESCSB	结点 轴线 域面 涌现
第三维度模型体系	分级结构方案 h_s	第三维度方案 p_3	形成第三维度方案
英国城市体系脑模型	第三维度反馈信号 f_3	英国城市体系脑 ECSB	英国城市属性认知
英国二级空间城市系统脑型	第三维度反馈信号 f_3	英国二级空间城市系统 E2SCSB	英国空间城市系统性认知
英国空间城市系统脑大数据信息模型	第三维度反馈信号 f_3	英国空间城市系统脑大数据信息 ESCSB-bdi	英国空间城市系统大数据信息处理
加权求和器	第一维度方案 p_1 第二维度方案 p_2 第三维度方案 p_3	三维度合成方案 p	三维度方案合成
反馈装置	总反馈信号 f	第一维度反馈信号 f_1 第二维度反馈信号 f_2 第三维度反馈信号 f_3	信号反馈及分类

续表

控制装置	输入信号	输出信号	功能作用
决策首长基元	中级合成方案 p	控制决策方案 W_i	形成控制决策方案
决策幕僚基元	中级合成方案 p	辅助决策意见 m	形成辅助决策意见
英国空间城市系统	控制决策方案 W_i	控制效果 X_i	信息信号发生
观测装置	控制效果 X_i	控制效果测量 Y_i	测量信号

11.6 俄罗斯空间城市系统

11.6.1 俄罗斯空间城市系统命题

1）俄罗斯空间城市系统的不可或缺性

“俄罗斯空间城市系统”是世界空间城市系统研究中无法回避的命题，正如刘易斯·芒福德在《城市发展史：起源、演示和前景》序言中指出的那样，这是“大片很有意义的地区”。如图 11.60 所示，俄罗斯空间城市系统位于俄罗斯欧洲部分以及白俄罗斯区域，人口约 1.17 亿人，约占欧洲人口总量的 15.87%。莫斯科与圣彼得堡是对世界有重要影响的国际城市，它们对俄罗斯与白俄罗斯空间拥有很强的牵引力。

图 11.60　俄罗斯空间城市系统覆盖区域

（源自：笔者根据 NASA 图自制）

俄罗斯空间城市系统具有隐性化特点，表现为空间联结严重落后、经济总量不足、多中心程度低。俄罗斯国家空间存在严重的失衡问题，城市疏离化程度高，缺乏现代化空间战略等。这些问题都制约了俄罗斯空间城市系统的产生与发展。

从世界空间城市系统发展趋势来看，俄罗斯空间城市系统具有很大潜力，它属于欧洲空间城市系统的一个独立系统。在通过对俄罗斯空间整体实地科学考察的基础上，笔者深深感到“俄罗斯空间城市系统”是一个真实的命题，对于欧洲与世界都具有不可或缺性。以俄罗斯空间实地野外考察为根据、从科学预见视角、本着对历史负责的精神，我们提出“俄罗斯空间城市系统”概念。针对俄罗斯空间（含白俄罗斯）存在的问题，进行多维度分析，对俄罗斯空间城市系统进行预见性研究。

2）俄罗斯空间城市系统定义

（1）俄罗斯空间城市系统概念

如图 11.61 所示，俄罗斯空间城市系统对于欧洲与世界都是不可或缺的，它是一个 15 级的跨国空间城市系统。俄罗斯空间城市系统包括莫斯科、圣彼得堡、下诺夫哥罗德、喀山、乌法、彼尔姆、叶卡捷琳堡、车里雅宾斯克、萨马拉、萨拉托夫、伏尔加格勒、克拉斯诺达尔、罗斯托夫、沃罗涅日、明斯克 15 个一级空间城市子系统。俄罗斯空间城市系统是以莫斯科为核心的国际级空间城市系统。

如图 11.61 所示，莫斯科是俄罗斯空间城市系统的牵引城市 TC，圣彼得堡是俄罗斯空间城市系统的次牵引城市 TC(一)，下诺夫哥罗德、喀山、乌法、彼尔姆、叶卡捷琳堡、车里雅宾斯克、萨马拉、萨拉托夫、伏尔加格勒、克拉斯诺达尔、罗斯托夫、沃罗涅日、明斯克等城市是俄罗斯空间城市系统的主中心城市 MC；维堡、基洛夫、雅罗斯拉夫、秋明、切尔内、奥伦堡、阿斯特拉罕、格罗兹尼、索契、别尔哥罗德、斯摩棱斯克、梁赞等城市是俄罗斯空间城市系统的辅中心城市 AC；拉甘、旧比留贾克、库梅尔套、新特罗伊茨克等城市是俄罗斯空间城市系统的基础城市 BC。

俄罗斯空间城市系统是一个预见型空间城市系统，它对于俄罗斯人居空间现代化进程具有特别重要的引导性意义。俄罗斯空间城市系统的产生与成长，是欧洲空间城市系统的重要组成部分，对于世界人居空间进步具有重要意义。

（2）城市体系分布规律

城市空间分布是城市地理学的经典问题，如德国学者克里斯塔勒的中心地理论，中国学者叶大年的“地理空间城市分布规律”指出：地质作用形成了地形地貌，自然地理决定了人类经济活动，从而决定了城市空间分布。总之，城市空间分布是有规律的，随着科学技术的进步，城市空间分布规律是变化的。针对 2019 年的实际情况，我们提出“城市星系分布”与“城市集合分布”两种观点。

① 城市星系分布

所谓“城市星系分布”是指如同太阳系的太阳、行星、矮行星、卫星、小行星分布一样，城市按照牵引城市、主导城市、主中心城市、辅中心城市、基础城市等级进行空间分布。例如莫斯科是“俄罗斯城市星系分布”千万人口体量“太阳城市”；圣彼得堡是“俄罗斯城市星系分布”500 万人口体量“巨行星城市”；下诺夫哥罗德、喀山、乌法、彼尔姆、叶卡捷琳堡、车里雅宾斯克、萨马拉、萨拉托夫、伏尔加格勒、克拉斯诺达尔、罗斯托夫、沃罗涅日、明斯克（白俄罗斯）是“俄罗斯城市星系分布”（亚洲部分除外）100 万人口体量“行星城市”；维堡、基洛夫、雅罗斯拉夫、秋明、切尔内、奥伦堡、阿斯特拉罕、

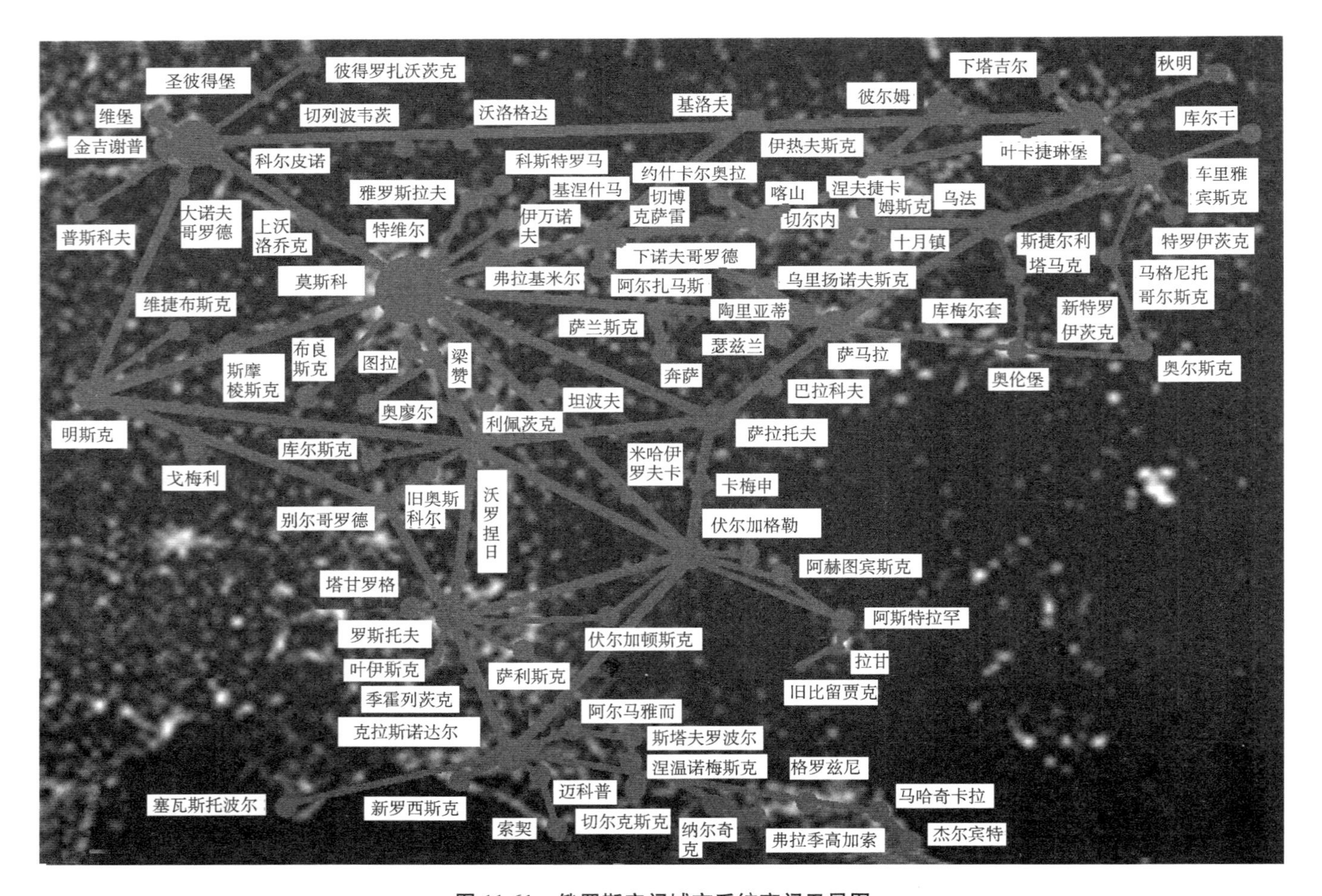

图 11.61 俄罗斯空间城市系统夜间卫星图

（源自：笔者根据 NASA 图自制）

格罗兹尼、索契、别尔哥罗德、斯摩棱斯克、梁赞等城市，是"俄罗斯城市星系分布"（亚洲部分除外）几十万人口体量"卫星城市"；拉甘、旧比留贾克、库梅尔套、新特罗伊茨克等市镇则为"俄罗斯城市星系分布"（亚洲部分除外）10万以下人口体量"小行星城市"。俄罗斯空间城市分布呈典型的"城市星系分布"，其城市种类齐全，等级划分明晰。"城市星系分布"是一种类天文自组织城市空间分布方法，它具有中心城市与所属城市界定清晰隶属关系明确的优点，十分易于掌握。

② 城市集合分布

所谓"城市集合分布"是指2019年，出现在美国东北部空间、西北欧北部空间、南欧波河平原、中国长江三角洲的城市超密度分布现象。传统意义上的单体城市已经被"城市集合"替代。传统城市理论已经失去对这种"城市集合"的解释效力，"城市集合分布"消除了城市等级差别，变成了城市功能分异。地球夜间卫星灯光图很好地证明了"城市集合分布"客观事实，注意聚落密集分布不等于"城市集合分布"，尽管它们具有同样的夜间卫星灯光效果，"城市集合分布"仅仅发生在世界城市高度发达地区。

"城市集合分布"采用了数学集合的概念，以便用数学化"城市集合概念"进行定量化表达。城市集合、城市星系分布、城市体系齐全(牵引城市TC、主导城市LC、主中心城市MC、辅中心城市AC、基础城市BC)，是产生空间城市系统的前提条件，"城市集合分布"为空间城市系统理论提供了有效的基础概念支撑。

(3) 俄罗斯空间城市系统特性

"俄罗斯空间城市系统"为世界空间城市系统中独具特色的空间城市系统，它是一种预见型空间城市系统，属于欧洲空间城市系统不可或缺的组成部分。

第一，独立性。

俄罗斯空间城市系统地处欧洲最东部，具有明显的地理逻辑独立、政治逻辑独立、经济逻辑独立、社会逻辑独立、文化逻辑独立的特征。这种独立特性使得俄罗斯空间城市系统在世界形成了一种异质性的空间城市系统类型，也阻碍了俄罗斯空间城市系统的产生与发展。

第二，欧洲属性。

俄罗斯空间城市系统处于东欧平原地理基质之上，是东正教文化基础，主体民族为白色欧罗巴人种，因此俄罗斯空间城市系统具有欧洲属性。欧洲空间城市系统可以分为西北欧、西欧(英国)、中欧、南欧、东欧五个大的空间区位概念，俄罗斯空间城市系统独有东欧空间城市系统概念。

第三，东西方枢纽。

俄罗斯空间城市系统位于东方与西方的枢纽地带，伏尔加格勒因其紧邻亚洲，而成为俄罗斯空间城市系统南部门户中心城市。俄罗斯空间城市系统与俄罗斯亚洲区域具有国家空间的紧密联系，因此俄罗斯空间城市系统的近东方特征是不言而喻的。

第四，空间疏离性。

俄罗斯空间城市系统具有"空间疏离性"，即城市与城市之间保持一定的地理空间距离。“空间疏离性”使俄罗斯空间城市系统不同于美国东部空间城市系统、西北欧空间城市系统、中国沿江空间城市系统，具有了隐性化趋势。“空间疏离性”是由于俄罗斯国家空间巨大，而人口相对缺少造成的。

第五，城市星系分布。

俄罗斯空间城市系统“城市星系分布”是指莫斯科形成了千万人口体量“太阳城市”，圣彼得堡形成了500万人口体量“巨行星城市”，下诺夫哥罗德、喀山、乌法、彼尔姆、叶卡捷琳堡、车里雅宾斯克、萨马拉、萨拉托夫、伏尔加格勒、克拉斯诺达尔、罗斯托夫、沃罗涅日、明斯克(白俄罗斯)形成了100万人口体量“行星城市”，维堡、基洛夫、雅罗斯拉夫、秋明、切尔内、奥伦堡、阿斯特拉罕、格罗兹尼、索契、别尔哥罗德、斯摩棱斯克、梁赞等城市形成了几十万人口体量“卫星城市”，拉甘、旧比留贾克、库梅尔套、新特罗伊茨克等市镇形成了10万以下人口体量“小行星城市”。俄罗斯空间城市系统城市分布如同太阳系的太阳、行星、矮行星、卫星、小行星分布一样，按照牵引城市、主导城市、主中心城市、辅中心城市、基础城市等级进行空间分布。俄罗斯空间城市系统的城市体系齐全、城市集中度高，但是单体城市质量太差(莫斯科、圣彼得堡除外)。

第六，近现代性。

由于地理与历史原因，俄罗斯东欧空间文明属于“近西方文明”。因此，俄罗斯空间城市系统人文基础优良、科学技术相对发达、处于近现代社会性质状态，它与俄罗斯在世界文明发展中的地位相适应。同时，俄罗斯东欧空间文明具有现代欠缺性，这使得俄罗斯空间城市系统具有先天人文逻辑缺陷。

第七，行政区划复杂性。

俄罗斯具有世界罕见的复杂“行政区划”，包括8个联邦管区、22个自治共和国、46个州、9个边疆区、4个自治区、1个自治州、3个联邦直辖市。“区域性强大”与“城市性弱小”是俄罗斯空间普遍性问题。俄罗斯空间城市系统要求：强化“城市系统属性”，实施以多中心城市为主的空间治理。因此，“行政区划复杂性”是俄罗斯空间城市系统的显然短板。

综上所述，俄罗斯空间城市系统具有两面性：一是良好的地理逻辑、人文逻辑、科学技术逻辑基础，二是先天的现代社会欠缺性、行政区划复杂性、经济逻辑偏弱性短板。正反两方面因素决定了俄罗斯空间城市系统的可预见性，同时也导致了俄罗斯空间城市系统的隐性化。

11.6.2 俄罗斯空间城市系统逻辑分析

1）俄罗斯国家空间问题

俄罗斯是世界土地面积最大的国家，俄罗斯空间横跨欧亚两大洲，国土面积为1 709.82万km^2。俄罗斯在世界人居空间中不占据主导位置，但是俄罗斯人居空间具有世界不可或缺性，是我们必须面对的人居空间科学问题。通过对俄罗斯国家空间实地野外科学考察，我们认为俄罗斯国家空间主要存在以下八个方面的问题：

（1）俄罗斯空间权重失衡

① 中央与地方空间权重失衡

中央与地方空间权重失衡主要表现为“莫斯科中央空间权重”与“地方城市空间权重”严重失衡。莫斯科与圣彼得堡空间权重，要远远高于地方城市空间权重，形成了两极化的二元结构。莫斯科素以其高水平城市规划建设称誉于世界，而伏尔加格勒等地方城市则逊色很多。

② 西部与东部空间权重失衡

西部与东部空间权重失衡主要表现为“西部空间城市权重”与“东部空间城市权重”严重失衡。以乌拉尔山脉为界，俄罗斯西部空间集中了绝大多数俄罗斯 60 万人口以上中心城市，包括莫斯科、圣彼得堡、下诺夫哥罗德、喀山、乌法、彼尔姆、叶卡捷琳堡、车里雅宾斯克、萨马拉、萨拉托夫、伏尔加格勒、克拉斯诺达尔、罗斯托夫、沃罗涅日。俄罗斯东部空间则仅有新西伯利亚、鄂木斯克、克拉斯诺亚尔斯克、伊尔库斯克、符拉迪沃斯托克。“中央空间权重”的莫斯科与圣彼得堡均位于俄罗斯西部空间。俄罗斯“西部与东部空间权重失衡”与严重的“西部空间疏离性”，是导致俄罗斯空间城市系统不包含东部城市的主要原因。

③ 北部与南部空间权重失衡

北部与南部空间权重失衡主要表现为“北部空间城市权重”与“南部空间城市权重”质量的失衡。包括“中央空间权重”的莫斯科、圣彼得堡，以及下诺夫哥罗德、喀山、乌法、彼尔姆、叶卡捷琳堡、车里雅宾斯克中心城市都处于俄罗斯北方，沃罗涅日、萨马拉、明斯克(白俄罗斯)处于俄罗斯中部，只有萨拉托夫、伏尔加格勒、克拉斯诺达尔、罗斯托夫处于俄罗斯南方。

（2）俄罗斯空间结构失当

俄罗斯空间结构失当主要表现为以下三个方面：

① 城市要素属性关系适当

俄罗斯空间结构的“城市属性”远远高于“城市关系属性”，导致了俄罗斯空间城市要素相对孤立的状态。形成这种“城市要素属性关系适当”的主要原因是先天“空间疏离性”与后天“空间地理连接落后”。“城市要素属性关系适当”严重制约了俄罗斯空间城市系统的产生与发展，俄罗斯空间城市系统是建立在“城市关系属性”基础之上的，它要求俄罗斯城市之间的空间流，即人员流、物资流、信息流、资金流、能源流高度发达，才能保障俄罗斯空间城市系统整体涌现性的产生。

② 地理连接轴线落后

俄罗斯空间结构地理连接主要依靠低速铁路、低速公路交通方式。“地理连接轴线落后”严重迟滞了俄罗斯空间城市系统的产生与发展，而俄罗斯人口稀少又导致了高速交通使用效率低下。因此，在俄罗斯空间规划建设中：“莫斯科—圣彼得堡”高速主轴通道、“莫斯科—叶卡捷琳堡” 高速主轴通道、“莫斯科—伏尔加格勒”高速主轴通道、“莫斯科—萨马拉” 高速主轴通道、“莫斯科—明斯克”高速主轴通道，形成以莫斯科为中心的北向、东向、东南向、南向、西向五大“俄罗斯空间地理连接高速通道”，以促进俄罗斯空间城市系统的产生与发展。在俄罗斯空间城市系统的基础上，“俄罗斯空间地理连接高速通道”向东可以延伸至鄂木斯克、新西伯利亚、克拉斯诺亚尔斯克、伊尔库斯克乃至符拉迪沃斯托克。

③ 空间治理模式陈旧

俄罗斯空间治理是一种“区域模式”，其特点是以 22 个自治共和国、46 个州、9 个边疆区、4 个自治区、1 个自治州为单位，实施传统的“区域治理”。而俄罗斯空间城市系统要求以多中心城市为核心的“城市网络域面模式”，其特点是以莫斯科、圣彼得堡、下诺夫哥罗德、喀山、乌法、彼尔姆、叶卡捷琳堡、车里雅宾斯克、萨马拉、萨拉托夫、伏尔加格勒、克拉斯诺达尔、罗斯托夫、沃罗涅日、明斯克(白俄罗斯)为中心，以牵引城市 TC(＋)、次牵引城市 TC(－)、主中心城市 MC、辅中心城市 AC、基础城市 BC 为梯次，实施系统化的“城市网络域面治理”。不改革“空间治理模式陈旧”弊端，俄罗斯空间城市系统“空间规划”与“空间治理”必然受到羁绊之困。

(3) 俄罗斯城市功能落差

如表 11.10 所示，“俄罗斯城市功能落差”导致俄罗斯城市国际影响力降低，导致俄罗斯城市对俄罗斯空间牵引力不足，这也就是俄罗斯难以放弃传统“区域治理”的根本原因。“俄罗斯城市功能落差”必然影响俄罗斯空间城市系统产生与发展，乃至俄罗斯文明的落伍。因此，“俄罗斯城市功能落差”是俄罗斯全民族性的重大隐患问题。

表 11.10　俄罗斯城市功能落差

城市名称	城市层级	城市现在功能	城市应有功能	城市功能落差
莫斯科	国际城市	国家首都	东欧中心	落差(－1)
圣彼得堡	国际城市	国家区域中心	波罗的海沿岸 俄罗斯北部中心	落差(－2)
伏尔加格勒 新西伯利亚 符拉迪沃斯托克 明斯克 (白俄罗斯)	洲际城市	地方中心	俄罗斯 中亚 东亚 欧洲 中间枢纽	落差(－3)
下诺夫哥罗德 喀山 叶卡捷琳堡 乌法 彼尔姆 车里雅宾斯克 萨马拉 沃罗涅日	国家城市	地方中心	国家区域中心	落差(－2)
萨拉托夫 罗斯托夫 克拉斯诺达尔 伊尔库茨克 克拉斯诺亚尔斯克 鄂木斯克 哈巴罗夫斯克	区域城市	地方中心	区域中心	落差(－1)

(4) 俄罗斯空间联结落后

俄罗斯空间联结落后主要表现为高速交通方式的落后,其中高速铁路与高速公路交通处于严重落后局面。纵观世界,美国为飞机航空与高速公路相结合的超高速交通方式;西北欧与南欧为飞机航空、高速铁路、城际高速铁路、高速公路并用的高速交通方式;中国为飞机航空、高速铁路、城际高速铁路、高速公路并用的高速交通方式。而俄罗斯则是飞机航空、低速铁路、低速公路为主的中低速交通方式,其陆上人流为低速交通方式。

"俄罗斯空间联结落后"最直接的后果是俄罗斯空间城市系统无法产生,俄罗斯城市之间"空间疏离性"决定了飞机航空、高速铁路、城际高速铁路、高速公路"复合高速交通方式"是俄罗斯必然之选。"复合高速交通方式"是俄罗斯空间城市系统成败之关键,甚至决定着俄罗斯国家命运的兴衰。

(5) 俄罗斯空间权利问题

① 空间权利定义

所谓"空间权利"是指在特定地理空间范围,空间主体所具有的政治、经济、文化、信息的权能与利益。空间权利是一种社会权力,可以分为中央空间权利、地方空间权利、城市空间权利。我们定义一个国家特定城市的空间(规模)权利等于它的人口与首位城市人口之比。

$$SR_i = \frac{P_i}{P_1} \tag{11.24}$$

其中,SR_i 代表人口排序第 i 位城市的空间(规模)权利,P_i 代表人口排序第 i 位城市人口数量,P_1 代表人口排序第 1 的首位城市人口数量。现代社会"空间权利"应该相对平等化、相对均衡化、相对正义化,"空间权利"是以空间价值观为基础的,有什么空间价值观就有什么空间权利。空间城市系统要求"现代化空间权利"与之相匹配,因此"空间权利转型现代化"是空间城市系统产生与发展的基本前提条件。

② 俄罗斯空间权利失衡

如表 11.11 所示,我们计算了俄罗斯重要城市空间(规模)权利,涉及俄罗斯空间城市系统及关键枢纽城市。由此可见,莫斯科空间(规模)权利高于圣彼得堡,并且远远高于其他地方城市。因此,我们完全可以确定俄罗斯国家空间(规模)权利失衡处于很严重的状态。莫斯科空间(规模)权利与地方城市空间(规模)权利的失衡,已经制约了俄罗斯空间城市系统的产生与发展。调整俄罗斯国家空间规模权利失衡,已经成为俄罗斯国家首要的空间治理使命,"俄罗斯空间(规模)权利失衡"是俄罗斯国家空间价值观的体现。

表 11.11 俄罗斯重要城市空间权利

城市主体	排序	人口数量(万)	计算公式 $SR_i = P_i/P_1$	空间(规模)权利
莫斯科	1	1 228	1 228/1 228	1
圣彼得堡	2	528	528/1 228	0.42

续表

城市主体	排序	人口数量（万）	计算公式 $SR_i = P_i/P_1$	空间（规模）权利
明斯克（白俄罗斯）	3	198	198/1 228	0.16
新西伯利亚	4	160	160/1 228	0.13
叶卡捷琳堡	5	145	145/1 228	0.11
下诺夫哥罗德	6	126	126/1 228	0.102
喀山	7	123	123/1 228	0.100
车里雅宾斯克	8	119	119/1 228	0.096 9
鄂木斯克	9	118	118/1 228	0.096 0
萨马拉	10	117	117/1 228	0.095
罗斯托夫	11	112	112/1 228	0.091
乌法	12	111	111/1 228	0.090
克拉斯诺亚尔斯克	13	108	108/1 228	0.087
彼尔姆	14	104	104/1 228	0.084
沃罗涅日	15	103	103/1 228	0.083
伏尔加格勒	16	101	101/1 228	0.082
萨拉托夫	17	84	84/1 228	0.06
克拉斯诺达尔	18	64	64/1 228	0.05
符拉迪沃斯托克	17	59.47	59.47/1 228	0.048 4
伊尔库茨克	19	59.36	59.36/1 228	0.048 3
哈巴罗夫斯克	20	58	58/1 228	0.047

（6）俄罗斯空间价值观落伍

俄罗斯空间价值观是建立在俄罗斯文化与俄罗斯政治文化基础之上的，其特点是“中央集权”。“空间权利”高度集中于首都莫斯科，而地方城市“空间权利”必须处于附属地位。“绝对单中心性”是俄罗斯集权空间价值观的本质，而现代空间价值观要求“多中心性”。因此，俄罗斯传统集权空间价值观落后于现代空间价值观。“俄罗斯空间价值观落伍”是俄罗斯空间权重失衡、俄罗斯空间权利失衡、俄罗斯城市功能落差等问题的深层次原因。俄罗斯空间城市系统要求多中心的现代空间价值观，因此改变传统的“俄罗斯集权空间价值观”是必由之路。

在俄罗斯多中心空间价值观基础上，优先提高圣彼得堡、叶卡捷琳堡、伏尔加格勒、萨马拉、明斯克（白俄罗斯）的空间权重、空间权力、城市功能，以加快俄罗斯空间城市系统北部中心、东部中心、东南部中心、南部中心、东部中心的空间牵引力。

（7）俄罗斯空间状态“马太效应”

俄罗斯空间状态已经存在“马太效应”现象，中央空间主体莫斯科具有超强的空间权利积累优势，而地方城市主体（如伏尔加格勒）空间权利呈弱势积累，我们称之为“俄罗斯国家空间马太效应”，即“中央空间强势积累、地方空间弱势积累”。“俄罗斯国家空间马太效应”使得俄罗斯国家人力、物力、财力资源合理配置难于实现，加重国家空间权重失衡。“俄罗斯国家空间马太效应”将导致俄罗斯“空间权利”失衡日趋严重，十分有害于俄罗斯空间城市系统产生与发展。因此，“俄罗斯空间战略思想”就成为指导俄罗斯国家空间发展的关键。

（8）俄罗斯国家空间战略思想

① “俄罗斯国家空间战略思想”演化过程

第一阶段，1991 年至 2000 年。继承了苏联俄罗斯加盟共和国的区域战略思想，实施“区域化治理”。具体分为 22 个自治共和国、46 个州、9 个边疆区、4 个自治区、1 个自治州、2 个联邦直辖市。显然这是“中央城市”（莫斯科与圣彼得堡）＋“地方区域”的“俄罗斯国家空间战略思想”，它的基础是“地方区域化战略”。

第二阶段，2000 年至 2018 年。增设俄罗斯国家层面“联邦管区”，形成“大区域战略思想”，实施“区域化治理”。具体为中央联邦管区（莫斯科）、西北联邦管区（圣彼得堡）、南部联邦管区（顿河畔罗斯托夫）、伏尔加联邦管区（下诺夫哥罗德）、乌拉尔联邦管区（叶卡捷琳堡）、西伯利亚联邦管区（新西伯利亚）、远东联邦管区（哈巴罗夫斯克）、北高加索联邦管区（皮亚季戈尔斯克）。“大区域战略思想”提出了莫斯科、圣彼得堡、顿河畔罗斯托夫、下诺夫哥罗德、叶卡捷琳堡、新西伯利亚、哈巴罗夫斯克、皮亚季戈尔斯克中心城市概念，是一种进步。这是一种“国家区域”＋“区域中心城市”的“俄罗斯国家空间战略思想”，它的主体是“国家区域化战略”空间思想的体现。

第三阶段，2019 年至今。《俄罗斯前空间发展战略 2025》将俄罗斯分成 12 个宏观区：中央大区、中央黑—土大区，西北大区、北方大区、南方大区、北高加索大区、伏尔加—卡马大区、伏尔加—乌拉尔大区、乌拉尔—西伯利亚大区、南西伯利亚大区、安加拉—叶尼塞大区、远东大区。《俄罗斯前空间发展战略 2025》依然保持了“国家区域”＋“中心城市”的“俄罗斯国家空间战略思想”。

总之，迄今为止“俄罗斯国家空间战略思想”没有摆脱以“区域治理模式”为主的区域化框架，而这是落后于世界先进空间战略思想的。

② “俄罗斯国家空间战略思想”转型

世界人居空间经过了巢穴、聚落、城市阶段，已经进入空间城市系统发展阶段。美国表现为“巨型区域 MR”，欧洲表现为“巨型城市区域 MCR”，中国表现为“城市群”，日本表现为“都市圈”。美国、欧洲、中国、日本都进行了大量的科学研究，形成了相应的“空间战略规划”与科学研究报告，例如美国的《美国 2050》、欧洲的《多中心大都市：来自欧洲巨型城市区域的经验》、中国系列的“城市群规划”、日本的《三大都市圈规划》等。总之，以空间城市系统为核心的“当代空间战略思想”已经成为世界人居空间的先进模式。

显然，以“区域为核心”的“俄罗斯国家空间战略思想”落后于“以空间城市系统为核心”的世界“当代空间战略思想”。因此，对俄罗斯国家空间进行理论与实践科学研究，实现“俄罗斯国家空间战略思想”转型，建立以“俄罗斯空间城市系统”为中心的“新型俄罗斯国家空间战略思想”已经成为当务之急。在此基础上，制定“俄罗斯空间城市系统规划”以及“俄罗斯空间展望”RSDP 方为上策。

“俄罗斯国家空间战略思想”转型决定着俄罗斯国家民族的未来，“俄罗斯空间城市系统规划”与“俄罗斯空间展望”RSDP，是俄罗斯融入世界先进人居空间体系的序参量纲领，对于俄罗斯国家政治、经济、文化、社会、生态具有全方位的原动力功能。俄罗斯国家空间不可能孤立于世界存在，俄罗斯文明必须与世界先进文明同步发展，“俄罗斯国家空间战略思想”转型必须引起俄罗斯政府与理论界的高度警醒。

以上俄罗斯国家空间八个方面的问题，是俄罗斯空间城市系统隐性化的主要原因，因此俄罗斯空间城市系统是一个预见型空间城市系统。

2）俄罗斯空间城市系统地理逻辑

如图 11.62 所示，东欧平原、伏尔加河、乌拉尔山脉、中俄罗斯丘陵、伏尔加丘陵、顿河、大高加索山脉形塑了俄罗斯空间城市系统。俄罗斯空间城市系统地理基质主要为平原、高地与山前坡地，众多河流水系为俄罗斯空间城市系统提供了丰沛的水资源。

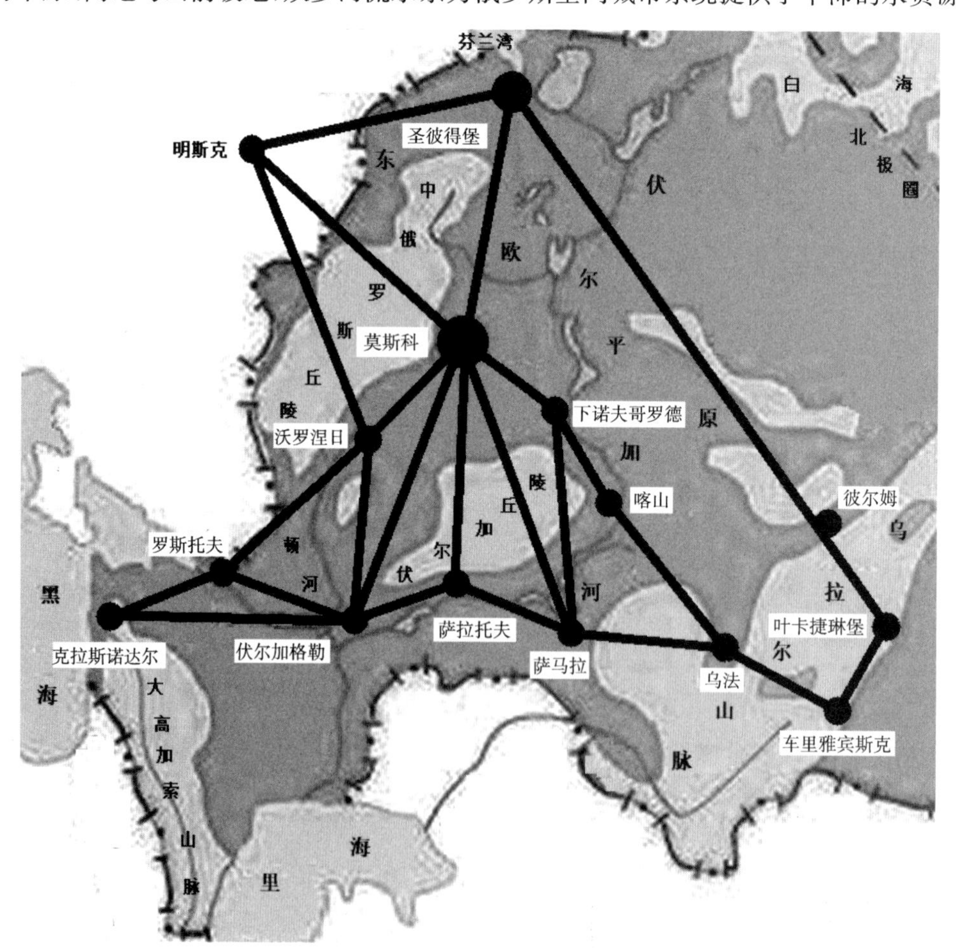

图 11.62　俄罗斯空间城市系统地貌

俄罗斯纬向地带气候逻辑决定了俄罗斯空间城市系统可以分成北中南三个部分。北部:圣彼得堡—彼尔姆—叶卡捷琳堡—车里雅宾斯克结构。中部:明斯克—莫斯科—下诺夫哥罗德—喀山—乌法结构。南部:沃罗涅日—萨拉托夫—萨马拉—伏尔加格勒—罗斯托夫—克拉斯诺达尔结构。

如图 11.62 所示,俄罗斯欧洲部分为其精华所在,俄罗斯空间城市系统中心城市绝大多数处于东欧平原与沿河平原,有着十分优良的生态环境。俄罗斯空间城市系统所在空间,占据俄罗斯人口的 4/5,是俄罗斯政治、经济、文化的重点部分。因此,俄罗斯东部优良的地形地貌为俄罗斯空间城市系统奠定了坚实的地理逻辑基础。

3)俄罗斯空间城市系统人文逻辑

俄罗斯文明是人类文明重要组成部分,工业文明时代俄罗斯具有不可或缺的世界性地位。面对未来的空间城市系统时代,俄罗斯具有以下诸多方面基础性条件:

(1)现代文化基础

200 多年的近现代历史,俄罗斯进入了世界现代文化行列,成为欧洲文明的独立分支。无论是科学与工程技术还是社会科学与人文艺术,俄罗斯流派都称誉于世。雄厚的俄罗斯近现代文化基础,为俄罗斯空间城市系统的产生与发展提供了可靠的人文前提条件。因此,俄罗斯空间城市系统是一种历史发展客观规律,不以人的意志为转移。

(2)城市化基础

俄罗斯是一个高城市化率国家,74%的俄罗斯人居住在城市地区。如图 11.63 所示,绝大多数分布于俄罗斯空间城市系统所在地区,而且自 1985 年至 2019 年 34 年时间,俄罗斯城市化率长期稳定高于 70%,所以,俄罗斯空间城市系统拥有很好的城市化基础。高度城市化导致俄罗斯高教育水平与高人口素质水平,为俄罗斯空间城市系统奠定了很好的社会基础。俄罗斯空间城市系统具有优良的城市分类结构:牵引城市 TC(+)、牵引城市 TC(−)、主中心城市 MC、辅中心城市 AC、基础城市 BC 种类齐全,呈金字塔形结构。它为俄罗斯空间城市系统的产生与发展提供了基本前提条件。

(3)发展动力基础

从 18 世纪初俄罗斯资本主义革命,到 19 世纪至 20 世纪苏联的崛起,至 21 世纪俄罗斯的回归,俄罗斯始终处于发展的前进状态。究其原因,俄罗斯民族具有巨大的内源性发展动力,它创造了人类文明发展史上独具特色的俄罗斯模式。俄罗斯空间城市系统是俄罗斯人居空间的革命性进步,将产生新的俄罗斯空间城市系统文明,它是 21 世纪俄罗斯文明的延续,“俄罗斯内源性发展动力”是俄罗斯空间城市系统产生与发展的最可靠内动力。

(4)产业化基础

俄罗斯拥有雄厚的产业基础,其工业、农业、服务业门类齐全,产业结构经过数度调整日趋合理。首先,俄罗斯工业基础雄厚,航空航天业等产业居于世界先进地位,工业产业使俄罗斯立于世界现代国家之列。其次,俄罗斯具有先天自然条件,21 世纪以

图 11.63　俄罗斯人口密度分布

（源自：一点排行网）（彩图见书末）

来其农业得到长足发展，已经成为世界重要粮食输出国。最后，俄罗斯服务业对经济总贡献率已经稳定超过 50%，说明俄罗斯产业结构趋于合理。

但是，长时期以来俄罗斯产业结构重工业化、资源依赖化、军事工业化的弊端仍然制约着俄罗斯经济的顺利发展。俄罗斯产业的世界竞争力偏低，科技创新能力偏重于重工业、军事、核工业、航空航天领域，俄罗斯产业调整的任务依然任重道远。俄罗斯空间城市系统产生与发展是俄罗斯产业调整的历史性良机。无论如何，俄罗斯产业化基础，足以为俄罗斯空间城市系统提供坚实的保障。

（5）一体化基础

俄罗斯空间城市系统具备很好的一体化基础：其一，俄罗斯国家为俄罗斯空间城市系统准备了优良统一性基础，白俄罗斯与俄罗斯具有天然的良好关系。其二，俄罗斯民族占总人口的 70%以上，使俄罗斯空间城市系统避免了不必要的民族隔阂困扰。其三，俄罗斯民众宗教信仰高达 91%为东正教，这就使俄罗斯空间城市系统宗教信仰一体化有了保障。其四，在俄罗斯以及白俄罗斯，俄语官方语言普及率为 100%。因此，为俄罗斯空间城市系统奠定了统一的语言基础。

（6）行政化保障

俄罗斯政治文化形塑俄罗斯政治制度，俄罗斯行政体制为俄罗斯空间城市系统提供了行政化保障。俄罗斯政治制度使得俄罗斯空间城市系统空间规划、空间治理、空间政策成为可能。俄罗斯民族具有“彼得改革”进步基因，具有苏联宏大事业经历，具有重塑“伟大俄罗斯”的实践。完全可以相信，光荣的俄罗斯民族，一定可以完成“俄罗斯空间城市系统”历史使命，使俄罗斯人居空间进化同步于世界先进行列。

综上所述，俄罗斯政治、经济、社会、文化发展历史，为俄罗斯空间城市系统奠定了可靠的人文基础。在俄罗斯诸多有力基础条件下，俄罗斯空间城市系统完全可以产生与发展起来。

4）俄罗斯空间城市系统经济逻辑

（1）俄罗斯空间城市系统经济基础

俄罗斯空间城市系统具有独立经济逻辑特征，俄罗斯经济独立于世界主流经济之外，在货币、产业、股市、金融、贸易等领域，都被孤立于世界主流之外。俄罗斯经济的被孤立严重影响了俄罗斯空间城市系统经济基础。

如表11.12所示，我们以俄罗斯西部（空间城市系统）与白俄罗斯2017年GDP数据为基础，对俄罗斯空间城市系统进行经济总量预测研究。首先，影响俄罗斯（白俄罗斯）经济的内部与外部因素很多，GDP指标具有很大波动性，现有GDP指标只能作为参考值。俄罗斯空间城市系统政治、经济、社会、文化、生态全面情况，不是GDP指标可以表达的。其次，表11.12中我们采用了俄罗斯西部空间（白俄罗斯）饱和GDP数值方法，即以俄罗斯西部空间（白俄罗斯）全部GDP值为根据。我们所追求的是俄罗斯空间城市系统经济总量定性研究结果。最后，研究结果具有限定条件，例如在2017年到2027年，俄罗斯空间城市系统不能有大的经济危机，GDP平均增速要达到低限水平，整体涌现性调节适应机制有效。

表11.12　俄罗斯西部空间经济总量及预测

俄罗斯西部空间（空间城市系统）	2017年GDP（亿美元）	GDP年平均增长率（%）	GDO整体涌现性（%）	GDP年增长率（%）	2027年预计GDP（亿美元）
中央联邦区	3 655	1.80	1.5	3.3	4 861.15
伏尔加联邦区	1 574	1.80	1.5	3.3	2 093.42
乌拉尔联邦区	1 421	1.80	1.5	3.3	1 889.93
西北联邦区	1 177	1.80	1.5	3.3	1 565.41
南部联邦区	741	1.80	1.5	3.3	985.53
北高加索联邦区	274	1.80	1.5	3.3	364.42
白俄罗斯空间	544	1.70	1.5	3.2	718.08
总计	9 386	—	—	—	12 477.94

我们以俄罗斯西部空间（白俄罗斯）2017年GDP实现值为基准，以俄罗斯西部空间（白俄罗斯）2010年至2017年GDP平均增长率为2017年至2027年GDP平均增长率，根据空间城市系统“整体涌现性”原理，俄罗斯空间城市系统一定会产生“GDP整体涌现增长率”。俄罗斯空间城市系统经济潜力巨大，俄罗斯（白俄罗斯与俄罗斯经济具有相似性）经济波动性大，具有突破外部制裁后发优势。因此，根据俄罗斯空间城市系统实际情况，它的GDP整体涌现性可以定为1.5。在上述限定条件下，我们得到

表 11.12 俄罗斯西部(空间城市系统)经济总量及预测。根据表 11.12 结果,我们做出俄罗斯空间城市系统经济逻辑分析。

对表 11.12 分析我们可知"经济总量偏低"是俄罗斯空间城市系统的短板。2017 年俄罗斯西部(白俄罗斯)空间经济总量仅仅为 9 386 亿美元,折合 6.29 万亿元(人民币)。显然这在世界空间城市系统中属于偏低水平,如表 11.12 所示。到 2027 年俄罗斯空间城市系统经济总量 GDP 可达 8.36 万亿(人民币),也处于勉为其难的低水平。

但是,我们必须看到俄罗斯经济拥有的特殊性,俄罗斯空间城市系统蕴含着各种巨大经济潜力:自然资源潜力、科学技术潜力、创新转换潜力(将军事科学技术创新转换为产业技术创新)、金融业开发潜力。俄罗斯空间城市系统经济动力来源包括:经济结构调整动力、市场经济化动力、加入世界经济体系动力、东部经济开发动力。俄罗斯空间城市系统的规划与建设,可以最大化应用这些"巨大潜力"与"动力资源"。正如俄罗斯、白俄罗斯、哈萨克斯坦《欧亚经济联盟条约》所预见的,到 2030 年,一体化将导致 1.7 亿人口的统一市场、2.2 万亿美元经济总量。因此。俄罗斯空间城市系统"经济 GDP 整体涌现性"是一个确定性结果。俄罗斯空间城市系统拥有不是很高但很可靠的经济逻辑基础。

(2) 世界空间城市系统发展趋势

从 1957 年戈特曼提出"大都市连绵带"的客观事实,到 2019 年世界范围的"城市区域化"实践,全球已经出现 16 个主要的空间城市系统,如表 11.13 所示。

在多年实地科学考察基础之上,应用空间城市系统创新范式理论,我们对世界空间城市系统发展趋势做归纳性总结,并提出方向性预测,以期对世界人居空间演化规律探索做出贡献。

① 世界主要空间城市系统经济总量

如表 11.13 所示,为世界主要空间城市系统 2017 年经济总量一览表,GDP 作为经济全要素表征量,比较好地说明了世界主要空间城市系统的经济基础逻辑。也就是说它们具有产生空间城市系统的经济能力与科学技术,在人居空间演化领域走在了世界最前沿。

表 11.13　世界主要空间城市系统 2017 年经济总量(GDP)排名

排名	名称	洲际	经济 GDP 总量 (万亿元)(欧元)
1	欧洲中部空间城市系统	欧洲	34.34
2	日本空间城市系统	亚洲	32.66
3	美国东部空间城市系统	北美洲	32.44
4	南欧空间空间城市系统	欧洲	29.72
5	西北欧空间城市系统	欧洲	25.98

续表

排名	名称	洲际	经济GDP总量（万亿元）（欧元）
6	中国沿江空间城市系统	亚洲	25.00
7	美国西部空间城市系统	北美洲	21.60
8	美加“空间城市系统”	北美洲	18.42
9	中国南部空间城市系统	亚洲	18.24
10	英国空间城市系统	欧洲	17.50
11	南美空间城市系统	南美洲	16.38
12	美国南部空间城市系统	北美洲	15.31
13	中国沿河空间城市系统	亚洲	12.56
14	中国北部空间城市系统	亚洲	9.95
15	俄罗斯空间城市系统	欧洲	6.29
16	中国东北空间城市系统	亚洲	4.55

② 空间城市系统多维度表征

世界空间城市系统的表征是多维度的，包括牵引城市维度、文明维度、经济维度等。所谓“牵引城市维度”是指如纽约、伦敦、东京、上海世界城市作为牵引城市TC所形成的空间城市系统；所谓“文明维度”是指如中国文明、俄罗斯文明、南美文明、北欧文明为核心所形成的空间城市系统；所谓“经济维度”是指如德国、法国、美国西部以高经济为基础所形成的空间城市系统。空间城市系统是人类文明发展到高级阶段的产物，包含政治、经济、文明等多方因素，它是一个多维度综合体，不可能由单一因素决定。

③ 空间城市系统社会发展状态

由表11.13可见，世界空间城市系统呈现“发达”与“后发”两种格局。对于欧洲、日本、美国为代表的发达社会，其空间城市系统发展居于前位状态。中国、巴西、俄罗斯为代表的后发展社会，其空间城市系统发展居于后位状态。这是发达空间与后发展空间工业化、城市化、现代化历史过程决定的，是一种长时段的历史现象。

④ 空间城市系统生态红线

“地球生态环境”为世界空间城市系统必须遵守的准则，人类生存道德底线是空间城市系统不可逾越的底线。也就是说任何空间城市系统规划建设，都必须以有益于地球生态环境为前提。空间城市系统必须充分发挥前向降低大城市生态足迹的功能，让人类的生活更加安全美好。空间城市系统必须也只能促进“人地关系和谐”。

⑤ 空间城市系统可持续性

空间城市系统、城市、聚落构成21世纪可持续人居空间系统，“地球生态、城市生态足迹、可持续”是“可持续人居空间系统”的核心问题。空间城市系统可持续性就成为不二标准，由此它才能担负起人居空间的牵引使命。

⑥ 空间城市系统政治变革

世界空间城市系统发展将导致政治变革，“民族国家政治”将日趋走向“空间城市系统政治”，例如韩国、朝鲜、中国东北的空间城市系统化，再如俄罗斯、波罗的海沿岸国家的空间城市系统化。空间一体化所产生的“整体涌现性”，将给民族国家的人民带来巨大福祉，如俄罗斯、白俄罗斯、哈萨克斯坦空间一体化，再如巴尔干空间城市系统“整体涌现性”，都会给各民族国家的人民带来巨大利益。

⑦ 空间城市系统生态文明

空间城市系统化是人类历史上的重大事件。如表 11.13 所示，世界 16 个主要空间城市系统涉及欧洲、北美洲、亚洲、南美洲。世界性整体协调必不可少，联合国机制作用必不可少，联合国人类住区规划署(The United Nations Human Settlements Programme)责无旁贷。空间城市系统文明是生态文明，是让人类与地球和谐共存的文明。

11.6.3 俄罗斯空间城市系统主体分析

1）俄罗斯空间城市系统层级

俄罗斯空间城市系统是一个以莫斯科为中心的国际级空间城市系统，可以分为 2 个基本层级：一是俄罗斯空间城市系统。二是由莫斯科、圣彼得堡、下诺夫哥罗德、喀山、乌法、彼尔姆、叶卡捷琳堡、车里雅宾斯克、萨马拉、萨拉托夫、伏尔加格勒、克拉斯诺达尔、罗斯托夫、沃罗涅日、明斯克所形成的 15 个一级空间城市子系统。其中，莫斯科空间城市系统为牵引空间对其他空间城市子系统起到序参量统摄作用。

2）俄罗斯空间城市系统空间形态

俄罗斯空间城市系统空间形态在世界具有特殊性，它建立在“中央空间价值观”基础之上，莫斯科空间权利与地方城市空间权利，构成了俄罗斯空间城市系统的两个极化端，而两者空间权利均衡是俄罗斯空间城市系统的关键。

如图 11.64 所示，俄罗斯空间城市系统整体呈典型的“城市星系分布”，以莫斯科为中心“太阳城市”，圣彼得堡为“巨行星城市”，下诺夫哥罗德、喀山、乌法、彼尔姆、叶卡捷琳堡、车里雅宾斯克、萨马拉、萨拉托夫、伏尔加格勒、克拉斯诺达尔、罗斯托夫、沃罗涅日、明斯克(白俄罗斯)为“行星城市”形成了椭圆形的“城市星系分布”结构。东部形成了条带状城市密集区，南部形成了三角形城市密集区。

芬兰湾为俄罗斯空间城市系统北向“地理隔离线”，黑海为俄罗斯空间城市系统西南向“地理隔离线”，里海为俄罗斯空间城市系统西南向“地理隔离线”，乌拉尔山为俄罗斯空间城市系统东向“地理隔离线”。

3）俄罗斯空间城市系统空间结构

(1) 空间结构图研究方法

对于任何空间城市系统，空间结构是其核心概念。空间结构是空间形态的映射，

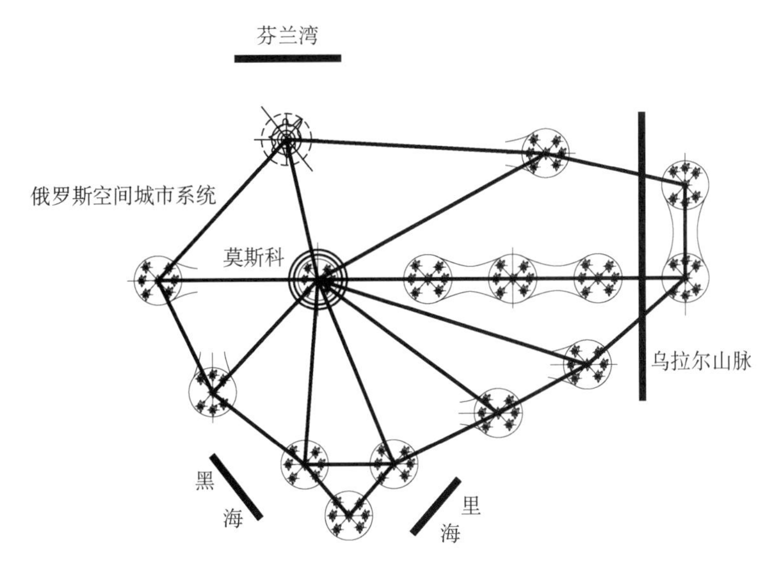

图 11.64 俄罗斯空间城市系统空间形态拓扑图

空间形态是外在形象、空间结构是内在机理,两者共同表达了空间城市系统本体全部内容。空间城市系统要建立在“空间结构逻辑”基础之上,主要包括地理逻辑、人文逻辑、经济逻辑。“空间结构逻辑原理”回答了空间城市系统形成的根本原因。空间结构演化分为平衡态、近平衡态、近耗散态、分岔、耗散态五个阶段,它是一个自组织基础上的他组织过程,经过空间结构不断优化,最终形成空间城市系统。

空间结构主要包括空间结点要素、空间轴线要素、网络域面要素,空间结构规划图是空间城市系统规划中最基础、最核心、最重要的部分,如图 11.65 所示。空间结构图研究方法是空间城市系统分析中最基本的方法之一,我们以俄罗斯空间城市系统空间结构图为例,进行介绍如下,做出精确的“俄罗斯空间城市系统空间结构图”是基本前提。

(2) 俄罗斯空间城市系统空间结构图分析

如图 11.65 所示,依据中国地图出版社《俄罗斯地图册》与谷歌卫星地图,我们给出了“空间规划等级”的俄罗斯空间城市系统空间结构图,它可以直接用于“俄罗斯空间城市系统规划”。空间疏离性是俄罗斯空间城市系统的显著特征,它决定了:首先,俄罗斯空间城市系统是世界上城市规模等级最清晰的空间城市系统之一,每一个中心城市都拥有自己的低等级卫星城市、城镇。其次,俄罗斯空间城市系统空间通道必须分为主轴与支轴规划建设。最后,俄罗斯空间城市系统网络域面分为:A 区包括 A1、A2,B 区包括 B1、B2,C 区包括 C1、C2,D 区包括 D1、D2。图 11.65 给出了北部网络域中线、中部网络域中线、东部网络域中线、南部网络域中线。它们分别以圣彼得堡、莫斯科、叶卡捷琳堡、伏尔加格勒为中心。

(3) 俄罗斯空间城市系统中心结点

根据俄罗斯空间城市系统城市人口数量,我们分为 4 个等级:牵引城市 TC 为

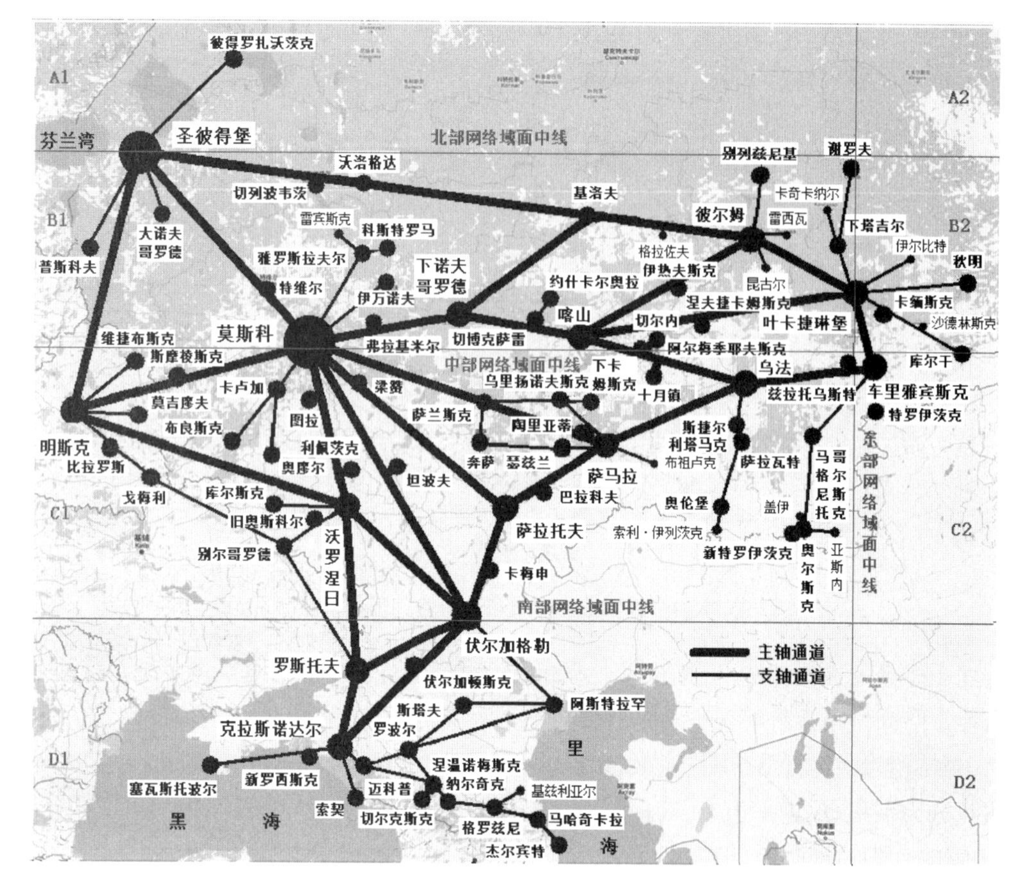

图 11.65　俄罗斯空间城市系统空间结构

（源自：笔者根据中国地图出版社《俄罗斯地图册》与谷歌地图自制）

400 万人口以上级；主中心城市 MC 为 90 万至 100 万人口以上级；辅中心城市 AC 为 10 万人口以上级；基础城市 BC 为 10 万人口以下级。显然，俄罗斯空间城市系统缺少人口在 200 万至 300 万之间的主导城市 LC，叶卡捷琳堡、伏尔加格勒、明斯克、喀山等最具备区位优势。出现主导城市 LC 短缺的原因，就是前述“俄罗斯空间权重失衡”等一系列问题。

① 牵引城市 TC

如图 11.65 所示，俄罗斯空间城市系统空间结构具有莫斯科牵引城市 TC(＋)与圣彼得堡次牵引城市(－)。但是，莫斯科牵引城市 TC(＋)处于中西部，圣彼得堡次牵引城市(－)所处地理位置偏于北部，造成俄罗斯空间城市系统东部与南部牵引能力不足。

② 主中心城市 MC

如图 11.65 所示，俄罗斯空间城市系统空间结构具有下诺夫哥罗德、喀山、乌法、彼尔姆、叶卡捷琳堡、车里雅宾斯克、萨马拉、萨拉托夫、伏尔加格勒、克拉斯诺达尔、罗斯托夫、沃罗涅日、明斯克 13 个主中心城市 MC。2 个牵引城市 TC 与 13 个主中心城市MC均衡的分布于北部、中部、东部、南部、西部，使得俄罗斯空间城市系统空间结构主体处于比较均衡的状态。

③ 辅中心城市AC

如图11.65所示，彼得罗扎沃茨克、切列波韦茨、沃洛格达、普斯科夫、大诺夫哥罗德、基洛夫、别列兹尼基、伊热夫斯克、谢罗夫、下塔吉尔、秋明、卡缅斯克、库尔干、涅夫捷卡姆斯克、兹拉托乌斯特、特罗伊茨克、马格尼托哥尔斯克、新特罗伊茨克、奥尔斯克、斯捷尔利塔马克、萨拉瓦特、奥伦堡、切尔内、下卡姆斯克、阿尔梅季耶夫斯克、约什卡尔奥拉、切博克萨雷、弗拉基米尔、伊万诺夫、科斯特罗马、雅罗斯拉夫尔、特维尔、卡卢加、布良斯克、奥廖尔、图拉、梁赞、维捷布斯克、斯摩棱斯克、莫吉廖夫、比拉罗斯、戈梅利、利佩茨克、库尔斯克、旧奥斯科尔、别尔哥罗德、坦波夫、卡梅申、伏尔加顿斯克、阿斯特拉罕、巴拉科夫、陶里亚蒂、瑟兹兰、奔萨、萨兰斯克、乌里扬诺夫斯克、下卡姆斯克、斯捷尔利塔马克、萨拉瓦特、奥伦堡、切尔内、阿尔梅季耶夫斯克、十月镇、塞瓦斯托波尔、新罗西斯克、索契、迈科普、斯塔夫罗波尔、涅温诺梅斯克、切尔克斯克、纳尔奇克、格罗兹尼、马哈奇卡拉、杰尔宾特74个等若干城市，为俄罗斯空间城市系统空间结构的辅中心城市AC。

④ 基础城市BC

如图11.65所示，格拉佐夫、雷西瓦、昆古尔、卡奇卡纳尔、伊尔比特、沙德林斯克、亚斯内、布祖卢克、盖伊、索利·伊列茨克、雷宾斯克、基兹利亚尔等大量城市城镇为俄罗斯空间城市系统空间结构的基础城市BC。

(4) 俄罗斯空间城市系统空间通道

① 主轴通道交通

如图11.65所示，俄罗斯空间城市系统空间通道主要分为"主轴通道"与"支轴通道"。对于"主轴通道"，飞机航空、高速铁路、城际高速铁路、高速公路构成的"复合高速交通方式"应该是主要交通手段，俄罗斯处于很落后的局面。仅以飞机航空、普通铁路、普通公路、普通水运是不可能支撑俄罗斯空间城市系统主轴通道交通需要的。

② 支轴通道交通

如图11.65所示，对于俄罗斯空间城市系统"支轴通道"，城际高速铁路、高速公路、普通铁路、普通公路构成的"多式联运交通方式"应该是主要交通手段，在城际高速铁路与高速公路方面，俄罗斯处于很落后的局面。"支轴通道"高速、便捷、有效的高速交通，是俄罗斯空间城市系统网络域面的基础。

(5) 俄罗斯空间城市系统网络域面

如图11.65所示，俄罗斯空间城市系统网络域面宏观上可以分为北部、中部、东部、南部四部分，分别以圣彼得堡为核心、以莫斯科为核心、以叶卡捷琳堡为核心、以伏尔加格勒为核心，进一步细分为A1、A2；B1、B2；C1、C2；D1、D2八个网络区域，"网络域面编码细分"是定量化研究的基础步骤。

俄罗斯空间城市系统网络域面是人流网络、物流网络、信息网络、资金网络的基础。俄罗斯空间城市系统网络域面的培育进化，决定着俄罗斯空间城市系统的成败。“空间联结”是俄罗斯空间城市系统网络域面形成的序参量要件，而“地理连接与信息联结”又是空间联结的两个关键要项。

11.6.4 俄罗斯空间城市系统空间联结分析

1）俄罗斯空间城市系统空间联结

“空间疏离性”以及“经济总量短板”使得“空间联结”成为俄罗斯空间城市系统最紧要的问题。俄罗斯具有良好的传统铁路交通系统，具有先进的卫星通信技术，具有丰富的能源保障基础。俄罗斯具有足够的科学技术水准，具有雄厚的制造业基础。因此，完全有能力构建“高速空间联结”体系。

以莫斯科为中心的“空间联结”体系，将为俄罗斯空间城市系统产生与发展提供基本动力，它主要包括高速地理连接、高速信息联结、高速能源通道。“空间流波”是俄罗斯空间城市系统空间联结的主要内容，包括空间人员流波、空间物资流波、空间资金流波、空间信息流波、空间能源流波。“空间联结”会揭示出俄罗斯空间城市系统各个层级城市之间关系属性规律，即牵引城市 TC、主中心城市 MC、辅中心城市 AC、基础城市 BC 之间的关系属性规律，是认识与发展俄罗斯空间城市系统的首要之选项。优良的“空间流波”，是实现俄罗斯空间城市系统整体涌现性的基本前提条件。因此，俄罗斯空间城市系统“空间联结”与“空间流波”的定性与定量研究至关重要。

2）俄罗斯空间城市系统空间联结要项

（1）空间联结方向

如图 11.65 所示，以莫斯科为中心俄罗斯空间城市系统“空间联结”主要分为四个基本方向：第一，北向空间联结。“莫斯科—圣彼得堡”形成了北向空间联结主轴线。第二，东向空间联结。“莫斯科—喀山—叶卡捷琳堡”形成了东向空间联结主轴线。“东向空间联结”是俄罗斯空间城市系统的第一主成分要项。第三，南向空间联结。“莫斯科—伏尔加格勒—萨马拉”形成了南向空间联结主轴线，“南向空间联结”是俄罗斯空间城市系统的主成分要项。第四，西向空间联结。“莫斯科—明斯克”形成了东向空间联结主轴线。

（2）空间连接内容

① 高速地理连接

俄罗斯空间城市系统地理连接主要是指空间人员流、空间物资流、空间资金流，它们的追求目标为高速性、效率性、可达性。通过地理连接实现城市节点之间的互联互通。飞机航空、高速铁路、城际高速铁路、高速公路构成的“复合高速交通方式”，适用于俄罗斯空间城市系统主轴通道交通，如图 11.65 所示。城际高速铁路、高速公路、普通铁路、普通公路构成的“多式联运交通方式”适用于俄罗斯空间城市系统支轴通道交通，如图 11.65 所示。

② 高速信息联结

“空间疏离性”为俄罗斯城市系统的先天劣势，“高速信息联结”是俄罗斯空间城市系统实现“地理距离消除”必由之路，俄罗斯发达的卫星通信科学技术使俄罗斯空间城市系统“高速信息联结”成为可能，汹涌的5G通信革命给俄罗斯空间城市系统“高速信息联结”以历史性机会。我们完全有理由相信，俄罗斯空间城市系统高速信息联结时代的到来。

③ 高速能源通道

俄罗斯空间城市系统具有能源保障的先天优势，然而俄罗斯自然资源呈东西非均衡分布。因此，俄罗斯西方能源通道、俄罗斯东方能源通道、俄罗斯国内能源通道之间的均衡化、合理化、高效化配置，使之服务于俄罗斯空间城市系统能源之需，便成为“高速能源通道”的应有之义。

3）俄罗斯空间城市系统空间流波模型

（1）俄罗斯空间城市系统空间流波傅立叶解析

如图11.66所示，在俄罗斯空间城市系统网络域面、主轴通道、支轴通道之中，流淌着“空间流波”，包括空间人员流波、空间物资流波、空间资金流波、空间信息流波、空间能源流波。通过空间流波观测数据，可以绘制出俄罗斯空间城市系统空间流波曲线，如图11.66所示。应用第4章“空间流波模型表述”方法，可以构建俄罗斯空间城市系统“空间流波模型”。一般情况下，所得到的“空间流波模型”是非规则函数$F(x)$，因此需要利用数学的“傅立叶变换”将空间流波函数$F(x)$分解成标准的正弦波函数以及余弦波函数。

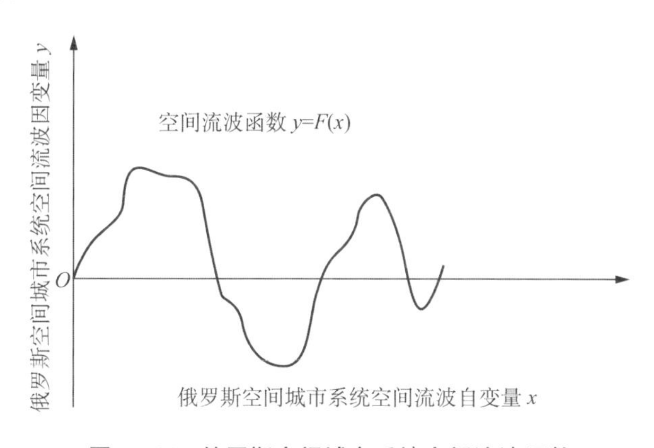

图11.66 俄罗斯空间城市系统空间流波函数

根据“傅立叶级数展开定理”，俄罗斯空间城市系统的任何一个空间流波函数都可以被分解为常数与若干个正弦波函数以及余弦波函数之和，即俄罗斯空间城市系统空间流波的傅立叶解析。在此，可以是俄罗斯空间城市系统的空间人员流波、空间物资流波、空间资金流波、空间信息流波、空间能源流波，它们的具体表现形式一般是复杂波形。俄罗斯空间城市系统空间流波函数的傅立叶解析表达公式为

$$F(x)=1/2a_0+a_1\cos x+a_2\cos 2x+a_3\cos 3x+\cdots+a_n\cos nx+ b_1\sin x+b_2\sin 2x+b_3\sin 3x+\cdots+b_n\sin nx \tag{11.25}$$

其中,$F(x)$为俄罗斯空间城市系统空间流波函数,x 为空间流波自变量(以弧度表示),n 为正整数,a_0、a_1、a_2、a_3、a_n,b_1、b_2、b_3、b_n 为傅立叶系数,并且有

$$a_0=\frac{1}{2\pi}\int_0^{2\pi}F(x)\mathrm{d}x \tag{11.26}$$

$$a_n=\frac{1}{\pi}\int_0^{2\pi}F(x)\cos nx\mathrm{d}x \quad (n=1,\ 2,\ \cdots) \tag{11.27}$$

$$b_n=\frac{1}{\pi}\int_0^{2\pi}F(x)\sin nx\mathrm{d}x \quad (n=1,\ 2,\ \cdots) \tag{11.28}$$

实际中的俄罗斯空间城市系统空间流波多为不规则的,我们可以利用空间流波的傅立叶解析公式(11.25)对其进行数学解析。

(2) 俄罗斯空间城市系统空间流波余弦函数

如图 11.67 所示,根据公式(11.25),俄罗斯空间城市系统空间流波 $F(x)$可以被解析为 n 个余弦函数部分(n 为正整数),其系列波形图见图 11.67。

(3) 俄罗斯空间城市系统空间流波正弦函数

如图 11.68 所示,根据公式(11.25),俄罗斯空间城市系统空间流波 $F(x)$可以被解析为 n 个正弦函数部分(n 为正整数),其系列波形图见图 11.68。

综上所述,根据俄罗斯空间城市系统空间流波函数的傅立叶解析公式(11.25),参照俄罗斯空间城市系统空间流波余弦函数解析图 11.67,与俄罗斯空间城市系统空间流波正弦函数解析图 11.68,就可以将任何俄罗斯空间城市系统空间流波解析成为可以求解的常数项、正弦函数项、余弦函数项进行求解,具体的俄罗斯空间城市系统空间流波函数的傅立叶解析,可以选择相关计算软件,通过计算机进行运算求解。

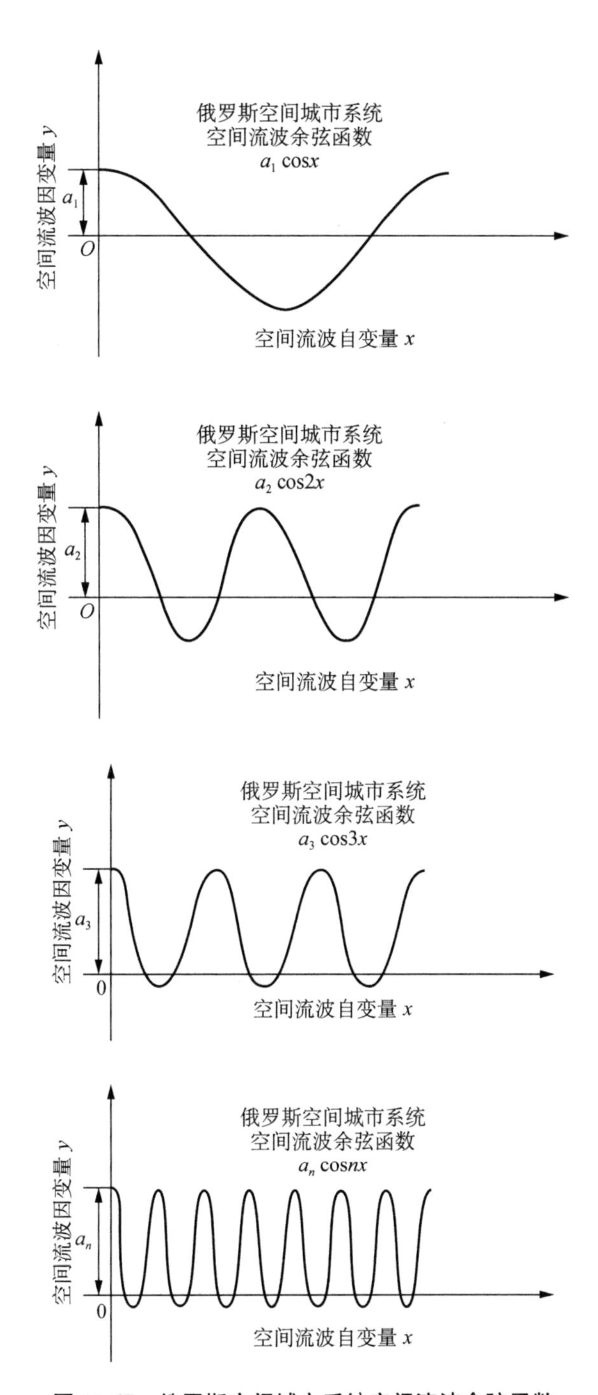

图 11.67 俄罗斯空间城市系统空间流波余弦函数

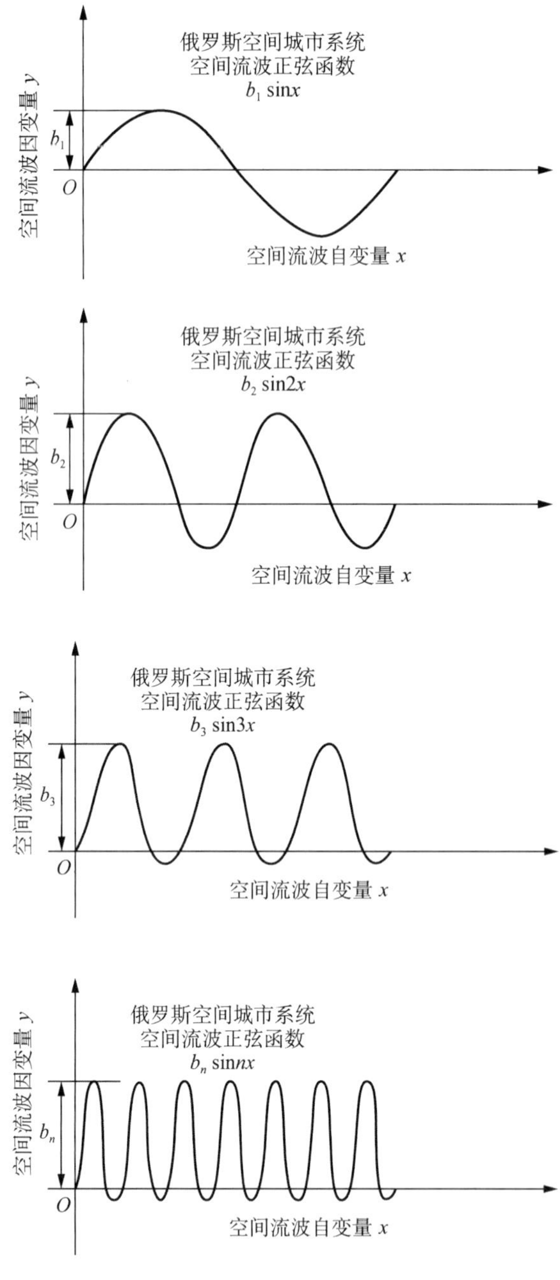

图 11.68　俄罗斯空间城市系统空间流波正弦函数

参考文献

[1] 戈特曼,李浩,陈晓燕.大都市连绵区:美国东北海岸的城市化[M].国际城市规划,2007,22(5):2-7.

[2] 杰弗里·韦斯特.规模:复杂世界的简单法则[M].张培,译.北京:中信出版集团股份有限公司,2018.

[3] 许国志,顾基发,车宏安.系统科学[M].上海:上海教育出版社.2000:21.

[4] MORRILL R. Classic map revisited: the growth of megalopolis [J]. The Professional Geographer,2006,58(2):155-160.

[5] 普利戈金,斯唐热.从混沌到有序[M].曾庆宏,沈小峰,译.上海:上海译文出版社,2005.

[6] 彼得·霍尔,凯西·佩恩.多中心大都市:来自欧洲巨型城市区域的经验[M].罗震东,等译.北京:中国建筑工业出版社,2010:12.

[7] 涂序彦,王枞,郭燕慧.大系统控制论[M].北京:北京邮电大学出版社,2005:190.

[8] 刘易斯·芒福德.城市发展史:起源、演变和前景[M].宋俊岭,倪文彦,译.北京:中国建筑工业出版社,2005:6.

[9] 杨玉芳,等.俄罗斯地图册[M].北京:中国地图出版社,2009.

12　世界其他空间城市系统

人类为了更美好的生活走向空间城市系统。人类是一种群居生物，空间城市系统为人类提供了更大的群居空间。基本居住权、基本移动权、基本信息权是空间城市系统社会基本人权，人类为了追求这些基本权利而规划建设空间城市系统。大城市导致的巨大生态足迹不可持续，空间城市系统具有前向降低大城市生态足迹的功能，因此地球人居生态系统要求空间城市系统的发展。空间城市系统是生态文明的容器，人类文明的发展要求空间城市系统提供容器基础。因此，空间城市系统现象在世界范围呈现出自组织规律，非人的主观意志而为之。

12.1　日本空间城市系统

12.1.1　日本空间城市系统逻辑分析

1）日本空间城市系统定义

（1）日本太平洋沿岸“大都市连绵带”与“都市圈”

20世纪70年代，戈特曼提出了：从东京、横滨经名古屋、大阪到神户的日本太平洋沿岸大都市连绵带的概念，是当时世界上具有的六个“大都市连绵带”之一。戈特曼对日本人居空间进化的这一判断，为日本空间城市系统研究奠定了学理性基础。

从20世纪50年代开始，日本开始了“都市圈”的理论研究与实践行动，迄今为止形成了比较成熟的都市圈理论。日本国家每五年组织一次“国势调查”，在2015年国势调查中确定了图12.1所示的大都市圈与都市圈分布。日本“都市圈”的理论成果以及实践经验，为日本空间城市系统奠定了坚实基础，日本“都市圈”的规划与建设为世界人居空间进化做出了贡献。

在对日本空间进行实地科学考察的基础上，根据戈特曼“日本太平洋沿岸大都市连绵带”判断，结合日本“都市圈”理论与实践情况。以空间城市系统理论为方法论，我们提出“日本空间城市系统”定义，并对日本空间城市系统进行标准化研究。

日本具有超高城市化率与发达的“城市集合CA”现象，日本空间城市系统空间联结很好，它是一个比较成熟的世界级空间城市系统，是世界少有的接近或已经“分岔”的空间城市系统，具有世界人居空间进化典范性意义。

（2）日本空间城市系统概念

如图12.2所示，日本空间城市系统是一个12级单一国家空间城市系统，日本空

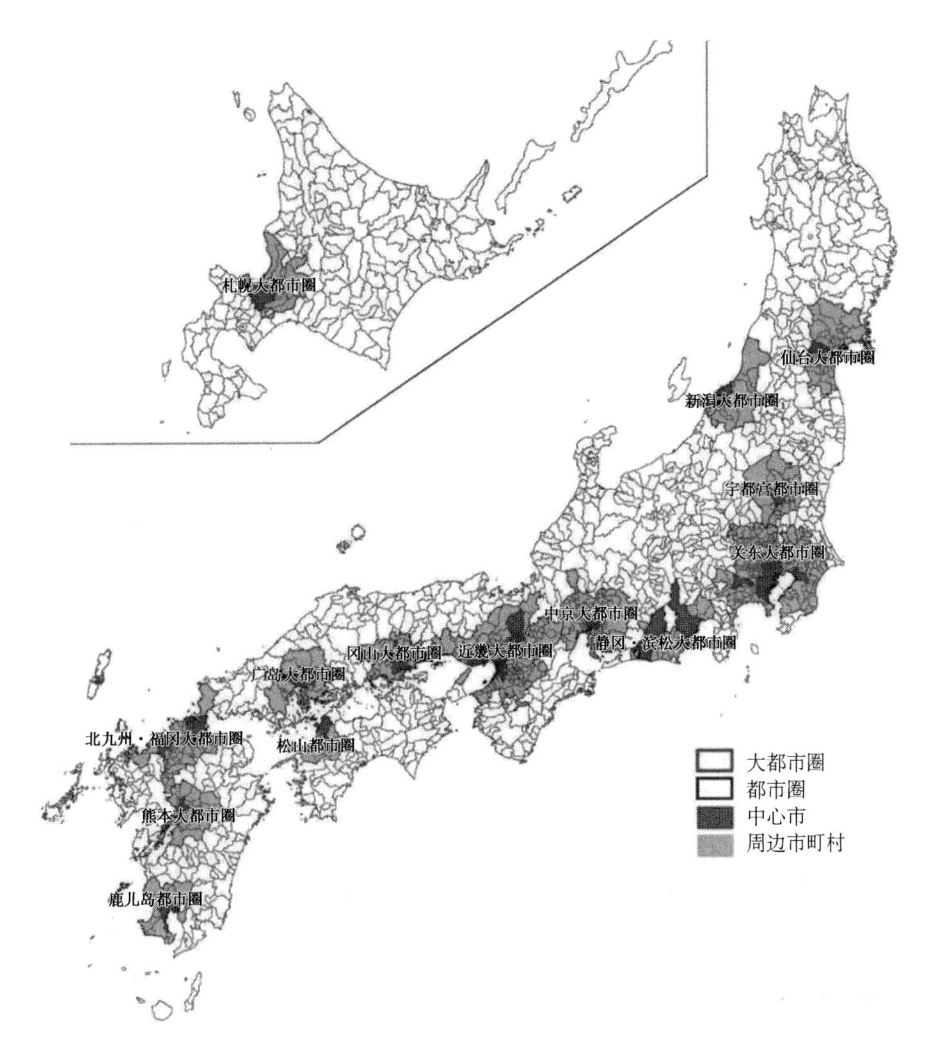

图 12.1　2015 年日本都市圈分布

（源自：日本总务省统计局国势调查）

间城市系统为世界级空间城市系统。日本空间城市系统包括东京“城市集合区 CAR”、京阪神“城市集合区 CAR”、中京“城市集合区 CAR”、札幌、仙台、宇都宫、新潟、静冈—滨松、冈山、广岛、松山—高松，北九州—福冈等 12 个一级空间城市系统。

东京“城市集合区 CAR”为日本空间城市系统的“牵引城市集合区”TCAR，京阪神“城市集合区 CAR”为日本空间城市系统的“牵引城市集合区”TCAR(一)，中京“城市集合区 CAR”为日本空间城市系统的“牵引城市集合区”TCAR(一)，札幌、仙台、宇都宫、新潟、静冈—滨松（双核）、冈山、广岛、松山—高松（双核）、北九州—福冈（双核）为日本空间城市系统的主中心城市 MC；旭川、函馆、青森、秋田、山形、福岛、郡山、磐城、长野、横须贺、富山、丰田、和歌山、高知、福山、熊本、鹿儿岛、长崎、宫崎、大分等城市，为日本空间城市系统的辅中心城市 AC；带广、夕张、陆奥、米泽、日立、鸭川、根羽、彦根、江津、行桥、南萨摩等城市，为日本空间城市系统的基础城市 BC。

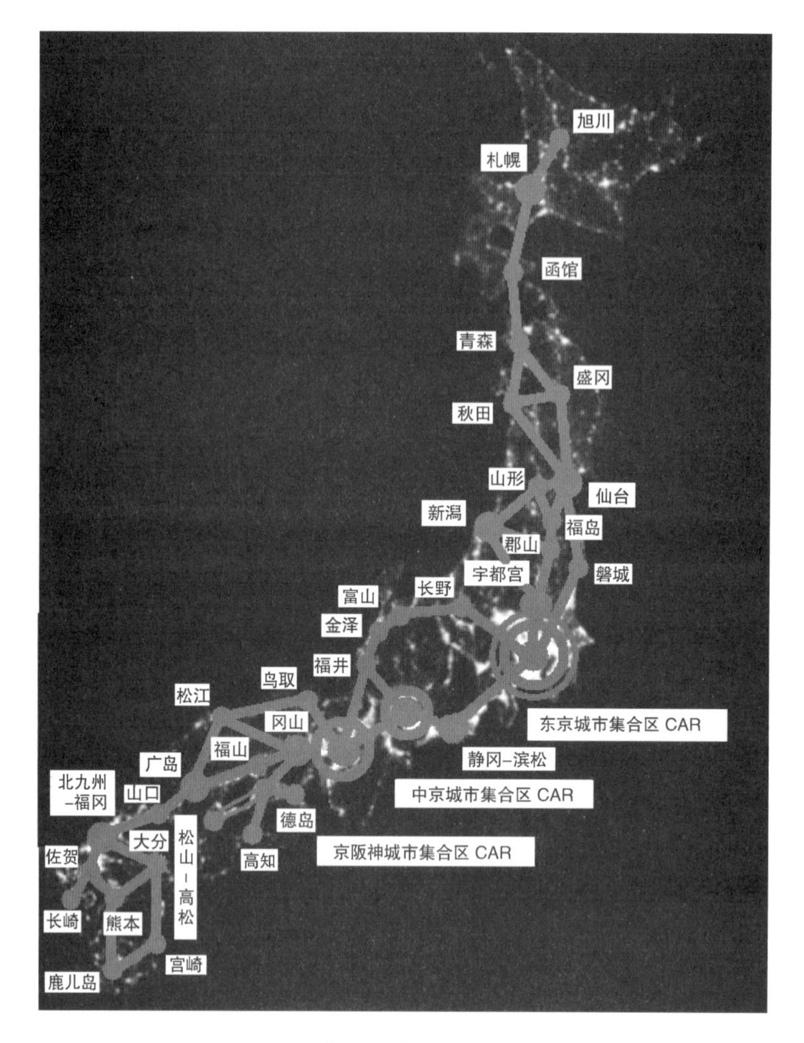

图 12.2　日本空间城市系统夜间卫星图

（源自：笔者根据 NASA 图自制）

（3）日本空间城市系统特征

日本是一个弧形岛国，地域空间十分狭小，人口密度很高，但是日本充分发挥了科学技术优势，利用高度发达的经济实力，规划建设了现代日本人居空间形式。在 16 个世界空间城市系统中，日本空间城市系统具有鲜明的特色。

① 海岛型空间城市系统

日本空间城市系统为典型的“海岛型空间城市系统”，与英国空间城市系统并列于世界空间城市系统之林。独立性、空间有限性、社会先进性、全球联结性是日本“海岛型空间城市系统”的基本特征。

② 人居空间系统化

日本人居空间呈现高度“人工系统化”特征：首先，日本政府非常重视“国土规划”，持之以恒进行了“都市圈”理论研究与实践行动。其次，日本拥有高水平公共交通体系,形成了飞机航空、高速铁路、高速公路、地铁电车高效率的复合型交通模式。最后,日本形成了国家特大城市、区域中心城市、地方中小城市完备的城市体系。因此,日本空间城市系统呈现出较高的整体涌现性。

③ “城市集合 CA”现象

如图 12.3 所示,以东京为核心的关东空间、以大阪为核心的近畿空间、以名古屋为核心的中京地区空间,产生了“城市集合 CA”现象。传统意义上的单体城市已经被“城市集合区 CAR”替代,传统城市理论已经失去对这种“城市集合区 CAR”的解释效力。东京“城市集合区 CAR”人口为 3 966 万人,京阪神“城市集合区 CAR”人口为 1 899 万人,中京“城市集合区 CAR”人口为 1 147 万人,它们具有超强的空间牵引力 TC。日本这种多核“牵引城市集合区 TCAR”现象,在世界空间城市系统中罕见,它很好地契合了日本空间城市系统客观规律。

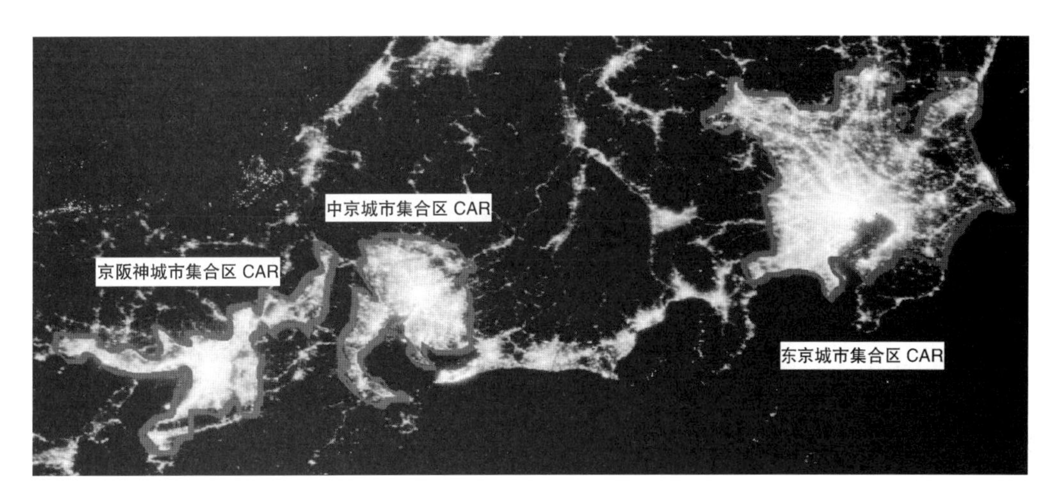

图 12.3 日本城市集合区 CAR

(源自:笔者根据 NASA 图自制)

④ 高度城市化

日本至 2016 年年末,城市化率为 93.9%,超高的城市化率使得日本变成了一个“城市国家”。日本高度城市化的特点还在于“都市圈化”,形成了以东京、京阪神、中京三大都市圈为首的“都市圈”体系。局部空间超高城市化导致了“大城市病”,产生了无法解决的“大城市生态足迹”。因此,日本空间城市系统的一个紧要使命,就是前向降低“大城市生态足迹”,实现日本人居空间的可持续化发展。

⑤ 空间联结完善

日本空间城市系统的显著特点是空间联结完善,形成了以“新干线”为主的适合日本国情的高速交通体系,日本高速交通体系的高效率与可达性称誉世界。日本空间基本实现了高速地理连接、高速信息联结、高速能源通道全要素空间联结。

⑥ 中心城市双核现象

日本空间城市系统出现了“中心城市多核现象”,例如“东京—名古屋—大阪”多核现象、“静冈—滨松”双核现象、“松山—高松” 双核现象、“北九州—福冈”双核现象。这种“中心城市多核现象”有效地增强了各级别日本空间城市系统的牵引力。

综上所述，日本空间城市系统表现出自己鲜明的特点，特别是符合日本国情的“都市圈”理论与实践，与美国“巨型区域 MR”、欧洲“巨型城市区域 MCR”、中国“城市群”理论与实践形成鼎足之势。日本空间城市系统在地理逻辑、人文逻辑、经济逻辑方面都奠定了坚实基础，值得世界各层级政府与理论学术界借鉴。

2）日本国家空间问题与发展战略

日本国土空间狭小，总面积 37.8 万 km^2，世界排名第 62 位。日本人口总数 1.26 亿人，人口密度为 338 人/km^2，居于世界第二位。2016 年日本城市化率高达 93.9%，居于世界前位。因此，日本是一个“城市国家”。另一方面高城市化背后，日本国家空间必然存在突出的问题。通过对日本实地野外科学考察，经过对日本空间认真研究，我们认为日本国家空间关键问题是“大城市病”，即大城市生态足迹问题，其隐患是日本人居空间的不可持续化。

日本具有世界一流的人居空间基础，已经形成东京、中京、京阪神三大国家中心空间，规划建设北都—仙台、南都—福冈，自北向南形成“北都—东京—中京—京阪神—南都”的均衡空间格局为可行国家空间发展战略。

（1）大城市病与“大城市生态足迹”

“地球人居生态系统”(Earth Human Settlement Ecosystem)是作者在圣彼得堡世界 ACUUS 大会上提出的概念。“地球人居生态系统”是地球系统的子系统，简称 EHES 系统，地球人居生态系统理论是地球系统及全球变化理论的分支。地球人居生态系统理论将人类聚居空间与地球生态视为一个整体系统进行研究，人类生命与自然生态是地球人居生态系统的本质内涵，演化规律和演化机制是其核心问题，地球人居生态系统可以表示为

$$EHES = \langle \{H, E\} \quad R \rangle \tag{12.1}$$

其中，$EHES$ 表示地球人居生态系统，H 表示地球人类聚居空间子系统，E 表示地球生态环境子系统，$\{H, E\}$ 表示地球人居生态系统中全部元素构成的集合，R 表示地球人居生态系统中元素之间关系的集合。“地球人居生态系统”告诫我们：地球生态环境是人居空间可持续的基本前提条件，“人类生存道德底线”是大城市发展必须遵守的红线。日本大城市发展不可能以无限度“大城市生态足迹”为代价，必须贯彻执行《巴黎协定》思想精神。

所谓“大城市病”是指空间要素过渡向大城市集聚，所产生的系列性、结构性、社会性问题。大城市病导致城市低效率、城市生态环境恶化、城市居民生活水平降低。“大城市病”是一个世界性难题，日本亦不例外，大城市病治理很困难，迄今为止尚没有好的解决方法。“大城市生态足迹”(Big Cities Ecological Footprint，BCEF)是指维持大城市生存所需要的生态面积，这种“生态面积”来自地球陆地和海洋，例如农田、森林、

湿地、冰川、南北极冰原等。也就是说“大城市生态足迹”(BCEF)是特定大城市对地球生态系统的占有量，它体现了地球生态系统对特定大城市的“生态承载力”(Ecological Carrying Capacity)。“大城市生态足迹”堪称大城市病的超级版，是大城市对地球生态环境的不可逆损害。日本东京“城市集合区 CAR”人口约 3 680 万人，大阪“城市集合区 CAR”人口约 1 877 万人，均存在不同程度的“大城市病”，产生巨大的“大城市生态足迹”。到目前为止，日本也没有解决“大城市病”降低“大城市生态足迹”的有效办法。

(2) 日本“大城市病”与国家空间失衡

如图 12.4 所示，日本“大城市病”集中体现在东京大都市圈。近 4 000 万人口过度集聚在东京空间形成了一个世界级神话。这种多种要素在局部空间过度集聚，对于日本这样一个海岛型国家来说显然为空间严重失衡。东京空间的人口、交通、住房、就业、生态环境、社会问题“大城市病”堪忧，而且东京大都市圈空间集聚依然呈现加剧状态。日本国家人居空间发展缺乏现代生态战略思想，即日本人居空间发展必须与地球生态环境相和谐。日本东京大都市圈产生巨大的生态足迹，是以南极冰架断裂、北极海冰融化、青藏高原冰川退化为代价的，因此日本大城市的无序扩张是不可持续的。

图 12.4　东京空间过度集聚

(源自：一点排行网)

日本“都市圈”人居空间战略的实施，在东京城市微观尺度缓解了“大城市病”，例如东京多摩新城，港北新城，筑波科学城，千叶新城等卫星城。但是日本人居空间战术思想的精致，代替不了人居空间战略思想的缺失，不能从根本上解决日本“大城市病”，更不能降低“大城市生态足迹”，它对地球生态环境的损害以几何级数增加，所造成的损失是难以估量的。东京大都市圈的“大城市生态足迹”(Big Cities Ecological Footprint,BCEF)是以毁坏地球生态环境为代价的,这就是现代全球视野“生态足迹思想”。因此,从东京地方与地球保护两者出发,东京大都市圈 4 000 万人口神话都是不可持续的。

(3) 日本国家空间发展战略

日本国家空间发展战略要基于几个重大条件:第一,要立足于现有日本国家空间格局之上,主要是基于东京、中京、京阪神三大国家中心空间基础之上。第二,要立足于地球生态环境、站在世界人居空间新形式及其理论基础之上。第三,要实现日本国家空间均衡,主要是增加日本北部空间与日本南部空间权重。第四,为日本国家 21 世纪发展提供基本动力源,使日本文明保持在世界先进水平。第五,北部仙台中心空间与南部福冈中心空间的功能,必须满足日本国家发展总需求并与地方人文经济社会历史情况相契合。第六,日本国家中心空间一定要达到世界顶级水平,成为亚太区域及世界文明的制高点。“日本国家空间发展战略”可以分为“日本国家中心空间战略”与“日本空间城市系统战略”两项基本内容。

① 日本国家中心空间战略

如图 12.5 所示,“日本国家中心空间”是指北都 CAR 空间、东京 CAR 空间、中京 CAR 空间、京阪神 CAR 空间、南都 CAR 空间,它们覆盖了日本国家北部空间、中央空间、南部空间。“日本国家中心空间”的规划建设,可以实现日本人居空间权重结构均衡目标。

第一,东京城市集合区 CAR。

在“关东大都市圈”基础上重构“东京城市集合区 CAR”,空间扩散是重构的主要内容。“东京城市集合区 CAR”以日本国家与世界功能为主,保留日本首都职能与世界性职能,发挥“世界城市”全面功能,从为日本服务走向为世界服务。“东京城市集合区 CAR”扩散部分经济职能与产业职能,选择性保留社会科学职能与科学职能。将现有 4 000 万人口降低到约 2 600 万人口,减少 1 400 万人口。减缓“东京大城市病”,降低“东京大城市生态足迹”,改善“东京城市生态环境”。坚决用现代化手段改造关东地方“聚落空间”,实现世界首个“空间城市系统、城市、聚落三位一体”可持续人居空间系统,为 21 世纪世界人居空间可持续发展做出楷模。大和民族拥有这个能力,更应具有地球生态环境意识以及人类生存道德底线胸怀。

第二,中京城市集合区 CAR。

在“中京大都市圈”基础上构建“中京城市集合区 CAR”,保持人口规模在 1 200 万以内、控制空间要素扩张、提高空间功能水平是它的三项主要内容。现代制造业是“中京城市集合区 CAR”的重点,因此建设世界领先的“工程技术科研中心”成为“中京城市集合区 CAR”首要之选项。在信息文明时代,“人类智能”与“人工智能”是两个竞争焦点。“中京城市集合区 CAR”要实现“人类智能集聚”构建世界一流的大学与研究机构,要创新应用“人工智能”技术改造传统制造业。

图 12.5　日本国家五大中心空间

第三，京阪神城市集合区 CAR。

在“近畿大都市圈”基础上构建“京阪神城市集合区 CAR”，保持人口规模在 1 900 万以内、控制空间要素扩张、增强空间国际职能是它的三项主要内容。“京阪神城市集合区 CAR”承担着日本副都职能，同时应该担负起亚太区域组织中心作用，强化国际政治功能。“京阪神城市集合区 CAR”要积极发展国际组织住在地作用，参与世界公共活动，发挥“国际城市”全面功能。分流“东京城市集合区 CAR”部分经济职能是“京阪神城市集合区 CAR”的又一个重要使命。

第四，北都城市集合区 CAR。

“北都城市集合区 CAR”是“日本国家空间发展战略”的重点。在“仙台大都市圈”基础上，以仙台为核心，近距离直接扩散，北向分流“东京城市集合区 CAR”约 800 万人口，由现在仙台的 265 万人口增加至 1 000 万人口，实现规模化大城市效益。世界性哲学思想是 21 世纪人类社会前进的灯塔，也是日本社会重大需求。“亚太社会科学研究院”是“北都城市集合区 CAR”最佳选择，它与东京“筑波科学城”相呼应，形成社会科学与科学的世界性中心空间。世界性“社会科学中心”定位可以弥补日本民族思想短板，为日本乃至世界创新出“新哲学与新思想”。21 世纪日本将从“舶来文明”变化为“输出文明”，而“新哲学与新思想”是根本，指导着 21 世纪日本的“新行为”。“北都城市集合区 CAR”的规划建设将带动日本北部空间发展，只有 1 000 万人口的规模化大城市，方能对北海道空间实施有效牵引，对于北海道发展具有重要影响。“北都城市集合区 CAR”与“南都城市集合区 CAR”的建设，将成为 21 世纪日本国家发展十分重要的动力源，具有振兴日本民族的重大意义。

仙台地方具有“学术之都”历史传统、具有雄厚的学术研究人文基础、具有全球化“人类智能”视野、具有东北大学与宫城教育大学等学术研究机构。仙台和美国的首都华盛顿位于同一纬度、属温带季风气候平均气温为 12.1℃，非常适于人类居住。因此，世界级的“学术与社会科学中心”定位是“北都城市集合区 CAR”契合之目标。世界级“社会科学中心”的建设，使日本具备了“人类大脑”，则生态世界、和平世界、进步世界的人类崇高思想从这里产生。“北都城市集合区 CAR”社会科学中心，将成为日本民族的方向标与人类社会的灯塔。

第五，南都城市集合区 CAR。

“南都城市集合区 CAR”是“日本国家空间发展战略”的重点。在“北九州—福冈大都市圈”基础上，以福冈为核心概念性分流“东京城市集合区 CAR”约 600 万人口，实际分流是一个由北向南的逐次过程包括“传染扩散、等级扩散、重新区位扩散”。由现在“北九州—福冈大都市圈”500 万人口增加至 1 100 万人口，实现规模化大城市效益。

以“福冈—北九州”为核心的区域是日本南部空间的核心，以地理科学原则“福冈—北九州”居于统摄性区位。“南都城市集合区 CAR”的国家中心定位，即避免了皇城缺失不能以“西京”命名之遗憾，又填补了日本南都之空白。“南都城市集合区 CAR”的规划建设将带动日本南部空间发展，只有 1 100 万人口的规模化大城市，方能对“四国空间”实施有效牵引，对于“四国”发展具有重要影响，实现“九州空间”与“四国空间”的联动发展。

日本九州地方具有工业化传统，拥有创建“八幡制铁所”等日本工业革命标志性事件历程。九州空间为日本钢铁、煤炭、化学、矿山机械工业基地，以及精密机械、半导体制造设备、电子机械、生物技术、新材料等高端技术产业集聚空间。日本九州拥有九州大学、北九州市立大学、九州工业大学、福冈教育大学、佐贺大学、长崎大学、熊本大学、大分大学、宫崎大学、鹿儿岛大学等众多大学。大分的“技术立县”与“头脑立县”战略培育了能引领 21 世纪的科学研究机构及科学技术人才。因此，“亚太科学研究院”是“南都城市集合区 CAR”最佳选择，它与日本九州地方工业传统、大学群体、科学研究机构相契合。九州地区自古就是日本对外开放的“门户”，吸引世界一流科学研究人才，实现“人类智能集聚”，可以形成科学技术的世界性中心空间。这对于 21 世纪日本国家发展具有重要意义。

综上所述，“日本国家中心空间战略”是解决日本国家空间问题的基本途径，可以从根本上改变日本国家空间南北两极过弱、空间权重失衡问题。“日本国家中心空间战略”是日本国家 21 世纪领先世界的必由之路，为日本国家发展提供内生性动力源。“日本国家中心空间战略”是日本消除“大城市病”，降低“大城市生态足迹”的有效手段。

② 日本空间城市系统战略

如图 12.6 所示,"日本空间城市系统"是"日本国家空间发展战略"的承载体,"日本国家中心空间"是日本空间城市系统的核心版。"日本空间城市系统" 是一个 12 级、单一国家世界级空间城市系统,包括空间形态、空间结构、空间联结等,如本节内容所表述。"日本空间城市系统文明"是日本文明升级版,由工业文明上升到生态文明,由日本文明增量至世界文明。

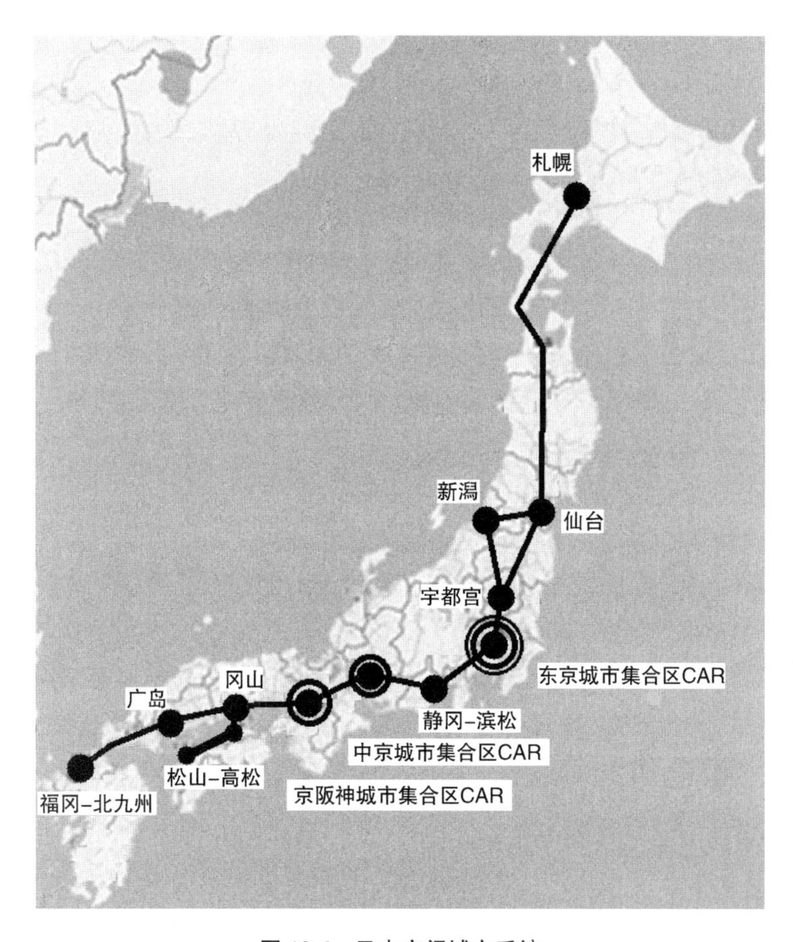

图 12.6 日本空间城市系统

注:本图为笔者根据谷歌地图自制,不含全部国土。

"日本空间城市系统战略"与"日本国家中心空间战略"相匹配,通过"北都城市集合区 CAR"与"南都城市集合区 CAR"的规划建设,弥补日本缺乏"主导城市 LC"的不足。"日本空间城市系统"具有前向降低"日本大城市生态足迹"的功能,其主要根据为"多中心城市"可以有效利用现有城市空间,将"大城市职能"借助空间联结手段进行均衡分布。

"日本空间城市系统战略"是推动日本人居空间重构,实现城市空间权重均衡化的重要手段。日本人居空间现代化重构,不仅能化解传统大城市病,还将激发日本信息产业、通信产业、卫星产业，极大提升日本空间城市系统在全球竞争中的实力。可持续人居空间系统包括聚落、城市、空间城市系统，日本农村的凋落是不争的事实，聚落的现代化改造是可持续人居空间系统的重要组成部分，空间地理连接与空间信息联结，是消除地理隔离的有效手段，经过充分“空间联结”后的日本聚落将是令人向往的生活天堂。

综上所述，“日本国家空间发展战略”为21世纪日本国家发展的纲领性文件，“日本国家中心空间战略”表述了日本国家空间发展的重点，“日本空间城市系统战略”表述了日本国家空间发展的全面情况。相信日本政府和学术界能够根据日本具体国情，结合世界空间城市系统的普遍规律，对日本国家空间做出优秀的空间规划与空间治理。

专题：城市系统化分析

20世纪50年代以降，人居空间出现了新的形式。戈特曼将其命名为“大都市连绵带(Megalopolis)”，道萨迪亚斯作出了“城市洲假说”。美国产生了“巨型区域”、欧洲产生了“巨型城市区域”、中国产生了“城市群”、日本产生了“都市圈”，世界其他地方人居空间新形式也日趋显现。各类区域性表述都与自己的国情或洲情相符合，以应对各自人居空间新形式之需。时至21世纪，有必要发现其中普遍性的科学规律，并对各种区域概念加以辨析，以资世界人居空间进化之需求。

一、研究进路

人居空间新形式研究首先要确定研究对象，其次要找到正确的方法论，再次对既往实践与理论进行解析，最后构建科学的理论体系。

第一，研究对象。“人居空间”是人类社会的基本需求，人居空间演化经历了巢穴、聚落、城市阶段，已经进入城市区域阶段。因此，探索人居空间未来形式的规律是人类社会面临的重大紧迫命题。什么是人居空间新形式？它的本质内涵是什么？它的内在科学规律如何？这些是我们必须回答的问题。

第二，方法论。科学哲学是我们研究“人居空间新形式”的哲学方法论，它确立了新旧范式、客观事实、科学事实、对应原理等一系列基本原则。科学哲学方法论具有决定性作用，对全部命题研究具有指导意义，使我们可以保持“人居空间新形式”命题研究的方向正确。系统科学是我们研究“人居空间新形式”的科学方法论。系统科学方法论帮助我们认识“人居空间新形式”的普遍规律，将客观事实上升到科学事实，为我们揭示“人居空间新形式”科学的、抽象的、普适的规律提供了武器。

第三，理论体系。“人居空间新形式”需要范式理论加以认知和论述，一个“人居空间新形式”范式理论具有概念、定义、定理、公理、假说、公式、数学模型等完整的科学理论体系，具备抽象性、逻辑性、结构性、价值性等基本特征。迄今为止，“城市区域理论”与“空间城市系统理论”是“人居空间新形式”命题的两种基本理论体系，前者散见于美国、欧洲、中国、日本的相关研究，后者集中体现在《空间城市系统论》专著。

二、城市区域范式

欧美科学界率先使用了“区域城市”概念表述“人居空间新形式”，亚洲学者则根据自己的情况选择了“城市群”与“都市圈”对“人居空间新形式”进行描述。

（一）美国“巨型区域”

“城市”是美国人居空间新形式的根基，截至 2016 年美国的城市化率达 81.8%。美国人居空间演化是以城市为基础进行的；“都市区”是美国人居空间演化的第二阶段形式，包括“都市区 MSA”与 “联合大都市统计区 CMSA”；“巨型区域 MR”是美国人居空间演化的第三阶段形式，美国界定了 11 个国家“巨型区域”并制定了《美国 2050》进行规划实施，至此美国形成了符合美国国情的“城市区域理论”，美国城市区域理论的概念、定义、定理对世界产生了重要影响。

（二）欧洲“巨型城市区域”

“城市”是欧洲人居空间新形式的根基，欧洲具有广泛的城市发展基础，特别是西北欧、英国、北欧、南欧区域。英国学者彼得·霍尔定义了“功能性城市区域 FUR”作为人居空间演化的第二层次概念，它反映了欧洲人居空间进化的实际情况。“巨型城市区域 MCR”是欧洲人居空间新形式的学理性概念，“多中心大都市”是巨型城市区域理论的核心。欧洲的多中心理论深入中国学界，对中国人居空间演化研究产生了重要影响。

（三）中国“城市群”

“城市”是中国人居空间新形式的根基，中国城市化律 2017 年为 58%、2018 年约为 60%，为人居空间演化奠定了基础。中国人居空间新形式具有后发趋势，规模巨大、发展速度很快，为应对国家空间规划与建设需要借鉴“都市区”与“都市圈”的舶来概念。“粤港澳大湾区”个性化概念用以面对三种“行政体系”下的人居空间新形式实践之需求。“城市群”是中国人居空间新形式的学理性表述，城市群理论符合中国国情，是中国学术界对世界人居空间新形式研究的重要原创性贡献。

（四）日本“都市圈”

“城市”是日本人居空间新形式的根基，2016 年日本城市化率高达 93.9%，日本已经成为一个城市国家，高度城市化使日本人居空间演化走在世界前列，形成了独具特色的人居空间新形式“日本范式”。“都市圈”是日本人居空间新形式的标准表述，分为都市圈、大都市圈两个层级。都市圈及都市圈理论适合日本国土空间狭小的具体国情，对中国学术及规划界产生了重要影响。

三、空间城市系统范式

要揭示“人居空间新形式”的一般规律，才能对全球性人居空间演化前沿问题进行科学解释。地球表面空间城市系统简称“空间城市系统”，是我们对人居空间新形式的命名。科学哲学是我们研究空间城市系统的一般性方法论，具有统领与指导意义；系统科学是我们研究空间城市系统的普遍性方法论，具有科学规律共性意义；城市地理学、数学、地形地貌学、人文历史学、经济学等是我们研究空间城市系统的具体性方法论，针对具体内容具有工具性作用。“空间城市系统理论范式”是对人居空间新形式的规律性认识，普适于世界人居空间演化前沿问题。

（一）城市

“城市”是世界人居空间新形式的根基，在空间城市系统范式框架中，城市被分为牵引城市 TC、主导城市 LC、主中心城市 MC、辅中心城市 AC、基础城市 BC 五个功能等级。它们作为不可再分的元素，成为空间城市系统的基础组分。“城市”完成了人居空间演化阶段性独立的历史使命，融入了空间城市系统。巢穴（独立居所）融入聚落、聚落融入城市、城市融入空间城市系统是人居空间演化的基本规律。至此，人居空间演化形式应为：巢穴、聚落、城市、空间城市系统。城市区域是空间城市系统的前期形式，带有显著的地方特色。因此，我们可以科学性的将“城市区域”统一到普遍性的空间城市系统中来。

（二）城市集合区

如专题图 1 所示，世界人居空间演化出现了“城市集合 CA”现象，城市超密度分布各个独立城市完全融合为一体，传统意义上的单体城市已经被“城市集合 CA”替代。对于“城市集合 CA”现象，传统的城市理论已经失去了解释能力，需要创新一般性概念对“城市集合 CA”区域进行表述。“城市集合区 CAR”是以一个或几个中心城市为核心，牵引城市 TC、主导城市 LC、主中心城市 MC，加上地理连接的周边城市、城镇所形成的城市集合体。“城市集合区 CAR”存在于西北欧、南欧、美国东北部、中国长江三角洲以及日本东京、大阪、名古屋等人居空间发达地区。

我们采用了数学的“城市集合”概念，将这种人居空间演化形式一般化，以便用数学“集合方法”对“城市集合区 CAR”加以定量化表述。设有城市元素 a，b，x，y，…，表示为 X，而 S 表示城市元素的集合，则“城市集合 CA”数学公式表达为

$$X \in S \quad \text{（专题.1）}$$

“城市集合”CA 的基数记作 card(CA)，一般情况下“城市集合”含有有限个城市元素，因此“城市集合 CA”为有限集，可以用$[x, y]$表示包含 x 与 y 的城市元素边界数量，注意“城市集合 CA”不包括自然地理连接限定条件。

设“城市集合区”有$[x, y]$个城市元素，包含 x 与 y，其“城市集合”为 S，而城

市$[x,y]$具有自然地理连接限定条件 GC(Geographical Connection),GC 条件保证了"城市集合"S 的区域性质,则"城市集合区 CAR"数学公式表达为

$$\mathrm{CAR}=\langle[x,\ y]\mathrm{GC}\rangle \tag{专题.2}$$

上式说明,"城市集合区 CAR"是一个城市集合为 S,且自然地理相连接的城市区域。由"图 12.3 日本城市集合区 CAR"可见,"城市集合区 CAR"边界是自组织形成的,不拘泥于行政区划边界。"城市集合区 CAR"构成了一个城市功能整体,相当于一个"新的城市",如空间城市系统牵引功能 TCAR。

究其本质而言,美国的"都市区 MSA 与 CMSA"、欧洲的"功能性城市区域 FUR"、日本的"大都市圈"都是"城市集合区 CAR"的不同形式表述。"城市集合区 CAR"揭示了中心城市扩张为"城市区"的一般性规律,填补了"城市"与"空间城市系统"之间的空白,注意比较大的"城市集合区 CAR"与一级、或者二级、乃至三级"空间城市系统"的规模相当,可以覆盖 1—3 个"空间城市系统","城市集合区 CAR"可以包含在空间城市系统框架之中。"城市集合区 CAR"充当了"城市"与"城市群"之间的过渡性人居空间概念,可以普遍的应用于世界人居空间演化研究中。"城市集合区 CAR"的定义满足了人居空间新形式规划的需要,可以无差异化的应用于美国、欧洲、中国、日本等地方的空间规划之中。

专题图 1　城市集合区 CAR

(源自:笔者根据 NASA 图自制)

（三）空间城市系统

“空间城市系统”是城市、城市集合区、城市子系统的构成物，它是宏观人居空间新形式的表现，如日本空间城市系统为14级。在中观层次如1—3级空间城市系，如专题图1所示西北欧“城市集合区CAR”与南欧“城市集合区”，空间城市系统与“城市集合区CAR”是相融合的，但是“城市集合区CAR”依然遵循空间城市系统规律，“城市集合区CAR”是人居空间客观事实的陈述方式，而空间城市系统理论是科学事实表述，对“城市集合区CAR”具有“对应原理”效应。“空间城市系统理论”是关于人居空间新形式的一般性科学规律。《空间城市系统论》对空间城市系统理论体系进行了全面详细的表述，包括空间形态、空间结构、空间集聚动因、空间扩散动因、空间联结动因、平衡态、近平衡态、近耗散态、分岔、耗散结构、空间城市系统控制、空间城市系信息等理论。空间城市系统理论体系普适于世界人居空间新形式问题，给出了一般性的定性与定量化解释。

空间城市系统范式将“城市区域客观事实”上升为“城市系统科学事实”，对于“巨型区域”“巨型城市区域”“城市群”“都市圈”，空间城市系统满足科学哲学“对应原理”。城市为前见范式、城市区域为现见范式、空间城市系统为预见范式，它们具有本质性差别。

世界上已经成熟与相对成熟的空间城市系统有：美国东部空间城市系统、美国西部空间城市系统、美加“北部空间城市系统”、美国南部空间城市系统，西北欧空间城市系统、欧洲中部空间城市系统、南欧空间城市系统、英国空间城市系统、俄罗斯空间城市系统，中国沿江空间城市系统、中国南部空间城市系统、中国北部空间城市系统、中国沿河空间城市系统、中国东北空间城市系统，日本空间城市系统、巴西空间城市系统，总计16个。

四、讨论与结论

空间城市系统命题是人类面临的巨大型题目，世界人口的约40%居住在空间城市系统中，空间城市系统是人居空间的最先进形态。“城市区域”是空间城市系统的过渡形态，不同的国家地区具有不同的客观事实产生了不同的理论，它们符合了自己的特殊情况，如美国的巨型区域、欧洲的巨型城市区域、中国的城市群、日本的都市圈。相异化的“城市区域概念”不能通用，否则将导致概念的混乱，进而导致“空间规划”的非逻辑统一化，进而导致“空间治理”的混沌化。

3）日本空间城市系统地理逻辑

如图12.7所示，日本为一个海岛国家，西侧是日本海，东侧为太平洋，山地和丘陵占日本国土总面积的71%。“日本空间城市系统”位于北海道岛、本州岛、四国岛、九州岛四个岛屿之上，关东平原、浓尾平原、大阪平原为东京“城市集合区CAR”、中京“城市集合区CAR”、京阪神“城市集合区CAR”提供了基本地理基质。

日本城市都分布在沿海岸小规模的冲积平原、海岸平原、洪积台地，“关东山地”形成了日本中部空间小尺度隔离。因此，日本空间城市系统是一个沿海岸分布“海岛型空间城市系统”。

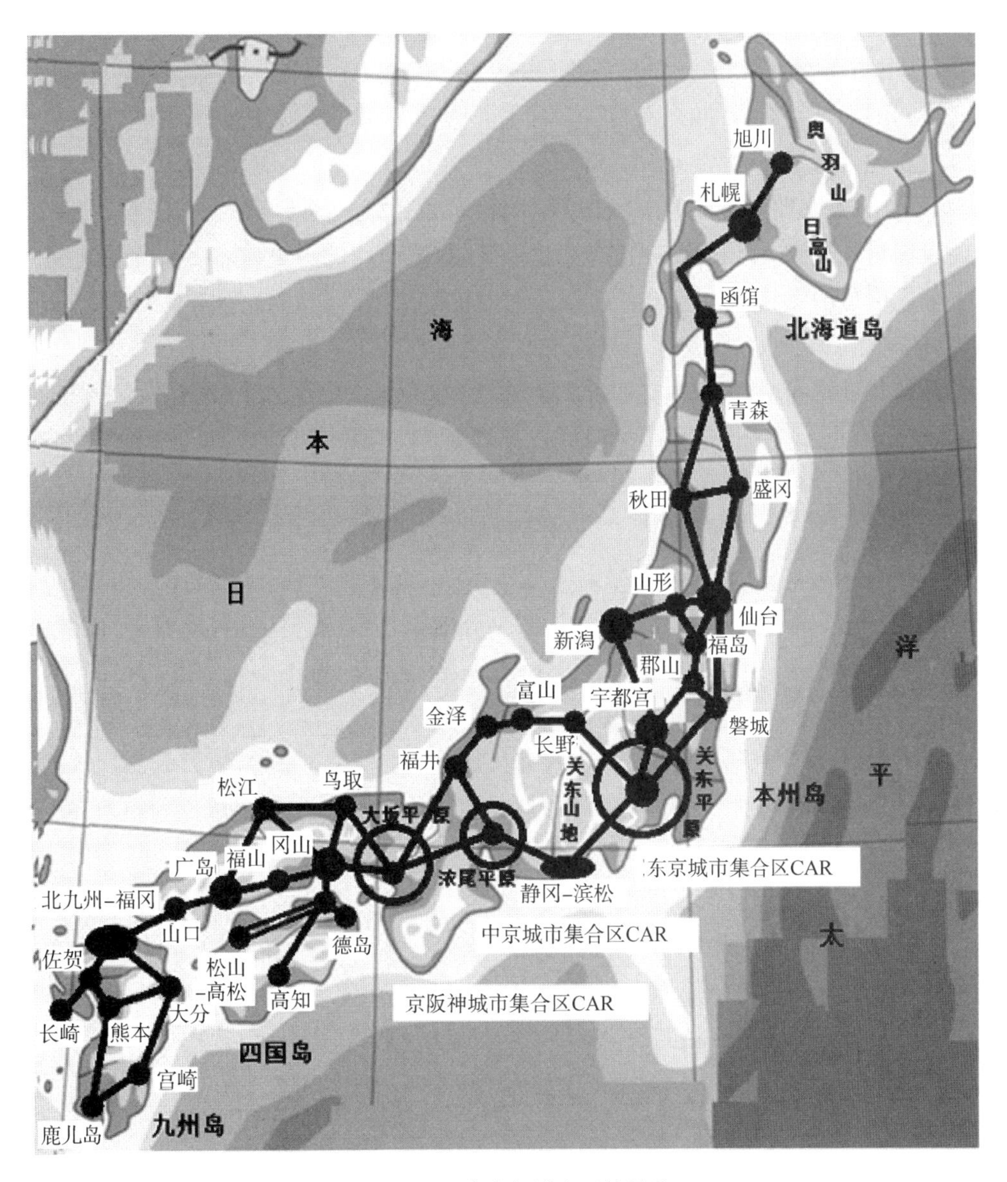

图 12.7 日本空间城市系统地貌

“日本空间城市系统”气候可以分为北部气候、中部气候、南部气候，分别属于亚寒带气候、温带气候、亚热带季风气候，日本的降雪与降雨量较多，拥有充沛的水资源。日本列岛足够大的地理空间与气候条件，奠定了日本空间城市系统的地理独立逻辑，而临近亚洲大陆与东南亚相邻，又使得日本空间城市系统获得人员、物资、信息的外部环境条件。因此，日本列岛尽管地理空间狭小，但依然为日本空间城市系统提供了地理逻辑基础。

4）日本空间城市系统人文逻辑

日本文明以其鲜明的个性独立于世界，空间维度、历史维度、维新变革是评价日本文明的三个基本维度。日本人文逻辑极具正负辩证特点，堪称独具特色、举世罕见。

首先，日本思想无理性根源，缺乏如希腊文明一般的“理性和智慧”，在日本文化中难寻“自由与平等”的真谛。日本思想呈现“主体空白”不具备独立完整的思想体系。地理空间的封闭又使得“舶来文明”与“日本文明”混合杂交形成所谓的“杂居性”①，因此日本思想具有很强的混沌结构特征。

其次，日本文明不可能脱离“东方文明特质”“器物思想”与“实用主义”渗透进日本文明肌理之中。没有经过内源性“思想启蒙”是日本文明的历史缺陷，“岛国意识”使得日本形成极强的民族国家意识。战略思维短板与战术思想精致是日本思想的特征，“过度危机意识”导致日本思想缺乏深沉厚重与整体性。

最后，“维新变革”为日本文明的积极要旨，它为日本民族过去、现在、将来提供不竭的前进动力。汤之《盘铭》曰：“苟日新，日日新，又日新。”故国之所兴焉“其命维新”也。日本“大化改新”与“明治维新”奠定了日本民族的过去。现代文明已经全方位荡涤着日本社会，“日本空间城市系统文明”应该是生态文明、全球思想、世界主义，“海岛型空间城市系统”一定是国际化的空间城市系统，全球联结性是“海岛型空间城市系统”赖以存在的前提条件。“世界主义”与“全球联结”是日本的“新哲学与新行为”，日本空间城市系统完全可以实施“基本居住权、基本信息权、基本移动权”为世界空间城市系统文明做出表率。

综上所述，日本民族历经风雨，在人类文明历史上写下了悲壮的篇章，当代日本政治、经济、文化、社会、生态理论与实践，为日本空间城市系统奠定了可依赖的人文逻辑基础。

5）日本空间城市系统经济逻辑

如第11章“世界主要空间城市系统经济总量”所述，日本空间城市系统2017年经济总量(GDP)排名世界空间城市系统的第二位。如表12.1所示，日本日本空间城市系统2027年GDP总量将达到54 233.57亿美元，合36.51万亿元(人民币)，超过西北欧空间城市系统32.76万元。因此，毫无疑问日本空间城市系统具有雄厚的经济逻辑基础，现在与将来都居于世界前位序列。

表12.1中我们采用了日本空间饱和GDP数值方法，即以日本国家GDP值为标准，我们所追求的是日本空间城市系统经济总量定性研究结果。需要指出，研究结果具有限定条件，例如在2017年到2027年，日本空间城市系统不能有大的经济危机，GDP平均增速要达到低限水平，整体涌现性调节适应机制有效。

我们以日本空间2017年GDP实现值为基准，以日本国家2010年到2017年GDP平均增长率为2017年到2027年GDP平均增长率。根据空间城市系统“整体涌

① 参见：丸山真男.日本的思想[M].欧建英，刘岳兵，译.北京：三联书店，2009。

现性"原理,日本空间城市系统一定会产生"GDP 整体涌现增长率",日本空间城市系统二次分岔将大大提升 GDP 整体涌现性。因此,将日本空间城市系统"GDP 整体涌现增长率"定为 1%是合适的。在上述限定条件下,我们得到表 12.1 日本空间经济总量及预测。

表 12.1 日本空间经济总量及预测

类别	2017 年 GDP(亿美元)	GDP 年平均增长率(%)	GDP 整体涌现性(%)	GDP 年增长率(%)	2027 年预计 GDP(亿美元)
日本空间	43 421.6	1.49	1	2.49	54 233.57

12.1.2 日本空间城市系统主体分析

1) 日本空间城市系统层次

日本空间城市系统为一个"海岛型国家空间城市系统",可以分为两个层级:一是日本空间城市系统;二是由东京"城市集合区 CAR"、京阪神"城市集合区 CAR"、中京"城市集合区 CAR"、札幌、仙台、宇都宫、新潟、静冈—滨松、冈山、广岛、松山—高松、北九州—福冈等形成的 12 个一级空间城市子系统。其中,东京"城市集合区 CAR"空间城市系统、京阪神"城市集合区 CAR"空间城市系统、中京"城市集合区 CAR"空间城市系统为牵引空间,对其他空间城市子系统起到序参量统摄作用。

2) 日本空间城市系统空间形态

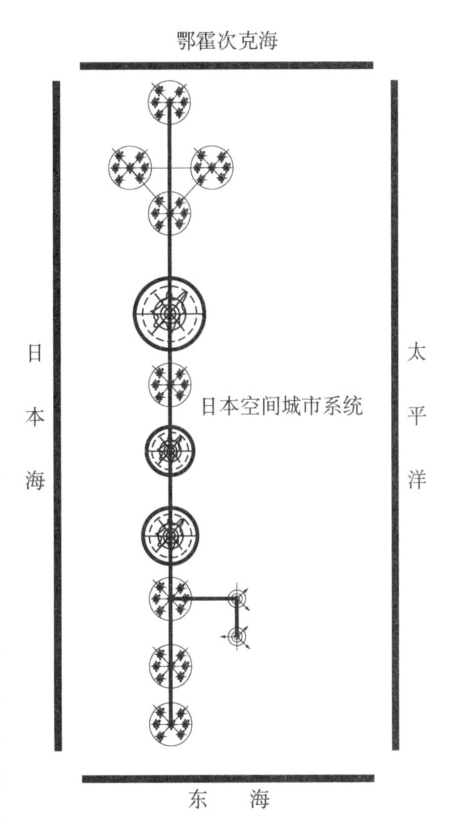

图 12.8 日本空间城市系统空间形态拓扑图

如图 12.8 所示,日本空间城市系统整体呈条带状南北方向分布。东京"城市集合区 CAR"、京阪神"城市集合区 CAR"、中京"城市集合区 CAR"以及"静冈—滨松"子系统居于中央空间。札幌、仙台、宇都宫、新潟子系统居于北部空间。冈山、广岛、松山—高松、北九州—福冈子系统居于南部空间。日本海为日本空间城市系统西向"地理隔离线",太平洋为日本空间城市系统东向"地理隔离线",鄂霍次克海为日本空间城市系统北向"地理隔离线",东海为日本空间城市系统南向"地理隔离线"。日本海岛型国家空间城市系统,是以国家边界为空间城市系统空间形态边界线的。

3）日本空间城市系统空间结构

(1) 日本空间城市系统空间结点

如图 12.9 所示，日本空间城市系统空间结构包括：东京“牵引城市集合区”TCAR、京阪神“牵引城市集合区”TCAR(一)、中京“牵引城市集合区”TCAR(一)，札幌、仙台、宇都宫、新潟、静冈—滨松(双核)、冈山、广岛、松山—高松(双核)、北九州—福冈(双核)主中心城市 MC，旭川、函馆、青森、秋田、山形、福岛、郡山、磐城、长野、横须贺、富山、丰田、和歌山、高知、福山、熊本、鹿儿岛、长崎、宫崎、大分等辅中心城市 AC，带广、夕张、陆奥、米泽、日立、鸭川、根羽、彦根、江津、行桥、南萨摩等基础城市 BC。

图 12.9　日本空间城市系统空间结构

注：本国为笔者根据谷歌地图自制，不含全部国土。

(2) 日本空间城市系统空间轴线

如图 12.9 所示,日本空间城市系统空间结构主轴为:札幌—函馆—青森—仙台—宇都宫—东京—“静冈—滨松”—名古屋—大阪—冈山—广岛—福冈—北九州,该主轴线为日本空间城市系统的北南大动脉,必须建立航空飞机、高速铁路、高速公路、高速水运的复合高速交通地理连接。日本空间城市系统空间结构支轴线的地理连接,可以通过城际高速铁路、地下铁路、高速公路地理连接方式来解决。日本已经具备优良的空间地理连接基础,以“新干线”为代表的高速铁路为世界空间城市系统树立了榜样。

(3) 日本空间城市系统网络域面

如图 12.9 所示,日本空间城市系统网络域面覆盖北海道岛、本州岛、四国岛、九州岛全部国土面积。札幌、东京、松山、福冈是日本空间城市系统网络域面的四个区域中心。日本拥有优良的高速信息联结与能源输送体系,它们与“高速人流联结”形成了日本空间城市系统网络域面的主要内涵。

12.1.3 日本空间城市系统分岔分析

1) 日本空间城市系统近耗散态

(1) 日本空间城市系统“近耗散态”概念

所谓“近耗散态”是指日本空间城市系统临近分岔之前的状态,分为“近耗散态线性区”与“近耗散态非线性区”两个阶段。在日本空间城市系统“近耗散态阶段”,空间集聚动因、空间扩散动因、空间联结动因间的非合作博弈实现了均衡,到达了“动因博弈均衡点”,形成了日本空间城市系统动因。在空间巨涨落作用下:即东京“牵引城市集合区”TCAR、京阪神“牵引城市集合区”TCAR(一)、中京“牵引城市集合区”TCAR(一),札幌、仙台、宇都宫、新潟、静冈—滨松(双核)、冈山、广岛、松山—高松(双核)、北九州—福冈(双核)主中心城市 MC 的联合作用下,推动着日本空间城市系统向“分岔”快速进化。

就整体而言,日本空间城市系统“近耗散态”是一种高速变化的动态结构,近耗散态状态熵处于快速熵减状态,即 $dS \ll 0$。 日本空间城市系统“近耗散态”演化轨道稳定性处于李雅普诺夫稳定状态。通过“近耗散态演化”,日本空间从“城市体系”转化为“空间城市系统”。因此,日本空间城市系统近耗散态是一个“革命性”的高速动态进化阶段。

(2) 日本空间城市系统近耗散态线性区

所谓“近耗散态线性区”是指日本空间城市系统线性演化机制的最后阶段,在空间集聚动因、空间扩散动因、空间联结动因的“非合作博弈均衡” 动力机制作用下,日本空间城市系统近耗散态结构高速地发生着变化。在近耗散态线性区,昂萨格倒易原则支配着日本空间城市系统进化的空间机理,任何空间流动应对日本空间城市系统都有相同的动力作用,即 $L_{ij}=L_{ji}$。

在“近耗散态线性区”,日本空间城市系统本质上仍然是“城市体系”性质,它的空间城市系统整体涌现性开始发生，但远没有生成。“近耗散态线性区”已经远离“空间城市系统平衡态”，其空间要素分布已经趋于有序结构。因此，“近耗散态线性区”是一个高速变化的“动态结构”，趋向有序的方向已经不可逆化了。“近耗散态线性区”的功能也处在高速变化的过程中，它的“空间城市系统功能”开始产生，而“城市体系功能”逐渐弱化。

(3) 日本空间城市系统近耗散态非线性区

所谓“近耗散态非线性区”是指日本空间城市系统非线性演化机制的开始阶段，在“近耗散态非线性区”，日本空间城市系统是一种随机动态的涨落结构，拥有李雅普诺夫稳定相空间演化轨道，拥有稳定结点型不动点。日本空间城市系统“近耗散态非线性区”开始拥有吸引子与吸引域，它们指向日本空间城市系统分岔。

“近耗散态非线性区”是日本空间城市系统演化分岔的临界阶段，空间梯度、空间涨落、空间流博弈均衡，是该阶段的空间动力机制，其中系统涨落作用机制发挥最后的作用。在东京、京阪神、中京“牵引城市集合区”TCAR 与九个主中心城市 MC “空间巨涨落”作用下，日本空间城市系统快速趋向于“分岔”，“分岔”是近耗散态非线性演化的目的吸引子。

在“近耗散态非线性区”，日本空间城市系统本质上已经脱离“城市体系”性质，趋向于空间城市系统性质，日本空间城市系统“整体涌现性”大量涌现。“近耗散态非线性区”空间要素分布已经接近有序结构，但它是一个高速变化的动态“临界结构”。此阶段，“日本空间城市系统功能”已经产生，代替了“日本城市体系功能”。

2）日本空间城市系统分岔

如图 12.10 所示，“分岔”是日本空间城市系统演化的终极目标，它意味着日本空间城市系统整体涌现性的大量产生，标志着日本人居空间进入了新的阶段。日本空间城市系统分岔，是在东京、京阪神、中京“牵引城市集合区”TCAR，以及九个主中心城

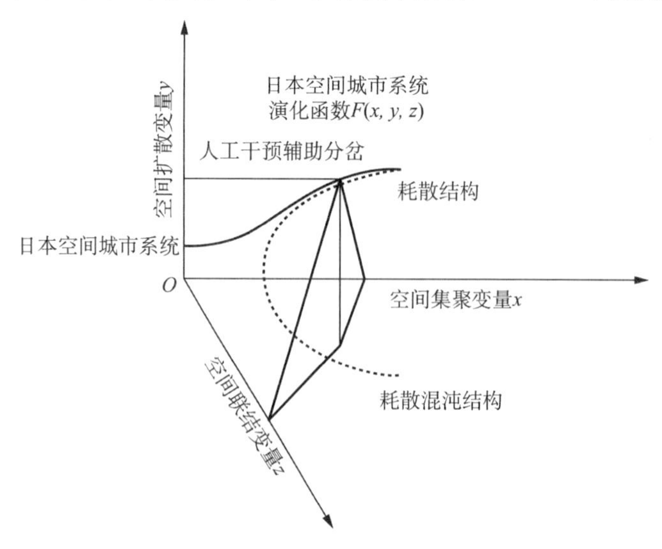

图 12.10　日本空间城市系统分岔

市 MC 的宏观量级“空间巨涨落”动力作用下产生的，它的数学表达公式为

$$\sigma = \alpha N^{-1/4} \tag{12.2}$$

其中，σ 表示日本空间城市系统“相对涨落”概率分布率，α 代表空间要素系数表征空间要素概率分布，N 表示日本空间城市系统“微观空间要素”平均数，详细内容参见第 5 章“空间涨落定量表述”部分。

经分析判断，日本空间城市系统具有两次“分岔”：第一次分岔机理如上述分析；日本空间城市系统第二次分岔即机理如后所述。

3）日本空间城市系统耗散结构

（1）日本空间城市系统耗散结构概念

如前所述，“日本国家中心空间战略”的“北都城市集合区 CAR”与“南都城市集合区 CAR”对日本国家 21 世纪发展意义十分重大。“耗散结构”是日本空间城市系统“北都城市集合区 CAR”与“南都城市集合区 CAR”第二次分岔之前的过渡状态。因此，日本空间城市系统“耗散结构”具有特别重要的实践意义，希望日本政府与学界对此给予高度重视。

所谓“耗散结构”是指日本空间城市系统“分岔”之后时空序上的有序状态。“耗散结构”状态的日本空间城市系统，具有“整体涌现性”，具有稳定的“空间形态”与“空间结构”。日本空间城市系统“耗散结构”宏观上由“状态熵 S”表示，具有统计确定性。微观上由“扰动熵 S_d”表示，具有随机不确定性。空间城市系统“耗散结构”的基本性质为随机动态属性，它是多级空间城市系统演化的起始状态。日本空间城市系统“耗散结构”具有一般自组织系统耗散结构的性质，又具有自己特殊的规律，例如日本空间城市系统第二次分岔，“北都城市集合区 CAR”与“南都城市集合区 CAR”双吸引子现象。“耗散结构”是日本空间城市系统二次分岔的起始状态。我们以概率数学方法定量表述日本空间城市系统“耗散结构”：

$$p_k = P\{X = x_k\} \tag{12.3}$$

其中，P 表示日本空间城市系统随机概率，X 表示日本空间城市系统随机变量，p_k 为对应随机变量 x_k 的随机概率。

（2）日本空间城市系统耗散结构“扰动熵 S_d”

日本空间城市系统“耗散结构”状态要靠“扰动熵 S_d”表示。“扰动熵 S_d”表述了日本空间城市系统“耗散结构”被扰动的瞬时状态演化情况：“扰动熵减”表示日本空间城市系统为瞬时进化状态，即 $S_d < 0$；“扰动熵增”表示日本空间城市系统为瞬时退化状态，即 $S_d > 0$；“扰动熵为零”表示日本空间城市系统为瞬时静止状态，即 $S_d = 0$。就物理意义而言，“扰动熵 S_d”反映了日本空间城市系统“耗散结构”空间要素微扰的基本情况。因此，“扰动熵 S_d”是日本空间城市系统当下的重要指标，不仅有抽象理论意义，更具有实践应用价值。日本空间城市系统“耗散结构”“扰动熵 S_d”计算公式为

$$S_d = S_b \pm \Delta S \tag{12.4}$$

其中，S_b 表示日本空间城市系统势垒熵，$\pm \Delta S$ 表示日本空间城市系统界定熵。日本空间城市系统“扰动熵减 $-S_d$” 为负值表示空间要素有序扰动作用，“扰动熵增 $+S_d$” 为正值表示空间要素无序扰动作用。日本空间城市系统耗散结构“扰动熵 S_d” 的物理意义代表了空间要素微扰变化，即“日本国家中心空间战略” 产生的“空间涨落”，导致日本空间城市系统“耗散结构” 瞬时状态变化的情况。

(3) 日本空间城市系统“宏观状态熵 S”与“扰动熵 S_d” 关系

因为日本空间城市系统始终处于“耗散结构”定态，所以日本空间城市系统“宏观状态熵 S” 为非正值，即 $\mathrm{d}S \leqslant 0$。如图 12.11 所示，日本空间城市系统“宏观状态熵 S” 是日本空间城市系统“扰动熵 S_d” 的界定值，界定区间为$[+\Delta S, -\Delta S]$，日本空间城市系统“宏观状态熵 S” 在数量上等于当时日本空间城市系统“扰动熵” 的绝对值，即 $S = -|S_d|$。日本空间城市系统“宏观熵状态 S” 是“扰动熵 S_d” 的长时段限制条件，日本空间城市系统“扰动熵 S_d” 是日本空间城市系统“宏观状态熵 S” 的瞬时绝对值表达变量。

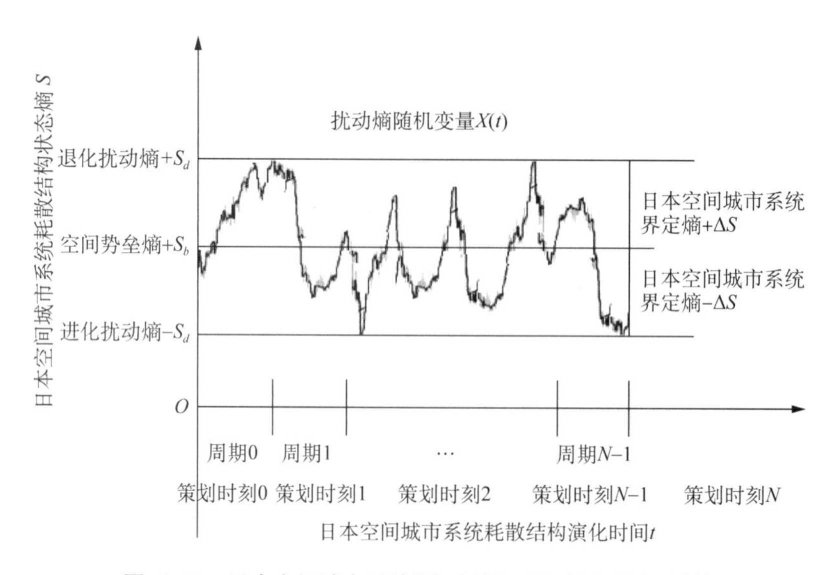

图 12.11 日本空间城市系统“扰动熵机理与马尔可夫决策”

(4) 日本空间城市系统扰动熵马尔可夫计算方法

如图 12.11 所示，日本空间城市系统耗散结构“扰动熵” 可以用一个随时间变化的随机变量 $X(t)$ 来描述，则日本空间城市系统“扰动熵” 可以表述为一个马尔可夫随机过程。马尔可夫链是日本空间城市系统“扰动熵” 随机变量 $X(t)$ 的基本表达方法，即“耗散结构”t_n 时刻的扰动熵，只与“耗散结构”t_{n-1} 时刻的扰动熵有关，与更早时刻随机变量 $X(t)$ 的取值无关。“扰动熵” 随机变量 $X(t)$ 只对最近的演化数据有记忆，表示为扰动熵跃迁概率 $P(x_n, t_n | x_{n-1}, t_{n-1})$。设日本空间城市系统“耗散结构”任意 n 个相继时刻 $t_1 < t_2 < \cdots < t_n$，则日本空间城市系统“耗散结构” 扰动熵 S_d 概率分布为

$$S_d = \prod_{i=2}^{n} P(x_i, t_i | x_{i-1}, t_{i-1}) S_b \tag{12.5}$$

详细推导过程可见:第 5 章中"耗散结构'扰动熵原理'"部分。公式(12.5)说明,对于日本空间城市系统"耗散结构",我们可以测得任意时刻 t_i 与 t_{i-1} 的瞬时熵值,获得扰动熵跃迁概率 $P(x_i, t_i | x_{i-1}, t_{i-1})$。此时,日本空间城市系统"耗散结构"的扰动熵 S_d 等于扰动熵跃迁概率与空间势垒熵 S_b 的连乘积。在日本空间城市系统"耗散结构"过渡时间段,通过"扰动熵 S_d"的定量数值,就可以确定当时日本空间城市系统"耗散结构"的演化状态情况,即"耗散结构"处于瞬时进化或退化的振荡情况。

由此,我们就可以根据日本空间城市系统"耗散结构"与"扰动熵原理",定性与定量化掌握日本空间城市系统"耗散结构"的瞬时状态,这个"耗散结构过渡过程"可以用公式表达为

东京 ⋃ 京阪神 ⋃ 中京"城市集合区 CAR" → 北都 ⋃ 南都"城市集合区 CAR" (12.6)

日本空间城市系统"耗散结构过渡过程"瞬时状态情况,对于日本空间城市系统第二次分岔,对于"日本国家空间发展战略"包括"日本国家中心空间战略"与"日本空间城市系统战略",具有极其重要的实践意义,是日本国家空间规划与空间治理的重要科学根据。

4)日本空间城市系统二次分岔

日本东京"城市集合区 CAR"的空间扩散,京阪神"城市集合区 CAR"与中京"城市集合区 CAR"的空间优化,日本"北都城市集合区 CAR"与"南都城市集合区 CAR"的空间集聚,将形成"日本空间城市系统动因",推动日本空间城市系统走向第二次分岔(图 12.12)。

(1)日本空间城市系统第二次分岔"空间巨涨落"

日本空间城市系统第二次分岔需要更大数量级的宏观"空间巨涨落"才能实现,也就是说需要微观空间要素 N 的行为涨落到达更高的数量级,如人口要素、城市职能要素、土地面积要素等。而这种巨大规模的宏观"空间巨涨落",只有通过日本"北都城市集合区 CAR"与"南都城市集合区 CAR"空间战略才能实现。在日本空间城市系统跃迁至第二次分岔的瞬间,则宏观"空间巨涨落"加剧放大为

$$\sigma = \alpha N^0 \tag{12.7}$$

其中,σ 表示日本空间城市系统二次分岔"空间巨涨落"概率分布率,α 代表空间要素系数表征空间要素概率分布,N 表示日本空间城市系统"微观空间要素"平均数。显然,公式(12.7)表示了一个比公式(12.2)第一次分岔"空间涨落"更大数量级的,第二次分岔"空间巨涨落"。第二次分岔"空间巨涨落"表现为:日本"北都城市集合区 CAR"与"南都城市集合区 CAR"的空间集聚动因。

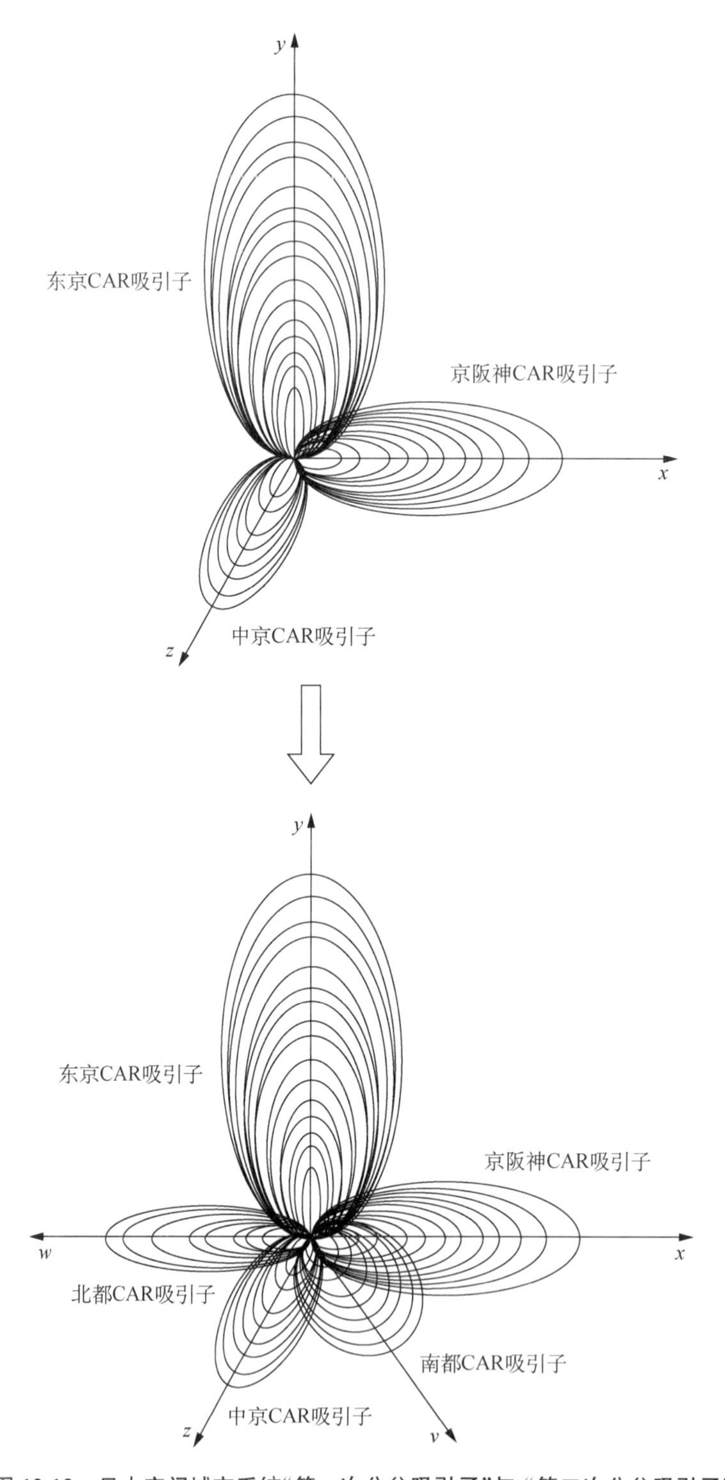

图 12.12　日本空间城市系统“第一次分岔吸引子”与“第二次分岔吸引子”

（2）日本空间城市系统两次分岔吸引子

如图 12.12 所示，日本空间城市系统第一次分岔是在“东京 CAR 吸引子、京阪神 CAR 吸引子、中京 CAR 吸引子”联合作用下发生的，它表现为一个三维度分岔吸引子“空间极限环”。

如图 12.12 所示，日本空间城市系统第二次分岔则是在“东京 CAR 吸引子、京阪神 CAR 吸引子、中京 CAR 吸引子、北都 CAR 吸引子、南都 CAR 吸引子” 联合作用下发生的，它增加为一个五维度分岔吸引子“空间极限环”，大大增加了日本空间城市系统复杂程度。

（3）日本空间城市系统第二次分岔

如图 12.13 所示，日本空间城市系统第二次分岔最重要特征是“强力人工辅助干预”，即“日本国家空间发展战略”包括“日本国家中心空间战略”与“日本空间城市系统战略”强力人工辅助干预。其中东京“城市集合区 CAR”的空间扩散，以及“北都城市集合区 CAR”与“南都城市集合区 CAR”的空间集聚，是“序参量强力人工辅助干预”。强力人工辅助干预“内部动力”导致第二次分岔，是日本空间城市系统的特殊性，这是很有利的第二次分岔条件。因此，这就要求日本政府与学术界、规划界认识到“日本国家空间发展战略”的重要性，切实做好相应的“空间规划”与“空间政策”，达致“强力人工辅助干预”。

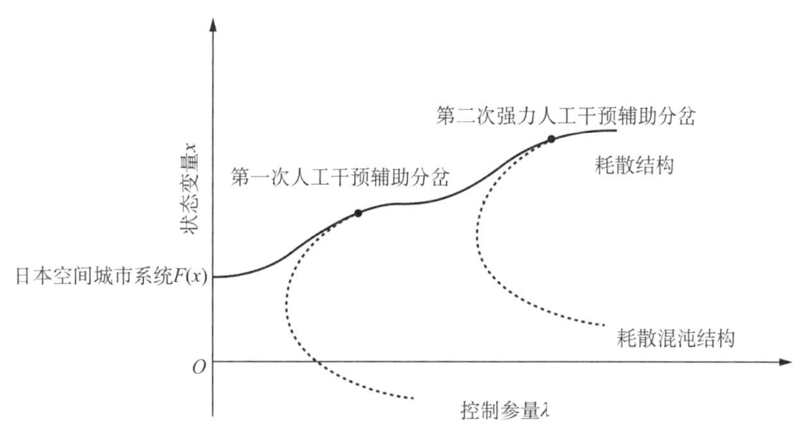

图 12.13 日本空间城市系统二次分岔

5）日本空间城市系统分岔控制

（1）日本空间城市系统分岔控制原理

所谓日本空间城市系统分岔控制，关键是对“分岔状态”进行控制，我们给予简要介绍。“分岔状态控制任务”关键是对两次分岔的“空间集聚变量、空间扩散变量、空间联结变量”进行控制，也就是对“日本空间城市系统状态空间”进行控制，“日本空间城市系统状态矢量”可以表示为

$$\boldsymbol{x}(t)=\begin{bmatrix}x_1(t)\\x_2(t)\\x_3(t)\end{bmatrix} \tag{12.8}$$

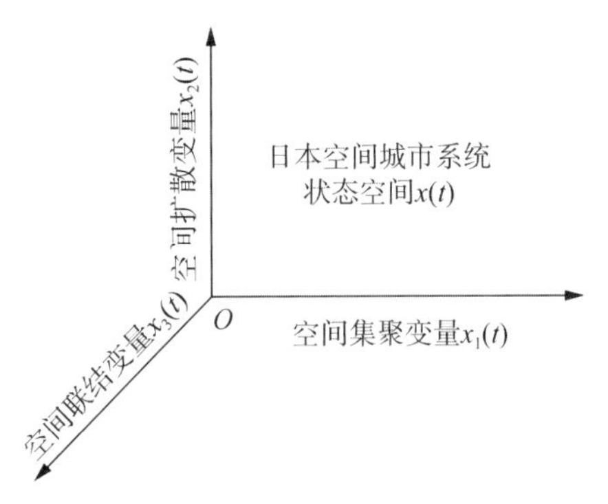

图 12.14　日本空间城市系统状态空间

如图 12.14 所示，“日本空间城市系统状态空间”空间集聚变量、空间扩散变量、空间联结变量所建构的三维空间为：通过对日本空间城市系统“空间集聚变量、空间扩散变量、空间联结变量”的控制，就可以实现对“日本空间城市系统分岔”的控制。

（2）日本空间城市系统分岔控制系统

如图 12.15 所示，为“日本空间城市系统分岔控制系统”，它适用于第一次分岔和第二次分岔。“日本空间城市系统分岔控制系统”主要元器件包括：

第一，被控制对象，就是“日本空间城市系统分岔状态”。

第二，执行机构，就是“控制者”，即日本空间城市系统分岔科学研究机构。

第三，自组织修正器，用于对“自组织性质变量”，例如人变量与政治变量等，进行自镇定控制、自寻最优点控制、自适应控制等。

第四，比较器，用于对输入信号与反馈信号进行比较。

第五，控制器，用于对“控制流程及控制环节”适应调整。

第六，传感器，检测装置，以满足“空间集聚变量、空间扩散变量、空间联结变量”信号的反馈要求。

第七，偏差，日本空间城市系统分岔状态“预期输出相应”与“实际输出相应”（反馈信号）之间的“差值”，是日本空间城市系统分岔状态控制依据。

第八，空间集聚动因，输入—输出信号。

第九，空间扩散动因，输入—输出信号。

第十，空间联结动因，输入—输出信号。

日本空间城市系统分岔控制还可以进行“日本空间城市系统整体协调控制”“空间结构控制”“空间存量控制”，详见第 7 章“空间城市系统控制理论”。

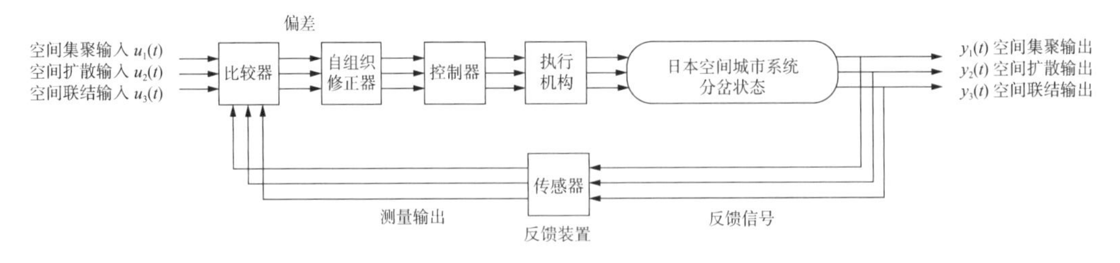

图 12.15　日本空间城市系统分岔控制系统

6）日本空间城市系统的典范意义

（1）日本空间城市系统基础雄厚

日本空间城市系统是世界公认的“人居空间新形式”命题，具有很强的学理性基础。从戈特曼的“日本太平洋沿岸大都市连绵带”概念，到日本本土的都市圈理论，以及“都市圈与大都市圈” 实践，都为“日本空间城市系统”奠定了翔实、可靠、科学的基础。

日本空间城市系统还具有可靠的客观事实根据，即“日本空间野外科学考察”。通过“日本空间野外科学考察”证实了根据夜间卫星灯光分布所认定的东京“城市集合区CAR”、京阪神“城市集合区 CAR”、中京“城市集合区 CAR”，而且这对于“城市集合区CAR”理论创新意义重大。

日本空间城市系统具有科学事实基础，如本节表述的那样：空间城市系统诸多理论在“日本空间城市系统”得到了很好的应用，完全契合了日本空间的实际情况。“空间城市系统理论”为预见范式，而这种“实践与理论的契合”说明“日本空间城市系统”为世界罕见的超前进化型“人居空间新形式”。

（2）日本空间城市系统演化优良

日本空间城市系统的成熟在于日本国家空间坚持不懈的“规划与建设”，在于日本政府、企业、学界的努力，在于日本国民伟大的工作。

① 空间研究

日本空间研究起始早而且保持了连贯性，1951 年木内信藏提出了“三地带学说”，形成了都市圈概念；20 世纪 60 年代进一步提出了“大都市圈”概念；70 年代至 80 年代形成了都市圈理论；90 年代之后形成了比较成熟的都市圈理论体系。日本都市圈理论体系在世界人居空间演化理论中独树一帜，保持了鲜明的日本特色，产生了很大的影响。

② 空间结构

日本空间城市系统空间结构发育优良，形成了“牵引城市集合区”TCAR、主中心城市 MC、辅中心城市 AC、基础城市 BC，具有日本特色的城市体系。日本城市空间存量集聚完善，具有东京世界城市、大阪国际城市的城市地位。日本空间城市系统网络域面天然清晰，分为北海道、本州、四国、九州四个板块，后天发育成熟具有空间人流、空间物流、空间信息流流畅特点。

③ 空间联结

特别需要指出的是日本空间地理连接发达，高速铁路、城际高速铁路、地下铁路起步早、规划好、效率高举世公认。日本空间“高速空间连接”“高速信息联结”“高效能源输送”为日本空间城市系统产生与进化奠定了坚实的基础。

（3）日本空间城市系统居于前沿

日本空间城市系统居于世界人居空间演化的前沿，它产生了东京“城市集合区CAR”、京阪神“城市集合区 CAR”、中京“城市集合区 CAR”这种现代人居空间形式。日本空间城市系统已经或者完成了“分岔”，正在走向第二次分岔。图 12.12 所示，日本空间城市系统第二次分岔吸引子“东京 CAR 吸引子、京阪神 CAR 吸引子、中京CAR 吸引子、北都 CAR 吸引子、南都 CAR 吸引子”，为 5 维度吸引子“空间极限环”，将导致一个高度复杂的日本空间城市系统，其整体涌现性数倍于现在。

（4）日本空间城市系统研究结语

日本空间城市系统进化成果世界公认，日本民族的进取精神可敬，日本社会的实干行为兴邦，“日本国家空间发展战略”可期待。纵观过去、检视现在、瞻望未来，日本空间城市系统具有光明的前途。

12.2 南美空间城市系统

12.2.1 南美空间城市系统逻辑分析

1）南美空间城市系统定义

（1）大都市连绵带

20 世纪 70 年代，戈特曼提出了：以巴西里约热内卢和圣保罗两大核心组成的复合体，可能成为大都市连绵带。戈特曼对巴西人居空间进化的这一预见，成为“南美空间城市系统”研究的学理性基础。大西洋西岸的南美洲区域是世界人类聚居的重要空间，而巴西到阿根廷的大西洋沿岸地区，地域广阔、地貌相对平坦、气候宜居，在欧洲文化的浸淫作用之下，产生了为数众多的 “城市”与“城镇”。

如图 12.16 所示，“南美空间城市系统”所在区域是南半球唯一人口高度集聚区，在世界人居空间中占有重要地位。“南美空间城市系统”的研究，是当代学者必须承担的历史使命，对于南美洲与世界都具有深远意义。本着对南美人居空间演化负责的科学精神，我们进行“南美空间城市系统”学理性研究。

图 12.16 南美空间城市系统覆盖区域

（源自：笔者根据 NASA 图自制）

经过 20 世纪 70 年代至 2019 年近 60 年的发展，在大西洋沿岸从巴西“福塔莱萨”到“圣保罗”再到阿根廷“布宜诺斯艾利斯”总计 4 044 km，形成了一个“城市连绵区”。根据客观事实与翔实数据，我们有理由逻辑化推断“南美空间城市系统”的存在是一个真理性结论。对“南美空间城市系统”的科学逻辑推论，是我们对戈特曼理论的继承和发展，“南美空间城市系统”是南半球唯一可期许空间城市系统。

(2) 南美空间城市系统概念

如图 12.17 所示，“南美空间城市系统”是一个 14 级跨国空间城市系统，涉及巴西、阿根廷、乌拉圭、巴拉圭四个国家，南美空间城市系统为“世界级空间城市系统”。南美空间城市系统包括圣保罗、布宜诺斯艾利斯、里约热内卢、巴西利亚、萨尔瓦多、累西腓、福塔莱萨、贝洛奥里藏特、坎皮纳斯、库里蒂巴、阿雷格里港、蒙得维的亚、罗萨里奥、科尔瓦多 14 个一级空间城市系统。可以分为：“北部空间城市系统”，以“巴西利亚—萨尔瓦多—累西腓”为中心轴；“中部空间城市系统”，以“圣保罗—里约热内卢”为中心轴；“南部空间城市系统”，以“布宜诺斯艾利斯”为中心。

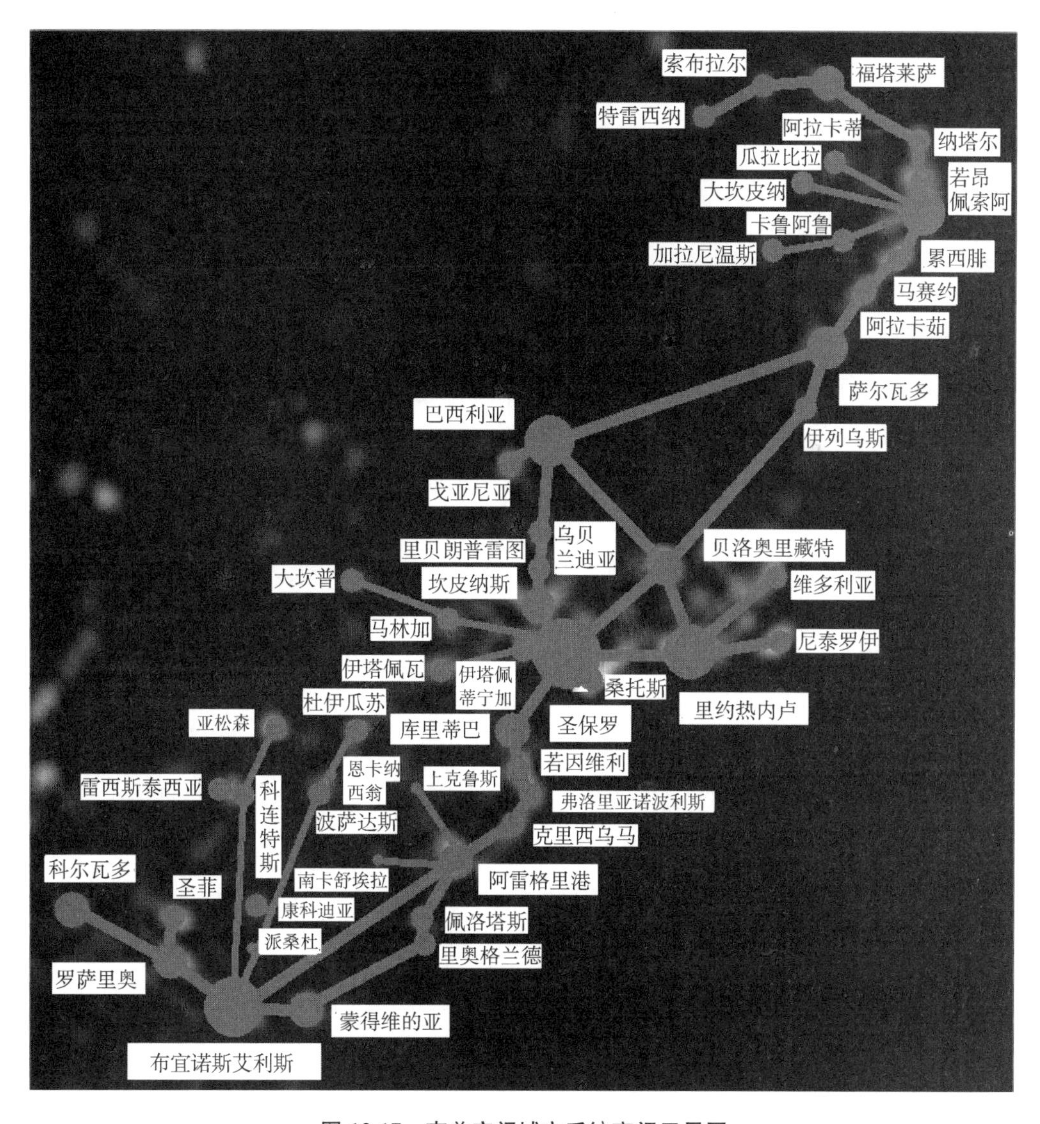

图 12.17　南美空间城市系统夜间卫星图

(源自：笔者根据 NASA 图自制)

"圣保罗"为南美空间城市系统的牵引城市 TC、"布宜诺斯艾利斯"为南美空间城市系统的辅助牵引城市 TC(一)、"里约热内卢"为南美空间城市系统的辅助牵引城市TC(一);巴西利亚、萨尔瓦多、累西腓为南美空间城市系统的主导城市 LC;福塔莱萨、贝洛奥里藏特、坎皮纳斯、库里蒂巴、阿雷格里港、蒙得维的亚、罗萨里奥、科尔瓦多为南美空间城市系统的主中心城 MC;特雷西纳、索布拉尔、纳塔尔、若昂佩索阿、瓜拉比拉、大坎皮纳、卡鲁阿鲁、加拉尼温斯、马塞约、阿拉卡茹、伊列乌斯、戈亚尼亚、维多利亚、尼泰罗伊、桑托斯、伊塔佩蒂宁加、伊塔佩瓦、马林加、大坎普、里贝朗普雷图、乌贝兰迪亚、若因维利、弗洛里亚诺波利斯、克里西乌马、佩洛塔斯、里奥格兰德、康科迪亚、波萨达斯、杜伊瓜苏、科连特斯、雷西斯滕西亚、亚松森、圣菲等城市,为南美空间城市系统的辅中心城市 AC;上克鲁斯、南卡舒埃拉、派桑松等城市,为南美空间城市系统的基础城市 BC。

(3) 南美空间城市系统特征

① "城市星系分布"特征

"南美空间城市系统"是一个典型的"城市星系分布",南美空间城市系统"城市星系分布"是指:圣保罗形成了 2 165 万人口体量"太阳城市",布宜诺斯艾利斯形成了 1 496 万人口体量"巨行星城市",里约热内卢形成了 1 329 万人口体量"巨行星城市";巴西利亚、萨尔瓦多、累西腓、坎皮纳斯形成了 271 万至 446 万级人口体量"矮行星城市";福塔莱萨、贝洛奥里藏特、库里蒂巴、阿雷格里港、蒙得维的亚、罗萨里奥、科尔瓦多形成了 100 万至 200 万级人口体量"卫星城市";特雷西纳、索布拉尔、纳塔尔、若昂佩索阿、瓜拉比拉、大坎皮纳、卡鲁阿鲁、加拉尼温斯、马塞约、阿拉卡茹、伊列乌斯、戈亚尼亚、维多利亚、尼泰罗伊、桑托斯、伊塔佩蒂宁加、伊塔佩瓦、马林加、大坎普、里贝朗普雷图、乌贝兰迪亚、若因维利、佛洛里亚诺波利斯、克里西乌马、佩洛塔斯、里奥格兰德、康科迪亚、波萨达斯、杜伊瓜苏、科连特斯、雷西斯滕西亚、亚松森、圣菲等形成了 10 万至 100 万级人口体量"小行星城市";上克鲁斯、南卡舒埃拉、派桑松等巨量城市与城镇形成了 10 万以下级"尘埃城市与城镇"。

"南美空间城市系统"城市分布如同太阳系的太阳、行星、矮行星、卫星、小行星、尘埃分布一样,按照牵引城市、主导城市、主中心城市、辅中心城市、基础城市等级进行空间分布。南美空间城市系统的城市体系齐全、城市集中度高,但是城市经济实力差。

② "北部—中部—南部"分段特征

从"福塔莱萨"到"圣保罗"到"布宜诺斯艾利斯",总计 4 044 km,"南美空间城市系统"可以分为北部、中部、南部三个空间段。以圣保罗为中心,北向约 2 370 km≫南向约 1 674 km,南向空间联结要优于北向空间联结。因此,"南美空间城市系统"向南扩展至"蒙得维的亚"与"布宜诺斯艾利斯"当然成立。

③ 人口集聚特征

如图 12.18 所示,巴西与阿根廷人口集聚特征明显:第一,东南沿海地区,以里约热内卢、圣保罗、布宜诺斯艾利斯最为集中。第二,东部沿海地区,沿贝伦到维多利亚海岸。第三，以巴西利亚为分界的北部、中部、西部人很少。阿根廷东部地区集中了全国 3/4 的人口，布宜诺斯艾利斯地区集中了全国人口的 1/3。阿根廷西部、南部、北部人口分布较少。巴西与阿根廷人口分布规律，完全符合了“南美空间城市系统”人口集聚特征。

图 12.18　巴西人口和城市分布

（源自：百度知道）

④ 城市等级化特征

第一，1 000 万级城市：圣保罗为 2 165 万人口；布宜诺斯艾利斯为 1 496 万人口，尚有周边拉普拉塔、拉努斯、阿韦亚内达、莫龙等卫星城市人口；里约热内卢为 329 万人口。

第二，200 万以上级城市：巴西利亚为 446 万人口；累西腓为 320 万人口；坎皮纳斯为 279 万人口；萨尔瓦多为 271 万人口；福塔莱萨为 265 万人口；贝洛奥里藏特为 210 万人口。

第三，100 万以上级城市：库里蒂巴为 184 万人口；阿雷格里港为 141 万人口；蒙得维的亚为 138 万人口；罗萨里奥为 100 万人口；科尔瓦多为 139 万人口。

第四，20 万至 100 万级城市：特雷西纳、索布拉尔、纳塔尔、若昂佩索阿、瓜拉比拉、大坎皮纳、卡鲁阿鲁、加拉尼温斯、马塞约、阿拉卡茹、伊列乌斯、戈亚尼亚、维多利亚、尼泰罗伊、桑托斯、伊塔佩蒂宁加、伊塔佩瓦、马林加、大坎普、里贝朗普雷图、乌贝兰迪亚、若因维利、弗洛里亚诺波利斯、克里西乌马、佩洛塔斯、里奥格兰德、康科迪亚、波萨达斯、杜伊瓜苏、科连特斯、雷西斯滕西亚、亚松森、圣菲等城市。

第五,20 万以下级城市与城镇:上克鲁斯、南卡舒埃拉、派桑松等巨量城市与城镇。

“南美空间城市系统”城市等级齐全,自组织演化特点明显,城市化率很高,城市质量一般,具有鲜明的南美人文城市特色。

⑤ 沿海岸分布空间特征

“南美空间城市系统”是一个典型的“沿海岸分布类型”的空间城市系统。从北部的福塔莱萨到南端的布宜诺斯艾利斯,一直沿着大西洋海岸线分布。“南美空间城市系统”沿海岸空间地理距离之长,位居世界空间城市系统第一位。

⑥ “南美文明”特征

“南美空间城市系统”具有鲜明的“南美文明”特征,又可以分为“巴西文化”与“阿根廷文化”,它们构成了南美文明的主体。“巴西文化”由欧洲文化、非洲文化、印第安文化混合形成,“阿根廷文化”由欧洲文化、土著文化混合形成。“乌拉圭文化”为“亚欧洲文化”类型,“巴拉圭文化”为典型的欧洲与土著“混血文化”。欧洲文化是“南美文明”的移入型主体文化,非洲文化是“南美文明”的移入型辅助文化,土著文化是“南美文明”的根源性文化。

2)南美空间城市系统地理逻辑

如图 12.19 所示,南美空间城市系统是一个沿大西洋海岸分布的“空间城市系统”,海岸平原低地为“北部空间城市子系统”与“中部空间城市子系统” 提供了地理基质,潘帕斯草原为“中部空间城市子系统”提供了基本地理基质。因此,“大西洋沿岸”是南美空间城市系统的基本地理环境因素。

巴西高原、巴拉那高原、潘帕斯草原是“南美空间城市系统”宏观地理环境因素,其中亚马孙河、安第斯山脉、巴拉那河、巴拉圭河为主要地理环境要素。南美空间城市系统气候可以分为:北部赤道气候,中部热带气候,南部温带气候三个气候类型。

如图 12.19 所示,从“福塔莱萨”到“科尔瓦多”地理距离约 4 744 km,“南美空间城市系统”是世界排名第一的长距离空间城市系统,因此必须划分为“北部空间”“中部空间”“南部空间”三个空间段。另一方面,梯次衔接的地貌逻辑与宜人的海洋性气候,为“南美空间城市系统”奠定了可靠的地理逻辑基础。

3)南美空间城市系统人文逻辑

欧洲文明为南美社会提供了基本的主体性内容,非洲文化为巴西社会提供了辅助性内容,土著文化为南美社会提供了辅助性内容。“南美文明”是一种杂交文化,殖民化、天主教、欧洲化、本土化是“南美文明”的基因。

巴西、阿根廷、乌拉圭、巴拉圭,都历了殖民统治、民族独立、左翼政治、军人政治、

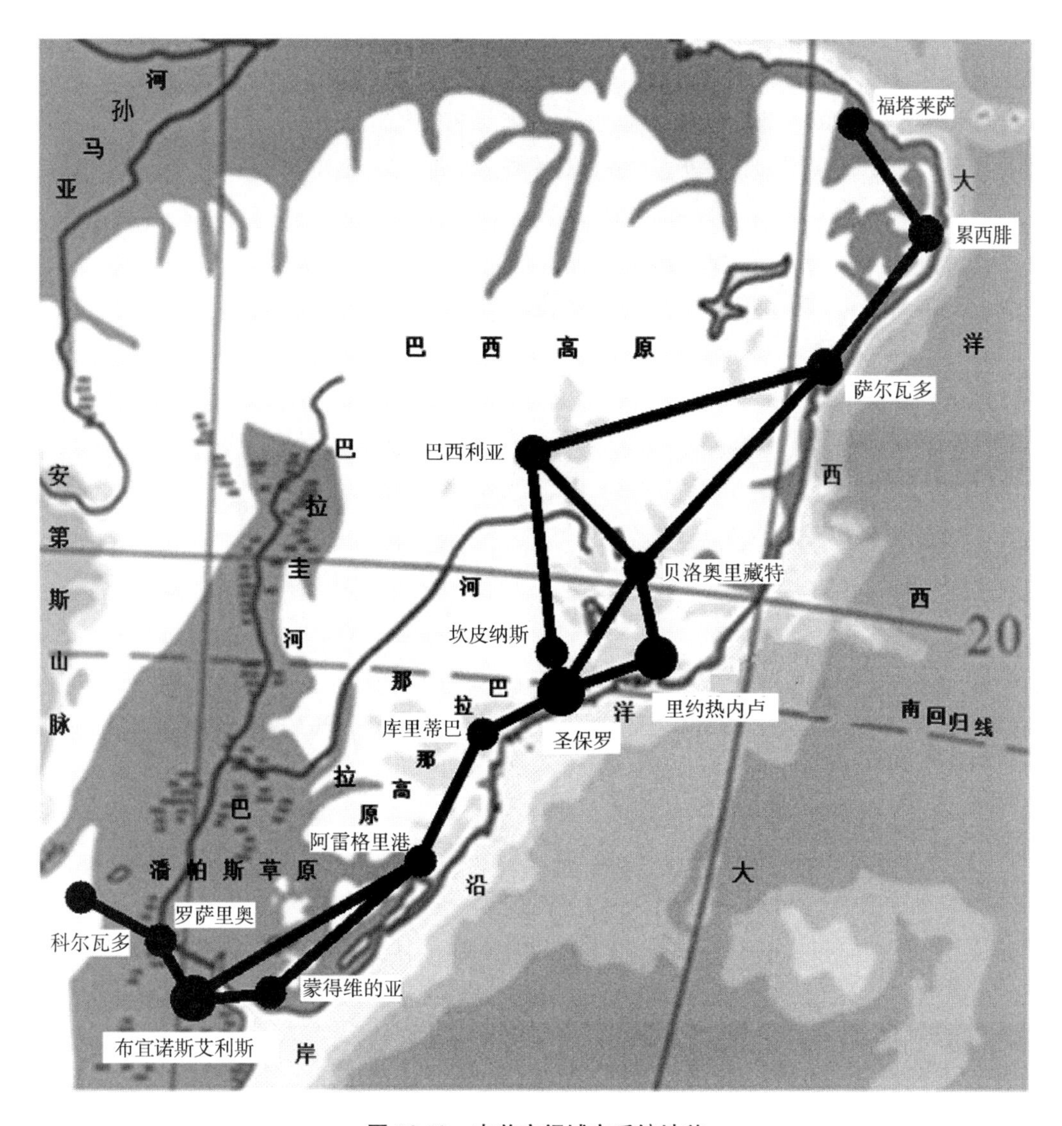

图 12.19　南美空间城市系统地貌

民主法治的社会进化历程，为先进的“南美空间城市系统文明”奠定了政治基础；南美社会共同的“生活文化哲学”决定了“南美空间城市系统文明”的生态环境基本取向；南美资源经济类型使南美民族敬畏自然热爱自然，“自然生态”必然占据南美空间城市系统的核心地位；南美社会“宗教信仰”是“南美空间城市系统文明”的基础，对上帝的敬仰使得“南美空间城市系统文明”不会偏离基本方向。

“南美空间城市系统文明”将是南美文明的预见模式，“生态文明”将是南美空间城市系统文明的主旨。综上所述，政治、文化、经济、宗教决定了“南美空间城市系统文明”的生态基本性，“生态”是南美文明的天然禀赋，南美各国家民族的“生态哲学”决定了这一点。因此，既往的“南美文明”可以为南美空间城市系统奠定坚实的人文逻辑基础，未来的“南美空间城市系统文明”必然是世界领先的“生态型空间城市系统文明”。

4）南美空间城市系统经济逻辑

如图12.20所示，巴西工业主要集中在东部与东南部，同样巴西规模化农业也主要在东部与东南部。因此，南美空间城市系统所在的“巴西东部与东南部”占巴西经济总量的85%是一个保守计算方法，我们命名为“巴西主体空间”。

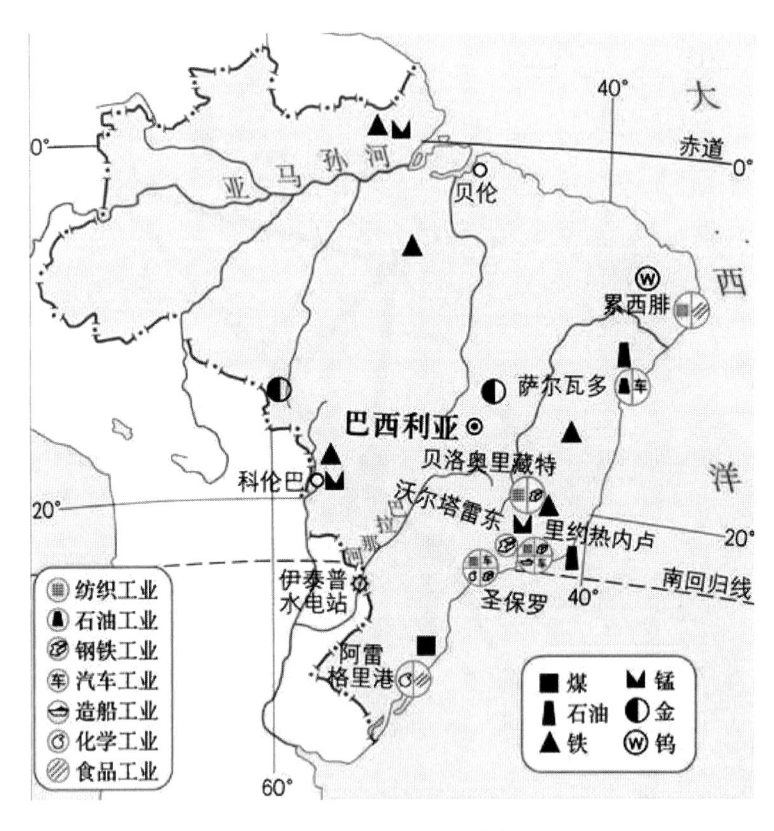

图12.20　巴西工业分布

（源自：百度知道）

阿根廷经济主要集中在潘帕斯草原为地理基质的东中部地区，阿根廷南部、西部、西北部地貌条件决定了它们不占有阿根廷经济的主要经济份额。因此，南美空间城市系统所在的“阿根廷中东部”占阿根廷经济总量的85%是一个保守计算方法，我们命名为“阿根廷主体空间”。

乌拉圭空间与巴拉圭空间，我们可以用它们国家经济总量计入。

在表12.2中，我们采用了“巴西主体空间”与“阿根廷主体空间”GDP数值方法，我们所追求的是南美空间城市系统经济总量定性研究结果。需要指出，研究结果具有限定条件，例如在2017年到2027年，南美空间城市系统不能有大的经济危机，GDP平均增速要达到低限水平，要尽量避免较大的经济波动，南美空间城市系统“整体涌现性”调节适应机制要有效。

我们以南美空间2017年GDP实现值为基准，以“南美主体空间”2010年到2017年GDP平均增长率为2017年到2027年GDP平均增长率。根据空间城市系统

“整体涌现性”原理，南美空间城市系统一定会产生“GDP 整体涌现增长率”。“南美主体空间”属于发展中经济体，具有后发优势，因此将南美空间城市系统“GDP 整体涌现增长率”定为 1.5%是合适的。在上述限定条件下，我们得到表 12.2“南美主体空间经济总量及预测”。

表 12.2 南美主体空间经济总量及预测

类别	2017 年 GDP（亿美元）	GDP 年平均增长率（%）	GDP 整体涌现性（%）	GDP 年增长率（%）	2027 年预计 GDP（亿美元）
巴西主体空间	17 454	1.39	1.5	2.89	22 498
阿根廷主体空间	5 417	2.34	1.5	3.84	7 497
乌拉圭空间	561	3.63	1.5	5.13	848
巴拉圭空间	396	5.09	1.5	6.59	656
合计	23 828	—	—	—	31 499

由表 12.2 可知，“南美空间城市系统”2017 年 16.38 万亿元（人民币），在世界 16 个空间城市系统中位居第 11 位。由表 12.2 可知，“南美空间城市系统” 2027 年 GDP 总量将达到 3.14 万亿美元，合 21.65 万亿元（人民币），与“美国南部空间城市系统”2027 年 GDP 总量 21.66 万亿元（人民币）相当，接近“英国空间城市系统” 2027 年 GDP 总量 23.22 万亿元（人民币）。因此，“南美空间城市系统”具有坚实的经济逻辑基础。

5）南美空间城市系统问题与前途

（1）“南美空间城市系统”问题

① 历史原因

以巴西和阿根廷为主的“南美主体空间”没有世界性古代文明，仅具有部分地域性的“印第安文明”与“玛雅文明”。因此，起源性世界文化的短板决定了“南美主体空间”的内生源动力缺失。“欧洲殖民文化”与“非洲文化”“土著文化”形成了近现代“南美杂交文化”，这是一种在宗教束缚之下的南美地域文化，没有科学技术的世界主流内涵。因此，“南美空间城市系统”难逃发展迟缓的历史性命运了。

② 地理原因

以巴西和阿根廷为主的“南美主体空间”，远离近代世界文明中心“欧亚大陆”，与现代世界文明进化中心“北美大陆”又存在“基督新教”与“天主教”的宗教意识差异与相对地理隔离。葡萄牙文明与西班牙文明并非近现代欧洲文明的主流，因此在缺少剧烈文明竞争的边缘化环境中，“南美空间城市系统”只能步履缓慢的自组织发展了。

③ 宗教原因

以巴西和阿根廷为主的“南美主体空间”所接受的“天主教”是基督教中历史传承最悠久、文化沉淀最深刻、信徒最多的派别。另一方面“天主教”具有极度保守主义的特点，对内保守封建、对外阻碍新思维产生与交流。“天主教”对“南美主体空间”的思想束缚，是南美社会自身难于反省的，所谓“旁观者清”是也，开放与包容是现代世界主流文明的基本特征。

④ 文化原因

现代“南美杂交文化”是南美空间城市系统的基础，其中巴西文化堪称“感性文化”，特别是里约热内卢与萨尔瓦多的地方文化具有“非秩序特点”，阿根廷文化也属于“亚欧洲文化”。“南美杂交文化”带有强烈的“生活哲学观”色彩，与美国的“科学创新文化”形成鲜明的对比。“空间城市系统”是建立在现代科学技术基础之上的，因此“生活哲学观”对南美空间城市系统的影响就是负面的。

⑤ 经济原因

经济是“南美空间城市系统”的基础，而巴西与阿根廷经济都存在着严重的“结构性问题”，“结构瓶颈”是“南美主体空间”经济的关键。巴西经济在连续增长之后，没能进行“产业结构”升级，阿根廷经济根本上就是一种“偏颇结构”经济类型。

缺乏科技创新、经济波动性、通货膨胀、低储蓄率、中等收入陷阱、资源型经济等，是“南美主体空间”经济的通病，乌拉圭与巴拉圭经济体量太小只能算是“南美主体空间”经济的附属。

“南美主体空间”经济总量足以为“南美空间城市系统”提供经济基础，但是“南美主体经济问题”也使南美空间城市系统顺利产生与发展充满坎坷。只有一个健康稳定充满创新活力的“南美主体经济”，才能快速推动“南美空间城市系统”的良性发展。

“南美空间城市系统”的规划与建设，将给“南美主体空间”带来无限的经济与社会发展机会：首先，高速交通、高速信息、高压能源的空间联结建设，将大大促进巴西与阿根廷的基本建设；其次，高端生产者服务业，将提升圣保罗、布宜诺斯艾利斯、里约热内卢的高端服务业水平；最后，“南美空间城市系统”本质要求“南美文明”的提升，即政治治理现代化、科学技术创新、经济结构升级。

⑥ 创新原因

“理性思想创新”缺失是南美国家普遍存在的现象，对浪漫左翼思想的选择，对右翼极端思想的默许始终是南美社会的痼疾。“理性思想”是科学善治的基础，而南美“非理性文化”是“理性思想创新”的天敌。如此，动荡的政治结构很不利于“南美空间城市系统”的健康发展。

“科学技术创新”是经济发展的原动力，跟随型“殖民文化”抑制了科技创新，非洲文化与土著文化没有科技创新的基因，“南美主体空间”科学技术创新只能是愿望了。但是，巴西与阿根廷都具有“生物科学创新”“生态科技创新”的先天有利条件，创新制度与创新人才是关键。

“产品品牌创新”是一个常识性经济发展问题，“巴西品牌战略”与“阿根廷品牌战略”是起码的“产品品牌创新”手段。“南美空间城市系统”呼唤巴西、阿根廷、乌拉圭、巴拉圭的世界性“产品名牌”创新。

(2)“生态文明”前途

21世纪,人类社会面临新的机遇与挑战,“南美空间城市系统”具有创建“生态文明”的有利条件。“生态文明”将是南美空间城市系统文明的主旨,是南美主体空间对人类社会的巨大贡献。

首先,“南美生活哲学”价值取向于“生态文明”,两者具备天然契合点。其次,“南美主体空间自然环境”为“生态文明”奠定了物质基础。最后,“南美友善人地关系”为“生态文明”铺垫了顺利发展之路。正所谓“天时、地利、人和”是也,则“生态文明”大业可成。

“南美空间城市系统生态文明”将使“南美可持续人居空间系统”成为大概率事件,“聚落、城市、空间城市系统”和谐存在。因此,尽管发展道路坎坷曲折,但是“南美空间城市系统”具有十分光明的前途。

6)南美空间发展战略

如图12.21所示,“南美空间发展战略”基于“南美空间城市系统”基础之上,以“南美中心化”为目标,构建“南美生态文明”为宗旨,促进“南美主体空间”及南美空间的发展。“南美空间发展战略”将为南美国家21世纪发展提供基本动力源,使“南美文明”跻身于世界先进文明行列。

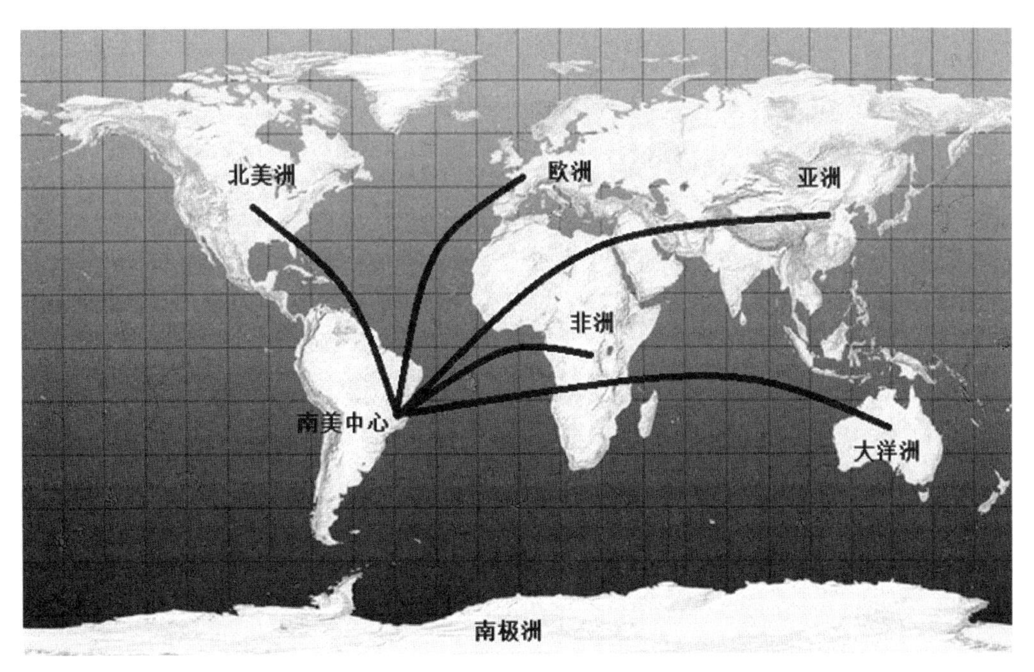

图12.21 南美空间发展战略示意图

(源自:笔者根据百度地图自制)

“立足南美特色、发挥南美优势、占据生态高端”是“南美空间发展战略”的基本出发点,“南美空间发展战略”系列文本主要包括八个方面。

(1)“南美中心化战略”

如图 12.21 所示,“南美中心化战略”是指“南美主体空间”将成为 21 世纪全球“生态文明中心”,从而使南美空间摆脱世界边缘状态,占据世界“生态文明”制高点。

“南美中心化战略”具有坚实的全球性生态环境基础:第一,亚马孙雨林。第二,南极冰盖。第三,大西洋。第四,太平洋。它们是地球生态环境的序参量。“南美中心化战略”具有世界性人类目标愿景,具有南美实践基础:第一,地球生态环境目标,南美生态环境实践。第二,地球可持续人居空间系统愿景,南美可持续人居空间系统实践。第三,“人地关系”目标,南美“人地关系”实践。

因此,“南美中心化战略”是人类社会共同的愿望,是地球生态环境重大紧迫所需,是“可持续人居空间系统”的必由之路。南美主体空间“生态文明中心”,为 21 世纪必将出现的全球性自组织现象。

(2)“南美大道战略”

如图 12.22 所示,“南美大道战略”是指规划建设“南美大道(South American Avenue)”,作为交流、旅游、考察、访问、合作等全方位的主轴通道。“南美大道 SAA”的起始点为巴西的福塔莱萨,终止点为阿根廷的科尔多瓦。巴西利亚为“南美大道 SAA”北部出入口,圣保罗为“南美大道 SAA”中部出入口,布宜诺斯艾利斯为“南美大道 SAA”南部出入口。在巴西利亚、圣保罗、布宜诺斯艾利斯规划建设世界性交通枢纽,如全球空港、世界海港、世界信息中心、南美高速铁路枢纽、南美高速公路枢纽等。

(3)“南美世界城市战略”

如图 12.22 所示,“南美世界城市战略”是指规划建设圣保罗世界城市、布宜诺斯艾利斯世界城市、里约热内卢国际城市。“南美世界城市战略”具体指向为:第一,世界生态文明中心。第二,世界思想创新中心。第三,世界品牌创新中心。第四,南美高端服务业中心。第五,南美科学技术创新中心。第六,南美空间经济社会中心。“南美世界城市战略”是“南美空间发展战略”的序参量战略,是巴西与阿根廷着重发力之处。

(4)“南美一体化战略”

“南美一体化战略”是在《南美洲国家联盟宪章》基础上,根据“南美空间城市系统”客观事实,进一步的“南美空间一体化发展战略”,可以分为六个方面。

① 南美一体化目标

“南美中心化战略”是 21 世纪南美空间的基本任务,因此“南美一体化”应该以“南美中心化”为共同奋斗目标。“生态文明”是 21 世纪人类社会的首要命题,“南美生态文明”将成为世界的中心焦点。因此,“南美一体化”中心化目标的基础是“生态文明”。

② 南美思想基础

始自玻利瓦尔的“南美思想”是“南美理性思想创新”的根源,“南美一体化”必须建立在“南美理性思想”基础之上。回顾南美空间发展历史,左翼与右翼思想的摇摆遗祸非浅,思想分裂是行为迥异的根源。稳定健康的政治结构是以“南美理性思想”为基本前提条件的。因此,“南美理性思想创新”是摆在南美社会面前的重大紧迫任务。

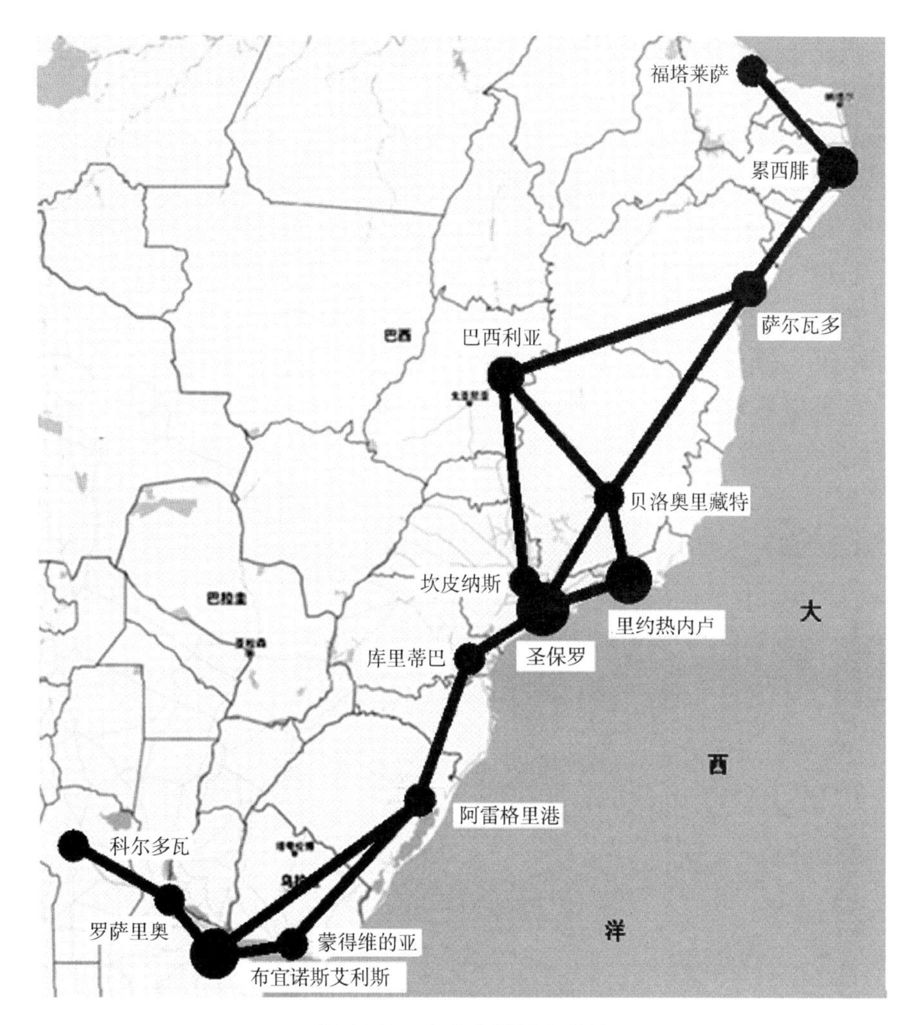

图 12.22　南美空间城市系统

注:本图为笔者根据谷歌地图自制,不含全部国土。

③ 南美组织原则

《南美洲国家联盟宪章》规定了一系列"南美组织原则",结合南美空间具体情况,借鉴欧盟成功经验就可以找到正确道路。需要特别指出的是:时间维度以"安第斯共同体""南方共同市场""南美国家共同体"《南美洲国家联盟》为基本轴线;空间维度以"南美空间城市系统"为核心。"南美组织原则"的愿景是——"21 世纪成为世界中心"。

④ 南美制度原则

"南美制度原则"是南美空间一体化的政治保障,以"南美理性思想"为基础,以"南美空间城市系统"为依托,本着既切实可行又长远打算的方针,制定"南美制度原则"。同样,"南美制度原则"的愿景是"21 世纪成为世界中心"。

⑤ 南美行为准则

所谓"南美行为准则"是指"南美一体化系统"演化应该遵循的基本规律:第一,方向正确,保持系统熵减。第二,循序渐进,阶段性进化。第三,不可逆过程,组织制度保障。第四,多次分岔,成熟即行动。第五,耗散混沌结构,由混沌到有序。第六,耗散结构,即目标状态。

⑥ 南美行动措施

所谓“南美行动措施”是指以“南美空间城市系统”为起始的“行政协同化”“货币一体化”“签证一体化”“通信一体化”“交通一体化”等“南美一体化”具体行动。

(5) “南美风光战略”

如图 12.23 所示,“南美风光战略”是指大西洋海岸、潘帕斯草原、伊瓜苏瀑布等“南美空间城市系统”所属区域内风景名胜。它们是巴西、阿根廷、乌拉圭、巴拉圭吸引世界各地人民的“吸引子”,“南美风光区”是世界 70 亿人民的后花园。“南美风光战

图 12.23 南美风光与生态

[源自:梦想时光(dreamstime)网站]

略”将给“南美空间城市系统”创生“生态文明产业”，南美空间城市系统“生态文明产业”将促进南美主体空间“经济结构升级”，南美主体空间“生态文明产业”在世界上是不可竞争的。

（6）“南美生态战略”

如图12.23所示，“南美生态战略”是指巴西高原生态、潘帕斯草原生态、亚马孙热带雨林生态、安第斯山脉生态、南极生态、大西洋生态、太平洋生态等南美洲相关自然生态。“南美生态区域”是世界生态文明的物质化表现，直接关系到全球生态环境的好坏。因此，“南美生态战略”事关世界政治、经济、社会，事关人类、地球、生态、环境等全球性议题，并不是一个简单的旅游战略。“南美生态战略”的成功制定，必将引起联合国等国际组织的高度重视与大力支持。

（7）“南美文明战略”

所谓“南美文明战略”是指南美混合文明、天主教文明、印加文明、玛雅文明、阿兹特克文明等。南美空间具有世界罕见的“文明多样性”，“南美文明战略”要利用南美空间“文明多样性”宝贵资源，向世界展示鲜活的“文明融合”，而非“文明冲突”。“南美生态文明”建立在南美空间“文明多样性”基础之上，它将是21世纪人类文明的灯塔。

（8）“南美文化战略”

所谓“南美文化战略”是指足球文化、桑巴舞文化、探戈文化，以及玻利瓦尔文化、圣马丁文化、格瓦拉文化等。“南美文化”具有鲜明的个性，符合现代人类价值取向，“南美文化”建立在南美主体空间“生活哲学观”基础之上，具有鲜活的生命力。“南美文化战略”将大大扩张南美空间城市系统的“文化产业”，南美空间城市系统“文化产业”将促进南美主体空间“经济结构升级”，南美空间城市系统“文化产业”在世界上是不可竞争的。

（9）“南美空间发展战略综述”

综上所述，“南美空间发展战略”是巴西、阿根廷、乌拉圭、巴拉圭等南美国家发展的方针性文件。“南美中心化战略”“南美大道战略”“南美世界城市战略”“南美一体化战略”“南美风光战略”“南美生态战略”“南美文明战略”“南美文化战略”“南美空间发展战略综述”是21世纪“南美空间城市系统”发展的分项纲领性命题。

对于“南美空间发展战略”，巴西、阿根廷、乌拉圭、巴拉圭等南美国家政府、大学、研究机构要有清醒认知和积极行动。联合国、南美洲国家联盟、美洲开发银行等国际组织，应该给予高度关注与大力支持。

12.2.2 南美空间城市系统主体分析

1）南美空间城市系统层次

南美空间城市系统为地理距离“超长型跨国空间城市系统”，可以分为三个层级：一是南美空间城市系统；二是“北部空间城市系统”“中部空间城市系统”“南部空间城市系统”；三是圣保罗、布宜诺斯艾利斯、里约热内卢、巴西利亚、萨尔瓦多、累西腓、福塔莱萨、贝洛奥里藏特、坎皮纳斯、库里蒂巴、阿雷格里港、蒙得维的亚、罗萨里奥、科尔瓦多等14个一级空间城市系统。其中,圣保罗空间城市系统、布宜诺斯艾利斯空间城市系统、里约热内卢空间城市系统为牵引空间,对其他空间城市子系统起到序参量统摄作用。

2）南美空间城市系统空间形态

如图12.24所示,南美空间城市系统整体呈条带状南北方向分布。以“巴西利亚—萨尔瓦多—累西腓”为中心轴,形成了“北部空间城市系统”;以“圣保罗—里约热内卢”为中心轴,形成了“中部空间城市系统”;以“布宜诺斯艾利斯”为中心形成了“南部空间城市系统”。圣保罗、布宜诺斯艾利斯、里约热内卢、巴西利亚、萨尔瓦多、累西腓、福塔莱萨、贝洛奥里藏特、坎皮纳斯、库里蒂巴、阿雷格里港、蒙得维的亚、罗萨里奥、科尔瓦多等14个主中心城市,各自形成了所属的一级空间城市系统。

大西洋为南美空间城市系统东向“地理隔离线”,亚马孙等河流为南美空间城市系统北向“地理隔离线”,安第斯山脉为南美空间城市系统西向“地理隔离线”。“南美空间城市系统”像一颗钻石镶嵌在南半球。

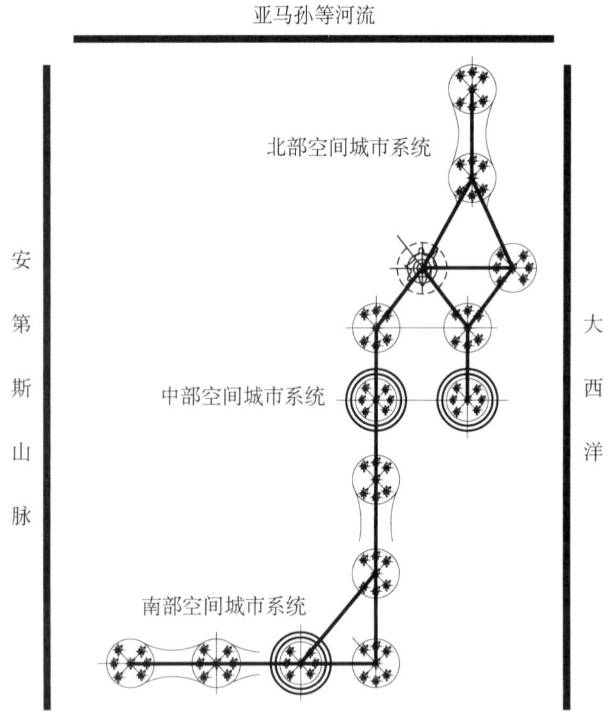

图12.24　南美空间城市系统空间形态拓扑图

3）南美空间城市系统空间结构

(1) 南美空间城市系统空间结点

如图12.25所示,南美空间城市系统空间结构包括:“圣保罗”牵引城市TC、“布宜诺斯艾利斯”辅助牵引城市TC(一)、“里约热内卢”辅助牵引城市TC(一);巴西利亚、萨尔瓦多、累西腓主导城市LC;福塔莱萨、贝洛奥里藏特、坎皮纳斯、库里蒂巴、阿雷格里港、蒙得维的亚、罗萨里奥、科尔瓦多主中心城MC;特雷西纳、索布拉尔、纳塔尔、若昂佩索阿、瓜拉比拉、大坎皮纳、卡鲁阿鲁、加拉尼温斯、马塞约、阿拉卡茹、伊列乌斯、戈亚尼亚、维多利亚、尼泰罗伊、桑托斯、伊塔佩蒂宁加、伊塔佩瓦、马林加、大坎普、里贝朗普雷图、乌贝兰迪亚、若因维利、弗洛里亚诺波利斯、克里西乌马、佩洛塔斯、里奥格兰德、康科迪亚、波萨达斯、杜伊瓜苏、科连特斯、雷西斯滕西亚、亚松森、圣菲等辅中心城市 AC；上克鲁斯、南卡舒埃拉、派桑杜等基础城市 BC。

(2) 南美空间城市系统空间轴线

如图 12.25 所示，“南美空间城市系统”空间结构主轴为：福塔莱萨—累西腓—萨尔瓦多—巴西利亚—贝洛奥里藏特—坎皮纳斯—圣保罗—里约热内卢—库里蒂巴—阿雷格里港—蒙得维的亚—布宜诺斯艾利斯—罗萨里奥—科尔多瓦，该主轴线为“南美空间城市系统”的北南大动脉，必须建立航空飞机、高速铁路、高速公路、高速水运的“多式联运高速交通系统”。“南美空间城市系统”空间结构支轴线地理连接，可以通过城际高速铁路、地下铁路、高速公路地理连接方式解决。

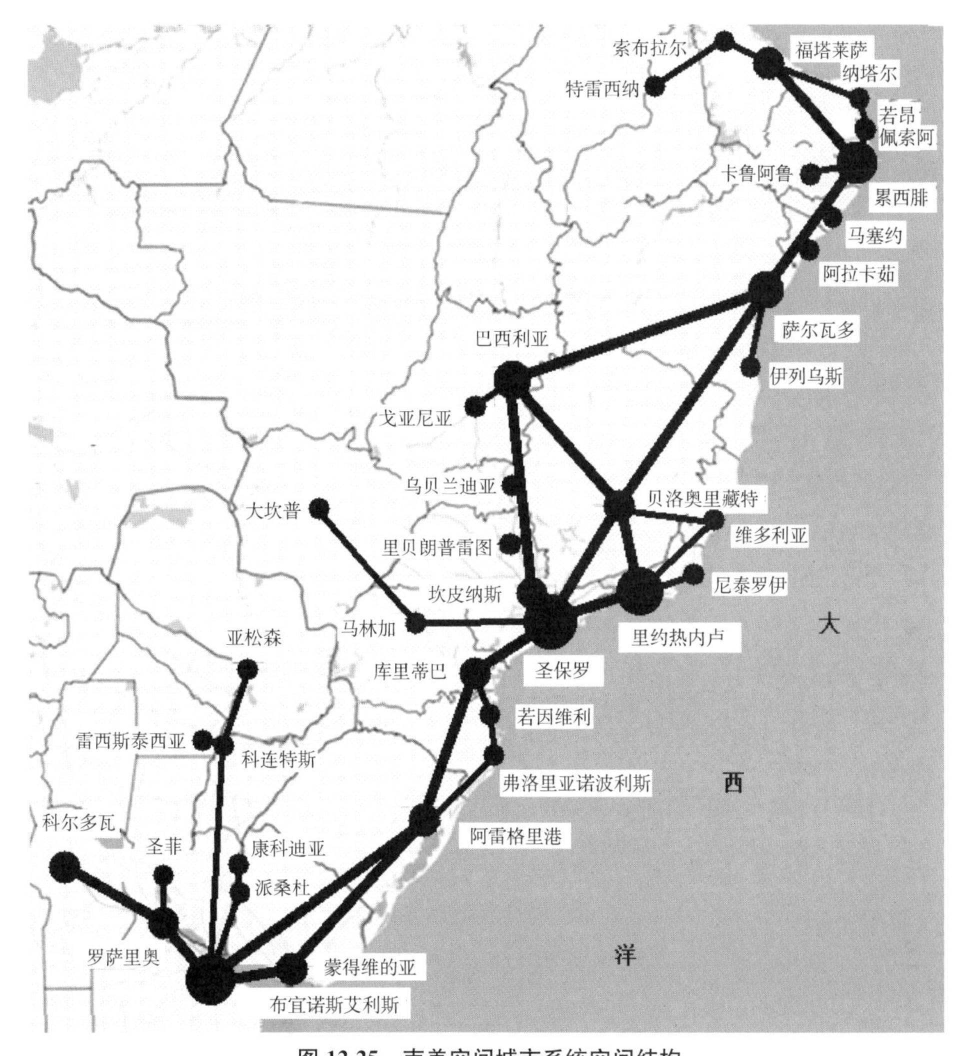

图 12.25　南美空间城市系统空间结构

注：本图为笔者根据谷歌地图自制，不含全部国土。

（3）南美空间城市系统网络域面

如图 12.25 所示，“南美空间城市系统”网络域面包括：北部空间城市系统网络域面、中部空间城市系统网络域面、南部空间城市系统网络域面。“南美空间城市系统”网络域面覆盖“南美主体空间”全部区域，兼顾巴西与阿根廷其他国土面积。累西腓、巴西利亚、圣保罗、布宜诺斯艾利斯是“南美空间城市系统”网络域面的四个区域中心。它们承担“南美空间城市系统”人员流、信息流、物资流节点功能。

12.2.3 南美空间城市系统空间动因分析

1）南美空间城市系统空间集聚动因

（1）南美空间城市系统“空间存量”

南美空间城市系统“集聚动因”表现为空间流波的空间集聚产生的动力，即空间集聚流波、空间扩散流波、空间联结流波导致的南美空间城市系统“空间集聚动因”。空间流波、空间集聚是通过南美空间城市系统“空间要素存量”来体现的，即通过南美空间城市系统“空间存量”表现出来。

所谓南美空间城市系统“空间存量”是指在一定时间点上，南美空间城市系统“空间要素”的结存数量，如人口存量、土地存量、物资存量、信息存量、资本存量、能源存量。“空间存量”是南美空间城市系统产生与发展的根本，“空间存量分析”是表征南美空间城市系统“空间要素存量”整体情况的表述方法，“空间存量控制”对于南美空间城市系统而言具有决定性意义，就其本质来说“空间存量”就是南美空间城市系统本体。

（2）南美空间城市系统“空间存量”演化

如图 12.26 所示，“空间存量”是南美空间城市系统状态演化的正相关函数，随着空间状态的进化，“空间存量”呈逐渐增长规律。“空间存量”演化规律可以分为线性演化、非线性演化、分岔涨落、随机演化四个基本阶段，我们可以用微分方程对“空间存量”演化进行定量化表达。

（3）南美空间城市系统“空间存量”定量表达

① “空间存量”线性演化阶段

如图 12.26 所示，在平衡态、近平衡态、近耗散态线性区，即线性演化，南美空间城市系统“空间存量”由少到多、由慢到快呈逐渐加速增长态势，设定“空间存量”增长可以表示为连续函数，即南美空间城市系统演化发生在一般性正常条件下，注意这是最大概率化情况。则根据“空间要素”结存数据回归拟合分析，可以得到南美空间城市系统“空间存量”线性演化阶段方程为

$$y = kx + C \tag{12.9}$$

其中，y 表示南美空间城市系统“空间存量”函数，x 表示演化时间变量，k 表示“空间存量”增长率，C 表示“空间存量”起始量。公式(12.9)适用于南美空间城市系统“空间存量”线性演化阶段。

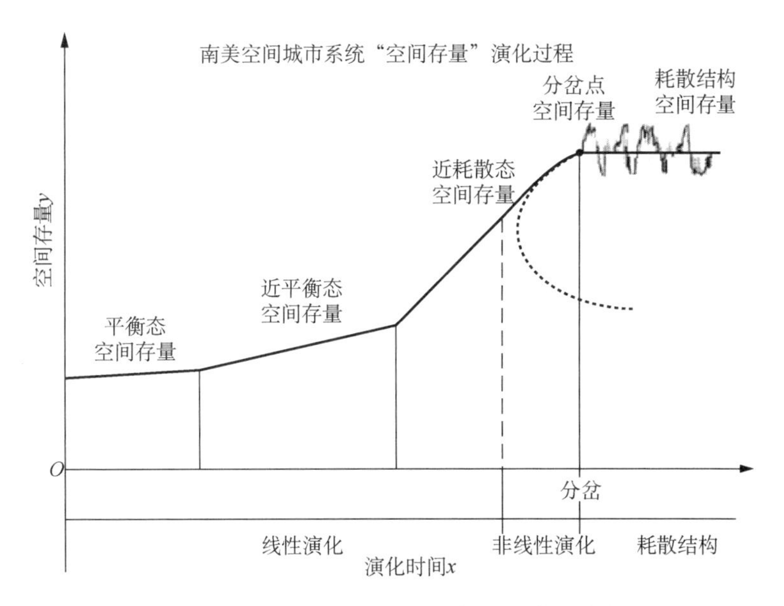

图 12.26 “南美空间城市系统”空间存量演化

② “空间存量”非线性演化阶段

如图 12.26 所示，在近耗散态非线性区，即非线性演化，南美空间城市系统“空间存量”迅速增长，设定“空间存量”增长可以表示为连续函数，即南美空间城市系统演化发生在一般性正常条件下，即空间集聚、空间扩散、空间联结行为发育良好，可以通过“空间要素”结存数据回归拟合分析，得到南美空间城市系统“空间存量”非线性演化阶段方程为

$$y = a^{x} + C \tag{12.10}$$

其中，y 表示“空间存量”函数，x 表示演化时间变量，a 为常数且有 $a > 1$，C 表示“空间存量”起始量。在一般性界定条件下，“空间存量”指数函数为单调递增函数，符合南美空间城市系统“空间存量”实际演化状态。

③ “空间存量”分岔涨落阶段

如图 12.26 所示，在南美空间城市系统演化分岔点，“空间存量”发生“巨涨落”现象，我们以相对涨落 σ 表示“空间涨落”的剧烈程度，则南美空间城市系统“空间存量”为

$$\sigma = \alpha N^{-1/4} \tag{12.11}$$

其中，N 表示“空间存量”数量平均值，公式(12.11)说明，在南美空间城市系统演化分岔点，微观空间要素“空间存量”瞬时“空间涨落”达到宏观量级，促成“南美空间城市系统”分岔。公式(12.11)给出了南美空间城市系统演化分岔点，“空间存量”发生“巨涨落”定量化的条件。

④ “空间存量”随机演化阶段

如图 12.26 所示，在南美空间城市系统演化耗散结构阶段，“空间存量”将处于随

机振荡状态，表示为一个随时间变化的随机变量 $Z(t)$，则南美空间城市系统“空间存量”可以用“扰动熵马尔可夫计算方法”求出

$$y=\prod_{i=2}^{n} P(Z_i, x_i | Z_{i-1}, x_{i-1})K \tag{12.12}$$

其中，y 表示瞬时南美空间城市系统“空间存量”函数，$P(Z)$ 表示“空间存量”概率密度，$P(Z_i)$ 表示 i 时刻的“空间存量”概率密度，$P(Z_{i-1})$ 表示 $i-1$ 时刻的“空间存量”概率密度，x 表示演化时间，K 表示耗散结构初始“空间存量”，为一定值。公式(12.12)说明，南美空间城市系统演化耗散结构阶段，在任意时刻 t_i 与 t_{i-1}，具有“空间存量”跃迁概率 $P(Z_i, t_i | Z_{i-1}, t_{i-1})$。此时，南美空间城市系统“耗散结构”的“空间存量 y”等于空间存量跃迁概率与空间存量初始定量值 K 的连乘积。通过“空间存量 y”的定量数值，就可以确定瞬时状态南美空间城市系统“空间存量”的增加或者减少的振荡情况。

关于上述过程机理与计算，详见第 4 章中“空间城市系统集聚表述”部分，以及第 7 章中“空间存量演化规律”部分。

(4) 南美空间城市系统“空间存量”控制

如图 12.27 所示，南美空间城市系统“空间存量控制”是对南美空间城市系统整体“空间存量”的测量与控制，它包括被控制对象“南美空间城市系统”、施控者“南美空间城市系统脑”与“行政决策机构”、信号比较环节、自组织修正环节。“空间存量控制”是南美空间城市系统分段控制的基本内容，南美空间城市系统“空间存量”控制是一个复合控制结构，它包含“空间状态流量控制”与“空间存量控制”两个闭环反馈控制回路。

如图 12.27 所示，所谓“空间状态流量控制”是指对空间集聚流量、空间扩散流量、空间联结流量的测量与控制，图 12.27 表示为“空间状态流量控制回路”，它应用“状态空间方法”进行控制，在此不做展开赘述。“空间状态流量控制”给出了南美空间城市系统空间流量变化的数量、结构、结存，产生了南美空间城市系统“空间存量”，因此又可以将“空间状态流量控制系统”称为“空间存量控制系统”的子控制系统。本部分内容详细机理参见第 7 章中“空间城市系统分段控制”部分。

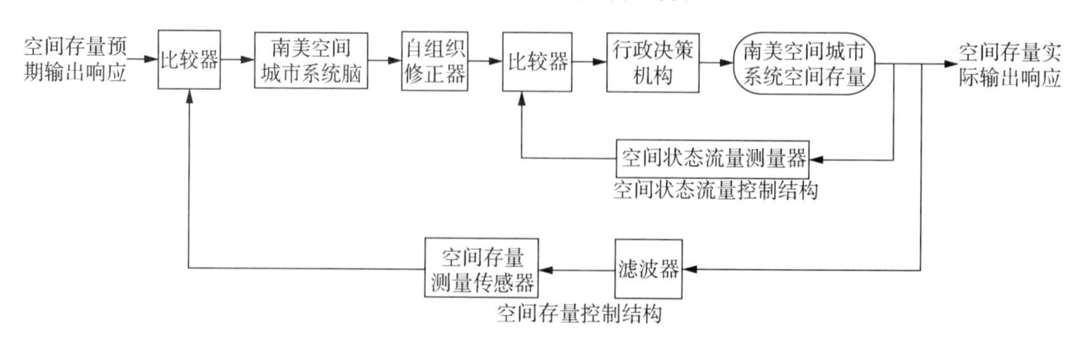

图 12.27 “南美空间城市系统”空间存量控制系统

2）南美空间城市系统空间扩散动因

（1）南美空间城市系统“空间扩散”

南美空间城市系统“扩散动因”是指南美空间城市系统空间扩散动力作用，它是南美空间城市系统产生与发展的主要动因。“空间扩散动因”是南美空间城市系统产生与发展的基础性动因，“空间扩散动因、空间集聚动因、空间联结动因”构成了南美空间城市系统产生与发展的根本动力。

在南美空间城市系统“城市体系”之内空间扩大表现为“空间流波”，即牵引城市TC、主导城市LC、主中心城市MC、辅中心城市AC、基础城市BC之间存在着空间流波。空间流波所承载的空间要素与空间现象的转移，为南美空间城市系统的形成提供了主体元素。所谓南美空间城市系统“扩散主体”，是指空间扩散的空间要素与空间现象，例如人员、物资、信息、创新、产业、人文、技术等。“扩散主体”是空间扩散的承载物，在南美空间城市系统扩散中居于本体地位，有其内在规律性。从高级城市向低级城市的扩散为“正向扩散”，如产业扩散；从低级城市向高级城市的扩散称为“逆向扩散”，如人口扩散。

“扩散主体”是南美空间城市系统扩散动因行为的实施者。因此，“扩散主体”就成为南美空间城市系统“扩散动因”的序参量命题。

（2）南美空间城市系统“扩散主体”数理统计分析

所谓南美空间城市系统“扩散主体数理统计分析”，主要是统计推断理论的应用，我们通过对扩散主体观测数据的数理统计分析，来发现南美空间城市系统“扩散主体”的内在规律性，即“空间现象”或者“空间要素”的内在规律性，作出一定精确程度的判断和预测。“扩散主体数理统计分析”是一种具有实际应用价值的空间扩散动因研究方法。

扩散主体数理统计分析，既适用于南美空间城市系统“空间现象扩散主体分析”，也适用于南美空间城市系统“空间要素扩散主体分析”。今以南美空间城市系统“空间现象扩散主体”为例，即非物质化行政现象、人文现象、创新现象、信息现象、科技现象等，介绍南美空间城市系统“扩散主体数理统计分析”。

第一，扩散主体样本及无量纲化。

首先，针对南美空间城市系统“空间现象扩散主体总体 F”，我们采取空间现象随机样本作为研究对象，找寻扩散主体总体内在的规律。我们观测到空间现象扩散样本为行政 X_1，人文 X_2，创新 X_3，信息 X_4，科技 X_5，称为南美空间城市系统“扩散主体总体 F”（或总体 X）的随机样本，它的扩散主体样本容量为5，它们所对应的观测值 x_1，x_2，x_3，x_4，x_5，为扩散主体样本值，它是扩散主体总体 X 的5个独立观测值。

由于南美空间城市系统“空间现象扩散样本”：行政 X_1，人文 X_2，创新 X_3，信息 X_4，科技 X_5，计量单位和数量级不相同，各样本之间不具备可比性，因此需要对空间现象扩散样本进行无量纲化处理。可以采用极值化法、标准化方法、均质化方法、标准差化方法，对空间现象扩散样本进行无量纲化处理，得到可以进行比较的标准化扩散主体样本行政X'_1，人文X'_2，创新X'_3，信息X'_4，科技X'_5，它们所对应的观测标准值为x'_1，x'_2，x'_3，x'_4，x'_5，即扩散主体标准样本值，它是扩散主体标准总体X'的5个独立观测标准值，其扩散主体标准样本容量为5。

扩散主体样本及其无量纲化是扩散主体数理统计分析的基础，具有特别重要的基础性意义。在此基础上，我们就可以对扩散主体进行标准样本分析，例如扩散主体直方图分析、箱线图分析。通过对行政标准样本、人文标准样本、创新标准样本、信息标准样本、科技标准样本的分析，就可以发现南美空间城市系统“空间现象扩散主体”标准总体的规律。

第二，扩散主体标准样本均值。

所谓扩散主体标准样本均值，是指南美空间城市系统“空间现象标准样本X'”的均值，即行政X'_1、人文X'_2、创新X'_3、信息X'_4、科技X'_5的均值，表示为

$$\overline{X'}=\sum_{i=1}^{5}X'_i/5 \tag{12.13}$$

标准样本均值$\overline{X'}$，是反映南美空间城市系统“标准样本数据”集中趋势的一项指标，可以用标准样本均值$\overline{X'}$来估计南美空间城市系统“标准扩散主体”总体均值F'的情况。

第三，扩散主体标准样本方差。

所谓南美空间城市系统“扩散主体标准样本方差”是指“标准样本”偏离“标准样本均值”的平方的平均值，则南美空间城市系统“扩散主体标准样本方差”可以表示为

$$\sigma^2=E\{[X'-E(X')]^2\} \tag{12.14}$$

其中，σ^2代表扩散主体标准样本方差，X'代表扩散主体标准样本，$E(X')$代表扩散主体标准样本均值，即$\overline{X'}$。方差σ^2描述的是扩散主体标准样本X'的离散程度，方差越大离散程度越大，方差越小离散程度越小。可以用标准样本方差，来估计标准扩散主体总体方差的情况。

上述两项“扩散主体标准样本均值”与“扩散主体标准样本方差”，是南美空间城市系统“空间现象扩散主体”数理统计分析的最基础指标，具有特别重要意义。在此基础上，我们就可以对扩散主体进行标准样本均值分析和标准样本方差分析。通过对行政标准样本、人文标准样本、创新标准样本、信息标准样本、科技标准样本的均值和方差分析，就可以发现南美空间城市系统“空间现象扩散主体”标准总体的规律。

第四，扩散主体标准样本正态分布规律。

南美空间城市系统“扩散主体”最大分布规律，是我们需要寻找的扩散主体总体规律，而概率论中心极限定理给予了最好的解释，在此基础之上所形成的正态分布规律，就成为南美空间城市系统“扩散主体”标准样本的基本分布规律。数理统计实践证明：扩散主体标准样本分布与正态分布拟合得非常好，因此扩散主体正态分布是一种经验性规律。概率论知识告诉我们，由于正态分布的稳定性质，其他的各种分布规律都会

逐渐向正态分布靠拢，即正态分布是一种基础性规律，“正态分布规律”同样适合于南美空间城市系统。

如图 12.28 所示：正态分布具有两个参数 μ 与 σ^2，参数 μ 是扩散主体标准随机变量 X' 的均值，参数 σ^2 是扩散主体标准随机变量 X' 的方差。所以，南美空间城市系统“扩散主体”标准样本正态分布记作 $N(\mu, \sigma^2)$。扩散主体标准样本正态分布的特点是：关于 μ 对称，并在 μ 处达到最大值。扩散主体标准样本正态分布说明，扩散主体标准随机变量 X' 的概率分布规律为：取 μ 前后邻近的值的概率大，即 $f(x')$ 大；取距离 μ 越远的值的概率越小，即 $f(x')$ 小。

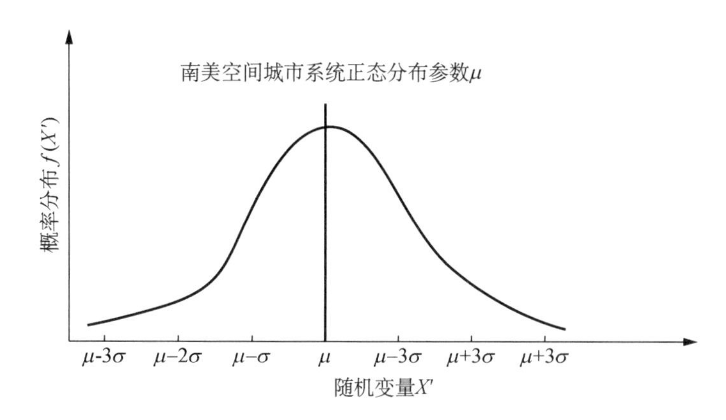

图 12.28　南美空间城市系统“扩散主体”正态分布 μ 参数

如图 12.29 所示，南美空间城市系统参数 σ^2 是扩散主体标准随机变量 X' 的方差。扩散主体标准样本正态分布说明，σ 越小扩散主体标准随机变量 X' 分布越集中在 μ 附近；σ 越大扩散主体标准随机变量 X' 分布越分散。

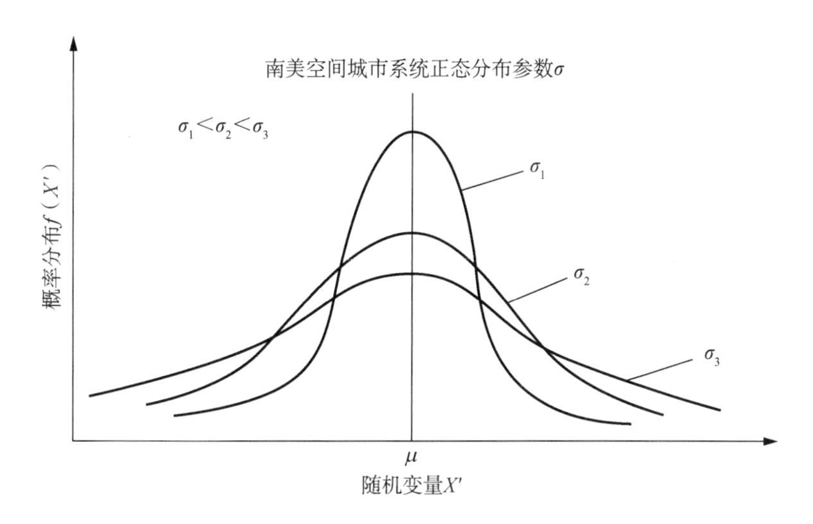

图 12.29　南美空间城市系统“扩散主体”正态分布 σ 参数

在南美空间城市系统空间扩散中，无论是“空间要素”还是“空间现象”扩散主体，扩散主体正态分布具有经验性存在意义。扩散主体正态分布是均值分析、方差分析、检验分析、回归分析的基础，扩散主体其他分布规律都是正态分布规律的偏离，在大样本情况下都服从正态分布规律。而扩散主体正态分布一旦形成，就具有稳定性，即南美空间城市系统空间扩散主体稳定在正态分布状态，这对于我们判断南美空间城市系统扩散主体总体情况十分有意义。

(3) 南美空间城市系统"扩散规律"

"城市体系"，即牵引城市 TC、主导城市 LC、主中心城市 MC、辅中心城市 AC、基础城市 BC，是南美空间城市系统扩散的主要扩散源，"城市体系"扩散源出机制是一个复杂的过程，经验证明："城市体系"之间的空间扩散具有缓慢产生、急剧增长、饱和渐滞的特征。如图 12.30 所示，南美空间城市系统空间扩散也遵循 Logistic 回归模型。

① 南美空间城市系统扩散产生期

如图 12.30 所示，南美空间城市系统空间扩散第一个阶段为扩散产生期。美国学者赫希曼提出了"极化涓滴理论"："涓滴效应"是指在城市扩散产生前期，由于城市极化现象趋于饱和，便开始向周边区域产生渗漏行为，开始生成扩散主体。前期阶段，扩散主体结构还没有形成，空间扩散表现为一种散点式分布，扩散速度缓慢，呈现低指数增长率。按照国际经验，城市人均 GDP 超过 5 000 美元，城市化率超过 50%时，就会产生"涓滴效应"。

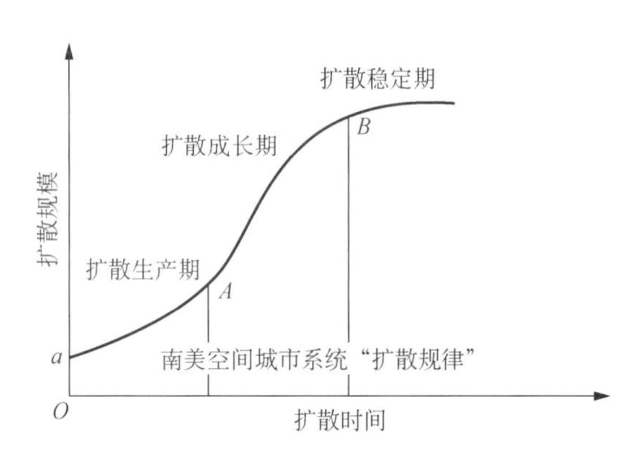

图 12.30 南美空间城市系统扩散"Logistic 曲线"

巴西的城市化率 85%，人均 GDP 9 821 美元 (2017 年，国际汇率)；阿根廷的城市化率 90%，人均 GDP 14 466 美元 (2017 年，国际汇率)；乌拉圭城市化率 90%，人均 GDP 17 252 美元 (2017 年，国际汇率)；巴拉圭城市化率为 60%—80%，人均 GDP 4 366 美元(2017 年，国际汇率)。因此，南美空间城市系统应该产生"涓滴效应"，即圣保罗、布宜诺斯艾利斯、里约热内卢等中心城市开始出现"空间扩散"。在城市扩散产生后期，会出现"溢出效应"，所谓城市扩散"溢出效应"是指扩散主体形成空间流波，对空间城市系统产生影响，即城市的"外部性"。后期阶段，扩散主体结构趋于形成，空间扩散速度加快，趋向于高指数增长率 A 点，如图 12.30 所示。

需要特别指出的是南美空间城市系统"城市体系"存在"过度城市化"现象，如图 12.31 所示。这种"过度城市化"现象，会阻碍南美空间城市系统"城市体系"空间扩散。也就是说“虚假城市化部分”不可能产生“空间扩散主体”。因此，在南美空间城市系统“城市体系”空间扩散研究中要剔除“虚假城市化部分”，即图 12.31 左侧“贫民窟”部分。

图 12.31　巴西“过度城市化”现象

（源自：人民论坛网）

② 南美空间城市系统扩散成长期

如图 12.30 所示，南美空间城市系统空间扩散第二个阶段为扩散成长期。瑞典学者缪尔达尔提出“扩散效应”概念：所谓“扩散效应”是指扩散主体从城市增长极向外部强烈辐射出去的过程。对于南美空间城市系统“城市体系”之间，“扩散效应”以空间流波形式存在。在扩散成长期，扩散主体结构已经形成，空间扩散速度呈现高指数增长率，即 A 点至 B 点，如图 12.30 所示。空间城市系统规划的产生与实施，会加快城市体系之间“扩散效应”的作用，例如圣保罗与库里蒂巴、里约热内卢与萨尔瓦多、布宜诺斯艾利斯与科尔多瓦之间的“空间扩散效应”。

③ 南美空间城市系统扩散稳定期

如图 12.30 所示，南美空间城市系统空间扩散第三个阶段为扩散稳定期。笔者提出的“空间动因博弈均衡理论”提供了解释根据：所谓“扩散稳定”是指空间扩散动因、空间集聚动因、空间联结动因，非合作博弈实现了纳什均衡，进而导致空间城市系统生成，空间扩散受制于博弈均衡趋于稳定状态。在扩散稳定期，南美空间城市系统在李雅普诺夫条件下实现稳定，即 $|X(t)-\Phi(t)|<\varepsilon$（参见第 2 章相关内容），空间扩散逻辑性的随之稳定下来。此阶段，扩散主体结构进入调整优化阶段，如圣保罗、里约热内卢、布宜诺斯艾利斯高端服务业开始形成，创新成为南美主体空间的追求目标。城

市体系之间的“空间扩散”呈现稳定的低增长率，即 B 点之后的曲线，如图 12.30 所示。

因为存在“过度城市化”现象，圣保罗、里约热内卢、布宜诺斯艾利斯的空间扩散必须进行甄别处理，这一点不同于其他世界级城市的空间扩散。对此，根据南美空间城市系统具体情况，要进行专门研究而确定。总之，圣保罗、里约热内卢、布宜诺斯艾利斯的“空间扩散问题”必须慎重处理。

3）南美空间城市系统空间联结动因

（1）南美空间城市系统空间联结

南美空间城市系统“空间联结动因”是指南美空间城市系统空间联结所导致的动力作用，它是南美空间城市系统产生与发展的主要动因。“空间联结动因”是南美空间城市系统产生与发展的基础性动因，“空间扩散动因、空间集聚动因、空间联结动因”构成了南美空间城市系统产生与发展的根本动力。对于南美空间城市系统而言，城市体系之间的“关系属性”上升为空间城市系统本质化属性之一，南美空间城市系统属性可以表述为

$$\text{南美空间城市系统属性} = \text{城市结点属性} + \text{城市关系属性} \tag{12.15}$$

南美空间城市系统空间联结通过城市体系之间的空间流波实现，即通过牵引城市 TC、主导城市 LC、主中心城市 MC、辅中心城市 AC、基础城市 BC 之间的空间流波来实现空间联结；“空间城市系统脑”是实现南美空间城市系统空间联结的必须科学技术手段；“整体涌现性”是南美空间城市系统空间联结的目的。

南美空间城市系统空间联结主要包括空间地理连接、空间信息联结、高压能源输送三方面内容。因此，“高速交通、高速通信、高效能源”就成为南美空间城市系统空间联结必需的着力点。空间联结将促进航空飞机、高速铁路、高速公路、交通产业、制造产业、信息产业、能源产业的发展，为南美空间城市系统创造巨量就业机会。“空间联结”是南美空间城市系统亟须解决的序参量问题。

（2）南美空间城市系统脑

如图 12.32 所示，“南美空间城市系统脑”是对南美空间城市系统进行控制的人类智能体系，它包括专业人脑逻辑、组织机构逻辑、机器计算逻辑，用以对南美主体空间“城市体系”与南美空间城市系统进行精准的控制管理。南美空间城市系统脑包括“南美主体空间政府控制机构”（巴西、阿根廷、乌拉圭、巴拉圭政府机构）、“南美空间城市系统脑控制机构”“南美空间城市系统脑模型体系”三个大的部类。“南美主体政府控制机构”用以对南美空间城市系统实施控制，“南美空间城市系统脑控制机构”用以对南美空间城市系统进行还原解析，“南美空间城市系统脑模型体系”用以对南美空间城市系统进行综合分析。

“南美空间城市系统脑”基本原理是“信息反馈闭环控制”，包括控制者即南美空间城市系统脑，被控制对象即南美空间城市系统。具有“输入信号”与“输出信号”，“控制作用”与“反馈信息”。“南美空间城市系统脑”是南美空间城市系统控制的核心，居于

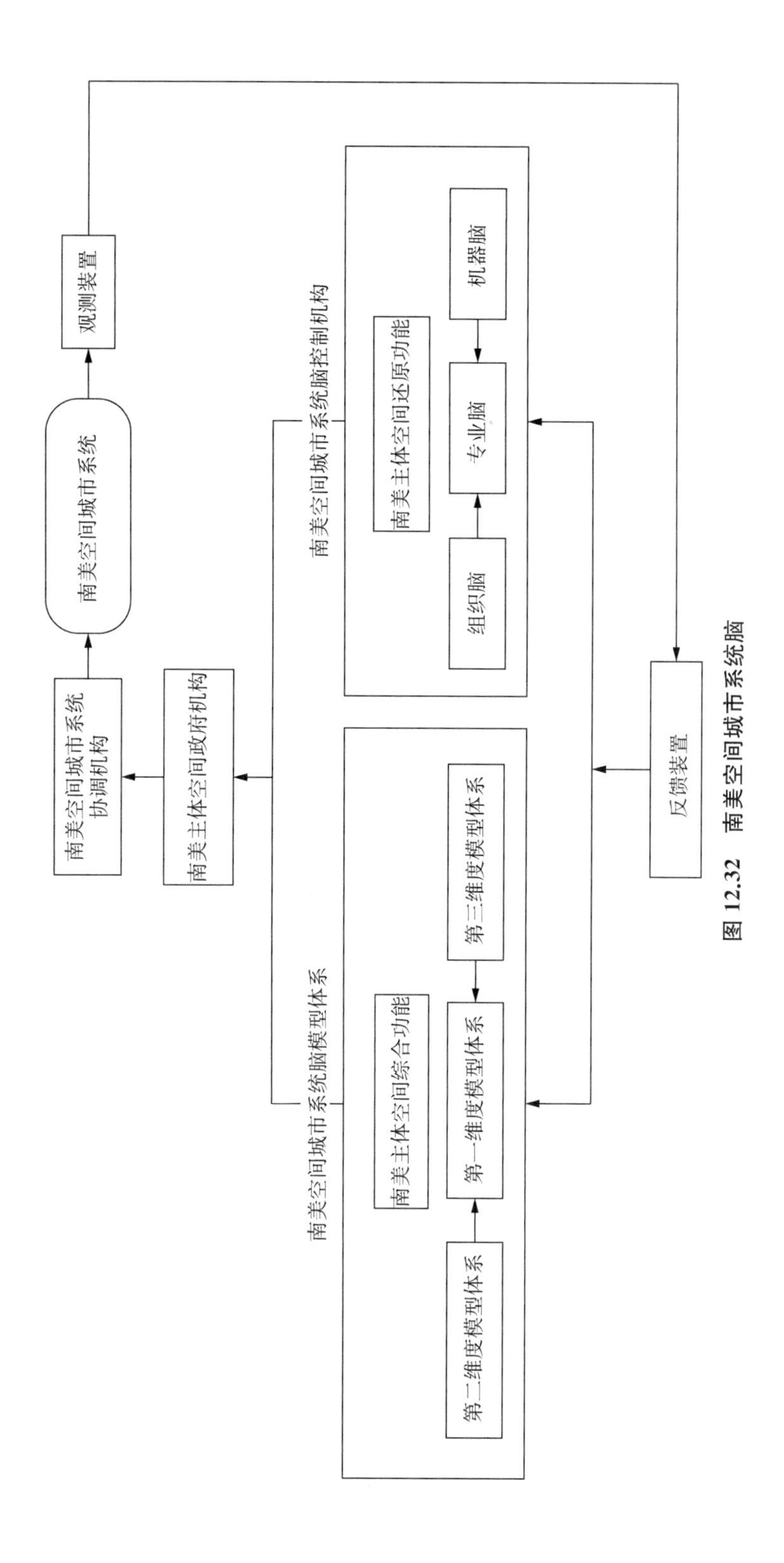

图 12.32　南美空间城市系统脑

南美空间城市系统控制的最高地位。南美空间城市系统整体涌现性是“南美空间城市系统脑”的目标,“南美主体空间信息”是南美空间城市系统脑的工作对象。“南美空间城市系统脑”是“南美空间城市系统规划”的参谋执行部件,是对南美空间城市系统进行动态控制不可或缺的利器。

(3)南美空间城市系统整体涌现性

“整体涌现性”是南美空间城市系统的终极目标,是指南美空间城市系统整体具有的空间形态、空间结构、空间功能,城市组分或其简单加和并不具有“整体涌现性”。“整体涌现性”将彻底改变南美空间城市系统的内在本质与外部景观,例如前述“南美主体空间 GDP 整体涌现性”。

南美主体空间“城市体系”之间的“空间联结”,是南美空间城市系统“整体涌现性”产生的根源之一,它与空间集聚、空间扩散一起导致了南美空间城市系统“整体涌现性”的发生。对于南美空间城市系统而言,空间联结导致了空间结构及其空间结构产生了整体涌现性,所以“空间联结”是南美空间城市系统空间逻辑的根本。南美空间城市系统“分岔”是整体涌现性全面产生的标志。

空间城市系统“整体涌现性”已经被世界人居空间实践所证明,如中国的粤港澳大湾区,英国的伦敦巨型城市区域,美国东部巨型区域,日本的东京都市圈等。美国东部空间城市系统、西北欧空间城市系统、中国沿江空间城市系统正在显现出巨大的整体涌现性作用。因此,南美空间城市系统“整体涌现性”的产生具有十分重要的意义,对此巴西、阿根廷、乌拉圭、巴拉圭政府、大学、研究机构必须高度重视。

4)南美空间城市系统动因博弈均衡

(1)南美空间城市系统动因博弈均衡概念

南美空间城市系统动因博弈均衡,是指南美空间城市系统集聚动因、扩散动因、联结动因非合作博弈所达成的均衡状态,其博弈主体为南美空间城市系统“城市体系”之间的空间集聚流波、空间扩散流波、空间联结流波。“南美空间城市系统动因博弈均衡”将导致南美空间城市系统产生与发展的动力,推动南美空间城市系统的演化,最终走向南美空间城市系统“分岔”。

在给定其他两个博弈主体空间流波的条件下,集聚动因、扩散动因、联结动因之中的任一种动因确定自己的最大空间流波份额,即己方动因利益最大化,所有南美空间城市系统动因博弈主体构成一个空间流“混合份额”整体。所谓“南美空间城市系统动因博弈均衡”,就是在此种条件下所形成的“纳什均衡点”状态,此时没有任何一种动因愿意打破这种均衡状态。

如图 12.33 所示,在南美空间城市系统动因博弈实际条件下,“南美空间城市系统动因博弈均衡”表现为一个大概率性的“值域范围”,只要求出这个“大概率均衡值域范围”,就可以实现对南美空间城市系统动因非合作博弈的有效控制。南美空间城市系统动因博弈是一个动态过程,“南美空间城市系统动因博弈均衡”是在空间集聚流波、空间扩散流波、空间联结流波的动作与反应中达成的。“南美空间城市系统动因博弈纳什均衡”是南美空间城市系统动因博弈的结果，它导致了南美空间城市系统的产生与发展。

(2) 南美空间城市系统动因博弈均衡表达

根据“空间城市系统动因博弈均衡定理”(参见第4章中“空间城市系统动因博弈均衡定理”部分)，我们对南美空间城市系统“动因博弈均衡”做出定量表达。在满足“纳什均衡”条件下，南美空间城市系统“城市体系”之间的空间集聚流波 A、空间扩散流波 B、空间联结流波 C 具有非合作博弈均衡点，南美空间城市系统动因博弈均衡点可以表述为

$$\begin{aligned} P_A(\varepsilon) &= \max[p_A(\varepsilon, t)] \\ P_B(\varepsilon) &= \max[p_B(\varepsilon, t)] \\ P_C(\varepsilon) &= \max[p_C(\varepsilon, t)] \end{aligned} \tag{12.16}$$

其中，$P_A(\varepsilon)$、$P_B(\varepsilon)$、$P_C(\varepsilon)$分别表示空间集聚流波 A、空间扩散流波 B、空间联结流波 C 的非合作博弈均衡点值，ε 表示空间流波份额；t 表示博弈时间。公式(12.16)表示了南美空间城市系统动因博弈，空间集聚流波 A、空间扩散流波 B、空间联结流波 C，在“博弈均衡点”具有最大化“混合份额”，如图 12.33 所示。

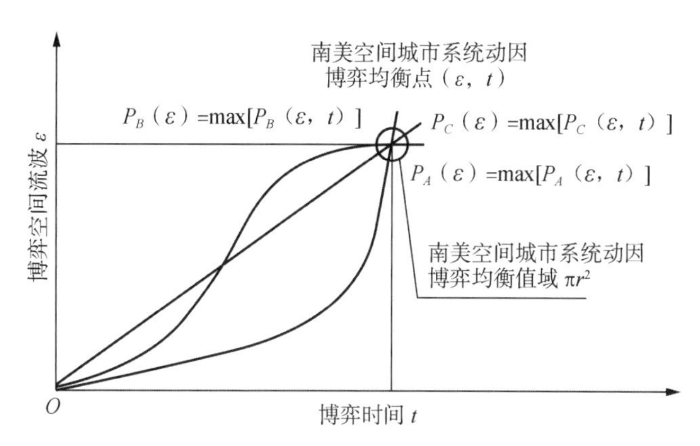

图 12.33　南美空间城市系统动因博弈均衡

12.3　世界其他空间城市系统预见

12.3.1　世界其他空间城市系统预见总论

1）可持续人居空间系统

“可持续人居空间系统”包括聚落、城市、城市区域、空间城市系统，它是21世纪人类社会的家园。地球生态环境为“世界可持续人居空间系统”画出了不可逾越的底线：联合国前秘书长潘基文指出“导致气候变化的元凶是温室气体，70%是由城市排出的”，“工业文明的大城市如今变成了不可持续发展的关键原因”。城市的发

展受到了地球生态环境底线的限定。大城市生态足迹必须降低，这事关 21 世纪人类生死存亡。

世界“城市区域”趋势是一种自组织现象，不以人的意志为转移。空间城市系统以“多中心效率”为目标，可以前向降低大城市生态足迹，是“可持续人居空间系统”的前沿形式。“世界空间城市系统预见”要具备三个基本前提条件：第一，演化时间，地域化实践。第二，政治进步，文明发展。第三，科技进步，空间联结。

如图 12.34 所示，“世界空间城市系统预见”包括：澳大利亚空间城市系统预见、印度空间城市系统预见、东南亚空间城市系统预见、“尼罗河—地中海沿岸”空间城市系统预见、东北亚空间城市系统预见、中西空间城市系统预见。它们与前述“世界 16 个空间城市系统”构成了今后世界人居空间新形式。“世界 16 个空间城市系统”与“世界空间城市系统预见”是“人类文明”过去、现在、未来的主要“容器”。“空间城市系统”是生态文明的承载体，它将促进人类社会可持续发展，将使人类生活的更加美好。

世界空间城市系统存在着“空间城市系统”与“空间城市系统文明”两个主要维度，在“世界空间城市系统预见分析”中，我们主要从“容器”与“文明”两个维度入手，进行提纲挈领式的表述性分析。“世界空间城市系统预见”具体科研与实践，有待于当地政府、大学、研究机构根据“空间城市系统理论”，结合当地情况进行认真翔实的科学研究与规划实施。

特别指出的是“世界空间城市系统预见”都存在着不同的问题，它们正是“空间城市系统预见”隐性化的关键所在。历史悠久、文明丰富、宗教发达、人口众多的国际空间，“存在问题”数量越多、性质越复杂、状态越混沌，这是一个一般性规律。对六个国际空间“存在问题”，我们逐一做出了认真剖析，希望有助于这些国际空间的民族、国家、大学、研究机构。

图 12.34　世界空间城市系统预见

2）"世界空间城市系统预见"逻辑分析

"世界空间城市系统预见"遵循"空间逻辑原理"（参见第3章中"空间结构逻辑原理"部分），主要包括地理逻辑、人文逻辑、经济逻辑。"空间逻辑"说明了澳大利亚空间、印度空间、东南亚空间、"尼罗河-地中海沿岸"空间、东北亚空间、中西亚空间为什么具有空间城市系统趋势的框架性原因。

（1）"世界空间城市系统预见"地理逻辑

"世界空间城市系统预见"都具有沿海岸、沿河流，处于平原、山前、低地的地形地貌特征，都具有适宜的气候条件。优良的地形地貌为"世界空间城市系统预见"提供了基本地理基质，世界六个"城市区域空间"地理距离决定了"世界空间城市系统预见"的合适空间尺度。由世界地理知识可以得出结论："世界空间城市系统预见"均拥有可靠的地理逻辑基础。

（2）"世界空间城市系统预见"人文逻辑

① 空间城市系统文明原理

"空间城市系统文明原理"包括：文明原理根据、文明主体论、文明分析框架、生态环境底盘、空间城市系统文明五个组成部分，它们逻辑化的构成了一个理论体系。"空间城市系统文明原理"用以对"世界空间城市系统"与"世界空间城市系统预见"进行分析。

第一，文明原理根据。

世界著名城市理论家与社会哲学家刘易斯·芒福德，在《城市发展史：起源、演变和前景》著作中提出了"文明容器理论"。芒福德认为"人类文明的每一轮更新换代，都密切联系着城市作为文明孵化器和载体的周期性兴衰历史。换言之，一代新文明必然有其自己的城市"，"城市是文化容器更是新文明的孕育所"，"储存文化、流传文化和创造文化，这大约就是城市的三个基本使命了"。城市是人类精神文明与物质文明的"容器"，农业文明对应着农业城市，工业文明对应着工业城市，西方文明对应着西方城市，东方文明对应着东方城市。根据"文明容器理论"我们推断空间城市系统"容器"一定对应着"空间城市系统文明"。

第二，文明主体论。

文明是人类社会特有的现象，文明蕴含着人类物质与精神的全部积累，文明是一个极其复杂的概念。按照时间维度，文明可以分为原始文明、农业文明、工业文明、生态文明等；按照空间维度，文明可以分为两河流域文明、埃及文明、印度文明、中华文明、希腊文明等；"文明基本性"是指文明的普遍规律，"文明地域性"是指不同空间具有不同的文明，"文明历史性"是指文明的前见范式、现见范式、预见范式；文明概要可分为政治、经济、文化、社会、科技五个基本维度。

"文明"是空间城市系统承载的主体，人类是主体认识者。"空间城市系统"是容纳文明的客体，空间城市系统是客体被认识者。"文明"与"空间城市系统"形成了人居空间新形式认识论的一对基本范畴。空间城市系统文明具有基本性、地域性、历史性，特定的空间城市系统，必然对应着特定“空间城市系统文明”。“文明”与“空间城市系统”是相互催生、相互促进、相互依存的紧密关系。

第三，文明分析框架。

文明是动态演化的，人类文明演化始终在进行着，不以人的意志为转移。“文明”可以产生、进化与消亡，人类文明整体始终存在着。过去文明、当代文明、未来文明是空间城市系统文明的三个基本阶段，任何“空间城市系统文明”都是建立在过去文明基础之上的，过去文明提供了根源性“文明基因”，当代文明是在“文明基因”基础上发展而来的，未来文明具有创新性是与空间城市系统相匹配的。空间城市系统文明分析必须遵循“基本性”“地域性”“历史性”三项基本原则，必须坚持“主体”与“客体”的认识论观点。任何主观的文明认识都充满狭隘与偏见，对于空间城市系统文明分析都是十分有害的。

在文明演化过程中，即过去文明、当代文明、未来文明，存在“文明基因”与“文明转基因”现象。所谓“文明基因”是指特定文明决定性的内在因素，是文明演化的基本遗传单位。例如民族价值观，政治文化、民族精神等。文明基因是地域性与历史性的产物，即每一种文明都有其“文明基因”，都是历史性积累的结果。文明基因决定着“文明”的演化方向，是文明兴衰的序参量要素。所谓“文明转基因”是将文明的基因进行重组，导致文明的根本性转型。“文明转基因”一定会产生新的“文明状态”，因此“文明转基因”可能导致文明消亡、文明停滞、文明发展。对于任何一种文明，“文明转基因”都是十分重要的事情。

第四，生态环境底盘。

“地球人居生态系统”是地球系统的子系统，简称 EHES 系统，地球人居生态系统理论是地球系统及全球变化理论的分支。地球人居生态系统理论将人类聚居空间与地球生态视为一个整体系统进行研究，人类生命与自然生态是地球人居生态系统的本质内涵，演化规律和演化机制是其核心问题，地球人居生态系统可以表示为

$$EHES = \langle \{H, E\} \quad R \rangle \tag{12.17}$$

其中，$EHES$ 表示地球人居生态系统，H 表示地球人类聚居空间子系统，E 表示地球生态环境子系统，$\{H, E\}$表示地球人居生态系统中全部元素构成的集合，R 表示地球人居生态系统中元素之间关系的集合。

地球人居生态系统分岔机制说明：地球生态环境已经遭到破坏，“地球人居生态系统”开始发生分岔，无序状态选择为大概率事件，即有害“分岔”，并且分岔是一种多次分岔，其分岔机理如图 12.35 所示（详细请参阅笔者 *Earth Human Settlement Ecosystem and Underground Space Research*，见诸于世界 ACUUS 2016 年会论文集，发表于美国《工程》期刊）。

由此，我们提出“地球生态环境”是空间城市系统的“生态环境底盘”，正所谓“皮之不存毛将焉附”。“生态环境底盘”是人类不能逾越的红线，地球人居生态系统“分岔”

是全球变化的重要组成部分，对人类社会构成直接威胁，与其说它是一个科学问题，不如说是一个“人类生存道德底线”问题。正如潘基文先生所说“导致气候变化的元凶是温室气体，70%是由城市排出的”，“城市生态足迹”是地球人居生态系统“分岔”的主要干扰因素。空间城市系统“多中心效率”可以有效前向降低大城市生态足迹。

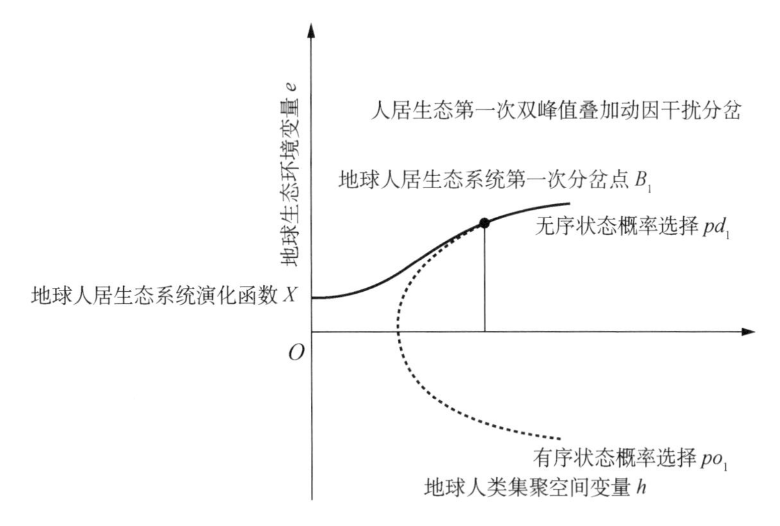

图 12.35 地球人居生态系统分岔

第五，空间城市系统文明。

“空间城市系统文明”是以世界空间城市系统为基本容器的文明，它是 21 世纪代表着人类社会最先进的文明。“民主法治、科学技术、生态环境”是空间城市系统文明的三个序参量。空间城市系统文明拥有四项基本属性：生态文明属性是指“生态环境底盘思维”以及“人类生存道德底线”；可持续属性是指“聚落、城市、空间城市系统”共同形成可持续人居空间系统；信息文明属性是指以物质、能量、信息为主体形成的社会形态；基本人权属性是指空间城市系统社会的“基本居住权、基本信息权、基本移动权”。

② “世界空间城市系统”文明分析

“世界空间城市系统文明” 产生发展于“世界 16 个空间城市系统”容器之中，它们引领着 21 世纪人类文明前进的方向。美国当代文明、欧洲当代文明、中国当代文明、日本当代文明、南美当代文明是“世界空间城市系统文明”的主体。希腊文明、基督教文明、中华文明是世界空间城市系统文明的三个“文明基因”，政治、经济、文化、社会、科技为“世界空间城市系统文明”的五个正相交独立变量。

“世界空间城市系统文明”具有普适的“基本性”，每一个“空间城市系统文明子项”都有其“地域性”与“历史性”，有它的“主体”与“客体”关系。“世界空间城市系统文明”是一种正在演化之中的初始文明形态，随着“世界 16 个空间城市系统”发展而逐渐成熟。“地球生态环境”是全部“世界 16 个空间城市系统”容器的底盘，“可持续性”是它们必须遵守的普适性原则之一。

③ “世界空间城市系统预见”文明分析

“世界空间城市系统预见文明”是指澳大利亚空间城市系统预见、印度空间城市系统预见、东南亚空间城市系统预见、“尼罗河—地中海沿岸”空间城市系统预见、东北亚空间城市系统预见、中西空间城市系统预见,计六个世界级“城市区域”容器中的文明,它们将是“世界空间城市系统文明”的后继主体。

“澳大利亚当代文明”“印度当代文明”“东南亚当代文明”“尼罗河—地中海沿岸当代文明”“东北亚当代文明”“中西亚当代文明”是“世界空间城市系统预见文明”的主体。基督教文明、犹太文明、印度文明、佛教文明、伊斯兰文明、儒家文明、埃及文明、波斯文明分别构成了“世界空间城市系统预见文明”的“文明基因”。政治、经济、文化、社会、科技为“世界空间城市系统预见文明”的五个正相交独立变量。

“世界空间城市系统预见文明”具有普适的“基本性”,每一个“空间城市系统预见文明子项”都有其“地域性”与“历史性”,有它的“主体”与“客体”关系。“世界空间城市系统预见文明”是一种正在萌生与演化之中的初始文明形态,随着六个“世界空间城市系统预见”发展而逐渐成熟。“地球生态环境”是全部“世界空间城市系统预见”容器的底盘,“可持续性”是它们必须遵守的普适性原则之一。

(3) “世界空间城市系统预见”经济逻辑

“世界空间城市系统预见”空间都具有相当的经济基础,其中印度、澳大利亚、东南亚、韩国都为世界知名经济体。“世界空间城市系统预见”空间中,以色列、韩国、新加坡、班加罗尔为世界性科技创新中心。

“世界空间城市系统预见”大部分处于后发展状态,应该具有比较高的空间城市系统“经济整体涌现性”。在政治环境稳定、经济顺利发展、文化保持开放、社会不再动荡、科技创新跟随的演化条件下,世界空间城市系统预见“整体涌现性”都会涌现出来。而“经济整体涌现性”将大大促进世界空间城市系统预见“经济总量”的增长,从而为它们的产生与发展奠定经济逻辑基础。

12.3.2 澳大利亚空间城市系统预见分析

1) 澳大利亚空间城市系统预见

如图 12.36 所示,“澳大利亚空间城市系统预见”是最接近成熟的空间城市系统,东边太平洋沿岸、南边印度洋沿岸分布着:凯恩斯、布里斯班、悉尼、堪培拉、墨尔本、阿德莱德、珀斯等 7 个中心城市,其中悉尼与墨尔本为牵引核心城市。“澳大利亚空间城市系统预见” 空间结构主轴为:凯恩斯—布里斯班—悉尼—堪培拉—墨尔本—阿德莱德—珀斯。该主轴线为“澳大利亚空间城市系统预见”的沿海岸大动脉,应该建立航空飞机、高速铁路、高速公路、高速水运的“多式联运高速交通系统”。“澳大利亚空间城市系统预见”支轴线地理连接,可以通过城际高速铁路、地下铁路、高速公路地理连接方式解决。“澳大利亚空间城市系统预见” 网络域面覆盖全境,它是澳大利亚空间人员流、物资流、信息流的承担者。

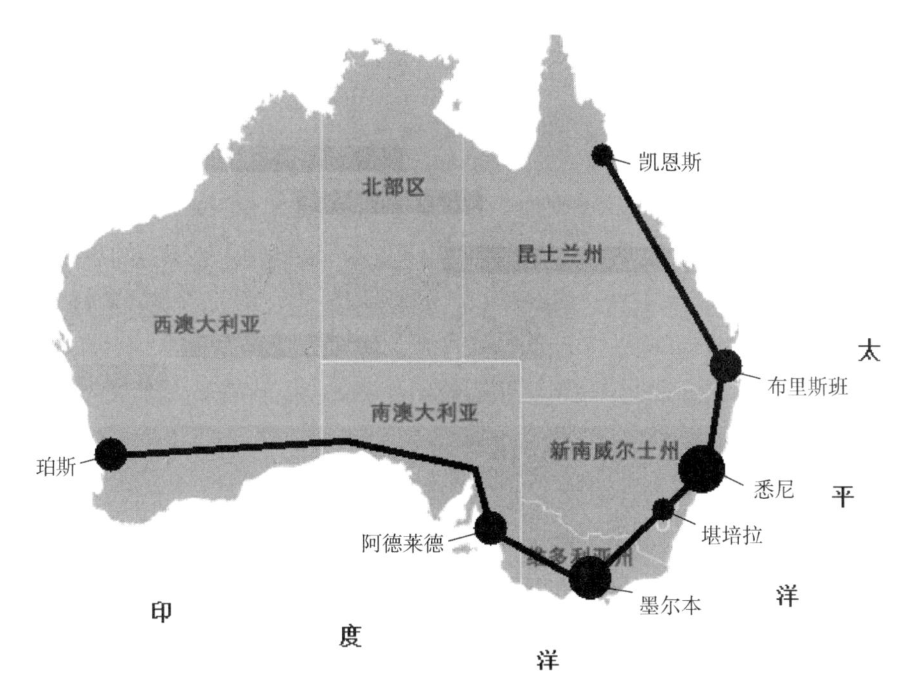

图 12.36 澳大利亚空间城市系统预见

注：本图为笔者根据百度自制，不含全部国土。

2）“澳大利亚空间城市系统预见”问题

（1）空间规模问题

“空间规模过小”是“澳大利亚空间城市系统预见”的序参量问题之一。澳大利亚总人口才为 2 327 万，因此“澳大利亚空间城市系统”严重受制于“规模体量”。“澳大利亚空间城市系统”的实质是一个国家级中小型“空间城市系统”，只能以其质量存在于世界空间城市系统行列，因此“文明创新”是澳大利亚空间城市系统的必由之路。

（2）空间联结问题

“空间联结欠缺”是“澳大利亚空间城市系统预见”的序参量问题之二。首先，凯恩斯到珀斯的“沿海岸高速铁路”是制约“澳大利亚空间城市系统”的主要短板。其次，以 5G 为代表的“高速信息联结”是“澳大利亚空间城市系统预见”的又一个主要问题，它对于澳大利亚与世界的无距离联结具有重要意义，是信息时代澳大利亚保持文化先进性的重要支柱。最后，“高效能源输送”是“澳大利亚空间城市系统预见”的第三个主要因素。

（3）空间隔离问题

“空间地理隔离”是“澳大利亚空间城市系统预见”的序参量问题之三。因此，澳大利亚空间与新西兰空间、印度尼西亚空间的海上空间连接就具有特别重要的意义。“空间地理隔离”是澳大利亚空间城市系统特有的问题，“空中交通、海上交通、高速通信”是解决“空间地理隔离”问题的有效手段。

3）澳大利亚空间城市系统文明

（1）澳大利亚文明状态

近代澳大利亚历史开始自1788年，距今仅约230多年的时间。澳大利亚人口为2 327万人口，与中国台湾省人口相当。“英国文明”与“土著文明”构成了澳大利亚文明的基础，其中“英国文明”是澳大利亚的“文明基因”。现代澳大利亚文明是一种多元文明，包含了欧洲文明、亚洲文明、大洋洲文明等。“城市”是澳大利亚文明的现在“容器”，城市化率高达90%，“澳大利亚空间城市系统”是未来澳大利亚文明的“容器”。现代澳大利亚文明属性具有如下特征：政治为民主法治类型；经济为世界发达经济体；科学技术居于世界先进行列，先后有十三位科学家获得诺贝尔奖；生态环境为人地关系友好型。

（2）澳大利亚文明分析

① 澳大利亚文明基本性

澳大利亚文明属于世界先进文明，在政治、经济、文化、社会、科技五个基本维度都居于人类文明的先进水平。特别是澳大利亚文明地处南半球，对于人类文明南北均衡化具有重要意义。澳大利亚文明具有“动力性欠缺”的不足，汤因比关于“文明挑战与应战理论”告诉我们“挑战与应战”是文明演进的基本动力。澳大利亚因其自然资源丰富、人文资源优良、空间相对隔离，势必形成安逸的状态。因此，“挑战动力不足”是澳大利亚文明大概率化的趋势。

② 澳大利亚文明地域性

澳大利亚地域空间产生了澳大利亚文明，系统科学“环境与系统”基本原理告诉我们：澳大利亚文明主体是建立在澳大利亚环境基础之上的，空间狭小、自然属性、规模偏低是澳大利亚环境的基本特点。因此，澳大利亚文明必然带有视野窄、区域性、局部性的特点。

③ 澳大利亚文明历史性

澳大利亚文明具有自己的前见范式、现见范式、预见范式，其中“澳大利亚文明前见范式”源自“英国文明基因”；“澳大利亚文明现见范式”居于人类文明先进水平。澳大利亚文明必然要迎来自己的“预见范式”，“创新”是澳大利亚“文明转基因”的必然选择。生态文明、信息文明、可持续性、人类生存道德底线、“基本居住权、基本信息权、基本移动权”，等关键词是澳大利亚文明“预见范式”的关键。

④ 新澳洲文明

如图12.37所示，“新澳洲文明”是澳大利亚文明在21世纪的延续，“澳大利亚空间城市系统”是“新澳洲文明”的主要容器，“新澳洲文明”将波及大洋洲、东南亚、南亚、非洲、南美洲，成为南半球的核心文明。

“新澳洲文明”是以生态文明、信息文明、人权文明为核心的文明形式，是欧洲文明与亚太文明杂交优化的产物。“新澳洲文明”将成为人类文明的旗帜，主导着南半球文明的发展方向。“新澳洲文明”与“南美生态文明”交相呼应，决定了半个地球的“生态文明”基本走向，将为人类社会做出不可磨灭的贡献。

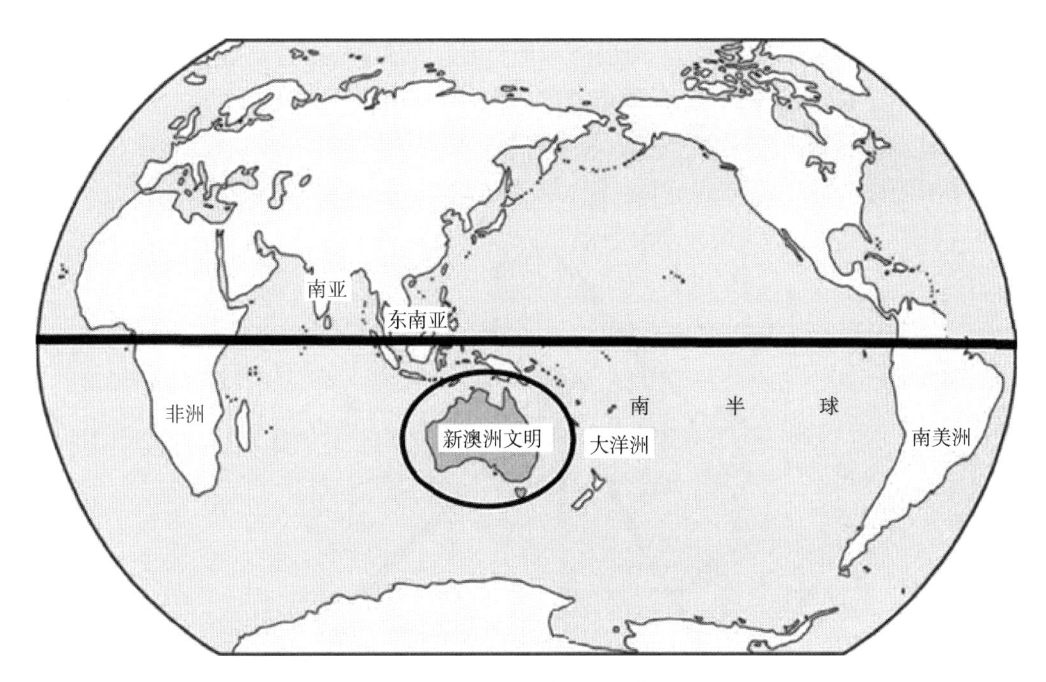

图 12.37 新澳洲文明示意图

12.3.3 印度空间城市系统预见分析

1）印度空间城市系统预见

如图 12.38 所示，“印度空间城市系统预见”是无法回避的世界性人居空间问题。“印度空间城市系统预见”以孟买、新德里、加尔各答、“班加罗尔与金奈”为中心，形成四边形空间结构。其中孟买与新德里为“印度空间城市系统预见”的牵引城市。“印度空间城市系统预见”可以分为北部空间城市系统，以新德里为中心；西部空间城市系统，以孟买为中心；南部空间城市系统，以班加罗尔与金奈为双中心；东部空间城市系统，以加尔各答为中心。

如图 12.38 所示，“印度空间城市系统预见”空间结构主轴：第一，孟买—新德里—加尔各答— “班加罗尔与金奈”主轴；第二，新德里—那格浦尔—海德拉巴—“班加罗尔与金奈”主轴；第三，孟买—那格浦尔—加尔各答主轴。这三条主轴线为“印度空间城市系统预见”的南北东西大动脉，应该建立航空飞机、高速铁路、高速公路、高速水运的“多式联运高速交通系统”。“印度空间城市系统预见”空间结构支轴线分布于孟买、新德里、加尔各答、“班加罗尔与金奈”四边形内外，它们的地理连接可以通过城际高速铁路、地下铁路、高速公路地理连接方式解决。

如图 12.38 所示，“印度空间城市系统预见” 网络域面分为：西北空间网络域面、东北空间网络域面、西南空间网络域面、东南空间网络域面，它们是北部空间城市系统、西部空间城市系统、南部空间城市系统、东部空间城市系统空间人员流、物资流、信息流的承担者。

如图 12.38 所示,印度洋为“印度空间城市系统预见”的南边地理隔离线、阿拉伯海为“印度空间城市系统预见”的西边地理隔离线、孟加拉湾为“印度空间城市系统预见”的东边地理隔离线、“印度大沙漠与喜马拉雅山脉”为“印度空间城市系统预见”的北边地理隔离线。

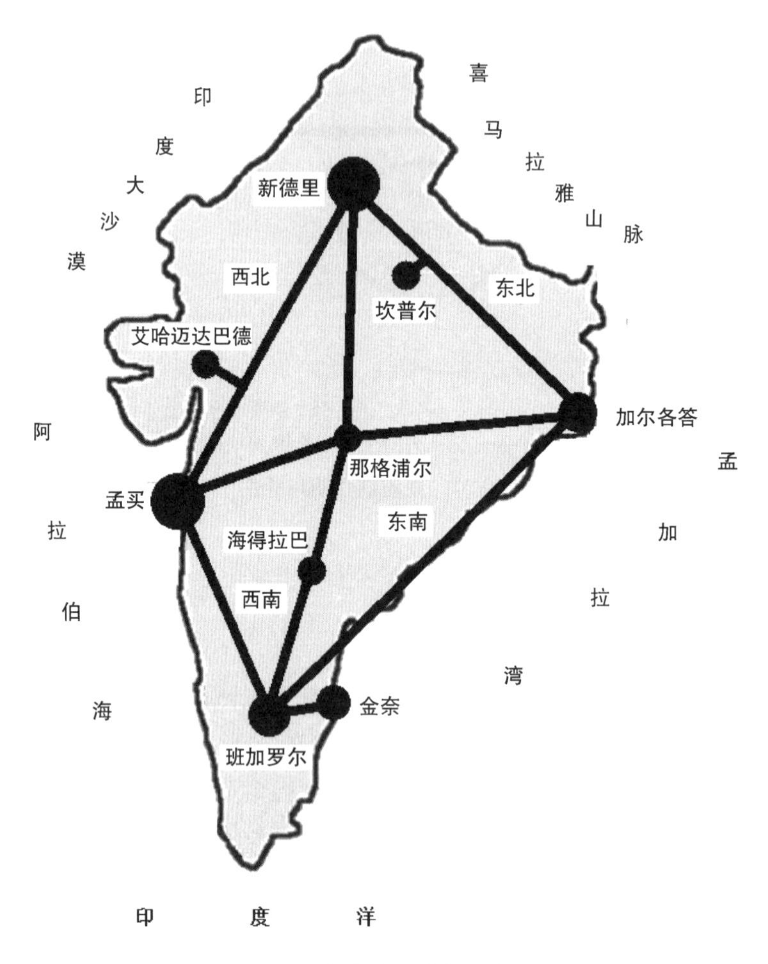

图 12.38 印度空间城市系统预见

注:本图为笔者根据百度自制,不含全部国土。

2)“印度空间城市系统预见”问题

印度空间存在着多方面深层次的问题,致使印度空间城市系统处于隐性状态。对此,我们必须从多个角度进行解析,主要包括以下几个方面:

(1) 空间城市系统基本标准

在空间城市系统理论与实践基础上,我们经验性提出“空间城市系统基本标准”如下:

第一,城市化率超过 60%是开始“空间城市系统”的最低限度。美国空间、欧洲空间、中国大部空间、日本空间、南美空间都已经超过这个限度。

第二,空间联结条件。主要包括高速交通连接、高速信息联结、高效能源供给三个基本条件。“空间联结条件”保障了空间城市系统空间结构的成型。

第三,空间结构成型。首先,城市体系完善,即有牵引城市 TC、主导城市 LC、主中心城市 MC、辅中心城市 AC、基础城市 BC。其次,地理连接主轴线清晰明显。最后,网络域面整齐可见。

第四,“整体涌现性”显现,标志着空间城市系统的产生。

(2) 印度城市化问题

截至 2016 年年末,印度城市化率仅为 33%,印度聚落形态占 67%,因此印度是一个城市化中的国家。按照空间城市系统超过 60%的标准,印度还欠缺 27%的城市化份额,这就是印度空间城市系统隐性化的第一个最大原因。没有印度城市化、便没有“印度空间城市系统”。

印度存在严重的“大城市病”,新德里、孟买、班加罗尔与金奈、加尔各答都存在空气污染、水源污染、交通堵塞等问题。追求工业化给印度城市带来了非常多的问题。印度是继中国之后世界最大的城市化国家,印度城市化所导致的“生态足迹”足以影响地球生态系统走向无序化。因此,跨越式发展“印度空间城市系统”,避免印度“大城市生态足迹”无序蔓延,是印度必须思考的“人类生存道德底线”问题。

(3) 印度交通问题

高速交通是印度空间的短板,高速铁路与高速公路欠发达,严重阻碍了印度空间城市系统的产生与发展,印度飞机航空也处于基础薄弱的发展阶段。印度 13.24 亿人口(2019 年)巨大体量,只有飞机航空、高速铁路、城际高速铁路、高速公路、地下铁路相结合的“复合式高速交通”才能适应“印度空间城市系统”的要求。这是印度空间城市系统隐性化的第二个重要原因。没有空间联结,便没有“印度空间城市系统”。

(4) 印度社会问题

① 印度社会种姓问题

“种姓制度”是印度文明“神性基因”的产物,严重违背“人人生而平等”的人类基本法则。“种姓制度”将印度“人性基因”压抑到了极点,“种姓制度”成为一种严酷的社会体系,这种异常严苛的“种姓制度”依然存在于印度的社会中。印度“种姓制度”的反现代性,决定了“种姓制度”是印度空间城市系统隐性化的第三个重要原因。没有印度公民的自由与平等,便没有“印度空间城市系统”。

② 印度社会范式

印度社会实际上存在着三种范式:第一,印度前见社会,它深深扎根于印度人民思想意识之中;第二,印度现见社会,现实印度处于快速变化之中,这是一个真实客观的印度社会;第三,印度预见社会,印度空间城市系统社会是印度的未来。

③ 印度社会宗教问题

印度是世界性宗教的发祥地,印度是世界宗教的博物馆,印度是世界上受宗教影响最深的国家。宗教严重制约了印度的现代化进程,宗教是印度“神性基因”的根源,严重压抑了印度“人性基因”与“物性基因”的演化发展,印度空间城市系统是建立在

“人性基因、物性基因、神性基因”交融基础之上的。

（5）印度经济问题

印度2018年国内生产总值为2.716万亿美元，同比增长7.4%，世界排名第7位，印度是全球成长最快的新兴经济体之一。另一方面，世界银行将印度界定为低收入经济体。印度2/3人口仍然直接或间接依靠农业维生，印度有近27%人口属于贫困人口。印度经济经过了曲折的发展过程，起始于印度农业经济，经历了殖民经济锤炼，探索过社会主义经济道路，回归到印度市场经济轨道。

在宏观方面，印度具有民主法治的政治条件，具有市场经济的制度保障。在微观方面，印度缺乏“人性基因”的文化基础，缺乏“自由平等”的社会基础。印度空间城市系统经济是建立在人性解放与自由平等基础之上的，相信经过第二次“文明转基因”的印度，一定可以创造足够的经济财富，为印度空间城市系统奠定经济基础。

（6）印度科技问题

印度拥有巨大的科技潜力，印度正在成为世界软件超级大国。在医药、数学、物理、空间、信息等科学技术领域，印度都处于世界先进行列。在科技人才、英语语言、科技创新等方面，印度科技都具有世界性。21世纪，印度空间城市系统将极大推进印度高速交通科技、信息科技创新、生态文明创新，预计信息文明、生态文明、人性革命将是印度科技发展的三大动力源。

（7）印度生态环境问题

印度不可能摆脱世界性“工业化”导致的生态环境危机，印度生态环境存在严重问题：全国70%以上的地表水遭到污染，80%的居民得不到干净的饮用水。印度大气污染同样严重，印度主流媒体说“人们每天呼吸的空气简直就是毒气”。由于大量使用化肥和农药，过量开采地下水，农田土壤受到污染，土地质量下降，地下水位在不断下降，从而使印度农村生态环境日益恶化。

世界“工业文明”走到了尽头，印度也不例外。世界“城市”日趋式微，印度已经深受“大城市病”之危害，印度不应该扩大“印度城市生态足迹”挑战“人类生存道德底线”。世界不可能给印度更多的“城市生态足迹额度”。“生态文明”是印度空间城市系统的唯一正确方向。

“印度空间城市系统”跨越式发展是必由之路，根据具体情况逐次进行“印度空间城市系统”的规划建设：以新德里为中心的“北部空间城市系统”，以孟买为中心的“西部空间城市系统”，以班加罗尔与金奈为双中心的“南部空间城市系统”，以加尔各答为中心的“东部空间城市系统”。对于“印度空间城市系统”，印度政府、大学、研究机构必须有清醒的理性认知。

3）印度空间城市系统文明

（1）印度文明综述

印度文明是人类文明的重要组成部分，印度文明是西方文明与东方文明融合的典范，印度文明是世界“神性文明”的样板。印度文明主要包含：现代文明、印度文明、英国文明、佛教文明等内容。印度文明充斥着古代与现代、宗教与世俗、“神性、人性、物性”的混合，因此而成为世界上最绚烂多彩的文明。

如图 12.39 所示，南亚次大陆是印度文明所在区位空间，来自北方的雅利安文明、海上的欧洲文明、西部的伊斯兰文明、东部的中华文明交汇于“印度空间”。因此，“印度空间”实际上成为世界的“文明枢纽”。在现代印度空间中，“聚落文明”占 67%、“城市文明”占 33%、“空间城市系统文明”处于隐性状态。

如图 12.39 所示，根据前述“空间城市系统文明原理”，南亚次大陆为“印度新文明”提供了“文明容器”。现代“印度文明”处于中华文明、伊斯兰文明、俄罗斯文明、西方文明环境之中，基于自身的内源性动力与外部环境动力，印度一定可以创新“印度空间城市系统文明”，它将充满生态文明、信息文明、人性革命的秉性，“印度新文明”一定会对世界产生重大影响！

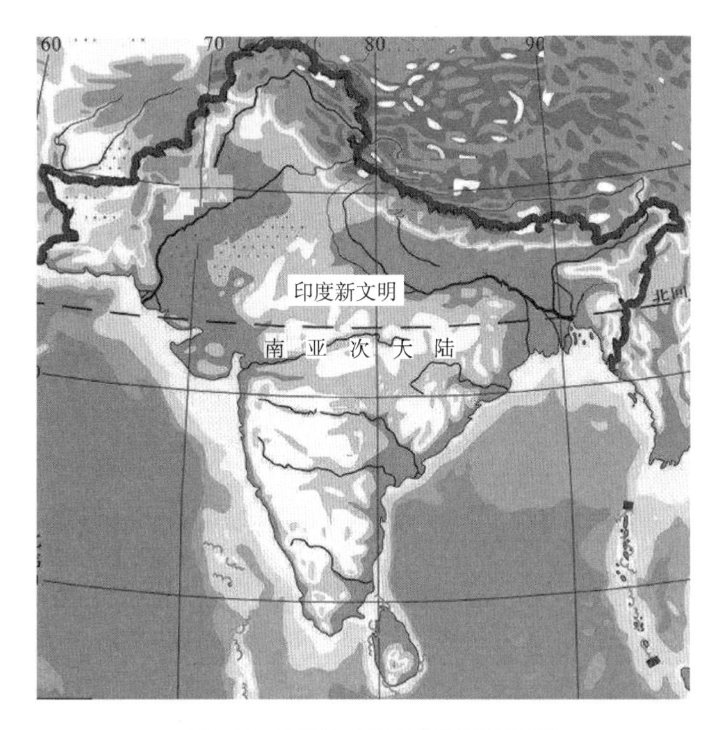

图 12.39　南亚次大陆与“印度新文明”

（源自：笔者根据百度地图自制）

（2）印度文明基因解析

① 文明基因

希腊文明、中华文明、印度文明是“容器”与“内容”兼备的世界性三大文明。希腊文明具有“物性基因”，科学与理性是希腊文明的结果；中华文明具有“人性基因”，和谐与中庸是中华文明的结果；印度文明具有“神性基因”，虔诚与敬畏是印度文明的结果。“三大文明”兼具西方与东方、贯通古代与现代、融汇“物性、人性、神性”，是人类社会赖以延续的根本。

21世纪，人类文明必须从希腊文明、中华文明、印度文明中汲取营养，创新科学与技术、沟通融合民族国家关系、敬畏地球生态环境并信仰“人类生存道德”，才能创新产生新的人类社会“生态文明”，保持人类文明可持续发展下去。

② 印度文明基因

印度文明存在着“神性基因”，超客观自然与纯抽象精神是“神性”的本质，例如印度文明中的“梵”就是一种无始终、无属性、无因果的“至高力量”。对“神性”的虔诚与敬畏，既塑造了印度辉煌的历史，也制约了印度的现代化进程。“种姓制度”“非自由与非平等”“男尊女卑”“贫富差别”据其深层原因都与“神性基因”相关。

当“神性基因”统治地位在印度文明中确立以后，“人性基因”与“物性基因”只能退居其后，“印度社会”被形塑的命运就难逃宿命了。敬仰神性、尊重人性、走向物性是印度文明发展的必由之路。

③ 印度文明转基因

第一，印度文明转基因A。

所谓“印度文明转基因A”是指“英国文明”对印度文明的改变。“印度文明转基因A”开始自武力植入“英国文明”，结束于不抵抗脱离“英国统治”，印度至今仍为英联邦成员国。“印度文明转基因A”主要表现为：统一现代印度国家、奠定民主法治政治基础、产生完整工业体系、培育现代社会文明思想、遗留国际英语语言。可以说正是“印度文明转基因A”，塑造了现代的印度国家。

但是“印度文明转基因A”，是在外部环境“英国武力”作用下完成的，并非印度民族文明自我进化的结果。所以印度“神性基因”仍然存在，种姓制度、贫富差别、“非自由与非平等”意识仍然深深影响着印度民族。

第二，印度文明转基因B。

进入21世纪，特别是在现代中华文明的比较影响之下，印度快速走向了“印度新文明”之路，“印度文明转基因B”便应运而生。所谓“印度文明转基因B”是指将印度“神性基因”改造为“人性基因”，完成印度“物性基因”的创新建立。“印度文明转基因B”是彻底的“印度思想启蒙”，将导致印度人的“自由平等”、制度的“民主法治”、社会的“公平正义”。“印度文明转基因B”将导致印度社会思想转型、印度经济结构转型、印度科技创新涌现，作为印度空间内生动力源创新产生“印度空间城市系统文明”。

第三，印度新文明。

根据“空间城市系统文明原理”，印度空间城市系统“容器革命”，必然导致“印度空间城市系统文明”的产生。“印度新文明”就是“印度空间城市系统文明”，它代表了印度文明的未来。印度公民将拥有：“自由权、平等权、财产权、生存权、发展权”，以及“基本居住权、基本信息权、基本移动权”。印度新文明是建立在“印度文明转基因A”与“印度文明转基因B”基础之上的。

(3) 印度空间城市系统文明展望

首先，“印度空间城市系统文明”要具备“基础性”。民主法治政治制度，要匹配“自由平等”普世价值观。“世界最大民主国家”没有“人性要素”是不可以想象的。“印度新文明”也是21世纪世界文明的一部分，因此普适“基础性”必然是“印度空间城市系统文明”的基础。

其次，“印度空间城市系统文明”要具备“地域性”。聚落文化、城市文化、空间城市系统文化是“印度新文明”的三个组成部分，这是由印度空间客观性决定的。其中，空间城市系统文化是印度新文明的领导者。印度有可能率先创新由聚落、城市、空间城市系统组成的“印度可持续人居空间系统”，为世界人居空间可持续化创建榜样。

最后，“印度空间城市系统文明”要具备“历史性”。印度前见文明、印度现见文明、印度预见文明是一个连续过程：“神性基因”阶段，“神性基因”+“人性基因”阶段，“神性基因”+“人性基因”+“物性基因”阶段是印度文明演化的三个历史性阶段。

展望21世纪“印度空间城市系统文明”，立足于世界基础性、坚持印度地域性、实现阶段目标历史性，就一定会重现印度文明辉煌。

12.3.4 东南亚空间城市系统预见分析

1）东南亚空间城市系统预见

如图12.40所示，“东南亚空间城市系统预见”以南宁、河内、万象、内比都、仰光、胡志明市、金边、曼谷、吉隆坡、新加坡为中心城市，形成“十字形”空间结构。其中曼谷与新加坡为“东南亚空间城市系统预见”双牵引城市MC，南宁与仰光为“东南亚空间城市系统预见”双主导城市LC。“东南亚空间城市系统预见”可以分为：以南宁为中心的“北部空间城市系统”，以曼谷为中心的“中部空间城市系统”，以新加坡为中心的“南部空间城市系统”。

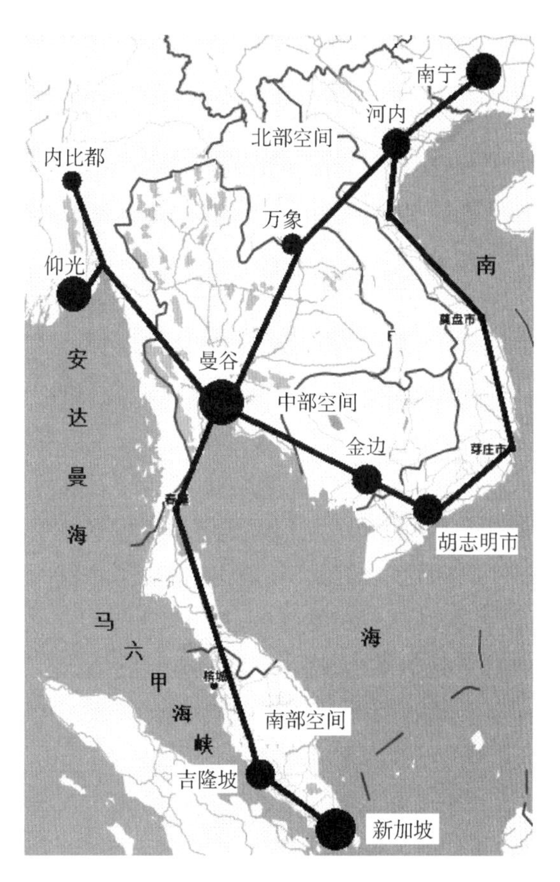

图12.40 东南亚空间城市系统预见

注：本国为笔者根据谷歌地图自制，不含全部国土。

如图12.40所示，“东南亚空间城市系统预见”空间结构主轴为：第一，南宁—河内—万象—曼谷—吉隆坡—新加坡中线主轴；第二，内比都—仰光—曼谷—吉隆坡—新加坡西线主轴；第三，南宁—河内—胡志明市—曼谷—吉隆坡—新加坡东线主轴。东中西三条主轴线为“东南亚空间城市系统预见”的“十字形”大动脉，应该建立航空飞机、高速铁路、高速公路、高速水运的“多式联运高速交通系统”。“东南亚空间城市系统预见”空间结构支轴线分布于“十字形”的各个空间，它们的地理连接可以通过城际高速铁路、地下铁路、高速公路地理连接方式解决。

如图 12.40 所示，“东南亚空间城市系统预见” 网络域面分为：北部空间网络域面、中部空间网络域面、南部空间网络域面，它们是北部空间城市系统、中部空间城市系统、南部空间城市系统空间人员流、物资流、信息流的承担者。

如图 12.40 所示，南海为“东南亚空间城市系统预见”的东边地理隔离线、安达曼海为“东南亚空间城市系统预见”的西边地理隔离线、马六甲海峡为“东南亚空间城市系统预见”的南边地理隔离线。

2）“东南亚空间城市系统预见”问题

（1）民族国家问题

① 民族国家概要

现代民族国家起始于 1648 年签署的《威斯特伐利亚和约》，它是具有现代意义的第一个国际关系条约，划定了民族国家的国界。《威斯特伐利亚和约》承认了国家的独立和主权，将国家主权、国家领土、国家独立等原则确立为国际关系中应遵守的基本准则。《威斯特伐利亚和约》开始了主权国家的概念，逐渐成为国际法和世界秩序的中心原则。

“民族国家”是西方社会权利斗争的结果。究其本质而言，“民族国家”政治上是群体私权、经济上是群体私利、文化上是群体俗成、社会上是群体集聚。“认同感”是民族国家的基础，各个社会组分没有“认同感”，则民族国家就失去了合法性。例如苏联的解体就是丧失了“意识形态认同感”，随之一个庞大的“苏联民族国家”丧失了存在合法性，也就消亡了。反之，美利合众国是世界民族大熔炉，而对“美国价值观”的认同感（表现为入籍宣誓）使美国“民族国家”产生了。

“民族国家”是人类社会特定时期、特定空间、特定环境的产物。在人类社会历史长河中，“民族国家”发挥过积极意义也存在消极阻碍作用。21 世纪以降，“民族国家”日趋成为负面效应的代名词。随着人类社会的发展，超国家的政治集团、跨国企业、非政府组织（NGO）、空间城市系统都超越了“民族国家框架”。

“民族国家”将注定成为人类社会历史中的一个过渡性“框架”，它的作用分别为：第一，维持现行国际秩序，提供公共治理单位；第二，发挥过渡性作用，例如空间城市系统中的跨国与跨地区的“协同机制”；第三，“民族国家”权力让渡，只具备象征意义，其实质作用将消除，例如“欧盟框架”进程。

② 民族国家问题解析

“东南亚空间城市系统”涉及的民族主要有：汉族、壮族（中国）；京族（越南）；老龙族、老听族、老松族（老挝）；高棉族、华人（柬埔寨）；缅族、掸族（缅甸）；马来族、华裔、印裔（马拉西亚）；华人、马来族、印裔（新加坡）。“东南亚空间城市系统”涉及的国家有：中国、越南、老挝、柬埔寨、缅甸、马拉西亚、新加坡。

由此可见,“东南亚空间城市系统”是一个极端复杂的“民族国家”复合体,它的“民族国家问题”极其混沌。因此,“东南亚空间城市系统”只能是一个“空间城市系统文明体制”,绝不能是一个“民族国家”体制。“文明体制”在中国存在了几千年,而“民族国家”在中国不到两百年历史。所以,“东南亚空间城市系统文明体制”是一个可行的实证概念。

(2) 行政协同问题

根据“政治行政分离原理”,可以构建“东南亚空间城市系统行政体系”,主要包括:行政协同章程、行政协同制度、行政协同机构。各民族国家之间的“行政协同”超越不同民族国家的政治思想、政治制度、政治文化,“行政协同”是东南亚空间城市系统的基本前提条件。中国、越南、老挝、柬埔寨、缅甸、马拉西亚、新加坡,共同协商制定《新加坡宣言》,是“东南亚空间城市系统行政体系”构建的基础。

(3) 一体化问题

“东南亚空间城市系统一体化”是“民族国家问题”与“行政协同问题”的具体落实,包括:货币一体化的亚元、签证一体化的免签证、关税一体化的零关税等机制。欧盟已经做出了榜样,“东南亚国家联盟”奠定了“一体化”的基础:《万象行动计划》《东盟一体化建设重点领域框架协议》《东盟安全共同体行动计划》《东南亚国家联盟宪章》,都是“一体化”的具体表现,而“东南亚空间城市系统”是“东南亚国家联盟”的中坚力量。

(4) 空间联结问题

“空间联结问题”决定着东南亚空间城市系统的成败。空间地理连接包括:第一,中线高速交通。即南宁—河内—万象— 曼谷—吉隆坡—新加坡;第二,东线高速交通。即南宁—河内—胡志明市— 曼谷—吉隆坡—新加坡;第三,西线高速交通。即内比都—仰光—曼谷—吉隆坡—新加坡。高速交通手段包括:高速铁路、高速公路、航空飞机。空间信息联结是指以5G通信为代表的卫星通信联结。高效能源供给,是东南亚空间城市系统“空间联结问题”的第三个方面。

(5) 宗教融合问题

“东南亚空间城市系统”所在空间具有复杂的宗教与意识形态构成,主要包括:新加坡空间具有儒教、佛教、伊斯兰教、基督教、印度教;吉隆坡空间具有伊斯兰教、儒教、基督教、印度教;曼谷空间具有佛教、儒教、基督教;仰光与内比都空间具有佛教、儒教、基督教;金边空间具有佛教、儒教;万向空间具有意识形态、佛教;河内与胡志明市空间具有意识形态、儒教、佛教、天主教;南宁空间具有意识形态、儒教、佛教、天主教。可见“宗教融合问题”是东南亚空间城市系统面临的大问题。东南亚空间堪称世界宗教大熔炉,多种意识形态、多种宗教、多种语言的融合只有靠“新东南亚文明”加以容纳。

(6) 文明创新危机

“人类文明”正从“海洋文明”回归“大陆文明”,东南亚空间海洋区位优势将大大减弱。因此,“新东南亚文明”创新是东南亚的必由之路,而“东南亚空间城市系统”是“新东南亚文明”的主要容器。根据汤因比的“文明挑战与应战理论”,“海洋文明”回归“大陆文明”，是21世纪东南亚面临的“文明挑战”，“新东南亚文明”创新就是东南亚必需的“文明迎战”。它决定着东南亚各民族国家的历史性命运，是东南亚空间21世纪发展的基本动力。

3）东南亚空间城市系统文明

如图12.41所示，“新东南亚文明”是人类生态文明的组成部分，是太平洋区域与印度洋区域的主流文明，是东南亚区域的主导文明。“新东南亚文明”具有三种基本属性：第一，“新东南亚文明”具有“世界文明属性”，它包含了佛教、基督教、伊斯兰教、儒教四大世界性宗教，是西方文明与东方文明交融的产物。第二，“新东南亚文明”具有“南北文明属性”，它跨越北半球与南半球，是北半球文明与南半球文明之间的过渡文明。第三，“新东南亚文明”具有“两洋文明属性”，它横跨太平洋和印度洋。

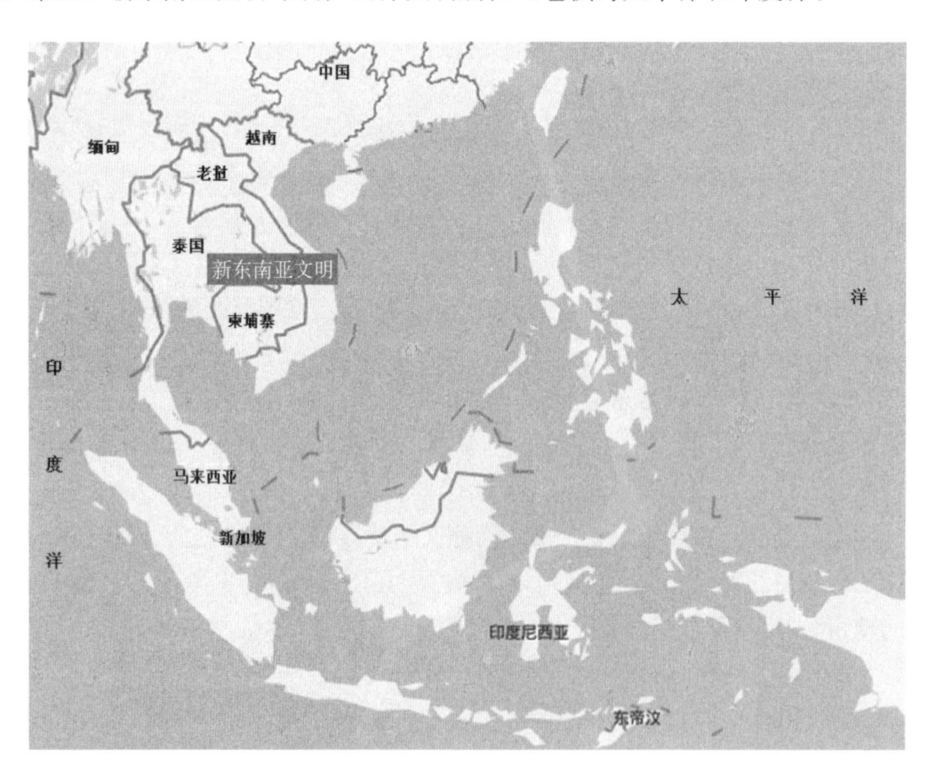

图12.41 新东南亚文明

注：本图为笔者根据谷歌地图自制，不含全部国土。

“东南亚空间城市系统”与“新东南亚文明”，是21世纪影响世界的区域性大概率事件，它们的发生将改变东南亚空间的历史，对于太平洋区域与印度洋区域将产生重大影响。与世界其他新文明一样，生态文明、信息文明、人权文明将是“新东南亚文明”的基本性。我们期望着从南宁到新加坡的“东南亚空间城市系统”诞生，期望着“新东南亚文明”的诞生。对此，东南亚各民族国家政府、大学、科学研究机构必须有所准备。

就世界空间区位来看，“新东南亚文明”“新澳洲文明”“南美生态文明”将是三种对世界南半球影响很大的人类文明新形式。它们之间的联合效应，将对人类社会产生十分重大的作用，这是一种人类文明演化自组织现象，不以人的意志为转移，世界必须对此有所思考与认识。

中国、东南亚各国、澳大利亚、新西兰、巴西、阿根廷等国家要有历史性视野、前瞻性研究、充分的准备。

12.3.5 “尼罗河—地中海沿岸”空间城市系统预见分析

1）“尼罗河—地中海沿岸”空间城市系统预见

如图 12.42 所示，“尼罗河—地中海沿岸”空间城市系统预见，以阿斯旺、卢克索、艾斯尤特、开罗、亚历山大、塞得港、耶路撒冷、安曼、特拉维夫、贝鲁特、大马士革、阿勒

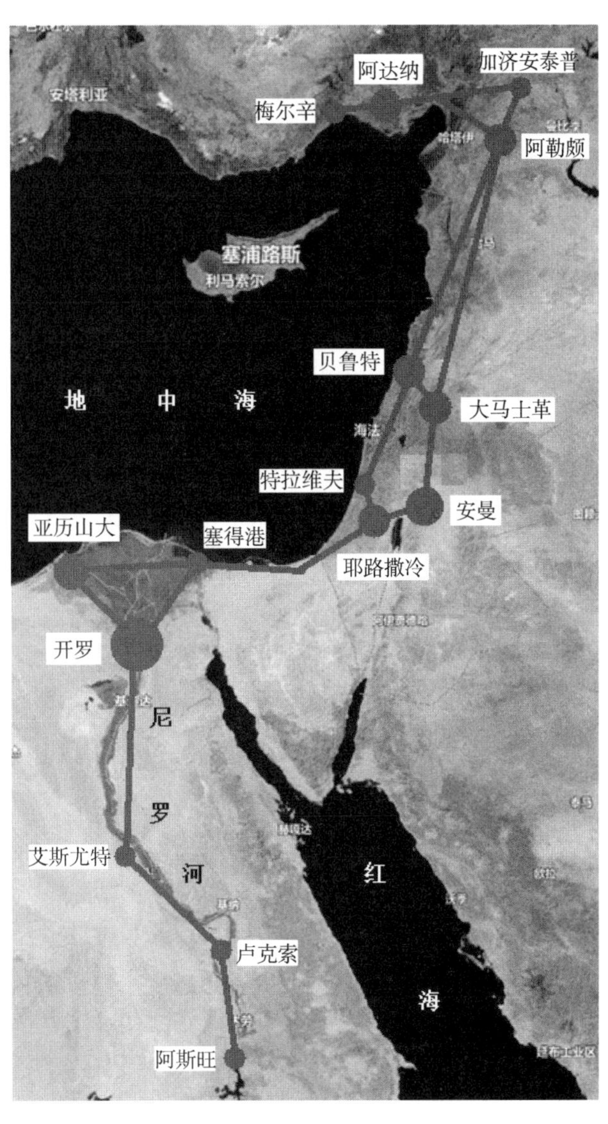

图 12.42 “尼罗河—地中海沿岸”空间城市系统预见

注：本图为笔者根据谷歌地图自制，不含全部国土。

颇、加济安泰普、阿达纳、梅尔辛为中心城市，沿地中海东岸与尼罗河两岸，自北向南形成条带状空间结构。其中开罗与耶路撒冷为“尼罗河—地中海沿岸”空间城市系统预见的双牵引城市 MC，亚历山大、安曼、大马士革、贝鲁特为“尼罗河—地中海沿岸”空间城市系统预见的主导城市 LC。“尼罗河—地中海沿岸”空间城市系统预见可以分为：以开罗为中心的“尼罗河沿岸空间城市系统”，以耶路撒冷为中心的“地中海沿岸空间城市系统”。

如图 12.42 所示，“尼罗河—地中海沿岸”空间城市系统预见空间结构主轴为：阿斯旺—卢克索—艾斯尤特—开罗—亚历山大—塞得港—耶路撒冷—安曼—特拉维夫—贝鲁特—大马士革—阿勒颇—加济安泰普—阿达纳—梅尔辛。该主轴线为“尼罗河—地中海沿岸”空间城市系统预见的南北大动脉，应该建立航空飞机、高速铁路、高速公路、高速水运的“多式联运高速交通系统”。“尼罗河—地中海沿岸”空间城市系统预见空间结构支轴线分布于“该南北主轴线” 两侧，它们的地理连接可以通过城际高速铁路、地下铁路、高速公路地理连接方式解决。

如图 12.42 所示，“尼罗河—地中海沿岸”空间城市系统预见网络域面分为：尼罗河沿岸空间网络域面、地中海沿岸空间网络域面，它们是“尼罗河沿岸空间城市系统”与“地中海沿岸空间城市系统”空间人员流、物资流、信息流的承担者。

如图 12.42 所示，地中海为“地中海沿岸空间城市系统”的西边地理隔离线，红海为“尼罗河沿岸空间城市系统”的东边地理隔离线。

尼罗河两岸人类聚居已经有 6 000 多年悠久历史，地中海东岸诞生了犹太文明、基督教文明、伊斯兰文明，“尼罗河—地中海沿岸”空间城市系统堪称上帝的意志，是人类文明起源性空间的归宿。

2）“尼罗河—地中海沿岸”空间城市系统预见问题

（1）“文明的融合”原理

“文明的融合”与“文明的冲突”是一对辩证的矛盾，“文明的融合”真实的存在于人类文明演化的各个历史阶段。“文明的融合”可以被历史事实证明：古代中国农耕文明与游牧文明的融合造就了北魏、元朝、清朝的政治系统，这是一种二元文明向“一元化中华文明体”的融合。现代美国是由多元文化个体向一元“美利坚文明体”的融合。“文明的融合”的客观事实在世界各地都无数次发生过。可以说人类文明进化历史，就是一部“文明融合”发生历史。

从系统科学视角来看，所谓“文明体”本质上就是“文明系统”，“文明体”是内容，而“文明容器”是“文明系统”赖以存在的环境。在文明容器环境条件具备的情况下，在“文明系统”各主要维度条件具备的情况下，“文明体”就会分岔涌现出来。“文明系统”维度条件包括：政治、经济、文化、社会、科技等，文明容器环境条件是指巢穴、聚落、城市、空间城市系统。

“中东新文明体”是 21 世纪“中东新文明容器”环境条件与“中东文明系统”维度条件的产物。经过了文明战争阶段、文明冲突阶段、文明政治和解阶段，中东空间将迎来经济发展阶段、科技创新阶段，而经济发展与科技创新是需要“中东新文明容器”的。“尼罗河—地中海沿岸”空间城市系统就是这种“中东新文明容器”，“中东新文明体”就是“中东新文明容器”的盛载物，它将为“中东经济发展”与“中东科技创新”提供基础。

（2）文明融合问题

犹太文明、伊斯兰文明、基督教文明的融合问题，是“尼罗河—地中海沿岸”空间城市系统预见的首要问题。由历史知识可知，犹太文明、伊斯兰文明、基督教文明分别产生在不同的历史时期，耶路撒冷三千年城市发展历史就说明了这一点。

中东前见文明范式是基于征服的“容器占有”模式；中东现见文明范式是“犹太文明”与“伊斯兰文明”冲突但又必须共存的“容器竞争”模式；中东预见文明范式是犹太文明体、伊斯兰文明体、基督教文明实现“文明的融合”的“中东新文明容器”模式。“中东新文明体”是犹太民族、阿拉伯民族、其他民族共存共荣的状态。

“宗教冲突”是无法回避的客观现实，它是中东“文明的融合”的最大障碍。“冲突”是矛盾状态的中间烈度，文明战争、文明冲突、文明和解、文明融合是中东问题的四个发展阶段，历史已经证明了过去：文明战争已近消除、文明冲突与文明和解正在发生，文明融合还会遥远吗?

中东“宗教冲突”的本质是权利博弈，“纳什博弈均衡理论”很好地揭示了博弈的规律，“博弈均衡”是普适性结果，例如埃及与以色列的“博弈均衡状态”。

“文明演化”是一种宏观大概率可预测过程，“文明演化事件”又是微观随机概率无法预测的，“文明演化”是涉及人类的复杂系统，“人类属性复杂 HAC 理论”说明人类行为是可以预测的具有逻辑性与概率性的活动。因此，中东“文明融合”是大势所趋，是符合科学规律的。

（3）政治发展问题

“政治发展”是中东文明的序参量问题。中东空间是埃及文明、犹太文明、基督文明、伊斯兰文明的起源性空间；中东是经历了波斯帝国、阿拉伯帝国、奥斯曼帝国世界性政治系统的空间；中东空间是现代世界政治的焦点空间。中东地区堪称世界“政治制度实验室”，各种政治思想、政治制度、政治文化都鲜活存在着。神权政治、王权政治、政教合一、军人政治、意识形态、威权政治、民主政治等政治概念，都可以在中东空间找到踪迹。

中东政治发展必须以“政治文化”为基础，必须以“政治思想”创新为导向，必须以“政治制度”变革为途径。“宗教”是中东的道统，这是一个历史事实；“权威”是中东的法统，这是既成的现代事实；“民主”是中东的目标，这是人类文明的普适规律。从“阿拉伯之春”到“阿拉伯之冬”，证实了上述论点。

中东空间无思想启蒙、无宗教改革、无工业革命，它的政治发展不可能完全按照标准的“西方政治理论”进行，理性思考与科学解析是解决中东“政治发展问题”的钥匙，中东政治发展遵循“新结构政治立论”可以表述为：中东文明包括政治、经济、文化、社会、科技五个基本维度，科技创新拉动经济发展，经济发展要求政治进步，是政治、经

济、科技三个正相交变量之间的基本联动关系,可以表示为

$$中东政治发展=科技创新\rightarrow经济发展\rightarrow政治进步 \tag{12.18}$$

“地中海沿岸空间城市系统”正逐渐成为世界科技创新中心,必将导致“尼罗河—地中海沿岸”空间城市系统经济的极大发展,进而促进“中东新文明体”中的“政治发展”。这就是中东核心空间“政治发展”的基本进化逻辑,它既符合世界政治发展的普适性,又契合中东政治发展的特殊性。

(4) 经济发展问题

“经济发展”是“尼罗河—地中海沿岸”空间城市系统预见的基础问题。首先,石油经济是中东空间经济发展的基础,资源经济是中东经济结构转型的保障。其次,世界空间区位是中东经济结构升级的前提,如高端服务业、金融产业、信息产业等。“文明创新”是中东最具竞争力的方向,阿拉伯民族出色的智力与能力已经被历史证明。最后,科技创新是中东经济发展不竭的动力,如信息产业、高科技产业、生命科学、生态环境产业、生态农业等,犹太民族“人类智能”享誉世界,中东经济发展的逻辑可以表示为

$$中东经济发展=文明融合\rightarrow政治发展\rightarrow经济转型 \tag{12.19}$$

中东经济结构转型已经初露端倪,以色列科技创新能力居于世界领先水平,高科技产业集聚,吸引着世界的目光。犹太民族科学技术人才,阿拉伯民族服务业人才,必将创造震惊世界的中东新经济结构,前途不可限量。“中东经济发展”将为“尼罗河—地中海沿岸”空间城市系统奠定可靠的经济基础。

(5) 空间联结问题

如图 12.43 所示,“尼罗河—地中海”高速通道,是“尼罗河—地中海沿岸”空间城市系统的关键项目。它对于联通“尼罗河沿岸空间城市系统”与“地中海沿岸空间城市系统”具有十分重要的意义。“尼罗河—地中海”高速通道将土耳其南部、叙利亚与黎巴嫩、以色列与约旦、埃及北部、埃及南部五个文明圣地、旅游热点、经济集聚区连接到一起,具有不可估量的潜在价值。对于欧洲、亚洲以及世界各地人民是一个莫大功德事业。

以 5G 为代表的高速信息联结,与“尼罗河—地中海”高速通道相结合,将彻底改变“尼罗河—地中海沿岸”空间城市系统的面貌,为“中东新文明体”的诞生打造现代化容器。中东空间具有丰富的能源储量,为“尼罗河—地中海沿岸”空间城市系统奠定了基础。

(6) 生态环境问题

“尼罗河—地中海沿岸”空间城市系统预见处于沙漠、高原、山地、海洋生态环境之中,沿尼罗河岸与沿地中海岸低地地理基质托起了“尼罗河—地中海沿岸”空间城市系统。因此,作为大规模人居空间系统而言,它的生态环境是严酷的。“尼罗河—地中海沿岸”空间城市系统预见必须坚决遏止“大城市发展”,阻止“大城市生态足迹”蔓延,它不具备众多大城市赖以生存的生态环境条件。由聚落、城市、空间城市系统组成的“中东可持续人居空间系统”是基本发展方向,生态优美、环境宜居、人地关系和谐是它的基本特征。

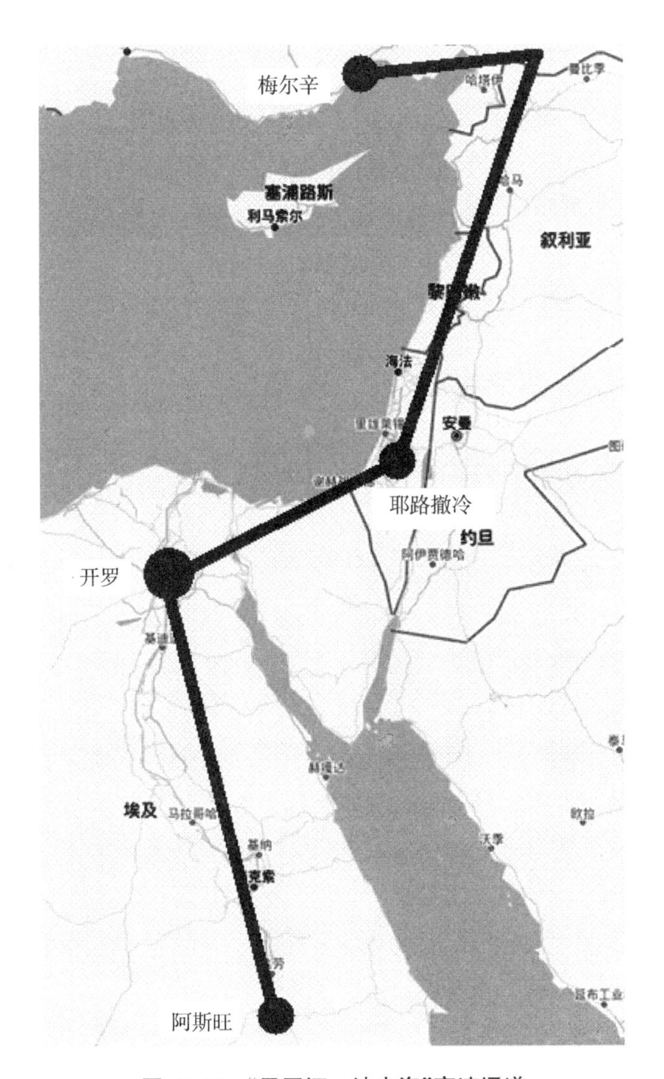

图 12.43 “尼罗河—地中海”高速通道

依靠科学技术创新改善中东空间生态环境，是基本可行之路。水资源科学利用、海水开发利用、新能源、新材料都是中东空间生态资源的选项。“经济转型”伴随中东生态环境改造同时发生，“生态产业”与“环境保护”伴生而发。以色列在诸多方面做出了很有成效的探索，尼罗河是“尼罗河—地中海沿岸”空间城市系统的宝贵资源，它孕育了古埃及文明，一定会孕育 21 世纪中东“空间城市系统文明”。

3）“尼罗河—地中海沿岸”空间城市系统文明

根据“空间城市系统文明原理”可知：“尼罗河沿岸空间城市系统”与“地中海沿岸空间城市系统”是两个显然的文明容器，因此它们必然孕育 21 世纪的中东新文明。通过对这两个文明容器现在文明状态的分析，可以得知它存在着：犹太文明体、伊斯兰文明体、基督教文明次体（基督教文明不存在大量的民族实体）。因此，根据“文明的融合”原理，我们可以预测“中东新文明体”主要包括：犹太文明体组分，伊斯兰文明体组分，基督文明组分，可以表示为

$$中东新文明体=犹太文明体+伊斯兰文明体+基督文明 \quad (12.20)$$

如图 12.44 所示，“中东新文明体”处于欧洲、亚洲、非洲、北美洲、南美洲、大洋洲的中心位置。所以我们说：中东空间为世界主要文明的起源性空间，“中东新文明体”将承袭这种文明区位优势。“尼罗河—地中海沿岸”空间城市系统，将是世界文明交融中心、世界文明创新中心、世界科技创新中心。这三个“世界中心”定位，建立在历史事实与现代实践基础之上，是世界其他空间城市系统无法比拟的。人类文明起源性空间、灿烂的文明历史、世界性文明交汇圣地，是“尼罗河—地中海沿岸”空间城市系统最大的优势，它必将为人类文明做出极大的贡献。

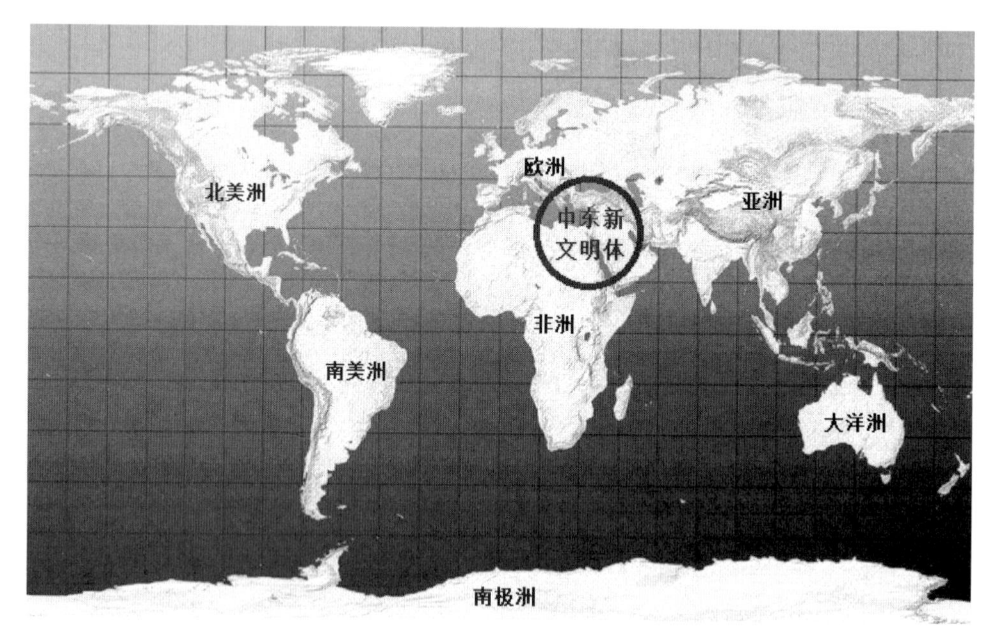

图 12.44 中东新文明体

（源自：笔者根据谷歌地图自制）

12.3.6 东北亚空间城市系统预见分析

1）东北亚空间城市系统预见

如图 12.45 所示，东北亚空间城市系统预见，以大连、沈阳、长春、哈尔滨、符拉迪沃斯托克、平壤、首尔、釜山为中心城市，成“T 字形状”空间结构。其中首尔与沈阳为东北亚空间城市系统预见的双牵引城市 MC，东北亚空间城市系统预见可以分为：以沈阳为中心的“中国东北空间城市系统”，以首尔为中心的“朝鲜半岛空间城市系统”。

如图 12.45 所示，东北亚空间城市系统预见空间结构主轴为：第一主轴，大连—沈阳—长春—哈尔滨—符拉迪沃斯托克；第二主轴，釜山—首尔—平壤—沈阳。这两条主轴线为东北亚空间城市系统预见的南北大动脉，应该建立航空飞机、高速铁路、高速公路、高速水运的“多式联运高速交通系统”。东北亚空间城市系统预见空间结构支轴线分布于中国东北空间、朝鲜半岛空间、俄罗斯滨海边疆区空间，它们的地理连接可以通过城际高速铁路、地下铁路、高速公路地理连接方式解决。

如图12.45所示，东北亚空间城市系统预见网络域面分为：中国东北空间网络域面、朝鲜半岛空间网络域面、俄罗斯滨海边疆区空间网络域面，它们是东北亚空间城市系统空间人员流、物资流、信息流的承担者。

如图12.45所示，日本海为“东北亚空间城市系统”的东边地理隔离线，渤海与黄海为“东北亚空间城市系统”的西边地理隔离线。东北亚空间是一个历史性的地域概念，具有现代工业文明的基础。

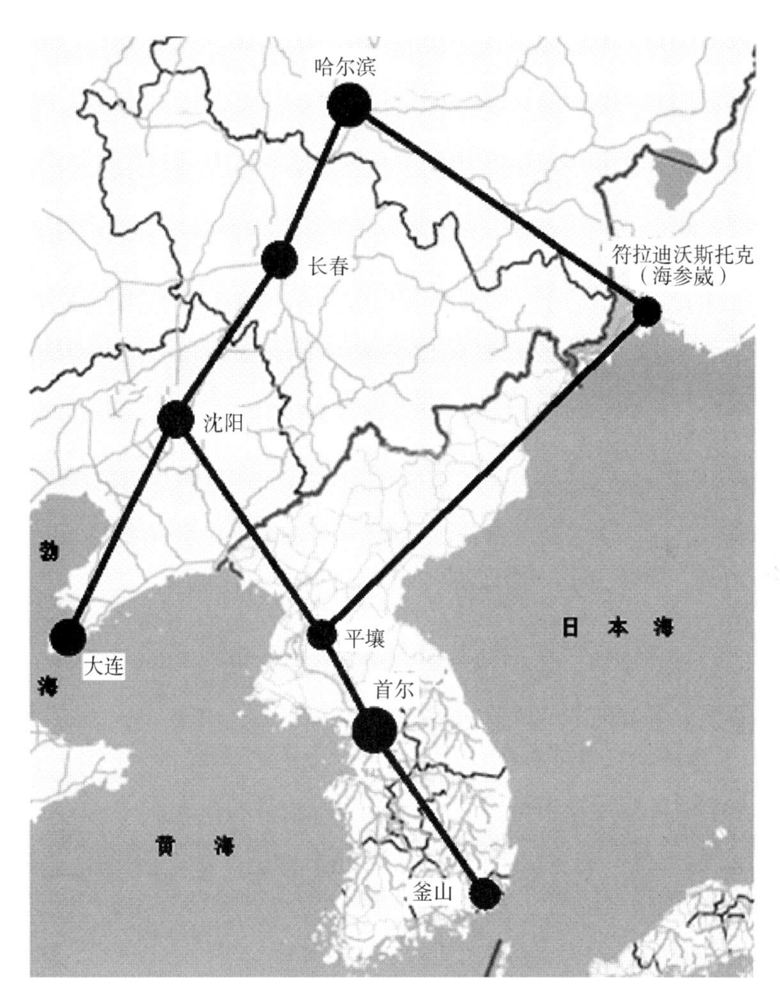

图12.45　东北亚空间城市系统预见

注：本图为笔者根据谷歌地图自制，不含全部国土。

2）“东北亚空间城市系统预见”问题

（1）政治发展问题

“政治发展”是东北亚空间城市系统预见的首要问题，而“安全”又是政治发展的基本前提。朝鲜的国家安全是一个现实需要，意识形态已经退居次要地位。因此，安全

导致经济发展，经济发展导致政治开放，政治进步导致“朝鲜空间贯通”，可以表示为

东北亚空间城市系统＝国家安全→经济发展→政治开放→空间联结 (12.21)

朝鲜半岛是同一个民族、同一种语言、同一种文明，“朝鲜半岛政治系统”是政治发展的可行之路。朝鲜政治发展是以“同一个文明”为基础的，所需要的仅仅是“国家安全条件”。因此，“国家安全”是政治发展的逻辑条件，是东北亚空间城市系统的逻辑根本。

(2) 空间体量问题

中国东北空间体量规模仅仅可以作为一个单一空间城市系统的下限，朝鲜空间体量偏小、韩国空间体量偏小、俄罗斯滨海边疆区空间体量偏小，它们都不足以组成单一的空间城市系统。因此，前述各个组分空间之和，方能组成一个具有国际竞争力的空间城市系统，可以表示为

东北亚空间城市系统空间体量＝中国东北空间体量＋朝鲜空间体量＋韩国空间体量＋俄罗斯滨海边疆区空间体量 (12.22)

这就是东北亚空间城市系统赖以存在的空间体量逻辑基础，东北亚空间集合逻辑有着整体涌现的既往经验可循。因此，我们完全可以预期“东北亚空间城市系统”整体涌现性的自组织发生。只有如此才能使东北亚空间有足够参与国际竞争的实力。这对于中国、朝鲜、韩国、俄罗斯都是十分有利的空间组合选择。

(3) 行政协同与一体化问题

根据“政治行政分离原理”，可以构建“东北亚空间城市系统行政体系”，主要包括：行政协同章程、行政协同制度、行政协同机构。“行政协同”是东北亚空间城市系统的基本前提条件。中国、朝鲜、韩国、俄罗斯共同协商制定《首尔宣言》，是“东北亚空间城市系统行政体系”构建的基础。

“东北亚共同体”是东北亚空间城市系统“行政协同制度”框架，包括中国东北、朝鲜、韩国、俄罗斯滨海边疆区。所谓“一体化”包括：货币一体化的亚元、签证一体化的免签证、关税一体化的零关税等机制。欧盟已经做出了榜样，“东南亚国家联盟”走在了前面。如果东北亚四国丧失机遇，将大大落伍在世界与亚洲后边。反之东北亚空间城市系统，可以超前规定制度性工作语言：为中文、朝文、俄文；辅助语言：为日文、英文；引入国际通性规则，打造一个21世纪“东北亚国际化空间”。

(4) 日本关系问题

“日本关系问题”是东北亚空间城市系统无法回避的问题，从前见、现见、预见来看，日本都是一个极其重要的因素。广义的东北亚空间显然包括日本空间，“日本空间城市系统”是“东北亚空间城市系统”的姊妹空间城市系统。在科技创新、产业结构、文化创意等方面，东北亚空间城市系统将自组织的接受日本空间的影响。以“日本空间城市系统”为竞合目标，使得东北亚空间城市系统获得最近的外部环境动力。

(5) 空间联结问题

“空间联结问题”事关东北亚空间城市系统的成败：首先，规划建设“中俄高速铁

路通道”与“中朝韩高速铁路通道”（“大连—沈阳—长春—哈尔滨—符拉迪沃斯托克”与“釜山—首尔—平壤—沈阳”），是东北亚空间城市系统空间联结的基础；其次，规划建设中国东北高速公路网、朝鲜高速公路网、韩国高速公路网、俄罗斯滨海边疆区高速公路网是东北亚空间城市系统空间联结的基础；最后，规划建设中国东北空间高速信息网、朝鲜半岛空间信息网、俄罗斯滨海边疆区空间信息网，是东北亚空间城市系统空间联结的基础。

（6）经济发展问题

韩国 2017 年 GDP 为 15 308 亿美元，世界排名第十二位，韩国经济具备东北亚空间城市系统的火车头的实力。中国东北空间 2017 年 GDP 为 6 591.16 亿美元，在东北亚空间城市系统居第二位。朝鲜 2017 年的 GDP 为 307.04 亿美元，朝鲜具备巨大的经济发展潜力。俄罗斯滨海边疆区 2013 年 GDP 为 92.77 亿美元。东北亚空间城市系统“经济整体涌现性”将大大提升中国东北空间、朝鲜空间、俄罗斯滨海边疆区空间的 GDP 总量，这是东北亚空间城市系统的第一红利，中国东北空间将摆脱经济发展停滞不前的局面。

3）东北亚空间城市系统文明

如图 12.46 所示，“新东北亚文明”是指东北亚空间城市系统容器所创新的文明，包括中华文明、朝鲜文明（含韩国）、俄罗斯文明、日本文明。“新东北亚文明”将承担现代东方文明的核心，它中和了东方文明与西方文明。不同于“脱亚入欧”，“新东北亚文明”是一种内生性文明，具有普世的基本性、特色的地域性、连贯的历史性。“新东北

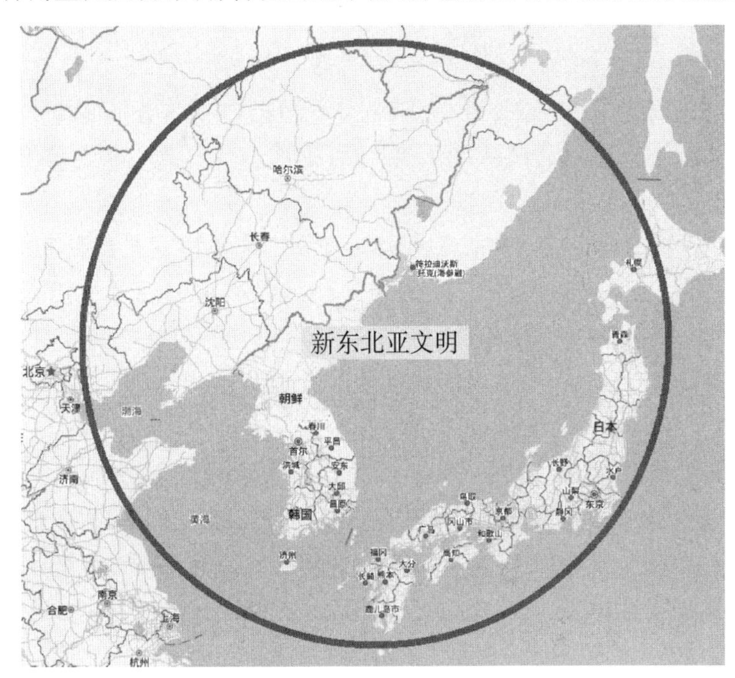

图 12.46　新东北亚文明

注：本图为笔者根据谷歌地图自制，不含全部国土。

亚文明”将彻底完成近代以来东北亚空间的现代化任务。“新东北亚文明”带有生态文明、信息文明、人权文明的基本特征，它对于后发展地区与国家具有示范性意义。

12.3.7 中西亚空间城市系统预见分析

1）中西亚空间城市系统预见

如图 12.47 所示，中西亚空间城市系统预见，以乌鲁木齐、伊宁、喀什、阿拉木图、比什凯克、塔什干、杜尚别、撒马尔罕、阿什哈巴德、德黑兰、巴库为中心城市，呈条带状空间结构。其中德黑兰与乌鲁木齐为中西亚空间城市系统预见的双牵引城市 MC，中西亚空间城市系统预见可以分为：以乌鲁木齐为中心的“中亚空间城市系统”，以德黑兰为中心的“西亚空间城市系统”。

如图 12.47 所示，中西亚空间城市系统预见空间结构主轴为：第一主轴，乌鲁木齐—伊宁—阿拉木图—比什凯克—塔什干—撒马尔罕—阿什哈巴德—德黑兰—巴库；第二主轴，乌鲁木齐—喀什—杜尚别—撒马尔罕—阿什哈巴德—德黑兰—巴库。这两条主轴线为中西亚空间城市系统预见的东西大动脉，应该建立航空飞机、高速铁路、高速公路的“多式联运高速交通系统”。中西亚空间城市系统预见空间结构支轴线分布于中亚空间、西亚空间，它们的地理连接可以通过城际高速铁路、地下铁路、高速公路地理连接方式解决。

如图 12.47 所示，中西亚空间城市系统预见网络域面分为：中亚空间网络域面、西亚空间网络域面，它们是中西亚空间城市系统空间人员流、物资流、信息流的承担者。

如图 12.47 所示，天山山脉、克孜勒库姆沙漠、卡拉库姆沙漠、里海为“中西亚空间城市系统”的北边地理隔离线，扎格罗斯山脉、兴都库什山脉、塔克拉玛干沙漠为“中西亚空间城市系统”的南边地理隔离线。中西亚空间是一个生态环境十分脆弱的东西向城市走廊。

“中西亚空间城市系统”地处欧亚大陆中间区位，将承担欧洲大陆与中国大陆的人居空间地理衔接作用，对于欧亚大陆的贯通具有十分重要的意义。从“海洋文明”回归“大陆文明”是一种趋势，中西亚空间城市系统是“大陆文明”的典型。因此，中西亚各民族国家各地方城市，抓住机遇迎接挑战，承担起文明复兴的大业。

2）“中西亚空间城市系统预见”问题

（1）民族国家问题

“中西亚空间城市系统”涉及的民族主要有：汉族、维吾尔族、哈萨克族、回族（中国）；哈萨克族、俄罗斯族（哈萨克斯坦）；吉尔吉斯族、乌孜别克族、俄罗斯族（吉尔吉斯斯坦）；乌孜别克族、俄罗斯族（乌兹别克斯坦）；塔吉克族、乌孜别克族、俄罗斯族（塔吉克斯坦）；土库曼族（土库曼斯坦）；波斯人、阿塞拜疆人（伊朗）；阿塞拜疆人、俄罗斯族、亚美尼亚人（阿塞拜疆）。“中西亚空间城市系统”涉及的国家有：中国、哈萨克斯坦、吉尔吉斯斯坦、乌兹别克斯坦、塔吉克斯坦、土库曼斯坦、伊朗、阿塞拜疆。

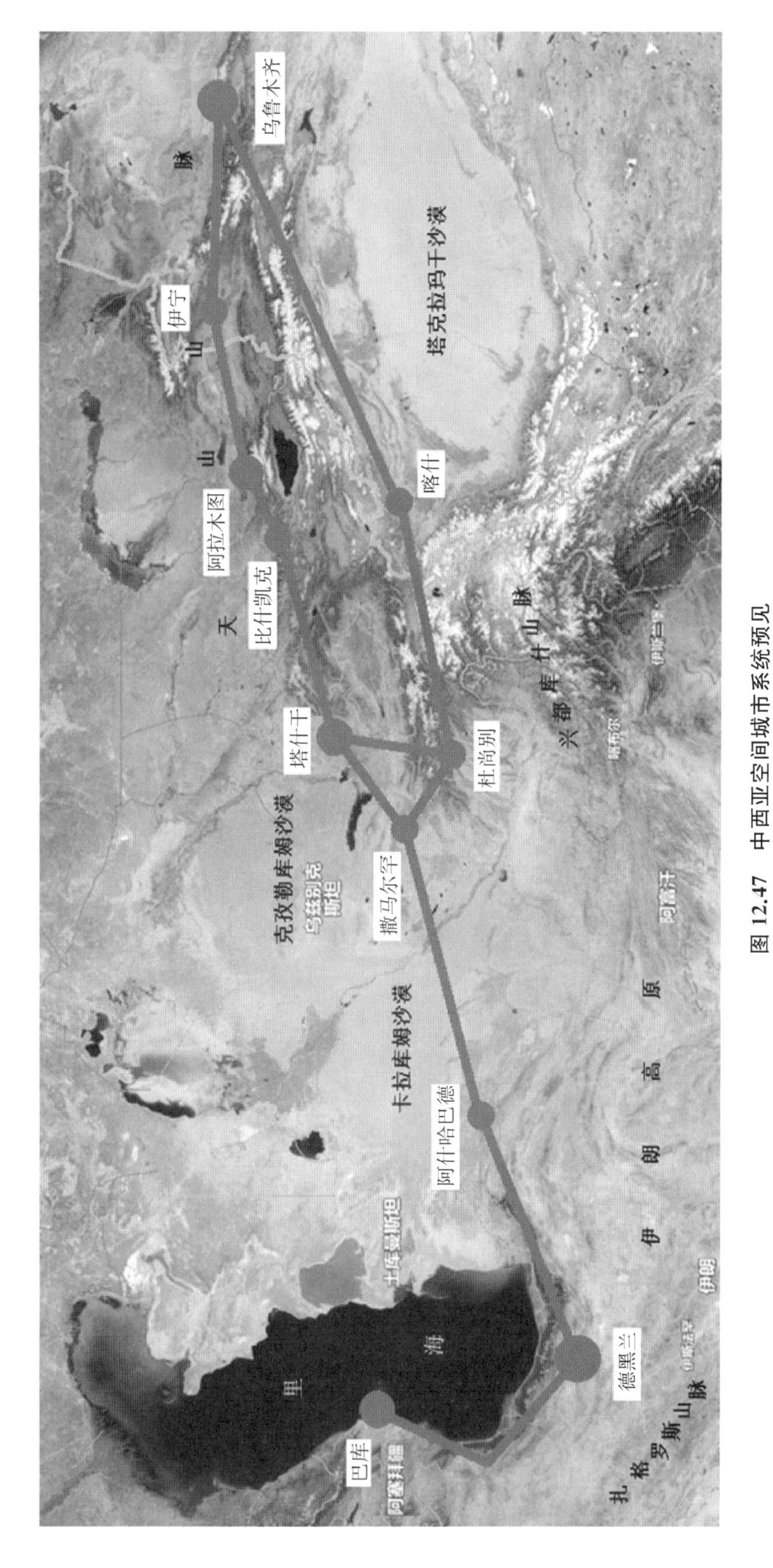

图 12.47 中西亚空间城市系统预见

注:本图为笔者根据谷歌地图自制,不含全部国土。

“斯坦—stan”始自波斯语，意指面积比较大的“地方”或“地区”。“斯坦—stan”作为地名通名，多半与民族名称相结合，如哈萨克斯坦、吉尔吉斯斯坦、乌兹别克斯坦、塔吉克斯坦、土库曼斯坦。包含“斯坦—stan”的地理实体一般都有悠久的历史，并且大多数信仰伊斯兰教。中西亚空间具有多民族、多国家、“斯坦—stan”地理实体系列、伊斯兰化的特征。虽然民族国家多元化，但是思想信仰集中于伊斯兰化，中亚与西亚的伊斯兰化还有很大差别。

中西亚空间地缘性质决定了“西方文明”与“东方文明”必然交汇于此，“中西亚空间城市系统”的宗教意识与民族国家意识，必然随着历史发展而发生变化。“东南亚空间城市系统”与“新中西亚文明”是一个自组织进化过程。这个过程随着“中西亚空间城市系统”的产生与发展而很快地发生，“苏联意识形态”对中亚空间的影响是前奏曲。但是需要特别指出的是，“新中西亚文明”是一种内生性文明进化，是中西亚空间人民自组织进化发生的，外部环境可以提供环境动力，不可能成为主导力量。

(2) 行政协同与一体化问题

根据“政治行政分离原理”，可以构建“中西亚空间城市系统行政体系”，主要包括：行政协同章程、行政协同制度、行政协同机构。“行政协同”是中西亚空间城市系统的基本前提条件。中国、哈萨克斯坦、吉尔吉斯斯坦、乌兹别克斯坦、塔吉克斯坦、土库曼斯坦、伊朗、阿塞拜疆。共同协商制定《乌鲁木齐宣言》，是“中西亚空间城市系统行政体系”构建的基础。

“中西亚共同体”是中西亚空间城市系统“行政协同制度”框架，包括中国、哈萨克斯坦、吉尔吉斯斯坦、乌兹别克斯坦、塔吉克斯坦、土库曼斯坦、伊朗、阿塞拜疆。所谓“一体化”包括：货币一体化的亚元、签证一体化的免签证、关税一体化的零关税等机制。“中亚国家联盟”已经为“中西亚共同体”打下了基础。在区域一体化方面，欧盟已经做出了榜样，“东南亚国家联盟”走在了前面。如果中西亚八国丧失机遇，它们将大大落伍，并在世界与亚洲被中心弃置化，中西亚空间城市系统，有条件超前规定制度性工作语言：为中文、本国家语言、英语、俄语，引入国际通性规则，打造一个开放的21世纪“中西亚国际化空间”。

(3) 空间联结问题

“空间联结”是中西亚空间城市系统成败的关键所在，主要是规划建设“中西亚空间走廊”，可以分为：第一，北部走廊乌鲁木齐—伊宁—阿拉木图—比什凯克—塔什干—撒马尔罕；第二，南部走廊乌鲁木齐—喀什—杜尚别—撒马尔罕；第三，西部走廊撒马尔罕—阿什哈巴德—德黑兰—巴库，如图12.47所示。“中西亚空间走廊”是“中西亚空间城市系统”空间联结的关键项目，包括：第一，中西亚空间高速交通通道，航空飞机、高速铁路、高速公路三位一体；第二，中西亚空间高速信息通道，包括以5G为代表的高速通信；第三，中西亚空间高速能源通道，如石油与天然气管道。

(4) 经济发展问题

中西亚空间城市系统经济发展有三个支柱：石油天然气为主的资源经济、欧亚大陆空间区位经济、科技创新经济。

① 资源经济

中亚及里海地区石油储量丰富，据一般估计为 1 500 亿—2 000 亿桶，约占世界石油储量的 18%—25%。探明天然气储量达 7.9 万亿 m^3，被誉为“第二个中东”。西亚是目前世界上石油储量最丰富、产量最大和出口量最多的地区，有“世界石油宝库”的称号。西亚的石油储量约占世界石油总储量的一半以上，产量占到世界石油总产量的近 1/3，出口量占到世界出口总量的一半左右。因此，中西亚资源经济将为中西亚空间城市系统奠定坚实的经济基础。“资源经济”将为中西亚“空间区位经济”与“科技创新经济”提供可靠的资金保障。

② 空间区位经济

欧亚大陆中间枢纽区位是“中西亚空间城市系统”的空间定位，它导致中西亚“空间区位经济”产生，如高端服务业、金融业、国际贸易等。可以用如下逻辑公示表达为

空间区位经济＝空间城市系统容器 → 空间枢纽定位 → 高端服务产业 (12.23)

“空间区位经济”是一种生态经济，将带来中西亚城市景观的繁荣景象。“高端服务产业”所需要的是高级知识人才的集聚，极度符合中西亚空间人口质量化发展的要求。

③ 科技创新经济

以“高效农牧经济”为代表的科技创新，是“中西亚空间城市系统”的必由之路。沙漠治理、生态环境、可再生能源等，是中西亚空间科技创新的又一个领域。因此，在石油化工、高效农牧业、生态环境三个方面，中西亚空间科技创新具有世界性实践条件优势。“中西亚科技创新”将成为“新中西亚文明”的重要组成部分。

(5) 生态环境承载力问题

“中西亚空间城市系统”的生态环境十分脆弱，因此“生态环境承载力问题”就成为“中西亚空间城市系统”的重要问题，它是关系到中西亚人居空间是否可持续化的基础性问题。中西亚空间“生态环境承载力问题”主要包括：土地环境承载力、水环境承载力、大气环境承载力，以及人口规模控制、产业规模控制、城市规模控制等空间存量控制。由“聚落、城市、空间城市系统”组成的中西亚可持续人居空间系统是中西亚空间的必由之路。

3）东西文明通道 EAWCC

(1) 东西文明通道 EAWCC 概念

如图 12.48 所示，所谓“东西文明通道 EAWCC(Eastern and Western Civilization Channel)”是指乌鲁木齐到耶路撒冷的东西走向文明通道。“东西文明通道 EAWCC”东起乌鲁木齐，经伊宁、喀什、阿拉木图、比什凯克、塔什干、杜尚别、撒马尔罕、阿什哈巴德、德黑兰、巴库、巴格达、安曼、大马士革、贝鲁特、海法，到达耶路撒冷，全程大约 4 374 km。“东西文明通道 EAWCC”是 21 世纪世界文明复兴的重要预见，它将“中华文明”与“西域文明”融合到一起，对人类文明将产生重大影响。

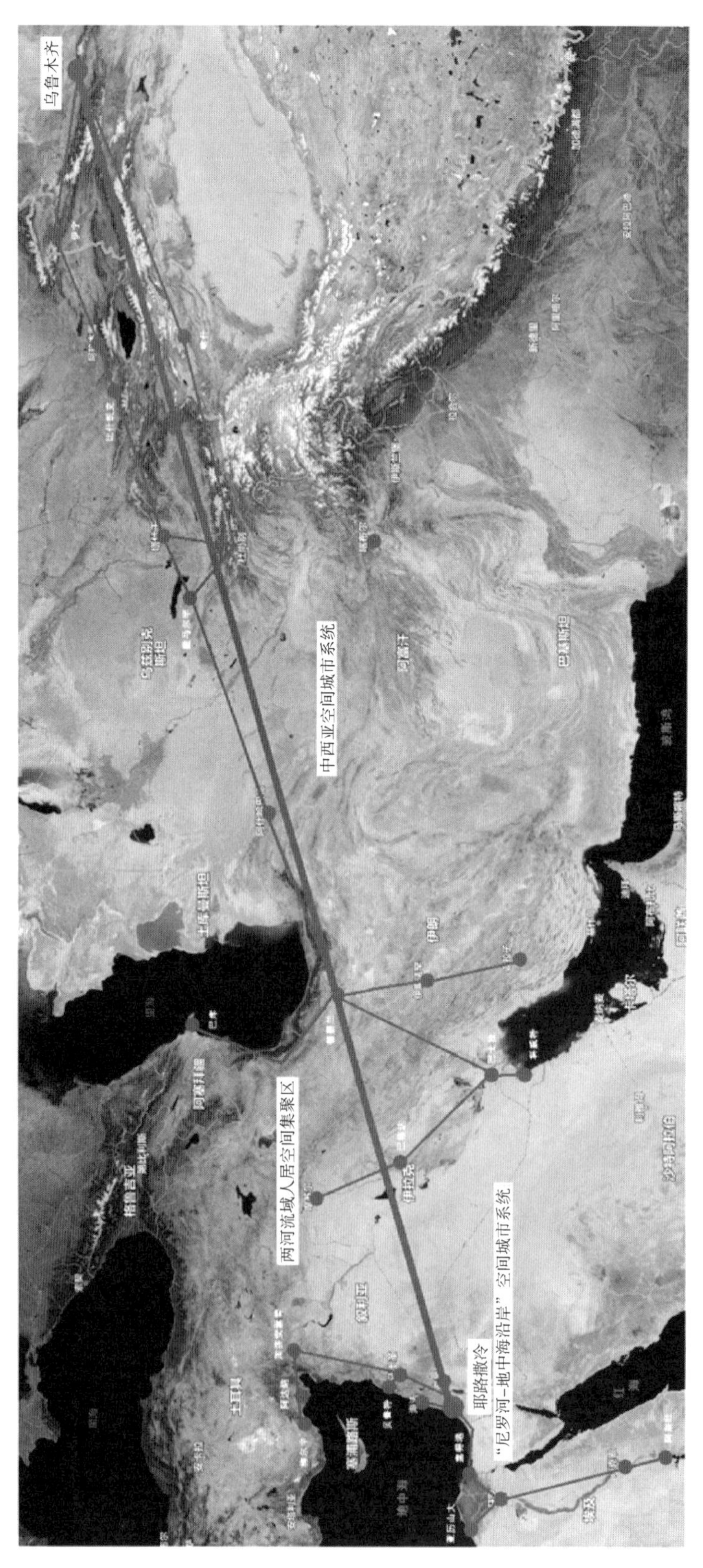

图 12.48 东西文明通道 EAWC

（2）文明容器与文明内容

如图 12.48 所示，中西亚空间城市系统、“尼罗河—地中海沿岸”空间城市系统、两河流域人居空间集聚区，成为“东西文明通道 EAWCC”的三个文明容器。根据刘易斯·芒福德“文明容器理论”，每一代新的文明容器一定对应着新的文明内容，在“东西文明通道 EAWCC”两端对应着中华文明与犹太文明的同时强势崛起。我们可以逻辑化判定：21 世纪，“东西文明通道 EAWCC”所承载的文明内容必然发生革命性变化，因此“东西文明通道 EAWCC”命题的客观真实性符合逻辑。

（3）文明基础

“东西文明通道 EAWCC”建立在悠久的文明基础之上，它所涉及的文明有：中华文明、中亚文明、俄罗斯文明、印度文明、两河文明、波斯文明、阿拉伯文明、伊斯兰文明、犹太文明、基督教文明、埃及文明、欧洲文明。由此可见，“东西文明通道 EAWCC”是以世界主要文明为内容的，它们至今仍是人类主流文明。所以，“东西文明通道 EAWCC”具有可靠的前见范式与现见范式，则“东西文明通道 EAWCC”预见范式是一个逻辑化的结果。

（4）经济基础

中亚与西亚石油天然气储量占世界总储量的近 70%以上，因此“东西文明通道 EAWCC”堪称是一条黄金通道。中国经济板块、中亚经济板块、西亚经济板块、埃及经济板块将为“东西文明通道 EAWCC”提供雄厚的经济支撑。“东西文明通道 EAWCC”是中国与欧洲的桥梁，它蕴含着巨大的空间区位经济体量。

（5）大陆文明趋势

进入 21 世纪，世界文明从“海洋文明”回归“大陆文明”趋势明显。以高速铁路为代表的陆向人流成为中国与欧洲未来空间人流联结的基本方向，而“东西文明通道 EAWCC”是贯通中国、中西亚、欧洲的关键环节。可以预见，在新的“大陆文明”时代，“东西文明通道 EAWCC”具有不可或缺的序参量地位。

（6）新文明形式

“中华文明”与“犹太文明”的强势崛起，将带动中西亚文明的全面复兴。当然从“文明的冲突”到“文明的融合”要经过一个博弈过程，达到均衡。无论如何，在中西亚空间城市系统、“尼罗河—地中海沿岸”空间城市系统、两河流域人居空间集聚区这三个文明容器中要产生“新的文明形式”。经过文明的冲突、文明的均衡、文明的融合一定会产生“新文明形式”。“新中西亚文明”与“中东新文明体”就是它们的表现形式。

（7）“新中西亚文明”文明

如图 12.49 所示，“新中西亚文明”是中西亚空间城市系统的文明内容，它带有生态文明、信息文明、人权文明的基本特征。“新中西亚文明”是伊斯兰文明、中华文明、欧洲文明、俄罗斯文明、印度文明在中西亚空间融合的产物。

“新中西亚文明”具有基本性、地域性、历史性基本特征：首先，“新中西亚文明”基本性要求；经过“文明转基因”进化达致普世性。其次，“新中西亚文明”地域性要求；保

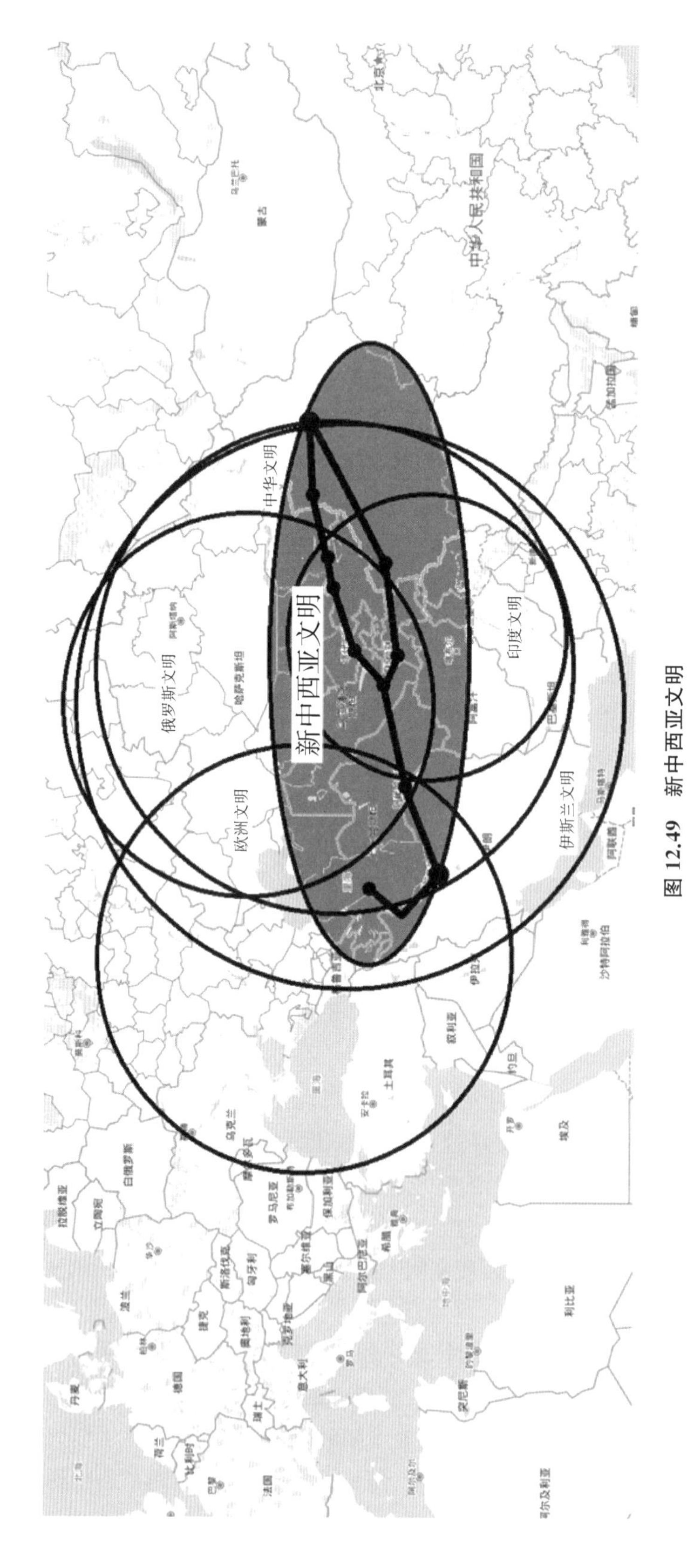

图 12.49　新中西亚文明

注：本图为笔者根据谷歌地图自制，不含全部国土。

留“中西亚文明特色”适应中西亚文化。最后,“新中西亚文明”历史性要求古代中西亚文明、现代中西亚文明、新中西亚文明保持连贯性。

“新中西亚文明”包括:政治、经济、文化、社会、科技五个基本维度。游牧文明、工业文明、生态文明是中西亚文明发展的三个基本阶段,“新中西亚文明”将融合东方思想与西方思想,形成自己独特的“中西亚思想”。可以预期,在21世纪,具有悠久文明历史的中西亚空间,一定可以创新出“新中西亚文明”,屹立于现代人类文明行列。

参考文献

[1] 潘基文.为可持续发展的世界创造新文明城市[R].北京:新文明城市与可持续发展论坛,2018.
[2] 刘易斯·芒福德.城市发展史:起源、演变和前景[M].宋峻岭,倪文彦,译.北京:中国建筑工业出版社,2005:14.

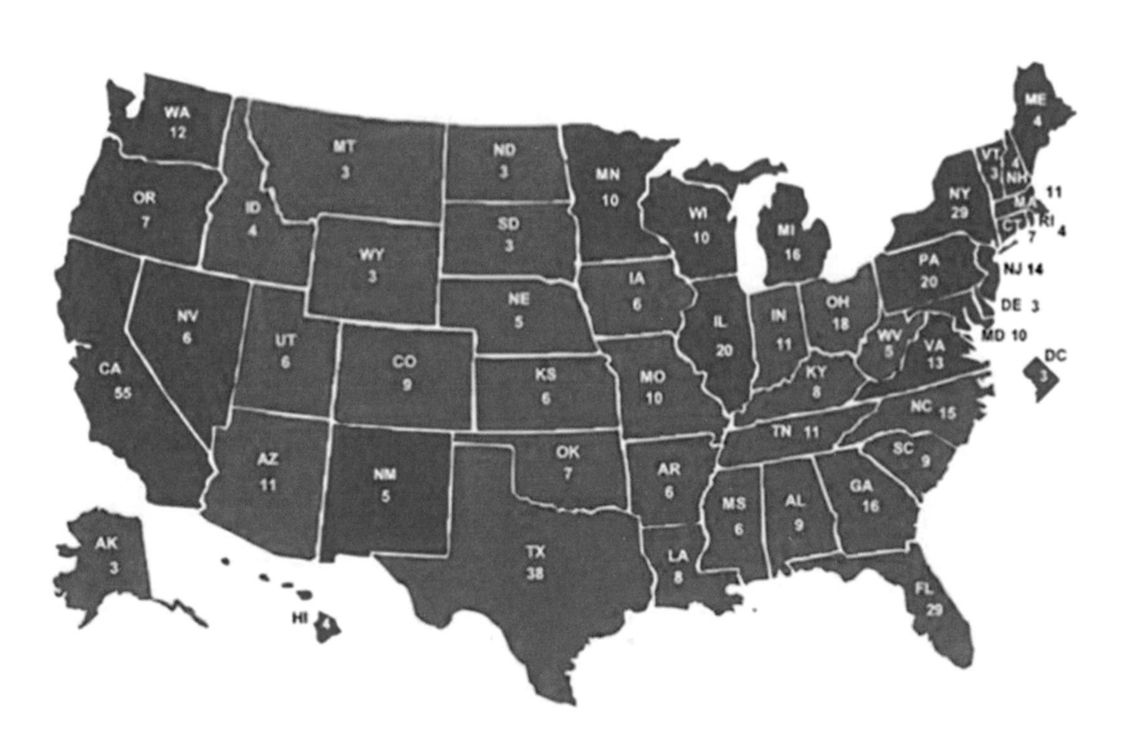

图 10.35　美国产业经济与人文历史格局

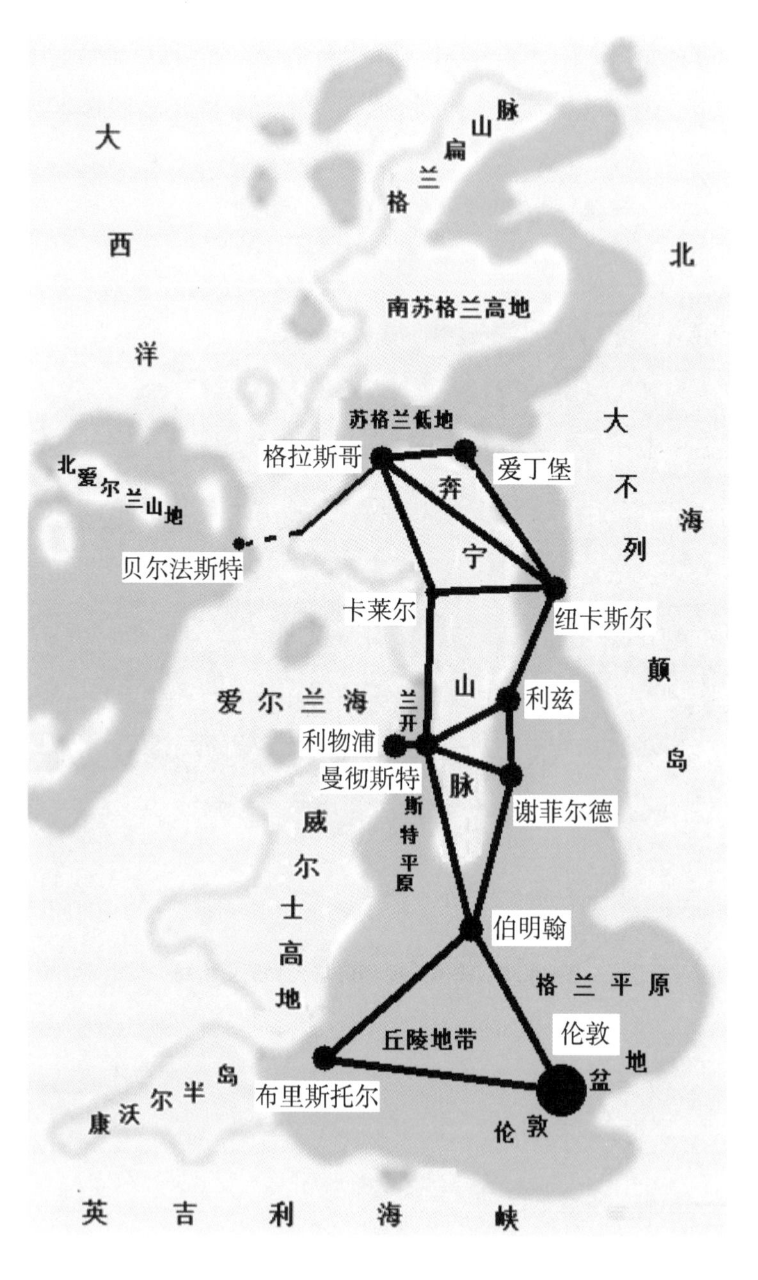

图 11.48　英国空间城市系统地貌

图 11.63　俄罗斯人口密度分布

（源自：一点排行网）

本书作者

王洪军，男，1961年生，山东青岛人。青岛理工大学工学学士，先后在山东大学、清华大学读研究生。山东大学城镇治理与规划协同创新中心教授，山东省城市规划学会学术委员会副主任，济南市政协特邀专家。主要研究方向为空间城市系统理论、政治学、系统科学。在美国《能源工程》(*Procedia Engineering*)期刊上发表论文1篇，参加国际城市地下空间联合研究中心(ACUUS)科学大会、中国城市群发展高层论坛，以及中国第一届、第四届系统科学大会等国内外高端学术会议，并做学术报告20余次。